# タマネギ大事典

タマネギ／ニンニク／ラッキョウ／シャロット

農文協 編

# ●タマネギの形態的特性

〈タマネギの部位と呼称〉

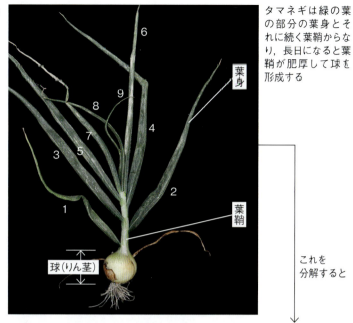

タマネギは緑の葉の部分の葉身とそれに続く葉鞘からなり，長日になると葉鞘が肥厚して球を形成する

これを分解すると

〈葉身と肥厚葉との関係〉

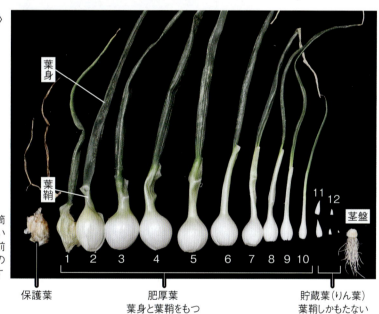

タマネギの葉の形状は下のほうが円筒状で，先のほうは筒状の葉となっている。茎盤部から新しい葉が出るが，前の葉の筒の中へ次の葉が，その筒の中へまた次の葉が出ることを繰り返す

〈球の構造と呼称〉

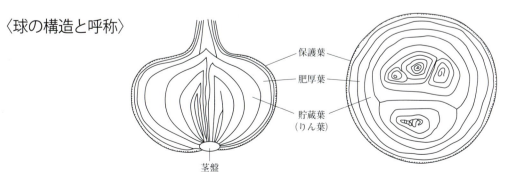

◆ 写真と解説：大西忠男（元兵庫県立農林水産技術総合センター）

## ●タマネギのおもな近縁野生種(1)

### *Allium pskemense*
花茎下部は膨らむが，*A. oschaninii* や *A. vavilovii* ほど著しくはない。*A. galanthum* よりもりん茎は肥大するが，*A. oschaninii* や *A. vavilovii* のりん茎ほど大きくはならない。原産地域の住民が菜園に移植して自家用に栽培することはあるらしいが，自生地は限られており，絶滅危惧種である

### *Allium oschaninii*
花茎の膨れる部分が顕著で，その上下が急に細くなっている（矢印）

### *Allium vavilovii*
*A. oschaninii* の亜種とする研究者もあり，形態的な違いは微妙。自生地が限られており，絶滅危惧種である

## ●タマネギのおもな近縁野生種(2)

*Allium galanthum*
ほかのタマネギ近縁種と異なり，花茎の膨れがほとんど出ない（4B）。4Dの左は外皮を取り除いたもの

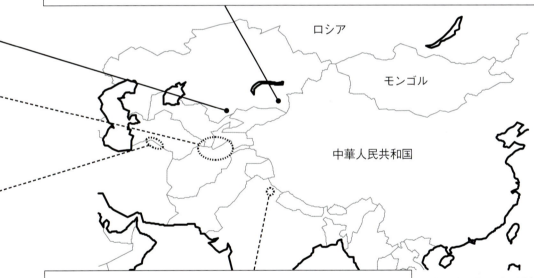

*Allium roylei*
花色が桃色である。人工交配すれば，タマネギともネギとも稔性のある雑種が得られる。インドの染色体学者ヴェド・ブラトが1950〜1960年ごろにパンジャブ州のヒマラヤ山中で収集したといわれる1系統が米国へ送られ，*A. roylei* PI243009として登録され，さらにオランダに配布された。この1系統以外に知られておらず，本系統の正確な収集地も本種の分布域の全容も不明である

4A，4B，4D，1A，1Cはそれぞれの自生地で撮影（黒丸で示す地点）。4C，1B，2B，5は，野菜茶業試験場（現農研機構）で撮影。2A，3A，3Bは，オランダ植物育種研究所（現ワーゲニンゲンUR）で撮影

◆ 写真と解説：
小島昭夫（元農研機構野菜茶業研究所）

# ●タマネギの生育

## 〈苗の生育（播種から定植苗まで）〉

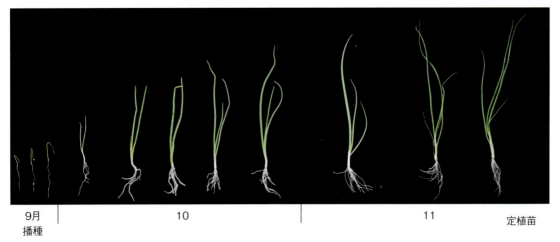

秋まき中晩生種は11月下旬の定植までに育苗日数55～60日で葉数3～4枚，4～6gの大きさの苗を育てる

## 〈秋まきタマネギ中晩生種の生育〉

タマネギの肥大開始は平均温度と日長時間によって決まる。品種の早晩によって違い，極早生種15℃以下/11～11.5時間以上，中晩生種15～20℃/13.5時間以上，晩生種20～25℃/14.25時間である。秋まき栽培では，兵庫県神戸市の場合で，中晩生種は日長が13.5時間になる4月下旬に気温も15℃以上になるので肥大を始める

## 〈春まきタマネギ晩生種の生育〉

札幌市の場合で，晩生種は日長が14時間を超え，かつ気温が20℃くらいになる7月から肥大を開始する

◆ **写真と解説**：大西忠男（元兵庫県立農林水産技術総合センター）

## ●雑草防除 (本文168ページ)

〈タマネギ本畑に発生するおもな雑草〉

**秋から発生する雑草**

①スズメノテッポウ，②スズメノカタビラ
いずれもイネ科。種子で繁殖する。発生時期は秋と春で，秋に発生した株は春に大きくなり，タマネギの生育に大きな影響を与える
③それぞれの冬の株の状態
しっかり根を張って春を待つ

④タネツケバナ，⑤タネツケバナの春の開花状況，⑥ノミノフスマ
タネツケバナはアブラナ科。種子で繁殖。発生時期は秋と春で，春に開花し，多くの種子をつける。矢印は，定植直後に発生した株（宮元史登）。ノミノフスマはナデシコ科。種子で繁殖。発生時期は秋で，春に地表面を這うように生育し，白い小さな花をつける

**春に発生する雑草**

⑦メヒシバ
イネ科。5月中下旬に発生する
⑧サナエタデ
タデ科。3月に発芽し，タマネギの収穫時期にはタマネギと同じ草丈になり，開花する
⑨ミチヤナギ
タデ科。1月に発芽し，4月下旬〜6月に開花結実。草丈が高く，多く発生した場合は被害が大きい

(5)

## 〈秋まきタマネギの雑草被害〉

秋に発生する雑草の多くは春にも発生し，5～6月に開花結実するが，春に発生する雑草は大きな株にならないので被害は少ない。被害が甚大なのは秋に発芽する雑草である

### 発生時期による雑草の生育

秋期発生スズメノテッポウ

秋期発生スズメノカタビラ

雑草なし

春期発生スズメノテッポウ

春期発生スズメノカタビラ

スズメノテッポウ，スズメノカタビラの種子の播種量を変えてタマネギの生育，収量への影響を検討（4月28日撮影）。タマネギは品種もみじ3号，播種9月17日，定植11月25日，収穫6月9日

### 収穫期のタマネギ肥大

春期に発生した雑草より秋期に発生した雑草のほうがタマネギの肥大を著しく悪くさせる

## 〈除草剤の効果と薬害〉

### 除草剤の影響調査

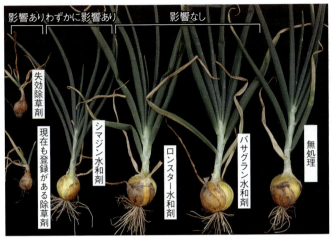

散布濃度の除草剤薬液に苗を浸漬してから定植して影響を調べた。影響がない除草剤は安心して使える（本文172ページ）

モーティブ乳剤散布液に浸漬したのちに定植して影響を調べた。モーティブ乳剤はタマネギの肥大に影響は認められなかった

### 除草剤の効果と薬害の症状

バサグラン液剤を3月上旬に処理したところ、ナズナなどの広葉雑草が枯死した

バサグラン液剤を4月上旬に全面茎葉処理したところ、葉が湾曲した。この程度では収量に影響はないが、3月下旬～4月上旬の散布は薬害（葉折れ）が出やすい

アクチノール乳剤を4月上旬に散布。葉は白変枯死し、湾曲した。桜の満開以降の高温で発生しやすいので、開花までに散布を終える

機械定植苗に発生した薬害。定植前に剪葉した切り口から除草剤が入るためか。手植えでは発生なし

◆ 写真と解説：大西忠男（元兵庫県立農林水産技術総合センター）

# ●タマネギの重要病害虫

## 〈べと病〉（本文297ページ）

苗床の病徴。葉に白い粉（分生胞子）を形成する（囲み内）。見つけしだい抜き取り，分生胞子が飛ばないように肥料袋などに入れて焼却または堆肥化処分する（西口真嗣）

越年罹病株（一次感染株）。葉身は光沢を失い，一部が黄化，弧を描いたように湾曲する。春先にこの罹病株を除去することが感染拡大を防ぐ（西口真嗣）

## 〈ネギアザミウマ〉（本文329ページ）

食害によって葉にかすり状の白斑を生じる。激発すると球肥大が悪くなる。食害による傷口から病原細菌の侵入も起こる（大西忠男）

体長1.3mm程度で，夏は淡黄色，秋から春には濃褐色となる（清水喜一）

## 〈ネギハモグリバエ〉（本文332ページ）

成虫の舐食痕および産卵痕は規則正しく並んだ白い点になる。ほかに似た症状がないので，早い時期に発生を知ることができる（清水喜一）

激発生しない限り，球の肥大には影響ないが，高密度に発生すると幼虫が葉から侵入してりん片も加害する（岩崎暁生）

# ●タマネギのおもな貯蔵病害 (本文325ページ)

〈灰色腐敗病〉

生育初期には立枯れ症状を呈し、葉は地際部から鮭肉色〜白色に変わり萎凋枯死する

病勢が進展すると、地際部から下では灰色粉状のカビを生じ、おびただしい分生胞子をつくる

〈黒かび病〉

冷蔵中の被害。おびただしい量のカビ（分生胞子）をつくる

貯蔵中のみに発生する。高温性の病害で収穫後早めに13℃以下で貯蔵すれば発生しない

〈腐敗病〉

細菌性病害。生育初期には葉身にケロイド状の病斑を生じて湾曲、やがて全身が枯死する

〈軟腐病〉

細菌性病害。立毛中（左）にはまず心葉が軟化し、のちに全身が軟化腐敗する。収穫時（右）の外観では腐敗は目立たないが、内部は軟化腐敗し、強い腐敗臭を放つ

〈りん片腐敗病〉

細菌性病害。育苗中に剪葉した切り口から白色・水浸状の病斑が拡大する。貯蔵中は球全体が軟化腐敗することはなく、りん片1枚〜数枚を黄褐色に腐敗させる

◆ 写真と解説：
西口真嗣（兵庫県立農林水産技術総合センター）

## ●水田転換畑の排水対策例

水稲後にタマネギを栽培する場合，水稲収穫後すみやかに排水対策を施し，定植までにしっかり圃場を乾かすことが求められる。富山県の生産組合では10月上旬にタマネギを定植する約1か月前に額縁明渠と弾丸暗渠を掘る（本文381ページ）

〈額縁明渠を掘る〉

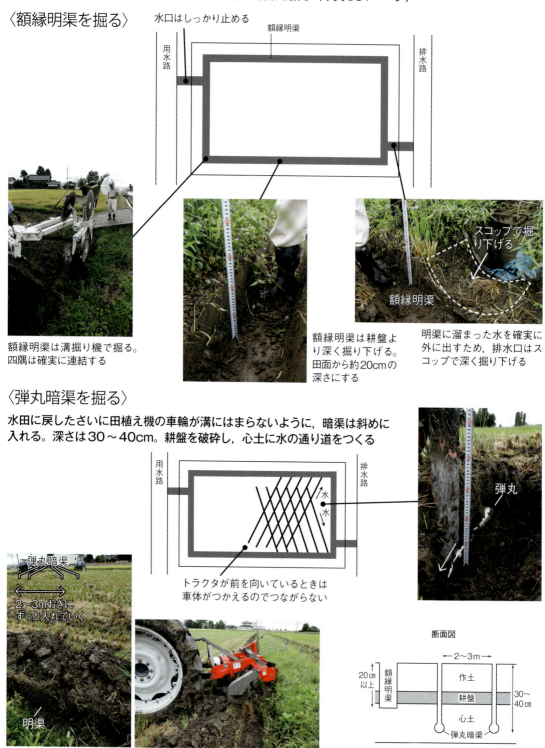

額縁明渠は溝掘り機で掘る。四隅は確実に連結する

額縁明渠は耕盤より深く掘り下げる。田面から約20cmの深さにする

明渠に溜まった水を確実に外に出すため，排水口はスコップで深く掘り下げる

〈弾丸暗渠を掘る〉

水田に戻したさいに田植え機の車輪が溝にはまらないように，暗渠は斜めに入れる。深さは30〜40cm。耕盤を破砕し，心土に水の通り道をつくる

トラクタが前を向いているときは車体がつかえるのでつながらない

弾丸暗渠を掘り始めるとき，明渠に確実につなぐ。そのためには，額縁明渠にサブソイラの刃が確実に入るまでトラクタをバックさせてから前進する

◆ 協力：JAとなみ野たまねぎ出荷組合
写真：赤松富仁　解説：編集部

〈越冬前の生育の差〉

葉は7枚展開。根がうねの下方まで伸びているうえ、根量が多く、細根が目立つ。土はボロボロと崩れる

葉は5枚展開。根はうねの下方まで伸びているが、根量は少ない。土は色が濃く、粘り気が強い

〈収穫期の生育の差〉

前年は大麦を栽培した畑。うねは20cmと高い

葉の生育はよく揃っている

矢印のところは水が溜まって生育が停滞している。額縁明渠の近くの列は軒並み生育が悪い

葉が細く、生育の進み方にバラツキがある

## ●タマネギの収穫機械化体系

機械化が進むタマネギ栽培では，地域や経営規模などによってその機械化体系が異なる

〈都府県の個別経営体〉（本文397ページ）

### 兵庫県南あわじ市・碇茂さんの場合（タマネギ1.5ha）

比較的小規模であり，従来の小型コンテナを使い，現状の機械を改造・改良して省力化している

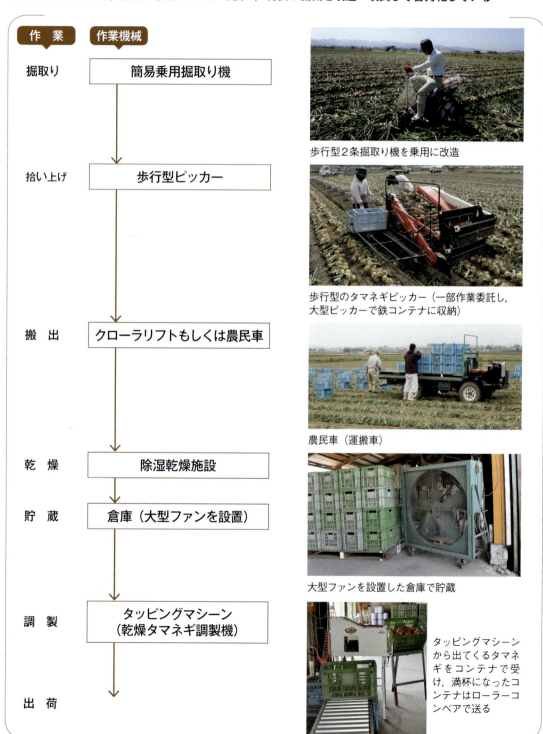

| 作業 | 作業機械 |
|---|---|
| 掘取り | 簡易乗用掘取り機 |
| 拾い上げ | 歩行型ピッカー |
| 搬出 | クローラリフトもしくは農民車 |
| 乾燥 | 除湿乾燥施設 |
| 貯蔵 | 倉庫（大型ファンを設置） |
| 調製 | タッピングマシーン（乾燥タマネギ調製機） |
| 出荷 | |

歩行型2条掘取り機を乗用に改造

歩行型のタマネギピッカー（一部作業委託し，大型ピッカーで鉄コンテナに収納）

農民車（運搬車）

大型ファンを設置した倉庫で貯蔵

タッピングマシーンから出てくるタマネギをコンテナで受け，満杯になったコンテナはローラーコンベアで送る

〈都府県のJA出荷組合〉（本文381ページ）
## 富山県・JAとなみ野たまねぎ出荷組合の一例 （2018年産は131経営体で192ha）

2008年，水田経営の複合化のためにタマネギ栽培をスタートさせた当初から機械化一貫体系による栽培が行なわれている

| 作　業 | 作業機械 |
|---|---|
| 掘取り | 歩行型掘取り機 |
| 拾い上げ | 改良型ピッカー |
| 搬　出 | フォークリフトでトラックへ |
| 出　荷 | JAの乾燥施設へ |

歩行型の掘取り機。乗用型の掘取り機も利用されている

改良型ピッカー。運搬車に載せた鉄コンテナに直接タマネギを収納するやり方が主流

小型コンテナに収納するタマネギピッカーも利用されている

〈香川県が中規模経営体向けに開発したフレコン利用体系〉（本文335ページ）
暖地タマネギの収穫作業の労力軽減と根葉切り作業の高能率化をねらって開発され，専用の収穫機・フレコン・調製機が2016年度から市販化されている

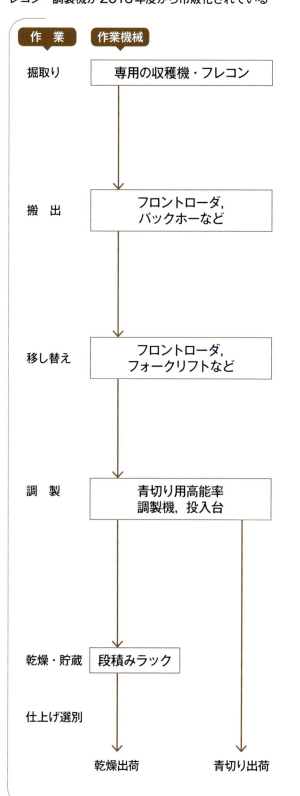

| 作　業 | 作業機械 |
|---|---|
| 掘取り | 専用の収穫機・フレコン |
| 搬　出 | フロントローダ，バックホーなど |
| 移し替え | フロントローダ，フォークリフトなど |
| 調　製 | 青切り用高能率調製機，投入台 |
| 乾燥・貯蔵 | 段積みラック |
| 仕上げ選別 | |
| 乾燥出荷 | 青切り出荷 |

タマネギを根葉付きで掘り取り，フレキシブルコンテナ（以下，フレコン）に収納する

フロントローダなどで圃場外に運搬，トラックに積み込む

フロントローダなどでフレコンを吊り上げ，底面を開放してタマネギを排出する

未乾燥のタマネギを投入すると自動で葉と根を切断

フレコンに入れたタマネギを段積みラックに積み上げて乾燥・貯蔵

〈北海道の個別経営体〉（本文359ページ）
## 訓子府町・飯田裕之さんの場合（タマネギ10ha）

収穫が梅雨と重ならない北海道では，根切りをして畑である程度乾燥させてから掘り取り，収穫後も鉄製コンテナに入れた状態で圃場で風乾している

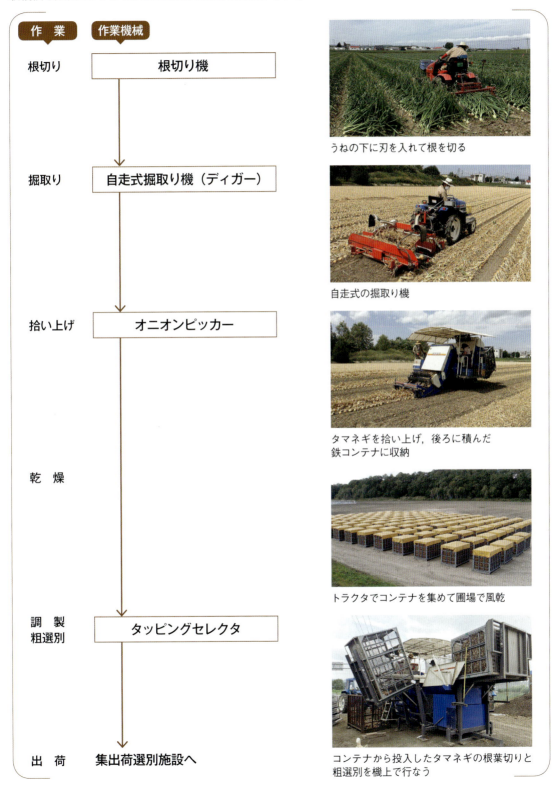

うねの下に刃を入れて根を切る

自走式の掘取り機

タマネギを拾い上げ，後ろに積んだ鉄コンテナに収納

トラクタでコンテナを集めて圃場で風乾

コンテナから投入したタマネギの根葉切りと粗選別を機上で行なう

# ●ニンニク，シャロット

〈ニンニクの品種〉

ニンニクの品種には，寒地型，暖地型，低緯度型がある。寒地型は極早生で，りん片が大きく，数が6個前後と少なめ。暖地型は早生または中生，低緯度型は極早生。りん片数はどちらも12個前後と多く，一つのりん片は小さい

寒地型

左から青森県で生まれた福地ホワイト（ホワイト六片）。秋田県横手市増田町八木地区在来の八木。岩手県八幡平市在来の八幡平。八木と八幡平は休眠が深い（渡辺哲哉）

暖地型　　低緯度型

左から上海早生，遠州極早生（石橋種苗園），沖縄早生（島ニンニク（フタバ種苗））。上海早生は九州や四国でおもに栽培されている暖地型品種。遠州極早生，沖縄早生は低緯度型で，沖縄早生は休眠がなく，遠州極早生はごく浅い

〈シャロット〉

◆写真と解説：執行正義（山口大学）

現在，日本に適した品種はなく（不時抽苔が多く，結球不良となる），フランス料理用，エスニック料理用などに上質な香辛野菜として使われるシャロットは全量輸入されている

シャロットには多くの品種・系統がある。右はインドネシアのジョグジャカルタ市の市場で売られているシャロット

## まえがき

　このたび農文協では，タマネギをはじめ，ニンニク，ラッキョウ，シャロットの栽培百科として「タマネギ大事典」を発行する運びとなりました。農文協がタマネギ栽培の専門書を発行するのは，2004年の「野菜園芸大百科　第2版」以来，じつに15年ぶりとなります。

　タマネギは消費の多い野菜であるため，常に安定供給が求められます。しかし生産側からみると，重量があるため収穫や運搬に大変労力がかかります。この間，タマネギではこの労力軽減のための機械化にさまざまな技術開発が進められてきました。

　大規模経営の北海道では一足先に機械化が進みましたが，府県もそれに続きました。兵庫県の淡路島では1990年代に収穫機が開発されました。機械による掘り起こしとなり，腰をかがめての手掘り作業から解放されました。続いてセル苗育苗とセットでセル苗移植機が，さらには，掘り起こしたタマネギを拾い上げるオニオンピッカーが開発され，タマネギの機械化一貫栽培が可能になりました。

　2017年には香川県が開発したフレコンバッグを利用した収穫・調製機械化体系が注目を集めました。小型コンテナも大型鉄コンテナも使わず，フレコンバッグをトラクタのフロントローダなどで吊り上げることで人力による積み下ろし作業をなくす技術です。

　2013〜2015年には，タマネギの産地拡大，端境期解消に向けた春まきの新作型が開発されました。従来のタマネギの作型は，北海道の春まきと府県の秋まきとに大別され，7〜8月が端境期であったため，そこに輸入タマネギが手当てされてきました。この端境期を国産タマネギで埋めるべく，これまで積雪のため秋まきで成果が上がらなかった東北地域で春まき夏どりの作型が開発されたのです。高温多雨期に生育させるため病害虫対策などに課題がありますが，新作型に取り組む地域が確実に増えています。

　2018年は米の生産調整見直し元年でもあり，米の直接支払い交付金がなくなり，経営安定のためにタマネギを転作品目として導入する農家が増えていることも見逃せません。タマネギの機械化が新規導入を後押ししています。

　今後のタマネギ栽培ではますます機械化と省力化が進みそうです。注目されるのが直播栽培です。現在，北海道で普及が進み，府県でも試験栽培が始まっています。もともとタマネギは日本に導入された当初は直播栽培から始まったとされ，タマネギの技術革新の目玉となるかもしれません。

　本書ではこうした時代背景，技術の変化をとらえ，生産安定のための技術を結集しました。皆様の研究や栽培の一助となれば幸甚です。

　なお，本書は加除式出版物「農業技術大系野菜編」をもとに編集しました。記事転載の許諾をいただいた皆様に厚くお礼申し上げます。

2019年1月　　　　　　　　　　　　　一般社団法人　農山漁村文化協会編集局

# 全体の構成と執筆者（所属は執筆時，敬称略）

◆**カラー口絵解説**
大西忠男（元兵庫県立農林水産技術総合センター）／小島昭夫（元農研機構野菜茶業研究所）／西口真嗣（兵庫県立農林水産技術総合センター）／執行正義（山口大学）

**序説　ネギ類の種類と性状**　八鍬利郎（北海道大学農学部）

〈タマネギ〉
◆**植物としての特性**
執行正義（山口大学）／加藤　徹（高知大学農学部）
◆**生育のステージと生理，生態**
加藤　徹（高知大学農学部）／金澤俊成（岩手大学）
◆**品種生態と作型**
小島昭夫（元農研機構野菜茶業研究所）／山田貴義（大阪府農林技術センター）／室　崇人（農研機構北海道農業試験場）／大塩哲視（兵庫県立淡路農業技術センター）／中山敏文（佐賀県上場営農センター）
◆**各作型での基本技術と生理**
室　崇人（農研機構北海道農業研究センター）／田中静幸（北海道立総合研究機構北見農業試験場）／大西忠男（元兵庫県立農林水産技術総合センター）／松尾良満（佐賀県農業試験研究センター白石分場／川﨑重治（元佐賀県農業試験場）／山崎　篤（農研機構東北農業研究センター／平井　剛（北海道立総合研究機構十勝農業試験場）／本間義之（静岡県農林技術研究所）
◆**個別技術の課題と検討**
相馬　暁（北海道道南農試）／小野寺政行（北海道立総合研究機構北見農業試験場）／松尾綾男（元兵庫県農業総合センター）／西村十郎（兵庫県立中央農業技術センター）／西口真嗣（兵庫県立農林水産技術総合センター）／横山佐太正（九州病害虫防除推進協議会）／神納　浄（元兵庫県立中央農業技術センター）／川﨑重治（佐賀県農業試験場）／野村健一（元千葉大学園芸学部）／中井善太（千葉県農林総合研究センター）／兼平　修（北海道立北見農業試験場）／岩崎暁生（北海道立総合研究機構中央農業試験場）／土生昶毅（東京都農業試験場）／西村融典（香川県農業試験場）／奥井宏幸（兵庫県南淡路農業改良普及センター）
◆**精農家の栽培技術**
佐々木康洋（北海道農政部生産振興局技術普及課北見農業試験場駐在）／澤里昭寿（宮城県農業・園芸総合研究所）／宮元史登（富山県農業技術課広域普及指導センター）／奥井宏幸（兵庫県南淡路農業改良普及センター）／福永博文（熊本県芦北農業改良普及センター）／菅原之雄（富良野農業協同組合）／高橋忠史（愛知県知多農業改良普及所）／畑山喜代見（大阪府泉南地区農業改良普及所）／吉田嘉己（和歌山県那賀農業改良普及所）／牛見昭雄（山口県農林水産部農産園芸課）／香川清顕（香川県三豊農業改良普及所）／川﨑重治（佐賀県農業試験場）

〈ニンニク〉
◆**植物としての特性**　八鍬利郎（北海道大学農学部）
◆**生育のステージと生理，生態**　八鍬利郎（北海道大学農学部）

◆**各作型での基本技術と生理**
庭田英子・豊川幸穂・今 智穂美（青森県産業技術センター野菜研究所）／岩瀬利己（青森県畑作園芸試験場）／松崎朝浩（香川県農業試験場）／忠 英一（青森県農林総合研究センター畑作園芸試験場）

〈ラッキョウ〉
◆**植物としての特性**　八鍬利郎（北海道大学農学部）
◆**生育のステージと生理，生態**　八鍬利郎（北海道大学）
◆**各作型での基本技術と生理**
佐藤一郎（鳥取大学名誉教授）／大崎隆幾（福井県農林水産部総合農政課専門技術員）

〈シャロット〉
◆**植物としての特性**　八鍬利郎（北海道大学）
◆**基本技術と生理**　青葉 高（元千葉大学）

〈精農家のネギ類栽培〉
太田富広（青森県三八地域県民局地域農林水産部普及指導室三戸普及分室）／横井弘善（香川県中讃農業改良普及センター）／川上一郎（鳥取県鳥取農業改良普及所）／川﨑重治（佐賀県農業試験場）

# タマネギ大事典　目次

## カラー口絵
タマネギの形態的特性／タマネギのおもな近縁野生種／タマネギの生育／雑草防除／タマネギの重要病害虫／タマネギのおもな貯蔵病害／水田転換畑の排水対策例／タマネギの収穫機械化体系／ニンニク，シャロット

まえがき ……………………………………………………………………………… 1
全体の構成と執筆者 ………………………………………………………………… 2

序説　ネギ類の種類と性状 ………………………………………（八鍬利郎）9

## 〈タマネギ〉

### 植物としての特性
タマネギの原産と来歴 …………………………………………（執行正義）21
形態的特性 ………………………………………………………（加藤　徹）25
生理，生態的特性 ………………………………………………（加藤　徹）29

### 生育のステージと生理，生態
栄養発育の生理 …………………………………………………（加藤　徹）31
地上部発育の生理 ………………………………………………（加藤　徹）35
球形成の生理 ……………………………………………………（加藤　徹）43
球肥大充実期の生理 ……………………………………………（加藤　徹）53
休眠の生理 ………………………………………………………（加藤　徹）63
花芽分化と抽台の生理 …………………………………………（加藤　徹）71
開花，結実の生理 ………………………………………………（加藤　徹）77
球貯蔵の生理 ……………………………………（加藤　徹）・（金澤俊成）85

### 品種生態と作型
日本におけるタマネギ育種の歴史 ……………………………（小島昭夫）99
タマネギ品種の基本的とらえ方 ………………………………（山田貴義）109
品種の諸性質 ……………………………………………………（山田貴義）111
タマネギの品種の特性と作型利用
　北海道 …………………………………………………………（室　崇人）117
　近畿 ……………………………………………………………（大塩哲視）124
　九州 ……………………………………………………………（中山敏文）132

### 各作型での基本技術と生理
春まき秋どり栽培 ………………………………………………（室　崇人）137
春まき秋どり栽培（早期播種）…………………………………（田中静幸）147
秋まき普通栽培 …………………………………………………（大西忠男）157

トンネル（2〜3月どり）栽培……………………………………（松尾良満）183
機械化一貫栽培（セル成型苗移植栽培）……………………………（松尾良満）193
秋冬どり（11〜3月）栽培…………………………………………（川崎重治）209
オニオンセット利用の冬どり栽培…………………………………（大西忠男）233
春まき夏どり栽培……………………………………………………（山崎 篤）243
直播栽培（北海道）…………………………………………………（平井 剛）247
秋まき超早出し栽培…………………………………………………（本間義之）259

## 個別技術の課題と検討

### 施肥問題
タマネギの施肥問題と施肥設計……………………………………（相馬 暁）265
春まきタマネギ栽培における窒素分肥……………………………（小野寺政行）279
春まきタマネギ栽培における土壌凍結深の制御と効果…………（小野寺政行）289

### 重要病害虫
べと病……………………………（松尾綾男）・（西村十郎）・（西口真嗣）297
灰色腐敗病………………………（松尾綾男）・（西村十郎）・（西口真嗣）304
白色疫病…………………………（横山佐太正）・（神納 浄）・（西口真嗣）310
タマネギ萎黄病の耕種的防除法……………………………………（川崎重治）315
おもな貯蔵病害とその対策…………………………………………（西口真嗣）325
ネギアザミウマ……………（野村健一）・（中井善太）・（兼平 修）・（岩崎暁生）329
ネギハモグリバエ…………（野村健一）・（中井善太）・（土生㥏毅）・（岩崎暁生）332

### 機械・資材利用
フレコンバッグを利用した暖地タマネギの機械収穫・調製体系………（西村融典）335
タマネギの除湿機利用乾燥貯蔵……………………………………（奥井宏幸）347

## 精農家の栽培技術

北海道・飯田裕之　春まき秋どり移植栽培（北はやて2号，オホーツク222，北もみじ2000ほか）……………………………………………………………………………359
宮城・農事組合法人林ライス　春まき夏どり栽培（もみじ3号，ネオアース）………373
富山・JAとなみ野たまねぎ出荷組合　秋まき初夏どり栽培（ターザン，もみじ3号）
　………………………………………………………………………………………381
兵庫・碇 茂　秋まき6月収穫（ターザン，もみじの輝ほか）………………………397
兵庫・天田賀雄　4〜11月出荷（ターボ，七宝早生，もみじ3号ほか）……………411
熊本・あしきた農業協同組合サラたまちゃん部会　秋まき普通栽培・3〜6月出荷（貴錦，濱の宝ほか）………………………………………………………………………425
北海道・山崎永稔　春まき秋どり移植栽培（札幌黄）………………………………437
愛知・佐野正三　自家採種早出し栽培（知多黄早生）………………………………447
大阪府・今井久一　秋まき普通栽培（今井早生2号）………………………………455
大阪府・龍本捨之亟　オニオンセット利用マルチ栽培（貝塚極早生）……………461
和歌山・山田 元　長期吊りタマネギ栽培（晩生斎藤系）…………………………469
山口・中村善彦　秋まき初夏どり吊り玉栽培（山口甲高）…………………………479
香川県・滝本重一　採種栽培（貝塚早生，淡路中甲高）……………………………487
香川県・高橋 実　暖地青切栽培（ひかり，さつき，ホーマ）……………………495
佐賀県・溝口義雄　暖地貯蔵栽培（淡路中甲高）……………………………………505

[月刊『現代農業』セレクト技術]
富山・齋藤忠信 「田んぼの土」をホロホロの「畑の土」に変える大麦輪作 393／愛知・勝﨑 豊 ペコロスの栽培 454／大分・仲 延旨 腐敗病，黒かび病を防ぐ倒伏後防除とフレコンバッグ移送 503／佐賀・木室信幸 べと病を蔓延させなかったタマネギ名人のワザ 514

## 〈ニンニク〉

**植物としての特性** ……………………………………………………（八鍬利郎）519
**生育のステージと生理，生態** ………………………………………（八鍬利郎）529
**各作型の基本技術と生理**
　寒冷地のニンニク栽培 ……………………（庭田英子）・（豊川幸穂）・（今 智穂美）559
　冬春どり栽培 …………………………………………………………（岩瀬利己）575
　暖地の栽培 ……………………………………………………………（松崎朝浩）583
　ニンニクのウイルス病対策 ………………………………（庭田英子）・（忠 英一）591

## 〈ラッキョウ〉

**植物としての特性** ……………………………………………………（八鍬利郎）603
**生育のステージと生理，生態** ………………………………………（八鍬利郎）607
**各作型での基本技術と生理**
　一年掘り栽培 …………………………………………………………（佐藤一郎）623
　三年子栽培 ……………………………………………………………（大崎隆幾）639

## 〈シャロット〉

**植物としての特性** ……………………………………………………（八鍬利郎）655
**栽培技術の基礎と実際** ………………………………………………（青葉 高）657

## 〈精農家のネギ類栽培〉

　〈ニンニク〉
　　青森・田沼誠一　畑地マルチ栽培（福地ホワイト）……………………………… 663
　　香川・横田敏秋　暖地4～6月どり栽培（大倉種）………………………………… 673
　　鳥取・谷口広治　5～6月どりポリマルチ栽培（因州早生）……………………… 679
　　佐賀・中島一郎　暖地1～3月どり栽培（壱岐早生）……………………………… 691
　〈ラッキョウ〉
　　鳥取・山本利平　　砂丘地二年子栽培（黒皮系）………………………………… 699

索引 ……………………………………………………………………………………… 708
本書に掲載されている種苗・資材等の問い合わせ先一覧 ………………………… 713

＊本書に記載の農薬等はいずれも執筆時のものです。
　実際の使用に当たっては最新の情報入手に努め，
　それぞれのラベルに記載の内容に従ってご使用ください。

# タマネギの栽培タイプと関連記事

　タマネギの肥大開始は気温と日長によって決まり，これにより栽培適地，品種が決まる。日本では大きく分けて春まき栽培が北海道で，秋まき栽培が本州，四国，九州などの都府県で行なわれ，さらにいくつかの栽培タイプが開発されている。栽培適地と栽培タイプがわかるように，以下の図に本書における栽培タイプ（記事タイトル）とその冒頭ページを書き入れた。それぞれの管理作業の実際はそれぞれの記事を参照のこと。

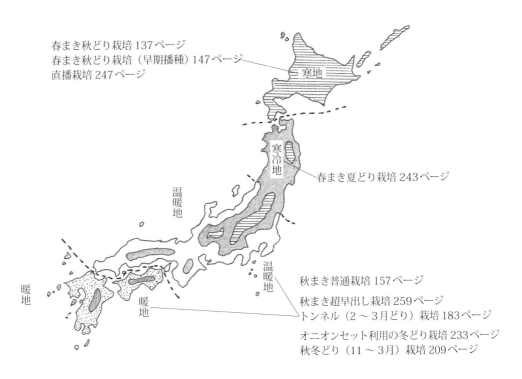

野菜の作型呼称に用いる地域区分図（野菜・茶業研究資料第8号より）

# 序説　ネギ類の種類と性状

## 1. ネギ属植物の分類学上の位置と形態学的特性

　野菜のうち，ネギ類と称せられるものはすべてユリ科（*Liliaceae*）のネギ属（*Allium*）に属していて，その分類学上の位置は第1表のとおりである。"*Allium*"（アリューム）の語源には諸説があって olere（臭う），halium（強く臭うもの）に因るといい，あるいはケルト語の all（灼くような，辛い）からきたともいわれる。ネギ属植物は，欧州，アジア，北アフリカおよび北アメリカに約280種，わが国に18種を産する。大井（1965）によると，その形態的特徴は次のとおりである。

　鱗茎は単生または叢生し，ときには短い根茎がある。葉は線形か円筒形，またはまれに長楕円形をなす。花茎は基部の根葉の鞘部に包まれ，茎葉がない。花序は頂生し，散状である。苞は膜質ではじめは全く癒合しているが，のちに不整の2片（または3片）に裂開する。小梗は細い。花は小形，花蓋片6，雄ずい6，花柱1，ときに上方が三つに浅裂する。小花はときに小球芽（珠芽）に変わり，花被片は離生または基部ではなはだ短く癒合し，通常は帯紅色または白色で，まれに帯黄色となる。また通常1脈で斜開またはやや直立する。花糸は基部がひろがって癒合し，内方のものはときどき下部の両側に牙歯がある。子房は3室，または不完全3室であって各室に通常2個，ときには数個の胚珠がある。蒴は膜質，種子は黒色で稜角があり，偏平である。

　ネギ属のなかには，野菜，花卉，薬草として栽培されているものも多いが，そのうち野菜として食用に供されているものには，ネギ，タマネギ，ニンニク，ラッキョウ，ニラ，アサツキ，ワケギ，リーキ，ヤグラネギなどがある。これらのうち，タマネギ，ニンニク，リーキなどは欧米でひろく利用されているが，ネギ，ラッキョウ，ニラ，アサツキなど，東洋独特の野菜も多い。

　米国のジョンズおよびマン（1963）はその著書「タマネギとその同類」（Onions and their Allies）の中で食用として利用されるネギ属植物として，次のような作物名をあげている（学名および和名のない群名は区別するため英語の

第1表　ネギ属の植物分類上の位置　　　（一部　佐竹，1964による）

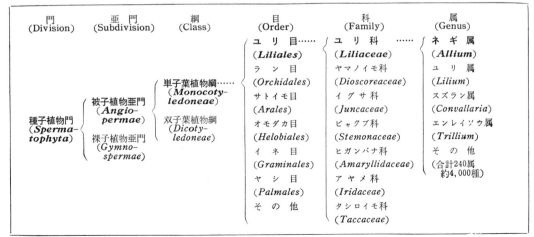

注　おもに形態比較に基づく従来の分類体系の例である。なお，DNA解析情報を基盤とする新しい分類体系がThe Angiosperm Phylogeny Groupにより提唱されており，例えば2003年に発表された「APG II体系」におけるネギ属の位置づけについては，21ページを参照されたい。

まま記す)。
*Allium cepa* L.
　タマネギ群：タマネギ
　Aggregatum 群
　　ポテト-オニオン（分けつ性）
　　エバ-レディ-オニオン
　　シャロット
　Proliferum 群
　　トップ-オニオン（ツリー-オニオン，エジプト-オニオン）
*Allium sativum* L.
　ニンニク
*Allium ampeloprasum* L.
　Great-headed garlic 群
　　グレート-ヘッデッド-ガーリック
　リーキ群：リーキ
　Kurrat 群：カラット
*Allium fisturosum* L.
　ネギ

*Allium schoenoprasum* L.
　エゾネギ
*Allium chinense* G, Don.
　ラッキョウ
*Allium tuberosum* Rottler ex Sprengel.
　ニ　ラ

　第1図および第2表はこれらの植物の特徴を示したものである。ネギ類の分類や学名については学者間で統一されていないものもある。ジョンズらが記した前記の学名や分類のしかたについても，必ずしもわが国で通常用いられているものと一致しないものがある（たとえばリーキやラッキョウの学名など）。また，この中ではシャロットがタマネギと同じ学名になっていたり，アサツキの名がのっていないなど，わが国の実情といくらかのちがいがみられる。

　個々の作物の性状についてはそれぞれの項で説明するが，つぎにネギ類の生態的特性や繁殖法などについて総括的に述べよう。

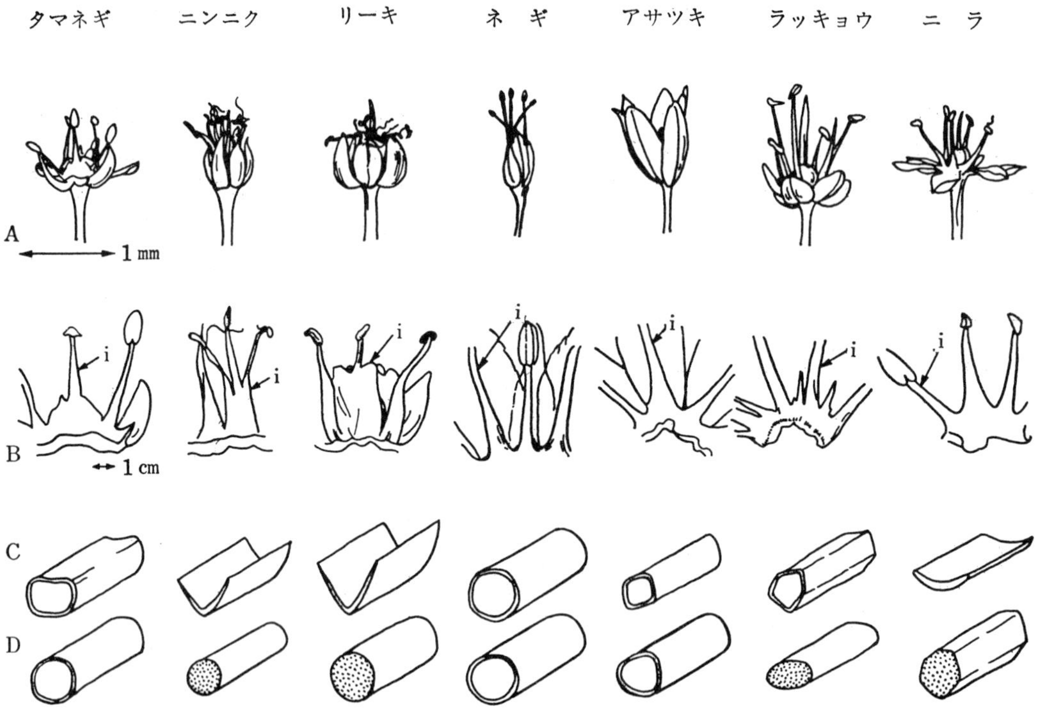

第1図　食用に供されるネギ属植物の形態的特性　　　　（ジョンズおよびマン，1963）
A：花，B：雄ずい，C：普通葉葉身部の横断面，D：花茎の横断面

第2表　食用となるネギ属植物の特性（ジョンズおよびマン，1963）

| 種　類 | 開花期 | 花の色 | 繖形花序の開き方の規則性 | 花序での珠芽の有無 | 食用部分 |
|---|---|---|---|---|---|
| タマネギ（シャロットを含む） | 春 | 緑がかった白色 | 不規則 | ほとんどの栽培種にはなし | 普通葉の基部（肥厚葉）および鱗葉（無葉身葉） |
| ニンニク | 春（または不抽台） | ラベンダー（花は常に発育不全） | 不規則 | 珠芽着生 | 肥厚した鱗葉（小鱗茎）普通葉の基部は肥大しない |
| リーキ | 春 | 白〜紫紅色 | 不規則 | 通常なし | ニンニク同様の小鱗茎 |
| ネギ | 春 | 淡黄色 | 花球の頂部から始まり周縁部に及ぶ | ほとんどの栽培種にはなし | 普通葉の基部，わずかに鱗茎発達することあり |
| エゾネギ | 春〜夏 | 紫紅色ときに白 | 花球の頂部から始まり周縁部に及ぶ | まれに生ずる | 普通葉の基部，わずかに鱗茎発達することあり |
| ラッキョウ | 秋（夏の休眠以後） | ラベンダー | 不規則 | なし | 普通葉の基部鱗茎を形成する |
| ニ　ラ | 中〜晩夏 | 白 | 不規則 | なし | 根茎鱗茎わずかに発達する |

## 2. 生態的特性からみたネギ類の分類

ネギ類の分布範囲は一般に広く，耐暑性の強いもの，耐寒性の強いものなどの系統に分かれているので，温度に対する適応性は，かなり幅広い。

ネギ類は，休眠性，花房分化期，開花期などの生態的特性から第3表のように分類できる。まず休眠についてみると，ネギ，ヤグラネギ，リーキ，アサツキ，ニラなどは春から秋まで生育をつづけ，冬に休眠に入る。このばあいの休眠の入り方は，後述のように種や品種によって違いがあり，秋から冬にかけての短日によって深い内的休眠に入るものもあれば，ただたんに低温のために生育を停止している外因の休眠状態のものもある。

冬の間，葉が枯れて深い休眠に入るものは寒さに強く，寒冷地でもつくりやすいことになる。ニラの在来種や北方型のネギはこの仲間に入るが，同じニラやネギでも，品種によっては内的休眠に入らないため寒さに弱いものもある。いずれにしても，これらの作物は高温のため生育が衰えることはあっても，夏に完全な休眠に入ることはない。

第二のグループは，初夏に鱗茎（球）を形成して夏に休眠するもので，これらの種類は，元来夏は高温で乾燥し，冬は比較的温暖，多雨な地帯に生育していたもので，タマネギ，ニンニク，ワケギ，ラッキョウなどがこのグループに入る。秋に鱗茎の休眠がさめると，芽を出し始め，条件がよければ生育をつづけるが，わが国では，冬の低温のために生育を停止するのが普通である。そして大きな苗では，冬の間に花芽分化が起こることが多い。越年後は，春の温度の上昇に伴ってふたたび生長が盛んになり，やがて長日によって鱗茎（球）を形成する。

つぎに花房分化，抽台，開花期についてみると，ネギ類の多くは緑植物低温感応型の植物に属し，ある大きさに達した苗が低温短日条件に遭遇することによって花房の分化が起こるが，ニラ，ラッキョウは高温，長日期に花房分化する。このようにネギ類は花房分化が低温，短日

第3表　生態的特性からみたネギ類の分類
（八鍬）

| 休眠性<br>花房分化 | 冬休眠<br>低温短日により休眠（または休眠なし） | 夏休眠<br>長日により鱗茎形成，休眠に入る |
|---|---|---|
| 低温，短日により花房（花芽）分化 | ネギ，ヤグラネギ，リーキ | タマネギ，ニンニク，アサツキ（リーキの側球） |
| 長日により花房（花芽）分化 | ニラ | ラッキョウ，シャロット |
| 抽台ほとんどなし | ネギの不抽系品種 | ワケギ，ニンニクの米国種 |

序説　ネギ類の種類と性状

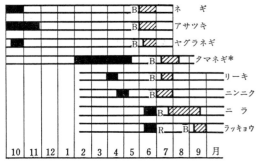

第2図の①　ネギ属植物の花房分化，抽台，
　　　　　開花期の比較
　　　　調査地は札幌　　　（八鍬，1969）

■ 花房分化期　B：抽台期　＊母球についての調査で，
▨ 開　花　期　R：休眠期　　貯蔵中の分化期も含めた

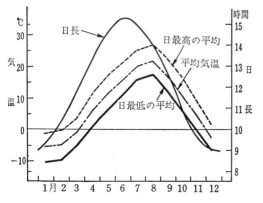

第2図の②　同上調査地での気温と日長の季
　　　　　節的変化

により誘起される植物と，長日により誘起され
る植物とに分けられるが，その後発育して抽台，
開花するためには，どの植物にも温暖，長日条
件が適している。
　なお，花成に必要な低温の程度や苗の発育度
と低温感応性との関係，長日感応のための限界
明期時間などは，植物の種類，品種によって異
なる。第2図は札幌市で栽培したネギ属植物8
種について，自然条件下での花房分化，抽台，
開花期を調査した結果で，ネギ，アサツキ，ヤ
グラネギは10〜11月に花房を分化し，冬期間は
外因的休眠に入り，翌春5〜6月に抽台，開花
する。
　タマネギ（このばあいは球）は，年内に花房
分化することはほとんどない。普通貯蔵（5〜

10℃）では2月から3月にかけて分化するが，
母球を秋に圃場に植えつけて越冬させると，3
月から5月中旬にかけて分化する。抽台，開花
はネギより1か月以上遅れる。
　リーキ，ニンニクは，花房の分化期が4月か
ら5月上旬で，抽台，開花期はタマネギと同時
期かやや早い。
　ニラ，ラッキョウは，以上のべた作物とは異
なり，高温，長日期の6月に花房を分化する
（第2図の②）。ニラは，その後速かに花茎が
伸びて7月から9月にかけて抽台，開花するが，
ラッキョウは花房分化後，一時休眠に入るため，
抽台，開花はニラより遅れて9月中旬ないし下
旬となる。
　また，ネギの不抽台系品種，ニンニクの米国
種，ワケギなどはいずれも自然条件下で花房分
化が起こらず，したがって抽台，開花が行なわ
れない。
　以上のべた休眠および花房分化に関する生態
的特性は，原産地の気候条件によく適応してい
るといえよう。

## 3. 分けつ，分球機構からみた　　ネギ類の分類

### (1) ネギ類の分けつと分球

　ネギ類には分けつまたは分球するものが多い
が，厳密に考えると，その両者のちがいの定義
づけはきわめてむずかしい。しかし一般的には
分けつという語は「基部の節からその腋芽が伸
び出すこと」または「その腋芽の伸びたもの」
（山田ら，1960）を意味し，禾穀類の分枝のば
あいに多く用いられている。禾穀類のばあいに
は，植物の種類による形態的相違が少ないため，
この語の使い方に問題はないが，園芸作物とく
に球根類では，これと同様の現象でありながら，
「分けつ」より「分球」の語を用いた方が妥当
と考えられることがある。そして，この両方の
語は，一般に，その植物が鱗茎（bulb）を形成
するか否かによって使い分けられているようで
ある。

ネギ類の中にも，鱗茎を形成する植物がかなりあるが，その構造は植物によって必ずしも一様ではない。つまり，ニンニクやリーキでは，母植物の普通葉の幾枚かの葉腋に新球（側球）の原基が分化し，これらが発育肥大することによって球が形成される。したがって母植物の葉の葉鞘部は何ら肥大生長を行なわないのである。このばあい，新球（側球，小鱗茎，仔球などとも呼ばれている）は保護葉，貯蔵葉，発芽葉，普通葉で構成されるが，前三者はいずれも葉身をもたないいわゆる鱗片葉（scale）である。しかし，これら三者のうち，肥厚生長するのは貯蔵葉だけである。
　また，タマネギ，ラッキョウ，ワケギでは，肥大期に入るとともに植物体の新生葉自体が肥厚生長を行ない，その後発生する葉芽は，鱗片葉（scale）として発育することによって鱗茎が形成される。つまり，このばあいは多くの肥大した鱗葉が同心円状に重なり合って鱗茎を構成しているのである。これらの植物では，肥大期に入る前に行なわれた分けつは「分けつ」と称し，肥大期に入ってから分かれたものは「分球」と称することになる。
　また，植物によっては，たとえばアサツキ，ヤグラタマネギ（Top onion）のように，各葉の葉鞘基部が肥厚するが，完全な球を形成するまでには至らないものもある。このようなばあいは，分けつと分球との中間的な形態となるが，一般に「鱗茎」と呼びながら「分けつ」という語を用いている。

第4表　ネギ類の分けつ，分球機構による分類　　　　　　　　　　　（八鍬，1963）

| 分類 | 分けつ(分球)芽の分化する時期 | 分けつ(分球)芽の形成される位置 | 分化当初の分けつ(分球)芽および親株の葉序方向とその後の変化 | 分けつ，分球の別と所属植物名 |
|---|---|---|---|---|
| ①ネギ型 | 生育期間中，親株の生長点より約0.5葉おくれて | 親株の葉腋部，葉序面上 | 分けつ(分球)芽の葉序方向は親株の葉序方向に直角で，その後も変化しないが，親株の葉序方向は，分けつ(分球)芽の形成後2～3葉にして90度の方向転移を行なって分けつ芽と平行になる。この規則性により，分けつ(分球)の配列はかなり規則正しく円形か楕円状に広がってゆく | 分けつ：ネギ，ヤグラネギ，ワケギ　ヤグラタマネギ　分球：タマネギ　分けつと分球：ラッキョウ，ヤマラッキョウ |
| ②ニラ型 | 同上 | 同上 | 分けつ(分球)芽の葉序方向は最初親株の葉序方向と一致するが，分けつ(分球)の発育に伴って分けつ(分球)および親株の葉序方向が不規則ながら転移するため，しだいに分けつ(分球)の配列がくずれてゆく | 分けつ：ニラ，アサツキ，シロウマアサツキ |
| ③リーキ型 | 秋～冬，地上部の生育停止後，花房の分化期に各節ほぼ一斉に行なわれる（ノビルではやや不規則） | 葉鞘内葉腋，母植物の葉序面上に原則として一列に並ぶ | 側球芽第一葉（保護葉）だけは母球の葉序方向と一致するが，普通葉以後は親株の葉序方向に直角，つまり，鱗茎部横断面の接線方向となる | 分球：リーキ，アリウム，ノビル |
| ④ニンニク型 | 同上 | 日本種：最終葉と最終直前葉の2つの節の葉腋部　米国種：日本種のように2節に限らず，小鱗茎形成の段階に入った後の数節の葉腋部 | 小鱗茎（側球）の第一葉（保護葉）だけはこの芽と母球の中心を結ぶ面と一致するが，普通葉以後は大部分が母球の横断面の接線方向となる。着生小鱗茎の多いときは不規則な方向を有するものも混ずる | 分球：ニンニク |

以上のように，両語ともあいまいな点があるが，タマネギ，ラッキョウなどのばあいの分球は，鱗茎を形成するものに便宜上つけられた語なので，広義の分けつに含めてもさして不都合はないと思う。しかし，ニンニクやリーキでの小鱗茎（側球）はふつうの腋芽の発育肥大したものではなく，側球芽は特殊な節にだけ分化するもので，しかも1節に2個以上形成されることも多いので，分けつとははっきり区別すべき現象と考えられる。

## (2) 分けつ，分球機構によるネギ類の分類

分けつまたは分球機構の特性としては，分けつ（分球）芽の分化する時期，分けつ（分球）芽の形成される位置，分けつ（分球）芽分化当初の親株と分けつ（分球）芽の葉序方向とその後の変化などがあげられる。これらの点から検討すると，ネギ類の分けつ，分球機構は第4表に示すように四つの型に分けることができる。

個々の植物の分けつ，分球機構の詳細については「生育のステージと生理，生態」の項で説明することとし，ここでは各型について簡単に説明するに止める。

① ネ ギ 型

分けつ芽は，親株の生育期間中に生長点より約0.5葉遅れて親株の葉腋部，葉序面上に分化する。分けつ芽の葉序方向は最初から親株の葉序方向に直角で，その後も変化しないが，親株の葉序方向は分けつ芽の分化後2～3葉で90度の方向転移を行なって，分けつ芽の葉序方向と平行になる。

この規則性により，第二次分けつによって分かれた分けつと親株の配列様式は，次の三つの基礎型となる。

（a）三つの株が一列に並ぶ型
（b）三つの株が三角形の頂点の位置に配列される型
（c）四つの株が四辺形の頂点の位置に配列される型

その後増加する分けつ群の配列もかなり規則正しく，円形または楕円形の集団にひろがってゆく。この型に属する植物は，第4表に示すとおりである。

② ニ ラ 型

分けつ芽の分化する時期と位置はネギ型と同様だが，分けつ芽の葉序方向がネギ型と異なる。つまり，分けつ葉の葉序方向は，最初親株の葉序方向と一致するが，分けつの発育に伴って分けつおよび親株の葉序方向がそれぞれ不規則ながらも転移するため，その後増加する分けつの配列がしだいにくずれてゆく。ニラ，アサツキなどの分けつはこの型に属する。

③ リ ー キ 型

仔球（側球）芽は花房の分化時にほぼ一斉に分化し，原則として母植物の葉序面上に一列に並ぶ。これらの仔球芽の葉序方向は，第一葉（保護葉）だけが母植物の葉序方向に一致するが，普通葉以後は母植物の葉序方向に直角，つまり，鱗茎部横断面の接線方向となる。リーキ，アリウムなどの分球は，この型に属する。

④ ニ ン ニ ク 型

ニンニクの分けつには，日本種（東洋種）と米国種の二つの型がある。日本種では，花房の分化時に最終葉および最終直前葉の二つの節の葉腋部に2～5個ずつの側球芽が形成され，これらが発育して側球（小鱗茎）となる。葉序方向は，第一葉（保護葉）だけが花房の中心とその側球芽を結ぶ面と一致し，普通葉以後は大部分が母球の横断面の接線方向となる。なお，着生する側球の多いばあいには，方向の不規則なものを混ずる。

米国種では，一般に花房を形成しないため，側球を分化する節数は日本種のように2節に限られておらず，通常数節におよび，1母球当たりの側球数は10ないし20個に達する。

## 4. ネギ類の繁殖形式

ネギ属の植物には，正常に開花し，結実して発芽能力を有する完全な種子を生ずるものから，開花するが花器が不完全なためほとんど結実しないもの，あるいは花と珠芽とを混生するもの，さらに全く抽台しないものまで，いろいろの程

第5表　ネギ類の繁殖形式

| 作物名 | 学名 | 種子 | 珠芽 | 鱗茎（株分けを含む） |
|---|---|---|---|---|
| ネ　　ギ | *Allium fistulosum* L. | ○ |  | △* |
| タマネギ | *A. cepa* L. | ○ | △** | △ |
| リ　ー　キ | *A. porrum* L. | ○ |  |  |
| ニ　　ラ | *A. tuberosum* L. | ○ |  |  |
| ニンニク | *A. sativum* L. |  | △ | ○ |
| ラッキョウ | *A. Bakeri* REGEL. |  |  | ○ |
| アサツキ | *A. Ledebourianum* SCHULT. |  |  | ○ |
| ワ　　ケ | *A. fistulosum* L. var. *caespitosum* MAKINO |  |  | ○ |
| ヤグラネギ | *A. fistulosum* L. var. *viviparum* MAKINO |  | ○ | ○ |

注　1.　○印は主な繁殖法，△は特殊なばあい
　　2.　*「坊主不知」では種子がとれないので株分けを行なう
　　3.　**「雄性不稔系」の栄養繁殖には珠芽を形成させてこれを使う

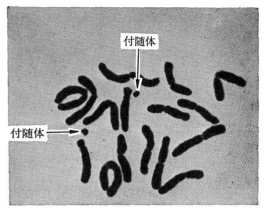

第3図　ネギの染色体（2 n＝16）
（八鍬ら原図）

度のものがある。

したがって，完全な種子を生ずるものは主として種子繁殖を行なうが，種子を生じないものは，珠芽，鱗茎または株分けによる繁殖を行なっている。第5表はネギ類の主な繁殖方法を示したものだが，能力としてはこのほかの繁殖能力を兼ね備えたものも多い。たとえば，ネギでも珠芽を形成することがあるし，タマネギやリーキでは，抽苔した花茎の基部に形成される小球（小鱗茎）から繁殖することもできる。

以上のようにネギ属植物には種子繁殖のできないものが多いが，種子の形成されない原因としては，遺伝因子によるばあいと生理的原因によるばあいとが考えられ，染色体的にみたさいは転座を起こすとか，同質倍数体になるなどのために核分裂に異常をきたして不稔を招くこともある。また，雄性不稔などの繁殖上の異常は，タマネギでみられるように，育種，採種上有効に利用されている。

個々の作物の繁殖上の問題点については，生育のステージと生理，生態の項で説明する。

## 5.　ネギ類の交雑関係と核型

ネギ属植物の染色体数は $n＝8$ で（第3図），たいていの種に $4n$ が存在し，このほとんどが同質である（片山 1953）。個々の植物の染色体数については，後述する。

ネギ属内の種間交雑は，古くから多くの研究者によって研究されている。エムスウェラーとジョンズは1931年からネギとタマネギの交雑についての研究をつづけ，これはやがてキアズマ（染色体交叉）の興味深い問題を提出することになった。ネギは，アメリカでは経済価値がないが，病気に強いので，この性質をタマネギに入れようとしたのが動機であった。

レバン（1936, 1941），前田（1937）らも交雑に成功し，その後代も調べたが，レバンはその $F_2$ 植物に三倍性または四倍性に近いものを得ている。このように，タマネギとネギとは交雑しやすく，その雑種 $F_1$ は旺盛な生育と葉の形質（中間形となる）によってすぐに区別できる（ジョンズら1963）。しかし，この種間雑種で $F_1$ から $F_2$ の得られる率はきわめて低く，前田の計算では 1/150,000 となった。

このほか，ネギとタマネギとの近縁種間の交雑では，*A. fistulosum*（ネギ）× *A. ascalonicum*（シャロット，核学的にタマネギと同様でタマネギとは変種レベルの関係とされている）（コクラン1953），*A. cepa*（タマネギ）× *A. asca-*

序説　ネギ類の種類と性状

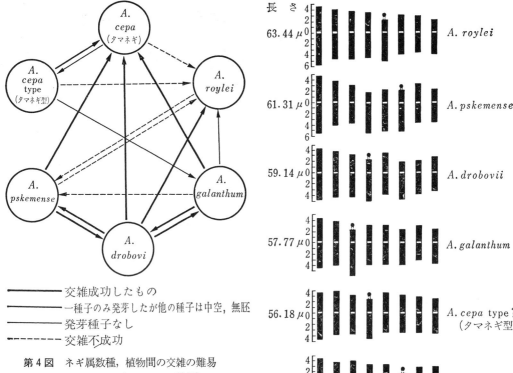

――― 交雑成功したもの
――― 一種子のみ発芽したが他の種子は中空，無胚
――― 発芽種子なし
----- 交雑不成功

第4図　ネギ属数種，植物間の交雑の難易
（サイニら，1967）
矢印の方向が雌に用いた親を示す

第5図　ネギ属数種植物の染色体の特徴
（サイニら，1970）

*lonicum*（アトキン1953），*A. galanthum*（ネギとごく近縁のもの）×*A. cepa*（タマネギ）（香川1957），*A. cepa*（タマネギ）×*A. altaicum*（蒙古地方に分布する野生種でネギの原種ともされ，ごく近いものと思われる）（香川1957）などが成功している。

また，近年サイニら（1967，1970）は *A. cepa*（タマネギ）とその近縁種 *A. galanthum*，*A. drobovii*，*A. pskemense* および *A. roylei* の交雑親和性の検討と核型分析を行なったが，そ

第6表　ネギ，タマネギの近縁種とその核型

| 和　　名 | 学　　名 | 核　型（栗田による） | 他の研究者による |
|---|---|---|---|
| ネ　ギ | *Allium fistulosum* L. | $14V + 2J^T$ | |
| ワケギ（東日本） | *A. fistulosum* L. var. *caespitosum* MAK. | $14V + 2J^T$ | $\begin{cases}13V+J_1+J_2+j^T（山浦）\\13V+J_1^t+J_2+i（山浦）\\13V+J_1+J_2+J_3^T（岩佐）\end{cases}$ |
| ヤグラネギ | *A. fistulosum* L. var. *viviparum* MAK. | $14V + 2J^T$ | （付随体欠失ヘテロ系統）<br>$14+J+J^T$（岩佐） |
| ワケギ（西日本） | *A. wakegi* ARAKI | $14V + J^T + J$ | |
| タマネギ | *A. cepa* L. | $14V + 2J^t$ | |
| ヤグラタマネギ | *A. cepa* L. var. *bulbellifera* BAILEY | $14V + 2J^t$ | |
| セイタカヤグラネギ | *A. cepa* L. var. *viviparum* (METZG) ALEF. | $14V + J^T + J$ | $14V+J_1+J_2^T$（岩佐） |
| シャロット | *A. ascalonicum* L. | $14V + J^T + J$ | |

の結果は第4図のとおりで，タマネギを交雑母本としたばあい，*A. galanthum*, *A. drobovii*, *A. pskemense* は容易に雑種をつくるが，これらは核型上それぞれ異なる。とくに付随体染色体についてタマネギと明確に異なっているという（第5図）。

以上のほか，山浦（1955）は*A. odorum*（ニラ，現在はニラの学名は *A. tuberosum* を用いるのが普通である）×*A. fistulosum*（ネギ）の花期をうまく合わせて交雑し，わずかに結実した種子から，2 n＝31という植物体を観察している。この植物体の体細胞染色体を詳しくみると，ネギにあるはずの付随体が大きい染色体にはないようだった，という。

また，アサツキは減数分裂が全く規則正しく行なわれるにかかわらず完全不稔だが，山浦（1955）は稔性のあるアサツキを得て，これとネギとの交雑でアサツキを母としたものは発芽しなかったが，ネギ×アサツキの中には発芽したものがあった，という。しかし，これらの交雑では種子の得られる率はきわめて低いのが普通である。

第6表は，ネギ属に属する主な野菜の核型を示したものである。

執筆　八鍬利郎（北海道大学農学部）

1973年記

# タマネギ

- ◆植物としての特性　21 p
- ◆生育のステージと生理，生態　31 p
- ◆品種生態と作型　99 p
- ◆各作型での基本技術と生理　137 p
  〈北海道〉
  春まき秋どり栽培　137 p
  春まき秋どり栽培（早期播種）147 p
  直播栽培　247 p
  〈府県〉
  秋まき普通栽培　157 p
  秋まき超早出し栽培　259 p
  トンネル（2～3月どり）栽培　183 p
  機械化一貫栽培（セル成型苗移植栽培）　193 p
  秋冬どり（11～3月）栽培　209 p
  オニオンセット利用の冬どり栽培　233 p
  〈東北地域〉
  春まき夏どり栽培　243 p
- ◆個別技術の課題と検討
  〈施肥問題〉　265 p
  〈重要病害虫〉　297 p
  〈機械・資材利用〉　335 p
- ◆精農家の栽培技術　359 p
  農家の掲載順は，冒頭に比較的近年の事例を並べた。
  一時代を画した精農家の事例記事には，末尾にそれぞれの方の現況やその技術的意義を簡単に付記した。

# タマネギの原産と来歴

## 1. ネギ類の分類

　新エングラー体系による植物分類では、ネギ類、アスパラガスといった食用園芸植物をはじめ、ユリ、スイセン、チューリップ、スズラン、ギボウシ、オモトなどの観賞用園芸植物やホトトギス、キスゲ、カタクリなどの野生種は、すべて広義のユリ科に含まれる（大場・清水, 2004）。広義のユリ科には288属5,000種が含まれる。

　一方で、2003年に公表されたDNA解析結果を用いた被子植物系統グループ（Angiosperm Phylogeny Group; APG）に基づく分類により既定された狭義のユリ科は、ユリ属、バイモ属、チューリップ属などの、東アジアと北アメリカに分布する16属600種あまりの小さな科になる。近年のDNAの解析から、ネギ類（alliums）の栽培種および野生種は、単子葉類（monocots）、クサスギカズラ目（Asparagales）、ネギ科（Alliaceae）、ネギ属（*Allium*）に含まれる。

　ちなみに、広義のクサスギカズラ目には、ネギ科、クサスギカズラ科（Asparagaceae）、ヒガンバナ科（Amaryllidaceae）などが含まれ、この階層に含まれる植物（リュウゼツラン、アロエ、アサツキ、チャイブ、ニンニク、アイリス、リーキ、タマネギ、ラン、バニラなど）の経済的な重要性は、主要穀物を含むイネ目（Polales）に次いでいる（Brewster, 2008）。

　フリーセンら（Friesen *et al*., 2006）によると、ネギ属には多く見積もって約780種の植物が含まれ、それらの多くはりん茎（Bulb）を形成する多年生植物とみなされている。また、ネギ類では、地下部貯蔵器官、すなわち、りん茎、地下茎、貯蔵根をもつものが多くみられ、それらの中にはフルクタンという貯蔵糖やシステインスルホキシド（cysteine sulphoxides; CSOs）という辛味・香気成分が多量に含まれる（Brewster, 2008）。

## 2. タマネギ栽培の起源

### (1) 野生種の分布

　フリッチェとフリーセン（Fritsch and Friesen, 2002）によると、ネギ属の重要食用作物であるタマネギとネギは、ともにケパ節（section *Cepa*）に含まれる。この節に含まれる種の形態的な特徴として、円筒状かつ中空状の葉身を有し、対生葉序を示すことがあげられる。

　しかし、両種の生理・生態特性の間にはいくつもの相違があり、共通の祖先種から地理的隔離の影響を受けて種分化した可能性が高い（山川, 2006）。ただし、両種の自生地は特定されておらず、種分化の過程を検証しようもない（小島, 2010）。

　一方で、ケパ節には、両種の近縁野生種も多々含まれる（第1図）。これらはおもに天山山脈北部のカザフスタン、キルギスタンなどの中央アジア連合の加盟国一帯に分布しており、この地域がケパ節の栽培種の起源中心地であると考えるのが妥当である（Havey, 1995）。

　山川によると、天山山脈西側の中央アジアは地中海性気候であり、6〜9月の夏に乾燥する。一方で、同山脈東側の中国新疆ウイグル自治区周辺になると、年間降雨量は西側よりいっそう少ないが、夏は比較的降雨が多く、冬が乾燥し寒さが厳しい。このように、夏の高温・乾燥が厳しい天山山脈西側の地域に、養分をりん茎に蓄えて夏に休眠するタマネギ型の植物種が発達したと考えられる（小島, 2010）。以上のことから、タマネギが天山山脈西側の山岳地帯に起

植物としての特性

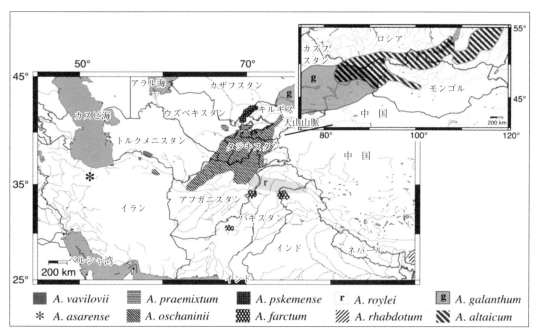

第1図　ネギ属ケパ節の野生種の地理的分布

(Gurushidze et al., 2007より一部改変)

源し、野菜としての発達はヨーロッパなどが中心であったことは理解しやすいし、中国でネギが起源・発達した理由もうなずける（第1図）。

### (2) 海外における栽培の歴史

タマネギを人類が栽培して食用とした歴史は古く、紀元前23世紀のエジプトまで遡ることができる（第2図）。

古代エジプトの人々は小麦や大麦を栽培したあとの裏作畑や家庭菜園において、タマネギ、ニンニクなどの食用ネギ類をはじめ、じつに多くの野菜を栽培していたとされている。これらの野菜は、穀物や肉類などとともにピラミッド建設の労働者の食料として用いられ、栄養のバランスを考えた食生活で健康な肉体をいち早く手に入れた人々の手により、巨大建造物建設が支えられたのである。

小島によると、紀元前数世紀の古代ギリシャでも栽培を経て、5～6世紀にタマネギはアルプス山脈を越えてヨーロッパ中部に伝播し、12世紀までにはフランス、スペイン、ポルトガルとロシアで一般的に栽培される野菜となった。その後、ヨーロッパ各地に広がっていき、中・東欧では辛タマネギの品種が多く生まれ、南欧では甘タマネギ品種が生まれた。アメリカ大陸への導入に関しては、16世紀の大航海時代に入って西インド諸島経由でもたらされたものを皮切りに、欧州からの移民により繰り返し持ち込まれている。17世紀の初頭には、貯蔵性の高い辛タマネギ品種が導入されてアメリカ系春まき品種群に発展していく。また、19世紀に入り、スペインやイタリアからの移民により甘タマネギがもたらされ、その後に秋まき性品種の大産地となる南部テキサス州などに土着した。

### (3) 日本における導入の歴史

日本におけるタマネギ導入の歴史は浅く、明治初期に外国の品種が導入され、北海道と大阪で本格的な栽培に向けた試験がなされ始めた。1871年に札幌に導入された米国の春まき用貯蔵向き辛タマネギ品種'イエロー・グロー

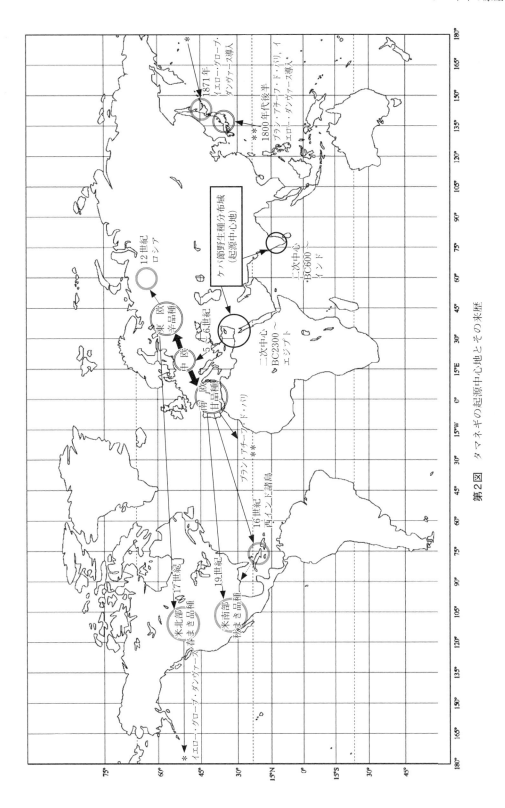

第2図 タマネギの起源中心地とその来歴

## 植物としての特性

ブ・ダンヴァース'は，選抜と栽培試験を繰り返し，在来品種'札幌黄'へと変遷していった。また，1920年に山口市秋穂二島に'札幌黄'が導入され，秋まき条件下で栽培され，とくに貯蔵性に関する選抜が約15年繰り返され，短日性の貯蔵向き品種'山口甲高（山口丸）'の育成がなされた。

一方で，1879年から大阪泉南地方に米国の貯蔵向き辛タマネギ品種'イエロー・ダンヴァース'が秋まき栽培で選抜されて'泉州黄'が生まれた。同時期にフランスから導入された秋まき辛タマネギ品種'ブラン・アチーフ・ド・パリ'に関しては，大正初期に愛知県知多半島で栽培・選抜が始まり，極早生白品種'愛知白'の誕生に至った。

これらは，その後の日本におけるタマネギ育種素材の礎となった。'札幌黄'から分化した'山口甲高（山口丸）'は，のちの秋まきタマネギの主力品種'ターボ''ターザン''もみじ3号'などの育種素材となった。'泉州黄'からは，のちに'さつき''もみじ'などの$F_1$品種が普及する昭和40年代まで北海道を除く全国で栽培されることになる中晩生の'淡路中甲高'が選抜されたほか，'貝塚早生'などの早生，'今井早生'などの中手品種などが分化した。'愛知白'は，わが国の超極早生の白色品種群を形づくっている。

執筆　執行正義（山口大学）

2018年記

### 参 考 文 献

Brewster, J. L.. 2008. Onions and other vegetable alliums.

Friesen, N., R. M. Fritsch and F. R. Blattner. 2006. Phylogeny and new intrageneric classification of *Allium* (Alliaceae) based on nuclear ribosomal DNA ITS sequences. Aliso. **22**(1), 372—395.

Fritsch, R. M. and N. Friesen. 2002. Allium crop science: resent advances.

Gurushidze, M., S. Mashayekhi, F. R. Blattner, N. Friesen and R. M. Fritsch. 2007. Phylogenetic relationships of wild and cultivated species of *Allium* section *Cepa* inferred by nuclear rDNA ITS sequence analysis. Pl. Syst. Ecol. **269**, 259—269.

Havey, M. J.. 1995. Onion and other cultivated alliums. Evolution of crop plants. 2nd Ed. 344—350.

小島昭夫. 2010. ネギとタマネギ. 品種改良の世界史 作物編. 悠書館. 383—408.

大場秀章・清水晶子. 2004. ユリ科. 絵でわかる植物の世界. 講談社. 東京. 150—151.

山川邦夫. 2006. ネギ属野菜の起源と発達. 野菜の生態と作型. 農文協. 246—247.

# 形 態 的 特 性

タマネギの一生を形態的な面から模式的に示すと，第3図のとおりである。

発芽後どのステージでも，長日条件に遭遇すると結球をはじめるが，一般には発育後一定期間育苗され，本圃に定植されて越冬する。育苗中に発育がすぎると，一部の苗は分けつする。これを一次分けつといい，この苗を植えると，春結球したとき分球して売りものにならない。しかし，近年は選抜されて良種子が提供されているので，分けつ苗の発生は少なくなっている。また暖冬異変などで，苗が大苗になりすぎてしまってから寒波が襲来したばあいなどは，冬の寒さに感応して花芽分化し，抽台することがある。これを不時抽台という。なるべく大苗を植え，しかもこの抽台をできるだけ少なくするような，調和のとれた栽培が，多収の大きなこつとなるのである。

春になって，長日温暖になると旺盛な生育を

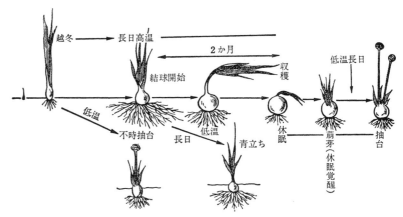

**第3図 タマネギの一生**

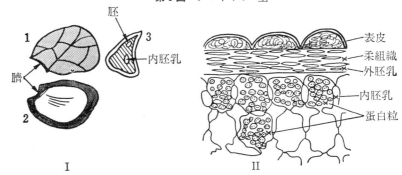

**第4図 タマネギの種子** （近藤，1934）

Ⅰ 種子 1 背面, 2 腹面, 3 中央横断面
Ⅱ 種子の横断面

**第4表 タマネギ種子の大きさ・千粒重** （近藤，1934）

| 品　　種 | 千粒重 | 長さ | | | 幅 | | | 厚さ | | | 比重 |
|---|---|---|---|---|---|---|---|---|---|---|---|
| | | 中粒 | 小粒 | 大粒 | 中粒 | 小粒 | 大粒 | 中粒 | 小粒 | 大粒 | |
| | g | mm | mm | mm | mm | mm | mm | mm | mm | mm | |
| 白タマネギ | 3.34 | 3.1 | 2.8 | 3.4 | 2.3 | 2.0 | 2.5 | 1.5 | 1.3 | 1.6 | 1.1794 |
| 黄タマネギ | 3.32 | 3.1 | 2.7 | 3.4 | 2.2 | 1.9 | 2.5 | 1.5 | 1.3 | 1.6 | 1.1555 |
| 赤タマネギ | 3.37 | 3.1 | 2.7 | 3.4 | 2.3 | 2.0 | 2.6 | 1.5 | 1.3 | 1.6 | 1.1718 |
| 平　　均 | 3.34 | 3.1 | 2.7 | 3.4 | 2.3 | 2.0 | 2.5 | 1.5 | 1.3 | 1.6 | 1.168 |

植物としての特性

とげ，まもなく結球を開始する。さらに球肥大をとげ，倒伏が誘起されて収穫期に達する。

収穫期に達するころから休眠に入り，9月末から10月にかけて休眠が覚醒して萌芽してくる。この萌芽球が冬期に長期間の低温に遭遇すると，花芽が形成され，春とともに抽台，開花，さらに結実して一生を終わる。だが，萌芽球内の側芽の一部は結球し，側球を形成することもある。

## 1. 種 子

タマネギの種子は第4図にみられるようにネギの種子よりいちじるしく大きく，楯形をし，角立ちして腹面は平らである。臍部のくぼみは非常に深い。表面には不規則なしわが多く，黒色をしている。これは種皮の表皮細胞中に黒褐色物が蓄積し，しかも細胞膜が波状をしているためである。

種子の中央断面は三角形をしているが，その内部に胚および胚乳がみられる。内胚乳細胞は厚く，多孔である。細胞の直径は約40$\mu$で蛋白粒および脂肪が充満している。胚は長く，糸状をして，螺旋状に曲がり，内胚乳中にあり，やはり蛋白および脂肪が満たされている。

## 2. 葉

葉の分化発達のしかたは，葉序2分の1の対生に発生してくるが，結球期になると葉身の抑制された葉鞘だけの鱗葉*が発生してくる。これらの発生とともに，葉鞘基部は肥大多肉化してくる。

第5図にみられるように，若い葉では海綿状柔細胞および細胞間隙で満たされているが，発育とともに細胞間隙は広がり，葉は中空となる。この発達段階は葉先からはじまる。

タマネギの葉は他の植物と異なり，葉の表面に気孔がみとめられ，その内部に柵状組織があり，葉緑粒で満たされている。その内部の海綿組織には，葉緑粒はみとめられない（第6図）。

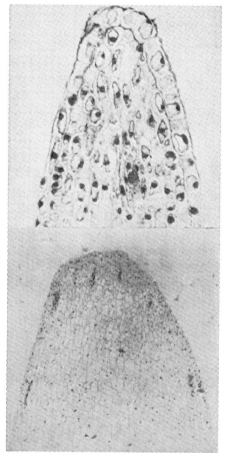

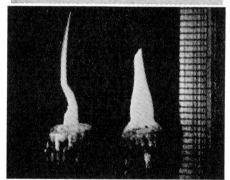

第5図 普通葉と鱗葉
上：普通葉の先端
中：鱗葉の先端　葉身組織がなく，未分化の細胞群がみられる。この細胞群は，葉身の分化が抑制された姿である
下：左は普通葉で葉身が葉鞘よりも長い。右は鱗葉で葉身がみられない

---

**鱗葉**　葉身／葉鞘比が1以下の葉を鱗葉といい，葉身の発育が抑制されるために形成される

形態的特性

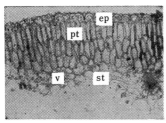
葉身上部の横断面

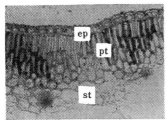
葉身上茎の横断面

葉の断面

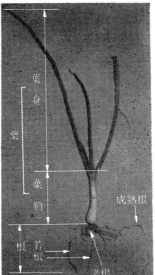
外観

根の種類

c ：中心柱
co ：皮層
en ：内皮
ep ：表皮細胞
ex ：外皮
g ：孔辺細胞
in ：細胞間隙
p ：周皮
pc ：柔細胞
pt ：柵状組織
s ：気孔
st ：海綿状組織
v ：維管束

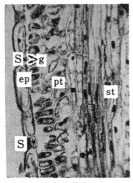
葉身縦断面

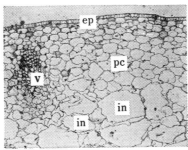
葉鞘横断面

根の横断面

第6図 タマネギ各部位の組織断面

## 3. 分けつ・分球

ネギ類では多くの分けつがみられるが，タマネギではときとして秋の平均気温 9.7～11.0℃以上で第1次分けつがみられる。だいたい12～13葉をもった苗でみられるが，この分けつの発生はいたって少なく，分けつは結球開始後しだいにみられる。大球ほど分球が多くなっているが，ほぼ第四次分球までである。

## 4. 花　器

冬の低温によって花芽分化し，春長日となって抽台開花する。花茎は60～120cmで，中空，中ほどから下に紡錘状膨大部がある。茎頂に，はじめ膜状の総包に包まれた花序を着け，のちに，総包がさけて球状に簇生する多数の花が現われる。

花は白または多少藤色を帯び，花梗は2.5cmまたはそれ以下，6個の花弁は披針形，尖頭で，雄ずい6本をもっている。内側の3本は，花糸が基部から開張している。

## 5. 根

根はまず冠部基部下から発生し，順次輪を広げて周縁部から根が発生，伸長する。第6図右側のように側枝のない繊維根で，成熟するにつれて側枝を有する分岐根となり，最後に老化枯

植物としての特性

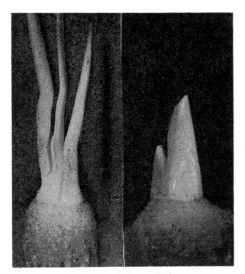

第7図　分けつ，分球
左：分けつ　一次の分けつだけがみられる
右：分球　球形成中に行なわれ，四次までみられる

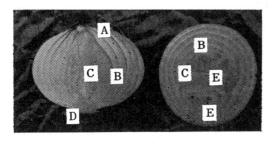

第8図　球の構成
　　　　左：縦断面　右：横断面
A：保護葉（葉鞘の老化・乾燥によってできる）
B：肥厚葉（普通葉の葉鞘が肥厚したもの）
C：鱗葉（葉身のない葉鞘だけの葉で，貯蔵葉ともいわれる）
D：底盤部（短縮茎）
E：側球
球の大きさは，肥厚葉と分球に伴って増加する鱗葉との二つから決められる

死する。根の横断面をみると，一般の根でみられる構造をしている。

## 6. 球

球は主として普通葉の葉鞘が肥厚した肥厚葉と，分球によって増加してくる鱗葉からでき上がっているものを保護葉によって被覆されている（第8図）。したがって肥厚葉は貯蔵中に外側から内部へ養分を転流し，保護葉になる。保護葉の色はルチンなどのフラボノイドという色素によるもので，肥厚葉中にそのもとになるフェノール化合物が多く含まれる。

休眠が覚めると，生長点で新しい普通葉が形成され，萌芽してくる。この新しい葉を一般に萌芽葉と呼んでいる。

第9図にみられるように鱗葉の先端部分はわずかに伸長するが，普通葉になることはない。

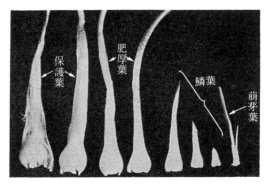

第9図　萌芽球の構成
肥大中の球を短日条件下におくと萌芽がみられる

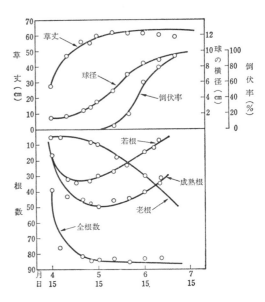

第10図　タマネギの発育

鱗葉の内部に新たに形成された葉が萌芽球として活躍するのである。

球は多くの分球から成り立っているから、生長点が多くあるので、萌芽時にいっせいに各分球から芽がでてくるのである。

執筆　加藤　徹（高知大学農学部）

1973年記

# 生理, 生態的特性

## 1. 自然状態の生育経過

自然状態下の生育経過は第10図のとおりで、春になると急激に地上部、地下部ともに発育し、5月中旬に草丈は最高に達する。根数も同時期に最多数になる。球の肥大とともに新根の発生は減少し、成熟根、老根が増加する。地上部はさらに増加をつづけるが、5月下旬から地上部重―地下部重比はいちじるしく増加して、倒伏もいちじるしく増加する。収穫期に入る6月下旬には倒伏球がほとんどで、活発に働いている根数は非常に少ない。収穫球は一定期間休眠に入る。

したがって、タマネギの生育相は大別すると、球の肥大充実期とそれ以前の地上部発育期およびそれ以後の休眠、萌芽期の3期に区別される。

この地上部発育期はさらに2期に分けられ、秋から春先まで生育緩慢な幼苗期とその後の旺盛な発育のみられる発育期に、また球の肥大充実期は倒伏までの球の肥大期と収穫までの球の充実期に、さらに休眠、萌芽期は休眠期と萌芽期の2期に区別されるように思う。

結球開始から収穫までは約2か月で、球の肥大期と倒伏後の充実期がそれぞれほぼ1か月のようである。また休眠は自発性休眠*が1か月で、その後高温、乾燥による他発性休眠*が約2か月あって萌芽期に入るようである。

## 2. 球の大きさと苗の大きさ

球の大きさは、結球開始時の苗の大きさによって影響され、結球開始時に大きな苗は大球となる。

定植時に同じ大きさの苗であっても日長時間が長いほど早く結球がはじまるので、小苗で結球開始され、小球となってしまう。逆に日長時間が限界日長に近いほど、遅く結球しはじめるので大苗となり、結局、大球となって収穫される。しかしこれも品種によって肥大開始に必要な日長時間が異なり、早生品種ほど小球で、晩生品種ほど大球となる傾向をもっている。

## 3. 花芽分化と抽台

タマネギは、生育途中で低温に遭遇すると花芽分化し、抽台する。だいたい10℃前後または

第5表　系統と花芽分化期および苗の大きさ

| 系統 | 花芽分化期 | 花芽分化時の苗 | |
|---|---|---|---|
| | | 生体重 | 茎直径 |
| | 月日　月日 | g | cm |
| 普通系 | 2 25～3 10 | 10～15 | 1.2～1.3 |
| 不抽系 | 3 16～3 26 | 15～24 | 1.3～1.9 |

第6表　苗の大きさと抽台, 収量

| 区別 | 苗平均重 | 株間 | 重量 | 比率 | 平均1球重 | 抽台率 |
|---|---|---|---|---|---|---|
| | g | cm | kg | | g | % |
| 大苗 | 8.5 | 15 | 4,365 | 83 | 269 | 25 |
| 中苗 | 5.5 | 15 | 5,220 | 100 | 248 | 2.7 |
| | | 12 | 5,467 | 104 | 217 | 6.6 |
| 小苗 | 3.0 | 15 | 3,690 | 70 | 180 | 5.5 |
| | | 9 | 5,025 | 96 | 139 | 0 |

注　畦幅120cm　4条植え

---

自発性休眠　内的条件（生理的条件）によって誘起される休眠
他発性休眠　外界の環境条件によって強制的に行なわれる休眠

それ以下の低温に一定期間おかれることによって花芽が分化し，抽台をはじめるグリーン−プラント−バーナリゼーション−タイプである。しかし，この低温感応は苗の大きさや品種の系統によってかなりの差異がみられる。一般に大苗になるほど低温の影響を受けやすく，抽台の危険も大きいが，大苗ほど収量も多いので，ここに品種の選抜，栽培方法のこつがあるわけである。

## 4. 球の貯蔵性

タマネギは結球野菜であるとともに，収穫物の貯蔵性が期待されている貯蔵野菜である。貯蔵栽培では，品種の貯蔵性が最も重要であり，貯蔵性の高い品種を選んで栽培することが第一条件で，ついで多収が望まれる。

貯蔵性は品種のほかに土質，土壌水分，施肥，肥料の種類および収穫時期などによってもおおいに影響される。粘質土壌ではいっそう貯蔵性が高まるし，多湿，多肥，多窒素下では，貯蔵性の低い球しか生産されない。早取りしたばあいは遅取りしたばあいより貯蔵力が高いといわれている。

執筆　加藤　徹（高知大学農学部）

1973年記

# 栄養発育の生理

## 1. 発芽の生理

タマネギ，ネギなどのネギ類の種子は，ふつうに貯蔵したものでは非常に寿命が短く，1年でほとんど発芽力がなくなってしまう。ふつうはその年の7月に収穫した種子を，その年の9月にまく。

秋まきタマネギの播種期は地域や品種によって異なるが，泉州黄タマネギでは，その土地の年平均気温が15℃になる日からさかのぼって40日前を中心とした数日間が播種の適期と考えられている。

種子は吸水すると第1図のように幼根，鞘葉を発生し，鞘葉の先端に種子の殻をつけている。はじめ鞘葉は中央で折れているが，しだいに伸展し，まっすぐになると同時に第一本葉を発生しはじめる。このころ根は根毛を発生して分岐根となりはじめている。

## 2. 発芽をめぐる外的要因

発芽の過程には，第2図のように吸水期，生理的変化期，発芽期，形態的増大期の過程を経過する。吸水期はほぼ12時間で，種子の倍くら

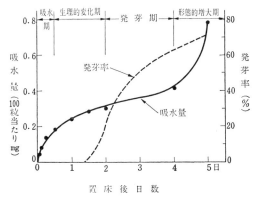

第2図 タマネギの発芽過程
（25℃暗室）

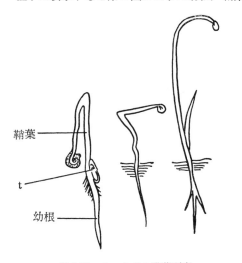

第1図 タマネギの発芽順序
$t$：ここから第一葉が発生してくる

第1表 タマネギの最低，最適および最高発芽温度　　　（稲川ら，1943）

| 最低温度 | 最適温度 | 最高温度 | 注 |
|---|---|---|---|
| 4℃ | 15〜25℃ | 33℃ | 好暗性 |

第2表　タマネギ種子の発芽と温度との関係（暗黒下）　　　（中村ら，1955）

| 温度　項目 | 20℃ | 25℃ | 28℃ | 30℃ | 33℃ | 変温 | |
|---|---|---|---|---|---|---|---|
| | | | | | | 33〜25℃ | 33〜28℃ |
| 発芽率(%) | 74.4 | 74.1 | 69.7 | 41.7 | 16.9 | 72.2 | 59.4 |
| 25℃区を100とした比 | 100.4 | 100.0 | 94.1 | 56.3 | 22.8 | 97.4 | 80.2 |
| 平均発芽日数 | 4.55 | 4.10 | 4.58 | 5.06 | 5.28 | 4.86 | 5.06 |

いの重さになる。吸水は物理的なもので温度に比例し，土壌中の水分量に大きく影響される。

吸水を完了した種子は酸素，温度，種子熟度に応じて体内変化が起こり，24時間くらいつづいている。この間に細胞分裂，伸長がみられはじめ，発芽期に入って種子外に発根，さらには発芽をするようになる。これらの変化は2日間ぐらい活発にみられ，さらに生体重がいちじるしく増加する形態的増大期に入る。いわゆる発芽発根した芽，根の伸長が開始されるのである。

以下項目ごとに発芽と環境要因との関連についてみてみよう。

### (1) 温　度

稲川，宮瀬によると，発芽の最低温度は4℃で，最高は33℃であって，最適温度は15～25℃の範囲にあるという。中村らが詳細に行なった温度実験では，20℃くらいに最適があって，それより温度が高まると，発芽は不良になる。このばあい高温で変温をしても，発芽を良好にすることはない。

この結果は，門田が行なった幼芽幼根の伸長におよぼす温度の影響についての実験とも一致している。つまり根の生長に対し，最低温度が4℃，最高温度が38℃，最適温度が30℃を示し，幼芽の伸長に対しては，最低温度が6℃，最高温度が38℃，最適温度が30℃ということになる。したがって，発芽は相当広い温度範囲で行なわれるけれども，適温は比較的高いほうにあるといえるのではないだろうか。

### (2) ガス条件

酸素の供給が減少すると発芽が抑制されるが，タマネギは低酸素濃度でも発芽の抑制されるていどが比較的少なく，炭酸ガス濃度が高まっても同様に発芽が抑制されない。比較的不良環境下でもよく発芽するといえる。

### (3) 水　分

土壌水分と発芽との関係を，第3表のドンニーンの実験結果からみると，土壌水分が少なくてもよく発芽する種子であるといえる。

第3表　土壌含水量の発芽率に及ぼす影響
(ドンニーンら，1943)

| 土壌水分含量(%) | 7 | 8 | 9 | 10 | 11 | 12 | 13 | 14 | 15 |
|---|---|---|---|---|---|---|---|---|---|
| 発芽率(%) | 0 | 0 | 75 | 90 | 91 | 90 | 91 | 91 | 91 |

注　1.　土壌水分含量は乾土に対する%
　　2.　種子の発芽床での発芽率は96%

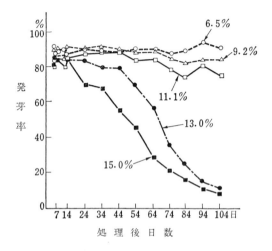

第3図　25℃貯蔵時の種子含有水分量と発芽率
(ロッハ，1959)

### (4) 光

中村によると，発芽時に光のない方がよく発芽する好暗性種子であるといわれているが，こぼれ種子がよく発芽することからみると，暗さは絶対的に必要というわけではないようである。

### (5) 貯蔵時の環境条件

貯蔵時の種子に，多量の水分が含まれていると，貯蔵中に急激に発芽率が低下してしまう(第3図)。貯蔵中の安全湿度は温度によって違い，0℃なら関係湿度70%まで安全に貯蔵でき，温度が上昇して20℃になると，30%以下の湿度でないと長期貯蔵は不可能で，たちまち発芽力がなくなってしまう。

宮城は，そのためにいろいろの袋づめの方法を研究した。その結果，アルミ箔，ポリエチレンあるいはこれらを組合わせた袋が効果があり，値段も安く，包装操作も簡単であるので，少量

第4表 各種の袋に貯蔵された種子の発芽力および含水量　　（宮城，1966）

| 袋 の 種 類 | A | B | C |
|---|---|---|---|
| 紙　　袋 | 83<br>11.3 | 65<br>— | 0<br>— |
| ポリエチレン0.1mm<br>＋セロファン | 96<br>10.1 | 94<br>10.5 | 46<br>9.7 |
| ポリエチレン 0.1mm | 93<br>10.1 | 95<br>10.5 | 51<br>11.8 |
| 塩化ビニリデン<br>0.04mm | 95<br>9.7 | 97<br>10.2 | 79<br>11.2 |
| 高密度ポリエチレン<br>0.09mm | 94<br>8.9 | 96<br>9.5 | 93<br>10.4 |
| ポリエチレン＋アルミニウム＋紙 | 96<br>5.7 | 96<br>5.8 | 98<br>5.7 |
| ポリエチレン＋アルミニウム＋セロファン | 96<br>5.7 | 96<br>5.7 | 96<br>5.7 |
| 袋 づ め 前 | | | 97<br>5.9 |

注　1.　袋づめは1960年12月
　　2.　A：1961年9月，B：1962年5月，
　　　　C：1962年10月
　　3.　各欄の上段は発芽率（％），下段は含水量（％）

第5表　種子の比重と胚乳，胚重および発芽率との関係　　（小川，1961）

| 比重（食塩(g)/水1l） | 胚乳重 | | 胚重,風乾重 | 発芽率 |
|---|---|---|---|---|
| | 湿潤 | 風乾 | | |
| | mg | mg | mg | % |
| 1.132 以上（200g で沈下） | 3.79 | 3.25 | 0.89 | 88.0 |
| 1.086〜1.132（200g で浮上） | 3.71 | 3.17 | 0.84 | 79.8 |
| 1.034〜1.086（130g 〃 ） | 2.83 | 1.86 | 0.77 | 33.8 |
| 1.007〜1.034（50g 〃 ） | 2.41 | 1.32 | 0.70 | 17.3 |
| 1.000〜1.007（10g 〃 ） | 1.78 | 0.81 | 0.64 | 6.5 |
| 1.000以下　（0g 〃 ） | 1.35 | 0.66 | 0.62 | 3.5 |

の種子の包装に広く利用がすすめられている。

## 3.　発芽の内的条件

第5表にみられるように，胚乳の充分に発育した種子ほど発芽が良好で，発芽に必要な栄養分の蓄積が，種子の活力にいちじるしく影響を与えている。

病害虫の被害をうけたタマネギでは，発芽力の弱い種子が生産されるし，反対に同化作用の旺盛な株では，充分に胚乳に養分が転流蓄積されて，充実した種子となっていて，発芽はきわめて良好である。

また頭状花序中の花数を制限して，残りの果実をよく発育させると，収穫された種子は非常に発芽がよい。これは茎葉から配分される同化養分が，摘花された残りの花に充分に転流されるからである。

すでに第2図の発芽の過程でのべたように，吸水のA相を経過すると，生理的変化のみられるB相に突入するが，第4図にみられるようにこの時期には貯蔵性可溶性窒素がいちじるしく減少し，逆に蛋白の再合成が急激に行なわれて，発根発芽になっている。

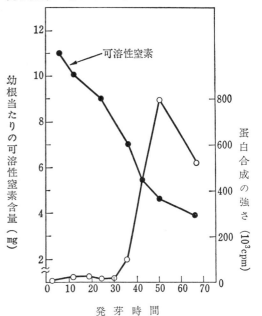

第4図　発芽に伴う可溶性窒素および蛋白合成の変化　　（メレリー，1971）
注　蛋白合成の強さとは，ロイシンが蛋白にとりこまれる強さをアイソトープで調査したもの

執筆　加藤　徹（高知大学農学部）

1973年記

# 地上部発育の生理

地上部の発育期は，発芽初期の幼苗時代から育苗期，定植期を経て結球開始にいたるまでの期間で，作型によっては霜害あるいは不時抽台の心配をもつのである。

## 1. 地上部の発育の仕方

葉芽は，生長点の葉序面上の片側が丘陵状に隆起して，対生として生ずるものである。この丘陵部は，しだいに隆起が高まるとともに，厚さも加わるが，やがて生長点を囲むように周囲も隆起してくる。しかしこの分化速度は比較的ゆるやかである。

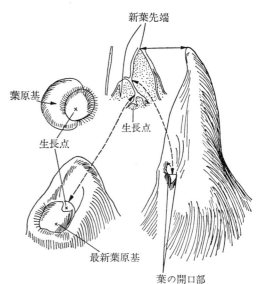

第5図 タマネギの葉芽の分化過程

### (1) 幼苗期

第6表 不定根の生長（9月22日まき，調査個体40本）　　　（白木，1949）

| 区分＼掘取月日 | 15日目(10月6日) | 25日目(10月16日) | 35日目(10月26日) | 55日目(11月15日) | 65日目(11月25日) | 75日目(12月10日) |
|---|---|---|---|---|---|---|
| 不定根総数(本) | 90 | 172 | 258 | 416 | 417 | 776 |
| 平均不定根数(苗1本当たり)(本) | 2.25±0.643 | 4.30±0.765 | 6.45±0.903 | 10.4±0.909 | 10.43±0.879 | 19.4±0.989 |
| 総根長(cm) | 408.20 | 832.40 | 2,273.59 | 5,729.00 | 5,859.00 | 9,381.20 |
| 平均根長(苗1本当たり)(cm) | 10.21 | 20.85 | 56.34 | 143.83 | 146.50 | 143.53 |
| 最長根総計(cm) | 383.60 | 526.00 | 775.65 | 906.80 | 821.70 | 1,174.80 |
| 最長根平均(cm) | 9.59 | 13.15 | 19.39 | 22.67 | 20.54 | 29.37 |
| 側根を有する不定根総計(本) |  | 31.0 | 38.0 | 101.0 | 128.0 | 144.0 |
| 同上平均(苗1本当たり)(本) |  | 0.78 | 0.95 | 2.52 | 3.09 | 3.60 |
| 側根数総計(本) |  | 97.0 | 202.0 | 552.0 | 588. | 1076.0 |
| 側根数平均(苗1本当たり)(本) |  | 2.13 | 5.05 | 13.80 | 14.70 | 26.90 |
| 総根重(mg) | 560 | 2,300 | 4,600 | 8,160 | 8,180 | 30.50 |
| 平均根重(苗1本当たり)(mg) | 14.0 | 47.50 | 115.0 | 204.0 | 204.5 | 753.9 |

第7表 地上部の生長（9月22日まき，調査個体40本）

| 区分＼掘取月日 | 15日目(10月6日) | 25日目(10月16日) | 35日目(10月26日) | 55日目(11月15日) | 65日目(11月25日) | 75日目(12月5日) |
|---|---|---|---|---|---|---|
| 総葉数(枚) | 49 | 81 | 119 | 119 | 113 | 130 |
| 平均葉数(苗1本当たり)(枚) | 1.25±0.402 | 2.03±0.179 | 2.98±0.156 | 2.98±0.415 | 2.58±0.503 | 3.4±0.423 |
| 総葉長(cm) | 327.7 | 630.5 | 997.5 | 1,030.8 | 1,050.1 | 3,915.0 |
| 平均葉長(苗1本当たり)(cm) | 8.19 | 15.76 | 24.95 | 25.77 | 26.25 | 39.15 |
| 最長葉合計(cm) | 323.1 | 348.4 | 593.2 | 604.8 | 638.8 | 843.0 |
| 平均最長葉(cm) | 8.08 | 8.72 | 14.83 | 15.07 | 15.97 | 21.08 |
| 総葉重(mg) | 3,380 | 8,400 | 17,200 | 30,400 | 35,940 | 45,948.0 |
| 平均葉重(苗1本当たり)(mg) | 84.50 | 210.0 | 430.0 | 760.0 | 998.5 | 1,148.7 |

生育のステージと生理，生態

発芽後25日目で約2枚，75日目の定植時で3.4枚で，50日間にわずか1.5枚しか増加していない。一方，根のほうも25日目で5cm内外のものが主で，35日で5〜10cmが大半をしめ，75日目で10〜20cmの不定根が多い。しかし，最長根は40cm以上になるものがある。また，これらの根は35日ころから分岐根になり，急速に増加し，根の活動も活発になる（第6表，第7表）。

### (2) 定植時

定植時の苗の植え方が深すぎると，欠株が多くなり，結球期に入って肥大不良となる。一方，浅すぎると，冬期の霜柱の害やその他の寒害をうけやすくなるが，結球期に入るのが早く，肥大も良好である。

採苗後，定植までの期間が長くなるにつれて，苗がいためられ，活着が不良になる。さらに葉を切って植えるばあいにはいっそう活着不良となってしまう。しかし，苗が大きすぎて不時抽台しやすいときは，葉の剪除などを行なう。断根の影響はあまりない。

### (3) 一次分けつ

早まきしたり，苗の発育がよすぎたりすると，分けつがみられる。これは，品種の分けつ淘汰不充分によるものと考えられ，最近は比較的少ない。

一般に11月下旬に，全分化葉数が10〜12枚，全展開葉数7〜8枚の苗で太さが0.7〜0.9cmのものが分けつした。

### (4) 栄養生長期

定植後から結球開始までの期間であり，その長短は日長，日照，温度，肥培管理などによっていちじるしく影響をうける。

## 2. 地上部発育の外的条件

葉の発育には葉数の増加，葉重の増加などがあって，これに日長，温度，栄養など多くの要因が関連している。第6図はこれらの関係を模

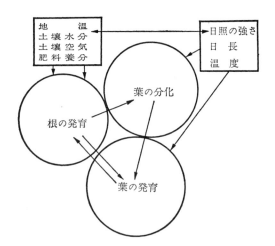

第6図 地上部の発育と環境条件との関係を示す模式図

式的に示したもので，地上部の発育には根群の発達が決定的に左右している。

地温，水分，土壌酸素，肥料養分は地下部の発達を促し，日照，日長，土壌水分，栄養分などが葉の分化と発育を促し，その結果としてまた地下部の発達を促進するという循環を繰返し発育している。

### (1) 温度

第7図にみられるように，温度が高くなると伸長量が増して葉長も長くなる傾向があるが，25℃以上になると葉の伸長量も減じて全長も25℃より短くなる。葉の寿命からみると25℃より17℃のほうがよく，低温性野菜といえる。

一方，葉数は高温ほど増加がいちじるしいが，低温ではいちじるしく抑制される。しかし25℃を越えるとやはり老化がいちじるしく，葉数の増加は少ない。

根でも同様な傾向がみられる。すなわち地温が高くなると発根は旺盛となるが，発育した根はどんどん老化し，枯死することが多く，若い根として活躍することが少ない。

### (2) 光の強さ

光の強さが低下してしまうと，葉面積の増加が少なくなり，それにつれて葉重も葉数もその増加速度が低下してしまう。したがって少しで

地上部発育の生理

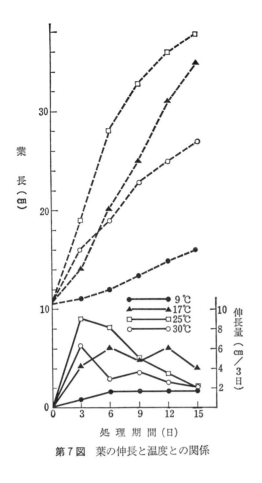

第7図 葉の伸長と温度との関係

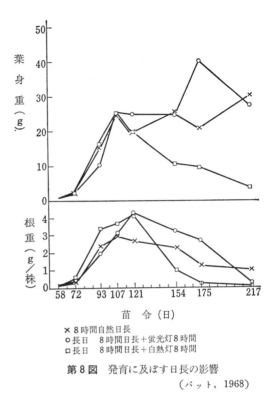

× 8時間自然日長
○ 長日 8時間日長＋蛍光灯8時間
□ 長日 8時間日長＋白熱灯8時間

第8図 発育に及ぼす日長の影響
(バット，1968)

も充分に日光の当たる場所を選ぶ必要がある。

### (3) 日 長 時 間

日長時間が長くなるにつれて，生育がいちじ

第8表 タマネギの生育におよぼす時期別乾燥処理の影響 (位田，1950)

| | 処理区<br>調査日 | 標 準 | 12月乾燥 | 1月 〃 | 2月 〃 | 3月 〃 | 4月 〃 | 5月 〃 | 6月 〃 |
|---|---|---|---|---|---|---|---|---|---|
| 根<br>重<br>(g) | 1月5日 | 1.7 | 1.6 | | | | | | |
| | 2月1日 | 2.6 | 1.6 | 1.9 | | | | | |
| | 3月1日 | 5.4 | 2.2 | 4.9 | 3.2 | | | | |
| | 4月1日 | 10.9 | 9.9 | 8.6 | 9.0 | 7.4 | | | |
| | 5月1日 | 41.7 | 40.7 | 39.3 | 18.6 | 12.1 | 4.5 | | |
| | 6月1日 | 37.5 | 30.3 | 26.0 | 23.6 | 38.0 | 9.6 | 9.3 | |
| | 6月15日 | 26.0 | 17.8 | 23.6 | 14.6 | 27.3 | 8.7 | 6.2 | 4.2 |
| | 7月1日 | 4.6 | 12.6 | 12.2 | 3.3 | 3.7 | 2.0 | 2.6 | 0.8 |
| 地<br>上<br>部<br>重<br>(g) | 1月5日 | 5.1 | 4.8 | | | | | | |
| | 2月1日 | 5.8 | 4.9 | 5.6 | | | | | |
| | 3月1日 | 9.0 | 5.2 | 7.4 | 7.7 | | | | |
| | 4月1日 | 21.8 | 16.6 | 15.0 | 16.2 | 11.4 | | | |
| | 5月1日 | 96.9 | 70.0 | 100.6 | 46.8 | 38.6 | 11.3 | | |
| | 6月1日 | 239.2 | 243.6 | 332.2 | 163.9 | 193.7 | 69.5 | 56.6 | |
| | 6月15日 | 226.6 | 204.9 | 226.6 | 162.5 | 185.5 | 89.4 | 86.1 | 113.7 |
| | 7月1日 | 182.2 | 183.9 | 175.1 | 108.2 | 94.5 | 93.1 | 81.5 | 65.2 |

注 12月1日4.4gの苗を植えつけた

生育のステージと生理，生態

るしく旺盛になる。第8図にみられるように短日よりも長日になると，根重の増加も盛んで，それにつれて地上部もよく発育しているが，結球後は根重が低下し，葉身重も減少している。ただし，螢光灯で補光するとこの傾向があまり顕著でないので，補光するばあいは光源を注意する必要がある。

### (4) 土壌水分

球形成がはじまるのは，だいたい3月中旬までである。水分が多いほど生育量が多く，ほとんど湿害がみられない。しかし，3月中旬以後の球肥大期に入ると，湿害がでやすく，降雨がつづくと湿害になり，球の肥大が抑制される。一方，1～3月の幼苗期は乾燥に対しても強く，生育に大きな支障はないが，4月以後では乾燥は発育をおさえ，球の肥大も不良となる。したがって球形成前後からは，水分が多すぎても少なすぎても生育が抑制される。

### (5) 土壌 pH

第9図にみられるように，pH4.0から7.0の範囲では土壌pHは生育にあまり影響しないけれど，土壌水分の多い状態になると，石灰の少ない土壌では激しい湿害がみられるようになる。

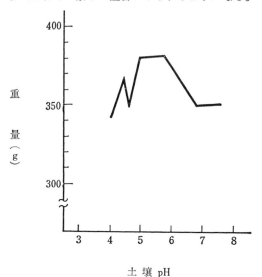

第9図 土壌酸度とネギの生育
(嶋田，1966)

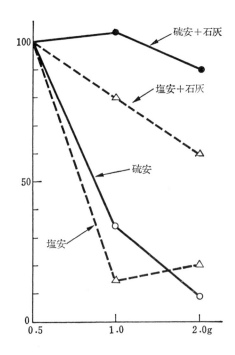

第10図 タマネギの濃度障害のあらわれ方に及ぼす窒素肥料と石灰
(嶋田，1966)

また石灰が少ない土壌では，窒素施用が高まるにつれていちじるしく濃度障害があらわれ，生育が抑制される。またアンモニア態窒素の害もでやすい。

### (6) 肥　料

窒素，燐酸，加里のうち，外葉の発育期に必要なのは窒素と燐酸で，加里はあまり重要でないようである。

①**窒素**　不足すると生育が抑制され，外葉から黄化枯死してくる。この状態でも根は白い活力ある状態をしている。3月上旬の球の肥大初期に窒素を効かせると，葉数も草丈も増加して球の肥大も良好になる。したがって，この時期以外は不足しないていどに窒素が効いていることが望ましい。

逆に窒素が多すぎると，濃緑となって生育が抑制され，外葉の先が枯れてくる。

第9表　窒素の施用時期と生育との関係　　　　　　　　　　　　　　　（小原ら，1956）

| 区別 | 施肥法 | 施　肥　時　期 | | | | | | | | 草丈(5月21日) | 葉数(5月21日) | 球径(5月21日) | 収量比 |
| | | 1月 | 2月 | 3月 | | 4月 | | 5月 | | | | | |
| | | 25日 | 15日 | 5日 | 20日 | 5日 | 20日 | 5日 | 15日 | cm | 枚 | cm | |
| 1 | 全量元肥 | | | | | | | | | 45.3 | 5.9 | 5.6 | 100 |
| 2 | ¼元肥 | ○ | ○ | | | | | | | 57.6 | 5.7 | 6.6 | 117.5 |
| 3 | 等分追肥 | | ○ | ○ | | | | | | 54.2 | 7.0 | 6.6 | 151.3 |
| 4 | 〃 | | | ○ | ○ | | | | | 59.4 | 7.3 | 7.6 | 157.1 |
| 5 | 〃 | | | | ○ | ○ | | | | 59.5 | 7.2 | 6.1 | 139.9 |
| 6 | 〃 | | | | | ○ | ○ | | | 55.6 | 7.0 | 6.2 | 117.9 |
| 7 | 〃 | | | | | | ○ | ○ | | 44.2 | 6.9 | 6.0 | 95.3 |
| 8 | 〃 | | | | | | | ○ | ○ | 46.2 | 6.2 | 6.1 | 95.2 |

注　品種は今井早生，9月25日播種，60日育苗

第10表　燐酸の施用時期と生育との関係　　　（小原ら，1956）

| 苗床肥料 | 本圃肥料 | 草丈(4月27日) | 葉数(4月27日) | 球径(4月27日) | 収量比 |
| | | cm | 枚 | cm | |
| 1 P | 1(NPK) | 57.7 | 6.8 | 6.9 | 100 |
| | 1.2(NPK) | 55.7 | 6.0 | 6.4 | 105.9 |
| | 0.8(NPK) | 55.5 | 5.9 | 6.7 | 98.6 |
| | 1 N1.2P1K | 57.9 | 7.1 | 6.6 | 103.0 |
| | 1 N0.8P1K | 50.3 | 5.6 | 6.2 | 93.4 |
| 3 P | 1(NPK) | 60.5 | 7.0 | 7.1 | 110.9 |
| | 1.2(NPK) | 57.7 | 6.5 | 7.3 | 118.8 |
| | 0.8(NPK) | 57.5 | 6.1 | 6.8 | 100.4 |
| | 1 N1.2P1K | 57.7 | 6.6 | 6.7 | 106.1 |
| | 1 N0.8P1K | 58.2 | 6.5 | 6.4 | 94.5 |

注　品種は愛知白，60日苗，10月25日定植

②燐酸　この時期とくに幼苗期の発育には非常に必要で，多量に施すことが必要である。また本圃でも多いほうが望ましいが，苗床ほどではない。本圃のばあい，燐酸だけが多い状態よりは窒素，燐酸，加里の三要素ともやや多い状態にあることが，発育を旺盛にするようである。草丈，葉数は，欠乏しない限りあまり差異はみられない。幼葉期に燐酸を効かせると，茎葉の発育が旺盛となって，球の肥大を良好にするので，発育初期に効かせる必要がある。

初期に燐酸が不足すると，それ以後に与えても発育は非常にわずかである。不足のときは濃緑でわい化する。

③加里　第11表にみられるように，加里は栄養発育期にはあまり影響を与えない。草丈も葉数も加里の肥効によってかわらないが，球の肥大には絶対に必要で，この時期に不足すると肥大がいちじるしく不良である。

加里が不足すると，外葉の葉先から枯れこんでくる。枯れこみが窒素不足のときと異なり，最初灰色に縦に変色し，その後，淡黄褐色に枯死する。

④その他の肥料　石灰，硼素が不足すると若い葉が発育抑制される。また公害によって銅，亜鉛，マンガンなどの微量要素の過剰吸収が誘発され，発育が顕著に抑制されて問題となって

第11表　加里の施用時期と生育との関係　　　　　　　　　　　　　　（小原ら，1956）

| 施肥法 | 追　肥　時　期 | | | | | | | 草丈(4月16日) | 葉数(4月27日) | 球径(4月27日) | 収量比 |
| | 12月25日 | 1月15日 | 2月5日 | 2月25日 | 3月15日 | 4月5日 | 4月25日 | cm | cm | cm | |
| 全量元肥 | | | | | | | | 55.1 | 6.5 | 6.5 | 100 |
| 全量追肥 | ○ | ○ | ○ | | | | | 57.1 | 6.1 | 6.8 | 109.7 |
| 〃 | | ○ | ○ | ○ | | | | 57.2 | 6.9 | 6.9 | 111.4 |
| 〃 | | | | ○ | ○ | | | 57.2 | 6.2 | 7.3 | 119.0 |
| 〃 | | | | | ○ | ○ | | 56.0 | 6.1 | 7.2 | 117.4 |
| 〃 | | | | | | ○ | ○ | 53.2 | 5.9 | 6.7 | 100.9 |

注　品種は愛知白，60日苗，10月25日定植

いる。

　微量要素は，ごく少量に平均してたえず吸収されることが必要で，発育を円滑にするために過不足があってはならない。

　石灰，苦土，微量要素とくに硼素は，乾燥，多窒素，多加里などによって吸収が阻害されるし，多湿によっても影響をうける。

## 3. 地上部発育の内的条件

　葉で同化作用によって合成された炭水化物は，根に転流され，一部は根の伸長，養分や水分の吸収に利用されて消費されるが，大部分はアミノ酸，可溶性蛋白，さらにホルモン類などに転換して地上部に供給される。

　以上をまとめたのが第11図であって，地上部に供給された養分は芽や若い葉にとりこまれ，発育が促進される。

　生活必須物質の生産には，根で吸収される肥料成分が密接に関係し，順調に吸収利用されることが望ましい。

### (1) 分けつと親株発育との関係

　一般に分けつは大苗になると発生しやすいが，

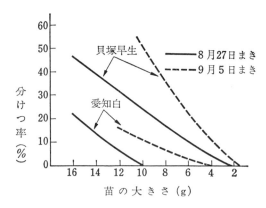

第12図　苗の大きさと分けつ率
（倉田，1954）

品種によっても異なり，貝塚早生は愛知白に比べて発生しやすい。しかし分けつの発生率が播種期や年によってかわることから考えると，品種の改良ていどによるものと思われ，選抜を充分にする必要がある。

　分けつをするような株は不時抽台しやすく，また肥大しても球割れがみられて販売に不適なので，定植時に除外する必要がある。

### (2) 葉の分化，発達と地下部との関係

　葉の分化，発達は，根の発育によって養水分が吸収されてはじめて誘起される。

　第13図はタマネギの地上部発育期の地上部と地下部との関係をみたものである。これによる

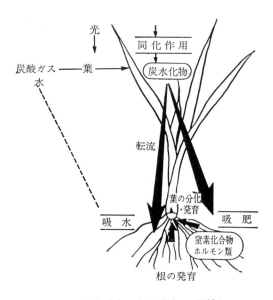

第11図　地上部発育と内的要因との関係を示す模式図

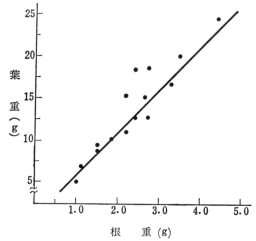

第13図　地上部発育期の地上部と地下部との関係

と，地下部の発育が良好であれば地上部の発育もよく，地上部と地下部との間に密接な関係があることがわかる。

葉での同化作用によってできた炭水化物を根に輸送し，根の発育を促しながら養水分を吸収し，これら養水分が地上部に送られて分化，発達をすすめ，さらにまた同化量をふやし，根を発育させる。このような一連の経過をたどって生育を行なっているわけである。

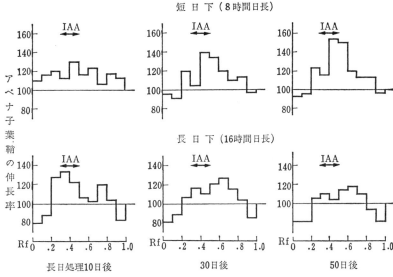

第14図 頂芽部オーキシンの消長

注 1. アベナ子葉鞘の伸長率が100以上は，生長促進物質が含まれている
 2. Rf 0.3〜0.5の範囲の生長促進物質はオーキシンである

### (3) 苗の発育に伴う体内成分の変化

葉で同化された炭水化物は，根から吸収された窒素と燐酸とともに，種々の有機物に変化し，生長点に送られて新葉の形成，発育が促される。

第14図にみられるオーキシンもその有効成分の一つであって，地上部発育期（短日条件下）には生長点でしだいに増加し，苗が活発に発育している様相がみられる。しかし，長日下になってしまうと，逆に生長促進物質とくにオーキシンが低下し，結球期に突入してしまう。

同様な変化は，ジベレリン，核酸代謝にもみられるようで，地上部発育期には窒素，燐酸，加里などが順調に吸収利用されると，体内ではホルモン類が互いに協力しあって発育を円滑に進行させるのである。

### (4) 苗質と地上部発育

定植時の植えいたみを克服し，できるだけスムーズに発育させることが望ましい。もちろん植えいたみしない苗が要求され，そこに苗質の問題がある。

第12表は，窒素，燐酸，加里の肥効をみたものだが，苗床で最も生育のよかったのは窒素を含むNPK，NP，NK区で，窒素が欠如すると生育はいちじるしく劣った。したがって，潤沢な窒素施用はよい苗をつくるが，窒素だけが効きすぎると軟弱な苗となる。このような苗は

第12表 苗床施肥成分と苗の生育ならびに定植後生育，収量 （板木ら，1958）

| 区　名 | 草丈 | 根数 | 茎葉重 | 根重 | 4月18日葉玉 ||| 5月14日切玉 |||
|---|---|---|---|---|---|---|---|---|---|---|
| | | | | | 葉数 | 葉長 | 球径 | 重量 | 球径 | 球重 |
| | cm | 本 | g | mg | 枚 | cm | mm | g | cm | g |
| 無　施　肥 | 12.0 | 6.5 | 0.43 | 10 | 7.0 | 49.1 | 36.4 | 225 | 5.5 | 162 |
| N 単 用 | 15.0 | 7.9 | 0.76 | 20 | 8.4 | 59.0 | 43.2 | 363 | 6.9 | 193 |
| P 単 用 | 12.1 | 6.2 | 0.39 | 11 | 7.2 | 52.0 | 38.9 | 265 | 6.1 | 189 |
| K 単 用 | 11.8 | 6.1 | 0.36 | 9 | 6.6 | 49.1 | 34.8 | 203 | 5.6 | 169 |
| N P | 15.4 | 8.2 | 0.88 | 22 | 8.4 | 59.7 | 43.6 | 375 | 7.1 | 290 |
| N K | 14.6 | 7.1 | 0.71 | 18 | 8.2 | 59.9 | 42.8 | 363 | 6.8 | 230 |
| P K | 12.5 | 7.6 | 0.46 | 16 | 6.9 | 50.9 | 37.0 | 248 | 6.2 | 182 |
| N P K | 16.5 | 9.2 | 0.88 | 20 | 7.9 | 56.7 | 43.5 | 383 | 7.0 | 296 |

生育のステージと生理，生態

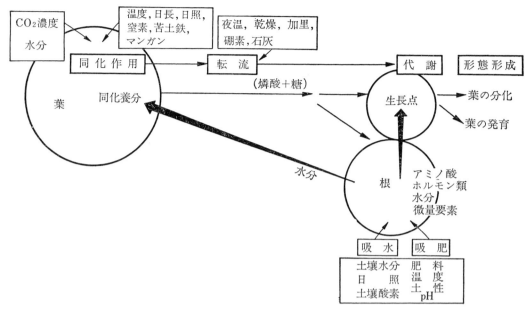

第15図　地上部発育と外的，内的要因との関係を示す模式図

発根力が弱く，定植後，畑で色がわりして活着しにくい。

そこで，植えいたみのない発根力の強い苗を作るには，根の発育の良好な苗でなければならない。加里は地上部の発育を促すのに対し，燐酸は地下部の根の働きを旺盛にする。燐酸が不足すると，地上部より地下部のほうにはっきり影響があらわれる。したがって，燐酸を充分に苗床で効かせた苗をつくらなければならない。それが定植後の活着，発育を促し，収量を高めることになる。

燐酸は窒素とともに元肥として効かせることが大切で，定植前の第一燐酸ソーダあるいは燐酸アンモンの葉面散布などもこういう考え方のあらわれである。

### (5) まとめ

初期は，子葉に含まれる貯蔵養分によって生育するが，子葉で葉緑素が形成されると，同化，吸収が活発になって，発育が漸次活発になってくる。

同化量のうちどのくらいの部分が根に送られるかが，根の発育伸長を規定しており，窒素と燐酸の働きが相乗作用をしている。根でアミノ酸，核酸のほかに生活機能を調節しているホルモン類，とくにサイトカイニン，オーキシン，ジベレリンが形成されて地上部に転送され，生長点に葉を分化，発育させる。一方，葉からの同化養分は，エネルギー源や細胞膜構成物質などに変化して利用される。

これらの反応には，日長，温度などの環境要因が複雑に関係している。

最後のまとめとして，地上部発育と外的あるいは内的な要因との関係を模式的に示したのが第15図である。

　執筆　加藤　徹（高知大学農学部）

1973年記

# 球形成の生理

## 1. 結球機構

### (1) 結球の経過

春になって長日になると、今までわずかずつ発育していた外葉は旺盛に伸長しはじめ（第16図）、生長点で形成される新葉は葉身の短い葉となり、ついには葉身のみられない葉鞘だけの葉、いわゆる鱗葉が形成される。これら一連の経過は、遺伝因子が日長に反応して進行させる光形態形成だが、環境条件によっても大いに影響される。

鱗葉が形成されると、しだいに外葉の葉鞘基部も肥大しはじめ、外部からみて球が形成されたと感じられはじめるようになる。

### (2) 鱗葉形成

鱗葉は第17図のように、未分化の細胞群を先端部に有する葉鞘からできた葉である、ということができる。未分化の細胞群は、葉身組織にまで発達しえない部分で、いいかえれば、長日条件によって葉身組織への発達が阻害された姿が鱗葉であるといえる。

したがって、葉身長／葉鞘長比が、1以下であるのが特徴である。反対に、普通葉は必ず、葉身長／葉鞘長比が1以上である。

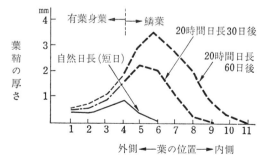

第16図 鱗葉形成，葉鞘の肥厚と日長との関係

筆者の実験結果では、24時間日長を与えると6日後に鱗葉の形成が確認され、葉の大きさでみると1mmの長さのものである。その時期は草丈の増加分が最高のときと一致している。このことから、葉の発育が急速に進行している過程で、生長点で鱗葉が分化され、草丈が最大に達するころ球の肥大がみとめられるようになるものと思う。

## 2. 結球開始の外的条件

長日刺激によって結球開始、つまり鱗葉形成が始められるには、日長時間とその繰返し（日長のサイクルと呼ばれている）による刺激の蓄積が大いに関係している。そして、第18図にみられるように光質、明るさなども関係して、刺激の強さは変化している。

品種あるいは体内の窒素濃度によって刺激の感受性が異なり、体内の刺激もいちじるしく変化してくる。しかし、これら刺激の蓄積があっても、根群の活動いかんによって、あるいは葉面積の減少などによって、全葉面積と根群との活動のバランスがくずれてしまうと、結球開始に早晩を生ずる。さらに刺激が充分でも温度が不適だと、これら鱗葉の形成反応に遅速を生じて、やはり結球の早晩をまねくこととなる。一般には、早生品種は早く結球し、晩生品種はおそく結球する。これは、結球に必要な刺激の蓄積量の遅速か、あるいは、その量の多少に関係しているのである。

### (1) 日長時間

結球が開始されるには、長日の刺激が毎日継続されることが必要である。短日条件が与えられると、結球相から地上部発育期へと、もどってしまう。長日が長く継続されたばあい、長いほど、逆もどりするには、より長い短日条件が

生育のステージと生理，生態

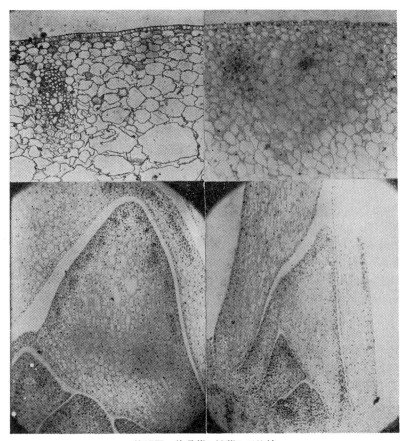

第17図　普通葉と鱗葉との比較
左：普通葉，右：鱗葉
上：各葉の横断面。普通葉には大きな細胞間隙がみとめられ，細胞の大きさも大小がみとめられるが，鱗葉では同大の細胞が集合し，貯蔵組織になっている。細胞間隙も小さく，少ない
下：葉原基（1 mmの長さ）。普通葉では葉身の細胞間隙が発達しはじめ，鱗葉と大きな差異を示している

必要である（第13表）。

以上のように，長日刺激は毎日与えられる必要があるが，日長時間が長ければ長いほど，その刺激は強く，短い日数で結球が開始される。第13表にみられるとおり，日長時間の長いほどすみやかに，最大の草丈に達し，結球が開始され，肥大も早まる。

### (2) 明るさ

長日条件が与えられても，日照がいちじるしく弱いと，長日刺激が弱いために，結球を開始しない。これはちょうど，弱光の長日は短日と同じ効果であることを意味している。逆に，結球を促進しようと思うときは充分に強い光を与える必要がある。ただ，草丈は，低日照下ほど高く，徒長している姿をしている。

### (3) 光質

短日条件下で補光して長日条件にし，結球を促進しようとするばあいなどは，どんな光源が大切か問題になる。白熱灯と螢光灯を使用して検討してみると，第15表のように，螢光灯ではいちじるしく結球が抑制されている。光の弱いばあい，いっそうこの影響が明らかである。この原因は，遠赤外光が少ないことによるもので，結球には赤～遠赤外光によるファイトクローム（形態形成に関与している色素で，赤あるいは遠赤外光を吸収して光化学反応を招く）が関係している。このほか青色光も結球を促進し，赤～青光の色素系があって，結球に対する光質の影響を複雑にしている。

### (4) 温度

温度の高いほうが結球は促進されるが，温度が直接結球に関係しているのではなく，長日刺激による形態形成が温度によって影響されるためである。15℃から25℃の範囲で最も早く結球に入るが，15℃以下になると，しだいに低温になるにつれて，結球に必要な日数は増加する。ここで光化学反応を誘起するためには，より大

きな刺激量を必要とするようになる。

したがって，30日間内に結球を行なわせるのに必要な各温度の限界日長が増加する。つまり低温ほど，より長い長日条件を必要とするのである。

春から初夏にかけてが日長，温度とも結球・肥大に良好な条件になるので，一般栽培では，この時期につくられるのである。

## (5) 土壌水分

土壌水分が多いと，水分とともに肥料分も吸収され，葉身内の窒素成分を高め，球の形成がおくれる。そこで断根を行なって，吸水量を減らしてみると結球が促進される。これを球形成の点からみると，土壌水分が乾燥ぎ

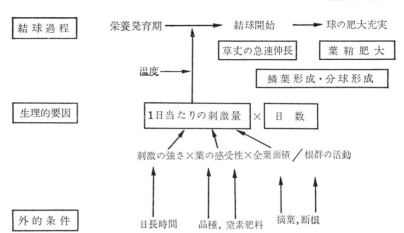

第18図 結球開始の外的条件

第13表 長日および短日の結球への影響

| 処理区 | 5月10日 30日 | 6月 20日 | 7月 10日 24日 | 地上部重 | 球重 | 結球期から栄養発育期への逆転パーセント |
|---|---|---|---|---|---|---|
| ①4L | | | | — | 185g | 0 |
| ②3L1S | | | | 154g | 125 | 35 |
| ③2L2S | | | | 97 | 45 | 80 |
| ④1L3S | | | | 97 | 26 | 100 |
| ⑤4S | | | | 30 | — | 100 |

―――長日期間　～～～短日期間

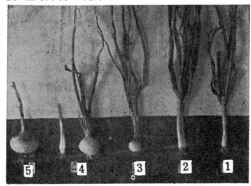

第19図 球肥大中の短日処理の影響
1. 短日条件下
2. 長日（20日）→短日
3. 長日（40日）→短日
4. 長日（60日）→短日
5. 長日条件下

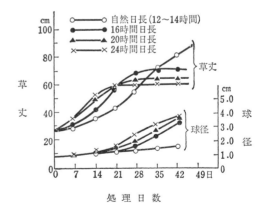

第20図 日長時間と球形成との関係

生育のステージと生理，生態

第14表　日照の強さの球形成におよぼす影響　　　　　　　　　　（寺分，1971）

| 処理区 | 草丈 | 葉数 | 首の太さ(A) | 球径(B) | 球茎比(B／A) | 長日効果 |
|---|---|---|---|---|---|---|
| | cm | 枚 | mm | mm | | |
| 日照普通区 | 34.6 | 3.9 | 7.34 | 20.90 | 2.863 | 100 |
| 遮光70〜75％区 | 36.6 | 4.1 | 7.58 | 18.86 | 2.542 | 100 |
| 〃 30〜40％区 | 48.4 | 4.7 | 6.54 | 11.16 | 1.711 | 40 |
| 〃 10〜20％区 | 45.6 | 4.5 | 4.42 | 5.77 | 1.310 | 0 |

注　日長は自然日長で14時間20〜30分

第15表　球形成におよぼす螢光灯および白熱灯の影響　　　　　　（寺分，1970）

| 光源 | 照度 | 草丈 | 葉数 | 首の直径(A) | 球径(B) | 球茎比(B／A) |
|---|---|---|---|---|---|---|
| | ルックス | cm | 枚 | mm | mm | |
| 白熱灯 | 1,600 | 28.5 | 2.4 | 3.62 | 13.74 | 3.881 |
| | 600 | 26.2 | 2.0 | 2.74 | 11.46 | 4.324 |
| | 200 | 29.8 | 2.0 | 3.08 | 11.72 | 3.858 |
| 螢光灯 | 2,000 | 35.1 | 4.1 | 4.15 | 5.73 | 1.388 |
| | 800 | 34.3 | 4.1 | 4.16 | 6.31 | 1.539 |
| | 300 | 32.3 | 3.3 | 3.77 | 5.67 | 1.527 |
| 自然日長 | | 22.9 | 2.3 | 3.83 | 15.02 | 4.221 |

注　28日苗を8時間自然日長に補光8時間計16時間長日として26日間つづけた

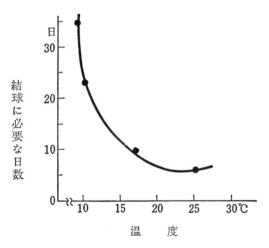

第21図　24時間日長下での温度の影響
（品種：泉州黄）

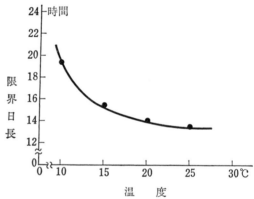

第22図　30日間内に結球を行なわせるのに必要な各温度の限界日長

みのほうが結球を促進すると思われる。しかし，その後の球の肥大，充実には悪影響を与える。

(6) 肥　料

肥料のうちで結球に最も悪影響を与えるものは窒素である。日長が限界日長に近いとき，すなわち長日刺激の少ないときは，窒素の影響を容易にうけて，結球がおくれる。窒素の多い葉身は，長日刺激に対する感受性が低下するためと考えられる。したがって，結球を早めたいときは，窒素の施用を少なくするか，遅効きしないように配慮すべきである。

(7) 摘　葉

発芽後の葉面積の少ない苗に対し長日処理をすると結球がみられるので，結球に必要な面積

第16表 結球におよぼす窒素の影響

| 日長時間 | 窒素レベル | 草丈 | 球茎 | 鱗葉までの普通葉数 |
|---|---|---|---|---|
| 20時間* | 0 N | cm 73.0 | cm 2.70 | 8 |
|  | 1 N | 67.0 | 1.92 | 8 |
|  | 2 N | 54.0 | 1.72 | 8 |
| 14時間** | 0 N | 84.0 | 1.82 | 10 |
|  | 1 N | 93.0 | 1.35 | 12 |

注　1.　* 12月9日収穫，長日処理後23日目
　　2.　** 12月27日収穫，長日処理後51日目
　　3.　施肥は10月24日，11月3日，11月6日の3回，硫安を鉢ごとに0，5，10gをそれぞれ与えた。2N区は，葉先の枯れがいちじるしく，草丈が小さくなった

第17表 葉身摘除と結球との関係

| 処理 | 草丈 | 球径 | 鱗葉までの普通葉の葉数 |
|---|---|---|---|
| 無処理 | cm 75 | cm 2.90 | 9.0 |
| 軽摘除 | 42 | 2.00 | 10.5 |
| 重摘除 | 26 | 1.64 | 11.8 |

注　長日処理後35日目に測定

はわずかでよいわけだが，大きくなった株で摘葉実験をやってみると，いちじるしく結球がおくれてしまう。

第17表は，草丈を一定の高さに制限し，それ以上になるときは，たえず摘除して葉面積を制限した結果で，摘除のはげしい区では，いちじるしく結球がおくれている。

そこで，自然条件下でもう一度実験してみた。5月7日，27日，6月16日に，それぞれ全葉数の半分を一葉おきに摘葉してみると（第18表），5月7日処理では展開葉数が多くなるばかりでなく，7月6日の調査時でもなお青立ちしていて，いちじるしく結球が遅れていることを示していた。これに対し，結球後の摘葉である5月27日区と6月6日区とでは，球の肥大，充実が不良だった。このことから，球肥大充実期の葉面積の減少は肥大不良をまねくのに対し，結球直前の葉面積の減少は結球そのものをおくらせてしまう。

これは，根群の活動による結球阻害が一方にあって，葉の摘除によって長日刺激が減少したために，根による阻害の影響がでたものと考えられる。一般には，葉の活動と根の活動とはバランスがとれているが，病虫害による葉面積の減少が起こると結球遅延がみられるのは，このためである。

### (8) 断　根

断根処理を行なってみると，結球が促進され，鱗葉形成までの普通葉の葉数が減じている。しかし球は肥大不良だが，倒伏は断根区がひじょうに早い。この倒伏は根群の活動と密接に関係している。以上の結果から，根の活動によって結球を阻害する作用がみられる。

結球後の肥大充実を考慮すると，断根を起こすような中耕・除草はなるべく控えたほうがよいわけである。

### (9) 品　種

発芽と同時に長日処理を行なって結球までに要する普通葉の葉数を調査してみると，日長が

第18表 摘葉の時期別処理と結球，肥大との関係

| 処理時期 | 窒素追肥 | 草丈 (cm) | 葉重 (g) | | | 葉数 | | | | 球 (cm) | |
|---|---|---|---|---|---|---|---|---|---|---|---|
| | | | 葉身重 | 球重 | 計 | 展開葉 | 未展開葉 | 鱗葉 | 計 | 球径 | 球高 |
| 5月7日 | + | 65.1 | 75 | 145 | 220 | 9.0 | 1.0 | 8.0 | 18.0 | 8.33 | 5.82 |
|  | 0 | 58.2 | 57 | 127 | 184 | 8.0 | 0 | 9.0 | 17.0 | 7.96 | 4.85 |
| 5月27日 | + | 71.8 | 44 | 99 | 143 | 5.0 | 1.0 | 6.0 | 12.0 | 5.70 | 4.45 |
|  | 0 | 68.1 | 36 | 74 | 110 | 4.0 | 0 | 7.0 | 11.0 | 5.40 | 3.60 |
| 6月16日 | + | 68.5 | 27 | 179 | 206 | 2.0 | 0 | 8.0 | 10.0 | 8.80 | 4.81 |
|  | 0 | 64.2 | 15 | 171 | 186 | 2.0 | 0 | 7.0 | 9.0 | 7.81 | 4.20 |
| 無処理 | + | 65.8 | 76 | 275 | 351 | 6.0 | 0 | 11.0 | 17.0 | 9.51 | 6.12 |
|  | 0 | 67.1 | 37 | 258 | 295 | 5.0 | 1.0 | 10.0 | 16.0 | 8.80 | 6.01 |

生育のステージと生理，生態

**第19表　断根と結球肥大との関係**

| 処理区 | 鱗葉までの普通葉の葉数 | 葉　重 | | | 倒伏率 |
|---|---|---|---|---|---|
| | | 葉身重 | 球重 | 葉身重／球重 | |
| 無処理区 | 9.8 | 41 g | 128 g | 33.1 % | 40 % |
| 断根区 | 6.5 | 22 | 72 | 31.0 | 85 |

注　断根方法　5月11日断根処理開始，その後10日おきに新根を断根。断根は根数の半分を根元から除去する

長くなるにつれて，各品種とも葉数が少なくて結球に入っているが，愛知白，貝塚早生と今井早生，山口甲高との間には明らかな差がみられる。つまり，愛知白，貝塚早生では，日長時間のいかんにかかわらず，2枚展開すれば3枚目から鱗葉がみられる。これに対し，今井早生，山口甲高では，14〜16時間日長で4枚，18〜20時間日長で3枚展開後に鱗葉が形成されている。

したがって，前者は後者の品種にくらべて明らかに日長刺激に対し敏感に反応している。長日刺激の蓄積量が前者で早く，後者で遅いといえる。このように，品種間差異は日長刺激の感受性の差異に起因しているが，一般栽培では日長に対する反応の違いとして適用品種が定められている。結球に必要な限界日長の差異は次のように分類されている。

　　11.5時間──愛知白
　　12.0 〃 ──貝塚早生（早生系）
　　12.5 〃 ──貝塚早生（晩生系），愛知黄早生
　　13.0 〃 ──早生泉州（今井早生），中生泉州
　　13.5 〃 ──中生泉州，晩生泉州（淡路中甲高），二宮丸，山口甲高
　　14.25 〃 ──札幌黄

この日長感応からみると，一般に短い日長時間で結球を始める短日性品種ほど早生型となり，結球に長い日長時間を必要とする長日性品種ほど晩生型となる。これはタマネギの結球が，主に春から夏にかけての，しだいに日の長くなる時期に行なわれ，短日性品種ほど早い時期に結球に必要な日長時間が得られて結球を開始するからである。

## 3. 結球開始の内的条件

結球開始と内的要因との関係を模式的に示せば第23図のとおりである。長日刺激に伴う炭水化物，窒素化合物の量と，それらの比率，ホルモン類の代謝の変化，核酸代謝の消長などによって，生長点で葉身部の未発達の鱗葉が形成されて，結球が進行する。

長日刺激がないとオーキシン，ジベレリン代謝が活発で，核酸代謝，窒素代謝と関連して，葉身のある葉を発達させる。だが，長日条件下になると，その刺激は葉身を経過し，葉鞘，茎をへて根に達し，炭水化物を高め，窒素化合物を減らし，オーキシン，ジベレリンレベルを低下させて，葉の分化を低下させるとともに葉身のない，貯蔵細胞の多い鱗葉を形成し，結球体勢に入る。

### (1) 株の栄養状態（次ページ）

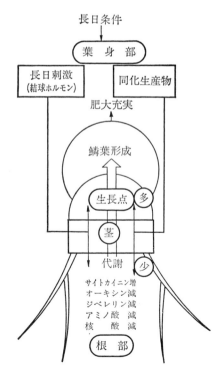

第23図　結球開始とその内的要因との関係
（模式図）

球形成の生理

第20表 自然日長下のタマネギの体内成分の変化 （乾物重%）

| 日照の強さ | 強日照区 | | | | 弱日照区 | | | |
|---|---|---|---|---|---|---|---|---|
| 窒素追肥 | 無追肥 | | 追肥 | | 無追肥 | | 追肥 | |
| 部位 | 葉身 | 葉鞘 | 葉身 | 葉鞘 | 葉身 | 葉鞘 | 葉身 | 葉鞘 |
| 窒素化合物 | | | | | | | | |
| 5月10日 | 3.16 | 1.22 | 3.29 | 1.60 | 3.17 | 1.74 | 3.58 | 2.23 |
| 5月30日 | 3.48 | 1.39 | 3.58 | 1.68 | 3.17 | 1.78 | 3.44 | 2.28 |
| 6月20日 | 3.57 | 1.53 | 3.72 | 2.18 | 3.14 | 1.77 | 3.32 | 2.30 |
| 7月10日 | 3.27 | 1.72 | 2.88 | 1.84 | ── | 2.18 | ── | 2.59 |
| | | (球外部1.29 球内部2.21) | | (球外部1.77 球内部1.94) | | | | |
| 炭水化物 | | | | | | | | |
| 5月10日 | 26.54 | 44.49 | 30.58 | 40.14 | 26.85 | 35.26 | 22.45 | 29.40 |
| 5月30日 | 23.01 | 56.25 | 28.43 | 47.81 | 17.74 | 36.53 | 15.14 | 32.22 |
| 6月20日 | 14.52 | 49.34 | 14.98 | 42.70 | 15.29 | 37.30 | 13.71 | 30.65 |
| 7月10日 | 10.43 | 41.22 | 13.24 | 39.74 | ── | 36.77 | ── | 32.95 |
| | | (球外部42.95 球内部39.89 球当たり全炭水化物46.74mg) | | (球外部42.95 球内部38.12 全炭水化物57.63mg) | | (全炭水化物37.74mg) | | (全炭水化物27.82mg) |

注 4月20日鉢植え泉州黄タマネギを2区に分け，寒冷紗で普通日照の50％にした遮光区を設け，さらに追肥区と無追肥区とに分けて調査した

第21表 体内成分におよぼす日長時間の影響

| 日長 | 地上部重 | 草丈 | 全葉数 | 炭水化物 | | 窒素化合物 | |
|---|---|---|---|---|---|---|---|
| | | | | 乾物重 | 株当たり含量 | 乾物重% | 株当たり含量 |
| | g | cm | | % | mg | % | mg |
| 長日 | 8.3 | 34.0 | 9 | 26.03 | 153.4 | 2.59 | 15.36 |
| 短日 | 6.5 | 31.2 | 9 | 20.81 | 94.3 | 4.13 | 18.72 |

注 日長処理後10日目に収穫調査

自然日長下で日照の強さあるいは窒素状態をかえてみると，第20表のように，結球体勢に入るのが遅れている弱日照・追肥区では葉鞘に窒素化合物が多く，炭水化物が少ないのに対し，結球体勢に早く入った強日照・無追肥区では窒素化合物が少なく，炭水化物のひじょうに多い状態を示した。これは長日刺激によって窒素代謝が弱まり，糖代謝が活発になっていることを示している。さらに，炭水化物の多い，窒素化合物の少ない状態が，鱗葉の形成，すなわち結球体勢の確立に望ましい生理的状態であるといえる。

(2) 長日刺激の影響

① 体 内 成 分

日長処理を10日間行なって体内成分を比較してみたのが第21表である。長日条件下では，いちじるしく炭水化物濃度が高まり，逆に窒素化合物濃度は減少している。したがって長日刺激は，窒素合成を抑制し，糖の蓄積を助長する方

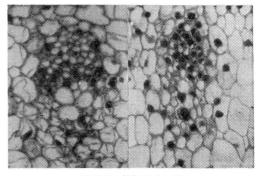

第24図 維管束の比較
左：普通葉の葉鞘（短日条件下）
右：鱗葉（長日条件下）

生育のステージと生理，生態

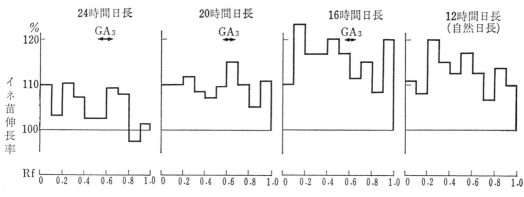

**第25図** 頂芽部のジベレリン含量におよぼす日長時間の影響（イネ苗テスト法による）
長日処理後20日目に調査

向に働いている。

②オーキシン

すでに第14図に示したように，オーキシンは長日刺激に伴って低下している。

鱗葉と普通葉で葉鞘の維管束を比較してみると，普通葉の葉鞘では木部導管の発達がよく，明らかであるのに対し，鱗葉ではその発達が不充分である（第24図）。オーキシンは生長点あるいは分裂組織で形成されて，木部導管を通って移行するので，オーキシンの多いばあいは，導管の発達が明瞭であることが明らかにされている。これは考えると，鱗葉形成はオーキシンの少ない状態下で行なわれていると考えられる。

以上のようにオーキシン代謝は，長日刺激になって不活発になっているといえる。

③ジベレリン

種々の日長処理後20日目に試料を採取して頂芽部のジベレリン含量を測定してみると，日長時間の長いほどその含量は少なく，長日刺激の強いほどジベレリン代謝は早急に不活発になることが明らかにされた（第25図）。

④核酸代謝

頂芽部の核酸をRNAとDNAに分けて抽出し，それぞれ呈色反応によって含有量を測定した（第26図）。RNAは日長時間の短いほど多く含まれ，逆に，DNAは日長時間の長いほど多く含まれている。

RNAは蛋白合成を促進し，ホルモン代謝を活発にする。したがって長日刺激の少ないほど栄養生長が活発で，それは窒素代謝，ホルモン代謝の旺盛な結果であることによるわけである。

一方，DNAが日長時間の長いほど多く含まれるのは長日刺激の強いほどDNAの合成が盛んになって細胞分裂を促し，鱗葉形成に有利なことを示している。

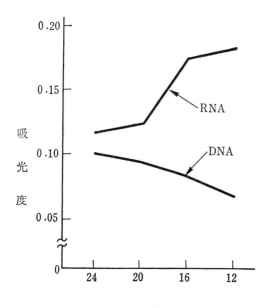

**第26図** 頂芽部核酸含量におよぼす日長時間の影響

各核酸を抽出，化学反応により呈色，その強さを測定。吸光度は，その色の強さを表わす

## 4. 球形成と諸要因との関係

球形成と諸要因との関係の仕方を示すと第27図のようである。

結球体勢をとるには、鱗葉が形成される必要がある。そのためには、絶対に長日刺激が必要である。この長日刺激は長日なほど強いが、品種によって、窒素施肥によって、日照の強さによって、さらには光の波長によって、その刺激量は異なる。そこで、一定の刺激量に達するためには、品種によって限界日長が示されたり、結球に必要な長日期間が異なったりする。

そのうえ、体内条件が長日刺激に伴う結球への化学変化の速度をコントロールしているので、鱗葉形成までにさらに、その長日期間あるいは限界日長の長さを変更させている。

この長日刺激はオーキシン、ジベレリン代謝を不活発にし、RNAを低下させて、窒素含量の低下と糖の蓄積をまねく一方、DNAを高め

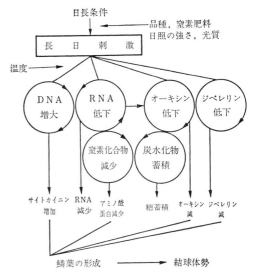

第27図　結球機構の外的、内的要因の関係
（模式図）

て鱗葉形成を導く。こうして結球体勢が確立されるのである。

執筆　加藤　徹（高知大学農学部）

1973年記

# 球肥大充実期の生理

## 1. 球の肥大充実の様相

　長日刺激によって生長点で鱗葉が形成されると，球形成が開始され，鱗葉や各葉の葉鞘基部が肥厚しはじめ，球の肥大がみられるようになる。さらに肥大が進行するとともに，球内で分球して葉数が増加し，球の肥大が助長される。これら肥大充実の過程は長日，高温条件下でみられるのであって，天候不良で冷涼であると若返って青立ちしてしまう。また，春から低温がつづいていると，肥大中に花芽分化し，抽台してくる。
　一方，順調に肥大充実している過程で，倒伏がみられる。倒伏後約か1月をすぎると収穫期に達し，休眠期をむかえる。
　これらの過程を模式的に示したのが第28図である。

### (1) 葉のふえ方

　球を構成しているそれぞれの葉は，第29図のような変化を示しながら，球を完成させていく。
　球の肥大充実に伴って，有葉身の肥厚葉は厚さの薄い葉鞘になり，さらに乾枯した膜状の保護葉へと変化する。一方，内部では分球して鱗葉を多数形成し，球の多くを占めるにいたる。

### (2) 球の構成と大小 （次ページ）

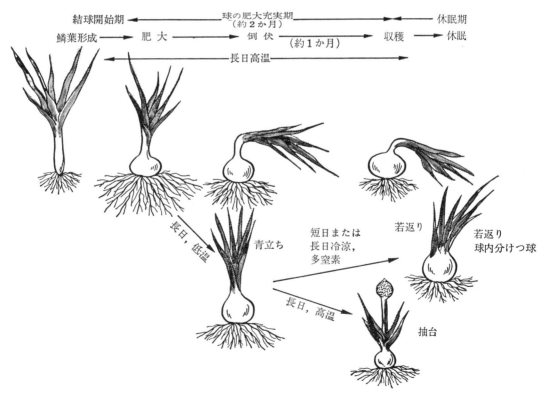

第28図　球の肥大充実の過程と異常発育（模式図）

生育のステージと生理, 生態

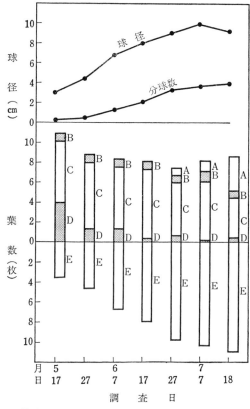

第29図 タマネギ肥大期の球径, 分球数および各種鱗葉の変化　　(青葉, 1955)
A：保護葉, B：薄肉普通葉, C：有葉身肥厚葉, D：鱗葉, E：分球内鱗葉

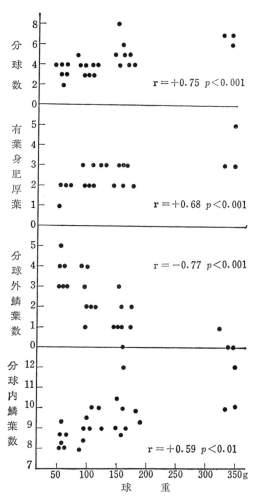

第30図 球の大小と鱗葉数ならびに分球の変化
(青葉, 1955)
品種：今井早生

球の大きさは分球数と密接に関係する。球の大きいものほど分球次数も増加し, 第四次分球までみられる。これに伴って分球内鱗葉数も増加している。また, 小球では分球までに多くの鱗葉を持っているが, 大球ではこれらの鱗葉を

第22表　球構成内容の品種間差異　　(青葉, 1955)

| 品　種 | 球重 | 球径 | 球径/球高 | 分球までの葉数 || 分球内葉数 | 貯蔵葉内葉数 | 分球数 | 肥厚葉の厚さ |
|---|---|---|---|---|---|---|---|---|---|
| | | | | 肥厚葉 | 貯蔵葉 | | | | |
| | g | cm | | 枚 | 枚 | 枚 | 枚 | 個 | mm |
| 今 井 早 生 | 99 | 6.1 | 1.3 | 2.5 | 2.5 | 9.0 | 11.5 | 3.7 | 3.9 |
| 札 幌 黄 | 104 | 6.0 | 1.1 | 4.2 | 0.7 | 11.7 | (12.4) | 2.6 | 3.2 |
| 愛 知 白 | 93 | 7.1 | 2.1 | 2.1 | 3.3 | 7.2 | 10.5 | 3.4 | 5.5 |
| 黄 魁 | 168 | 7.4 | 1.2 | 4.3 | 0.2 | 10.0 | 10.2 | 6.3 | 3.7 |
| 奥 州 | 166 | 7.3 | 1.2 | 3.9 | 0.4 | 10.7 | 11.1 | 5.7 | 4.1 |

注　1.　肥厚葉：肥厚している普通葉
　　2.　貯蔵葉：鱗葉

欠き，有葉身肥厚葉から，分球，分球内鱗葉へと変化しているものが多い（第30図）。

ふつう大球では50葉以上だが，肥厚葉の重さは球重の約85％で，鱗葉の重さはわずか9.5％である。したがって，球を大きく肥大させようと思えば，大苗を植えて，結球開始時に有葉身の多い苗にしておく必要がある。

球の構成内容は，品種によってかなり異なっている（第22表）。

札幌黄は今井早生にくらべ，鱗葉および分球内鱗葉数がそれぞれ2～3葉多いが，分球葉は逆に少ない。したがって，球の最外部の葉から生長点までの葉数は他品種より多い。しかし各葉鞘の肥厚は比較的少なく，3.2mmくらいで，1葉の重さは20gていどだから，葉数型品種ということができる。

愛知白は札幌黄と逆に，分球までの葉数は多く，分球内葉数および分球葉が少ない。しかし各葉鞘の厚さが厚く，球の重さの大部分は外部から2～6葉の，肥厚した普通葉の重さによって占められていて，いわば葉重型品種とみることができる。

したがって，今井早生は中間型品種ということになる。黄魁，奥州は，今井早生より札幌黄に近い中間型に属するように思う。

### (3) 球　形

葉数型品種は偏平球であるのに対し，葉重型品種は球形を示すようだが，同一品種内でも，なお相当の変異がみとめられる。第31図のように，二回の選抜によってかなり純度は高くなっている。したがって，選抜固定および系統維持を行なうばあい，球形指数は重要な指標となる。

各形質間の相関をまとめてみると（第32図），球形指数は球径，地上部重と密接なプラスの関係があり，草丈，葉数，球高などと逆相関がみとめられる。これらのことは次にのべる倒伏率とも密接に関係し，貯蔵力とも関連してくる。

結局，早生種ほど偏平球で，晩生種になるほど腰高球となり，倒伏率は小さくなる傾向がみられる。

なお，深植えすると結球が遅れるばかりでな

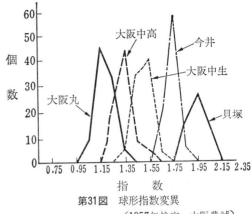

第31図　球形指数変異
（1957年検定，大阪農試）

指数＝球の横径／球の高さ

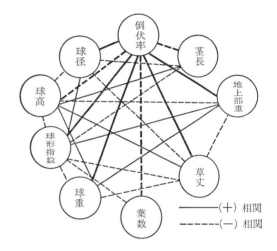

第32図　貝塚早生での各形質間の相関
（大阪農試．1957）

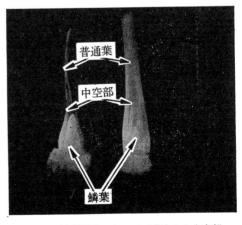

第33図　鱗葉形成によってで発生した中空部

生育のステージと生理, 生態

第23表 球肥大中の断根の影響

| 処　理 | 窒素追肥 | 草丈 (cm) | 地上部重(g) | | | 葉　数（枚） | | | 球の大きさ (cm) | | 倒伏率 (%) |
|---|---|---|---|---|---|---|---|---|---|---|---|
| | | | 葉 | 球 | 計 | 展開葉 | 未展開葉 | 鱗葉 | 高さ | 横 | |
| 無　処　理 | 多 | 68.0 | 113 | 226 | 339 | 15 | 1 | 7 | 4.80 | 8.05 | 20 |
| | 少 | 66.0 | 114 | 171 | 285 | 13 | 0 | 7 | 4.75 | 7.80 | 0 |
| 断　　根 | 多 | 57.0 | 74 | 174 | 248 | 12 | 1 | 7 | 4.85 | 7.85 | 100 |
| | 少 | 56.0 | 66 | 138 | 204 | 12 | 1 | 6 | 4.70 | 7.05 | 75 |

注　調査6月20日

く，球が腰高になりやすく，逆に浅植えのさいは偏平になりやすい。

### （4）倒　伏

球の肥大充実が進行すると，葉が葉鞘のところからくびれて倒れる。これが倒伏といわれる現象である。タマネギは第33図のように，鱗葉形成に伴って首の部分に中空部を生ずる。この部分が弱点となって，球があるていど肥大すると，風によって簡単に倒れるようになる。

植物としての特性第10図（28ページ）にみられるように，倒伏率は，球径の大きくなるにつれ，また，球重の重いほど，草丈が高く地上部が重くなるほど，よく増大するが，第23表にみられるように，地上部に送られてくる水分量によってもいちじるしく影響される。

土壌水分が少ないばあい，老根が多くなり，根群の活動が衰えてくると弱点の部分の細胞がしおれ，地上部の重みを維持できなくなって倒れるのである。根群の活動は球の肥大に伴って衰えてくるので，タマネギでは，倒伏は球の肥大充実に伴う自然現象であり，球の成熟現象のあらわれである。しかし，土壌水分を充分に補給し，根をいためないようにすれば，倒伏を遅らせることはできる。

### （5）不良球の発生過程

育苗時に第一次分けつを起こした苗を定植し，結球肥大させると，収穫期になって苗時代の外葉が保護葉に変化している。このような株では，乾燥後，降雨などで急に土壌水分が多くなると裂球を起こす。このとき，倒伏している株は発生しにくいが，葉が青立ちしている株では裂球となることが多い。

一方，肥大期に入って球内分球している株が，窒素遅効きしたり，冷涼な気候になると，若返って，内部から葉が展開してきて，変形球になって青立ちすることが多い。早生タマネギでは，遅くまで肥料をきかせすぎると，変形球になるものが多い。

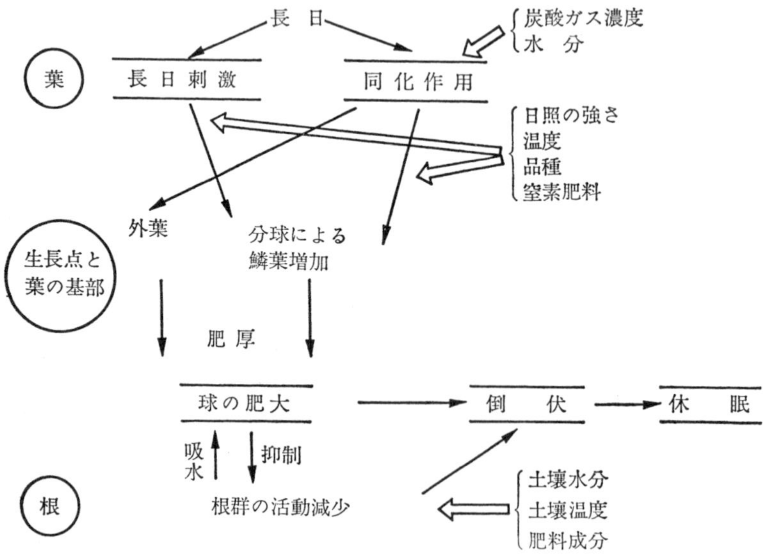

第34図　球の肥大充実と外的条件との関係（模式図）

## 2. 球の肥大充実の外的条件

すでに述べたように，球の肥大充実は，長日刺激がたえず葉身に与えられないと継続されない。そのうえに，日照，温度，無機栄養，水分などがからみあって，肥大充実が進行するのである。これらの関係模式図を第34図に示す。

### (1) 日長時間

日長時間の長いほど長日刺激が強く，結球開始が早いので，苗が小さいまま肥大しはじめる。そのため，球の肥大充実は充分であっても肥大量は小さく，小球となっている（第24表）。結球開始までには，充分に大きな苗に育てあげておくことが大切である。

### (2) 温　度

第25表にみられるように，球の形成および初期肥大は高温で促進される。そして，球の肥大が継続されるには，15℃というような比較的冷涼な温度が，光合成，その産物の転流などからよいように思われる。これは，愛知白の球の大きさをみると15℃区のほうが25℃区よりまさっていることからも暗示される。

### (3) 土壌水分

土壌水分が適当で通気がよいと，球の肥大充実が良好である。第35図のように，地下水位が高くても球の肥大充実にはさほど影響ないが，やはり50cm以下にあるほうが，肥大はより良好である。

したがって，入梅時あるいは水田裏作地帯では，あまり地下水位が上らないように，排水または高畦とすべきである。

一方，時期別にどの時期に水分が必要かをみたのが第26表である。3月以後の水分不足は，いちじるしく球の肥大充実を不良にする。したがって3月以後は，畑に入って断根するような中耕除草はもちろん球肥大を抑制する要因になるし，あまり乾燥するときは灌水も必要となる。

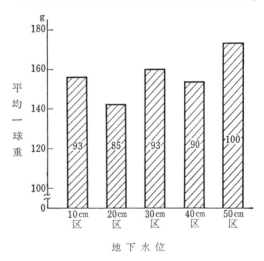

第35図　地下水位の差と球の大きさ
(川出ら, 1970)

第24表　球の肥大におよぼす日長時間の影響

| 日長時間 | 24時間 | 20時間 | 16時間 | 自然日長<br>(12〜13時) |
|---|---|---|---|---|
| 平均球重 (g) | 60.6 | 73.2 | 85.5 | 109.0 |

注　泉州黄タマネギ，30cm鉢植え，ガラス室栽培

第25表　球の形成，肥大におよぼす温度の影響　　　　（今津ら, 1954）

| 温度区 | 25℃区 | | | 15℃区 | | | 標準区 | | |
|---|---|---|---|---|---|---|---|---|---|
| 品種名＼調査項目 | 草丈 | 葉数 | 球径 | 草丈 | 葉数 | 球径 | 草丈 | 葉数 | 球径 |
| | cm | 枚 | mm | cm | 枚 | mm | cm | 枚 | mm |
| 愛知白 | 57.2 | 7.8 | 29.3 | 68.5 | 6.7 | 30.8 | 68.1 | 6.5 | 22.7 |
| 黄魁 | 62.1 | 10.1 | 26.6 | 75.1 | 8.5 | 20.8 | 73.8 | 7.1 | 17.3 |
| 貝塚早生 | 53.0 | 6.4 | 33.4 | 57.1 | 6.2 | 25.5 | 64.4 | 6.7 | 22.3 |
| 泉州今井早生 | 51.8 | 6.4 | 22.3 | 68.5 | 8.2 | 16.6 | 65.4 | 6.9 | 15.3 |

注　16時間日長

第26表　球の肥大発育におよぼす時期別乾燥処理の影響　　　（位田，1950）

| 調査日 \ 処理 | 無処理 | 12月乾燥 | 1月 〃 | 2月 〃 | 3月 〃 | 4月 〃 | 5月 〃 | 6月 〃 |
|---|---|---|---|---|---|---|---|---|
| 球　径 (cm) | | | | | | | | |
| 1月5日 | 1.32 | 1.21 | | | | | | |
| 2月1日 | 1.49 | 1.26 | 1.32 | | | | | |
| 3月1日 | 1.65 | 1.36 | 1.33 | 1.43 | | | | |
| 4月1日 | 1.87 | 1.48 | 1.70 | 1.68 | 1.36 | | | |
| 5月1日 | 3.14 | 2.80 | 3.62 | 2.55 | 2.56 | 1.59 | | |
| 6月1日 | 7.01 | 6.60 | 7.04 | 5.03 | 6.38 | 4.65 | 3.40 | |
| 6月15日 | 7.08 | 6.72 | 7.09 | 6.21 | 6.22 | 4.74 | 5.01 | 5.76 |
| 7月1日 | 7.04 | 6.81 | 7.09 | 6.20 | 6.16 | 4.90 | 5.20 | 5.70 |
| 球　重 (g) | | | | | | | | |
| 6月1日 | 168.6 | 166.5 | 166.6 | 114.3 | 135.6 | 52.5 | 14.6 | |
| 6月15日 | 171.5 | 168.6 | 175.7 | 122.0 | 114.0 | 57.2 | 64.2 | 92.1 |
| 7月1日 | 173.6 | 171.3 | 176.8 | 129.3 | 109.1 | 89.0 | 77.3 | 82.1 |

注　12月1日4.4gの苗を植えつけて調査した

第27表　タマネギの生育および収量におよぼす通気の影響　　　（東ら，1967）

| 処　理 | 生　育 | | 根の発育 | | 収　量 | | |
|---|---|---|---|---|---|---|---|
| | 草　丈 | 葉　数 | 根　数 | 根　重 | 株当たり総重 | 株当たり球重 | $m^2$当たり収量 |
| 無通気区（標準） | cm 54 | 枚 13 | 本 160 | g 17 | g 280 | g 150 | g 2,040 |
| 通気区（標準対比） | 57 (106) | 14 (103) | 195 (120) | 21 (124) | 310 (109) | 160 (112) | 2,270 (112) |

### (4) 土壌通気

以上のようにタマネギの球の肥大充実にとって，土壌水分は大切であるが，通気もまた大切である。通気不良の土壌では下葉の枯上がりが早く，球の肥大も不良であるが，通気のよい土壌では下葉の枯上がりが少なく，草丈，葉数ともに増加している。（第27表）そのうえ根の発育も良好で，球の肥大を促進し，玉のそろった結球緊度の良好な球が収穫される。

### (5) 肥　料

第28表にみられるとおり，どの肥料が不足しても収量があがらないが，なかでも，窒素が不足すると最も影響をうける。加里，石灰の影響については明らかでない。

①**窒素**　窒素が不足すると，球の肥大が不良になるばかりか，腰高球になりやすく，また**抽台**しやすい。逆に窒素が効きすぎると，肥大がおくれ，病害をうけやすい。

第28表　四要素と収量比

| 処理区別 | 火山灰沖積土 | | 沖積土 | 沖積土 |
|---|---|---|---|---|
| | 貝塚早生 | 今井 | 岐阜黄 | 札幌黄 |
| 四要素区 | 100.0 | 100.0 | 100 | 100 |
| 無肥料区 | 12.5 | 22.8 | 17 | 86 |
| 無窒素区 | 28.9 | 24.7 | 28 | 91 |
| 無燐酸区 | 50.5 | 63.5 | 43 | 87 |
| 無加里区 | 75.5 | 79.5 | 60 | 98 |
| 無石灰区 | 67.5 | 97.5 | 81 | — |
| 作　型 | 秋播栽培 | | 秋播栽培 | 春播栽培 |
| 報告者 | 勝又ら(1962) | | 岐阜農試(1959) | 南ら(1964) |

第36図はいつの時期に窒素が必要かを調べたもので，3月以後に窒素が不足すると，球の肥大充実が不良なことを示している。しかし，2月ごろから窒素を効かして植物体を育て上げることが，収量を高めるには大切である。窒素は流亡が多いので，一時に多施するとむだが多いばかりでなく，土中の窒素分が30〜60meに高まって，生育障害を起こしやすい。一般には，

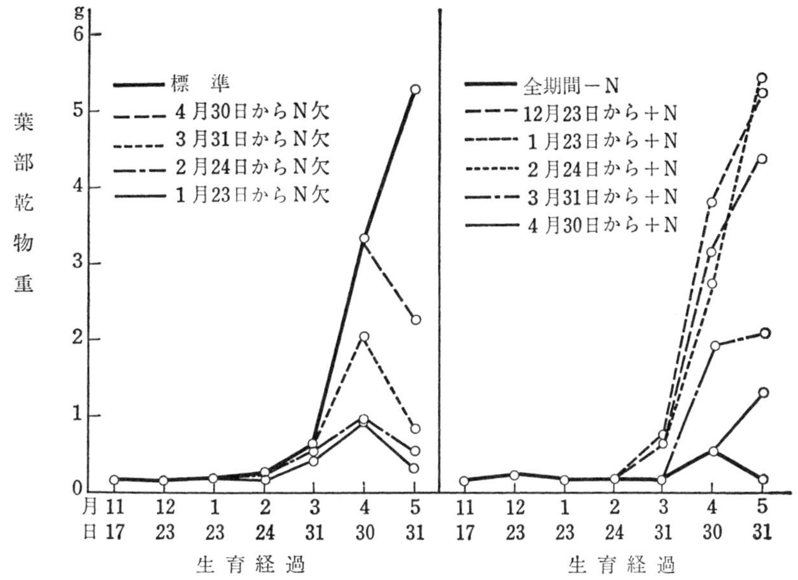

タマネギには硫酸根肥料が適当であるとされている。

②燐酸　燐酸不足では葉根の生育が不良で，球の肥大も結局不良である。しかし過剰吸収されると病害にかかりやすいので，適当に施す必要がある。枸溶性燐酸（熔燐など）よりは水溶性燐酸（過石など）のほうが吸収されやすいので，石灰の補給もかねて，過石などがよく利用されている。

③加里　球の肥大充実についての加里の影響は少ない。これは，加里が老化葉から新葉への移動が容易で，よく吸収されるからである。加里が欠乏するとベト病にかかりやすい。また，加里が充分に吸収されると，貯蔵性のある球が生産されるという。

加里は，追肥がおそいと肥効がでにくいので，窒素追肥の終わりころの，葉の生育が旺盛になる前に施す。

④石灰　石灰は体内で移動しにくいので，たえず吸収されるようにする。不足すると根や生長点の機能を害するので，炭水化物の不足も伴って球のしまりが悪くなり，品質を落とす。さらに貯蔵性のない球となるので，土壌酸度の改良をかねて石灰は全層施肥する。

⑤その他の肥料　硫黄はビタミンBや硫化アリルの成分で，多くを必要とする。この意味からも硫酸根肥料が望ましい。不足すると葉は黄変して生育不良となる。

銅が不足すると，葉鞘の肥厚が不良でうすくなり，球の保護葉の色もうすくなる。公害で銅，亜鉛の過剰吸収害がでて問題になっているので，土壌酸度には注意して矯正する必要があるし，土壌が乾燥しないようにも注意すべきである。

マンガンが不足すると，首がかたく倒伏しに

第36図　窒素供給期間の差異がタマネギ葉部の乾物重におよぼす影響
（岩田ら，1959）

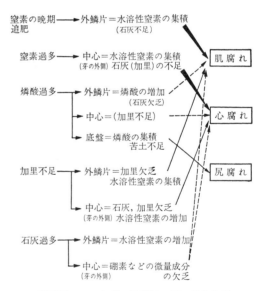

第37図　タマネギの施肥法，球の養分分布と腐敗との関係　（吉村，1967）

くいし，収量もあがらない。

硼素が不足すると心腐れ球を発生しやすく，球のしまりもよくない。多窒素，多加里の状態下では硼素の施肥効果が高く，石灰，水とともに吸収されるので，乾燥による硼素の吸収阻害

生育のステージと生理，生態

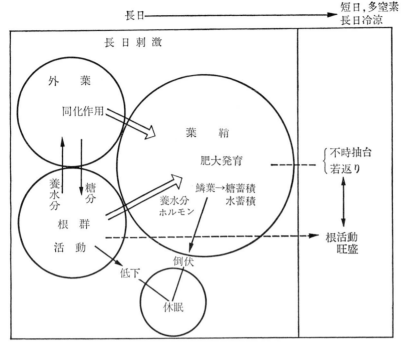

第38図 肥大充実と内的条件との関係（模式図）

球の肥大充実は炭水化物の蓄積によるもので，それは結局，糖分蓄積の過程にあるといえる。しかし体内では，第39図のように窒素成分が若干ずつ増加している一方，炭水化物は，肥大初期には濃度が高いが，その後は濃度を低下させ，水分によってうすめられている。

したがって，水分の蓄積も大切な生理作用であることがみとめられる。しかし，水分の蓄積は，糖濃度の上昇に伴う吸水と考えられ，同化作用による糖合成が重要なカギとなっている。

や硼素が土壌中に不足しないように注意を払う必要がある。

吉村は，研究結果を第37図のようにまとめている。

## 3. 球の肥大充実の内的条件

肥大充実には，長日による刺激が葉身をとおしてたえず与えられている条件下で，同化作用が主に関連する。もし短日条件下になったり，低温，多窒素などが加わったりすると長日下でも第38図の模式図のように若返り，または抽台してしまう。

長日下では球部に炭水化物が蓄積されやすく，根群への糖分転流量が減少して，根の活動が制限される。その結果，根群の活動によるホルモン類，窒素などの代謝も変化し，地上部での鱗葉形成，貯蔵細胞の増加，肥厚となって球が肥大充実する。したがって，外葉の同化作用が順調に進行することが最も大切である。

### (1) 肥大充実に伴う体内成分の変化

### (2) 外葉と球肥大との関係

第17表（47ページ）に示したように，結球前の摘葉は結球開始遅延となる。しかし，結球開

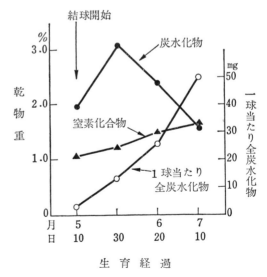

第39図 球の肥大充実と炭水化物の蓄積との関係

第29表　摘葉と球重との関係　　　　　　　　　　　　　　　（青葉，1950）

| 苗の大きさ（葉数で示す） | 3 | 4 | 5 | 6 | 7 | 8 | 平均球重 g | 無摘葉区との差 |
|---|---|---|---|---|---|---|---|---|
| 無　摘　葉　区 | | 160.2 | 196.8 | 304.6 | 356.6 | | 275.8±9.5 | — |
| 4月1枚摘葉区（4月11日） | 135.0 | 154.2 | 205.7 | 272.4 | 307.8 | 245.0 | 239.2±8.0 | −36.6±12.4 |
| 5月1枚摘葉区（5月9日） | | | 238.0 | 254.0 | 341.0 | | 272.7±14.5 | −3.1±17.3 |
| 2期2枚摘葉区 | | 112.3 | 181.1 | 243.8 | 268.8 | | 209.3±8.9 | −66.5±13.0 |
| 5月3枚摘葉区 | 116.0 | 130.0 | 129.2 | 215.0 | | | 159.0±12.6 | −116.8±15.8 |

注　使用品種　泉州黄，9月14日まき，12月7日定植，6月26日収穫

始後は，摘葉する時期が収穫期に近づくにつれてその影響は少なくなるが，球の肥大には，いちじるしく影響を与えることが明らかに示されている。

青葉の成績（第29表）でも同様の結果がみられ，同化面積の減少が密接に球肥大と関係している。しかし1枚摘葉による小苗化は，それと同じ葉数の小苗よりも，球肥大に対して影響が少ないことから，苗の大きさが根系にも影響していて，球肥大に作用しているものと考えられる。だから，球肥大に及ぼす水分の影響も無視できないように思う。

### (3) 根群の役割

根群はすでに述べたように結球開始前後に最大の発育をする。その分布状況は第40図のとおりで，深さ20cmていどを中心に，40cmくらいにまで入り，横にひろがっている。このような分布下で養水分を吸収しているのだが，断根すると球の肥大が抑制されるので，畔間や畦間に入って根をいためないようにすることが大切である。

### (4) 糖散布と球肥大との関係

青葉が，摘葉，遮光，糖散布をそれぞれ行なって球の肥大充実との関係を調査した結果は，第30表（次ページ）のとおり。葉数の減少は同化面積の低下なので肥大によくないことは前述のようだが，同化作用の強さを制限する日照の強さをみると，やはり遮光期間が長いほど球の肥大は不良で，糖含量も少ない。

これは同化作用の能率も大きな問題であるこ

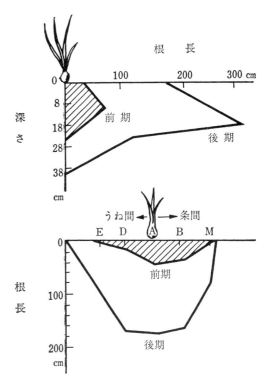

第40図　生育期別にみた根の分布
（岐阜農試）

とを示している。糖散布の結果は，いちじるしく肥大を促進し，糖含量を増加させている。このことは球の肥大が糖の蓄積によることを示し，この原因が同化作用にあることを裏づけている。

### (5) 花芽による球肥大充実の阻害

長日条件下でも，低温がつづいていると，また大苗を定植して低温に遭遇してしまうと，花芽が形成されて抽台株となる。しかし花芽のそ

生育のステージと生理，生態

第30表　摘葉，遮光および糖散布と球肥大との関係　　　　　　　　（青葉，1964）

| 処理 | | 球重 | 乾物 | 全糖 | 平均萌芽期 |
|---|---|---|---|---|---|
| 無処理 | | 166 g | 8.0% | 4.43% | 11月28日 |
| 1. 摘葉 | 3葉区 | 138 | 7.0 | 3.62 | 11　15 |
| | 5葉区 | 163 | 7.2 | 3.90 | 11　17 |
| 2. 遮光 | (a) 6月1日～15日 | 160 | 7.0 | 3.80 | 11　22 |
| | (b) 6月15日～7月5日 | 150 | 7.0 | 3.35 | 11　13 |
| | (c) 6月1日～7月5日 | 138 | 6.9 | 2.98 | 11　20 |
| 3. 糖散布 | (a) 6月1日～15日 | 172 | 7.8 | 4.43 | 12　7 |
| | (b) 6月15日～30日 | 150 | 7.8 | 4.57 | 11　27 |
| | (c) 6月1日～30日 | 205 | 8.1 | 4.49 | 12　8 |

注　1．今井早生，7月7日収穫
　　2．処理1：6月1日に生葉3枚または5枚を残し，他を除去
　　〃　2：よしずによる遮光。遮光期間は(a)(b)(c)のとおり
　　〃　3：展着剤加用1％蔗糖液を隔日散布。散布期日は(a)(b)(c)のとおり

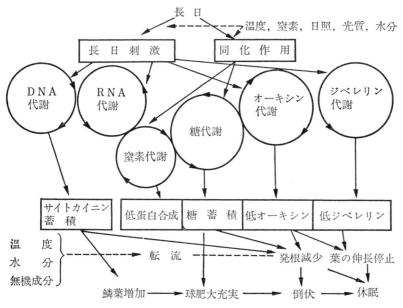

第41図　球の肥大充実の機構（模式図）

ばの側芽が球を形成するので，抽台初期では早めに収穫すれば葉タマネギとして出荷でき，損失を補うことができる。

## 4. 球肥大充実の機構

長日の影響は，葉身に与えられる長日刺激と同化作用との二面がある。これら作用の促進にはもちろん，その他の環境が密接に関係している。だが，長日刺激によるRNA代謝の活性減少，DNA代謝の活発化は，サイトカイニンの蓄積をまねき，鱗葉の形成となり，オーキシン代謝の低下となって分球を誘発し，合計葉数の増加に役立っている。これら化合物は窒素化合物であるので，合計葉数の増加には窒素の吸収も大切な要因となる。

一方，オーキシン代謝の低下は窒素代謝を不活発にして，糖の蓄積を促進する。さらに，長日による同化能率向上によって，いっそう糖の蓄積はすすめられ，球の充実肥大となる。あるていどの糖が蓄積されると発根を制限し，生育に必要な養水分の吸収がいちじるしく減少してしまう。

ジベレリン合成の低下は，オーキシンレベルの低下に相乗されて，葉の伸長停止となり，休眠へと突入してしまう。養水分の過不足ない吸収が，順調に球を肥大充実させるのである。

執筆　加藤　徹（高知大学農学部）

1973年記

# 休 眠 の 生 理

## 1. 休眠の過程

　球が肥大充実すると，根群の活動が低下し，収穫後に発育に最適の条件を与えても萌芽がみられない。

　第42図にみられるように，17℃の砂床に植えられた球は，24℃，28℃の砂床に植えられたばあいより萌芽が早いとはいえ，約1か月も萌芽がみられなかった。したがって，タマネギ球は，1か月くらいは体内生理によって休眠が誘発されているわけで，これが自発性休眠とよばれているものである。17℃よりも高温だと萌芽が遅れているのは，休眠期間が高温によって長くされていることを示し，これを他発性休眠と呼んでいる。この他発性休眠のばあい高温度が誘因になっているわけである。

　このような要因を利用して，他発性休眠を上手にコントロールして，貯蔵期間を延ばすのが商品性を高めることになるわけである。

　青葉が，室内貯蔵の今井早生を供試して球内の葉数および葉長比率を，萌芽率と関連して調査した結果が第43図である。これをみると，球内の生長開始期は掘上げ後40〜50日ころ，休眠はやはり約1か月であるが，一般に萌芽と呼ばれている球外に葉があらわれるのにさらに約1か月以上を要している。この間，休眠が覚醒してから，徐々に内部で葉が生長するわけである。

　休眠中の球と萌芽球を切って，その断面をテトラゾリウム液に浸漬し，呼吸反応をテトラゾリウムの呈色によって調査してみると，第44図のように萌芽球では球全体が呈色し，呼吸が活発であるが，休眠球では底盤部だけが呈色し，鱗片内細胞は呈色しない。

　この呈色で明らかに，生長点部の芽の生長に必要なエネルギーが鱗葉部から得られない状態を示しており，休眠の原因は鱗葉部内にあることが暗示されている。

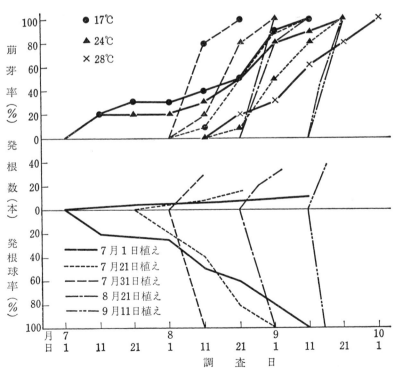

第42図　収穫後の球を時期別に定植したときの発根，萌芽状況

生育のステージと生理，生態

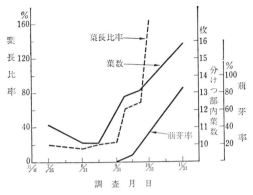

第43図　室内貯蔵球の萌芽期と貯蔵中の葉数，葉長比の変化　　（青葉，1955）

## 2. 休眠の外的条件

### (1) 栽培環境

①日照の強さ　日照の弱い条件下で肥大した球は，日照の強い条件下で肥大した球より，いちじるしく萌芽が早い。

②窒素追肥　窒素が遅効きした球，あるいは遅く窒素を追肥した球は，窒素を追肥しない球よりも，やはり萌芽が早い。

③倒伏時期　倒伏時期の遅い球は早期倒伏した球よりも萌芽が遅く，50％萌芽をするに必要な日数で約40日の差異がみられた。

④球の大小　球の大小によって萌芽期は変化しなかったが，外皮を除去して小球にし，比較すると，このばあいの小球は容易に萌芽した。以上のように苗の大小によって球の大小を生じても，萌芽期に差異はないが，日照の制限や窒素追肥などによって球の大小を生じたばあいは，容易に萌芽期にちがいを生ずるのは，生理的な差異によるわけである。

### (2) 温度

低温，高温の影響は，自発性休眠期間を長くするものでなく，他発性休眠期間を延長するものと思われる。高温のばあいは，低温のさいと異なり，いちじるしく腐敗をまねく。

前期を高温にすると，その後に低温で貯蔵しても，休眠を打破するような刺激作用がみとめられて，萌芽が促進される（第45図）。

### (3) 水分

第31表によると，休眠期では乾燥，多湿いずれも萌芽，発根に影響を与えないが，多湿区では腐敗が多くなる。一方，土砂埋蔵したばあいに発根がみられ，一部に萌芽がみられた。

さらに，9月1日から3週間のあいだの休眠覚醒期では，乾燥状態では15～10℃でも30～25℃でも萌芽発根しないが，湿潤区では両温度区で萌芽発根がみられた。多湿だと，10～15℃ではいちじるしく萌芽，発根が促進される。

休眠終了，萌芽期（9月下旬～10月以降）では，常温でいちじるしく萌芽がみとめられるが，乾燥区ではいくぶんその速度が抑制されている。

したがって乾燥はいちじるしく萌芽を抑制するが，逆に多湿は萌芽を促進するものといえる。

### (4) 酸素

茎葉を損傷した球を貯蔵すると，きわめて

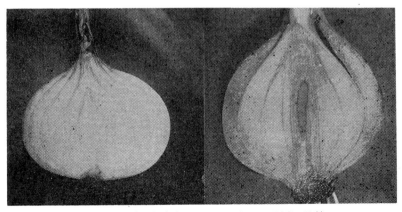

第44図　休眠球と萌芽球とのテトラゾリウム反応の比較
右：休眠球　底盤部だけ呈色。この部分以外は生活が休眠状態にある
左：萌芽球　全体に呈色。すべての細胞が活動している状態を示す

休眠の生理

萌芽が早い。第32表は茎葉を除去した球と，茎葉を除去しない一般の貯蔵球とを比較したもので，萌芽が早いのは，やはり茎葉を除去した球で，これらの球はまた腐敗しやすい。このばあいの考え方に，茎葉除去に伴って，その切口から内部への酸素供給が円滑に行なわれるためだとする考えと，呼吸増加によって糖分濃度が減少したためだとする考えとがある。

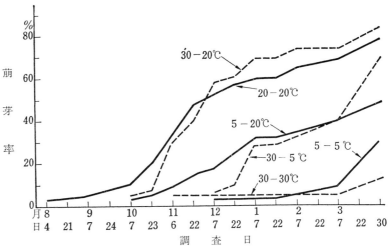

第45図　時期別貯蔵温度の変更と萌芽率　　（青葉，1956）

使用品種：今井早生
前期：7月7日～9月24日，後期：9月25日以降

## 3. 休眠の内的条件

長日条件のもとで，葉では長日刺激をうけながら，同化作用を営んで球へ糖を転流，蓄積している。その結果，肥大に伴って発根が不良となり，根群が老化して吸肥，吸水が減少し，倒伏がみられる。それがますます球への糖の蓄積を高めるように働く。

このような球は，糖の多い，オーキシン，ジベレリンの少ない状態で，収穫される。呼吸もいたって低く，ふたたび生長するのに必要なエネルギーが得られない状態にある。ただ，生長抑制物質だけが多く蓄積し，糖濃度とともに球を休眠状態に導いている。このような生理的状態も，呼吸増加，エチレンの発生増加などによってオーキシン，ジベレリン代謝が活発になっ

第31表　休眠におよぼす湿度の影響　　（緒方，1956）

| 休眠の程度 | 処理 | 対照区（室温） | | | 乾燥区（40～50％湿度） | | | 湿潤区（90～100％） | | | 埋蔵区 | | |
|---|---|---|---|---|---|---|---|---|---|---|---|---|---|
| | | 発芽 | 発根 | 腐敗% | 発芽 | 発根 | 腐敗% | 発芽 | 発根 | 腐敗% | 発芽 | 発根 | 腐敗% |
| 自発性 | 7日後 | 0 | 0 | 0 | 0 | 0 | 0 | 0 | 0 | 0 | 0 | 40 | 0 |
| | 30日 | 0 | 0 | 0 | 0 | 0 | 0 | 0 | 0 | 40 | 0 | 40 | 20 |
| | 60日 | 0 | 0 | 10 | 0 | 0 | 0 | 0 | 0 | 100 | 20 | 100 | 60 |
| 他発性 | 25～30℃ | 0 | 0 | 10 | 0 | 0 | 0 | 10 | 40 | 60 | — | — | — |
| | 10～15℃ | — | — | — | 0 | 0 | 0 | 60 | 100 | 0 | — | — | — |

第32表　茎葉除去と萌芽および腐敗との関係　　（小河原，1949）

| 区別＼項目　月日 | 萌芽球数 | | | | | | | | | 腐敗球数 | | | 供試個数 | 平均貯蔵日数 |
|---|---|---|---|---|---|---|---|---|---|---|---|---|---|---|
| | 9/6 | 10/19 | 11/1 | 11/10 | 11/19 | 12/1 | 12/12 | 12/22 | 12/19 | 8/22 | 9/6 | 10/1 | | |
| 茎葉を除去しない区 | 1 | 3 | 1 | 3 | 5 | 12 | 5 | 6 | 2 | 1 | 3 | 3 | 2 | 47 | 101.5日 |
| 茎葉を除去した区 | 2 | 2 | 8 | 12 | 7 | 2 | 1 | — | — | — | 7 | 6 | 0 | 47 | 77.8 |

生育のステージと生理，生態

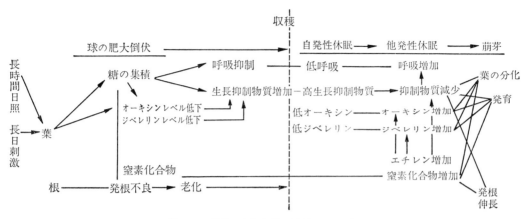

第46図　休眠の内的条件の関係（模式図）

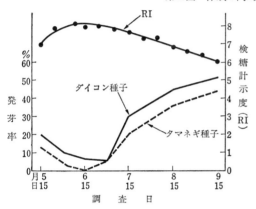

第47図　タマネギ汁液の検糖示度とその種子発芽抑制作用

て蛋白の再合成となり，休眠が破れて再生長が起こる。まず環境が高温，乾燥で，徐々に葉の発育，発根が行なわれるが，ついには萌芽に至るのである。これらの関係を示したのが第46図である。

### (1) 体内成分の消長

第47図のように球の汁液の検糖示度は高く，これの種子発芽におよぼす影響をみると，検糖示度と密接に相関して発芽率が比例し，休眠，再生長が汁液成分に影響されていることが明らかである。

その汁液の大部分は糖分である。糖分の変化をみると第33表のとおりで，萌芽球のほうが休眠球より糖分が少なく，逆に窒素化合物は多くなっている。しかも，休眠球では内部の糖含量が多くなっているのに対し，萌芽球では減少し，窒素化合物が増加している。また，休眠球では糖が高いのに，休眠がさめるころから，糖分が減少し始めて，再生長に利用されているわけである。

もう一つの成分は揮発性の硫化アリルという化合物で，ＳＨ酵素を不活性化する性質をもっている。この化合物は休眠球に多く含まれ，の

第33表　体内成分の変化　　　　　　　　　　　　　　（新鮮重当たり％）

| 処　　理 | 葉位 | 還元糖 | 非還元糖 | 全　糖 | 多糖類 | 全炭水化物 | 可溶性窒素 | 不溶性窒素 | 全窒素 |
|---|---|---|---|---|---|---|---|---|---|
| 休眠球 | 1 | 1.73 | 0.86 | 2.59 | 0.40 | 2.99 | 0.03 | 0.05 | 0.08 |
|  | 3 | 1.36 | 4.16 | 5.52 | 0.37 | 5.89 | 0.06 | 0.04 | 0.10 |
|  | 5 | 3.16 | 3.34 | 6.50 | 0.65 | 7.15 | 0.13 | 0.06 | 0.19 |
|  | 7 | 3.26 | 3.54 | 6.80 | 0.80 | 7.60 | 0.13 | 0.16 | 0.29 |
| 萌芽球 | 1 | 1.24 | 0.79 | 2.03 | 0.17 | 2.20 | 0.04 | 0.03 | 0.07 |
|  | 3 | 2.96 | 1.06 | 4.02 | 0.25 | 4.27 | 0.06 | 0.03 | 0.09 |
|  | 5 | 1.27 | 3.78 | 5.05 | 0.33 | 4.11 | 0.10 | 0.04 | 0.14 |
|  | 7 | 0.51 | 2.74 | 3.25 | 0.42 | 3.67 | 0.20 | 0.17 | 0.37 |

注　葉位は外側から数えたもの。7は未熟な葉や生長点部を含む

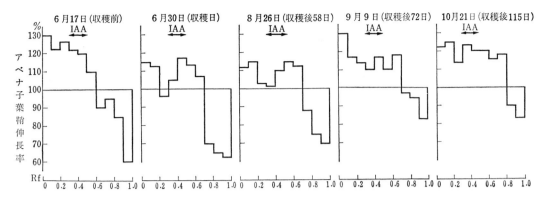

第48図　頂芽部のオーキシンの消長

ち，しだいに減少していく。SH酵素は，休眠中は不活性になっているが，硫化アリルの減少に伴って活性化し，活発に活動して休眠が打破され，萌芽となる。

### (2) オーキシン

球収穫前はオーキシンも充分含まれるが，収穫期には減少し，一方で，生長抑制物質が多量に含まれる。ところが休眠覚醒時からこの抑制物質が減少して，逆にオーキシン含量が高まる。

以上のように，休眠中はオーキシンが少ないために再生長ができない状態となっている。

### (3) ジベレリンとアブシジン酸

塚本の結果(第49図)をみると，休眠突入時は，ジベレリン含量は少なく，アブシジン酸を含む抑制物質が多いが，休眠中にジベレリンも抑制物質も減少する。そして，休眠覚醒時になって両物質が増加するが，とくにジベレリンの増加がいちじるしく，再生長と一致して増加している。

### (4) 過酸化酵素の消長

過酸化酵素は，オーキシンの不活性をまねく一方，メチオニンというアミノ酸からエチレンガスを発生させる作用をもっている。この酵素の活性をみると，第50図のように，休眠の短い品種でも休眠の長い品種でも，休眠前では同じような活性を示している。しかし休眠球では，休眠の長い球が休眠の短い球にくらべて，いちじるしく活性が弱く，休眠中に，休眠の短い球のほうは酵素作用がいちじるしく高まって，休眠がさめている。

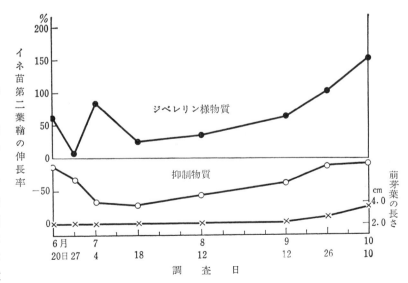

第49図　休眠中の生長点部から抽出したジベレリン様物質とその抑制物質の変化　　　　（塚本，1969）

(5) 呼吸量の消長

　球の生産点部の呼吸量は，収穫前は高いが，収穫後急激に低下する（第51図）。つまり，低呼吸量のまま8月15日まで生活し，その後呼吸量が増加して，11月1日ころには収穫前の呼吸量に到達している。この結果から緒方は，貯蔵期間を休眠期，休眠覚醒期，休眠終了萌芽期の三期に区別しているが，休眠期はいわゆる自発性休眠期であり，つぎの期間は他発生休眠期に相当する。

　この呼吸には，バレイショでみられるカタラーゼ酵素の関与がみられない。

## 4. 休眠の機構

　休眠の機構について模式的にまとめてみたのが，第52図である。

　長日条件で長日刺激と同化作用とを葉身でうけとめ，球のほうに糖の集積をもたらす一方，オーキシン，ジベレリン代謝活性の低下を導き，反対に生長抑制物質の集積をまねくとともに，呼吸阻害がみられるようになって休眠に突入する。栽培環境や品種などのちがいは，長日下での刺激の受けとめ方や同化能率に関係して，球の肥大充実に影響を与え，糖の集積ていどを異にした球となる。これで結局，休眠の長さの異なる球となるのであろう。

　休眠中パーオキシダーゼ活性が回復し，メチニオニンからエチレンを発生させる。その作用によって呼吸が高まってくると，今まで徐徐に減少してきた糖がいっそう濃度を低下させ，その低下が引き金となって窒素代謝が活発になり，オーキシン，ジベレリンなどの含量が増加してくる。呼吸によって生じたエネルギーを利用して，窒素

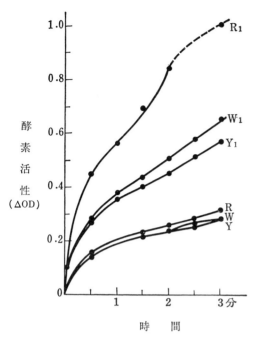

第50図　過酸化酵素活性と休眠の長短
（ボーベイら，1972）

酵素活性は，酵素とパラフェニレンジアミンという化合物を反応させ，その化合物の酸化によって生じる化合物を，分光光度計の485mμの波長のもとで吸光度を測定してあらわしてある

RWY：休眠前，$R_1W_1Y_1$：休眠中，
R：赤色球品種，W：白色球品種，Y：黄色球品種，休眠の長短はR＜W＜Yの順に長くなっている

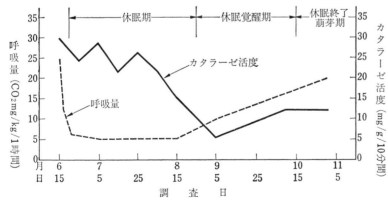

第51図　貯蔵中の呼吸量とカタラーゼ活性との関係
（緒方，1952）

休眠の生理

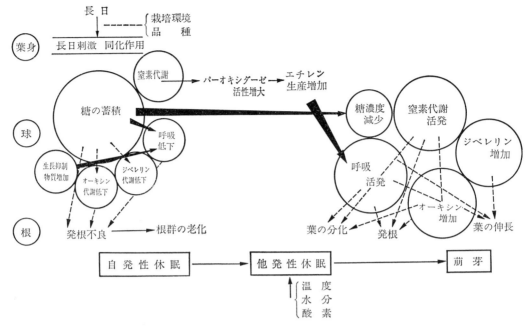

第52図 休眠の機構（模式図）

化合物とオーキシン，サイトカイニンとが共同で葉を分化させ，ジベレリン，オーキシンの相互作用によって，分化した葉の伸長がみられ萌芽にいたる。葉が分化するさいに大きな働きをするサイトカイニンは，オーキシンの増加に伴って底盤部（葉の分化より先に根の分化，伸長が行なわれる）で窒素化合物を再合成して根，葉を形成するものと思われる。

この発根，葉の分化，伸長の形態形成，発現に温度，水分，酸素レベルが密接に関係しあって，その程度，期間などを左右しているのであろう。

結局は長日による球の肥大充実の内的要因によって倒伏，発根不良，ついには休眠となり，貯蔵後期の環境要因が内部細胞の形態形成を左右して，萌芽の早晩となるのだと考えられる。

執筆　加藤　徹（高知大学農学部）

1973年記

# 花芽分化と抽台の生理

## 1. 花芽分化，抽台の過程

越冬したタマネギの大株またはセットは，春になって花芽の分化と抽台がみられる。抽台の形態的な発達過程は第53図のとおりである。

①未分化　生長点が1枚の葉原基に包まれていて，生長点はほとんど平坦である。

②分化初期　葉原基の中にある生長点の周囲が隆起し，苞の形を形成し，生長点は花芽としてドーム型にわずか盛上がる。このとき，葉原基と花芽との間に新生長点が発生する。この新生長点は後に第54図のように分球を形成する。

③総包形成期　苞がさらに盛上がって花芽を包みはじめる。この時期を総包形成期とした。

④総包完成期　総包の発育がすすみ，内部を完全に包被したものを総包完成期とした。

⑤小花形成期　総包内に球形の小花を分化したもの。

⑥花被形成期　苞内の小花がさらに発育し，外，内花被原基の分化してきた時期をさす。

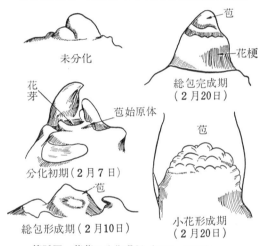

第53図　花芽の分化過程（藤井，1947）

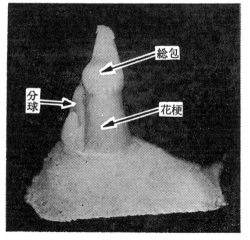

第54図　花芽と分球

## 2. 花芽分化の外的条件

花芽分化と抽台におよぼす外的要因の影響についての模式図を示せば第55図のとおりである。

生育日数とともに株は発育し，大株となり，これがある大きさ以上になって低温に遭遇すると花芽を分化し，抽台をするようになる。もちろん品種によって低温に対する感応度は異なり，花芽形成に必要な低温遭遇日数は違っている。このような植物はグリーン–プラント–バーナリゼーション–タイプ（Green Plant Vernalization type）作物といわれている。長日によって抽台が行なわれている。この低温刺激は生長点で感受されるが，肥料，土壌水分，日照条件などがかわって生長点部の栄養条件が変化するにつれて，低温感応の仕方もそれに応じて変化してしまうのである。

一般には，定植時の苗の大きさ，その後の肥培管理，天候などについて，数多く研究されている。

### (1) 温　度

低温は，花芽分化に対して有効ではあるが，何度くらいの温度から有効なのか，最適温度は

生育のステージと生理，生態

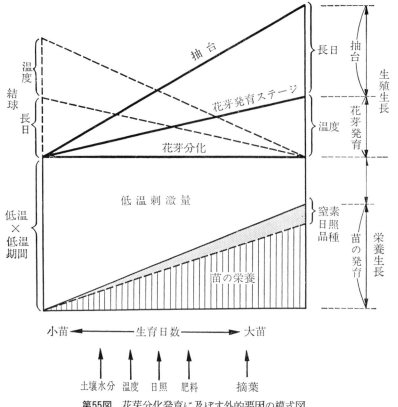

第55図　花芽分化発育に及ぼす外的要因の模式図

径が5mm以下の苗は花芽形成をしない。同様に母球を植えて萌芽した株でも同様な結果がみられ，花成するには20g以上が必要のようである。これらの限界の大きさも品種によって異なっていて，札幌黄は泉州黄よりもより小さい苗で，また球で低温に感応するようである。

一般には昼高く，夜低いという温度の日較差のある条件下では，花芽分化がみられるのは2月下旬から3月上旬である。このころの気温でみると，半旬別気温で平均気温5℃，最高気温10℃，最低気温0℃よりも低い温度によってであると伊藤は報告している。植えかえがたびたび行なわれて生長が抑制された株ではより高い温度で，つまり，半旬別気温で，平均気温10℃，最高気温13℃，最低気温2～3℃で花芽を分化するとしている。

花芽分化に必要な低温遭遇期間は，大苗で約1か月で，小さくなるにつれて長くなり，3か

どのくらいなのかなど明らかでない点も多いが，母球を貯蔵し，その貯蔵温度をいろいろと変化させて研究した結果では，0～5℃よりも10℃の方が最適温度であるように思われる。

種々の大きさの苗および球を9℃の温度に遭遇させたところ，第34表の結果がえられている。

苗が大きいほど花芽形成に必要な低温遭遇日数は短くなっている。低温遭遇時に葉鞘部の直

第34表　苗の大きさと花芽形成との関係　　　　　　　　　　　（宍戸ら，1971）

| 苗の大きさ | 低温処理日数 | | | | | | | | |
|---|---|---|---|---|---|---|---|---|---|
| | 20日 | 30日 | 40日 | 50日 | 60日 | 70日 | 80日 | 90日 | 100日 |
| mm | | | | | | | | | |
| 11.1 | ×××× | ×××○ | ××○○ | ○○○○ | ○○○○ | | | | |
| 10.1 | ×××× | ×××× | ×××○ | ××○○ | ○○○○ | ○○○○ | | | |
| 9.4 | ×××× | ×××× | ×××× | ×××○ | ××○○ | | | | |
| 8.6 | ×××× | ×××× | ×××× | ××○○ | ××○○ | | | | |
| 7.7 | | ×××× | ×××× | ×××× | ×××○ | ××○○ | ××○○ | | |
| 6.4 | | ×××× | ×××× | ×××× | ×××× | ×××○ | ×××○ | | |
| 5.0 | | ×××× | ×××× | ×××× | ×××× | ×××× | ×××× | ×××× | |
| 2.8 | | ×××× | ×××× | ×××× | ×××× | ×××× | ×××× | ×××× | ×××× |

注　低温9℃，品種泉州黄
　　×未分化，○分化

第35表 低温下の遮光と花芽形成との関係（宍戸ら，1971）

| 苗の大きさ | 処理 | 低温処理日数 | | | | | | |
|---|---|---|---|---|---|---|---|---|
| | | 20日 | 30日 | 40日 | 50日 | 60日 | 70日 | 80日 |
| mm<br>10.5 | 無処理 | ×××× | ×××× | ×××○ | ×○○○ | ○○○ | | |
| | 遮光 | ×××× | ×××× | ×××× | ×○○○ | ×○○○ | ○○○○ | |
| 7.7 | 無処理 | ×××× | ×××× | ×××× | ×××× | ×××○ | ×××○ | ××○○ |
| | 遮光 | ×××× | ×××× | ×××× | ×××× | ×××× | ×××× | ×××× |

注　低温処理9℃，×未分化，○分化
　　遮光は黒寒冷紗2枚で無処理の明るさの1/4にした

月も要するようになる。

### (2) 日照の強さ

低温は絶対必要だが，苗が限界の大きさ5mmに近いと，日照不良の弱い光のもとでは日照の強いばあいに比べて非常に長い低温期間を必要とする。

### (3) 日　長

花芽の分化発育には，日長時間はあまり関係していないようで，充分な低温遭遇後はやや高温の方が花芽が発育している。第36表にみられるように短日下でも長日下でも室内貯蔵でも花芽は小花分化期までしかすすんでいないのに，20～30℃の暗室に貯蔵したものは花器完成期に達している。

### (4) 窒素肥料

花芽分化前の窒素肥料の施与が多くなるにつれて抽台率が減少し，逆に収穫株数が増加し，一球重も増して収量が高くなっている。窒素を追肥をせず，窒素成分が不足してくると，抽台が多くなっている。したがって，3月中に追肥を適宜行なう必要がみとめられる。

### (5) 品　種

定植時の苗の大きいものは，各品種とも抽台率および分球率をふやしている。この増加度合は，貝塚早生，淡路中甲高ではいちじるしく高いが，平安球型黄は非常に少ない。したがって平安球型黄のばあい抽台についての心配は他の

第36表　花芽の発育におよぼす外的要因の影響
（塚本ら，1957）

| 外的要因<br>(10月25日～<br>11月30日) | 花芽のステージ | | | | | | 合計 |
|---|---|---|---|---|---|---|---|
| | 1 | 2 | 3 | 4 | 5 | 6 | |
| 10月25日花芽の状態 | 8 | 6 | 2 | 3 | | | 19 |
| 30℃暗室35日貯蔵 | | | 3 | 2 | 1 | 2 | 8 |
| 20℃　〃　〃 | | | | 1 | 3 | 1 | 5 |
| 室温35日貯蔵 | | | 3 | 5 | | | 8 |
| 圃場植えつけ35日 | | | | 5 | | | 5 |
| 16時間日長下の圃場植えつけ35日 | | | | 4 | 2 | | 6 |

注　1．10～12℃低温処理110日の母球を10月25日に処理し，35日目に収穫調査
　　2．発育ステージ　1．総包形成期，2．分裂組織部の凹凸出現期，3．分裂組織部に腎臓形部分出現期，4．小花分化期，5．外花被，外部雄ずい形成期，6．内花被内部雄ずい形成期，7．子房分化期

第37表　花芽分化前の窒素施肥量と抽台・収量
（藤村，1966）

| 前期<br>施肥量 | 調査株数 | 抽台数 | 抽台率<br>(%) | 収量<br>(kg) | 比率<br>(%) | 平均重<br>(g) |
|---|---|---|---|---|---|---|
| 0 kg | 391 | 45 | 11.5 | 52.2 | 79 | 151 |
| 10 | 393 | 42 | 10.7 | 58.6 | 89 | 167 |
| 20 | 389 | 25 | 6.4 | 63.5 | 96 | 174 |
| 30 | 389 | 18 | 4.6 | 66.0 | 100 | 178 |
| 40 | 393 | 23 | 5.9 | 64.6 | 98 | 175 |
| 50 | 384 | 21 | 5.5 | 62.1 | 94 | 171 |
| 3回分施 | 393 | 20 | 5.1 | 65.8 | 100 | 176 |

注　前期施肥3月8日
　　全窒素施肥量　10a当たり硫安60kg，
　不足分は4月15日に追肥
　　3回分施は12/上，3/上，4/中旬

第38表 抽台におよぼす外的要因の影響
(塚本ら, 1957)

| 処理 | 処理開始日 | 供試数 | 平均抽台日 | 抽台株数 |
|---|---|---|---|---|
| 20℃, 長日 | 1/20 | 15 | 月/日 — | 0 |
| 20℃, 自然日長 | | 15 | — | 0 |
| 自然温度, 長日 | | 26 | 4/24 | 13 |
| 自然温度, 自然日長 | | 24 | 5/12 | 14 |
| 20℃, 長日 | 2/23 | 15 | — | 0 |
| 20℃, 自然日長 | | 15 | 4/24 | 1 |
| 自然温度, 長日 | | 20 | 5/3 | 10 |
| 自然温度, 自然日長 | | 20 | 5/12 | 16 |
| 20℃, 長日 | 3/26 | 15 | — | 0 |
| 20℃, 自然日長 | | 15 | 5/3 | 4 |
| 自然温度, 長日 | | 18 | 5/9 | 7 |
| 自然温度, 自然日長 | | 18 | 5/9 | 11 |

注 長日:16時間日長, 自然日長:短日

二品種より少ないが, 他のどの品種も6〜8gの苗で最も収量が多い傾向にあるので, このあたりの苗を目標に育苗すべきだと思われる。

## 3. 抽台の外的条件

温度が20℃で長日だと花芽の発達と抽台が抑制されて球の肥大が行なわれてしまい, 抽台株数は全くみられない。しかし, 自然温度で低温からわずかずつ温度上昇がみられるばあい, 長日条件下で抽台がみられる。自然日長下では5月中旬に抽台がみられるので, やはり長日で花梗の伸長(抽台)が促進されるといえる。ただ, どのていどまで発育した花のときに, 長日によって促進されるのか明らかでない。

## 4. 花芽分化の内的条件

花芽分化の内的条件についての研究は少ないが, グリーン-プラント-バーナリゼーション-タイプ植物では第56図のような関係が明らかにされている。

つまり低温にさらされると, 茎内の炭水化物はいちじるしく増加し, 窒素化合物は減少する。それと同時に頂芽部では, 生長促進物質のオーキシンが低下し, いっぽう炭水化物の増加とともに花成ホルモンのフロリゲンが高まって, フロリゲン-オーキシンバランスは大きい値を示すようになって花成がみられるようになる。

つまり, 発育日数とともに茎内にいろいろの物質が蓄積され, 大苗ほど多く含まれる。このとき低温にさらされると, 各種の不溶性の形態の物質が可溶性にかわり, 新物質形成の準備がなされる。なかでも顕著なのは炭水化物で, ついで窒素化合物である。低温日数の増加とともにC/N率はいちじるしく高くなる。こうした状態のもとではオーキシンが低下し, 反対に花成物質(フロリゲン)が高まって, 花成が促進されるのである。

苗が小さいと炭水化物と窒素化合物の増加が少なく, 花成物質の集積も少ないので, 非常に長い間低温にあわないと花芽を形成しないのである。

### (1) 摘 葉

第39表のように, 葉がないと花芽分化が遅れる。

大苗だと茎内に充分栄養分を蓄積しているのであまり影響されないが, 小苗では不充分で, 低温に遭遇しながら栄養を蓄積し, 花芽形成物質が新生される。大きい母球を供試し,

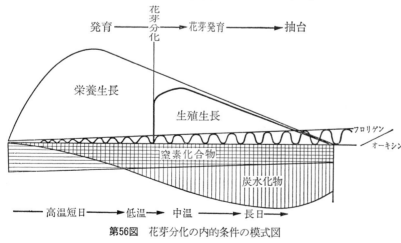

第56図 花芽分化の内的条件の模式図

第39表　苗の摘葉と花芽形成との関係　　　　　　　　　　（宍戸ら，1971）

| 播種日 | 処理 | 低温処理日数 | | | | | |
|---|---|---|---|---|---|---|---|
| | | 20日 | 30日 | 40日 | 50日 | 60日 | 70日 |
| 8月15日 | 無処理 | ×××× | ×××○ | ××○○ | ○○○○ | ○○○○ | |
| | 葉身1/2摘除 | ×××× | ×××○ | ×××○ | ××○○ | ○○○○ | |
| | 葉身摘除 | | ×××× | ××○○ | ××○○ | ×○○○ | ○○○○ |
| | 葉身1枚残 | | ×××× | ××○○ | ××○○ | ××○○ | ○○○○ |
| 9月16日 | 無処理 | ×××× | ×××× | ×××× | ×××○ | ××○○ | ××○○ |
| | 葉身1/2摘除 | ×××× | ×××× | ×××× | ×××× | ×××○ | ×××○ |
| | 葉身摘除 | | ×××× | ×××× | ×××× | ×××× | ×××× |
| | 葉身1枚残 | | ×××× | ×××× | ×××× | ×××× | ×××× |

注　1．葉身1/2摘除：地ぎわから22cmまでを残し，その上を除去
　　　葉身摘除：葉鞘部の上の葉身全部を除去
　　　葉身1枚残：内部の葉1枚を残し，他を除去
　　2．×未分化，○分化，低温9℃

鱗片を除去して小球にし，低温処理してみると同じ大きさの完全小球より花芽形成が早い。これは茎内に花成に必要な養分を貯蔵しているからといえる。

### (2) 品種および植えかえ

淡路中甲高は山口甲高より低温刺激に感応しやすいが，両品種ともたびたび植えかえると抽台しなくなってしまう（第40表）。植えかえによる苗の発育阻害が大きな原因だろうが，花成誘引物質の集積阻害も大きな原因となっている。しかも，窒素施肥区の方が完全に花成率が低下していることは，炭水化物の集積阻害が花成誘引物質の集積をも阻害しているものと考えられる。

### (3) ジベレリン，B-9の効果

ジベレリンを低温処理前に散布して，体内ジベレリンレベルを高めておくと，低温処理日数が少なくて花成がみられる。小苗は大苗より顕著である。B-9の効果は明らかでない。

これはジベレリン散布によって体内ジベレリンの増加がおこると，花成物質の集積が容易におこり，低温刺激によって花成がみられるものと思う。

第40表　葉令と栄養条件を異にするタマネギの抽台率　　　　　（伊藤，1956）

| 品種名 | 植えかえ回数 | 施肥区 | | | | | | 無肥料区 | | | | | |
|---|---|---|---|---|---|---|---|---|---|---|---|---|---|
| | | 1953～1954 | | | 1954～1955 | | | 1953～1954 | | | 1954～1955 | | |
| | | 調査株数 | 抽台株数 | 抽台率% | 調査株数 | 抽台株数 | 抽台率% | 調査株数 | 抽台株数 | 抽台率% | 調査株数 | 抽台株数 | 抽台率% |
| 山口甲高 | 1 | 64 | 13 | 20.3 | 77 | 1 | 1.2 | 68 | 45 | 66.2 | 84 | 29 | 33.7 |
| | 3 | 67 | 5 | 7.5 | 75 | 0 | 0 | 68 | 13 | 19.1 | 74 | 0 | 0 |
| | 5 | 66 | 0 | 0 | | | | 65 | 3 | 4.6 | | | |
| | 6 | 68 | 0 | 0 | | | | 66 | 1 | 1.5 | | | |
| 淡路中甲高 | 1 | 59 | 1 | 1.7 | 92 | 3 | 3.0 | 61 | 33 | 54.1 | 85 | 35 | 41.1 |
| | 3 | 62 | 1 | 1.6 | 78 | 0 | 0 | 63 | 8 | 12.7 | 78 | 0 | 0 |
| | 5 | 65 | 0 | 0 | | | | 62 | 0 | 0 | | | |
| | 6 | 66 | 0 | 0 | | | | 62 | 0 | 0 | | | |

注　抽台葉令　山口甲高　施肥区 1回15.0枚　　無肥料区 1回13.5枚
　　　　　　　　　　　　〃　　 3回14.4枚　　　　〃　　 3回15.0枚
　　　　　　淡路中甲高　〃　　 1回15.0枚　　　　〃　　 1回14.7枚
　　　　　　　　　　　　〃　　 3回15.5枚　　　　〃　　 3回15.9枚

生育のステージと生理，生態

第41表　花芽形成におよぼす GA₃ および B-9 の影響　　（宍戸ら，1972）

| 苗の大きさ | 処　理 | 低　温　処　理　日　数 | | | | |
|---|---|---|---|---|---|---|
| | | 20 | 30 | 40 | 50 | 60 |
| 10mm苗 | 標　準　区 | ××○ | ××○○ | ×○○○ | ×○○ | |
| | B-9  2,000ppm | ××× | ××○○ | ×××○ | ××○○ | |
| | GA₃  100ppm | ××○ | ×○○○ | ×○○○ | ○○○ | |
| 7mm苗 | 標　準　区 | ×××× | ×××× | ×××× | ×××○ | ××○○ |
| | B-9  2,000ppm | ×××× | ×××× | ××× | ×○○ | ×××× |
| | GA₃  100ppm | ○○○ | ○○○○ | ○○○○ | ○○○○ | ○○○ |

注　低温処理前10日間隔で4回全面散布
　　○花芽分化，×未分化
　　低温処理前20℃，低温処理9℃

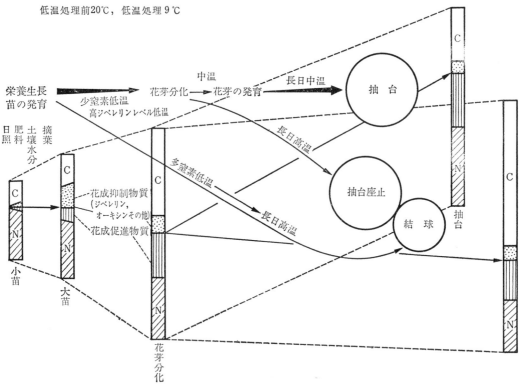

第57図　花成の機構

## 5. 花成の機構

花成をめぐる外的条件，内的条件をまとめてみると第57図のようである。

日照，摘葉，肥料，土壌水分は体内ジベレリン含量に影響を与え，さらに炭水化物と窒素化合物含量に影響を与え，苗の成分に大きな差をもたらす。

そのさい低温刺激によって花成ホルモンを高め，花成を誘発する。

小苗ではなかなかこのレベルに到着しえないので，長時間の低温が必要なのである。

さらに抽台には以上のような変化がいっそう助長される必要があるわけで，花芽が充分発達しないうちに長日高温になると花芽の発達は阻害され，側芽が肥大して球を形成してしまう。

執筆　加藤　徹（高知大学農学部）

1973年記

# 開花，結実の生理

## 1. 開花，結実の過程

　抽台した花球は，開包後頂部から開花がはじまるが，規則正しく行なわれない。開花すると，6本の葯のうち内側の3本が先に伸長して開葯し，外側の三本はいくぶんおくれて花粉を出す。

　雌ずいは開花時は1mmていどの長さだが，葯の裂開後に伸長して受精能力をもつようになるころには5mmくらいになる（第58図）。

　江口によると，午前6時から午後6時までの時刻別開花数を調査した結果では，タマネギは1日中だらだらと開花し夜間も開花しているという。

　大阪地方では，タマネギの開花期は，6月5～6日にはじまり，6月20日前後が開花盛り，7月2～3日が開花終わりで，開花期間は26～31日である。1株開花総数は2,000～9,800の間にあって平均5,082花，1花球の開花数は200～1,300，平均746花ほどであった。そして入梅の6月12日から30日までの19日間に，総数の93%から95%の花が開花しているので，採種のときは注意を払う必要がある。

## 2. 受粉，受精の様相

　タマネギの花の葯は，午前9時ごろから午後4時ごろまでにほとんど裂開して，午後4時から翌朝8時ごろまでは開葯していない。そして葯の中の花粉は，平時では2～3日間保持されている。葯は開花後4日ころからしだいに脱落しはじめる。

　雌ずいは後熟で，開花当日全長の約5分の1ほど伸びているがまだ受精能力がなく，6個の葯が裂開して，3本の花糸が萎れはじめたころに全長に達する。雌ずいが充分伸長してくると受精能力を持ち，これに受粉すれば結実する。受精のピークは開花後2～4日目である。

　受粉の結果では開花3日後に受粉したものが最も結実率が高かったということである。

　一般に，タマネギは他家受粉を行なうことになっているが，一花球に多数の小花があるため，隣花受粉の行なわれる機会も充分ある。

　タマネギの中には，性器障害による不稔個体があって，雌ずいは受精能力をもっているが，花粉は完全な発育をしないで途中で死ぬために自殖できず，種子を生じない。そのかわり，花球に多数の子球を着生するので，この子球によって栄養繁殖をすることができ，系統を維持することができる。

　これら雄性不稔個体は，正常個体にくらべて第42表のように相対的に各器官は小さく，とくに花糸の長さが短い。

　しかし，雄性不稔個体と他の品種との一代雑種は，いちじるしく雑種強勢を示したので，従来の袋掛け除雄を行なう人工交配法より簡単に，多量の一代雑種の種子がえられるので，おおいに品種改良に利用されている。

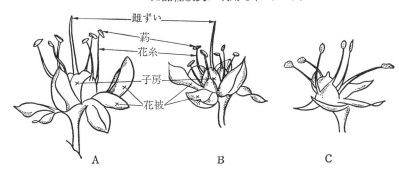

第58図　タマネギの小花
A　正常花，B　雄性不稔花，C　開花期

第42表　花器の比較　　　　　　　　　　　　　　　　　　（琴谷，木村，1956）

| 品種と稔性 | 項目 | 花弁の長さ cm | 花弁の幅 cm | 花糸の長さ cm | 葯の長さ mm | 葯の幅 mm | 葯の厚さ mm |
|---|---|---|---|---|---|---|---|
| 貝塚早生 | 正常 | 0.75 | 0.33 | 0.47 | 2.14 | 0.97 | 0.72 |
|  | 不稔 | 0.51 | 0.30 | 0.37 | 1.94 | 0.87 | 0.69 |
| 今井早生 | 正常 | 0.59 | 0.35 | 0.48 | 2.50 | 0.99 | 0.71 |
|  | 不稔 | 0.50 | 0.29 | 0.33 | 2.00 | 0.78 | 0.69 |
| 泉州中生 | 正常 | 0.56 | 0.36 | 0.47 | 1.97 | 0.97 | 0.65 |
|  | 不稔 | 0.49 | 0.29 | 0.36 | 1.82 | 0.77 | 0.64 |

## 3. 開花，結実の外的条件

タマネギはかなり自花受粉が行なわれているにもかかわらず，年柄によって採種に豊凶がありおおいに問題になっている。

### (1) 雌ずいの機能に及ぼす影響

雌ずいの機能は開花後の温度，湿度で異なっており，高温乾燥時に雌ずいは早熟短命で機能が低下しやすいのに対し，低温湿潤下では長命であるといわれている。

### (2) 雄ずいの機能に及ぼす影響

タマネギの花は6本の雄ずいのうち，3本が早く熟し，他の3本は約2倍くらいの長時間を要して熟するのが一般的である。雄ずいの機能をみるばあいに葯裂開するかどうかの問題と，花粉の機能がよいかどうかの問題の二つがある。

①葯裂開に対する温度

35〜40℃では短時間に裂開するが，30℃になるとしだいに裂開するのに時間がかかり，35〜40℃のばあいの約1.5〜2倍の時間で，平均11時間（先熟葯）〜21時間（後熟葯）を要する。さらに温度が降下するといっそう長時間を要し，25℃では35℃の2〜3倍，20℃では5〜8倍の長時間を要するになる。

②葯裂開に対する光線

光線が葯にあたった方が裂開しやすいが，これは光線による葯温度の上昇によるものと考えられている。

第43表　湿度と葯裂開までの時間　　（小川，1961）

| 温度 | 関係湿度 | 先熟葯(3本) 開始 早—晩 | 先熟葯(3本) 終了 早—晩 | 後熟葯(3本) 開始 早—晩 | 後熟葯(3本) 終了 早—晩 |
|---|---|---|---|---|---|
|  | % | 時間 | 時間 | 時間 | 時間 |
| 35℃ | 50 | 5—7 | 10—10 | 14—15 | 15—20 |
|  | 60 | 7—9 | 10—12 | 15—20 | 20—21 |
|  | 70 | 6—8 | 9—12 | 14—17 | 20—24 |
|  | 80 | 9—12 | 12—17 | 17—20 | 24—29 |
|  | 90 | 12—19 | 18—25 | 20—26 | 28—34 |
|  | 100 | 未開 | 未開 | 未開 | 未開 |
| 25〜28℃ | 50 | 10—15 | 15—21 | 20—28 | 30—32 |
|  | 60 | 9—17 | 13—19 | 19—27 | 27—34 |
|  | 70 | 15—19 | 19—21 | 27—34 | 34—40 |
|  | 80 | 19—24 | 29—34 | 34—36 | 39—44 |
|  | 90 | 24—29 | 36—53 | 40—46 | 44—52 |
|  | 100 | 未開 | 未開 | 未開 | 未開 |

③葯裂開に対する湿度

第43表にみられるとおり，35℃では湿度50〜70％の乾燥状態ではあまり変わらない。先熟葯で5〜7時間で裂開しはじめ10〜12時間で終了したが，後熟葯では約2倍の時間を要するようである。さらに，多湿になって80％となるとかなり裂開がおくれ，90％になると50％の乾燥時で要した時間の2〜3倍の時間が必要である。100％では葯の表面に水滴が付着し，葯裂開はおこらなかった。25〜28℃の気温下でも湿度の影響は同様で，多湿になるほど遅延してしまう。

開花後雨にあった花粉の発芽率は第44表のとおりである。葯が未開のままならば，1〜2日間雨が続いてもほとんど花粉の発芽に影響はみられないが，3〜4日間雨にあったばあいは葯

第44表 人工降雨と花粉の発芽率
(小川, 1961)

| 葯が降雨にあった時期 | 発芽率 | | |
|---|---|---|---|
| | 平均% | 最高% | 最低% |
| 開花後4日間雨中 | 15.4* | 39 | 0 |
| 〃 3 〃 | 13.4* | 30 | 0 |
| 〃 2 〃 | 43.6 | 63 | 26 |
| 〃 1 〃 (先熟葯) | 46.4 | 67 | 24 |
| 〃 1 〃 (後熟葯) | 62.2 | 79 | 46 |
| 標　準 | 59.7 | 74 | 45 |
| 夜間だけ14時間 | 48.3 | 58 | 26 |
| 昼間だけ4 〃 | 32.7 | 54 | 25 |
| 隔日　24 〃 | 44.5 | 69 | 32 |
| 標　準 | 52.5 | 68 | 48 |

注 1. * 多数の葯は水で流失したが、未開のまま残った花粉について降雨停止後乾燥開葯したもの
2. 水温20～22℃

中の花粉は流亡し、未開の葯中の花粉は発芽率不良で、全然発芽しない花粉もある。

つまり、3日以上降雨にあった葯は固粒化していて粉状にならず、虫媒されにくいものが多いといえる。

### (3) 花粉媒介昆虫の訪花

雨が降ると花粉媒介昆虫の飛来もなくなるので、結実低下を招きやすい。

### (4) 病害虫の被害

多雨時には花茎部分にボトリチスが発生し、あるいはコクハン病に罹病し、またスリップスの被害などによって株の栄養状態が低下し、結実が完了しないで終わってしまうことがある。

以上のように、開花結実に対して降雨の影響がいちじるしいが、受精に対する障害よりも結実後から登熟までの栄養に関係しているものと思われる。

## 4. 開花, 結実の内的条件

種子が結実して発育する過程は第45, 46表、第59図のとおりである。開花後14～16日で外観上固有の大きさに達するが、胚はこのころから急速に発育し、開花後22～25日で完成する。こ

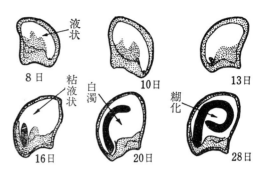

第59図 開花後の日数と胚の発育
(小川, 1961)

の時期から発芽率が急に上昇している。

種子の内容はさらにおそくまでかかって高まるのであって、胚乳の固まるのが開花後30日ころからである。

第45表 摘花, 無摘花と種子の発育, 発芽率との関係 (小川, 1961)

| 開花後日数 | 種子乾物1粒重 | | 発芽率 | |
|---|---|---|---|---|
| | 摘花区 | 標準区 | 摘花区 | 標準区 |
| | mg | mg | % | % |
| 6 | 0.13 | 0.12 | | |
| 7 | 0.20 | 0.17 | | |
| 8 | 0.32 | 0.28 | | |
| 9 | 0.43 | 0.41 | | |
| 10 | 0.60 | 0.53 | | |
| 11 | 0.80 | 0.69 | | |
| 12 | 1.03 | 0.91 | 0 | |
| 13 | 1.25 | 1.06 | 5.5 | |
| 14 | 1.53 | 1.21 | 3.8 | |
| 15 | 1.74 | 1.33 | 12.5 | 0 |
| 16 | 2.02 | 1.54 | 18.8 | 6.6 |
| 17 | 2.14 | 1.65 | 28.5 | 7.7 |
| 18 | 2.28 | 1.74 | 26.3 | 13.0 |
| 19 | 2.40 | 1.79 | 34.7 | 13.3 |
| 20 | 2.64 | 1.84 | 40.0 | 17.8 |
| 21 | 2.63 | 2.00 | 35.8 | 29.8 |
| 22 | 2.73 | 2.21 | 48.2 | 33.5 |
| 23 | 3.01 | 2.36 | 56.3 | 40.7 |
| 24 | 3.04 | 2.50 | 59.1 | 43.3 |
| 25 | 3.57 | 2.62 | 75.2 | 51.6 |
| 26 | 3.94 | 2.70 | 81.8 | 55.7 |
| 27 | 4.40 | 2.77 | 86.0 | 63.8 |
| 28 | 4.53 | 3.00 | 88.5 | 83.8 |
| 29 | 4.56 | 3.29 | 97.2 | 90.0 |
| 30 | 4.59 | 3.92 | 97.9 | 92.7 |
| 31 | 4.62 | 4.03 | — | — |
| 33 | 4.73 | 4.23 | — | — |
| 35 | 4.78 | 4.31 | 96.5 | 100.0 |
| 40 | 4.84 | 4.43 | 97.3 | 98.6 |

第46表　種子の発達と発芽力の変化　　　　　　　　　　　　　（小川，1961）

| 開花後日数 | 種子重 乾燥重 | 種子重 新鮮重 | 種皮重 | 胚乳重 | 胚重 | 発芽率 | 発芽勢 | 蒴の肥大 縦径 | 蒴の肥大 横径 | 注 |
|---|---|---|---|---|---|---|---|---|---|---|
| 日 | mg | mg | mg | mg | mg | % | % | mm | mm | |
| 1 | 0.02 | 0.17 | — | | | | | 3.16 | 3.13 | |
| 2 | 0.03 | 0.25 | 0.15 | 0.10 | | | | 3.28 | 3.18 | |
| 3 | 0.05 | 0.38 | 0.15 | 0.23 | | | | 3.35 | 3.17 | |
| 4 | 0.08 | 0.56 | 0.17 | 0.39 | | | | 3.35 | 3.21 | |
| 5 | 0.12 | 0.70 | 0.23 | 0.47 | | | | 3.53 | 3.22 | |
| 6 | 0.15 | 1.00 | 0.31 | 0.69 | | | | 4.01 | 3.49 | |
| 7 | — | 1.60 | 0.40 | 1.20 | | | | 4.33 | 3.80 | 胚乳，透明液状 |
| 8 | 0.43 | 1.97 | 0.51 | 1.46 | | | | 4.35 | 3.80 | |
| 9 | 0.65 | 2.44 | 0.64 | 1.80 | | | | 4.61 | 4.08 | |
| 10 | 1.15 | 3.83 | 1.00 | 2.83 | | | | 4.73 | 4.14 | |
| 11 | 1.25 | 4.15 | 1.45 | 2.70 | | | | 5.43 | 5.16 | |
| 12 | 1.22 | 4.35 | 1.25 | 3.10 | 0.02 | | | 5.68 | 4.99 | |
| 13 | 1.31 | 5.35 | 1.70 | 3.62 | 0.03 | | | 5.70 | 5.01 | 胚，伸長開始 |
| 14 | 1.41 | 6.33 | 2.75 | 3.53 | 0.05 | | | 5.95 | 5.14 | |
| 15 | 1.48 | 6.83 | 3.00 | 3.75 | 0.08 | | | 6.51 | 5.39 | |
| 16 | 1.80 | 6.81 | 3.08 | 3.63 | 0.10 | 2.0 | | 6.55 | 5.69 | 種皮黒変 |
| 17 | 1.93 | 7.53 | 3.65 | 3.70 | 0.18 | 4.3 | | 6.44 | 5.41 | 種子外形上固有の大きさになる |
| 18 | 1.94 | 7.86 | 3.85 | 3.75 | 0.31 | 8.0 | | 6.50 | 5.45 | |
| 19 | 1.94 | 8.07 | 3.90 | 3.80 | 0.37 | 14.5 | 1.5 | 6.21 | 5.38 | |
| 20 | 2.57 | 8.33 | 3.83 | 4.00 | 0.50 | 17.3 | 2.2 | 6.45 | 5.35 | 胚乳，半〜不透明粘液状 |
| 21 | 2.67 | 8.31 | 3.68 | 3.75 | 0.88 | 22.6 | 1.0 | 6.81 | 5.55 | |
| 22 | 2.69 | 8.27 | 3.13 | 3.96 | 1.18 | 21.8 | 3.3 | 6.48 | 5.47 | 胚，形態上ほぼ完成 |
| 23 | 2.87 | 7.93 | 3.13 | 3.60 | 1.20 | 36.3 | 5.4 | 6.75 | 5.54 | |
| 24 | 2.93 | 8.15 | 2.88 | 4.07 | 1.20 | 58.5 | 3.2 | 6.56 | 5.59 | |
| 25 | 2.94 | 7.90 | 2.63 | 4.01 | 1.26 | 52.5 | 15.8 | 6.33 | 5.50 | |
| 26 | 3.09 | 8.19 | 2.15 | 4.76 | 1.28 | 69.0 | 26.5 | 6.50 | 5.48 | 胚乳，糊状 |
| 27 | 3.19 | 7.35 | 1.78 | 4.37 | 1.30 | 70.3 | 37.5 | 6.62 | 5.57 | |
| 28 | 3.43 | 7.56 | 1.50 | 4.74 | 1.32 | 80.8 | 53.3 | 6.58 | 5.50 | |
| 29 | 3.46 | 8.00 | 1.45 | 5.19 | 1.35 | 83.7 | 60.3 | — | — | |
| 30 | 3.80 | 7.77 | 1.35 | 5.09 | 1.33 | 81.4 | 73.0 | — | — | |
| 31 | 3.85 | 8.12 | 1.50 | 5.30 | 1.32 | 86.0 | 84.4 | — | — | 胚乳固まる漸次乾燥 |
| 32 | 4.09 | 8.15 | 1.15 | 5.70 | 1.30 | 83.1 | 76.8 | 6.82 | 5.70 | |
| 33 | 4.17 | 7.60 | 1.00 | 5.30 | 1.30 | 91.1 | 85.5 | 6.56 | 5.36 | |
| 34 | 4.22 | 7.22 | 0.75 | 5.17 | 1.30 | 90.3 | 77.5 | — | — | |
| 35 | 4.24 | 7.02 | 0.72 | 5.04 | 1.26 | 85.6 | 80.4 | 6.53 | 5.33 | |
| 36 | 4.26 | 6.53 | 0.65 | 4.68 | 1.20 | 88.4 | 85.7 | — | — | |
| 40 | 4.32 | — | — | — | — | 92.7 | 82.3 | — | — | 蒴裂開 |
| 45 | 4.33 | 5.23 | 0.58 | 3.72 | 0.93 | 91.5 | 84.2 | — | — | |

　結実数を1花球20〜50果に制限し，栄養供給を極端によくしたばあい，一般のものに対し3〜4日，発芽率を含めた各段階で発育の促進がみとめられる。
　これは発芽に要するエネルギー源として，胚乳に貯蔵養分の蓄積がみられ，蛋白増加に伴う胚の充実が行なわれるためである。
　貯蔵養分の蓄積は，葉からの同化産物の転流によるもので，加里，燐酸，硼素，カルシウムなどがおおいに関係している。一方，葉の同化作用は葉緑素によるもので，窒素の影響が多い。
　したがって，開花始めに窒素を効せると同化作用が活発になって開花数も増加し，結実も良好になっている（第47表）。
　一方，元肥に燐酸を充分に入れて効かし，加里を施用すれば肥大良好な種子が多くえられて，

開花，結実の生理

第47表　窒素追肥時期とネギの開花，結実　　　　　　　　　　（江口ら，1957）

| 処　理　区 | 花梗数 | 開花数 | 着朔数 | 種子容量 | 千粒重 | | 発芽率 | |
|---|---|---|---|---|---|---|---|---|
| | | | | | 第1花球 | 第2花球 | 第1花球 | 第2花球 |
| | | | | ml | g | g | % | % |
| 元　肥　区 | 4.0 | 1,168 | 744 | 14.6 | 2.1 | 2.3 | 73.7 | 58.3 |
| 追　肥　区 | | | | | | | | |
| 11月30日（花房分化期） | 3.4 | 1,004 | 680 | 14.2 | 2.2 | 1.7 | 84.0 | 60.7 |
| 3月1日（花芽発育盛期） | 3.6 | 1,029 | 793 | 17.8 | 2.3 | 1.9 | 95.0 | 70.7 |
| 4月3日（抽台始期） | 4.0 | 1,114 | 677 | 13.2 | 2.2 | 1.8 | 80.7 | 57.7 |
| 4月24日（開花始期） | 4.6 | 1,422 | 842 | 18.9 | 2.4 | 1.8 | 79.7 | 52.7 |

第48表　燐酸，加里施肥がタマネギ種子におよぼす影響　（西田ら，1954）

| 処　理 | 1花茎あたり収量 | 上種子割合 | 中種子割合 | 下種子割合 |
|---|---|---|---|---|
| | g | % | % | % |
| 無　燐　酸　区 | 2.29 | 38.7 | 50.1 | 11.2 |
| 燐　酸　標　準　区 | 2.16 | 40.9 | 51.7 | 7.4 |
| 燐　酸　倍　量　区 | 2.17 | 47.4 | 45.5 | 7.1 |
| 無　加　里　区 | 2.04 | 37.1 | 53.8 | 9.1 |
| 加　里　標　準　区 | 2.23 | 41.7 | 49.6 | 8.7 |
| 加　里　倍　量　区 | 2.35 | 48.2 | 43.9 | 7.9 |

不良種子の割合が低下している。加里を多くしたばあい花茎が太くなり，結実歩合もいちじるしく増大し，種子量も多くなり，一花茎当たりの収量も高まっている（第48表）。

まとめてみると，第60図のとおりである。

窒素，燐酸，加里を効かせて花器を良好にするとともに，葉の同化養分を充分に花器に送りこむ。そのために燐酸，加里，硼素，カルシウムなどが必要で，これによって結実や種子の発育が順調に行なわれて完熟種子となり，収量が高まるのである。

乾燥時のスリップスによる被害は，同化作用を阻害し，降雨時の日照不良，およびボトリチスなどの病害によって同化養分はますます低下する。この同化養分の減少は結実不良，未熟種子の多発を招来する。

そこで降雨を防ぎ，病害発生を少なくするために雨覆い，薬剤散布の効果が期待される。第49表と第50表はその考え方を裏づけている。

## 5. 採　種

### (1) 立地条件

開花期中の雨が大きく影響するので，採種の

第49表　採種に対する雨覆いの効果　　　　　　　　　　　　　（小川，1961）

| 処理期間 5/10　6/10　7/10 | 開花数（1花球） | 完全果 | 不稔病害果 | 収量（1区） | | 1g中粒数 | 発芽率 | 注 |
|---|---|---|---|---|---|---|---|---|
| | | | | 重量 | 容量 | | | |
| | 個 | % | % | g | ml | 個 | % | |
| ガラス室 1 ———— | 765 | 78.1 | 21.9 | 68.5 | 85 | 288 | 80.0 | 薬散 |
| 　　　2 〰〰— | 835 | 21.9 | 78.1 | 14.3 | 10 | 308 | 66.6 | 〃 |
| 　　　3 ——〰— | 803 | 47.3 | 52.7 | 35.8 | 46 | 305 | 70.1 | 〃 |
| 　　　4 —〰〰 | 733 | 26.7 | 73.3 | 21.0 | 24 | 293 | 70.4 | 〃 |
| 室外 5 ———— | 718 | 59.0 | 41.0 | 42.4 | 52 | 252 | 82.1 | 〃 |
| 　　6 ———— | 788 | 39.4 | 60.6 | 28.4 | 38 | 370 | 60.0 | なし |
| 　　7 〰〰〰 | 847 | 24.5 | 75.5 | 15.6 | 20 | 360 | 70.3 | 薬散 |
| 　　8 〰〰〰 | 772 | 13.3 | 86.7 | 9.1 | 13 | 351 | 58.7 | なし |
| 旬別 | 5/上 | 中 | 下 | 6/上 | 中 | 下 | 7/上 | 中（旬） |
| 降雨日数 | 6 | 2 | 7 | 7 | 5 | 8 | 3 | 5 (日) |
| 降雨量 | 62 | 59 | 112 | 270 | 159 | 570 | 80 | 231 (mm) |

——室内および雨覆い　　〰〰室外無被覆

安定化のためには立地条件を考えなければならない。

開花期の月雨量が150mm以下ならば，採種適地の一つの条件となる。次に被害の大きいスリップスの少ない地帯であることが望ましい。スリップスの生態上，土壌の表面を湿潤に保つことが，その繁殖を抑えるのに役立つことを考えれば，水田利用がまた一つの条件となろう。

もう一つは，病害の被害を減少させる点から，梅雨があっても風通しのよい，雨滴の蒸発の早い地帯で，肥沃な土壌が望まれる。この地帯は主として河川の流域で沖積層が選ばれている。

結局，採種量の面からみた適地は，梅雨が少なく，病害虫の発生濃度がうすい裏日本に広く分布している。しかし，優良母球の本場産地は表日本にあるので，ここで優良母球は育成して良質の種子を増産する方法を開発する努力が必要である。

### (2) 採種栽培

タマネギは退化しやすいため，良質の種子を生産するためには，つねに優良母球を選ぶ必要がある。

優良母球とする品種固有の形質をそなえた大球のことで，成育のよい畑で収穫前に立毛のまま予備選抜を行ない，さらに収穫時に引抜いた形状をみて優良母球を選んでいる。

母球はふつうより一週間くらい早く収穫し，通風のよい貯蔵小屋や軒下につるし，貯蔵中の腐敗を防ぐ。

母球は大きいものを使用すれば，1株当たりの花球数や採種量も多くなる。10a当たりの採種量は，栽植株数もひじょうに関係するので注意を払う必要がある。一般に3,000～4,000球が定植されている。

母球の定植は10月中旬で畦は90cm幅の一

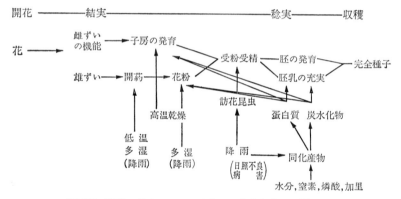

第60図　開花，結実におよぼす外的，内的条件の影響

第50表　採種に対する雨覆いと薬剤散布の効果　　　　　　（小川，1961）

| 処理期間 5/10 6/10 7/10 | 薬剤 | 開花数 (1花球) | 結実 全果 | 完全 | 芽 病害 | 不稔率 | 収量 (1区) | 1,000粒重 | 発芽率 |
|---|---|---|---|---|---|---|---|---|---|
| | | 個 | % | % | % | % | g | g | % |
| 1 | 散布 | 586 | 83.0 | 67.0 | 16.0 | 17.0 | 51.3 | 3.68 | 73.3 |
| 2 | なし | 651 | 77.1 | 39.2 | 37.9 | 22.9 | 34.5 | 3.63 | 74.3 |
| 3 | 散布 | 635 | 79.2 | 53.1 | 26.1 | 21.3 | 46.5 | 3.79 | 73.5 |
| 4 | なし | 618 | 69.5 | 26.7 | 42.8 | 30.5 | 16.6 | 3.00 | 63.4 |
| 5 | 散布 | 707 | 67.6 | 43.7 | 23.9 | 32.5 | 39.3 | 3.47 | 68.0 |
| 6 | なし | 627 | 65.5 | 25.8 | 39.7 | 24.6 | 24.6 | 3.42 | 67.2 |
| 7 | 散布 | 593 | 67.8 | 37.9 | 29.9 | 32.2 | 35.4 | 3.73 | 71.6 |
| 8 | なし | 675 | 69.2 | 12.0 | 57.2 | 30.9 | 10.3 | 2.54 | 54.3 |
| 旬別 | 5/上 | 中 | 下 | 6/上 | 中 | 下 | 7/上 | 中 | (旬) |
| 降雨日数 | 7 | 4 | 3 | 3 | 1 | 5 | 10 | 4 | (日) |
| 降雨量 | 47 | 51 | 28 | 143 | 0.1 | 92 | 458 | 13(mm) | |

——雨覆い　〜〜〜覆なし

第51表 採種母球の大きさと採種量
(ジョーンズら, 1939)

| 母球重 | 1株当たり花球数 | 1,000m²当たり採種量 | 株当たり採種量 |
|---|---|---|---|
| g | | kg | g |
| 11～20 | 2.41 | 101.8 | 9.2 |
| 21～30 | 3.02 | 138.0 | 12.0 |
| 31～40 | 3.46 | 162.0 | 14.0 |
| 41～50 | 3.74 | 167.0 | 14.7 |
| 51～60 | 4.14 | 186.0 | 16.1 |
| 61～70 | 4.42 | 189.8 | 16.5 |
| 71～80 | 4.64 | 196.5 | 13.1 |
| 81以上 | 4.75 | 199.0 | 17.3 |

条植えあるいは150cm幅の2条植え，株間30～45cmにとっている。翌春平均気温が14～15℃になると花茎が抽台し，多いものは1株から10～15本くらいも出ることがあるので，発育の悪いものを株元から切り取って1株4～5本とする。花茎抽出後は株元に土寄せし，横になわや細竹を張って倒伏を防ぐ。

開花は花球の頂部から，平均気温18～20℃のころにはじまる。そして順次下部に移るが，開花後40日ほどで種子は成熟するので，収穫は一花球の70～80%が熟して，頂部の蒴が裂け，黒い種子がみえはじめたものから花茎を30cmくらいつけて刈取る。

### (3) 開花促進方法

わが国では，梅雨期の開花を防ぐため，開花を促進すればよいのではないかと考え，母球の冷蔵による抽台開花促進が研究されている。

母球を10℃で4か月間冷蔵すると，普通貯蔵植えつけ母球より2か月ていども花芽分化期は早まる。しかし，開花期は10日ほど早まるくらいで，そのうえ開花のそろいも悪い。これは分化後の花茎の発育が停滞するため，母球の冷蔵だけでは開花期は動かし難い。しかし，32℃で15日間高温処理したのち低温処理をすると開花が早く，そろいもよくなるといわれている。だが，冷蔵処理株は草勢が弱く，耐病性に乏しい欠点があるので一層のくふうが必要である。

開花期の促進にはビニール被覆などによって保温することが大切である。

また高温貯蔵をしたばあい抽台開花ともに遅れ，採種量も少ない。

したがって母本の貯蔵は10～12℃ていどで貯蔵することが開花も早く，採種量も多いので，貯蔵温度には発病を防止するうえからも考慮して管理することが大切であろう。

## 6. 子 球 (top onion)

雄性不稔株の維持や母球数の少ない貴重な系統の保存には栄養繁殖が行なわれている。

一つは分球利用であり，他は子球利用である。抽台した茎の基部にできる3～4個の分球を採取した後，抽台茎と共に抜きとって貯蔵し，採種母本とする。これが分球利用である。

また抽台した花球の開苞直後のものを小花の基部から鋭利な刃物で切りとると，そのあとに多数の子球 (top onion, 第61図) を発生する。これを繁殖に利用する方法が子球利用である。

子球の発生を良好にするためには，小花梗を処理する時期と切除位置が大切である。

大阪農試の成績によると，開花前20日くらい

第61図 トップオニオン（寺分原図）
子球を繁殖に利用する

第52表　小花梗の処理時期と子球発生との関係　（3球平均）（大阪農試，1956）

| 調査項目 | 処理 | 花開前38日 | 開花前30日 | 開花前23日 | 開花前13日 |
|---|---|---|---|---|---|
| 1花球当たり子球数 | | 51.0 | 46.5 | 127.3 | 1.2 |
| 横径 cm | 1.00〜0.75 | 3.0 | 1.3 | 12.3 | 0 |
| | 0.75〜0.60 | 13.5 | 7.3 | 23.0 | 0.3 |
| | 0.60〜0.40 | 13.5 | 11.3 | 29.0 | 0.3 |
| | 0.40以下 | 21.0 | 26.6 | 63.0 | 0.6 |
| 重量 g | 0.80〜0.60 | 3.0 | 1.3 | 12.3 | 0 |
| | 0.60〜0.40 | 13.5 | 7.3 | 23.0 | 0.3 |
| | 0.40〜0.30 | 13.5 | 11.3 | 29.0 | 0.3 |
| | 0.30以下 | 21.0 | 26.6 | 63.0 | 0.6 |

第53表　処理の方法と子球発生との関係（3球平均）（大阪農試，1956）

| 調査項目 | 処理位置 | 0.5mm | 1.0mm | 1.5mm |
|---|---|---|---|---|
| 1花球当たり子球数 | | 148.7 | 98.7 | 57.6 |
| 子球の横径 cm | 1.00〜0.75 | 21.4 | 9.7 | 4.3 |
| | 0.75〜0.60 | 34.7 | 12.7 | 14.3 |
| | 0.60〜0.40 | 45.0 | 22.3 | 13.0 |
| | 0.40以下 | 47.7 | 54.0 | 26.0 |
| 子球の重量 g | 0.80〜0.60 | 21.4 | 9.7 | 4.3 |
| | 0.60〜0.40 | 34.7 | 12.7 | 14.3 |
| | 0.40〜0.30 | 45.0 | 22.3 | 13.0 |
| | 0.30以下 | 47.7 | 54.0 | 26.0 |

第54表　子球生産におよぼす生長ホルモンの影響　（トーマス，1972）

| 処理 | 花序当たり子球数 | 子球発生株率 |
|---|---|---|
| ベンジルアデニン　10ppm | 36.1 | 80% |
| ナフタリン酢酸　100ppm | 8.0 | 40 |
| シマジン　0.1ppm | 7.5 | 20 |
| 〃　1.0ppm | 0 | 0 |
| B-9　2000ppm | 0 | 0 |
| TIBA　400ppm | 12.0 | 50 |
| 蒸溜水 | 8.0 | 40 |

注　花序基部から4mm上で切断後ホルモン液散布

の時期に処理するのが適当で，一花球当たり，40球ほどが確保されている。また小花梗の基部から0.5mmの位置で切りとったものが最も多く子球を発生しており，大きいもので小指の指頭大だが，大小まちまちである（第52，53表）。

このようにしてえられた子球が母本と全く同一の遺伝子をもつ子孫である。

最近トーマスによってベンジルアデニンによる子球生産が報告され，10ppmで効果が高いことがみとめられている（第54表）。

執筆　加藤　徹（高知大学農学部）

1973年記

# 球 貯 蔵 の 生 理

すでに休眠の生理で述べたようにタマネギは収穫後一定期間は自発性休眠があって，この期間は萌芽しないが，休眠覚醒後は環境によっては容易に萌芽し，外観を損じ，あるいは腐敗を生じ，商品価値を失ってしまう。

このように貯蔵の生理は，収穫から萌芽までの間の生理で，前半に多く発生する腐敗を防止し，後半にみられる萌芽をいかにして遅らせるかをまとめたものである。腐敗の発生は栽培環境と密接に関係し，萌芽は貯蔵中の内的，外的環境が大いに影響し，それが貯蔵期間を規制している。

## 1. 貯蔵中の変化

タマネギは収穫後も呼吸によって貯蔵養分が減少していくが，休眠の生理で述べたようにこの期間は呼吸が少なく，第1表のように球重の変化もいたって少ない。

しかし，ビタミン類は第1図のように貯蔵期間が長くなるにつれて減少し，貯蔵養分の糖分も外側の葉から順次減少していく。

タマネギの辛味は，硫黄を含む化合物アリシンのような硫化アリルによるもので，辛味の強さは栽培する土質によって異なり，砂質土壌より壌土，さらに黒ボクの順に辛味が強くなる。

第1表 貯蔵中のタマネギの球重の変化 (勝又, 1970)

| 調査日<br>品種名 | 6月<br>27日 | 7月<br>30日 | 8月<br>15日 | 8月<br>30日 | 9月<br>15日 | 9月<br>30日 | 10月<br>15日 | 10月<br>30日 | 11月<br>15日 | 11月<br>30日 | 12月<br>15日 | 12月<br>30日 |
|---|---|---|---|---|---|---|---|---|---|---|---|---|
| 淡路中甲高 | 100.0 | 99.1 | 99.0 | 98.5 | 96.7 | 96.7 | 95.7 | 93.0 | 93.0 | 91.6 | 87.4 | — |
| 大阪丸 | 100.0 | 99.4 | 99.2 | 98.1 | 96.4 | 95.8 | 95.4 | 93.9 | 93.8 | 93.1 | 90.1 | 88.7 |
| 平安球型黄 | 100.0 | 99.0 | 97.5 | 97.0 | 96.0 | 95.9 | 94.9 | 93.8 | 93.1 | 92.7 | 88.2 | 88.2 |
| 平　均 | 100.0 | 99.2 | 98.6 | 97.9 | 96.4 | 96.1 | 95.3 | 94.1 | 93.2 | 92.5 | 88.6 | 88.5 |

注　6月27日の球重を100としたときの指数

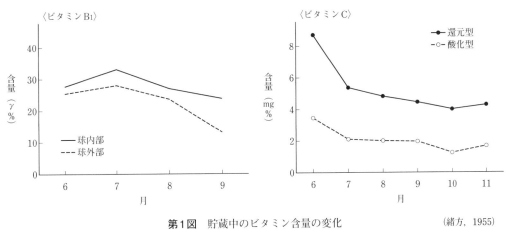

第1図　貯蔵中のビタミン含量の変化　(緒方, 1955)

γは1mgの1/1,000

生育のステージと生理，生態

第2表　土壌の種類とタマネギの貯蔵性（単位：％）　　　　　　（川崎，1971）

| 貯蔵性<br>土壌種類 | 1962年 | | | 1963年 | | |
|---|---|---|---|---|---|---|
| | 腐敗球率<br>（9月20日） | 萌芽球率<br>（10月25日） | 健全球残存率<br>（10月21日） | 腐敗球率<br>（9月20日） | 萌芽球率<br>（10月21日） | 健全球残存率<br>（10月25日） |
| 玄武岩埴土 | 10.0 | 11.0 | 77.7 | 36.2 | 23.8 | 35.1 |
| 安山岩埴土 | 51.5 | 18.0 | 30.5 | 47.6 | 32.0 | 19.2 |
| 海成沖積埴土 | 18.5 | 18.0 | 61.0 | 22.2 | 18.8 | 58.1 |
| 第三紀壌土 | 22.0 | 18.5 | 53.0 | 41.5 | 13.7 | 44.2 |
| 花崗岩系沖積砂質壌土 | 23.0 | 13.5 | 51.0 | 33.8 | 19.3 | 45.0 |
| 河成沖積砂壌土 | 25.0 | 8.5 | 57.0 | 56.0 | 8.6 | 29.3 |

注　品種：淡路中甲高

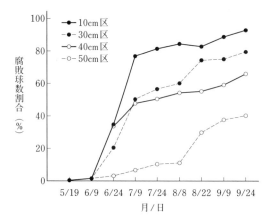

第2図　地下水位を異にするタマネギ球の貯蔵中の腐敗発生の推移　（川出ら，1970）

これは土壌水分によるところが大きく，水分が多くなると辛味は弱くなる。

　硫黄化合物であるので硫安のような硫酸根肥料を施用すると辛くなるといわれている。しかし，これら化合物も煮ると甘味の強いプロピルメルカプタンという化合物に変わり，甘味を増す。またタマネギの品種によって，その含有量を異にする。

## 2. 貯蔵の外的条件

### (1) 栽培条件

#### ①土壌条件

　土壌中の水分条件はタマネギ球の生育に影響を及ぼすが，栄養生長期と生殖生長期における土壌の水分管理は重要である。土性による保水性や排水性の良否や地下水位の高さは球の腐敗や貯蔵性に大きく影響を及ぼすため（第2表，第2図），地下水位の高い土壌では高うねにするなどの土壌中の水分の調整が必要となる。

　生育初期から球の形成期までに土壌中の水分が多い場合には，収量や貯蔵性が向上すると考えられる（岩渕ら，1977）。生育に適した水分条件では球の生育が充実し，収穫後の球の貯蔵性を高めるが，球の肥大や普通葉の倒伏期の遅れは品質の低下の原因となる。生育初期では土壌中の水分が多い過湿に対する適応性は高いが，球の肥大期以降の場合には過湿に対する適応性は低く，貯蔵性も低くなる。

#### ②施　肥

　施肥量は土壌中の各成分の含有量により異なるが，施肥量が多い場合には貯蔵中の萌芽や腐敗の原因となることが考えられる。球の生育の促進に伴い普通葉の倒伏期が遅れるほか，土壌中の塩類濃度（EC）の上昇により，生育が抑制されるために，病害抵抗性の低下が誘発されることが多い。とくに，普通葉の倒伏期の遅れは，収穫期の気象環境や収穫後の貯蔵に影響を及ぼすことが考えられる。

　栄養生長や球の肥大については，土壌中の窒素の含有量と水分条件がかかわり，養分吸収や養分の濃度に影響を及ぼす（相馬ら，1976）（第3図）。結球期までは葉のリン酸やカリウムの濃度が相対的に高く，窒素濃度が低いほど，栄養生長が旺盛となる。葉の窒素濃度の上昇は窒素の施肥量の増加や土壌水分の低下に伴い土壌

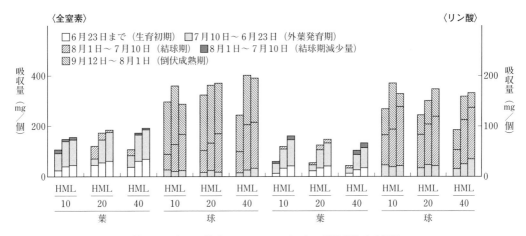

第3図 春まき栽培におけるタマネギの時期別養分吸収量

(相馬ら，1976を一部改変)

H：水分レベル20～30mm/月 (pF2.6)，M：水分レベル60～70mm/月 (pF2.3)，L：水分レベル90～100mm/月 (pF2.0)
10：窒素施肥量10kg/10a，20：窒素施肥量20kg/10a，40：窒素施肥量40kg/10a

中のECが上昇し，生育が抑制されるためである。一方，窒素の施肥量の減少や土壌中の水分の上昇は，リン酸やカリウムの吸収を促進し，生長が旺盛となる。球の肥大は栄養生長の養分吸収とかかわるため，生育初期の土壌中のECの調整は植物体の生長とともに，球の形成期における生長に重要である。

③品　種

勝又（1969）によると，第3表のように品種によって貯蔵性が異なり，11～12月まで貯蔵できる品種は吊り玉に適し，10月ころまでの品種は冷蔵して遅出し用にすべきだという。

しかし，11月上・中旬からは冷蔵していても発根が多くなるが，長生，OEの発根がもっともおそい。次いで平安球型黄や山口丸もおそい。

④収穫期

収穫期は収量や球の貯蔵性において重要であるが，球の貯蔵に適した収穫期としては，貯蔵中の萌芽や発根のおそい時期がよい。収穫期は品種により異なり（第4表），普通葉の倒伏期から倒伏が揃う時期（倒伏率50～80%ほど）に適期が存在すると考えられるが，球の肥大が継続している時期のため，収量の低下が抑制される適期が重要となる。普通葉の倒伏期より早

第3表　貯蔵性によるタマネギの品種分類

(勝又，1969)

| 貯蔵限界 | 品種名 |
| --- | --- |
| 9月2日 | 今井系，新泉州，吉見黄 |
| 10月2日 | 大阪中生，泉州黄，淡路中甲高，泉州中高，淡路黄一号，慶徳，地球一号，地球二号，地球三号，岐阜黄，OE，大阪丸，二宮丸，山口丸 |
| 11月2日 | 淡路黄二号，No.19，長生，奥州，改良山口丸，山口丸一号，OL |
| 12月2日 | 平安球型黄 |

注　貯蔵限界：健全球50%残存を限界とする

い時期では，球の生育が進行するため球の充実が十分ではなく，普通葉の倒伏期を過ぎた時期では球の表皮の損傷や裂皮が生じやすい（田中，1991）。

⑤球の形質

大球は首が大きく，球のしまりが不良で，腐敗しやすいといわれている。これは肥培管理とも関連しており，球の充実が完全でないためだと考えられる。このようなものは貯蔵球として利用しないほうが望ましい。

また，扁平球は腐敗しやすいといわれているが，腐敗しやすい傾向はない。ただ，露出球のため高温時に球が高温障害を受けやすいので土

生育のステージと生理，生態

第4表 タマネギの収穫期と貯蔵性（健全球率，単位：％） （勝又，1970）

| 収穫日 | | 1964年 | | | | 1965年 | | | |
|---|---|---|---|---|---|---|---|---|---|
| | | 5月20日 | 5月30日 | 6月10日 | 6月20日 | 5月20日 | 5月30日 | 6月10日 | 6月20日 |
| 供試数 | | 90 | 90 | 90 | 90 | 79 | 70 | 80 | 82 |
| 倒状率（％） | | 10.9 | 88.3 | 93.9 | 98.9 | 0 | 17.9 | 79.5 | 98.8 |
| 淡路中甲高 | 7月15日 | 98.8 | 98.8 | 95.6 | 93.3 | 96.2 | 98.6 | 100.0 | 97.6 |
| | 7月30日 | 96.7 | 97.8 | 92.2 | 83.3 | 94.9 | 97.1 | 90.0 | 84.0 |
| | 8月15日 | 92.2 | 92.2 | 77.7 | 55.5 | 91.1 | 97.1 | 90.0 | 82.9 |
| | 8月30日 | 86.7 | 91.1 | 75.6 | 45.0 | 89.9 | 91.4 | 81.2 | 74.4 |
| | 9月15日 | 78.9 | 80.0 | 63.3 | 36.6 | 88.6 | 91.4 | 77.5 | 73.2 |
| | 9月30日 | 74.4 | 72.7 | 52.2 | 25.9 | 84.8 | 87.1 | 76.3 | 60.9 |
| | 10月15日 | 66.7 | 63.6 | 45.5 | 14.4 | 82.2 | 81.4 | 69.4 | 51.2 |
| | 10月30日 | 48.9 | 44.4 | 23.3 | 4.4 | 53.1 | 70.0 | 56.2 | 36.5 |
| | 11月15日 | 24.4 | 26.7 | 20.0 | 3.3 | 32.9 | 60.0 | 45.0 | 23.2 |
| | 11月30日 | 11.1 | 15.6 | 12.2 | 1.1 | 7.6 | 41.4 | 35.0 | 13.4 |
| | 12月15日 | 6.7 | 12.2 | 5.6 | 0 | 3.8 | 24.3 | 27.5 | 4.8 |
| | 12月30日 | 5.6 | 5.6 | 1.1 | 0 | 2.5 | 18.6 | 17.5 | 4.8 |
| | 1月15日 | 3.3 | 3.3 | 0 | 0 | 1.3 | 15.7 | 11.3 | 1.2 |
| 供試数 | | 87 | 94 | 87 | 87 | 86 | 82 | 85 | 81 |
| 倒状率（％） | | 7.6 | 86.5 | 98.9 | 98.9 | 0 | 21.9 | 90.5 | 100.0 |
| 平安球型黄 | 7月15日 | 100.0 | 95.7 | 90.8 | 90.8 | 100.0 | 100.0 | 97.6 | 100.0 |
| | 7月30日 | 100.0 | 92.6 | 83.9 | 85.1 | 100.0 | 100.0 | 97.6 | 97.5 |
| | 8月15日 | 95.4 | 87.2 | 75.9 | 71.3 | 98.8 | 100.0 | 97.6 | 97.5 |
| | 8月30日 | 90.8 | 85.1 | 74.7 | 64.9 | 95.3 | 100.0 | 94.1 | 90.1 |
| | 9月15日 | 79.3 | 77.7 | 71.3 | 52.9 | 94.2 | 100.0 | 92.9 | 90.1 |
| | 9月30日 | 78.2 | 71.3 | 67.8 | 42.5 | 92.8 | 100.0 | 92.9 | 89.0 |
| | 10月15日 | 77.0 | 69.1 | 66.7 | 35.6 | 92.8 | 98.7 | 92.9 | 86.4 |
| | 10月30日 | 75.9 | 64.9 | 65.5 | 24.1 | 91.8 | 97.5 | 92.9 | 86.4 |
| | 11月15日 | 72.4 | 61.7 | 60.9 | 18.4 | 87.2 | 97.5 | 91.8 | 81.5 |
| | 11月30日 | 66.7 | 52.1 | 50.6 | 8.0 | 79.0 | 97.5 | 90.5 | 77.7 |
| | 12月15日 | 64.4 | 46.8 | 44.8 | 8.0 | 68.6 | 96.3 | 90.0 | 71.6 |
| | 12月30日 | 51.8 | 37.2 | 34.5 | 4.0 | 60.5 | 95.1 | 89.2 | 69.1 |
| | 1月15日 | 43.7 | 25.5 | 27.6 | 2.3 | 57.0 | 89.0 | 89.2 | 57.0 |

壌被覆をするか，収穫後すぐに冷蔵する必要があろう。第4図にみられるように露出球（無被覆）は貯蔵中に透明りん葉になりやすく，しかも収穫してから冷蔵までの日数が長いほどその発生が激しく，これに病菌がついて二次的に腐敗を助長する可能性がある。収穫前の生育後期の2か月間の高温によっていっそう透明りん葉の発生が高まり，しかも大球ほど発生が多いので，生育後期が高温のときは収穫後すぐに冷蔵することが望ましい。

(2) 球の取扱い

普通葉の水分含量が高い場合に葉鞘部を切除すると，切除部位から菌が侵入し，罹病しやすい環境となるため，貯蔵中の腐敗を防ぐためには切除部位の十分な乾燥が必要となる。圃場における乾燥処理（キュアリング）では，乾燥までに一定期間を必要とするため，降雨量の多い期間には注意する。吊り玉による乾燥では，乾燥までに一定期間を必要とするが，普通葉の葉鞘部を切断しないため，切除部位からの菌の侵入や罹病を抑制することができる。

機械収穫した球では，球の集荷や運搬，貯蔵などの過程で表皮に物理的な損傷が生じやすい。球の表皮はキュアリングなどによる乾燥とともに，球の取扱いや品質の点で重要な形質である。表皮の厚さや裂皮は球の取扱いの過程で，外観的な品質の低下や貯蔵中の腐敗の原因

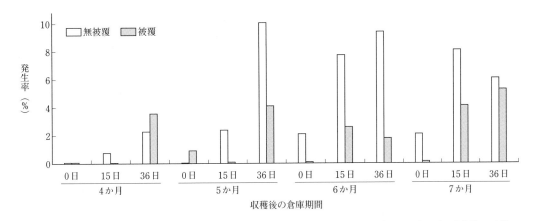

**第4図** 貯蔵中のタマネギ透明りん葉出現球の発生と生育中の土壌被覆の有無ならびに0℃貯蔵前の日数との関係
(リプトンら, 1965)

となることが多い。生理的な損傷では, 球の内部発根がかかわり, 低温の乾燥条件では内部発根が抑制される。表皮の形質の維持には, 貯蔵中の温度や湿度の管理などの貯蔵条件が重要である。

球の表皮は球の肥大, 生長に伴い, 普通葉の葉鞘部が膜状となる保護葉で, 収穫時には球の外側に褐色で1～2枚存在する。球の表皮の剥離(皮むけ)については, 貯蔵温度が15℃以上では温度が高く, 乾燥条件により, 皮むけの発生の割合が高くなる(田中ら, 1985)。15℃以上の貯蔵温度による皮むけの原因としては, 萌芽や発根に伴う茎盤部の変形や貯蔵中の呼吸量や水分の蒸散量の増加による球の縮小などが考えられ, 表皮が剥離しやすくなり, さらに乾燥により促進される。また, 高温の湿潤条件では表皮の変色が生じやすい。5℃以下の低温貯蔵では湿度の影響が小さく, 発生の割合が小さい。

表皮の厚さはりん葉の部位により異なり, 縦方向(垂直方向)では首部がもっとも厚く, 茎盤部に向かって薄くなり, 赤道部付近がもっと

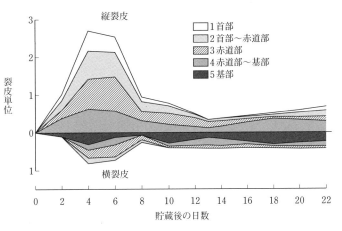

**第5図** タマネギの球の貯蔵後における各部位の裂皮の発生 (1979～1980年)
(田中ら, 1985dを一部改変)

も薄い。また, 栽培環境の影響により, 生育が不良の場合には良好の場合に比べて薄くなる。表皮の裂皮の発生部位については, 表皮の厚さとかかわり, 表皮の薄い赤道部付近から垂直方向に生じる場合が多く, 貯蔵日数が経過して表皮が乾燥するほど, 多くなる(第5, 6図)。表皮の厚さと強度は, 品種や系統により異なるが, 表皮が厚いほど強度が大きく, 伸長性も大きい傾向がある。表皮の皮むけや裂皮については, 貯蔵温度や湿度などの環境条件とともに, 表皮の厚さや強度, 伸長性などの特性のかかわりが大きい。

生育のステージと生理，生態

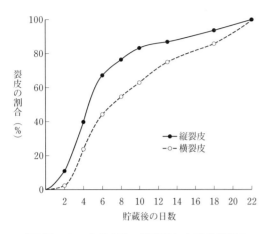

第6図 タマネギの球の貯蔵後における縦横の裂皮の発生割合（1979～1980年）
(田中ら，1985d)

### (3) 貯蔵条件

#### ①温　度

**外部発根と内部発根**　貯蔵中の球の発根については，品質の低下の原因となるが，外部発根と内部発根の2種類がある（第7図）。いずれも茎盤部からの発根であるが，外部発根は球の底部からの発根で，内部発根は球の内部からの発根である。外部発根は温度の影響が少なく，湿度が高い場合に生じる。内部発根は球の内部では温度の影響が大きいが，湿度の影響は少ない。球の底部からの発根は湿度の影響により，外部発根が生じやすい。すなわち，貯蔵に適した温度と湿度の条件を保持することにより，球からの発根の程度を制御することが可能となる。

球の内部はりん葉と茎盤から構成されるが，球の肥大が完了する時期に，球の内部では，外側のりん葉の基部と結合した茎盤（旧茎盤）に続いて新たに茎盤（新茎盤）が形成される（田中ら，1985）。貯蔵中の発根では，2つの茎盤からおのおの発根する根が区別され，旧茎盤からの発根（外部発根）と新茎盤からの発根（内部発根）がある。

**温度および湿度と発根**　外部発根については，湿度の影響が大きく，湿潤条件では5～30℃でみられ，乾燥条件では発生が遅れる。外部発根は一定期間が経過すると，根の大部分が

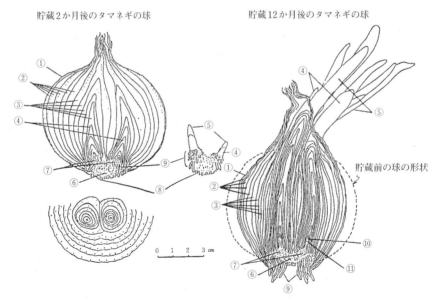

第7図　タマネギの球の断面図　　　　　(田中ら，1985c)
①外皮（保護葉），②肥厚葉，③貯蔵葉，④萌芽葉の幼葉，⑤萌芽葉，⑥旧茎盤，⑦新茎盤，⑧外部発根，⑨内部発根，⑩総包，⑪花芽原基

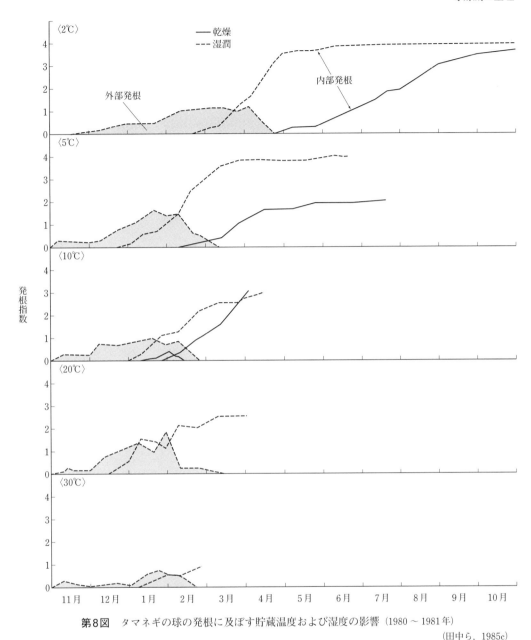

第8図　タマネギの球の発根に及ぼす貯蔵温度および湿度の影響（1980～1981年）

(田中ら，1985c)

枯死し，貯蔵温度が高いほど，早く枯死する傾向がある（第8図）。

内部発根については，貯蔵温度と湿度の影響が大きく，球の外部への発生は外部発根に比べて遅れる。湿潤条件では5～20℃で早く，2℃または30℃では遅れる。内部発根の球の内部における伸長では，15℃で促進されるが，球の外部に発生してからは2℃または30℃では抑制される。

外部発根は貯蔵日数の経過とともに伸長が停止，枯死するため，球の内部の成分の損失や外観の品質には影響は小さい。一方，内部発根は球の外部へ伸長するとともに，茎盤部の変形による品質の低下の原因となる。

生育のステージと生理，生態

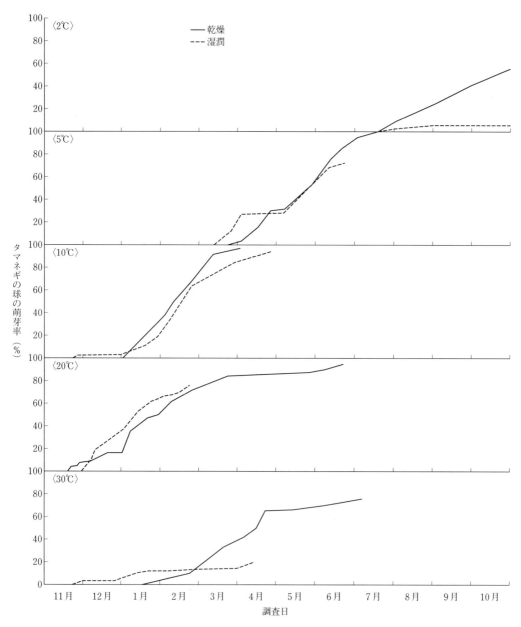

第9図　タマネギの球の萌芽に及ぼす貯蔵温度および湿度の影響（1980〜1981年）
(田中ら，1985a)

**萌芽と発根**　内部発根は萌芽の温度と類似し，貯蔵温度が15℃でもっとも伸長が早く，15℃以外の温度では抑制される。しかし，内部発根の伸長の適温は5〜15℃の低温域にあり，5℃では萌芽よりも発根がみられるため，萌芽と内部発根の温度に対する反応は異なることが考えられる。

また，萌芽と発根の温度に対する反応は，球の休眠との関連が考えられるが，湿度が低い場合には外部発根や内部発根の抑制，腐敗の発生

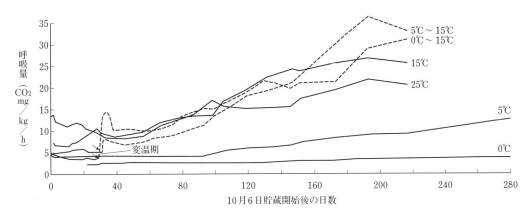

第10図　タマネギの球の呼吸量に及ぼす貯蔵中の恒温および変温の影響（1976〜1977年）
(田中ら，1985a)

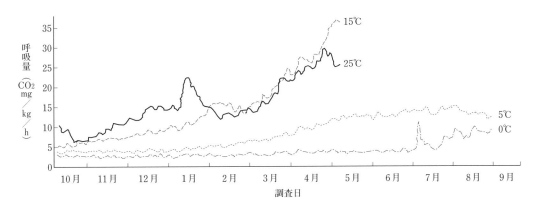

第11図　タマネギの球の呼吸量に及ぼす貯蔵温度の影響（1977〜1978年）(田中ら，1985a)

の防止などに効果があり，低温貯蔵の有効性と合わせて湿度管理は貯蔵管理の重要な要因である（第9図）。

**萌芽と呼吸量**　呼吸量は0〜15℃では温度と萌芽の早さの傾向が類似し，低温では呼吸量が少なく，萌芽のおそい傾向がみられる。貯蔵温度が0〜25℃では，15℃の貯蔵で萌芽がもっとも早く，15℃以外の温度では遅れる（田中ら，1985）。5℃の貯蔵では一定期間を経過したあとも萌芽が見られるが，0〜2℃では萌芽を抑制し，長期間の貯蔵が可能である。低温貯蔵2か月後と7か月後に15℃または25℃に移行した場合の萌芽までの日数では，萌芽の進行は貯蔵温度が低く，移行する温度が低いほど遅れる（第9, 10図）。5℃以下の低温貯蔵では，呼吸量の増加は抑制され，0℃ではきわめて小さい。25℃では，貯蔵後に一時的に呼吸量が減少し，一定期間を経過したのちに再び増加する（第11図）。25〜30℃の高温貯蔵では，低温貯蔵の5℃と同様に萌芽を抑制するが，球の重量の低下や腐敗による損失が大きいため，実用的ではない。

**凍結と球の品質**　貯蔵中の球の凍結は品質の低下の原因となるが，凍結や解凍の温度，時間などにより凍害の程度は異なる。0〜−5℃では凍結温度や期間，温度の上昇の速さにより，品質の低下を防ぐことが可能となる。

−5℃で48時間凍結し，5℃で48時間冷蔵（解凍）した場合には，凍結開始温度および凍結終了温度が−1℃前後で，凍結温度が−10℃まで

生育のステージと生理，生態

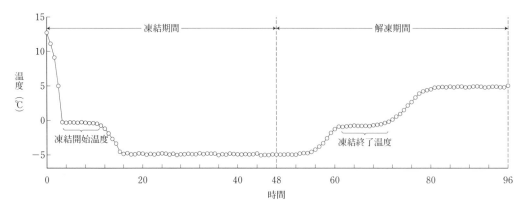

第12図　タマネギ貯蔵中の凍結および解凍による温度変化　　（伊藤，1985を改変）

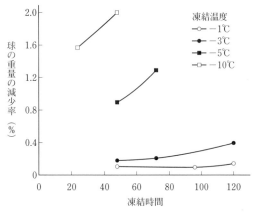

第13図　タマネギの球の重量に及ぼす凍結温度
　　　　および凍結時間の影響　　（伊藤，1985）

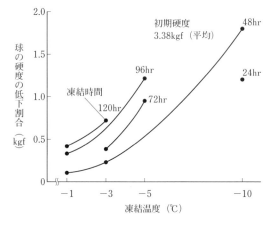

第14図　タマネギの球の硬度に及ぼす凍結温度
　　　　および凍結時間の影響
　　　　　　　　　　　（伊藤，1985を改変）

は凍結開始温度および凍結終了温度に大きな差がみられない（伊藤，1980；1985）（第12図）。

凍結・解凍による球の重量や硬度，外観などの変化では，細胞組織の破壊によるドリップの発生や褐変，脱水による組織の収縮などがある。凍結温度が低く，凍結時間や解凍時間が長いほど，品質が低下するため，良質な球を保持するための環境条件は重要である（伊藤，1985）（第13，14図）。また，りん葉の部位別に球の外側から内側の影響を調査した結果から，−2.5℃で凍結直後に5℃で解凍した細胞では，凍結しない細胞と同様に細胞の原形質流動が正常であるが（第15図），5日間以上凍結した細胞では原形質流動の低下（水浸症状）がみられる（田中ら，1987）。

−10℃以下の凍結では，りん葉の細胞が壊死し，解凍温度にかかわらず回復しないため，球の凍結後の品質の低下を防止する凍結の限界温度としては，−5℃程度と考えられる。

りん葉の部位別の影響では，外側から内側へ向かうほど，細胞の原形質流動の抑制程度は小さい。球の凍結による細胞の水浸症状の変化や軟化は，凍結温度が高く，凍結時間が短いほど，回復が速い。機械収穫した球では，外皮の損傷が品質の低下の原因となることが多いが，貯蔵中の温度管理や球の温度上昇を考慮した低温貯

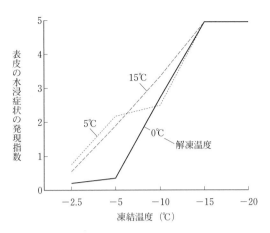

第15図 タマネギの球における水浸症状の発現に及ぼす凍結温度および解凍温度の影響
(田中ら，1987)

第6表 タマネギの発芽防止に対するγ線の効果の品種間差異 (単位：%) (緒方ら，1961)

| 品種 | 照射線量 | 発芽率 | |
|---|---|---|---|
| | | 10月27日 | 12月21日 |
| 貝塚早生<br>(早生) | 対照区 | 80 | 100 |
| | $1×10^3γ$ | 30 | 80 |
| | $2×10^3γ$ | 0 | 0 |
| | $3×10^3γ$ | 0 | 0 |
| 大阪中高<br>(中生) | 対照区 | 30 | 90 |
| | $1×10^3γ$ | 30 | 80 |
| | $2×10^3γ$ | 0 | 0 |
| | $3×10^3γ$ | 0 | 0 |
| 大阪丸<br>(晩生) | 対照区 | 10 | 40 |
| | $1×10^3γ$ | 0 | 40 |
| | $2×10^3γ$ | 0 | 0 |
| | $3×10^3γ$ | 0 | 0 |

第5表 タマネギの貯蔵方法と貯蔵性 (緒方ら，1957)

| 実験区 \ 調査月日と処理後日数 | 11月20日<br>50日 | 1月20日<br>110日 | 3月20日<br>170日 |
|---|---|---|---|
| 対照区（常温常湿） | 発芽球87%<br>健全球13 | 発芽球100%<br>発芽伸長いちじるしく<br>りん葉枯凋老化 | ― |
| 単なる密封区 | 発芽球0%<br>健全球50<br>機能病球50 ｛重症19 軽症31 | 発芽球5%<br>健全球0<br>機能病球[1] 100 ｛重症87 軽症13 | ― |
| 塩化カルシウム密封区<br>（湿度40～50%） | 発芽球5%<br>健全球54<br>機能病球41 ｛重症6 軽症35 | 発芽球5%　芽部枯凋<br>健全球0<br>機能病球[1] 100 ｛重症38 軽症62 | ― |
| ソーダ石灰密封区<br>（湿度40～50%） | 発芽球5%<br>健全球95<br>機能病球0 | 発芽球5%<br>健全球95<br>機能病球0 | 発芽球5%<br>健全球20<br>機能病球75 ｛重症13 軽症62 |

注 1) 発芽，機能病球を含む（機能病とは，代謝障害によって誘発される病害）
6月12日収穫された泉州黄を10月1日より処理

蔵は重要と考えられる。

②ガス条件

第5表にみるように，密封貯蔵は$CO_2$濃度を高め，多湿にするので発芽，機能病球発生を助長する。塩化カルシウムを入れて密封貯蔵すると，処理後50日目でも外観はまったく変化なく，5%が発芽したのみである。やはり機能病球の発生がみられるが，単なる密封区より軽症である。ソーダ石灰密封区では乾燥を維持し，$CO_2$ガスが除去されていちじるしく新鮮状態が維持された。しかし，170日後には無$CO_2$状態でも機能病球が発生した。これは低$O_2$濃度によるもので，適当な組成のガス条件と乾燥条件を付与できれば発芽を抑制し，相当長期にわた

生育のステージと生理，生態

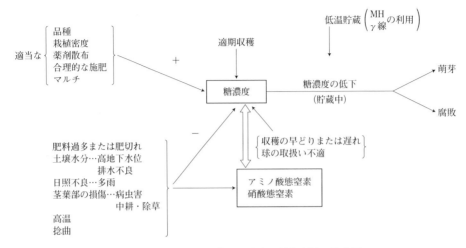

第16図　タマネギの貯蔵性の内的，外的関係の模式図

り強制休眠を延長できる。

### ③放射線照射利用

タマネギの萌芽抑制には，$2 \times 10^3 \gamma \sim 3 \times 10^3 \gamma$で十分である（第6表）。ただ，萌芽抑制された球の生長点部の褐変枯死がみられるのが欠点だが，休眠期に照射された場合，内部褐変も少ない。

放射線照射によって特別に減量や腐敗する球が増加することもなく，しかも貯蔵養分のりん葉部に何ら異常はないので，今後の研究によって実用化されるものと思われる。

## 3. 貯蔵の内的条件

タマネギの休眠と糖濃度との間に密接な相関があることは，すでに休眠の生理の項で述べてきた。さらに，貯蔵性に重大な影響を及ぼす病菌による腐敗も糖濃度の高い球では少なく，糖度が貯蔵性に対し大きな役割を果している。

炭疽病にはプロトカテキン酸が，灰色かび病に対しては硫化アリルおよびフェノール化合物が耐病性成分として知られている。いずれの化合物も，糖濃度と相関しており，貯蔵性の内的条件は糖濃度の上昇方法と，低下防止方法の二点につきる。

糖濃度は，品種，肥切れや密植と日照不足，病害虫による茎葉の損傷などによって起こる同化機能の低下で低下し，腐敗誘発の一因ともなっている。

また，おそい収穫あるいは茎葉の損傷は，糖度低下による腐敗を招き，収穫前の土壌水分過多は球を大きくするが，糖濃度を下げて腐敗を増加させる。

収穫された球は低温貯蔵されると，いちじるしく呼吸が抑制され，糖の消耗を防ぎ，糖濃度の低下を遅延させ，萌芽，腐敗を少なくする。

## 4. まとめ

貯蔵性と関連ある内的，外的要因をまとめれば第16図のようになる。

貯蔵性の高いタマネギを生産するには，多くの糖分を蓄積させ，乾物量を多くすることである。つまり，生育初期から収穫期まで健全な生育を促すために，根群分布を広め，その機能と同化機能を十分高めうるように土壌水分，施肥，薬剤散布を合理的に行ない，品種選定とそれに伴う定植時の苗の大きさ，栽植密度を適度にし，それぞれに合った適期収穫を行なって，最高の糖度のものを貯蔵するようにする。その後は呼吸による消耗を防ぐようにすることで，冷蔵，ときには，γ線放射などの技術を用いて

貯蔵期間を長くする。

 執筆 加藤 徹（高知大学）

 改訂 金澤俊成（岩手大学）

2017年記

## 参 考 文 献

伊藤和彦．1980．寒冷地におけるタマネギ貯蔵に関する研究．農業技術．**10**（1），7—15．

伊藤和彦．1985．タマネギ貯蔵に関する基礎研究．北海道大学農学部邦文紀要．**14**（3），258—263．

岩渕晴郎・平井義孝・多賀辰義・相馬暁．1977．施肥並びに土壌水分が春播タマネギの生育収量貯蔵性に及ぼす影響III．北海道立農業試験場集報．**36**，53—62．

相馬暁・岩渕晴郎・平井義孝・多賀辰義．1976．施肥並びに土壌水分が春播タマネギの生育収量貯蔵性に及ぼす影響I．北海道立農業試験場集報．**35**，42—52．

田中征勝・池光鉉・小餅昭二．1985a．春まきタマネギの貯蔵に関する研究（1）．北海道農業試験場研究報告．**141**，1—16．

田中征勝・池光鉉・小餅昭二．1985b．春まきタマネギの貯蔵に関する研究（2）．北海道農業試験場研究報告．**141**，17—28．

田中征勝・J. Villamil・小餅昭二．1985c．春まきタマネギの貯蔵に関する研究（3）．北海道農業試験場研究報告．**144**，9—30．

田中征勝・吉川宏昭・小餅昭二．1985d．春まきタマネギの貯蔵に関する研究（4）．北海道農業試験場研究報告．**144**，31—50．

田中征勝・池光鉉・小餅昭二．1987．春まきタマネギの貯蔵に関する研究（5）．北海道農業試験場研究報告．**148**，95—105．

田中征勝．1991．春まきタマネギの貯蔵性向上に関する基礎的研究．北海道農業試験場研究報告．**156**，39—122．

# 日本におけるタマネギ育種の歴史

## 1. 外国品種の導入・順化と販路開拓

### (1) 東京, 七重, 札幌各官園への導入

　日本におけるタマネギ栽培の歴史は浅く, 1872, 1873年に東京, 七重, 札幌の各官園で開始されたのが, 本格的な導入試験の最初と考えられる (小餅, 2015)。これは, 開拓使次官であった黒田清隆に懇請されてアメリカ合衆国農務長官の職を辞し来日したホラシ・ケプロンが導入した, いろいろな作物の種苗に含まれていたタマネギの種子が試験されたものである。その後, アメリカ合衆国マサチューセッツ州出身で札幌農学校の農園長となったウィリアム・ブルックスは, 1878年より春まきタマネギの品種を再導入し, その栽培技術 (直播栽培) と採種技術を農学校の技師・学生のみならず, 周辺の農家にも直接指導した。

　ブルックスは, タマネギが貯蔵野菜として有利なことを説き, 開拓使もそれを理解してタマネギ栽培を奨励した。元来北海道ではネギの冬どりがむずかしいので, 農民の間でも, 貯蔵性のあるタマネギはとくに冬季消費向けの野菜として期待できるとの認識が広まった。

　札幌村 (現札幌市東区元町地区) の農家で, 開拓使関係者から勧められてタマネギ栽培を始めていた中村磯吉と, ブルックスの指導を受けた武井惣蔵らの努力により, 春まきタマネギの栽培が定着した。1880年, 春まきタマネギの栽培にいち早く成功した中村磯吉は, しかし大量の収穫物を地元では売り切れず, 船で函館まで, さらに東京まで運んだものの思わしい取引きができず, 失意のうちに帰札する, という出来事があった。その後, 冬季貯蔵性が高く評価されるにつれて, 幌内炭鉱の従業員用や小樽港に出入りする船舶の航海用野菜としての需要などから地場消費が定着した。武井惣蔵が地元商人に販売を委託した1883年には, 本州への移出販売にも一応の成功をみるまでになった (八鍬, 1975)。

### (2) 大阪府泉南への導入

　一方, 大阪府泉南の勧業委員坂口平三郎は, 1879年に神戸の外国商館で米国人から入手した3球のタマネギを手始めの材料として, 採種研究と (翌年から) 秋まきの試験栽培を開始した。1.(5)で詳述するとおり, 坂口と今井佐治平・伊太郎父子, 大門久三郎, 道浦吉平ら泉南の農家の不屈の努力により, 秋まきタマネギの栽培技術 (移植栽培) と採種技術が開発された。しかし販路開拓の苦労は北海道の場合よりもさらに大きく, 冬もネギなどの野菜が潤沢に供給される関西では, はじめのころほとんど相手にされず, 収穫したタマネギを棄てざるを得なくなるのも再三のことであった。それにもめげず, 坂口らはタマネギの将来を確信し, 栽培技術と品種の改良を重ねた (南野, 1987)。

　そして1893年に大阪でコレラが流行したさいにタマネギがコレラに効くという噂が広まったこと, 日清戦争 (1894〜1895) で軍需品として買い上げられたことなどもあって, ようやく大阪泉南でもタマネギの栽培と販路が拡大し始めた。北海道では, 札幌を中心とする石狩地方に限られていた春まき栽培が, このころから空知, 上川地方へも普及した。道内の主要産地への導入は, 1897年の岩見沢をはじめとして, ほとんど明治末までに行なわれた。

### (3) 国内に定着して順化した3品種

　このように, タマネギという新しい野菜の栽培・採種と需要が国内に定着したのは1890年代であり, さきがけとなった品種は, ともにア

メリカ合衆国の品種が導入・選抜されて順化した'札幌黄'と'泉州黄'である。アメリカ合衆国で春まき貯蔵用辛タマネギ品種'イエロー・ダンバース'から改良された'イエロー・グローブ・ダンバース'が，札幌に導入されて順化し，'札幌黄'となった。大阪府泉南地方には'イエロー・ダンバース'が導入され，秋まき栽培で選抜されて，生態特性が大きく改良された'泉州黄'となった。

やはり明治初期に導入されたフランスの秋まき辛タマネギ品種'ブラン・アチーフ・ド・パリ'は，白球の極早生品種であるが，明治末〜大正初期に愛知県知多地方で栽培が始まり，順化して'愛知白'となり，知多や渥美の極早生タマネギ産地の形成に寄与した。

以上の3品種，とくに'札幌黄'と'泉州黄'が，その後の日本におけるタマネギ育種の基盤的な育種素材となった（第1図）（今津，1959）。

なお，1907年から10年間の統計では，タマネギ国内生産量のじつに5割が，大阪や北海道などから輸出されるようになっていた。そのころ日本から輸出されるタマネギの5割はマニラに向かい，さらにその大部分は，米西戦争（1898）によりスペインから覇権を奪取したアメリカ合衆国の，フィリピン駐留軍の軍需に向けられたという（東畑，1954）。

### (4) 春まき品種'札幌黄'の成立

'イエロー・グローブ・ダンバース'などの種子を携えて1877年に札幌農学校に着任したブルックス教授が，札幌においてタマネギを播種したのは1878年，したがって採種したのは1879年が最初と考えられる。中村磯吉が1880年に栽培した1haもの栽培規模に見合う大量の種子は，ブルックスがアメリカ合衆国から改めて輸入し供給したものと推察される。さらに1884年にも，札幌近辺の作付けの増加に札幌農学校や指導農家での種子生産が追いつかず，'イエロー・グローブ・ダンバース'の3度目の導入となる種子輸入を行なった。'札幌黄'は，おそらくこれら3回にわたりアメリカ合衆国からもたらされた'イエロー・グローブ・ダンバース'種子が祖先であろうと考えられる（永井，1983）。

'札幌黄'という品種名は，北海道農事試験場が3年間の品種比較試験のまとめとして，最優秀の黄タマネギ系統に対して1905年に命名したものである（小餅，2015）。

### (5) 秋まき作型の開発と'泉州黄'の育成

1880年7月に初めての採種に成功した坂口平三郎は，タマネギを水田の裏作とするために秋まき栽培を研究し，同年9月7日から10月23日にかけて，9段階に分けて播種する栽培試験を行なった。直播栽培を導入した北海道の場合とは異なり，当初から一貫して移植栽培で技術開発に取り組んだ。翌年の収穫成績から，9月22，23日ごろが最適の播種期であるという結論を得た。この適期播種でも抽苔株はかなり多かったが，早すぎればさらに多くの抽苔株が発生し，おそければ球の肥大が不十分なものばかりとなったのである（南野，1987）。

坂口が神戸の外国商館から入手したタマネギの品種は，貯蔵性と輸送性に優れた'イエロー・ダンバース'であったといわれているが，春まき用品種の'イエロー・ダンバース'から出発して秋まき用の'泉州黄'を育成した努力は，大変なものであったに違いない。最初は抽苔株ばかりで選抜に苦労した，と伝えられている。

その後，今井伊太郎が坂口を通じて横浜よりタマネギ種子6合を購入し試作した，との記録もあることから，何回かの種子再導入があったのであろう（小餅，1986）。さらにその後'泉州黄'から多様な改良品種が育成されたことを考慮すると，当時再導入された品種は'イエロー・ダンバース'に限らず複数あったのではないかと推察される。それだけに，'泉州黄'を育成し，水田裏作として秋まきタマネギ栽培を日本に定着させたことは，泉南の先覚者坂口平三郎と彼に協力した今井佐治平・伊太郎父子，大門久三郎，道浦吉平ら篤農家たちの大きな業

日本におけるタマネギ育種の歴史

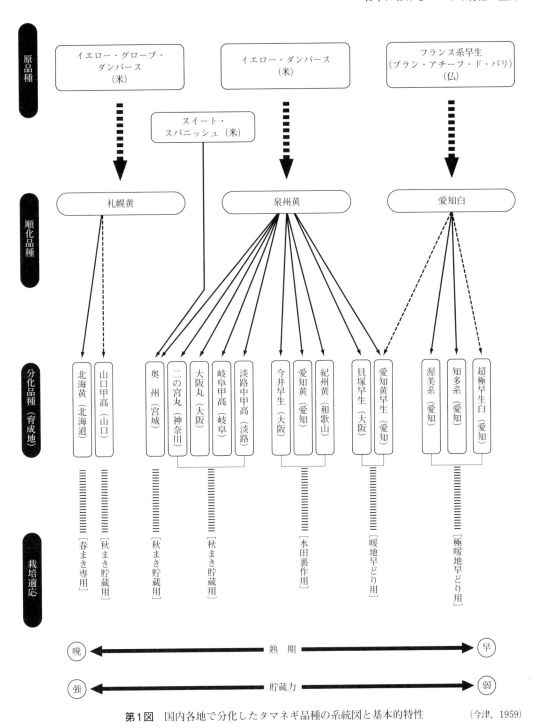

第1図　国内各地で分化したタマネギ品種の系統図と基本的特性　　　　　　　　　　(今津, 1959)

品種生態と作型

續といえよう。

なお，'泉州黄'という品種名がいつごろ誰により付けられたかは不明である。

## 2. 地域適応性・作型適応性の分化

### (1) 札幌黄の系統分化

北海道の'札幌黄'については，栽培農家による自家採種が広く行なわれ，栽培地域の拡大とともに自家採種技術も同時に道内各地へ普及した。農家によって母球選抜の仕方に独自の工夫が加えられたり，栽培地域拡大に伴い選抜環境の地域差も広がることなどにより，'札幌黄'のなかに微妙に特性の異なる系統が分化していった。また，種子不作の年にはおもに青果栽培用にアメリカ合衆国から類似品種の種子が輸入されて，結果的にもしくは意図的に選抜母球集団に新たな変異が加えられることもあった。

'札幌黄'の分化系統が注目されだしたのは，施肥技術が向上し新農薬も盛んに開発され，生産性が高まり安定した昭和30年代である。さらなる生産性の向上を目指すなかで，系統の遺伝的特性の差異が歴然と見てとれるようになって，道内各地で系統比較試験が実施され，優秀系統の栽培が奨励されるようになった。そのような系統をいくつか以下にとり上げる（八鍬，1975；永井，1983）。

橋本系：種苗業者栗賀が大正年間，種子不作のさいにアメリカ合衆国より'イエロー・グローブ・ダンバース'種子を輸入し，それを基礎に選抜・育成した集団を，札幌の橋本為助らが導入し，栽培と選抜採種を長年続けた系統であり，甲高で晩生・多収である。

黒川系：札幌の黒川正臣が大正14（1925）年に橋本為助より分譲された種子を基礎として，独自に栽培と選抜採種を長年継続した系統で，橋本系よりもさらに晩生・大玉で，りん茎は完全な球状となる。1960～70年代に北海道でもっとも栽培面積の広い品種・系統となった。

河島系：岩見沢の粘土質土壌地帯で選抜された系統で，1932年ごろ，河島遥が岩見沢町農会から極晩生の'プライズ・テイカー'種子を入手し，'札幌黄'に交配して変異を拡大したうえで，その後選抜を重ねたものである。苗の生育が旺盛で移植適性が高いため，1960年ごろから移植栽培技術が普及するにつれて，この系統も空知地方を中心に各地へ広まった。

小谷系：空知川沿岸の砂質土地帯で小谷一夫により選抜された系統で，'札幌黄'としては熟期の早い中生である。この系統が1965年に北見地方へ導入されて以降，北見で選抜されたものが，1976年に北見地域の準奨励品種となり'北見黄'と命名された。

これらの系統分化を内包した'札幌黄'は，乾腐病抵抗性の$F_1$品種が普及する1980年代まで，北海道の主力品種であり続けた。

### (2) 泉州黄からの改良品種

'泉州黄'はもともと幅広い遺伝的変異を内包する品種であったらしく，栽培地域の拡大とともに，熟期や球形などについて多様な品種が'泉州黄'をもとに育成された。そのうち代表的な3品種について以下に記す（今津，1959；小餅，1986）。

'泉州黄'から改良されて中核となった品種は，泉南の砂質壌土地帯で今井伊三郎により育成された'今井早生'である。水田裏作での早生多収を目標に選抜した成果として，'泉州黄'よりも早く5月中下旬に収穫できる多収品種となった。

より早い品種を求める市場ニーズに応えて，同じ泉南でも海岸砂質土地帯で生長弥太郎により'貝塚早生'が育成された。早まき早植えにより選抜した成果として，早植えしても抽苔が少なく，球肥大がとくに早い品種となった。

また，淡路島では貯蔵用・輸出用の栽培に重点が置かれ，宮本芳太郎が晩生で貯蔵性の高いものを選抜し，'淡路中高黄'を育成した。

第1表　日本におけるタマネギの球形成に必要な限界日長と熟期のおおよその関係，および対応する品種の例

| 限界日長（時間） | 熟　　期 | | 栽培適地・播種期 | 収穫期の目安 | 品種（太字はF₁品種） |
|---|---|---|---|---|---|
| 12以下 | 超極早生 | | 東北以南・秋まき | 3月下～4月上 | 愛知白，秀玉 |
| 12～12.5 | 極早生 | | | 4月中～4月下 | 錦毬 |
| | 早生 | | | 5月上～5月中 | 貝塚早生，ソニック，**七宝早生7号** |
| 13 | 中生 | | | 5月中～5月下 | 今井早生，大阪中生，浜育，**アンサー** |
| | 中晩生 | | | 5月下～6月上 | 泉州黄，湘南レッド，**さつき** |
| 13.5 | 晩生 | | | 6月上～6月中 | 淡路中甲高，山口甲高，奥州，**もみじ3号** |
| 14 | 極晩生 | （春まき早生） | 北海道・春まき | 8月中～9月上 | アーリーグローブ |
| 14.25 | | （春まき中生） | | 9月上～9月中 | 北見黄，札幌黄小谷系，**北もみじ** |
| 14.5 | | （春まき晩生） | | 9月中～10月上 | そらち黄，札幌黄河島系，札幌黄黒川系，**スーパー北もみじ** |
| ～16以上 | 超極晩生 | | 国内に適地なし | | |

## 3. 系統選抜による品種改良

1902年に大阪府泉南の今井伊太郎から秋まきタマネギの種子を譲り受け，一時中断ののち1911年から本格的に栽培が始まった淡路島は，1927年には1,000haを超える大産地に成長していた。戦後，淡路島の篤農家斉藤幸一と兵庫県農業改良普及員の西川真二が系統分離による品種改良に取り組み，七宝玉葱採種組合や香川大学農学部の協力も得ながら，1957年に淡路中甲高斉藤系1号（'淡路中甲高1号'）と淡路中甲高斉藤系10号（'淡路中甲高2号'）を育成した。

個体評価による母本選抜と集団採種に基づく旧来の育種法に，複数系統の分離と系統平均値の比較による系統選抜を加えた手法と思われ，遺伝的改良と揃いの向上に寄与した。これらの品種は，淡路島の奨励品種となるにとどまらず，その後15年間ほど，F₁品種に代わるまで全国でもっとも多く栽培される優秀な品種となった（岩田，1987）。

## 4. 長日型と短日型

タマネギの品種は，りん茎の外皮色，辛味の強さ，貯蔵性，大きさなど，収穫後の利用の視点から分類されることも少なくないが，栽培の視点からは地域適応性にかかわる生態特性が重要である。タマネギのりん茎の肥大には日長と温度が関係するが，品種によって収穫時期に早晩があるのは，とくに日長感応の差によるところが大きい。日本では，11～12時間程度の日長があれば肥大を開始するタマネギ品種を短日型，14時間程度以上の日長がないと肥大開始しないものを長日型，両者の中間を中間型とよぶ。北海道および北東北の春まき栽培には長日型品種が用いられ，秋まき栽培地帯では中間型および短日型の品種が用いられる（第1表）。

なお，日本よりはるかに高緯度の地帯で春まき栽培されるヨーロッパでは，16時間以上の日長を必要とするものを「長日型タマネギ」とよぶ。また，高温下では限界日長が短くなる場合があり，低緯度地帯では日長よりも温度が重要になる傾向がある。

ところで，このようにタマネギで用いられる「短日型」・「長日型」は，植物学一般で用いられる開花の短日性・長日性とはまったく関係がない。短日性とは，日長が一定の時間（限界日長）以下になると（正確には，暗期の長さが限界暗期［24時間－限界日長］以上になると）花芽を分化する性質のことであるが，タマネギのりん茎肥大に関しては，「短日型」でも「長日型」でも，ある一定の日長（りん茎肥大に関する限界日長）以下では抑制され，以上では促進される。「短日型」ではその限界日長が比較

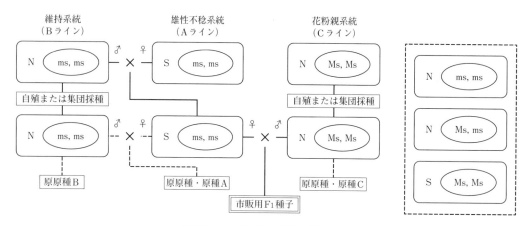

第2図　タマネギF₁品種の採種方法

市販用種子の採種には，雄性不稔系統（Aライン）と花粉親系統（Cライン）をたとえば8列：2列で混植し，Aラインのみから種子を収穫する
雄性不稔系統の維持には，維持系統（Bライン）を交配する
N：正常細胞質，S：雄性不稔細胞質，ms：核内の雄性不稔遺伝子（劣性），Ms：核内の稔性回復遺伝子
花粉親系統は，理論上は雄性不稔でなければよく，右の点線四角内に示す遺伝子型でもF₁採種に用いることは可能である
なお，作物育種一般の用語としては，msの代わりにrf，Msの代わりにRfを用いることが多い

的短く，「長日型」では長い，ということなのである。

## 5. 本格的な交雑育種のはじまり

'奥州'は，渡辺採種場が'泉州黄'の地域適応性・貯蔵性を大きく改良する目的で，1939年に春まき用極晩生の'スイート・スパニッシュ'を'泉州黄'と交雑し，その後代から選抜して，1956年に発表した品種である。

選抜初期世代では，春まき型や秋まき型，甲高球から扁平球と，さまざまな個体が分離し，そのなかから，秋まき型（晩抽性）で貯蔵中萌芽のおそいものを選抜した（渡邉，1997）。寒地・高冷地の秋まき栽培では，'泉州黄'は越冬後の栄養生長期間が短いなどの問題があって収量性は低かったが，晩生の'奥州'は球が十分に肥大し，貯蔵性も高く，東北地方および新潟で普及した。

日本において，本格的な交雑育種で育成された初めてのタマネギ品種といえるであろう（小餅，1986）。

## 6. F₁育種が主流に

1940年代にアメリカ合衆国カリフォルニア大学で確立されたタマネギのF₁育種法（第2図）は，アメリカ合衆国内で普及したのち，1950年代には日本にも導入された。1962年にタキイ種苗が育成した秋まき品種'OY黄'は，日本におけるタマネギの実用的F₁品種の最初である。北海道向けの春まき品種としては，七宝玉葱採種組合が1976年に育成した'オホーツク'が実用的F₁品種の最初である。

その後は他の主要野菜と同様にF₁品種化が進み，新たに育成される品種の発表数におけるF₁品種の割合は，1970年代に7割を超えた（第3図）。10年程度のタイムラグののち，生産現場への普及も急速に進んだ。1974年に全国のタマネギ作付け面積の2割程度であったF₁品種は，10年後に7割となり，さらに10年後の1994年には9割を超えるようになった（堀越，2000）。

F₁品種化の流れとともに，品種改良の主役

が，篤農家や採種組合から育種研究農場をもつ種苗会社へと交代していった。1972年に七宝玉葱採種組合から育種，生産指導，営業の各部門を独立させて設立された株式会社七宝は，その後，日本のタマネギ品種のトップメーカーに成長する。最近の正確な統計はないが，現在全国のタマネギ作付け面積の7割程度で七宝育成のF₁品種が用いられていると思われる。北海道については信頼できるデータがあり，'オホーツク'シリーズや'北もみじ'シリーズのF₁品種をつぎつぎと育成してきた七宝が8割以上のシェアを誇っている（第4図）。

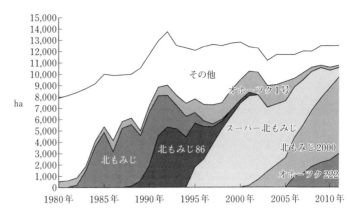

第4図　北海道タマネギの品種変遷（提供：岩田豊志（株式会社七宝））

## 7. 乾腐病抵抗性

タマネギ乾腐病はフザリウム属菌による土壌病害で，これに冒されるとタマネギは根やりん茎基部が褐変枯死し，ついにはしり腐れ症状となる。軽症で収穫時に病徴がない場合でも，収穫後の貯蔵期間中に腐敗が進む。病原菌は厚膜胞子の形で長く土中に残存して伝染源となる。水田裏作や水田転換畑での発生は少ないため，秋まき地域ではあまり問題にならないが，畑作地帯では発生しやすく，連作するとさらに助長されるため，北海道のタマネギ産地ではもっとも深刻な病害である。

1973年に富良野地方を中心にこの病害が猛威をふるったことを契機に，翌年，農林省北海道農業試験場がアメリカ合衆国ウィスコンシン大学より乾腐病抵抗性の雄性不稔系統および維持系統を導入した。そのなかから雄性不稔系統W202Aと，富良野の乾腐病多発地で選抜した'札幌黄'からの自殖系統とを組み合わせて，1979年に日本で最初の乾腐病抵抗性F₁品種'フラヌイ'を育成した。比較的短い年数で育成できたのは，ウィスコンシン大学ウォーレン・ガーベルマン教授が提供した優秀な抵抗性系統と幼苗検定法によるところが大きい。

七宝も，乾腐病に比較的強いF₁品種'オホーツク1号'や'北もみじ'を1981年に育成していたが，ウィスコンシン大学のガーベルマンから乾腐病の幼苗検定法と抵抗性系統W52を導入して，乾腐病抵抗性がより強いF₁品種'スーパー北もみじ'を1994年に育成した（岩田，2005）。その後も，北海道タマネギの主力となるF₁品種には，乾腐病抵抗性が欠かせない特性となっている。

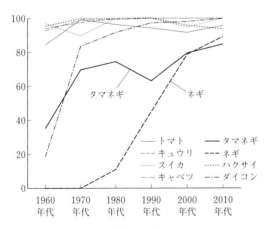

第3図　日本の主要野菜の新品種におけるF₁品種の割合（%）

藤井健雄／日本園芸生産研究所／園芸植物育種研究所「蔬菜の新品種」第2巻（1960）～第19巻（2016）に掲載された品種について集計

品種生態と作型

## 8. 東北・北陸地域における春まき夏どり栽培技術の開発

近年では，日本に輸入される生鮮野菜のうち，タマネギは重量，金額とも第1位の品目である。生鮮野菜全体の輸入量が1965年度の50倍以上に増加している最近5年間（2013〜2017年度）でみても，生鮮タマネギの輸入量は年平均30.5万tで，全生鮮野菜輸入量の3分の1以上を占め，金額では162億円/年，15％となっている。生鮮タマネギの国内消費量の4分の1ないし5分の1は輸入品であり，国産野菜のシェア回復をはかる農業政策上の最重要品目となっている。

このような状況のなか，水田転作で取り組む野菜品目として，機械化体系を導入しやすいタマネギ栽培が注目されているのが東北・北陸地域である。これらの地域は，タマネギの越冬に不利な気候条件があるため慣行の秋まき栽培では生産性が低く，域内自給率が低い。そこで，農研機構東北農業研究センターの山崎篤らが中心となり，岩手県，山形県，富山県，弘前大学と連携して研究プロジェクトを推進し，国産タマネギの端境期である7，8月どりをねらって，東北・北陸地域における春まきタマネギ栽培技術を開発・実証した（農研機構，2016）。その後，本作型の現地実証は東北全県に広がり，水田地帯を中心として定着しつつある。

本技術のポイントは，1）無加温ハウスで1月中旬〜2月中旬に播種し育苗，4月に露地圃場へ定植し，7月上旬〜8月中旬に収穫する作型，2）適品種の選定，3）病害虫防除の徹底である。ここでは，このうち2）適品種について詳しく述べる。

これまでこのような作型をねらって育成された品種はないため，当面は既存品種の中から，現地試験で比較的成績のよい品種を選定するほかない。熟期的には，秋まき地域向け中生から既存の春まき地域（北海道）向け中晩生まで，幅広い品種から選択可能であるが，春まき地域向け品種はどれも秋まき地域向け晩生品種より熟期がおそく（第1表），球肥大期と梅雨時期の重なりが大きくなりがちとなり，また，葉数も多いため，病害（とくに細菌による腐敗性病害）のリスクが大きい。そこで，現状では秋まき地域向け品種から選定することが無難であり，たとえば，富山県では'ターザン''もみじ3号'など，山形県・岩手県では'もみじ3号''マルソー'など，青森県では'マルソー''ケルたま'などが推奨されている。ただし，これらの秋まき地域向け品種を用いる場合でも，病害虫防除の徹底は本作型定着の重要なポイントである。

今後は，この新しい作型により適した品種の育成が求められており，とくに耐病性の改良がもっとも重要な育種課題である。また，乾物率や貯蔵性の向上などを目指して北海道向け品種の特性を導入する育種により，品種の選択肢を広げることも重要になるであろう。

「耐病性」と一語で書いたところで，細菌性に限っても重要対象病害は複数あり，また，葉数や草型，球肥大の開始時期や肥大の速さなども関係するきわめて複雑な形質と考えられることから，乾腐病抵抗性で成功したような育種法ではおそらく解決できない。多様な育種素材から出発する循環選抜法で地道に総合的に改良を積み重ねながら，各地域それぞれの栽培環境特性に適応したそれぞれの選抜系統を育成することが必要であろう。近い将来，この新作型に特化した優秀な品種が続々と育成されることを期待したい。

執筆　小島昭夫（元農研機構野菜茶業研究所）

2018年記

### 参 考 文 献

藤井健雄/日本園芸生産研究所/園芸植物育種研究所．1960〜2016．「蔬菜の新品種」第2巻〜第19巻．誠文堂新光社．東京．

堀越孝良．2000．玉葱の輸入と生産の動向．農総研季報No.46，109—133．

今津正．1959．蔬菜生産技術1．タマネギ．誠文堂新光社．東京．24—38．

岩田豊志．2005．長期貯蔵性，乾腐病抵抗性を持つ

画期的タマネギF1品種の開発．農林水産技術研究ジャーナル．**28**（2），16—19．

岩田次夫．1987．先端技術を利用した野菜，花卉種苗の増殖と普及－タマネギを中心として－．農林水産技術研究ジャーナル．**10**（5）．24—29

小餅昭二．1986．タマネギ．西貞夫監修．野菜種類・品種名考．農業技術協会．東京．351—361．

小餅昭二．2015．タマネギ．北海道野菜史研究会編．北海道野菜史話．小南印刷．札幌．232—249．

南野純子．1987．泉州玉葱と坂口平三郎．いんてる社．大阪府豊中市．

永井信．1983．タマネギの品種．小餅昭二編監修．春まきタマネギの栽培技術．農業技術普及協会．北海道江別市．17—38．

農研機構東北農業研究センター．2016．東北・北陸地域におけるタマネギの春まき栽培技術技術解説編．技術紹介パンフレット．

東畑精一．1954．日本農業発達史．第五巻．中央公論社．東京．186—210．

渡邉穎二．1997．天職に生きる．カルダイ社．仙台市．147—150．

八鍬利郎．1975．北海道のたまねぎ．農業技術普及協会．北海道江別市．

# タマネギ品種の基本的とらえ方

　明治以降，わが国に導入されたタマネギは，北海道での春まき栽培と，本州全般にみられる秋まき栽培の二つの作型を成立させた。

　品種の分化については，北海道では札幌黄に代表されるごく単純なものである。本州では年平均気温15～16℃の地帯で，極早生種から晩生種まで多数の品種が栽培されるが，これらの地帯をはずれると，利用し得る品種は限定され，作型も単純となる。

## 1. 早晩性
　　（日長感応と温度感応）

　タマネギの早晩性は，日長感応および温度感応の程度の差によって決定される。

　日長感応については，ガーナーとアラード（1920）とによって，タマネギの結球現象にも光週律があることが認められた。また，マグルダー，アラード，ボスら（1939）によって，タマネギの球形成肥大には長日を必要とするが，球形成肥大の限界所要日長には品種間差異があり，欧米での品種で，12時間，13時間，13.5時間，14時間，14.25時間，16時間の限界所要日長の組分けがなされた。さらにまた，短日型の品種は早生性であり，低緯度地帯に適応し，長日型の品種は晩生性で，高緯度地帯に適応することを明らかにした。

　わが国で栽培するタマネギは，わずか数種の欧米品種から派生したものだが，イエロー-ダンバースが土着してできた泉州黄では，早生種から晩生種まで一連の品種群が成立しており，マグルダーとアラードとが区分したように，貝塚早生など12時間性の早生種から，今井系，大阪中生と，しだいに長時間の日長を必要とする中生種，さらに大阪中高，淡路中甲高のような13.5時間性の晩生種まで含まれている。

　ブラン-アチーフ-ド-パリから出た愛知白やイエロー-グローブ-ダンバースの土着した札幌黄などは，泉州黄のような多数の品種分化をしなかったにしても，それぞれに球の形成，肥大に必要な限界日長をもち，愛知白では貝塚早生よりさらに短い11.5時間性の極早生種とされ，札幌黄は14.25時間性の極晩生種になることが明らかにされている。

　温度感応については，温度が球の形成，肥大に影響を与えることは認められるが，温度の日変化が大きいこともあり，日長感応ほどに明確な条件とはしがたい。

　一般的には，15～20℃で球の形成肥大が行なわれる。阿部，小川（1958）によると，北欧系品種とインド品種，秋まき品種などでは，球の形成肥大に関する温度感応は低く，15～20℃とし，スペイン系品種では20℃，カラコルム品種では20～25℃と高温になり，フランス品種は，15～25℃に球形成肥大を促す温度範囲があるとしている。しかし，品種間の感応差は比較的少なく，いずれも20℃で球が肥大をしている。

　したがって，品種の早晩性を決定するのは，日長感応が主体で温度感応が補助的に働くとみられる。トンプソンとスミス（1938）によれば，エベネーザーを使った実験で，10～15.5℃に栽培したばあい，球は肥大せず，15.5～21.1℃では葉は緑色を保ったまま球が肥大，倒伏し，21.1～27℃では球が肥大して地上部が枯死した。しかし，この温度でも9～12時間の短日条件下では，球の形成肥大は行なわれなかったことを報告している。このようなことから高温が日長不足を補って球の形成肥大を促すことはないとみてよい。

## 2. 抽台性，分球性と葉数の決定

タマネギの花芽分化は，植物体の大きさに温度，栄養（肥料）が作用して行なわれる。伊藤ら（1956）によれば，温度的には0～10℃が数日連続したばあいに花芽の分化を誘起する。また，これより高温の2～13℃でも，とくに窒素不足によっても花芽は分化するとしている。

このような抽台性は，春まき栽培をする札幌黄では，低温期を経過しないためほとんど問題にならない。このために札幌黄を秋まきすると，抽台性の淘汰が全く行なわれていないので，泉州黄が10%ていど抽台するときでも，60～70%抽台する。したがって，抽台率が高くなることや後述するような温度的制約をうけて，札幌黄を秋まき栽培することは不可能に近い。

秋まき栽培の行なわれる泉州黄などは，冬期低温期を必然的に経過しなければならないので，抽台しにくい方向に選抜されてきた。早生の品種では，とくに早まきをして大苗を植える栽培がくり返され，抽台性について厳密な淘汰を受けているため，かなり大苗を植えても抽台する危険性は低い。晩生の品種では，栽培上，早まきや大苗にする必要がない結果，抽台性についての淘汰はすすんでいない。阿部ら（1956）は，秋まき栽培用の品種で，花芽分化をおこす植物体の大きさについて，貝塚早生15枚以上，淡路中甲高13～14枚以上，山口甲高11～12枚以上の大株であるとしている。したがって，秋まき栽培では同じ大きさの苗を植えると，貝塚早生より淡路中甲高のような晩生種のほうが抽台しやすいことになる（第1表）。

分球は，11月下旬以前と4月中，下旬以降の二季に誘発され，生長点の分岐によっておこる。その条件としては，播種後60日内外，葉数7～9枚のころ，平均気温14～15℃がつづく年に多いとされている。

秋に形成される分球点はだいたい1個で，春のばあいは，収穫時には2～3個の分球点を形成している。抽台性のばあいと同様に，大苗の

第1表 品種の早晩性と苗の大きさのちがいによる抽台，分球ならびに収量（勝又，1969）

| 品種名 | 苗の大きさ(g) | 抽台率(%) | 分球率(%) | 収量(10a当たりkg) |
|---|---|---|---|---|
| 貝塚 | 4～6 | 14.1 | 1.6 | 4,599 |
|  | 6～8 | 20.3 | 4.7 | 5,426 |
|  | 8～10 | 33.3 | 6.3 | 4,004 |
|  | 10～12 | 49.2 | 10.9 | 3,563 |
|  | 12～14 | 68.2 | 15.8 | 2,483 |
|  | 14～ | 83.8 | 33.8 | 1,318 |
| 淡路 | 4～6 | 7.3 | 3.6 | 7,053 |
|  | 6～8 | 34.0 | 8.5 | 5,914 |
|  | 8～10 | 52.9 | 5.9 | 4,651 |
|  | 10～12 | 65.0 | 12.5 | 3,852 |
|  | 12～14 | 69.6 | 39.1 | 2,925 |
|  | 14～ | 89.7 | 54.4 | 727 |
| 平安球型黄 | 4～6 | 0 | 0 | 7,321 |
|  | 6～8 | 1.9 | 0 | 7,721 |
|  | 8～10 | 2.9 | 2.9 | 7,532 |
|  | 10～12 | 11.5 | 3.8 | 7,188 |
|  | 12～14 | 30.0 | 10.0 | 6,825 |
|  | 14～ | 33.0 | 11.9 | 5,126 |

さいに分球することが多いが，品種の早晩性と分球とについては，一定の傾向は認めがたい。ただ，愛知白や貝塚早生では，秋の分球が10月下旬～11月上旬に，中生種では11月上旬ころ，春の分球は，貝塚早生，愛知白では3月中旬～4月上旬，今井系，淡路中甲高，平安球型黄では4月中旬ころにみられる。このことから，分球点の出現時期は，早生種が早く，晩生種が遅くなるようである。

抽台性，分球性ともに，育種の段階で淘汰が加えられ，不抽台系今井早生や平安球型黄などにみられるように，発生の少ない安定した品種が成立している。

タマネギの総葉数は，品種間での差が明らかで，貝塚早生，愛知白などは葉数が少なく，今井系，淡路中甲高などではやや多くなる。葉数の多少は葉数決定時期の早晩と一致し，早生種は葉数決定期が早く，晩生種では遅い。また勝又（1968）によれば，葉数決定期は球の形成肥大を始める前にあり，貝塚早生，愛知白では10～15日前，今井系では10日前，淡路中甲高，平安球型黄では5～7日前とされている。

第2表 品種の各地における肥大性（今津ら，1952）

| 試験地 品種 \ 播種期 | 札幌 8月26日 | 新潟 8月31日 | 新潟 9月10日 | 東京 8月26日 | 東京 9月15日 | 大阪 8月31日 | 大阪 9月20日 | 久留米 8月31日 | 久留米 9月30日 |
|---|---|---|---|---|---|---|---|---|---|
| 札幌黄 | 80g | 195g | 175g | 168g | 89g | 132g | 75g | 156g | 147g |
| 淡路中甲高 | 61 | 278 | 259 | 271 | 130 | 323 | 349 | 318 | 216 |
| 泉州中生 | 63 | 245 | 242 | 229 | 95 | 293 | 225 | 302 | 205 |
| 今井早生 | 54 | 273 | 221 | 158 | 103 | 330 | 364 | 331 | 240 |
| 貝塚早生 | 53 | 171 | 174 | 158 | 57 | 293 | 300 | 262 | 204 |
| 黄魁 | 98 | 281 | 183 | 282 | 99 | 353 | 390 | 319 | 211 |
| 愛知白 | 34 | 121 | 56 | 98 | 37 | 184 | 281 | 208 | 158 |

## 3. 球肥大性

球の肥大性については，栽培条件（土質，施肥，灌水など）によって影響を受けやすい。今津ら（1952）によれば，第2表にみられるように，同一品種でも栽培地によって肥大性を異にする。

球の大きさは葉数に比例し，決定葉数の少ない早生種では，決定葉数の多い晩生種より球の肥大性は悪い傾向がある。また，日長と温度との関連によっては，満足な球肥大を完了することができるかどうかも左右される。たとえば愛知白などの早生種は，中部以南の暖地では冬期温暖なため，生育がすすみ，球の肥大に必要な日長に達したとき，気温も適温範囲になっていて完全な肥大性を示すが，関東以北で栽培されると，肥大性を充分発揮できず，小型の球しか形成されない。これは春先の気温が低く，生育も遅れて，球の形成肥大に要する限界日長に達したころには，植物体が小さいため，地上部の大きさに比例した小型の球しか形成されないためである。したがって，品種固有の肥大性を完全に発揮させるには，適地の選択が肝要である。

執筆　山田貴義（大阪府農林技術センター）

1973年記

# 品種の諸性質

## 1. タマネギの形，色，味

タマネギの品種は，甘タマネギと辛タマネギとの二つに大別される。わが国ではほとんどのものが辛タマネギの群に属し，甘タマネギは生食用として，ごく一部に栽培されているにすぎない。

タマネギの外皮の色については，白色，黄色，赤色の三色に大別することができる。中でも黄色系については，その濃淡に変異が大きい。これら外皮の色とタマネギの早晩性，および味については一定の傾向は認められない。

球の形については，第1図に代表的な表現型がみられるが，これらの型と早晩性については，かなり強い相関関係が認められる。早生種では，偏平型で，晩生種になるほど球型になる傾向がある。

琴谷ら（1957）は貝塚早生で倒伏率と球径，球形指数，球重などの間には強い相関を認め，倒伏と球高，葉数，茎長などの間には，負の相関を認めている。つまり，球径が大きくなるほど倒伏期が早くなり，球高の大きくなるほど反対に倒伏率は小さくなる。このことはタマネギ全般として，早生種ほど倒伏が早く偏平球であり，晩生種になるほど倒伏が遅れ，球が丸形から紡錘形になっていく現象と結びつく。

品種生態と作型

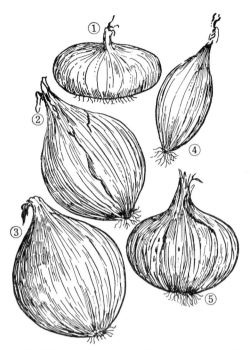

第1図　タマネギ球型の種類（バーレイ，1919）
①偏平型　③球型　⑤偏円型
②長球型　④長楕円型

## 2. 耐寒性，耐暑性

タマネギは，種子の発芽には18～20℃，地下部では12～20℃，地上部では20～25℃が生育好適範囲である。

世界的にみたばあい，タマネギは，南緯，北緯とも28～50度くらいの範囲で栽培されているが，日長と生育適温の関係から，緯度のちがいによって栽培の季節を異にしている。

アメリカのタマネギ栽培地をみると，マグルダー（1941）によれば約21の基本種をもち，日長感応や温度感応によって栽培地域や栽培時期が品種ごとに厳密に区分されている。北緯25～30度付近では，冬期比較的温暖なため，低温でも球の肥大が徐々に進行するような品種を用い，秋まきによって3～5月の収穫をしている。北緯30～40度付近では，冬期低温になるが，越冬作に向く品種を秋まき，6～7月収穫の栽培をしている。それより緯度の高い地帯では，冬期が厳冬でタマネギの生育には不適当な条件におかれるので，春まきで8～10月に収穫のできる品種が利用されている。

わが国でも，札幌黄などの晩生系を暖地で秋まき栽培をすると，日長が球の肥大をするまでに達しないうちに気温が高くなりすぎて，葉が高温障害でいたみ，球の肥大をみないうちに葉の枯死が始まる。

このように，作型と栽培地域と品種とが明確に区別されているのは，日長感応のちがいによるためだが，温度が大きな障害をすることも見のがすことはできない。タマネギの耐暑性がさらに強くなれば，暖地での極晩生種を利用した貯蔵栽培が可能になり，栽培地がより緯度の低い地帯にまで広がる可能性もでてくる。

タマネギは，幼苗期にはかなり耐寒性が強く－8℃にも耐えるとされているが，植物体が大きくなると，耐寒性はやや弱くなる。積雪下では，越冬栽培すること自体が無理なので，春まきによって酷寒期をさけている。

冬どり栽培では，12月の収穫期に相当の低温（大阪付近では－4℃ていど）にあっても，地上葉が枯れずにしっかりしていれば，たとい球が凍っても，日中気温が上昇すれば球は正常にもどり凍傷をうけない。ところが地上葉が枯死した球は，同様な条件におかれたばあい，球が凍傷をおこして細胞が破壊され，品質をいちじるしく低下させることが観察されている。このように耐寒性については，植物体の大きさ，状態によって差が認められる。

高温に対して，タマネギは比較的弱い作物で，連続30℃以上の温度で栽培すると，幼植物のうちに葉が傷んで枯死する。このとき，日長が球の肥大に充分な条件であれば小さな球を形成するが，日長が不足するばあいは青立ちのまま枯死する。

以上のようなことから，タマネギでは品種によって多少の差があるが，生育適温より低温にはかなり限界範囲は広く，高温のばあいは限界範囲が狭い傾向がみられる。

## 3. 耐病性，耐虫性

　時期別にみて，生育中の病害と貯蔵球の貯蔵病害に対する耐病性の区別が考えられるが，ナンブ病のような生育中の病害が，貯蔵病害にまで引きつづくことが多い。わが国で栽培されているタマネギでは，どの病害でも耐病性の名を付与されたものは公表されていない。

　古くからイタリアン-レッド13-53や，スイート-スパニッシュは，それぞれベト病やピンクルートに対して強い抵抗性があることが認められている。耐虫性でも，スリップスに対してホワイト-パーシャン，カリフォルニア-アーリー-レッド，アーリー-グラノなどは抵抗性が強いとされている。アメリカでは，耐病性，耐虫性品種の育成がすすんでいて，多くの品種が利用されている。

## 4. 耐 肥 性

　タマネギは比較的吸肥力の強い作物だが，幼苗期，とくに発芽初期の根は耐肥性が弱く，苗床での立ち枯れの原因になることが多い。苗床で肥あたりで倒れた苗は，引き抜いてみると根が伸びていないで，タチガレ病とたやすく区別することができる。したがって，苗床はよく肥えた土地を選んで元肥を施さず，追肥だけで育苗を行なうところも多くみられる。

　本畑での施肥量は，品種，作型，土質，施肥時期，施肥位置，生育状態などのちがいによって差がある。四要素についてみると，窒素の施肥量は10$a$当たり15〜30$kg$，燐酸は13〜40$kg$，加里は8〜25$kg$，石灰は30〜60$kg$の範囲で施されている。その吸収量をみると，窒素は平均9$kg$で施肥量の25%くらい，燐酸は平均3.5$kg$内外で10〜20%，加里は平均12$kg$くらいで施肥平均量と同程度の吸収量である。石灰も平均5.4$kg$の吸収量のため，施肥量の5〜10%くらいしか利用されていない。

　タマネギのばあい肥料は，球の肥大，抽台性，貯蔵性に微妙に作用する。

　窒素は生育と球の肥大とに強く影響し，不足すると抽台を多く誘発し，球の肥大が悪くなる。過多あるいは肥効が遅れると球の肥大開始が遅れるほか，軟弱になって病害をうけやすい。また球の萌芽を早めたり，腐敗を生じやすくするので，貯蔵性を低下させる。

　燐酸は20〜25℃でタマネギによく吸収される。不足すると根や葉の生育が悪くなり，球の肥大を阻害する。酸性土ではマンガン，鉄と結合して吸収されにくくなるので，土壌の中和が燐酸の肥効を高める。

　加里は根から葉に吸収される量が多く，老葉から新葉への移動性も活発である。加里が欠乏すると，病害に侵されやすい。

　石灰は植物体内の移行が鈍く，欠乏すると新葉や根端の新しい組織を破壊する。また燐酸の肥効もおさえられるので，生育を妨げられる。酸性土壌やアルカリ土壌では，タマネギの熟期を遅らせるうえ貯蔵性も低下させる。

　ふつうに施肥をしていれば，各要素が欠乏することはないが，多肥による生育障害，あるいは各肥料成分間の均衡に留意すべきである。

## 5. 貯 蔵 性

　タマネギの貯蔵性は，腐敗と萌芽の早晩とによって決まる。通常，腐敗は収穫後から7〜8月ころまでに発生し，萌芽は10月以降に多く発生するが，10〜15℃の低温と90%以上の多湿によって促進される。これらは，栽培管理，栽培中の気象条件，球の形質，収穫後の条件，品種など多くの要因が相互に連関をもっている。

　川崎(1971)は，第2図のように，淡路中甲高での貯蔵性と球の諸形質との関係について論じている。腐敗と球の諸形質の関連性については，糖度の高いものは腐敗しにくく，また糖度は品種によっても差異があるため，腐敗率を低くするには品種の選定が重要である，としている。

　栽培管理の面でも，極度の肥料不足，茎葉の傷害，日照不足などは同化作用を阻害し，糖の蓄積を低下させる。収穫期の遅延も糖の減少に結びつくことから，腐敗を誘う結果になる。

品種生態と作型

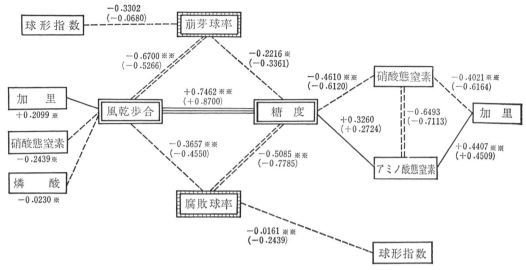

第2図 貯蔵性と球の諸形質間模式図，淡路中甲高（川崎，1971）
注 1. 数字は相関係数を示す。上段は全混集材料のばあい，（ ）内は地区別平均値のばあい
  2. ※印，※※印は係数の有意性を示す

貯蔵栽培での収穫にあたって，球の風乾をよくすることがしばしば問題となるが，風乾歩合と腐敗率についての相関は低く，風乾が直接腐敗を低下させるとはいいがたい。

球の形と腐敗については，品種と最も関連の強いところであり，一般には大球や偏平球ほど腐敗率が高くなるとされている。しかし，緒方（1952），花岡（1957）らは，同一品種にみる限りでは，この関係については明確な傾向は認められず，大球や偏平球は球のしまりが悪いために，傾向的な現象として腐敗しやすいだけである，としており，無肥料や無窒素栽培での小球には，腐敗や萌芽の少ないことを認めている。

萌芽と球の諸形質については，風乾歩合と萌芽との間に高い関連が認められる。つまり，風乾歩合が高いと萌芽率が低下する。タマネギの乾物量は品種によって差があり，貝塚早生9.22％，今井系9.25％，大阪中生10.38％，大阪中高9.97％，淡路系9.58％，大阪丸10.22％，山口甲高11.38％，平安球型黄10.93％，甲高黄12.0％となっていて，晩生種ほど風乾重が重い。このことから，一般的に晩生種ほど貯蔵性が高くなるとされているが，これは風乾重が晩生種ほど重くなり，萌芽率が低下する結果と一致する。

糖度と萌芽性については，含糖量が多いと呼吸作用を妨げ，萌芽葉の生成を抑制するとされている。しかし，

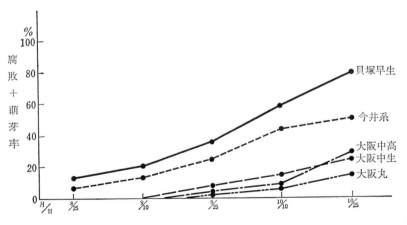

第3図 泉州系タマネギの貯蔵性比較（大阪農試，1953，1954）

この関係も，中生種や晩生種では品種間差はきわめて少ない。

以上のように貯蔵性については，タマネギの内的要因や外的環境条件によって影響を受けることが大きい。品種的に概観すると，一般に春まき型の品種は貯蔵力が強い。札幌黄はわが国のタマネギの中では，貯蔵性のすぐれたものの一つである。

秋まき型品種の泉州系では，第3図にみられるように貝塚早生は最も貯蔵力が弱い。今井系では8月ころまでは吊り玉で貯蔵できるが，それ以降は腐敗，萌芽球が激増する。中生種では，9月ころまでが貯蔵の限界であり，晩生種の大阪丸，淡路中甲高では，10月中の吊り貯蔵に耐えられる。

このように秋まき型の品種では，早生種は貯蔵性が低く，晩生種になるほど貯蔵性が高くなることが認められる。

執筆　山田貴義（大阪府農林技術センター）

1973年記

# タマネギの品種の特性と作型利用

## 北海道

### (1) 作型，地域性から見た品種導入の考え方

#### ①北海道の気象条件と産地

　北海道におけるタマネギ栽培は，気候的要因から栽培時期が限られており作型分化に乏しい。現在主流となっているのは，春まき露地移植栽培であり，その他に2つの作型がある。以下に標準的な作型における大まかな栽培暦を記述する。

　春まき露地移植栽培では，積雪下の2月下旬から3月上旬にかけて無加温のハウス内に播種し，60日程度育苗した（4葉期の）苗を圃場に移植する。苗は6月下旬から7月上旬にかけて肥大し，7月下旬から8月上旬にかけて地上部が倒伏する。その後，地上部が完全に枯れるのを待って9月以降に漸次収穫される。

　栽培期間中の北海道は長日条件であり，とくに球肥大期は夏至直後の時期に相当するため1年で最も昼の時間が長く，札幌では最大15.5時間にもなる。こうした条件に適応する品種は，長日条件で球肥大を開始するLong Day Onionと呼ばれるグループである。しかし，温室を用いた実験では，'札幌黄'が球肥大に必要とする日長条件は14.5時間程度であり，その日長条件には5月中旬には到達していることが明らかとなった。そのため北海道の品種は，植物体がまだ小さく気温も低い5月中旬には日長条件に反応せず，植物体がある程度生長し気温も上昇する6月下旬頃に初めて長日条件に反応し，球の肥大を開始するものと考えられている。

　主産地は，札幌近郊を中心とした石狩地方，岩見沢を中心とした空知地方，富良野を中心とした上川地方および北見市を中心とした北見地方であり，産地間にはそれぞれ気候的特徴がある。

　石狩・空知地方はタマネギの産地のなかでは南に位置しており，温度条件に恵まれている。春先も4月中旬には最低気温がプラスに転じるが，豪雪地帯であるこの地域では，積雪がなくなるのは4月下旬であり，圃場利用はそれ以降に限定される。春先から初夏にかけては日照時間が長く，降水量が少ない。生育盛期の7，8月の最高気温は平均で25℃を超え，真夏日が約10日あることからタマネギの生育には少し暑いと考えられる。

　こうした温度的な条件により，他の地域に比べ倒伏後の地上部の枯れ上がりが早く，球肥大がやや抑制される傾向がある。また，他の地域よりも高温で経過するため小さい株でも球肥大を始めるおそれがあり，そうした株では地上部の生育不足から小球となり，収量が減少する。また，収穫直前の8月下旬から降水量が増えるため，生育の遅れは首部からの病害の進入につながり，貯蔵腐敗を多発する要因となる。

　そのためこの地域では，健全苗の育成と移植後の活着促進により初期生育を確保し，その後の生育を旺盛にすることが重要となる。栽培品種の選定に際しては，小球になりやすい早生品種では，定植後の初期生育や球肥大に優れる品種を選ぶことで収量性を確保し，中晩生品種では，仕上がりの早い品種を選ぶことで，生育後半の不順な天候を避けて収穫し，貯蔵腐敗の要因を少なくする。

　一方で，この地域は都市近郊であることから産地直売所などを通じて小口で販売することも盛んになってきており，そうした店先の品揃えを考えると，赤タマネギ，白タマネギや極早生の葉付きタマネギなど従来利用されてこなかった品種の選択も必要であろう。

　上川地方の主産地である富良野地方は周りを

品種生態と作型

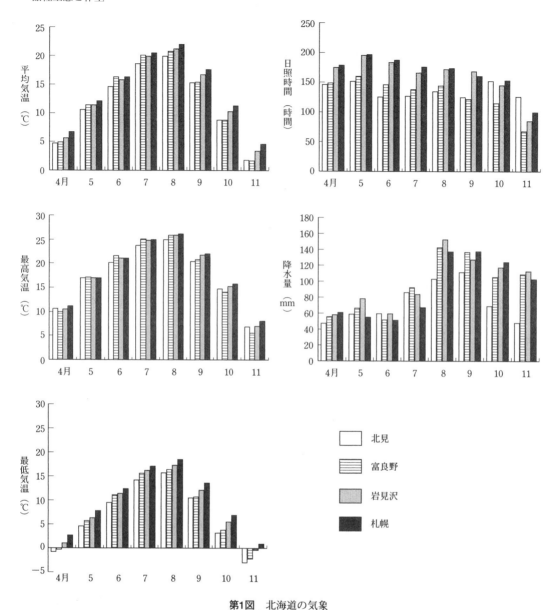

第1図　北海道の気象

山に囲まれた盆地であり、日中は気温が上昇し、夏季の最高気温の平均は札幌と遜色ない。一方で夜には気温が下がり、最低気温は札幌よりも1～2℃ほど低く寒暖の差が大きい。こうした条件は低温を好むタマネギには適しており、他の地域よりも生育が旺盛であることが多い。一方で、旺盛な生育は不時抽台の危険性を高めることにつながり、過去の低温年には抽台株が多発したこともある。また、過去には乾腐病に悩まされたこの地域であるが、近年では抵抗性品種の普及と土壌改良の効果でその発生は減少している。

しかし、減少したとはいえ、乾腐病のような土壌伝染性の病害については、その対策に細心の注意を払うべきであり、栽培品種には乾腐病抵抗性の強い品種を選ぶ必要があろう。そのうえで可能であれば、不時抽台に対して抵抗性を

もつような品種を選定したい。

北見・網走地方の主産地北見は，産地の中では最も北に位置している。そのため，春先の温度は他の地域に比べ低く経過するものの降雪量が少ないため，定植時期は他の地域と変わらない。定植後の5～8月の積算温度が低く，日照時間は他の地域より200時間ほど少ないため，地上部の生育は緩慢で，生育の指標となる肥大期や倒伏期は札幌と比べ2週間程度おそい。しかし，低温のため倒伏期以降の葉の枯れ上がりがおそく，球肥大が長期間続くため，最終的には他の地域と遜色ない球に仕上がる。

夏場の積算温度が少ないため収穫量を確保するためには，定植後の生育量を確保し十分な球肥大を確保することが重要となる。そのため，栽培品種の特性として定植後の生育（低温伸長性）が重要となる。さらに，仕上がりのおそい品種は未枯葉球や青立ち株を多発し減収する危険性があるため，避けたほうが無難である。

②北海道でのタマネギの作型

前述のとおり気候的要因で，作型分化の見られなかった北海道でも，最近，北海道立農業試験場によって新しい作型が開発された。こうした新しい作型は春まき露地移植栽培と組み合わせることで作業時期の分散といったメリットをもち，今後の導入が期待されるため，以下に概況を述べる。

**早期播種作型** 播種を慣行よりも早い1月下旬から2月上旬にかけて行なうことで，育苗期間を延長し，慣行よりも大きく苗を育てる。定植時期は慣行並みであるが，大苗定植によって移植後の生育が旺盛となり，球肥大が増進され収穫増を達成する。同時に，活着後の旺盛な生育によって，慣行栽培よりも早生化し収穫時期が前進する。生育促進の効果は，どのような品種でも確認されているが，慣行栽培では収量が少なくなりがちな早生品種では，増収効果が現われやすい。一方で，中生や晩生の品種では，初期生育が旺盛になることは，不時抽台の危険性が増すことにつながるため，その適用については注意を要する。

**秋まき越冬作型** 8月に播種・育苗後，9月に定植し圃場でそのまま越冬させ，翌年初夏に収穫する。慣行栽培に比べ生育は非常に早まり，7月の収穫も可能となる。

この作型ではメリットも多いが，デメリットも混在しており解決すべき問題が多い。一番の問題は，越冬中の病害，凍害，降雪量の多い地域や排水性の悪い圃場での滞水による枯死など，定植株の越冬率の変動要因が多く，慣行栽培以上に収量の安定が難しいことである。また，夏場の育苗は温度や水の管理が慣行よりも煩雑であることや，在圃期間が育苗を除いて約10か月の長期になることは管理面から見てデメリットとなる。

一方で，それを上回るメリットも報告されている。最も大きな利点は，出荷量の少ない7～8月をねらった出荷が可能になることで，販売単価の向上が期待できることである。また，在圃期間の多くが低温期であり病害虫の発生が少なく農薬の使用回数を低減できることは，単に薬剤費の節減にとどまらず，最近の消費者のニーズに合致しており販売面での付加価値を期待できる。また，育苗や収穫の時期が慣行栽培とはまったく異なるため作業の分散化が図られ，より大面積の圃場を管理することが可能であろう。

以上のように，メリット・デメリットが混在しているものの，収穫時期の前進は非常に魅力的であり，実栽培により導入しやすくなるような栽培技術の改良ならびに専用品種の登場が待たれる。

③作型と品種

前述のとおり，北海道では作型分化があまり進んでおらず，新しい作型である早期播種作型や秋まき越冬作型についても，その普及面積が限られていることから専用品種は開発されていない。そのため作付けする品種は，収穫などの作業性を考慮して早晩性の異なるいくつかの品種を組み合わせて選ぶのが一般的である。

大きな産地では，産地の集荷計画や，出荷施設などの関係から，早生品種が1～2割，中生品種が1～2割，晩生品種が6～8割といった割合で栽培することが多い。また，最近は赤タマネギや食味や成分に特徴をもった品種の栽培も増え

品種生態と作型

**第1表　北海道向け品種の早晩性**

| 極晩生 | ツキサップ，レッドアイ |
|---|---|
| 晩生 | スーパー北もみじ，天心，札幌黄 |
| 中晩生 | さらり，Dr.ケルシー，トヨヒラ |
| 中生 | 北もみじ2000，月輪，北こがね2号 |
| 中早生 | オホーツク1号，オホーツク222 |
| 早生 | 北はやて2号，Dr.ピルシー |
| 極早生 | 北早生3号 |

ている。

品種の早晩性について，札幌における複数年の試験の結果をもとにした分類を例示（第1表）する。

もちろん，地上部倒伏期でそれぞれの品種を並べると，栽培地域や年次によってはこの表の並びとは多少異なることもある。また，札幌では極早生と極晩生の差は平均1か月程度で，秋まき品種で見られる早晩性の幅に比べると非常に狭い範囲での分類となっている。

### (2) 各品種の特性と栽培のポイント

（株）七宝とタキイ種苗（株）は，国産タマネギ品種の二大メーカーであり，北海道においても圧倒的なシェアを誇る。両社の品種が農家から支持されている理由の一つに，セルトレイ育苗の普及が挙げられる。セルトレイ育苗では，育苗時の欠株はそのまま圃場に反映されるため，トレイ当たりの成苗率が非常に重要な要素となっている。そのため，種子には高い発芽率（99％以上）が求められており，種苗会社にとっては非常に厳しい環境となっている。こうしたなかで，大手である両社の販売種子は高い発芽率を毎年維持しており，採種技術の高さをうかがわせる。

#### ①早晩性ごとの特性

早生品種に総じていえることは，定植時期の限られている北海道では生育期間が短いため，期間中の環境変動の影響を受けやすい。また，生育期間が限られていることから，晩生の品種に比べ展開葉数が少なくなり，収量性が低くなる傾向がある。

球はりん片葉の枚数が少なく，1枚ずつが厚く肥大する葉重型であり，球形が乱れやすいといった欠点がある反面，サラダや食感の残る加熱調理などでは食味に優れる。

狭い早晩性の範囲のなかで，その位置づけが難しいのが中生品種であるが，現在の中生品種は大玉の多収性品種や良食味の品種など個性的な品種が多い。大玉の多収性品種は多くの場合，スパニッシュ系の特性を示しており，育成の過程でこうした系統が利用されたことがうかがわれる。

また，生食（サラダ）用途でその特性が生かされる，良食味系統が近年いくつか発売されてきた。こうした品種では，「低辛味」や「良食味」を達成するために短日生（葉重型）品種を育種の過程で利用しているために，中生品種となることが多いようである。

晩生品種は，収穫後長期間にわたって貯蔵・出荷し続ける北海道におけるタマネギ栽培の形態に合わせ，なにより高貯蔵性であることが求められている。北海道における栽培および出荷期間を考慮すると，高貯蔵性の晩生品種は今後とも北海道での主力であり続けるであろう。以前は，Mサイズ（直径8cm）程度の球の需要が多かったこともあり，手頃な大きさでりん片葉がよく締まった硬めの品種が多かったが，近年では，2Lサイズなどの大玉に対する需要も増えたことから，しだいに球の肥大が良好で多収な品種が優勢となってきた。晩生品種は一般に葉数型の球で，りん片葉は薄くて枚数が多く締まりがよいため，球は硬い。こうした性質は食感にも影響しており，サラダでは歯ごたえがあり，辛味も強いため好き嫌いが分かれる。しかし，乾物率が高く内容成分が濃いため，加熱調理にもちいると料理にコクと風味を与える。

#### ②各品種の特性

**スーパー北もみじ**　（株）七宝が育成した晩生品種。札幌では，球肥大は7月下旬で，8月中旬に倒伏して9月中旬以降に収穫される。この品種の特徴は，広域適応性である。他の品種よりも栽培地による収量の変動が少なく，どの地域でも高い収量性を示す。ただ，やや熟期がおそいので，初期生育を十分に確保し，球の肥大不足や青立ちの危険性を避ける必要がある。貯蔵

性にも優れており，収穫後長期貯蔵して出荷される。

平成16（2004）年度の実績で全栽培面積のおよそ60％程度に作付けされており，北海道の主要品種（リーディングバラエティー）となっている。

**オホーツク1号** （株）七宝が育成した中早生品種。早生品種より肥大期や倒伏期がややおそいものの，収量性はよい。この品種は，他の品種に比べて球の肥大期間が長いため，球肥大が天候の影響を受けにくく経年間で総収量の変動が少ない。しかし，気象条件によっては球の二次肥大が旺盛になり，変形球や裂皮球の割合が増えて，規格内収量を下げる原因となる。よって，より安定した生産のためには適切な時期に根切り処理を行ない，地上部の枯葉を促進し球の成熟を促す必要がある。

**北早生3号** （株）七宝が育成した極早生品種。北海道で栽培される品種のなかでは最も早生である。倒伏期は7月中旬で8月には出荷も可能である。この品種は，収穫球の球形が乱れやすく，規格内率が低くなる年もある。しかし，肉質が比較的軟らかく，辛味も少ないために食味が良く，北海道の旬をアピールするのに向いている品種といえよう。さらに，完全に枯葉させる前に収穫することで，より早い時期の出荷が可能である。

**北もみじ2000** （株）七宝が育成した新品種。中生で球の肥大に優れ，収量性は非常によい。収穫球は球甲がやや低い楕円形であるが，球形の乱れが少なく，規格内率は高い。収穫後の貯蔵性がよく，'スーパー北もみじ'と比べても遜色ないか，むしろ勝っている。これから栽培面積が増えそうな品種である。

**オホーツク222** （株）七宝が育成した中早生品種。'オホーツク1号'の欠点である球形の乱れを改良した新品種。球形の乱れが少なくなったことで，規格内率が向上している。早晩性や球の肥大性は'オホーツク1号'と遜色なく，さらに貯蔵性が格段に向上している。栽培管理は'オホーツク1号'に準ずる。

**北はやて2号** タキイ種苗（株）が育成した早生品種。球の肥大性に優れ，収量性は晩生品種並みである。球形の乱れも少なく，規格内率も高い。栽培管理は'北早生3号'に準ずる。

**北こがね2号** タキイ種苗（株）が育成した中生品種。'北もみじ2000'と同等の収量性をもつ。貯蔵性がやや低いため，長期貯蔵後の販売には不向きであるが，年内出荷を中心に実栽培で利用場面が多いだろう。

**Dr. ピルシー** タキイ種苗（株）が育成した，辛味の少ない良食味な早生品種。早生品種のなかでは抜群に球の肥大性に優れるが，大きくなりすぎることで球形が乱れ規格内率が低くなることがある。そのため，根切りや収穫などの作業をやや早めに行ない，球形が乱れないように注意する必要がある。一方で，サラダで食べた場合の食味は，本州の良食味品種に近く，北海道産タマネギのイメージを変える潜在力を秘めている。販売されてから日が浅いが，これからの動向に注目の品種である。

**Dr. ケルシー** タキイ種苗（株）の育成した，中晩生の品種，健康に対する効果が期待されるフラボノイドの1種，ケルセチンを高含有する品種。札幌での栽培ではケルセチン含有量は他の品種と同程度であったが，球の肥大性，貯蔵性などといった一般特性は良好であった。

**月輪** （株）渡辺採種場が育成した中生の品種。1986年に育成された息の長い品種で，乾腐病に対する抵抗性は弱いものの，球の肥大性，および食味が評価され，現在でも作付けされている。また，（株）渡辺採種場では後継品種として，乾腐病抵抗性の新品種'月輪2号'および'月輪3号'を発売した。

**天心** （株）日本農林社が育成した晩生品種。収穫球は大玉になり，貯蔵性にも優れている。熟期がややおそいので，初期生育を十分に確保するとともに肥効が適切な時期で切れるように施肥量に注意する。大玉系統であるため，りん片葉が厚く食感がよい。

**トヨヒラ** 北海道農業試験場（現北海道農業研究センター）が育成したサラダ向き良食味品種。種子親には高貯蔵性系統を用い，花粉親には短日性品種から育成した系統を用いることで，

品種生態と作型

第2図　スーパー北もみじ

第6図　月輪3号

第3図　北早生3号

第7図　天　心

第4図　Dr. ピルシー

第8図　トヨヒラ

第5図　Dr. ケルシー

第9図　さらり

長期貯蔵とサラダ食味の向上を実現した。札幌市を中心に特産品的に栽培されている。

**さらり** 北海道立北見農業試験場が育成したサラダ向き良食味品種。辛味の指標となるピルビン酸生成量が一般的な品種より少なく，りん片葉が厚く軟らかいため，サラダ食味の評価が高い。

執筆 室 崇人（(独) 農業・生物系特定産業技術
　　研究機構北海道農業試験場）

2005年記

品種生態と作型

# 近　畿

## (1) 作型，地域性からみた品種導入の考え方

### ①淡路の農業とタマネギ

タマネギの品種を導入するにあたっては，気候・土壌条件や栽培体系（裏作の有無・種類），労力の配分，機械利用の有無とその適性，種子の供給量などを考慮する。兵庫県淡路地域における概況を以下に示す。

淡路南部地域の年間平均気温は約16.7℃，降水量は約1,220mmと，温暖寡雨である（第1，2図）。このような気候下では，早まきや大苗定植は抽台や分球をまねきやすく，乾燥により肥効のタイミングを逸するおそれもあり，注意を要する。

土壌は，細粒〜礫質の灰色低地土が入り組んで分布し，一部，多湿黒ボク土が混じる。地形的にも，水はけの良い扇状地から台地，暗渠を要する低地まで，さまざまである。淡路地域では田畑輪換を基本とするため，防除面でのメリットが大きいが，環境面や水稲作への配慮から，適正施肥が強く求められる。作土の陽イオン交換容量（CEC）は11me/100g前後であり，保肥力も高くはない。土質でみると，三原平野の河川中〜下流域では壌土が多く，一部砂質となるが，その周縁部や谷筋では埴壌土が多くなる。粘質な圃場では，肥もちは比較的良いが，圃場がよく乾かないうちに耕うん・うね立てをすると土が塊状となり，苗の活着とその後の生育に悪影響を及ぼす。

淡路地域全体のタマネギ栽培面積は約1,900haにのぼる。特色として，1）中晩生種の吊り小屋貯蔵，2）晩生種の冷蔵貯蔵，3）2月植えの栽培体系，の3点があげられる。また三毛作も盛んであり，南あわじ市（旧三原郡）のタマネギ栽培面積1,650haのうち，水稲－葉菜（レタス，キャベツ，ハクサイ）－タマネギの栽培体系が約260haを占める（2003年度統計）。

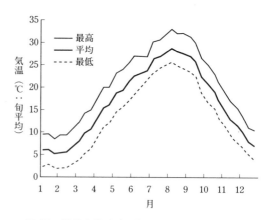

**第1図**　淡路南部地域の気温（1999〜2003年平均）

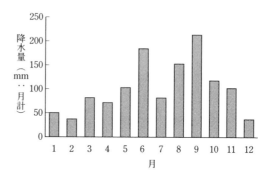

**第2図**　淡路南部地域の降水量（1999〜2003年平均）

### ②タマネギ栽培の特徴

基本的な栽培は高うねの4条植え（うね幅135cm，株間11cm，約2万7,000株/10a）であり，現状ではマルチ栽培はごくわずかである。年内植えの施肥は，基肥＋追肥3回の体系であり，窒素施肥量は計20kg/10a（4＋4＋6＋6kg）である。追肥時期（推奨）は作型や年度で異なるが，基本的には第1追肥を年内に行ない，止肥は3月中旬までに行なう。基肥と第1追肥には硫加燐安を使用し，その後は硝燐加安を施用する。2月植えでは，追肥は2回とする。定植は2005年現在，手植えが主流であり，したがって苗床も，従来の地床育苗が多い。収穫機は約1,600台が普及しており，剪葉も青切り，吊り玉用などに調整できる。通常，手作業で拾い上げ，淡路地域特有の「農民車」で運搬する。吊り玉（過程）以外の運搬，乾燥，貯蔵には，通常20kgコンテナを使用

**第3図　淡路地域のタマネギ吊り小屋**
標準は3.6×5.4m、各段0.4m×7段、約38,000球収納

する。吊り玉は、葉部を長さで約2分の1残して10球程度ずつ2束を結束し、8月中旬頃まで吊り小屋に貯蔵する（第3図）。吊り玉は労力を要するが、適度な通風が得られ、コンテナ貯蔵に比べて病害球による汚染が広がる危険性が低く、発色も良好となる。さらにその一部は、葉部・根部を切り落としたのち、一般的には0～2℃で冷蔵され、2月頃まで順次出荷される。

以上のことから、当地域に適するタマネギ品種の条件として、1) 土壌条件への適合幅が広い、2) 肥効が低く推移しても生育が安定している、3) 抽台・分球の危険性が低い、4) 機械収穫に支障をきたさない、などがあげられる。晩生種ではこれに、収穫が遅れないこと、冷蔵貯蔵性が高いことが加わる。また、球形は、選別の精度が良く調理加工もしやすい、丸いものが好まれる。これらの条件を満たし、作業労力の分散が図れるものが理想的であるが、実際には、生産のうえで何を重視するかにより、各品種の長所を活かした使い分けがなされている。

### (2) 作型と品種

JAあわじ島における栽培暦を第1表に、実際の栽培試験事例を第2表に示す。早生種は '七宝早生7号'、中生種は 'ターザン'、晩生種は 'もみじ3号' が大半を占める。三毛作を可能とする2月植えは、1970年頃、適品種の選定とともに技術が確立された。現在の推奨品種は 'ネオアース' である。

各作型を比率で見ると、出荷量では早生種約15%、中生種約55%、晩生種約30%である。また出荷形態では、収穫時の青切り30～25%、吊り玉など、風乾貯蔵後の即売約50%、冷蔵約20～25%である。

### (3) 各品種の特性と栽培のポイント

当地域の栽培条件下における主要品種の特性と留意点を以下に記す。球の規格分布を第4図に、球形指数を第3表に、収穫時の乾物率を第4表に、内容成分を第5表に示す。また、健全球率の推移を第6表に示す。各品種の球肥大日長時間（以下、日長時間）は、新編野菜園芸ハンドブック（養賢堂2001）に基づく大まかな指標であり、品種比較による推定値を含む。したがって、品種間の相対値に重点をおいており、可照時間（平坦地、晴天と仮定した場合の日長）と気温のデー

**第1表　タマネギ各品種の作型**

| 作型 | 品種 | 種苗会社 | 9月 | 10 | 11 | 12 | 1 | 2 | 3 | 4 | 5 | 6 |
|---|---|---|---|---|---|---|---|---|---|---|---|---|
| 早生 | 七宝早生7号 | 七宝 | ○------△ | | | | | | | | ◎◎ | |
| | T357* | タキイ | ○------△ | | | | | | | | ◎◎ | |
| 中生 | ターボ | タキイ | | ○------△----△ | | | | | | | | ◎ |
| | ターザン | 七宝 | | ○------△----△ | | | | | | | | ◎ |
| 晩生 | もみじ3号 | 七宝 | | ○------△----△ | | | | | | | | ◎◎ |
| 1～2月植え | アース* | タキイ | | | | | ○----△----△ | | | | | ◎ |
| | ネオアース | タキイ | | | | | ○----△----△ | | | | | ◎ |

注　○：播種、△：定植、◎：収穫、平均的な推奨期日を記載
　　＊：JAあわじ島の栽培暦に掲載されていたが、2005年度現在は掲載されていない

品種生態と作型

タも，栽培条件の参考にとどめる。

①**七宝早生7号**（七宝，1991年発表）

短期貯蔵性の高い品種である。しかし球の乾物率は7％前後と比較的低く，みずみずしい。

酵素的な生成量が（少なくとも収穫時においては）辛味成分量の指標になるとされるピルビン酸も，中晩生種に比して少ない。また球形指数が0.8前後と，早生種としては甲高である。

日長時間は12.5時間程度。当地の可照時間が12.5時間に達するのは，3月16日前後。3月14〜18日の気温の平均値（1999〜2003年，以下同じ）は，平均気温11.0℃，最高気温15.4℃，最低気温5.7℃。

②**T357**（タキイ）

播種は9月中旬，収穫期は4月下旬〜5月上旬と早い作型となる。

球の肥大性はきわめて高いが，短期貯蔵性は高くはなく，早期出荷が望ましい。球はやや扁平である。

第2表　タマネギ各品種の栽培試験事例（1999〜2003年度）

| 作型 | 品種 | 試験回数 | 耕種概要（月／日） | | |
|---|---|---|---|---|---|
| | | | 播種 | 定植 | 収穫 |
| 早生 | 七宝早生7号 | 5 | 9/17〜20 | 11/8〜20 | 5/7〜18 |
| | T357 | 4 | 9/14〜19 | 11/8〜20 | 5/7〜13 |
| 中生 | ターボ | 5 | 9/24〜27 | 11/26〜12/7 | 5/29〜6/4 |
| | ターザン | 5 | 9/24〜27 | 11/26〜12/7 | 5/29〜6/4 |
| 晩生 | もみじ3号 | 5 | 9/24〜28 | 11/27〜12/8 | 6/4〜12 |
| | ネオアース | 4 | 9/24〜27 | 11/27〜12/7 | 6/1〜11 |
| 1〜2月植え | アース | 5 | 10/4〜10 | 1/26〜2/18 | 6/2〜13 |
| | ネオアース | 4 | 10/4〜10 | 2/5〜18 | 6/2〜12 |

注　収穫日は天候などに左右されるため，数日の熟期の差は数値に表わされにくい。1月植えは，1999年度のみ

第3表　タマネギ各品種の球形指数

（1999〜2003年度）

| 作型 | 品種 | 試験回数 | 球形指数 | |
|---|---|---|---|---|
| | | | 変動幅 | 平均 |
| 早生 | 七宝早生7号 | 4 | 0.77〜0.89 | 0.83 |
| | T357 | 3 | 0.68〜0.81 | 0.74 |
| 中生 | ターボ | 4 | 0.79〜0.88 | 0.83 |
| | ターザン | 4 | 0.86〜0.91 | 0.88 |
| 晩生 | もみじ3号 | 5 | 0.88〜0.93 | 0.90 |
| | ネオアース | 4 | 0.89〜0.98 | 0.94 |
| 1〜2月植え | アース | 5 | 0.88〜1.02 | 0.95 |
| | ネオアース | 4 | 0.93〜0.98 | 0.95 |

注　球形指数＝球高／球径
「変動幅」は，他表も含め，年次変動幅を示す

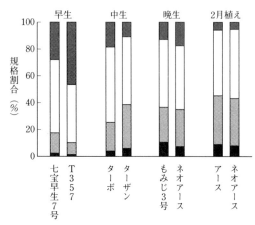

第4図　球の規格分布（2000〜2003年度平均）
T357のみ，2001年度のデータ欠損
球規格は，球径による4段階：
2L＞φ9.5≧L＞φ8≧M＞φ7≧S＞6cm

第4表　タマネギ各品種の収穫時における乾物率

（2001〜2003年度）

| 作型 | 品種 | 試験回数 | 乾物率（％，鱗茎可食部） | |
|---|---|---|---|---|
| | | | 変動幅 | 平均 |
| 早生 | 七宝早生7号 | 3 | 6.4〜7.2 | 6.8 |
| | T357 | 2 | 6.6〜6.7 | 6.6 |
| 中生 | ターボ | 3 | 8.6〜8.8 | 8.7 |
| | ターザン | 3 | 9.4〜9.5 | 9.4 |
| 晩生 | もみじ3号 | 3 | 9.9〜11.0 | 10.3 |
| | ネオアース | 3 | 8.4〜9.5 | 8.9 |
| 2月植え | アース | 3 | 8.1〜9.6 | 8.6 |
| | ネオアース | 3 | 8.4〜9.3 | 8.7 |

第5表　タマネギ各品種の収穫時における成分分析値（2001〜2003年度）

| | 供試球重（g） | 乾物率（%） | Brix | 滴定酸度（ml） |
|---|---|---|---|---|
| 七宝早生7号 | 304（271〜337） | 7.1（6.8〜7.3） | 6.7（6.5〜6.9） | 6.2（5.3〜7.3） |
| T357 | 369（302〜435） | 6.4（5.8〜7.0） | 6.5（6.4〜6.6） | 6.3（5.9〜6.7） |
| ターボ | 306（285〜348） | 8.8（8.4〜9.1） | 8.6（8.1〜9.1） | 8.3（7.7〜8.9） |
| ターザン | 286（258〜324） | 9.8（9.4〜10.2） | 8.9（8.7〜9.1） | 8.9（8.5〜9.2） |
| もみじ3号 | 309（247〜341） | 10.0（9.9〜10.1） | 9.9（9.0〜10.8） | 10.1（9.1〜10.8） |
| ネオアース | 310（272〜363） | 8.7（8.3〜9.5） | 8.3（7.7〜8.7） | 8.6（7.6〜9.6） |
| 2月植えアース | 282（226〜337） | 8.8（8.2〜9.4） | 8.7（8.5〜8.9） | 8.1（7.9〜8.3） |
| 2月植えネオアース | 309（281〜341） | 8.5（7.3〜9.9） | 8.5（7.9〜8.8） | 8.4（8.1〜8.9） |

| | 果糖（%） | ブドウ糖（%） | ショ糖（%） | ピルビン酸（μg/ml） |
|---|---|---|---|---|
| 七宝早生7号 | 2.40（2.29〜2.49） | 2.56（2.50〜2.65） | 0.53（0.40〜0.61） | 255（222〜301） |
| T357 | 2.21（2.11〜2.30） | 2.50（2.46〜2.53） | 0.51（0.40〜0.61） | 267（221〜313） |
| ターボ | 2.00（1.74〜2.19） | 2.43（2.35〜2.59） | 0.79（0.61〜0.96） | 550（473〜680） |
| ターザン | 1.93（1.81〜2.08） | 2.61（2.46〜2.69） | 0.70（0.68〜0.74） | 593（470〜783） |
| もみじ3号 | 1.63（1.07〜2.10） | 2.40（1.98〜2.74） | 0.79（0.73〜0.83） | 637（454〜876） |
| ネオアース | 1.90（1.23〜2.35） | 2.47（2.03〜2.88） | 0.67（0.48〜0.78） | 474（399〜539） |
| 2月植えアース | 2.04（1.91〜2.17） | 2.63（2.54〜2.71） | 0.43（0.40〜0.46） | 490（469〜510） |
| 2月植えネオアース | 1.63（1.41〜1.85） | 2.20（2.16〜2.23） | 0.78（0.59〜0.94） | 451（423〜507） |

注　数値は平均値，（　）内は変動幅
　　T357は2001年度，2月植えアースは2003年度のデータがそれぞれ欠損
　　含有率は鱗茎可食部の新鮮重あたりの数値，ここに記した乾物率は，成分分析に用いた試料群の数値
　　ショ糖は，単糖類である果糖とブドウ糖が結合した構造をもち，甘味の安定性にすぐれる
　　甘味度：ショ糖1.0（基準），果糖1.2〜1.5，ブドウ糖0.6〜0.7

第5表に示した分析項目では，内容成分に‘七宝早生7号’との明確な差異は認められない。

日長時間は12.5時間程度。

③ターボ（タキイ，1983年発表）

収穫期が5月下旬と比較的早く，中生種としては肥大性も高い。また収穫期には根が切れやすくなり，引き抜きやすくなる。球の乾物率が低く，貯蔵性は‘ターザン’に及ばないが，その反面，食味の評価は高い。ただし，過熟は品質低下をまねくとされ，注意を要する。早期出荷向きである。労力分散を目的の一つとして，‘さつき’（5月下旬〜6月上旬収穫）に代わり導入された経緯がある。日長時間は13.0時間程度。当地の可照時間が13.0時間に達するのは，3月29日前後。3月27〜31日の気温の平均値は，平均気温11.0℃，最高気温15.7℃，最低気温6.4℃。

④ターザン（七宝，1987年発表）

外皮の発色・色沢など外観品質にすぐれ，貯蔵性もきわめて高い。球の乾物率が高いこととの関連も推測されるが，現行の施肥体系と品種の適合性が良いことも一因とみられる。ただし，収穫期は6月上旬と，晩生種との差は小さく，労力分散の効果はあまり高くはない。内容成分では，辛味成分量の指標とされるピルビン酸生成量が多い。日長時間は13.0時間程度。

⑤もみじ3号（七宝）

吊り小屋貯蔵，冷蔵貯蔵され，2月頃まで出荷される。2005年度現在，当地域で冷蔵が推奨されている唯一の品種である。淡路地域を特徴づける品種であり，外皮の赤みの発色も良い。収穫時期が6月上〜中旬と梅雨のかかりになるため，倒伏と熟期が遅れると，収穫に支障が生じ，品質を損なう危険性がある。また，当地域の田植えは6月20日頃である。収穫を遅らせないため，また長期貯蔵性の確保のため，とくに窒素分の後効きに注意する。多雨や強風による株のいたみや球肥大期の土壌の乾燥により，十分な球肥大が得られない事例もあり，さらなる収量性の安定化が望まれる。過去には冷蔵貯蔵中に灰色腐敗病が多発した事例もあるが，これは産地内

品種生態と作型

第6表 収穫～貯蔵過程における各品種の健全球率（1999～2003年度）

| 調査時期 | 作型 | 品種 | 試験回数 | 過程別健全球率*（%）変動幅 | 過程別健全球率*（%）平均 | 健全球率の推移**（%） |
|---|---|---|---|---|---|---|
| 1）収穫時 | 早生 | 七宝早生7号 | 5 | 82～99 | 92 | →82 |
|  |  | T357 | 4 | 73～96 | 87 | →65 |
|  | 中生 | ターボ | 5 | 86～97 | 94 | →75→53 |
|  |  | ターザン | 5 | 91～98 | 96 | →90→73 |
|  | 晩生 | もみじ3号 | 5 | 91～98 | 94 | →87→64 |
|  |  | ネオアース | 4 | 92～96 | 94 | →79→70 |
|  | 1～2月植え | アース | 5 | 91～97 | 95 | →56→35 |
|  |  | ネオアース | 4 | 93～98 | 96 | →70→60 |
| 2）短期貯蔵後 | 早生 | 七宝早生7号 | 5 | 71～100 | 89 |  |
|  |  | T357 | 4 | 59～93 | 75 |  |
| 3）吊り小屋貯蔵後 | 中生 | ターボ | 5 | 71～92 | 80 |  |
|  |  | ターザン | 5 | 89～98 | 94 |  |
|  | 晩生 | もみじ3号 | 5 | 79～100 | 93 |  |
|  |  | ネオアース | 4 | 63～98 | 84 |  |
|  | 1～2月植え | アース | 5 | 23～97 | 59 |  |
|  |  | ネオアース | 4 | 50～98 | 73 |  |
| 4）冷蔵貯蔵後 | 中生 | ターボ | 5 | 17～95 | 70 |  |
|  |  | ターザン | 5 | 32～99 | 81 |  |
|  | 晩生 | もみじ3号 | 5 | 8～96 | 73 |  |
|  |  | ネオアース | 4 | 69～98 | 89 |  |
|  | 1～2月植え | アース | 5 | 0～100 | 62 |  |
|  |  | ネオアース | 4 | 56～98 | 85 |  |

注 *：1）は収穫時の株数を100%として、2）～4）は直前の過程で選別した健全球数を100%として順次算出
　　**：過程別健全球率の平均値を順次乗じた近似値。早生は「→短期貯蔵後」、中生以降は「→吊り小屋貯蔵後→冷蔵貯蔵後」で表示

に点在する加工場などからの菌の飛散が主原因であったため、集塵機の設置などにより被害は激減した。

球の乾物率が約10%と高く、滴定酸度やショ糖含量の数値も高い。これは、甘味・辛味を問わず内容成分が概して濃いことを示す。日長時間は13.5時間程度。当地の可照時間が13.5時間に達するのは、4月14日前後。4月12～16日の気温の平均値は、平均気温14.9℃、最高気温19.9℃、最低気温9.7℃。

⑥アース（タキイ、1992年発表）

遅植えでも十分な球肥大が得られる品種である。球形はやや甲高で外皮色は濃い。当地域で2003年度まで2月植え種として採用されていた。試験（第6表、第6図③）では貯蔵性がやや低い結果となっているが、2月植えでは肥効が高く推移しがちであり、品種特性よりもむしろ、施肥体系との適合性がその原因と考えられる。日長時間は13.5時間程度。

⑦ネオアース（タキイ、2003年発表）

球形はやや甲高で外皮色が濃く、皮つきも良い。熟期は'アース'に比して数日遅いが、貯蔵種としては早く収穫できる。年内につくりすぎない栽培が望ましいとされ、当地域では2004年度より、2月植え種として採用している。2月植えでの栽培暦は'アース'と同様である。なお2003年度の試験では、年内植えでも球肥大・貯蔵性ともに良好であった。日長時間は13.5時間程度。

**第5図** 淡路地域における近年の主要なタマネギ品種
①七宝早生7号，②T357，③ターボ，④ターザン，⑤もみじ3号，⑥アース（2月植え），⑦ネオアース（2月植え）

## （4）品種選定のための参考事例

2003年度に，黄タマネギ計30品種（早生7，中早生5，中生6，晩生7，2月植え5品種）の栽培試験を行ない，貯蔵性のほか，乾物率とBrix（温度補正値）の調査を行なった。乾物率とBrixは，収穫後8日以内に，同一の試料群により測定した。栽培を含む作業の日程を第7表に，収穫時の乾物率とBrixの関係を第6図①に，早生・中早生種の短期貯蔵性を第6図②に，中生以降の品種の吊り

## 品種生態と作型

①収穫時の乾物率とBrix（2003年度）

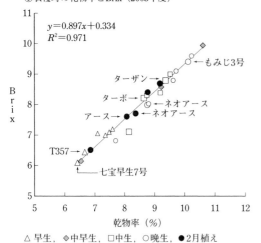

△早生，◆中早生，□中生，○晩生，●2月植え

②乾物率と短期貯蔵性（2003年度）

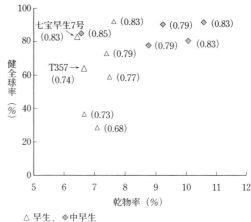

△早生，◆中早生
（　）内の数値は球形指数

③乾物率と吊り小屋貯蔵性（2003年度）

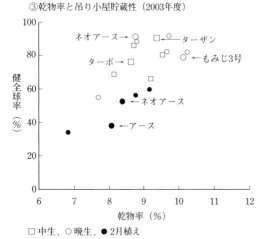

□中生，○晩生，●2月植え

試験条件
・短期貯蔵：茎葉・根部を切除し，直射日光を遮った通風の良い屋内でコンテナ貯蔵。収穫の2週間後を目安に貯蔵性を調査
・吊り小屋貯蔵：葉部を長さで約半分残し，10球2束を結束。吊り小屋において，吊り棒2m当たり8～9束かけて乾燥。8月上～中旬の貯蔵終了時に貯蔵性を調査
・冷蔵・貯蔵：吊り小屋貯蔵後，茎葉部・根部を切除し，20kgコンテナに8分詰めにし，貯蔵庫内で冷蔵（冷房7℃ ON，2℃ OFF）。1月上～中旬の貯蔵終了時に貯蔵性を調査

第6図　タマネギの貯蔵性の試験
主要品種のみ，大きな凡例を付し，品種名を記した

第7表　第6図の供試品種の作業日程

|  | 各作型品種の作業日程（年/月/日） | | | | |
| --- | --- | --- | --- | --- | --- |
|  | 早生 | 中早生 | 中生 | 晩生 | 2月植え |
| 播　種 | 2003/9/19 | 2003/9/19 | 2003/9/24～9/26 | 2003/9/24～9/26 | 2003/10/6 |
| 基肥・定植 | 2003/11/13 | 2003/11/13 | 2003/12/4～12/5 | 2003/12/4～12/5 | 2004/2/16 |
| 収　穫 | 2004/5/6～5/18 | 2004/5/21～6/4 | 2004/5/28～6/4 | 2004/5/28～6/4 | 2004/6/10 |
| 短期貯蔵性調査 | 2004/5/19～5/31 | 2004/6/3～6/17 | — | — | — |
| 吊り小屋貯蔵 | — | — | 2004/8/10 | 2004/8/10 | 2004/8/10 |

注　短期貯蔵は貯蔵性の調査月日を，吊り小屋貯蔵は収穫直後からの貯蔵期間を記載

小屋貯蔵性を第6図③に示す。

　第6図①でも，'もみじ3号'や'ターザン'は乾物率とBrixが高いグループに，また'七宝早生7号'や'T357'は早生種の中でも低いグループに属することがわかる。年内植えの吊り小屋貯蔵性は，やはりターザンが良好で，この事例ではネオアースも良好であった（第6図③）。全体的な傾向として，球（鱗茎可食部）の乾物率とBrixの間には高い正の相関（$R^2=0.971$）が認められた（第6図①）。

　早生・中早生種の短期貯蔵性は，乾物率との関連は明確でなかったが（第6図②），中晩生種では，乾物率が高いほど貯蔵性が高い傾向にあった（第6図③）。新しい知見ではないが，収穫時の乾物率またはBrixは，中晩生品種の貯蔵性の指標として，今日の品種においても役立つものと考えられた。なお，早生・中早生種は，品種による球形の差異が大きく，球形指数の小さい扁平な品種で，短期貯蔵性が低い傾向にあった（第6図②）。球形は，貯蔵性にかかわる内容成分の充実と関連するほか，「肩おち」（乾燥を主因とする首のつけねのくぼみ）などの不良球の発生条件や判定自体にも影響する。

　執筆　大塩哲視（兵庫県立淡路農業技術センター）

2005年記

品種生態と作型

# 九　州

## (1) 佐賀県の作型と利用品種群

　佐賀県の2003年のタマネギ栽培面積は2,320haであり，そのうちの約7割は有明海沿岸に面した重粘土地帯の白石平坦で栽培され，約3割は白石平坦を除く県内各地で栽培されている。

　作型は第1表にみられるように，秋まき早出し栽培と秋まき普通栽培がある。県内の呼称では秋まきトンネル，秋まきマルチ，秋まき露地に区分され，利用される品種は，極早生，早生，中生，晩生の品種群に分けられる。各品種群の収穫時期は，極早生が3月下旬，早生が4月中下旬～5月上旬，中生が5月中旬～5月下旬，晩生が6月上旬である。佐賀県における球の肥大開始がみられるのは第1図に示すように，最も早い極早生品種で2月下旬～3月上旬である。各作型の2004年の面積割合は極早生10％，早生38％，中生36％，晩生16％になっており，セット栽培は，県内の一部の地域で3ha程度の栽培面積がみられる。

　ここでは，品種の利用品種の説明をするため，秋まき早出しトンネル，秋まき早出し極早生，秋まき早出し早生，秋まき普通中生，秋まき普通晩生に分けて説明する。

## (2) 作型の特徴と利用品種の特性

### ①秋まき早出しトンネル（3月中下旬どり）と秋まき早出し極早生（4月上中旬どり）の栽培用品種

　秋まき早出しトンネル栽培は，JA白石地区を中心に導入され，極早生品種を用い，9月15日前後に播種し，11月上旬に定植して，12月中旬にトンネル被覆を行ない，3月中下旬に収穫する。秋まきトンネル栽培は，九州地域の冬期の温暖な気候条件を生かし，厳寒期にトンネルを被覆し収穫期を早める。球の形成・肥大には日長感応が主体で温度感応が補助的に働くとみられている。保温開始後に葉面積を十分に確保し，保温によって限界日長時間で球の形成・肥大を促進し，3月中下旬から収穫を行なう。しかし，早めの播種や早めの保温開始は大苗となり，分球，抽台の発生が多くなるので注意が必要である。したがって，利用品種は，低温と短日条件下における球の形成肥大に優れ，かつ，分球・抽台の少ない甲高球の品種が望まれる。

　また，秋まき早出し極早生栽培は，9月15日前後に播種して，11月上旬に定植し，4月上旬から収穫する。トンネル栽培との違いはトンネル被覆の有無であるが，透明マルチを利用し，地温を上昇させることで生育を進める。球肥大開始は3月上旬頃で収穫は4月上旬になる。また，佐賀県北部の玄界灘に面した冬期温暖な無霜地帯では，トンネル被覆なしで3月中旬から収穫して

第1表　佐賀県におけるタマネギの作型

| 作　型 | 県内呼称作型 | 品種群 | 栽培法 | 品　種 | 播種時期（月／日） | 収穫時期（旬） |
|---|---|---|---|---|---|---|
| 秋まき早出し | トンネル | 極早生 | トンネル | 貴錦，濱の宝，プレスト3 | 9/15 | 3月下 |
|  | マルチ |  | 透明マルチ |  | 9/15 | 4月上 |
|  |  | 早生 | 透明・黒マルチ<br>黒マルチ・無マルチ | T-357<br>七宝早生7号<br>アドバンス | 9/18～20<br>9/23～25<br>9/25～27 | 4月中下<br>5月上 |
| 秋まき普通 | 露地 | 中生 | 無マルチ・黒マルチ<br>無マルチ・黒マルチ | アンサー<br>ターボ，ターザン，さつき，ネオアース | 9/25～27<br>9/25～27 | 5月中<br>5月下 |
|  |  | 晩生 | 無マルチ | もみじ3号 | 9/25～27 | 6月上 |

注　資料：県経済連資料抜粋　2005年

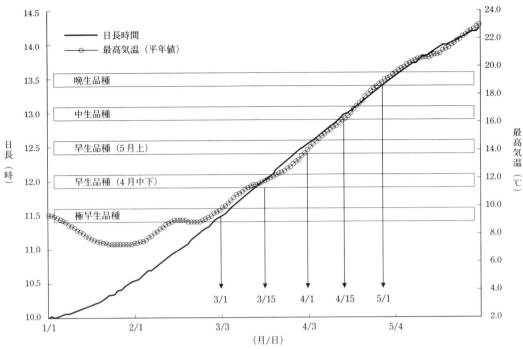

第1図　佐賀市の日長時間と最高気温および球肥大開始日長時間

いる。利用品種はトンネル栽培と同様に極早生品種が利用され，低温伸長性と短日で球の形成肥大に優れ，かつ，分球・抽台の少ない腰高の品種が望まれる。

**貴錦**（カネコ種苗）　タマネギのなかでは最も極早生性を示し，11.5時間前後の日長と10℃前後の温度で球肥大をはじめる低温結球性の品種である。葉は淡緑色で草勢はやや弱く耐寒性がやや弱い。球重は4月上旬で270g程度の中玉で球の肥大性に優れ，球形は，球形比0.95程度の甲高の偏円形である。分球・抽台がややみられ，早まきや大苗定植を避ける。肉質は軟らかく食味が良い。肥大開始は3月上旬であり，収穫開始が4月上旬である。トンネルを被覆することにより，2月中旬頃から球が肥大開始し3月中下旬の収穫ができる。

第2表　主要極早生品種の特性　　　　　　　　　（佐賀県上場営農センター）

| 年産 | 品種名 | 収量調査日 (月/日) | 倒伏調査 (月/日) | 倒伏調査 (%) | 収穫時茎葉重 (FW g/株) | 商品収量 (kg/10a) | 商品球重 (g/球) | 球形比 (L球) 縦/横 | 抽台率 (%) | 分球率 (%) |
|---|---|---|---|---|---|---|---|---|---|---|
| 2000年産 | 貴錦 | 4/18 | 4/10 | 4 | 93 | 6,739 | 331 | 0.93 | 10 | 9 |
|  | プレスト3 | 4/18 | 4/10 | 3 | 132 | 5,062 | 306 | 0.86 | 26 | 3 |
| 2001年産 | 貴錦 | 4/11 | 4/9 | 14 | 84 | 5,203 | 242 | 0.93 | 18 | 1 |
|  | プレスト3 | 4/11 | 4/9 | 8 | 108 | 3,787 | 216 | 0.99 | 29 | 1 |
| 2002年産 | 貴錦 | 4/8 | 4/5 | 45 | 89 | 5,543 | 308 | 1.00 | 7 | 8 |
|  | プレスト3 | 4/8 | 4/5 | 37 | 92 | 4,272 | 232 | 0.90 | 11 | 0 |
|  | 濱の宝 | 4/4 | 4/1 | 31 | 68 | 5,513 | 251 | 0.94 | 6 | 0 |

注　マルチの有無：透明マルチ栽培
　　2000年：9月13日播種，11月2日定植。2001年：9月11日播種，11月6日定植。2002年：9月14日播種，11月7日定植

品種生態と作型

第2図　貴錦

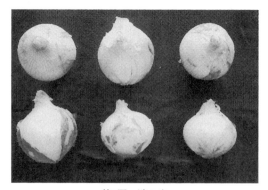

第3図　濱の宝

プレスト3（みかど育種）　収穫時期は4月上旬で極早生性を示し，貴錦と同等である。草勢は強く，耐寒性が強い。球形は，球形比0.90程度の偏円形である。球重は4月上旬収穫で220g程度の中玉である。抽台がややみられ，早まき，大苗定植を避ける。

濱の宝（カネコ種苗）　佐賀県では2004年から導入した。収穫期は4月上旬で極早生性を示し，貴錦と同等かやや早い。耐寒性は貴錦に比べて強い。球重は4月上旬で250g程度の中玉で球の肥大性は良い。球形は球形比0.95程度の甲高の偏円形で球揃いがよく，食味も良好である。分球・抽台性は貴錦に比べて低いが，早まき，大苗定植を避ける。

②秋まき早出し早生（4月中下旬・5月上旬どり）の栽培用品種

4月中下旬どりは9月20日前後に播種し，11月中旬に定植して，4月中下旬に収穫する。透明マルチや有色マルチを利用し地温を高めることで，冬期の生育を促進させ，球の肥大開始は日長時間が約12.0時間で3月中旬頃である。品種は，極早生品種に比べて球の肥大性に優れ，多収型で，分球・抽台の少ない甲高の品種が望まれる。

5月上旬どりは9月23日前後に播種し，11月中旬に定植して，収穫時期は黒マルチ栽培で4月下旬，無マルチ栽培で5月上旬になり，青切り出荷を行なう。球の肥大開始は日長時間が約12.5時間の4月上旬である。肥大性に優れ，球揃いとしまりがよい品種が望まれる。

T-357（タキイ）　収穫時期は4月中下旬である。早生品種の中では草勢が強く，耐病性がある。球形比は1.00前後の甲高の偏円形で揃いがよい。球重は280g程度の中玉で肥大性に優れ，分球・抽台性が低い。

七宝早生7号（七宝）　無マルチ栽培で5月上旬の収穫になる。草姿は，立性で葉は細く，病気の発生も少ない。球は，260g程度の中玉でしまりがよく，球形は甲高の偏円形で，球揃いが

第3表　主要早生品種の特性　　　　　　　　　　　　　　　　（佐賀県上場営農センター）

| 年産 | 品種名 | 収量調査日（月/日） | 倒伏調査（月/日） | (%) | 収穫時茎葉重（FW g/株） | 商品収量（kg/10a） | 商品球重（g/球） | 球形比（L球）縦/横 | 抽台率（%） | 分球率（%） |
|---|---|---|---|---|---|---|---|---|---|---|
| 2000年産 | T-357 | 4/24 | 4/19 | 64 | 172 | 7,300 | 288 | 0.99 | 2 | 0 |
|  | 七宝早生7号 | 4/24 | 4/19 | 27 | 163 | 6,639 | 276 | 1.03 | 9 | 1 |
| 2001年産 | T-357 | 4/20 | 4/20 | 41 | 142 | 6,300 | 249 | 0.96 | 0 | 0 |
|  | 七宝早生7号 | 4/20 | 4/20 | 7 | 114 | 5,977 | 244 | 1.05 | 10 | 0 |
| 2002年産 | T-357 | 4/25 | 4/13 | 4 | 114 | 7,773 | 290 | 1.01 | 0 | 0 |

注　マルチの有無：2000，2001年緑マルチ栽培。2002年黒マルチ栽培
　　2000年：9月21日播種，11月10日定植。2001年：9月21日播種，11月13日定植。2002年：9月20日播種，11月13日定植

九州（品種の特性）

第4図　T-357

よい。分球・抽台が少なく，品質が安定している。

**アドバンス（七宝）**　5月10日頃の収穫になる。球重が300g程度と大玉で球の肥大性に優れる。球形比1.00程度の甲高の偏円形で，貯蔵性は低いので青切り出荷を行なう。

### ③秋まき普通中生（5月中下旬どり）の栽培用品種

9月25～27日前後に播種し，11月下旬に定植，5月中旬から6月上旬にかけて収穫する。青切り出荷から貯蔵出荷まで対応できる作型である。球の肥大開始は日長時間13.0で4月中旬頃である。貯蔵期間は，品種や貯蔵方法によって異なり，コンテナ貯蔵では8月上旬まで，吊り球貯蔵では9月下旬まで貯蔵して出荷する。ほとんど無マルチ栽培であるが，雑草対策や除草剤を使用しない目的で一部に黒マルチの利用がある。

球揃い，色つやがよく，首部がしまり，貯蔵中の腐敗が少ない品種が望まれる。

**アンサー（七宝）**　収穫時期は5月20日頃である。草姿は立性で草勢は強く，葉色が濃く首しまりがよい。球重は300g程度と大玉で肥大性が良く，球形は球形比0.92と偏円形で球揃いがよい。貯蔵性は中生のなかではやや低く，他の中生品種より早めの出荷が必要である。

**ターザン（七宝）**　収穫時期は5月25～31日頃である。草姿は立性で，追肥・中耕管理はしやすい。球形は，球形比0.96程度で甲高の偏円形であり，球重250g程度の中玉で，球がよく揃う。首部は細く，首しまりと球しまりはよい。球の外皮はよく密着し，色つやのある赤銅色になる。貯蔵性は中生のなかではきわめて高く，県内でも栽培面積の多い品種である。また，畑地におけるマルチ栽培では，球肥大期に乾燥すると縦長球がみられるので，降水量が少ない年は球の肥大開始期から肥大期にかけて灌水が必要である。

第4表　主要中晩生品種の特性　　　　　　　　（佐賀県上場営農センター）

| 年　産 | 品種名 | 収量調査日(月/日) | 倒伏調査(月/日) | (％) | 収穫時茎葉重(FW g/株) | 商品収量(kg/10a) | 商品球重(g/球) | 球形比(L球)縦/横 | 抽台率(％) | 分球率(％) | 貯蔵中正常球率(8月31日)(％) |
|---|---|---|---|---|---|---|---|---|---|---|---|
| 2000年産 | ターザン | 5/30 | 5/22 | 89 | 89 | 6,955 | 252 | 0.99 | 0 | 0 | 94 |
|  | ターボ | 5/30 | 5/22 | 97 | 88 | 7,216 | 271 | 0.97 | 0 | 0 | 92 |
|  | ネオアース | 5/30 | 5/22 | 79 | 89 | 7,065 | 260 | 1.05 | 0 | 0 | 84 |
|  | もみじ3号 | 6/1 | 5/22 | 7 | 155 | 7,821 | 289 | 0.98 | 0 | 0 |  |
| 2001年産 | ターザン | 5/28 | 5/22 | 95 | 109 | 5,986 | 258 | 0.99 | 0 | 0 | 90 |
|  | ターボ | 5/28 | 5/22 | 99 | 88 | 7,110 | 280 | 0.97 | 0 | 0 | 81 |
|  | さつき | 5/28 | 5/22 | 96 | 115 | 5,552 | 232 | 0.99 | 1 | 0 | 76 |
|  | ネオアース | 5/28 | 5/22 | 89 | 123 | 4,425 | 229 | 1.03 | 0 | 0 | 96 |
|  | もみじ3号 | 6/1 | 5/22 | 35 | 143 | 6,049 | 252 | 0.98 | 0 | 1 | 99 |
| 2002年産 | アンサー | 5/20 | 5/20 | 100 | 85.6 | 7,875 | 294 | 0.92 | 0 | 0 | 56 |
|  | ターザン | 5/23 | 5/20 | 95 | 158.7 | 6,859 | 251 | 0.90 | 0 | 0 | 83 |
|  | ターボ | 5/23 | 5/20 | 96 | 148.1 | 6,549 | 242 | 0.89 | 0 | 0 | 43 |
|  | ネオアース | 5/29 | 5/20 | 91 | 102.6 | 6,247 | 266 | 1.00 | 0 | 0 | 65 |
|  | もみじ3号 | 6/3 | 5/20 | 84 | 110.3 | 6,959 | 261 | 0.95 | 0 | 0 | 72 |

注　マルチの有無：無マルチ栽培
　　2000年：9月21日播種，11月10日定植。2001年：9月21日播種，11月13日定植。2002年：9月20日播種，11月13日定植

**さつき**（七宝） 収穫時期は5月下旬で、ターザンより数日遅い。ターザンに比べ葉が大きく、生育旺盛である。球は230g程度の中玉で、球形は球形比1.00程度の甲高の偏円形である。食味は優れ、貯蔵性は高いがターザンよりやや劣る。

**ターボ**（タキイ） 収穫時期は5月下旬でターザンと同等である。球形比0.94程度の甲高球である。球重は260g程度で中玉で、色つやよく首部もよくしまる。球の外皮色ははやや淡く、外皮の厚さもやや薄い。貯蔵性は高い。

**ネオアース**（タキイ） 佐賀県では2004年から導入している。収穫は5月下旬でターザン、ターボより数日遅く、もみじ3号より早い。球形比は1.00程度で甲高の偏円形である。球重は250g程度の中玉でしまりよく、球の外皮色は濃く、皮の厚さが厚く、貯蔵性は高い。

**④秋まき普通晩生（6月上旬どり）の栽培用品種**

9月25～27日前後に播種し、11月下旬に定植、6月上旬に収穫し、貯蔵出荷をする作型である。球の肥大開始は日長時間13.5時間で4月下旬頃である。10月下旬まで貯蔵して出荷する。収穫時期が、梅雨期や田植え時期に入るため、収穫作業を短期間に終わる必要がある。品種は、球揃い、色つやがよく、最も重要なことは首部がしまり、貯蔵中の腐敗が少なく、発根、萌芽が遅く、貯蔵性が高い品種が望まれる。

**もみじ3号**（七宝） 6月上旬に収穫を行なう。草姿は立性で、葉色は濃い。球は球形比0.97程度の甲高の偏円形で、球重270g程度の中玉で球揃いがよい。球の外皮はよく密着し、赤銅色で光沢がある。球しまりがよく、萌芽も遅く貯蔵性がきわめて高い。

\*

（文中の数字は、上場営農センターの試験結果による）

執筆 中山敏文（佐賀県上場営農センター）

2005年記

### 参考文献

佐賀農林統計協会．2005．第51次佐賀農林水産統計年報．62—63．

佐賀県上場営農センター．2001．試験成績概要書．23—28．

佐賀県上場営農センター．2002．試験成績概要書．25—30．

野菜・茶業試験場．1998．野菜の種類別作型一覧．242．

# 春まき秋どり栽培

## 1. 春まき秋どり栽培の特色

### (1) 春まき秋どり栽培の歴史

#### ①栽培面積の動向

春まき秋どり栽培は，1871年の北海道開拓使による試作にそのルーツを求めることができる。冬季の貯蔵野菜として利用が進んだタマネギは，導入後10年ほどで札幌近郊での生産が定着し，1900年ころまでには岩見沢や富良野の地域まで栽培が広がった。大産地である網走地方で栽培が本格化したのは，1917年の北見市での試作以降である。

年によっていくらかの変動はあるものの，栽培面積は順調に増加し，1940年には2,000haを超えたが，続く戦中戦後の混乱で生産は大きく減少した。混乱が治まり生活が安定するにともない生産は再び拡大に転じ，1970年には5,000haを超えた。その後，生活圏の拡大から札幌近郊では圃場が住宅地などに造成されて面積が減少したものの，他地域での拡大が続いたため栽培面積は伸び続け，1990年には1万3,000haに達した（第1図）。

しかし，国内消費が停滞している近年は生産過剰による価格低下を防ぐため，道内では産地ごとに作付け目標を設定して，その計画に従って生産を行なっており，北海道全体で1万2,000ha前後の作付け面積で安定推移している。

なお，この作型によるタマネギ栽培は，東北地方で導入の試みがあったものの定着しておらず，北海道に限定されている。

#### ②栽培技術の変遷

導入当初は，米国北部の春まき栽培の技術である育苗移植法も試みられたようであるが，当時の技術では直播栽培に対する優位性が小さく，移植栽培が広がることはなかった。その後明治中期には，北海道に合った直播栽培法が確立されたが，生産性は低く，収量の年次変動も大きかった。

戦後になると，試験研究機関を中心に収量の増加や安定をもたらす移植栽培法が確立されたが，移植時の労力不足という新たな問題もあって全面的な普及には至らなかった。しかし，その後移植機の実用化と1966年の種子の大不作をきっかけに，移植栽培への移行が全面的に進み，現在に至っている。またこの時期に，肥培管理や病虫害防除などの新しい栽培技術が開発された結果，それまで不適地とされていた地域にもタマネギ栽培が広がり，1970年代の面積拡大の一因となった。

近年では，経営規模の拡大によりいっそうの省力化が求められ，移植作業ではセル成型苗と専用の移植機が，収穫作業には定置式タッパの導入が進んでいる。さらに省力化を進める切り札として直播栽培を見直す動きも出てきているが，現在のところ収量性の不安定さが解決されておらず，本格的な再導入には至っていない。

### (2) 品種の変遷

北米から導入された'Yellow Globe Danvers'を基に，1900年ころまでには'札幌黄'が成立

**第1図** 北海道でのタマネギ春まき秋どり栽培での収穫前のようす　（写真提供：富良野農協）

していたと考えられている。'札幌黄'は栽培地域の広がりとともに、道内各地でつくられるようになり、それぞれの地域で特色ある多くの系統が分化した。

その後約80年間にわたって'札幌黄'は北海道のタマネギ生産の主役であり続けたが、近年品種のF₁化が進んだこともあり、表舞台からは姿を消した。しかし、春まき用F₁品種の多くはその育成に'札幌黄'を利用しており、現在でも北海道のタマネギ生産を支え続けているといえる。

民間種苗会社による春まき用F₁品種の販売は、1977年に育成された'オホーツク1号'によって始まった。F₁品種は種子を毎年購入しなければならないといったデメリットもあったが、自家採種の固定品種に比べ生育が均一であり耐病性に優れるなどメリットも多く、その普及は急速に進んだ。その結果、種子の入手法も、それまでの自家採種種子の利用から販売種子の購入へと大きく変化した。

作付け品種のほぼ100%がF₁品種に置き換わった現在では、'札幌黄'よりも優れた多くの品種が供給され、さらに100%近い高い発芽率が要求されるセル成型苗への対応のため、プライミング種子といった新しい形態の種子も商品化されている。

### (3) 春まき栽培の特徴と生育・生理

現在の春まき栽培の主流は、セル成型苗を用いた露地移植栽培である。秋まき栽培に比べ経営規模が大きいのも特徴で、10ha以上の大規模な農家も珍しくない（第2図）。さらに、播種から収穫に至る作業のほとんどが機械化されており、野菜のなかでは最も省力化が進んだ品目といえる。

気候的な要因から播種や移植の適期が限定されており、14時間前後の日長で球肥大を開始する品種以外では能力を発揮しにくい。つまり、より短い日長に反応する短日性の品種では、地上部が十分に生育する前に肥大してしまい極端な小球となる。一方で、北海道より高緯度地域に適応する長日性の品種では、球が肥大せず青立ち状態となる。そのため、適応品種間の早晩性の差は小さく、最大でも2週間程度である。

播種から収穫までにおおよそ6か月を要し、この間に13～18枚程度の葉を展開する。生育期間が夏季となるこの作型では、秋まき栽培よりも不時抽だいの危険性は小さいが、低温の年には多発する場合もある。

収穫は、球の貯蔵性を増し貯蔵腐敗の発生を抑えるために、完全に枯葉・成熟してから行なわれる。球は収穫後1か月ほど風乾させた後に貯蔵され、翌年の4月まで継続して出荷される。現在の主要品種は長期貯蔵向けに改良されているので休眠期間は長く、貯蔵期間中に萌芽や発根するなどの生理的な障害はほとんど見られない。

## 2. 栽培管理の概略

### (1) 育 苗

セル成型育苗・定植が複数のメーカーから提案されているが、現在の主流となっている、みのる産業株式会社の製品を利用した育苗を例にその概略を説明する（第3図）。

専用培土を詰めたプラスチック製トレイの各セルに1粒ずつ播種し覆土した後、苗床地面に設置する。専用培土は、pH.4.6～5.0に調整され、培土1ℓ当たり窒素0.3g、リン酸1.4gおよびカリ0.6gが肥料成分として含まれている。また、タマネギの根は側根が少なくセル内で根鉢が形成されにくいので、専用培土に固結剤を混ぜ込ん

第2図　トラクタと移植機の組作業による移植
（写真提供：富良野農協）

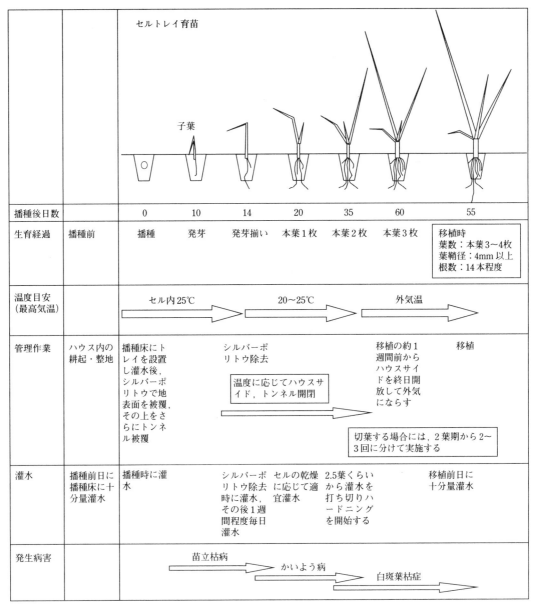

**第3図** 春まき秋どりタマネギの育苗の生育と管理

で利用する。セルトレイは448穴と324穴の2種類がタマネギ用に用意されているが，448トレイを利用する場合がほとんどである。448トレイを利用した場合，栽培面積10a（約3万3,000株）当り75トレイ，面積にして約15m²が必要となる（第4図）。

それまでの地床育苗と比べセル成型苗の育苗では，セル内の土量が少なく乾燥しやすいことに注意して管理する。トレイを設置する苗床は砕土・整地した後，播種の前日までに十分量の灌水を行ない，表面を被覆しておく。播種当日に根切りネットを苗床に敷き，その上に播種したセルトレイを並べ，踏み板で踏みつけ鎮圧する。設置後，極細穴の蓮口で灌水しシルバーポリトウ（#80）などで被覆し，さらに全体をトンネル被覆する。発芽まではハウス内30℃，地温

各作型の基本技術と生理

**第4図** セルトレイによるタマネギの育苗（播種40日後）
（写真提供：富良野農協）

25℃を目安に温度管理する。

トレイ全体で発芽を確認したらシルバーポリトウを除去し、同時に1トレイ当たり250ml程度の灌水を行なう。被覆の除去と灌水は晴天時の午前中に作業するのが望ましい。

発芽直後の苗は乾燥に弱いので、被覆除去後1週間程度は覆土の表面が白く乾かないようにこまめに灌水を行なう。温度は生育適温である15〜25℃を管理の目安とし、特に晴天時の高温には十分注意する。ただし換気の際にはトンネルは内側（通路側）を開閉し、ハウスサイドは風下側を開放することで冷気が直接苗に当たらないように注意する。

本葉2枚目が展開し始めたら灌水をひかえめにし、晴天時の日中はトンネル被覆を完全に外し、ハウスサイドも十分に開放し換気を行なう。また、2.5葉期をめどに灌水を打ち切り、セル内の培土をいちど完全に乾燥させる。いちど乾燥したら、その後は灌水を再開し、少なくとも移植の1週間前からハウスサイドを終日開放し、苗のハードニングを行なう。移植日前日には灌水を行ない、セル内を適湿状態に保ち、移植時に苗を抜きやすくする。

なお、病害虫防除については育苗・本圃まとめて後述する。

## （2）移　植

移植の適期は地域によって多少異なるため、札幌（道央）の例をあげて記述する。移植が可能となるのは最低気温がプラスとなる4月中旬以降である。平年の消雪日が4月下旬であるため、適期移植のためには3月から融雪剤を散布し圃場の融雪を早める必要がある。移植が遅れると生育期間の短縮につながり作柄を不安定にするため、おそくとも5月中旬には作業を終わらせるよう、圃場や苗の準備を行なう。

栽植密度は10a当たり4万5,000株程度までであれば、密植により収量は増加するが、1球重が減少する傾向が見られる。このため、栽植密度は、収量性と1球重のバランスがよい10a当たり3万株前後が適当であると思われる。

移植作業に、みのる産業株式会社製の4条植え乗用移植機を利用した場合、作業速度は10a当たり0.8〜1時間であり、1日で1haの植付けも可能である。また、うね間（24〜30cm）は利用機械の種類ごとに固定されているため、栽植密度は株間（9.8〜15cm）で調節する。

セルトレイ移植では未発芽やその後の生育不良でセルが欠株となった場合、圃場でもそのまま欠株となるため機械移植後、人手による補植が行なわれている。しかし、標準的な栽植密度（3万3,000株/10a）で考えた場合、成苗率が85%までであれば適正な密度（2万8,000株/10a）を確保できるため、最終的な収量にはそれほど影響を与えないと考えられる（第5、6図）。

移植後、本圃での生育と管理を第7図に示す。

## （3）除　草

除草の手間は膨大になるため、登録除草剤を組み合わせて省力的な除草体系を組むのが一般的である。通常は苗の活着後に土壌処理剤で雑草の発生を抑制し、その後6月中旬に圃場の優先雑草に合わせた茎葉処理剤を使うのが一般的である。雑草の発生が少ない畑では、移植後に1回目の除草剤の代わりに機械による中耕を何度か行ない（第8図）、6月中旬に茎葉処理剤を利用する。また、地上部の倒伏後には手取り除草を行

第5図　タマネギの移植
みのる移植機，後方から見たところ
（写真提供：富良野農協）

第6図　移植後の状態
後方は富良野岳
（写真提供：富良野農協）

ない，雑草の種子を落とさないように管理する。

### （4）灌　水

タマネギは乾燥には非常に強いが，茎葉の生育を促進し安定した収量を得るためには，灌水が必要である。特に，生育が旺盛となる6月中旬から地上部が倒伏する8月上旬までの灌水は収穫量に大きく影響する。灌水量はその年の気象や土壌条件により異なるので一概には示せない。

なお，スプリンクラーは灌水やけ（生育不良）や病害の原因となることもあるため，今後はうね間灌水など地上部を濡らさない灌水方法の検討が必要である。

### （5）根切り

根切り処理は，枯葉となる時期を揃え，収穫を計画的に行なうために実施する。処理時期は地上部の倒伏を目安にして設定するが，品種や出荷日に応じて調節する。作業には乗用タイプの根切り機を用い，地表下5～10cmの位置に刃を挿入し球の位置をずらさないよう根を切断する（第9，10図）。

### （6）収穫・貯蔵

収穫に先立って，抽だい株，病害株および青立ち株などを抜き取り，収穫球への混入を防ぐ。収穫作業の多くは機械化されており，ハーベスターや定置式タッパなどが利用されている。収穫球は容量1.3tのスチール製のコンテナに入れて，圃場などで風乾した後に，選果場や貯蔵庫に運び込む（第11，12図）。

貯蔵された収穫球は，翌年の春まで出荷される。貯蔵期間中が低温であるために，凍結を防ぐため断熱処理を施した倉庫での貯蔵が主流であるが，出荷後半の品質低下を防ぐために冷蔵設備付きの貯蔵庫も増えてきている。

### （7）施　肥

標準施肥量は，10a当たり窒素15kg，リン酸20kg（火山性土25kg）およびカリ15kgで，全量を基肥として融雪後に全面散布するのが基本である。ただし，降雨によって窒素成分が流亡しやすい砂状土の圃場では，緩効性肥料を利用する。

しかし，各地区で実施されている土壌診断の

各作型の基本技術と生理

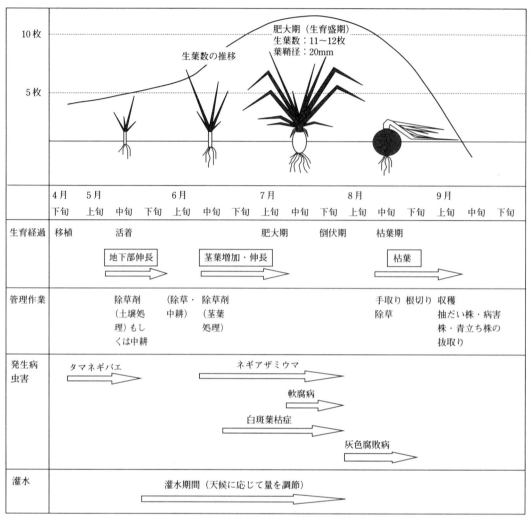

**第7図** 春まき秋どりタマネギの本圃での生育と管理

**第8図** 機械による中耕除草作業
（写真提供：富良野農協）

**第9図** 根切り作業
（写真提供：富良野農協）

第10図　根切り後のタマネギ
（写真提供：富良野農協）

第11図　収穫機（オニオンピッカー）
（写真提供：富良野農協）

第12図　タマネギの貯蔵庫
（写真提供：富良野農協）
1コンテナの容量は1.3t

結果によれば，適正値を示す圃場は少なく，成分に何らかの過不足を生じている場合が多いので，土壌診断とともに継続的な改善対策を行なう必要がある。特に，窒素やリン酸の過不足は，病害の多発や生育不良をまねき収量を低下させるため，土壌診断を活用し圃場特性に応じた施肥を行なう必要がある（第1表）。

また，いわゆる地力増進のために堆肥や緑肥の継続的な施用が必要である。緑肥栽培は，早生品種の収穫後や休耕圃場への導入が可能で，エンバク，トウモロコシおよびマメ科牧草などを状況に合わせて利用する。堆肥は10a当たり2tの施用が基準となるが，有機物はタマネギバエを引き寄せるので春先の施用は避ける。ただし，緑肥や堆肥は肥料効果をもつために，導入時に肥料成分の評価を行ない，施用量に応じて翌年度の施肥量を減らす必要がある（第2表）。

### (8) 病害防除

春まき栽培で発生する病害は16種ほどであるが，このうち白斑葉枯症，乾腐病，軟腐病，灰色腐敗病および菌糸性腐敗病は発生が多く，防除の主要な対象となる。

育苗期間中には，苗立枯病と白斑葉枯症が発生しやすいが，温度・湿度の管理によって発生を回避できることも多く，状況に応じての防除となる。また，苗床で病害が多発するようであれば，事前に土壌消毒などを行ない病害の発生を抑制する。

移植時には，移植苗の抜取り後，ベノミル水和剤の浸漬処理による乾腐病の防除を行なっていたが，この防除法はセルトレイ育苗では使えないため，現状では行なっていない。

移植後から6月中旬までは病気の発生は少なく，白斑葉枯症に対する予防的な防除を行なう程度である。しかし，球の肥大を開始し地上部の勢いが弱くなると病気に罹病しやすくなる。気温が高めに推移する年は，軟腐病などの細菌性の病害が多発するために抗生物質を定期的に散布する。反対に低めに経過する場合には，白斑葉枯症が多発するために，フルアジナムなど

**第1表** 土壌診断に基づく施肥設計　　　（北海道施肥ガイドから抜粋）

1. 窒素（診断値：可給窒素 mg N/100g, 施肥量 kg N/10a）

| 水準 | I | II （標準対応） | III |
|---|---|---|---|
| 熱水抽出性窒素 | 3.0 未満 | 3.0 以上 5.0 未満 | 5.0 以上 |
| 基肥量 | 17 | 15 | 13 |

2. リン酸（診断値：トルオーグ法 mg P₂O₅/100g, 施肥量 kg P₂O₅/10a）

| 評価 | 低い | やや低い | 基準値 | やや高い | 高い |
|---|---|---|---|---|---|
| 範囲 | 30 未満 | 30 以上 60 未満 | 60 以上 80 未満 | 80 以上 100 未満 | 100 以上 |
| 基肥量 | 40 | 30 | 20 | 10 | 0 |

3. カリ（診断値：交換性カリ mg K₂O/100g, 施肥量 kg K₂O/10a）

| 評価 | | 低い | やや低い | 基準値 | やや高い | 高い |
|---|---|---|---|---|---|---|
| 範囲 | 粗粒質土壌 | 8 未満 | 8 以上 15 未満 | 15 以上 25 未満 | 25 以上 50 未満 | 50 以上 |
| | 中粒質土壌 | 8 未満 | 8 以上 15 未満 | 15 以上 30 未満 | 30 以上 60 未満 | 60 以上 |
| | 細粒質土壌 | 10 未満 | 10 以上 20 未満 | 20 以上 35 未満 | 35 以上 70 未満 | 70 以上 |
| 基肥量 | | 30 | 20 | 15 | 10 | 0 |

**第2表** 有機物の施用と施肥対応　　　（北海道施肥ガイドから抜粋）

| 有機物 | | 乾物率 (%) | 成分量 (kg/現物t) | | 肥効率 (%, 化学肥料=100%) | | 減肥可能量 (kg/現物t) | |
|---|---|---|---|---|---|---|---|---|
| | | | T-N | K₂O | T-N | K₂O | T-N | K₂O |
| 堆肥 | 単年度 | 30 | 5.0 | 4.0 | 20 | 100 | 1.0 | 4.0 |
| | 連用 5～10 年 | 30 | 5.0 | 4.0 | 20 | 100 | 2.0 | 4.0 |
| | 連用 10 年～ | 30 | 5.0 | 4.0 | 20 | 100 | 3.0 | 4.0 |
| バーク堆肥 | | 40 | 4.0 | 3.0 | 0～10 | 100 | 0～0.5 | 3.0 |
| 下水汚泥コンポスト | 石灰系 | 80 | 16.0 | 1.6 | 25 | 100 | 4.0 | 1.6 |
| | 高分子系 | 85 | 18.0 | 2.0 | 20 | 100 | 3.6 | 2.0 |

注　施肥基準は，堆肥など有機物の無施用条件で策定されており，堆肥などが施用された場合は，これに含まれる肥料成分を評価し，施肥基準から減らす

の殺菌剤を散布し病気の発生を抑える。地上部の倒伏直後はもっとも茎葉に病害が入りやすいためにチオファネートメチル水和剤などによる防除を徹底し，貯蔵腐敗を予防する。

### （9）虫害防除

虫害で問題となるのは，タマネギバエとネギアザミウマである。

タマネギバエは腐敗臭に引き寄せられるので，有機物の春施用は避ける。貯蔵腐敗球や植え残した苗も発生源となるので早めに処分する。産卵だけでなく，幼虫の移動により被害は広がるので，発生初期に被害株の抜取りを含め防除を徹底する。

ネギアザミウマは成虫態で越冬し，年数回発生する。春先の生息数は少ないものの，7月をすぎると急に生息密度が増す。防除の適期を見極めるために，圃場内の発生消長を観察することが重要で，生息密度に合わせて防除することが望ましい。また，周辺にコムギや牧草の圃場がある場合，それらの刈取り後に生息数が急上昇することがあるので注意する。

## 3. 今後の課題

### （1）生産コストの低減

機械化体系が進み，高いレベルの省力化が達成されたこの作型では，生産コスト低減の切り札的な方法は見あたらないが，対策について述べる。

経費の内訳によれば，**機械償却費と流通経費**

が大きな割合を占めている。機械償却費は，生産規模に見合った機械の導入や高額機械は共同利用によって改善が期待できるが，流通経費については個人的にできる対応策は多くない。

また，生産コストの低減のためには収量性の向上も重要である。既存の栽培技術を超えるような新技術確立のめどは立っておらずその達成は容易ではないが，より集約的な管理によって収量性の向上を目指すことは可能であろう。当面は，特に天候の変動を受けやすい早生品種の収量性を向上・安定させるために，早期出荷を目指す作型に限って集約的な技術導入を行なうことが目標となろう。その際には，近年開発された寒地秋まき作型や早期播種技術の導入を進めるとともに，べた掛けや秋まき栽培ではとり入れられているマルチ被覆など，より集約的な栽培技術の導入が期待される。新しい資材の導入はコストの増大につながるが，高い単価の期待できる端境期の出荷であれば可能であろう。ただし，集約的な管理は労力を必要とするために，今後とも大面積への導入はむずかしいと考えられる。

### (2) 低農薬栽培

残念ながら，春まき栽培では殺虫剤および殺菌剤の散布回数が秋まき栽培に比べ多い。近年の地球環境や食の安全に対する意識の高まりから，今後は農薬の使用量を減らさなければならないだろう。現在までに，発生予察による適期防除や効果の高い薬剤の少数回散布が低農薬栽培技術として公開されている。また，寒地秋まき栽培や早期播種栽培では，病気や害虫の発生頻度が低い期間の栽培となるために，薬剤散布回数が減らせることが明らかとなっている。

一方で，連作障害の少ないタマネギでは，これまで長年にわたり同一圃場での作付けが続いているが，処女地での栽培では病気の発生が非常に少ないことを考えると，連作によって病原菌の密度が増加しているとも考えられる。そのため，輪作や緑肥の導入によって現状を改善できる可能性があり，実際に，北海道立農試ではクリーニングクロップエンバクを導入した際の病害抑制効果が検討されており，その成果が期待される。

### (3) ニーズへの対応

輸入品の大部分が小売りではなく加工用に用いられている現状では，外食産業および加工業者などの大手実需者のニーズに対応することが，国内生産を維持するために必要である。ただし，それぞれの実需者の求める形質は，大きさ，硬さ，肉質，辛みなどといったものから，有機栽培や低農薬栽培まで多種多様であり，ニーズの正確な把握とそれに合致した品種の生産が重要となる。一方で，周年供給といった個人では対応のむずかしい要望もあり，産地内での連携はもちろんのこと，産地間の協力も必要である。

また，近年の健康志向の高まりで，タマネギのもつ健康に対するさまざまな効果が注目されているが，消費の拡大に結びつくかどうかも含めて，今後の動向に期待したい。

執筆　室　崇人（独・農業・生物系特定産業技術研究機構北海道農業研究センター）

2004年記

### 参 考 文 献

八鍬利郎．1975．北海道のタマネギ．農業技術普及協会．

宮浦邦晃．1998．北海道における作物育種　I章12節．タマネギ．北海道協同組合通信社．p.286—308．

大西忠男．2001．激増する輸入野菜と産地再編強化戦略．タマネギ．家の光協会．p.94—116．

# 春まき秋どり栽培（早期播種）

## 1. 早期播種作型の特徴

### (1) 新作型開発の背景

タマネギの作型は，北海道および東北の一部の春まき作型，東北以南の秋まき作型に大別される。これは明治以来，タマネギ栽培が日本各地に広まってゆくさいに，その地方に適した栽培方法として分化，定着していったものである。北海道も当初の直播栽培から，安定多収のために移植栽培へ移ってきたものの，単一の春まき栽培（普通作型）であった。これは北海道の農耕期間が厳しい気象条件に制限されているためであった。露地畑は雪解け後の4月下旬から10月上旬ころまでの約6か月弱しか使えず，野菜のなかでも生育期間の長いタマネギの作型分化は困難であった。また，タマネギは比較的貯蔵のきく野菜であり，秋に収穫されたものを冬期間貯蔵しながら継続販売することができる。そのため，生鮮野菜として出荷時期を細かく設定して作付けする必要もなかった。

しかし，近年，府県産地の縮小や気象変動による生産量の減少により，端境期が目立っている。さらに，以前はタマネギの価格高騰時期をねらった輸入も，現在では加工向けとして恒常化している。このため，国産タマネギの安定供給に向けて，道産品を長期安定出荷することが強く求められている。道産タマネギの周年供給には，5月以降も貯蔵期間を延長する遅出しと，収穫出荷時期を早める早出しの両方の対策が必要である（第1図）。前者は，高貯蔵性品種'北もみじ2000'の作付けが道産タマネギの55％を占めること，また，産地には貯蔵施設が完備されていることから，電気代などのコストはかかるものの実現性は高い。一方，後者の早出しは，北海道の気候条件のなかでは技術的に困難な点が多い。一般に道内の農耕地の融雪時期は4月上中旬である。とくに道東内陸の土壌凍結地帯では，タマネギの定植ができるのは早くとも4月中下旬である。そうしたなかで7月下旬〜8月初旬に出荷するには，新作型開発とその新作型に適した新品種育成または導入なくしては成り立たない。これまでの研究経過をたどりながら，早期出荷に向けた栽培技術を解説する。

### (2) 作型開発

樫田（1990）は多くの野菜品目でべたがけ被覆の効果を確認した。タマネギでは5月10日までに定植し，定植直後からおおむね30日間程度の被覆で倒伏期が7日ほど早まり，球の肥大性もよくなり，増収効果が高く，早生種では8月出荷も可能である。田中ら（1997）も，やや早生で球肥大のよい'改良オホーツク1号'を2月下旬〜3月初旬に播種して，5月上旬に定植し，1か月程度，不織布でべたがけ被覆することで，8月中旬から収穫できることを示し

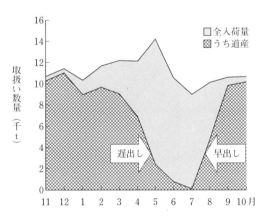

**第1図** 北海道産タマネギの出荷期間と周年供給への考え方（東京都中央卸売市場，2016年11月〜2017年10月）（北海道野菜地図（その41）より作成）

## 各作型の基本技術と生理

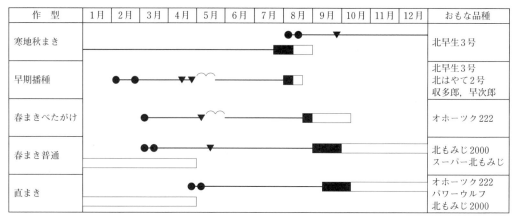

第2図 北海道のタマネギ作型とおもな品種

●播種，▼移植，⌒べたがけ，■収穫，□出荷

第1表 北海道におけるタマネギの栽培技術体系[1]

| 区分 | | 作型 | 春まき（移植） | |
|---|---|---|---|---|
| | | | 早期播種 | 普通播種 |
| 品　種 | | | 北早生3号，北はやて2号，パレットベア | オホーツク222，北もみじ2000 |
| 道　南 | | 播種期 | 2月1日～20日 | 2月25日～3月10日 |
| | | 移植期 | 4月15日～30日 | 4月25日～5月5日 |
| | | 収穫期 | 8月1日～20日 | 8月25日～9月15日 |
| 道　央 | | 播種期 | 2月1日～20日 | 3月1日～15日 |
| | | 移植期 | 4月20日～30日 | 5月1日～10日 |
| | | 収穫期 | 8月1日～20日 | 8月25日～9月20日 |
| 道東北 | | 播種期 | 2月1日～25日 | 3月1日～15日 |
| | | 移植期 | 4月20日～30日 | 5月1日～15日 |
| | | 収穫期 | 8月1日～20日 | 9月1日～30日 |
| 播種量（10a当たり） | | | コート種子32,500粒 | |
| 育苗日数 | | | 70～80日 | 60日 |
| 施肥量[2]（kg/10a） | 窒　素 | | 15 | |
| | リン酸 | | 15 | |
| | カ　リ | | 15 | |
| 栽植密度（10a当たり株数） | | | 30×10.5～12cm (27,780～31,750株) | |
| 保温条件 | | | べたがけ | ― |
| 播種量（10a当たり） | | | 4,500kg | 5,500kg |
| 品質目標 | | | 首部のしまりが良く，形状・色沢良好で球径8～9cm | |

注 1) 北海道野菜地図（その41）より抜粋
　　2) 施肥量は「北海道施肥ガイド2015」の施肥標準に基づき記載しているが，施肥量決定に当たっては土壌診断に基づく施肥対応を活用する

　北海道の秋まき栽培は北海道立北見農業試験場（以下，北見農試）とホクレン農業総合研究所の品種改良に関する共同研究のなかで，「越冬栽培試験」をしたところ，府県の短日性品種のなかに不時抽苔率が数％以下で，かつ実用的な収量を示す品種が認められたこと（1991年）が，研究の実質的なスタートとなり，北海道立中央農業試験場（後に花・野菜技術センター）を中心として，伊達市をはじめ，各地の農業技術センターも秋まき栽培に取り組んだ。それらの成果は「たまねぎ秋まき栽培の総合技術」として取りまとめられた（志賀，1998）。この時期に，北海道東部の北見農試も秋まき栽培試験に継続して取り組み，また，地元の訓子府町玉葱振興会青年部も秋まき栽培に挑戦していた。しかしながら，年により凍結・凍上害により定植苗が枯死し，収穫皆無となることがあった。このよう

第2表 タマネギ主要品種の分類

| 品種群 | | 球肥大日長時間 | 在来種 | 固定種 | F1品種 |
|---|---|---|---|---|---|
| 極早生白 | | 12.0以下 | 愛知白 | 超極早生白 | |
| 極早生黄 | | 12.0以下 | 貝塚早生（早生系） | 大阪さきがけ，秀玉，篠原極早生 | はやて，いなずま，ひかり，オパール |
| 早生黄 | | 12.5以下 | 貝塚早生（晩生系） | 錦毬，浜豊，ニューコロナ | T357，ソニック，七宝早生7号 |
| 中生黄 | | 13.0程度 | 今井早生 | 泉州中生，大阪中生，浜育 | ターボ，ターザン，アーサー，さつき，ニューセブン |
| 中晩生赤 | | 13.0程度 | 湘南レッド | | 猩々赤，ルージュ（中生），くれない（晩生） |
| 晩生黄 | | 13.5程度 | 淡路中甲高，山口丸 | 山口丸，岐阜黄，二宮丸，奥州 | もみじ3号，あざみ，甘70，アース，ホーマー |
| 極晩生黄 | 早生 | 14.0程度 | | | ラッキー |
| | 中生 | 14.25程度 | **北見黄**，**札幌黄（小谷系）** | | ポールスター，**改良オホーツク1号**，ウルフ，レオ |
| | 晩生 | 14.5程度 | **そらち黄**，**札幌黄（河島系）**，**札幌黄（黒川系）** | | カムイ，**北もみじ86**，**スーパー北もみじ**，ツキヒカリ，蘭太郎，天心 |

注　新編　野菜園芸ハンドブックより
太字は北海道で栽培されるおもな品種

に，根雪がおそく，寒冷な道東地域では秋まき栽培は安定性に欠け，秋まき作型の実用栽培は無理と判断した。

そこで，タマネギ主産地である道東地域で可能な早期出荷の方法として春まき作型の前進を検討した。すなわち，播種時期を早め，冬期間の長期育苗で大苗を育て，これを早期に定植する早期播種作型を開発した（田中ら，2000）。第2図に北海道の作型一覧を，また，第1表に早期播種の技術概要を示す。

### (3) 適品種育成

北海道で栽培されている品種は国内の統一した品種分類でいうと，すべて極晩生品種に当たる（第2表）。これまで府県の秋まき品種は北海道で春まき栽培すると小球となったり，外皮が薄く皮色も淡いため，北海道地域に適していないと考えられてきた。しかし，これは生育期間の短い春まき普通作型で栽培していたためであり，秋まき品種の特性を十分発揮させることができていなかったものと考えられる。

作型開発当時の市販品種のなかでは，'北早生3号''北はやて'が8月上旬に枯葉期となり，早期出荷に適していたが，いずれも球はやや小さいため低収であった。抽苔耐性があり，多収でやや早生の'改良オホーツク1号'と晩生の'スーパー北もみじ'の枯葉期は8月中旬以降となり，早期出荷の目的には適さなかった。その他の春まき品種'月輪''北もみじ86'も枯葉期はおそく，また，不時抽苔の発生もみられた。府県の秋まき早生品種'ソニック'は結球開始が早すぎて，その結果極小球となり，実用的でなかった。

このことから，早期播種作型に適し，北海道産タマネギらしい皮色と皮張りをもつ独自品種の育成が望まれた。北見農試では，農業団体，民間種苗会社と共同で北海道に適する極早生品種の育成を行ない，短期間のうちに2品種の育

成を完了した。'収多郎'は既存の極早生品種に比較して，大球で多収であり，また，'早次郎'は，これまでの極早生品種にみられなかった乾腐病抵抗性を有するなど，いずれも特筆すべき特性を有している（柳田ら，2012）。

## 2. 早期播種作型の利点

### (1) 安定早期出荷

寒地秋まき栽培は北海道でもっとも出荷開始の早い作型であるが，土壌凍結地帯にある主産地には適さない作型である。早期播種作型は，そうした地帯においても安定して早期収穫ができるため，出荷計画が立てやすく，また，収穫作業の分散にもつながる。

### (2) 省エネ・省資源

本作型の育苗施設は既存のままでよい。タマネギ苗は低温に強く，凍結さえしなければ，とくにハウスを加温する必要もなく，冬の有り余る時間と日照という天然資源をたっぷりと使う育苗法であるため，省エネ・省資源である。

### (3) 品種の多様化

播種を早め，長期育苗により，充実した苗を植え付けることで，秋まき品種の早生性，耐抽苔性を生かしながら，球肥大を確保しつつ，皮色，皮張りなどの外観品質も向上させることができる。また，秋まき品種は一般にりん葉の厚いものが多いことから軟らかく辛味が少ない。そのような品種を栽培することで，北海道産タマネギの食味の幅を広げることができる。

### (4) クリーン栽培

大苗の早期定植により球肥大期，倒伏期などの生育期が前進し，病害虫の発生が本格化する時期をある程度回避することができる。また，収穫も8月初旬～上旬であるため，防除回数の削減にもつながる。収穫により圃場が早く片付くことから，後作緑肥の作付けが容易となり，圃場環境維持につながる。

## 3. 栽培技術の要点

### (1) 圃場の選定と準備

圃場は有機質に富み，保水力があり，透水性のよい肥沃な土壌とする。雪融けが早いことも求められるので，当年に雪割り・雪踏みなど，土壌凍結促進処理（施肥問題の項 289ページ）をしない圃場とする。融雪が遅れる地帯では融雪剤を散布し，積極的に融雪促進をはかり，土壌の乾燥と地温確保に努め，4月下旬には定植できるように準備する。また，極早生品種は乾腐病抵抗性をもたないものが多いので，圃場の病害発生履歴から，乾腐病発生が少ない圃場を選定する。

### (2) 品種選定

当年産の最初の出荷物となるので，早く出荷できればよいというものではなく，北海道産らしいタマネギの外観（球形，球大，皮色，皮張りなど）を備えていることが重要となる。

この作型に適するおもな品種は'北はやて2号''バレットベア''北早生3号''早次郎'などである（第3表）。

早生の'オホーツク222'，中生の'北もみじ2000'はこの作型では不時抽苔のおそれがあり，また，8月上旬の早期出荷には間に合わないので避ける。

### (3) 育苗

#### ①育苗ハウス

越冬ビニールハウスは機械除雪が容易に行なえるように，十分な間隔をあけて設置する。春先の急激な気温上昇や降雨により，ハウス内が冠水する事例がみられている。雪融け時の融排水対策として，ハウス周辺に明渠，暗渠を施工しておく（第3図）。ハウス脇の側溝があふれぬよう排水路を確保しておく。

育苗ハウスのパイプは耐雪性を考慮し，直径が太く肉厚なものとする。外径25.4mmのパイプの耐雪強度を100とすると，22.2mmは75％，

春まき秋どり栽培（早期播種）

**第3表　北海道で栽培される早生品種の特性**

| 品種名 | 種子元 | 草姿 | 倒伏期 | 耐抽苔性 | 乾腐病抵抗性 | 球の大きさ | 規格内率 | 規格内収量 | 外観品質 | 貯蔵性 | 硬さ |
|---|---|---|---|---|---|---|---|---|---|---|---|
| 北早生3号 | 七宝 | 5 | 早の中生 | 強 | 並 | 並 | 並 | 並 | 並 | やや不良 | やや軟 |
| 北はやて2号 | タキイ | 5 | 早の中生 | 強 | 並 | 並 | やや良 | 並 | 並 | やや不良 | やや軟 |
| 早次郎 | ホクレン | 5 | 早の中生 | — | 強 | 並 | やや良 | 並 | 良 | やや不良 | やや軟 |
| パレットベア | タキイ | 4 | 早の中生 | 強 | やや強 | やや大 | やや良 | やや多 | やや良 | やや不良 | やや軟 |
| オホーツク222 | 七宝 | 6 | 早の晩生 | 強 | やや強 | やや大 | 良 | やや多 | 良 | やや良 | やや軟 |
| パワーウルフ | タキイ | 4 | 早の晩生 | 強 | やや強 | 大 | 並 | やや多 | やや良 | 並 | やや軟 |

注　北海道野菜地図（その41）より抜粋。一部加筆

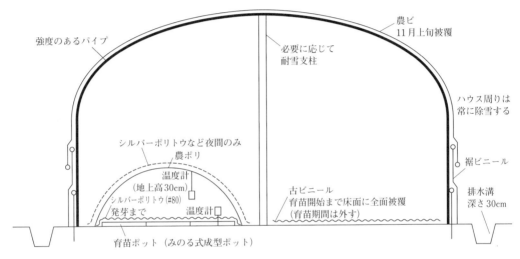

第3図　育苗ハウスの準備

19.1mmは54％の強度しかない（北海道農政部，2013a）。また，パイプ外径25.4mmのハウスでパイプピッチ45cmを耐雪強度100とすると，50cmでは53％となってしまうので，ピッチは広げすぎぬよう注意する。また，筋交いや支柱を立てて耐雪性を強化する（第4図）。育苗後はエンバクなどの緑肥を栽培し，9月中旬までに完熟堆肥施用を含め，すき込みを終えておく。

ハウスのビニール被覆は11月中旬までに行なう。床土の凍結を防ぎ，さらに適度な土壌水分を保つために床面を古ビニールで全面被覆する。根雪のおそい道東地域では苗床の土壌凍結が進むと，ハウスにビニール被覆をしてもなかなか融けず，ジェットヒーターなど火力が必要

第4図　ハウスの耐雪支柱

となる。ここで育苗開始が遅れると，この作型の利点が損なわれる。

育苗ポットを設置する苗床の施肥量は春まき

普通栽培に準じ，窒素12kg/10a程度であるが，土壌診断により適切に管理する。必要に応じて灌水をしてから，ロータリがけを行なう。長期間の育苗となるので，生育むらを起こさぬよう床面を均平にする。

### ②播種

播種は道南・道央では2月1日～20日，道東北では2月1日～25日に行なう。播種作業は購入培土のマニュアルにしたがう。培土が凍結していると作業ができないので，培土の保管場所に注意する。育苗ポットを苗床に設置したら，培土の育苗マニュアルにしたがい，灌水後，シルバーポリトウ（#80）で被覆する。

### ③温度管理

各社培土の育苗マニュアルにしたがう。

育苗ポットは床面に圧着させただけであり，また，その各セル内の土量もごく少ないため，地表の温度低下の影響を受けやすい。設置後の土壌凍結によるセル内培土の凍上や乾燥を防ぐため，農ポリ資材でトンネル被覆し，夜間はその上にさらにシルバーポリトウをかけ，二重被覆とする。なお，とくに寒冷な地域では，育苗ポット上のシルバーポリトウの上に古ビニールをかけておくことも効果的である。

播種から出芽までは，最低地温0℃，平均地温7℃以上（最低でも5℃），トンネル内最低温度は－5℃以上，平均温度で10℃前後を確保する。草丈2～3cmで初生葉の先端が培土から抜けたら育苗ポットを被覆していたシルバーポリトウを除去する。本葉1～2葉のとき，トンネル内の最低気温は－2～0℃，平均気温15℃前後とする。本葉2～3葉のとき，トンネル内の最低気温は0～5℃，平均気温18℃前後とする。昼間は日射量が増える時期となるので高温に注意し，トンネル開閉やハウスの肩，裾換気で温度調整に努める。本葉3葉から移植までは苗の凍結に注意しながら，できるだけ外気にならす。

苗の葉数は3.5～4.0枚，葉鞘径4.0～4.5mmを目標とする。

### ④灌水

発芽までの日数が長く，セル培土表面が凍結と融解を繰り返して乾燥する場合があるので，ときどきポットを被覆したシルバーポリトウをめくって確認し，必要に応じて灌水する。灌水によってセル培土の温度が下がるので，午後おそい灌水はひかえる。発芽から定植まで，培土のマニュアルにしたがって灌水する。

### ⑤病害虫対策

育苗中，注意すべき病害として，かいよう病があげられる。2～3葉期までに発生がみられ，ハウス内が過湿であったり，寒暖の差が著しいときに発生が多い。出芽揃い後の灌水に注意し，ハウス内が過湿とならないよう，また，極端な温度変化を与えぬよう換気に注意する。

その他の病害虫として，苗立枯病，白斑葉枯病ならびに乾腐病，ハエ類が発生する場合があるので，適切に対処する。

## (4) 本畑における栽培管理

### ①施肥

タマネギの経年畑では，一般にリン酸が蓄積している。また，環境への窒素負荷低減をはかり，安定生産のためには減肥を念頭においた分肥技術が重要である。従来の全量基肥施用では，生育初期に降水量の多い年には窒素成分が流亡して生育後半に肥料切れが認められる。生育期間の短い早期播種作型で，気象状況に対応して生育促進をはかるためには，分肥技術の導入が必要である。窒素施用を基肥：分肥＝2：1の配分として，移植後4週目ころに硝酸カルシウムで分肥することが安定生産につながる（小野寺ら，2018）。

### ②べたがけ被覆

べたがけ栽培では，苗が大きいほど，また，被覆期間が長いほど生育は促進される。しかし，定植直後から45日間も被覆すると，時期は6月中旬となり，タマネギは高温障害を受け，一球重は低下した（田中ら，1997）。気温が25℃を超えると，べたがけ被覆下では高温障害を受けるので，高温の天候が続く場合，被覆日数にこだわらず資材を除去するか，浮きがけにする。また，べたがけをすると雑草の生育も促進されるので，べたがけ除去後の早期除草を怠ら

ないよう注意する。

③灌水

タマネギは球肥大期までにいかに地上部の生育量をかせぐかが重要となる。活着時期の5月上旬ころと6月の外葉伸長期に干ばつ傾向が続くのであれば，灌水による生育促進効果は高い。また，灌水で土壌の干ばつを緩和することは，乾腐病や紅色根腐病など土壌病害の軽減にもつながる（山名ら，2014）。

灌水はスプリンクラー，リールマシンなどで行なうが，気温の高いときや風の強いときなどは避け，また，強い水圧を伴う水が直接葉部に当たらぬよう注意する。なお，灌水が白斑葉枯病などの葉部病害を助長する場合があるので，適切に防除する。

④除草

べたがけ栽培が基本となるため，除草剤の散布時期が限られる。定植後に土壌処理剤を散布し，べたがけ除去後に中耕し，その後発生した雑草に対して茎葉処理剤で総合的に対処する。また，タマネギ倒伏後は雑草種子を落とさぬよう手取り除草する。収穫後にはエンバクなどを跡作緑肥として栽培し，秋期の雑草発生を抑える。

⑤病害虫防除

普通作型に比較して，早期播種作型は生育期節の進み方が早まるため，一般に病虫害の発生は少ない傾向である。しかし，病害虫が発生しないわけではないので時期を逸することなく，適期に防除する。また，これまで春まき普通栽培では発生の少なかった病害が発生する可能性もあるので留意する。

⑥根切り処理

根切りの目的は，1）収穫時期の調整により，作業の計画化と省力化をはかり，2）変形，裂皮，皮割けなどを防止し，規格内収量を向上させ，3）枯葉促進と均一化，着色促進による品質向上にある。とくに，早期播種作型では，生産者団体により出荷期限を決めていることが多

第4表　北海道で栽培される品種の根切り適期

| 早晩性 | 品種名 | 根切り時期 |
|---|---|---|
| 極早生 | 北早生3号，北はやて2号，早次郎 | 倒伏揃い後5日以内 |
| 早生 | 北はやて2号，パレットベア，オホーツク1号 | |
| | オホーツク222，パワーウルフ | 倒伏揃い後7～10日目 |
| 中生 | 北もみじ2000 | 倒伏揃い後10～15日目 |
| 中晩生 | イコル，さらり，北海天心，スーパー北もみじ | 倒伏揃い後15～20日目 |

根切りの注意点
・倒伏揃いとは茎葉の80～90％が倒伏した時期
・根切り機のブレード深さの調整と走行速度に注意する
・生育状況，天候推移を考えて，根切り日を決める
・気温30℃以上の日中は根切りしない（15時以降でも品温が高いときはしない）

第5図　葉分け作業

いので，安定して早期収穫・出荷をはかる必要から，重要な作業である。

根切りの適期はおおむね品種の早晩生によって決められる（第4表）。すなわち，'北早生3号' '早次郎' '北はやて2号' などの極早生品種で倒伏揃い（圃場の80～90％の株の茎葉が倒伏した時期）後5日以内である。

作業は根切り機によるが，極早生品種の根切り適期は茎葉がまだ繁茂している時期であるので，ていねいな葉分けが必要である（第5図）。また，球が軟らかいことから，機械走行による球の圧迫や損傷に注意し，根切りブレード（刃）を入れる深さと走行速度も慎重に調整する。ブレードが浅いと球の底部を損傷し，商品価値をなくしてしまう。一方，深すぎると茎葉の枯込みが遅れる。極早生品種では根切り後も旺盛に

**第6図 タマネギの日焼け症状**
左：障害球，中：健全球，右：障害球の断面。北見農試産

再発根することもあるので，根切り後に降雨があった場合など必要に応じ，再度根切り処理を行なう。収穫時に根が残っている場合，はさみで手切り作業が必要となる。

盛夏期の根切りとなるので，前後の天候に十分注意する。気温が30℃を超える日中に根切りすると，球の日焼けを起こすことがある。この症状は収穫時に不明瞭であっても，しだいに球の変形（へこみ）を生じ（第6図），出荷後，二次的に腐敗が発生し，クレームにもつながるので注意する。

⑦収穫調製

早期出荷では生産者組織内で出荷開始日を申し合わせる場合が多い。計画的に収穫，調製を行ない出荷する。収穫は晴天時に行ない，タッピング（葉切り）時には茎葉が十分乾いていることを確認する。

盛夏期に輸送するので，出荷物に病害球や障害球が混入していると，市場や消費地で腐敗などが発生しやすく，産地の印象を損ねる結果となるので十分な注意が必要である。

## 4. この作型の将来性

### (1) 本作型の普及拡大

近年，雪解けが早く，また，道東地域でも土壌凍結が浅い傾向にあるため，普通作型自体の定植時期が早まっている。また，移植機が高性能となり，移植作業が速いことや，中生で貯蔵性の高い'北もみじ2000'の栽培面積が5割を超えて，晩生品種の作付けが減っていることも，普通作型の前進化に寄与していると考えられる。そうしたなかで，早期播種作型の利点を生かすには，春先の気温が高い道央地帯などで，さらにこの作型を普及拡大させることが望まれる。

### (2) 適品種の探索

先に述べたように，わが国のタマネギ品種は春まきと秋まきの作型に対応して発達してきた。北海道の早期収穫を目的として品種導入する場合，春まき用として開発されてきた品種では，その必要とする日長感応条件により，これ以上の早生化はむずかしいと考えられる。

一方で，府県の秋まき品種は耐抽苔性の高いこともあり，導入に期待がもてる。北海道の春まき栽培では，定植後の低温により，不時抽苔を起こす年がある。これは一定の生育量と気象条件が揃ったときに発生するものであり，春まき$F_1$品種育成の過程で，その親系統に高い耐抽苔性を付与することはむずかしい。その点，府県の秋まき品種は長年の育成経過のなかで，親系統の抽苔耐性が強化されていると考えられる。

一方，病害抵抗性，とくに乾腐病については，現行の極早生品種'早次郎'を除き，一般に抵抗性は弱い。産地で慎重に選別出荷しても，高温期の輸送であり，着荷時に病害発生のクレームがでる心配が残るため，抵抗性付与が必須である。また，外観品質も重要である。府県の品種はりん葉が肉厚で軟らかいものが多い。皮張り，皮色がよく，機械収穫に対応できる硬さを持つ北海道産らしい品種が求められる。

なお，機械化栽培が進んだ北海道で採用される品種には，発芽勢の高さ，均一な生育など，種子に求められる品質条件は厳しい。現在のポット式移植機ではコート（ペレット）種子の供給が前提となる。また，既存の移植機は育苗ポット内の欠株に対応していないため，ポットの欠株がそのまま圃場に再現されてしまう。他の品種特性が優れていたとしても，大量の補植作業に追われるのであれば，発芽の不安定な品種は実用的ではない。

春まき秋どり栽培（早期播種）

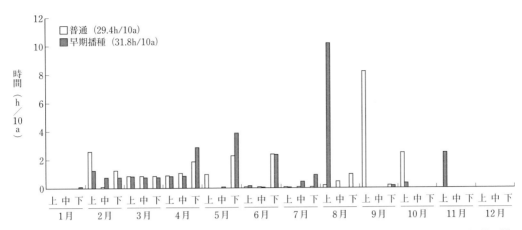

第7図　北海道における早期播種作型と普通作型の労働時間旬別投下量（北海道農業生産技術体系（第4版）
(2013)より作成）

## 5. 作型導入の考え方

### (1) 作型別の年間労働時間

　北海道農業生産技術体系（第4版）（北海道農政部,2013b）による作型別の年間労働時間をみると（第7図），早期播種作型は普通作型に比較して，10a当たり2.4時間多い。

　年間労働時間増加の要因は，早期播種ではまず前年11月上旬には育苗ハウスのビニール被覆をする。また，4月下旬のタマネギ定植直後にべたがけ被覆を行なう必要がある。移植タマネギの場合，定植直後の苗に気遣いながらかけていく必要があり，人手を要し，機械化ができていない部分である。普通作型の移植準備と並行して行なう作業となっていることもあり，べたがけを嫌う生産者もいるが，安定早期出荷に欠かせない技術である。また，5月下旬にはべたがけ外しの作業がある。一方，収穫に向けた作業では，普通作型の場合，8月中旬に根切りして，9月上〜下旬に収穫コンテナの組立て，収穫，調製作業が行なわれる。しかし，早期播種では，8月上旬の収穫に向けて，これらの作業が7月末〜8月初旬に集中することとなる。一方，軽減される作業としては，真冬の2月のビニール被覆はすでにすんでいる。また，圃場における生育期間が短いことから，防除回数は少なくなる。

### (2) 作型別の収支

　作型別に単純に収支を計算してみると（第5表），早期作型は普通作型に比較して，どうしても収量が少ないことから，生産額はやや下がる。比例費用では農薬費は下がるが，べたがけ資材などの生産資材が必要となるため若干増加する。実際の経営のなかでは単純な作型ごとの損得ではなく，作業分散による労働強度の平準化の意味合いをもち，タマネギ生産者は自らの経営状況に合わせて，各作型の配分を決めている。また，地域の生産組織として周年出荷のための取組みでもあることから，早期出荷に対する奨励策が取り入れられていることも考慮される。

　現在，早期出荷作型の導入割合は，道内で栽培されている品種構成からみて，5〜10%程度と考えられる。7〜8月の端境期に向けて，出荷開始が早く，また，出荷量が安定していることが市場の信頼を得ることにつながる。今後，優良な極早生品種の探索とその栽培技術の普及が進み，収穫，調製から出荷までの工程がより的確に進めば，さらに早期出荷作型の比率があがり，国産タマネギの周年供給に寄与すると考えられる。

各作型の基本技術と生理

第5表　早期播種作型の収支

| 作　型 | | | 春まき（普通） | 春まき（早期播種） |
|---|---|---|---|---|
| 技術の特徴 | | | 成型ポット育苗・利用機械の5戸共同利用による省力的栽培 | 成型ポット育苗・利用機械の5戸共同利用による省力的栽培 |
| 生産額 | 生産物 | 生産量（kg） | 5,500 | 4,500 |
| | | 単価（円/kg） | 111 | 113 |
| | 合計（円） | | 610,500 | 508,500 |
| 比例費用 | 肥料費（円） | | 12,769 | 12,769 |
| | 種苗費（円） | | 29,692 | 29,360 |
| | 農薬費（円） | | 12,561 | 9,425 |
| | 生産資材費（円） | | 20,200 | 36,180 |
| | 燃料費（円） | | 4,446 | 4,114 |
| | 賃料料金（円） | | 50,346 | 50,346 |
| | 合計（円） | | 130,014 | 142,194 |
| 労働時間（h） | | | 29.4 | 31.8 |
| 積算基礎，その他 | | | 共撰施設の利用 | 共撰施設の利用 |

注　北海道農業生産技術体系（第4版）（2013）より抜粋

執筆　田中静幸（地方独立行政法人北海道立総合研究機構北見農業試験場）

2018年記

**参　考　文　献**

北海道農政部．2013a．大雪等による農業被害の防止に向けた取組について．http://www.pref.hokkaido.lg.jp/ns/nsi/saigai/201311_oyukitaisaku.htm

北海道農政部．2013b．北海道農業生産技術体系（第4版）．521．

樫田千代司．1990．長繊維不織布べたがけ栽培の特性と効果．北農．**57**，478―480．

小野寺政行・鈴木慶次郎・古館明洋・細淵幸雄・木谷祐也・中辻敏朗．2018．分施による移植タマネギの窒素施肥法改善およびリン酸強化苗を用いたリン酸減肥技術との併用効果．日土肥．**89**（1），37―43．

志賀義彦．1998．たまねぎ秋まき栽培の総合技術．北農．**65**（3），210―215．

田中静幸・入谷正樹・中野雅章．1997．べたがけ被覆栽培におけるタマネギの生育．北農．**64**（1），18―25．

田中静幸・駒井史訓・小谷野茂和・入谷正樹．2000．早期播種育苗による北海道たまねぎの8月出荷．園学雑．**69**（別2），158．

柳田大介・西田忠志・野田智昭・中野雅章・田中静幸・入谷正樹・小谷野茂和・駒井史訓．2012．タマネギ新品種「収多郎」および「早次郎」の育成．北海道立農試集報．**96**，15―25．

山名利一・小野寺政行・鈴木慶次郎．2014．タマネギの紅色根腐病に対する品種の抵抗性評価とかん水処理の効果．北農．**81**（1），19―25．

# 秋まき普通栽培

## 1. 秋まき普通栽培とは

### (1) 栽培のおいたち

#### ①秋まき栽培の始まり

　秋まき栽培の歴史についてみると，岸和田市土生町にある坂口平三郎氏頌徳碑（1927（昭和2）年）には，「明治15年に外国産タマネギを神戸の料亭において見，種子を導入，百方苦心しこれが採種に成功した」とある。また，泉南郡田尻町吉見にあるタマネギ記念碑（1913（大正2）年）には，「今井佐治平，大門久三郎，道浦吉平等が，明治17年に導入した」とあり，これが秋まき栽培の最初とみられる。秋まき普通栽培に大きく貢献したのは，今井伊太郎氏で，品種改良に注力し，大正中期には早生種，中生種，晩生種（文中では中晩生種）を作出している。当時今井氏育成の'吉見ダネ'を研究するため全国各地から多くの人が訪れ，大阪府はもちろん，各府県の栽培が始まったのも，この頃とみられる。採種は和歌山県で行なわれていた。栽培様式は，大阪府では，うね幅80～90cm，株間10～12cmの2条植えであった。

#### ②品種の変遷

　兵庫県の淡路島では，1902（明治35）年に泉州の今井伊太郎氏より'泉州黄'の種子を譲り受け，販売目的で栽培が始まった。1917（大正6）年からは，集団栽培が始まり，宮本芳太郎氏により，'泉州黄'から6月10日頃に収穫できる多収で貯蔵性が高い'淡路中甲高'が選抜され，全国的なタマネギ産地に発展した。1922年に共同販売が実施され，1924年淡路タマネギ振興方策を樹立。栽培方法の研究と品種改良に乗り出した結果，三原郡から洲本市，津名郡（現淡路市）へと栽培が拡大した。
　1927（昭和2）年には収量は5.5t以上と飛躍的に伸び，島内で1,000haを超える県下一の産地となり，この頃から吊り玉貯蔵小屋が建設された。1951年に「淡路玉葱協会」が結成され，品質検査が徹底された。しかし，この頃には，宮本芳太郎氏が選抜した'淡路中甲高'は，形質の揃いが悪くなった。そこで，優れた形質のタマネギを選ぶため，1952年秋から斉藤幸一氏，西川真二氏が中心となり系統選抜を実施し（第1図），1961年に'淡路中甲高黄1号' '淡路中甲高黄2号'を発表した。これらの品種は，香川県の七宝採種組合で委託採種された。1965年には，七宝採種組合からF₁種でこれまでになかった球形（丸形）の'もみじ'と中甲高の'あざみ'が発表された。1975年頃に'もみじ'と品種表示をして市場出荷された。これまでタマネギは，早生種は扁平球，中生種，中晩生種は中甲高球であったが，品質や料理のしやすさ

第1図　淡路中甲高の選抜状況

第2図　淡路中甲高黄1号原々種母球

から球形（丸形）の'もみじ'が評価された。1975年半ばには'淡路中甲高黄1号'（第2図），'淡路中甲高黄2号'の栽培はほとんどなくなり，'もみじ'などのF₁種の時代になった。また，秋まきタマネギは，早生種から中晩生種まで球形の品種が主流となった。

③産地と栽培面積

淡路の栽培様式は，うね幅4尺5寸（135cm），株間3.5寸（10.5cm），4条植えで10a当たり2万7,000株の密植栽培である。筆者は1970年からタマネギの研究に携わったが，株間が狭いことに驚いて農家に聞いたところ「球径が10cmを超えるタマネギは商品価値が低く腐れやすいため，10.5cmの株間になった」とのことであった。

佐賀県のタマネギは，1961年より白石地区の干拓地で水田裏作野菜として本格的な栽培が始まった。干拓地特有の粘土質であったため，排水不良などの対策を実施するとともに，栽培方法の検討が行なわれ技術が確立された。栽培様式は淡路と同じである。

貯蔵方法についてみると，タマネギの大産地であった泉州には今なお吊り玉貯蔵小屋が残っており，往時を思い出させる。淡路では1927年頃から吊り玉貯蔵を行なう吊り玉貯蔵小屋（第3図）ができはじめた。タマネギ用の冷蔵庫は，1959年より建設され，周年出荷されるようになった。1975年半ばからはハウス貯蔵（第4図）が，少し遅れて除湿乾燥貯蔵が行なわれるようになった。

佐賀県では干拓地の地盤の関係で，吊り玉貯蔵小屋は建設されず，イチゴのハウスを利用したハウス貯蔵（第5図）が開始された。現在ハウス貯蔵が広く行なわれ，農協では大型の乾燥貯蔵システムが稼働している（第6図）。

栽培面積は，淡路では1964年に3,000haを

第3図　吊り玉貯蔵小屋（淡路島）

第5図　イチゴのハウスでタマネギを乾燥
（1974年7月23日，佐賀県にて）
川﨑重治氏の案内で見学。日焼け防止のため，こもで被覆している。短期貯蔵のため大半が出荷されている

第4図　ハウス乾燥貯蔵（淡路島）

第6図　大型の乾燥貯蔵の風乾コンテナ（佐賀県）

超えて日本一の産地となった。1999（平成11）年には，兵庫県2,440ha，佐賀県が2,530haとなって佐賀県が秋まきタマネギでは日本一の産地となった。2014年の栽培面積は，佐賀県2,840ha，兵庫県1,720haである。

現在秋まきタマネギ栽培は，減少傾向にある。これは，農家が高齢化し，減少してきたことが最大の要因で，重量野菜で重労働であり，その割に価格に満足できないことや，タマネギ以外の野菜の栽培に切り替えたことなどが考えられる。

いっぽう，機械化体系が確立し，集落営農や大型稲作農家が新たにタマネギ栽培に取り組んだり，学校給食や直売所向けの栽培が行なわれたりしている。これらの取組みで，毎年20万～35万t輸入されるタマネギを少しでも国産に置き換えられたらと願っている。

## (2) 栽培の特色と生育生理

### ①品種の早晩性

本稿における秋まきタマネギ品種の呼称は，短い日長で肥大を始める，言い換えると収穫時期が早い品種から極早生種，早生種，中生種，中晩生種とした。春まき品種を晩生種とした。

### ②肥大開始は気温と日長で決まる

タマネギの球が肥大し始める時期は，平均温度と日長時間によって決まる。この球の肥大に必要な限界日長は，極早生種は11～11.5時間，早生種は12.5時間内外，中生種は13時間内外，中晩生種13.5時間内外である。肥大に必要とする温度は極早生種で最低13℃程度，中生種，中晩生種は15～20℃である。

たとえば，第7図のように，兵庫県神戸市では，極早生種の肥大に必要な限界日長の11～11.5時間になるのは2月下旬～3月上旬であるが，肥大に必要とする温度は極早生種で最低13℃程度であり，最高気温でもそれ以下であるので，マルチやトンネル被覆で保温をしないと生育も進まず肥大しない。早生種の限界日長は3月下旬，中生種の限界日長の13時間は4月中旬，中晩生種の限界日長の13.5時間になるのは4月下旬で，いずれも最高気温が15℃以上にな

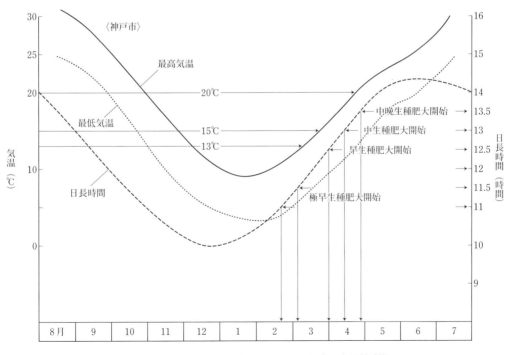

第7図　神戸市の日長時間・気温からみた球肥大開始時期

各作型の基本技術と生理

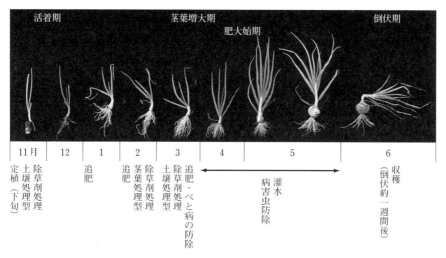

第8図　秋まきタマネギ中晩生種の生育と栽培暦（例）

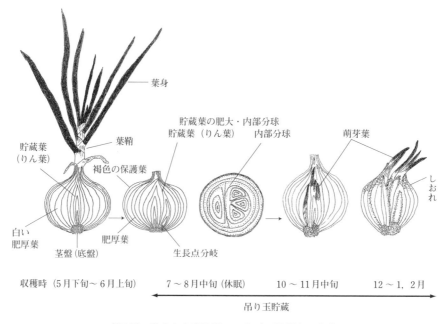

第9図　秋まき中晩生種タマネギの貯蔵中の変化

るので肥大を開始する。

**③冬期間は地上部の生育はほとんど進まない**

タマネギの生育を第8図に示した。

秋まきの中晩生種は，9月下旬に播種すると約1週間で発芽し，約2か月で葉数が3〜4枚程度の苗となる。この苗を11月下旬に定植すると，定植後，葉は植えいたみして活着までに1枚程度が枯れ，その後3月上中旬まで3葉程度で推移し，根は20本程度の太い根が伸びる程度で，草丈は20cm程度である。このように，冬期間は地上部の生育はほとんど進まない。

**④5月上旬に葉数が決まり，肥大が始まる**

3月上旬頃になり気温が上昇し始めると，根数，葉数の増加，草丈の伸長が始まる。根群の発育適温は12〜20℃，地上部の生育適温は20〜25℃で，根の発育のほうが20日ほど早く

始まる。4月下旬には肥大が始まり，5月上旬には葉数が9～10枚程度で，葉の分化が止まる頃に葉鞘がない短い葉が出る。この時期に草丈，根数も最大となり，肥大が進み，生長点に葉身のない葉，りん葉が分化し始める。球の肥大が進むにつれて，下葉の枯れ上がりなどで葉数は減少する。5月上旬から新たな葉はできないので，葉鞘部が中空であるため葉身が支えきれなくなり倒伏する。

⑤貯蔵中の球の変化

タマネギが肥大充実すると根は活動しなくなり，葉も枯れ，40～50日間は体内生理により休眠（自発休眠）に入る。貯蔵中の球の変化は第9図に示した。葉を付けたまま収穫したタマネギは，葉が乾燥するにつれて葉の中の養分は球に移行する。球の部分（りん茎）は，葉身，葉鞘につながった保護葉，肥厚葉であるが，褐色の保護葉は，外側のりん葉の養分が内部に移行できたもので，球を覆う外皮である。保護葉ができるに伴い貯蔵葉（りん葉）が形成され，内部分球が起こる。

5月下旬から6月上旬に収穫した中晩生種は，8月中下旬には休眠があけて茎盤部が動き始め，球内に萌芽葉ができ始める。なお，球の生長点は茎盤部にあり，りん茎の糖度（Brix）は球の内部ほど高い。

萌芽葉は，10月下旬～11月にかけて球外にでる。萌芽葉は肥厚葉や貯蔵葉の養分を使って伸びるため，萌芽葉が出る頃には，肥厚葉や貯蔵葉はしおれて養分がなくなり食用にはならなくなる。

## 2. 栽培技術の要点

### (1) 栽培の適地

タマネギは，肥大に必要な日長と温度によって作型が成り立ち，日本での作型は大きく2つに分かれ，春まき栽培は北海道で，秋まき栽培は本州，四国，九州などの都府県で行なわれている。

第10図には秋まきタマネギの品種，作型，適地を示した。

タマネギはどのような土壌でも栽培できるが，極早生種，早生種の早出し栽培には地温が高まりやすく肥大がよい砂質土が適し，貯蔵タマネギの栽培には硬く締まった肥大をする粘質土が適する。

気象条件からみると，暖地，温暖地は秋まき栽培のすべての作型が適する。極早生種の超早出し移植栽培は，佐賀県，熊本県などの暖地や，静岡県，愛知県，千葉県の沿岸部で冬期間温暖な砂質土壌の温暖地で行なわれている。本項で述べる普通移植栽培は，一般的な栽培で佐賀県，兵庫県などが主産地であるが，多くの都府県で栽培され，自家用などの栽培も多い。山陰，北陸地域の積雪地帯でも栽培されているが，積雪までの根張りが十分でなければ欠株となりやすい。冬になるまでに地上部が柔らかく生育すると凍害を受け，雪解け時には地上部はとろけてしまう。また，大きくなりすぎると抽だいのおそれがあるなど不安定要因が多い。

### (2) 適応品種と特性

秋まき栽培は極早生種から中晩生種を利用した早春から6月上旬収穫の作型である。

極早生種，早生種は収穫後すぐに出荷する。これを青切りと呼んでいる。このうち極早生種は，できるだけ早く出荷するのが有利である。これらの品種は貯蔵性がないので，生産量の見極めが重要である。普通移植栽培の中生種は青切り出荷ないし短期貯蔵を行なう。中晩生種は10月頃まで貯蔵し順次出荷する。兵庫県の淡路島では8月から冷蔵庫で貯蔵し，年明けの2～3月まで出荷している。中生種，中晩生種は移植，収穫作業の労働配分や貯蔵施設の収容量を考慮し順次作業ができるように，栽培面積を決めることが大切である。

また，タマネギは色によって黄色，赤（赤紫）色，白色の3種類に分けられる。タマネギの需要はほとんどが黄タマネギで，栽培されているのはほとんどが黄色系の品種である。赤タマネギは生食用にしか向かないので，珍しいからといって大量に生産すると販売に苦労する。生

## 各作型の基本技術と生理

| 作　型 | 品　種 | 8月 | 9月 | 10月 | 11月 | 12月 | 1月 | 2月 | 3月 | 4月 | 5月 | 6月 | 7月 | 適　地 |
|---|---|---|---|---|---|---|---|---|---|---|---|---|---|---|
| 超早出し移植栽培 | 極早生種 | ●● | | ⇩▼ | ▼ | | | | ■■■ | | | | | 暖地・温暖地 |
| 早出し移植栽培 | 早生種 | | ●● | ⇩▼ | ▼ | ↓ | ↓ | ↓ | | ■■■ | | | | 暖地・温暖地 |
| 普通移植栽培 | 中生・晩生種 | | ●● | | ⇩▼ | ↓ | ↓ | ↓ | | | ■■■ | | | 暖地・温暖地[1]・寒冷地[2] |
| 早春移植栽培 | 中晩生種 | | | | ●● | ⇩▼ | ↓ | ↓ | | | | ■■■ | | 暖地・温暖地 |

●播種　▼定植　■収穫　⇩基肥　↓追肥　----育苗期間　――栽培期間

1) 温暖地のなかの北陸, 山陰の冬季積雪地域, 2) 播種は8月下旬, 定植が10月中下旬, 収穫が6月中旬～7月下旬

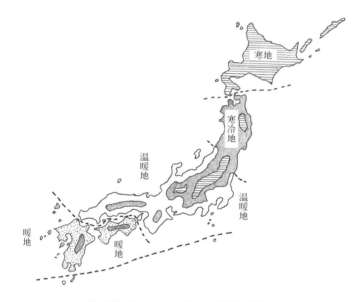

第10図　秋まきタマネギの作型と品種

(出典：野菜・茶試研究資料第8号)

産量の見極めが重要である。白色タマネギは黄タマネギと同じように使用するが，栽培は少ない。

日本のタマネギの品種群（代表品種）は，黄魁群（'黄魁'），愛知白群（'超極早生白''愛知白'），泉州群（'貝塚早生''今井早生''泉州中生''泉州晩生''奥州'），札幌黄群（'札幌黄''山口丸'），札幌赤群（'札幌赤'）に分類される（『野菜園芸大事典』養賢堂）。おもな品種の育成経過，特徴は次のとおりである（『蔬菜の新品種』誠文堂新光社）。現在栽培されているタマネギのF₁種には，育種素材として泉州群，愛知白群などの固定種のすばらしい遺伝子が受け継がれている。

**レクスター1号（七宝）**　西南暖地の普通の圃場でも4月中に収穫できる早生種を目標に育成。「静岡産の早生（系統名不明）×'七宝早生7号'」の後代から，採種性の優れた耐病性のある早生系統のBlineを育成し，雄性不稔系統に戻し交配して母系とした。父系は'愛知早生'×'秀玉'の後代から抽だいや分球の少ない系統を選抜した。両系統を交配したF₁種。2001

年に命名。

**七宝早生7号（七宝）** 収量性，耐病性に優れ，短期貯蔵に適した中甲高早生種を目標に育成。種子親は'貝塚早生'×'静岡早生'の後代の肥大性の優れた甲高系統，花粉親は'愛知早生'×'今井早生'の後代の抽だい，分球が少なく，耐病性のある系統との$F_1$種。草姿は立性で葉色は濃く，球形は球に近い甲高球。収穫時期は5月上旬。1992年に命名。

**アドバンス（七宝）** 西南暖地で5月15日頃収穫を目標に育成。種子親は'貝塚早生'×'愛知白'の後代から球形で抽だい，分球の少ない系統と花粉親は'愛知早生'×'今井早生'の後代の収量性が高い系統との$F_1$種。1997年に命名。

**ターボ（タキイ）** 耐病性に優れ，つくりやすい，青切り，貯蔵用のいずれにも適する中早生種を目標に育成。'山口甲高'と「泉州系×今井系」の交雑後代を組み合わせた$F_1$種。一般平坦地で9月下旬播種，11月中旬定植，5月中下旬収穫。1984年に命名。

**ターザン（七宝）** 'さつき'より収穫時期が早く，収量性，貯蔵性を兼ねそろえた品種を目標に育成。雌親は'淡路中甲高'×'山口甲高'，雄親は'泉州黄'×'今井早生'より貯蔵性，耐病性のあるものを選抜した$F_1$種。球形は丸形。'さつき'より熟期が4日ほど早い中生種。香川県で9月25日頃播種，11月中旬定植，5月中下旬収穫。1987年に命名。

**もみじ3号（七宝）** 冷蔵貯蔵に向く多収で萌芽，発根のおそい品種を目標に育成。'山口甲高'×'泉州甲高'の交雑後代から選抜した萌芽，発根のおそい系統を雌親とし，'淡路中甲高'から選抜した耐病性で萌芽のおそい系統を雄親とした$F_1$種で1984年に命名。草姿は立性で，葉色は濃い。球形に近い甲高球，炒め物にすると食味がよく評価が高い。熟期は6月初旬の中晩生種。

**もみじの輝（七宝）** $F_1$種。熟期は'ターザン'より3～4日おそく，6月上旬に収穫できる中晩生種。草姿は立性で，葉色は濃い。球形に近い甲高球で，首の締まりよく，肥大性もよい。貯蔵は10月までの吊り貯蔵，8月から翌年2～3月までの冷蔵貯蔵が可能。

**ネオアース（タキイ）** 貯蔵栽培で十分に収量が確保でき，貯蔵性・品質に優れる秋まき中晩生種を目標に育成。「淡路系×泉州系」の交雑後代より育成した外皮が濃く，茎盤突出の少ない貯蔵性に優れた系統を母系とし，'淡路中甲高'の交雑後代から固定した肥大性のよい灰色腐敗病耐病性系統を父系とした$F_1$種で2003年に命名。1球平均350gで収穫時期は'アース'より数日おそい。淡路島の2月植えの（第10図の秋まき早春移植栽培）で栽培されている。

**アトン（タキイ）** 食味のよい極大性と耐病，貯蔵性という相反する特性をもたせた秋まき中生種を目標に育成。「淡路系×愛知在来系」の後代より育成した肥大性と食味に優れた系統を雌親，「泉州系×今井系」の後代から育成した早熟で貯蔵性のよい灰色腐敗病耐病性系統を花粉親とした$F_1$種で1998年に命名。中間地で5月下旬収穫，貯蔵品種並みの耐病性をもち，大玉栽培では1球平均600gとなり，業務・加工・家庭菜園に適する。

**くれない（七宝）** 貯蔵性があり，中心部まで赤く，辛みの少ない秋まき品種を目標に育成。'イタリアンレッド'×'湘南レッド'の後代から中心部まで赤く，貯蔵性の高いBラインを選抜し，雄性不稔株に戻し交配してあるラインを作成。Cラインは'カリフォルニアレッド'の分系で中心部まで赤いものを選抜固定した。この一代雑種が優れていることを確認し，1970年に命名。草勢は強く，半開性で栽培しやすく，球はやや腰が高い扁円形で外皮は濃紫色，りん片の表皮の着色が鮮やかな赤紫色が特徴で，サラダなどの生食用。生育が旺盛なので，播種期を数日遅らせL球中心で収穫できるようにする。秋まき普通移植栽培に適する。青切りから吊り玉貯蔵で10月頃まで出荷できる。

**湘南レッド（サカタ）** 神奈川園試で'スタクトン・アーリー・レッド'の首を細く，貯蔵性をもたせ，球を揃わせる目標で選抜し，1961年に育成された中生種の赤タマネギ。辛みや刺激臭が少なく，水分に富み，歯切れがよく，甘

各作型の基本技術と生理

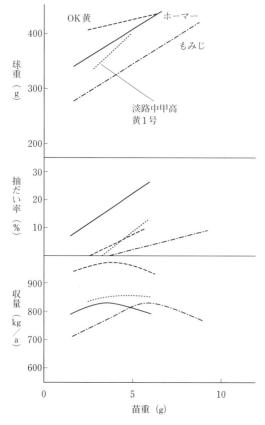

第11図　苗重と球重、抽だい率および収量との関係

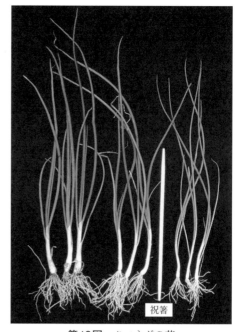

第12図　タマネギの苗
左：大苗　葉鞘径10mm前後、苗重8〜10g
中：最適の苗　葉鞘径6〜8mm、苗重4〜6g
右：小苗　葉鞘径3〜4mm、苗重2〜3g

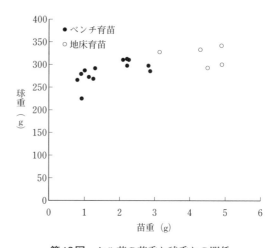

第13図　セル苗の苗重と球重との関係

みも多いのでサラダなど生食に適している。

### (3) 技術の要点

#### ①栽培目的にあった品種を選定する

タマネギはすべて長期保存ができると思っている人が多い。早生種は収穫時期が早いが貯蔵性は低い。中晩生種は収穫時期がおそいが貯蔵性はよい。栽培にあたって目的を明確にして品種選定を行なう。

#### ②トウ立ち（抽だい）を防ぐ

トウ立ち（抽だい）は、早まきで大きくなった（太い）苗や早植えで冬季に生育が進み大きくなった場合や、冬季に施肥を行なわなかった場合、冬季の土壌の乾燥により肥料が吸収できず肥料（窒素）切れを起こした場合に、10℃以下の低温に約1か月以上遭遇すると花芽分化し、その後の高温・長日条件でトウが伸びて開花することである。

**苗の大きさでりん茎重、抽だいは決まる**　苗重と球重、抽だい率および収量との関係を第11図に示した。肥大性に品種間で差があるが、

いずれの品種とも苗重が重いほど球重は重くなった。抽だい率も球重と同様に品種間差異があったが，いずれの品種とも苗重が重いほど抽だい率は高くなった。最高収量の得られた苗重は，4～6gであった。それは第12図でいうと中央の苗で，葉数3枚以上，葉鞘部径6～8mmである。

セル成型苗の場合を第13図に示した。地床育苗のセル成型苗は3～5gで，ベンチ育苗のセル成型苗では1～3gの小さな苗だが，このような小さな苗でも苗重が重いほど球重は重くなる。この苗重では抽だいはない。

筆者らはキャベツのセル成型苗が導入され始めた頃，従来の地床苗より小さなセル成型苗を植えるため，播種・定植時期の検討を行なった。その結果，地床苗の播種期より1週間早く播種・定植することで，従来の地床苗と同等の収量が得られることが明らかになった。このようなことから，タマネギのセル成型苗の大きさと球重，抽だい，収量との関係は，さらに検討する必要があると考える。

筆者の経験では，早く定植した場合，定植後暖冬で推移して生育が進みすぎた場合，2月末に葉数4枚以上，重量15g以上のタマネギだと抽だいする危険性があると思われる。

**施肥のやり方しだいで抽だい，球肥大に影響が出る**　抽だいは，本畑での基肥，追肥を施用せず窒素が切れた小さなタマネギでも発生する。

秋まき栽培の中生種，中晩生種は11月中下旬に定植するが，第10図の↓で示したように，追肥は，1月，2月，3月のいずれも中下旬に施用する。生育が緩慢な時期に追肥を行なうのはむだのように思われるが，1月，2月の追肥を行なわないと適正な大きさの苗であっても花芽がこの時期にできやすくなり，抽だいが多くなる。言い換えれば抽だいを防止するための追肥である。3月からの生育を促進するためには，2月からの追肥が重要である。3月中下旬の追肥は，生育が旺盛となる春以降，生育を促進するための追肥である。追肥はこの3月の追肥を止め肥（最後の追肥）とする。肥大開始期に窒素の肥効が高いとりん葉の形成は遅れ，肥大開始が遅れる。4月以降の追肥は，軟弱生育を促して病害虫を発生しやすくし，貯蔵タマネギでは腐敗を増加させる。

③**分球を防ぐ**

最近のF₁種では分球を見ることが少なくなったが，固定種では，太い苗を植えたり，早植えや暖冬で生育が進みすぎると，内部で一次分球を起こし，肥大期に分球する。分球を防ぐには，抽だいの項に記載した大きさの苗を植えるようにする。

④**育苗中の剪葉**

露地育苗で播種量が多かった部分や雨などで徒長すると，苗が倒れ，モヤシのような曲がった苗となる。苗が倒れそうな場合は葉先を刈り取る剪葉をして倒れるのを防ぐ。

⑤**苗の取扱いは慎重に**

地床苗の定植のさい，タマネギの根はほとんど必要なく根が乾いていてもよいという考えの人もいれば，苗が伸びすぎて葉身を切ってもよいものか心配する人もいる。根，葉身の切断がタマネギの生育，りん茎重に及ぼす影響をみたのが第14図である。根を切り取った苗は欠株も多いしりん茎重も軽くなった。したがって，地床苗には根が多くついていることが大切で，採苗前日に苗床へたっぷり灌水し，根を多くつけて苗をとる。さらに，定植までに根を乾かさないように注意する。

葉身も，切り取ると欠株も多いしりん茎重も軽くなったが，葉身を2分の1切ってもりん茎重への影響はわずかであった。長い苗で葉がからみあって定植しにくいような場合は，葉先を少し切って定植すると作業がはかどる。

⑥**深植えは禁物**

第15図のように植える深さが極端に深いと，春先の生育が不良となり，株が腐ったり，生育不良となるので，葉鞘部の半分までを土の中に埋めるようにする。

⑦**肥大開始期までに葉数を確保**

タマネギの葉身と肥厚葉との関係を第16図に示した。

中晩生種は5月上旬に葉の分化が止まり，肥

## 各作型の基本技術と生理

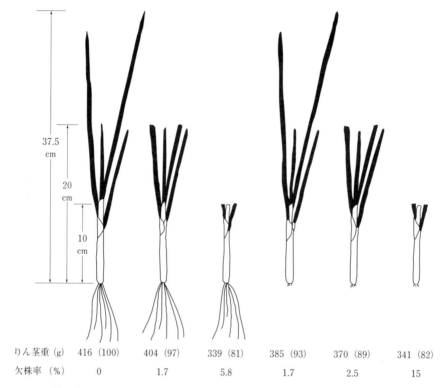

| りん茎重(g) | 416 (100) | 404 (97) | 339 (81) | 385 (93) | 370 (89) | 341 (82) |
| 欠株率(%) | 0 | 1.7 | 5.8 | 1.7 | 2.5 | 15 |

第14図　タマネギの茎葉および根の切断がりん茎重・欠株率に及ぼす影響

（兵庫農試淡路分場，1973）

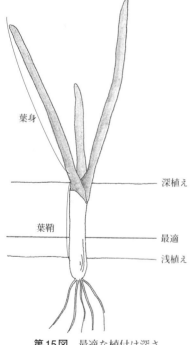

第15図　最適な植付け深さ

大開始期となる。この時期の株の大きさ，葉数が球の大きさと関係があるので，肥大開始期までに9～10枚程度の葉数，十分大きな株としておくことが大切である。

### ⑧肥大開始からは乾燥防止と病害虫防除

タマネギは乾燥に弱い野菜なので，定植後から肥大期まで乾燥が続いたら灌水を行なう。

肥大開始期からは，除草作業などで葉をいためないこと，この頃から病害虫も発生が多くなるので防除に努め，できるだけ葉を収穫まで多く維持することが大切である（第17図）。

### ⑨倒伏が収穫適期の目安

球の肥大は倒伏で止まるわけではなく，倒伏後も進む。収穫せずに放置すると，葉身部や根が枯れながら，球はさらに肥大し，やがて裂球する。裂球したタマネギは裂皮部や葉身部から病原菌が侵入し腐敗しやすくなる。とくに中晩生種は収穫適期を過ぎるとまもなく梅雨入りし

秋まき普通栽培

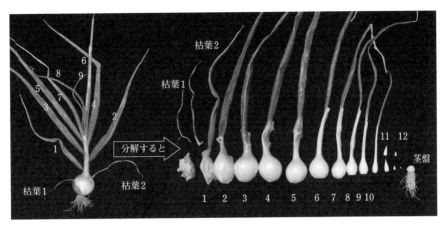

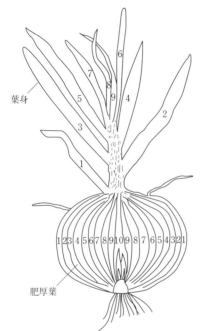

**第16図　タマネギの葉身と肥厚葉との関係**

タマネギの葉の形状は下のほうが円筒状で，先のほうは筒状の葉となっている。茎盤（底盤）部から新しい葉が出てくるが，前の葉の筒の中へ次の葉が，その筒の中へ次の葉が出てくることを繰り返す。収穫時のタマネギを分解したのが上の写真である

枯葉1，2は苗についていた葉で，収穫時には枯葉となった

収穫時に生葉の葉身は肥厚葉につながっており，1枚目から10枚目の葉身は10枚の肥厚葉でりん茎を形成する。11枚目以降は貯蔵葉である

このタマネギは分球が始まっていた。収穫時の球重に占める肥厚葉の比率は90～95％である。肥厚葉のうち1～3枚目は乾燥中に貯蔵養分が貯蔵葉に移行し，保護葉（外葉）となる。4～10枚目の肥厚葉は収穫までに充実する。貯蔵中に肥厚葉の貯蔵養分が貯蔵葉に移行し，貯蔵葉が発達する

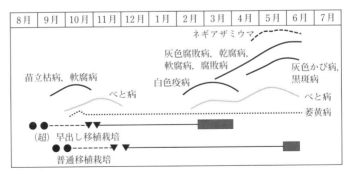

**第17図　秋まきタマネギのおもな病害虫の発生時期**

## 各作型の基本技術と生理

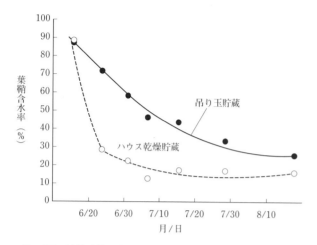

第18図　風乾貯蔵方法と葉鞘部含水率の経時的変化（1977年）

て雨に当たり，さらに腐敗しやすくなる。したがって，秋まきタマネギの収穫適期は，倒伏から1週間程度で，葉鞘部がしっかりしていて吊り玉ができる状態の頃である。

### ⑩ハウス乾燥貯蔵用は，葉鞘部を10cm程度残す

葉鞘部の最適な長さを検討した結果から，葉鞘部は10cm程度残すのがよい。葉身部を多く残すと葉身がとろけてほかの球を汚す。また，2〜3cm程度に短く切ると細菌による腐敗の防止効果があるとの報告があるが，過乾燥となって肩落ちが多くなる。機械収穫を想定しコンテナに落とす高さを0cm，50cm，100cmとして腐敗との関係をみたところ，高いほど黒かび病が多く発生した。打撲傷を与えないことが大切である。

### ⑪貯蔵には圃場で発病した株は持ち込まない

貯蔵中の腐敗は，圃場での病害の延長である。栽培中に軟腐病，萎黄病を発病した株などは収穫前に抜き取り，貯蔵しない。

### ⑫貯蔵ではできるだけ早く茎葉部を乾燥させる

タマネギは貯蔵性の優れた野菜である。貯蔵性がよいとは，腐敗が少なく，萌芽がおそいことである。

収穫直前に灰色腐敗病菌を接種すると，吊り玉貯蔵中に葉鞘部内を約1か月かけて球にまで達して腐敗を起こさせる。葉鞘部の含水率をみた結果，第18図のようにハウス乾燥貯蔵では約10日で吊り玉貯蔵の約1か月後の含水率である約25％程度まで下がった。したがって，早く葉鞘部が乾くことが腐敗防止に結びつくと考えられる。ただ，軟腐病などバクテリアによる腐敗には効果がない。また，ハウス乾燥貯蔵することが腐敗防止となるのではなく，圃場で発病が多ければ乾燥貯蔵中の腐敗も増加するので，圃場での発病を抑えることが貯蔵中の腐敗防止に結びつく。

貯蔵には中晩生種が最適であるが，中生種でも品種改良が進み，短期間の貯蔵が可能な品種も多くなった。腐敗を少なくし，萌芽をよりおそくするには，収穫後の乾燥貯蔵方法が肝心で，早く茎葉部を乾燥させることが重要である。

### (4) 雑草防除

冬期間，タマネギの生育は緩慢で，この間に発生した雑草は早春に気温が高くなるにつれて急激に大きくなり，タマネギの生育や収量に影響を及ぼす。タマネギは雑草との競合にきわめて弱い野菜で，雑草が繁茂すると機械収穫の効率が低下する。タマネギ栽培では，雑草被害の防止や作業効率を高めるために，雑草防除はきわめて重要な作業である。

秋まきタマネギの生育概要と雑草発生消長および雑草防除体系を第19図に示した。

#### ①前作の収穫後から発生

秋に発生する雑草は，タマネギの定植後というよりイネの収穫後から発生が始まる。おもな雑草はスズメノテッポウ，スズメノカタビラなどのイネ科雑草，タネツケバナ，ノミノフスマ，ハコベ，オランダミミナグサなどの広葉雑草である。これらは，気温が高くなると生育旺盛となり，タマネギの生育や収量に甚大な被害を及ぼす。

秋に発生する雑草の多くは春にも発生し，5〜6月に開花結実するが，春に発生する雑草は

秋まき普通栽培

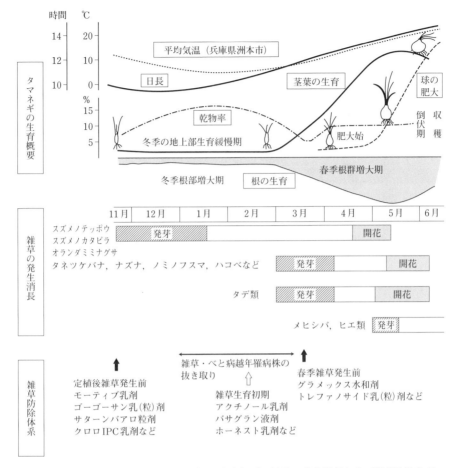

**第19図** 秋まきタマネギ（中晩生種）の生育概要と雑草の発生消長および雑草防除体系
除草剤は登録内容の適用雑草，使用時期，使用回数から選ぶ。登録内容を遵守のこと（2018年5月）

大きな株にならないので被害は少ない。

タマネギを栽培する圃場にどのような雑草が生えるか観察することが重要で，このことが除草剤の上手な使用に結びつく。

**②秋まきタマネギの雑草の被害**

雑草の種類と発生時期がタマネギの生育・収量への影響を1991年11月定植のタマネギで検討した（第20図）。雑草の種類と発芽時期の違いがタマネギ肥大にどのように影響するかをみるため，あらかじめうね立てを行ない，雑草が生えないようにバスアミドを処理し，スズメノテッポウ，スズメノカタビラの種子をタマネギ定植後と早春に播種した。対照として，雑草種子を播種しない区を設けた。発芽した雑草は，収穫時まで抜き取らなかった。

秋に発芽したスズメノテッポウ，スズメノカタビラは，冬の間生育は緩慢であるが，早春に気温が高くなるにつれて急激に大きくなり，とくに草丈が高いスズメノテッポウは，タマネギの草丈程度となった。春に発芽したスズメノテッポウ，スズメノカタビラの生育は，秋発生のものより大きくならなかった。

収穫したタマネギは，秋季発生のスズメノテッポウ区が雑草なし区との対比で25.7ともっとも減収，次いで秋季発生のスズメノカタビラ区が68.7，春季発生のスズメノテッポウ区の78.7，春季発生のスズメノカタビラ区の91.2であった。

各作型の基本技術と生理

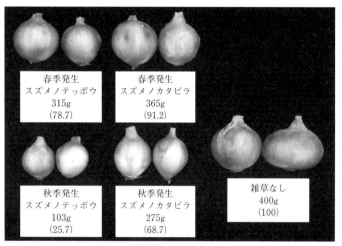

第20図 雑草の種類と発生時期が秋まきタマネギの生育に与える影響
( )内は雑草なしとの対比

このように、秋季発生で草丈が高いスズメノテッポウの被害が大きかった（第20図）。これは、雑草が発生すると、養水分の競合のほかに光の競合が起こるためである。

③春で問題なのはタデ類

春に多く発生するのはタデ類で、このうちミチヤナギは1月に、サナエタデ、イヌタデは3月に発芽し、4月下旬～6月に開花結実する。タデ類は草丈が高く、多く発生した場合は被害が大きい。

メヒシバ、ヒエ類は4月下旬から発生し、タマネギの収穫時にはかなり繁茂することがあるが、被害は多くはない。

④秋まき栽培の除草体系

秋まきタマネギに登録があるおもな除草剤を第1表に示した。

**秋と早春必須の除草体系**　必須の雑草防除体系は、1回目として定植後雑草発生前に土壌処理型除草剤を散布し、冬の間に大きくなった雑草やべと病の越年罹病株を手取りしたあとに中耕、培土を行なってから、2回目の土壌処理型除草剤を早春の雑草発生前に散布する。この2回の土壌処理型除草剤散布は欠かせない。土壌処理型除草剤の選択には、登録内容の適用雑草、使用時期、使用回数から選ぶ。

筆者は定植後雑草発生前にモーティブ乳剤を散布し、手取り除草後培土を行なってから早春にグラメックス水和剤を散布している。中耕は、追肥のために必要という農家もあるが、中耕の収量への効果はなく、省いても問題ない。培土は排水のため必要であるので行なっている。

**秋耕起前に雑草が多い場合**

タマネギ栽培圃場で耕起前（水稲収穫後）に雑草が多い場合には、非選択性茎葉処理型除草剤を散布する。または逆転ロータリで雑草を埋没させてうね立てを行なう。

**早春までに雑草が発生した場合**　1回目の散布後早春までに広葉雑草やイネ科雑草が発生した場合は、選択性茎葉処理剤を散布する。このうち、広葉雑草に使うバサグラン液剤は薬害（葉折れ）が出やすいので、処理時期は次のようにする。

第19図に示したように、晩秋に定植されたタマネギは冬の間地上部の生育はほとんど進まないが、根は数が少ないものの伸長を続ける。この間、タマネギは耐寒性向上のため乾物率を高めて、厳寒期には15～20％と最高になる。その後、日が長くなり気温も高くなり始めると根の活動が始まり、葉数の増加や茎葉の伸長がみられる。すると、乾物率はしだいに下がり始め、3月下旬～4月上旬には一時的に5～6％と極端に低くなる。タマネギの葉が軟らかくみえる頃だ。このあとは地上部の生育も旺盛になり、光合成によって乾物生産が盛んに行なわれるので乾物率は10％程度で推移する。

葉折れは、この乾物率が極端に低く、組織が柔軟な時期に除草剤を散布することで発生が多くなる。したがって、2回目の早春の除草剤散布は定植活着後から冬の乾物率が12％以上の頃、葉数でいうと4枚以下の時期までに終えるのがよい（ちなみに、べと病の感染、発病も、乾物率が極端に低くなる3月下旬～4月上旬に

第1表 タマネギに登録のあるおもな除草剤の系統別分類と作用機構（2018年5月）

| 系統名 | 作用機構 | HRAC分類 | 有効成分 | 除草剤の分類 | 商品名 | |
|---|---|---|---|---|---|---|
| | | | | | 単剤 | 混合剤 |
| ジニトロアニリン系 | タンパク質生合成阻害による細胞分裂阻害 | K1 | ペンディメタリン | 土壌処理型除草剤 | ゴーゴーサン乳剤 ゴーゴーサン細粒剤F | モーティブ乳剤 コンボラル |
| | | | トリフルラリン | | トレファノサイド乳剤 トレファノサイド粒剤2.5 | コンボラル |
| カーバメート系 | | K2 | IPC | | クロロIPC | |
| 酸アミド系 | | K3 | ジメテナミド | | フィールドスターP乳剤 | モーティブ乳剤 |
| | | K1 | プロピザミド | | アグロマックス水和剤 | |
| 有機リン系 | | K1 | ブタミホス | | クレマート乳剤 クレマートU粒剤 | |
| トリアジン系 | 光合成阻害 | C1 | シアナジン | | グラメックス水和剤 | |
| | | | プロメトリン | | | サターンバアロ粒剤 |
| チオカーバメート系 | 脂質合成阻害（非ACCアーゼ阻害） | N | ベンチオカーブ | | | サターンバアロ粒剤 |
| シクロヘキサンジオン系（DIMs） | ACCアーゼ（アセチル補酵素Aカルボキシラーゼ）阻害剤。ACCアーゼは脂質合成の最初の段階に関与し膜合成を阻害 | A | クレトジム | イネ科対象の茎葉処理剤 | セレクト乳剤 | |
| | | | テプラロキシジム | | ホーネスト乳剤 | |
| ニトリル系 | 光合成阻害 | C3 | アイオキシニル | 広葉雑草対象の茎葉処理剤 | アクチノール乳剤 | |
| ベンゾチアジアジノン系 | | | ベンタゾン | | バサグラン液剤 | |
| グリシン系 | 芳香アミノ酸生合成阻害 | G | グリホサートカリウム塩 | 非選択性茎葉処理剤 | ラウンドアップマックスロード | |
| ホスフィン酸系 | アミノ酸のグルタミン合成を阻害 | H | グルホシネート | | バスタ液剤 | |
| | | | グルホシネートPナトリウム塩 | | ザクサ液剤 | |

雨が多く，より軟らかいと多くなるのではないかと推察している）。

広葉対象の茎葉処理剤にはバサグラン液剤，アクチノール乳剤があるが，バサグラン液剤については前述した。アクチノール乳剤は高温になると葉が白くなる薬害が出るので，サクラが開花する時期までに散布を終える。イネ科雑草の茎葉処理剤にはホーネスト乳剤などがあるが，本剤はスズメノカタビラ，スズメノテッポウなどに有効だが，スズメノカタビラは大きくなると効果が劣るので，小さいうちに散布する。

**⑤土壌処理型除草剤の使用上の注意事項**

なお，土壌処理型除草剤を使う場合には，以下のことに注意したい。

1）雑草の発生後では効果が劣るので，雑草発芽前に散布する。

2）土壌処理型除草剤は，散布すると地表面に処理層ができる。雑草が発芽すると処理層で除草剤の作用を受けて枯死するため，処理層をうまくつくるように散布するのがポイントである。そのためには，砕土作業はていねいに行な

各作型の基本技術と生理

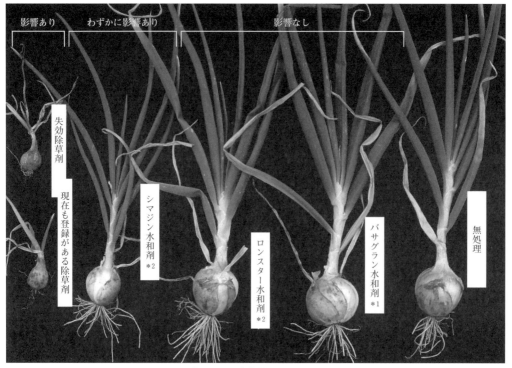

第21図　除草剤の影響調査

散布濃度の除草剤薬液に浸漬してから定植，影響を調べた
影響がまったくないものから，生育が停止，枯死寸前となるものまであった。影響がない除草剤は安心して使用できる
＊1は試験当時の剤型（水和剤）での試験。バサグラン液剤でも試験をしたが同様な結果であった
＊2は当時試験をしていた薬剤（現在登録なし）

い，土壌表面は凹凸のないように耕起，うね立てを行なう。また，土壌水分が高いほうが処理層ができやすいので降雨後の土壌水分が高いときに散布する。

3）散布薬量は面積（10a）当たりの投下薬量で示されている。それを10a当たり100〜150$l$の水で希釈して，まきムラのないように均一に散布する。

⑥薬　害

除草剤は上手に使いこなせばこれほど便利なものはなく，逆にひとたび薬害が出ればこれほどむごいものもない。それゆえ「諸刃の剣」にたとえられる。

筆者はいろいろな薬害の問題に遭遇してきた。薬害が発生すると農業指導者が口にしていた言葉は「効果がいまいちでもよいが，薬害の出ない除草剤がほしい！」であった。

農家から相談を受けるたび薬害症状の再現ができないものかと考えてきた。思いついたのが，「散布濃度の除草剤薬液に苗を浸漬してから定植する」という方法である。第21図はその結果だ。実際，相談を受けた薬害は，この方法で再現できた。この方法で薬害が出ない除草剤は安心して使用できるものと考えている。

また，筆者は新しい除草剤を使用するときはこの浸漬法で薬害の確認を行なっており，最近ではモーティブ乳剤について確認をした（第22図）。

しかし本来は農家がこのような実験をするのではなく，公的機関などで行なって問題ないことを農家に伝えることが大切である。

また，機械定植が多くなってから，第23図のような症状の相談があった。機械定植では，定植後苗が直立した状態であり，そこに除草剤

秋まき普通栽培

第22図　除草剤の影響調査
2015年11月29日モーティブ乳剤散布液に浸漬処理した後に定植し、2016年6月4日に収穫した。モーティブ乳剤はタマネギの肥大に影響は認められなかった

第23図　機械定植苗に発生した薬害
手植えでは発生なし

を散布すると定植前に剪葉した切り口から除草剤が入るのではないかと想像されるが、確認をしたことがない。栽培方法が変われば薬害の発生が異なるので、どこかで確認することが必要

であろう。

## 3. 栽培法と生育生理

### (1) 育　苗

秋まき普通タマネギの栽培のポイントを第2表に示した。

#### ①苗床の準備

苗床は、周到な管理ができるように、便利がよく冠水などのおそれがない圃場に設ける。土壌は、有機質に富み、排水がよく保水性に優れた砂壌土〜壌土が適する。水稲の跡に苗床をつくると病害虫の発生が少なくなる。

畑地で苗床をつくる場合は、盛夏期に堆肥、土壌改良材、基肥を施用して耕うんし、播種ができる状態のうねをつくり、うねをビニールで被覆する太陽熱消毒や、苗床表面にダゾメット剤を使用しビニール被覆をすれば、立枯病、ネキリムシ、雑草対策となる。ビニールの被覆期間は、太陽熱消毒では約1か月、ダゾメット剤を使用すれば約1週間で消毒できる。

各作型の基本技術と生理

第2表　秋まき普通タマネギの栽培のポイント

| 栽培ステージ | 技術目標と栽培のポイント |
|---|---|
| 育苗 | 栽培目的にあった品種を選定し，健苗育成<br>①苗床は周到な管理ができるように，便利がよく，冠水などのおそれがない圃場に設ける<br>②畑地で苗床をつくる場合は，盛夏期に太陽熱消毒やダゾメット剤による土壌消毒を行なう<br>③本葉2枚目ころに，条間に細い溝をつけ，株元に土寄せし，溝に追肥を施す<br>④育苗期間は55～60日で，苗の大きさは葉数が3枚以上，葉鞘部径が6～8mm，苗重が4～6gで根の張りがよい苗に仕上げる |
| 本畑の準備 | 管理運搬に便利な排水のよい圃場選定と土つくり<br>①収穫物が重いので，運搬の便がよく，排水のよい圃場を選ぶ<br>②堆厩肥を施用して土つくりを心がけるとともに，リン酸が少ない圃場ではリン酸をやや多めに施用する<br>③本畑の施肥量は基肥と追肥を含めて，10a当たり成分で，窒素，リン酸，カリとも20kg程度<br>④うねの高さは，圃場の排水性により変える。排水性のよい圃場では低く，悪い圃場では高くする |
| 定植 | 苗の取扱いは慎重に，深植えは禁物<br>①品種に合わせた時期に定植する<br>②露地育苗の苗取りは，根を多くつけて取り，根を乾かさないように注意する。苗が長い場合は葉身を最大で2分の1程度切ってから定植する<br>③定植は，耕うん，うね立て後，土壌が湿っているうちに行なう<br>④植える深さは，葉鞘部の半分までを土の中に埋めるようにする |
| 越冬中の管理 | 定植後雑草発生前に土壌処理型除草剤を散布，追肥時期を守る<br>①定植後雑草が発生するまでに，土壌処理型除草剤を散布する<br>②中生種，中晩生種の追肥は，12月，2月，3月のいずれも中下旬の3回施用する |
| 茎葉増大期から肥大期の管理 | 肥大開始までに葉数を確保し，肥大開始からは乾燥防止と病害虫防除<br>①冬の間に発生した雑草は，3月中旬までには手取り除草を終え，追肥（止め肥）を行なう。3月下旬には土壌処理型除草剤を散布する<br>②3月下旬からはべと病などの病害虫防除 |
| 収穫 | 収穫は倒伏から1週間程度の時期，貯蔵には圃場で発病した株は持ち込まない<br>①中生種，中晩生種の収穫適期は，倒伏約1週間後で，茎葉部がしっかりしていて束ねて吊るすことが可能な状態のときである。早生種では，収穫後青切り出荷する<br>②機械収穫では収穫前に軟腐病，灰色腐敗病，萎黄病などの発病株は取り除く。手作業の場合は発病株を取り除きながら収穫し，発病株は貯蔵しない |
| 乾燥・貯蔵 | できるだけ早く茎葉部を乾燥させる<br>①吊り玉貯蔵　葉身部を半分程度切り取ったタマネギを10球程度束ねたものを2つつくり，振り分けで吊るせるように荷づくり用のテープで束ね，吊り込む。乾燥したら10月ころまでに順次出荷する<br>②ハウス乾燥貯蔵　葉鞘部を10cm程度残して収穫したタマネギを地干しし，20kg入りのポリコンテナに八分目くらい拾い込み，ハウス内に積み込む。ハウス内の温度は，収納後1～2週間は最高40～45℃まで温度を上げて早く乾燥させる。乾燥が終わったら風通しのよいできるだけ気温の低い倉庫などへ移動し，ときどき空気の循環を行なう。冷蔵庫があれば10℃程度で保存する。出荷は乾燥が終わったら順次行なう |
| 調製・出荷 | 出荷時には腐敗したタマネギを絶対に混入させない<br>①調製方法は，茎葉部を1.5cm程度残し，根は残さないように切る。収穫直後の青切りでは外皮に付いた泥などを落とす。貯蔵タマネギでは，汚れた外皮を除去する |

苗床は，基肥として1m²当たり熟成した堆肥2kg，苦土石灰100gを施して土壌と混和してpHを調整したあと，化成肥料または有機肥料（窒素：リン酸：カリ＝10：15：10）70～100gを全層に混ぜてうねを立て，表面を砕土する。リン酸の多い肥料を選ぶことがポイントである。

②播種

播種適期は，定植適期日から55～60日前である。最近は暖冬傾向にあり，気象の長期予報を参考に，暖冬の年には播種時期を1～2日おそく播種するなどの微調整が必要である。

播種方法には，ばらまきとすじまきとがあるが，すじまきの場合，うね幅1.2mのうねに

10cm間隔に，深さ約8mmのまき溝をつくり，1条当たり120粒程度をまく。均一にまいて間引きをしないようにする。

播種後5mm程度の厚さの覆土をして十分灌水を行なったあと，こもをかぶせて乾燥を防ぐ。こもがない場合は，くん炭か腐葉土を5mm程度に敷き詰めるとよい。播種後発芽までの時期の過乾，過湿は発芽不良の原因となるので，適湿を保つことが重要である。普通5～7日で発芽する。発芽し始めたら，こもは夕方除去する。

第24図　すじまきの状況と本葉2枚の頃の土寄せ

③土寄せ・追肥

土寄せ・追肥は，露地育苗では本葉2枚の頃に，条間に細い溝をつけ株元に土寄せし，溝に前述した肥料（10：15：10）を1m²当たり30g程度追肥する（第24図）。根群や茎葉の生育が活発になってくるのは本葉4葉期以降であるが，灌水量が多いと徒長するので，灌水はひかえる。もし伸びすぎて倒れるおそれがある場合は，鎌または剪葉機などで葉身の一部を切り取る。

④育苗期間

育苗期間は55～60日。苗の大きさは葉数3枚以上，葉鞘部径6～8mm，苗重4～6gで根の張りがよい苗に仕上げる。

なお，タマネギの種子は1m$l$で125～150粒である。本畑の栽植本数は，10a当たり2万～2万9,000本である。播種量は，必要本数の1.5倍程度でよい。10aの栽培なら3d$l$あれば十分である。なお，タマネギの種子は数m$l$～20m$l$の小袋と2d$l$の缶入りが販売されている。

## (2) 本畑の準備

### ①排水に努め，通路を確保

タマネギの収量は，10a当たり5t以上となる。20kg入りのプラスチックコンテナで250個以上となる。これを圃場から運び出すのが重労働となる。収穫物の運搬を第一に考えて圃場を決める。そのため，排水のよい道路に面した圃場で栽培し，圃場内に通路を残しておくことも重要である。

排水の悪い圃場では，水稲の中干しは地表面にヒビが入る程度の強めに行ない，暗渠排水や額縁明渠をつくり排水に努める。

### ②本畑の施肥

タマネギを栽培する場所には，堆厩肥を施用して土つくりを心がける。また，タマネギは，土壌100g当たり有効態リン酸が60mg程度必要なので，リン酸が少ない圃場ではリン酸をやや多めに施用する。

本畑の施肥量は，基肥と追肥を含めて10a当たり成分で窒素，リン酸，カリとも20kg程度で，土の肥沃土によって調節する。施肥例を第3表に示した。

### ③うね立て

うねの高さは，圃場の排水性により変える。排水性のよい圃場では低く，悪い圃場では高くする。粘湿な土壌の畑では，土壌水分の適当な時期に砕土をていねいに行なって，うね立てをする。

### ④マルチ栽培

黒色ポリマルチ栽培は，雑草防除の方法として，また極早生種や早生種では地温を上げて収穫時期を早めるために行なう。マルチ栽培では，耕うん前に堆肥，石灰などの土壌改良資材や基肥を施し，うねを立てたあとマルチを張る。マルチ栽培では肥料の流亡が少ないので，施肥量は前述の露地栽培の80％程度で全量基肥として施用し，追肥は施用しない。

マルチ栽培は，マルチをすることにより土壌水分が保たれるが，生育期，肥大期にはマルチの下の土壌は乾燥し，肥大が悪くなり腰高球に

各作型の基本技術と生理

第3表 中生種・中晩生種の本畑への施肥例 (単位：kg/10a)

| 肥料名 | 施肥量 | | | | | 成分量 | | |
|---|---|---|---|---|---|---|---|---|
| | 総量 | 基肥 | 追肥 | | | 窒素 | リン酸 | カリ |
| | | | 1月中下旬 | 2月中下旬 | 3月中下旬 | | | |
| 堆肥 | 2,000 | 2,000 | | | | | | |
| 苦土石灰 | 100 | 100 | | | | | | |
| アズミン | 40 | 40 | | | | | | |
| 化成肥料（10−16−16） | 80 | 40 | 40 | | | 8.0 | 12.8 | 12.8 |
| 化成肥料（15−10−10） | 80 | | | 40 | 40 | 12.0 | 8.0 | 8.0 |
| 施肥成分量 | | | | | | 20.0 | 20.8 | 20.8 |

注　早生種の追肥時期は12月中旬，1月上旬，2月中旬とする
　　火山灰土地帯では，リン酸の施用量を20％程度増施する

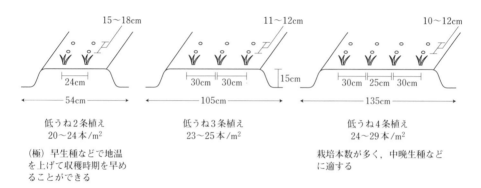

第25図　タマネギの定植様式

なることがある。マルチ下の乾燥を防ぐためには，うねの端を少し高くし，マルチの下へ雨水が入るようにうね立てする。

⑤定植の準備と方法

定植時期は，第10図に示したが，おそい時期に定植する中晩生種は，初冬の定植となるので山間地や霜柱の立つ地域では，霜柱が立つ時期までに活着させることが重要である。

露地育苗の苗取りは，フォークまたはスコップなどで掘り上げて土を払い，根を多くつけてとる。ごく細い苗，太い苗は取り除き，根を乾かさないように注意する。苗が長い場合は葉身を最大で2分の1程度切ってから定植する。

本畑のうね幅と条数は，10a当たり栽植密度を第25図に示した。条間30cm，株間10〜11cmが基本であるが，最近の大玉生産ができる品種では株間15〜18cmとする。

排水が悪い圃場では25〜30cmの高うねとする。その場合うね幅は広くなり，栽植本数は少なくなる。

耕うん，うね立て後，定植は土壌が湿っているうちに行なう。乾きやすい圃場では，前もって早くから耕うん，うね立てを行なうと，土が乾燥して定植後活着が遅れるおそれがある。

定植の方法は，親指と人差し指で苗の葉鞘部をつかみ，土中に押さえ込むように差し込み，根と葉鞘部の半分まで土の中に埋め，株元をしっかり押さえる。

(3) 定植から越冬中の管理

①除草・追肥

この時期は除草剤処理と追肥がおもな作業である。タマネギは定植後すぐに雑草が発生する。栽培面積が少ない場合は，中耕を兼ねて手取り除草をする。面積が広い場合は除草剤の散布が一番で，定植後雑草が発生するまでに，土

壌処理型除草剤を散布する。

中生種，中晩生種の追肥は，12月，2月，3月のいずれも中下旬の3回施用する。貯蔵するタマネギは4月以降の追肥は行なわない。

②灌水

タマネギは乾燥に強い野菜ではなく，乾燥すると肥料も吸収しにくくなるため，栽培期間中乾燥が続けば灌水を行なう。

### (4) 茎葉増大期から肥大期の管理

①おそい追肥は禁物

3月の彼岸が過ぎ気温が上がり始めると，根数，葉数が増加してくる。中晩生種の肥大は4月下旬から始まり，5月上旬には最大葉数の9～10枚となる。中晩生種はこの肥大開始の4月下旬までに地上部の生育を十分に促すことが多収の秘訣であるが，前述したように止め肥は3月中下旬とし，以後の追肥は禁物である。

②雑草対策

冬の間に発生した雑草は3月に入ると日増しに生育が進むので，3月中旬までには手取り除草を終える。除草後，条間に3月の止め肥の追肥を行なう。

また，春に発生する雑草に対して土壌処理型除草剤を散布する。この時期に葉をいためると肥大に影響が出るのでタマネギの葉をいためないように注意する。

③病害虫防除

3月下旬からは病害虫防除が重要な作業となる。べと病，灰色腐敗病などの発病株は早めに抜き取り，べと病の感染時期の3月下旬にべと病に登録のある殺菌剤を，4月以降は灰色かび病，アザミウマ類などに効く殺菌剤，殺虫剤を発生状況に応じて散布する。

### (5) 倒伏期と収穫

①収穫適期の判断

タマネギは，茎葉増大期から葉数決定期以降にかけて同化作用を盛んに行ない，同化養分を球に転流し球を肥大させる。葉の分化が止まり，葉鞘部が空洞となって葉身を支えられなくなると葉が倒伏する。これはタマネギが成熟した印で，収穫の目安となる。しかし強風で茎葉が倒れてもまだ茎葉が立ち上がる場合は，球肥大が止まったわけではないので収穫の目安でない。ただし，倒伏後，収穫が遅れるほど球内の炭水化物（糖など）が減り窒素化合物が増えるため，腐敗しやすくなる（第26図）。

$F_1$種の中生種，中晩生種は少し強い風が吹くといっせいに倒伏する。収穫適期は，倒伏約1週間後で，茎葉部がしっかりしていて引き抜くことができ，束ねて吊るすことが可能である状態の時である（第27図）。

②収穫作業の注意点

機械収穫では収穫前に軟腐病，灰色腐敗病，萎黄病などの発病株は取り除いてから収穫する。手作業の場合は発病株を取り除きながら収穫する。

茎葉の切断は，吊り玉貯蔵用には葉身部を2分の1程度残し，ハウス乾燥貯蔵用には葉鞘部

第26図　収穫の目安となる倒伏

第27図　収穫したタマネギを運搬車に積み込むようす
収穫機による収穫，人力での束ね，束ねたタマネギを運搬車（淡路では農民車と呼んでいる）に積み込み吊り玉貯蔵小屋へ運ぶ

各作型の基本技術と生理

第28図 ハウス乾燥貯蔵での葉鞘切断長と肩落ちの関連性

肩落ち球（左・中）：葉鞘部を短く切って乾燥すると外層のりん茎の上部が乾燥収縮して肩落ちしたり，頭部が内部まで乾燥して品質が低下する

第29図 地干し中にくれないに発生した日焼け

第30図 吊り玉貯蔵用のタマネギの束ね方

を10cm程度残す。ハウス乾燥貯蔵用に葉鞘部を切る場合，短く切ると第28図のように球の上部が乾燥し肩落ち球となり品質が落ちる。収穫したタマネギは圃場にて茎葉がしおれる程度の地干しを行なう。近年は収穫時期の5月になると強日射，高温の日があり，何日も地干しをすると日焼け（第29図）が起こるおそれがある。ハウス貯蔵用のタマネギは地干し後ピッカーなどで拾い上げ，ハウスへ運ぶ。

### (6) 貯　蔵

#### ①吊り玉貯蔵

吊り玉貯蔵は秋まきタマネギで広く行なわれている貯蔵方法で，吊り玉貯蔵小屋（第3図）は秋まきタマネギ産地の風物詩でもある。淡路島の標準的な吊り玉貯蔵小屋は，間口3.6m，奥行5.4m，軒下までの高さ約3m，段と段との間隔が45cm程度で7段詰めである。この小屋へのタマネギ収容量はタマネギの肥大状況で年により差はあるが，15a分である。第30図のように葉身部を半分程度切り取ったタマネギを10球程度束ねたものを2つつくり，振り分けで吊るせるように荷づくり用のテープで束ね，吊り込む。乾燥したら10月頃までに順次出荷する。この方法は，乾燥中に葉の養分がりん茎に移行し充実するので，秋まき栽培に理想的な貯蔵方法である。ただ，タマネギを束ね，吊り込む作業に多大の労力が必要で，最近では減少傾向である。

#### ②ハウス乾燥貯蔵

葉鞘部を10cm程度残して収穫したタマネギを地干ししたのち，20kg入りのポリコンテナに八分目くらい拾い込む。500kg入りの大型コンテナでは，びっしり詰め込むと乾燥に時間がかかるので，コンテナ内に空のポリコンテナなどを入れ，空気が通りやすくすることが大切で

秋まき普通栽培

①葉鞘部を二分して地干しを行なう

②8分目くらい拾い入れる（17〜18kg）

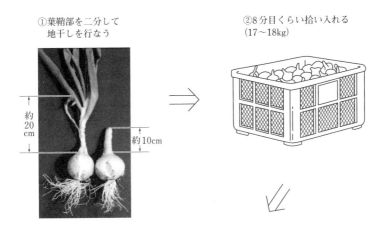

③ハウスで乾燥。40〜45℃の温度とする

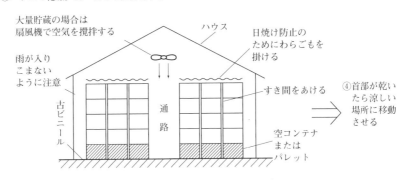

④首部が乾いたら涼しい場所に移動させる

第31図　ハウス乾燥貯蔵の手順

ある。

ハウスへの収納方法は，第31図のようにハウス内の地面に古ビニールなどを敷いて湿気を防ぎ最下段は空コンテナかパレットを置き，その上にタマネギを入れたコンテナの間を風が通るように4〜5段積み，最上段は直射日光を当てないためわらごもなどを掛ける。わらごもを掛けないと日光が強く当たった部分が日焼けを起こす。

雨が連続して降り，タマネギの乾燥がスムーズにできないときは除湿器を使うことも行なわれている。乾燥貯蔵中にタマネギの品温が50℃以上になると品質が著しく低下するので，温度管理には細心の注意が必要である。ハウス内の温度は，収納後1〜2週間は最高40〜45℃まで温度を上げて早く乾燥させるようにする。晴れの日ならば入り口，サイドをあけて換気をはかり，雨の日は雨が降り込まないようにする。大型ハウスで大量に乾燥貯蔵する場合は，大型扇風機などで空気を撹拌するのがよい。

乾燥終了の目安は，首の部分や根がカラカラに乾いていることである。梅雨明け後の高温期になると黒かび病（第32図）が発生する。対

第32図　黒かび病

各作型の基本技術と生理

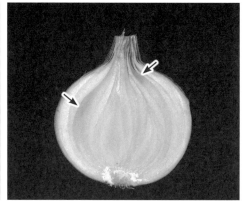

第33図　芯が少し腐ったタマネギ
葉鞘部（首）の部分の色が変わり，つまむと汁がでる（左）。切るとりん葉の一部（矢印）が腐敗している（右）。見落としやすい腐敗である

策として，乾燥が終わったら風通しのよいできるだけ気温の低い倉庫などへ移動し，ときどき空気の循環を行なう。冷蔵庫があれば10℃程度で保存するのがベストである。ハウス乾燥貯蔵でも乾燥が終われば順次出荷する。

③冷蔵貯蔵

吊り玉貯蔵，ハウス乾燥貯蔵したタマネギを，8月中旬頃に健全球を選別して0℃の冷蔵庫で貯蔵し，2～3月頃まで順次出荷する貯蔵方法である。冷蔵施設が整備されている産地で行なわれている。冷蔵コストと販売価格を予想して行なうことが大切である。

④除湿乾燥貯蔵

ハウス乾燥貯蔵を行なうのと同じように収穫し，コンテナに入れたタマネギを冷蔵庫内で除湿乾燥を行ない，乾燥が終了したら冷蔵に切り替えて貯蔵する方法である。

これら以外の乾燥貯蔵方法として，インターネットで調べてみると，温風乾燥を行ない乾燥後は冷蔵を行なうのをコンピュータで管理する最新の乾燥貯蔵システム（アスパレーションシステム）がある。

いかなる貯蔵方法でも腐りにくいタマネギをつくることが基本である。

これらの貯蔵方法で手軽に取り組めるのは，パイプハウスがあればハウス乾燥貯蔵，小規模な吊り玉貯蔵である。貯蔵方法を考えてからタマネギ栽培に取り組むようにするのが大切である。

### (7) 調製，出荷

出荷時には腐敗したタマネギを絶対に混入させないことが重要である。とくに芯が少し腐ったタマネギ（第33図）には要注意である。健全なタマネギの調製方法は，茎葉部を1.5cm程度残し，根は残さないように切る。そのほか，収穫直後の青切りでは外皮に付いた泥などを落とす。貯蔵タマネギでは，汚れた外皮を除去する。出荷容器は，段ボール箱，フレコンなど市場や購入する業者の指定する容器に詰めて出荷する。

直売所に出す場合は，袋詰めで出荷するが，売れやすい量，たとえば3～5個程度で500g程度入りの袋詰めとするのがよい。

改訂　大西忠男（元兵庫県立農林水産技術総合センター）

2018年記

### 参考文献

兵庫農試淡路分場．1973．兵庫農試淡路分場試験成績書．4—5．

川﨑重治・西谷國広・大西忠男・三木英一．1984．作型を生かすタマネギのつくり方．農文協．

農林水産省野菜試験場. 1984. タマネギ・アスパラガスの生産安定をめぐる諸問題 昭和59年度課題別検討会資料.

大西忠男・岸本基男・置塩康之. 1978. タマネギの機械収穫と乾燥・貯蔵に関する研究第2報 剪葉位置および打撲傷が腐敗におよぼす影響. 兵庫農総セ研究報告. **27**, 19—22.

大西忠男・岸本基男・置塩康之. 1981. タマネギの機械収穫と乾燥・貯蔵に関する研究第6報 兵庫式改良貯蔵小屋での貯蔵による灰色腐敗病の防止効果. 兵庫農総セ研究報告. **29**, 83—90.

大西忠男. 1991. 秋まきタマネギ本畑の雑草防除体系の改善. 兵庫中央農技研究報告（農業）. **39**, 41—44.

大西忠男・田中静幸. 2012. タマネギの作業便利帳. 農文協.

佐賀県. 2008. たまねぎ振興マニュアル.

清水茂監修. 1988. 野菜園芸大事典. 養賢堂. 東京.

野菜・茶業試験場. 1998. 野菜・茶業試験場研究資料第8号 野菜の種類別作型一覧7.

（財）日本園芸生産研究所編. 1985, 1988, 1991, 2000, 2006. 蔬菜の新品種9, 10, 11, 14, 16. 誠文堂新光社. 東京.

# トンネル（2～3月どり）栽培

## I　栽培の背景と目標

### 1. 早期水稲と組み合わせた作型

　佐賀県での水田の利用体系は，水稲－麦作，水稲－野菜（主にタマネギ，レタス，キャベツなど），水田転換畑での麦作－ダイズ，タマネギ－ダイズなどが白石，佐賀平坦地域の営農体系である。

　米の産地間，品種間競争が始まって以来，良食味米の供給が当然の時代を迎え，稲作体系も早期化（良食味米の品種は早生が多い）の傾向をたどり，早期米の面積が増えるにつれその後作利用が問題となってきた。

　白石平坦地域には，8月7日の七夕に出荷するコシヒカリが産地化され，300haになろうとしている。4月上旬の田植え前に，特産物のタマネギが栽培できないかと考え，平成2年から研究に着手したのがトンネル栽培のタマネギである（第1図）。

　研究の結果，第2図にしめすように，コシヒカリの早期作－トンネルタマネギの作付け体系が成立し，その具体的作業日程は第1表のようである。現在では，コシヒカリの栽培にもなれてきたために，播種や移植日が前進傾向にある。

　タマネギのトンネル栽培は，極早生の品種を使用して，4月上旬から出荷するマルチ栽培と同じ栽培方法で，12月上～中旬にトンネルを被覆するだけである。特別にむずかしい技術内容でもないので，現地普及にはあまり時間を必要とはしなかった。

### 2. 栽培の目標とねらい

　栽培の目標は，単価の高い2月末～3月に収穫し，10a当たりの収量は2～3.5t，10a当たりの粗収入は45～60万円である。

　2～3月までのタマネギ供給産地は，北海道が80％以上を占めており，その他は米国やニュージーランド，オーストラリアの南半球からの輸入，また台湾，フィリピン，タイの冬期温暖な国からの早生品種の輸入が少しばかりある。

　国内での新タマネギは，静岡県や愛知県が中

**第1図**　トンネル栽培のようす（JA白石地区）
品種：プレスト3，フィルム：ユーラックカンキ4号

| 作　物 | 2月 | 3月 | 4月 | 5月 | 6月 | 7月 | 8月 | 9月 | 10月 | 11月 | 12月 |
|---|---|---|---|---|---|---|---|---|---|---|---|
| コシヒカリ | 播種 | ― | 移植 | ― | ― | ― | 刈取り | | | | |
| タマネギ | | 収穫 | | | | | | 播種 | ― | 定植 | トンネル |

**第2図**　コシヒカリとトンネルタマネギの作付体系

**第1表**　コシヒカリとトンネルタマネギの作付体系

| コシヒカリ | トンネルタマネギ |
|---|---|
| 播　種：2月24日 | 播　種：9月10日～15日 |
| 移　植：4月10日 | 定　植：11月1日～10日 |
| 元　肥：Nは無肥料 | トンネル：12月上旬～下旬 |
| 刈取り：8月5日 | 収　穫：3月上旬～下旬 |

心で，主に極早生，早生品種のマルチ栽培が行なわれており，太平洋沿岸の温帯気候と砂質土壌の利点が活用されている。しかし，2～3月の出荷量は少なく，1kgの単価は約150～200円で取引されている。

トンネル栽培の生産費は，JA白石地区の試算によれば，直接経費としてトンネル支柱とトンネルフィルムがマルチ栽培に対して加算され，その額は10a当たり肥料代，薬剤防除代を含めて7～8万円と意外と安くなっている。

トンネル栽培は，日長の短い気温の低いときに，結球肥大する品種が適している。しかし，日本の育種事情が，まだトンネル栽培用育種まで進んでいないことから，マルチ栽培用極早生品種の中から，抽苔や分球，小玉の少ない品種を一応選定している。

しかし，まだ十分に適する品種ではないので，産地としては使いこなす以外に方法はないといえる。将来は，産地規模が大きくなって，使用種子量が多くなれば育種も本格的に進んで，最適品種も出現するものと思われる。

## II 栽培技術

### 1. トンネル内の温度環境

タマネギの基本的な生育温度は，第3図にしめすように，各器官によって最適温度は異なっているが，ほぼ15～25℃の範囲である。

生育限界温度は，最高が28℃，最低が5℃といわれており，それ以上や以下の温度でも枯死はしないが，生育が抑制される。

佐賀県農業研究センター内の圃場で計測したトンネル内の気温は，第2表のように外気温に対して最高は5～10℃高く，最低はほんの少しトンネル内が低いようである。

平均気温で2～3℃高く，冬でも日中は15～20℃の温度である。

第4図にみられるように，3月上旬までは最高の旬別平均気温は20℃程度であるが，3月中旬以降は30℃近くに上昇している。日長時間は，2月20日で約11時間，3月1日で約11時間30分，3月10日で11時間50分，3月20日で12時間8分，

第2表 トンネル栽培における気温の推移
(1991，℃)

| 時期 | トンネルマルチ内気温 | | | 外気温 | | |
|---|---|---|---|---|---|---|
| | 最高 | 最低 | 平均 | 最高 | 最低 | 平均 |
| 1月上旬 | 16.8 | -2.6 | 5.5 | 9.6 | -0.8 | 4.4 |
| 中旬 | 19.6 | -0.8 | 7.8 | 10.4 | 0.8 | 6.2 |
| 下旬 | 21.2 | 0.4 | 7.5 | 10.1 | 0.0 | 5.2 |
| 2月上旬 | 19.0 | 1.0 | 9.2 | 12.0 | 0.0 | 5.8 |
| 中旬 | 13.4 | -3.0 | 7.0 | 8.0 | 1.0 | 5.0 |
| 下旬 | 17.2 | -2.6 | 7.2 | 8.4 | -1.2 | 4.2 |
| 3月上旬 | 21.7 | 4.2 | 12.2 | 16.5 | 5.4 | 10.4 |
| 中旬 | 31.4 | 3.8 | 14.4 | 15.0 | 4.2 | 9.6 |

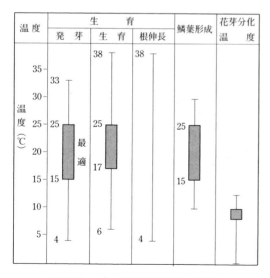

第3図 タマネギの器官別生育温度

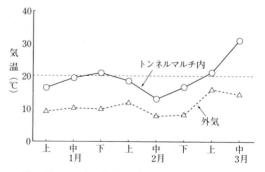

第4図 トンネル栽培での最高気温変化 (1991)

3月30日で12時間30分であることから、日長が12時間程度になれば急に日射しが強まり、温度が高くなってくる。

地温の測定結果は、第3表に1月の半旬ごとにしめし、それをグラフにしたものが第5図、第6図である。

グラフからもわかるように、最高地温はマルチに対してトンネルマルチは常に2℃程度高く、マルチは無マルチに対して3～4℃高くなっている。最低地温は、マルチに対してトンネルマルチが約1℃高く、マルチは無マルチに対して4～5℃高くなっている。

このように、トンネル被覆（この場合0.05mmのビニール使用）によって、冬季でもタマネギの生育温度を昼間は確保できていることになる。

## 2. トンネルタマネギの生育相

### ①葉数と草丈

定植後約1か月に、ビニール0.05mm厚の被覆を行なった場合の生育は、品種プレスト3の場合葉数は8～9枚で、第7図のようにビニール被覆後の増加はほとんどなく、定植後からビニール被覆までに葉数はほぼ増加していたことが推察される。

したがって、トンネルタマネギの収穫時期の葉数は8枚程度で、その葉数決定時期は12月のビニール被覆期ころではないかと思われる。

草丈は、第8図にしめすように葉数の増加傾向と一致している。トンネル被覆後に急に伸長し、2月1日（ビニール被覆後60日目）に110cm程度でピークとなり、その後収穫まではまったく伸びずに一定のままとなっている。

葉数および草丈はビニール被覆後60日目、2月1日に最大生長をしめし、その後は収穫まで一定に維持されている。

### ②球の肥大

球の肥大については、球径、球高を第9図にしめしたが、球の肥大開始時期を球径が葉鞘径の2倍になったときと定義すれば、2月17日には6cm弱と1月17日の約2倍になっており、この時期が球肥大開始期となる。

この時期には、球高球径とも同じ値となって

第3表　トンネル栽培での地温の推移
(1991)　　　　　（℃、地下10cm）

| 1月半旬 | トンネルマルチ | | マルチ | | 裸地 | |
|---|---|---|---|---|---|---|
| | 最高 | 最低 | 最高 | 最低 | 最高 | 最低 |
| 2 | 13.5 | 5.6 | 11.7 | 4.6 | 7.0 | 0.2 |
| 3 | 12.7 | 6.2 | 10.5 | 5.3 | 6.5 | 1.3 |
| 4 | 15.2 | 7.3 | 13.3 | 6.0 | 8.4 | 1.6 |
| 5 | 14.0 | 9.4 | 12.4 | 8.2 | 9.2 | 5.0 |
| 6 | 15.7 | 6.4 | 14.4 | 5.1 | 8.8 | 0.6 |

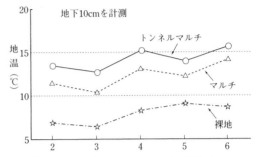

第5図　トンネルマルチ、マルチ、裸地での1月半旬の最高地温の変化（1991）

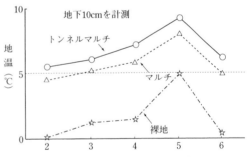

第6図　トンネルマルチ、マルチ、裸地での1月半旬の最低地温の変化（1991）

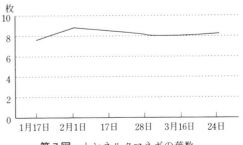

第7図　トンネルタマネギの葉数
（12月1日ビニール被覆、1994）
品種：プレスト3、定植：10月26日（緑色マルチ）

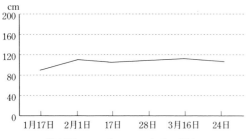

**第8図　トンネルタマネギの草丈**
(12月1日ビニール被覆，1994)
品種：プレスト3，定植：10月26日（緑色マルチ）

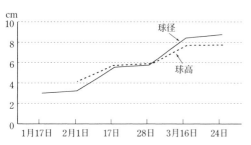

**第9図　トンネルタマネギの球径，球高**
(12月1日ビニール被覆，1994)
品種：プレスト3，定植：10月26日（緑色マルチ）

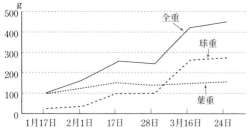

**第10図　トンネルタマネギの全重，球重，葉重**
(12月1日ビニール被覆，1994)
品種：プレスト3，定植：10月26日（緑色マルチ）

おり，球径が球高より大きくなる時期は3月に入ってからといえる。

球肥大の停止期は，3月末〜4月初めと思われ，倒伏後も球重は増加していることから，球径，球高も微増傾向にあると思われる。

### ③葉重・球重の推移

葉重，球重の推移は，第10図にしめしたが，葉重は草丈，葉数が増加しなくなる生育ピークの2月1日以降やや増加するが，ほぼ一定の120g〜130g程度である。

球重については，球肥大が始まる2月17日前後から増加し，3月16日までの30日間に急激に肥大して200gを超え，その後は収穫までゆるやかに増加していることがわかる。

全重は，葉重が一定重に近いことから球重の影響がほとんどで，3月16日には400gを超えるようになる。

### ④トンネルタマネギの生育のおさえ方

以上の結果から，トンネルタマネギの生育相は，トンネル被覆後に急に草丈が伸長し，葉が先に生長して後に球肥大が始まる。

葉数の増加はほとんど見られないことから，トンネル被覆前の定植後から12月までにほぼ葉数は決定していると考えられる。

このような生育パターンから，球の肥大を早く開始して，最大の収量を上げるには，まず葉数増加期の窒素栄養，水分管理が大切で，トンネル被覆後30日で生育を促進し，栄養体（葉数，草丈）を十分に確保した後に，球肥大開始期（日長11時間前後）の2月中旬を迎えることが重要なポイントとなる。

## 3. 品　種

### ①適応品種

トンネル栽培用の品種は，極早生マルチ栽培用品種の中から選定するが，品種比較試験（現在も実施中）の結果，有望品種としてプレスト3（みかど育種農場），貴錦（旧系統名KD－912）（カネコ種苗），極早生改良雲仙丸（八江農芸），サクラエクスプレス1（八江農芸），アーリートップ（中原採種場），アップ1号（アカヲ種苗）などが挙げられる。現地ではプレスト3（第11図）を標準に産地化している。

### ②気象条件に左右される抽苔と分球

第4表に品種の特性をしめしたが，暖冬傾向か寒冬傾向かによって品種の能力が非常に左右される。収穫率に影響するのは抽苔，分球の発生量と小玉（規格外）などの肥大不良球の多少である。

3月中〜下旬の収穫であれば，球重150g以上で収量は3.5t／10a以上が見込める。

抽苔は，3月20日ころから目に見え始め，そ

れ以後急に増加することから，それ以前の収穫月日では外観上からは判別がしにくい。したがって，3月上～中旬どりではあまり問題にならないが，下旬どりについてはかなりの高率で発生する場合もある。

分球については，球が2つに分かれるものと，球の中で2つに分かれる（球内分球）ものがある。分球の発生は，かなり早い時期から始まっており，その時期は明確ではないが，2月中旬の球肥大開始から，2月下旬～3月上旬の地上部の生育がピークになるころに発生してくる。品種間差や年次間差もかなり認められ，第4表と第5表を比較すれば，プレスト3で1992年は10％以下であるが，1993年は35％も発生している。

1993年は1992年に比べて播種日は差がなく，定植日が10月29日と2週間早く，トンネル被覆も1か月程度早くなっている。貴錦（KD-912）は，分球率では2か年の差がなく，いずれの年も多く発生しているが，抽苔は他の品種より少ない。

このような品種の不安定性は，秋～冬の生育が定植時期やトンネル被覆時期によって大きく左右され，1月下旬～2月下旬までの生育が大きいほど分球と抽苔が多くなる。

### ③間引き収穫が必要

いずれの品種も$F_1$（1代雑種）ではないので，寒冬年には耐寒性が乏しく，球の肥大もやや不揃いで，生育も不均一であり一斉収穫とはならないので間引き収穫をしなければならない。

まだまだ品種としての完成度は低いが，生食としては大変においしく，市場での人気は抜群である。同じ品種をトンネル栽培，マルチ栽培すれば，なぜかトンネル栽培のほうが生食で旨い味がする。これは1日の気温較差による影響か，日長の短いときの収穫のせいか，原因はよくわからない。いずれの品種も，球は腰高で扁円形で辛味がなく，球のしまりも良好である。

**第11図** トンネルタマネギの標準品種プレスト3
リン片数8枚，リン片厚さ8～9mm

**第4表** トンネル被覆による収穫時期と品種別生育収量 (1992)

| 品種名 | 調査日 | 草丈(cm) | 球重(g) | 分球率(%) | 収量(kg/a) |
|---|---|---|---|---|---|
| KD-912（貴錦） | 3/17 |  | 131 | 30.0 | 247 |
|  | 3/24 | 94.8 | 198 | 33.3 | 377 |
| プレスト3 | 3/17 |  | 138 | 6.0 | 356 |
|  | 3/24 | 93.5 | 187 | 2.0 | 481 |
|  | 3/31 |  | 199 | 8.5 | 473 |
|  | 4/ 7 |  | 227 | 8.5 | 566 |
| 改良雲仙丸 | 3/17 |  | 142 | 0.0 | 389 |
|  | 3/24 | 92.0 | 181 | 7.5 | 449 |
|  | 3/31 |  | 167 | 18.0 | 316 |
|  | 4/ 7 |  | 208 | 13.2 | 483 |

注　播種 9月13日，定植11月12日，トンネル被覆12月27日

## 4. トンネルの被覆時期とその資材

### ①出荷時期と被覆時期

トンネルの有無による収量のちがいは，第6

**第5表** 品種別の生育収量

| 品種 | 草丈(cm) | 葉数(枚) | 球重(g) | 規格別割合(%) | | | | | 格外率(%) | 分球率(%) | 抽苔率(%) | 収量(kg/a) |
|---|---|---|---|---|---|---|---|---|---|---|---|---|
|  |  |  |  | 2L | L | M | S | 2S |  |  |  |  |
| KD-912 | 97.2 | 6.6 | 224 | 9 | 41 | 42 | 6 | 1 | 0.5 | 40.0 | 8.6 | 246 |
| プレスト3 | 100.8 | 6.8 | 183 | 1 | 24 | 47 | 27 | 1 | 4.9 | 35.5 | 35.5 | 171 |
| 改良雲仙丸 | 96.3 | 7.5 | 192 | 4 | 36 | 25 | 25 | 10 | 2.1 | 23.3 | 23.3 | 180 |
| サクラエクスプレス1 | 100.3 | 6.6 | 242 | 0 | 20 | 32 | 25 | 24 | 3.2 | 24.7 | 24.7 | 142 |

注　播種1992年9月14日，定植10月29日，トンネル被覆11月25日，収穫1993年3月23日
　　球径　2L 95mm以上，L 80～95mm，M 70～80mm，S 60～70mm，2S 50～60mm，格外50mm以下

### 第6表 トンネルの有無と品種別収量

| トンネルの有無 | 品種 | 球重(g) | 分球率(%) | 抽苔率(%) | 収穫株率(%) | 収量(kg/a) | 対比 |
|---|---|---|---|---|---|---|---|
| 有 | KD-912 | 197.7 | 33.3 | 0.0 | 66.7 | 377.1 | 202 |
| 有 | プレスト3 | 187.1 | 2.0 | 8.2 | 89.9 | 480.5 | 176 |
| 有 | 改良雲仙丸 | 180.9 | 7.5 | 5.7 | 86.8 | 449.1 | 190 |
| 無 | KD-912 | 102.2 | 32.7 | 0.0 | 63.5 | 185.6 | 100 |
| 無 | プレスト3 | 119.1 | 10.0 | 2.0 | 80.0 | 272.5 | 100 |
| 無 | 改良雲仙丸 | 99.1 | 14.3 | 2.0 | 83.6 | 236.9 | 100 |

注 播種1991年9月13日,定植11月12日,トンネル被覆12月27日,収穫1992年3月24日

表にしめすように,マルチ栽培に比較して約2倍の収量(3月24日収穫)性があり,やはり早出しにはトンネルが非常に有効である。

トンネルの被覆効果は温度効果であることは前に述べたが,その被覆時期は早ければ早いほど良いとは限らない。

第7表に,トンネルの被覆時期とその資材の効果についてしめしたが,11月18日被覆の場合は,一球平均重や収量では12月1日被覆と大差がない。

### 第7表 トンネルタマネギの被覆時期および被覆資材と収量

(1994,プレスト3)

| 収穫時期 | 被覆時期 | 被覆資材 | 2L(%) | L(%) | M(%) | S(%) | 2S(%) | 抽苔率(%) | 分球率(%) | 一球平均重(g) | 収量(kg/a) |
|---|---|---|---|---|---|---|---|---|---|---|---|
| 2月28日 | 11月18日 | ユーラック2号 | 0 | 3.8 | 12.7 | 24.1 | 38.0 | 0 | 17.0 | 124.1 | 280.0 |
| | | ユーラック4号 | 0 | 1.6 | 4.8 | 23.8 | 44.4 | 0 | 16.0 | 129.0 | 232.3 |
| | | クリンテート | 0 | 0 | 4.8 | 28.6 | 44.4 | 0 | 14.0 | 117.4 | 211.3 |
| | | ビニール | 0 | 4.7 | 18.6 | 27.9 | 30.2 | 0 | 16.0 | 133.7 | 328.6 |
| | 12月1日 | ユーラック2号 | 1.3 | 1.3 | 19.5 | 27.3 | 27.3 | 0 | 18.0 | 131.8 | 290.0 |
| | | ユーラック4号 | 0 | 0 | 5.7 | 20.0 | 31.4 | 0 | 30.0 | 113.6 | 227.1 |
| | | クリンテート | 0 | 3.2 | 9.7 | 17.7 | 35.5 | 0 | 21.0 | 110.5 | 195.7 |
| | | ビニール | 0 | 3.9 | 15.8 | 27.6 | 27.6 | 0 | 19.0 | 138.2 | 300.0 |
| | 12月15日 | ユーラック2号 | 0 | 1.5 | 3.0 | 13.6 | 56.1 | 0 | 17.0 | 95.7 | 180.4 |
| | | ユーラック4号 | 0 | 0 | 3.1 | 18.8 | 29.7 | 0 | 31.0 | 113.0 | 206.7 |
| | | クリンテート | 0 | 1.6 | 11.1 | 19.0 | 38.1 | 0 | 19.0 | 123.0 | 221.4 |
| | | ビニール | 0 | 2.5 | 13.9 | 26.6 | 26.6 | 0 | 24.0 | 125.2 | 282.6 |
| 3月16日 | 11月18日 | ユーラック2号 | 5.9 | 17.6 | 26.5 | 23.5 | 5.9 | 22.0 | 14.0 | 193.3 | 328.7 |
| | | ユーラック4号 | 0 | 21.2 | 15.2 | 18.2 | 21.2 | 28.0 | 16.0 | 179.1 | 295.5 |
| | | クリンテート | 6.5 | 12.9 | 16.1 | 22.6 | 22.6 | 30.0 | 12.0 | 180.0 | 279.0 |
| | | ビニール | 9.7 | 32.3 | 19.4 | 12.9 | 16.1 | 38.0 | 6.0 | 227.1 | 352.0 |
| | 12月1日 | ユーラック2号 | 12.0 | 24.0 | 28.0 | 12.0 | 0 | 42.0 | 12.0 | 242.8 | 303.5 |
| | | ユーラック4号 | 0 | 17.2 | 27.6 | 13.8 | 6.9 | 28.0 | 20.0 | 209.7 | 304.0 |
| | | クリンテート | 6.7 | 10.0 | 33.3 | 10.0 | 13.3 | 32.0 | 16.0 | 198.7 | 298.0 |
| | | ビニール | 8.8 | 26.5 | 29.4 | 11.8 | 0 | 22.0 | 16.0 | 206.5 | 351.0 |
| | 12月15日 | ユーラック2号 | 0 | 10.3 | 24.1 | 13.8 | 0 | 38.0 | 30.0 | 203.4 | 295.0 |
| | | ユーラック4号 | 0 | 9.7 | 16.1 | 22.6 | 9.7 | 26.0 | 26.0 | 196.8 | 305.0 |
| | | クリンテート | 0 | 24.1 | 31.0 | 10.3 | 6.9 | 38.0 | 16.0 | 204.1 | 296.0 |
| | | ビニール | 14.7 | 32.4 | 2.9 | 14.7 | 0 | 30.0 | 24.0 | 223.8 | 380.5 |
| 3月25日 | 11月18日 | ユーラック2号 | 4.8 | 22.2 | 14.3 | 23.8 | 12.7 | 25.0 | 14.0 | 200.0 | 360.0 |
| | | ユーラック4号 | 6.3 | 27.0 | 15.9 | 20.6 | 11.1 | 25.0 | 12.0 | 215.1 | 387.1 |
| | | クリンテート | 3.6 | 32.7 | 27.3 | 10.9 | 7.3 | 36.0 | 10.0 | 214.0 | 336.3 |
| | | ビニール | 9.6 | 28.8 | 19.2 | 7.7 | 3.8 | 16.0 | 16.0 | 253.8 | 377.1 |
| | 12月1日 | ユーラック2号 | 5.3 | 43.9 | 19.3 | 8.8 | 7.0 | 32.0 | 9.0 | 227.2 | 370.0 |
| | | ユーラック4号 | 8.6 | 29.3 | 17.2 | 17.2 | 0 | 31.0 | 16.0 | 227.2 | 376.6 |
| | | クリンテート | 1.7 | 23.7 | 32.2 | 10.2 | 5.1 | 27.0 | 16.0 | 216.4 | 364.9 |
| | | ビニール | 32.7 | 28.6 | 16.3 | 4.1 | 4.1 | 39.0 | 7.0 | 279.2 | 390.9 |
| | 12月15日 | ユーラック2号 | 7.0 | 42.1 | 12.3 | 12.3 | 12.3 | 34.0 | 8.0 | 229.6 | 374.0 |
| | | ユーラック4号 | 5.3 | 28.1 | 29.8 | 17.5 | 10.5 | 32.0 | 5.0 | 210.4 | 342.7 |
| | | クリンテート | 7.9 | 25.4 | 22.2 | 22.2 | 11.1 | 27.0 | 7.0 | 199.5 | 359.1 |
| | | ビニール | 8.3 | 36.7 | 21.7 | 20.0 | 8.3 | 32.0 | 3.0 | 220.0 | 377.1 |

注 播種1993年9月7日,定植10月26日
球径 2L95mm以上,L80~95mm,M70~80mm,S60~70mm,2S50~60mm

2月28日収穫の場合は,抽苔はまったくみられないが,分球は12月15日被覆のほうがやや多い傾向であり,3月16日収穫の場合も同様の傾向をしめして,早い被覆のほうがやや少なくなっている。しかし,3月25日収穫の場合では12月15日の遅い被覆のほうが少ない。

このような結果から,早期出荷には11月の降霜時(11月15日以降)に被覆する。そして,3月中下旬出荷には,冬の寒さが厳しい年では12月上旬に,暖冬の年は12月中旬に行なう(数年の試験結果から,現在は11~12月初めの気温を参考に被覆時期を変動している)。

また第12図には,被覆時期のちがいによる収穫時期(3月24日)の状況をしめした。

トンネル（2～3月どり）栽培

第12図　トンネルタマネギの定植時期とタマネギの生育状況（品種：プレスト3，1994年3月24日収穫）
右から：11月18日定植，12月1日定植，12月15日定植

①トンネルフィルム（塩化ビニール0.05mm）

②ユーラックカンキ2号（かん気率3％）

③ユーラックカンキ4号（かん気率6％）
第13図　トンネル被覆資材

### ②被覆資材

被覆資材については，第7表のとおりビニールが早期出荷には効果が大きく，次いで有孔ポリオレフィン系フィルム（ユーラックカンキ）のかん気率3％の2号，次いでかん気率6％の4号の順となった。

第13図の①に塩化ビニール0.05mmの3月24日の収穫期の状態，②にユーラックカンキ2号（有孔2条），③にユーラックカンキ4号（有孔4条）の同一時期のものをしめした。

かん気のできない塩化ビニールは，南面のビニールを20cm上げてすそかん気状態としており，それでも下葉の枯れ上がりが多い。

有孔ポリオレフィンの場合は，すそを閉めても十分にかん気ができるため，茎葉の傷みが少なく，孔の中を葉が外へ出てくるようになるが，霜などによる寒害はほとんどみられず，問題になることはない。

第14図に被覆フィルムとタマネギの状態をしめしたが，球肥大のちがいは少ない。

## 5. トンネル栽培の育苗と定植

### ①トンネル栽培の作付け体系

トンネル栽培の作型は，第2図，第1表のとおりで，2～3月どりだからといって，早まき・早植えを行なえば年内の生育が大きすぎて，抽苔，分球が増加し商品化率が低下してくる。

### ②育苗

極早生や早生品種のマルチ栽培同様に，9月10日～9月15日に播種し，通常どおりの育苗を行なえばよい（第15図）。

育苗の方法については，秋まき春どりの慣行育苗に準じて行なえばよく，特に技術的に新しいものではないので省略する。

### ③元肥，植床，マルチ

定植床の作成についても，マルチ栽培と同様

各作型の基本技術と生理

第14図 トンネル被覆フィルムの種類と収穫球の状況
左から：塩ビ，ユーラック4号，ユーラック2号
1994年3月24日収穫

第15図 トンネル・マルチ，露地共通のタマネギ苗床

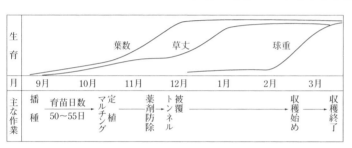

第16図 トンネルタマネギの生育と栽培の概要

に行ない，マルチは早出し（2月末～3月上旬収穫）の場合は透明マルチ，3月中下旬収穫では緑色マルチが球の品質が良好である。

施肥量は，10a当たり成分量でN20～24kg，$P_2O_5$30～33kg，$k_2O$20～24kgを全量元肥とし，追肥は原則としてやらないので緩効態肥料をN成分10kg施用する。

佐賀の例は，タマネギエース（B.B11－25－10）60kg，CDUS555を120kg施用している（N24.6kg，$P_2O_5$33kg，$k_2O$24kg）。

施肥後うね立て作業を行ない，一雨待ってマルチングすれば土壌水分が適当に含まれてよい。もし雨がなければ，マルチ後に植え穴を前もって開けておき，雨の後に定植する。

栽植距離は，うね幅145cm，株間10cm，4条植えで10a2万7500株程度にする。

④防除，かん気，他

トンネル被覆前には，病虫害の防除を行なう。また，トンネル期間中に灌水ができないので，雨の後でトンネル被覆をすることが望ましい。

ビニールフィルムは，かん気が省力化できるように，南面か東面のすそを約20cmほど開けておくとよい。有孔フィルムは，その点かん気の心配はまったくしなくてよいことになる。

風の強い日が多くあるので，フィルムが風に飛ばされないようにしっかりとロープで押さえる。

トンネルは，機械（トンネル杭打ち機）でもできるので，省力の面から大いに利用したい。

# Ⅲ　トンネル栽培の問題点

## 1．商品化率を高める

最大の問題は，最適な品種がないので，抽苔，分球がマルチ栽培に対して，同一品種でも多く発生し，商品化率が80％前後である点である。

この問題を解決するために，育苗日数と定植時期（苗の大きさと抽苔分球の関係）について検討しているが，決め手にかけるのが現実である。

第8表に定植時期の苗の大きさをしめしたが，育苗日数45日では1本重1.8g，55日苗では5.8g，

75日苗では9.6gと大きくなった。

第9表には，その苗の生産力について調べた結果をしめした。これからいえることは，3月10日収穫なので抽苔はない（3月20日前の収穫は抽苔性は問題ない）ものの，分球は若苗の早期定植ほど多い傾向にあり，65日以上育苗の老化苗では，分球は減少するが規格外の小玉が多くなり，商品化率は低下した。

最終的な収量は，商品化率が高く，M級以上の球が多い45日苗の10月28日定植で，3.3〜3.5tの収量があった。

品種による傾向の違いは見られず，ほぼ同一の結果となっている。

貴錦の3月10日以降の抽苔率は，第10表にしめすように，3月30日で小苗の早植えが老化苗の遅植えよりやや多くなっている。

分球は55日育苗の11月8日定植（1本重3.9g）でやや多く，小苗の10月28日植えで少ないのが，今後の栽培体系に一つの示唆を与えている。

収量性は，やはり小苗（若苗）の10月28日定植で，3月1日に2.5t，3月10日に3.4t，3月17日に3.9t，3月30日はなんと5.3tも収穫できており，育苗日数や苗の大きさ，定植時期の関係が一定の傾向として現われている。

今後は同時定植による苗の大きさ，育苗日数の関係を明らかにする必要がある。

第8表 定植時の苗の生育（1994）

| 品種 | 調査日 | 草丈(cm) | 葉数(枚) | 葉鞘径(mm) | 1本重(g) |
|---|---|---|---|---|---|
| プレスト3 | 10/28 | 37.0 | 3.9 | | 1.8 |
| | 11/ 8 | 42.3 | 3.9 | | 5.8 |
| | 11/29 | 57.0 | 3.9 | 6.2 | 9.6 |
| 貴錦 | 10/28 | 36.1 | 3.8 | | 1.8 |
| | 11/ 8 | 39.0 | 3.1 | | 3.9 |
| | 11/29 | 52.8 | 3.4 | 5.4 | 6.3 |

注 播種9月13日

## 2. タマネギ跡のコシヒカリの倒伏対策

もう1つの問題は，トンネルタマネギ跡地のコシヒカリ栽培での施肥体系である。

トンネルタマネギの跡地の土壌は，第11表にしめすように，トンネルの被覆時期が早いほうが残肥（N量）が多い傾向にある。しかもアンモニア態（$NH_4$）が多く，硝酸態（$NO_3$）の窒素（N）は少ない。

しかし，水稲のコシヒカリは倒伏性が弱いことから，元肥は施肥せずに生育を見きわめてから追肥中心の施肥体系とすべきである。

## 3. 収量性と単価の変動

さらに経営的な問題点としては，収量性と単価の変動が逆になることである。2月末〜3月上旬に出荷すれば，新タマネギの生食用として人

第9表 トンネルタマネギの品種別育苗日数（定植時期）の収量（1995）

| 3/10調査<br>品種名 | 2L割合(%) | L割合(%) | M割合(%) | S割合(%) | 2S割合(%) | 規格外率(%) | 抽苔率(%) | 分球率(%) | 腐敗率(%) | 全球数(個) | 商品化率(%) | 平均球重(g) | 収量(kg/a) |
|---|---|---|---|---|---|---|---|---|---|---|---|---|---|
| プレスト3 | | | | | | | | | | | | | |
| 45日苗 | 0.0 | 9.0 | 34.8 | 36.0 | 20.2 | 2.0 | 0.0 | 9.0 | 0.0 | 100 | 89.0 | 143.5 | 354.72 |
| 55日苗 | 0.0 | 1.3 | 12.7 | 45.6 | 40.5 | 7.0 | 0.0 | 13.0 | 1.0 | 100 | 79.0 | 119.4 | 261.94 |
| 65日苗 | 0.0 | 0.0 | 2.5 | 70.0 | 27.5 | 12.0 | 0.0 | 8.0 | 0.0 | 50 | 80.0 | 122.0 | 263.78 |
| 75日苗 | 0.0 | 0.0 | 0.0 | 21.4 | 78.6 | 66.0 | 0.0 | 2.0 | 0.0 | 50 | 28.0 | 85.7 | 64.86 |
| 貴錦 | | | | | | | | | | | | | |
| 45日苗 | 0.0 | 5.6 | 18.9 | 50.0 | 25.6 | 9.0 | 0.0 | 2.0 | 0.0 | 100 | 90.0 | 135.6 | 338.89 |
| 55日苗 | 0.0 | 0.0 | 8.9 | 51.9 | 39.2 | 9.0 | 0.0 | 11.0 | 0.0 | 100 | 79.0 | 120.6 | 264.72 |
| 65日苗 | 0.0 | 0.0 | 21.9 | 0.0 | 78.1 | 28.0 | 0.0 | 8.0 | 0.0 | 50 | 64.0 | 98.4 | 170.27 |
| 75日苗 | 0.0 | 0.0 | 10.0 | 0.0 | 90.0 | 80.0 | 0.0 | 0.0 | 0.0 | 50 | 20.0 | 76.0 | 41.08 |
| アーリートップ | | | | | | | | | | | | | |
| 45日苗 | 0.0 | 0.0 | 7.5 | 34.3 | 58.2 | 19.0 | 0.0 | 14.0 | 0.0 | 100 | 67.0 | 120.4 | 224.17 |
| 55日苗 | 0.0 | 0.0 | 10.7 | 30.4 | 58.9 | 33.0 | 0.0 | 13.0 | 0.0 | 100 | 56.0 | 119.5 | 185.83 |
| 65日苗 | 0.0 | 0.0 | 0.0 | 11.8 | 88.2 | 64.0 | 0.0 | 2.0 | 0.0 | 50 | 34.0 | 92.9 | 85.41 |

注 播種1994年9月13日，定植45日苗10月28日，55日苗11月8日，65日苗11月18日，75日苗11月29日

第10表 品質収量調査 (1995)

(品種：貴錦)

| 調査日 | 定植日 | 格外率(%) | 抽苔率(%) | 分球率(%) | 腐敗率(%) | 収穫株率(%) | 収量(kg/10a) |
|---|---|---|---|---|---|---|---|
| 3/1 | 10/28 | 10.0 | 0.0 | 4.0 | 0.0 | 86.0 | 2,546 |
|  | 11/8 | 18.0 | 0.0 | 16.0 | 0.0 | 66.0 | 1,622 |
|  | 11/18 |  |  |  |  |  |  |
|  | 11/29 |  |  |  |  |  |  |
| 3/10 | 10/28 | 9.0 | 0.0 | 2.0 | 0.0 | 90.0 | 3,389 |
|  | 11/8 | 9.0 | 0.0 | 11.0 | 0.0 | 79.0 | 2,647 |
|  | 11/18 | 28.0 | 0.0 | 8.0 | 0.0 | 64.0 | 1,703 |
|  | 11/29 | 80.0 | 0.0 | 0.0 | 0.0 | 20.0 | 411 |
| 3/17 | 10/28 | 7.0 | 0.0 | 4.0 | 0.0 | 89.0 | 3,867 |
|  | 11/8 | 3.0 | 0.0 | 11.0 | 0.0 | 85.0 | 3,856 |
|  | 11/18 | 16.0 | 0.0 | 4.0 | 1.0 | 79.0 | 2,583 |
|  | 11/29 | 45.0 | 0.0 | 4.0 | 0.0 | 51.0 | 1,169 |
| 3/30 | 10/28 | 0.0 | 6.0 | 8.0 | 0.0 | 86.0 | 5,308 |
|  | 11/8 | 0.0 | 5.0 | 7.0 | 1.0 | 87.0 | 5,139 |
|  | 11/18 | 1.0 | 5.0 | 6.0 | 0.0 | 87.0 | 4,356 |
|  | 11/29 | 2.0 | 3.0 | 9.0 | 0.0 | 86.0 | 3,339 |

注 播種1994年9月13日
　トンネル12月22日（ユーラックカンキ2号）

第11表　トンネルタマネギ収穫跡地の土壌分析

(1994年3月25日サンプリング)

| 調査場所<br>(被覆時期) | pH | EC<br>(ms/cm) | NH₄-N | NO₃-N | P₂O₅<br>(mg/100g) | K₂O<br>(mg/100g) | CaO<br>(mg/100g) | MgO<br>(mg/100g) | Ca/Mg | Mg/K |
|---|---|---|---|---|---|---|---|---|---|---|
| 11月18日 | 6.1 | 0.22 | 4.6 | 0.9 | 62.7 | 50.0 | 406 | 85.4 | 3.45 | 3.96 |
| 12月1日 | 6.7 | 0.28 | 3.9 | 0.1 | 63.8 | 62.0 | 497 | 101.8 | 3.54 | 3.79 |
| 12月15日 | 6.6 | 0.09 | 4.3 | 0.3 | 69.9 | 60.0 | 491 | 95.7 | 3.72 | 3.70 |
| 平均値 | 6.5 | 0.20 | 4.3 | 0.4 | 65.5 | 57.3 | 465 | 94.3 | 3.57 | 3.82 |

気があるために，単価は高いが収量は2～2.5tと低い。

しかし，3月中下旬，4月上旬になれば収量は非常に高くなり，単価は低下してくる。

倒伏しない株も球の肥大は進んでおり，どの程度の収量と単価の関係を栽培目標にするかは，産地の大きさや個人の栽培面積と相談して決定することになる。

したがって例年いつも同じ時期に収穫，販売したほうが良いとは限らないので，いろいろな情報収集と分析が必要である。

この作型で注意する点は，苗の生育後半から，冬期の生育中に肥料切れさせないことである。もしNの肥料が不足したら，抽苔が多くなるので，3月15～20日までに収穫するか，肥をマルチ上に早めに施し，雨天のときにトンネルを開けて水で溶かせば，意外と植え穴から土壌へ浸入していくが，このときの肥料は尿素化成が望ましい。

技術的には，マルチ栽培に準じて育苗，定植し，トンネル被覆することだけが相違点であるが，球肥大と分球，抽苔の観察を2月末から行ない，商品価値がなくなる前に収穫出荷する態勢と，間引き収穫は覚悟すべきである。

「品種に勝る技術なし」といわれるように，トンネル栽培専用品種の育成が1日でも早いことを，育種関係者には期待するものである。

タマネギのトンネル栽培は，昭和40年代に香川農試で研究されたが，品種は貝塚早生系の早どり黄を使って，4月どりがなされている。この時代には，12月中旬に農サクビを被覆して4月12日収穫で一球重150g程度であった。

ここにきて，急に普及できるようになったのは，品種の極早生化の育種のたまものであり，新タマネギの市場，消費の早期化の要望が強まり，また外国産タマネギの輸入量の増加に対する防止策としての，周年出荷体制の確立へ向けての産地の早期出荷の必要性が強まってきたからである。

執筆　松尾良満（佐賀県農業試験研究センター白石分場）

1996年記

### 参 考 文 献

3・4月どりタマネギのトンネル栽培について，(1971)香川農試研究報告，第21号

タマネギのトンネル栽培に関する研究（第1報，第2報）(1994)園芸学会九州支部研究集録，第2号

タマネギのトンネル栽培に関する研究（第1報，第2報）(1995)九州農業研究，第57号，九州農業試験研究機関協議会

タマネギの2～3月どりトンネル栽培，(1995)九州農業の新技術，第8号，九州農業試験研究推進会議

九州農業研究，成果情報 (1994)，第9号，九州農業試験研究推進会議

試験研究成績，概要集（野菜・花き編）(1992，1993，1994，1995，1996)，佐賀県農業試験研究センター

# 機械化一貫栽培（セル成型苗移植栽培）

## I　この栽培のねらいと目標

### 1. 機械化栽培の背景

　タマネギの機械化研究の歴史は，昭和30年代後半〜40年代に岐阜県，岩手県で機械植え，機械収穫，乾燥貯蔵，選別などの組立てによる機械化栽培一貫体系（たまねぎの機械化栽培技術体系1968）が確立された。

　しかし，その内容は半自動化段階のものが多く，機械も北海道をモデルにしたものが多かったために大型のものであった。

　昭和40年代末〜50年代の初めにかけて，佐賀県でも実用化を目指した研究がなされたが，いずれも産地への普及までには至らなかった。

　その理由は，圃場の基盤整備ができていない狭いところでは，大型機械の能率や駆動率が悪いだけでなく，排水促進の設備がないために，水稲後作の重粘度地帯が多いタマネギ産地では，土壌水分が高く，物理的に機械による作業ができにくいことが阻害要因であった。また社会的な情勢も，機械化しなければならないほどの大規模生産者（北海道以外）もなく，産地として，また個人経営としては手作業による生産体系で十分やっていける時代でもあった。

　機械の開発も，個々の作業機の開発が中心（移植機や収穫機）で，タマネギの単価と収量水準からは高価格であったために，農業経営上も敬遠された。

　その後20年経過した現在，日本の1億2000万人が1年間で食べるタマネギの量は，約120万tといわれており，その生産量は，北海道65万t，兵庫県16万t，佐賀県10万t，愛知県5万t，香川県4万tなどとなっており，その他の産地も合わせて総計115万t前後〜120万t（全国タマネギ協議会資料）と数字のうえではバランスがとれている。

　しかし，ある産地が不作の場合や栽培面積が減少した場合は，供給量が不足して単価は上昇し，輸入量（平成7年25万t）が増加することになる（第1〜2表，第1図）。

　産地の現状は，高齢化，後継者不足，重量物取扱いの苦痛，気象変動による生産の不安定，価格の不安定などが要因と思われるが，生産の拡大ができないのみならず，産地を維持してかつ供給量の安定確保さえむずかしい大変な時代を迎えている。

　このような背景から，農林水産省をはじめ，各関係機関や産地では「供給量の安定」の手段

**第1表**　野菜の輸入動向

（単位：t，%）

| 区　分 | 平成7年 輸入量（前年比） | | 平成8年（1〜3月） 輸入量（前年同期比） | |
|---|---|---|---|---|
| タマネギ | 245,844 | (119) | 72,545 | ( 69) |
| カボチャ | 131,844 | ( 84) | 71,095 | (113) |
| ブロッコリー | 74,330 | (103) | 14,081 | (119) |
| ニンジンおよびカブ | 55,573 | (305) | 5,048 | ( 17) |
| ショウガ | 36,102 | (128) | 4,079 | ( 82) |
| メロン | 32,750 | ( 89) | 4,035 | ( - ) |
| サトイモ | 26,863 | ( - ) | 8,068 | (119) |
| アスパラガス | 22,736 | (107) | 5,873 | ( 75) |
| ニンニク | 12,813 | (124) | 3,239 | (550) |
| エンドウ | 9,857 | ( 91) | 6,508 | (176) |
| レンコン | 1,347 | ( - ) | 341 | (206) |
| 生鮮野菜計 | 708,004 | (109) | 211,933 | ( 82) |
| 野菜加工品 | 1,145,869 | (113) | 271,108 | (106) |
| 合　計 | 1,853,873 | (112) | 483,041 | ( 93) |

資料：大蔵省「貿易統計」
注　平成7年のメロンは「メロン(スイカを含む)」である

各作型の基本技術と生理

第2表 主要な野菜の国内供給総量に対する輸入生鮮野菜の割合

| 区分 | 平成4年(%) | 平成5年(%) | 平成6年(%) | 参考(国内生産量)(千t) |
|---|---|---|---|---|
| タマネギ | 2 | 4 | 16 | 1,109 |
| カボチャ | 31 | 33 | 37 | 265 |
| ブロッコリー | 22 | 31 | 46 | 84 |
| アスパラガス | 35 | 40 | 44 | 27 |
| ニンジン | 0 | 1 | 3 | 658 |
| ニンニク | 16 | 32 | 23 | 34 |
| キャベツ | 0 | 1 | 1 | 1,510 |
| エンドウ | 11 | 13 | 19 | 47 |
| サトイモ・ナガイモなど | 0 | 2 | 6 | 420 |
| ショウガ | 25 | 36 | 38 | 47 |
| メロン・スイカ | 2 | 2 | 3 | 1,052 |

資料：国内生産量は、「野菜生産出荷統計」(農林水産省統計情報部)および「野菜生産状況表式調査」(農林水産省野菜振興課)

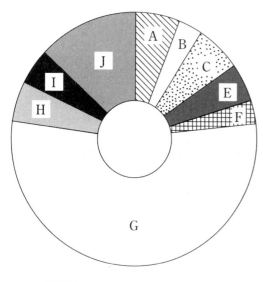

| | | | |
|---|---|---|---|
| A | | 韓国 | 6.2% |
| B | | 中国 | 3.1% |
| C | | 台湾 | 5.6% |
| D | | ベトナム | 0.3% |
| E | | タイ | 5.1% |
| F | | フィリピン | 3.1% |
| G | | アメリカ | 53.5% |
| H | | チリ | 5.0% |
| I | | オーストラリア | 5.1% |
| J | | ニュージーランド | 12.9% |
| K | | トンガ | 0.1% |

第1図 平成7年産タマネギ国別輸入実績

は、「機械化一貫体系による生産体制の確立」以外に解決の道はないとの認識で一致している。平成4年から本格的に研究を始めているが、その主要成果を紹介する。

## 2. 機械化栽培の特徴・作業体系とねらい

### ①生産から販売までの「機械化システム」として開発

タマネギ産地の今後は、安定生産と安定供給（年間量、月間量）を実行することが使命である。その手段として、生産から販売までを「機械化システム」として開発し、普及することを前提に、現地の圃場（75m×65m≒50a）を2か所借用して研究実践している。農機具メーカーをはじめ、国県の行政および生産者団体（JAグループ）と一体となって開発したものであり、各関係機関や協力者の皆様には感謝している。

ここに紹介する機械化一貫体系技術は、根の切断（商品化段階での根切り作業）機が未完成ながら、システムとしては第2図にしめすように、種子（コーティング種子の2Lサイズ使用）～播種～育苗～定植～追肥～土入れ防除～根切り（うね内）～収穫～運搬～乾燥～選別～出荷（貯蔵）までの各作業を機械化して、できる限り人力を使用しないで物の流れがスムーズにいくことをねらいとして考えた「機械化一貫体系技術」である。最後は周年出荷できる貯蔵技術との組合わせによる、「タマネギ全自動立体物流センター」構想までをもねらいとしている。

### ②作業機の内容

現在実用化段階で普及しているものとしては、育苗の全自動播種機（448穴のプラスチックトレーに1粒まき）、全自動移植機（4条）、乗用管理機（施肥、防除、土入れ、中耕）、根切り機（収穫前のうね内）、全自動収穫機（茎葉は切断）、圃場内運搬機、全自動乾燥機、全自動選果選別機、冷蔵貯蔵庫などである。球の根切り機、マルチ栽培用の移植機や収穫機、吊り玉用の結束機などは、今後開発がぜひ必要な作業機である。

### ③物流最小単位は300kg

現在の産地の物流単位としては、20kgコンテ

機械化一貫栽培（セル成型苗移植栽培）

ナーが主流になっており，まずこの物流単位でのシステム化を完成させている。問題としては，10a収量水準を5tにすれば，10aの必要コンテナー数は250個とものすごい量になり，栽培面積や産地規模を考えた場合問題である。

したがって，物流最小単位として現在考えて実験中なのが，300kgコンテナーによる収穫・運搬・乾燥である。

その理由は，農家の手持ちトラックは軽トラックが非常に多く，積載量が350kgまでであること，また，中型トラクター（30PS前後）の部品強度限界は400kgで設計されていることで，したがって当面の目標物流単位を300kgと定めている。

近い将来は，各生産手段が大型化する可能性が強いと思われるが，300kgでシステム化が成功すれば，400〜1000kgまでの対応は応用技術でカバーできるものと考えている。

## 3. 作型での生かし方

タマネギの機械化適応の作型としては，マルチ栽培以外のものであれば，機械移植ができるので早生，中生，晩生品種を用いる作型ならば十分適応ができる。

一般的に極早生，早生品種はマルチ栽培が多いので適応しにくい。しかし，最近の白石分場での試験では，極早生品種のプレスト3，T-357（スパート）で，露地栽培なので収穫期は遅くなるが，十分機械収穫ができることが判明している。移植機および収穫機の利用拡大と栽培の規模拡大の両面から非常に有利な作型と考えており，今後の普及が待たれるところである。

現在の品種は，F₁品種へ，球形は丸型へ，茎葉は立性へ，耐病性，耐候性が強い方向へと育

| 作業体系 | 機械化 | 問題点 | 解決課題 |
|---|---|---|---|
| 種子準備 | コート種子 | 値段が高い | 品種選定が制限 |
| 床土準備 | ネギ類培土 | メーカー間差 | 専用培土を作成 |
| 苗床作成 | トレー・ポット | 規格化 | 水稲箱苗と兼用 |
| 播種 | 全自動播種機 | 発芽率と揃い | 種子の品質アップ |
| 苗取り | 苗とりはなし | 運搬手段 | トレー専用運搬 |
| 定植 | 全自動定植機 | 圃場の整地 | 小苗なので早植え |
| 追肥土入れ・防除 | 乗用管理機 | 水稲・麦と共用 | 共同利用の損益面積 |
| 根切り | 根切り機 | 雨天・土壌水分 | 圃場の乾燥・排水促進 |
| 収穫 | 全自動収穫機 | 雨天・土壌水分 | 圃場の乾燥・排水促進 |
| 運搬 | 大型コンテナー | 運搬手段 | リフト・ローダー型 |
| 乾燥 | 全自動乾燥機 | 短時間乾燥 | オートドライ庫の設置 |
| 葉切り | 自動葉根切り機 | 手作業／補助 | 選別機に併設／根切り |
| 根切り | 〃【未完成】 | 手作業／補助 | 収穫機に併設／最大解個別に利用／決課題 |
| 選果選別 | 全自動選果機・場（オニオンセンター） | 根付きの出荷 | 乾燥前自家予備選別 |
| 貯蔵 | 冷蔵・CA貯蔵 | 周年計画販売 | 無人貯蔵センター設置 |
| 出荷 | タマネギ全自動立体物流センター | マルチ定植機・収穫機がない | |

第2図　タマネギの機械化一貫体系と問題点

（松尾　1995）

種目標がとられており，従来のように極早生，早生は球じまりが軟らかく，偏平球が多かった時代とは異なっている。第3表の極早生（4月収穫），第4表の早生品種の作型でも，傷玉率は1.5%内外である。

全作型に共通した問題は，全自動移植機は作型で問題はないが，全自動収穫機では，茎葉が倒伏して2〜3日後や，茎葉が萎ちょうする前（水分減少の多くなる前）に収穫しなければ，茎葉の切断が設定長より長くなって精度が非常に劣ってくる傾向が認められることである（第3表のプレスト3の結果を参照）。

したがって，機械収穫では全作型で，茎葉切

各作型の基本技術と生理

**第3表** 機械収穫タマネギの葉鞘長(極早生品種)

(1994)

| 品　種 | 葉鞘長の割合と損傷球発生 | | | | | 平均葉鞘長 (cm) | 傷球割合 (%) |
|---|---|---|---|---|---|---|---|
| | 1〜5cm (%) | 6〜10 (%) | 11〜15 (%) | 16〜20 (%) | 20〜 (%) | | |
| プレスト3 | 1.0 | 25.0 | 25.0 | 19.0 | 32.0 | 16.4 | 1.5 |
| T-357 | 83.8 | 10.8 | 2.9 | 1.3 | 1.2 | 4.7 | 1.8 |

**第4表** 機械収穫時の葉鞘長と損傷球の発生(早生品種)

(1994〜95)

| 収穫日[a] | 収穫時期 (下葉の黄化程度) | 収量 (kg/10a) | 葉鞘長の割合 (%)[b] | | | | | 損傷球 (%) |
|---|---|---|---|---|---|---|---|---|
| | | | 1〜5cm | 6〜10cm | 11〜15cm | 16〜20cm | 20cm〜 | |
| H6.5.17 | 適期(少) | 459.4 | 65.4 | 13.3 | 9.2 | 6.3 | 6.3 | 1.7 |
| H7.5.17 | 遅い(中〜多) | 560.2 | 25.6 | 27.5 | 9.4 | 4.4 | 33.1 | 1.2 |

注　a) 供試品種　平成6年：七宝早生2号　平成7年：七宝早生7号
　　b) 葉鞘長切断の設定は5cm

| 作業体系 | 機械名、資材名 | 能力、必要量 | 改良点 |
|---|---|---|---|
| 種子準備 | コーティング種子 | 30,000粒/10a | 優良品種数を制限 |
| ↓ 床土入れ | 全自動床土詰機LSPA-6 | 20kg入り7袋/10a | 実際は7袋以上必要 |
| ↓ 苗床作成 | 育苗床1.8×11m/10a用 | 448穴66枚/10a (ポット-448使用) | ポット箱の4隅の補強 |
| ↓ 播種 | 全自動播種機OSE-30 | 370箱/時間 | 1穴2粒は種の場合あり |
| ↓ 苗取り | 専用運搬台 | | トラック専用多量運搬 (TB-1処理安定化) |
| ↓ 定植 | 全自動定植機OP-41 | 4条植え90分/10a | 植付け後の押えを強く |
| ↓ 施肥培土中耕 防除 | 乗用管理機JK-11 | 4条1畦方式30分/10a 〃 5畦方式10分/10a | 共同利用損益面積8ha以上 |
| ↓ 根切り | 根切り機KO-140 | 4条1畦方式10分/10a | 球の直下の切断機開発 |
| ↓ 収穫 | 全自動収穫機TH-1000 | 180分/10a | 葉切りの向上300kg用開発 |
| ↓ 運搬 | 運搬車 (リフト型バケット型) BFC-500 CTB-2535 パレットホークGPFH320 | 20kg入り30分/10a | 300kgコンテナ運搬用の開発 |
| ↓ 乾燥 | 全自動乾燥機 VDR (オートラックドライヤー) | 600kg入り5〜6時間乾燥24時間稼働 | 詰め替え無しの乾燥法式 |
| ↓ 葉切り | 自動葉根切り機NOT114H | 2,700〜3,000kg/時 | 収穫直後の能率向上 |
| ↓ 根切り | 未完成 全自動里芋毛羽取り機？ 個人の手作業 | | 非常に機械化が困難 |
| ↓ 選果選別 | 全自動選果機(オニオンセンター) | 16t/時 120t/日 | 根付きの出荷 |
| ↓ 貯蔵 | 冷蔵庫　CA貯蔵庫⇒　周年計画販売⇐単価と貯蔵コストの関係 | | |
| ↓ 出荷 | ロボット式無人タマネギ 立体物流貯蔵センター⇒⇒ | 機械利用の集団栽培管理方式の生産 集団長期貯蔵システム方式の品質管理 | |

**第3図** タマネギ機械化一貫体系の機種名と改善点

(松尾　1996)

断の精度の点については手収穫より収穫適期の幅が狭いことになる。

この収穫遅れ(そのほうが収量が多くなる)による葉鞘切断の低下については，現在ハードの面から改良を行なっているので，近い将来は問題ないものと考えている。

また傷玉の発生についても，鉄製コンベアのプラスチック化やゴムカバー取付けなどの改良を行ない，どんな品種の栽培・作型にも十分適用できる全自動収穫機が出現するのも近いと考えている。

### 4. 機械の導入条件と生かし方

タマネギの栽培は，佐賀県では昭和35年前後から始まり，水田転作を契機に産地化し，現在2000haになっている。

しかし個人の経営規模は平均50〜60a，最大規模は2〜3haである。この農家規模でのタマネギ機械は，半自動移植機(4人乗り4条植え)，マルチャー，トラクター，運搬車などで収穫機は共同利用の場合が多い。

「タマネギ機械化一貫体系」の機種名と改善点について，第3図にしめしたが，実用化段階としては，播種機，移植機は「みのる」，乗用管理機は「ヰセキ」，根切り機は「サン機工」，収穫機は「クボタ」，運搬車は「文明農機」「クボタ」，全自動乾燥機は「サタケ」の各メーカーを中心に実験を行なってきたが，

# 機械化一貫栽培(セル成型苗移植栽培)

いずれも高価格(200〜400万円)なので共同利用を前提として考えている。

第5表に、移植機と収穫機の利用規模の試算(佐賀県特定高性能農業機械導入計画、平成6年3月)をしめした。これによれば利用下限面積は1.5〜2.0haとなっているが、この作業機の運転前後に相当の作業量が実際には存在するので、現地実用化の段階では約2倍の4haを1台当たりの利用面積に設定するよう指導を行なっている。

また乗用管理機については、第4図に、タマネギ＋水稲との共有作業機として導入した場合の損益分岐点を例示している。

この場合水稲2haでは、タマネギ4ha、水稲4haの場合はタマネギ3haとなっており、一応の目標面積としては前出の機械同様に4haを基準にできる。乗用管理機の利用については、防除、追肥、土入れ、中耕、培土、元肥施肥、定植後の葉面散水などの作業時間が10a 8〜10分間であることから、おおよそ10〜15ha規模のタマネギを1台で管理できるものと思われる。

このように考えた場合は、やはり個人経営として導入することは無理であり、法人か共同で導入する方法が適切である。行政の補助事業の受入資格や導入効果から見ても、今後はタマネギ栽培集団としての活動が必要になってくるので、各産地の農協では、共同育苗、共同移植、共同収穫、運搬、共同乾燥、一次貯蔵による出荷調整、冷蔵による長期販売などを含めた、総合的物流システムとして対応すべき時代が到来しつつある。逆にいえば、タマネギ栽培や商品管理の点において、個人対応としては限界が近づきつつあるのが現状である。

タマネギの栽培は、マルチ利用の生産面積も多く、この場合は作業機がないのでほとんどが手作業となる。したがって作型の分化同様に、個人管理としてはマルチ栽培が考えられ、共同や集団管理としては「機械化一貫体系」による露地栽培が考えられる。

第5表 機械利用規模の計算基礎
(佐賀県1994)

| 農業機械名 | タマネギ移植機(全自動) | タマネギ収穫機 |
|---|---|---|
| 種別 | 4条 | 掘取り幅 100cm |
| 地域 | 全域 | 全域 |
| 作業期間(月/日〜月/日) | 12/6〜12/17 (12) | 5/25〜6/10 (17) |
| 限界降雨量(当日,前日,前々日mm)(作業可能日数率%) | 3, 10, 20 (69.0) | 5, 10, 20 (42.9) |
| 作業時間(時間/日) | 8 | 8 |
| 実作業率(%) | 70 | 70 |
| 作業能率(分/10a) | 122.1 | 144.3 |
| 圃場作業効率 | 65% | 70% |
| 作業幅(穀粒流量) | 1.4m | 1.5m |
| (10a散布量)作業速度(毎時吐出量) | 0.15m/s | 0.11m/s |
| 作業可能面積 | 2.3ha | 1.8ha |
| 購入価格(円)(負担率,年間利用時間) | タマネギ移植機 2,914,000(100%) | タマネギ収穫機 2,878,000(100%) |
| 年間固定費(円) | 764,755 | 762,685 |
| 作業人員(人) | 2 | 1 |
| 燃料消費量(l/hr) | ガソリン 1.0 | 軽油 2.2 |
| 10a当たり変動費(円) | 7,573 | 4,739 |
| 10a当たり利用経費(円) | 45,811 | 55,585 |
| 下限面積(ha) | 2.0 | 1.5 |

この二極化の中で、主産地の農協がどの作業部分を担当するのか、またはできるのかを判断し、投資効果を最大に発揮できる組織と投資対照項目を整理して、システムが機能するように人材育成、技術習得、オペレータの養成などを計画的に実行してゆくのが、これから安定供給できる責任産地としての責務である。

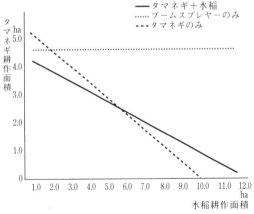

第4図 乗用管理機の管理面積と損益分岐試算例
(1995)

外国産のタマネギ（主にアメリカ）との競争の中で，価格の安定は安定供給を実施し，安定供給の手段として，集団や大規模での機械化栽培と収穫物の集団管理を実施してゆく。そのためには，物流システムとしてタマネギ生産技術をとらえ，商工業，製造や流通など他産業の技術も幅広く導入する必要がある。

タマネギの機械化一貫体系技術は，タマネギ栽培が非常に楽になることが目的ではなく，国内の消費量を国産タマネギで供給し，対外競争に負けない，儲かる産業として成長していくために利用していただきたい。

## II 栽培の要点

### 1. セル成型（ポット）苗の苗質と育苗のポイント

#### ①セル苗の特徴

従来の育苗では，手まき，シードテープ，播種機などで10a 4dl播種して，発芽後1～2回間引きし，55～60日育苗して葉数3.5枚，草丈35～40cm，1本重4～7gの苗を定植してきた。

セル成型（ポット）苗は，セルの大きさが水稲の育苗箱（長さ619mm，幅315mm，高さ25mm）の大きさに448穴あり，1穴の直径は上が16mm，下が13mmの小さいポット状で，コーティングした種子を1粒まきで行なう。初期の段階では生育が遅いが，肥料を十分に吸収する生育後半は生育が早くなる。

しかし，1株当たりの土の量が少なく，培地が乾燥するために，一定の大きさになるまでは，慣行育苗に対して時間がかかり，周到な管理が要求される。

苗質のちがいは，1本重が小さく，草丈，葉数も慣行育苗法に対して小さい。それは育苗中の葉鞘径が小さく，移植機で移植する前に，雨や灌水のたびに苗が倒れるのを防ぐ（むれ苗防止，下葉枯れ防止）ために，葉先を切って短くする剪葉を行なうからである。

#### ②育苗のポイント

育苗中は，葉の色が淡くなれば追肥を行ない，決して肥料切れをさせないことが大切である。

次にセル苗で重要なことは，定植2週間くらい前に灌水を中止し，ハウスかトンネルをかけて雨よけし，ポット内を乾燥させることである。これは，タマネギは育苗日数に関係なく根鉢（ルートマット）を形成しないため，固結剤（TB－1）処理（第5図参照）して人工的に根鉢がくずれないように皮膜を形成させなければならないからである。この処理は，培土が乾燥していない場合は失敗が多く，移植機による作業ができないことになる。

苗は，若苗ほど定植後の活着がよく，早く植えた場合が耐寒性も強いので，老化苗は定植しないように努める。

苗の質と生産力などについては，今後の研究に待たなければならないが，葉鞘茎部（球になる部分）の肥大した苗は生産力が劣るようである。肥大する原因はいろいろあるが，生育が停滞することが一番危険なことである。

### 2. 定植精度と左右する条件

タマネギ全自動移植機（みのるOP－41）では，植付け精度は下記の条件で左右される。
1）定植圃場の畦表層の土が大きい場合
2）定植圃場の土壌水分が高すぎる場合
3）畦表面の凹凸が大きい場合
4）セル成型（ポット）培土の固結がない
5）苗が小さすぎる場合
6）苗が大きすぎる場合
7）下葉の枯れ葉が多くセル（ポット）表面に固着している場合（TB－1処理後）
8）畦の中に稲わらや未熟有機物が多い場合
9）苗の生育が不揃い（苗立ち率）の場合

以上が左右される主な要因であるが，機械移植には，圃場の排水性，土質，うね立て作業の細土化なども考慮して定植準備を行なうことが大切である。

機械化一貫栽培（セル成型苗移植栽培）

### 3. 初期生育の確保

機械移植されたタマネギの生育経過の特徴は，定植後から4月上旬までの生育が，手植えや半自動機械植えに対して劣っている点である。

しかし，第6表にしめすように，4月下旬〜収穫期にかけて生育は回復し，収量では大差ない状態となる。

この初期生育の低下を防止すべき技術が必要であり，次の事項が考えられるので，今後研究を重ねて，機械移植のほうが多収になる技術を完成させたい。
1) 播種期の早まき限界はいつか（大苗育成）
2) 定植期の早植え限界はいつか（秋に生育）
3) 定植後早期追肥の実施
4) 定植後の灌水
5) 栄養素の葉面散布

逆に減収となる要因は，以下の事項が多い。
1) 早まき遅植えによる老化苗の移植
2) 定植期の遅れ（遅植え限界は12月中旬）
3) 圃場の土壌水分が多いときにうね立てを実施
4) 定植後の降雨がなく乾燥した場合
5) 活着不良による寒害

いずれにしても，4月上旬までに葉数分化を多くさせ，その後の葉面積の確保が十分にできれば，手植えに負けない球の肥大を確保することができるはずである。

### 4. 圃場条件と定植後の生育

機械移植の苗は，手植えに比べて小さいのが欠点でもあり特徴でもあるが，小さい苗だけに定植後の土壌管理や肥培管理に非常に左右されやすい。

水稲後作の場合は，特に耕起の段階から砕土に注意して，できるだけ大きな土や大きな孔隙ができないように，ていねいにうね立て作業を行なうことが大切である。

有機物の稲わらが多く，稲の刈高が高いと移植機の溝切り，覆土の段階で精度が低下し，活着阻害やころび苗の定植となる場合が多い。

これらは，定植後の生育も悪くなりやすく，

第5図　タマネギセル成型（ポット）苗

機械化のための圃場整備（1区画が大きいこと，排水促進の暗きょ施行）も機械化栽培の普及には非常に大切な要素である。

土が固く，湿った状態で耕起して再び乾燥した場合は，重粘土壌では手植えのタマネギともども生育不良になるので，耕うん，うね立て作業は，経験者の意見を十分に参考にして取り組むことが成功のカギでもある。

第6表　定植方法と生育経過と収量（品種：もみじ3号）
(1993)

| 調査日 | 草丈(cm) | | 葉数(枚) | | 全重(g) | | 球重(g) | |
|---|---|---|---|---|---|---|---|---|
| | 手植 | 機植 | 手植 | 機植 | 手植 | 機植 | 手植 | 機植 |
| 2/ 3 | 31.4 | 24.0 | 3.5 | 3.1 | 9.3 | 6.3 | | |
| 3/ 4 | 31.0 | 31.9 | 3.9 | 3.5 | 19.0 | 14.8 | | |
| 4/ 6 | 54.0 | 52.9 | 6.9 | 6.0 | 74.1 | 61.0 | | |
| 4/27 | 71.6 | 71.3 | 8.8 | 8.0 | 176.6 | 186.8 | | |
| 5/13 | 77.6 | 76.6 | 8.9 | 8.7 | 295.0 | 270.0 | 126.9 | 109.2 |
| 6/ 3 | 60.2 | 71.6 | 1.6 | 5.9 | 256.0 | 277.9 | 222.0 | 240.0 |

注　播種日：1992年9月22日，定植11月17日

第7表　定植時の苗質
（もみじ3号，1992年9月22日播種，11月17日調査）

| | 草丈(cm) | 葉数(枚) | 葉鞘径(mm) | 苗重(g) |
|---|---|---|---|---|
| 手植え | 46.0 | 3.6 | 5.4 | 7.0 |
| 機械 | 30.3 | 2.4 | 3.4 | 2.7 |

# III 機械化栽培の実際

## 1. セル成型苗の育苗

### ①セルトレイ，種子，用土の準備

タマネギのセル成型トレイは，全自動移植機（M社OP-41）専用のトレイで，第6図にしめすように，水稲の中苗移植用トレイと同一規格のもので，水稲，タマネギとの兼用もできる（写真はすでに1粒播種した状態）。

種子は，高発芽率のものだけで1粒ずつコーティングされた2Lサイズ（径3.5mm）のものを用い，培土はネギ専用培土（市販品）を使用する。10a当たりの必要数量は，うね幅145cm，株間10cmの水稲後作の場合に，種子量3万粒（1万粒単位で販売），トレイ数66枚，ネギ専用培土7袋を準備する。

### ②播　種

全自動播種機（M社OSE-30）と培土供給コンベア（M社LSPA6）の組合わせ（第7図）を用いて培土詰めから播種，覆土までを1時間に310（50Hz）～370（60～Hz）トレイ（46a～56a分の苗）まくことができる。

播種作業は，非常に能率がよいので事前に箱を並べる苗床を作成しておく必要がある。

### ③苗床の準備

この苗床は，当然表層を中心に前もって施肥しておき，発芽後根の伸長とともにトレイ底から苗床へ発根し，養水分を吸収して成長してゆく。

苗床の作成は，石灰類をm²当たり80～100g施用してpHを6.5程度に保つ。施肥量はm²当たり成分量でN20～25g，$P_2O_5$30g，$K_2O$20g程度を散布して浅めに耕うんし，畦の上（床幅）を140cmにうね立てを行なう。

畦表面は，水平に作成し表土は小さいほど良く，できれば苗床場所は雨よけハウス内が望ましい。それは移植1日前のTB-1（固結剤）処理が安定するように，トレイ内の水分を蒸発させて乾燥状態にしなければならないためである。雨よけハウスでなければ，移植2週間前からビニールトンネルで雨よけができるように準備し，苗床は12m程度作成する。

播種されたトレイは苗床へ並べるが，10a分の66トレイの育苗には，他に根切りネット11m，アルミシート（遮光資材）11mが必要である。第8図のように苗床へ根切りネット（苗床内への必要以上の発根を防止する）を敷いた後に十分灌水を行なう。

### ④セルトレイの苗床への設置

その後トレイを並べて踏み板（幅1m×長さ1.5m内外）をトレイの上に置いて強く踏んでセル穴と土をできるだけ密着させる。

もし苗床とトレイの間に隙間ができれば灌水むら，乾燥むらの原因となり，発芽不良や生育むらが起こる。

並べ終わったら，細目の園芸用ノズルでトレ

第6図　セル成型トレイ（448穴，水稲タマネギ兼用）
コーティング種子1穴1粒播種状態

第7図　全自動播種機＋培土供給コンベアのセット

イ当たり800〜1000mlの灌水を行ない，不織布（ラブシートなど約11m）を敷いてアルミシート（アルミ蒸着フィルムなど）で被覆する。

この場合，周囲から脱水して培土が乾燥するのを防ぐために，4方向すべてを土や木材，パイプで押え，完全に密閉状態とする（第9図）。

⑤発芽から定植までの管理

発芽まで7〜8日間かかるが，80％以上発芽した夕方にアルミのシートを除去し，軽く播種時同様に細い水滴で灌水する。

発芽後の管理は，葉色をみてややうすい濃度の液肥を数回追肥し，葉が倒れ込んできたら葉先を剪葉して，曲がった苗はつくらないように努める（光線透過，通風促進）。

移植までの育苗日数は45〜50日で，苗の大きさは，葉数2.5〜3.0枚，草丈15〜20cm程度である。移植2週間前に雨よけ状態として灌水を中止し，根鉢の部分を乾燥させる。

第10図のようにトンネルをかけてフィルムを被覆し，換気のためすそを両方20cm程度すかしておく。晴天の昼間は除去して夕方から朝まで被覆する方法が得策である。絶対に雨は入れてはならない。土壌水分が多いと，TB－1を処理しても根鉢が固まらないので，全自動移植機の苗取り出し段階で根鉢の土が崩れ，まったく移植ができない。

第5図のように，根鉢の周囲にTB－1の皮膜ができれば移植が非常にうまくできる。

⑥根鉢の固結化（TB－1処理）

根鉢の固結化の方法（TB－1処理）は，以下のとおりである。

1）水15*l*にTB－1 113g（0.75％液）を少量の水で少量ずつ溶かし，1夜放置する。

2）気温の低い冬は，水温を25〜30℃に温めて溶かす。水温が低いと溶けにくい。

3）完全に溶けたことを確認して，使用前に浸透剤15mlを加えよく撹拌する。

4）移植数日前に苗の草丈を20cm前後に剪葉しておき，移植前日にTB－1溶液にトレイごと静かに浸漬する。

5）浸漬は，根鉢内の空気を追い出し，培土にむらなくTB－1溶液が充満しなければ引きあげ

第8図　セル成型トレイに播種後，苗床へ並べ，踏込み後灌水する（苗床の状態）

第9図　苗床へトレイを並べ灌水後にアルミシート被覆。四方向を完全に押えること（土）が大切である。

第10図　育苗床での移植前のトンネル被覆による雨よけ（日中は除去して夜間は被覆する―雨を入れない）

てはならない。

6）処理後，数時間経過（外にトレイを並べる）した後に，苗を1株手で引き抜き，根鉢が乾燥して皮膜が完成し，根鉢が崩れなければ移植ができる（この間約半日）。

注意すべきは，移植前に苗床全体が乾燥する必要があるので，苗床の排水を促進しておくことである。

非常にデリケートなTB-1処理については，将来なくす方向で現在研究中であり，その方法としてはベンチ育苗による根鉢の形成促進，また処理の簡略化としてシャワー方式も研究中である。

## 2. 畑の準備と定植

### ①耕うん，うね立て

機械移植の最大のポイントは，うねりを手植えよりていねいに行なうことである。第11図のように，稲の刈株や雑草，稲わらなどの粗大有機物が畦の表面に出ないようにすることである。そのためには，トラクターの運転速度を最低にし，リッジャーを使用して耕うん，うね立てを一行程で行なう方法もある。

第11図 ロータリー新型（46～48本爪）によるうね立て後の状態（機械移植用）

第12図 M社（OP-41）の全自動タマネギ移植機（4条植え）

重粘土地帯の水稲跡地でのうね立て作業は，土壌水分の適度なときに耕うんしないと土が小さくならず，定植はもちろんのこと定植後も生育不良となるトラブルが多発しやすくなる。農機具メーカーでも研究が進み，トラクターのロータリー爪数を46～48本と通常より多くし，水分の多い土壌でも十分機械移植ができるうね立て方式が開発されてきた。

### ②機械移植

全自動移植機は，M社のOP-41による歩行型4条植え（第12図）で，その作業性能と作業時間および半自動移植機との比較は第8～9表のとおりである。移植時間は，現在はオペレータや育苗，TB-1処理が慣れたこともあって10a70～90分で終わっている。

小苗の定植なので，若苗を手植えより早めに植え付け，植付け後の灌水で非常に活着が良く，その後の生育も良好である。

## 3. 追肥，中耕，土入れ，防除

生育中の管理については，使用機械を乗用管理機（I社JK-11）中心にそれぞれの作業用アタッチメントの組合わせで十分対応ができる。

追肥＋中耕＋カルチ（土入れ）は，第13図の

第8表　全自動移植機の作業性能と能率
(10a)(1991)

| 作業速度 | 0.15m/sec(0.14～0.23) |
|---|---|
| 条　　間 | 27.4cm |
| 株　　間 | 9.3cm(設定8.9cm) |
| 植付深さ | 3.4cm(設定3.0cm) |
| 作業時間 | 111分(100.0%) |
| 　植付け | 61　(55.0) |
| 　苗補給 | 20　(18.0) |
| 　旋　回 | 13　(11.7) |
| 　調　整 | 17　(15.3) |

注　M社OP-41

第9表　タマネギ移植機労力比較
(1993)

| 方式 | 半自動 | 全自動 |
|---|---|---|
| 型式 | D社　4条 | M社　4条 |
| 所用 | 10人 | 2人 |
| 組人員 | 移植機5人 | 移植機1人 |
|  | 苗取り運搬5人 | 苗補給1人 |
| 労力 | 39 | 2～3 |
| (人時/10a) |  |  |
| 移植機能率 | 40a/日 | 70a/日 |

ように1行程10a10〜15分間ででき，中耕や土入れは寒害防止や乾燥防止，雑草防除，根群発達のために役立ち，人力ではとてもできない管理作業である。

追肥は，機械植えは，冬季の生育が劣りやすいので早め（定植後1か月以内，1月下旬まで）に，2回目を2月末〜3月初めに行なう（成分量の合計はN25，P30，K20kg）。

施肥量や追肥量は，現在は手植えと同等に行なっているが，追肥回数は多くしなければならないと思われる。こうした，機械移植による多収穫のための栽培法を今後研究する予定である。

2回の中耕，土入れによって，球肥大時に太陽光線が直接球表面に当たらないので，球上半部の緑玉化が防止できる。そのため，表皮が厚くなり皮がむけにくい，色の濃い，高品質のタマネギ生産が可能となった。これは，機械化一貫体系でなければできない管理である。

最近は，ライスセンターやカントリーエレベーターから排出される籾がらが問題となっているが，これを追肥前に表面散布することによって，土壌物理性の改善効果が大きい。施用時期や施用量の究明が残されているが，収穫機の運転が非常に楽にできることもメリットである。

病虫害防除や雑草防除の除草剤散布については，第14図のとおり乗用管理機にブームスプレヤーをセットし，1回で5畦同時に防除や散布ができる。10aの作業時間は7〜8分間で終わるが，容量300$l$入りのタンクに水を入れる時間が10分程度必要である。

防除時の薬剤付着の状態は，風の強さに左右されるが，ノズルの高さを畦上1m，ノズルの角度を交互に45°傾けることによって倒れている葉の裏側にもかなり付着が認められる。

この乗用管理機は，水稲，大豆，麦作にも使えるので，タマネギ専用としての利用は考えずに，高度利用する方法で導入すべきであり，うね立て同時マルチなどにも利用できる。

### 4. 根切りおよび収穫と運搬

#### ①根切り

品種によって収穫時期が決まるが，いずれの

第13図　乗用管理機（JK-11）による追肥，中耕，土入れ

第14図　乗用管理機による薬剤散布（ブームスプレヤー）

品種でも倒伏後3〜4日目に根切り作業を行なう。根切り機（S社KO-140）は板状の鉄製で，第15図のとおり，畦内の球の下側を畦全体切断するが，根は完全には切れないのでかなりの部分が残っている。北海道産のタマネギは，根の付着が非常に少ないが，春どりタマネギの機械移植したものは特に根が多いのが特徴である。

根切り作業による傷玉の発生は，第10表にしめすとおり6〜7％であり，回数を増やせば収穫機の能率は向上するが，傷玉も多くなる。

土壌が膨軟であれば根切りの必要性もない場合もあり，茎葉の乾燥促進や収穫期の能率などにメリットが見られるが，作業精度の向上が課題である。

#### ②収穫作業

収穫は，全自動収穫機（K社TH-1000）で行なうが，第16図のとおりオペレーターとコンテナー取替えの2人以上の組作業となる。

その作業性能は第11表のように10a3時間程度

## 各作型の基本技術と生理

第15図　収穫前の畦内根切り作業

**第10表　根切り機使用回数による傷球割合（％）**

| 傷の程度 | 1回 | 2回 | 3回 |
|---|---|---|---|
| 少 | 3.0 | 5.0 | 7.0 |
| 中 | 2.0 | 1.0 | 3.0 |
| 甚 | 2.0 | 0.0 | 3.0 |

注　品種：ターザン，根切り月日：5月30日，6月1日，6月3日（1994）

第16図　全自動収穫機（TH-1000）七宝早生7号の収穫

**第11表　全自動収穫機の作業性能（1992）**

| 項　目 | 性　能 |
|---|---|
| 作業速度 | 1速-0.04m/s |
|  | 2速-0.12m/s |
| 根切り深さ | 12.0cm |
| 作業幅 | 143.4cm |
| 有効作業幅 | 104.4cm |
| 作業能率 | 189.1分/10a |
| 実作業時間 | 100.7分/10a |
| 有効作業効率 | 53.3% |

注　K社TH-1000

で，根切りや圃場条件が良ければ2時間（2速）でできる場合もある。手収穫と比較すれば4～6倍の能率（第12表）であり，機械収穫の品種別作業結果は第13表のように，早生から晩生まで傷玉率は1～2％程度であった。

しかし，茎葉切断の精度は5cmに設定したが，葉鞘長が5cm以上のものがかなり多く，切断精度は問題である。

20kgコンテナー利用の場合は，出荷前に切りもどす作業を行なっているのが現状で，ハサミで首と根を切り捨てて選果場へ持ち込む方法をとっている。

収穫有効幅が約105cmで設計，製造されているため，全自動移植機や根切り機，うね立て，乗用管理機などもすべてこの幅を基準に統一している。うねつくりから4条機械植えの植栽方法は第17図のとおりで，タマネギの球径が最大10cmになっても，収穫機の幅からはみ出さないように決めている。もし手植えを機械収穫する場合も，この条件を守らなければ収穫機の両端の刃で球が切断され商品価値がなくなる。

### ③収穫後の運搬

収穫後の運搬（圃場から農道のトラックまで）については，リフト型（第18図）とフロントロ

**第12表　全自動収穫機と手作業の比較**

| 機種名 | 実作業時間（10a当たり） | 備考 |
|---|---|---|
| クボタTH-1000 | 1時間40分 | 掘取りのみ |
| 手　収　穫 | 12時間 | （参考）統計協会 |

**第13表　品種別の収穫機の作業性能**

早生品種　七宝早生7号　5月17日　（1995）

| 葉鞘長の切断の長さ（％） | | | | | 損傷球の発生（％） | | | |
|---|---|---|---|---|---|---|---|---|
| 1～5cm | 5～10cm | 10～15cm | 15～20cm | 20cm～ | 無 | 少 | 中 | 大 |
| 25.6 | 27.5 | 9.4 | 4.4 | 33.1 | 98.8 | 0.0 | 0.6 | 0.6 |

中生品種　ターザン　6月1日

| 葉鞘長の切断の長さ（％） | | | | | 損傷球の発生（％） | | | |
|---|---|---|---|---|---|---|---|---|
| 1～5cm | 5～10cm | 10～15cm | 15～20cm | 20cm～ | 無 | 少 | 中 | 大 |
| 56.0 | 17.5 | 7.0 | 7.5 | 12.0 | 98.0 | 1.0 | 0.5 | 0.5 |

晩生品種　もみじ3号　6月6日

| 葉鞘長の切断の長さ（％） | | | | | 損傷球の発生（％） | | | |
|---|---|---|---|---|---|---|---|---|
| 1～5cm | 5～10cm | 10～15cm | 15～20cm | 20cm～ | 無 | 少 | 中 | 大 |
| 59.0 | 15.5 | 6.0 | 11.5 | 8.0 | 99.0 | 0.0 | 0.0 | 1.0 |

ーダー型（第19図）を考えており，利用条件によって生産者が選択してほしい。

リフト型は，乗用クローラー型で生研機構と民間農機メーカーとで共同開発したもので，パレット利用で最大500kg積載できる。

ローダー型は，トラクターのアタッチメント（K社CTB－2535）方式で，最大360kgまで積載でき，いずれも5.8tの収量を運搬（20kgコンテナーで290個）するのに80〜90分かかった。

20kgを最小単位にすれば，ものすごいコンテナー数の取扱いが必要になるが，300kgを最小単位として運搬すれば，約30分で終わる（第20図）ことがわかった。6tの収量で20個運搬すればよく，15分の1の取扱数となる。

## 5. 乾燥と貯蔵

トラックに積み込んだタマネギは，全自動乾燥機（S社VDRオートラックドライヤー）のある乾燥，貯蔵，選別のできる施設へ運ぶことになる。第21図は全自動乾燥機（長崎県JA諫早市）で，ロボット（スタッカークレーン方式）による24時間運転の乾燥施設である。ラックは，600kg入りで温度38℃，湿度約40％，乾燥時間5〜6時間で選果できる状態になる。

除湿通風乾燥機による極早生，早生，中生，晩生品種の乾燥試験に平成3年から取り組んだ結果から生まれた施設である。

第14表に七宝早生7号の機械収穫後の乾燥経過をしめしたが，5月中旬のコンクリート床での乾燥場所では，除湿でも通風のみでもあまり差が認められない。しかし静置に比較すれば乾燥速度はかなり早く，減量率が1％以上になる4時〜5時間の乾燥で選果機にかけられる状態に表皮は乾燥する。

極早生のT－357，中生のターザン，晩生のもみじ3号も同様の結果で，長期販売する品種ほど5時間以上乾燥したほうがよい。

タマネギで乾燥しにくい場所は，葉鞘とその切断面であり，葉鞘が長ければ長いほど乾燥に時間がかかる。

乾燥が終了すれば全自動選果機（第22図）で選別して出荷する。機械収穫乾燥は多量処理で

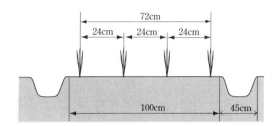

第17図　機械移植，収穫の基準植栽（機械化標準）

第18図　リフト型運搬車（最大500kg積載）

第19図　フロントローダー型運搬車（最大360kg積載）

第20図　300kgコンテナーによる運搬（ゴムクローラ不整地フォークリフト使用）

各作型の基本技術と生理

第21図　全自動乾燥機（オートラックドライヤー）
　　　　600kgタイプ（JA諫早市）

第22図　全自動選果機（形状選果）

きるが，出荷量は日々調整することが多いので，貯蔵技術も大切である。

タマネギの貯蔵は，冷蔵（0～2℃，湿度75％）が一般的であるが，周年出荷のためにはCA貯蔵（環境気体制御貯蔵）の効果が非常に高い。

第15表は機械化一貫体系で生産し乾燥させた，もみじ3号の周年貯蔵結果であるが，酸素1％，炭酸ガス1％の1℃が最も貯蔵条件として適している。しかしCA貯蔵は，イニシャルコストが高いので，単価120～150円のタマネギでの実用化はコストダウンがどこまでできるのか，何年後かに低コストCA貯蔵技術の開発や高単価の青果物と混合貯蔵する方策などで実用化を待つ段階である。

冷蔵のみでは，1～2月に球内萌芽が始まり，尻から発根して尻尖がり球となって商品価値が低下してくるが，発根抑制には酸素レベルが低いほうが効果が高い。

第14表　早生品種の除湿通風乾燥による乾燥経過（七宝早生7号）

(1995)

| 乾燥時間 | 項目 | [除湿通風乾燥機] | | | [通風乾燥機] | [静置] | |
|---|---|---|---|---|---|---|---|
| | | 上 | 下 | 時刻 | | | 時刻 |
| 0時間 | 重量 | 20.04kg | 20.03kg | 14:16スタート | 19.80kg | 20.24kg | 12:15スタート |
| 1時間 | 重量 | 19.95 | 19.94 | 15:16ストップ | 19.73 | 20.21 | 13:15ストップ |
| | 減量 | 0.09kg | 0.09 | 15:45スタート | 0.07 | 0.03 | 13:25スタート |
| | 減量率% | 0.45% | 0.45 | | 0.35 | 0.15 | |
| 2時間 | 重量 | 19.90 | 19.87 | 16:45ストップ | 19.67 | 20.17 | 14:25ストップ |
| | 減量 | 0.14 | 0.16 | 17:05スタート | 0.13 | 0.07 | 14:30スタート |
| | 減量率% | 0.70 | 0.80 | | 0.66 | 0.35 | |
| 3時間 | 重量 | 19.86 | 19.82 | 18:05ストップ | 19.63 | 20.13 | 15:30ストップ |
| | 減量 | 0.18 | 0.21 | 18:35スタート | 0.17 | 0.11 | 15:40スタート |
| | 減量率% | 0.90 | 1.05 | | 0.86 | 0.54 | |
| 4時間 | 重量 | 19.83 | 19.79 | 19:35ストップ | 19.58 | 20.09 | 16:40ストップ |
| | 減量 | 0.21 | 0.24 | 20:00スタート | 0.22 | 0.15 | 16:50スタート |
| | 減量率% | 1.05 | 1.20 | | 1.11 | 0.74 | |
| 5時間 | 重量 | 19.80 | 19.76 | 21:00ストップ | 19.54 | 20.07 | 17:50ストップ |
| | 減量 | 0.24 | 0.27 | | 0.26 | 0.17 | |
| | 減量率% | 1.20 | 1.35 | 翌朝まで静置 | 1.31 | 0.87 | 翌朝まで静置 |
| 翌朝 | 重量 | 19.71 | 19.66 | | 19.41 | 20.00 | |
| 8:40 | 減量 | 0.33 | 0.37 | | 0.39 | 0.24 | |
| 測定 | 減量率% | 1.65 | 1.85 | | 2.00 | 1.19 | |

注　1）乾燥試験日　平成7年5月17日
　　2）栽培場所　杵島郡福富町
　　3）収穫日　平成7年5月17日
　　4）天気　快晴
　　5）乾燥方法　除湿通風乾燥　VDR-3Aにより送風温度を38℃，送風湿度を40％に設定して乾燥を行った。風量比　1.91m$^2$/sec・t 300kgコンテナ利用

第15表 CA貯蔵・温度条件と貯蔵性（処理区はO₂濃度％－CO₂濃度％，1994～1995）

| 調査月日<br>(ほぼ各月10球調査) | 項　目 | A区<br>1－1<br>1℃ | B区<br>5－1<br>1℃ | C区<br>10－1<br>1℃ | D区<br>15－1<br>1℃ | E区<br>フリー<br>2℃ | F区<br>フリー<br>室温 | G区<br>フリー<br>1℃ |
|---|---|---|---|---|---|---|---|---|
| 2月16日 | 腐　敗　球 | 1 | 0 | 1 | 1 | 1 | 0 | 0 |
|  | 萌　芽　球 | 0 | 0 | 0 | 0 | 0 | 9 | 0 |
|  | 球内萌芽長 | 15.6mm | 24.3mm | 20.5mm | 20.5mm | 42.9mm | 萌芽済み | 17.2mm |
|  | 発　根　率a) | 0.0% | 50.0% | 70.0% | 70.0% | 100.0% | 100.0% | 60.0% |
| 3月13日 | 腐　敗　球 | 0 | 0 | 0 | 0 | 2 | 0 | 0 |
|  | 萌　芽　球 | 0 | 0 | 0 | 0 | 5 | 10 | 0 |
|  | 球内萌芽長 | 16.3mm | 27.6mm | 32.8mm | 32.8mm | 75.2mm | 萌芽済み | 33.2mm |
|  | 発　根　率 | 0.0% | 70.0% | 100.0% | 90.0% | 100.0% | 100.0% | 90.0% |
| 4月19日 | 腐　敗　球 | 0 | 0 | 0 | 0 | 0 |  | 0 |
|  | 萌　芽　球 | 0 | 0 | 0 | 0 | 20 |  | 0 |
|  | 球内萌芽長 | 19.2mm | 56.3mm | 49.0mm | 49.0mm | 萌芽済み |  | 65.6mm |
|  | 発　根　率 | 0.0% | 100.0% | 100.0% | 100.0% | 100.0% |  | 100.0% |
| 6月12日 | 調査個数 | 18 | 20 | 19 | 19 | 調査個体なし |  | 17 |
|  | 腐　敗　球 | 0 | 0 | 0 | 0 |  |  | 1 |
|  | 萌　芽　球 | 0 | 0 | 0 | 0 |  |  | 0 |
|  | 球内萌芽長 | 44.6mm | 71.2mm | 66.5mm | 66.5mm |  |  | 69.6mm |
|  | 発　根　率 | 0.0% | 100.0% | 100.0% | 100.0% |  |  | 100.0% |
| 120球 | 全合計腐敗率 | 1.7% | 0.0% | 0.8% | 0.8% | 4.2% | 20.0% | 3.3% |
| 120球 | 全合計萌芽率 | 0.0% | 0.0% | 0.0% | 0.0% | 20.8% | 29.2% | 0.0% |

注　a)発根率は，球底部より発根した商品価値がやや低下（変形球）した物の場合
　　b)品種もみじ3号。1994年6月15日入庫

# Ⅳ　機械化一貫体系の今後の課題

## 1．機械化体系の課題

　これまで主に機械による作業体系を組み立ててきたが，一応，ほとんど人手のいらない省力化ができる体系ができたものと思われる。

　しかし実用化の段階では，機械そのものも完成度が不足して改良する部分も見られるので，農機具メーカーの産地参入機会を多くして早急に改良を重ね，よりよい機械化体系にする必要がある。

　課題としては次のようなことがあげられる。

　1) 機械化一貫体系の中では，根が現在の出荷球のように短く切れない（第23図）。

　2) 全自動で収穫球の根を切る機械の開発。

　3) 非常に困難な場合は，消費段階で根は処分してもらう（根付きの出荷）。

　4) 各作業機の労働時間は判明したが，物流を10a以上の規模で行なった場合の全体システムとしての労働時間の調査。

　5) マルチ移植機，マルチ収穫機の開発。

　6) 吊り玉用結束機の開発。

　7) 300kgコンテナー用収穫機の開発。

などが主なハード面の問題である。

## 2．導入するうえでの産地の課題

　この技術を利用する産地の問題は，

　1) 機械は，個人購入しないで共同購入共同利

第23図　機械化一貫体系によって生産された根付きタマネギ

用を前提(生産集団単位で購入)。

2) 移植機,収穫機は1台につき4haの規模を下限とする(損益分岐点)。

3) 生産から販売までをシステム化し,個人管理はしない(集団管理体制へ移行)。

4) 品種選定,育苗,定植,施肥,防除,収穫,乾燥,貯蔵技術の責任体制の確立。

5) オペレーター(機械運転),保守修理士の養成(研修制度の確立)。

6) 圃場の排水促進,農道の整備,圃場の大型化,オニオンセンターなど生産資本の充実。

7) 機械の計画的運用(作業の一部を機械化すれば,前後の作業に大きな負担が生ずる)。

以上のような事項が解決課題と考えられるが,機械化一貫体系の労働時間目標は,10a当たり25～30時間(現在は125時間)としており,4分の1から5分の1に短縮できると思われる。

機械化一貫体系で生産したタマネギは,従来の姿とは根付きである点が大きく異なり,この出荷調整の根切りについては,いろいろ試験中であるが非常に困難である。

根付きのままで流通し,消費が許容されれば今でも問題は解決される。

したがって機械化一貫体系の成功のためには,消費者,流通業界の協力と理解が何にも増して重要である。

執筆 松尾良満(佐賀県農業試験研究センター白石分場)

1996年記

### 参 考 文 献

たまねぎの機械化栽培技術体系(1968)農林水産技術会議事務局

試験研究成績概要集(野菜・花き編)(1993,1994,1995,1996)佐賀県農業試験研究センター

野菜生産機械化技術実用化緊急推進事業検討会資料(1994,1995)佐賀県農業試験研究センター白石分場

佐賀県たまねぎ部会研修大会(第6回)資料(1995)佐賀県園芸連

タマネギの機械収穫に伴う流通研修会資料(1996)佐賀県農業試験研究センター白石分場

九州農業研究成果情報,第8号(1993),第9号(1994),第11号(1996),九州農業試験研究推進会議

野菜の輸入とその対応(1996)青果物予冷貯蔵施設協議会

# 秋冬どり（11～3月）栽培

## 1. 秋冬どり（11～3月）栽培の意義と目標

### (1) 栽培の起こりと経過

セットを利用した冬どりや春どり栽培は、大阪農試の伊藤・山田氏らによって開発された。これと前後して、大阪府の故・福永伊太郎氏や藤原健三氏が極早生品種'オパール'などを育成し、栽培法が検討された。

佐賀県では1970年に、転作作物として福富町で約40haあまり栽培されたが、十分な成果が得られないまま、2～3年で姿を消した。筆者は佐賀農試在籍中の1969年以来この課題に取り組み、品種適応性や栽培法を検討してきた。また既存品種を使い、子球の採取と選別、植付け期を組み合わせれば、経済栽培が実現できるとしてきた。

1970年代に入り、藤原種苗育成の'ふゆたま'（第1図）、タキイ種苗育成の'はやて'が登場し、11～12月収穫のほかに第2図のように9月下旬から10月初旬植えで、2月中旬～3月上旬に収穫できる栽培が可能になった。1985年には'シャルム'がタキイ種苗（株）から発表され、筆者は、12月中旬収穫で1a当たり600kg以上の収量を上げ、本栽培の将来性に期待を寄せてきた。佐賀県では1978年から3年間、県内7か所で実証栽培を試み、普及段階に移したが、当初の目的を達成できなかった。現在は小規模ながら県内各地で栽培が継続され、地元や東京市場に出荷されている。

県外での詳細な栽培状況は把握できないが、関係者の情報や東京市場への入荷実績から、温暖な千葉、愛知、静岡、兵庫、熊本、鹿児島などで栽培されていると思われる。

品種では藤原健三氏によって'ふゆたま'が

**第1図** 10～11月に収穫できるグリーンオニオン
（原図：藤原健三）
品種は1980年代に用いられていたふゆどり
12月にかけて青切りできる

**第2図** 9月29日植え、トンネル被覆で2月中旬収穫実現
品種：はやて
A：トンネル被覆区、B：裸地・マルチ区

各作型の基本技術と生理

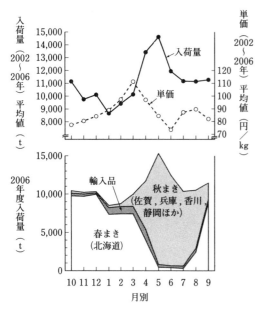

第3図　東京中央卸売市場のタマネギ月別入荷量（5か年平均）と単価（5か年平均）の動き，2006年度産地別入荷量

2000年に，最近では'ふゆたま'に代わる'冬スターF'と'冬スターH'が育成された。筆者は'冬スターF'を9月中旬植えし，黒マルチ栽培で1月中旬に休眠した新球を収穫できることを検証し，今後に期待を寄せている。

### (2) 栽培の背景と有利性

#### ①タマネギの需要動向からみて

全国のタマネギの栽培面積は約2万3,000ha前後である。東京都中央卸売市場への入荷量や単価の月別推移（2002年から2006年までの平均値）と2006年度の産地別の入荷状況は第3図のとおりである。

春まき栽培の北海道産が約半分を占め，8月から翌春4月まで入荷する。秋まき栽培は3月から始まり，9～10月まで入荷している。また，輸入物は年間を通じて入荷し，とくに1994年から急増し，2006年現在の輸入総量は20万t前後である。

11月から3月までの単価は80～100円と高めに推移し，この時期は春まきの北海道産と輸入物が独占している。さらに入荷量や単価の動

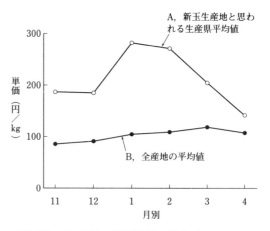

第4図　11～4月，月別単価の動き（2005～2006年平均）（東京都中央卸売市場）

きでは，北海道産を含む全体の平均単価に比べて府県産の平均単価が際立って高値であり，府県産地間にも大きな較差がある。第4図は2005～2006年の11月から4月までの月別単価の平均値である。すなわち，Bの輸入物を含む全産地の平均単価とAの新玉生産地とみられる府県の平均単価との間には2倍から3倍近い較差がある。鮮度の高いタマネギは高値で販売されていると推測される。

秋冬どりタマネギは11月から3月上旬までに収穫でき，秋まきの極早生物が出始める春先までに有利に販売できる。

近年，健康野菜で注目され調理法が多様化するなかで，秋冬どりは，肉質が軟らかく，多汁で辛味の少ないタマネギとして評価され，多様な料理用素材として最適である。休眠した新球は，北海道産や貯蔵物とは鮮度や硬さなどで，個性が発揮され高値で販売できる。また，需要が見込まれる赤タマネギでは，市販品種では不満は残るが，子球を厳選し，適期植付けすると，12月収穫が実現でき，新たな販路と需要増が期待できる。

消費者の安全性への関心が高い昨今，秋冬どり栽培は病害虫がきわめて少なく，無（減）農薬栽培が可能で，安全性を強調できる。

九州北部（佐賀地方）のタマネギ栽培型は第5図のとおりである。秋まき栽培では，極早生品種のマルチ栽培やトンネル栽培で3～5月に

秋冬どり(11〜3月)栽培

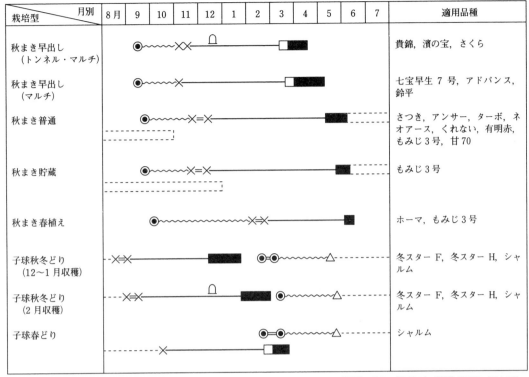

●播種，×定植，〜〜育苗期間，△子球採取，----子球貯蔵，∩トンネルかけ，□収穫期（葉付き），■収穫期（切り球），
⌐¬貯蔵期

第5図　九州北部（佐賀地方）におけるタマネギの栽培型

出荷され，貯蔵用が10月まで集中的に出荷される。

今後，産地として発展していくためには，さらに作型を分化し，用途別に需要に応じた周年生産体制を確立する必要がある。この点，秋冬どり栽培の普及はきわめて意義深い。

切り球で即売できるが，新鮮な茎葉を生かした葉タマネギも活用できる。ビタミン類をはじめ豊富な栄養分を含み，10月から翌春まで出荷できるので，新しい需要が生まれる。近年，熊本県や宮崎県ではユニークなネーミングで販売されている。

### ②土地や施設の高度利用に有利

本栽培の生育期間はわずか4か月あまりと短く，畑や水田，施設内の輪作物として注目される。第6図は秋冬どり栽培を組み入れた作付け体系だが，水田利用では春夏作野菜後に，秋冬どり栽培を9月初旬植え，12月中旬収穫その後，秋まきの普通栽培で12月中〜下旬植え，5〜6月に収穫できる。また，収穫が1月となる場合は，2月中〜下旬の春植えで6月収穫が可能であり，タマネギの二期作連続栽培ができ，10a当たり10〜13tの生産が可能となる。

一般の畑地では，キャベツやサトイモ，キュウリ，トマトなどとの輪作ができ，輪作作目として有利である。

ビニルハウスでは，1月以降に作付けするメロンなどの果菜類と組み合わせてもよい。とくに主幹野菜の作業日程から11〜12月にフィルムが展張されるので，タマネギに保温効果がみられる。施設の高度利用として一石二鳥の効果がある。

### ③栽培が容易で多収穫ができる

秋冬どり栽培の植付け時期は，秋梅雨期と台風季節であるが，作業が計画どおりできるように，圃場の選定や耕起などの作業を早めに進め

各作型の基本技術と生理

れば，致命的な被害を免れる。生育初期は高温期だが，生育中期は発育適温に恵まれ，生育が旺盛である。主に虫害だけを注意すれば，比較的栽培しやすい。

幸い，本栽培用の品種'シャルム'や'ふゆたま''冬スターF''冬スターH'は，子球の

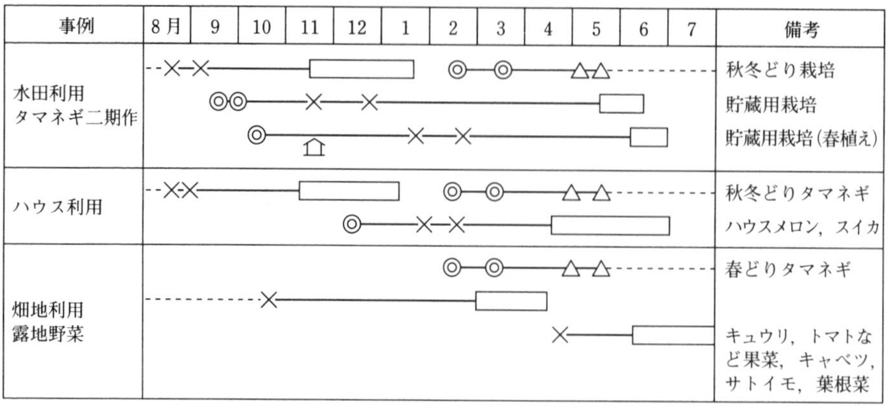

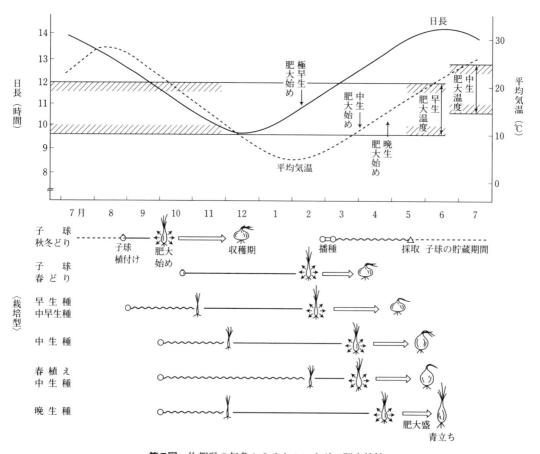

第6図　秋冬どり，春どりタマネギと作付け体系例

第7図　佐賀県の気象からみたタマネギの肥大特性

秋冬どり(11〜3月)栽培

養成と選別，適期植付けなどを厳守し，タマネギの生態特性を熟知したうえで取り組むと休眠したL〜2L規格のタマネギを1a当たり500kg以上と多収穫ができる。

④秋冬どり栽培の適地

佐賀県の気象条件からみたタマネギ品種の肥大特性は第7図のとおりで，栽培型が成立している。秋冬どり栽培の生育後期には，球の肥大限界温度とみられる，15℃以下の低温期に遭遇し，平均気温，7℃以下の場合は肥大が停止するので，温暖な地域ほど有利である。また，植付け期の9月上旬は台風や秋梅雨の季節で作業が遅れたり，排水不良地では湿害が問題となる。逆に9月中旬からは降雨が少なく，乾燥が激しい畑では止葉の形成が早く，増収できな

い。したがって，導入地域や圃場条件に制約があるが，灌排水施設が整備できていれば，品種特性を生かした栽培技術の改善と相まって適地圏が拡大される。温暖な早出し地帯であれば，その立地性が存分に発揮できる。

(3) 栽培概要と要点

秋冬どり（11〜3月）タマネギの生育相と栽培の概要は第8図のとおりである。

本栽培は，子球の養成と貯蔵期，本圃での栽培に大きく分けられる。とくに本圃での発育期は高温期に出発し，生育中〜後期は球の肥大に必要な限界日長時間を割る9〜10時間である。また平均気温は10℃以下で，球の充実が進む。したがって，栽培を成功させるためには，最適

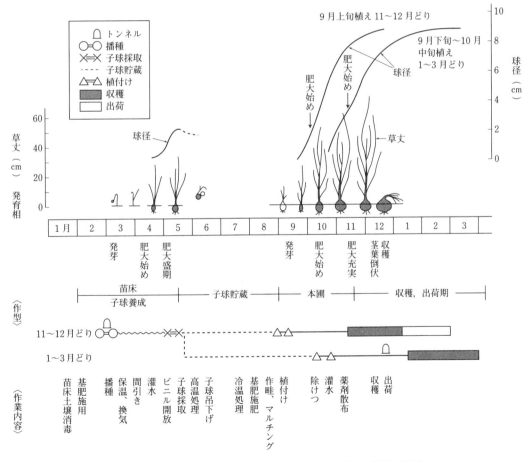

第8図　秋冬どり（11〜3月どり）タマネギの生育相と栽培の概要

各作型の基本技術と生理

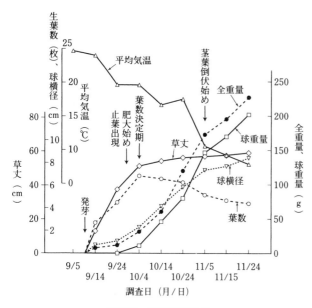

**第9図　発育過程調査**
はやて：9月5日植え，11～12月収穫

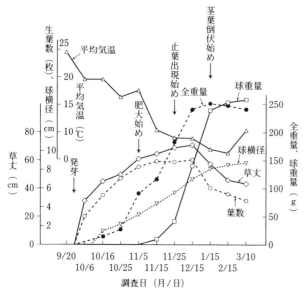

**第10図　発育過程調査**
はやて：9月20日植え，1～3月収穫

品種を選定すると同時に，早生性の強い個体（子球）の選抜が重要な技術となる。

### ①子球の養成

'シャルム'の場合，2月中～下旬が播種適期で，簡易保温の冷床または，ハウス内に播種する。春先の，気温の上昇とともに，長日条件になると，小さい苗も球の肥大が始まる。5月中～下旬には直径2cm前後の子球が採取できる。

'冬スターF''冬スターH'の場合，3月中旬が播種適期で，5月20日ころ，本葉2～3枚の苗が直径1cmあまりに肥大したときに，一斉に子球を採取する。肥りの悪い子球は貯蔵中に自然に枯れるので，残った子球だけを利用する。

### ②子球の貯蔵

採取した子球は束ねて常温で通風のよい軒下か，吊り球小屋で植付け時まで貯蔵する。採取の遅い子球は採取直後から20日間あまり，30～35℃の高温下におく。また常温下で貯蔵するが，他発性休眠に入り，萌芽葉が動き始める7月上旬ころから植付け直前まで20℃の冷温条件に貯蔵すると発芽が早くなる。

### ③植付け後の発育様相

子球の植付けは，'シャルム'の場合は8月下旬～9月初旬（1日～5日），'ふゆたま'は9月中旬（15日～20日）が標準である。子球内では萌芽葉が活動しており，土壌が適湿であると植付け後2～3日で発根し，5～10日あまりで発芽してくる。

9月初旬植えの植付け後の発育過程は第9図のとおりで，発芽後は葉数の増加と草丈の伸長が著しく，日増しに草姿が変化する。葉数決定期の10月上旬に止葉を形成して球が肥大し始める。とくに10月の気温はタマネギの発育適温期で，生育は旺盛で茎葉重量は急増し，球径や球重量は収穫時まで増加し続ける。

9月中旬植えの発育相は第10図のとおりで，発育様相は9月初旬植えに類似し，11月上旬が葉数決定期となり，球の肥大が進む。平均気温

が7℃以下となる12月下旬から1月中旬に向けて球重量や球径は，鈍化しながら増加し続けて収穫期に入る。

以上のように，秋冬どり栽培は生育日数がきわめて短く限られており，その期間内で存分に発育させるためには，適期植付けを厳守したい。とくに，生育中後期が短日低温期に遭遇する本栽培では，9月初旬の適期から植付けが7日あまり遅れるのは致命的な結果となる。

#### ④止葉形成期以降の発育予測と肥培管理

球の肥大始めころの栄養生長量（葉数に草丈を乗して表わす）と12月20日収穫時の球重量との相関図を第11図に示す。止葉形成時の栄養生長量が多いほど，収穫時の球重量が重くなる。すなわち，10月中旬ころの葉数が7～8枚あまり，草丈は70～80cm，栄養生長量が約500～650程度であれば250g以上のタマネギができることが予測できる。球の肥大始めころに葉数7枚以上，草丈70cm程度に生育させるように発芽と初期生育を促進させる。生育中後期は養水分の吸収量が増えるので，積極的に灌水して肥効が十分に現われるようにする。また風害や病虫害の被害を防ぎ，葉面積を確保して同化機能を発揮させる肥培管理が技術の要点となる。

## 2. 栽培の要点

### (1) 特性と品種生態を熟知した栽培技術が必要

秋冬どり栽培は，事前に子球を養成し，高温時に植付け，短日低温条件下で球の充実を図るため，生育期に適合した肥培管理を行なわないと，十分な成果をあげることはできない。栽培の成否はタマネギの生態特性と品種生態などを熟知することにかかっている。とくに適応品種であっても，タマネギの特性から球肥大の早い個体を選抜する理由を十分に理解する必要がある。また，長日刺激の感受性が肥大と関係するマルチフィルムの種類や施肥法などと深くかかわりあうタマネギの特性をよく理解して取り組

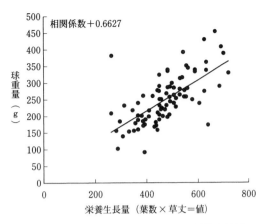

**第11図** 肥大始め時（10月17日）の栄養生長量と収穫時（12月20日）の球重量相関図
品種：シャルム

みたい。

### (2) 適用品種と特性

休眠球で商品性の高いL～2L規格品を揃え，10a当たり4tの販売収量を目標としたい。この目標を達成するには，欠株や青立ち株が少なく，茎葉が倒伏する株が多くなる品種の選択が重要になる。幸い，'シャルム'（タキイ種苗，第12図）と'冬スターF'（第13図）と'冬スターH'（第14図）が藤原種苗から発売されている。そのほか，導入種であるが独特な形質をもつ'グラネックス・イエロー'（第15図）がある。また新玉の赤タマネギは魅力があり，'鈴

**第12図** 球の肥大性が揃ったシャルム
マルチを除いたあと　　　　（12月25日撮影）

各作型の基本技術と生理

第13図 黒色ポリマルチ栽培で12月上旬収穫の冬スターF
(原図:藤原健三,12月8日撮影)

第15図 辛味のないグラネックス・イエロー
(12月25日撮影)

第14図 黒色ポリマルチ栽培で、1月25日収穫の冬スターH
(原図:藤原健三,1月25日撮影)

平'(カネコ種苗)や'早生湘南'を使い、子球の採取時期と植付け時期を組み合わせると経済収量が得られる。

## 3. 栽培技術の要点

### (1) 子球養成と選抜

#### ①子球の重要性

タマネギは元来、内婚劣勢性の強い野菜であり、実用上支障のない範囲内で変異が認められ、球の肥大性に変異がでるのが特色である。秋冬どり栽培をすると、茎葉が倒伏する株や青立ち株など個体間の違いが判然とする。

そこで、まず、春先に播種して早く、球が肥大して休眠する個体(子球)を選抜するのが本栽培唯一の技術である。残念ながらこれまでの経過では、この技術を軽視されてきた嫌いがある。子球を養成し、うまく使いこなすためには子球の諸条件と球の肥大性とのかかわりをよく理解する必要がある。

#### ②子球の諸条件と結球性

**子球の採取時期** 結球性が安定している'冬スターF''冬スターH'や'シャルム'では、結球には変異の範囲が狭く、採取時期の早晩による違いは少なく、5月中～下旬に採取できる。

子球を2～3回に分ける採取作業が煩わしいことから、子球の採取作業の省力化が望まれ、山田氏は、育種程度が進んだ育成系では一斉採取が実用化できるとされる。そこで筆者は'はやて'を用い、一斉採取時期を変えて調査した(第1表、第16図)。それによると、5月10日採取が安定しており、5月10日～15日ころを中心に、また、トンネル育苗では5月15日～20日ころに、一斉に採取できる。'シャルム'では、1984年には、5月中旬(10日～20日)に一斉に採取できるとしてきた。しかし、現地の実状は植付け時期など栽培条件で青立ち株が増加する傾向がある。したがって、面倒でも5月中～下旬に、2回に分けて採取するのが無難である。

早生性の強い'冬スターF''冬スターH'では、5月中～下旬ころの茎葉が倒伏する直前

秋冬どり(11〜3月)栽培

第1表 一斉採取時期と子球球径分布比および貯蔵中の腐敗球率　(佐賀農試, 1980)

| 子球採取日 | 採取時の苗の区分 | 苗の割合(%) | 植付け時(貯蔵後)子球球径分布比(%) | | | | | 貯蔵中の腐敗球率(%) |
|---|---|---|---|---|---|---|---|---|
| | | | 3cm以上 | 3〜2.5cm | 2.5〜2.0cm | 2.0〜1.5cm | 1.5cm以下 | |
| 5月1日 | 肥大苗 | 63.8 | — | — | 13.6 | 60.7 | 25.7 | 8.0 |
| 5月1日 | 未肥大苗 | 36.2 | — | — | — | 28.2 | 71.8 | 33.0 |
| 5月5日 | 肥大苗 | 92.6 | 0.3 | 8.6 | 34.9 | 36.4 | 19.8 | 1.7 |
| 5月5日 | 未肥大苗 | 7.4 | — | — | — | 2.7 | 97.3 | 65.4 |
| 5月10日 | 肥大苗 | 100.0 | 1.3 | 8.9 | 27.4 | 45.4 | 17.0 | 0.8 |
| 5月10日 | 未肥大苗 | 0 | — | — | — | — | — | — |

注 品種:はやて

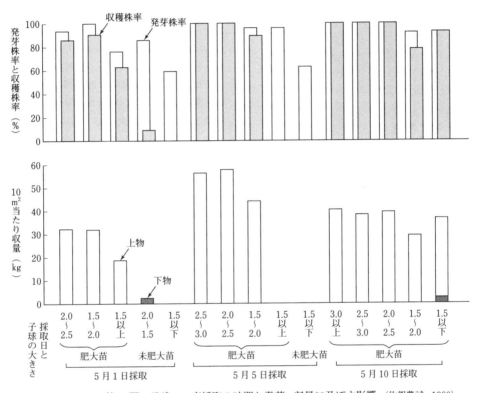

第16図 子球の一斉採取の時期と発芽,収量に及ぼす影響　(佐賀農試, 1980)

品種:はやて

か,倒伏直後に一斉に採取できる。採取時点で肥大していない苗や葉数が多く,葉鞘茎(首)の硬い苗は球の肥大が遅いので除外し,貯蔵中に消失して自然淘汰できるため,実用上問題とならない。

**結球葉数,大きさと結球性**　同じ条件で育苗したときに,第17図のように葉数2〜3枚で肥大する苗は早生性の強い子球なので,収穫が早く,休眠する球になる。一方,葉数の多い苗は球の肥大が遅い。このように葉数と結球性との間には相関関係があるので,葉数の多少が肥大の早い子球を分別できる目安として活用でき,発芽を早めたり,生育や結球を揃えるための決め手となる。

子球の大きさでは,肥大の早い苗は葉数が少ない分,子球は小さくなる。葉数の多い苗は子球が大きくなるのが当然だが,この子球は元来,長日刺激の感受性が鈍く,球の肥大性が遅

い素質をもっている。早生性の強い品種では問題は少ないが、それ以外の品種では、単純に大型の子球を選ぶことは結球性から見ると誤っている。

第17図　苗の葉数と球の肥大状況
（5月15日撮影）
A：早生性の強い苗（子球）
B：球の肥大が遅い苗

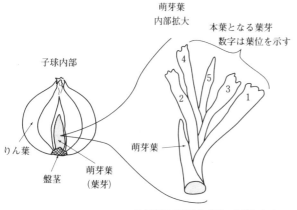

第18図　植付け時の子球内部

'シャルム'では球径2cm、「1円硬貨」の大きさが適当である。球径2.5cm以上の大型子球は、初期の発育がよく、球重量も重くなる。その反面、分げつ茎数が増える。一方、球径1.0cm以下の小型子球では、貯蔵中や植付け後、腐敗しやすく、欠株が増加する。また、初期生育が遅れ、10月上旬ころまでの発育量が少なくなって、長日刺激の感受性が鈍くなり、茎葉倒伏株が減少する。

一方、'ふゆたま''冬スターF''冬スターH'では、他品種にはみられないような球径1cm大の小型で、形のよい、充実した子球が最適である。それより大きくなると分げつが増える。

**貯蔵時の温度と発芽、結球性**　生育期間の短い本栽培では、早い発芽と斉一化は多収穫の前提条件である。休眠を早く醒めさせ、第18図のように球内の萌芽葉（発芽後に初期生育の基礎となる茎葉）の活動を促す必要がある。茎葉が倒伏する前の、自発性休眠に入る中途で採取する子球の場合はその様相が変わる。'はやて'では休眠が醒める他発性休眠は7月上〜中旬と推察される。貯蔵中の温度は自発性休眠と他発性休眠を境に温度への反応が変わる。

自発性休眠期と他発性休眠期に分けて、高温や低温が子球内の萌芽葉の発育への影響を調査した結果を第19図に示す。自発性休眠に入る子球採取直後から6月下旬〜7月初旬までの高温処理は、休眠覚醒を早め、発芽が早く、茎葉の倒伏株が多くなる。しかし、他発性休眠期に入る7月初旬以降の高温処理は萌芽葉の発育を抑え発芽を著しく遅くして、初期発育を妨げ、青立ち株などが増えて逆効果となる。

さらに実用手段として子球採取後から6月下旬までガラス室を利用した高温処理の結果は第2表のとおりで、発芽率が高く、発育と結球を促進する効果がある。なお、品種間では'はやて'や'オパール''ふゆたま'では温度処理の必要性が薄いが、'OA黄'また'シャルム'では結球葉数が4〜5枚の子球あるいは採取が遅れた場合にその効

秋冬どり(11〜3月)栽培

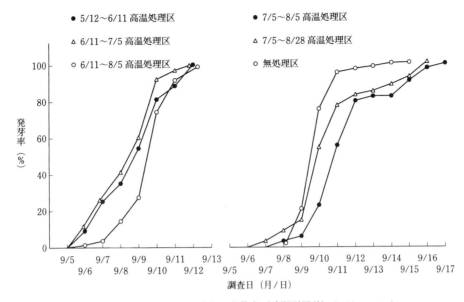

第19図 子球の高温処理時期と発芽率（時期別累計）（品種：はやて）
(佐賀農試，1981)

● △ ○：高温（35℃）処理期間を示す。処理期間以外は常温下で貯蔵する

第2表 子球採取後の高温処理と発芽および生育との関係  (佐賀農試，1979)

| 項目<br>試験区 | 発芽始め<br>(月/日) | 発芽率<br>(%) | 葉数<br>(枚) | 草丈<br>(cm) | 発芽後病欠株率<br>(%) | 収穫株率<br>(%) | 茎葉倒伏株率<br>(%) | 植付け株数に対する<br>収穫株率（%） |
|---|---|---|---|---|---|---|---|---|
| 高温処理区 | 8/14 | 91.1 | 4.2 | 24.7 | 5.6 | 94.4 | 85.4 | 85.9 |
| 無処理区 | 8/20 | 55.5 | 3.2 | 14.5 | 31.7 | 68.3 | 72.4 | 37.9 |

注　1区30株，3区平均値。品種：OA黄，5月20日採取した球径2.0〜2.5cmの子球を供試した
　　高温処理30〜35℃のガラス室内に吊り下げる。処理期間は5月20日〜7月7日
　　無処理区は常温の屋内に貯蔵。植付け日は8月3日

果が高く活用できる。
　かつて山田氏が明らかにしていた休眠あけ後の冷温貯蔵効果について，筆者も同様に7月初旬からの冷温貯蔵効果を確認した。さらに自発性休眠期の高温処理と他発性休眠期の冷温処理との組合わせについて調査した（第3表）。それによると，発芽促進効果が顕著で生育にも好影響して増収効果があることがわかった。早生性の強い品種では実用性がうすいが，植付けが遅れる場合の救済策として活用できる。'シャルム''グラネックス・イエロー'では初期生育を促し，休眠した大球を多収穫する手段として，また，子球の採取期が遅い場合に活用効果が期待できる。

③子球の植付け時期と結球性
　結球特性の違う品種を供試し，8〜10月に植え付けたときの球横径の推移を第20図に示した。8月初旬に植えると発芽後の生育は早いが，葉数3〜5枚で止葉形成期に入り，10月上〜中旬には休眠球となるが，第21図のように球横径は3〜5cmあまりの小玉に終わる。
　9月上旬植えでは，止葉の出現は10月上旬になり，11月下〜12月上旬に向けて球径が増し，収穫期となる。とくに9〜10月は生育に最適な温度条件で茎葉の生育が旺盛である。葉数は7〜8枚と増え，葉面積が広いので，球径の増加が著しい。発芽後の9〜10月の温度は球形成に必要な長日刺激の感受性を高めて，球の肥

## 各作型の基本技術と生理

第3表 子球の高温処理後の冷温処理効果の品種間差異調査　　　　　　　（佐賀農試，1986）

| 品種名 | 処理区別 | 葉数(枚) | 草丈(cm) | 生体総重量(g) | 球重量(g) | 球横径(cm) | 止葉出現株率(%) | 茎葉倒伏株率(%) |
|---|---|---|---|---|---|---|---|---|
| はやて | 冷温処理区 | 5.7 | 70.5 | 308.2 | 255.6 | 9.1 | 100.0 | 100.0 |
|  | 無処理区 | 5.7 | 66.8 | 288.6 | 239.1 | 8.8 | 100.0 | 75.0 |
| シャルム | 冷温処理区 | 6.5 | 75.1 | 317.8 | 258.5 | 8.7 | 100.0 | 60.0 |
|  | 無処理区 | 6.2 | 71.8 | 302.5 | 254.4 | 8.7 | 100.0 | 40.0 |
| G・E | 冷温処理区 | 8.6 | 70.9 | 285.5 | 202.4 | 7.7 | 100.0 | 0 |
|  | 無処理区 | 7.9 | 76.5 | 259.3 | 180.7 | 7.3 | 100.0 | 0 |

注　品種別子球の採取日：はやて　5月20日，シャルム　5月25日，G・E（グラネックス・イエロー）　6月4日
子球は採取後10日間，35～25℃のハウス内で自然乾燥後常温の屋内に移す
冷温処理は7月10日～8月31日まで20℃の低温庫内で貯蔵する
植付けは9月5日，収穫は12月20日，施肥量（成分）は窒素，リン酸，カリ各15kg

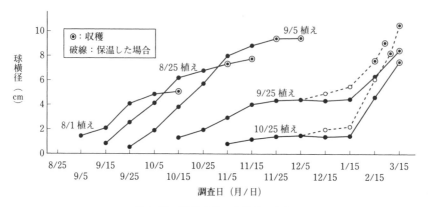

第20図　植付け期と球横径の変化　　（佐賀農試，1979～1980）

品種：はやて

第21図　葉数3～5枚で球が肥大
8月1日植え，球径3～5cmの小玉
収穫：10月上～中旬

第22図　8月25日植え
草勢が旺盛で，葉面積が広く，球の肥大がよく，L玉が中心。球重：200～240g。収穫：11月上～中旬

大を確実にする栽培適期である（第22，23図）。
9月下旬から10月下旬植えになると，9月上～中旬植えの発育様相とは一変する。11月上旬には肥大が開始するが，温度不足と長日刺激が不十分で，中途で肥大を停止する。その後は気温も下がり，球横径の増加はなく，春先になって再び増加する。一方，根群の活動が盛んで

秋冬どり(11～3月)栽培

若返り現象（青立ち）を起こし，翌春抽台するので，タマネギは収穫できない。しかし，11月中旬から保温すると球の肥大が急速に進み，茎葉は倒伏しないが2月には収穫できる。

さらに遅れて10月中～下旬植えでは，年内の発育がきわめて緩慢であるが，2月上旬ころから3月下旬に向けて球は肥大し収穫となる。

以上のように，同じ品種で同一条件の子球を用いても，植付け時期を変えた場合には，発育相，とくに結球様相が大きく変わる。これは本栽培の大きな特長であり，収穫期別の植付け時期と温度管理の重要性を示唆している。

④長日刺激感応期の温度と結球性

球形成前後の日長時間と温度との関係で，寺分氏の実験結果を模式図で表わすと第24図のとおりである。長日感応時の昼間の温度が高いと葉温を高めて，長日刺激の感受性が敏感になり，その後短日，低温（10℃）条件下に移しても球の肥大が促進される。とくに早生の'貝塚早生'がより敏感に反応するとされる。また，長日感応時の昼温が20℃以上の高温であれば，夜温が低温条件でも，高い昼温の影響を受けて結球性がよくなる。さらに，地温上昇が肥大を促す効果が高く，年内からトンネルで保温すると1～3月どり栽培が成立することを立証できる。

第23図　9月5日植え
葉数7～8枚で止葉形成，葉面積が広い。球はLL玉が95％。球重：250～300g。収穫：12月上旬

⑤マルチフィルムの種類と結球性

マルチフィルムの種類と地温の推移を第25図に示す。銀色フィルム区の地温は敷わら区より高いが発芽が早い。また第4表に示すように銀色フィルム区は，地上部の日射量が裸地区や黒色フィルム区に比べて多い。さらに地上部の高さ別の気温は第26図のとおりで，銀色フィルム区はマルチ面に近い10cmでは，黒色フィルム区より約1℃高い。

このような日射量や温度の違いとタマネギの生育への影響を調査した。タマネギの葉温は欠測したが，マルチ面に近いタマネギの葉温は，30℃以上の高い気温の影響を受けていると推測

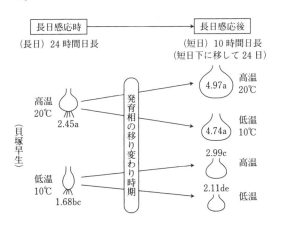
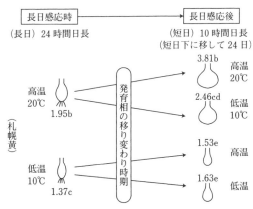

第24図　長日感応時の温度と長日感応後短日下に移したときの球の肥大程度（球茎比）模式図
（寺分，1981）

本図は寺分氏の資料を引用し，著者が作図した
高温，低温は栽培した温度条件
数字は球の肥大程度（球茎比）を示し，大きいほどよく肥大したことを示す

される。タマネギの生育反応をみると第5表のとおり，銀色フィルム区は，タマネギの葉温が高くなり，長日刺激の感受性が高くなって，結球が促される。さらに，地温が高いために球の肥大が促進され，休眠した茎葉倒伏株率が高くなり，青立ち株が低下する。また収穫期間が5日と短期間で終わり，発育や結球性がよく揃う。これからも，銀色フィルムのマルチを利用することで，斉一性が高まることが明らかになった。

### (2) 生育特性と技術

#### ①圃場の選定

多収穫をねらうためには，欠株と青立ち株を防ぎ収穫株数の増加を図らねばならない。欠株は除けつ後の軟腐病と子球の腐敗が原因で，排水不良地や低いうね，冠浸水する圃場に多いので，暗渠排水施設が整備された圃場を選ぶ。

生育最盛期は養水分の吸収が盛んで，9月下旬から10月上旬の乾燥は，根群の機能低下を早める。乾きやすい畑地や砂地では灌水施設が整った圃場が好ましい。

圃場は終日，日当たりのよい場所が最適である。生育初期（9〜10月）の長日感応期の日射量や温度，とくにマルチ面からの反射光線や放射熱が高いと長日刺激の感受性が高くなる。また，こういう圃場は11〜2月でも地温確保に有利に働くためタマネギの生育がよく収量が多くなる。したがって，午前中の日当たりが悪い場所や，午後早くから西日を遮るような建物や山林が近接する圃場は避けたい。

整地時の砕土の精粗は，マルチングの作業能率だけでなく，土壌の保水性や植付け後の根群の発育や機能にも影響する。粘質土では砕土が荒いと植付け作業が難しくなり，株の固定が不安定になって茎葉の発育を妨げる。また球形が変形して品質を落とす。乾燥時に耕起してより細かく砕土できるようにする。

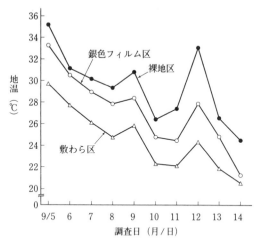

**第25図** マルチの種類と地温（5cm）の動き
（13時調査）　　　　　（佐賀農試，1978）

**第4表** マルチフィルムの種類と地上部の日射量（cal/日）
（佐賀農試，1980）

| 調査時期 | A銀色<br>フィルム区 | B黒色<br>フィルム区 | C裸地区 | A区/C区対比<br>（%） | A区/B区対比<br>（%） |
|---|---|---|---|---|---|
| 10月2日 | 210.1 | 201.7 | 191.5 | 109.7 | 104.2 |
| 10月3日 | 133.9 | 116.4 | 97.6 | 137.2 | 115.0 |
| 10月4日 | 101.3 | 89.9 | 82.9 | 122.2 | 112.7 |

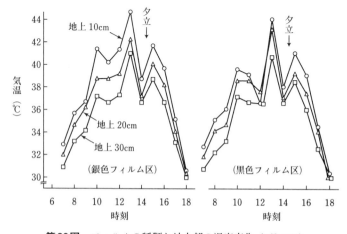

**第26図** フィルムの種類と地上部の温度変化（7月25日）

秋冬どり(11～3月)栽培

② うねづくりとマルチング

受光性や温度とかかわりあう，うねの方向も軽視できず，南北方向が理想である。東西方向は地温やマルチ面からの放射熱で気温が高い南側と反対側では平均で1～2℃あまりの違いがみられる。第27図のように，北側は茎葉の倒伏が遅れ，青立ち株になりやすいので，できるだけ南北方向に作うねする。やむを得ない場合は2条植えが好ましい。低湿地や水田の粘質な土壌で水分調節が難しい場所では，30cmあまりの高うねがよい。

植付け時の地温は30℃を超えるので，地温を下げ，生育後期の保温と保水性を維持するように，銀色フィルムでマルチする。なお，結球性のよい'冬スターF'と'冬スターH'は，黒色フィルムでもよいとされ，9月中旬植えの12～2月収穫で好成績が得られ資材費の低減に役立つ。

③ 施肥量と施肥法

止葉形成前に窒素の肥効が強いと，茎葉の代謝機能に悪影響して，長日刺激の感受性が鈍る。とくに秋冬どり栽培は球形成に不利な気象条件であり，窒素栄養の影響は大きい。また栽培期間も短く，肥料養分の流出が少ないマルチ栽培であり，窒素の多用は青立ち株を多くするので，本栽培では多肥は禁物である。

第28図は埴土での施肥量試験の結果であるが，窒素が1a当たり1.5kg以上となると肥大始めが遅れ，青立ち株が増加するので，0.8～1kgが施肥限界とみられる。このように窒素多用の弊害が大きい反面，肥効が切れ，生育が遅れると長日刺激の感受性が鈍くなり青立ち株が多発し，球の充実が悪くなる。

保肥力の劣る砂壌土では窒素は1a当たり1.5～2kgが適量とみられる。リン酸の効果は本栽培でも高く，増肥するほど増収するので，窒素と同量か1.5kgが適量である。カリは窒素と同量でよい。保肥力の強い粘質土や野菜跡地で残肥量の多い圃場では，事前に土壌診断を行ない，施肥量とくに窒素量をひかえるのが無難である。

施肥法は全量基肥方式がよいが，砂壌土で生

第5表 マルチフィルムの種類とタマネギの生育および収穫株率との関係
(佐賀農試, 1979)

| マルチフィルムの種類 | 生育調査(10月15日) | | 収穫期間(月/日) | 球の肥大程度別収穫株割合 | | |
|---|---|---|---|---|---|---|
| | 葉数(枚) | 草丈(cm) | | 茎葉倒伏株(%) | 青立ち肥大株(%) | 青立ち株(%) |
| 銀色フィルム区 | 6.0 | 55.9 | 11/15～11/20 | 94.7 | 5.3 | 0 |
| 黒色フィルム区 | 6.6 | 55.0 | 11/18～12/10 | 26.5 | 50.6 | 22.9 |
| 裸地区 | 5.5 | 57.7 | 12/10～12/20 | 18.7 | 21.3 | 60.0 |

注　供試品種：はやて

第27図　東西方向のうねで(A)南側は茎葉の倒伏が早く，温度の低い(B)は倒伏が遅い

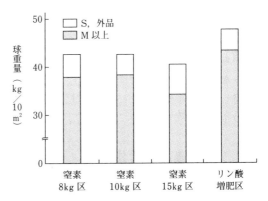

第28図　窒素，リン酸施肥量と収量
品種：はやて
(佐賀農試, 1980)

223

第6表 生育時期別の灌水と生育調査　　　　　　　　　(佐賀農試，1978〜1979)

| 項目＼試験区(重点灌水期間) | 9/14〜10/15区 | 10/15〜11/15区 | 11/15〜12/5区 | 9/14〜11/15区 | 10/15〜12/5区 | 9/14〜12/5区 |
|---|---|---|---|---|---|---|
| 収穫始め(月/日) | 11/25 | 11/22 | 11/27 | 11/25 | 11/23 | 11/25 |
| 収穫終わり(月/日) | 1/8 | 1/8 | 1/8 | 12/10 | 1/8 | 1/8 |
| 青立ち肥大株率(％) | 25.0 | 16.7 | 25.0 | 0 | 18.3 | 33.3 |
| 止葉出現株率(％) | 75.0 | 83.3 | 75.0 | 100.0 | 85.1 | 66.7 |
| 倒伏株率(％) | 50.0 | 66.7 | 75.0 | 100.0 | 74.6 | 66.7 |
| 生体重(g) | 194.2 | 258.0 | 228.9 | 230.4 | 247.2 | 192.8 |
| 球横径(cm) | 7.2 | 8.4 | 7.4 | 8.0 | 8.2 | 7.3 |
| 球重(g) | 160.8 | 212.0 | 177.4 | 195.2 | 195.5 | 163.7 |

注　試験区はpF1.0を灌水区とする重点灌水期間で，期間外はpF2.5を灌水点とした
1979年9月〜12月，品種：はやて

育後半に肥効が切れる圃場では追肥効果が高く，肥大始め後に追肥する。追肥量は1a当たり0.1kgを限度とする。

肥料の種類は速効性が好ましく，窒素はアンモニア態よりも硝酸態の肥効が優れるので，後者を主とする化成肥料を利用する。また堆肥を施用するときは，窒素分の多い牛糞堆肥や豚糞堆肥の場合は施用量をひかえ，窒素量を加減しないと失敗が多い。

④ 灌水

乾燥に弱いタマネギは，生育初期だけでなく，肥大期の乾燥は減収の原因となる。生育時期別の灌水効果試験の結果を第6表に示す。球の肥大始めころから肥大盛期にかけて重点的に灌水した各区は生体重や球重量が多い。このことは，10月中旬以降の水分管理の重要性を暗示している。

肥大開始後の乾燥は禁物で，天候を見計らいながら存分に灌水して増収を促す。圃場容水量の少ない粘質土や乾きやすい砂壌土，畑地では注意したい。根量の少ない品種では生育初期の水分不足は禁物である。

## 4. 栽培法と生育生理

### (1) 子球の養成と貯蔵

子球養成と貯蔵の技術目標を第7表に示した。

① 苗床の準備

種子の発芽や苗の発育温度は20〜25℃が好ましいが，2〜3月初旬は気温が低く，発芽日数が長い。温暖な地方では本葉2枚ころまで保温できるハウスやトンネル内で育苗する。'冬スターF'と'冬スターH'の3月中旬播種は露地冷床でよい。

苗床は酸性土壌をさけ，有機物が多くて病害虫の心配がなく，しかも日常の換気や灌水管理の便利な場所が理想的である。

子苗立枯病や子球の腐敗防止，さらに雑草防除をねらって，クロールピクリンくん蒸剤で消毒する。また土壌改良と根の発育を促す特殊肥料「エポック」1,000倍液を1m²当たり3ℓあまりを降雨後か乾燥時は十分灌水したあとに灌注する。

本田10a当たりの苗床面積は，子球2万7,000個，予備の10％あまりを含み3万個を養成するためには50〜55m²が必要である。

基肥は，ガス抜き後，苦土石灰や有機石灰など石灰質肥料を10a当たり100kgを全面に施用してから10日経過して施肥する。

苗床の成分施肥量は10a当たり窒素とカリを10kg，リン酸20kgを標準とし，育苗後半には肥効が切れる程度がよい。完熟堆肥は事情の許す限り多用したい。

床は通路を含め1.5mあまりの短冊型，高さ

秋冬どり(11～3月)栽培

10cmくらいに仕上げると管理作業に好都合である。

**②種子の準備と播種**

**播種時期** 'シャルム'では2月20日から3月5日ころまでが適期である。トンネル育苗では幾分早めに播種する。露地育苗の'冬スターF'と'冬スターH'の場合は3月15～20日が播種適期である。

**種子の準備と播種** 10a当たりの種子量は0.2～0.3lを準備し，条間9cmに条まきするか，ばらまきする。手まきのほか，種子ひも（シードテープ）を利用できる。種子ひも利用は便利で，苗の生育や子球の揃いがよい。種子ひもへの封入密度は1m当たり70粒あまりが適当で，条間9cm間隔に配置して播種する。播種溝に種子ひもを置き，十分灌水する。さらに，樹脂製ひもの溶解を確認したあとに覆土して，再度灌水する。

被覆種子利用も前者と同じ効果があるので奨めたい。条間9cm，粒間5～8mm程度に播種する。

覆土後は過度の地温上昇を防ぐよう新聞紙を置き，その上に保温と乾燥防止のためにポリフィルム（透明）をマルチし，トンネルをかけて保温する。発芽するまでは最低地温10～18℃，トンネル内28～30℃を目標に高めに保つと，播種後7～10日あまりで発芽する。なお，30℃を超えるときは，トンネル上から日覆いして温度を下げる。

3月中旬冷床に播種する場合も，覆土後はトンネル育苗同様にして，発芽と苗立ちをよくする。

**③発芽後の肥培管理**

数日して発芽し始めるので，直ちにマルチした新聞紙やフィルムを除去する。発芽時の立枯病と乾燥に注意し，発芽直後と本葉2枚ころに床土を浅めに篩入れして苗の発育を助ける。発芽後，本葉2枚ころまでは乾燥に弱いので灌水に注意する。発芽後に，特殊肥料「エポック」1,000倍液を1m²当たり2lを灌注すると苗立ちが安定する。

温度管理は10℃で保温し，25℃以上になると換気する。外気温が15℃以上に上昇する3月下旬には，降雨時以外は夜間もフィルムを開放して苗の充実をはかる。

一般管理では，密生したところの間引きと除草は早めに行なうほか，苗の生育をみて，液肥の400～600倍液を追肥する。

'シャルム'の場合では，球径2～2.5cmの

**第7表 子球養成と貯蔵の技術目標**

| 技術目標 | 技術内容 |
|---|---|
| 苗床の準備 | ハウスかトンネル育苗<br>ハウスやトンネルの準備は早く<br>苗床面積：本圃10a当たり，50～55m²<br>土壌消毒：クロールピクリンくん蒸処理<br>石灰質肥料，堆肥，基肥の施用<br>エポック1,000倍液を1m²当たり3lを灌注<br>種子の準備：10a当たり0.4～0.5l（子球養成計画数3万個）<br>種子ひも作成：1m当たり70粒封入<br>被覆種子利用（処理委託）<br>苗床：短冊型，うね幅1.5m，トンネルかけ |
| 播種 | 播種期：2月下旬～3月上旬，冬スターF，Hは3月中旬<br>播種法：1m²当たり播種量10ml，条間9cmの条まき，深さ5mmあまりのまき溝を9cm間隔に，種子ひもの配置，覆土灌水後新聞紙を置き，その上にポリフィルムをマルチ<br>トンネルをかけ保温 |
| 播種後発芽までの管理 | 温度管理：地温10～18℃，気温20～30℃，高めに保ち発芽促進<br>発芽直後のマルチフィルムと新聞紙除去<br>床土の篩い入れ，灌水後エポック1,000倍液を1m²当たり2l灌注して生育を促進する |
| 発芽後，子球採取までの管理 | 温度管理：15～25℃，25℃以上換気，10℃以下で保温<br>3月下旬以降晴天日はトンネルフィルムを除去，灌水，密生した部分の間引き，除草 |
| 子球の採取と貯蔵 | 子球採取：球が1.5～1.7cmころ，茎部が軟らかく，倒伏前の個体を選んで抜き取る。シャルムは2回に分け，区別しておく<br>ラベルに日付けする<br>冬スターF，Hは5月中～下旬ころに一斉に抜く<br>採取後の高温処理<br>直射光線を防ぐ日よけしたハウスやガラス室内で，30～35℃に保ち，20日あまり吊り下げておく<br>処理後は通風のよい涼しいところに移す。または20℃冷温下に保管 |

各作型の基本技術と生理

第8表　本圃準備と植付けの技術目標

| 技術目標 | 技術内容 |
|---|---|
| 圃場の選定 | 冠水害の被害が少なく，排水のよい灌水施設が整備されたところ，終日圃場全体が日当たりのよいところ<br>乾燥が激しい畑地は不向きで，灌水施設が必要 |
| 整地と基肥施用<br>(kg/a) | 7月中～下旬，石灰質肥料15～20散布，整地は早めに，基肥は8月中旬までに施用。多肥厳禁，窒素過多，砂質土以外は追肥無用<br>粘質土壌：窒素0.8～1.0，リン酸1.0～2.0，カリ2.0～2.5　全量基肥方式<br>砂質土壌：窒素1.5～2.0，リン酸2.5，カリ2.0～2.5<br>基肥重点，追肥10月中旬　遅い追肥禁物 |
| うねづくりとマルチング | うね幅1.5m，4条植え，株間10～12cm<br>うね幅1.0m，2条植え，圃場条件で検討<br>マルチフィルムは幅1.5mの銀色有穴フィルム，一部品種では黒色フィルムでも可能。フィルム面で葉やけを起こす<br>乾燥時は灌水後にマルチングする。マルチ下に灌水チューブを配置する<br>うね立てマルチは8月下旬までに終わる |
| 子球の調整と植付け | 子球は採取日，大きさ別に区分し，枯れた茎は短く切り，根を除く<br>遅く採取した子球や小さい子球から順次に植え，適期内で2～3日で植え終わる<br>地温の低い早朝に作業。深植えは禁物<br>植付け時の乾燥は発根，発芽が遅れる。うね間灌水。鳥害に注意 |

理想的な子球ができる，苗の標準的な大きさを示すと4月中旬：葉数4枚，草丈20～30cmあまり，葉鞘茎0.5～0.7cm。播種期が遅い'冬スターF''冬スターH'では5月上旬：葉数3枚，草丈15cmあまり，葉鞘茎0.3cmあまりを目安に管理する。

苗床での病害虫は少なく，白色疫病やべと病，ネギアザミウマがみられる程度である。白色疫病とべと病にはマンゼブ剤400～600倍，ネギアザミウマにはダイアジノン剤1,000倍を散布する。

④子球の採取

'シャルム'は，葉鞘部（茎）を軽く握ると軟らかく，球の大きさが1.5～1.7cmに肥大した苗から抜き取る。3～5日ごとに分けて採取するが，必ず採取日を明記したい。'シャルム'以外で肥大性に変異が大きい品種ほど，厳しく分別する。

'冬スターF'と'冬スターH'は，5月中～下旬ころ，茎葉が倒伏直前か倒伏直後に一斉に採取する。すでに倒伏した苗や2葉結球苗など早生性の強い個体と肥大が遅れた個体とに区分しておくと植付け作業上好都合である。

採取した子球は半日ほど地干ししたあと，20～30個を束ねて，通風のよい軒下などに吊り下げて貯蔵する。気温の高い納屋などで貯蔵すると子球が腐敗したり，発芽や生育が遅れる。

採取した子球はその後も球径や球重が増えるが，採取時すでに球径が2.5cm以上に大きい場合は，茎葉を3分の1または2分の1程度切除するとよい。

採取が遅れた子球は高温処理を行なう。直射光線を防ぐよう日覆いしたビニルハウスかガラス室などを利用し，30～35℃で採取直後から6月下旬にかけて約20日あまり吊り下げておく。処理終了後は，涼しい軒下や吊り小屋内などに移す。7月上旬から20℃程度の冷温施設に植付け時まで保管すると発芽を早める効果が高い。

(2) 圃場の準備と植付け

本圃での技術目標を第8表に示した。

①圃場の選定と整地

生育初期と生育後半の温度は球の肥大性と深くかかわりあうので，終日日当たりのよい場所が最適である。圃場は排水がよく，いつでも灌水できる場所がよい。生育期の乾燥は増収を阻むので，乾きやすい砂質土や畑地では必ず灌水施設を整える。とくに'冬スターF''冬スターH'は灌水チューブを配管し灌水できる場所が好ましい。

粘質土壌では砕土が悪いと，植付け作業が難しくなり，生育にも影響するので，ダイズや野菜跡地が好ましい。多湿時にうねどり作業を強行して植え付けると球形が悪くなって，品質を損なう。

②施　肥

在圃期間が約4か月と短いうえ，マルチ栽培で生育後期まで肥効がでないよう，徹底した少肥栽培がよい。施肥量は土壌の種類や肥沃度，

前作作物の種類などを考慮する。保肥力の強い粘質な埴土では窒素量は1a当たり0.8〜1.0kg,砂質土壌では1.5〜2.0kgが適量である。リン酸とカリの施用量は窒素と同程度でよい。一般土壌はもちろん,有効リン酸含量の少ない土壌ほど30％程度増やす。

完熟堆肥は10a当たり2tは施用する。

施肥法は全量基肥が適当である。砂質土壌では基肥重点とし,葉数決定後（止葉出現後）に追肥して草勢を保つと増収する。

石灰質肥料は土壌診断結果にしたがい,7月中〜下旬に施用しておく。基肥は植付け10〜15日前に施し,土壌と混和して,植付け後直ちに肥効が発揮できるようにする。

肥料の種類はタマネギの発育や肥効からみて速効性の硝酸態窒素が望ましく,これを主とした化成肥料を利用する。

③うねづくりとマルチング

多収穫をねらうにはある程度の密植が必要で,1a当たり2,700株を確保する。第29図に示すように,4条植えで,うね幅1.5m,条間20〜30cm,株間10〜12cmとする。一部地方には2条植え,うね幅0.9〜1m,株間10〜12cmがあり,生育後半の地温確保に有利である。うね面への受光態勢の悪い東西方向では2条植えが有利である。

早生性の強い'冬スターF'と'冬スターH'では,黒色ポリフィルムが利用できる。しかし,'シャルム'やその他の品種では銀色フィルムを選ぶ。株間10cmに植え穴が加工された規格品が市販されているが,計画株数が確保できて,植付け作業が能率的である。

うね立てしたあと,土が落ちついたころ,うね面を少し中高に均し,フィルムをマルチする。9〜10月は台風の季節であり,風で吹き飛ばされたり,茎葉部が損傷する被害が多いので,しっかりと固定する。

マルチ下の乾燥は発根が遅れる。降雨後か,マルチ前に灌水してマルチする。マルチしたあと,通路に掛け流ししてよい。

④子球の調整

株揃いをよくするには,素質の均一な子球準

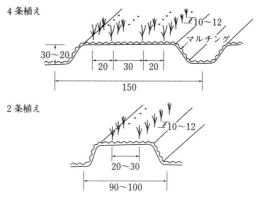

**第29図** うねのつくり方と植付け法
（単位：cm）

備が大事である。採取日ごとに,大きさ別に選別しておく。球径2.5cm以上,2.5〜2.0cm,1.5cm以下と3段階に分ける。初期の発育が弱い1.5〜1.0cmの子球は早植え用に,または9月下旬〜10月中旬植えの2〜3月どり用として使い分けする。

'冬スターF'と'冬スターH'は一斉に採取し,球径が1〜1.5cmと2cm以上の2段階に区分する子球の調整は早めに進める。枯れた茎葉はできるだけ短く切りつめる。枯れた茎葉を長く残すと第30図に示すように,萌芽葉の伸長が妨げられる。また,生育の遅れは最後まで尾を引く。枯れた根は短く切ると作業が能率的。

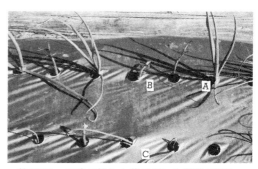

**第30図** 子球の枯れた茎が長いと発芽が遅れ,不揃いの原因
A：正常な株は4〜5枚の本葉が伸びている
B：萌芽葉の発育が妨げられ,初期生育が遅れる
C：浅植えで固定が悪く,マルチ下に伸びた葉は折れたり,生育が遅れる

各作型の基本技術と生理

第9表 品種別，子球の採取時期別，植付け時期と収穫期

| 品種名 | 子球の採取時期 | 植付け時期 | 栽培様式 | 葉タマネギの収穫期 | 切り球の収穫期 |
|---|---|---|---|---|---|
| シャルム | 5月中旬<br>5月中旬<br>5月下旬 | 8月下旬～9月初旬<br>9月下旬<br>10月中～下旬 | マルチ<br>マルチ・トンネル<br>マルチ・トンネル | 11月下旬～12月上旬<br>2月上旬<br>2月下旬 | 12月中～下旬<br>2月中旬～3月中旬<br>3月中～下旬 |
| 冬スターF<br>冬スターH<br>冬スターH | 5月中旬<br>5月中旬<br>5月中旬 | 9月上旬<br>9月中旬<br>9月下旬～10月上旬 | マルチ<br>マルチ<br>マルチ・トンネル | 10月下旬～11月上旬<br>12月中旬<br>12月中旬 | 11月上旬～12月中旬<br>1月中～下旬<br>1月中旬～2月中旬 |
| グラネックス・イエロー | 5月下旬 | 8月下旬～9月上旬 | マルチ | 11月中旬 | 11月下旬～12月中旬 |
| 鈴平 | 5月下旬 | 8月下旬～9月初旬 | マルチ | | 12月上～下旬 |

注　本表は1981年に作成した資料を改訂
　　栽培様式：マルチ・トンネルは11月下旬から収穫時までトンネルかけで保温する

⑤植付け

**植付け期の決め方**　植付け期は品種と子球の採取日を考慮して決める。年平均気温16.5℃で11～12月に7～10℃となる北部九州地方の植付け適期は，第9表に示すとおりである。

'シャルム'では8月下旬（25日以降）から9月初旬（1～5日）が植付け適期である。この時期が5～7日遅れると，適期植えでは茎葉が倒伏する子球でも，長日刺激の感受性が鈍く，青立ち株に終わる割合が増えるので，適期を厳守したい。

適期植付けが不可能な場合は，作型を変更するのが賢明である。たとえば11～12月収穫を断念し，10月中～下旬植えの3月収穫または10月上旬植え，2月収穫に切り替えるのも一案である。

'冬スターF'や'冬スターH'の場合は9月1日から10日ころまでが植付け適期である。

植付け適期を厳守するには稼働労力に応じた栽培面積を決めるか，臨時に雇用し適期期間内で2～3日で植え終わるように計画する。

**植付けの方法**　子球が埋もれてしまうような深植えは腐敗を多くするので，子球の上部が見えるか，半分ほど隠れる程度に指先で押し込む。一方，極端な浅植えは子球の固定が悪く，最後まで尾を引く。子球は大きさを揃えて植えるが，初期の生育が遅い小型子球や遅く採取した子球などから順次植えると，発芽後の管理作業に好都合である。

植付け作業は地温の低い早朝に行ない，日ざしが強くなる時間帯には終わるように手配する。

⑥鳥害と欠株の防止

収量は球重量と収穫株数の多少で決まり，植付け後の欠株防止が鍵となる。欠株は罹病した子球の持込みによる腐敗がほとんどである。黒かびなどの病徴があるものは事前に除外しておく。

発芽後の欠株は軟腐病と湿害が原因で低いうねや排水の悪い圃場に多いので排水対策と高うねづくりで防止できる。また，除けつ作業を曇雨天時に強行した場合，除けつ後に軟腐病が発病する事例が多い。

鳥害の多くはカラス類で，植付け直後から生育初期にかけて，子球の引き抜きや食害などがある。その防除には地表2～3m高さに細い糸（釣り糸でも）を圃場全体に張りめぐらせる。

害虫は発芽直後にネキリムシ（カブラヤガの幼虫）によるものが多く，畑地や休耕田で雑草が繁茂した跡地での被害が多いので注意する。

(3) 植付け後から収穫までの管理

植付け後から収穫までの技術目標を第10表に示した。

①灌　水

タマネギは浅根性で土壌水分の影響を受けやすい。土壌が適湿であれば，植付け翌日には発根し始め，3～4日目には簡単に子球が抜けな

いくらいに，根群の発育が早い。植付け時に乾燥すると発根が著しく妨げられ，その後の球の肥大も悪くなる。そのため，乾燥時は灌水したあとに植え付けるかマルチ前に灌水しておく。とくに小型の子球を利用する'冬スターF'と'冬スターH'の場合は乾燥防止が肝心である。

球の充実期にあたる10月中旬以降の乾燥も減収原因となる。したがって，生育期間の短い本栽培では，天候を見計らってうね間灌水を実行する。

1～3月にかけて収穫する栽培では12～1月中旬までの生育促進が要点で，11～12月収穫と変わらない水管理に取り組むが，トンネル被覆後の乾燥に注意する。

②**分球かき**（除けつ）

'シャルム'では球径が2.5cm以上，'冬スターF''冬スターH'は2cm以上の大きな子球は，球内で生長点が2～3個に分かれ，発芽後には必ず分球する。放任すると，変形球で商品性を失うので除けつする。除けつの時期は植付け後30～40日ころ，茎の株元が分かれたときが適当で作業がやりやすい。

除けつは，茎の境いめに親指を押し込み，残す茎を固定しながら引き裂くようにすれば根際から除かれる。作業はていねいに晴天日を選び，軟腐病を予防する。

③**病害虫防除と除草**

病害虫の発生はきわめて少ない。しかし，本栽培のタマネギの葉数は少なく，最も多い株で8～9枚程度で，生育初期や肥大期に受ける茎葉の損傷は，球の肥大を著しく悪くするので，風害や害虫の防除が重要である。

病害発生は僅少であるが，害虫は9月下旬～10月上～中旬ころにハスモンヨトウやシロイチモジヨトウが発生し，その被害は軽視できない。本栽培で適用できる登録農薬がない現状では，圃場を巡回して成虫を捕殺し，卵塊を除去するほか，若齢幼虫（1～2齢）が群棲している寄生葉を早期発見して捕殺する。とくに秋ダイズや野菜畑が隣接する圃場では警戒する。

除草は株元や通路にある雑草だけを早めに手取りすればよい。

第10表　本圃生育期間の技術目標

| 技術目標 | 技術内容 |
| --- | --- |
| 分げつ株の除けつ | 植付け後30～40日ころが適期。残す茎は軟腐病が罹病しないように晴天時に実施。曇雨天時の作業は禁物 |
| 灌水 | 9月中～下旬の乾燥時と10月中旬以降のうね間灌水がポイント |
| 病害虫防除 | 病害の被害は少ない。害虫の被害に注意，ハスモンヨトウなど群棲する若齢幼虫時に捕殺が有効 |
| 雑草防除 | 植え穴の株元や通路の雑草は早めに |
| 保温 | 植付けの遅い1～2月収穫では平均気温が10℃以下になる11月中旬からトンネルの保温が効果的。トンネルかけ後の乾燥に注意 |

④**保温**（トンネルかけ）

平均気温が10℃以下となる11月中～下旬からは肥大が鈍化する。1～2月収穫の場合はこの時期からの保温効果が顕著にみられる。10月下旬植えで3月収穫の作型でも11月下旬～12月上旬からトンネルで保温すると収穫を早め，増収が期待できる。

作付け体系上も，果菜類との組合わせの場合，ハウスメロンの作付け準備が早く，通常11～12月からプラスチックフィルムが展張されるので，タマネギの増収とあわせて，その効果が高い。

第11表　収穫と貯蔵の技術目標

| 技術目標 | 技術内容 |
| --- | --- |
| 収穫 | 11月から2～3月，茎葉が倒伏した株または，止葉出現株で肥大が進んだものから，数回に分けて収穫。青立ち株は葉タマネギとして収穫<br>1～2月は茎葉が倒伏しないので，肥大が進んだ株から収穫 |
| 貯蔵と出荷 | 本栽培のタマネギは収穫直後の即売から市況に応じて出荷。貯蔵は一時的にする<br>貯蔵は吊り球か切り球でコンテナにばら詰め<br>吊り球は秋まきと同じ要領でよいが，切り球は外皮や茎葉が乾燥するまで通風のよい場所に置く。乾燥後は寒気の当たらない屋内に移す<br>収穫後も茎葉が伸びる青立ち株は葉タマネギで出荷する。なお，茎葉が黄変する品質劣化に注意。荷姿など工夫 |

### (4) 収穫と貯蔵

収穫と貯蔵の技術目標を第11表に示した。

#### ①収　穫

収穫時期は秋以降の気温の推移によって変動する。暖冬で降水量が少ない年には、茎葉の倒伏が早まり、11月中旬から収穫できる。収穫は数回に分けて行なうが倒伏しない株は球の肥大は進まず、春先には抽台するので、葉タマネギ用に早めに収穫する。

2月収穫では、止葉が出現しても茎葉が倒伏しない株が多いので、球の肥大が進んだ株から逐次収穫する。

#### ②貯蔵と出荷

本栽培のタマネギは鮮度の高い品質が売り物で、消費者から高い評価をうけている。即売が主体で一時的に貯蔵して市況の推移をみて出荷する。11月から3月中旬までに出荷を終えるようにする。

貯蔵方法には吊り小屋利用の吊り球貯蔵と切り球のコンテナ貯蔵がある。前者は秋まき栽培と同じ要領で球を吊るが、作業性から切り球のコンテナ貯蔵を奨める。コンテナ貯蔵は収穫直後から雨滴が当たらない通風のよい軒下などに積み上げる。外皮が乾燥すると屋内に移して凍傷を防ぐ。

貯蔵中の腐敗はなく、氷点下の低温に遭うと外側に近いりん葉が凍傷を受けるか、萎凋し、軟化して商品価値を失うので早く出荷する。止葉が出現しても休眠の浅い球は、切り球後心葉（葉身）が伸びるので葉タマネギで即売する。

休眠した球は萌芽し始める4月ころまで貯蔵できるが、この時期は早生物が出回る時期でその必要はない。

## 5. 秋冬どり栽培の将来性

### (1) 導入の可能な地域と有利性

タマネギの結球生態から、生育後半の温度条件で作柄や品質が決まる。冬期温暖な地域で、12月平均気温7℃以上、1～2月の平均気温5～6℃以上が得られる関東以西の温暖地では、容易に導入できる。また生育後半のトンネルの保温効果が高く、栽培適地が拡大できる。

秋冬どりは11月から3月にかけて収穫する作型である。この時期は北海道産や輸入物が主体で、これまで馴じんできた乾球と違い、新鮮で軟らかく、辛味の少ない甘いタマネギである。また栄養分や糖分を豊富に含む茎葉部の利用を兼ねた新鮮な葉タマネギの魅力は大きく、春先だけでなく秋冬期の消費にも大いに期待できる。

本栽培は畑や施設の輪作作物に導入でき、小規模経営向きで高齢者の取組みにも注目される。また本栽培と秋まき栽培を組み合わせたタマネギの連続二期作で生産量が増える。周年販売体制が確立でき、タマネギの安定供給と複合経営の改善にも役立つであろう。

### (2) 技術上の問題点

#### ①品種と技術改善

秋冬どり栽培を提唱して久しいが、栽培規模は小さく、家庭菜園的な取組みが多い。本栽培に適応する品種はきわめて優秀であるが、その本領が存分に発揮されていないのが現実である。しかし、子球選別と植付け適期の厳守、灌水など作柄を決定する重要な技術内容が実施できれば所期の目的が達成できると確信している。

導入品種は独特な品質で、消費者に強くアピールできるが、種子の品質と安定供給となると今一歩の感が強い。

サラダ用として消費が急増している赤タマネギは、10月以降翌年5月までは端境期で高値をよんでおり、秋冬どり栽培での赤タマネギの生産は関係者の関心の的である。市販品種を使い子球の選別と植付け時期を工夫すれば、その実現は夢ではない。

#### ②秋冬どりの直播栽培

早生性の強い品種を8月下旬に直播し、外気温が10℃前後となる11月上旬から収穫時までトンネルをかけて保温すると、12月下旬から収穫できる。10a当たり500kgの販売収量が確

保でき，青立ち肥大株は葉タマネギとして販売できる。温暖な近郊地や施設の高度利用上有利と思われる。

### ③ペコルス栽培

特需用として注目されるペコルス（ミニタマネギ）は一般的には秋まき密植栽培の春どりで，10月が貯蔵限界でその後は冷蔵で出荷されるが品薄である。秋まきとは違う形質をもつ秋どりのペコルス栽培を本栽培と並行して考慮したい。採取時期の遅い子球を2月に密植すると5月には収穫できる。また，8月に密植し乾き気味に管理すると秋どりも可能である。

執筆　川﨑重治（元佐賀県農業試験場）

2007年記

---

### 参考文献

福永博文．2004．秋まき普通栽培・3～6月出荷．農業技術大系野菜編．第8-②巻．

伊藤清ら．1967．玉葱の冬採り栽培に関する研究．オニオンセットの利用について．大阪農技セ研究報告．4．

川﨑重治ら．1976．タマネギの仔球栽培に関する研究　1　冬採り栽培の品種適応性について．九州農業研究．38．

川﨑重治ら．1979．秋冬どりタマネギ栽培に関する研究　2　早生品種の仔球定植期が決球生態や収量におよぼす影響について．日本園芸学会発表要旨．昭和54年度春季大会．

川﨑重治ら．1979．秋冬どりタマネギ栽培に関する研究　3　直播適応性について．日本園芸学会九州支部第19回大会研究発表要旨．九州農業研究．42．

川﨑重治ら．1980．秋冬どりタマネギに関する研究　4　9月植仔球栽培の発育過程について．日本園芸学会九州支部大会発表要旨．九州農業研究．43．

川﨑重治．1980．秋冬どりおよび春どりタマネギの栽培技術．佐賀農試創立80周年記念研究発表要旨．佐賀県農業試験場．

川﨑重治．1981．秋冬どり栽培，各作型での基本技術と生理．農業技術大系野菜編．第8-②巻．

川﨑重治ら．1981．野菜のマルチ栽培に関する研究　3　マルチフィルムの種類と地上部の気温変化．日本園芸学会九州支部第21回大会研究発表要旨．九州農業研究．44．

川﨑重治ら．1982．秋冬どりタマネギ栽培に関する研究　5　セットの高温処理効果について．日本園芸学会九州支部第22回大会研究発表要旨．九州農業研究．45．

川﨑重治．1983．タマネギ冬どり栽培についての留意点．野菜園芸技術．10．

川﨑重治．1984．12～3月どりタマネギ栽培技術確立，特に直まき栽培に関する試験．研究助成成果要約．園芸振興松島財団．

川﨑重治．1984．秋冬どりタマネギの栽培法．農業及び園芸．59（2－3）．

川﨑重治共著．1984．作型を生かすタマネギのつくり方．農山漁村文化協会．

川﨑重治ら．1985．秋冬採りタマネギ栽培に関する研究　6　生食用品種ウインター・レッドの育成．日本園芸学会秋季大会発表要旨．

川﨑重治．1990．セット栽培で冬どりができる赤玉系タマネギ，ウインター・レッド．農耕と園芸．12．誠文堂新光社．

佐賀農試．1972．タマネギの仔球栽培試験．野菜試験成績書．

佐賀農試．1973～83．秋冬どりタマネギの栽培法確立試験．野菜試験成績書．

寺分元一．1981．タマネギのりん茎形成に及ぼす低温の影響．園芸学会雑誌．50（1）．

東京都中央卸売市場年報．平成17～18年度．

山田貴義ら．1969．玉葱の冬採り栽培に関する研究．大阪農技セ研究報告．6．

山田貴義ら．1970．玉葱の冬採り栽培に関する研究（2）．大阪農技セ研究報告．7．

山田貴義ら．1971．玉葱の冬採り栽培に関する研究（3）球の形成肥大に及ぼす環境要因の影響．大阪農技セ研究報告．8．

山田貴義．1973．オニオンセット利用による冬どり，春どり栽培．農業技術大系野菜編．第8-②巻，農山漁村文化協会．

山田貴義ら．1974．玉葱の冬採り栽培に関する研究，短日条件で球の形成に関する温度について．大阪農技セ研究報告．11．

山田貴義・森下正博．1976．タマネギの冬どり栽培に関する研究（8）オニオンセットの休眠打破とは種密度を異にしたオニオンセットが生育に与える影響について．大阪農技セ研究報告．13．

# オニオンセット利用の冬どり栽培

## 1. オニオンセット利用の冬どり栽培とは

### (1) 栽培のおいたち

オニオンセットを利用した冬どり栽培は，大阪府の伊藤清氏らによって，適応品種の育成と併行して栽培実験が進められた。その結果，貝塚早生の極早生系に適応能力をもつものが見出され，オニオンセットの中温処理と相まって，一般的技術として成立するに至った。その後山田貴義氏らによって完全に冬どり栽培可能な品種として'大阪さきがけ'が発表された。川﨑重治氏によれば，冬どり栽培に適応性がある品種は，'はやて''オパール''シャルム''イナズマ''ふゆだま''大阪さきがけ'で，収量が望める品種として，'はやて''シャルム'をあげている。栽培は佐賀県で冬どり中心に15ha，愛媛県，大阪府，愛知県，千葉県，沖縄県などでわずかながら作付けされている。

### (2) 産地と作型の取り入れ方

佐賀県の冬どりタマネギの生産は，タマネギが品薄になる冬用にと，昭和50年代から始まった。品種は'シャルム'。近年は北海道産が増えて年中タマネギが出回っていることもあり，生産は減った。作付け面積は約10ha（北海道新聞北見報道部編『タマネギ百話』，2011）。

### (3) 冬に味わえる新タマネギ

冬どり栽培は，秋まき栽培の貯蔵物や北海道の春まきタマネギの出荷時期に「冬どり新タマネギ」として出荷ができ，直売所の商品として魅力がある。

## 2. 栽培の特色と生育生理，栽培の適地

### (1) 短い日長と低い温度で肥大する品種選びによって成り立つ

タマネギの肥大には，日長と温度が関係し，早生品種ほど短い日長と低い温度で肥大が始まる。オニオンセット栽培とは，早春（3月上旬）に極早生種をハウスの苗床にまき，5月中下旬に球径が2～2.5cmに肥大した子球（これをオニオンセットと呼ぶ）を採取して吊り玉貯蔵し，平均気温が26～26.5℃（最高気温31℃，最低気温22～23℃）の8月下旬～9月上旬に定植して萌芽させ，秋のタマネギの肥大に適した日長，温度の時期に肥大させ，主に11月下旬から12月に収穫する栽培法である（第1図）。

### (2) 栽培適地は暖地，温暖地

オニオンセット利用の冬どり栽培の絶対条件は，日長が短くても（9～10時間），また比較的低温（10℃以下）でも肥大する極早生種を選ぶことがもっとも重要である。ただし低温下でも肥大するといっても，平均気温が7℃以下になると肥大しないので，栽培の適地は暖地，温暖地である。

冬どりタマネギの収穫時の状況を図に示した（第2図）。春どり栽培ではすべて正常結球をす

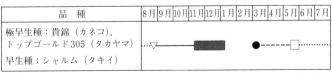

**第1図** オニオンセット利用の冬どりタマネギの作型と品種

## 各作型の基本技術と生理

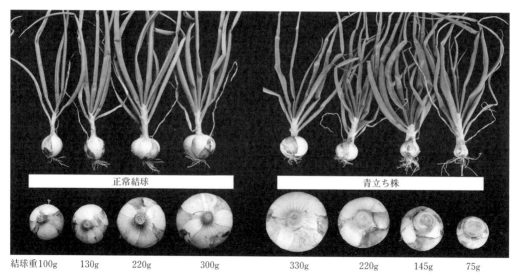

第2図　冬どりタマネギの収穫時の状況
品種はシャルム。オニオンセット植付けは2012年9月6日，収穫は12月16日

る品種でも，冬どり栽培では正常な結球から青立ち株までできる。

## 3. 適応品種と栽培技術の要点

### (1) 適応する品種

　筆者がオニオンセットを利用した冬どり栽培に初めて取り組んだのは1971（昭和46）年のことである。大阪農技センター育成の系統を利用して，兵庫農試淡路分場（洲本市）で試験を行なった。播種は3月3日トンネル育苗，オニオンセットの採取は5月27日。9月9日にうね幅1m，株間12cm，2条植えでオニオンセットを植え付けた。10a当たりの施肥量は，窒素12.3kg，リン酸18kg，カリ15kgで，基肥は9月8日のうね立て耕うん時，追肥は10月9日に2回に分けて施用した。一球重が140〜220gとやや小ぶりであったが，冬に新タマネギが収穫できるのに驚いた。以来，その後も，オニオンセットを利用した冬どり栽培に取り組んでいる。

　現在，筆者はオニオンセットを利用した冬どりのタマネギを直売所に出荷しているが，冬どり栽培している人から「青立ちが多い，どうしたらよいか」と質問を受けることがある。品種は'シャルム'を使用しており，後述するようなオニオンセット収穫時の葉数による選別をしていないと思われる。'シャルム'はオニオンセット専用であり，'シャルム'を使えば，どこでも，誰でも冬どりできると安易に考えているようである。

　筆者は'シャルム'をはじめ，極早生種の'貴錦''トップゴールド320''トップゴールド305''浜笑''スーパーリニア''センチュリー''はやて'などの品種を栽培してきた。肥大性の早い極早生種は，球重は軽くなるが正常な結球株が多く，早く収穫できる。'シャルム'は普通栽培をすると筆者の住む姫路市では4月中旬収穫の早生種であり，オニオンセットで葉数が3枚のものを植えれば，極早生種より少しおそくなるが，大きな球が収穫できる。したがって，オニオンセットを利用した冬どり栽培は，品種の選定，オニオンセットの選別を確実に行なわないとむずかしい栽培であると考えられる。

　現在販売されている種子で，セット栽培による年内出し専用種と明記された品種は'シャルム'だけであるが，極早生品種も利用できる。以下の品種紹介は現在筆者が栽培している品種

第3図　トップゴールド305収穫物（2015年9月2日オニオンセット植付け，10月27日収穫）

である。

**シャルム（タキイ）**　冬どりできる専用の中生増収種を目標に育成。'平安金竜'より耐病性で，首締まりがよく，低温肥大性に優れた雄性不稔系と'貝塚早生'の後代から短日・低温下で肥大の優れた甲高系統を両親としたF₁種。1985年に発表。2月下旬～3月上旬に播種し，5月中旬にオニオンセットを収穫して8月下旬～9月上旬オニオンセットに植え付けると，11～2月に収穫できる。

**貴錦（カネコ種苗）**　中津川正数氏育成。秋まき栽培で3月下旬から収穫できる極早生種を目標に育成。1958年'超極早生愛知白'の分系中に自然交雑と思われる黄色個体を発見し，自殖，超極早生性と黄色の安定化をはかった。さらに玉色の向上のためこの系統を花粉親として「貝塚早生川口系」に交配したものに甲高性を加えるため「在来甲高種の雄性不稔個体」に交配した。その分離後代から，甲高で収穫期が3月下旬となる個体および系統を選抜し，1990年に優良固定系統を得て，現地適応性試験を行ない，1995年に命名した極早生種。球形は甲高で，外皮は黄色。適応作型は，温暖地における露地，マルチ，トンネル栽培である。

**トップゴールド320（タカヤマシード）**　早出し用品種を目標に育成。静岡県のタマネギ農家が選抜した黄タマネギの早生性について選抜した個体と白タマネギを交配し，その交雑後代から早生性を優先して選抜した固定種。2005年育成。黄タマネギの極早生種で，葉は濃く，球重は250g程度で黄褐色の扁平型。適作型は，関西基準で，9月中旬播種，10月末～11月初旬定植，3月下旬～4月中旬収穫。

**トップゴールド305（タカヤマシード）**　黄タマネギの超極早生種で，葉は鮮緑色で立性，球重は250g程度で扁円形。適作型は，一般地で，9月上旬播種，3～4月中旬収穫。2015年は，オニオンセットを9月2日に植え付けると10月27日より収穫できた（第3図）。なお，暖地では8月下旬に播種すると，オニオンセットをつくらなくても2月に葉タマネギとして出荷可能である。

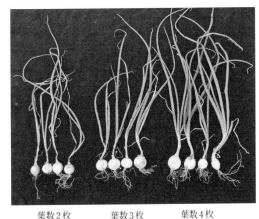

葉数2枚　　葉数3枚　　葉数4枚
　　　　　（最適）

第4図　オニオンセット
葉鞘部（首部）に注目

各作型の基本技術と生理

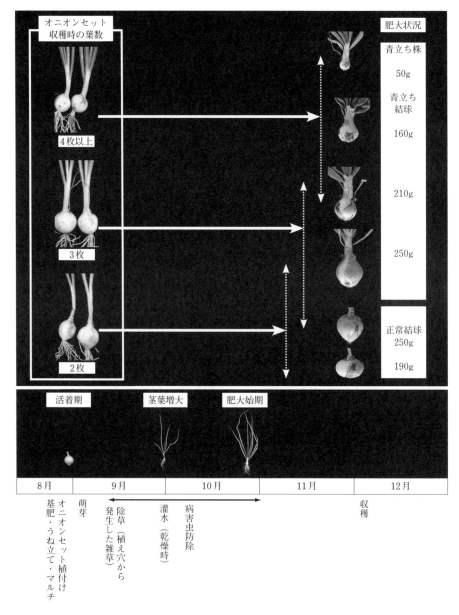

第5図　オニオンセット収穫時の葉数と生育，肥大状況および栽培暦

## (2) 技術の要点

### ①葉数3枚で直径2〜2.5cmのオニオンセットをつくる

8月下旬〜9月上旬に植えてからのタマネギの生育，肥大状況は，5月中下旬に収穫するオニオンセットの葉数で予測できる。第4図は収穫したオニオンセットで，左から葉数2枚，同3枚，同4枚である。葉鞘部（首部）の状態は，葉数2枚のものは芯がない状態，3枚のものは芯が柔らかくなった状態，4枚のものは芯があり硬い状態である。この葉鞘部（首部）の状態は，オニオンセットの熟期の状態を表わしている。

第5図にオニオンセット収穫時の葉数と生育，肥大状況および栽培暦を示した。

葉数2枚のオニオンセットでは早く肥大が始まり，正常な結球が多くなるが，小さなタマネギが多くなる。葉数が4枚以上だと，青立ち株が多くなる。葉数3枚のオニオンセットでは正常に結球する株が多くなるが，青立ち株もできる。直径が3cm以上の大きなオニオンセットでは分球（第6図）が多くなり，直径2〜2.5cmでは分球が少ない。これらのことから，冬どりのオニオンセット栽培では，葉数3枚で直径2〜2.5cmのオニオンセットをつくることがポイントである（第7図）。

②定植後は地温を下げて初期生育を促す

定植時期は暖地では最高気温が31℃程度なので，白色マルチを用いて地温を下げるか，露地状態で植え付け後，敷わらをして地温を下げ，初期生育を促進させる。これは，秋まき栽培と同様に収量は肥大開始時の草丈や葉の枚数で決まるからである。

肥大開始の10月中下旬には，葉数7枚程度，草丈70cm以上になるようにする。10月上旬には最高気温が25℃程度であるが，徐々に気温は低下する（1か月に約5℃）。

露地状態での栽培では，肥大が始まったら条間と肩の部分に幅に合わせて切って帯状とした黒色マルチを張り，タマネギとタマネギの間をホッチキスでとめ，地温を上げる。

③施肥量は窒素，リン酸，カリとも15kg/10a程度

施肥量が多いと草丈が高く過繁茂となり，肥大は悪くなる。施肥量は窒素，リン酸，カリとも10a当たり15kg程度である。マルチ栽培ではこの80％程度をマルチ前に全層施用する。露地栽培ではこの2分の1を基肥として全層施用し，残りは肥大始期に条間に施用する。帯状のマルチを張る場合はマルチ前に施用する。

## 4. 栽培法と生育生理

### (1) オニオンセットの栽培

オニオンセット利用の冬どり栽培のポイントを第1表に示した。

①苗床の準備

発芽するには20℃以上を保つ必要があるので，ハウスで育苗する。播種予定の10日くらい前に，1m²当たり苦土石灰100g，窒素10g，リン酸20g，カリ10g（化成肥料10—20—10を100g）施して耕うんし，まき床幅100cm程度のうねを立てる。

②播　種

3月上旬に播種する。うねに条間10cm，深さ約8mmのまき溝をつけ，5〜8mm間隔に種子をまき，覆土して軽く鎮圧する。十分に灌水したら乾燥防止と保温のために新聞紙をかぶせ，その上に透明のポリフィルムをマルチし保温す

第6図　分　球

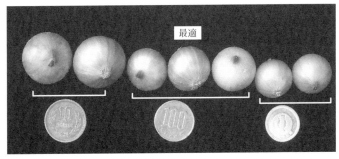

第7図　オニオンセット
中央の100円玉（直径2.2cm）の大きさが最適

各作型の基本技術と生理

第1表　オニオンセット利用の冬どり栽培のポイント

| 栽培ステージ | 技術目標と栽培のポイント |
| --- | --- |
| オニオンセットの栽培<br>①品種の選定<br>②苗床の準備<br>③播種<br>④保温<br>⑤発芽後の管理<br>⑥オニオンセットの採取と貯蔵 | 葉数3枚で直径2～2.5cmのオニオンセットをつくる<br>①オニオンセットを利用した冬どり栽培に適した品種を選ぶ<br>②ハウス内に苗床をつくる<br>③3月上旬に播種する<br>④発芽するまでは最低地温を10℃以上に保ち、発芽させる<br>⑤発芽後温度は最低温度を10℃とし、25℃以上にならないように換気する<br>⑥5月中下旬にオニオンセットを収穫する。葉数で2枚、3枚、4枚のものを分類し、それぞれを束ねて別々に8月中旬まで吊り玉貯蔵する |
| 本畑での栽培<br>①本畑の準備<br><br>②植付け<br><br><br>③灌水・追肥<br><br>④除けつ<br>⑤病害虫雑草防除<br><br><br>⑥収穫 | 定植後は地温を下げて発根を促し、肥大期は地温を上げ肥大を助長する<br>①栽培する場所は、日当たりが良い場所を選ぶ。耕うんうね立て前に堆肥、苦土石灰、基肥を全層混和して、うね幅90～120cmのうねを立てる。施肥量は窒素、リン酸、カリとも10a当たり15kg程度<br>②植付け時期は、8月下旬～9月上旬。オニオンセットが半分ほど埋まる程度の深さに植える。葉数が4枚以上のオニオンセットは、11月上旬に植え付けてマルチ栽培とし、3月下旬～4月上旬に収穫する<br>③定植後晴天が続き乾燥したとき、10月からの肥大開始から灌水する。露地栽培の場合、9月下～10月上旬に追肥する<br>④定植後30～40日後に除けつを行なう<br>⑤この栽培は、病害虫は少ない。除草もマルチ栽培なら植え穴に生えたものを早めに手取りする。農薬を使用する場合は、「タマネギ」と「葉タマネギ」の両方に登録がある農薬を使用する<br>⑥収穫時期は11月下旬からで、肥大した球から順次収穫する。肥大が進まず青立ちした株は、早めに収穫して葉タマネギとして販売する。正常結球したタマネギは霜が降りるまでに収穫を終える |

第8図　オニオンセットハウス育苗発芽後の状態

第9図　収穫期のオニオンセット

る。

### ③保　温

　発芽するまでは最低地温を10℃以上に保てば、7～10日後には発芽する。日中に30℃以上になる場合は、ポリマルチ上にこもなどをかけて温度が上がりすぎないようにする。灌水はポリマルチが水滴でくもっているうちは必要ない。

### ④発芽後の管理

　発芽し始めたら夕方に新聞紙とポリマルチを除去し、翌朝灌水し、温度は最低温度を10℃とし、25℃以上にならないように換気する。平均気温が15℃以上になったら、ハウスの換気を行ない、苗を充実させる。生育を見て300倍程度の液肥を追肥する（第8図）。

### ⑤オニオンセットの採取と貯蔵

　5月中下旬にはオニオンセットの収穫時期と

第10図　吊り玉貯蔵
葉数別に吊り下げる

第11図　植付け20日後の状態

なる（第9図）。冬どりに適したオニオンセットは、葉数が2枚、3枚で球径が2～2.5cmのものである。収穫適期は、葉数が3枚でオニオンセットの葉鞘部（首部）の芯がなくつまんでも柔らかい頃である。葉数が4枚以上のものは首部に芯があり、つまんでも硬い。首部をつまんでオニオンセットを分類すると作業がはかどる。収穫時期がおそくなると、葉数が4枚以上の株も首部の芯がなくなるので、収穫時期を誤らないことが重要である。葉数が2枚、3枚で首部が柔らかいオニオンセットと、4枚以上で首部の硬いものを分けて吊り玉貯蔵を行なう。貯蔵の方法は、葉付きのまま収穫し、40～50株程度を荷づくりテープで束ねたものを2つつくり、振り分けて吊るす（第10図）。吊るす場所は、風通しの良い直射日光の当たらない涼しいところがよい。なお、葉数が4枚以上で肥大していない株は植え付けても葉タマネギしかできないので収穫しない。

## (2) 本畑での栽培

### ①本畑の準備

栽培場所は、日当たりが良い場所を選ぶ。施肥量は窒素、リン酸、カリとも10a当たり15kg程度。白色マルチ栽培ではこの80％程度をマルチ前に全層施用する。露地栽培ではこの2分の1を基肥として全層施用し、残りは肥大始期に条間に施用する。帯状のマルチを張る場合はマルチ前に施用する。

肥料以外に耕うんうね立て前に1m²当たり堆肥1～2kg、苦土石灰100gを施用する。堆肥、苦土石灰、基肥を全層混和して、うね幅90～120cmのうねを立てる。マルチ栽培する場合は、十分に灌水してから白マルチを張る。

### ②植付け

吊り玉貯蔵のオニオンセットは、8月中旬には植付けできるように調製する。

オニオンセットの大きさによって定植後の生育、結球が異なるので、葉数が2枚のものと3枚のものとを分けて植え付けると、管理や収穫がしやすくなる。

平均気温が26～26.5℃（最高気温31℃、最低気温22～23℃）の暖地では、8月下旬～9月上旬までに植える。おそくなると球肥大に必要な長日や温度が不十分となり、肥大せずに青立ち状態の株が多くなる。

植付けは、株間10cmでうね幅90cmでは2条植え、120cmでは3条植えとする。植え方は、オニオンセットが半分ほど埋まる程度の深さに、球を指先で押し込む。深植えすると腐敗しやすくなるので注意する。植付け後は、灌水して発根、萌芽（第11図）を促す。植付け後、

## 各作型の基本技術と生理

第12図 白マルチをして植え付け，約50日後の草姿

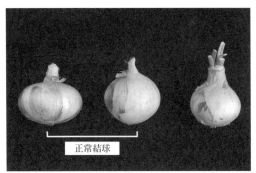

第13図 収穫した冬どりタマネギ
左2つは正常結球，右端は青立ち結球茎葉を切り取っても葉が出てくる

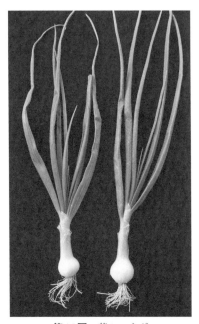

第14図 葉タマネギ

カラスがオニオンセットをついばんだり，引き抜いたりするので，葉が茂るまでカラス除けのネットを被覆する。

なお，葉数が4枚以上のオニオンセットは，冬どり用として8月下旬～9月上旬に植え付けると青立ち株になるが，11月上旬に植え付けてマルチ栽培を行なうと，3月下旬～4月上旬に収穫できた。12月中旬にトンネル被覆を行なったところ，葉が4～5枚出て結球したが，小球になった。温度に反応したためと考えられる。マルチだけの栽培がよいと思われる（第12図）。

③灌水・追肥

タマネギは浅根性で乾燥に弱く，またオニオンセットの根は普通栽培のものと比べて根が著しく細い。適湿なら3～4日後には新根が張るが，定植後晴天が続き乾燥したときには，10月からの肥大開始からは乾燥しないように灌水する。

露地栽培の場合，9月下～10月上旬に，基肥と同量の肥料を追肥する。

④除けつ

球径が大きいオニオンセットは，休眠中に茎盤の生長点が分岐し，分球する。分球すると変形球になり見栄えが悪くなるが，食用には問題がない。気になる場合は，定植後30～40日後に，分かれた葉鞘に親指を押し込み，残すほうを押さえ，間引くほうを一方の手で引き裂くように抜き取る。晴天の日にていねいに行なわないと，根が傷つき，傷から軟腐病などが発生しやすい。

⑤病害虫防除

この栽培は，病害虫は少ない。除草も，マルチ栽培なら植え穴に生えたものを早めに手取りする程度ですむ。農薬を使用する場合，結球したタマネギは「青切り」として，青立ち株は「葉タマネギ」として販売することになる。そのため，農薬を使用する場合は「タマネギ」と「葉タマネギ」の両方に登録がある農薬を使用する。なお，直売所での販売は，葉を付けて販売する場合は，「葉タマネギ」と表示して販売する。

⑥ 収　穫

　冬どりタマネギは春から初夏に収穫するタマネギと異なり，結球状態も正常結球から青立ち株まである。

　収穫時期は11月下旬からで，肥大した球から順次収穫する。肥大が進まず青立ちした株は，早めに収穫して葉タマネギとして販売する。正常結球したタマネギを霜が降りるまで圃場においておくと，球の頂部が凍傷を受けて商品価値が低くなるので，霜が降りるまでに収穫を終えることが大切である。青立ち株は3月下旬にはトウが立ってくるので，それまでに販売を終えるようにする（第13，14図）。

　執筆　大西忠男（元兵庫県農林水産技術総合センター）

2016年記

## 参 考 文 献

北海道新聞北見報道部編．2011．タマネギ百話．玉葱百話会．北見市．

兵庫農試淡路分場．1971．兵庫農試淡路分場試験成績書．7—8．

農林水産省野菜試験場．1984．タマネギ・アスパラガスの生産安定をめぐる諸問題　昭和59年度課題別検討会資料．

大西忠男・田中静幸．2012．タマネギの作業便利帳．農文協．

(財)日本園芸生産研究所編．1981，1988，1997，2009．蔬菜の新品種8，10，13，17．誠文堂新光社．東京．

# 春まき夏どり栽培

## 1. 作型開発の背景

　タマネギの作型には，栽培する時期のまったく異なるふたつの作型，すなわち春まき栽培と秋まき栽培があり，それぞれ北海道，東北以南（主に西南暖地）に分布しており，それぞれの地域における温度や日長条件に適応した品種が用いられている。しかし，現在，秋まき栽培だけをみても，収穫時期は1～6月の長きにわたっており，用いられる品種や栽培される地域，そして栽培技術も多様化しており，もはやひとつの作型にはまとめきれないほどである。

　春まき栽培は，これまでもっぱら北海道で行なわれてきた作型であり，本州では長野県や秋田県などで戦後まもなく取り組まれた記録もあったものの，いずれもほとんど定着しなかった。最近では，山梨県の高冷地における試験研究の取組みもある。これにあらためて着目し，東北地域向けの作型として開発された春まき作型の技術体系について解説する。

　東北地域向けに春まき作型が開発された背景には，次のような現状がある。

　**水田の転作品目**　米価の下落により，コメを中心とする土地利用型農業のなかでの水田転作品目として野菜が注目を集めている。とくに機械化体系ができており，技術的ハードルが低いタマネギは取り組みやすい品目として選択されることが増えてきている。とくに，水田農業の比率の高い東北や北陸では顕著な動きとなると予想される。

　**秋まき作型の生産性の低さ**　これまで東北では秋まき栽培が標準であったが，非常に生産性が低かった。とくに日本海沿岸の積雪地帯では，10a当たり収量が2.0tに達しないなど経営的には成り立たないレベルであった。そのため，栽培面積・生産量とも少なく，近年，給食やこだわりの加工品などの分野で地産地消の動きが活発化して増加している地場産需要に応えきれていない。これらの地域における秋まき作型の技術改良も必要であるが，生産性の低さの原因と推察される，冬の寒さや積雪を回避できる別の作型の開発が望まれる。

　**端境期を埋める**　タマネギは貯蔵性が高く，家庭でも周年的に入手できることから，端境期はあまり意識されていないが，加工・業務などの実需向けの国産タマネギでは，本州の秋まきと北海道の春まきの狭間となる7，8月に流通量が少なくなるため，端境期が存在している。近年加工・業務仕向けの比率が高まっていることから，この問題がより顕在化してきた。

　**新たな産地開拓**　水田転作品目として新規産地も増えてきたものの，未だにタマネギの三大産地である北海道，佐賀県，兵庫県の存在は大きく，これらの産地が天候不順や病害の発生などで不作となった年の安定供給に不安があり，価格変動の原因にもなっており，新たな産地の開拓が求められている。また，2014年7月に，中国山東省産タマネギから未登録農薬が検出され関係者は対策に追われるなど，輸入タマネギに頼るリスクが顕在化する事例も発生しており，国産志向はより高まっている。

## 2. 栽培適地

　タマネギの生育適温は10～25℃であり，冷涼な気温を好み高温下では生育が抑制される。東北における春まき栽培は，地域の比較的夏期冷涼な気候を生かし，また北海道との気温差により，北海道より約1か月早く収穫しようとするものである（第1図）。したがって栽培適地としては，西南暖地に比較して夏期冷涼であることが望ましい（第2図）。

　一方，東北のなかで冬期も比較的温暖な太平

各作型の基本技術と生理

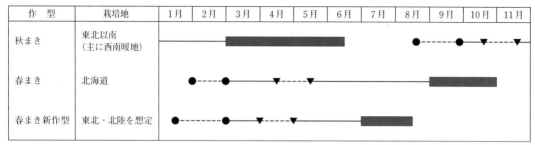

第1図　タマネギの現行作型と東北・北陸向け春まき作型の栽培暦

第2図　春まきタマネギ生産の例
圃場：農事組合法人たねっこ（秋田県大仙市）

洋岸では，秋まき栽培の生産性もよく産地も存在したが，これらの地域では，秋まきに加えて春まき栽培も可能な，すなわち二期どりのできる産地となりえる。

## 3. 品種の選択と播種時期

春まきをするからといって，必ずしも春まき用の品種を用いるのがよいわけではない。秋まき用品種の中生から春まき用品種の中晩生まで幅広い品種の選択が可能であることが，東北の春まき栽培の大きな特徴である。そのなかで，各地域の気候条件にあった品種を選定することが重要である。

なお，現状では春まき用品種の安定生産には難があり，秋まき用品種のなかから選定するのが無難である。たとえば，標準品種としては'もみじ3号'並の早晩性のものが望ましいが，北東北ではそれより晩生の'マルソー'や

'ケルたま'など，南東北ではそれより早生の'ターザン'や'オーロラ''ネオアース'などの品種が推奨される。

また，重要なのは播種時期である。標準的な育苗期間を2か月として，圃場の融雪時期などを考慮してなるべく早く播種することがポイントである。早く播種して定植するほど，りん茎重は大きくなり収量は増加する傾向にあり，その傾向はとくに秋まき用品種ほど強い。本圃への定植時期を考慮すると，標準的な播種時期は，北東北では2月中旬，南東北では1月下旬ころとなる。

## 4. 栽培の実際

春まき栽培における栽培のポイントは以下のとおりである（第1表）。

### (1) 育　苗

288穴や448穴などのセルトレイ育苗環境にかかわらず，出芽が揃う積算温度が3,200℃・時でほぼ一定であり，東北・北陸地域では，パイプハウスに内張りやトンネルなどで保温することで無加温での育苗が可能である。直置き育苗と遮根育苗が選択できるが，遮根育苗を行なう場合，必ず育苗後半に肥料切れするので，培養土に肥効調節型肥料（マイクロロングトータル）を重量比2％程度混用するとよい。

### (2) 施　肥

秋まき栽培に比べると，本圃での生育期間が

第1表　東北地域での春まき作型における栽培のポイント

| 栽培ステージ | 技術目標と栽培技術のポイント |
|---|---|
| 品種の選択 | ・もみじ3号並の早晩性を持つ品種を標準として取り組み始めるのがよい<br>・地域の気候に合わせ，北東北ではマルソー，ケルたまなど，南東北ではそれより早生のターザンやオーロラ，ネオアースなども選択できる |
| 播種時期 | ・標準的な育苗期間を2か月として，なるべく早く播種すること。早く播種して定植するほど，りん茎重は大きくなり収量は増加する傾向で，その傾向はとくに秋まき用品種ほど強い。標準的な播種時期は，北東北では2月中旬，南東北では1月下旬ころ |
| 育苗 | ・ハウス内で適切な保温資材を使うことにより無加温で育苗可能。むしろ晴天日に締め切っていて温度が生育適温を超えないように注意<br>・遮根育苗を行なう場合，必ず育苗後半に肥料切れするので，培養土に肥効調節型肥料（マイクロロングトータル）を重量比2％程度混用するとよい |
| 施肥・圃場準備 | ・全量基肥で窒素成分量15kg/10a程度が基本 |
| 定植 | ・標準的な栽植様式は，条間24cm，株間10～12cmの4条植え |
| 定植後の栽培管理 | ・肥大している最中より肥大前の灌水の効果が高い |
| 病害虫防除 | ・雑草については，定植直後および生育期間中の計2回の土壌処理剤散布を適切に行なう<br>・秋まきに比較すると病害虫の発生が多いので，細心の注意を払って防除に努める。とくに細菌による腐敗性病害，べと病，スリップス（ネギアザミウマ）などに注意する |
| 収穫 | ・過半数倒伏後1～2週間以内に収穫する<br>・掘上げ後の圃場での乾燥は避ける |

約3か月と短く，また生育後期に窒素が効いていると病害の発生を助長するので，全量基肥で窒素成分量15kg/10a程度が基本となる。リンの施用効果が高いといわれ，窒素に比べ増施したり，育苗時溶液浸漬，本圃への局所施用なども行なわれることがある。砂丘地では追肥の効果がある。

### (3) 定植と栽培管理

標準的な栽植様式は，条間24cm，株間10～12cmの4条植えである。機械化体系をうまく回すにはきちんとうねを立てることが基本中の基本である。水田転作では，うねの高さに注意するとともに，サブソイラなどを利用し排水確保に努める。多雪地で春先圃場に入れず定植が遅れてしまう場合，前年に施肥・うね立て・マルチ張りをしておくこともできる。

マルチ被覆は一般的に黒色フィルムが使用されるが，春先の低温期の定植となることから一般的に地温が確保され生育は促進される。また，乾燥時には水分保持の効果も期待できるなど，品種や時期・地域により結果は一様ではなく，収量にはあまり影響しない場合もある。雑草対策や機械化対応などを勘案して決めるとよい。

降雨の少ないとき，灌水の効果は高い。適切な灌水は確実に収量アップにつながる。とくに肥大している最中より肥大前の灌水の効果が高く，りん茎肥大期を迎えるにあたって葉面積をしっかり確保しておくことが重要である。灌水装備があるときは積極的に利用したい。水田では，多雨時の排水効果も期待できるFOEASなどの地下灌漑システムとの相性もよい。

### (4) 雑草と病害虫防除

秋まき作型と異なり，生育期間のほとんどが雑草発生の好適条件にあたるので，雑草防除は欠かせない。草種などにもよるが，マルチを使用しない場合，定植直後および生育期間中の計2回の土壌処理剤散布を適切に行なうことで，おおむね対応できる。定植直後の散布のさいは，春先の低温期でもあり雑草の発生も少ないので，あわてずに登録要項を確認しつつ行ないたい。

同様に，生育期間の大半が高温・多雨（梅雨）条件下で推移するため，乾腐病や貯蔵腐敗を引き起こす細菌病などの病害虫の発生も多く，秋まき作型とは防除の考え方が大きく異なってく

ることが、春まき作型の最大の注意点である。

春先の生育前半からも細菌病の感染リスクが伴うため、肥大期前から銅剤などの定期的な予防散布を実施し、状況に応じてべと病などの糸状菌病害に対応した薬剤防除を実施する。肥大期以降は急激な生長に伴う葉の軟弱化や、梅雨による病気の蔓延をイメージしながら、効果の高い薬剤を計画的に散布することが重要である。

また耕種的な防除方法も有効である。細菌性の腐敗性病害は、はじめ葉身基部から侵入することから、乾燥施設がある場合は収穫時に短めに剪葉し患部を除去することで貯蔵中の腐敗発生を軽減できる場合もある。とくに梅雨入り後は剪葉後、圃場に放置すると発病を助長するため、ただちに回収・乾燥するシステムを整える必要がある。収穫の遅れが腐敗性病害の発生を助長する。りん片腐敗病など貯蔵中に発生する腐敗のかなりの部分はすでに栽培中に罹患している可能性があり、これらはその後の乾燥・貯蔵条件を適切に整えたとしても腐敗の発生を避けられないことも認識したい。収穫までできるだけ葉を健全に保つことが貯蔵中の腐敗発生を減らす最大のポイントである。

害虫ではとくにネギアザミウマに気をつける。これも秋まきに比較すると発生が多くなるので防除が必要となる。とくに乾燥条件が続くと激しく発生し、収量に対する被害程度も大きいだけでなく、病害発生との関係も指摘されている。ネギとは発生部位が異なっており、初発生をしっかり把握するため、葉の心の部分を定期的にモニタリングするとよい。

### (5) 収　穫

りん茎肥大後期において、りん茎中の葉の分化が肥厚葉から貯蔵葉へ移行することで、新葉の伸長が行なわれなくなるため、葉鞘部での強度が失われ倒伏する。これがタマネギの収穫のサインとなる。倒伏時期は、たとえばもっとも早い富山の'ターザン'で7月上旬、岩手平野部の'もみじ3号'で7月中旬、青森平野部の'マルソー'や'ケルたま'で7月下旬などとなる。収穫のタイミングをはかるには、過半数倒伏あるいは80％倒伏などの指標を使う。

倒伏後もりん茎は少しずつ肥大を続けるが、過半数倒伏後1〜2週間以内に収穫をしないと、腐敗や裂皮の発生が増加し歩留りが低下するので注意する必要がある。

また、北海道の春まきで行なっているような、掘上げ後の圃場での乾燥は避けるのが無難である。降雨があれば腐敗を助長するし、晴天が続けば品温や地温が一気に高まり日焼け（土焼け）を起こすことがある。

### (6) 乾　燥

新規産地で乾燥のための施設がない場合、現状では、遮光したパイプハウス内で自然乾燥するほかにはあまり手がない。積極的に乾燥を行なう方法として、ニンニク用温風乾燥機の活用がある。ただし、タマネギに使用する場合は、ニンニクと設定温度が異なるので注意する。ニンニク用温風乾燥機を改良したタマネギ用温風乾燥機も発売されている。また、送風の流れを整えることで換気ムラを抑える強制換気システムも開発されており、個々の生産者が行なえる急速乾燥の選択肢が少しずつ広がってきている。

## 5. 今後の展開

春まき作付け後に、もう1品目の輪作が可能であるので、圃場利用が効率化し野菜作のなかでの輪作体系に組み込みやすくなる。実際に冬キャベツ、ブロッコリーなどが試されている。

今後、東北・北陸のほか信越・北関東地域にまで春まき作型が普及し、安定の段階に移行し、地場の需要を充足できるようになることが期待される。一方、慣行の秋まき栽培技術にも改善が加えられ、より安定した技術となることで、春まきと秋まきの二期どりが可能となり、経営コストの大幅軽減がはかられる地域もあると予想される。

また、現状では、春まき用の品種をつくりこなすのはまだ難しい。今後は、東北・北陸向けの春まき専用品種の育成が進むことを期待したい。

執筆　山崎　篤（農研機構東北農業研究センター）

2016年記

# 直播栽培（北海道）

## 1. 古くて新しい直播栽培——再評価の背景

タマネギが北海道に導入された明治初期，官園などにおける試験栽培など一部で移植栽培が行なわれていた可能性があるが，一般栽培はすべて直播だったと考えられる。

1926〜1940年ころ（大正末期から昭和10年代）にかけて移植栽培が試みられ，直播に比べ播種量が減らせること，間引きや除草の労力が軽減できること，気象の影響を受けにくく収量が安定していること，過湿や乾燥条件にも強いこと，などがあきらかにされた（小餅，2015）。これらの技術情報は第二次大戦後に活用され，1949年ころからは全道的に移植栽培を開始する生産者が現われた。1960年前後に北海道農業試験場において，いわゆる冷床育苗で温床育苗に劣らない収量を得られることが確認されると，直播から移植への切り替えが加速され，1970年前後にはほとんどの産地で直播栽培は姿を消したとされる。

以降，移植機の開発により移植労力も軽減され，北海道のタマネギ生産は今日の高性能移植機を中心とする機械化一貫体系に発展してきた。

### (1) 食の外部化の進展と輸入野菜の増加

1985年以降，家庭における食の外部化が進展し，加工・業務用原料としての野菜の需要が増加しており，タマネギにおいては国内消費量のうち約6割が加工・業務用であるといわれている。

加工・業務用タマネギは，作柄などにより供給量や価格の変動が大きい国産品よりも，安価で均質かつ安定的に供給される輸入品が多く使われている。

タマネギの輸入量は，1993年までは5万t前後であったのに対し，1994年には異常気象などにより国内生産量が減少したこともあり，20万t前後に跳ね上がっている（第1図）。2010年代に入ると30万t前後，金額で160億円前後に達し，現在もっとも輸入量の多い青果物となっている。

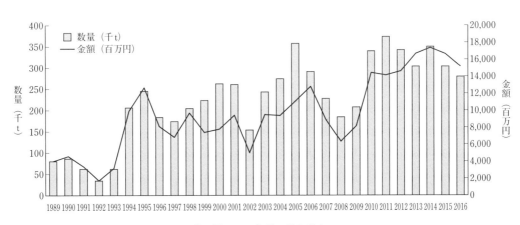

第1図　タマネギの輸入動向

財務省貿易統計より作図

### (2) 国産原料志向

一方，2000年以降，輸入野菜における残留農薬の検出や輸入食品による薬物中毒などの事案が発生し，タマネギにおいても2014年に中国産品から残留農薬が検出された。食の安全・安心の観点から，消費者や実需者の国産志向は高まっており，加工・業務用原料としても国産野菜を求める声が強まっている。

### (3) 価格競争力強化

安価な輸入野菜を国産野菜に置き換えるためには価格競争力の向上が不可欠であり，加工・業務用原料を生産する国内産地では生産コスト低減の必要性が増している。

タマネギは野菜のなかでは比較的機械化が進んでおり，すでに省力的な作目であるが，そのなかで育苗コストがタマネギの全算入生産費の約2割を占めている。これを削減できる直播栽培は，かつて生産の不安定性により姿を消した技術ではあるが，1）品種の能力や作業機械の精度が向上するなど，導入当初とは条件が異なること，2）育苗施設をもたない新規産地も加工・業務用タマネギ生産の受け皿となりつつあること，などから再び注目されることとなった。

輸入代替を通じた食料自給率向上，国産野菜の生産振興など，行政施策の面からも，今日，タマネギの直播栽培を再評価する意義は大きい。

## 2. 移植栽培との比較

### (1) 生育期間が短く，球肥大と収量の変動が大きい

北海道における移植栽培の播種期は2月下旬から3月中旬，移植期が4月下旬から5月中旬である一方，直播栽培では播種が4月中旬から5月上旬であり，単純に播種時期を比較すると2か月ほどおそい（第2図）。一方で球肥大や倒伏などは日長や温度の条件により引き起こされるため，ここまでの差は生じない。2004年から2007年にかけて北見農業試験場において移植栽培と直播栽培を比較したさいの，同一品種における倒伏期の差を第3図に示した。年次や土壌条件によっても異なるが，直播栽培の倒伏期は，移植栽培よりおおむね2～3週間程度（もっとも大きく異なった事例でも4週間程度）の遅れであることがわかる。

このように，播種時期の差に比べると倒伏期の差は小さいが（第4図），直播栽培は必然的に生育期間が短く制限されるうえ，本州以南に比べて8月以降の温度低下も早いことから，球肥大の確保が非常にむずかしく，年次による球肥大および収量の変動が非常に大きい。

### (2) 生産費は移植栽培の75～80％

一方，直播栽培のメリットとしては，育苗に要する施設・資材や労力が不要であるため，生産コストの低減が可能であることがある。

白井ら（2013）は，同一経営の移植栽培と比較すると直播栽培の投下労働費は70～71％，全算入生産費は75～80％の水準となることを報告している（第1表）。

しかしながら，前述したような生産性の不安定さがあることから，現状では重量当たり生産費と価格を均衡させることがむずかしいことも指摘し，この点を改善するためには，投下費用を抑制しつつ，生産性を高めるための改善技術を導入し，重量当たり生産費を低減することが重要であるとした。こうした分析結果を受け，北海道においては現在も直播栽培の生産性向上・安定化を目指した技術開発が継続されている。

また，直播栽培技術そのものの優点として，苗を定植する移植栽培に比べると春季の干ばつの影響が小さく，生育初期の土壌水分の多少による生育差は比較的小さいことがあげられる。

## 3. 直播栽培の現状

前述したように国産加工・業務用タマネギの増産が求められるなか，北海道においては，こ

直播栽培（北海道）

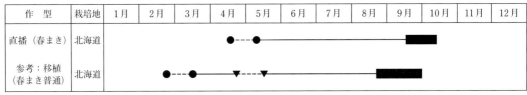

●播種, ▼移植, ■収穫

第2図　直播タマネギの作型

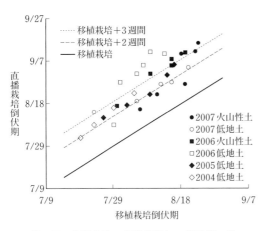

第3図　直播栽培と移植栽培との倒伏期の差
西田ら（2006）に未発表データを加えて作図

第1表　タマネギ直播栽培の生産費

|  | 直播 | 移植 |
| --- | --- | --- |
| 物財費 | 129,921 | 159,724 |
| 労働費 | 39,489 | 52,863 |
| 費用合計 | 169,410 | 212,587 |
| 移植栽培を100 | 80 | 100 |
| 地代・資本利子 | 22,382 | 24,370 |
| 全算入生産費 | 191,792 | 236,957 |
| 移植栽培を100 | 81 | 100 |

注　白井ら（2013）に別の調査事例も加えて作表
現地で調査した生産者4事例の平均値

第4図　直播栽培と移植栽培の倒伏時期の違い
（十勝管内の生産者圃場2014年8月15日撮影）
左：直播栽培，右：移植栽培

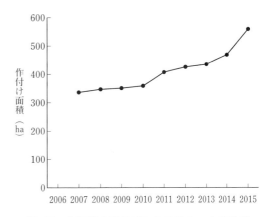

第5図　北海道十勝地域におけるタマネギ作付け面積の推移

　れまで主要なタマネギ産地ではなかった地域がその受け皿になりつつある。

　大規模畑作地域として知られる十勝地域（十勝総合振興局管内）において，2014年から2015年にかけてタマネギの作付け面積が100ha近く増加したが（第5図），この大部分が直播栽培である。

　こうした地域にタマネギを導入するにあたり，育苗施設を必要としない直播栽培は初期投資を大幅に削減できることから非常に有効であり，直播栽培技術が急激な作付け面積の拡大を後押しした面も大きいと思われる。直播栽培と移植栽培を区分した公的な統計資料などはなく，正確には把握しきれないが，2018年現在北海道内の直播栽培面積は数百haに達していると考えられる。

*249*

## 4. 栽培の実際

### (1) 圃場の選定と準備

**排水性の改善**　一般にタマネギ栽培には排水性の良好な圃場が適しているが，直播栽培において排水性の確保は移植栽培以上に重要なポイントである。

融雪期に停滞水が発生するような圃場では播種時期が遅れがちとなり，ただでさえ生育期間の確保がむずかしい直播栽培において致命的となりうる。また，近年の国産タマネギ品種は移植栽培に適するよう育種されてきていることもあり，出芽後間もない実生は非常に脆弱で，生育初期の土壌の過湿により欠株にもなりやすい（第6図）。したがって，直播栽培に取り組むさいには心土破砕による排水対策などの圃場整備が前提になる。

また，砂質および粘質土壌においては，播種後の降雨によりソイルクラスト（土壌の表層が硬化する現象）が発生することがあるが，このような条件では直播タマネギは出芽できず，地中で枯死してしまう。これらのことから，直播栽培を行なう場合は，前年秋に心土破砕などを行ない，排水性を改善することが前提となる。

**雑草の発生が少ない圃場**　また，直播栽培においては，移植栽培に比べ使用できる除草剤の種類や処理適期が限られており，薬剤による雑草防除には限界がある。機械除草も地上部が繁茂してからは困難になることから，最終的には手取り除草が必要となることも多い。作付け規模が大きくなるほど多大な労力を要し，コスト低減の妨げとなることもあることから，雑草の発生が少ない圃場を選定することも重要である。

**リン酸資材の施用**　タマネギは生育初期におけるリン酸の要求性が強い作物であることが知られており，直播栽培においても圃場のリン酸肥沃度は初期生育に大きく影響する。とくに過去にタマネギが作付けされていない新畑の場合，リン酸肥沃度が低い場合があるため，必ず土壌診断を行ない，必要に応じてリン酸資材を施用する。

この手間とコストを惜しまないことで，リン酸肥沃度に乏しくリン酸吸収係数が高い十勝地域の火山性土における直播タマネギの取組みが，今日一定程度の成果を上げているといえる。

臼木ら（2016）は，リン酸肥沃度の低い圃場において効果的に施肥リン酸を効かせる技術として，種子の下方に局所施用する技術を開発した（第7図）。トラクターによる播種作業と同時に施用することができるため手間がかからず，全層施肥に比べて施用量を3割削減することが可能である。ただし，種子と肥料が混合さ

第6図　滞水により欠株が多発した圃場

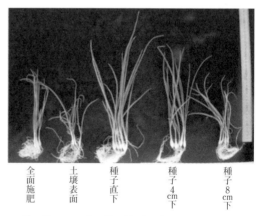

第7図　リン酸の施肥位置の違いがタマネギの初期生育に及ぼす影響（原図：臼木一英）

れると出芽に影響が出る可能性があるので，種子と肥料との間隔を2cm程度確保するとともに地域における施肥基準を順守してリン酸施用量を決定する必要がある。

こうした新しい技術の普及も，直播栽培が将来にわたって定着していくために重要であると考えられる。

### (2) 品　種

**求められる高い貯蔵性**　前述のとおり，直播栽培は移植栽培に比べて播種時期が2か月近くおそい。品種の選定にさいしては，このような条件での生産性に大きく影響する熟期を考慮することはもちろんだが，販売先や用途も念頭におく必要がある。

前述のように，移植栽培に比べて低コストでの生産を期待される直播タマネギは，加工・業務用原料として利用されることが想定される。このことは，収量性や球肥大性だけでなく，高い貯蔵性も求められることを意味している。

**現状の適品種**　第8図は2012年から2014年にかけて北海道の道東地域で行なった品種比較試験における収量性の結果をまとめたものであるが，早生から中晩生までの熟期の品種で実用性が認められた。

なかでも，早生の'オホーツク222'および中生の'北もみじ2000'で収量性が安定していた。中晩性の'イコル'は気象条件により倒伏期に達しないこともあるため注意が必要だが，球の肥大性の面でよい結果を出している。

中早生である'ウルフ'は，タマネギ栽培歴の長い試験圃場では倒伏前から根いたみを伴う著しい葉先枯れ症状がみられ，球肥大が不十分となる事例が多く，試験での結果は思わしくなかったものの，実際に直播栽培が導入されることの多い新畑（タマネギの作付け前歴のない圃場）では初期生育が旺盛であり，条件によって有効な選択肢であると考えられる。

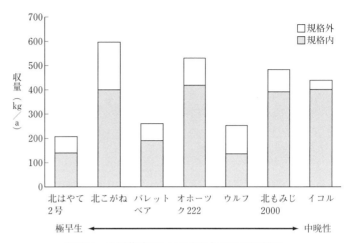

第8図　直播栽培における収量性の品種間差異

極早生の'北はやて2号'と早生の'バレットベア'は，出芽から球肥大期を迎えるまでの期間が短く，十分な葉数を確保することがむずかしいため，球肥大が不十分な段階で倒伏期を迎えてしまうことが多く，直播栽培には適さないと考えられた。'北はやて2号'と同じ極早生品種でも'北こがね'は，球肥大は良好であった一方，規格外球が多かった。また，貯蔵性に乏しいことから，長期安定供給が望まれる加工・業務用途には不向きであると考えられた。

**直播栽培専用品種の育成**　これらのことから，現在の直播栽培においては'オホーツク222''北もみじ2000''イコル''ウルフ'に加え，'ウルフ'に類似の特性を有する'パワーウルフ'などがおもに用いられている。

国産のタマネギ品種は，これまで長期間にわたり移植栽培下で選抜・育成されてきたため，生育初期を育苗床で過ごすことに適応している。そのような品種にとって，直接本畑に播種される直播栽培はきわめて過酷な条件と考えられる。海外の品種は直播栽培により育成されていると思われるが，外観や球揃いの面で日本の市場や実需者の求める水準に達しないものが多く，採用には至っていない。将来的には直播栽培により選抜され，日本の実需者ニーズにマッチした直播栽培専用品種が育成されることが望まれる。

各作型の基本技術と生理

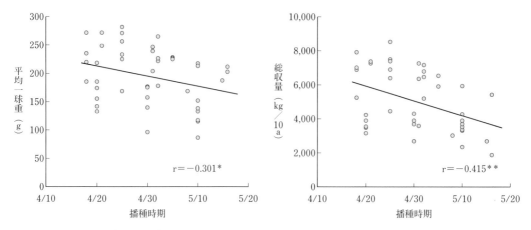

第9図　直播タマネギの播種時期が球肥大および収量に及ぼす影響

### (3) 播種時期

**4月中旬以降，4月中には終わらせる**　北海道における現実的な播種時期である4月下旬～5月中旬の間で比較した結果，播種日がおそくなるほど収穫時の球重および収量は低下した（第9図）。

春まき直播栽培においては，品種の早晩による違いはあるものの，葉数の増加は7月でほぼ終了する。球肥大期までに十分な葉数が確保できないと，りん葉一枚当たりの肥大には限界があることから，ペコロスのように小玉となるか，球が形成されないまま青立株として収穫に至らない状況になる。したがって，球肥大確保のためには7月までに十分な葉数を確保することが重要であり，播種時期はできるだけ早いほうがよいと思われる。

一方，北海道においては，3月までは畑が雪に覆われていることから，播種時期の前進化にも限界がある。これらのことから，播種は融雪後適正な土壌水分になる4月中旬以降，できるだけ4月中には終わらせることが望ましい。かりに土壌水分条件がよい年にあっても，それ以前の播種では霜害などの危険がある。また，収量性・品質を考慮した播種限界は，5月10日とされている。

### (4) 播種粒数

**球肥大不足を収穫球数で補う**　直播栽培は移植栽培に比べると，播種時期において1か月半～2か月の差がある一方，収穫期にはそれほど大きな差はない。このため，直播栽培は移植栽培に比べ宿命的に生育期間が短く，気象条件によっては球肥大不足となりがちであり，減収につながる。したがって，直播栽培の収量安定化のためには，十分な球肥大が確保できず低収となる年の底上げが重要であり，そのためには，収穫球数を確保することが必要と考えられる。

北海道におけるタマネギ播種作業は，作業幅1.2mで4条植え（うね幅30cm）とするのが一般的である。このうね幅のまま株間の変更のみで播種粒数を増加させた場合，収量は増加するものの平均一球重は低下する。

第10図　5条播種機
4条植えと同じトラクターおよび作業幅で作業が可能

直播栽培（北海道）

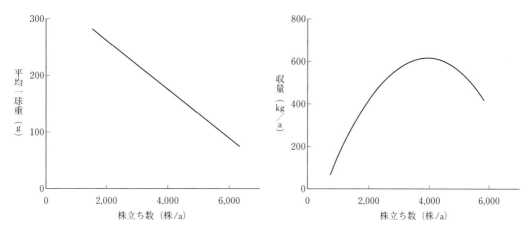

第11図　直播タマネギの株立ち数と収量および球肥大との関係

　北見農業試験場における試験では，株間8.5cmでは9.5cmと比べ球肥大が顕著に制限された。そこで，上記と同様の作業幅のまま播種条数を増やし5条植えとし，うね幅を24cmに縮小することにより，生産現場における作業体系の変更を最小限とし，かつ株間を確保することによる，株立ち数と収量および球肥大との関係を検討した（第10図）。この結果，直播タマネギは3,900株/a以下では株立ち数が多いほど収量は多くなった。一方，球肥大は株立ち数が多いほど劣った（第11図）。

　**基準は4,000粒/a**　面積当たりの収量性と球肥大性のバランスを考慮すると，当面は3,400〜3,900株/a程度の株立ちを目指すのが適当と考えられる。生育期間中に生じる欠株を考慮すると，そのためには播種粒数4,000粒/aを基準とし，球肥大を重視する場合はやや少なめにするなど，おおむね±200粒/aの範囲で産地の実態に合わせて調整することで，最適な収量性および球肥大性が得られると考えられた。なお，このときの株間は従来の移植栽培と同様の10〜11cm程度を確保できる。

**(5) 播種方法**

　最適な播種深度は2〜3cmであり，沖積土ではやや浅め，火山性土では表層が非常に乾燥しやすいためやや深めとするのがよい。
　機械播種の方式としては，シーダーテープや一粒点播機が用いられている。シーダーテープは株間の精度に優れ，出芽も比較的揃う傾向にあるが，年次により出芽が遅れたり出芽率が低下したりする事例も散見される。一粒点播は株間のバラツキが非常に大きく，10cmの設定で播種しても3cm程度の間隔で出芽している箇所が散見されるなど，精度が課題である。この播種精度（株間および深度）は，作業速度に大きく影響され，おおむね0.3〜1.3m/sの範囲で比較した結果，高速で作業するほど精度は低下した。株間のバラツキは隣の球との接触により変形球になる原因となり，播種深度のバラツキは出芽率の低下につながるため，圃場条件などに応じて過度な高速での作業は避けるべきである。

第12図　直播タマネギ圃場におけるべたがけ設置状況（十勝管内）

## (6) 栽培管理と雑草・病害虫防除

### ①べたがけ被覆

**被覆期間** 前述のように，移植栽培に比べ生育期間が制約される直播栽培においては，出芽および初期生育の促進が重要であると考えられることから，一部産地では不織布によるべたがけ被覆の利用が検討されている（第12図）。

北海道におけるこの時期の気温や日照条件，雑草の発生などを考慮すると，被覆期間は播種直後から長くても5月いっぱいである。

**出芽の促進** これまでの試験では，被覆期間中の日最高地温の平均は，被覆区では無被覆区よりも4～5℃高く，また日最低地温の平均は1～3℃高く維持されていた（平井，2016）。土壌水分への影響は年次により異なったが，極端な干ばつ条件でなければ土壌水分が多く保持される傾向にあった。べたがけにより出芽はあきらかに促進され，出芽期は1～4日早くなった（第13図）。さらにべたがけは播種後の降雨によるソイルクラストの形成を防ぐ効果があることから，これによる出芽不良のリスクを軽減することが期待される。

一方で，べたがけにより初期生育が促進されたものの，その差は徐々に減少し，球肥大が始まる時期にはほとんどみられなくなった（第2表）。

**倒伏の前進化** 倒伏期の早晩に対する影響は年次により異なったが，7月下旬ころの気象条件が良好で球肥大が順調に進んだ年には，倒伏期がべたがけにより1週間程度早まることもあった（第3表）。

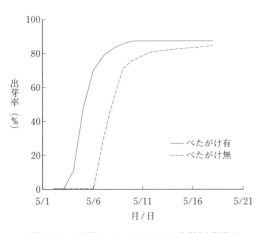

第13図 不織布べたがけによる出芽促進効果

第3表 不織布べたがけによる倒伏期への影響

| 年次 | 品種 | べたがけ | 倒伏期 始 | 倒伏期 期 | 倒伏期 揃 |
|---|---|---|---|---|---|
| 2014 | ウルフ | 有 | 8/21 | 8/24 | 8/26 |
| | | 無 | 8/21 | 8/24 | 8/28 |
| | オホーツク222 | 有 | 8/14 | 8/17 | 8/20 |
| | | 無 | 8/14 | 8/19 | 8/21 |
| 2015 | ウルフ | 有 | 8/4 | 8/10 | 8/14 |
| | | 無 | 8/13 | 8/18 | 8/24 |
| | オホーツク222 | 有 | 8/3 | 8/6 | 8/11 |
| | | 無 | 8/11 | 8/15 | 8/19 |

注 供試株数当たりの倒伏率が10％で「始」，40％以上で「期」，80％が「揃」

第2表 不織布べたがけが直播タマネギの生育に及ぼす影響

| 年次 | 品種 | べたがけ | 草丈 (cm) | | | 生葉数 (枚) | | | 葉鞘径 (mm) | | | 球径 (mm) | | |
|---|---|---|---|---|---|---|---|---|---|---|---|---|---|---|
| 2014 | | | 6/10 | 7/3 | 7/22 | 6/10 | 7/3 | 7/22 | 6/10 | 7/3 | 7/22 | 6/10 | 7/3 | 7/22 |
| | ウルフ | 有 | 13.8 | 43.4 | 74.5 | 2.4 | 5.8 | 8.3 | 3.4 | 9.5 | 15.0 | — | 11.1 | 26.5 |
| | | 無 | 12.8 | 39.5 | 74.3 | 1.9 | 5.6 | 8.4 | 2.7 | 8.4 | 15.5 | — | 9.8 | 26.4 |
| | オホーツク222 | 有 | 13.2 | 36.3 | 73.6 | 2.0 | 5.3 | 9.6 | 2.9 | 7.8 | 16.6 | — | 9.3 | 29.6 |
| | | 無 | 13.4 | 36.8 | 69.0 | 1.8 | 5.5 | 8.7 | 2.3 | 7.7 | 15.5 | — | 8.9 | 25.0 |
| 2015 | | | 6/1 | 6/29 | 7/29 | 6/1 | 6/29 | 7/29 | 6/1 | 6/29 | 7/29 | — | — | — |
| | ウルフ | 有 | 18.1 | 54.6 | 74.7 | 2.6 | 6.3 | 7.5 | 3.9 | 12.6 | 14.5 | — | — | — |
| | | 無 | 10.3 | 38.9 | 67.9 | 1.6 | 5.3 | 7.9 | 1.8 | 8.6 | 14.9 | — | — | — |
| | オホーツク222 | 有 | 14.1 | 47.8 | 69.9 | 2.1 | 6.1 | 9.5 | 3.1 | 11.4 | 14.1 | — | — | — |
| | | 無 | 9.8 | 38.0 | 61.8 | 1.6 | 5.4 | 7.5 | 1.9 | 9.2 | 13.9 | — | — | — |

注 表中の日付は各年次における調査月日

一方で,収量への影響は小さく,初期生育の促進効果や倒伏の前進化が必ずしも増収には結びつかなかった。被覆期間が極端な干ばつ条件の年には,高温障害により枯死する個体が多くなった。ただし,直播栽培においては高温障害以外にもさまざまな要因で欠株が生じることから,べたがけに起因する欠株が原因で減収に至ることは少ない。また,べたがけ被覆はタマネギの生育も促進するが,雑草の発生も助長することから,被覆下の雑草発生状況を観察し,場合によっては早めに撤去して除草を実施するなど,臨機応変に対応する必要がある。

**増収効果,資材費,労働費** 以上のように,不織布によるべたがけ被覆には土壌水分保持および地温上昇などによる出芽および初期生育の促進や生育の前進,降雨時のソイルクラスト軽減による出芽不良回避などが期待できる。また,著しい高温・干ばつ条件下では高温障害による枯死株が発生することがあるが,減収のリスクは小さい(平井,2016)。ただし,必ずしも増収効果に結びつくものではないこと,資材費が10a当たり1万円程度かかること,設置や撤去にかかる労働費が10a当たり3千円程度かかることも考慮して,気象や圃場の条件により実施を検討することが必要である。

②**雑草管理**

**使用できる除草剤** 本畑に直接播種する直播栽培においては,移植栽培以上に雑草との競合が問題となるが,直播栽培で使用できる除草剤は非常に限られており,2018年5月現在,アイオキシニル乳剤,ペンディメタリン乳剤,シアナジン水和剤のみである(いずれも適用地帯は「北海道」)。したがって,機械除草など農薬以外の方法も最大限に活用する必要があるが,圃場の選定にあたって雑草の発生が少ない圃場を選択することや,連作畑でない場合には前作で十分に雑草密度を減少させることなどが重要である。

**除草体系** 実際にとりうる除草体系としては,播種後にペンディメタリン乳剤もしくはシアナジン水和剤の土壌処理を行なったあと,生育期間中はうね間カルチによる機械除草や手取り除草を併用しながらアイオキシニル乳剤を用いることとなる。

アイオキシニル乳剤の使用薬量は,農薬登録上,移植栽培より少なく設定されているので,薬害などを回避するため直播栽培での使用基準を順守する必要がある。

タマネギの葉が繁茂したあとは機械除草も困難であり,雑草が大きく生長すると根切り作業の支障となるため,最終的には手取り除草に頼らざるを得ない実態がある。直播タマネギの生育期間中に使用可能な新たな除草剤の開発が望まれる。

③**病害虫管理**

病害虫に関しては,基本的に移植栽培と大きな違いはなく,移植栽培に準じて計画的に防除を実施する。とくに,8月以降のアザミウマ類の食害拡大,白斑葉枯病やべと病などのまん延に注意する。

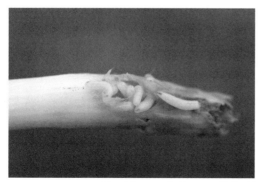 

第14図 タマネギバエの幼虫(左)と被害株(右) (原図:三宅規文)

各作型の基本技術と生理

**タマネギバエ** 移植栽培以上に注意が必要な害虫として，6月上旬から7月上旬にかけて発生するハエ類による食害があげられる。北海道のタマネギを加害するハエ類としてはタマネギバエとタネバエがあるが，2013年から2015年まで3か年の調査により，十勝地域の直播栽培における主要な加害虫種はタマネギバエであることがあきらかとなっている（第14図）。直播栽培では，加害時期における作物体が移植栽培に比べてより小さく軟弱であるためか，より大きな被害を生じることが多い。被害程度は圃場や年次により大きく異なるが，ひどい場合には半数以上の株が枯死することもあり，注意が必要である（第15図）。タマネギバエの有効な対策は，現状，ダイアジノン粒剤の播種前土壌混和処理のみであるが，十分な効果が得られない場合もあり，より効果的な対策が望まれる。

**黒穂病** 今後注意すべき病害としては，2014年に道内で発生が確認された黒穂病がある（草野ら，2015；第16図）。黒穂病はタマネギの幼苗期にのみ感染する病害であり，かつて直播栽培や地床育苗が主流だったころには重要病害であったが，ポット育苗が主流となってからはみられなくなっていた。一度発生すると土壌中で厚膜胞子が長期間生存するとされ，今後，再び直播栽培が増加した場合には注意が必要である。

### （7）収穫・乾燥

倒伏期以降の管理（根切り，乾燥，収穫）は，基本的には移植栽培と同様の考え方とする。すなわち，倒伏揃い期からの日数（枯葉や球肥大の状況などにより1～3週間）を目安に根切りを行ない，枯葉状況をみながら収穫を行なう。しかしながら，一般的に移植栽培よりも倒伏期が遅れがちとなるため，注意が必要である。品種や気象条件にもよるが，直播栽培での倒伏期は8月上旬から9月中旬ごろとなる。主要産地である十勝では，8月中旬以降，降雨が多くなるため，気温が下がってくる10月以降は乾燥が進みにくく，収穫作業も困難となる。このため，倒伏揃い期が9月中旬以降となった場合に

第15図　タマネギバエ食害により欠株が多発した圃場

第16図　タマネギ黒穂病の病徴
（原図：角野晶大）

は，倒伏揃い期にかかわらずおそくとも9月下旬までに根切りを行なうことが必要である。

### （8）まとめ

以上をまとめ，現時点での北海道における直播栽培のポイントを第4表に整理した。これは2016年1月時点でのものであり，今後も新たな研究成果などを反映しながら改訂していく予定である。

第4表 北海道の直播栽培における栽培のポイント

| 項　目 | 内　容 |
|---|---|
| 品　種 | 既存品種の中では「オホーツク222」および「北もみじ2000」が安定している。ほかに「イコル」「ウルフ」[1]「パワーウルフ」が使用可能である。同一品種では移植栽培に比べ生育が2～3週間遅れる |
| 播種期 | 播種は、4月中旬以降になり圃場が適正な土壌水分になった時点でできるだけ早く行ない、おそくとも4月中には終わらせることが望ましい。収量性・品質を考慮して播種限界は5月10日とする |
| 窒素施肥量 | 直播栽培における窒素施肥量は当面移植栽培に準じ、土壌診断に基づく施肥対応を行なう |
| 播種粒数（栽植密度） | 播種粒数を移植栽培より多い3,800～4,200粒/aとする。そのためには播種作業幅1.2mに対し5条植えとし、うね幅24cm（播種作業幅1.2m）×株間10～11cmとする。なお、4条植え（うね幅30cm）で実施する場合にあっては、播種粒数3,800粒/aには満たないが、球肥大確保のため株間9.5cmとする |
| 播種法 | 播種機によるコート種子の1粒まきとする。安定な出芽には、良好な砕土、適正な播種深度および鎮圧が重要となる |
| べたがけ被覆 | 不織布によるべたがけ被覆は、降雨時のソイルクラスト軽減、土壌水分保持、地温上昇などによる、出芽および初期生育の促進や生育の前進が期待できるため、気象や圃場の条件により実施を検討する。ただし、必ずしも増収効果に結びつくものではない。また、著しい高温・干ばつ条件下では高温障害による枯死株が発生することがあるが、減収のリスクは小さい |
| 根切り時期 | 品種の早晩に応じて移植栽培における基準を順守することで、必ずしも直播栽培で変形球が多くなることはない |
| 圃場の選定 | 直播栽培に取り組むさいには、排水対策など、栽培圃場の整備を実施する |
| ハエ対策 | 対策として、当面、ダイアジノン5.0％粒剤の播種前全面土壌混和処理を行なう |

注　2016年北海道指導参考事項を一部改変
　1) 倒伏前から根いたみを伴う著しい葉先枯れ症状が生じ、球肥大不足となる事例があった

## 5．今後の課題

### (1) 窒素施肥

　直播タマネギに対する窒素施肥については、まだ十分に検討されていないが、窒素吸収量は移植栽培と大きく変わらないことから、当面は移植栽培に準じることとされている。しかしながら、前述したように、直播栽培において面積当たり収量を確保するためには播種粒数を増やして密植とすることが有効であることがわかっているが、一方で栽植密度と一球重との間には負の相関関係がある。直播タマネギを加工・業務用原料として定着させるためには、L大以上の規格が望まれており、面積当たり収量と球肥大を両立されるためには、直播栽培に最適な窒素施肥量を再検討する必要がある。

　さらに近年、移植栽培においても窒素を分施することでいっそうの収量安定化がはかられることがあきらかにされている（小野寺ら、2018）。基肥施用から窒素吸収が旺盛になるまでの期間がより長くなる直播栽培においては、適期に分施することがさらに効果的であることが想定される。直播栽培における適切な分施時期および施肥配分については、現在検討が進められており、成果が待たれるところである。

### (2) 雑草防除

　前述したとおり、直播栽培においては移植栽培以上に雑草との競合が問題となるうえ、使用できる除草剤も限られている。直播栽培が産地に定着していくためには、効果が高く薬害の生じにくい新たな除草剤の開発・登録化が望まれる。

執筆　平井　剛（地方独立行政法人北海道立総合研究機構十勝農業試験場）

2018年記

## 参 考 文 献

平井剛．2016．タマネギ直播栽培における不織布べたがけの影響．北海道園芸研究談話会報．**49**，46―47．

小餅昭二．2015．タマネギ．北海道野菜史研究会編．北海道野菜史話．小南印刷（株）．札幌市．232―249．

草野裕子・千石由利子・池谷美奈子．2015．タマネギ本畑における黒穂病の発生事例．北海道園芸研究談話会報．**48**，68―69．

西田忠志・柳田大介・野田智昭．2006．たまねぎ直播栽培の実用性．北海道園芸研究談話会報．**39**，58―59．

小野寺政行・鈴木慶次郎・古館明洋・細淵幸雄・木谷祐也・中辻敏朗．2018．分施による移植タマネギの窒素施肥法改善およびリン酸強化苗を用いたリン酸減肥技術との併用効果．日本土壌肥料学雑誌．**89**，37―43．

白井康裕・鳥越昌隆・大波正寿・柳田大介・大平純一・成松靖．2013．生産費データを用いた技術評価プロセス―たまねぎ直播栽培技術を事例として―．農業経営研究．**51**，65―70．

臼木一英・室崇人・辻博之・竹中眞．2016．黒ボク土圃場のタマネギ（*Allium cepa* L.）直播栽培における種子直下のリン酸局所施用がリン酸吸収および初期生育・収量に及ぼす影響．園学研．**15**，241―246．

# 秋まき超早出し栽培

## 1. 浜松における秋まき超早出し栽培

浜松市南西部の篠原地区を中心とした産地では、1月上旬から3月にかけて新タマネギを出荷している。秋まき栽培では3月出荷を極早生と称するのが一般的なので、本稿では1～2月出荷のものは超極早生と記載する。

### (1) 豊富な日照

タマネギは一般的に高温・長日条件下で肥大が促進されることから、短日性品種でも常識的には3月出荷が限界とされている。ところが浜松では、冬季の豊富な日照を利用して、日長のもっとも短い時期に肥大を開始させる特殊な作型が採られている。

新タマネギの1月出荷を可能にしているのが、温暖で豊富な日照時間（第1図、第2図）、地温の上がりやすい砂地土壌でのマルチ栽培と、地域で育成されてきた独自の超極早生品種である。

### (2) 独自な超極早生品種

代表品種の'馬郡甲高'は地元の生産者たちが独自に育成してきた品種で、8月下旬播種、10月上旬定植で1月出荷が可能である。この品種は球の肥大が11月下旬～12月中旬に始まるが、このころの浜松の日長は10時間～9時間50分であり、一般的な短日性品種と比べてさらに2時間近く短い日長で肥大開始できる特殊な特性を持っている。

なお、'馬郡甲高'の種子は門外不出とされているが、出荷したタマネギから採種したのか、よく似た品種が各地で試験的に栽培されている。

本作型は環境と品種が揃わないと成立しない特殊な栽培であるが、冬～春にかけて生食される新タマネギはほかにないことから高価で取引きされており、浜松では地域特産品目として重要な地位を占めている。

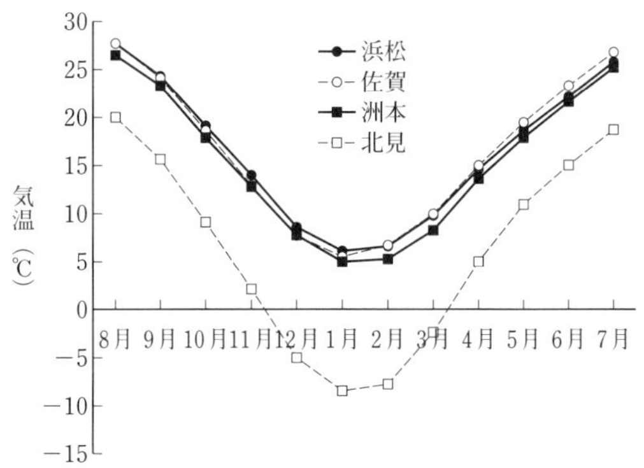

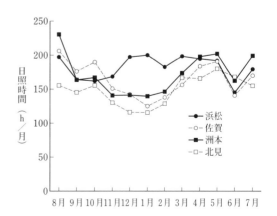

第1図 タマネギ主要産地と浜松の気温平年値の比較

第2図 タマネギ主要産地と浜松の日照時間平年値の比較

## 2. 栽培適地

### (1) 12～1月の日照時間が月200時間

本作型ではもっとも日長が短く，気温がどんどん低下していく時期に肥大させることから，日照条件が制限要因となる。12～1月の日照時間が200時間/月程度必要なことから（第2図），タマネギの主要産地の多くは不向きで，適地は太平洋沿岸で冬季の日照時間が豊富な地域に限定される。

### (2) 地温が上がりやすい砂地土壌

また，この時期に地温が確保できることも重要で，温暖で水はけのよい砂地土壌が好適で，地温の上がりにくい水田のような重粘土壌は不向きである。なお，'馬郡甲高'に相当する品種は後述する理由で種苗メーカーも開発が遅れており，他産地では今のところ入手が困難である。

## 3. 品種の特殊事情

浜松における超極早生タマネギの作型を単純化して第3図に示した。

### (1) 生産者による採種

超極早生品種には白玉（品種名はとくに付けられていない）と黄玉の'馬郡甲高''ハヤブサ''ハヤブサ2号''ジェットボール'などがある。また，いずれの品種も地元の生産者が独自に集団採種で種子を維持・改良していることから，主力品種の'馬郡甲高'では個人による選抜系統も複数生まれている。

### (2) 保存球の夏越し

タマネギは採種までに2年を要し，第3図に示したとおり，球を掘り上げて夏越しさせるのに半年近く保存する必要がある。超極早生タマネギはみずみずしい新タマネギ用に選抜・育成されてきたことから含水率が高くて腐敗しやすく，保存球の夏越し率は5割前後と極端に低い。そのため種苗会社から見ると，採種効率が低過ぎて商品化がむずかしく，2018年現在でも本格的な$F_1$品種は成立していない。

以上の理由で，生産者は採種組合が生産する種子を農協経由で購入しているが，品種改良を兼ねて自家採種している生産者も少なくない。

## 4. 栽培の実際

超極早生タマネギの栽培のポイントを第1表に示した。

### (1) 育苗

①地床育苗

浜松では圃場に苗床を設けて育苗するのが通常で，日当たり，風通し，排水良好の苗床にアゼナミで囲いをつくり，出芽直後までは遮光

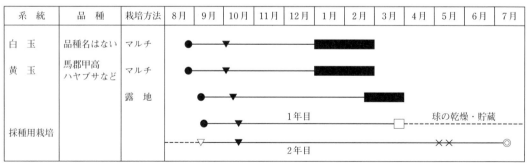

第3図 浜松における超極早生タマネギの作型

第1表　超極早生タマネギの栽培のポイント

| 栽培ステージ | 技術目標と栽培技術のポイント |
|---|---|
| 品種の選択 | ・1月上旬出荷を基本とする場合には'馬郡甲高'とその選抜系を基本とする<br>・栽培しやすさを重視する場合は，根がやや強い'ハヤブサ'などのほうが適する |
| 播種時期 | ・播種期が高温・長日になるため，苗の基部が膨らむ「フーセン玉」が発生しやすい<br>　フーセン玉回避のため，播種は8月26日以降とする<br>・播種が遅れて秋の生育量が確保できないと，1月出荷がむずかしくなる<br>　10月20日までに定植するため，9月10日までには播種する |
| 育　苗 | ・地床に播種する場合は日当たり，風通し，排水良好な畑を選ぶ<br>・発芽の安定のために軽く鎮圧して7〜9mm覆土する<br>・本圃10aに4dlの種子と45m²の苗床が必要<br>・播種直後はよしず，寒冷紗で遮光して，25℃以下に管理する<br>・苗が生え揃ったら直射日光を当てて，がっしりした苗を心がける<br>・苗立枯病，べと病，ネギハモグリバエ，シロイチモジヨトウ，ネギアザミウマなどを防除する<br>・機械定植用の苗は底面給水による育苗を行なう（第4図参照） |
| 施肥・圃場準備 | ・定植期が比較的高温なので，土壌病害対策と雑草対策で土壌消毒を実施する<br>・上記のために，定植1か月前には前作を終える<br>・早期の収穫のためには透明マルチを使用する<br>・雑草対策で黒マルチを使用すると収穫はやや遅れる |
| 定　植 | ・育苗35日以上の苗で，本葉3枚，葉鞘径4mm以上を基本とする<br>・畑が過湿状態の日は定植を避ける |
| 病害虫防除 | ・定植前には確実に除草剤処理をすませておく<br>・灰色腐敗病，白色疫病，黒腐菌核病，ネギザアミウマ，ヨトウ類などに注意する |
| 収　穫 | ・最初は大きなものから拾い切りし，揃ってきたら一斉収穫する<br>・根と葉を切り落とし，圃場で半日天日干しする<br>・雨天は収穫しない |

し，その後は日によく当てて育苗している。発芽の安定化のためには覆土と水管理が鍵になることから，播種作業には細心の注意が必要である。

**②機械移植に対応した底面給水育苗**

しかし従来型の方法は機械移植を前提とした大規模経営には向かないことから，他産地と同様に機械移植に対応した448穴のセルトレイで育苗する方法が開発され，一部で利用が始まっている。

第4図に静岡県農林技術研究所で開発した底面給水による育苗方法の概要を示した。水平の架台に底面給水用のマットと遮根シートを敷き，その上にセルトレイを置いて育苗する方法である。育苗時期が高温になることから，発芽が揃うまでは遮光が必要である。苗の基部が膨らんだ，いわゆる「フーセン玉」になって生育が停滞するのを回避するために，播種期は8月26日以降を勧めている。

定植時の苗質はその後の生育に大きな影響を及ぼすので，本葉3枚，葉鞘径4〜5mmを基本とし，育苗期間は35日以上とする。定植時に苗が小さい場合や，逆に徒長して葉が垂れると葉焼けで生育が遅れるため1月出荷がむずかしい。なお，病害虫では苗立枯病に注意する。

## (2) 定植と栽培管理

### ①マルチ栽培

マルチ栽培がふつうで，2条植えではうね幅55cm，4条植えではうね幅100cm，株間は14cmが基本となる。

定植直後のマルチ内は10月上旬でもかなり高温になるため，土壌病害と雑草対策を確実にすませておく必要がある。両方が同時に処理できるダゾメット微粒剤などが勧められている。砂地地帯では砂の飛散防止も兼ねて直前まで作

各作型の基本技術と生理

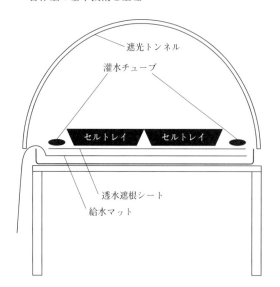

(仕様詳細)
・給水マット：ラブマットU
・透水遮根シート：ラブシート20704FLD
・灌水チューブ：エバフローA
・セルトレイ：448穴トレイ

第4図　タマネギの底面給水育苗装置の模式図と育苗時のようす　　　　　　　　　(望月, 2015)

付けされていることが多いが，ガス抜きの期間も考慮して前作を1か月以上前に終える必要がある。

11月以降の地温を確保するために透明マルチを用いるのに対し，除草を兼ねて黒マルチを使用すると生育がやや遅れる。定植期とマルチを組み合わせることで連続的な出荷が可能になる。なおマルチを使用しない場合は生育がかなりおそくなり，1〜2月の出荷はむずかしい。

②病害虫対策

定植後は徐々に気温が低下してくることから，病害虫の被害は比較的少ない。それでも，白色疫病，灰色腐敗病，べと病，軟腐病，黒腐菌核病，ネギアザミウマ，ヨトウ類などには注意が必要である。雨の多い年には白色疫病，灰色腐敗病の被害が出やすいことから，降水後早めの防除を心がける。

(3) 収 穫

①収穫初期の拾い切り

超極早生品種はいずれも集団採種で維持しているため，一般的なF₁品種のような揃いは期待できない。そのため，収穫初期には拾い切りを行ない，揃ってきたら残りを一斉に収穫する。

早いものは12月から一部収穫できて，1〜2月にはJAとぴあ浜松では10cm程度緑色の葉をつけた白玉の「葉つき新タマネギ」をサラダオニオンと名付けて販売している。シーズン当初は黄玉の「葉つき新タマネギ」も地場で少量出回り，収穫量が多くなってくる1月中旬以降は黄玉を中心とした「新タマネギ」が箱で市場出荷される。

なお収穫は雨天を避け，砂を落としやすくするために圃場で半日程度天日干しする。

②球の直径が収穫の指標

収穫時のサイズは直径80〜100mmのL玉が好まれ，250g程度で葉鞘の締まりがよく，内分球していないことが秀品の基準とされる。一般的な貯蔵向けのタマネギとは異なり，倒伏は収穫の目安には用いず，球の直径が収穫の指標とされている。

## 5. 今後の課題

浜松の超極早生タマネギは産地規模が小さく特殊な栽培ではあるが，12〜2月にかけての新タマネギの潜在的な需要は大きい。規模拡大を志向する生産者や同時期の栽培を考える他産地もあると思われるが，2018年時点では実用

的なF$_1$品種がなく，また軟らかい新タマネギは傷みやすくて機械収穫がむずかしいという問題もあり，この2つの課題の克服が望まれている。

品種育成についての最大の問題は採種用母球の夏越しのむずかしさである。新鮮でみずみずしいことが高品質の条件となる新タマネギは球の含水率が高く，母球の夏越しのさいに腐敗しやすい。そのため民間の種苗業者は手が出せず，採種生産者も選抜基準を緩めて採種用母球を多めに確保する必要があり，各種形質を揃えるのに苦労しているのが現状である。

上記2つの課題について，われわれも数年前から取り組んでおり，超極早生タマネギの大規模生産に貢献したいと考えている。

執筆　本間義之（静岡県農林技術研究所）

2018年記

# タマネギの施肥問題と施肥設計

## 1. 施肥改善の背景とねらい

北海道では近年，タマネギ栽培面積の急激な拡大と単位面積当たり収量の飛躍的向上とが可能になった。この技術は，昭和42年に普及奨励された燐酸資材多施用による熟畑化技術（肥培管理法）である。すなわち，タマネギ新畑の低収性が主として土壌の燐酸不足（燐酸低肥沃度）によることを明らかにし，燐酸資材の多投によって初年目から熟畑化できる技術の確立が顕著な効果を示し，面積拡大への道を開いた。なお，定植，収穫作業の機械化，省力化技術の発展，転作の推進，長期的にみたばあいのタマネギ作の高収益性なども面積拡大に寄与している。

一方，露地野菜畑での多肥傾向は，タマネギ畑で最も顕著であり，作物栄養上不必要な吸収や，土壌中への過度の養分残存が生じ，一般的に養分蓄積傾向が最も強い。それは，熟畑化技術の顕著な効果に眩惑され，燐酸を中心に窒素，石灰など資材の施用量増加がもたらされたことによる。また，近年，急激な面積拡大によって栽培年数のいちじるしく異なる新旧畑が存在し，栽培土壌の種類もひろがっているため，個々のタマネギ畑のあいだで養分蓄積について大差が認められる。したがって，従来のような一律な施肥，肥培管理法では適切な対応ができない状況にある。

ところで，燐酸資材の施用によって造成されたタマネギ畑は連作が通例で，年々の多肥傾向とあいまって近年土壌病害が多発し，収量低下ばかりでなく品質低下を招来し，安定生産に対し重大な危惧が認められる。さらに，現状のような肥料，農薬依存度の高い栽培技術は，たんに生産費の高騰だけでなく，健全な土壌環境の維持あるいは安全な食品供給という農業の根幹にふれる重大な問題をはらんでいる。したがって，長期的にタマネギの良質安定多収を確保していくためには，土壌病害に対する耕種技術的な対応が必要である。また，輸入に依存する燐酸，加里肥料の価格の高騰やアンモニア合成の石油多消費にかんがみ，省資源的な方向での作物生産が強く求められている。

ここに，土壌診断に基づく合理的な施肥と肥培管理法確立の今日的意義があり，それは，とりもなおさず安全な食品を安定して多量に生産するための経済的な施肥，肥培管理技術確立への道である。

## 2. タマネギ畑の養分蓄積と収量

### (1) 養分蓄積の状況

土壌別（沖積土，火山性土，洪積土，泥炭土），作付様式別（タマネギ畑，アスパラガス畑，一般野菜畑，一般畑作畑）に養分蓄積状況

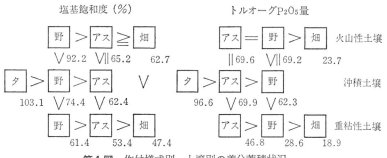

第1図 作付様式別，土壌別の養分蓄積状況
タ：タマネギ畑（野菜連作畑），アス：アスパラガス畑（野菜連作畑）
野：一般野菜畑（野菜非連作畑），畑：一般畑作畑（輪作畑）
図中の数字は塩基飽和度（％）とトルオーグ $P_2O_5$ ($mg/100g$) を示す

個別技術の課題と検討

第1表 土壌別，作付様式別の養分蓄積状況

| 土壌別 | 作物別 (作付様式別) | 調査戸数 | | pH(H₂O) | CEC me/100g | 塩基飽和度 (%) | トルオーグP₂O₅ (mg/100g) | おもな調査地域 |
|---|---|---|---|---|---|---|---|---|
| 沖積土壌 | タマネギ畑 (野菜連作畑) | 113 | 範囲 平均 C.V. | 7.70〜5.10 6.23 8.7 | 38.3〜11.7 19.8 22.8 | 150.3〜70.0 103.1 14.3 | 306.0〜17.1 96.6 57.4 | 滝川，札幌，新十津川，栗山 |
| | アスパラガス畑 (野菜連作畑) | 7 | 範囲 平均 C.V. | 6.65〜4.85 5.80 10.5 | 23.8〜12.9 20.3 17.5 | 78.0〜47.0 62.4 16.5 | 111.9〜48.0 69.9 28.8 | 喜茂別，東神楽 |
| | 一般野菜畑 (非連作畑) | 40 | 範囲 平均 C.V. | 6.80〜4.67 5.80 11.0 | 44.0〜 7.4 19.8 44.3 | 154.2〜26.9 74.4 44.9 | 196.5〜 2.0 62.3 68.4 | 三笠，余市，夕張 |
| 洪積土壌 | アスパラガス畑 (野菜連作畑) | 15 | 範囲 平均 C.V. | 6.90〜4.55 5.68 11.6 | 30.3〜10.3 19.6 31.5 | 98.0〜20.0 53.4 41.6 | 98.0〜18.0 46.4 49.0 | 東神楽，喜茂別，共和 |
| | 一般野菜畑 (非連作畑) | 40 | 範囲 平均 C.V. | 6.60〜4.66 5.69 8.5 | 38.2〜15.0 23.4 25.2 | 105.0〜33.8 61.4 28.3 | 70.0〜 1.8 28.6 55.3 | 江別，余市，赤井川 |
| | 一般畑作畑 | 26 | 範囲 平均 C.V. | 6.20〜4.60 5.28 7.0 | 37.4〜14.8 22.9 22.6 | 67.1〜20.5 47.4 30.5 | 39.7〜 3.1 18.9 47.5 | 深川，長沼 |
| 火山性土壌 | アスパラガス畑 (野菜連作畑) | 28 | 範囲 平均 C.V. | 6.50〜4.50 5.50 8.5 | 32.7〜 4.0 13.0 55.9 | 161.0〜35.0 65.2 41.1 | 163.6〜15.6 69.6 49.5 | 夕張，伊達，平取，倶知安 |
| | 一般野菜畑 (非連作畑) | 39 | 範囲 平均 C.V. | 7.02〜4.36 6.10 9.5 | 20.4〜 4.8 11.8 26.8 | 146.9〜44.4 92.2 26.5 | 163.8〜42.1 69.2 40.9 | 伊達，夕張 |
| | 一般畑作畑 | 97 | 範囲 平均 C.V. | 6.80〜4.20 5.65 10.0 | 48.0〜 3.1 14.5 49.4 | 167.8〜15.1 62.7 49.6 | 81.9〜 0.1 23.7 75.6 | 栗山，由仁，真狩，千歳，恵庭，伊達 |

注　野菜連作畑：タマネギ畑，アスパラガス畑

　　野菜非連作畑：トマト，キュウリ，スイカ，キャベツ，イチゴ，ハクサイなど，連作をさけながら各種野菜がつくられている畑

　　一般畑作畑：ビート，ジャガイモ，豆類，ムギ類，デントコーン，スイートコーン，牧草などの輪作が行なわれている畑

をみると，第1図，第1表のように，①塩基飽和度，各塩基量で示される塩基蓄積はタマネギ畑で最も高く，②トルオーグ $P_2O_5$ で示される有効態 $P_2O_5$ 量も一般畑作畑＜一般野菜畑＜アスパラガス畑＜タマネギ畑の順に高まっている。

とくにタマネギ畑の燐酸蓄積は，燐酸資材多投による熟畑化技術の導入以降，栽培年数とトルオーグ $P_2O_5$ 量のあいだに高い正の相関関係が認められた（第2図）。しかし技術導入以前の古い熟畑では，燐酸蓄積と栽培年数のあいだには一定の傾向は認められず，むしろ，近年の急造成熟畑より，燐酸蓄積量の少ない圃場が散見された。ただし，全体的にみたタマネギ畑の燐酸蓄積の実態は第3図に示すとおりであり，一般的に古い産地ほど燐酸蓄積がすすんでいる。

作付様式の相違に基づく養分蓄積の差異は施肥水準の差異による面が大きく，第2表に示すように，普通畑作物に対して一般野菜，タマネギの施肥量が明らかに多かった。また，肥培管理として施される燐酸，塩基資材量もタマネギ畑では異常なほど多量で，養分蓄積に多大な影響を与えていた。

このような施肥と肥培管理によって多量の資材が投下されたタマネギ畑は，露地畑のなかで養分蓄積が最もすすんだ状態にいたった。ちなみに，タマネギ畑に対する三要素施用量（成分量）は，10a当たり窒素，加里施用量20〜30 $kg$，燐酸施用量50$kg$を超える事例が全体の50

%ちかく存在する。なお、昭和40年代当初の10a当たり施肥量が、窒素：燐酸：加里（成分量）＝8〜12：15〜20：10〜15kgであったことを考えると、この十余年間に施肥量は明らかに倍増した。とりわけ、燐酸施用量の増加はいちじるしく、資材として秋に施される量を加算すると、土壌中の燐酸蓄積が急速に進展するのは当然である。

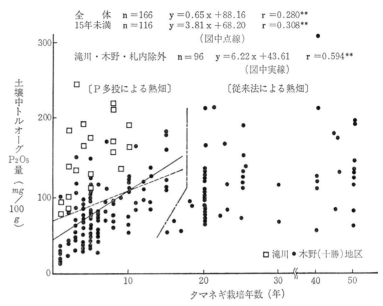

第2図　タマネギ栽培年数と土壌中トルオーグ $P_2O_5$ 量

第2表　農家慣行施肥の実態

| | 作物別 | 調査戸数 | | 施肥量 ($kg/10a$) | | | おもな調査地域 |
|---|---|---|---|---|---|---|---|
| | | | | N | $P_2O_5$ | $K_2O$ | |
| 連作野菜 | タマネギ | 84 | 範囲<br>平均<br>C.V. | 30.3〜9.0<br>21.1<br>19.8 | 228.8〜26.0<br>56.0<br>53.0 | 44.0〜8.8<br>24.1<br>24.8 | 滝川, 札幌, 新十津川, 栗山 |
| | アスパラガス | 54 | 範囲<br>平均<br>C.V. | 53.0〜15.0<br>29.7<br>29.2 | 56.0〜15.5<br>29.0<br>36.9 | 38.1〜8.4<br>22.3<br>31.0 | 夕張, 東神楽, 喜茂別 |
| 一般野菜 | トマト<br>（露地栽培） | 22 | 範囲<br>平均<br>C.V. | 42.1〜5.2<br>18.7<br>48.7 | 125.0〜16.0<br>63.0<br>48.6 | 65.0〜4.8<br>26.0<br>63.8 | 江別 |
| | トマト<br>（トンネル・マルチ栽培） | 32 | 範囲<br>平均<br>C.V. | 79.9〜11.8<br>42.3<br>37.8 | 94.0〜18.0<br>42.4<br>39.5 | 69.5〜7.8<br>35.7<br>38.5 | 三笠 |
| | キュウリ<br>（露地栽培） | 15 | 範囲<br>平均<br>C.V. | 75.2〜9.0<br>34.3<br>52.4 | 43.0〜0<br>31.3<br>34.0 | 65.0〜9.0<br>25.1<br>59.7 | 三笠 |
| | ヤマノイモ | 43 | 範囲<br>平均<br>C.V. | 67.2〜3.0<br>20.5<br>56.7 | 81.6〜6.8<br>33.6<br>48.7 | 70.0〜2.5<br>24.6<br>58.4 | 夕張, 千歳 |
| | キャベツ類<br>ハクサイ | 26 | 範囲<br>平均<br>C.V. | 33.7〜9.0<br>19.5<br>25.9 | 32.4〜9.0<br>16.6<br>34.2 | 27.6〜7.0<br>16.1<br>16.6 | 伊達 |
| 一般畑作物 | ビート | 58 | 範囲<br>平均<br>C.V. | 36.8〜10.0<br>19.3<br>29.2 | 62.4〜16.0<br>32.0<br>32.4 | 87.6〜9.6<br>18.1<br>29.1 | 千歳, 伊達 |
| | ジャガイモ | 25 | 範囲<br>平均<br>C.V. | 20.8〜7.2<br>11.6<br>40.3 | 27.2〜11.6<br>16.9<br>33.5 | 25.0〜7.3<br>14.7<br>37.2 | 由仁, 長沼 |

個別技術の課題と検討

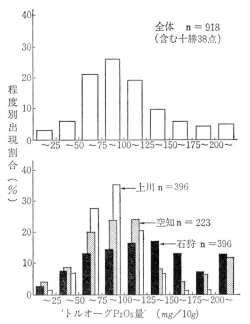

第3図 タマネギ栽培土壌でのトルオーグ $P_2O_5$ 量

## (2) 養分蓄積の進展と土壌反応の変化

### ①塩基飽和度と塩基置換容量

塩基飽和度で示される養分蓄積状況が作付様式で異なることを明らかにしたが、塩基飽和度自体は土壌要因的な影響もうけている。すなわち、作付様式別に CEC（塩基置換容量）と塩基飽和度の関係を検討すると、第4図のように一般畑作畑、アスパラガス畑、一般野菜畑において負の相関関係が成り立ち、CEC が小さいほど、塩基飽和度が高まる危険性が予測された。ところが、高度の肥培管理がなされているタマネギ畑では、土壌要因としての CEC の影響がほとんど認められず、CEC の大小と塩基飽和度との関係が判然としなかった。

### ②pHと塩基飽和度

土壌別の pH と塩基飽和度、CaO 量との関係では、第3表に示すように、各土壌全体としては CaO と pH のあいだに高い正の相関関係が認められる。しかし、火山性土壌のアスパラガス畑や一般野菜畑、沖積土壌の一般野菜畑では一定の傾向がみられない。その点、塩基飽和度と pH の関係は各土壌全体でも、各作付様式でもつねに高い正の相関関係が成立し、CaO 量より明らかに pH と密接な関係を示していた。

### ③養分蓄積と土壌反応

さらに、pH を例に土壌反応の変化を、作付

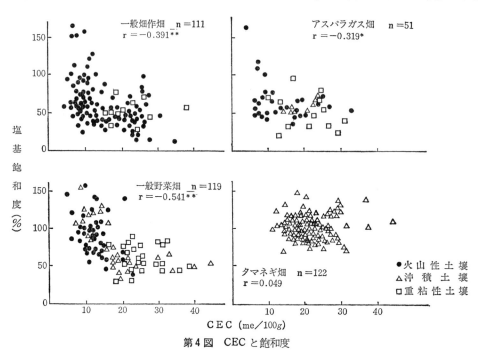

第4図 CEC と飽和度

第3表 塩基飽和度，置換性 CaO 量と pH（* アスパラガス畑 7 点を含む）

| 土壌別 | 作付様式別 | 調査点数 | 相関係数 ||| 
|---|---|---|---|---|---|
| | | | 置換性 CaO と pH | 塩基飽和度と pH | 塩基飽和度と CaO |
| 沖積土壌 | タマネギ畑（野菜連作畑） | 113 | 0.492** | 0.788** | 0.487** |
| | 一般野菜畑 | 40 | 0.014 | 0.783** | 0.266 |
| | 全体 | 160* | 0.428** | 0.705** | 0.420** |
| 重粘性土壌 | アスパラガス畑（野菜連作畑） | 15 | 0.676** | 0.841** | 0.672** |
| | 一般野菜畑 | 40 | 0.612** | 0.677** | 0.763** |
| | 一般畑作 | 26 | 0.622** | 0.599** | 0.651** |
| | 全体 | 81 | 0.450** | 0.652** | 0.763** |
| 火山性土壌 | アスパラガス畑（野菜連作畑） | 28 | 0.031 | 0.691** | 0.164 |
| | 一般野菜畑 | 39 | 0.300 | 0.482** | 0.628** |
| | 一般畑作 | 97 | 0.497** | 0.650** | 0.476** |
| | 全体 | 164 | 0.460** | 0.658** | 0.477** |

第4表 pH に影響をおよぼす要因

| 作付様式別 | | タマネギ畑 | 一般野菜畑 ||
|---|---|---|---|---|
| 項目 | 調査地区と土壌など | 沖積土壌 新十津川 タマネギ作付け中 n=20 | 火山性土壌 夕張 イチゴ作付け中 n=25 | 重粘性土壌 江別 トマト作付け中 n=25 |
| 塩基飽和度 | 範囲 | 150.3〜84.5 | 146.9〜44.4 | 86.9〜33.8 |
| | 平均 | 106.8 | 94.2 | 60.3 |
| | C.V. | 16.7 | 29.0 | 27.0 |
| 相関係数 | 塩基飽和度と pH | 0.512* | 0.443* | 0.507** |
| | 水溶性塩基と pH | 0.357 | −0.316 | −0.278 |
| | 水溶性石灰と pH | 0.313 | −0.414* | −0.353 |
| | EC と pH | 0.111 | −0.620** | −0.509** |
| | $NO_3$-N と EC | 0.714** | 0.980** | 0.852** |
| | $NO_3$-N と水溶性塩基 | 0.490* | 0.564** | 0.786** |
| | $NO_3$-N と水溶性 CaO | 0.426 | 0.685** | 0.790** |
| | 全塩基と水溶性塩基 | 0.662** | −0.036 | 0.077 |
| | 塩基飽和度と水溶性塩基 | 0.504* | 0.140 | 0.308 |

注 水溶性塩基 CaO は土：水＝1：20 抽出による

様式，栽培年数の相違に基づく養分蓄積状況の差異から検討すると，次のとおりである。

①塩基低蓄積（塩基飽和度の低い）状態では，pH は塩基飽和度の上昇につれ高まるが（第3表），栽培期間中は施用窒素の影響を強くうけ，硝酸化成に伴い EC が上昇し，pH が低下する。そのため EC と pH のあいだに高い負の相関関係が成り立つ（第4表）。なお，硝酸化成による $NO_3$-N の生成は同時に $H^+$ の生成を伴い，それが置換性塩基，CaO の土壌溶液中への置換，溶出を促進し，そのために水溶性塩基，CaO 量が増加した（第4表）ものと推論した。

②塩基高蓄積（塩基飽和度の高い）状態では，pH は塩基飽和度の影響を強くうけ，硝酸化成に伴う EC の上昇が必ずしも pH を低下させない。しかし，飽和土壌（塩基飽和度 100% を超えるばあい）には，塩基飽和度と pH の関係が判然としないことがあった。一方，水溶性塩基，CaO は飽和度の上昇につれ高まり，硝酸化成に伴う $Ca^{++}$ の土壌溶液中への溶出が隠蔽され，$NO_3$-N 量と水溶性 CaO のあいだに相関関係が認められなかったものと推測した（第4表）。

第5表 燐酸吸収係数とトルオーグ$P_2O_5$量

| 作付様式別 | 土壌別 | 調査点数 | P吸収係数平均値 | トルオーグ$P_2O_5$平均値 | 回帰直線 | 相関係数 |
|---|---|---|---|---|---|---|
| タマネギ畑（野菜連作畑） | 沖積土壌 | 61 | 801.8 | 108.1 | — | −0.036 |
| アスパラガス畑（野菜連作畑） | 火山性土壌 | 20 | 410.8 | 70.2 | y=−0.087x+105.98 | −0.634** |
| 一般野菜畑 | 重粘性土壌 | 38 | 1,075.6 | 28.7 | y=−0.024x+ 53.97 | −0.425** |
| 一般畑作畑 | 火山性土壌 | 79 | 877.7 | 23.7 | y=−0.016x+ 37.42 | −0.483** |
| | 重粘性土壌 | 25 | 1,282.9 | 19.2 | y=−0.015x+ 37.93 | −0.465** |
| | 全体 | 104 | 917.6 | 22.7 | y=−0.014x+ 35.57 | −0.556** |

③塩基飽和度はすでに述べたように，土壌要因としてのCECと，人為的要因としての作付様式が関与しており（第4図），両者があいまって飽和度を左右していた。そして，塩基飽和度で示される養分蓄積状態の差異が土壌反応（pH）などにも相違をもたらしていた。

④燐酸吸収係数と可給態燐酸

燐酸吸収係数と可給態燐酸（トルオーグ$P_2O_5$）量の関係について作付様式別にとりまとめ，第5表に示した。一般畑作畑，アスパラガス畑，一般野菜畑では，燐酸吸収係数の増加が施用燐酸の固定量をふやし，可給態燐酸量を減少させる傾向が強かった。それに対し，改良資材による燐酸施用量のいちじるしく多いタマネギ畑では，人為的な肥培管理の差異のほうが，土壌要因として燐酸吸収係数の影響よりも強くはたらいているものと推測した。すなわち可給態燐酸量についても，燐酸蓄積程度によって，土壌要因としての燐酸吸収係数の影響のうけ方が異なり，燐酸施用量がいちじるしく多く，燐酸高蓄積状態のタマネギ畑では燐酸吸収係数の直接的な影響をすでにうけなくなっていた。

⑤作付様式と養分蓄積

全体をとりまとめるならば，作付様式の相違，換言すると人為的介入要素の強弱が，土壌中での養分蓄積の差異をひきおこし，一般野菜，タマネギなど多肥で連作を強いられる作物ほど，その蓄積傾向が顕著で，しかも土層深部にまで進行させていた。とりわけ，養分富化のいちじるしいタマネギ畑は，塩基飽和度に対するCEC，可給態燐酸に対する燐酸吸収係数（固定化）など，土壌本来の特性が抑えられ，人為的要因の影響に強く支配されていた。それに対し，一般野菜畑やアスパラガス畑は養分蓄積がこの範疇にまで到達せず，土壌本来の特性の影響をも，少なからずうけているとみるべきであろう。

### (3) 養分蓄積と生産性

①燐酸蓄積と収量

土壌中の有効態燐酸蓄積量と収量の関係は，第5図に示すように次の三つの領域に区分することができた。①燐酸蓄積量の増加が収量増加をもたらす領域Ⅰ（トルオーグ$P_2O_5$ 80 $mg/100g$以下），②燐酸蓄積量と収量の関係が判然としないが収量水準の最も高い領域Ⅱ

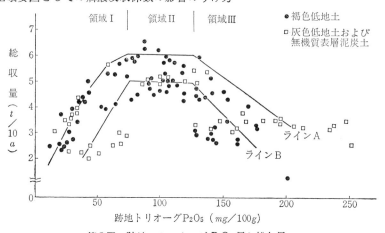

第5図 跡地のトルオーグ$P_2O_5$量と総収量

（トルオーグ$P_2O_5$ 80～130$mg$/100$g$)，③燐酸蓄積が収量低下をもたらす領域Ⅲ（トルオーグ $P_2O_5$ 130$mg$/100$g$ 以上)。

#### ②燐酸過剰蓄積による収量低下

タマネギの収量構成要因は，①収穫球数（規格内球数）の多少と，②球肥大の良否である。土壌中の燐酸過剰蓄積は第6図のように，腐敗球の増加による収穫球数の減少を通じ収量を低下させた。また，球肥大は第7図のように，燐酸蓄積が80～130$mg$までは良好となり，それを超える過剰蓄積では抑制された。なお，燐酸蓄積は倒伏期を早め，過剰蓄積は球肥大期間の短縮によって，球肥大を抑制する傾向が認められた。

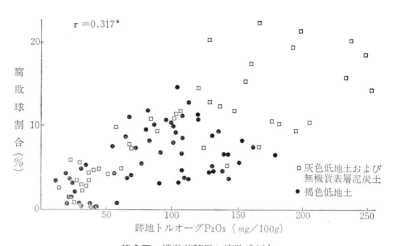

第6図　燐酸蓄積量と腐敗球割合

### 3. 養分蓄積に対応した施肥設計

#### (1) 燐酸の施用量

燐酸肥沃度の異なる各試験地での燐酸施肥量試験の結果を，第8図に示す。①トルオーグ$P_2O_5$量80$mg$以下の領域Ⅰでは，燐酸50$kg$，②トルオーグ $P_2O_5$ 80～130$mg$ の領域Ⅱでは25～10$kg$，③トルオーグ$P_2O_5$ 130$mg$以上の領域Ⅲでは10～0$kg$が施肥適量であった。

#### (2) 窒素の施用量

窒素，燐酸肥沃度の異なる各試験地での窒素施用量試験の結果から第9図のように，窒素施肥反応を四つに区分しえた。まず，窒素，燐酸肥沃度の組合わせで，土壌を①低燐酸，高窒素土壌（L—P，H—N），②高燐酸，高窒素土壌（H—P，H—N），③低燐酸，低窒素土壌（L—P，L—N），④高燐酸，低窒素土壌（H—P，L—N)，の4通りに分けると，①L—P，H—N土

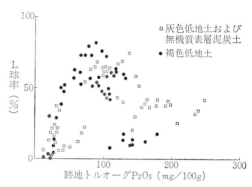

第7図　燐酸蓄積と球肥大

壌では窒素増肥が収量の激減をもたらし，窒素施肥適量は10$a$当たり10$kg$，②燐酸肥沃度の高まったH—P，H—N土壌では，窒素増肥による収量低下が緩和され，10～15$kg$が施肥適量となる。③L—P，L—N土壌では，窒素施肥適量は15～20$kg$であるが，④燐酸肥沃度の高まったH—P，L—N土壌では，10$a$当たり窒素25$kg$まで収量は漸増する。このように窒素施肥適量は窒素肥沃度だけでなく，燐酸肥沃度に影響されることが認められた。

各試験地の土壌中無機態窒素量とトルオーグ$P_2O_5$量を第6表に示す。なお，窒素地力の一表示としての熱水抽出性窒素量で窒素肥沃度を区分すると，①5$mg$/100$g$以下が低窒素肥沃度，②5～10$mg$/100$g$が中窒素肥沃度，③10$mg$/100$g$以上が高窒素肥沃度となる。

個別技術の課題と検討

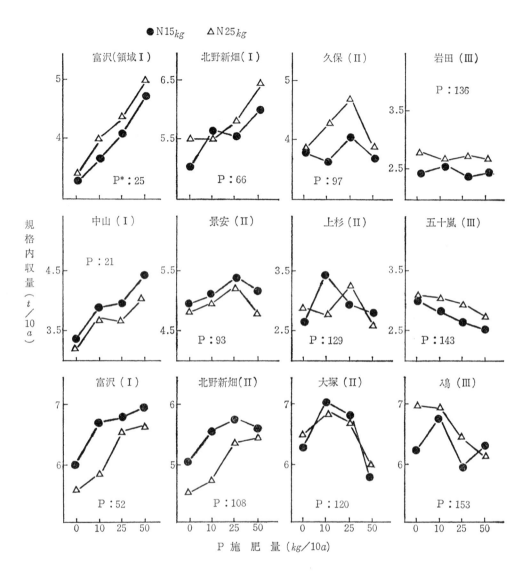

第8図 燐酸肥沃度別の燐酸施用量
上段：1977年　褐色低地土（低N土壌）群
中段：　〃　　灰色低地土，無機質表層泥炭土（高N土壌）群
下段：1978年　褐色低地土（低N土壌）群
＊　P 0 kg区のトルオーグ $P_2O_5$ 量（$mg/100g$）

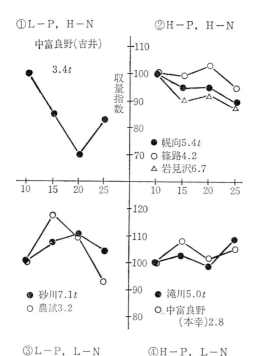

第9図 窒素，燐酸肥沃度と窒素施用量

第6表 土壌中無機態窒素量およびトルオーグ $P_2O_5(mg/100g)$

| 土壌別 | 施肥量 分析時期 試験地名 | N 10 kg 土壌中無機態N量 | | N 20 kg | | トルオーグ $P_2O_5$ 施肥前 |
|---|---|---|---|---|---|---|
| | | 6月 | 7月 | 6月 | 7月 | |
| L-P H-N | 中富良野 (吉井) | 8.06 | 5.21 | 17.32 | 12.44 | 76 |
| L-P L-N | 砂 川 農 試 | 2.68 4.81 | 0.91 1.23 | 5.66 7.66 | 3.98 4.23 | 62 60 |
| H-P H-N | 幌 向 篠 路* 岩見沢* | 26.25 6.25 7.26 | 15.67 5.12 4.16 | 40.10 11.49 12.19 | 34.02 11.30 9.01 | 136 188 140 |
| H-P L-N | 滝 川 中富良野 (本幸) | 3.40 5.03 | 2.77 3.95 | 7.44 9.54 | 5.82 5.18 | 160 118 |

注 篠路，岩見沢，砂川，農試，滝川の試験地は褐色低地土
　幌向試験地は無機質表層高位泥炭土
　中富良野吉井試験地は暗色表層褐色森林土台地
　中富良野本幸試験地は褐色森林土台地

### (3) 三要素の施肥基準

以上の結果から，タマネギに対する窒素，燐酸施肥量は，窒素，燐酸肥沃度の組合わせによって，第7表のように決定しうる。なお，窒素，燐酸肥沃度を表現するとされる分析値は種々あるが，本技術においてはトルオーグ $P_2O_5$ で燐酸肥沃度を，熱水抽出性窒素で窒素肥沃度を表現することにした。一方，加里施肥量は，従来の施肥慣行どおり，窒素施肥量と等量が適量と仮定し，塩基分析の結果に基づき，補正するものとした。

なお，表7表の施肥基準の数値の取扱い方として，①トルオーグ$P_2O_5$ 80mg 以下をさらに50mg 以下と 50〜80mg とに分け，基準施肥量に幅があるときは低い値を前者に適用し，後者は高い値を用いる。②トルオーグ $P_2O_5$ 80〜130mg 範囲を 80〜100mg と 100〜130mg に分け，また③130mg 以上の範囲を 130〜170mg, 170mg 以上に区分し，おのおのの基準施肥量に幅が表示されているばあい同様な取扱いを行なう。

第7表 窒素，燐酸の肥沃度別施用量

| 区分 | | トルオーグ$P_2O_5(mg/100g \fallingdotseq kg/10a)$ | | |
|---|---|---|---|---|
| | 施肥 | 80以下 | 80〜130 | 130以上 |
| 熱水抽出性N量 | 5 mg以下 | N 15〜20 $P_2O_5$ 50 $K_2O$ 15〜20 | 20 20〜10 20 | 20〜25 10〜0 20〜25 |
| | 5〜10 | N 10〜15 $P_2O_5$ 50 $K_2O$ 10〜15 | 15 25〜10 15 | 15〜20 10〜0 15〜20 |
| | 10mg以上 | N 10 $P_2O_5$ 50 $K_2O$ 10 | 10 25〜10 10 | 10〜15 10〜0 10〜15 |

ところで各施肥量は，利用する肥料の種類によって要素量を完全に基準値にそろえにくいが，そのさいは $\pm 2.0kg$ ていどの範囲内に，そのずれを抑えることとする。

### (4) 塩基の施用基準

タマネギ畑に対する塩基関係の診断基準を，既往の野菜畑に対する基準，北海道における土壌と作物栄養診断基準に基づき組み立てると第8表のようになる。すなわち，土壌のCEC(塩基置換容量)別に，適正基準幅 ($mg/100g$ 表示)を設定し，あわせて上限値を各塩基の飽和度(%表示)で示した。そして，①適正基準幅の最小値以下を欠乏領域，②適正基準幅を適正

個別技術の課題と検討

第8表 タマネギ畑に対する土壌診断基準

| 項目<br>土壌別 | pH(H₂O) | EC<br>(作付け時) | トルオーグP₂O₅<br>(mg/100g) | 適正基準幅(mg/100g) | | |
|---|---|---|---|---|---|---|
| | | | | CaO | MgO | K₂O |
| 砂質土壌 | 6.0〜6.5 | 0.3〜0.5 | 80〜130 | 100〜180 | 15〜30 | 15〜25 |
| 壌質土壌 | | 0.4〜0.7 | | 180〜350 | 25〜40 | 15〜30 |
| 重粘質土壌 | | 0.5〜0.8 | | 280〜450 | 30〜45 | 20〜35 |

| 項目<br>土壌別 | 上限値（CEC別塩基飽和度） | | | | CaO/MgO | MgO/K₂O |
|---|---|---|---|---|---|---|
| | CaO | MgO | K₂O | 塩基飽和度 | | |
| 砂質土壌<br>壌質土壌<br>重粘質土壌 | 70 | 20 | 10 | 100 | 8〜2.5 | 2以上 |

注 砂質土壌：CEC 5〜15me/100g，壌質土壌：CEC 15〜25me/100g，重粘質土壌：CEC 25〜35me/100g，
  上限値：CaO 飽和度は CEC 18me/100g 以上と 9〜15me/100g の範囲の土壌に対し設定し， 9 me/100g 以
  下， 5〜18me/100g の範囲の土壌は適正基準幅だけとする

領域，③適正基準幅の最大値を超え上限値までの間を過剰領域，④上限値以上を障害領域と規定した。

いまかりに検査値が，①欠乏領域に入るなら，該当塩基を改良資材として施用し，②適正領域に入るばあいは，施肥基準どおり，または作物の養分吸収量に施肥倍率を掛けた量を施用，③過剰領域ならその程度に応じ 2/3, 1/2, 1/3 と減量する。④上限値を超える障害領域のばあいは原則として該当養分の施用を中止する。

### （5） 分析結果に基づく施肥設計例

#### 例1 燐酸過剰畑のばあい

具体的数字による土壌診断の総合的な実例を二，三あげる。第9表は札幌の古いタマネギ畑の検査値（分析結果）である。まず，トルオーグ P₂O₅ と熱水抽出性窒素量から第7表の区分に従って，10a 当たり窒素：燐酸：加里（成分量）を 25：0：25kg と診断した。この圃場は燐酸過剰の畑である。したがって，燐酸施用量はゼロ，一切の燐酸資材の施用を中止する。窒素施用量はいますぐ減らすと，燐酸過剰のため生育バランスがくずれ，いわゆる凋落的生育を示しかねないので，当面は 25kg 施用とし，その 3 分の 1 を緩効性とする。

次に，置換容量（CEC）をみて，該当する基準幅を第8表から設定する。その結果，本事例は，①土壌中の石灰量が上限値を超えているので（障害領域），当面，石灰資材の施用を中止。②苦土は過剰領域に属するが，その検査値は比較的低く，適正領域に近いので苦土資材の施用を 2/3〜1/2 に減ずる。③加里の検査値もまた過剰領域に属するが，上限値に近く，先に決めた 25kg の量を 1/2〜1/3 に減肥する。このように診断することができる。

#### 例2 比較的新しい畑のばあい

三笠市の比較的新しいタマネギ畑の検査値である。①トルオーグ P₂O₅ 量と熱水抽出性窒素量から，窒素：燐酸：加里施用量を，第7表に基づき 10a 当たり 15：25：15kg と診断する。

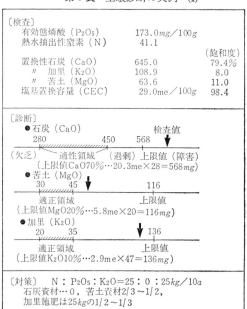

第9表 土壌診断の実例 (1)

第10表 土壌診断の実例 (2)

```
〔検査〕
  有効態燐酸  (P₂O₅)       94.5 mg/100g
  熱水抽出性窒素 (N)         5.8
                                        (飽和度)
  置換性石灰   (CaO)       334.8    57.2%
    〃  加里   (K₂O)       142.6    14.5
    〃  苦土   (MgO)        54.3    13.0
  塩基置換容量  (CEC)       20.9 me/100g  71.8

〔診断〕
  ●石灰 (CaO) 検査値
       180      ↓350    409
    (欠乏) 適正領域 (過剰) 上限値 (障害)
    (上限値 CaO70%…14.6me×28=409mg)
  ●苦土 (MgO)
        25   40↓   84
        適正領域 (過剰) 上限値
    (上限値 MgO20%…42me×20=84mg)
  ●加里 (K₂O)
         15    30    99      ↓
            適正領域   上限値 (障害)
    (上限値 K₂O10%…2.1me×47=99mg)

〔対策〕 N:P₂O₅:K₂O=15:25:15 kg/10a
  石灰資材・苦土資材…基準どおり,加里施肥…0kg
```

②CECから該当する塩基基準幅を第8表から決める。③各塩基含量に基づき,石灰量は適正領域(適正基準幅中)におさまるので従来どおり施用,苦土量は過剰領域に入っているので減肥,加里量は上限値を超え,障害領域に属するので施用中止と判断する。このさい問題は,加里含量がいちじるしく高いため,苦土がすでに必要量を超え過剰領域に入るほど蓄積し始めているが,苦土/加里比を考慮して,苦土の減肥をとりやめ従来どおりとすることである。考え方としては,過剰の加里量の適正化をはかり,それに対応して苦土の減肥を行なうこと,すなわち,単一要素の検査値だけでなく,診断は各養分間のバランスをもよく考慮することである。

## 4. タマネギの総合的診断技術

### (1) 形態診断

タマネギの収量構成要素は,①収穫球数の多少と②球肥大の良否である。前者は,腐敗,欠株数の増減の影響を強くうけ,また,規格内収量でみると長球,分球などの規格外球数の多少が規格内球数を支配する。一方,後者はL球率(L球以上の大球割合)または平均1球重で示され,その向上が収量を高める。

これら収量構成要素に及ぼす栄養生長の影響は次の二つの時点でとりまとめることができる。①初期生育の良否を外葉生長始期(6月中旬)の生育量で計測すると,同時期において窒素多施などによる濃度障害的な生育抑制をうけたものは,乾腐病の多発を促し収量低下につながる。②球肥大盛期(7月下旬)の生育量が大きいものほど球肥大が良好になり,収量が向上する。その結果,栄養生長量と収量のあいだには,各時期(球肥大始期,盛期,倒伏期)において高い正の相関関係が認められ,生育段階(時期)別栄養生長量の計測は収量予測を可能にし,診断法として有効である。

栄養生長量の表現は,①乾物重が第10図のように収量と高い相関関係にあるが,②Growth Index〔G.I=草丈($cm$)×葉数(枚)〕とのあいだにも高い相関関係が成り立ち,収量予測が可能である(第11図)。そこで,現場中心で考えるならば,測定の簡便なG.Iを栄養診断の形態的指標として用いるものとした。

この結果,目標収量を10a当たり5tに想定すると,5月10日前後定植では,①6月中旬の外葉生長始期にはG.Iが最低200～250必要で,②7月下旬の球肥大盛期には600の栄養生長量が確保されていなくてはならない(第11図)。

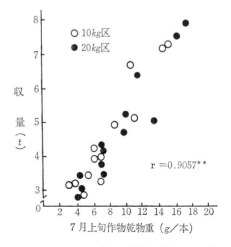

第10図 タマネギ球肥大始期の乾物重と収量

個別技術の課題と検討

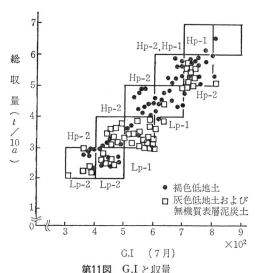

第11図　G.Iと収量

図中ブロックは生育量（G.I）100，収量は1 $t$単位で区切った
Lp-1：後期回復型，Lp-2：全期不良型
Hp-1：全期旺盛型，Hp-2：後期凋落型

第11表　G.Iに基づく生育相類型

| 外葉発育始期のG.I<br>（6月中旬） | 球肥大盛期のG.I<br>（7月下旬） | 生育相 |
|---|---|---|
| 200以下 | 600以下 | 全期不良型 |
| 200以下 | 600以上 | 後期回復型 |
| 200以上 | 600以下 | 後期凋落型 |
| 200以上 | 600以上 | 全期旺盛型 |

### (2) 生育相の診断

タマネギの生育相は概活的に4とおりに分けられる。①全期間，栄養生長が抑えられている全期不良型，②初期生育は抑制をうけているが，その後に生育が回復する後期回復型，③全期間生育が良好な全期旺盛型，④後半になって生育が凋落する後期凋落型である。これを外葉発育期と球肥大盛期のG.Iで整理したのが第11表である。

タマネギの収量は，生育相の差異を反映し，全期不良型（3$t$/10$a$以下）＜後期回復型（4$t$以下）≦後期凋落型（5$t$以下）＜全期旺盛型（5$t$以上）の順に安定多収となる。

### (3) 栄養診断

目標収量10$a$当たり5$t$を獲得するためには，G.Iで示される栄養生長量を，外葉発育始期に200以上，球肥大盛期に600以上確保し，生育旺盛型の生育推移を示すことが必要である。そのための体内窒素，燐酸濃度は，①外葉発育始期（6月中旬）にN：4.0～4.5％，$P_2O_5$：1.0～1.3％，②球肥大盛期にN：3.0％前後に維持されねばならない（第12，13図）。

これを土壌中の有効態$P_2O_5$―体内$P_2O_5$濃度―生育相―収量の関連のなかでみると次のとおりである。①施肥前のトルオーグ$P_2O_5$が50$mg$/100$g$以下で，施用燐酸が不足し，かつ相対的に無機態窒素が高く推移したときは，体内燐酸濃度（$P_2O_5$として）が必要レベルにまで高まらず，全期不良型になる。②施用燐酸が充分な量で，無機態窒素が比較的低く推移する土壌では，体内燐酸濃度の回復が順調で，後半に生育が回復する後期回復型となる。一方，③土壌中の有効態燐酸レベルが高く，相対的に窒素施用が少ないときは後期凋落型となり，生育後半の体内窒素濃度が必要な3％レベルを下回っている。なお，後期回復型は逆に，必要以上に体内窒素濃度が高く，球肥大が抑えられ，収量低下となる。

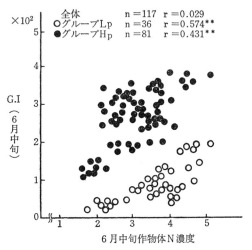

第12図　体内窒素濃度と生育
○グループLp：後期回復型と全期不良型
○グループHp：全期旺盛型と後期凋落型

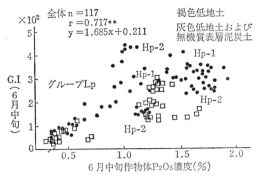

第13図 体内燐酸濃度と生育
6月上旬の体内燐酸濃度と7月中旬のG.I  r=0.484** y=1.27x+4.42

追肥を栄養診断面からみると，6月中旬以降のち窒素追肥は，生育後半の体内窒素濃度を必要以上に高め，球肥大の抑制，規格外球数（長球）の増加により，多くのばあい収量を低下させる。そのため，慣行として，一部で行なわれている追肥を全面中止とし，全量元肥施用とする。なお，第11図において，同一G.Iレベル（100単位）で収量が劣るグループ（1 t単位）は，生育後半の窒素濃度が高すぎるものである。

### (4) 総合診断のしくみ

全体の技術の流れは次のとおり（第14図）。
①前年に収穫跡地を対象に土壌調査，サンプリングを行なう。その後，試料調整，土壌分析，診断を行ない，肥料，資材施用量を決定する。②当該年：春（4月），施肥：全量元肥とし，追肥を行なわない。③定植後，6月上旬，土壌EC値を検討する。④中旬生育調査を行ない，あわせて栄養診断を行なう。G.I 200～250，体内窒素4.0～4.5%，燐酸1.0～1.3%を確保することを目標とする。⑤7月上旬，土壌分析を行ない，土壌中無機態窒素残存量3～6 $mg$/100$g$（細粒質土壌で3～5 $mg$，粗粒質で4～6 $mg$），EC値0.3～0.15ミリモー/$cm$を確保する。⑥7月中下旬，生育調査，栄養診断を行なう。目標G.I 600以上，体内窒素濃度3.0%前後，⑦収穫時に収量調査を行ない，効果を確認する。

土壌診断に基づき肥料，資材施用が行なわれたのち処理効果を，土壌養分，作物生育，栄養診断で検討し，必要に応じ翌年の技術指導に役立てる。

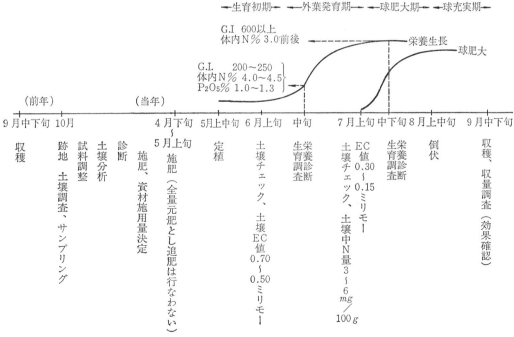

第14図 総合診断のしくみ

たとえば，土壌中の無機態窒素量，とくに $NO_3\text{-}N$ 量と EC のあいだには土壌ごとに高い正の相関関係が認められ，EC 値から施用窒素量の検討が比較的容易に行ないうる。また，生育相の推移から次のことがいえる。①全期生育不良型の推移を示す圃場は，多くのばあい土壌中トルオーグ $P_2O_5$ レベルが $50mg/100g$ をはなはだしく下回るので，秋に改良資材として，燐酸，塩基の補給を行なう必要がある。②後期回復型は土壌中トルオーグ $P_2O_5$ レベルがまだ充分に高まっていないが，改良資材（燐酸）を施用するほどでなく，翌年 $10a$ 当たり $50kg$ の燐酸施用で対応し，窒素施用は基準を順守する。③生育凋落型は，翌年の燐酸施用を抑え，生育後半の栄養生長量を確保するため，窒素，苦土の増肥を考えるなどと判断し，土壌診断を補完する。

執筆　相馬　暁（北海道道南農試）

1982年記

## 参 考 文 献

古山芳広ら．1968．北海道における玉ねぎの施肥技術改善に関する研究（第2報）．北海道立農試集報．18, 33—47.

北海道中央農試・同北見農試．1976．総合助成試験成績書，春播タマネギの栽培管理改善による収量，品質向上に関する試験．

伊藤正輔．1966．リンサン施与による玉葱畑の熟畑化に関する試験成績．北海道農務部農業改良課．

岩渕晴郎ら．1978．施肥並びに土壌水分条件が春播タマネギの生育・収量，貯蔵性に及ぼす影響（第2報）．北海道立農試集報．39, 29—33.

景山美葵陽・石原正道・巽穣・西村周一．1958．そ菜のりん酸施肥に関する研究．たまねぎの生育に及ぼすりん酸の効果について．農技研報．E7, 87—105.

＿＿＿＿＿＿・新井和夫．1962．そ菜のりん酸施肥に関する研究．第2報　土壌の有効態りん酸とそ菜のりん酸施肥について．園試報．A1, 197—233.

＿＿＿＿＿＿・遠藤敏夫．1964．そ菜のりん酸施肥に関する研究．第3報　りん酸吸収に対するトマトおよびキュウリの品種間差異について．園試報．A3, 61—75.

勝又広太郎ら．1972．タマネギの収量と貯蔵性に及ぼす窒素，燐酸ならびに加里施肥に関する研究．愛知農総試研報．B4, 14—18.

川崎重治．1971．タマネギの貯蔵性向上と栽培上の諸条件(1)．農と園．46(5), 71—74.

南松雄ら．1968．北海道における玉ねぎの施肥技術改善に関する研究（第1報）．北海道立農試集報．17, 73—86.

農林水産技術会議事務局．野菜畑の土壌管理．1975．実用化技術レポート No. 20．

農水省北海道農試・北海道中央農試・北海道農業改良課．1981．土壌および作物栄養の診断基準．

相馬暁ら．1975．春播タマネギの生育・収量・貯蔵性に及ぼす土壌水分の影響．北農．41(8), 1—12.

＿＿＿＿．1976．施肥並びに土壌水分条件が春播タマネギの生育・収量，貯蔵性に及ぼす影響（第1報）．北海道立農試集報．35, 42—52.

＿＿＿＿ら．1980．北海道・道央地区における野菜栽培土壌の実態と問題点について．北海道立農試集報．44, 25—36.

＿＿＿＿ら．1981．北海道・道央地区のタマネギ栽培土壌の実態と問題点．北海道立農試集報，45, 17—26.

野菜栽培土壌診断基準作成小委員会編．1975．野菜栽培土壌の診断基準のとりまとめ．

吉村修一．1965．タマネギ貯蔵中の腐敗におよぼす施肥の影響．大阪府農技セ研報．217—230.

# 春まきタマネギ栽培における窒素分施

## 1. 分施法検討の背景

### (1) 干ばつと多雨による生産不安定化

　北海道の基幹作物である春まきタマネギは，栽培期間の気象条件が高温多雨の空知地域，これより低温少雨のオホーツク地域，および両者の中間である上川地域を主産地として，おもに移植栽培で1万4,200ha（2015年産）作付けされ，漸増傾向で推移している。しかし，収穫量は直近10か年（2006～2015年産）で57万2,500～81万9,300tと変動が大きい。

　これまでの北海道産春まきタマネギは，生育前半に干ばつ害を受けることが多く，被害を受けやすいオホーツクや上川地域では灌水施設が広く整備されてきたが，近年は干ばつに加えて多雨に伴う影響などで収穫量が少ない年次がみられる（農林水産省，2007～2016；気象庁，2006～2015）。

　このように近年の気象変動は，タマネギ生産を不安定化させているが，近未来の予測（中辻ら，2011）では豪雨や降水量の増加が指摘されており，このため気象変動の影響を受けにくい安定栽培法の確立が急務となっている。

### (2) 基肥窒素の溶脱

　多雨に伴う収量低下の要因としては，排水不良による移植作業の遅れや湿害の発生，さらに基肥窒素の溶脱による養分不足などが想定される。

　このうち，排水不良に伴う問題は抜本的な排水対策を講じることが肝要であり，そのための指針（北海道立中央農業試験場，2002）が示されている。

　基肥窒素溶脱への対応としては，北海道施肥ガイド（北海道農政部，2015）において多雨時（移植後1か月間で100mm以上）の応急的追肥（窒素4kg/10a程度）が指導されている。これは生育が緩慢な時期に多雨に遭遇すると窒素の溶脱が生じ，その後の旺盛な生育に対して窒素不足が生じることを懸念した対応であるが，溶脱した窒素の補填技術にすぎないため，基肥窒素溶脱が環境へ窒素負荷を与えること（三木，2002；鈴木ら，2010）が懸案となっている。

### (3) 施肥効率を向上させる分施法の検討

　この問題を解決し施肥効率を向上させる手法の一つとして，作物の養分吸収特性を考慮し，全施肥量の一部を生育途中に計画的に分けて施用する分施法がある。

　北海道では施肥作業の効率面からタマネギをはじめとする露地野菜の多くで全量基肥施用を基本としているが，総窒素施肥量が多い野菜（20kg/10a以上のキャベツなど）および濃度障害の影響が危惧される野菜（スイートコーンなど）で分施法を採用している（北海道農政部，2015）。

　また，本州のタマネギ産地の施肥基準をみると，作型は北海道と異なる秋まき栽培であるが，総窒素施肥量20～25kg/10aのうち5～10kg/10aを基肥で施用し，残りを2～3回に分けて施用する分施法が一般的である（佐賀県，2016；兵庫県，2003）。このため，全量基肥施用を基本としている北海道産春まきタマネギにおいても，適切な分施法を検討する余地がある。

### (4) リン酸減肥技術との併用

　一方，著者らが開発した移植タマネギのリン酸強化苗を用いたリン酸減肥技術（小野寺ら，2014）は，育苗期のリン酸葉面散布もしくはリン酸強化育苗培土の使用により，移植後の初期生育を向上させるため，本圃の基肥リン酸

施肥量を5ないし10kg/10a削減できるというものである。しかし，化成肥料や粒状配合肥料（BB肥料）を利用している場合は，リン酸施肥量を削減しようとすると，結果的に窒素，カリの施肥量も減少するという問題があった。このとき，窒素分施技術とこのリン酸減肥技術を組み合わせると，使用している肥料銘柄を変更せずに，肥料施用量の調整で窒素とリン酸の両成分の削減が同時にはかられる。したがって，窒素分施とリン酸減肥技術の組合わせ（併用）は，窒素施肥効率の向上だけでなく，リン酸減肥技術の普及拡大の面でも有効である。

そこで著者らは，北海道産タマネギの安定多収および環境への窒素負荷低減をはかる効率的な施肥法として，現行の基肥を基本とする体系（全量基肥施用＋移植後1か月間の多雨時の応急的追肥）に代わる窒素分施技術を開発するとともに，リン酸強化苗を用いたリン酸減肥技術との併用効果を検討したので紹介する。

## 2. 窒素分施技術の開発

### (1) 窒素分施処理

2011～2015年にかけて北海道立総合研究機構北見農業試験場（常呂郡訓子府町，以下，北見農試）と同中央農業試験場（夕張郡長沼町，以下，中央農試）の褐色低地土圃場各1筆，ホクレン農業総合研究所の褐色森林土圃場3筆（夕張郡長沼町，以下，ホクレンA，B，C）および現地生産者の褐色低地土圃場1筆（常呂郡訓子府町，以下，現地E）において，窒素の施肥配分，分施時期，分施時の肥料形態がタマネギの生育，収量，窒素吸収量などに及ぼす影響を検討した（第1表）。

①施肥配分

施肥配分の検討では，基肥重点（基肥：分施＝2：1）と分施重点（同1：2）の2処理区を設置し，全量基肥施用の対照区（以下，単に対照区）と比較した。このときの分施時期は移植後3～4週目とし，硝酸石灰を表面施用した。

また，多雨での施肥配分の効果を検討するため，2015年には多雨条件を模した灌水処理を北見農試，中央農試，ホクレンCに設置し，移植～分施直前までの期間に，それぞれ延べ90，36，30mmの降水量に相当する灌水を実施した（合計降水量それぞれ149，155，179mm）。

②分施時期

分施時期の検討では，施肥配分は基肥重点とし，移植後2，4，6，8週目のいずれかに硝酸石灰を表面施用する4処理区を設定して対照区と比較した。

③分施時の肥料形態

分施時の肥料形態については，タマネギにおける多雨時の応急的追肥に即効性と肥効の安定性を期待して硝酸石灰を使用する例が多いことから，前出の各検討では硝酸石灰を供試したが，他作物の分施と追肥では安価な硫酸アンモニウム（以下，硫安と略記）と尿素がおもに利用されることから，これら窒素質肥料3種類の肥効の安定性について検討を加えた。検討にあたっては，基肥重点で移植後4週目にそれぞれの窒素質肥料を表面施用して，対照区と比較した。

いずれの項目の検討においても，窒素施肥量は土壌診断（北海道農政部，2015）に基づき，熱水抽出性窒素が3～5mg/100gの場合は15kg/10a，同5mg/100g以上の場合は12kg/10aとした（第2表）。リン酸・カリは北海道施肥ガイド（北海道農政部，2015）に従い土壌診断に基づいた施肥量とした。また，耕種概要は第2表に示したとおりである（以下の試験も同様）。

加えて，窒素分施による安定多収および環境負荷低減に対する効果の検証として，2009～2010年にかけて，現地生産者の褐色低地土圃場2筆（北見市，常呂郡訓子府町，以下，現地F，G）で，農家慣行の施肥に対して基肥量を3分の2とし，残り3分の1は窒素のみを移植後3～5週目に硝酸石灰で表面施用する窒素分施区を設置し，慣行施肥区と比較した（第1表）。窒素施肥量は両試験地とも12kg/10aであったが，いずれも堆肥を施用しており，土壌診断に基づく施肥量を十分に満たしていた（第2表）。

**第1表 各試験の実施内訳と降水区分**

| 試験区分 | 試験場所 | 検討項目と試験実施年次 | | | | 年次別降水区分 | | | | | |
|---|---|---|---|---|---|---|---|---|---|---|---|
| | | 施肥配分 | 分施時期 | 肥料形態 | 効果検証 | 2009 | 2010 | 2011 | 2013 | 2014 | 2015 |
| 窒素分施<br>(試験1) | 北見農試<br>(訓子府町) | 2013, 2014, 2015 | 2013, 2014 | 2013, 2014, 2015 | — | — | — | — | I | I | I, (Ⅲ) |
| | 中央農試<br>(長沼町) | 2013, 2014, 2015 | 2013, 2014 | 2013, 2014 | — | — | — | — | I | Ⅱ | Ⅲ, (Ⅲ) |
| | ホクレンA<br>(長沼町) | 2013 | 2013 | 2013 | — | — | — | — | Ⅱ | — | — |
| | ホクレンB<br>(長沼町) | 2015 | — | — | — | — | — | — | — | — | Ⅲ |
| | ホクレンC<br>(長沼町) | 2015 | — | — | — | — | — | — | — | — | (Ⅲ) |
| | 現地E<br>(訓子府町) | 2011 | — | — | — | — | — | Ⅱ | — | — | — |
| | 現地F<br>(北見市) | — | — | — | 2009, 2010 | V | Ⅳ | — | — | — | — |
| | 現地G<br>(訓子府町) | — | — | — | 2009, 2010 | Ⅳ | Ⅱ | — | — | — | — |
| 窒素分施と<br>リン酸減肥<br>の併用効果<br>(試験2) | 北見農試<br>(訓子府町) | — | — | — | 2015 | — | — | — | — | — | I |
| | ホクレンD<br>(長沼町) | — | — | — | 2014, 2015 | — | — | — | — | Ⅱ | Ⅲ |
| | 現地H<br>(栗山町) | — | — | — | 2014 | — | — | — | — | Ⅱ | — |
| | 現地I<br>(長沼町) | — | — | — | 2015 | — | — | — | — | — | Ⅱ |

注　降水区分は、生育期間の降水パターンにより次のように5区分した（以降の図表も同様）
　パターンⅠ：移植から倒伏期（移植後12週目ごろ）までの累積降水量が170mm未満と少ない「少雨型」
　パターンⅡ：分施後4週間の累積降水量が100mm以上と多い「分施後多雨型」
　パターンⅢ：移植から分施直前までの累積降水量が100mm以上と多い「分施前多雨型」
　パターンⅣ：移植から分施直前および分施後4週間のそれぞれの累積降水量がおおむね70mm以上および75mm以上と多い「分施前後多雨型」
　パターンⅤ：球肥大期（おおむね移植後8～12週目の期間）の累積降水量が150mm以上と多い「後期多雨型」
　ここでの分施時期は移植後4週目を指している
　また、降水区分の括弧内は多雨条件を模した灌水処理を行なった系列（施肥配分試験のみ）の区分を示す
　多雨条件は移植から分施直前までの期間に次のような灌水処理を行なって設置した
　この期間の降雨が少ない北見農試（59mm）では1回当たり8～30mmで延べ4回の計90mm（合計降水量149mm）、この期間の降雨が多い中央農試（155mm）、ホクレンD（179mm）では1回当たり10～20mmでそれぞれ3回の計36mm（同191mm）、2回の計30mm（同209mm）

なお、窒素分施区のリン酸・カリ施肥量は化成肥料を使用していたため、基肥窒素量の削減に伴い付随して減少したが、両試験地とも土壌診断に基づく施肥量を十分に満たしていた。

### (2) 施肥配分

気象・土壌条件の異なるタマネギ主産地（以下、同様）において適切な施肥配分（基肥重点；基肥：分施＝2：1、分施重点；同1：2）を検

個別技術の課題と検討

第2表 各試験地の土壌診断値，施肥量，耕種概要

| 試験地 | 土壌の種類 | 土壌診断値 (mg/100g) | | | 施肥量 (kg/10a) | | | 供試品種 | 栽植密度（千株/10a） | 移植日（月/旬） | 収穫日（月/旬） |
|---|---|---|---|---|---|---|---|---|---|---|---|
| | | 可給態窒素 | 有効態リン酸 | 交換性カリ | 窒素 | リン酸 | カリ | | | | |
| 北見農試 | 褐色低地土 | 5 | 60 | 39 | 12 | 15 | 10 | 2000 | 29～31 | 5/上 | 9/上 |
| 中央農試 | 褐色低地土 | 3 | 64 | 38 | 15 | 15 | 10 | 2000 | 30 | 5/上～中 | 9/上 |
| ホクレンA | 褐色森林土 | 6 | 50 | 52 | 12 | 20 | 10 | 2000 | 33 | 5/上 | 9/下 |
| ホクレンB | 褐色森林土 | 4 | 58 | 27 | 15 | 20 | 15 | 2000 | 33 | 5/中 | 9/中 |
| ホクレンC | 褐色森林土 | 3 | 32 | 31 | 15 | 20 | 10 | 2000 | 33 | 5/中 | 9/中 |
| ホクレンD | 褐色森林土 | 5 | 40 | 31 | 12 | 20 | 10 | 2000 | 33 | 5/上～中 | 9/中 |
| 現地E | 褐色低地土 | 5 | 72 | 16 | 12 | 15 | 15 | 2000 | 28 | 5/中 | 9/上 |
| 現地F | 褐色低地土 | 4 | 161 | 67 | 12 | 24 | 7 | 2000 | 28～29 | 5/上 | 8/中～下 |
| 現地G | 褐色低地土 | 6 | 102 | 65 | 12 | 24 | 5～7 | 2000 | 30～31 | 5/上～中 | 8/中～下 |
| 現地H | 褐色低地土 | 3 | 103 | 51 | 18 | 31 | 16 | 2000 | 29 | 5/上 | 8/下 |
| 現地I | 褐色低地土 | 2 | 58 | 27 | 21 | 39 | 21 | 222 | 29 | 4/下 | 8/上 |

注　可給態窒素は熱水抽出性窒素，有効態リン酸はトルオーグ法である
　　施肥量が年次間で異なる場合は範囲を示す（他の項目も同様）。なお，現地F，G，H，Iは基肥に化成肥料を使用したため，窒素分施処理を行なった処理区（窒素分施，併用区）で基肥窒素量の削減に伴いリン酸，カリの施肥量も付随して減少したが，両成分とも土壌診断に基づく施肥量を十分に満たした
　　供試品種「2000」は中生品種「北もみじ2000」，「222」は早生品種「オホーツク222」である

第3表 窒素施肥配分が生育，窒素吸収量の推移および収量に与える影響

| 降水区分 | 処理区 | 乾物重 (kg/10a) | | | 窒素吸収量 (kg/10a) | | | 施肥窒素利用率（%） | 規格内収量(t/10a) | 規格内収量比 |
|---|---|---|---|---|---|---|---|---|---|---|
| | | 移植後4週目 | 移植後8週目 | 倒伏期 | 移植後4週目 | 移植後8週目 | 倒伏期 | | | |
| 全体 (n=12) | 対照 | 13.7 | 201 | 825 | 0.5 | 5.8 | 11.0 | 52.0 | 6.41 | 100 (4.85～8.90) |
| | 基肥重点 | 13.7 | 206 | 828 | 0.5 | 6.2* | 12.0* | 57.8 | 6.58* | 103 (98～107) |
| | 分施重点 | 14.0 | 198 | 812 | 0.4** | 6.1 | 12.0* | 57.6 | 6.62* | 103 (96～115) |
| I (n=4) | 対照 | 10.9 | 146 | 697 | 0.4 | 4.8 | 10.4 | 54.0 | 5.62 | 100 (4.89～6.16) |
| | 基肥重点 | 11.0 | 151 | 692 | 0.3 | 5.1 | 10.6 | 55.3 | 5.75 | 102 (98～107) |
| | 分施重点 | 11.2 | 141 | 671 | 0.3** | 5.0 | 10.6 | 54.7 | 5.72 | 102 (96～107) |
| II (n=3) | 対照 | 10.6 | 147 | 720 | 0.3 | 3.9 | 9.1 | 46.9 | 5.45 | 100 (4.85～6.00) |
| | 基肥重点 | 11.5 | 154 | 710 | 0.3 | 4.0 | 9.8 | 48.3 | 5.66 | 104 (103～105) |
| | 分施重点 | 11.7 | 149 | 775 | 0.3 | 4.4 | 10.7 | 59.5 | 5.98* | 110 (105～115) |
| III (n=5) | 対照 | 17.1 | 265 | 959 | 0.7 | 7.5 | 12.1 | 52.6 | 7.63 | 100 (6.21～8.90) |
| | 基肥重点 | 16.8 | 270 | 987 | 0.7 | 8.2* | 14.1* | 65.1 | 7.81 | 102 (101～106) |
| | 分施重点 | 17.2 | 262 | 930 | 0.6* | 7.6 | 13.6 | 59.6 | 7.73 | 101 (96～108) |

注　施肥窒素利用率は，無窒素区との差し引きで求めた施肥由来窒素吸収量を窒素施肥量で除して得た。そのため，無窒素区を設置していた試験地の平均である
　　規格内収量比欄の括弧内の数値は，対照区が実収量，分施系列が収量比の最小～最大値を示す
　　＊は対照区とのペア間において5%水準で有意差（Dunnett法）のあることを示す

討した結果を第3表に示す。

### ①分施の効果と変動

基肥重点および分施重点の両分施区における規格内収量は，全量基肥施用の対照区よりも全事例平均でともに有意に3%多収であり，分施の効果が認められた。しかし，分施重点区は規格内収量比の変動幅が大きく，減収程度がやや大きい事例があるとともに，生育初期（移植後4週目）の窒素吸収量が有意に少なかった。

### ②降水パターンによる検討

そこで，一般に分施および施肥配分の効果は降水量の影響を受けると想定されることから，

第4表 窒素分施時期が生育，窒素吸収量の推移および収量に与える影響 (n=5)

| 処理区 | 乾物重 (kg/10a) | | | | 窒素吸収量 (kg/10a) | | | | 施肥窒素利用率(％) | 規格内収量(t/10a) | 規格内収量比 |
|---|---|---|---|---|---|---|---|---|---|---|---|
| | 移植後4週目 | 移植後8週目 | 移植後10週目 | 倒伏期 | 移植後4週目 | 移植後8週目 | 移植後10週目 | 倒伏期 | | | |
| 対 照 | 11.8 | 164 | 505 | 729 | 0.4 | 4.8 | 8.3 | 9.9 | 50.5 | 5.43 | 100 (4.85～6.00) |
| 2週目分施 | 11.8 | 160 | 504 | 716 | 0.4 | 5.0 | 8.9 | 10.6 | 55.5 | 5.14 | 95 (70～103) |
| 4週目分施 | 12.0 | 170 | 524 | 714 | 0.4 | 4.9 | 8.9 | 10.3 | 53.3 | 5.56 | 102 (98～107) |
| 6週目分施 | 11.8 | 170 | 491 | 680 | 0.3 | 4.4 | 7.9 | 9.5 | 48.1 | 5.41 | 99 (95～105) |
| 8週目分施 | 11.8 | 145 | 455* | 666* | 0.3 | 3.6* | 6.9* | 8.8 | 42.9 | 5.20 | 96 (90～99) |

注　規格内収量比欄の括弧内の数値は，対照区が実収量，分施系列が収量比の最小～最大値を示す
＊は対照区とのペア間において5％水準で有意差(Dunnett法)のあることを示す

いくつかの降水パターンに分けて検討を加えた．その結果，分施重点区は分施後4週間の降水量が100mm以上と多い年次（第1表の降水区分Ⅱ）で高い増収効果を示す一方，倒伏期ころまでの降水量が170mm未満と少ない年次（同Ⅰ）や分施直前までの降水量が100mm以上と多い年次（同Ⅲ）で4％減収する事例があり，収量の年次間変動が大きかった．

減収事例がみられる降水区分ⅠおよびⅢでの分施重点区の乾物重の推移をみると，両降水区分とも倒伏期までの乾物重が対照区よりもやや劣るとともに，生育初期（移植後4週目）の窒素吸収量が有意に少なかった．この理由としては，区分Ⅰでは基肥窒素量が少ないうえに少雨で分施の肥効発現が遅延したこと，区分Ⅲでは作土の無機態窒素の推移（データ省略）からみて，分施直前までの多雨で，基肥窒素の溶脱に伴う一時的な窒素不足が生じたことが影響したと考えられる．ただし，分施重点区では生育後期の土壌無機態窒素が多く推移するため，収量は対照区並みまでに回復する傾向が認められた．

③基肥重点配分の安定分施効果

これに対して，基肥重点区では前述の降水区分ⅠおよびⅢの分施重点区でみられたマイナス面の影響が小さかった．すなわち，いずれの降水区分においても対照区と同等以上の乾物重の推移を示し，とくに従来の応急的追肥が必要な降水条件（降水区分Ⅲ）でも減収事例がなく，規格内収量も対照区に比べて安定して多かった．また，基肥重点区は窒素吸収量が対照区に比べて同等もしくは多く推移し，施肥窒素の利用率も対照区に比べて全体の平均で5.8％向上した．

北見農試および中央農試における各降水区分の出現頻度を過去30年間の降水量データ（境野および長沼アメダス）から推定すると，少雨型の降水区分Ⅰが5～9回，また分施前多雨型の同Ⅲも3～8回と多かったのに対し，分施後多雨型の同Ⅱは2～3回と少なかった．それゆえ，出現頻度の高い降水区分ⅠとⅢで安定して多収を示す基肥重点配分は，現実の降水パターンに適した配分といえる．

以上のことから，タマネギの安定多収に適した施肥配分は，さまざまな降水条件下で安定的な分施効果を発揮する基肥：分施＝2：1の基肥重点の配分であった．

(3) 分施時期

移植後2～8週目の期間において適切な分施時期を検討した結果を第4表に示す．

**移植後4週目分施区の安定多収効果**　4週目分施区の乾物重と窒素吸収量は，いずれの生育期も対照区と同等もしくはややまさった．それを反映して，同区の規格内収量はおおむね対照区と同等もしくはややまさり，安定して多く，施肥窒素利用率は対照区よりも約3％高かった．

一方，2週目区は対照区と同等の乾物重の推移を示したが，変形による規格外球の増加で大きく減収する事例や4％程度減収する複数の事例があるなど，規格内収量は対照区に比べて劣

第5表 分施時の肥料形態が生育，窒素吸収量の推移および収量に与える影響 (n=6)

| 処理区 | 乾物重 (kg/10a) | | | 窒素吸収量 (kg/10a) | | | 施肥窒素利用率 (%) | 規格内収量 (t/10a) | 規格内収量比 |
|---|---|---|---|---|---|---|---|---|---|
| | 移植後4週目 | 移植後8週目 | 倒伏期 | 移植後4週目 | 移植後8週目 | 倒伏期 | | | |
| 対 照 | 10.9 | 149 | 713 | 0.3 | 4.4 | 10.0 | 51.6 | 5.55 | 100 (4.85～6.16) |
| 硝酸石灰 | 11.1 | 153 | 695 | 0.3 | 4.6 | 10.2 | 53.0 | 5.70 | 103 (98～107) |
| 硫 安 | 11.1 | 153 | 665* | 0.3 | 4.3 | 9.6 | 48.1 | 5.64 | 102 (95～109) |
| 尿 素 | 11.1 | 145 | 682 | 0.3 | 4.5 | 10.2 | 52.2 | 5.70 | 103 (95～108) |

注 規格内収量比欄の括弧内の数値は，対照区が実収量，分施系列が収量比の最小～最大値を示す
＊は対照区とのペア間において5％水準で有意差（Dunnett法）のあることを示す

る傾向にあった。変形球が増加した事例では，降水量が全般的に少なかった2013年の北見農試（降水区分Ⅰ）で干ばつにより作土水分が少なく土壌が硬化したことが影響していたが，2週目以外の分施時期でその影響が少なかった理由は不明である。

6週目区は4週目区に近い肥効を示したが，分施後の干ばつにより減収する事例があり，収量の変動幅がやや大きかった。

もっともおそい8週目区は分施直前（移植後8週目）および分施後（10週目）の窒素吸収量が対照区に比べて有意に少ないうえ，10週目以降の乾物重も有意に少なく，規格内収量は対照区よりもおおむね劣った。なお，6週目以降の分施では，分施時期がおそくなるに伴い施肥窒素利用率の低下が大きかった。

以上のことから，タマネギの安定多収のために最適な分施時期は移植後4週目ごろであった。

### (4) 分施時の肥料形態

分施時の肥料形態について，窒素質肥料3種類（硝酸石灰，硫安，尿素）の肥効の安定性を検討した結果を第5表に示す。

**硝酸石灰** 硝酸石灰区の乾物重および窒素吸収量は，分施後のいずれの時期も対照区と同等もしくはややまさる傾向を示した。また，同区は施肥窒素利用率がもっとも高く，対照区と同等以上の規格内収量を安定的に確保できた。

**尿素** 尿素区は硝酸石灰区に次ぐ肥効を示したが，3～5％減収する事例があるなど，肥効安定性の面からは硝酸石灰よりやや劣った。

**硫安** 一方，硫安区は硝酸石灰区および尿素区に比べて窒素吸収量は少なく推移し，対照区よりも移植後10週目から倒伏期までの乾物重がやや少なかった。また，施肥窒素利用率もやや低く，規格内収量の変動幅も大きかった。

このような肥効の差異は，分施時に土壌が乾燥し，かつ分施後の無降雨期間が長い年次においてとくに明瞭であったため，各肥料の吸湿性と溶解性の違いに由来していると考えられた。北海道の春まきタマネギでは，分施直後に灌水を実施できる場合を除くと，前述したように生育前半に干ばつに遭遇しやすいため，このような条件での肥効の安定性は肥料選択における重要な要件である。

以上のことから，タマネギの安定多収のために最適な分施時の肥料形態は硝酸石灰と判断した。

### (5) 現地圃場における効果検証

以上のことから，タマネギ安定生産のための窒素分施法は，基肥：分施＝2：1の配分で移植後4週目ごろに硝酸カルシウムを分施する方法が最適と結論された。

この分施法の効果をおもに多雨年の現地圃場で検証した結果を第1図に示す。窒素分施区の規格内収量は，慣行施肥区に比べて4事例の平均で8％多収であった。また，環境への窒素負荷指標となる施肥窒素溶脱量（肥料ロス）も慣行施肥区よりも1.8kg/10a少なかった。

これらのことから，窒素分施技術の施肥効率向上による安定多収と環境への窒素負荷低減に

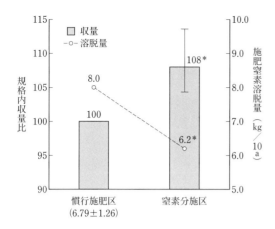

**第1図** 窒素分施技術が収量および施肥窒素の溶脱に与える影響（n＝4）

規格内収量比は慣行施肥区に対する百分比を示す。エラーバーは最小～最大値を示す。なお、慣行施肥区の規格内収量（t/10a）の平均値および標準偏差を括弧内に示す

施肥窒素溶脱量は投入窒素量（施肥、施用有機物）から作物持出窒素量と0～60cm土層内の無機態窒素の増加量（収穫時－施肥前）を差し引いて推定した

＊：5％水準で有意差（t検定）あり

対する効果が確認された。

## 3. リン酸減肥技術との併用

### （1）組合わせ（併用）処理

2014～2015年にかけて北見農試、ホクレンD（褐色森林土）、現地生産者の褐色低地土圃場2筆（夕張郡栗山町、同郡長沼町、以下、現地H、I）において、窒素分施技術と既往のリン酸強化苗を用いたリン酸減肥技術の併用効果を検証した（第1表）。

併用区では、リン酸強化育苗培土の使用（北見農試、ホクレンD）または育苗期のリン酸葉面散布（現地H、I）により養成したリン酸強化苗を移植し、本圃のリン酸施肥量を7～10kg/10a減肥した処理区に、窒素分施処理（基肥重点、移植後4週目に硝酸石灰を表面施用。窒素施肥量は12～21kg/10a）を組み合わせた（第2表）。また、北見農試、ホクレンD（2014年）では窒素分施技術単独効果と比較するために、窒素分施処理のみを行なった処理区を併設した。なお、現地H、Iは基肥に化成肥料を使用したため、併用区では基肥窒素量の削減に伴いカリ施肥量も付随して減少したが、土壌診断に基づく施肥量を十分に満たしていた。

リン酸強化育苗培土は市販化されたオニオンエースPアップ（片倉コープアグリ株式会社、リン酸添加量は従来品オニオンエースの8倍）を使用、リン酸葉面散布は配合肥料サンピプラス（OATアグリオ株式会社、保証成分量はリン酸46％、カリ30％、苦土1％）を水道水に溶かし、リン酸含有量6.9g/$l$に調整した溶液を、1回につきトレイ（448穴）当たり0.5$l$を育苗期間中に2回散布した。なお、リン酸葉面散布で用いる溶液の推奨されるリン酸含有量は11.5g/$l$で、配合肥料サンピプラスを40倍に希釈した溶液である。

### （2）窒素分施技術とリン酸減肥技術の併用効果

ここでは、窒素分施技術と既往のリン酸強化苗を用いたリン酸減肥技術の併用効果を、一部の試験地で窒素分施技術単独効果と比較しながら検証した。

窒素分施技術とリン酸減肥技術の併用区の生育経過をみると、リン酸局所施肥による初期生育向上効果が確認され、その後の生育、窒素吸収量も慣行施肥区および窒素分施区を上回って推移した（第2図、第6表）。

併用区の規格内収量は、窒素分施区よりも多収傾向にあり、5事例の平均で慣行施肥区よりも有意に8％多収であった。また、同区の施肥窒素利用率は慣行施肥区および窒素分施区に比べて高い傾向にあった。

以上から、窒素分施技術とリン酸減肥技術を併用すると、初期生育が向上し、よりいっそうの安定多収が可能となることが実証された。

## 4. 本技術の活用面と留意点

**分施はおそくとも6月中旬までに行なう**　本

個別技術の課題と検討

第2図 2015年ホクレンDにおける移植後1か月目の生育状況（原図：木谷祐也）
左：慣行施肥区，右：併用区
併用区：リン酸強化育苗培土を用いたリン酸減肥技術（本畑で10kg/10a減肥）と窒素分施技術の組合わせ

第6表 窒素分施技術とリン酸減肥技術の併用が生育，窒素吸収量の推移および収量に与える影響

| 処理区 | 乾物重（kg/10a） | | | 窒素吸収量（kg/10a） | | | 施肥窒素利用率（%） | 規格内収量（t/10a） | 規格内収量比 |
|---|---|---|---|---|---|---|---|---|---|
| | 移植後4週目 | 移植後8週目 | 倒伏期 | 移植後4週目 | 移植後8週目 | 倒伏期 | | | |
| 慣行施肥 | 9.6 | 147 | 775 | 0.3 | 4.1 | 11.3 | 46.4 | 6.16 | 100（5.01～6.89） |
| 併　用 | 11.9* | 181** | 836 | 0.4* | 4.9** | 11.6 | 57.4 | 6.64* | 108（103～120） |
| 慣行施肥 | 9.7a | 114a | 696a | 0.3ab | 3.1a | 10.3a | 50.4a | 6.25a | 100（6.16～6.34） |
| 窒素分施 | 9.4a | 120a | 702a | 0.3a | 3.6a | 10.4a | 51.3a | 6.52a | 104（104～105） |
| 併　用 | 11.1b | 146b | 777a | 0.4b | 4.4b | 12.1b | 65b | 7.11a | 114（107～120） |

注　上段は5事例の平均値，下段は上段のうち窒素分施区を併設している2事例の平均値を示す
　　規格内収量比欄の括弧内の数値は，慣行施肥区が実収量，窒素分施区，併用区が収量比の最小～最大値を示す
　　上段の＊，＊＊はそれぞれ5％，1％水準で有意差（t検定）あり，下段のアルファベットは異文字間に5％水準で有意差（TukeyのHSD検定）あり

　窒素分施技術は，春まき移植タマネギの安定多収と環境への窒素負荷低減対策として，道内の他地域や土壌の種類，品種の早晩を問わず広く活用できる。

　また，本技術は環境への窒素負荷低減効果が高いことから，北海道が推進する「北のクリーン農産物」（北海道クリーン農業推進協議会，2005）の生産や，硝酸態窒素が溶脱しやすい粗粒質土壌（北海道立中央農業試験場ら，1998）および硝酸性窒素の汚染リスクが潜在的に高い地域（北海道立中央農業試験場，2009）で積極的に活用することが望まれる。

　基肥に化成肥料または粒状配合肥料（BB肥料）を使用する場合は，リン酸減肥技術と組み合わせると，おもに施用量の削減で対応できるため，両技術の導入が容易となる。

　天候不順などで移植時期が極端におそくなる場合（5月下旬以降），移植後4週目の分施では窒素が後効きし，生育が後半に旺盛となり，規格外球や腐敗球の増加が助長されるおそれがある。このため，分施はおそくとも6月中旬までに行なうこととする。

執筆　小野寺政行（地方独立行政法人北海道立総合研究機構北見農業試験場）

2018年記

## 参 考 文 献

北海道クリーン農業推進協議会．2005．「北のクリーン農産物表示制度」要領・様式集（改訂版）．39—

64. 札幌.

北海道農政部. 2015. 園芸作物. 北海道施肥ガイド. 77—195. 北海道農業改良普及協会. 北海道.

北海道立中央農業試験場・北海道立上川農業試験場・北海道立十勝農業試験場・北海道立根釧農業試験場・北海道立道南農業試験場・北海道立天北農業試験場. 1998. 農耕地における硝酸態窒素の残存許容量と流れ易さ区分—北海道農耕地土壌の窒素環境容量Ver.1—. 北海道農政部編 平成10年普及奨励および指導参考事項. 154—157.

北海道立中央農業試験場. 2002. 土壌・土地条件に対応した排水改良マニュアル. 北海道農政部編. 平成14年普及奨励および指導参考事項. 115—116.

北海道立中央農業試験場. 2009. 特定政策研究「安全・安心な水環境の次世代への継承—硝酸性窒素等による地下水汚染の防止・改善—」成果集. 北海道立農試資料. 38, 6—12.

兵庫県. 2003. 野菜の施肥基準. 環境負荷軽減に配慮した各種作物の施肥基準. 24—34. https://web.pref.hyogo.lg.jp/nk09/documents/kankyoufuka-sehikijun.pdf

気象庁. 2006～2015. 過去の気象データ（岩見沢・富良野・北見）. http://www.data.jma.go.jp/gmd/risk/obsdl/index.php

三木直倫. 2002. 硝酸態窒素の土層内動態をモニタリングする. 環境負荷を予測する—モニタリングからモデリングへ—. 長谷川周一・波多野隆介・岡崎正規編. 37—56. 博友社. 東京.

中辻敏朗・丹野久・谷藤健・梶山努・松永浩・三好智明・佐藤仁・寺見裕・志賀弘行. 2011. 地球温暖化が道内主要作物に及ぼす影響とその対応方向（2030年代の予測）1. 2030年代の気候予測および技術的対応方向（総論）. 北農. **78**, 440—448.

農林水産省. 2007～2016. 野菜生産出荷統計. http://www.maff.go.jp/j/tokei/kouhyou/sakumotu/sakkyou_yasai/index.html

小野寺政行・板垣英祐・古館明洋・木谷祐也・日笠裕治. 2014. 移植タマネギにおける葉面散布およびポット内施肥を用いたリン酸減肥技術. 土肥誌. **85**, 245—249.

佐賀県. 2016. 平成28年度施肥・病害虫防除・雑草防除のてびき〈麦類・野菜・花き・飼料作物〉. 1—44. http://www.pref.saga.lg.jp/kiji00321936/3_21936_15860_up_wkyyz4lk.pdf

鈴木慶次郎・志賀弘行・古館明洋・中村隆一. 2010. ハンドオーガーを用いた深層土壌中硝酸性窒素のモニタリング. 北農. **77**, 365—368.

施肥問題

# 春まきタマネギ栽培における土壌凍結深の制御と効果

## 1. 土壌凍結深制御の背景

### (1) 少積雪地域における土壌凍結

北海道内の寒冷かつ積雪の少ない地域（十勝，オホーツクなど）では，雪による断熱作用が働かず，冬期に土壌凍結が発達する。土壌凍結が融解後の砕土性や孔隙分布などの物理性に良好な影響を及ぼすことは古くから知られてきたが（長沢・梅田，1985），凍結を人為的に制御するという発想はこれまでなかった。

### (2) 雪割りによる野良いも対策

このようななか，十勝地域では近年の初冬における積雪増加が土壌凍結深の減少と野良いも（バレイショ収穫時に取り残した小いもが翌年雑草化したもの）の増加を招いたため，その対策として第1図に示した雪割り（部分的除雪）で土壌凍結を促進して野良いもを死滅させる技術および土壌凍結深推定計算システムが開発され（Hirota et al., 2011；Yazaki et al., 2013；十勝農業試験場ら，2013），急速に普及している（推定普及面積5,000ha）。

これに対し，バレイショ後作に秋まき小麦の作付けが多いオホーツク地域では，越冬中小麦の物理的損傷を懸念し，雪割りによる野良いも対策はあまり進んでいない。

### (3) 雪踏みによる土壌凍結促進

その一方で，北海道産春まきタマネギ作付け面積の約半数を占めるオホーツク地域では，タマネギ畑を中心に透水性や春耕時の砕土性の向上，融雪水の下方浸透低減による土壌窒素の溶脱抑制（岩田ら，2012）などの土壌理化学性の改善を目的として，おもに雪踏み（第2図）による土壌凍結促進が生産者の一部で試みられている。雪踏みによって土壌凍結が促進されるのは，積雪層を圧縮することで，雪密度が大きくなり，雪の熱伝導率が高まる結果，氷点下状態では圧雪状態のほうが自然積雪状態よりも大気の冷熱が土壌に伝わりやすくなるためである。

しかし，凍結が土壌理化学性に与える効果と作物の生産性に与える効果とを関連づけた知見はなく，土壌凍結促進が作物生産にプラスの効果を発揮するための諸条件，効果発現に最適な凍結深の解明が強く望まれている。

そこで，雪割りによる野良いも対策技術を応

第1図　V羽根を用いた雪割り実施状況
（原図：木村篤）

第2図　タイヤローラーを用いた雪踏み実施状況
（原図：中辻敏朗）

用・発展させ，土壌凍結促進が畑地の理化学性改善やそれに伴う作物生産性向上に有効なことを示すとともに，前述の野良いも対策用の土壌凍結深推定計算システムを汎用的で広域に活用できるように改良したので，これらの成果の概要を紹介する（北見農業試験場ら，2018）。

## 2. 土壌凍結深の制御法と効果

### (1) 土壌凍結促進処理

2014年初冬〜2017年早春の3シーズンの冬期間に，オホーツク・十勝地域における北海道立総合研究機構の各農業試験場および10市町村の現地圃場，延べ26圃場（3か年で延べ42試験例）において，土壌凍結深制御手法として雪割り，雪踏み，除雪を用い，単用もしくは併用，処理期間の長短により土壌凍結深を2〜4水準（無処理区を含む）を設定した。雪割りおよび雪踏みの作業概要は次のとおりである。

**雪割り** 雪割りは，トラクタやタイヤショベルに装着したV羽根（第3図）を用いて除雪を行なうが，一度の作業で圃場全面の積雪層を除去することは現実的でないため，除雪機の作業幅に合わせて圃場を列状に細分し，交互に配置したエリアに対して必要な外気暴露期間を設けるため，除雪作業を前期・後期（1回目，2回目）に分けて実施する（第1，4図）。

ただし，除雪を実施したあと，土壌凍結深が目標に到達する前に新たな降雪があった場合は，凍結促進を維持するために除雪エリアを追加除雪する必要がある。そのため，前期・後期除雪のほかに追加除雪数回の実施が必要となる。なお，雪割り作業は，気温の低下する厳寒期（日平均気温−5℃以下が連続する期間）を中心に実施する。一方，過剰凍結を防ぐ対策としては，後期雪割り時に形成した雪山を切り崩して圃場全体を積雪で覆う割り戻しを行なう。

**雪踏み** 雪踏みは，一般にトラクタに装着したタイヤローラーを用いて圃場全面を一度の作業で圧雪する（第2図）。雪踏み作業は積雪深が浅い初冬から開始し，雪踏み後，土壌凍結深が目標に到達する前に新たな降雪があった場合は雪踏みを繰り返し行なう。ただし，目標凍結深に到達したあとに新たな降雪がない場合は過剰凍結を招くおそれがあるため，降雪予報がない場合は過度に雪踏みを繰り返さないことが重要となる。

第3図　雪割り専用V羽根
（原図：小野寺政行）

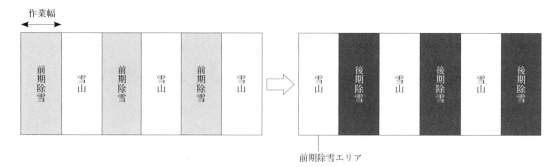

第4図　雪割り作業の概念

施肥問題

第5図　けん引式タイヤローラー（原図：中辻敏朗）

第7図　トラクタのタイヤのみ（後輪はダブルタイヤ）で行なった雪踏み実施状況

（原図：小野寺政行）

第6図　直装式タイヤローラー（原図：小野寺政行）

現在，タイヤローラーは従来からのけん引式（第5図）に加え直装式（第6図）のタイプもあり，雪の抱え込みなどに対する対処に優れる直装式が今後の主力となることが予想される。また，タイヤローラー以外の雪踏み方法としては，トラクタのタイヤやクローラーのみで踏む方法もあるが，一度に踏める面積が狭いため効率は劣る。第7図に示した写真は一例であるが，トラクタの後輪をダブルタイヤにして雪踏みを行なっている事例である。

### (2) 土壌理化学性に与える効果

**砕土性の向上効果**　農業試験場および現地圃場において土壌凍結促進が畑地の理化学性に与える効果を検討したところ，砕土性の向上効果は，土壌の種類を問わず凍結深が二十数cm以上で得られることが明らかとなった（第1表）。このため，移植作業までの砕土・整地回数が多いタマネギ畑では耕うん回数を削減できる可能性があった（第8図）。

**透水性の向上効果**　透水性の向上効果は低地土や泥炭土において凍結深が30cm程度の時に得られる場合があった（第1表）。また，窒素溶脱の抑制は凍結深40cm程度までであれば，

第1表　土壌凍結促進による砕土性および透水性向上効果

| 土壌区分 | 試験区 | 砕土性 | | | | 透水性 | | |
|---|---|---|---|---|---|---|---|---|
| | | n | 最大凍結深 (cm) | 砕土率（土塊20mm以下，％） | | n | 最大凍結深 (cm) | 畑地浸入能 ($I_b$) (mm/h) |
| | | | | 春耕前 | 整地後 | | | |
| 黒ボク土 | 無処理 | 10 | 10±8 | 59 | 79 | 19 | 10±6 | 262 |
| | 凍結促進 | | 29±7 | 69** | 84** | | 34±9 | 262 |
| 低地土・泥炭土 | 無処理 | 12 | 13±9 | 62 | 80 | 23 | 12±8 | 216 |
| | 凍結促進 | | 31±7 | 69** | 87** | | 32±8 | 316* |

注　最大凍結深は平均±変動幅を示す（第2表も同様）

＊，＊＊はそれぞれ5％，1％水準で有意差のあることを示す

個別技術の課題と検討

深く凍結させるほど効果が大きく現われる傾向にあった（第9図）。これらの効果は土壌凍結深手法（雪割り，雪踏み）にかかわらず，土壌凍結深が前述の深さを満たせば同様に得られた。

このように土壌理化学性に対する各効果が共通して得られる凍結深は30〜40cmの範囲であるが，凍結を促進すると融雪後の地温上昇と土壌の乾きが遅れること（第10図），また実際的な凍結深制御の精度幅は±数cmであること，さらに過剰凍結による融雪水の滞水などの弊害を防ぐため，凍結深は野良いも対策の場合と同じく30cmを目標に制御するのがよい。

### （3）作物生産性に与える効果

農業試験場において土壌凍結促進による生産性向上を数種の作物で検討したところ，生産性向上効果は砕土性や透水性，保水性の向上などの土壌物理性の改善と窒素溶脱抑制効果の両者を介して得られることがわかった。

そのため，これらの土壌に対する効果が共通して発現する凍結深30cm程度の場合に，春まき移植栽培タマネギや大豆，スイートコーンの収量はいずれも向上した（第2表，農試）。た

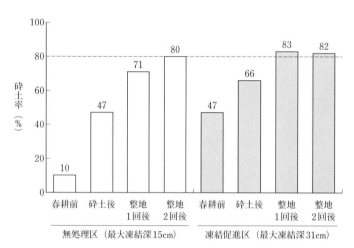

**第8図** 砕土・整地後の砕土率の推移（灰色低地土の例）
砕土：スタブルカルチ，整地1回目：正転ロータリハロー，整地2回目：逆転ロータリハロー

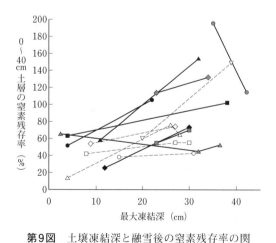

**第9図** 土壌凍結深と融雪後の窒素残存率の関係（2015・2016年）
窒素残存率（％）＝融雪後の無機態窒素量（kg/10a）／前年11月の無機態窒素量（kg/10a）×100
同一試験地におけるプロットを線で結んで表示．実線は黒ボク土，破線は非黒ボク土（低地土・泥炭土）を示す

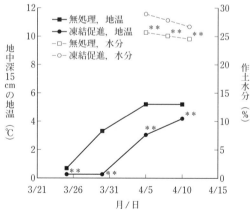

**第10図** 土壌凍結促進が地温および作土水分の推移に及ぼす影響（2015・2016年，n＝7）
最大凍結深：無処理区7±4cm，凍結促進区28±6cm
＊＊は1％水準で有意差のあることを示す

第2表 土壌凍結促進が作物生産性に与える効果

| 試験地区分 | 作物 | 窒素施肥量 (kg/10a) | 試験区 | 最大凍結深 (cm) | 融雪後残存無機態窒素 (kg/10a) | 収量 (kg/10a) | 収量比 平均（最小～最大） |
|---|---|---|---|---|---|---|---|
| 農 試 | 移植タマネギ（n=3） | 13.0 | 無処理<br>凍結促進 | 11±9<br>36±2 | 3.2<br>4.0 | 6,267<br>6,800* | 100<br>109（102～113） |
| | 大豆（n=3） | 1.8 | 無処理<br>凍結促進 | 8±4<br>38±11 | 3.7<br>7.3 | 368<br>404** | 100<br>110（106～116） |
| | スイートコーン（n=3） | 12.0 | 無処理<br>凍結促進 | 8±4<br>38±11 | 3.7<br>7.3 | 1,204<br>1,309* | 100<br>109（105～110） |
| | 直播テンサイ（n=3） | 18.0 | 無処理<br>凍結促進 | 11±8<br>32±3 | 5.8<br>6.8 | 1,027<br>1,017 | 100<br>99（93～109） |
| 現地実証 | 移植タマネギ（n=3） | 19.8 | 無処理<br>凍結促進 | 11±6<br>33±2 | 5.8<br>6.3 | 7,028<br>7,259* | 100<br>103（100～108） |

注　凍結促進区：農試試験は短期除雪区の3か年の結果，現地実証試験は最大凍結深が30～40cmの試験地の結果をそれぞれ平均値で示した
　　現地実証試験では雪踏み，雪割り，除雪を単用もしくは併用し，処理期間の長短で凍結深を制御
　　融雪後残存無機態窒素：テンサイは0～60cm土層，その他作物は0～40cm土層の無機態窒素量
　　収量：タマネギは規格内収量，大豆・スイートコーンは総収量，テンサイは糖量である
　　*，**はそれぞれ5%，1%水準で有意差のあることを示す

だし，4月下旬に播種した直播テンサイでは，天候不順時の地温上昇の遅れがマイナス要因となり，効果が発現しにくいことがあった。

### （4）タマネギの生産性向上効果の実証

**凍結深30cmで生産性向上効果**　土壌凍結深制御による生産性向上効果を現地の春まき移植栽培タマネギ畑で検証したところ，タマネギの生産性向上は，多肥栽培によりその効果が小さくなる場合があるが，凍結深を30cm程度に制御すると効果が得られることが実証された（第2表，現地実証）。

ただし，窒素供給が過多となる場合は軟腐病の助長も危惧されるため，窒素は施肥ガイドを遵守し，適正量を施肥することが求められる。

なお，春まき直播栽培タマネギでは本効果を検証していないが，前述の直播テンサイと同様に天候不順時の地温上昇の遅れがマイナス要因となり，効果が発現しにくいおそれがあるため，本技術は適用しないことが望まれる。

## 3. 土壌凍結深の測定および推定計算システム

土壌凍結深を制御するうえで，凍結深の推移を把握することが重要となる。土壌凍結深を測定する方法には，凍結期に直接土壌を掘削して目視で確認する方法，凍結深度計を埋設して観測する方法（第11図），温度測定機器を土中に設置して温度分布から推定する方法があるが，経時的な推移を測定するにはメチレンブルー溶液を用いた凍結深度計による観測が容易である。

**メチレンブルー凍結深度計**　メチレンブルー凍結深度計は塩ビパイプなどの外管と，透明アクリルチューブなどの内管から構成されており，内管に0.03%のメチレンブルー溶液を封入したものである（北海道立総合研究機構農業研究本部，2012）。

メチレンブルー溶液は凍結すると透明になるので凍結位置を目視で把握しやすい特徴がある（第11図）。

個別技術の課題と検討

凍結深度計拡大図

第11図　メチレンブルー溶液を用いた凍結深度計による土壌凍結深の観測（原図：小野寺政行）

第12図　土壌凍結深推定計算システムの地域選択画面（上）および圃場登録画面（下）
2017年12月時点では道北のみ未対応

**土壌凍結深推定計算システム**　一方，共同研究者の農業・食品産業技術総合研究機構北海道農業研究センターが運用している土壌凍結深推定計算システム（http://www.agw.jp/site_2015/hokuno_mesh/select.php）は，地域を選択しGoogle Mapを利用しながら対象圃場の位置情報（緯度経度）を登録し，土壌凍結深制御処理（雪割り，雪踏み）の実績（実施日など）を入力することで，同センター提供の気象データに基づき土壌凍結深・地温・気温・積雪深の推移や平年値に基づいた土壌凍結深の予測値が得られる（第12, 13図）。このため，圃場に行かなくても土壌凍結深が把握できるとともに，予測値が得られることで今後の土壌凍結深制御処理の計画が立てやすいなどのメリットがある。

本システムは前述の雪割りによる野良いも対策用として開発されたが，小南ら（2015）の積雪水量推定モデルを活用して推定精度の向上をはかりながら，雪踏み（圧雪）でも推定できるように汎用的に改良されるとともに，対象地域を十勝のみから道北を除く全道一円にまで拡大している。また，パソコンだけでなくスマートホンでも利用でき，12〜4月の期間運用されている。

参考までに，土壌凍結深推定計算システムを用いた雪踏みの技術指針を第3表に示す。

## 4. 適用地域と留意点

本技術は，オホーツク・十勝のほかに，12

施肥問題

～2月の平均気温が−5℃以下の地域に適用できるが，多雪地帯では窒素溶脱抑制効果が小さくなり，生産性向上効果が発現しにくいおそれがある。

技術導入時の留意点としては，多肥栽培では効果が発現しにくいだけでなく，品質低下や軟腐病の助長が危惧されるため，施肥ガイドを遵守して適正な窒素施肥量とすることが大切である。また，過剰凍結は本技術の効果を不安定にするため，過度に凍結を促進させないようにする。

執筆　小野寺政行（地方独立行政法人北海道立総合研究機構北見農業試験場）

2018年記

### 参 考 文 献

岩田幸良・廣田知良・矢崎智嗣・鈴木伸治．2012．土壌凍結の発達程度が冬期の硝酸態窒素の移動に与える影響．北海道農業研究センター2012年の成果情報．http://www.naro.affrc.go.jp/project/results/laboratory/harc/2012/210a3_01_03.html

Hirota, T., K. Usuki, M. Hayashi, M. Nemoto, Y. Iwata, Y. Yanai, T. Yazaki and S. Inoue. 2011. Soil frost control: agricultural adaptation to climate variability in a cold region of Japan. Mitigation and Adaptation Strategies for Global Change. 16, 791—802.

北海道立総合研究機構農業研究本部．2012．凍結深度．

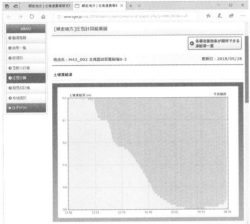

第13図　土壌凍結深推定計算システムによる雪踏み（圧雪）計算結果の例
　上：表出力，下：図出力

第3表　土壌理化学性改善による生産性向上のための雪踏み技術指針

○雪踏み作業：
　雪踏みタイヤローラーを直装，けん引したトラクタなど
　積雪深が15cm以上になったら実施する
　土壌凍結深30cmを目標とする
　降雪後の追加雪踏みによる凍結促進の維持
　過剰凍結による作物への悪影響を回避するため，目標凍結深に達したら雪踏みを中止する

○土壌凍結深推定計算システムによる雪踏み要否判断：

| 雪踏み要否の判断 | 以下の①の場合は雪踏み不要，②の場合は経過を観察する<br>①積雪深15cm以上に達した時期に，「経過図」の推定土壌凍結深が30cmに達する場合<br>②上記で確認した推定凍結深が30cmに近い場合 |
|---|---|
| 追加雪踏みの要否判断 | 1回目雪踏み以降の降雪後に推定凍結深が30cmに達しない場合は追加雪踏みを実施する<br>ただし，圧雪層上の降雪深が15cm未満で，推定凍結深が30cmに近い場合は経過を観察する |
| 凍結確認 | 目標凍結深到達を確認 |

　注　天気予報（降雪予報）を参考に，雪踏み作業の日程を微調整して効率的に実施する
　　　積雪深と所持する機械の能力に応じ，必要に応じて雪踏み開始時期を早める

個別技術の課題と検討

土壌・作物栄養診断のための分析法2012. 52.

北見農業試験場・十勝農業試験場・北海道農業研究センター. 2018. 土壌凍結深制御技術による畑地の生産性向上. 北海道農政部編. 平成30年普及奨励および指導参考事項. 65—69.

小南靖弘・廣田知良・井上聡・大野宏之. 2015. メッシュ農業気象データのための積雪水量推定モデル. 雪氷. **77**, 233—246.

長沢徹明・梅田安治. 1985. 土壌の凍結・融解. アーバンクボタ. **24**, 26—29. https://www.kubota.co.jp/siryou/pr/urban/pdf/24/pdf/24_3.pdf

十勝農業試験場・北海道農業研究センター・十勝農業協同組合連合会. 2013. 土壌凍結深の制御による野良イモ対策技術. 北海道農政部編 平成25年普及奨励および指導参考事項. 51—53.

Yazaki T, T. Hirota, Y. Iwata, S. Inoue, K. Usuki, T. Suzuki, M. Shirahata, A. Iwasaki, T. Kajiyama, K. Araki, Y. Takamiya and K. Maezuka. 2013. Effective killing of volunteer potato (*Solanum tuberosum* L.) tubers by soil frost control using agrometeorological information -An adaptive countermeasure to climate change in a cold region. Agricultural and Forest Meteorology. **182**, 91—100.

# べと病

## (1) 診断

### ①被害のようす

おもに葉に発生し、春秋に見られる。タマネギ、ネギ、ワケギなどに発生する。

秋期発生は10月末～12月にかけて見られるが、発生量は少ない。秋期に感染して発病する株はほとんどが衰弱、枯死するが、潜在感染株は定植後に生育とともに全身感染株となる。

全身感染株は、越年罹病株とも呼ばれる。前年秋に卵胞子や分生胞子から感染し、冬期間に株全体に菌糸が増殖、蔓延して、1～4月になって発病する株である。症状の特徴として、葉色は光沢のない淡黄緑色で、生育も劣る。葉は外側にやや湾曲しているので、草丈も低く横に開きぎみに見える。

越年罹病株上には、全身に白色の露状または暗紫色のカビが観察されることが多い。カビは2～3月に降雨があり多湿で、気温が10℃以上の条件で形成する。胞子を1～2回形成すると枯死する株が多いが、極早生品種などで生育が進んでから発病した場合は大量の分生子を長期間にわたって飛散し続けるため感染源として非常に重要である。

春期の二次感染株は、気温が15℃くらいで雨が多いと発病が多くなる。とくに3月中旬～5月上旬に曇雨天が続くと大発生する。5月中旬以降も低温多湿が続くとさらに大きな被害となるが、普通は気温の上昇とともに病勢は衰える。

二次感染株の病徴は、越年罹病株と同様の全身症状型も見られるが、葉身に楕円形から長卵形の病斑を形成することが多い。

二次病斑には、次のような種々の形態がみられる。

葉形や葉色に変化がなく、突然に分生胞子を形成するもの。これは適温下の降雨後に見られる。

葉の一部につやのない淡黄緑色部ができ、表面に著しい胞子を形成するもの。また、葉の表面に灰白色の微斑点（カスリ状の病斑）をつくるもの。これは病原菌量が多いときに見られる症状で、病斑上におびただしい胞子をつくる。

二次感染による病斑上につくった分生胞子は、白または暗紫色である。

病斑を形成した葉は、その部分から折れやすくなり、枯死する。

二次病斑上は、病勢が進展するとアルタナリア菌など黒色ビロード状のカビで覆われることがある。

### ②診断のポイント

越年罹病株は1～4月に発生する。全体に草丈が低く、葉につやがなく、やや黄化して外に湾曲している。降雨後に温湿度が高いときに、葉全体に白または暗紫色のカビを認めれば、間違いなくべと病である。

二次病斑はおもに葉身に見られ、黄色で大型の長卵形～楕円形を呈する。病斑上には白または暗紫色のカビが生えていることが多い。

### ③発生動向その他

近年、発生は増加傾向にある。これは、秋～春期の長雨や暖冬が影響していると考えられる。多発年が続くことにより、圃場の汚染が進むことから、本圃での第一次伝染による病斑が1月から発生するなど、伝染環を断ち切ることが困難になる。

執筆　松尾綾男（元兵庫県農業総合センター）
改訂　西口真嗣（兵庫県立農林水産技術総合センター）

2017年記

## (2) 防除

### ①防除のポイント

育苗床は発病跡地を避けて設置する。発生のおそれがある床土は、太陽熱消毒などで消毒する。

定植にあたっては健苗を用い、病苗を本圃へ持ち込まないように注意する。そのためには苗とり時に厳選して病苗は除去し、焼却処分する。

本圃での生育初期、とくに2～3月に発生す

個別技術の課題と検討

る全身感染症状株（越年罹病株という）が二次感染源となるので，やや萎縮ぎみで葉身が異常に湾曲した越年罹病株は発見しだい抜取り除去し，焼却または堆肥化処分する。

越年罹病株はネギ，ワケギにも発生するので，周辺のこれら病株も抜取り除去する。

越年罹病株の葉身上に，白色または灰白色のカビが発生するようになると蔓延がはじまる。この時期にジマンダイセン水和剤，ランマンフロアブルなどに展着剤を加用して葉身全体に十分散布する。

葉身表面に楕円形ないし長卵円形で淡黄緑色の病斑が見られるようになると蔓延期に入った証であるので，リドミルゴールドMZ，プロポーズ顆粒水和剤，ホライズンドライフロアブル，ランマンフロアブルなどに展着剤を加用して葉身全体に十分散布する。

発生圃場での被害茎葉残渣は次作の伝染源となるので，早めに残らず圃場外へ持ち出し，乾燥後焼却処分するか，堆積して発酵腐熟処理する。

②農薬による防除

1) 初発時

**初発の判断**　育苗中では葉身の一部に淡黄緑色のうすぽんやりとした病斑が見られ，多湿時にはその表面に白色または灰白色のカビがまばらに発生する。葉身が細いため病斑部は間もなく退色し，やがては萎凋枯死する。

定植後は，越年罹病株が2〜3月の生育初期に多く発現する。

越年罹病株の葉身上に霜状のカビが見えはじめてから湿潤な天候に遭うと，感染株の葉身上に楕円形ないし長卵円形で淡黄緑色のうすぽんやりとしたつやのない病斑が現われる。多湿時にはその表面に白色ないし灰白色霜状のカビを生じる。カビの発生は蔓延の兆しである。

**防除の判断と農薬の選択**　越年罹病株の葉身上に霜状のカビが現われ，15℃前後で湿潤な天候が続くようであれば，ランマンフロアブル，ジマンダイセン水和剤などに展着剤を加用して1週間おきに2回程度散布する。

越年罹病株の周辺株の葉身上に，楕円形ないし長卵円形で淡黄緑色のうすぽんやりとした病斑が現われ，湿潤な天候が続くときは，リドミルゴールドMZまたはプロポーズ顆粒水和剤などを7〜10日おきに2回散布する。これら両薬剤とも多用すると薬剤耐性菌の出現を招く可能性があるので，これ以上の使用は厳に避けなければならない。

育苗中における防除の不徹底や病苗除去が不完全な場合には，本圃での越年罹病株の発生が多くなる。2〜3月の生育初期を重点に越年罹病株の抜取り除去を徹底する。葉身上に霜状のカビが現われていない全身感染症状株は，葉身を縦に引き裂いてみると内部の海綿状組織が毛糸状に肥大充満しているので容易に病株と判断できる。

2) 多発時

**防除の判断と農薬の選択**　本圃での生育初期における越年罹病株の発生株率が0.01％以上で，その後に曇雨天が続くと予想される場合は多発生が予測される。

育苗中や定植後の生育盛期において多くの株の葉身に病斑を生じて霜状のカビが現われたり，病斑部から萎凋枯死する葉身がみられるようであれば，防除の緊急度は高い。

生育初期における適切な防除を怠った場合や雨が降り続いて防除時期を失したときには，多発生を招きやすい。このような場合は，できるだけ速やかにリドミルゴールドMZかプロポーズ顆粒水和剤を5〜7日おきに2回連続散布する。すでに両剤を連続散布したあとは，ホライズンドライフロアブル，フェスティバルM水和剤，アミスター20フロアブルなどを用いて防除に努める。

3) 激発時

**防除の判断と農薬の選択**　生育盛期から鱗茎肥大期の4〜5月に低温で湿潤な天候が続くと，適切な防除がなされていない場合，病勢は衰えない。ほとんどの株の葉身に多数の病斑を生じて萎凋枯死してしまう。枯死葉身上に黒色のカビが寄生した病株は，焼け焦げた様相を呈する。

感染期から初発生期にかけて適切な防除が行

なわれ，不良天候が続かない限り激発に至ることはない。しかし枯死葉が増大すると鱗茎の肥大が抑制されて減収となるほか，次作に伝染源を多量に残すことになる。この場合，早めに収穫を行ない被害茎葉を集めて焼却処分するか，堆積して発酵腐熟を図る。

4) 予　防

**多発・常発地での予防**　育苗は発病跡地を避け，排水良好な圃場で行なう。発生が危惧される場合には太陽熱消毒などで床土を消毒する。

育苗期の後半は，葉身の繁茂によって湿度が高まり，感染しやすくなるので灌水量を加減するとともに，初発生には十分な注意をはらう。

育苗中に発生を確認した場合は，直ちに病苗を抜取り除去し，薬剤散布を1～2回行なう。

定植にあたっては苗とり時に病苗や異常苗に注意をはらい，十分に厳選した健全苗を用いる。

越年罹病株は，中晩生品種では通常2月から3月にかけて徐々に発生し3月中旬ピークとなる。極早生・早生品種では1月下旬から発生することもある。気温が15℃前後となる3月中旬以降に発生する越年罹病株が，有力な春期発生源となる。この時期に圃場をていねいに観察しながら罹病株の抜取り処分を徹底する。

越年罹病株は，タマネギだけでなくネギやワケギにも発生して伝染源となる。周辺にあるこれらの栽培圃にも十分な注意をはらい病株の除去処分を行なう。

越年罹病株の抜取り処分とあわせて，7～10日おきに2回程度の薬剤散布を行ない予防を図る。

**発生の少ないところでの予防**　育苗中や定植後の生育盛期に初発生が見られたら，7～10日おきに1～2回薬剤散布を行なう。

定植後の生育初期に越年罹病株が発生した場合は，直ちに抜取り処分を行ない，7～10日おきに1～2回薬剤を散布して予防を図る。

5) 耐性菌・薬剤抵抗性への対応

**耐性菌・抵抗性害虫を出さない組合わせ**　PA殺菌剤（フェニルアミド）は薬効の低下事例が報告されている。

PA殺菌剤（フェニルアミド）は耐性菌が出現しやすいので，できるだけ病勢進展初期の1～2回の使用にとどめる。他の時期は別の薬剤との輪用を図る。

6) 他の病害虫・天敵への影響

多発生期以降は，ボトリチス属菌による葉枯症の蔓延期と重なるので，フォリオゴールド，ダコニール1000，ジマンダイセン水和剤，ドーシャスフロアブルなどを用いて同時防除を行なう。

白色疫病に対しては，リドミルゴールドMZ，プロポーズ顆粒水和剤，フェスティバルM水和剤，ジマンダイセン水和剤などで同時防除が可能である。

細菌性病害（軟腐病）に対してはナレート水和剤を用いれば同時防除が図れるが，他剤の場合はストレプトマイシン剤を散布直前に混合して散布する。

灰色腐敗病に対しては，ジマンダイセン水和剤，フロンサイド水和剤で同時防除が図れる。

7) 農薬使用の留意点

タマネギ栽培圃では，葉身が展開林立した状態となる。病原菌は葉身の気孔からおもに侵入するので，薬剤には必ず展着剤を加用して株全身が濡れるよう，ムラなく散布する。

病原菌の分生胞子は，降雨後の多湿時に形成して飛散するので，蔓延期には降雨後の晴れ間を見はからって臨機的に散布を行ない，感染を阻止する。

8) 効果の判定

散布数日後に病斑部の外周に壊死斑が輪紋状に現われたり，表面に白色霜状のカビの発生が見られず，健全な葉身に新しい病斑が形成されなくなれば効果があったものと判断できる。

③**農薬以外による防除**

**育苗地の選定**　育苗は排水良好な無発病地で行なう。

**排水対策**　排水不良地は暗渠排水溝を施工して改善を図る。

**健全苗の定植**　定植時には厳選した健全苗を用い，病苗を本圃へ植え込まないよう十分な注意をはらう。

個別技術の課題と検討

**越年罹病株の抜取り** 越年罹病株の発生に注意し，できるだけ分生胞子を形成するまでに抜取り除去を徹底する。

**被害茎葉の処分** 発生圃場における被害茎葉残渣は集めて焼却処分または堆肥化処分する。

**④病原・害虫の生活サイクルとその変動**

**基本的な生活サイクル** 鞭毛菌類に属し，分生胞子や卵胞子を形成する。

第一次伝染源は，被害葉などとともに土壌中で越年した卵胞子である。その寿命は長く十数年間休眠するものもあり，かなり長く感染能力を保持している。

分生胞子は，13～15℃前後でよく形成され，15℃前後の水滴中でよく発芽して感染を起こす。分生胞子は乾燥に遭うと急激に発芽力を失うが，高湿度下では7日程度生存し，葉身表面の水滴中で発芽して気孔から組織内へ侵入する。

秋期に侵入した菌糸は，冬期の生育停滞期間に全身の組織内に伸長充満し，春期における生育を著しく抑制し湾曲した，異様な形態の病株（越年罹病株）を発現させる。

春期の多湿時には越年罹病株の葉身上に多量の分生胞子を形成し，これらが飛散して第二次感染を起こす。

春秋期における発生は，分生胞子の飛散によって蔓延をくり返すが，病葉身が萎凋しはじめると組織内に卵胞子を多量に形成するようになり休眠に入る。

**条件による生活サイクルの変動** 感染には多湿環境や葉身が濡れるような状態が必要である。空気湿度が低かったり，葉身が乾いている条件では，たとえ適温下であっても感染は起こらない。

土壌中に潜伏している卵胞子の発芽には高湿度が必要である。秋期育苗時の多雨や灌水過多による土壌の過湿が感染を助長するが，逆の条件では卵胞子の発芽が抑制され発生が少ない。

冬期が温暖に経過する年には越年罹病株の初発生が通常時期よりも早まり，12～1月ごろから見られる。

執筆　西村十郎（兵庫県立中央農業技術センター）
1990年記

改訂　西口真嗣（兵庫県立農林水産技術総合センター）
2017年記

**主要農薬使用上の着眼点**（西口　真嗣, 2017）

（回数は同一成分を含む農薬の総使用回数。混合剤は成分ごとに別途定められているので注意）

| 商品名 | 一般名 | 使用倍数・量 | 使用時期 | 使用回数 | 使用方法 |
|---|---|---|---|---|---|
| 《QoI殺菌剤（Qo阻害剤）（F：11）》 | | | | | |
| アミスター20フロアブル | アゾキシストロビン水和剤 | 2000倍・100～300$l$/10a | 収穫前日まで | 4回以内 | 散布 |
| メジャーフロアブル | ピコキシストロビン水和剤 | 2000倍・100～300$l$/10a | 収穫前日まで | 3回以内 | 散布 |

予防および治療効果があり，浸透移行性，浸達性もある。耐性菌の発生のおそれがあるため，過度の連用は避けローテーション散布を心がける

| 商品名 | 一般名 | 使用倍数・量 | 使用時期 | 使用回数 | 使用方法 |
|---|---|---|---|---|---|
| 《QiI殺菌剤（Qi阻害剤）（F：21）》 | | | | | |
| ランマンフロアブル | シアゾファミド水和剤 | 2000倍・100～300$l$/10a | 収穫7日前まで | 4回以内 | 散布 |
| ランマン400SC | シアゾファミド水和剤 | 8000倍・100～300$l$/10a | 収穫7日前まで | 4回以内 | 散布 |

QoI系と同じ電子伝達系を阻害するが作用点が若干違うので，交差耐性の起こる可能性は低い。病原菌のすべての生育ステージで効果が高く，残効性・耐雨性に優れる

| 商品名 | 一般名 | 使用倍数・量 | 使用時期 | 使用回数 | 使用方法 |
|---|---|---|---|---|---|
| 《2, 6-ジニトロアニリン（F：29）》 | | | | | |
| フロンサイド水和剤 | フルアジナム水和剤 | 1000～2000倍・100～300$l$/10a | 収穫7日前まで | 5回以内 | 散布 |
| フロンサイドSC | フルアジナム水和剤 | 1000～2000倍・100～300$l$/10a | 収穫3日前まで | 5回以内 | 散布 |

残効性，耐雨性に優れ予防効果が高い。病原菌の胞子発芽・菌糸伸長および胞子形成などの阻害作用がある。使用にさいして，かぶれに注意する

| 商品名 | 一般名 | 使用倍数・量 | 使用時期 | 使用回数 | 使用方法 |
|---|---|---|---|---|---|
| 《QoSI殺菌剤（QoS阻害剤）(F:45)》 | | | | | |
| ザンプロフロアブル | アメトクトラジン水和剤 | 1000倍・100～300$l$/10a | 収穫前日まで | 3回以内 | 散布 |
| 卵菌類に優れた効果を示し、QoI剤とは交差しない。耐性リスクは中～高と推測されているため、ローテーション散布の1剤として利用する | | | | | |
| 《カーバメート(F:28)》 | | | | | |
| プロプラント液剤 | プロパモカルブ塩酸塩液剤 | 500～1000倍・100～300$l$/10a | 収穫14日前まで | 2回以内 | 散布 |
| 卵菌類に効果を示し、耐性リスクは低～中とされているため、ローテーション散布の1剤として利用する | | | | | |
| 《CAA殺菌剤（カルボン酸アミド）(F:40)》 | | | | | |
| マモロット顆粒水和剤 | ベンチアバリカルブイソプロピル水和剤 | 2000倍・100～300$l$/10a | 収穫7日前まで | 3回以内 | 散布 |
| レーバスフロアブル | マンジプロパミド水和剤 | 2000倍・100～300$l$/10a | 収穫前日まで | 2回以内 | 散布 |
| 予防効果および治療効果があり、浸達性および根からの吸収移行性がある | | | | | |
| 《テトラゾリルオキシム(F:U17)》 | | | | | |
| ピシロックフロアブル | ピカルブトラゾクス水和剤 | 1000倍・100～300$l$/10a | 収穫前日まで | 3回以内 | 散布 |
| 卵菌類に優れた効果を示すが、作用機構は不明。ローテーション散布の1剤として利用する | | | | | |
| 《無機化合物(F:M1)》 | | | | | |
| ヨネポン水和剤 | ノニルフェノールスルホン酸銅水和剤 | 500倍・100～300$l$/10a | 収穫7日前まで | 5回以内 | 散布 |
| 抗菌範囲が広く、また残効性の長い保護殺菌剤である | | | | | |
| 《ジチオカーバメート(F:M3)》 | | | | | |
| グリーンダイセンM水和剤 | マンゼブ水和剤 | 400～600倍・100～300$l$/10a | 収穫3日前まで | 5回以内 | 散布 |
| ジマンダイセン水和剤 | マンゼブ水和剤 | 400～600倍・100～300$l$/10a | 収穫3日前まで | 5回以内 | 散布 |
| ペンコゼブ水和剤 | マンゼブ水和剤 | 400～600倍・100～300$l$/10a | 収穫3日前まで | 5回以内 | 散布 |
| やや遅効性の予防効果が強い保護殺菌剤で残効性もある。浸透移行性はないが定期的な予防散布で効果が高く、べと病、白色疫病、灰色腐敗病などに有効 | | | | | |
| 《クロロニトリル（フタロニトリル）(F:M5)》 | | | | | |
| ダコニール1000 | TPN水和剤 | 1000倍・100～300$l$/10a | 収穫7日前まで | 6回以内 | 散布 |
| ダコニールエース | TPN水和剤 | 750倍・100～300$l$/10a | 収穫7日前まで | 6回以内 | 散布 |
| 病原菌の原形質や酵素タンパクのSH基に作用し、酸化的リン酸化反応の呼吸酵素（SH基酵素）を阻害する。胞子の発芽阻止、菌糸の伸長阻止など、効果が高い。浸透移行性はないが予防効果が高く、残効性もある | | | | | |
| 《混合剤(F:4, M5)》 | | | | | |
| フォリオゴールド | メタラキシルM・TPN水和剤 | 800～1000倍・100～400$l$/10a | 収穫7日前まで | 3回以内 | 散布 |
| メタラキシルMは浸透移行性があり耐雨性も高いが、耐性菌の出現を防ぐために、同一RACコードの農薬の連用を避けるとともに、予防的に散布する | | | | | |
| 《混合剤(F:7, M5)》 | | | | | |
| ベジセイバー | ペンチオピラド・TPN水和剤 | 1000倍・100～300$l$/10a | 収穫7日前まで | 4回以内 | 散布 |
| べと病への防除効果はTPN剤による。灰色腐敗病、灰色かび病との同時防除が可能 | | | | | |
| 《混合剤(F:11, 7)》 | | | | | |
| シグナムWDG | ピラクロストロビン・ボスカリド水和剤 | 1500倍・100～300$l$/10a | 収穫7日前まで | 3回以内 | 散布 |
| べと病だけでなく幅広い病害に効果があるが、耐性菌の出現を防ぐために、同一RACコードの農薬の連用を避けるとともに、予防的に散布する | | | | | |
| 《混合剤(F:11, 33)》 | | | | | |
| レイデン水和剤 | フェンアミドン・ホセチル水和剤 | 1000倍・150～300$l$/10a | 収穫7日前まで | 3回以内 | 散布 |
| 両剤ともべと病に効果があるが、耐性菌の出現を防ぐために、同一RACコードの農薬の連用を避けるとともに、予防的に散布する | | | | | |

個別技術の課題と検討

| 商品名 | 一般名 | 使用倍数・量 | 使用時期 | 使用回数 | 使用方法 |
|---|---|---|---|---|---|
| 《混合剤(F：11, M5)》 | | | | | |
| アミスターオプティフロアブル | アゾキシストロビン・TPN水和剤 | 1000倍・100～400l/10a | 収穫7日前まで | 4回以内 | 散布 |
| 両剤ともべと病に効果があるが，耐性菌の出現を防ぐために，同一RACコードの農薬の連用を避けるとともに，予防的に散布する | | | | | |
| 《混合剤(F：21, 27)》 | | | | | |
| ダイナモ顆粒水和剤 | アミスルブロム・シモキサニル水和剤 | 2000倍・100～300l/10a | 収穫3日前まで | 3回以内 | 散布 |
| 浸透移行性のあるシモキサニルと耐雨性に優れるアミスルブロムの混合剤で，べと病にのみ登録。耐性菌の出現を防ぐために，同一RACコードの農薬の連用を避けるとともに，予防的に散布する | | | | | |
| 《混合剤(F：21, M5)》 | | | | | |
| ドーシャスフロアブル | シアゾファミド・TPN水和剤 | 1000倍・100～300l/10a | 収穫7日前まで | 4回以内 | 散布 |
| 上記シアゾファミドとTPNの混合剤。耐性菌の出現を防ぐために，同一RACコードの農薬の連用を避けるとともに，予防的に散布する | | | | | |
| 《混合剤(F：27, 11)》 | | | | | |
| ホライズンドライフロアブル | シモキサニル・ファモキサドン水和剤 | 2500倍・100～300l/10a | 収穫3日前まで | 3回以内 | 散布 |
| 上記シモキサニルと保護剤のファモキサドンの混合剤。耐性菌の出現を防ぐために，同一RACコードの農薬の連用を避けるとともに，予防的に散布する | | | | | |
| 《混合剤(F：27, 40)》 | | | | | |
| ベトファイター顆粒水和剤 | シモキサニル・ベンチアバリカルブイソプロピル水和剤 | 2000倍・100～300l/10a | 収穫7日前まで | 3回以内 | 散布 |
| 上記シモキサニルと浸透性のあるベンチアバリカルブイソプロピルの混合剤。耐性菌の出現を防ぐために，同一RACコードの農薬の連用を避けるとともに，予防的に散布する | | | | | |
| 《混合剤(F：27, M3)》 | | | | | |
| カーゼートPZ水和剤 | シモキサニル・マンゼブ水和剤 | 1000倍・100～300l/10a | 収穫3日前まで | 3回以内 | 散布 |
| 上記シモキサニルと広範囲の病害に効果のあるマンゼブの混合剤。耐性菌の出現を防ぐために，同一RACコードの農薬の連用を避けるとともに，予防的に散布する | | | | | |
| 《混合剤(F：27, M5)》 | | | | | |
| ブリザード水和剤 | シモキサニル・TPN水和剤 | 1200倍・100～300l/10a | 収穫7日前まで | 3回以内 | 散布 |
| 上記シモキサニルと広範囲の病害に効果のあるTPNの混合剤。耐性菌の出現を防ぐために，同一RACコードの農薬の連用を避けるとともに，予防的に散布する | | | | | |
| 《混合剤(F：31, M1)》 | | | | | |
| ナレート水和剤 | オキソリニック酸・有機銅水和剤 | 800倍・100～300l/10a | 収穫14日前まで | 3回以内 | 散布 |
| べと病に効果があるのは有機銅。軟腐病との同時防除が可能 | | | | | |
| 《混合剤(F：40, M3)》 | | | | | |
| カンパネラ水和剤 | ベンチアバリカルブイソプロピル・マンゼブ水和剤 | 750～1000倍・100～300l/10a | 収穫7日前まで | 3回以内 | 散布 |
| ベネセット水和剤 | ベンチアバリカルブイソプロピル・マンゼブ水和剤 | 750～1000倍・100～300l/10a | 収穫7日前まで | 3回以内 | 散布 |
| 上記ベンチアバリカルブイソプロピルとマンゼブの混合剤。耐性菌の出現を防ぐために，同一RACコードの農薬の連用を避けるとともに，予防的に散布する | | | | | |
| 《混合剤(F：40, M3)》 | | | | | |
| フェスティバルM水和剤 | ジメトモルフ・マンゼブ水和剤 | 750～1000倍・100～300l/10a | 収穫7日前まで | 3回以内 | 散布 |
| 浸達性を有するCAA剤ジメトモルフとマンゼブの混合剤。耐性菌の出現を防ぐために，同一RACコードの農薬の連用を避けるとともに，予防的に散布する | | | | | |

| 商品名 | 一般名 | 使用倍数・量 | 使用時期 | 使用回数 | 使用方法 |
|---|---|---|---|---|---|
| 《混合剤（F：40, M5)》 | | | | | |
| プロポーズ顆粒水和剤 | ベンチアバリカルブイソプロピル・TPN水和剤 | 1000倍・100〜300l/10a | 収穫7日前まで | 3回以内 | 散布 |
| ワイドヒッター顆粒水和剤 | ベンチアバリカルブイソプロピル・TPN水和剤 | 1000倍・100〜300l/10a | 収穫7日前まで | 3回以内 | 散布 |

上記ベンチアバリカルブイソプロピルとTPNの混合剤。耐性菌の出現を防ぐために，同一RACコードの農薬の連用を避けるとともに，予防的に散布する

| | | | | | |
|---|---|---|---|---|---|
| 《混合剤（F：43, 28)》 | | | | | |
| リライアブルフロアブル | フルオピコリド・プロパモカルブ塩酸塩水和剤 | 500倍・100〜300l/10a | 収穫14日前まで | 2回以内 | 散布 |

浸達性，浸透移行性のあるフルオピコリドとカーバメート系のプロパモカルブ塩酸塩の混合剤。耐性菌の出現を防ぐために，同一RACコードの農薬の連用を避けるとともに，予防的に散布する

| | | | | | |
|---|---|---|---|---|---|
| 《混合剤（F：43, 40)》 | | | | | |
| ジャストフィットフロアブル | フルオピコリド・ベンチアバリカルブイソプロピル水和剤 | 3000倍・100〜300l/10a | 収穫7日前まで | 3回以内 | 散布 |
| ジャストフィットフロアブル | フルオピコリド・ベンチアバリカルブイソプロピル水和剤 | 24倍・1.6l/10a | 収穫7日前まで | 3回以内 | 無人ヘリコプターによる散布 |

上記フルオピコリドとベンチアバリカルブイソプロピルの混合剤。卵菌類専用剤。耐性菌の出現を防ぐために，同一RACコードの農薬の連用を避けるとともに，予防的に散布する

| | | | | | |
|---|---|---|---|---|---|
| 《混合剤（F：45, 40)》 | | | | | |
| ザンプロDMフロアブル | アメトクトラジン・ジメトモルフ水和剤 | 1500〜2000倍・100〜300l/10a | 収穫7日前まで | 3回以内 | 散布 |

アメトクトラジンは唯一のQoSI剤であるが，耐性リスクは中〜高と推測されている。耐性菌の出現を防ぐために，同一RACコードの農薬の連用を避けるとともに，予防的に散布する

| | | | | | |
|---|---|---|---|---|---|
| 《混合剤（F：M3, 4)》 | | | | | |
| リドミルゴールドMZ | マンゼブ・メタラキシルM水和剤 | 1000倍・100〜300l/10a | 収穫7日前まで | 3回以内 | 散布 |

上記メタラキシルMとマンゼブの混合剤。べと病対策の切り札的殺菌剤であるが，耐性菌の出現を防ぐために，同一RACコードの農薬の連用を避けるとともに，予防的に散布する

個別技術の課題と検討

# 灰色腐敗病

## (1) 診断

### ①被害のようす

灰色腐敗病は鱗茎に発生し，冷蔵中の球で多発生する。また，立毛中のタマネギの鱗茎にも発生する。

立毛中では3～5月にかけて，下葉から2～3枚目の葉がやや黄色に変わり，軟化，下垂する。このような株は，地際部から下では，球部が赤褐色に変わり，灰色粉状の菌叢を生じており，おびただしい分生胞子をつくっている。

被害の著しいときは立枯れ症状を呈し，葉は鮭肉色～白色に変わり萎凋枯死する。軽症の場合は，気温の上昇に伴って病勢は停止し，球は肥大を続けるが，正常球より発育は劣る。

灰色腐敗病菌の胞子は，緑葉に対しては病原性がほとんどない。

貯蔵球での被害は冷蔵中に起こる。菌の侵入は，吊り貯蔵中に葉鞘部から侵入した菌糸が下降し，鱗茎の上部に達し，冷蔵中に球全体を腐敗させる。被害球は，球形が縦長に近づき，球表の肩部に不整形の大型黒色菌核が連なって形成される。菌核上と，その周辺の外皮上や外皮の間とには，ビロード状の灰色の短いカビが密に形成され，おびただしい分生胞子をつくる。

被害球を切断すると，鱗片はやや黒ずんだ水浸状に変わっており，鱗片の間隙にはときに菌糸塊が見られる。

本病による被害は，立毛中で100％に近いものもある。冷蔵中に50％程度が腐敗する例も認められる。

### ②診断のポイント

立毛中の発病株は，生育不良，下位葉の黄化・下垂・枯死，地際部の赤褐変，地下球部表面の灰色の胞子形成，などの病徴や標徴を示す。

類似病害に腐敗病と白色疫病がある。腐敗病は葉が水浸状に腐敗し，分生子は生じない。白色疫病は被害部のどこにもカビを生じないし，根や根盤部も侵される。

冷蔵中の発病球は，首部から肩部にかけて黒色の菌核を群生し，菌核上やその周辺に，蒼緑色～灰褐色のカビがビロード状につくられる。

被害のひどい球は外皮にしわを生じ，球型が縦長に近く変わる。

被害球を切断すれば外側，または外側から2～3枚目の鱗片が黒ずみ水浸状を呈している。ときに鱗片の間隙に菌糸塊が見られる。水浸状に黒ずんだ鱗片や切断球を15℃以下に放置すれば，2～3日後には切断面に灰緑色の胞子を無数に形成する。

### ③発生動向その他

本州では冷蔵倉庫の多い産地で多発する傾向にある。

発生の見られる地帯では，圃場をよく観察し早期防除に努める。

執筆　松尾綾男（元兵庫県農業総合センター）
改訂　西口真嗣（兵庫県立農林水産技術総合センター）

2017年記

## (2) 防除

### ①防除のポイント

育苗床や栽培圃場は，伝染源となる屑鱗茎や病鱗茎を放置した場所，またはこれらを取り扱う冷蔵，選果などの集出荷施設や加工施設の周辺を避けて設置する。

窒素質肥料の過用や晩期追肥を避けたり，リン酸吸収が過剰にならないよう成分配合比を考慮するなど，肥培管理に十分な注意をはらう。

生育期間中の発病株はできるだけ早期に抜き取り，埋没または堆肥化処分を徹底する。

生育期間中の発生に対しては，発病株の除去処分を行なったのち，セイビアーフロアブル20，カンタスドライフロアブル，ベルクート水和剤，ロブラール水和剤などを輪用散布し，蔓延防止を図る。

長期貯蔵を行なうタマネギの場合は，収穫期に達したころに葉鞘部を重点に薬剤を散布し，感染防止を図る。

鱗茎の収穫は，晴天乾燥が3～4日続いた直

後を見はからって行なう。

収穫後，吊り小屋で風乾貯蔵を行なう場合は，鱗茎を詰めすぎないよう貯蔵量を制限し，通風を良好にして葉鞘部の早期乾燥を図る。

低温貯蔵を行なう場合は，厳選した健全鱗茎を用いるようにして，貯蔵中の蔓延防止に努める。

風乾貯蔵後や低温貯蔵後の出荷時に選び出した屑鱗茎や病鱗茎は，できるかぎり早めに埋没または堆肥化処分を徹底し，伝染源の完全排除を図る。

②農薬による防除

1) 初発時

**初発の判断** 育苗末期や定植後の生育初期に生育不良となったり，地際の葉鞘や葉身基部が暗緑色油浸状となって腐敗しはじめ，土中の幼鱗茎にまで及び，やがて全身が萎凋枯死する株が現われると発生のはじまりと判断できる。

病株の葉身や葉鞘，幼鱗茎の患部表面には，多湿時に灰色ないし淡褐色のカビがビロード状に密生するので容易に確認できる。

発生は幼苗期から成熟期にいたる圃場での生育期間だけでなく，収穫後の貯蔵期間にも発病して鱗茎を腐敗させるので，生育過程や収穫物での病徴はそれぞれ異なった特徴がみられる。

**防除の判断と農薬の選択** 秋まき栽培の場合，秋冬期が温暖多雨に経過すると，常習発生地では苗床末期や本圃での生育初期に初発生がみられる。初期発生した病株率の多少やその後の天候によって被害の軽重が左右されるが，たとえ少量でも病株がみられる場合は薬剤防除の必要性が高い。

病株上に形成される分生胞子が飛散して蔓延するので，病患部表面にカビを生じる前に抜取り除去するとともに，セイビアーフロアブル20，カンタスドライフロアブル，ベルクート水和剤，ロブラール水和剤のいずれかに展着剤を加用して葉鞘部を重点に十分に散布する。

初発生後に曇雨天の日が続くようであれば7〜10日おきに2〜3回にわたって薬剤散布を行なう。

2) 多発時

**防除の判断と農薬の選択** 初発時に病株が散見されたり，初発時における防除の不徹底によって二次感染株が散見される場合は多発状態といえる。

生育盛期の二次感染株は，葉鞘部に油浸状の淡褐色腐敗斑を生じ，葉身が萎凋を起こす。鱗茎肥大期には葉鞘部から鱗茎表面にかけて淡桃色のややくぼんだ腐敗斑が伸展し，鱗茎の肥大につれて患部鱗片が裂けたりする症状を呈する。

初発生病株や二次感染株が散見される場合は薬剤防除の緊急度がきわめて高いので，初発時と同様，病株除去とあわせて7〜10日おきに2〜3回にわたって薬剤散布を行なう。

3) 激発時

**防除の判断と農薬の選択** 初発時に多量の病株がみられたり，その後における防除の不徹底や不良天候などの条件によって多くの二次感染株がみられる場合は激発状態である。

第一次伝染源となる屑鱗茎や腐敗鱗茎を扱う冷蔵，選果などの集出荷施設周辺では，タマネギ鱗茎の荷動きに応じて常に感染の機会にさらされているので，気象条件いかんによっては激発しやすい。

初発時に多量の病株がみられるような場合は，その後の被害が増大することが予想されるので，早期に病株の抜取り除去を徹底するとともに薬剤散布による蔓延防止を図る必要がある。

栽培期間中，連続して感染の機会にさらされているような常習発生圃場の場合は，タマネギの栽培を中止して他作物への転作を図るか，またはタマネギの晩植栽培を行ない被害を回避する。

激発圃場では収穫時に病鱗茎を厳選し，次作の伝染源とならないよう徹底して被害残渣などを集め，埋没または堆肥化処分を行なう。さらに同圃場からの収穫鱗茎は汚染が激しいので長期間にわたって貯蔵しない。

保菌株が吊り小屋に持ち込まれた場合，風乾貯蔵期間中に葉鞘基部にかけて腐敗が進行して

個別技術の課題と検討

鱗茎上端がくぼみ，内部鱗片にまで腐敗が及び乾腐状を呈する。

　鱗茎の低温貯蔵を行なう場合に保菌鱗茎が混入すると，貯蔵期間内に被害が増幅される。その被害量は圃場での生育期間の発生量に比例して現われるので，貯蔵に移すときは圃場での発生が少なかった収穫物のなかから健全鱗茎を厳選して用いる。

　低温貯蔵に持ち込まれた保菌鱗茎は，貯蔵期間内に鱗茎全体に菌糸が伸展して腐敗を起こし，鱗茎表面や直下の鱗片間隙に蒼緑色ないし灰白色のカビがビロード状に密生したり，黒色不整形の菌核が群生してくる。

**4）予　防**

**多発・常発地での予防**　育苗は屑鱗茎や病鱗茎を放置した場所や，これらを扱う冷蔵，選果など集出荷施設や加工施設周辺を避け，排水良好な場所で行なう。

　初発生時には次から次へと徐々に現われる病株や生育不良株を，植物体上にカビを生ずる前に残らず抜取り除去し，土中に埋没処理して蔓延防止を図る。

**発生の少ないところでの予防**　育苗床や定植後において初発生をみたら，病株の抜取り除去を徹底するとともに，7～10日おきに2～3回薬剤散布を行なう。

**5）耐性菌・薬剤抵抗性への対応**

**耐性菌・抵抗性害虫を出さない組合わせ**　ベンゾイミダゾール系薬剤耐性菌が報告されており，なるべく使用しない。やむなく使用する場合は，地域での耐性菌の発生状況を指導機関に確認する。その他の薬剤での耐性菌出現の報告はない。

　ベンゾイミダゾール系耐性菌には，セイビアーフロアブル20が有効である。

**すでに耐性菌・抵抗性害虫が出ている場合**　耐性菌が出ている薬剤の使用を中止し，その他の薬剤でローテーションを組む。

**耐性菌・抵抗性害虫出現の判定法**　薬剤の効果が低くなってきたと感じたら，指導機関に問い合わせ当該地域の耐性菌の発生状況を把握する。

**6）他の病害虫・天敵への影響**

　細菌性病害（軟腐病）にはアタッキン水和剤を用いるか，ベンゾイミダゾール系薬剤耐性菌が出現している地域ではスクレタン水和剤を用いる。

　白色疫病との同時防除にはジマンダイセン水和剤またはフロンサイド水和剤を用いる。

　べと病との同時防除を行なうにはジマンダイセン水和剤またはフロンサイド水和剤を用いる。

　生育盛期になるとボトリチス属菌による葉枯症をも対象とした防除が必要になる。このときはセイビアーフロアブル20，ロブラール水和剤，カンタスドライフロアブル，フロンサイド水和剤またはオンリーワンフロアブルを用いる。

**7）農薬使用の留意点**

　病原菌は，おもに葉鞘部から侵入するので，薬液が地際葉鞘部へ十分到達するよう展着剤を加用して株元を重点に散布するのが効果的である。

　収穫期にいたって降雨が多い場合は，収穫前日までに1～2回散布を行なっておけば，感染阻止効果が高く貯蔵期間における鱗茎の発病腐敗が抑制される。

**8）効果の判定**

　初発時に病株の抜取り除去とあわせて1～2回薬剤散布を行なった場合，その後に新たな病株が発現しないか，または減少がみられれば，蔓延防止効果があったものと判断する。

　常習発生地では生育期間中つねに感染の機会にさらされているので周到な薬剤散布を続けなければならないが，その効果の有無は収穫後の貯蔵期間における鱗茎の発病腐敗量の多少によって判断できる。

**③農薬以外による防除**

**栽培場所の選定**　育苗床や栽培圃場は，伝染源となる屑鱗茎や病鱗茎を放置した場所，またはこれらを取り扱う冷蔵，選果など集出荷施設や加工施設の周辺を避けて設置する。

**施肥管理**　窒素質肥料の過用や晩期追肥を避けたり，リン酸吸収が過剰にならないよう成分

配合比を考慮するなど，肥培管理に十分な注意をはらう。

**病株の処分**　生育期間中の発病株はできるだけ早期に抜き取り，埋没または堆肥化処分を徹底する。

**適期収穫**　鱗茎の収穫は，晴天乾燥が3〜4日続いた直後を見はからって適期に行なう。

**貯蔵管理**　吊り小屋での風乾貯蔵は鱗茎の貯蔵量を制限し，通風を良好にして葉鞘部の早期乾燥を図る。

鱗茎葉鞘部の乾燥を積極的に早めるには，葉鞘部をやや長めに切除した鱗茎をコンテナ詰めにし，ビニールハウス内に収納するハウス乾燥貯蔵を行なう。

**病鱗茎の処分**　出荷時に選び出した屑鱗茎や病鱗茎は，早期に埋没または堆肥化処分を撤底し，伝染源の完全排除を図る。

④病原・害虫の生活サイクルとその変動

**基本的な生活サイクル**　不完全菌類に属し，分生胞子や菌核を形成する。

第一次伝染源は収穫後に放置または貯蔵された被害鱗茎で越年する。その鱗茎や菌核上に形成する分生胞子で蔓延する。

生育適温は23℃であるが，比較的低温でもよく生育し，5〜30℃と生育温度域は広い。

分生胞子は20〜25℃前後でよく形成され，多湿条件をもっとも好んで発芽する。風で運ばれてタマネギに飛来するが，健全組織へ直接侵入するのではなく，植え傷みや寒害などによる傷痍組織を好んで容易に発芽侵入する。

生育初期の病株は腐敗枯死することが多いが，この病株上に形成される新たな分生胞子が第二次伝染源となって周辺株へ蔓延を繰り返していく。

腐敗鱗茎や屑鱗茎を扱う諸施設周辺の圃場では，そこから放出飛散する分生胞子によって，鱗茎の荷動きがある期間中つねに第一次感染が起こっている。

圃場での蔓延は収穫期まで続き発病株を増加させるだけでなく，収穫期には無病徴の保菌株をも生じて貯蔵期間での鱗茎腐敗の原因となる。

葉鞘に付着または侵入した病原菌は，風乾貯蔵期間に多汁質組織に向かって菌糸が進展し，貯蔵後約1か月間に葉鞘を腐敗させたうえ鱗茎上端にまで及ぶ。

低温貯蔵に移された保菌鱗茎内では入庫後，鱗茎の貯蔵適温に達するまでに約1か月を要し，この間が病原菌の生育適温と合致するために菌糸が伸長して鱗茎を腐敗させ，表面に分生胞子や菌核を形成するようになる。

収穫後の圃場に残存する病株や腐敗鱗茎は，耕うんによって土中に埋没されたり湛水状態となったりするかぎり，これらが第一次伝染源となる可能性はきわめて少ない。

**条件による生活サイクルの変動**　腐敗鱗茎を扱って分生胞子を放出飛散させるような諸施設が存在しないところでは，病原菌の生活環が繋がらず，発生はみられない。

腐敗鱗茎を扱う諸施設があっても分生胞子を飛散させない設備を講じたり，腐敗鱗茎の取扱いに十分な配慮をはらっている周辺では被害が少ない。

冬期の温暖多雨が病原菌の感染や蔓延を促し，収穫期前後の多湿条件が葉鞘部の感染頻度を高め，組織内菌糸の伸長を助長して貯蔵性を著しく損なう。

常発地では晩まきして晩植え（2月定植）を行なうと，幼苗期における感染頻度が少なく被害軽減が図れる。

初発生時の次から次へと徐々に現われる病株について，分生胞子が形成される前に徹底した抜取り除去を行なうと，第二次感染が遮断され被害軽減が図れる。

執筆　西村十郎（兵庫県立中央農業技術センター）
1990年記

改訂　西口真嗣（兵庫県立農林水産技術総合センター）
2017年記

個別技術の課題と検討

**主要農薬使用上の着眼点** (西口　真嗣, 2017)

(回数は同一成分を含む農薬の総使用回数。混合剤は成分ごとに別途定められているので注意)

| 商品名 | 一般名 | 使用倍数・量 | 使用時期 | 使用回数 | 使用方法 |
|---|---|---|---|---|---|
| 《SDHI(コハク酸脱水素酵素阻害剤)(F:7)》 | | | | | |
| アフェットフロアブル | ペンチオピラド水和剤 | 2000倍・100～300$l$/10a | 収穫前日まで | 4回以内 | 散布 |
| カンタスドライフロアブル | ボスカリド水和剤 | 1000～1500倍・100～300$l$/10a | 収穫前日まで | 3回以内 | 散布 |
| オルフィンフロアブル | フルオピラム水和剤 | 2000～3000倍・100～150$l$/10a | 収穫前日まで | 3回以内 | 散布 |

灰色かび病, 菌核病に卓効を示し, 予防効果および浸達性が認められる。耐性菌の発生のおそれがあるため, ローテーション散布を心がける

| 商品名 | 一般名 | 使用倍数・量 | 使用時期 | 使用回数 | 使用方法 |
|---|---|---|---|---|---|
| 《QoI殺菌剤(Qo阻害剤)(F:11)》 | | | | | |
| アミスター20フロアブル | アゾキシストロビン水和剤 | 2000倍・100～300$l$/10a | 収穫前日まで | 4回以内 | 散布 |
| ストロビーフロアブル | クレソキシムメチル水和剤 | 2000倍・100～300$l$/10a | 収穫14日前まで | 3回以内 | 散布 |
| メジャーフロアブル | ピコキシストロビン水和剤 | 2000倍・100～300$l$/10a | 収穫前日まで | 3回以内 | 散布 |
| ファンタジスタ顆粒水和剤 | ピリベンカルブ水和剤 | 2000～3000倍・100～200$l$/10a | 収穫前日まで | 5回以内 | 散布 |

予防および治療効果があり, 浸透移行性, 浸達性もある。耐性菌の発生のおそれがあるため, 過度の連用は避けローテーション散布を心がける

| 商品名 | 一般名 | 使用倍数・量 | 使用時期 | 使用回数 | 使用方法 |
|---|---|---|---|---|---|
| 《2,6-ジニトロアニリン(F:29)》 | | | | | |
| フロンサイド水和剤 | フルアジナム水和剤 | 1000～2000倍・100～300$l$/10a | 収穫7日前まで | 5回以内 | 散布 |
| フロンサイドSC | フルアジナム水和剤 | 1000～2000倍・100～300$l$/10a | 収穫3日前まで | 5回以内 | 散布 |

残効性, 耐雨性に優れ予防効果が高い。病原菌の胞子発芽・菌糸伸長および胞子形成などの阻害作用がある。使用にさいして, かぶれに注意する

| 商品名 | 一般名 | 使用倍数・量 | 使用時期 | 使用回数 | 使用方法 |
|---|---|---|---|---|---|
| 《PP殺菌剤(フェニルピロール)(F:12)》 | | | | | |
| セイビアーフロアブル20 | フルジオキソニル水和剤 | 1500倍・100～300$l$/10a | 収穫前日まで | 3回以内 | 散布 |
| セイビアーフロアブル20 | フルジオキソニル水和剤 | 500～1000倍・— | 定植直前 | 1回 | 5分間苗根部浸漬 |
| セイビアーフロアブル20 | フルジオキソニル水和剤 | 500倍・— | 定植直前 | 1回 | 5分間セル苗浸漬 |

浸透移行性が弱いため, 予防散布を行なう。耐性菌の発生のおそれがあるため, 過度の連用は避けローテーション散布を心がける。定植時の根部浸漬は, 高い防除効果が認められる

| 商品名 | 一般名 | 使用倍数・量 | 使用時期 | 使用回数 | 使用方法 |
|---|---|---|---|---|---|
| 《ジカルボキシイミド(F:2)》 | | | | | |
| ロブラール水和剤 | イプロジオン水和剤 | 1000倍・100～300$l$/10a | 収穫7日前まで | 3回以内 | 散布 |
| スミレックス水和剤 | プロシミドン水和剤 | 1000倍・100～300$l$/10a | 収穫前日まで | 5回以内 | 散布 |

病原菌胞子の発芽抑制, 菌糸の伸長抑制作用が強い。浸透移行性はほとんどなく, 作物への薬害のおそれは少ない

| 商品名 | 一般名 | 使用倍数・量 | 使用時期 | 使用回数 | 使用方法 |
|---|---|---|---|---|---|
| 《DMI-殺菌剤(脱メチル化阻害剤)(SBI:クラスI)(F:3)》 | | | | | |
| オンリーワンフロアブル | テブコナゾール水和剤 | 1000倍・150～300$l$/10a | 収穫前日まで | 3回以内 | 散布 |
| シルバキュアフロアブル | テブコナゾール水和剤 | 2000倍・100～300$l$/10a | 収穫前日まで | 3回以内 | 散布 |
| ワークアップフロアブル | メトコナゾール水和剤 | 2000倍・100～300$l$/10a | 収穫前日まで | 3回以内 | 散布 |
| リベロフロアブル | メトコナゾール水和剤 | 2000倍・100～300$l$/10a | 収穫前日まで | 3回以内 | 散布 |
| リベロ水和剤 | メトコナゾール水和剤 | 2000倍・100～300$l$/10a | 収穫前日まで | 3回以内 | 散布 |

エルゴステロール生合成阻害により, 病原菌の菌糸の正常な生育を抑制し, 異常分枝や呼器の形成を阻止する。浸透移行性に優れ, 予防・治療効果ともに優れるため, 散布適期幅は広い。耐性菌の発生のおそれがあるため, 過度の連用は避けローテーション散布を心がける

| 商品名 | 一般名 | 使用倍数・量 | 使用時期 | 使用回数 | 使用方法 |
|---|---|---|---|---|---|
| 《ジチオカーバメート(F:M3)》 | | | | | |
| ジマンダイセン水和剤 | マンゼブ水和剤 | 400～600倍・100～300$l$/10a | 収穫3日前まで | 5回以内 | 散布 |

やや遅効性の予防効果が強い保護殺菌剤で残効性もある。浸透移行性はないが定期的な予防散布で効果が高く, べと病, 白色疫病, 灰色腐敗病などに有効

| 商品名 | 一般名 | 使用倍数・量 | 使用時期 | 使用回数 | 使用方法 |
|---|---|---|---|---|---|
| 《ビスグアニジン(F:M7)》 | | | | | |
| ベルクート水和剤 | イミノクタジンアルベシル酸塩水和剤 | 1000倍・150～300$l$/10a | 収穫前日まで | 5回以内 | 散布 |

広い範囲の糸状菌に対して高い防除効果がある。接触型の殺菌剤で, 予防・保護効果に優れている。他剤耐性菌に対しても有効である

《混合剤（F：2, M7）》

| ベルクローブ水和剤 | イプロジオン・イミノクタジンアルベシル酸塩水和剤 | 1000倍・100～300l/10a | 収穫7日前まで | 3回以内 | 散布 |
|---|---|---|---|---|---|

両剤とも灰色腐敗病・灰色かび病に効果あり。本病対策が防除体系の中心になる場合に使用する。耐性菌の出現を防ぐために，同一RACコードの農薬の連用を避けるとともに，予防的に散布する

《混合剤（F：7, M5）》

| ベジセイバー | ペンチオピラド・TPN水和剤 | 1000倍・100～300l/10a | 収穫7日前まで | 4回以内 | 散布 |
|---|---|---|---|---|---|

ペンチオピラドとTPNの混合剤。SDHI剤耐性菌の出現を防ぐために，同一RACコードの農薬の連用を避けるとともに，予防的に散布する

《混合剤（F：11, 7）》

| シグナムWDG | ピラクロストロビン・ボスカリド水和剤 | 1500倍・100～300l/10a | 収穫7日前まで | 3回以内 | 散布 |
|---|---|---|---|---|---|
| シグナムWDG | ピラクロストロビン・ボスカリド水和剤 | 500倍・— | 定植直前 | 1回 | 5分間苗根部浸漬 |
| シグナムWDG | ピラクロストロビン・ボスカリド水和剤 | 500倍・— | 定植直前 | 1回 | 5分間セル苗浸漬 |

SDHI剤とQoI剤の混合剤。本病だけでなく幅広い病害に効果あり。耐性菌の出現を防ぐために，同一RACコードの農薬の連用を避けるとともに，予防的に散布する

《混合剤（F：M1, 2）》

| スクレタン水和剤 | 銅・プロシミドン水和剤 | 500倍・100～300l/10a | 収穫前日まで | 5回以内 | 散布 |
|---|---|---|---|---|---|

細菌性病害との同時防除を期待する場合に使用する。耐性菌の出現を防ぐために，同一RACコードの農薬の連用を避けるとともに，予防的に散布する

《混合剤（F：M7, 19）》

| ポリベリン水和剤 | イミノクタジン酢酸塩・ポリオキシン水和剤 | 750～1000倍・100～300l/10a | 収穫3日前まで | 5回以内 | 散布 |
|---|---|---|---|---|---|

相乗効果の期待できる混合剤。ローテーションの一剤として使用する。耐性菌の出現を防ぐために，同一RACコードの農薬の連用を避けるとともに，予防的に散布する

個別技術の課題と検討

# 白色疫病

改訂　西口真嗣（兵庫県立農林水産技術総合センター）

2017年記

## (1) 診断

### ①被害のようす

発病はおもに葉で，はじめ中央部付近に，不整形で周縁やや不鮮明な油浸状・青白色の病斑を生じる。病斑が拡大すると，葉は下垂したりよじれたりする。

被害が進むと，株のほとんどの葉が白色の葉枯れ状となり，玉の肥大が阻害される。ただし，苗床では立枯れ症状を呈することもある。

発生期は晩秋から春3～4月にかけ，厳寒期を除いた時期である。葉枯れがもっとも目立つのは，西日本では2～3月，タマネギの生育時期が第5～8葉期ごろである。

### ②診断のポイント

べと病の病斑で見られるようなカビ状の菌叢は生ぜず，一見して細菌病のような症状を呈する。新鮮な病斑は，やや青みをおびた白色である。

二次的に腐敗細菌や糸状菌がつくと，病斑のようすが違ってくるので注意する。

病斑上から遊走子のうの検出は困難である。理由は，形成量が少ないためか，あるいは脱落しやすいためかと思われる。しかし，病患部組織内には多数の卵胞子（蔵卵器）が形成されるので，鏡検による診断は容易である。

### ③発生動向その他

白色疫病菌は，ネギ属のタマネギ，ネギ，ワケギ，リーキ，ラッキョウ，ニラ，ニンニク，ノビルのほか，チューリップ，ヒヤシンスなどを侵す。

従来から発生が報告されているネギ疫病（沢田，1927）との異同については，症状によっては判別しにくい。ただし，この白色疫病菌よりもかなり高温菌であるため，発生期が夏期のほうにずれてくること，また，病患部組織内に卵胞子の形成がほとんど見られない，などの点で診断できる。

執筆　横山佐太正（九州病害虫防除推進協議会）

## (2) 防除

### ①防除のポイント

苗床は連用しないで，輪作を行なう。

育苗床の排水をよくする。とくに排水の悪いところは改善する。

本圃では排水をよくし，浸冠水・停滞水の排除は短時間に行なう。

本圃への移植苗は厳選する。

罹病株（苗）は，葉の先端部に水浸状・濃緑斑が見られたら，ただちに抜き取り，薬剤を十分量散布する。とくに茎葉のほか株間の土面にもかかるように散布する。

早生種では2～3月ごろ，中晩生種は3～4月ごろを重点に薬剤散布する。

育苗中の発生もあるので灌水はひかえめに行ない，罹病苗を抜き取ったのち薬剤散布を行なう。

### ②農薬による防除

1) 初発時

**初発の判断**　10～11月にかけての降雨のあと，圃場の低湿地，排水の悪い個所を中心に，生気を失い萎凋症状の苗・株を早めに発見する。葉の先端部付近にできた水浸状濃緑色斑点，紡錘状斑は，のちに白色に変化する。

本圃では，早生種においては2月末から3月上旬にかけて葉身の先端部付近の組織が水浸状濃緑色の斑点・紡錘状の斑紋ができ，やや組織が軟化しくびれる症状を呈する。のちに患部が白色に変わる。中晩生種では3月中下旬ごろから4月の春雨のあと顕著な症状が現われる。近年，ゲリラ豪雨などにより12月ごろから初発する年もある。

本圃ではうねに沿うか，圃場の一部分に集団的に発生がみられる。しだいにうねに沿って蔓延を始める。

**防除の判断と農薬の選択**　暖冬ぎみで1月末から降雨が続くようであれば，初発をみた段階で被害株を抜き取るとともにプロポーズ顆粒水

和剤かマンゼブ水和剤を1～2回程度1週間おきに散布する。

中晩生種では，3月末から春雨前線が活発で降雨が続く場合，銅製剤かマンゼブ水和剤，またはリドミルゴールドMZを1～2回程度1週間おきに散布する。

散布薬剤はいずれも同一薬剤の連用を避ける。

2) 多発時

**防除の判断と農薬の選択** 降雨が続いたあと，うねに沿うか集団的に葉が水浸状濃緑色～灰白色に変色する。のち発病蔓延個所が白色化する。

早生種では，2月中下旬に暖冬・多雨があれば急に蔓延が始まるので，防除暦に指示されている適期に薬剤散布を行なう。使用する薬剤は銅製剤，マンゼブ剤を10～14日間隔で2～3回散布する。

中晩生種では，3月中下旬から春雨が続くと急激な蔓延をするので，防除暦にしたがって薬剤を散布する。べと病の多発地では，リドミルゴールドMZ，プロポーズ顆粒水和剤，フェスティバルM水和剤，フェスティバルC水和剤，カーゼートPZ水和剤，ザンプロDMフロアブルをいずれか1回散布して，べと病との同時防除をする。

3) 激発時

**防除の判断と農薬の選択** 全葉が白色から淡褐色に変色し，圃場全体が黄変する。発病株は軟腐状となる。

激発すると他病害を誘発するので，適期にかつ緊急的にリドミルゴールドMZかプロポーズ顆粒水和剤を7～10日おきに散布する。

4) 予　防

**多発・常発地での予防** 育苗中の感染発病を抑えるために，排水をよくする。

10～11月ごろに暖秋多雨で感染の機会が多い場合は，銅製剤の散布を1～2回行なう。

本圃では，排水には常に注意して浸冠水の起こらないように努める。

初発生期には気象条件（暖冬・多雨の条件下で，降雨が連続する）を把握し，予防散布に銅製剤を用いて行なう。

**発生の少ないところでの予防** 銅製剤を10～14日間隔で散布する。

5) 耐性菌・薬剤抵抗性への対応

**耐性菌・抵抗性害虫を出さない組合わせ** PA殺菌剤（フェニルアミド）との混合剤であるリドミルゴールドMZを連用すると，耐性菌が出現するので，タマネギ栽培1作について1～2回以内の使用とする。

6) 他の病害虫・天敵への影響

ボトリチス属菌による葉枯症には，フロンサイド水和剤，ジマンダイセン水和剤などを用いて同時防除を行なう。

べと病に対しては，リドミルゴールドMZ，プロポーズ顆粒水和剤，フェスティバルM水和剤，ジマンダイセン水和剤，ザンプロDMフロアブルなどで同時防除が可能である。

軟腐病に対しては銅製剤を用いれば同時防除が図れるが，他剤の場合はストレプトマイシン剤を散布直前に混合して散布する。

灰色腐敗病に対しては，ジマンダイセン水和剤，フロンサイド水和剤で同時防除が図れるが，より的確な発病抑制効果を得るためにはカンタスドライフロアブルまたはセイビアーフロアブルと混合して散布する。

7) 農薬使用の留意点

育苗期，本圃期とも茎葉をはじめ，株間の土面にも十分に薬液がかかるように散布する。

薬剤散布は罹病株（苗）を抜き取ったあとで行なう。

8) 効果の判定

薬剤散布後，茎葉に水浸状緑色の病斑が残っているか，また数日後，新しい水浸状病斑の形成がみられるかどうかで効果を判定する。

集団的に発病するので，罹病株の範囲が広がりを示したか，抑えられたかによって効果を判定する。

③農薬以外による防除

**排水改良** 排水不良畑では排水をよくし，浸冠水田とならないよう改善し，高うね栽培とする。

**苗の選別** 移植のさい，苗を厳選して保菌苗

個別技術の課題と検討

を持ち込まない。

**病株処理**　罹病株（苗）は早期発見し圃場外へ持ち出す。収穫後は発病・罹病茎葉をすき込まない。

④**病原・害虫の生活サイクルとその変動**

**基本的な生活サイクル**　藻菌類に属し，分生胞子（遊走子のう）や卵胞子を形成する。

第一次伝染源は被害葉，鱗茎，根などとともに土中で越夏した分生胞子，卵胞子である。

分生胞子，遊走子のうは15～20℃前後でよく形成され，15℃以下で活発に発芽侵入感染する。

分生胞子は，降雨など多湿条件で旺盛な感染力を示し，短期間で発病し蔓延する。

発病した葉身上には多数の分生胞子が形成され，これらから隣接した株へ第二次感染する。

罹病した葉身の患部には分生胞子の形成と，しばらくして形成がみられる卵胞子が多い。土中に埋没した被害組織上で夏期を越し秋期の感染源となる。

**条件による生活サイクルの変動**　水田化した土中でも分生胞子，卵胞子は生存し，タマネギへの感染源となる。

執筆　神納　浄（元兵庫県立中央農業技術センター）

1997年記

改訂　西口真嗣（兵庫県立農林水産技術総合センター）

2017年記

## 主要農薬使用上の着眼点（西口　真嗣, 2017）

（回数は同一成分を含む農薬の総使用回数。混合剤は成分ごとに別途定められているので注意）

| 商品名 | 一般名 | 使用倍数・量 | 使用時期 | 使用回数 | 使用方法 |
|---|---|---|---|---|---|
| 《QiI殺菌剤（Qi阻害剤）（F：21）》 | | | | | |
| ランマンフロアブル | シアゾファミド水和剤 | 2000倍・100～300*l*/10a | 収穫7日前まで | 4回以内 | 散布 |
| QoI系と同じ電子伝達系を阻害するが，作用点が若干違うので交差耐性の起こる可能性は低い。病原菌のすべての生育ステージで効果が高く，残効性・耐雨性に優れる | | | | | |
| 《2,6-ジニトロアニリン（F：29）》 | | | | | |
| フロンサイド水和剤 | フルアジナム水和剤 | 1000倍・100～300*l*/10a | 収穫7日前まで | 5回以内 | 散布 |
| フロンサイドSC | フルアジナム水和剤 | 1000倍・100～300*l*/10a | 収穫3日前まで | 5回以内 | 散布 |
| 残効性，耐雨性に優れ予防効果が高い。病原菌の胞子発芽・菌糸伸長および胞子形成などの阻害作用がある。使用にさいして，かぶれに注意する | | | | | |
| 《CAA殺菌剤（カルボン酸アミド）（F：40）》 | | | | | |
| レーバスフロアブル | マンジプロパミド水和剤 | 2000倍・100～300*l*/10a | 収穫前日まで | 2回以内 | 散布 |
| 予防効果および治療効果があり，浸達性および根からの吸収移行性がある | | | | | |
| 《無機化合物（F：M1）》 | | | | | |
| ドイツボルドーA | 銅水和剤 | 500倍・100～300*l*/10a | ― | ― | 散布 |
| ボルドー | 銅水和剤 | 500倍・100～300*l*/10a | ― | ― | 散布 |
| 無機銅の作用は，可溶態の銅が病原菌体に吸着，透過し原形質のSH化合物と反応することによりタンパク質などのSH基をブロックし，酵素系の阻害を起こす。抗菌範囲は広く，残効性の長い保護殺菌剤である | | | | | |
| 《ジチオカーバメート（F：M3）》 | | | | | |
| ジマンダイセン水和剤 | マンゼブ水和剤 | 400～500倍・100～300*l*/10a | 収穫3日前まで | 5回以内 | 散布 |
| やや遅効性の予防効果が強い保護殺菌剤で残効性もある。浸透移行性はないが定期的な予防散布で効果が高く，べと病，白色疫病，灰色腐敗病などに有効 | | | | | |
| 《フタルイミド（F：M4）》 | | | | | |
| オーソサイド水和剤80 | キャプタン水和剤 | 600倍・100～300*l*/10a | 収穫前日まで | 5回以内 | 散布 |
| 病原菌のSH基代謝阻害（エネルギー代謝阻害）による。保護殺菌剤 | | | | | |

重要病害虫

| 商品名 | 一般名 | 使用倍数・量 | 使用時期 | 使用回数 | 使用方法 |
|---|---|---|---|---|---|
| 《クロロニトリル（フタロニトリル）(F：M5)》 | | | | | |
| ダコニール1000 | TPN水和剤 | 1000倍・100～300l/10a | 収穫7日前まで | 6回以内 | 散布 |

病原菌の原形質や酵素タンパクのSH基に作用し、酸化的リン酸化反応の呼吸酵素（SH基酵素）を阻害する。胞子の発芽阻止、菌糸の伸長阻止など、効果が高い。浸透移行性はないが予防効果が高く、残効性もある

| 《混合剤(F：4, M5)》 | | | | | |
|---|---|---|---|---|---|
| フォリオゴールド | メタラキシルM・TPN水和剤 | 800～1000倍・100～400l/10a | 収穫7日前まで | 3回以内 | 散布 |

メタラキシルMは浸透移行性があり、耐雨性も高いが、耐性菌の出現を防ぐために、同一RACコードの農薬の連用を避けるとともに、予防的に散布する

| 《混合剤(F：27, 11)》 | | | | | |
|---|---|---|---|---|---|
| ホライズンドライフロアブル | シモキサニル・ファモキサドン水和剤 | 2500倍・100～300l/10a | 収穫3日前まで | 3回以内 | 散布 |

浸透移行性のあるシモキサニルと保護剤のファモキサドンの混合剤。耐性菌の出現を防ぐために、同一RACコードの農薬の連用を避けるとともに、予防的に散布する

| 《混合剤(F：27, 40)》 | | | | | |
|---|---|---|---|---|---|
| ペトファイター顆粒水和剤 | シモキサニル・ベンチアバリカルブイソプロピル水和剤 | 2000倍・100～300l/10a | 収穫7日前まで | 3回以内 | 散布 |

浸透移行性のあるシモキサニルと浸透性のあるベンチアバリカルブイソプロピルの混合剤。耐性菌の出現を防ぐために、同一RACコードの農薬の連用を避けるとともに、予防的に散布する

| 《混合剤(F：27, M3)》 | | | | | |
|---|---|---|---|---|---|
| カーゼートPZ水和剤 | シモキサニル・マンゼブ水和剤 | 1000倍・100～300l/10a | 収穫3日前まで | 3回以内 | 散布 |

浸透移行性のあるシモキサニルと広範囲の病害に効果のあるマンゼブの混合剤。耐性菌の出現を防ぐために、同一RACコードの農薬の連用を避けるとともに、予防的に散布する

| 《混合剤(F：27, M5)》 | | | | | |
|---|---|---|---|---|---|
| ブリザード水和剤 | シモキサニル・TPN水和剤 | 1200倍・100～300l/10a | 収穫7日前まで | 3回以内 | 散布 |

浸透移行性のあるシモキサニルと広範囲の病害に効果のあるTPNの混合剤。耐性菌の出現を防ぐために、同一RACコードの農薬の連用を避けるとともに、予防的に散布する

| 《混合剤(F：40, M1)》 | | | | | |
|---|---|---|---|---|---|
| フェスティバルC水和剤 | ジメトモルフ・銅水和剤 | 600～800倍・100～300l/10a | 収穫7日前まで | 3回以内 | 散布 |

浸達性を有するジメトモルフと銅の混合剤。耐性菌の出現を防ぐために、同一RACコードの農薬の連用を避けるとともに、予防的に散布する

| 《混合剤(F：40, M3)》 | | | | | |
|---|---|---|---|---|---|
| フェスティバルM水和剤 | ジメトモルフ・マンゼブ水和剤 | 1000倍・100～300l/10a | 収穫7日前まで | 3回以内 | 散布 |

浸達性を有するジメトモルフと広範囲の病害に効果のあるマンゼブの混合剤。耐性菌の出現を防ぐために、同一RACコードの農薬の連用を避けるとともに、予防的に散布する

| 《混合剤(F：40, M5)》 | | | | | |
|---|---|---|---|---|---|
| プロポーズ顆粒水和剤 | ベンチアバリカルブイソプロピル・TPN水和剤 | 1000倍・100～300l/10a | 収穫7日前まで | 3回以内 | 散布 |

浸達性のあるベンチアバリカルブイソプロピルと広範囲の病害に予防効果のあるTPNの混合剤。耐性菌の出現を防ぐために、同一RACコードの農薬の連用を避けるとともに、予防的に散布する

| 《混合剤(F：43, 40)》 | | | | | |
|---|---|---|---|---|---|
| ジャストフィットフロアブル | フルオピコリド・ベンチアバリカルブイソプロピル水和剤 | 3000倍・100～300l/10a | 収穫7日前まで | 3回以内 | 散布 |

浸達性・浸透移行性のあるフルオピコリドと上記ベンチアバリカルブイソプロピルの混合剤で、両剤とも疫病、べと病にのみ効果がある。耐性菌の出現を防ぐために、同一RACコードの農薬の連用を避けるとともに、予防的に散布する

| 《混合剤(F：45, 40)》 | | | | | |
|---|---|---|---|---|---|
| ザンプロDMフロアブル | アメトクトラジン・ジメトモルフ水和剤 | 1500～2000倍・100～300l/10a | 収穫7日前まで | 3回以内 | 散布 |

アメトクトラジンは唯一のQoSI阻害剤であるが、耐性リスクは中～高と推測されている。耐性菌の出現を防ぐために、同一RACコードの農薬の連用を避けるとともに、予防的に散布する

個別技術の課題と検討

| 商品名 | 一般名 | 使用倍数・量 | 使用時期 | 使用回数 | 使用方法 |
|---|---|---|---|---|---|
| 《混合剤(F：M3, 4)》 | | | | | |
| リドミルゴールドMZ | マンゼブ・メタラキシルM水和剤 | 1000倍・100〜300*l*/10a | 収穫7日前まで | 3回以内 | 散布 |

上記メタラキシルMとマンゼブの混合剤。耐性菌の出現を防ぐために，同一RACコードの農薬の連用を避けるとともに，予防的に散布する

重要病害虫

# タマネギ萎黄病の耕種的防除法

　タマネギ萎黄病については最近になって病原菌や媒介昆虫が明らかにされた。しかし昭和30年代後半は、ときたま見かけても生理障害ではないかと見のがすていどであって、さほど問題とならなかった。しかし、米の生産調整が本格化する48年ごろから目だち始め、筆者は黄変萎縮症（仮称）として検討中であった。現地では"ビワ玉"と呼ばれていたが、50年代にはいってさらに急増し、佐賀県内だけにとどまらず、山口、福岡、長崎、香川、兵庫など各県にも発生している。56～57年、佐賀大学と佐賀農試との共同研究が行なわれ、タマネギ萎黄病と命名され、その防除技術が検討されてきた。

## 1. 発生の実態

### (1) タマネギ萎黄病の発生時期の病徴

　苗床での発病苗は葉身が淡緑色で、葉鞘茎は徒長的な生育を示す。葉鞘茎の基部が肥厚し、触れると軟らかいので、硬い無病苗とは容易に判別できる（第1図）。罹病苗を植えると生育が悪く、第2図のように冬期に枯れるか、二次的に細菌などにおかされ軟腐病状となって枯死する。また、罹病程度の軽い苗は、低温期は病徴がマスキングされて回復したかに見えるが、気温が上昇して15℃以上となるころから再び病徴が現われる。なお、育苗後半に感染し病徴は見えない保菌苗を定植すると、春先になって病徴が判然と現われる。

　本圃での病徴は、第1図のようにマイコプラズマ様微生物（MLO）独特の病状の黄変した葉身で、発病が早いほど下葉から病徴が見える。発現のおそい株は、下位葉5～6枚は健全で止葉またはそれに近い葉身だけが黄変する。葉身はわん曲し、その伸長が止まるので、草丈が低い。同化養分の転流が妨げられるために健全な根は少なく、株は不安定で葉先枯れを起こすのもタマネギ萎黄病の特色である。

　多発圃場では葉先枯れが目だち、一見してわかるほどである。

　発病株は葉鞘基部が肥厚し、海綿状で軟らかく、充実が悪く、その生育量を示すと第1表のとおりである。また、感染時期がおそいか感染してもMLOの増殖が遅れたかして収穫時に病徴が見えない玉を貯蔵すると、収穫直後から貯蔵末期にかけて、葉緑素を欠く萌芽葉が伸びてくる。ほとんどが6月中下旬までに萌芽するが、これらは心腐病状に腐敗し、貯蔵できない。

　萎黄病と病状の類似するものに黄化症（仮称）がある。その原因は究明中であるが、特定の早生品種だけに、しかも低温時の2月上旬から3

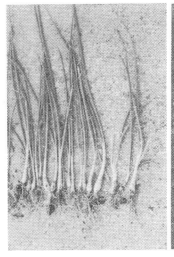

**第1図　タマネギ萎黄病の症状**
左：苗の病状
右：生育期の病状（5月下旬）
　A　生育後期の発病株～D　発病の早い罹病株

個別技術の課題と検討

第1表 タマネギ萎黄病の罹病程度と生育量（OL黄）　（川崎）

| 区別 | 生葉数 | 草丈 | 葉先枯れ程度 | 生体重 | 球重 | 球じまり | 貯蔵性 | |
|---|---|---|---|---|---|---|---|---|
| | | | | | | | 発芽 | 腐敗 |
| 健全株 | 枚 6.8 | cm 90.8 | — 無 | g 344.8 | g 257.8 | ╫ 硬 | おそい | 極少 |
| 罹病軽症株 | 1.9 (4.4) | 78.8 | ╫ | 297.9 | 233.6 | +〜╫ | 早い | 多 |
| 罹病重症株 | 0.1 (4.5) | 63.7 | ╫ 多 | 134.7 | 107.5 | — 軟 | きわめて早い | 極多 |

注（　）内は黄変葉

第2図　本圃での発病状況
上：罹病株は生育が悪い
下：軟腐病を併発し枯死する

月上旬にかけて発生し、タマネギ萎黄病と誤診される。黄化症（仮称）はタマネギ萎黄病とはちがって気温が高まる春先には自然に解消し、タマネギ萎黄病のように生育抑制や玉の充実不良などはみられないので簡単に区別できる。

### (2) MLOとヒメフタテンヨコバイの発生

MLOはヒメフタテンヨコバイに感染し、伝播する。

MLOとヒメフタテンヨコバイの伝播経路について宮原・脇部・佐古・田中・松崎らの研究をまとめてみると第3図のとおりである。

MLOは苗床から貯蔵期まで発病し、苗床では発芽直後の幼植物時代から感染し、早いものは本葉2枚ごろの10月上旬に初見される。感染時期は本圃では少ないといわれており、筆者も本圃での被覆時期試験（昭和54〜55年）の結果から、ほとんどが苗床で感染すると思われる。

本圃では、MLOが15℃以下では増殖せず、20℃以上で病状が見られる（脇部）ように、低温期はまったく発病せずに4月以降に増加する。初見の時期は春先の気温によって多少は変動するようである。

タマネギ以外の保毒植物は、秋に感染したタネツケバナなどの雑草で越冬し、さらに夏場は新たにカヤツリグサ科の雑草が保毒し、これらがタマネギへの伝染源となる。そのほか脇部らは、レタス、シュンギク、ネギ、ワスレナグサ、ホウレンソウ、ミツバ、ニンジン、トマトその他、数多くの植物に感染することを確認している。筆者もリーキ、ネギでの発病を認めている。

ヒメフタテンヨコバイの生活環をみると、産卵は休耕地や畦畔、転作作物圃場内に多いノチドメ、タネツケバナ、スズメノテッポウ、スズメノカタビラなどの越冬雑草に行なわれる。卵態で越冬したものが3月下旬から4月上旬に孵化し、4月下旬以降成虫となる。その後世代をくり返して11月下旬、年によっては1月まで成虫がみられ、7〜8月ごろはカヤツリグサ科雑草に多く生息している。MLOの伝播は経卵伝染ではなく、孵化後に保毒植物を吸汁し保菌することによって行なわれる。しかしタネツケバナには夏期の寄生数が少ないわりには保菌虫が多い。その後9〜10月は発生数が増加するので当然、感染の危険が多くなる。

タマネギ苗床への飛来状況は第4図で示すように、早生種の育苗が始まる9月上旬から11月にかけて多く、とくに中晩生種が発芽後まもな

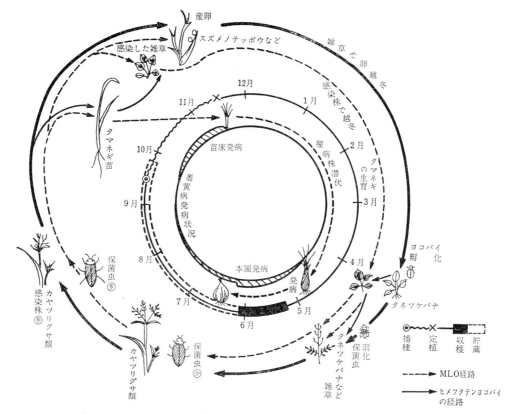

第3図　タマネギの生育期とヒメフタテンヨコバイおよびMLOの伝播経路

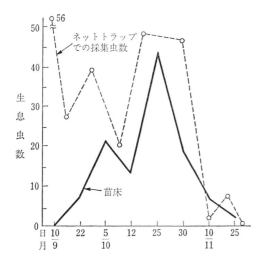

第4図　タマネギ苗床におけるヒメフタテン
　　　　ヨコバイの生息虫数　　（宮原，1981）

い9月下旬～10月下旬にかけて多い。なお、ヒメフタテンヨコバイは，タマネギはあまり好まず生息できないので，保菌虫が雑草から移動するさいに一時的に寄生し感染させるようである。

## 2. 耕種的防除の検討

### (1) 品種と栽培型

　現地では発病程度に品種間差があるようにいわれるが，脇部らが12品種を用いた接種試験ではいずれも発病した。筆者は中晩生種を用い自然下で育苗場所を替えて育苗した結果，苗床，本圃ともさつきに発病が多く，ターボやもみじには少なく，品種間差がうかがわれたものの，毎年行なっている品種試験や第2表の現地調査でも判然としない。これは，苗床の環境や媒介昆虫の生息状態のちがいによるとも考えられる。

　一方，播種期との関係は深い。昭和56年に行なった場内と現地の調査では，9月初旬播種の早生種（錦毯，OX黄）は，採苗時には5～10％と高い発病率を示しながらも，収穫時には中

第2表 品種別，播種期別の発病株率（％）

| 播種期 | ＯＬ黄 | アポロ | さつき | ＯＫ黄 | もみじ | 平均 | 最高～最低 |
|---|---|---|---|---|---|---|---|
| 9月15～20日 | 11.4<br>(3) | 14.8<br>(1) | 11.7<br>(15) | 11.6<br>(3) | — | 12.4<br>(22) | 22.3～3.5 |
| 9月21～25日 | 7.3<br>(6) | 7.5<br>(2) | 11.2<br>(17) | 8.9<br>(4) | 6.8<br>(6) | 8.3<br>(35) | 19.3～1.0 |
| 9月26～30日 | — | — | 6.7<br>(2) | 4.5<br>(1) | 11.5<br>(3) | 7.6<br>(6) | 15.3～3.8 |
| 10月1～5日 | — | 1.8<br>(1) | — | — | — | 1.8<br>(1) | |
| 平均 | 9.4 | 8.0 | 9.9 | !8.3 | 9.2 | | |
| 最高～最低 | 15.8～1.0 | 14.8～1.8 | 22.3～1.8 | 15.3～4.5 | 15.3～4.0 | | |

注　杵東地区指導連やさい部会，昭和56年5月25～28日調査資料から筆者作成
　（　）内調査圃場数

第3表　播種期と発病率および収量　（1978）

| 播種日 | 苗床での発病株率 | | | 収穫時の発病株率 | 球収量 $kg/10m^2$ |
|---|---|---|---|---|---|
| | 少 | 甚 | 計 | | |
| 9月15日区 | 33.3% | 10.5% | 43.8% | 26.5% | 52.2 |
| 9月25日区 | 7.7 | 7.7 | 15.4 | 17.7 | 50.9 |
| 10月5日区 | 0 | 0 | 0 | 0 | 47.3 |

供試品種：さつき，播種量：$m^2$当たり10ml

晩生種に比べて意外と少なかった。これはMLOのもつ感温性から，本格的に気温が高まる5月上旬までに収穫し終わり，病徴が現われないためとも考えられる。

このことを作型別にみるとより判然とする。極早生種で同一播種の苗をトンネル栽培と裸地栽培で比較すると，後者にはまったく発病がみられないが，保温した前者では3月上中旬に発病することも以上のことを立証している。

次に発病の多い中晩性種について播種期を替えてみると第2，3表のとおりで，9月15～20日播種が高い発病率を示し，その後は減少する。10月上旬播種では年次により多少発生するがきわめて少ないか，まったく発病しない。このことは9月中旬～10月上旬の感染機会が多いためと考えられる。なお，10月中旬以降の罹病率の増加が少ないのは，後述の寒冷紗被覆時期試験の結果でもわかるように，10月中旬以降は媒介昆虫の活動が鈍化するためであろう。

また，作型によって発生様相がちがう。セット栽培では発生しないが，秋冬どりの8月下旬直播すると一般栽培と同じ条件であるため10月上中旬発生することを観察している。

以上をまとめると，品種本来の抵抗性はみられず，MLOや媒介昆虫の生態特性から，播種期や生育期の温度条件，苗床の環境などによって発病程度が変わってくるといえる。とくに中晩生品種に多発するのは，近年，抽台しにくい一代雑種への品種更新がすすみ，多収穫をねらった早まき（9月15～17日播種）に変わってきたためであるが，早まきほど感染の機会が多い現状では9月25日中心の播種に改めれば発病が抑制できる。なお，播種期のずれに伴う苗の生育促進には，播種量を少なくすればその弊害がカバーできる。

### (2)　寄生植物と保毒植物の除去

タマネギ萎黄病は保菌したヒメフタテンヨコバイが媒介するので，保菌虫の駆除，保毒植物の除去が防除の決め手となる。

本病は，雑草が繁茂していた荒廃地，休耕地，転作作物の栽培が多かった昭和50年代前半に多発した。それは例年になく多発した56年産タマネギで，現地圃場64点を調査した第5図によって集落ごとに発生率をみるとよくわかる（第5図）。ヨコバイ類やウンカ類をよく防除する水田近くの苗床では本病の発生がきわめて少ない。54～55年にかけて周年施工方式で圃場整備がなされた地域やそれに近い場所，または雑草が多かった干拓地の近接地域，あるいはダイズや野菜などの栽培圃場，河川の堤防などに近い苗床が高い発生率を示した。これらは媒介昆虫の生

重要病害虫

第5図 タマネギ栽培地の環境条件とタマネギ萎黄病発生状況 （川崎，昭和61年5月）
昭和56年5月調査杵東地区技連部会資料から

活環からみれば当然のことである。
　一方，保毒植物であり媒介昆虫の生息植物でもあるタネツケバナやカヤツリグサ類，イネ科雑草が優占草種となって繁茂するのは，媒介昆虫にとって格好な生息場所となり伝染源となることは歴然としている。これを立証する意味で昭和61年5月調査で，圃場整備を終えた地域や転作割合が少ない場所，とくに昭和57年から本格的に営農が開始されたA干拓地区内やそれに近いC地区は，本病の発生率が著しく激減しているのに対して，昭和59〜60年にかけて工事中のD地区内ではいまなお高い発生率を示すという事実は，苗床周辺の環境浄化の重要性を示唆している。

したがって，レタスやシュンギクなどMLOに感染しやすい野菜やMLO保菌雑草および寄生雑草には注意したい。とくに翌春第一次の発生源と考えられ，11月ごろ産卵されるスズメノテッポウやスズメノカタビラ，あるいは保菌率が高く媒介昆虫の生息数が多く最も危険視されるタネツケバナや夏から秋に多く媒介昆虫が生息するカヤツリグサ科，キシュウスズメノヒエなどの雑草防除が重要である。
　スズメノテッポウやタネツケバナなどが多い秋冬期の休耕地では，秋に耕起したり除草剤を用いたりして防除すると，雑草の発生相を撹乱

して媒介昆虫の生活環を混乱させる。また，春夏期に管理不充分な転作圃場や畦畔などはよく除草し，休耕地では6～9月ごろたびたび耕起して雑草を抑制するのは，秋の雑草防除とともに重要なポイントとなる。さらにタマネギ苗床はもちろん，その周辺の雑草防除や，タマネギ栽培時の3～5月に多い広葉雑草やイネ科雑草の防除も徹底したい。

雑草防除は次のように徹底する。

①タマネギ苗床，その周辺の雑草防除

苗床やその周辺の畦畔などにはカヤツリグサ類やタネツケバナなどが優占雑草として発生しているのは媒介昆虫を誘引し，感染の機会を多くすると思われる。これらの雑草防除を徹底し，苗床環境の浄化をはかる。さいわい苗床では臭化メチルによる土壌燻蒸処理が実用化され，また苗床以外の非農耕地には接触型または移行型の除草剤が利用でき，防除はむずかしくない。

②夏期，秋冬期における休耕地，転換畑，野菜圃場の雑草防除

伝染源となる雑草は畦畔や堤防，圃場整備工事中の水田，荒廃した休耕地，管理が不充分なダイズや野菜圃場に多いので注意する。とくに休耕地ではたびたび耕起して雑草の発生相を攪乱したり，除草剤を活用して媒介昆虫の生息場所を壊したり，保毒植物の発生密度を少なくする必要がある。

また，寄生植物となり，翌春数少ない保菌虫となる可能性の高い越冬卵を死滅させるには，晩秋産卵するスズメノテッポウやタネツケバナなどが畦畔などの非農耕地や米作跡などの休耕地に多発するので，必ず耕起して寄生植物が発生しないようにしたい。

③耕種的および薬剤による広域的集団防除の徹底

第5表 播種期および育苗法のちがいと発病株率　(1982)

| 播種日と育苗法 | 発病株率 | |
|---|---|---|
| | 苗床 | 本圃 |
| 9月16日 播種隔離 | 0.6% | 3.0% |
| 〃 　　　慣行 | 1.5 | 12.3 |
| 9月26日 播種隔離 | 0.3 | 2.7 |
| 〃 　　　慣行 | 1.8 | 10.1 |

注 暖冬で媒介昆虫が12月まで確認された

媒介昆虫は遠方から飛遊してくることから，苗床周辺だけの局地的な対応では不充分でありその効果がうすい。事実，転作面積や休耕地の減少は本病の発生を著しく少なくしていることを考えると，10～15ha規模でなく，さらに100ha以上の広域的かつ集団的に実施しなければその効果は期待できないであろう。

なお，媒介昆虫は高空を気流に乗って飛遊するので，局地的な防除だけでなく，広域的に実施しなければ本病の絶滅はむずかしい。

### (3) 寒冷紗被覆による隔離育苗の導入

ヒメフタテンヨコバイは飛遊性が強く，遠方から飛来するだけでなく，植物体の篩管部から直接吸汁し，そのさいMLOを感染させる。このような伝播機構から考えて，本病害の最も有効な防除手段は媒介昆虫からタマネギ苗を隔離することである。とくに寄生植物および保毒植物の群生地近くで育苗するばあいは，この方法が適当である。

寒冷紗の被覆効果は第4，5表に示すように苗床，本圃とも顕著であり，隔離育苗は発病が少ない。

寒冷紗の種類は数種類を検討したが，本虫の体長などから目合の大きさを検討するだけなく，苗の生育も考慮せねばならない。遮光率の高い種類は日照が不足し，育苗後半に軟弱徒長となってくず苗が多く，減収する。また白色疫病や軟腐病などが発病しやすい。したがって，理想的な寒冷紗は遮光

第4表 隔離育苗と発病株率

| 育苗法 | さつき | | さつき | | もみじ | | さつき(現地) | |
|---|---|---|---|---|---|---|---|---|
| | 苗床 | 本圃 | 苗床 | 本圃 | 苗床 | 本圃 | 苗床 | 本圃 |
| | % | % | % | % | % | % | % | % |
| 隔離育苗区 | 14.5 | 1.3 | 0.3 | 2.3 | 0.2 | 2.8 | 8.0 | 1.1 |
| 慣行育苗区 | 18.2 | 9.6 | 29.5 | 7.7 | 13.8 | 8.5 | 13.8 | 9.2 |
| 試験年次 | 1979 | | 1981 | | 1981 | | 1979 | |

第6表　寒冷紗被覆期間と発病株率および苗，収量への影響　　　　　　　　(1981)

| 試　験　区 | 屑苗率 | 苗床での発病株率 | | 本圃での発病株率 | 上球収量 |
| --- | --- | --- | --- | --- | --- |
| | | 10月15日 | 採苗時 | | |
| | % | % | % | % | $kg/10m^2$ |
| 1) 育苗前期被覆区 | 23.1 | 0 | 0.4 | 2.3 | 58.8 |
| 2) 育苗前期被覆区 | 11.9 | 0 | 0.3 | 0.8 | 59.6 |
| 3) 育苗全期間被覆区 | 45.4 | 0 | 0.3 | 2.3 | 52.7 |
| 4) 育苗中後期被覆区 | 32.1 | 1.8 | 11.3 | 9.1 | 55.5 |
| 5) 無　被　覆　区 | 3.1 | 1.2 | 29.6 | 7.7 | 54.4 |

注　被覆時期：1) 9月17日～10月20日，2) 9月17日～10月27日，3) 9月17日～11月17日，4) 10月15日～11月17日
　　採　苗：11月17日

第6図　寒冷紗被覆による隔離育苗

率18%，目合0.95mmの透明寒冷紗F1000規格である。やむをえないばあいは遮光率16～22%，目合2.10～1.04mmの規格を選ぶ。

被覆方法は第6図のようにトンネル方式がよい。作業性や資材費などから苗床周辺に垣根式に展張する話を聞くが，媒介昆虫の習性からまったく効果がないといってよい。

被覆時期については，防除効果を高めるよう育苗期全間の被覆が望ましい。苗の生育や媒介昆虫の発生消長から，最も効果的な被覆時期を検討した結果は第6表のとおりである。萎黄病は育苗初期に感染する機会が多いのか，本葉3枚からの被覆（育苗中後期被覆区）では，すでにその時点で1.8%あまり発病し，採苗時は11.3%となり，本圃では9%と無被覆時と変わらない。したがって育苗前期の被覆は必須である。また，育苗後半の10月中下旬に寒冷紗を取り除くと，その後感染し，わずかながら発生する。この傾向は暖冬年次ほど強い。

しかし，苗は育苗後半，活発に生長するため，播種時から11月まで（育苗全期間），または本葉3枚から6枚まで（育苗中後期）被覆すると苗は徒長し，屑苗が多くなる。したがって，ヒメフタテンヨコバイの飛来が終わりにちかい10月下旬または11月上旬には被覆を除去したい。なお，除去時期は秋期の気温推移を考慮し，暖冬時はできるだけ遅延して後期の感染を防止する。また除去後はほかの害虫防除を兼ねて薬剤散布を行なえばよい。

なお，寒冷紗の被覆では，苗が軟弱となるため，10～11月ごろに降雨が多いと他の病害が増加して本圃への持込み機会を多くするので，注意したい。

長期間被覆時にみられる苗質の劣化対策として施肥量や播種密度を検討した結果，苗床での燐酸施用量と苗質劣化防止については期待できないが，播種密度が苗の生育に強く関与し，うすまきほど好ましいことが判明した。$m^2$当たり8$ml$播種は，密植によるムレ苗が多く減収する。5$ml$播種は苗の充実がよく，屑苗が少なかった。さらに播種期との関係では，9月26日播種では苗の生育からみて$m^2$当たり5$ml$ていどのうすまきが適当で，おそまきによる減収が防止できる。以上のように播種密度を替えると寒冷紗被覆時の弊害が回避できる。

### (4) 採苗時の罹病苗の除去

タマネギ萎黄病は本圃での感染はきわめて少

第7表　定植苗の選別効果　　(1980)

| 試　　験　　区 | | 発病株率 |
| --- | --- | --- |
| 隔離育苗 | 選　別　区 | 1.3% |
| | 無選別区 | 6.3 |
| 慣行育苗 | 選　別　区 | 9.6 |
| | 無選別区 | 17.7 |

注　供試品種：さつき

## 個別技術の課題と検討

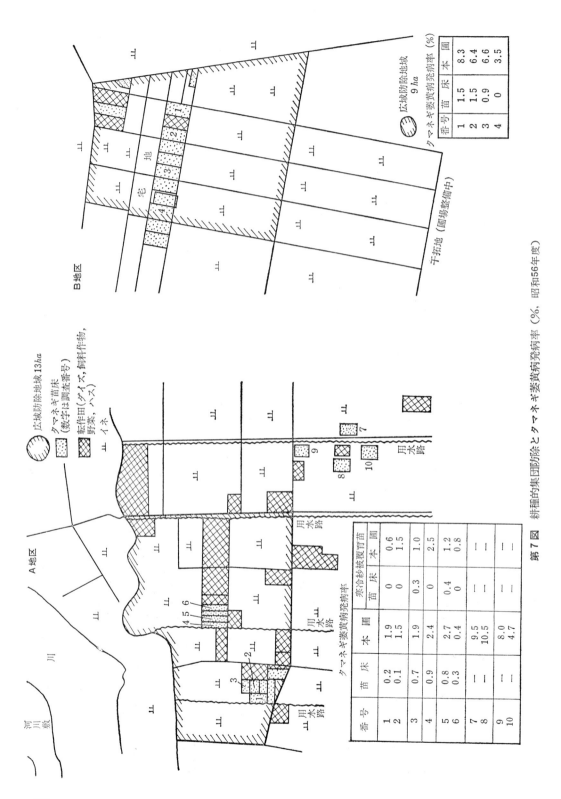

第7図 耕種的集団防除とタマネギ萎黄病発病率（％，昭和56年度）

なく，苗床だけで感染すると思われる。そのため苗床での抜取りや採苗時の罹病苗の除去効果が期待される。寒冷紗被覆の隔離育苗，慣行育苗のいずれも選別し罹病苗を取り除くと発病が著しく減少する（第7表）。したがって，判然と病徴が見える苗はもちろん，疑わしい苗はすべて除去する。幸い苗床で感染が早い苗は10月上旬から採苗時にかけて発病し，罹病すると発育が遅れて屑苗に終わり，屑苗として除外でき，至極簡単である。

早期発病苗はできるだけ早く抜きとり，採苗時も疑わしい苗は取り除くほうが無難である。とくに寒冷紗を被覆しても除去後に感染発病するので，苗の選別はぜひ実行したい。

### (5) 適切な肥培管理による草勢維持

現地での実態調査によると，排水不良や整地条件が悪いために生育が悪い場所では，病徴が激しくみられるので，病害を軽減するよう土壌管理に注意したい。なお，施肥条件や育苗後半の葉先刈りと本病害との関係はほとんどないのは，ＭＬＯの生態特性から当然のことである。

### (6) 耕種的広域集団防除効果

ＭＬＯの伝染源となる保毒植物，ヒメフタテンヨコバイの寄生植物と保菌虫の除去について，媒介昆虫が比較的に薬剤に弱いことと飛遊性などを考慮して，タマネギ苗床の環境条件のちがう2地域を対象に，広域集団防除の効果を検討した。調査地域は第7図のようにタマネギ萎黄病多発地で，雑草の多い川の堤防，ダイズや野菜，飼料作物などの作付率が高く，また苗床を集団化したA地域13 ha と，圃場整備中で雑草が繁茂する干拓地に500～800 m と近接するB地域9 haを選定し，対照地域と比較した。ともに苗床やその周辺は除草し，薬剤散布は畦畔など非農耕地を含め全地域内に殺虫剤（バッサ類）を9月上旬から11月下旬にかけて定期的に7回連続散布した。またA地域は隔離育苗区を併設し，56～57年に実施した。その結果，A地区ではヒメフタテンヨコバイは9月下旬から飛来したが，防除地域内の苗床での発病率は平均0.5％，本圃では1.8％である。対照区は8.1％と高く，約4.5倍の発病率で，防除効果がうかがわれた。一方，隔離育苗すると，苗床では平均値

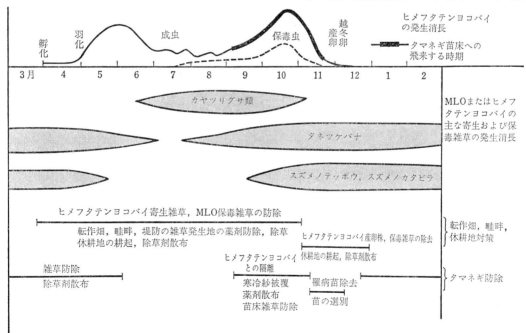

第8図　ヒメフタテンヨコバイとその寄生雑草，ＭＬＯ保毒雑草の発生消長と主な防除対策

個別技術の課題と検討

第8表 地域内耕作面積とタマネギ萎黄病発病率　(%)

| 調査地域名 | 年次 | 転作面積率 | 発病率 苗床 | 発病率 本圃 |
|---|---|---|---|---|
| A 地域 (耕地面積13ha 全面積17〃) | 昭56 | 33.1 | 5.6 | 13.5 |
|  | 57 | 10.0 | 0.5 | 1.8 |
| B 地域 (耕地面積9ha 全面積11〃) | 56 | 25.0 | 11.9 | 7.8 |
|  | 57 | 11.0 | 0.9 | 6.3 |
|  | 60* | — | — | 1.8 |

注　*昭和61年5月18日調査
　　B地域近接の干拓地，畑作営農開始：58年

0.1%でまったく発病しない苗床もあり，本圃では平均1%と低く，寒冷紗の被覆効果がみられた。

次にB地域では苗床の発病率は平均1%，収穫時は6.2%と多いのは，防除規模がやや狭く，かつ干拓地に隣接しているためと思われる。この地域では，イネ栽培時でも，干拓地からの飛来昆虫が多い事例から，ほぼ同じ傾向と判断しても誤りではない。

さらに媒介昆虫が多いダイズや野菜の転作面積と発病との関係をみると第8表のとおりである。防除面積は変わらなかったが，2年次の発生率が著しく減少した原因は，地域内の転作作物の作付面積が関与していると思われる。すなわち，A地域では転作面積率が前年度より23%ていど減少し，イネ栽培面積がふえ，イネの害虫防除と同時に畦畔などに生息する媒介昆虫の生息密度を低下させ，また寄生植物となる雑草を減少させたのが発病を少なくしたのではなかろうか。対照地域は休耕地の集団化がみられず，ダイズ，野菜などが多く点在しており，媒介昆虫を多くし，タマネギ苗床重点の防除では不充分であることを立証している。

マイコプラズマ様微生物の伝播や保毒植物およびヒメフタテンヨコバイの発生消長からみた耕種的防除技術をまとめると第8図のとおりである。

　執筆　川﨑重治（佐賀県農業試験場）

1986年記

# おもな貯蔵病害とその対策

　タマネギの収穫時期は，府県産が3〜6月，北海道産が8〜9月と限られている上，貯蔵が可能である。そのため，収穫後いったん，貯蔵したタマネギを出荷することが各産地で広く行なわれている。

　貯蔵形態はさまざまで，1）収穫時に葉身部を半分程度切り取ったタマネギを10球程度荷造り用のテープで束ね，吊り玉貯蔵小屋に保管する吊り玉貯蔵，2）収穫時に葉身部を10cm程度残して収穫したタマネギを20kg入りポリコンテナに詰めてハウス内に収納し，乾燥したあと倉庫などで保管するハウス乾燥貯蔵，3）上記1)，2)で乾燥したタマネギを0℃程度の冷蔵庫に保管する冷蔵貯蔵，などである。

　貯蔵中には障害が発生することなく出荷できたらよいのだが，さまざまな病害が発生し，ときには大きな減収を招くこともある。これらの病害は生育中に発生するものもあり，水田か畑か，また地域性によっても発生が異なる（第1表）。

　以下，府県における秋まき春どり栽培を中心に，貯蔵中に発生するおもな病害について解説する。

## 1. 灰色腐敗病

　**栽培全期間で発生**　本病は，タマネギの貯蔵病害でもっとも重要な病害であり，貯蔵中のみならず栽培全期間で問題となる病害である。本病の発生は苗床末期に始まって収穫期まで続き，さらに貯蔵期間においても進展する。

　幼苗期〜本圃初中期には，地際部から水浸状に腐敗し，鮭肉色または汚白色となり，灰白色粉状のカビを密生する。生育盛期には，葉鞘部や幼りん茎表面に褐色腐敗斑を生じ，葉身とくに下位葉が萎凋し，りん茎表皮に亀裂を起こす。また収穫期には掘り上げるとりん茎根盤部周辺の表皮が褐変腐敗しているが，根は腐敗していない。

　**貯蔵中に肩落ち症状**　収穫後の風乾貯蔵期間には，りん茎上端が腐敗陥没し肩落ち症状を呈する。冷蔵貯蔵期間には，りん茎表皮上や内側の多汁質りん片上に灰色粉状のカビを密生し，これに混じって黒色不整形の菌核を群生するなど，冷蔵貯蔵でもっとも被害が大きい（第1図）。

第1表　タマネギのおもな貯蔵病害と地域性

| 貯蔵病害 | 府県水田 | 府県畑 | 北海道 |
|---|---|---|---|
| 灰色腐敗病 | ◎ | ◎ | |
| べと病 | ◎ | ◎ | ○ |
| 白色疫病 | ◎ | ◎ | |
| 腐敗病 | ◎ | ◎ | |
| りん片腐敗病 | ◎ | ◎ | |
| 軟腐病 | ○ | | ◎ |
| 黒腐菌核病 | | | ◎ |
| 乾腐病 | ○ | ◎ | ◎ |
| 紅色根腐病 | | | ◎ |
| 黒かび病 | ◎ | | |
| ネギアザミウマ | | ○ | ◎ |

注　◎：とくに重要な病害，○：重要な病害

第1図　冷蔵貯蔵中の灰色腐敗病の被害症状

第2表　タマネギ灰色腐敗病のおもな登録農薬

| 商品名 | 希釈倍数 | 使用時期 | 本剤の使用回数 | 使用方法名称 |
| --- | --- | --- | --- | --- |
| セイビアーフロアブル20 | 1500倍 | 収穫前日まで | 3回以内 | 散布 |
| セイビアーフロアブル20 | 500〜1000倍 | 定植直前 | 1回 | 5分間苗根部浸漬 |
| アフェットフロアブル | 2000倍 | 収穫前日まで | 4回以内 | 散布 |
| オンリーワンフロアブル | 1000倍 | 収穫前日まで | 3回以内 | 散布 |
| アミスター20フロアブル | 2000倍 | 収穫前日まで | 4回以内 | 散布 |
| フロンサイドSC | 1000〜2000倍 | 収穫3日前まで | 5回以内 | 散布 |

病原菌は，*Botrytis aclada*および*Botrytis allii*という糸状菌で，不完全菌類に属する。両者の病徴での区別は困難である。

**防除の中心は立毛中**　貯蔵腐敗の感染は，おもに生育後期〜収穫期であるため，本病の防除対策は，立毛中が中心となり，以下のとおりである。1) タマネギを扱う諸施設では，集塵装置を設置したり，腐敗りん茎をビニール袋などに封じ込んで運び出すようにするなど，分生胞子を周辺圃場に飛散させない対策を行なう。2) タマネギ施設周辺の圃場では，ほかの野菜に転換するか，やむをえず栽培する場合は春植え栽培を行なう。3) 生育初期の発病株は早めに抜き取り，焼却または埋没する。4) 窒素成分およびリン酸質肥料の過用や極度の晩期追肥を避ける。5) 収穫時には，十分天日乾燥してから貯蔵する。6) 吊り玉貯蔵では，収納量を制限して通風をよくし速やかに乾燥するように努める。7) 冷蔵貯蔵では，十分に風乾したあとに入庫，厳重な選別を行ない，病球を除去しておくことが重要である。8) 農薬による防除としては，おもな登録農薬は第2表のとおりであるが，貯蔵腐敗対策としては4月以降のりん茎肥大期〜収穫期の防除が重要となるので，本病が多発する地域においては，春季以降は10日おきに殺菌剤を散布し，圃場でのまん延を防止する。

## 2. 細菌性病害

本病も灰色腐敗病と同様，立毛中〜貯蔵中まで全期間で問題となる病害である。おもな病害名は，腐敗病（病原細菌：*Burkholderia cepacia*, *Erwinia rhapontici*, *Pseudomonas marginalis*），りん片腐敗病（病原細菌：*Burkholderia gladioli*, *Pantoea ananatis*），軟腐病（病原細菌：*Pectobacterium carotovorum*）である。

**腐敗病**　腐敗病は，秋まきでは2月中旬ごろから発生がみられる。病株は，生育不良となり，病勢の進展につれて萎凋・枯死消失する。生育盛期の病株は，葉に淡黄白色壊死斑点を不規則に生じてケロイド状となり，やがて葉身が萎凋軟化する。葉身上には淡黄白色の粘い菌泥をみることが多い。このような病株のりん茎を縦断すると，葉身につながる2〜3枚内側のりん片に腐敗斑が伸びている。

貯蔵中の被害は，りん片1枚〜数枚を黄褐色に腐敗させるのみで，りん茎全体が軟化腐敗することはないため，出荷後消費者の手元に届くまで気づかれないことも多く，産地の信用を失墜させる。なお，腐敗臭が強くないのが特徴である。

**りん片腐敗病**　りん片腐敗病は，育苗中の苗では剪葉した切り口から白色・水浸状の病斑が拡大する。この病徴は白色疫病と混同されることがある。白色疫病は，12〜3月に大雨などのあとに坪状に発生することが多いが，本病は，育苗中の10月ごろ，剪葉のあとなどに筋状に発生することが多い。

生育期は葉鞘や葉身基部が白色〜黄白色に腐敗し，ときには葉身全体が白く退色する。

貯蔵中は腐敗病と同様，りん片1枚〜数枚を黄褐色に腐敗させる（第2図）。りん茎全体が軟化腐敗することはなく，出荷前に腐敗りん茎を取り除くことは困難である。

**軟腐病**　軟腐病は，通常4月中旬ごろの気温が高まってから発生し，葉鞘部が水浸状になると同時に葉身も萎凋軟化する。この症状は心葉

に現われることが多く,りん茎内部から軟化し始め,ついには軟化消失にいたる。貯蔵中は,上記2病害と違い,りん茎全体を腐敗させ,腐敗が進むとりん茎内部全体が黄褐色のペースト状となり,きわめて強い腐敗臭を放つ。

**ネギアザミウマなどの食害痕からも侵入** いずれの病害も,立毛中または収穫期に感染保菌し,貯蔵中に病勢が進展し腐敗に至る。また,病原細菌は,土壌中に残存して伝染し,寄主への侵入は強風や農作業などで機械的に生じた傷,ネギアザミウマなど害虫の食害痕など,すべて傷口から起こる。暖冬多雨や春季の生育盛期が多雨年には発生が多く,貯蔵腐敗は収穫時期に降雨日が多いと多発する傾向にある。

**強風雨の前後の防除が効果的** 以上のことから,1)野菜の連作圃場での栽培を避け,イネ科作物を組み入れた輪作を行なう。2)降雨時には十分な排水をはかり,土壌の過湿を防ぐとともに,収穫は晴天日に行ない,圃場で十分天日干ししてから貯蔵する。3)窒素過多は避け,晩期追肥は行なわない。4)収穫時には,十分天日で乾燥し,とくに葉の切り口は十分に乾燥させてから貯蔵する。5)貯蔵後の対策として,近赤外線による内部腐敗検出技術が実用化されており,(一財)雑賀技術研究所より,「アグリセンサー AGR-14」として販売されているので選果場などでは利用可能である。6)農薬による防除は,各病害に登録のある殺菌剤を予防的に散布する。

なお,作物体の傷口が病原細菌の侵入門戸となるので,気象情報に注意し,強風雨に見舞われる前後など感染しやすい機会をのがさず臨機的に散布するのが効果的である。

## 3. 黒かび病

**貯蔵中のみで発生する高温性病害** 本病は,立毛中ではほとんど発生せず,貯蔵中のみで発生する病害である。本病は高温性の病害であり,30〜40℃で菌糸がよく生育する。そのため,ハウス乾燥や除湿乾燥機による乾燥のさいに品温が上昇しすぎたときに発生する。

病原菌は,収穫時の葉鞘部や根の切断部から侵入する。はじめ,保護葉から1〜2層に黒色の斑点を生じるが内部りん葉までは侵入していない(第3図)。病勢が進展すると,りん葉まで内部腐敗を生じることもあるが,まれである。夏期が高温の年は,吊り玉貯蔵においても高率で発生し,大きな被害を及ぼす。

病原菌は,*Aspergillus niger* という糸状菌で,不完全菌類に属する。

防除対策としては,1)吊り玉貯蔵では,収納量を制限して通風をよくし品温の上昇を抑えるとともに,高温年には早めに冷蔵貯蔵に移行

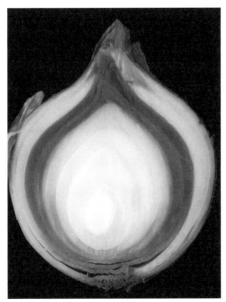

第2図 貯蔵中に発生したりん片腐敗病

第3図 黒かび病

する。収穫後早めに13℃以下で冷蔵貯蔵すれば発生しない。2) ハウス乾燥貯蔵では，こもかけなどを怠らず，適度な換気を行なう。本病に対しては，有効な防除手段が少なく，登録農薬もない。

## 4. 乾腐病

本病は水田輪作地帯での発生はきわめて少ない。立毛中は，地上部の生育が旺盛になるころから生育不良となり，葉色もしだいにあせ，株全体の葉先が垂れ下がる。病株は萎凋寸前の状態で直立し，根盤部や根が褐変腐敗し，表面に淡桃色ないし白色綿毛状のカビを生じる。病りん茎を縦に切断すると，根盤部から内部りん片へ逆V字型に褐変腐敗が進行している。保菌りん茎は収穫後の貯蔵期間に内部りん片が根盤部より腐敗し，表皮だけを残したミイラ状となる。

病原菌は，*Fusarium oxysporum*, *Fusarium proliferatum*, *Fusarium solani*，という糸状菌で，不完全菌類に属する。

保菌りん茎の感染は，おもに生育後期～収穫期であるため，本病の防除対策は，立毛中が中心となり，以下のとおりである。1) 病原菌は被害根とともに長期間土壌中に残存して伝染するので，発生した苗床や本圃での連作を避け，稲作との輪作を行なう。2) 発生地で苗床を設ける場合には，ダゾメット剤などによる土壌消毒を徹底する。3) 苗床や本圃への未熟有機物の多施用はタネバエなどを誘引して根に傷を与えるので避け，水田化（湛水化）をはかる。4) 本圃における感染防止手段としては，定植前の苗をフロンサイド水和剤50倍液に浸漬処理を行なうのが有効である。5) 被害りん茎や茎葉など残渣は集めて焼却処分する。

タマネギのおもな貯蔵病害とその対策は以上のとおりであるが，そのほかに菌糸性腐敗病（*Botrytis byssoidea*）も発生するが，対策は灰色腐敗病と同様である。また，立毛中にべと病などの地上部病害が多発するとタマネギの貯蔵性が悪くなるので，立毛中から病害を多発させないことが，貯蔵性のよいタマネギを生産する上で重要である。

執筆　西口真嗣（兵庫県立農林水産技術総合センター）

2018年記

# ネギアザミウマ

## (1) 診 断

### ①被害のようす

成幼虫がネギ類の葉に寄生し，葉の表層をなめるように加害して葉の組織を傷つける。このため，食害された痕はカスリ状に色が抜けて白くなり，シルバリング症状を呈する。

早生タマネギでは4月ごろから，中生以降のタマネギでは5月ごろから発生が増加し被害も目立ち始める。この時期に定植となるネギ類では，定植間もないころに被害を受けると生育不良となり，ひどい場合は枯死する。採種タマネギでは，花部に寄生して結実を妨げる。

### ②診断のポイント

現在日本では，二つの生殖系統が確認されている。雌のみで単為生殖を続ける産雌性単為生殖系統成虫は，1.3mm程度で夏期には淡黄色，秋から春には濃褐色となる。未交尾で雄を産む産雄性単為生殖系統の雌成虫は夏期でも濃褐色なので，夏期にネギ類で濃褐色の成虫が確認された場合，および秋から春にかけて濃褐色の雌に混じって淡黄色で0.8mm程度と小型の雄が見られたら本系統の生息を疑う必要がある。

虫は小さいが，肉眼で発見することは容易であり，被害部の小黄白斑はそれ以上に目立つ。ネギにもまれにハダニ類が発生することがあり，被害痕が似ているので注意する。

執筆　野村健一（元千葉大学園芸学部）
1986年記

改訂　中井善太（千葉県農林総合研究センター）
2017年記

## (2) 防 除

### ①防除のポイント

生育期間が短く繁殖も盛んなため，7月になると急増する。そのため，6月末〜7月初めからの散布が必要である。

タマネギの生育は旺盛で，約7〜10日ごとに新葉が伸長してくる。また，卵や蛹には薬剤の効果がない。発生状況に応じ，7〜10日間隔で連続散布する必要がある。

高温乾燥の場合は多発する傾向があるため，発生経過に十分な注意が必要である。

北海道以外の府県，たとえば西日本で圃場での栽培期間が冬から春の場合は，発生量自体および被害は少なく，通常発生年の防除回数は1〜2回である。

以下の記述は，夏作での発生を対象にしている。

### ②農薬による防除

1) 初発時

**初発の判断**　夏作の場合，越冬成虫の飛込みは畑の内部より周縁部に多い。周縁部から数か所を選んで調べ，計20〜30株に寄生や被害を見つけたときを初発とする。被害は白いカスリ状の斑点である。

心葉付近の葉のすき間で伸長中の葉を加害するため，被害の発見は，出葉してから7〜10日後に認められる。畑を全面観察するより，心葉付近のすき間を手で開き観察したほうが初発を的確に把握できる。

**防除の判断と農薬の選択**　7月の急増期以前から防除する必要がある。6月上旬から5日間隔で数か所について1か所当たり10〜20株程度の葉を調査する。ほぼすべての株にわずかでも食害が認められたら，直ちに防除を開始する。

1回目の薬剤散布には，効果の高いトクチオン乳剤，ディアナSC（2,500倍）を使用し，以降10日間隔で薬剤散布を実施する。

薬剤散布の回数が多くなる場合は，上記薬剤の多用を避けるため，被害抑制効果のあるオルトラン水和剤，アドマイヤー顆粒水和剤，ディアナSC（5,000倍）も使用可能である。ただし，これら薬剤は密度が急激に上昇する条件下では使用を避ける。

2) 多発時

**防除の判断と農薬の選択**　心葉付近の葉の基部付近に幼虫が高密度で生息していたり，上位葉にまで成虫が見られて白色カスリ状の被害が目立つ場合には，十分な防除効果が得られてい

ないものと判断される。

多発時には，効果の高いトクチオン乳剤やディアナSCの2,500倍を選択する。

3）激発時

**防除の判断と農薬の選択**　多発のまま放置すると激発状態となり，畑全体が被害で白っぽくなり，枯死株が見られるようになる。その結果，収量は半減し，球の肥大も劣る。激発を避けるためには，多発時以前の防除を徹底する必要がある。

4）予　防

**多発・常発地での予防**　心葉付近の葉を観察することがむずかしく，全面観察に依存する場合は予防的な意味あいから早めの防除を心がける必要がある。

5）耐性菌・薬剤抵抗性への対応

**耐性菌・抵抗性害虫を出さない組合わせ**　近年，それまでは高い防除効果を示していた合成ピレスロイド剤に対する抵抗性が発達した。この抵抗性は，抵抗性遺伝子を保持した個体群の分布拡大によるものと思われる。

同系統の薬剤の連用は避ける。

6）他の病害虫・天敵への影響

同時防除を常時考えなければならないような害虫はない。タマネギに併発する害虫は，ネギアザミウマを対象に用いている薬剤の使用により発生が抑制されるものが多い。

7）農薬使用の留意点

散布数日後に成幼虫が新葉を加害していることがある。その多くは表土中の蛹や葉肉中の卵より新たに羽化・孵化したものである。そのため，密度上昇時には7～10日間隔での連続散布が必要である。

8）効果の判定

1回目散布およびその7～10日後に実施する2回目散布の数日後に初めて虫数の減少，被害の軽減が観察される。効果の確認にあたっては2回目散布の5～7日後，手で開いた葉の内部の寄生頭数が株当たり20頭以下であれば，防除効果があったと判定する。

③農薬以外による防除

**畑地灌漑**　水利条件が整っていれば，灌水により乾燥を防ぎ，本種の発生を抑えることが可能である。しかし，土壌の過湿状態は白斑葉枯病などの病害を助長するので，過度な過湿を招くような灌水は避ける。

④病原・害虫の生活サイクルとその変動

**基本的な生活サイクル**　雑草地から越冬成虫が飛来後，タマネギ上で倒伏期まで，さらにおよそ3世代を経過する。

発育期間が短く，20℃で卵7日，幼虫7日，蛹6日で経過し，合計20日間で成虫になる。成虫は大半が雌で，1頭の産卵数は100個前後で増殖も盛んである。

成虫は淡褐色で棒状の翅をもち，体長は1～1.5mmである。幼虫は淡黄色で，翅がない。両者とも葉の表面をなめるように食害する。

卵は葉肉中に産みつけられ，蛹は表土中にすごす。そのため，両者とも薬剤散布による防除効果はない。

**条件による生活サイクルの変動**　7月が高温，少雨，多照に経過すると多発する傾向がある。西日本でも5月の降水量が少ない年に多発する。

執筆　兼平　修（北海道立北見農業試験場）

1990年記

改訂　岩崎暁生（地独・北海道立総合研究機構中央農業試験場）

2017年記

**主要農薬使用上の着眼点**(岩崎 暁生, 2017)

(回数は同一成分を含む農薬の総使用回数。混合剤は成分ごとに別途定められているので注意)

| 商品名 | 一般名 | 使用倍数・量 | 使用時期 | 使用回数 | 使用方法 |
|---|---|---|---|---|---|
| 《有機リン系(I：1B)》 | | | | | |
| トクチオン乳剤 | プロチオホス乳剤 | 1000倍・100～300*l*/10a | 収穫7日前まで | 4回以内 | 散布 |
| オルトラン水和剤 | アセフェート水和剤 | 1000～1500倍・100～300*l*/10a | 収穫21日前まで | 5回以内 | 散布 |

トクチオン乳剤は、多発時や初回防除に使用可能な高い防除効果がある。オルトラン水和剤は、ローテーション防除のなかでの被害抑制効果が期待される

| | | | | | |
|---|---|---|---|---|---|
| 《ネオニコチノイド系(I：4A)》 | | | | | |
| アドマイヤー顆粒水和剤 | イミダクロプリド水和剤 | 5000～10000倍・100～300*l*/10a | 収穫14日前まで | 2回以内 | 散布 |

ローテーション防除のなかでの被害抑制効果が期待される

| | | | | | |
|---|---|---|---|---|---|
| 《スピノシン系(I：5)》 | | | | | |
| ディアナSC | スピネトラム水和剤 | 2500～5000倍・100～300*l*/10a | 収穫前日まで | 2回以内 | 散布 |

2,500倍では多発時や初回防除に使用可能な高い防除効果、5,000倍ではローテーション防除での被害抑制効果がある

# ネギハモグリバエ

## (1) 診断

### ①被害のようす

成虫は，葉の組織内に点々と産卵し，孵化した幼虫は葉の内部に潜入して葉肉を食害する。このため，食害痕は，白いすじ状となり，ひどくなると白斑が続いて，葉の大部分が白くなることもある。

ネギのほか，タマネギ，ラッキョウ，ニラなども被害を受ける。とくに苗では致命的な被害を受ける。春のネギ苗では，枯死することも少なくない。生育したネギでは枯死することはめったにないが，葉の機能がおとろえ，生育を妨げられる。

### ②診断のポイント

各種のハモグリバエが寄生するが，ヒガンバナ科ネギ属だけに寄生するネギハモグリバエの寄生がもっとも多い。

幼虫は，黄白色の小さなウジで，大きくなったもので体長4mm程度である。動作は緩慢である。

成虫の舐食痕は規則正しく並んだ白い点になる。ほかに似た症状がないので早い時期に発生を知ることができる。産卵痕は目立たない。

苗では葉鞘部に幼虫が寄生し，この部分から枯れ始めることが多い。幼虫が外部に出ることはないので，疑わしいものは葉を裂いてみなければならない。

ある程度大きくなった作物では，葉の白斑によって発生程度がわかる。いったん被害を受けて白斑となった部分は，虫がいなくなっても回復しないから，白斑の増加がなければ発生加害は一時停止しているとみてよい。

白斑が急増するようであれば，直ちに防除対策を講じなければならない。

ネギハモグリバエと同様の被害痕を残す害虫としては，ネギコガがある。ネギハモグリバエの幼虫数が多い場合には被害部だけを観察しても加害種を特定することはできない場合がある。葉を裂いて寄生している個体を見つけ出さなければならない。

執筆　野村健一（元千葉大学園芸学部）

1986年記

改訂　中井善太（千葉県農林総合研究センター）

2017年記

## (2) 防除

### ①防除のポイント

生育期では激発生しない限り，鱗茎の肥大には影響ないので強いて防除する必要はない。

北海道では高密度の発生時に一部の幼虫が葉から鱗茎に食入して鱗茎の商品価値を損ねる被害が発生したことがある。

### ②農薬による防除

1) 初発時

**初発の判断**　苗の葉面に直径0.5mm程度の白い小斑点が数個から十数個順序よく一列に並んで見られたら，成虫が発生したと考えられる。

小斑点は，成虫の摂食痕もしくは産卵痕である。しかし，ほとんどが摂食痕であり，白い斑点の数に比べて卵数はずっと少ない。

葉面に見られる約1cmの細長い白い筋は，孵化幼虫が葉の組織内に潜入し葉内を食害した跡である。

**防除の判断と農薬の選択**　少発生の場合は見すごされやすいが，育苗施設などで乾燥すると，短期間に多発生に至ることがある。

通常は育苗期でなければとくに防除を必要としない。圃場での多発が認められたら鱗茎被害を防止するための防除実施を検討する。

2) 多発時

**防除の判断と農薬の選択**　およそ3～4割の苗の葉に幼虫の加害痕である白い筋が数本ずつみられると多発である。

ディアナSC，リーフガード顆粒水和剤，ベネビアOD，アグロスリン乳剤を散布する。

3) 激発時

**防除の判断と農薬の選択**　生育期に白い斑点と，白い筋でほとんどの葉が白っぽくなる。

成虫による摂食痕の発生株率が100％に近い多発生時には薬剤防除を検討する。

4）予　防

**多発・常発地での予防**　定植時の粒剤施用は初期のハモグリバエ発生の予防に役立つ。

**発生の少ないところでの予防**　栽培体系からほとんど防除する必要ない。

5）耐性菌・薬剤抵抗性への対応

**耐性菌・抵抗性害虫を出さない組合わせ**　ハモグリバエ類は薬剤感受性の低下事例が少なくないので，ローテーション防除を心がける。

6）他の病害虫・天敵への影響

ネギアザミウマとネギハモグリバエの発生は時期的に重なる場合が多く，両者に登録のある薬剤による同時防除が可能である。

ネギアザミウマ，ネギアブラムシなどと同時に防除が可能であるから，薬剤の種類，散布時期などを計画的に選択し，効率よく防除を実施する。

葉面散布液には必ず展着剤を加える。

7）効果の判定

葉鞘を割くと内側に黄白色の4mmぐらいの幼虫が見つかるので，その死虫が多ければ効果があったと判断できる。

③農薬以外による防除

ハウスなどの施設で育苗する場合，ハウス側窓への寒冷紗利用，近紫外線（UV）除去フィルムの利用はハモグリバエの侵入を抑制する。

④病原・害虫の生活サイクルとその変動

**基本的な生活サイクル**　成虫は，4月中旬ころから見られるようになり，10月末まで見られる。

発生量は7月下旬から9月中旬にかけてきわめて多くなる。5月から7月までの発生量は一般に少ない。

孵化後の幼虫はタマネギの葉肉内に潜り込み，トンネル状に食害しながら成長し，十分成長すると葉肉内から出て土中で蛹になる。

蛹は土中で越冬する。

1世代に要する日数は25℃で約20日であり，年間の世代数は6～7世代と考えられる。

**条件による生活サイクルの変動**　冬期の気温が高いと発生が早まる。

6～7月の降水量が少ないと発生量が多くなる傾向がある。

7～8月の気温が高いと秋期の発生が少なくなる傾向がある。

執筆　土生䎺毅（東京都農業試験場）

1990年記

改訂　岩崎暁生（地独・北海道立総合研究機構中央農業試験場）

2017年記

**主要農薬使用上の着眼点**（岩崎　暁生, 2017）

（回数は同一成分を含む農薬の総使用回数。混合剤は成分ごとに別途定められているので注意）

| 商品名 | 一般名 | 使用倍数・量 | 使用時期 | 使用回数 | 使用方法 |
|---|---|---|---|---|---|
| 《ピレスロイド系(I：3A)》 | | | | | |
| アグロスリン乳剤 | シペルメトリン乳剤 | 2000倍・100～300*l*/10a | 収穫7日前まで | 5回以内 | 散布 |
| 特記事項なし | | | | | |
| 《スピノシン系(I：5)》 | | | | | |
| ディアナSC | スピネトラム水和剤 | 2500～5000倍・100～300*l*/10a | 収穫前日まで | 2回以内 | 散布 |
| 特記事項なし | | | | | |
| 《ネライストキシン類縁体(I：14)》 | | | | | |
| リーフガード顆粒水和剤 | チオシクラム水和剤 | 1500倍・100～300*l*/10a | 収穫3日前まで | 3回以内 | 散布 |
| 特記事項なし | | | | | |
| 《ジアミド系(I：28)》 | | | | | |
| ベネビアOD | シアントラニリプロール水和剤 | 2000倍・100～300*l*/10a | 収穫14日前まで | 3回以内 | 散布 |
| 特記事項なし | | | | | |

# フレコンバッグを利用した暖地タマネギの機械収穫・調製体系

## 1. タマネギ生産の現状と課題

タマネギは全国で2万5,800ha（2016年）が作付けされており、うち約6割が北海道で栽培されている。北海道では畑地向けの大型機械化体系が確立され生産量は増加傾向であるが、水稲跡での栽培が中心である府県の産地では省力的な作業体系が確立されておらず、近年の価格低迷もあいまって生産量が急速に減少している。このため、1993年ごろから輸入量が増大し、2010年以降は府県の生産量と輸入量がほぼ同水準となる状態が続いている（第1図）。

府県での生産量が維持できなくなっている要因として、気象変動による生産量や価格の不安定、後継者不足などもあげられるが、最大の要因は収穫・調製作業において機械化一貫体系が確立されていないためと考えている。

府県においては、2000年以降、歩行型収穫機やピッカーなど小型機械の普及が進んでいるが、収穫時の収納・運搬に使われる容器は容量約20kgの小型コンテナが主流である。このため、10a当たり4～6t（コンテナ数250～350個）に及ぶ収穫物のハンドリング作業（積込み・積降ろし）は人力に頼らざるを得ず、作業者は大きな負担を強いられている。

もう一つの課題として、収穫後の葉切り・根切り作業（調製作業）については、現在に至るまで高性能かつ高能率な調製機が開発利用されていない。このため、現場でははさみを使った人力作業が行なわれており、多大な時間と労力を要している。とくに、タマネギを乾燥せずに青切りで出荷する体系では圃場の中で作業を行なうことが多く、天候に左右される作業となっている。

このように、府県においては小型コンテナの積込み・積降ろし作業と収穫後の葉切り・根切り作業の2つの作業が依然として手作業で行なわれているため、現場からの機械化の要望が高く、また、作付け規模の維持・拡大を阻害する大きな要因となっていた。

そこで、これらの課題を解決するため、筆者らの研究グループは2010～2012年度「農林水産政策を実現する実用技術開発事業」において青切り用の高能率調製機を、また2014～2015年度「攻めの農林水産業の実現に向けた革新的技術緊急展開事業」において、前記調製機の利用を前提とした新型収穫機と専用の収納容器を開発するとともに、これらの個別技術を組み合わせた中規模経営体向けの新たな機械収穫・調製体系を確立した。ここでは、新体系の概要について紹介する。

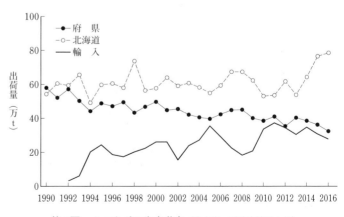

第1図　タマネギの生産動向（農水省・財務省統計より）

個別技術の課題と検討

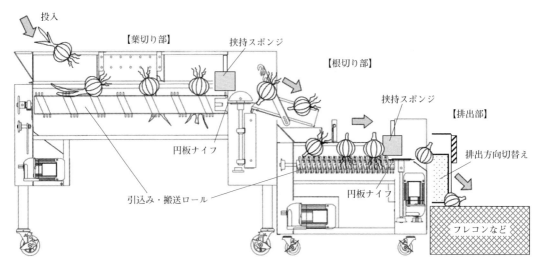

第2図　高能率調製機のタマネギの流れ

第1表　調製機の主要諸元

| 機体寸法 | 1連タイプ：全長1,890×全幅750×全高990mm |
| --- | --- |
| | 2連タイプ：全長1,890×全幅1,022×全高1,020mm |
| 機体重 | 1連タイプ：220kg，2連タイプ：350kg |
| 駆動源 | 交流100V（1連：880W，2連1,080W） |
| 整列方法 | 一対の引込み・搬送ロールによる葉と根の巻込み式 |
| 葉切り部 | ロール径120mm，螺旋ピッチ140mm，螺旋ロープの材質PET |
| 根切り部 | ロール径80mm，螺旋ピッチ56mm（2条），螺旋体の材質PP |
| 切断方式 | 一対の円板ナイフ（回転差15%） |

注　機体寸法，機体重にコンベアは含まない

## 2. 開発した機械・資材

### (1) 青切り用高能率調製機

タマネギの葉と根の切断を目的とする調製機は，おもに乾燥タマネギ用のものが従前から市販されているが，いずれの機種も人力でタマネギの姿勢を1個ずつ整えながら供給する必要があるため処理能力に限界がある。このため，開発に当たっては，タマネギの姿勢制御（整列）を自動で行ない，毎秒1個の処理速度が可能であることを目標とした。また，対象とするタマネギは葉に青みが残る乾燥前のものとした。

①調製機の構成

高能率調製機のタマネギの流れを第2図に，主要諸元を第1表に示す。

本調製機は，葉切り部，根切り部，排出部から構成され，これらのユニットを1列配置した1連タイプと2列配置した2連タイプがある。駆動源はいずれもAC100Vである。タマネギの葉と根を切断する一連の流れは以下のとおりである。

**投入から排出までの流れ**　まず，葉切り部にタマネギが投入されると，互いに内向きに回転する一対の引込み・搬送ロールブラシが葉を引き込むことでタマネギを下向き（逆立ち状態）に整列させると同時に後方に搬送し，左右一対の円板ナイフが葉を2～3cm程度の長さに切断する。引き続き，根切り部の引込み・搬送ロールブラシが根を引き込むことでタマネギを上向きに整列させると同時に後方に搬送し，一対の円板ナイフが根を切断して排出部から排出する構成である。（特許第5874080号）

**下向き接地による切断**　この切断方式では，葉切り時および根切り時ともにタマネギの切断部位を下向きに接地させ，切断長の基準位置を揃えた状態で切断するため，大きさの異なるタマネギが連続して流れてきてもナイフの高さ位

置を制御する必要がなく，比較的単純な構造で葉と根の長さを揃えて切断することができる。

なお，調製機へのタマネギの投入方法については，コンベアによる自動供給についても試作検討したが，複数のタマネギが同時に投入されると整列精度が極端に低下するため，現時点では確実に1個投入ができる投入台（別途製作）からの人力供給方式を推奨している。

②調製機の性能

タマネギの形質と調製機の切断精度を第2表に示す。

**葉が長く根数が多いほど精度が高くなる**　調製機の切断精度はタマネギの形質に大きく左右され，全体的傾向としてタマネギに残存する葉が長く，根数が多いほど切断精度が高くなる傾向がある。

たとえば，タマネギの葉の長さを人為的に15cmにカットして投入した場合，葉切り部ブラシが葉を引き込みにくくなり，整列ミスが原因となって葉の切断ミスが増加する。また，葉が切断されずに残ると根切り部において誤って葉を引き込んで切断するため傷玉（茎葉がまったく付いてない首切り球）が増加する。

次に，根の平均長が3.9cmと短い場合や，根の平均本数が22本/個と少なく，かつもろい状態の場合も，根切り部での整列精度が低下し，傷玉（首切り球）が増加する。

タマネギの形状の影響については，球形指数（球高/球径）が1.0を超える甲高球や同指数が0.75の扁平球の切断精度が低下する傾向がある。球の形状としては球形指数が0.80～0.95程度のやや楕円形状が安定する。

以上の1）葉の長さ，2）根の長さ，3）球形指数の3つの要件を満たしていれば，おおむね葉と根の切断ミスが2％以下，傷玉率が4％以下となり，適切り率（無傷で葉の長さ2～3cm，根の長さ1cm以下）は94％以上が可能である。

**手作業の2.8～3.6倍の処理速度**　調製機の処理速度については人力によるタマネギの投入速度に左右されるが，毎秒1個程度の投入速度であれば切断精度が維持できるため，理論的には1ユニット当たり3,600個/hの速度が可能である。しかし，実際場面では投入速度に個人差もあるため2,145～2,809個/hとなっている。これは慣行のはさみによる手作業での処理速度778個/hに対し2.8～3.6倍である。

### (2) 新型収穫機と収納容器

新型収穫機（以下，収穫機）と収納容器は，収穫作業の能率化をはかると同時に，人力による小型コンテナのハンドリング作業（積込み・積降ろし）を解消することを目的として開発した。また，収穫したタマネギは前述の調製機で処理するため1）タマネギは葉付き，根付きのまま収穫すること，2）収納容器は，軽量かつ大容量のフレキシブルコンテナバッグ（以下，フレコン）を利用すること，とした。

①収穫機

収穫機の概要を第3図，諸元を第3表に示す。

本機は，1）掘取り装置，2）コンベア，3）収納容器の設置台などからなり，30馬力程度のトラクターに装着して使用する。掘取装置は先金振動式のため，水稲跡の粘質かつ稲株などの多い土壌条件においても安定して掘取りを行なうことができる。掘取り幅は1,050mmで，通常1うね4条植えのタマネギを同時に収穫することができる。コンベアには，コンベアロッドを振動させる装置を2か所設置したほか，ロッド間隙を43mmと広くしたため，土砂などの混入を極力抑えることができる。収納容器の設置台は，収穫機の後端部にヒンジと電動シリンダーで固定した。容器をうね上に降ろすさいは，シリンダーで荷台を後方に傾斜させて滑り落とすようになっている。

②専用容器

専用容器の概略を第4図，諸元を第4表に示す。本容器は自立・折畳み式のフレコンで，生地はポリエステル製，メッシュ構造のものを使用している。バッグの容量は600*l*で，質量が3kgと軽いため収穫機への設置交換を1人で容易に行なうことができる。また，側面2か所の紐を解くことにより底面の約3分の2が開口するためタマネギの排出が瞬時にかつ楽に行なう

個別技術の課題と検討

第2表　タマネギの形質と調製機の切断精度の関係（2013～

| タマネギの形質など | | | | | | | | 作業条件 | | 切断ミス[1]（%） | |
|---|---|---|---|---|---|---|---|---|---|---|---|
| 葉長<br>(cm) | 葉重<br>(g/個) | 根長<br>(mm) | 根数<br>(本) | 球径<br>(mm) | 球形指数<br>球高/球径 | 球重<br>(g) | 球の<br>硬軟 | タマネギの<br>投入方法 | 処理速度<br>(個/h・連) | 葉 | 根 |
| 23 | 19 | 125 | 46 | 82 | 0.84 | 248 | 標準 | 供給コンベア | 3,412 | 1 | 1 |
| 15 | 10 | 43 | − | 76 | 0.96 | 246 | 標準 | 手投入 | 2,809 | 2 | 10 |
| 47 | 87 | 39 | 34 | 89 | 1.01 | 347 | やや軟 | 投入台 | 2,145 | 0 | 27 |
| 45 | 35 | 51 | 45 | 91 | 0.87 | 340 | 標準 | 投入台 | 2,754 | 0 | 1 |
| 49 | 71 | 74 | 40 | 92 | 0.75 | 298 | 軟 | 手投入 | 1,704 | 0 | 3 |
| 37 | 30 | 53 | 22 | 75 | 0.88 | 200 | 硬 | 手投入 | 2,403 | 0 | 6 |

注　1) 切断ミスの基準は,「葉」は5cm以上,「根」は1cm以上で3本以上残るものとした
　　2) 傷区分の「首切り」は茎葉がまったく付いてないもの
　　3) 切断ミスと傷の重複は「傷」としてカウントした
　　4) 根と葉ともに切断ミスの個体は葉の切断ミスとした

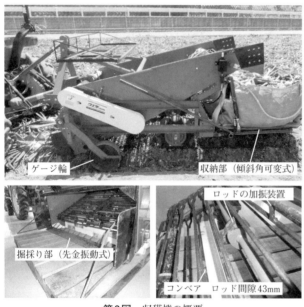
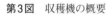

第3図　収穫機の概要

第3表　収穫機の諸元

| 収穫機寸法 | 全長2.7，全幅1.5，全高1.3m |
|---|---|
| 　同質量 | 488kg |
| 　同作業幅 | 1,050mm |
| 掘取り部 | 先金振動式，スポーク長50mm |
| コンベア | コンベア軸間長1700mm |
| 　同コンベアロッド | ロッド間隙43mm，ロッド径8mm |
| 　コンベア傾斜角 | 32度 |
| 収納部 | 荷台傾斜角可変式（片側ヒンジ式） |
| 　同支持方法 | 電動シリンダー |

第4図　専用容器の概要

機械・資材利用

2016年)

| 傷（%） | | 適切 |
|---|---|---|
| 首切り[2] | その他の傷 | り率（%） |
| 4 | 0 | 94 |
| 7 | 0 | 81 |
| 7 | 5 | 61 |
| 2 | 0 | 97 |
| 5 | 5 | 87 |
| 11 | 0 | 83 |

第4表 専用容器（フレコンバッグ）の諸元

| 型　式 | 角形，自立・折畳み式 |
|---|---|
| 寸法・質量・容量 | 1,000×1,000×600H，3.0kg，600$l$ |
| 上面形状 | 開放型 |
| 底面形状 | 90度開口式 |
| 吊り形状 | 4点（ロープ固定） |
| 容器の生地 | ポリエステル製，メッシュ構造 |
| タマネギ収納量 | 170kg（青葉）～300kg（枯葉） |

第5表 収穫機の作業精度（2018年）

| うね形状と機械設定 | | | | | | 作業精度 | |
|---|---|---|---|---|---|---|---|
| うね幅（cm） | 肩幅（cm） | うね高（cm） | マルチ被覆 | 車輪内幅（cm） | 作業速度（m/s） | 傷玉（%） | 収穫ロス（%） |
| 148 | 96 | 13 | なし | 112 | 0.26 | 0.8 | 1.2 |
| 150 | 95 | 17 | 天場 | 96 | 0.20 | 3.3 | 1.7 |
| 150 | 95 | 23 | 全面 | 96 | 0.25 | 12.6 | 2.5 |

ことができる。

フレコンのタマネギ収納量は，約170kg/袋（青葉の状態）～300kg/袋（枯葉状態）で，必要枚数は，倒伏直後の葉が完全に青い状態で10a当たり40枚，完全に枯れた状態で30枚程度である。

③収穫機の性能

収穫機とフレコンを組み合わせた収穫作業の精度を第5表に示す。

収穫機の使用にあたっては，うね形状に合わせたトラクター輪距の調整が傷の発生を防止するうえで重要である。

作業精度のうち収穫機本体による傷の発生は，先金振動部での突き傷，擦り傷などが約1％見られる程度である。しかし，トラクターの左右車輪の内幅が96cmと狭いと，車輪による踏みつけや葉の引きちぎりなどによる傷が少なからず発生する。さらにうねが23cmと高い場合，トラクターの前輪車軸との接触により約12％の傷が発生した事例もある。

収穫機の作業速度は，マルチ被覆がある場合でも生分解性の資材であれば0.20m/s以上の高速作業が可能である。また，非分解性のマルチでも台形うねの上面のみに被覆する天場マルチ方式であれば作業速度を若干落とすことで補助者がコンベア上のマルチを側方で巻き取りながら作業を継続することができる。

収穫時のロスについては，球径約4cm以下の小玉球がコンベアのすき間から落下するほか，掘取り装置の両端部からうね溝部への落下などにより1.2～2.5％のとりこぼしが発生する。

## 3. 新収穫・調製体系の概要

### (1) 新収穫・調製体系の流れ

開発した新収穫・調製体系（以下，新体系）と人力体系の一例を第5図に示す。

新体系は，開発した収穫機や調製機のほかトラクター装着式のフロントローダなどの荷役機器が必要である。しかし，運搬容器にフレコンを使用するため，収穫から調製・出荷に至る作業工程において人力による積込み・運搬作業を一切必要としないことが特徴である。新体系の作業の流れは以下のとおりである。

1) 新型収穫機でタマネギをフレコンに収納し，満量になればうねの上に降ろしていく。

2) フロントローダなどを使ってフレコンを圃場外のトラックに積み込み，作業場まで運搬する。

3) フロントローダやリフトを使ってフレコンを吊り上げ，底面を開放して調製機投入台に移し替える。

4) 投入台から調製機に人力でタマネギを供

個別技術の課題と検討

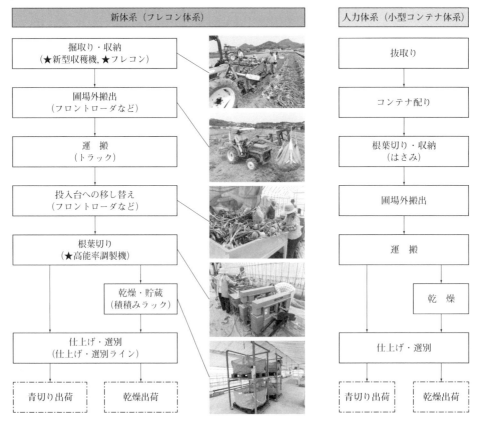

第5図　新体系と人力体系の流れ
（　）内は使用する資機材。★印は開発した資機材

第6表　新体系と人力体系の10a当たり労働時間の比較（2018年）

| 試験区分 | | | 圃場内作業 | | | | 圃場外作業 | 労働時間（人力比） |
|---|---|---|---|---|---|---|---|---|
| 新体系（フレコンバッグ利用） | 品種 | 収量 | 掘取り・収納 | | 搬出・運搬 | | 根葉切り | |
| | 七宝早生7号 | 4,914kg | 1.8時間×3人 | | 1.4時間×1人 | | 6.6時間×4人 | 33.2人時（68） |
| | もみじ3号 | 5,446kg | 2.3時間×3人 | | 1.6時間×1人 | | 7.4時間×3人 | 30.7人時（47） |
| 人力体系（小型コンテナ体系） | 品種 | 収量 | 抜取り | コンテナ配り | 根葉切り・収納 | 搬出・運搬 | ― | |
| | 七宝早生7号 | 4,914kg | 2.7時間 | 0.5時間 | 11.0時間 | 2.1時間 | すべて3人組作業 | 48.9人時（100） |
| | もみじ3号 | 5,446kg | 2.4時間 | 0.6時間 | 16.2時間 | 2.4時間 | | 64.8人時（100） |

注　1）七宝早生7号は全面マルチ、もみじ3号は天場マルチ栽培でいずれも生分解性の資材を使用
　　2）「搬出・運搬」は、圃場内での運搬と約60m離れた調製場所までの運搬を含めた作業とした
　　3）新体系の「搬出・運搬」にはフロントローダを、「根葉切り」にはフォークリフトを使用した

給し、根葉切り処理を行ない、フレコンなどに収納する。

5）乾燥して出荷する場合は、段積みラックを使ってフレコンを積み重ね、乾燥・貯留する。

6）既存の選果ラインで仕上げ調製を行ない、

機械・資材利用

第7表　新体系と人力体系の労働強度（心拍指数）の比較（2018年）

| 試験区分 | 圃場内作業 | | | 圃場外作業 |
|---|---|---|---|---|
| 新体系<br>（フレコンバッグ利用） | 掘取り・収納 | 搬出・運搬 | | 根葉切り |
| | A：1.23（トラクター操作）<br>B：1.33（収納補助）<br>C：1.32（収納補助） | A：1.28<br>—<br>— | | A：1.21<br>B：1.18<br>C：1.16 |
| 人力体系<br>（小型コンテナ体系） | 抜取り | 根葉切り | 搬出・運搬 | — |
| | A：1.15<br>B：1.48<br>C：1.11 | A：1.24<br>B：1.41<br>C：1.27 | A：1.35<br>B：1.79<br>C：1.59 | |

注　1）心拍指数は，平均心拍数／安静時心拍数。労働強度の区分は1.0～1.3軽労働，1.3～1.5中労働，1.5～強労働（鶴崎，1983）
　　2）A, B, Cは作業者を表わす。作業者Aは男性65歳（農業経験あり），Bは男性61歳（経験少），Cは女性54歳（経験なし）

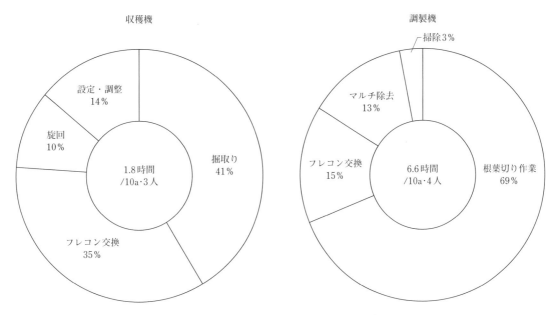

第6図　収穫機と調製機の作業時間とその内訳

出荷する。

　なお，新体系では掘取り後の天日干しができないが，収穫機の振動装置で球に付着した土砂の大半は落とせること，また，マルチ栽培では土壌が極端な湿潤状態にはならないことなどから，天日干しを省略しても大きな影響はないと考えられる。露地栽培の降雨後などでとくに土砂の付着が多くなるときは，収穫機でいったんタマネギをうね上に落として天日干ししたあとに再度，収穫機で回収する方法もある。

## （2）新体系の時間短縮および軽労化の効果

　新体系と人力体系の労働時間の比較を第6表に，労働強度（心拍指数）の比較を第7表に示す。

　タマネギの掘取り，搬出から根葉切りに至る新体系の作業時間は10～11時間/10aである。また，作業時間と所要人数の積で表わした労働時間は30～33人時/10a程度であり，すべて

個別技術の課題と検討

第8表 新体系の乾燥・貯蔵性（腐敗球率）
（単位：％）

| 調査日<br>収納容器 | 2017年 | | | 2018年 | | |
|---|---|---|---|---|---|---|
| | 6/20 | 7/11 | 8/8 | 6/13 | 7/11 | 8/3 |
| フレコンバッグ | 0 | 0.3 | 4.3 | 0 | 0.3 | 1.5 |
| 小型コンテナ | 0 | — | 5.5 | 0 | 0.2 | 0.4 |

注　1）2017年は6月20日収穫，2018年は6月13日収穫
　　2）調製機で処理したタマネギ（もみじ3号）を対象とした
　　3）乾燥・貯蔵は，間口8mのプラスチックフィルムハウス内（床面コンクリート，側面は常時開放，上面は遮光フィルム有り）で行なった

手作業で行なう人力体系に対し，新体系では約5〜7割に削減することができる。収穫機と調製機の作業時間とその内訳は第6図のとおりである。

新体系では，これまで重労働であった小型コンテナの人力運搬作業が解消されたため，搬出・運搬で「強〜中労働」に区分された作業が「軽労働」になるなど作業者の労働負担の軽減がはかられ，収穫・調製体系を通した省力化が可能である。

なお，晩生品種などにおいて調製機で青切り処理したあとに乾燥工程に移す場合，葉の切断長が2〜3cmと短いため乾燥・貯蔵中の腐敗の発生が懸念される。風通しのよいハウス内で行なった乾燥・貯蔵試験では，7月上旬（収穫後1か月）での腐敗率は1％未満であるが，8月上旬では5％程度に増加した年もあり，この点については今後，再確認が必要である（第8表）。

## 4. 新体系の実際と作業のポイント

### (1) 導入に当たっての諸条件，留意点

#### ①資機材の準備と設定

新体系の実証試験に使用した開発機や市販機などの一覧を第9表に示す。開発機以外の資機材に求められる要件は以下のとおりである。

**収穫機用トラクター**　収穫機を装着するトラクターは24〜35馬力のものを使用する。うねを確実にまたげるよう左右車輪の内幅を1,050mm以上（可能であればうねの裾幅）に広げる。手法としては左右の車輪を入れ替えたり，なお不十分な場合は車軸ハブとタイヤリムの間にスペーサを挿入する。スペーサの選定，取付けは安全面の問題もあるため販売店などの指導に従って行なう。また，収穫機の装着により重量バランスが悪くなる場合は，トラクター前方にウエイトを搭載して使用する（第7図）。

**荷役機器**　フレコンの運搬・積込みに使用するフロントローダなどの荷役機器は，揚力300kg以上，揚程2.5m以上のものを使用する。

**調製機用投入台**　調製機へのタマネギの投入を容易にすると同時にフレコンから排出されるタマネギの受け皿として必要である。調製機のオプション部品として市販されているが，木枠

第9表　新体系の実証試験に使用した開発機と市販機器の概要

| 機種 | 開発機 | | | | 市販機器 | | |
|---|---|---|---|---|---|---|---|
| | 収穫機 | フレコンバッグ | 調製機 | 調製機投入台 | トラクター<br>(収穫機用) | フロントローダ | 段積みラック |
| 型式 | UTP-1055VHF-KN | タマネギ専用 | NOTM-2-5 | タマネギ専用 | MT246 | GLH320 | NR42 |
| 能力 | 作業幅1,050mm | 600ℓ，300kg | 7,200個/h | 480ℓ，台高80cm | 24馬力 | 400kg，2.6m | 1t×4段積み |
| 製造元 | （株）上田農機 | （株）田中産業 | （株）ニシザワ | | M社 | S社 | O社 |
| 販売会社 | （株）中四国クボタ | （株）中四国クボタ | 各農機メーカー販売店 | | 各販売店 | 各販売店 | 各販売店 |
| 価格（税抜） | 168万4,000円 | 1万2,500円/袋 | 210万円 | 22万2,500円 | — | 83万6,000円 | 1万6,500円/基 |

注　2018年8月時点

の箱（縦150×横130×高さ30cm程度）を地上高80cm程度に設置したものを自作する方法もある。

②うね形状と栽培方法

うねの裾幅はトラクター車輪の内幅に合わせる。肩幅は90～100cm程度とする。肩幅が狭いと収穫機掘取り部の両端からうね溝へタマネギが落下してロスが発生する。

うね高は10～20cmとする。うねが高すぎると、トラクターの前輪車軸がタマネギに接触して傷が発生する。

マルチ資材の影響については，生分解性のものであればおおむね対応できる。非分解性の資材でも天場マルチであれば収穫機の速度を落とすことで対応できる。

栽培様式（条数，条間，株間），定植方法は，上記のうね形状であれば制限はない。

③タマネギの性状

**収穫機利用時** タマネギの葉が完全に枯れていたり切断されている場合はコンベアから転げ落ちやすいため作業ができない場合がある。また，球径が4cm以下のものはコンベアのすき間からうね上に落下してロスとなる。

**調製機利用時** 傷の発生を極力抑え調製機の性能を最大限に発揮できるタマネギの条件は，葉の長さが20cm以上，根の長さが5cm以上，球形指数（球高/球径）が0.80～0.95であることが望まれる。

(2) 収穫・調製作業の手順

①掘取り・収納

**トラクター車輪などの確認** トラクターが確実にうねをまたいでいるか確認する。左右の車輪の内幅が狭くうね溝に垂れた葉を踏んで引きちぎるようであれば，事前に葉を溝からうねのほうに起こしておく。

**収穫機の先金の深さ，コンベア傾斜角の設定**

先金の深さは，根が短くなると調製機の精度に影響が出るため，タマネギ球の下8～10cmを目安に設定する。また，コンベアからのタマネギの転げ落ちが多い場合はコンベアの傾斜角を緩くする。設定はゲージ輪と収穫機後輪との

第7図　収穫機装着トラクターの設定

第8図　収穫作業の補助員

荷重バランスを見ながらトップリンクとゲージ輪を調整して設定する（第3図）。

**作業人員と作業速度** 作業に必要な人員は，トラクターのオペレーター1名とフレコンの交換，タマネギ落下位置の平準化などの補助員1～2名が必要である（第8図）。

作業速度は0.2～0.3m/s程度，先金振動のPTOは1～2速とする。作業速度を極端に低下させるとタマネギの繰り上げミスが増えるので注意する。

**フレコンの交換手順** フレコンが満量になればトラクターの走行を停止させ，コンベア上のタマネギをすべてフレコンに収納する。荷台を下げた状態でトラクターを前進させ，フレコンを荷台から完全に外す。荷台を上げてフレコンをセットする（第9図）。

**その他注意点** うね端でトラクターを旋回さ

個別技術の課題と検討

第11図　フレコンから投入台への移し替え

第9図　フレコンの交換手順
上：荷台を下げる，下：トラクターを前進させる

第10図　フロントローダによる搬出

せる場合は，重量バランスが悪いため，事前に収穫物（フレコン）を降ろしておく。

収穫時，とくにマルチ栽培では土埃が甚大であるため，マスク，ゴーグル装着などの防護対策を十分にとる。

②圃場外への搬出

**荷役機器と作業人員**　フレコンの積込み・運搬に利用できる機器としては，トラクター装着式のフロントローダ（フォーク付き）やバックホー（フック付き）などがある。フレコンのロープをフォークやフックに架ける補助者がいれば作業能率が上がるが，操作に慣れれば一人作業も可能である（第10図）。

**トラックへの積込みと運搬**　圃場外のトラックにフレコンを積み込むか，運搬距離が短い場合はトラクターで直接搬出・運搬する。圃場の枕地部分（出入り口付近）をロータリーなどで事前に整地しておくと積込み作業時のトラクターの走行が安定し，作業能率がより向上する。

③投入台への移し替え

**荷役機器**　フレコンから投入台への移し替えに利用できる機器としては，前述のフロントローダやバックホーのほかフォークリフトなどがある。

**移し替えの手順**　フレコンを吊り上げ，投入台の真上に移動させる。フレコン底面を荷台から30～50cm浮かした状態で側面の2か所の紐を解きタマネギを落下させる。徐々にフレコンを吊り上げすべてのタマネギを投入台に排出する（第11図）。

④根葉切り作業

**調製機のセット**（第12図）　2連タイプの調製機と投入台をすき間ができないよう連結する。切断した葉が葉切りナイフの下に堆積すると切断ミスや斜め切りが増加する。電動の平ベルト型コンベア（搬送長1m，ベルト幅30cm程

度）を設置すれば除去の労力が削減できる。

調製機で処理しながら同時にはさみで再調製したり選別したい場合は，タマネギを一時貯留できる調製台（オプション品）を排出部に設置すれば，余裕をもって作業を行なうことができる。

**収納容器と作業人員**　収納容器には，収穫時に利用したフレコンと従来の小型コンテナの双方が利用可能である。フレコンは約300kg収納できるため交換の手間が省けるほか，荷役機器で運搬できるため非常に省力的かつ効率的である。

作業人員は，タマネギの投入に2名，切断ミスなどの再調製，傷玉などの選別，容器の交換などに通常2名必要である。しかし，調製機の切断精度が高く，かつフレコンに収納する場合は1名でも対応可能である（第13図）。

**マルチなどの除去**　生分解性マルチ栽培では，十分に分解していないマルチが大量に混入しタマネギとの分離や投入の妨げになる場合がある。可能な限り事前に取り除いておくと能率的である。

**調製機への投入**　投入台のタマネギを1個ずつ，約1秒の間隔をあけて手作業で投入する。投入の向きは任意の姿勢でも対応可能なため，手で転がして流し込む感覚でよい（第14図）。

収穫機で発生した傷玉や雑草，稲株，石などの夾雑物はこの段階で除去する。

**調製機のメンテナンス**　調製機を長時間動かすと，ナイフの切れ味の低下や回転部への絡み付きなどのトラブルが発生する。

葉切りおよび根切りナイフのエッジがなくなって切れ味が低下した場合は，市販の研ぎ棒や砥石を使って研磨する。ナイフなどに付着したタマネギのヤニは，茶摘み機用のシブ取り専用クリーナなどで掃除する。

また，濡れた土が大量に付着したタマネギを投入すると根切り部のブラシに根が絡んだり土が詰まって整列精度が低下する。この場合はペットボトルなどで水洗いしながら絡んだ根や土を除去する。

掃除を行なうさいは，調製機の葉切り部と根

第12図　2連式調製機の作業状況（定置利用の場合）

第13図　フレコンへの収納状況

第14図　手作業での投入状況

切り部の連結部分を開くと作業がしやすくなる（第15図）。

**⑤乾燥・貯蔵（乾燥出荷の場合）**

**フレコンの段積み**　市販の段積みラック（間口1,350mm，高さ1,100mm）とフォークリフトを利用してフレコンを積み上げ，乾燥する。ラ

個別技術の課題と検討

第15図　根切り部を開いたところ

第16図　段積みラックを使ったフレコンの積み上げ

ックの下面には通気孔のある板やパレットを敷いてフレコンを設置する。積み上げ段数は乾燥場所の軒高による（第16図）。

**乾燥施設の環境**　日光が入るハウスなどの施設では遮光資材で日よけを行なう。また，常に通風できるよう側面は極力開放する。

⑥仕上げ・選別

市販の仕上げ機，選別機などを利用して最終調製を行ない，包装・出荷する。

## 5. 普及に向けた今後の課題

重量野菜であるタマネギの省力化に機械力は不可欠である。しかしながら，暖地に多い水田裏の軟弱な土壌条件で使える機械はトラクターやゴムクローラ式の小型機械に限られ，収納容器についてもこれらの機器で扱える形態で，かつ大容量のものが求められる。

**損益分岐面積は2.9ha，収穫可能限界は4.6ha**　今回提案した新体系は，人力でも取扱いが容易なフレコンを核とした省力体系で，中規模経営体向けの体系といえる。とはいえ，導入には少なからず機械投資が必要であり，大ざっぱな試算では損益分岐面積は2.9ha，収穫可能限界は4.6haであった。

**中規模の経営体・組織に適する**　導入対象としては，野菜の導入による経営の複合化・安定化を目指す中規模の法人経営体や作業支援組織に適した体系である。また，近年は加工・業務用の需要が増えており，これらに対応した新興産地での利用も期待される。

今後の課題であるが，現状での最大の課題はトラクターによるタマネギの踏みつけなどの傷の発生である。この根本対策としては，機体の前面で掘取りを行なうことができる自走タイプの収穫機が必要である。

2つめの課題としては，タマネギを葉付き・根付きのまま持ち帰るため，調製場所に大量の茎葉や根などの残渣が発生することである。この対策としては，収穫段階で茎葉をある程度の長さ（約20cm）に粗切りして収納することが望まれる。したがって，茎葉の粗切り機能を装備した自走式の小型収穫機が開発されることがもっとも理想的と考えている。

その他，青切り体系での新体系の導入については技術的に大きな問題はないと思われるが，乾燥体系についてはフレコンでの乾燥方法と貯蔵性（品質）について，今後，詳細な確認・検討が必要である。

執筆　西村融典（香川県農業試験場）

2018年記

### 参考文献

鶴橋孝．1983．急傾斜カンキツ園における運搬労働，特にモノレール車運搬に関する研究．愛媛大学農学部紀要28．1—23．

# ●タマネギの除湿機利用乾燥貯蔵

## 1. コンテナによるハウス乾燥

　西日本地域におけるタマネギの乾燥は，これまでもっぱら吊り小屋により行なわれてきた。しかし，近年生産者の高齢化，兼業化などにより栽培面積は減少傾向にある。そのために早生，中生品種へ移行し，青切り出荷のウエイトが高まるとともに，吊り小屋貯蔵から短時間で収納できるコンテナによる貯蔵が増加しつつある。

　コンテナによる貯蔵が始まったのは，昭和50年ごろからで，そのころは灰色腐敗病が貯蔵中に大発生し，産地存続の危機に直面したときでもあった。

　コンテナによるハウス乾燥は，タマネギの腐敗防止対策として太陽熱を利用したハウスによる乾燥技術（吊り小屋のまわりをビニルで被覆したもの）が40年代後半に開発されており，この技術とコンテナ収納との技術の組合わせにより生まれた。

　タマネギを腐敗させる多くの菌は，葉の切り口から侵入し腐敗させることから，葉鞘部を早く乾燥させることが貯蔵性に大きく影響することが明らかとなっていた。

　コンテナによるハウス乾燥は，タマネギを早く乾燥させる手段としては好都合であることと，収納のための時間が大幅に短縮できることから（第4表），兵庫県では昭和55年から農業改良資金の活用によりタマネギの乾燥ハウス（多目的ハウスと呼ぶ）が普及した（第1図，第2図）。

　多目的ハウスとは，タマネギの乾燥のほかに秋冬野菜（レタス，キャベツ，ハクサイ）の育苗や牧草の乾燥など多目的に活用されるハウスのことである。

　このハウス乾燥は，太陽熱を用いた省エネルギー対策の数少ない成功事例のひとつである。しかし，この乾燥方法も乾燥時に高温に遭遇するとタマネギの品温が上昇し，細胞が破壊され，黒かびなどの発生が見受けられる。また，平成5年のように降雨や日照の不足するときには乾燥せず病害の発生も多くなり，品質が低下するなど温度管理がむずかしいことや，天候に左右されるなど課題も残っている。さらにハウス設置のための敷地を確保することが困難であるなど問題点も多い。

　そこで平成2年より天候に左右されないタマネギ乾燥技術として，除湿機を用いたタマネギの乾燥技術の開発に取り組み，平成6年より兵庫県では農業改良資金の貸付対象に認められ，この方式による乾燥システムが普及しつつある（第3図）。

　このシステムは，乾燥後の貯蔵性がよいことのほか，既存の施設（吊り小屋や倉庫）を用いてコンテナ乾燥ができること，天候に左右されないことなどメリットも多い。

**第1図** 多目的ハウス

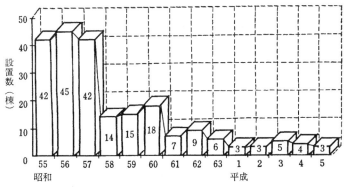

**第2図** 多目的ハウス設置数の推移（農業改良資金：兵庫県）

個別技術の課題と検討

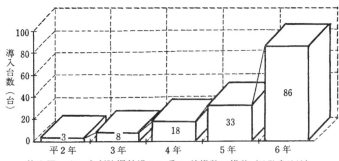

第3図 タマネギ除湿乾燥システム稼働数の推移（淡路島地域）

第4図 コンテナに収納されたタマネギ

## 2. 除湿乾燥システムの内容

### (1) システムのフロー

タマネギの抜取り後，葉のタッピングを行ない，コンテナへの収納時に充分（2〜3日）圃場で天日乾燥することにより，電気料金の節約にもなり効率的に乾燥できる。

コンテナへの収納時の葉鞘部の長さは10〜15cmで（第4図），短いと乾燥するまでに病原菌が葉の切り口から侵入して球内に移行することがある。また，長すぎると青い葉の部分が球に付着して，タマネギが汚れることがある。

圃場でよく乾燥しておくと1日に1,000ケース程度入庫でき，葉が付着して汚れることもない。

圃場で予備乾燥させたタマネギの場合，約3日間で乾燥は終了する。毎日1,000ケースずつ入庫すると3日間で3,000ケース入庫することになるが，庫内のコンテナ数は2,500ケースを超えないようにする（5馬力タイプの除湿機の場合）。

雨の多いときなど，圃場で予備乾燥できない場合は，即除湿乾燥してもよいが，1日に入庫する量は400ケース以内とする。1日に入庫する量は少なくなるが，毎日400ケース入庫しても，4日間で1,600ケース処理できるため，一般的には問題はないと思われる。

いずれの場合も3〜4日で一次乾燥は終了するので，シートを巻き上げるか，出庫後雨の当たらない通気のよい施設で自然乾燥させる（第5図）。通気の悪い施設の場合は，梅雨明けまで送風機を用いて自然乾燥を助ける。

### (2) 乾燥施設の設置規模と仕様

既存のタマネギ小屋または倉庫を用い，その内側にビニルシートを掛けた施設を設置し，外気の侵入を防ぐ（第6図）。

施設の大きさは，乾燥させるコンテナ数により異なるが，本田20a分（約20kg入るコンテナ800ケース：収穫量で約14t）収納するためには，約25m2（幅3.5m×7m）の面積が必要となる。高さは，パレットを2段に積むため3.5mは欲しい（第7図）。

ビニルシートの加工は，専門の業者に委託するか両面テープなどを用いて縫製する。

入り口部分は，シートの両端にジッパを取り付けるとタマネギの出し入れに都合がよい。また，入り口部分のシートを巻き上げるために，倉庫の天井などに滑車を付け，シートの最下部にひもを結びつけ滑車に通すと，ひもを引くことによりシートを巻き上げることができ，作業性が向上する（第8図）。

### (3) 機械装備のセッティング方法

除湿機は5馬力タイプの除湿機で，冷却のシステムは必要としない。たとえば，RK−5FP1（日立）またはKFH−5C1（三菱）などで，圧縮機3.75kWのもの。

乾燥させるタマネギが少ない（一度に乾燥させるコンテナ数で約500ケース以下）ときは，

機械・資材利用

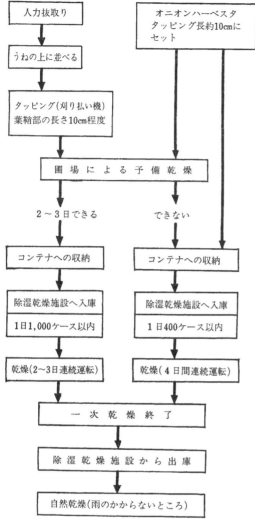

**第5図** 除湿乾燥のシステムフローチャート
（5馬力タイプの場合：圧縮機3.75kW）

**第6図** 吊り小屋の内側にシートをかけた簡単な施設

**第7図** 庫内に積まれたコンテナ

コンテナの置き方
　コンテナの大きさ　縦52cm，横36cm，高さ31cm
　1段にコンテナが8ケース並ぶパレットを使用
　1パレットに5段コンテナを積む
　その上に再び上記のパレットを積む

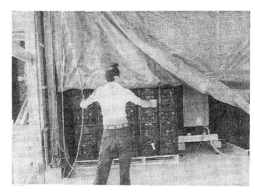

**第8図** 天井に滑車を取り付け，ひもを引くとシートが巻き上げられる

3馬力タイプでも乾燥は可能である。ただし，庫内の空気はできるだけ動かすほうがよいので，送風機などを用いて空気を動かすようにする。
　除湿機のセッティング位置は，施設の大きさやパレットの配置により，庫内の一方の壁面に設置するときと中央に設置する場合とがある。タマネギの入出庫にじゃまにならないように，

349

個別技術の課題と検討

平面図

① 一般的に行なわれている配置

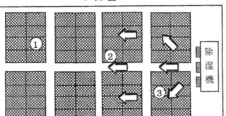

場所別庫内湿度の変化　　　　　　　　　（単位：％）

|  | 入庫直後 | 24時間後 | 36時間後 | 48時間後 | 60時間後 |
|---|---|---|---|---|---|
| 入口① | 100 | 95 | 77 | 70 | 59 |
| 中間② | 100 | 80 | 62 | 55 | 50 |
| 奥　③ | 100 | 88 | 74 | 68 | 57 |

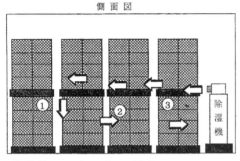

側面図

①②③は，温度・湿度の測定位置

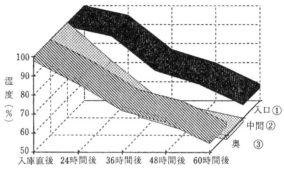

倉庫内の場所別湿度の変化

平面図

穴あきフィルムダクト　フレキシブルダクト

② モデル的なダクトの配置

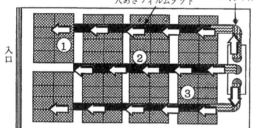

場所別庫内湿度の変化
改善モデル　　　　　　　　　　　　　　（単位：％）

|  | 入庫直後 | 24時間後 | 36時間後 | 48時間後 | 60時間後 |
|---|---|---|---|---|---|
| 入口① | 100 | 89 | 75 | 69 | 61 |
| 中間② | 100 | 88 | 78 | 67 | 63 |
| 奥　③ | 100 | 90 | 76 | 70 | 60 |

側面図

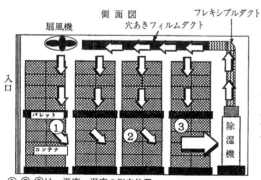

①②③は，温度・湿度の測定位置

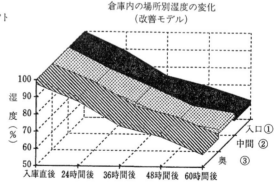

倉庫内の場所別湿度の変化
（改善モデル）

　一般的に行なわれているダクトの配置は，各場所により湿度の変化に差があり，タマネギの乾燥にムラがでる可能性がある。これにくらべモデル的なダクトの配置は，各場所の差が少なく，均一に乾燥していることがわかる。

第9図　送風ダクトの配置のちがいによる庫内の湿度変化

機械・資材利用

第10図　壁面の中央に設置された除湿機

第11図　キャスターを付け施設の中央に設置した除湿機

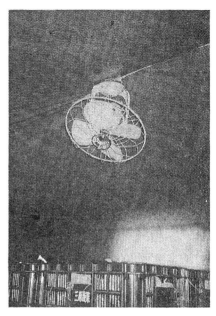

第12図　天井に取り付けられた送風ファン

入り口とは反対側の壁面の中央に設置するのが一般的である（第10図，第11図）。

中央に設置するときは，頻繁に移動することが必要なため，除湿機の台にキャスターを付けておくと便利である。

送風ダクトの接続方法は，除湿機の上部から天井部までフレキシブルダクトを取り付け，そこに穴あきのポリフィルムダクトをつなぎ，庫内に均一に乾燥した空気が吹き出されるように設置する（第9図）。

最も乾燥が遅いのは，除湿機とは反対側の下段部のタマネギであることから，その部分の空気が動くように天井などに送風ファンを取り付ける（第12図）。

ダクトの効率的な配置や送風ファンの設置により，庫内のタマネギを均一に乾燥することができ，むだなエネルギーの投入が少なく，効率的に乾燥できる（第9図）。

（4）温度および湿度の管理

タマネギの乾燥に使用する除湿機は，セパレートタイプではなく，コンプレッサと熱交換機などが一体になったモデルであるため，除湿機の吹出し空気温度は吸込み空気温度より高い温度で吹き出され室温が上昇する。

通常は5～10℃程度高い空気が吹き出され，庫内の温度が35℃以上になるときがあるので（35℃以上になると黒かび病が発生しやすくなり，タマネギの品質が低下），除湿機の運転は送風のみにし，シートを巻き上げ換気を行なう（第13図）。35℃以上になるのは晴天の日の昼間であることから，外気の湿度も低くなっていることが多く，換気を行なっても問題はない。そのとき除湿機の送風ファンのほか，別に設置した送風ファンも運転は止めないで，空気を動かせるようにすることが重要である。

なお，冷蔵庫内でコンプレッサー体型の除湿機を用いてタマネギを乾燥すると，気密性と断熱性が高いために庫内の温度が上昇しやすく，冷蔵庫の冷凍機で温度の上昇を抑えようとするときは注意が必要である。小さな冷蔵庫であると，冷凍機の負荷が大きくなるので，冷却運転

個別技術の課題と検討

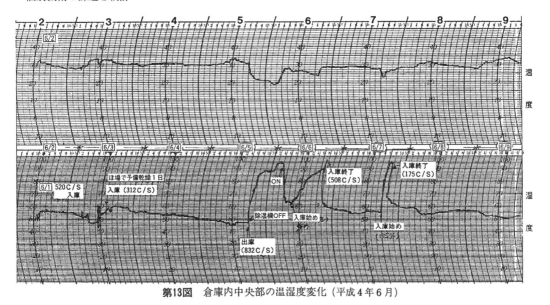

第13図　倉庫内中央部の温湿度変化（平成4年6月）

第1表　タマネギの重量変化

（平成4年6月）

|  | タマネギの重量 | 備考 |
|---|---|---|
| 入庫時 | 179.5kg（10ケース）（100.0） | |
| 出庫時 | 174.1kg（10ケース）（97.0） | 入庫後4日 |

（平成5年6～9月）

|  | 除湿乾燥 | 吊り貯蔵 |
|---|---|---|
| 入庫時(6/5) | 202.9kg（100） | 68.5kg（100） |
| 出庫時(6/9) | 192.0　（94.6） | |
| 出荷時(9/1) | 168.1　（83.0） | 57.6　（84.1） |
| 備　考 | コンテナ10ケースの重量 | 吊りタマネギ10束の重量 |

のできるセパレートタイプの除湿機を設置するほうがよい。

### (5) 重量の変化（水分減少率）

　水分の減少率は、平成4年の調査で3％、5年で5.4％となった（第1表）。このように差が出たのは、入庫時のタマネギの水分状態によるもので、平成4年は葉が黄変したものを入庫しており、5年はタマネギの葉が青い状態で入庫している。

　2か年にわたる調査の結果から、除湿乾燥時の水分減少率は最大6％とみて間違いないと思われる。すなわち、圃場で予備乾燥を充分行なったタマネギの場合は3％程度で、収穫後すぐに入庫したものは6％程度減少する。たとえば、14t（本田約20a分）のタマネギを乾燥するためには、予備乾燥したもので420l、予備乾燥が不充分なもので840lの水分を取り除くことになる。

　除湿機の能力は、5馬力タイプ（圧縮機3.75kW）で、庫内の温度（室温）が25℃、相対湿度80％のとき、1時間に除湿する能力は約10lとなっている（第14図）。予備乾燥が不充分なタマネギを入庫し、840lの水分を取り除くときには、連続して84時間（3.5日）連続して運転する必要がある。これに対して予備乾燥を充分に行なったものは、420lでよいため、42時間（約2日）の連続運転で乾燥できる。

　上記の計算は、外気の流入がない場合であるため、実際にはこれ以上に時間がかかり、仮に電気料金の差額を算出すると、約2,600円になる。

　（圧縮機3.75kW＋送風機0.7kW）×12.9
　円/kWh×（84時間－42時間）×1.08（消
　費税）＝2,604円

　このことからも、圃場での予備乾燥がコスト低減の手段であることがわかる。

### (6) 貯蔵性

　平成5年の場合、除湿乾燥により大きく貯蔵性が向上している（第2表）。

　貯蔵性が向上したのは、除湿機により庫内の湿度が低下し、タマネギの葉鞘部が吊り貯蔵に

くらべ早く乾燥したことが大きく影響したと思われる。

タマネギの球は葉の一部であることから、収穫後、葉の切り口から球内に病原菌が侵入し腐敗を起こし貯蔵性低下の原因となっている。すなわち、病原菌が葉の切り口から侵入する前に葉鞘部が乾燥することにより、菌の侵入が阻止でき、貯蔵性が向上したものと思われる。

平成5年は6月から8月にかけて異常気象による長雨により空気湿度が高く、吊り貯蔵のタマネギに多くの病害が発生した年であり、除湿乾燥システムは、外気がいかなる状態でも強制的に乾燥できる効果がよく表われている。

冷蔵中の貯蔵状況の調査においても除湿乾燥の貯蔵性がよく、除湿乾燥の効果が大きい。

### (7) 内容成分の変化

乾燥方法のちがいによる内容成分について差はなく、むしろタマネギの大きさが大きく影響する（第3表）

### (8) 生産コスト

#### ①労働時間

除湿機を用いたタマネギの乾燥は、従来から行なわれてきた吊り小屋乾燥にくらべ収穫から収納までの労働時間は46％の省力化が可能となっている。

また、乾燥ハウスの場合は、ハウスの上部と下部の温度格差があり乾燥にムラができるため上下の積み替えを行なう必要がある。このため、除湿乾燥システムのほうが3時間（10％）労働時間が少なくなっている（第4表）。

#### ②電気料金

電気料金のコストを計算すると10a当たり約9,100円で、コンテナ400ケースと仮定すると1ケース約23円となる（第5表）。

#### ③生産コストの試算

吊り小屋貯蔵と除湿乾燥貯蔵の経営試算は、

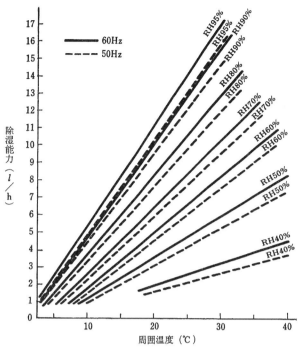

第14図　除湿機の能力線図（5馬力タイプ）
（KFH－5C1より引用）

第2表　貯蔵性の比較

（平成5年9月1日調査）

| | 調査球数 | 健全球数 | 病害球数（B.アリー，細菌性） |
|---|---|---|---|
| 吊り貯蔵 | 242 (100) | 207 (85.5) | 35　(　7　,　28　) (14.5) |
| 除湿乾燥 | 291 (100) | 265 (91.0) | 12　(　0　,　12　) (9.0) |

（平成6年1月20日調査）

| | 調査球数 | 健全球数 | 病害球数（B.アリー，細菌性） |
|---|---|---|---|
| 吊り貯蔵 | 285 (100) | 246 (86.3) | 39　(　21　,　18　) (13.7) |
| 除湿乾燥 | 263 (100) | 242 (92.0) | 21　(　12　,　9　) (8.0) |

注　栽培品種：'もみじ3号'，収穫：6月8日，冷蔵入庫：9月1日

第6表のようにいずれの方法も大きな経営費の差はないものの、吊り小屋貯蔵を行なうためには、多くの労働時間を要するため雇用の労働力が必要となり、雇用賃金の経営費に占める割合が上昇しつつある（第6表③）。さらに近年、雇用労働力の不足が問題となっており、除湿機によるタマネギの乾燥システムは、この問題の解決策のひとつとなると思われる。

また、平成5年のような異常気象の年でも安

個別技術の課題と検討

第3表 タマネギの内容成分の変化

|  | 単位 | 平成5年9月19日 | | 平成6年1月27日 | |
|---|---|---|---|---|---|
|  |  | 吊り貯蔵 | 除湿乾燥 | 吊り貯蔵 | 除湿乾燥 |
| 球重 | g | 277.7 | 328.2 | 267.8 | 282.2 |
| 乾物率 | % | 8.61 | 8.54 | 7.84 | 7.32 |
| 水分率 | % | 91.39 | 91.46 | 92.16 | 92.68 |
| 糖度 | Brix | 8.8 | 8.2 | 8.1 | 7.4 |
| 糖の組成 |  |  |  |  |  |
| 　果糖 | % | 2.66 | 2.09 | 2.30 | 2.28 |
| 　ブドウ糖 | % | 2.61 | 2.04 | 2.97 | 2.24 |
| 　還元糖 | % | 5.27 | 4.13 | 5.27 | 4.57 |
| 　ショ糖 | % | 1.64 | 2.03 | 0.74 | 0.67 |
| 全糖 | % | 6.91 | 6.17 | 6.01 | 5.19 |
| pH |  | 5.59 | 5.54 | ― | ― |
| 酸 | % | 0.082 | 0.094 | 0.072 | 0.073 |
| EC | mS | 7.20 | 6.08 | 6.28 | 5.88 |
| 水溶性 |  |  |  |  |  |
| 　カ リ | ppm | 1,550.9 | 1,218.6 |  |  |
| 　マグネシウム | ppm | 50.7 | 48.0 |  |  |
| 　カルシウム | ppm | 77.4 | 99.5 |  |  |

収穫：平成5年6月8日，品種：'もみじ3号'，冷蔵入庫：9月1日
分析：兵庫県立中央農業技術センター　経営実験室

第4表　収穫から収納までの労働時間
(10a当たり時間)

|  | 吊り小屋 | ハウス乾燥 | 除湿乾燥 |
|---|---|---|---|
| 準　　備 | 1.0 | 2.0 | 2.0 |
| 抜　取　り | 7.0 | 7.0 | 7.0 |
| 葉のタッピング | 1.0 | 1.0 | 1.0 |
| 結　　束 | 24.0 | ― | ― |
| コンテナへの収納 | ― | 9.5 | 9.5 |
| 小屋への収納 | 13.0 | 5.0 | 5.0 |
| 積　替　え | ― | 3.0 | ― |
| 休　　憩 | 4.0 | 2.5 | 2.5 |
| 合　　計 | 50.0(100) | 30.0(60) | 27.0(54) |

注　( )は吊り小屋貯蔵を100としたときの割合，休憩は，2時間に15分

定した貯蔵を行なうことができ，品質向上による生産の安定がはかれる効果も合わせてもっている。

④除湿機導入による最低限界販売単価

市場販売価格が1kg当たり65円（20kg段ボールにして1,300円）以下となると，除湿機の償却コストがでないため赤字となることが予想される。この試算は，収量6,750kg/10aとしたものであり，収量が低下すると販売単価をさらに高める必要がある。

これからのタマネギ流通は，国内価格とのかねあいにより海外から周年輸入される状況にあり，生産コストをいかにして下げるかが課題となる。

そのためにも新しいシステムの導入前には，経営試算を充分に行なうことが必要である。

(9) まとめ

このシステムで乾燥させたタマネギは，貯蔵性がよいと農家からの評価も高い。貯蔵性が向上したのは，除湿乾燥によりタマネギの葉鞘部が早く乾燥したことが大きく影響している。すなわち，病原菌が葉の切り口から侵入する前に葉鞘の部分が乾燥することにより，菌の侵入を阻止したために貯蔵性が向上したものと考えられる。

これらのことから除湿機によるタマネギの乾燥は，今後タマネギの乾燥方法のひとつとして淡路島をはじめとして西日本地域のタマネギ産地に普及するものと思われる。

除湿機によるタマネギ乾燥のポイントをあげると，以下のようである。

①ビニルシートなどを用いて，庫内に湿った空気が入らないようにする。シートのすそは，鉄パイプなどで空気が入らないように押さえて

第5表　電気料金のコスト試算

(本田60a，コンテナ2,400ケースを3.5日，84時間除湿器を稼働させるとき：ただし，1日10a収穫し，毎日400ケースずつ収納する。機械の力率は91％であるため5％割引。使用期間は，5月下旬から6月上旬。5kW契約)
【使用料金】
〔(圧縮機3.75kW＋送風機0.7kW)×12.9円/kWh×252時間〕×0.95（力率割引）＝13,742円
【基本料金】
1,058円/kW×5kW×2か月＋1,058円/kW×5kW×10か月×0.5（基本料金半額）＝37,030円
【合　計】
(13,742円＋37,030円)×1.08（消費税）＝54,833円（本田60a：コンテナ2,400ケース）関西電力の料金体系による試算

機械・資材利用

**第 6 表**　除湿乾燥システムに必要な機械，資材と経営の試算　　　　　（1994年当時）

前提条件：乾燥に必要な建物施設は，既存の収納倉庫または吊り小屋を使用
　　　　　収量は，10a当たり7,000kg（貯蔵時のコンテナ数量400ケース）

①タマネギ除湿乾燥技術導入に必要な機械，資材（本田60a）

| 機械，資材 | 規　格 | 必要数量 | 単　価 | 新調価格 |
|---|---|---|---|---|
| 除湿機 | 3.75kW | 1台 | | 600,000円 |
| フォークリフト | 1.5t | 1台 | | 1,300,000 |
| パレット | | 60枚 | 4,000円 | 240,000 |
| ビニルシート | | 1枚 | | 122,500 |
| プラスチックコンテナ | 20kg入り | 2,400個 | 510 | 1,224,000 |
| 工事費他 | | | | 100,000 |
| 消費税 | | | | 107,595 |
| 合　計 | | | | 3,694,095 |

②経営の試算
ア）吊り小屋貯蔵の経営試算
【資本装備】

| 資産名 | 規　模 | 新調価格 | 耐用年数 | 10a当たり負担額 | | |
|---|---|---|---|---|---|---|
| | | | | 負担率 | 新調価格 | 減価償却費 |
| 建物・施設 | | | | | | |
| 　作業場兼収納舎 | 60m² | 2,880,000円 | 26年 | 3% | 86,400円 | 2,991円 |
| 　吊り小屋 | 80m² | 2,000,000 | 15 | 17 | 340,000 | 20,000 |
| 　小　計 | | 4,880,000 | | | 426,400 | 22,991 |
| 機械 | | | | | | |
| 　トラクタ | 22PS | 2,100,000 | 8 | 3 | 63,000 | 7,088 |
| 　動力噴霧機 | 2.8PS | 220,000 | 5 | 8 | 17,600 | 3,168 |
| 　管理機 | 3PS | 155,000 | 5 | 3 | 4,650 | 837 |
| 　刈払い機 | | 60,000 | 5 | 3 | 1,800 | 324 |
| 　軽貨物自動車 | 660cc | 620,000 | 4 | 3 | 18,600 | 4,185 |
| 　小　計 | | 3,155,000 | | | 105,650 | 15,602 |
| 合　計 | | 8,035,000 | | | 532,050 | 38,593 |

【経営試算】（10a当たり）吊り小屋貯蔵

| 項　目 | 金　額 | 算　出　基　礎 |
|---|---|---|
| 粗　収　益 | 617,400円 | 出荷可能量6,300kg　販売単価 98円/kg |
| 粗　収　益　計 | 617,400 | |
| 資　材　費 | | |
| 　種苗費 | 14,000 | 種子　4dℓ |
| 　肥料費 | 19,060 | 土壌改良材，化成肥料 |
| 　農薬費 | 15,780 | 殺菌剤，殺虫剤，除草剤 |
| 　諸材料費 | 6,500 | ナル，こも，ビニルひも |
| 　光熱水費 | 3,630 | ガソリン，軽油 |
| 　小農具費 | 4,000 | 鍬，鎌 |
| 　荷造出荷費 | 100,233 | 段ボール箱，運賃，その他 |
| 　販売手数料 | 74,088 | 販売金額の12% |
| 賃　料　料　金 | 60,480 | 選果費，冷蔵費 |
| そ　の　他 | 4,000 | 研修費，被服費，その他 |
| 固　定　経　費 | | |
| 　修繕費 | 13,811 | 建物 負担新調価格　426,400×2%＝8,528<br>機械 負担新調価格　105,650×5%＝5,283 |
| 　支払利息 | 6,650 | 負担新調価格　532,050×1/2×1/2×5%＝6,650 |
| 　減価償却 | 38,593 | |
| 労　働　費 | 75,000 | 収穫貯蔵時のみの雇用　50時間　単価1,500円 |
| 経　営　費　計 | 435,825 | |
| 所　　得 | 181,575 | |

個別技術の課題と検討

イ）除湿乾燥貯蔵の経営試算

**【資本装備】**（除湿乾燥貯蔵）

| 資産名 | 規模 | 新調価格 | 耐用年数 | 10a当たり負担額 負担率 | 10a当たり負担額 新調価格 | 10a当たり負担額 減価償却費 |
|---|---|---|---|---|---|---|
| 建物・施設 | | | | | | |
| 　作業場兼収納舎 | 60m² | 2,880,000円 | 26年 | 3% | 86,400円 | 2,991円 |
| 　小　計 | | 2,880,000 | | | 86,400 | 2,991 |
| 機械 | | | | | | |
| 　トラクタ | 22PS | 2,100,000 | 8 | 3 | 63,000 | 7,088 |
| 　フォークリフト | 1.5t | 1,300,000 | 8 | 8 | 104,000 | 17,700 |
| 　除湿機（工事含） | 3.75kW | 700,000 | 10 | 16 | 112,000 | 10,080 |
| 　動力噴霧機 | 2.8PS | 220,000 | 5 | 8 | 17,600 | 3,168 |
| 　管理機 | 3PS | 155,000 | 5 | 3 | 4,650 | 837 |
| 　刈払い機 | | 60,000 | 5 | 3 | 1,800 | 324 |
| 　軽貨物自動車 | 660cc | 620,000 | 4 | 3 | 18,600 | 4,185 |
| 　小　計 | | 5,155,000 | | | 321,650 | 43,382 |
| 　合　計 | | 8,035,000 | | | 408,050 | 46,373 |

**【経営試算】**（10a当たり）除湿乾燥貯蔵

| 項目 | 金額 | 算出基礎 |
|---|---|---|
| 粗　収　益 | 658,560円 | 出荷可能量6,720kg　販売単価　98円/kg |
| 粗　収　益　計 | 658,560 | 貯蔵性の向上による出荷量の増加 |
| 資　材　費 | | |
| 　種苗費 | 14,000 | 種子　4dl |
| 　肥料費 | 19,060 | 土壌改良材，化成肥料 |
| 　農薬費 | 15,780 | 殺菌剤，殺虫剤，除草剤 |
| 　諸材料費 | 27,442 | こも，パレット12.5枚，コンテナ400個，ビニルシート |
| 　光熱水費 | 11,579 | ガソリン，軽油，電気(7,949円) |
| 　小農具費 | 4,000 | 鍬，鎌 |
| 　荷造出荷費 | 106,915 | 段ボール箱，運賃，その他 |
| 　販売手数料 | 79,027 | 販売金額の12% |
| 賃　料　料　金 | 64,512 | 選果費，冷蔵費 |
| そ　の　他 | 4,000 | 研修費，被服費，その他 |
| 固　定　経　費 | | |
| 　修繕費 | 17,811 | 建物　負担新調価格　86,400×2%＝1,728<br>機械　負担新調価格　321,650×5%＝16,083 |
| 　支払利息 | 5,100 | 負担新調価格　408,050×1/2×1/2×5%＝5,100 |
| 　減価償却 | 46,373 | |
| 労　働　費 | 40,500 | 収穫貯蔵時のみの雇用　27時間　単価1,500円 |
| 経　営　費　計 | 456,099 | |
| 所　　得 | 202,461 | |

③除湿乾燥システムの効果（除湿機によるタマネギの乾燥は得か損か？）
　　（本田面積60aのタマネギを貯蔵する農家の場合）

| | 吊り小屋貯蔵 | 除湿乾燥 | |
|---|---|---|---|
| 粗　収　益 | 3,704,400円 | 3,951,360円 | 腐敗率減少による販売増 |
| 経　営　費 | 2,614,950 | 2,736,594 | |
| 　（労働費） | (450,000) | (243,000) | 1時間1,500円で雇用 |
| 　（割　合） | (17.2%) | (8.9%) | 経営費に占める労賃割合 |
| 所　　得 | 1,089,450 | 1,214,766 | |
| 導入効果 | | 125,316 | |

おく。

　②1行程で入庫するコンテナ数は，予備乾燥できたもので2,500ケース以内（2,500ケースを2～3回に分けて入庫）にする（5馬力タイプの場合）。予備乾燥できていないものは，まとめて入庫すると除湿能力をオーバーするので1日に400ケース以内とする（20kg入りコンテナ）。

　③庫内の温度は35℃以上に上昇しないように注意する。35℃以上になるようであれば換気する。好天の昼間には，しばしば35℃以上になることがある。このようなときには昼間だけシートを巻き上げて換気を行なう。このとき除湿機の送風機（運転スイッチを送風にする）や室内に取り付けたファンをまわして庫内の空気が循環するようにする。

　④天井などに送風ファンをつけ，庫内の空気はできるだけ動くようにする（牛舎などに使用されている扇風機を活用し，空気のよどみがないようにする）。

　⑤コンテナを入れ替えるときは，入庫してから3～4日後に行なう。

　⑥コンテナを入れ替えるときのめやすは，タマネギの葉鞘部が一時軟化（ヌルヌルする状態）したあと，表皮が乾燥したときである。葉鞘部の中心部がわずかに水分があっても平年の気象条件であれば自然乾燥する。乾燥待ちのタマネギがないときは，葉鞘部を完全に乾燥させるほうがよい。

　⑦乾燥後のタマネギは，タマネギ小屋などに移し，風通しをよくしておく。少しぐらい雨にかかっても支障はない。乾燥後，倉庫で貯蔵するときは，窓を開けるなどして，風通しをよくする。

　⑧乾燥後，雨天がつづくときは再度除湿機に1日程度かけると貯蔵性が向上する。風通しの悪いところで貯蔵するときは，梅雨明けまで送風機を用いて自然乾燥を助ける。

　また，機械運転上の注意点は，以下のとおりである。

　①除湿機の電源を切ってから再度運転を再開するときは3分以上あける。

　②長期間の運転停止（シーズンのはじめなど）のあと再運転する場合は，運転スイッチを入れる4時間以上前に電源開閉器のスイッチを入れる。短期間の運転停止の場合は，電源開閉器の電源を入れたままにする。

　③エアフィルタの掃除は，こまめに行なう（3日に1回程度）。フィルタがつまると風量が減少し，乾燥能力が低下する。

### 3. 淡路島における近年の取組み

　除湿機による乾燥方法に加えてポリコンテナ（20kg）による自然乾燥や大型コンテナ（500kg）による収穫・乾燥など，乾燥方法は大きく変化してきている。

#### (1) 自然乾燥タイプ

　圃場で十分乾燥後，ポリコンテナに入れ，気象状況をみながら引き続き天日乾燥（2～3日）を行ない，倉庫や吊り小屋に収納し大型送風機（換気扇を改良したものなど）で約10日間風を当てて乾燥している農家もみられるようになってきた。しかし，雨天など湿度の高い天候が続くと外気の湿度が高くなり，コンテナ内部まで通風できないため乾燥が不十分になり，タマネギの肩の部分にシワやへこみが多く発生するというリスクを抱えている。

　また，葉がタマネギに付着し汚れることもあり，商品化率が低下するなどの課題がある。

#### (2) 除湿機と大型送風機による簡易型差圧通風併用タイプ

　ポリコンテナでの収納は前述のタイプと同じではあるが，除湿機と大型送風機を併用するもので，除湿機のみの乾燥システムより早く乾燥でき，乾燥時の天候に左右されない安定した乾燥システムである（第15，16図）。倉庫内で積み上げたコンテナをビニルやブルーシートなどで上面と前後面を被覆し，大型送風機（0.4～1.5kW程度のダクトファンや換気扇）で外気と除湿した空気を混合して強制的に吸引通風するシステムで，約40a分が一度に乾燥できる。

　除湿機を使用しないで強制通風システムのみで乾燥する方法についても試験を行なっており，

個別技術の課題と検討

第15図　大型送風機で強制的に吸引する

第16図　第15図の送風機を側面から見たようす
側面は密閉しないで除湿器から乾燥した空気を送り込む

外気湿度が低くなる天候では良好な結果が得られている。通風条件としては，空気の取入れ口での風速が0.3m/s以上であれば乾燥できると報告（竹川ら，2018）されている。

この差圧通風のシステムは「空っ風君（(有)TOMTEN）」として販売もされている。

中規模（2～3ha）タイプの農家では，歩行型ピッカーでポリコンテナに拾い上げるタイプに加えて，近年は，500kgの鉄コンテナを使用する農家も現われている。規模を拡大すると天候に大きく左右されない乾燥システムが必要で，小雨であっても収納する必要がある。このため，除湿機とセットになった強制通風システムの導入が最低限必要である。また，大型コンテナによる乾燥では，タマネギ掘取り時に，葉を長く（約20cm以上）すると葉がタマネギに付着して汚すことがあるのでとくに注意が必要である。

### 4．将来の方向

今後，タマネギの生産は青果用に加えて加工需要が増加してきており，中国をはじめとする外国産タマネギと国際競争しなければならない。そのためにも機械化体系による大型経営などさらなる生産コストの低減が必要である。

しかし，生産コストの低減にも限界があるため，外国産よりも品質面で有利（食味がよい）であるというセールスポイントをうまく活用して周年安定して供給（販売）することが重要である。しかし，西日本地域のタマネギは食味がよい反面，貯蔵性が低い（腐敗しやすい）という問題点があり，周年供給しにくい状態にある。

そのため，本稿で述べた乾燥システムは，貯蔵性向上のひとつの方法として導入するとともに乾燥したタマネギを速やかに（7月上旬までに）冷蔵庫に入庫することで貯蔵時の品質が大きく向上し，周年安定供給できると思われる。

執筆　奥井宏幸（兵庫県南淡路農業改良普及センター）

2018年記

### 参考文献

竹川昌宏・矢崎雅則・村上和秀．2018．簡易型通風での風速，温度が大型コンテナ収納タマネギの乾燥速度に及ぼす影響．園芸学研究．17，264．

北海道訓子府町　飯田裕之

# 北はやて2号，オホーツク222，北もみじ2000ほか　8月上中旬～9月どり

○積極的な土つくりによる安定生産
○環境に優しい持続可能な生産
○テンサイによる輪作

〈地域と経営のあらまし〉

## 1. 地域の特徴

### ①オホーツク地域におけるタマネギ生産

北海道オホーツク管内は，北海道の北東部に位置しており，オホーツク海に面した地域である。

管内の2016年産タマネギは，北海道における作付け面積および出荷量の5割以上を占め，10a当たり収量は北海道平均を2割以上も上回るなど，生産規模および生産量ともに日本一のタマネギ産地である（第1表）。

### ②JAきたみらいにおけるタマネギ生産

1）タマネギ生産の歴史

JAきたみらい管内（北見市，訓子府町，置戸町）のタマネギは1917（大正6）年に初めて試作され，大正期にはエンバク俵や木箱に詰めて出荷した。

作付け面積は，栽培技術が確立されて昭和30年代後半から徐々に増加し，昭和40年代に作業の機械化により急増した。1969（昭和44）年に販売供給体制が確立され，昭和40年代後半にタマネギ選別施設が整備されて以降，安定供給と品質向上を全面に掲げた取組みを実施している。

2）タマネギ生産条件

気象は，オホーツク海高気圧の出現により，極端な低温や日照不足によるたびたびの冷害，

### 経営の概要

| 立　地 | 北海道東部（常呂郡訓子府町）礫質褐色低地土 |
|---|---|
| 作目規模 | タマネギ1,000a，テンサイ200a |
| 労　力 | 家族労力4人<br>（季節雇用3人：5月，8～9月） |
| 栽培概要<br>（タマネギ） | 播種：2月下旬～3月上旬<br>定植：4月下旬～5月上旬<br>収穫：8月上旬～9月上旬 |
| 収　量<br>（過去3か年平均） | 極早生種：6,476kg/10a<br>早生種：6,006kg/10a<br>中晩生種：5,976kg/10a |
| 技術の特徴 | ・積極的な「土つくり」による安定生産<br>・環境に優しい持続可能な生産方法<br>・輪作による連作障害の回避 |

第1表　オホーツクにおけるタマネギ生産実績
（2016年産）

|  | 作付け面積<br>(ha) | 収　量<br>(kg/10a) | 出荷量<br>(t) |
|---|---|---|---|
| オホーツク | 7,738 | 6,403 | 492,970 |
| 北海道 | 13,867 | 5,035 | 766,782 |
| （北海道比） | 55.8% | 127.2% | 64.3% |

注　北海道農政事務所・統計情報より

晩霜・早霜や春先の強い南西風により風害を受けるなど，農業にとっては厳しい気象条件である。

土壌は，特殊土壌とよばれる泥炭土のほか，火山性土および台地土が大半を占める。

3) タマネギ生産実績

JAきたみらいは，オホーツク管内におけるタマネギ出荷量の約6割を占め，10a当たり収量は管内対比で105と，出荷量および生産力ともにオホーツクの主力産地となっている。

4) タマネギ生産の取組み

**高品質出荷を可能にする共選体制**　品質が高くて揃ったタマネギを出荷するため，生産されたタマネギの収穫物を各地区（上常呂，端野，北見，訓子府，温根湯，留辺蘂，相内）のタマネギ選果場に一元集荷して選別し，均一な品質調製に努めている（第1図）。

**活発な振興会活動**　夏は現地でタマネギを見ながら研修会を，冬は前年産の反省を踏まえた勉強会を行なっている（第2図）。また，毎年2月には，北見地区玉葱振興会青年部が主催し，北海道主要タマネギ産地の若手農業者も参加する「玉葱研究会」において，調査研究報告による資質向上とネットワークづくりに積極的に取り組んでいる。

さらには，農業試験場や普及センターと連携し，試験場・現地・農業技術センター（第3図）の各圃場における調査研究活動も積極的に行なっている。

以上のとおり，タマネギ収量および品質向上について，常に「高み」を目指して貪欲に取り組んでいる。

**出荷期間の延長**　近年は，府県産の生産量が不安定となっていることから，市場から極早期出荷を求められており，7月下旬に根切りを行ない8月上中旬に出荷している。また，貯蔵性の高い品種を用いて6月まで出荷する「おそ出し」にも取り組んでいる。

この出荷期間の延長に対応するため，大型コンテナ9,000基（約1.2万t）を収容できるタマネギ冷蔵貯蔵施設が2018年3月に完成した（第

第1図　タマネギ集出荷選別施設（訓子府町）

第3図　情報発信の拠点となっている「農業技術センター」の圃場

第2図　現地研修会で情報収集

第4図　2018年3月に完成した冷蔵貯施設

春まき秋どり栽培（北はやて2号，オホーツク222ほか）

**安全・安心なタマネギ生産** 化学肥料由来の窒素量と化学合成物質の使用回数を，北海道の慣行施用レベルより50％以上削減した「減農薬玉葱研究会（特別栽培農産物）」や，施肥および農薬の使用について環境に配慮した栽培を実施する「ECO玉葱部会（エコファーマー）」などに取り組んでいる。

## 2. 経営のあゆみ

### ①タマネギ主体の経営

飯田氏は，祖先が北海道に入植してから4代目に当たり，約30年前に経営を引き継いだ。経営を引き継いだあとも，家族労働力を中心としたタマネギ主体の経営を行なっている。

### ②クリーン栽培への取組み

1987年からクリーン農業栽培に取り組み，現在は，特別栽培農産物とエコファーマーの認証を受け，安全で安心なタマネギの供給に努めている。

### ③輪作への取組み

連作に由来する乾腐病および紅色根腐病の発生が増加傾向にあり，10a当たり収量が伸び悩み始めたため，2018年からテンサイを取り入れた輪作に取り組み始めた。

## 3. 経営の概要

### ①恵まれた立地条件

飯田氏が営農する訓子府町日出地区は，訓子府町の東部に位置し，土壌区分は下層30～60cm以内に礫盤層をもつ礫質褐色低地土で，一般的に透・排水性が良好な地帯である。

### ②町平均より小さい経営規模

経営面積は，約12ha（タマネギ10ha，テンサイ2ha）であり，訓子府町の平均規模（約20ha）より小さい（第2, 3表）。

### ③家族労働力を中心とした経営

労働力は，本人・妻・長男・長男の妻の4人が中心である。

## 4. タマネギ生産の概要

### ①意図ある品種構成

長期間にわたる安定供給を目指し，8月出荷の極早生種'北はやて2号'が15％，年内の安

第2表　訓子府町の専業・兼業別の農家戸数
(2015年)

| 総戸数（戸） | 専業農家（戸） | 兼業農家（戸） | |
|---|---|---|---|
| | | 第1種 | 第2種 |
| 316 | 190 | 96 | 26 |

注　2015年農林業センサスより

第3表　訓子府町およびJAきたみらい管内における耕地面積 (2015年)

| | 耕地面積(ha) | 農家戸数(戸) | 1戸当たり耕地面積(ha) |
|---|---|---|---|
| 訓子府町 | 7,060 | 316 | 22.3 |
| JAきたみらい管内 | 35,780 | 1,426 | 25.1 |

注　北海道農政事務所・統計情報より

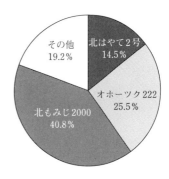

第5図　タマネギ品種別作付け面積 (2017年産)

第6図　タマネギ認証別作付け面積 (2017年産)

精農家の栽培技術

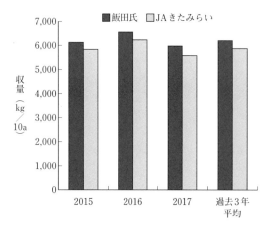

第7図　10a当たりタマネギ収量の推移と比較
（JAきたみらい実績より）

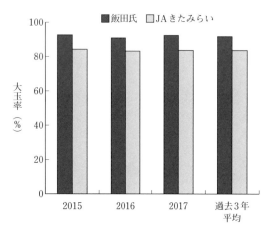

第8図　大玉率の推移と比較（JAきたみらい実績より）

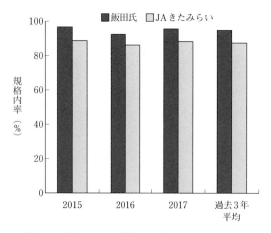

第9図　規格内率の推移と比較（JAきたみらい実績より）

定供給を目的とした早生種'オホーツク222'が26％，越年以降の安定供給を目的とした中晩生種'北もみじ2000'が40％，その他（試験品種など）が19％作付けされている（第5図）。

②安全・安心なタマネギ生産

農業試験場や普及センターなどの関係機関と連携した調査・研究・実践活動を行ない，下記の認証を得たタマネギ生産をしている（第6図）。

1）特別栽培農産物（以下，「特栽玉ねぎ」）

1987年から，訓子府町タマネギ生産者の有志数名で減農薬栽培に取り組み始め，その後は，クリーンなタマネギ生産の定着と消費需要の増加に対応すべく，飯田氏が中心メンバーとなって「減農薬研究会」を1992年に設立した。そして，2004年産からは農水省の特別栽培農産物新ガイドラインに基づいて栽培している。

2）ECOみらいたまねぎ（以下，「ECO玉ねぎ」）

2001年度からエコファーマーの認証を受け，施肥および農薬の使用について環境に配慮した栽培を実施している。その後，エコファーマー認証取得を推進し，2009年に「顔が見える＋声が届く商品づくり」をコンセプトにした「ECO玉葱部会（全会員がエコファーマーを取得）」を設立し，栽培基準に基づいて生産している。

③JA平均より高い収量性

1）10a当たり収量

「特別なことは何もしていない。当たり前のことを当たり前のようにやっているだけ」と話す飯田氏であるが，この基本技術の励行が，JAの平均収量より高い実績を出す理由の一つとなっており，10a当たり収量は，JAきたみらいにおける過去3年の平均対比で105となっている（第7図）。

2）大玉率（L規格以上）

高い収量性の理由は，高い大玉率にある。積極的な土つくりや基本技術の励行により，大玉率は，過去3年のJAきたみらい平均対比で110となっている（第8図）。

3) 規格内率

10a当たり収量や大玉率だけでなく，規格内率も過去3年のJAきたみらい平均対比で108となっている（第9図）。

〈技術の特色〉

1. 積極的な土つくりにより安定生産を実現

高品質で貯蔵性のよいタマネギを生産するために，良質堆肥の施用や極早生品種収穫後の後作緑肥の作付けなど，土つくりを基本としたタマネギ生産が行なわれている。

堆肥は，牛糞堆肥を毎年施用している。また，極早生品種収穫後に緑肥を作付けして秋にすき込むなど，積極的に有機物を施用している。

この土つくりにより，土壌物理性（とくに孔隙率）が向上し，タマネギの生育と収量の安定につながっている。

2. 環境に優しい持続可能な生産方法

出荷するタマネギのうち，「特栽玉ねぎ」が約26％，「ECO玉ねぎ」が約30％であり，出荷の半分以上が消費者の求める安全・安心なタマネギ生産になっている（第6図）。

①特別栽培農産物

施肥は，化学肥料由来の10a当たり窒素施用量を7.5kg以下とし，北海道の慣行施用レベルから50％以上削減している（第4表）。

防除は，化学合成物質の成分使用回数を14回以内とし，北海道の慣行施用レベルから50％以上削減している（第4表）。散布回数50％以上を削減するための工夫は，次の3点である。

ア）育苗中の農薬散布は行なわない。

イ）手取りおよび機械除草を基本とし，除草剤の使用は極力ひかえる。

ウ）移植時期，生育状況，病害虫発生状況をよく観察し，圃場ごとに散布時期を決定する。

施肥および防除基準は，最大の使用量および回数であるため，極力減らすように努めている。

②エコファーマー

施肥は，化学肥料の窒素施用量を北海道の慣行施用レベルから40％削減している。しかし，化学肥料削減に伴う窒素量だけでは生育量が不足するため，生育に必要な窒素量を有機質肥料で補っている（第5表）。

防除は，化学合成物質の成分使用回数を，北海道の慣行施用レベルからおおむね35％削減

第4表　「特栽玉ねぎ」の施肥および防除基準

| | 施肥基準 | | 防除基準 | |
|---|---|---|---|---|
| | 化学肥料由来窒素量上限値 | 北海道慣行値 | 使用回数（成分）上限値 | 北海道慣行値 |
| 極早生 | 10kg/10a | 20kg/10a | 14回 | 28回 |
| 早　生 | | | | 28回 |
| 中晩生 | | | | 30回 |

注　JAきたみらい資料より

第5表　「ECO玉ねぎ」の施肥および防除基準

○施肥基準

| 基準項目 | 10a当たり施用量 |
|---|---|
| 化学肥料 | 窒素上限値　　10.0kg |
| 有機質肥料 | 窒素施用量　　1.0kg以上 |
| 堆　肥 | 2t以上〜4t以下 |

○防除基準

| | 成分使用回数上限値 | | | | 北海道慣行値 |
|---|---|---|---|---|---|
| | 殺菌剤 | 殺虫剤 | 除草剤 | 合計 | |
| 早　生 | 11回 | 5回 | 3回 | 19回 | 28回 |
| 中晩生 | | | | | 30回 |

注　JAきたみらい資料より

第10図　輪作作物にテンサイを導入
左：タマネギ，右：テンサイ

している（第5表）。

### 3. 輪作にチャレンジ

#### ①導入作物はテンサイ

地域において連作が一般的に行なわれているなかで，連作障害の回避を目的に，2018年からテンサイ2haを輪作作物として導入した（第10図）。数ある輪作作物候補の中からテンサイを選択した理由は，次のとおりである。

ア）購入苗を利用できる。

イ）収穫時期が晩秋でタマネギ管理作業と競合しない。

ウ）比較的手間がかからない。

#### ②期待される効果

この輪作により，土壌物理性の改善と土壌化学性のバランスが保たれ，さらに，極早生種で問題となる乾腐病を減少させ，収量性の向上につながると期待される。

#### ③今後の輪作計画

今後のテンサイ作付け面積の拡大は計画しておらず，2haのテンサイを約10haのタマネギ圃場に5年に1回のローテーションで作付けしていく予定である。

〈栽培技術〉

飯田氏のタマネギ栽培暦は第11図のとおりである。

### 1. 品種の選定

#### ①優先順位の第1位は耐病性

品種の選定条件にかかる優先順位は，第1位が耐病性（とくに乾腐病），第2位が外観品質，第3位が収量性である。とくに極早期出荷で生産する品種は，気象条件や品種特性により耐病性が低くなる傾向にあるため，耕種的防除技術の確立や耐病性が高い品種開発および導入が課題となっている。

#### ②作付け面積の第1位は北もみじ2000

作付け品種の割合は，耐病性・収量性・貯蔵性が安定している'北もみじ2000'（中生品種）がもっとも多く，次いで'オホーツク222'である（第5図）。各品種は，極早期出荷の'北はやて2号'が8月から始まり，9月からの年内出荷は早生品種の'オホーツク222'，越年後は中生品種の'北もみじ2000'の順に出荷されていく。

#### ③新品種および新系統の積極的な試作

旺盛な好奇心と探求心，そして周りが認める技術力の高さから，新品種および新系統の試作を積極的に行なっている。試作で得られた結果は，隠すことなく情報提供を行ない，地域のタマネギ生産者の品種選定に活用されている。

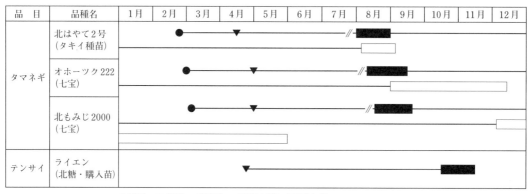

第11図　飯田氏のタマネギ栽培暦

## 2. 育苗

### ①播種作業

使用する育苗ポット・培土・播種機は，みのる産業（株）の製品である。

播種時期は，極早期出荷に対応する2月下旬の極早生品種から始まり，その後は品種の早晩性に合わせて順次行ない，3月上旬に終えている。

播種は，苗箱供給→土詰め→播種→覆土→灌水まで自動で行なう全自動播種機を使用し，家族4人で行なっている。

苗床づくりは，前年秋に有機質肥料と微量要素資材を施用し，育苗時における生育不良の原因の一つである苗床の凹凸がないように注意しながら正転ロータリで混和し，混和後に根切りネットを設置している。

苗並べは，根切りネットの上に苗箱を並べ，灌水ムラや生育不良による成苗率の低下を回避するため，踏み板でポットと土壌を十分に圧着させるよう，しっかりと踏み込むようにしている。

苗並べ後は，シルバーポリトウでべたがけ被覆し，さらに，シルバーポリトウや保温資材でトンネルを設置する（第12図）。

### ②育苗管理

移植時の苗質は，大苗にしすぎると抽苔発生率が高まるおそれがあるため，「育苗日数55～60日」，移植時の苗質目標を「葉鞘径4mm」「生葉数3葉以上」「苗一本重4～6g」に設定して管理している。

播種後は，とくに苗やけを発症しないよう，トンネル内の温湿度に留意している。そのため，90％以上の発芽を確認後にべたがけ被覆のシルバーポリトウを除去している。トンネルは，天候に合わ

第12図　苗並べ後のシルバーポリトウによる「べたがけ被覆」

第13図　剪葉機による「ひと手間」が良苗をつくる

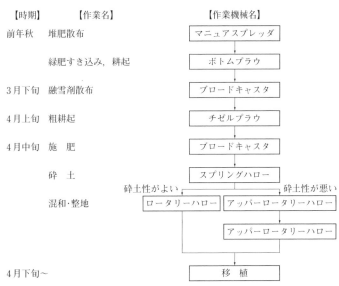

第14図　移植床づくりの概要

せて手動で開閉している。

灌水は，基本的に「乾いたら」行なっている。灌水量は，生育ステージや生育状況をよく観察しながら行ない，徒長させないよう一度に多量の灌水は行なわないようにしている。

温度管理は，発芽までは高めにするが，発芽後は葉齢に合わせて下げていき，換気も併せて行なうことで「堅くて締まった」苗づくりに努めている。

剪葉は，曲がり苗の回避と生育促進を目的に剪葉機で行なっている。剪葉時は，新葉を傷つけないよう注意しながら必要に応じて実施している（第13図）。

### 3．移植準備

#### ①移植床づくり

飯田氏の移植床づくりの概要を第14図に示した。

1）タマネギづくりは，前年秋から始まっている

**積極的な堆肥の施用** 訓子府町の酪農家から購入した牛糞堆肥を，マニュアスプレッダで毎年10a当たり3t以上施用している。

**後作緑肥の作付け** タマネギ収穫後の圃場に後作緑肥を導入している。播種晩限を9月10日として，8月はエンバク，9月はライムギを播種し，生育量を十分に確保してから秋にすき込んでいる。

**明確な意図に基づいた耕起作業** 耕起は，前年の秋に根域拡大，透・排水性向上，融雪水の排水促進を目的としてボトムプラウを毎年施工している。

2）意図をもった移植床づくり

越年後は，前年秋のボトムプラウ施工と融雪水による土塊を砕くため，スタブルカルチ（チゼルプラウ）で粗耕起をしている。

粗耕起後は，土壌診断結果と各認証制度に基づいて設定した施肥量（第6～8表）をブロードキャスタで施肥し，その後，整地性能も高いスプリングハローで砕土を行なっている。

砕土後は，各圃場の砕土性に合わせて回数と作業機械を，次のように変えて移植床を仕上げている。

ア）砕土性がよい圃場は，正転ロータリーハローを1回。

イ）砕土性が悪い圃場は，逆転（アッパー）ロータリーハローを2回。

これらの工夫により，移植精度の向上と転び苗の減少による補植時間の短縮につなげている。

#### ②移植精度向上のための，もう「ひと手間」

移植機の構造上，草丈17cm以上になると葉が絡んで移植精度が落ちるため，移植2日前までに剪葉機で草丈を17cm程度に，仕上げ剪葉している（第13図）。

### 4．本畑管理

#### ①移植は「慌てず，騒がず，早まらず」

**移植時期** 移植は毎年4月下旬の極早生品種から始まり，中晩生品種が終わるのは5月初旬である。以前，「慌てて，急いで」移植して初期生育不良により減収したという経験に基づき，移植開始は，初期生育に適した地温が確保される4月下旬から毎年行なっている（第15図）。

**栽植様式** うね幅120cm，株間11.5cm，条間27cmの4条植えで，10a当たりの栽植本数は，通路分を除くと約2万7,000本である。

#### ②移植後の管理

**除草剤の土壌処理** 各認証制度の防除基準に基づき（第9表），移植後の雑草発生前に均一

第15図 乗用型4条タマネギ移植機（ヰセキ社製）による移植作業（写真提供：北海道新聞社）

春まき秋どり栽培（北はやて2号，オホーツク222ほか）

**第6表　「特栽玉ねぎ」の施肥概要（2017年産）**

| 品種名 | 肥料取締法による区分 | 成分量（kg/10a） | | |
|---|---|---|---|---|
| | | 窒素 | リン酸 | カリ |
| オホーツク222（早生）<br>北もみじ2000（中生） | 高度化成肥料<br>特殊肥料<br>堆　肥 | 7.0<br>7.6<br>1.5 | 11.9<br>12.3<br>1.5 | 2.1<br>11.4<br>1.2 |
| 合　計 | | 16.1 | 25.7 | 14.7 |

注　JAきたみらい栽培履歴より

**第7表　「ECO玉ねぎ」の施肥および10a当たり成分量（2017年産）**　（単位：kg/10a）

| 肥料取締法による区分 | 北はやて2号（極早生） | | | オホーツク222（早生） | | | 北もみじ2000（中生） | | |
|---|---|---|---|---|---|---|---|---|---|
| | 窒素 | リン酸 | カリ | 窒素 | リン酸 | カリ | 窒素 | リン酸 | カリ |
| 化成肥料 | 9.6 | 12.8 | 9.6 | 10.0 | 17.0 | 3.0 | ― | ― | ― |
| BB肥料 | ― | ― | ― | ― | ― | ― | 7.2 | 14.4 | 3.0 |
| 単　肥 | ― | ― | ― | ― | ― | ― | 2.1 | ― | ― |
| 有機質肥料 | 4.6 | 13.6 | 5.2 | 4.6 | 13.6 | 5.2 | 4.6 | 13.6 | 5.2 |
| 堆　肥 | 2.0 | 2 | 1.6 | 2.0 | 2.0 | 1.6 | 2.0 | 2.0 | 1.6 |
| 合　計 | 16.2 | 28.4 | 16.4 | 16.6 | 32.6 | 9.8 | 15.9 | 30.0 | 9.8 |

注　JAきたみらい栽培履歴より

**第8表　慣行栽培タマネギの施肥および10a当たり成分量（2017年産）**
（単位：kg/10a）

| | 北はやて2号（極早生） | | | 北もみじ2000（中生） | | |
|---|---|---|---|---|---|---|
| | 窒素 | リン酸 | カリ | 窒素 | リン酸 | カリ |
| 化成肥料 | 12.0 | 16.0 | 12.0 | ― | ― | ― |
| BB肥料 | ― | ― | ― | 14.4 | 28.8 | 6.0 |
| 単　肥 | 2.1 | ― | ― | 2.1 | ― | ― |
| 有機質肥料 | ― | ― | ― | 4.6 | 13.6 | 5.2 |
| 堆　肥 | 1.5 | 1.5 | 1.2 | 1.5 | 1.5 | 1.2 |
| 合　計 | 15.6 | 17.5 | 13.2 | 22.6 | 43.9 | 12.4 |

注　JAきたみらい栽培履歴より

**第9表　各認証および慣行栽培における化学合成農薬の成分使用回数（2017年産）**

| | 特栽玉ねぎ | | ECO玉ねぎ | | | 慣行栽培 | |
|---|---|---|---|---|---|---|---|
| | 早生種 | 中生種 | 極早生種 | 早生種 | 中生種 | 極早生種 | 中生種 |
| 殺菌剤 | 7回 | 8回 | 7回 | 8回 | 9回 | 6回 | 7回 |
| 殺虫剤 | 2回 | 2回 | 1回 | 2回 | 3回 | 2回 | 4回 |
| 除草剤 | 1回 | 1回 | 3回 | 3回 | 3回 | 4回 | 4回 |
| 合　計 | 10回 | 11回 | 11回 | 13回 | 15回 | 12回 | 15回 |

注　JAきたみらい栽培履歴より

に散布している。雑草対策は，初期除草でほとんど決まるので，遅れず確実に実施できるようにしている。

**補植** 転び苗と欠株などの移植状況の確認をしながら，原則1回は行なっている。

**中耕・除草** 生育期における除草剤は，「特栽玉ねぎ」は手取り除草を基本としているが，その他の各認証制度や慣行栽培については防除基準に基づいて散布している（第9表）。また，除草剤散布後に残草が見られる場合は，手取り除草を実施している。

**病害虫防除** 病害虫の初発を逃さず，化学合成農薬の成分使用回数を必要最小限に抑えるため，次の3点に留意している。

ア）圃場観察をマメに行なう。

イ）関係機関から発出される営農情報や病害虫初発日情報を必ず確認する。

ウ）他生産者との情報交換を密にする。

散布する農薬や使用回数などについては，各認証制度や慣行栽培の防除基準に基づいて散布している（第9表）。

慣行栽培における化学合成農薬の成分使用回数も，北海道の慣行防除レベルより少なく，クリーンなタマネギ生産が行なわれている。

## 5. 収　穫

飯田氏の機械収穫体系を第16図に示した。

①収穫前の準備

1）根切り前のひと手間

根切り作業の効率化を目的に，根切り機の車輪幅の4うね分ずつの茎葉をまとめる葉分け作業を葉分け機で行なっている。このひと手間により，根切り機の車輪による茎葉のいたみを少なくし，作業効率を向上させている。

2）根切り作業

根切り作業は，タマネギ根切り機（ヰセキ社製）で行なっている（第17図）。

**極早期出荷に合わせて根切り開始** 8月の極早期出荷に向けて，7月下旬から極早生品種の根切り作業が始まる。通常は，圃場の80％が倒伏した倒伏揃いから5日目ころに行なうが，出荷時期が決まっているため，暦日で根切り作

第17図　根切り機による根切り作業

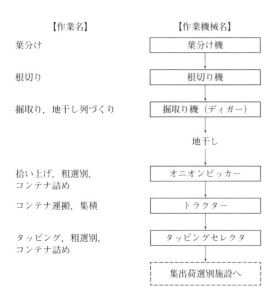

第16図　飯田氏のタマネギ機械収穫体系図

第18図　掘取り機（ディガー）による掘取り作業

業を行なっている。

極早生品種は，倒伏前に茎葉に多少青みが残った状態で根切りされるため，再び発根しやすいことから，根切り作業は2回行なう。

**極早期出荷以外は品種の早晩性に合わせる**

'オホーツク222'などの早生種は，倒伏揃い後7〜10日目ころ，'北もみじ2000'などの中生種は，倒伏揃い後10〜15日目ころを目安に1回実施している。

3）掘取り作業

タマネギは，根切りをしても半分以上は土に埋まっているため，タマネギ掘取り機（ヰセキ社製）で掘り起こしている（第18図）。この作業により，さらに乾燥を進めて品質および収穫作業効率の向上をはかっている。

②収穫

1）土壌水分が高いときは収穫しない

収穫は，晴天が続く日をねらってオニオンピッカー（ヰセキ社製）で行ない，収穫されたタマネギは，機械後方にある鉄製の大型コンテナ（以下，大コン）に入れられる（第19図）。

土壌水分が高いときに機械収穫すると，タマネギに泥を擦りつけて汚れて外観品質を落としてしまうため，必ず晴天日が続くときに行なっている。

2）圃場で風乾する

収穫後の大コンは，圃場で風乾している（第20図）。大コンは，収穫後の粗選別時に搬出しやすいように並べるが，風通しと乾燥促進のために各大コンの間隔を少なくとも30cm以上確保している。

風乾日数は，作業の進捗状況で多少は前後するが，おおむね品種の早晩性で決めている。極早期出荷に対応した極早生品種'北はやて2号'は約5日，早生品種'オホーツク222'は約10日，中生品種'北もみじ2000'は約20日であ

第19図　オニオンピッカーによる収穫作業

第21図　タッピングセレクタで残葉・残根の除去

第20図　風乾中の「大コン」詰めのタマネギ

第22図　タッピングセレクタの機上で粗選別作業

### ③粗選別

粗選別は，風乾後にタッピングセレクタ（キセキ社製）の利用により，根や残葉，石・小球・障害球が除去され，形の揃った高品質なタマネギが大コンに入っていく工程となっている（第21，22図）。

また，本人・妻・長男の妻の3人がタッピングセレクタの機上で粗選別を行ない，長男が圃場から風乾されたタマネギを運搬している。

## 〈今後の取組み〉

### 1. 高品質タマネギ生産技術の確立

飯田氏は，収量性については，北海道でもトップクラスのJAきたみらい平均を上回る実績をあげており，多少の残された課題はあるものの，安定生産技術に関してはおおむね確立されたと考えている。

このことから，今後取り組むべき課題は高品質なタマネギ生産技術の確立であり，高品質タマネギの目安と考える「外皮に張りがある」「玉締まりがしっかりしている」「光り輝いている」の3条件を揃えたいと考えている。そのためには，「積極的な土つくり」「十分な生育管理」「適期収穫」が重要と考えており，この3条件を満たすため，以下の3点について取り組んでいく。

#### ①「積極的な土つくり」への取組み

1) 有機物の施用

以前から継続的に実施している牛糞堆肥の施用および極早生品種圃場への後作緑肥作付けによる土つくりと土壌物理性の向上を，今後も継続していく。

2) 輪作の推進

2018年度から導入したテンサイは，病害発生量の低減による増収と土壌物理性の向上を目的に，今後も積極的に取り組んでいく。そして，関係機関と連携して導入効果を実証し，その効果の高さを明確化して，他の農業者への推進もはかっていきたい。また，テンサイ以外の第三の作物についても模索していく。

#### ②「十分な生育管理」への取組み

1) 圃場観察の徹底による適期作業

管理作業の遅れは，生育および収量の不安定要素の最上位である。初期作業の遅れがその後の作業に大きく影響を与えるため，移植・補植・手取り除草などを遅れずに適期に実施していく。

2) 圃場観察による初発期の把握と適期防除の徹底

タマネギは，病害虫の初発期を逸して防除に苦慮するほど，品質に影響を及ぼし，さらにはよけいな農薬費もかかり，経済性への影響が大きい。そのため，病害虫の初発期を確認して速やかに防除することが，高品質生産への分岐点と考えている。

このことから，病害虫や貯蔵腐敗の発生を抑えるため，徹底した圃場観察に努めていく。

#### ③「適期収穫」への取組み

適期収穫を実現するためには，その事前作業である根切りのタイミングが重要と考えている。根切りは，作業遅れや土壌条件が悪いときに実施すると，変形球や裂皮の発生，外皮が薄くなるなどの品質低下を招く。

このことから，倒伏や球肥大の状況を把握し，品種の早晩性や出荷計画なども考慮しながら，ベストなタイミングで根切り作業を進めていく。

### 2. 新たな技術へのチャレンジ

#### ①雪踏みによる土壌凍結深制御技術

雪踏みは，北海道における2017年度の指導参考事項「土壌凍結深制御技術による畑地の生産性向上」で実証された，畑作物およびタマネギの増収技術である。

この雪踏みは，飯田氏の住む訓子府町にある北見農業試験場が中心となって実証した技術で，農試周辺の畑作圃場において積極的に実施され，タマネギ農家においても着実に波及している。

この技術の実施によって期待されるおもな効果は，以下の3点である。

ア) 土壌凍結により，越冬後の肥料成分が流

亡しにくくなる。

　イ）春の砕土性が向上し，耕起や砕土にかかる時間が短縮される。

　ウ）上記により春作業の省力化につながる。

　飯田氏は，この雪踏みの実施効果について十分に理解し，2018年産に向けて2017年の冬に中晩生品種の圃場へ試行的に実施し始めた。今後も，積極的に実施効果の実証に取り組んでいる地域農業者と情報交換を密にしながら，積極的に取り組んでいきたいと考えている。

　②直播栽培

　近年の農家戸数は，訓子府町に限らず減少傾向にある。それに伴い1戸当たりの経営規模は拡大傾向にあり，直播栽培は規模拡大に対応した省力化技術の一つである。

　現在，飯田氏の生産計画において，大幅な規模拡大は予定していないが，今後に向けた準備として，直播栽培に対する先進事例や優良技術について，積極的な情報入手と検討をしている。

### 〈おわりに〉

　飯田氏は，北見地区におけるタマネギの生産性向上，付加価値向上，後継者育成などに大きくかかわっており，地域におけるリーダーとして，今後も北見地区タマネギ生産の振興に大きく貢献していくと期待される。

《住所など》北海道常呂郡訓子府町
　　　　　　飯田裕之（56歳）
執筆　佐々木康洋（北海道農政部生産振興局技術
　　　普及課北見農業試験場駐在）
　　　　　　　　　　　　　　　　2018年記

宮城県岩沼市　農事組合法人林ライス

# 秋まき用品種を生かして春まき栽培 10a 5.8t（もみじ3号，ネオアース）

○秋まき用品種で収量安定
○病害虫防除の徹底
○露地野菜年2作で経営安定化

林ライスの構成員

〈地域の概要とタマネギ導入の経緯〉

## 1. 地域の概要

宮城県岩沼市は，県庁所在地である宮城県仙台市の南方約18kmに位置し，市街地は西部の山岳地域から東部の太平洋岸に至るまでなだらかに広がった平野に展開する。県南部の交通の要衝であり，仙台空港，JR東北本線と常磐線の分岐点，国道4号・6号の合流点などが所在する。

年間平均気温は13.2℃，年間降水量は1,124mmであり（2016年），宮城県のなかでは冬の降雪量が少なく温暖な気候である。農業分野では，農地の80％を水田が占めることから基幹作物は水稲であり，そのほかに施設園芸（キュウリ，トマト，カーネーションなど）や露地野菜（ハクサイ，キャベツなど），畜産，果樹生産などが行なわれている。

2011年3月の東日本大震災により，耕地面積の64％に当たる1,206haの農地が浸水被害を受けた。その後の生産者，関係機関の努力，さらには日本全国からの復興支援によって農地の大部分が復旧し，現在は圃場の大区画化や低コスト生産体系などを導入することで，競争力のある土地利用型農業を目指している。

## 2. 経営体の概要

このような地域状況のなか，「農事組合法人林ライス」（以下，林ライス）は，岩沼市沿岸部の林地区の個人生産者5名が，震災後の地域農業の再生と農村を守ることを目指して2013年2月に設立し，東日本大震災復興交付金などを活用して，施設や機械を整備し営農を再開した。

林ライスは水稲，ダイズの生産と作業受託を担う生産法人であり，同法人の作付け面積は，2017年現在で水稲60ha（うち直播9ha），ダイズ15haとなっている。所有圃場のなかには，標準区画2haの大区画圃場を合筆し，一筆が6haとなる大区画圃場を造成し，水稲乾田直播栽培を導入するなど水稲部門の省力，低コスト化をはかっている。

また，経営の安定化のために露地野菜生産を導入し，経営品目の複合化にも取り組んでいる。2017年度には露地野菜3ha（キャベツ，タマネギ，ハクサイ，ブロッコリーなど）を作付けしている。

## 3. タマネギ栽培導入の経緯

一方，東日本大震災で被害を受けた沿岸地域の農林水産業の早急な復興を達成するため，国内の研究機関が既存の研究成果を結集させて現場向けに実用化する「食料生産地域再生のための先端技術展開事業」（以下，「先端プロ」という略称でよぶ）が2012年から始まり，林ライスは同事業のなかの「露地園芸技術の実証研究」の現地実証生産者として事業に参画し，2013年度以降，実際に露地野菜の生産に取り組み始めた。

林ライスで取り組む露地野菜の主要品目はキャベツである。これまでに春まき初夏どり作型，夏まき秋冬どり作型に取り組み，2017年度実績で約2haを作付けしている。2013年度から先端プロで「キャベツ機械化一貫体系」に取り組み，いち早くキャベツ収穫機（HC-125，ヤンマー株式会社製）を導入し，機械収穫・鉄コンテナ出荷にも試験的に取り組んできた。キャベツは大半が加工用（給食用，野菜カット製品用）に出荷されている。キャベツ出荷を始めたのち，取引先からの要望に応えるため2014年からハクサイ，ブロッコリーの生産を開始した。その後，露地野菜の持続的な生産のための輪作体系を求め，アブラナ科以外の露地野菜として2015年度から先端プロの実証試験としてタマネギ生産に取り組み始める。タマネギ作付け面積は2017年度が18a，2018年度は40aと，今後を見据えて徐々に拡大している。

〈宮城県におけるタマネギ作型と品種〉

## 1. 作 型

### ①秋まき栽培の課題

林ライスでは，春まき栽培（1月下旬播種，4月上旬定植，7月どり）によってタマネギ生産を行なっているが，宮城県内の一般的なタマネギ生産では，秋まき6月どり栽培（8月下旬播種，10月下旬定植，6月収穫，栽培期間約10か月）が慣行作型として定着している（第1図）。

2016年度時点で宮城県内のタマネギ栽培面積は192ha，平均収量2.6t/10aで東北地方のなかでは多いほうであり（第1表），秋まき6月どりの栽培に関しては国内の北限という見方もできる。秋まき栽培は県内でタマネギを生産するうえでは栽培期間が長く，球肥大を十分にさせて収穫できるため収量を確保できる作型であるが，以下のような営農上の課題があげられる。

1）播種・定植・収穫に適する期間がそれぞれ短いので専用機械の利用場面が年間のうちの一時期に限られ，それが制限要因となって機械の有効利用や栽培面積拡大をはかるのがむずかしい。

2）在圃期間が約8か月（10月下旬～6月中旬）と長いため，他作物との輪作が組みにくい。

3）定植後に冬季（12月～翌2月）に遭遇するため，低温や積雪，乾燥による株の枯死，抽苔が発生しやすい。

### ②春まき栽培のメリット

春まき栽培は，これらの課題を一気に解決できる新しい作型として期待されている。

宮城県での春まき栽培の基本作型は，1月下旬播種，4月上旬定植，7月収穫（栽培期間約6か月）である。春まき栽培には以下のようなメ

第1表 東北各県のタマネギ作付け状況
（平成28年度野菜生産出荷統計（農林水産省））

| 県 名 | 作付け面積 (ha) | 収量 (kg/10a) | 収穫量 (t) |
|---|---|---|---|
| 青 森 | 21 | 2,200 | 462 |
| 岩 手 | 73 | 2,120 | 1,550 |
| 宮 城 | 192 | 2,630 | 5,050 |
| 秋 田 | 35 | 1,050 | 368 |
| 山 形 | 41 | 1,660 | 677 |
| 福 島 | 143 | 1,900 | 2,720 |

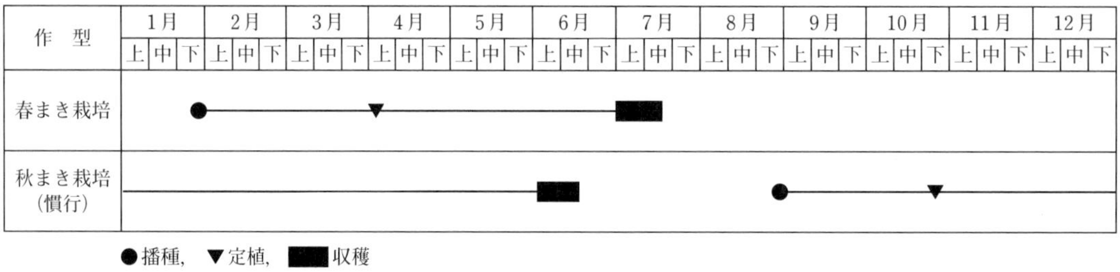

| 作 型 | 1月 | 2月 | 3月 | 4月 | 5月 | 6月 | 7月 | 8月 | 9月 | 10月 | 11月 | 12月 |
|---|---|---|---|---|---|---|---|---|---|---|---|---|
| | 上中下 | 上中下 | 上中下 | 上中下 | 上中下 | 上中下 | 上中下 | 上中下 | 上中下 | 上中下 | 上中下 | 上中下 |
| 春まき栽培 | ●──── | ──── | ──── | ─▼── | ──── | ──── | ■── | | | | | |
| 秋まき栽培（慣行） | | | | | | ──■ | | ●── | ──── | ──▼─ | ──── | ──── |

●播種， ▼定植， ■収穫

第1図 宮城県におけるタマネギの作型

リットが考えられている。

1) 春まき栽培では，秋まき栽培と播種・定植の時期が異なり，収穫時期は約1か月ずれるため，播種から収穫までの労力を分散できる。

2) 春まき栽培の基本的な栽培方法は秋まき栽培とほぼ同じであるため，秋まき栽培に使う機械はすべて春まき栽培に使い回せる（播種機，剪葉機，定植機，農薬散布機，収穫機，回収機，調製・選別機，乾燥機など）。

3) 収穫時期は秋まき栽培よりも3～4週間おそくなることから，販売計画を組むうえで有効である。

4) 圃場で低温に遭遇することがなくなるため，低温が原因の枯死や抽苔が発生しない。

5) 収穫終了後は圃場が半年間空くので，キャベツやブロッコリーなどの秋冬作の露地野菜を同じ圃場で栽培でき，それぞれの連作を回避しつつ農地を有効に活用することができる。

③両作型の共存

宮城県では，春まき栽培は慣行の秋まき栽培にとって代わるものではなく，両作型を共存させることによってお互いのメリットを享受できると考えている。したがって現状では，新規にタマネギ生産を始める経営体のほか，秋まき栽培を行なっているタマネギ生産者が規模拡大や機械・圃場の有効利用のため新しく春まき栽培に取り組むケースが多くみられる。

## 2. 品　種

県内慣行の秋まき栽培では，用いる品種は栽培様式や用途に応じて選択されているが，春まき栽培に用いる品種は秋まきとは異なる条件で選択されている。

### ①春まき栽培に向く品種の条件

宮城県での春まき栽培に向く品種としては，定植時期の4月から収穫する7月までの短い栽培期間内にりん茎部がよく肥大すること，病害が少なく貯蔵性がよいことが必要である。

2013年度から2017年度にかけて品種比較試験を行なったところ，宮城県の春まき栽培に対しては，春まき用品種よりも秋まき用品種のほうが生育が安定することがわかった（第2図，第2表）。

また，秋まき用品種のなかでも早晩性によって適性が異なり，短い栽培期間内にりん茎を肥大させるには早生品種がよいのではとも思われたが，早生品種は定植してから倒伏するまでの期間が非常に短く，りん茎部が十分に肥大しない傾向があった。逆に晩生品種は，倒伏までの期間が長く，梅雨期間中ずっと圃場で生育するため，降雨による病害発生のリスクが大きくなった。

### ②中生～中晩生で病気の少ない秋まき品種

したがって，春まき栽培には秋まき用品種の

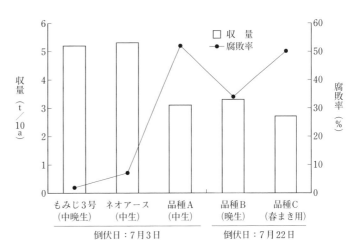

**第2図**　宮城県における春まき栽培での収量と腐敗率の品種間差

**第2表**　タマネギ春まき栽培における品種の早晩性の影響

| 品種名 | 倒伏日 | 球重 (g) | 腐敗率 (%) | 収量 (t/10a) |
|---|---|---|---|---|
| 品種D（早生） | 6/16 | 169.6 | 12.5 | 3.5 |
| 品種E（早生） | 6/16 | 173.7 | 8.5 | 3.8 |
| ネオアース（中生） | 6/30 | 243.8 | 5.6 | 5.5 |
| もみじ3号（中晩生） | 7/4 | 236.8 | 5.5 | 5.3 |

注　2017/1/27播種，4/11定植

うち中生～中晩生，加えて梅雨時期でも病害発生の少ない品種が適するという結論が得られた。

現状では'もみじ3号'（中晩生，（株）七宝），'ネオアース'（中生，タキイ種苗（株））といったおもに慣行秋まき栽培の加工・業務用途に用いられる品種を推奨している。これらの品種は収量性もよく，10a当たり5t以上の収穫が可能であり，秋まき栽培に見劣りしない収量を得られると考えられている。

〈技術導入のポイント〉

林ライスにタマネギを導入する契機となった先端プロでは，土地利用型経営体がタマネギ生産を導入するうえで考慮すべき特徴を以下のように設定していた。

**中規模機械化栽培体系であること**　「中規模」とは，現状のタマネギ用作業機械のなかでは比較的小型の歩行型機械（半自動移植機，収穫機，回収機）や他作物と共通利用できる機械（播種機，耕うん・施肥・うね立て作業機，防除機）を利用し，50a～2ha程度の栽培規模で取組みを始められる機械化体系のことであり，稲作経営体でも初期投資を抑えた体系で営農品目にタマネギを取り入れることができるように考慮していた。

**春まき栽培に取り組むこと**　主要穀物作（水稲，ダイズ，ムギ）と作業繁忙期が重ならない，同時に取組みを進めるキャベツなどのアブラナ科秋冬野菜と輪作できる，機械作業体系が整備されている，といったメリットを重視していた。

**加工・業務用の出荷に取り組むこと**　キャベツ同様，加工・業務用として販売先を確保できる，流通形態を調整することで収穫後の調製や選別を省力できる可能性がある，といったメリットを考慮していた。

〈栽培のポイント〉

林ライスの作型は，具体的には1月下旬播種，4月上旬定植，7月上旬倒伏，その後の収穫である。県内慣行作型とは違う作型であり，また林ライスではタマネギ生産は未経験であったこともあり，品種を検討する必要があったが，現在は加工利用向きで貯蔵性がよい'もみじ3号'を用いている。

栽培の各ステージごとのポイントは第3表に記載したが，とくに

1) 播種時期，定植時期に遅れないこと。
2) 育苗はハウス内無加温でよい。
3) 病害虫防除を徹底する。
といった点が重要である。

〈栽培方法〉

**1. 播種・育苗**

播種作業は1月30日ごろに行

第3表　宮城県でのタマネギ春まき栽培のポイント

| 栽培ステージ | 技術目標と栽培技術のポイント |
|---|---|
| 品種選択 | ・秋まき用品種のうち，早晩性が中生～中晩生のもの<br>・降雨による病害発生の少ないもの<br>・宮城県内では「もみじ3号」，「ネオアース」の使用が多い |
| 播種・育苗 | ・ハウス内で無加温で育苗できる<br>・直置き育苗すると，セルトレイ内の培地温を確保できる<br>・育苗日数は60日程度が標準で，育苗後半は剪葉と追肥を必ず行なう<br>・定植時苗の目標は，苗の太さ3mm，葉数3枚，根鉢のしっかりした状態 |
| 圃場準備，定植 | ・深耕や明渠，高うね形成などで排水性を確保する<br>・施肥は全量基肥施用，施肥量の目安は窒素成分量15kg/10aであるが土壌条件によって加減する<br>・定植はできるだけ早いほうが生育量を確保できる<br>・栽培様式は，条間24cm，株間11cmの4条植え |
| 定植後管理 | ・除草剤散布は適期を逃さないように注意する<br>・病害虫防除はこの作型のもっとも重要なポイント，5月中旬以降は週1回程度の間隔で収穫直前まで薬剤散布を行なう。とくに，べと病，細菌性の腐敗病，ネギアザミウマには要注意 |
| 収穫・乾燥・貯蔵 | ・倒伏後5～10日程度の間に，なるべく晴天の続く日を見つけて収穫する<br>・沿岸部はハウス内乾燥も可能であるが，内陸部は乾燥施設を利用する |

なっている。

このころの平均外気温は氷点下～5℃の厳寒期であるが，水稲育苗用のパイプハウスを利用し，育苗初期は農業用ビニールをトンネル被覆するなど保温に努めれば，無加温でも育苗は十分に可能である（第3図）。直置き育苗すれば，セルトレイ内の地温も確保できる。

また，水稲育苗前の1月～4月上旬までがタマネギ育苗にハウスを使用する期間であり，その後に同じハウスを利用して水稲育苗できることも水稲生産主体の経営体には大きなメリットである。

①**播種準備**

林ライスでのタマネギの育苗は，ハウス内にセルトレイを直置きする方法で行なうため，播種作業の前に育苗ハウス内の準備が必要である。

ハウス内の雑草を除去し，ハウス内土壌を耕うんしたあと，うね立てして育苗床をつくっておく。できれば播種数日前にはこの作業を完了しておき，ハウスは閉めきって地温を上げておく。

②**播　種**

播種は全自動播種機で行なっている。汎用性があり，セルトレイは128穴，200穴，288穴に対応できるため，林ライスでは年間にタマネギ，キャベツ，ブロッコリー，ハクサイの播種に使用している。

育苗培土はネギ用の培土を使用し，セルトレイへの充填と覆土に併用している。全自動播種機の作業工程にはセルトレイへの灌水も入っているが，機械播種後のトレイはすぐにハウス内に搬入して並べ，ムラがないように均一に灌水する。

③**ハウスでの育苗管理**

無加温ハウスでの育苗では，播種してから出芽が揃うまで12～15日程度かかる。播種後から出芽まではトレイ上にビニールなどを被覆して乾燥を防ぎつつ，培地温を下げないようにするが，育苗培土がある程度の水分を含むように，適宜灌水する。

春まき栽培の育苗では，3月以降の気温上昇とともに苗の葉長も伸び，3月中旬以降は剪葉と追肥が必要になる。剪葉は地上部が倒れる前に葉長15cmを目安に早めに行なう。剪葉の前日には必ず十分な量の灌水と農薬散布を行ない，剪葉は午前中の早い時間に葉身が硬く立ち上がっている状態で作業し，当日はできる限り切断部分を乾かすようにハウスサイドを開放して夕方まで通気させる。

追肥は3月以降の播種後40～50日経過したころから早めに行ない，液肥で均一に施用する。

定植時の苗質は，苗の地際の太さ約3mm，葉数3枚，草丈12～15cmに揃えること，セルト

第3図　直置き育苗

第4図　春まきの定植苗

レイから引き抜いたときに根鉢が崩れないこと、を良苗の目安としている（第4図）。

### 2. 圃場準備・定植

#### ①圃場条件

林ライスの圃場は岩沼市沿岸部に位置し、土壌はきわめて砂質であり、排水性がよく、うね立てなどの作業性がよい、一方で含有肥料は少なくCECが低いため肥料の流亡が多い、といった特徴がある（第4表）。

**第4表** 林ライスの土壌化学性の一例

| pH | EC (mS/cm) | 硝酸態窒素 (mg/100g) | 有効態リン酸 (mg/100g) | 推定CEC (meq/100g) | 推定塩基飽和度（％） |
|---|---|---|---|---|---|
| 5.85 | 0.04 | 1.4 | 12 | 8.1 | 80.3 |

#### ②圃場の準備

うね立て前には、サブソイラーによる耕盤の破砕、明渠を額縁に掘って周辺の排水路と接続させる、といった作業によって圃場の排水性を確保している。

#### ③耕起およびうね立て、施肥、うね立て同時うね内部分施肥機

林ライスでは、一度圃場全面をロータリーで耕起したあと、うね立て同時うね内部分施肥機でうね立てと施肥を同時に行なっている。タマネギは平高うね成形（うね天板90cm、うね高さ15cm）であるが、うね成形板を変えてキャベツなどのうね立て同時施肥（2うね同時整形）にも利用している機械である。マルチャーを装着すればマルチ展張も可能だが、林ライスではタマネギはマルチなしで栽培している。

施肥は基肥のみとしている。春まき栽培は収穫までの期間が短いため、圃場での追肥は行なわない。また、砂質土壌であり肥料成分が流亡しやすいことを考慮して、肥料施用量は窒素成分量で20kg/10a程度としている。

これらのうね立て施肥作業は、定植前日か当日に行なっている。

#### ④定植

林ライスでの定植は、3月末〜4月上旬に行なっている。できるだけ定植は早いほうが収穫までの圃場生育期間が長くなるが、育苗期間は60日程度として、葉鞘茎を太く根鉢を十分に形成させた苗にしてから定植することにしている。

定植には、半自動移植機を使用している。作業人数は最低4人、1日15a程度の作業速度である。栽植様式は、条間24cm、株間11cmの4条植え、うね幅150cm、株数は約24,000株/10aである。

### 3. 定植後の管理

#### ①除草

春まき栽培の期間は定植時から雑草が繁茂する時期であるため、定植直後と5月上旬ごろに必ず除草剤を散布し、タマネギ生育量の確保や病害虫の被害抑制、除草に関する労働時間削減をはかっている。

#### ②病害虫防除

現地では、春まき栽培の最大の課題は病害虫防除であり、とくに貯蔵性病害をいかに防ぐかが重要と考えている。したがって、慣行の秋まき栽培とは大きく異なる防除体系を組んでいる。

宮城県の春まき栽培で慣行秋まき栽培よりも病害虫被害が甚大であることはおもに以下の理由が考えられている。

1) 秋まき栽培よりも生育期間中の気温が高いため、新葉の展開が早いことから軟らかい状態の葉身が多く病害虫の被害が発生しやすい。また害虫の活動が定植後から活発である。

2) りん茎肥大を開始する6月上旬ごろから梅雨時期にさしかかり、倒伏・収穫時期の7月上中旬は梅雨真っ最中であるため、病原菌感染に好適な環境であるとともに、天候によっては薬剤散布可能なタイミングが数日間しかない場合も多い。

3) 収穫時期も雨が多く、植物体が乾いていない状態で掘り上げる。さらに圃場で天日干しできない。

これらの理由で、圃場生育中のべと病、葉枯病に加えて、貯蔵後に発生する軟腐病、りん片腐敗病、灰色腐敗病が多発しがちであり、また

春まき夏どり栽培（もみじ3号，ネオアース）

害虫のネギアザミウマは5月上中旬以降から圃場に発生し，寄生密度があがると収穫後の腐敗率が増加する傾向があり，それぞれに対応する薬剤を使用する必要がある。

林ライスでは，第5表のような防除体系を組んで防除している。りん茎肥大前の5月中旬から予防的に防除を開始すること，降雨が多い時期であるが，散布間隔は1週間程度で考えること，べと病は6月下旬まで対策すること，ネギアザミウマを増やさないこと，7月上旬の倒伏前後にも薬剤散布によって防除を行なうこと，などをポイントにしている。

③リビングマルチによる耕種的防除

農薬以外の病害虫防除方法の一つとして，圃場の通路部分にリビングマルチとしてオオムギを生育させることによって，春まきタマネギ栽培でのネギアザミウマの被害を抑制する効果が報告されている。

この抑制効果は，ネギアザミウマに対する物理的障壁や視覚的かく乱によるものと考えられ，オオムギの生育がある程度進んだ状態で発揮される。

春まき栽培に利用するさいはタマネギ定植直後がオオムギの播種適期であり，ネギアザミウマの初発生期（5月上中旬）には抑制効果を示す程度に生育が進む。林ライスではリビングマルチによる防除は試験導入している段階であるが，宮城県では「普及に移す技術」第92号（宮城農園研，2017年4月発行）で県内生産者向けに技術の詳細を報告している。

〈収穫から販売まで〉

1. 収穫作業の流れ

圃場全体の株が倒伏してから，5〜10日後を目安に収穫する。梅雨期間中であるが，できれば2〜3日晴天の続く日を作業日としたいところであり，少なくとも当日は晴れている日に収穫作業を行なう。収穫は，歩行型の収穫機で掘り上げ，歩行型のピッカーでプラスチックコンテナに回収する。

2. 乾燥・貯蔵・販売

林ライスでは水稲育苗用のパイプハウスを多数保持しており，7月はそれらが空いているのに加え，そもそも沿岸部に位置するので海風が常時吹いている土地であることを活用し，収穫後の乾燥はその風を利用して水稲育苗用のパイプハウス内で行なっている（第5図）。

ハウス外側には遮光率50％の黒寒冷紗を展張し，サイドビニールと妻面の扉は全開にしておく。乾燥を終えたタマネギは調製機にかけ，プラコンテナに収納して，敷地内の倉庫に貯蔵する。倉庫にも風が入るため，貯蔵期間である7〜9月中に腐敗が増加することはほとんどなかった。

出荷先は宮城県内の野菜加工業者であり，市場出荷のようなサイズ選別は省略してコンテナ詰めの出荷をしているとのことである。

第5表　防除体系（林ライス，春まき栽培）

| 散布時期 | 殺虫剤（商品名） | 殺菌剤（商品名） | 備考 |
|---|---|---|---|
| 育苗中 |  | コサイド3000 | 剪葉前 |
| 5月中旬 | トクチオン乳剤 | コサイド3000 | ネギアザミウマ発生時期 |
| 5月下旬 | ディアナSC | リドミルゴールドMZ |  |
| 6月上旬 | アグロスリン乳剤 | カセット水和剤 |  |
| 6月中旬 |  | アミスターオプティ | 梅雨入り |
| 6月中旬 | ディアナSC | カセット水和剤 |  |
| 6月下旬 |  | セイビアーフロアブル |  |
| 7月上旬 |  | ヨネポン水和剤 | 倒伏直前 |
| 7月中旬 |  | コサイド3000 | 倒伏後収穫前 |

第5図　ハウス内貯蔵

精農家の栽培技術

第6表 春まきタマネギ収量 (2017年度, 林ライス)

| 50％倒伏日 | 球重 (g) | 球径 (mm) | 腐敗率 (％) | 収量 (kg/10a) |
|---|---|---|---|---|
| 7月10日 | 272 | 83 | 3.5 | 5,866 |

第7表 春まきタマネギ経済性の試算 (円/10a)

| 区分 | | 金額 | 備考 |
|---|---|---|---|
| 粗収入 (A) | | 275,000 | 出荷量5t, 想定単価55円/kg |
| 経営費 | 物材費 | 176,561 | 種苗費, 肥料費, 農薬費, 機械関係費など |
| | 出荷経費 | 29,250 | 手数料など |
| 経営費合計 (B) | | 205,811 | 経営費に人件費は含んでいない |
| 所得 (A－B) | | 69,189 | |

〈収量, 経済性〉

2017年度の栽培では, 圃場での50％倒伏日が7月10日, 10日後の7月20日に掘り上げ回収した。貯蔵中の腐敗率3.5％, 10a収量は5.8tであり, 春まき栽培でも定植適期に良苗を定植し, 生育中にしっかり病害虫防除を施せば, 十分な収量を上げられることを示した（第6表）。

宮城県では本稿で紹介した技術内容を「タマネギの春まき7月どり栽培技術体系（普及に移す技術・第91号）」としてWEB上で公開している。そのなかでは, 第7表のように春まき栽培で加工・業務用向け出荷を想定して経済性を試算すると10a当たり農業所得は約7万円という事例を紹介している。

〈今後の取り組み〉

宮城県内では前述のとおり, タマネギの春まき栽培を試験的に導入する産地が増えており, なかには定着・拡大を目指す産地も出てきている。今後取り組むべき課題として現状考えられているものとしては,

1) 歩行型機械から大型の乗用型機械に移行し, 作業効率を上げて栽培面積を拡大する。
2) 春まき栽培では定植苗をできるだけ大苗にする, また収穫時期を7月上中旬より前にずらし, 梅雨の長雨の影響を少しでも回避する。
3) 内陸部の産地では, 乾燥, 調製, 貯蔵の施設を整備しなければならない。

といったことであり, それぞれの対策としては, 産地主体で取り組まざるを得ない作業機械や施設などのタマネギ生産環境の整備に頼るところが大きいが, 栽培技術的な改善事項としては,

4) 作業機械の試験導入, とくに全自動移植機の育苗から定植までの栽培体系の検討。
5) 収穫時期の前進化には, 播種と定植時期を早める新しい作型の検討。

といったポイントがあげられ, 現在も県内産地で試験中である。

今後は, 東日本大震災からの復興を目指す沿岸部の農業生産法人や, これからタマネギ生産を拡大する意向のJAと連携しながら, 宮城県内の生産現場で春まき栽培の生産性の実証と技術普及に向けて取り組んでいくこととしている。

なお, 本稿の執筆のもととなった研究は, 「食料生産地域再生のための先端技術展開事業」（2012年～2017年度）と「革新的技術開発・緊急展開事業（うち経営体強化プロジェクト, 2017年度）」によって行なったものである。

《住所など》宮城県岩沼市押分字北土手81番4号
　　　農事組合法人林ライス
　　　代表：田村善洋
　　　Tel. 0223-23-1781
執筆　澤里昭寿（宮城県農業・園芸総合研究所）
2018年記

富山県　JAとなみ野たまねぎ出荷組合

# 積雪地帯における水田を活用した機械化体系による秋まき初夏どり栽培

○遮光，エアープルーニングによる高温期育苗
○額縁排水溝，弾丸暗渠などの排水対策
○10月定植による年内生育量の確保

組合員による収穫風景

〈地域の概要とタマネギ導入の経緯〉

### 1. 地域の概要

「JAとなみ野たまねぎ出荷組合」がある，となみ野農業協同組合は，県の西南部に位置し，砺波市および南砺市の旧福野町，旧井波町，旧利賀村をエリアとしている（第1図）。

南は岐阜県と接しており，一級河川の庄川，小矢部川の扇状地として形成された砺波平野と五箇山を中心とした山岳部で構成される。

砺波平野の中心に位置する砺波市の年間平均気温は13.4℃（平年値，以下同じ），年間降水量は2,230mmである。日本海側気候であり，最深積雪の平均値は62cm，最近10年の推移でも100cmを超える年が2回あり（第1表），県下の平野部では積雪量が多いほうである。また，3月下旬から5月に，発達した低気圧が日本海側を通過するさい，強い南風が吹き荒れることがある。例年，6月中旬から7月中旬までは梅雨期で降雨日が多く，ときには局地的な集中豪雨となる場合もある。夏は高温多湿で，8月の平均気温は25.6℃，日最高気温は30.3℃である。

農家戸数は年々減少傾向にあり，農家の91％は兼業農家となっている。耕地面積の97％が水田で，30a以上の圃場整備率は93.3％と県内でもっとも高いことから，水稲生産中心の農業構造となっている（第2表）。また，多くの主穀作大規模経営体や協業型集落営農組織が育成され，これら担い手への農地集積が進み，担

### 経営の概要

| 立　地 | 富山県の南西部の扇状地。積雪多い。水田率や圃場整備率が高い |
|---|---|
| 作目規模 | 地域の基幹作物は水稲。転作でダイズ，オオムギを作付け。タマネギの1戸当たり平均作付け規模90a |
| 労　力 | 集落営農組織が多く，組合員の出役による |
| 栽培概要 | 播種：8月下旬～9月上旬<br>定植：10月中～下旬<br>収穫：6月中旬～7月上旬 |
| 品　種 | ターザン，もみじ3号 |
| 収　量 | 平均単位収量：4.3t/10a（2015年産） |
| 技術の特徴 | ①水田を利用した大規模栽培<br>②機械化一貫体系による省力化栽培<br>③積雪地帯での栽培 |

第1図　となみ野農協管内の位置

い手の経営面積シェアは6割に達している。

### 2. タマネギ導入の経緯

JAとなみ野管内は水稲に特化した農業構造となっているが，近年の米価低迷や生産調整の強化などにより，主穀作農家の所得は年々減少していることから，主穀作部門に園芸作物を取り入れた経営の複合化による経営体質の強化とともに，園芸生産の拡大によるバランスのとれた農業生産構造への転換が喫緊の課題となっていた。

そのためJAとなみ野では，2007年から園芸作物の導入について検討を始め，1）県内に産地がない，2）機械作業が可能である，3）水稲作業と競合しないなどの理由から「タマネギ栽培による経営の複合化」を生産振興方針として掲げ，大規模主穀作経営体に導入を提案してきた。また，タマネギの市場調査などの結果，出荷可能な時期が府県産と北海道産の端境期にあたること（第2図）や加工業務用需要があることなどから，販売面で有利であることも生産を後押しした。

こうして，2008年秋からタマネギの作付けが開始され，初年度は24戸，8haで栽培が始まった。栽培研修会や機械実演会などを開催し，経営体への栽培啓発や栽培技術の早期習得に努めた。2009年には「JAとなみ野たまねぎ出荷組合」を設立，翌年には全支店に支店単位の「たまねぎ出荷組合」を設立し，組織体制の強化をはかった。

第1表　最深積雪の年次推移

| 年 | 最深積雪（cm） |
|---|---|
| 2005～2006 | 107 |
| 2006～2007 | 38 |
| 2007～2008 | 63 |
| 2008～2009 | 40 |
| 2009～2010 | 70 |
| 2010～2011 | 116 |
| 2011～2012 | 87 |
| 2012～2013 | 68 |
| 2013～2014 | 30 |
| 2014～2015 | 52 |

注　砺波気象観測所データ

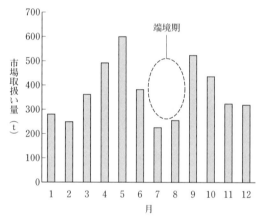

第2図　県内市場のタマネギ取扱い量（2007年，富山市場）

第2表　地域の農業の概要

| 市町村名 | 農家数 | | | | | 耕地面積（ha） | | | | 農業粗生産額（千万円） | | | | | |
|---|---|---|---|---|---|---|---|---|---|---|---|---|---|---|---|
| | 総数（戸） | 専業（戸） | 第一種兼業（戸） | 第二種兼業（戸） | 農家総人口（人） | 総面積（1戸当たり） | 田 | 畑 | 樹園地 | 総額（1戸当たり） | 左のうち | | | | |
| | | | | | | | | | | | 米 | 野菜 | 果樹 | 畜産 |
| 砺波市 | 1,642 | 162 | 118 | 1,362 | 2,037 | 4,603 (2.8) | 4,540 | 45 | 18 | 652 (0.40) | 529 | 21 | 2 | 43 |
| 南砺市 | 2,003 | 149 | 539 | 1,315 | 2,702 | 6,919 (3.5) | 6,663 | 116 | 141 | 955 (0.48) | 627 | 48 | 21 | 138 |
| 合計 | 3,645 | 311 | 657 | 2,677 | 4,739 | 11,522 (3.2) | 11,203 | 161 | 159 | 1,607 (0.44) | 1,156 | 69 | 23 | 181 |

注　2010年農林センサスより

積雪地帯における秋まき普通栽培（ターザン，もみじ3号）

## 3. 技術改善のポイント

しかし，積雪地，水田転換畑での機械化一貫体系による栽培は，既存の知識や先進地の技術が通用せず，目標とする収量がとれなかったことから，早急に栽培技術を確立するため，県農林振興センター，県広域普及指導センター，県園芸研究所，JA，全農などで構成する「砺波地域たまねぎ生産振興プロジェクトチーム」（第3図）を設立し，定期的な検討会の開催（第4図）や全経営体の栽培データや実証圃データの解析により，問題点の原因究明と対策に努めた。

その結果，1）高温時期の育苗技術，2）排水対策の施工，3）10月定植の推進による年内生育量の確保などの重要性が明らかとなり，それらの技術改善を行なった。改善された栽培方法はマニュアル（第5図）に反映させ，その技術を各支店単位の栽培研修会や圃場巡回（第6図）の開催により，指導，徹底を繰り返した。その結果，単収が向上するとともに，生産者数や作付け面積は年々拡大し，2016年産では103haと

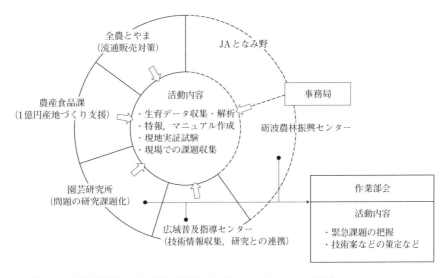

第3図　「砺波地域たまねぎ生産振興プロジェクトチーム」の構成

第4図　たまねぎプロジェクトチーム検討会の開催

第5図　たまねぎ育苗，栽培マニュアル

精農家の栽培技術

当面目標にしていた作付け面積100haを突破した（第7図）。また，2015年には国の野菜指定産地に指定された。

〈作型・品種と栽培のポイント〉

JAとなみ野タマネギ出荷組合の作型は，秋まき初夏どりである（第8図）。播種は8月下旬から9月上旬，定植は10月中旬から下旬，収穫は6月中旬から7月上旬である。

品種は，中生の'ターザン'がほとんどを占めており，一部で収穫期分散のために，大規模作付け経営体を中心に晩生の'もみじ3号'が栽培されている。'ターザン'の収穫時期は6月中〜下旬，'もみじ3号'の収穫時期は6月下旬〜7月上旬である。

栽培の各ステージごとの栽培のポイントを第3表に示した。

第6図　支店ごとに開催された圃場巡回

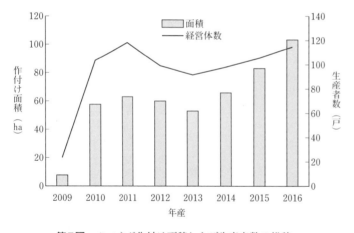

第7図　タマネギ作付け面積および生産者数の推移

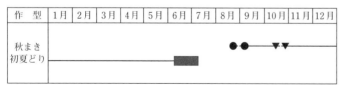

第8図　タマネギ秋まき初夏どり栽培の栽培暦

〈栽培方法〉

1. 育　苗

①播種時期

播種作業は，8月25日ころから9月5日ころまで行なう。この時期はまだ高温であるため，一般的には早まきすぎる時期ではあるが，越冬を考慮し，年内生育量をある程度確保するために，10月中の定植作業終了を目標としており，育苗期間を50日程度確保するためには，この時期からの播種作業となる。

②苗床準備

育苗はハウスで行なうことを基本としている。これは，遊休の水稲育苗ハウスがあることと，8月から9月にかけて毎年予想される集中豪雨や台風の襲来から苗を守るためである。

ハウスの周辺の雑草は病害虫発生の元となるため，育苗開始前に必ず草刈りし，除草剤で事前に枯らしておく。また，苗箱を均一に並べられるようハウス内の整地を行なう。整地が均平でないと灌水ムラが生じ，生育ムラや湿害の原因となる。ハウスの床には，泥はねなどを防ぐため根切りシートなどを全面に張る。また，しっかりとした根鉢の形成と湿害・病害のない苗

第3表 タマネギ秋まき初夏どり栽培のポイント

| 栽培ステージ | 技術目標と栽培のポイント |
|---|---|
| 育苗 | ①簡易ベンチ育苗による苗質の向上<br>　しっかりとした根鉢の形成と湿害・病害のない苗を育成するため，簡易ベンチ（育苗箱など）を用い，苗を地面から離した育苗（エアープルーニング育苗）を行なう<br>②育苗日数の確保や適正な管理による充実した苗の育成<br>　育苗日数を50日以上確保し，剪葉回数を少なくするなどの管理によって，太く，根鉢の形成した苗を育成する<br>③苗立ち率の向上<br>　高温対策，病害対策，適度な灌水により，発芽を安定させ立枯れを防ぎ，欠株の少ない苗を育成する<br>④機械移植に適した硬い苗の育成<br>　適量灌水，適期の剪葉，追肥により，機械定植に適した健苗をつくる<br>⑤病害のない苗の育成<br>　育苗中や定植後に発生する病害を防ぐため，雑草対策や防除などを徹底する |
| 圃場整備 | ①圃場の選定<br>　タマネギは湿害に弱いため，水はけのよい圃場を選ぶ<br>②圃場の準備（排水対策）<br>　額縁排水溝の設置や弾丸暗渠の施工など，タマネギの定植までに圃場が乾くようにする |
| 耕起・うね立て・定植 | ①耕起<br>　圃場が乾いた状態で，基肥施用，ロータリでの耕起を行ない，砕土をなるべく細かくする<br>②うね立て<br>　うね幅150～160cmで，高さ20cm以上のなるべく高いうねを成形する<br>　うね立て後は，必ず排水溝の連結を行なう<br>③定植<br>　年内の生育量を確保するため，定植は10月15～31日の間に行なう。栽植方法は，条間24cmの4条植え，株間10cmとし，深植えとならないように注意する |
| 定植後の管理 | ①除草剤散布<br>　定植直後に土壌処理剤を散布し，融雪後に広葉雑草およびイネ科雑草に効果のある選択性除草剤を散布する。さらに収穫までの雑草発生を抑える土壌処理剤を散布する<br>②追肥<br>　融雪後から3回追肥を行ない，4月上旬までに追肥作業を終える<br>③病害虫防除<br>　近年発生が増加しているべと病，軟腐病を中心に殺菌剤による防除を行なう<br>④灌水<br>　乾燥が続く場合は，収穫まで生葉数を維持するため，うね間灌水を実施する |
| 収穫・乾燥・調製 | ①収穫<br>　収穫は，茎葉が全部倒伏してから，1週間～10日を目安に開始する。また，晴天の続く日を見計らって掘取り機で掘り上げ，その後，うねの上で1～2日地干ししてから，ピッカーでコンテナに収納する<br>②乾燥<br>　乾燥は，乾燥施設などを用い，収穫後速やかに行なう<br>③調製，選別<br>　乾燥後，根葉切りを行ない，腐敗や傷，変形玉を取り除いたあと，大きさごとに選別する |

を育成するため，簡易ベンチ（育苗箱など）を用い，苗を地面から離した育苗（エアープルーニング育苗）を行なう（第9図）。

育苗開始時はハウス内がかなり高温となるため，遮光を行なう。黒寒冷紗などをハウスの天井に外張りする。

③**播　種**

定植機専用の448穴セルトレイを用いている。農協の所有する播種機で，セルトレイに床土を詰め，1穴に1粒播種を行ない，覆土する（第10図）。播種したトレイはハウスに並べ，育苗を開始する。ハウスでトレイを並べるとき

## 精農家の栽培技術

第9図　エアープルーニング育苗
育苗箱の上にセルトレイを置いて地面から離している

第10図　播種機での播種作業

には，後日剪葉機が通れるように，間隔をあけて並べる。

④ハウスでの育苗管理

**灌水**　トレイを並べ終えたら，ムラのないように時間をかけて灌水する。一度に多くの水は入らないので，何回かに分けて（2～3回）灌水する。出芽には3～4日を要する。出芽後は，毎朝，床土の乾き具合を確認し灌水する。天気のよい日は日中に乾くことがあるので，昼にも確認し，必要であれば灌水する。

**剪葉**　葉が長くなると倒れるため，剪葉を行なう。定植まで4～5回剪葉する。

**病害虫防除**　苗の立枯れや虫害を防ぐため，育苗期間中に殺菌剤および殺虫剤を散布する。

**目標とする苗の姿**　本葉3枚，葉鞘径（苗の太さ）3.5～4mm，草丈12cm（切り揃え後），根鉢がしっかりと形成されている苗を完成苗の目標とする。

### 2. 圃場準備

タマネギの収量は圃場の排水性のよしあしによって大きく左右されるため，次の点に留意して圃場の選定や準備を行なう。

①**圃場の選定**

タマネギは湿害に弱いため，水はけのよい圃場を選ぶ。圃場の排水性を高めるため，排水枡が低い圃場を選ぶ。

うね立て時の土壌の乾きを確保するため，原則として，水稲早生跡を選定し作付けする。やむを得ず'コシヒカリ'跡に作付けする場合には，タマネギの定植までの期間が短いため，手溝の手直しや中干しにより田面を固めるなど，稲刈り後の土壌が速やかに乾くよう努める。オオムギ跡のタマネギの場合，オオムギの収穫後，緑肥などを作付けし土つくりを行なう。

病害などの発生を防ぐため，連作は行なわない。

②**圃場の準備**

水稲などの収穫後，なるべく乾いた状態でうね立てを行なうため，タマネギの定植までに次のような手順で準備を行なう（第11図）。

**額縁排水溝の設置**　スクリューオーガなどを用いて，稲刈り直後に額縁排水溝を設置する。深さは目標25cmとする。鍬などで排水溝と水尻を連結し，水尻は深く掘り下げる。機械ではできない圃場の四隅の連結や排水口との連結は，溝切り作業後に早急に行なう。

**弾丸暗渠の施工（心土破砕）**　稲刈り直後に深さ30～40cm程度を目標に弾丸暗渠を施工する。施工間隔はなるべく狭いほうが排水性はよくなるので，2～3mの間隔となるように施工する。

**プラウでの耕起**　稲わらなどの腐熟促進，うね立て耕起時の乾き促進，雑草抑制のために，プラウなどで事前に耕起を行なっておくとよい。

**圃場周辺の雑草対策**　圃場の周辺の雑草は病

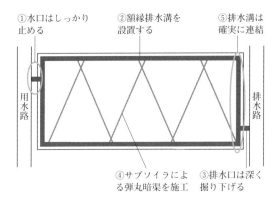

第11図　排水対策の手順

第12図　うね立て成形機によるうね立て作業

害虫の発生源となるため，定植前に除草剤散布や草刈りを実施しておく。

### 3. 耕起およびうね立て

定植前のなるべく早い時期に，圃場が乾いた状態で，土壌改良資材および基肥を施用しロータリで耕起する。耕起後，うね立て成形機でうね立てを行なう（第12図）。耕起からうね立てまでは1日で行なう。

耕起はできるだけ低速で深く起こす。前作がムギ，ダイズなど畑作の場合は，稲株や稲わらがなく，土が細かくなっているので，「正転ロータリ」によるうね立てを行ない，前作が水稲の場合は稲株や稲わらが定植の妨げになるので，「逆転ロータリ」で低速で耕起・うね立てを行なう。

うね幅は150〜160cmとし，20cm以上の高うねとする（第13図）。

うね立て後はスムーズに排水されるように，必ず排水溝を掘り，額縁排水溝や排水口へ溝をつなぐ。

### 4. 基肥の施肥

基肥の苦土石灰は，前作物によらず，10a当たり150kg程度施用するが，高度化成肥料は前作物によって残存肥料が異なるため，施肥量を変える。前作が水稲の場合は，窒素—リン酸—カリの成分が15—15—15％の高度化成肥料を10a当たり20kg程度施用し，前作がオオムギ，

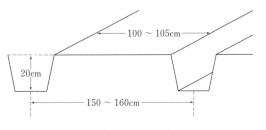

第13図　うね成形の姿

第4表　タマネギの基肥施肥基準　（単位：kg/10a）

| 肥　料 | 基肥量 | |
|---|---|---|
| | 前作：水稲 | 前作：オオムギ・ダイズ |
| 苦土石灰 | 150 | 150 |
| 高度化成（15—15—15） | 20 | 0 |

ダイズなど畑作物の場合は，高度化成肥料は施用しない（第4表）。

### 5. 定　植

定植は，年内の生育量を確保するため，10月15〜31日の間に行なう。定植作業は，省力化をはかるため歩行用全自動移植機を用いる（第14図）。歩行用全自動移植機を利用すれば，1日に40a程度定植することができる。

栽植方法は，条間24cmの4条植え，株間10cmとする。植付け深さは，葉鞘の半分程度が埋まる深さ1.5〜2cmとする。欠株が発生し

たところは補植し，栽植本数を確保する。

### 6. 定植後の管理

#### ①除草剤散布

労働コストを低減するためには手どり除草を行なわないことが重要であるため，除草は原則，除草剤の散布を行なう。除草剤散布は，定植直後に除草剤（土壌処理剤）を散布し，融雪後にイネ科雑草や広葉雑草に効果がある選択性除草剤を散布する。

さらに収穫までに発生するタデなどの発生を抑えるため，早秋期に最後の土壌処理剤を散布する。

#### ②追　肥

融雪後に追肥作業を行なう。追肥は融雪後から約2週間ごとに3回行ない（第5表），4月上旬までに追肥作業を終える。

#### ③病害虫防除

近年発生が増加しているべと病，軟腐病（第15図）を中心に防除を実施している。とくにべと病は，一次感染株を越冬させないように年内防除中心，軟腐病は，越冬後の強風などによって発生しやすいため，春先中心の防除体系となっている（第6表）。

#### ④灌　水

4月から梅雨入り前にかけて，降水がなく乾燥状態が続くことが多い。降水が少なく，うねが乾いた状態となっている場合は，収穫まで生葉数を維持するため，うね間灌水を実施する（第16図）。うね間灌水は，うねの半分程度に水が溜まり，全体に行き渡ったら速やかに落水する。また，うねの上面が水に浸かったり，湛水状態に長時間ならないよう注意する。6月以降は，裂皮や腐敗などが懸念されるため実施しない。

第14図　歩行用全自動移植機による定植作業

第5表　追肥体系（単位：kg/10a）

| 肥料名（N：P：K） | 追肥① | 追肥② | 追肥③ |
|---|---|---|---|
| やさい燐加安S540（15-14-10） | 20 | | |
| NK化成2号（16-0-16） | | 30 | 30 |

注　追肥①：融雪後2月下旬～3月上旬，追肥②：3月中～下旬，追肥③：4月上旬

第15図　タマネギべと病（左）と軟腐病（右）

積雪地帯における秋まき普通栽培（ターザン，もみじ3号）

第6表　防除体系

| | 散布時期 | 薬剤名 | 対象病害虫 |
|---|---|---|---|
| 1 | 定植時 | ダイアジノン粒剤5 | ネキリムシ類 |
| 2 | 定植1週間後 | ジマンダイセン水和剤 | べと病 |
| 3 | 11月中～下旬 | リドミルゴールドMZ | べと病 |
| 4 | 11月下旬～12月上旬 | フロンサイド水和剤 | べと病，白色疫病 |
| 5 | 2月下旬～3月上旬 | バリダシン液剤5 | 腐敗病，軟腐病 |
| 6 | 3月中～下旬 | ザンプロDMフロアブル | べと病 |
| 7 | 4月下旬 | カスミンボルドー | 軟腐病 |
| 8 | 5月中旬 | ナレート水和剤 | 軟腐病，べと病 |
| | | ディアナSC | アザミウマ類 |
| 9 | 6月上旬 | フロンサイド水和剤 | べと病，白色疫病 |

第16図　うね間灌水

第17図　茎葉が全面倒伏した状態

〈収穫から販売まで〉

1．収穫作業の流れ

　収穫は，茎葉が全部倒伏してから（第17図），1週間～10日以降を目安に開始する。茎葉倒伏後も玉は肥大するので，適期前に急いで収穫しない。

　晴天の続く日を見計らって掘取り機（第18図）で掘り上げる。その後，うねの上で1～2日地干しする。茎葉にしおれがみられたら，ピッカー（第19図）でプラスチック製コンテナに収納する。掘り取り後，腐敗を防ぐため，長時間圃場に置いたり，雨の日に掘取りや拾い集めをしない。収穫後は，速やかに農協の集荷乾燥施設に搬入する。また，JAでは，タマネギ運搬作業の省力化をはかるため，ピッカーを改

第18図　タマネギ掘取り機

良し（第19図），拾い集めたタマネギを直接，運搬車に乗せた大型コンテナに収納する方法を開発した。これにより，作業に必要な人数は半分程度の5～6人程度となり，作業時間も10a

精農家の栽培技術

第19図　タマネギピッカー(上)と改良ピッカー(下)

第20図　タマネギ乾燥施設
上：除湿乾燥庫，下：差圧乾燥庫

第7表　従来型ピッカーと改良ピッカーの作業人数および作業時間

| 機　械 | 作業人数<br>(人) | 作業時間<br>(時間/10a) |
|---|---|---|
| 従来型ピッカー | 10～12 | 21.3 |
| 改良型ピッカー | 5～6 | 11.8 |

当たり9時間程度削減できた（第7表）。

## 2. 乾　燥

収穫されたタマネギはJAの乾燥施設に持ち込まれる。個人での乾燥はほとんど行なわれていない。JAでは，除湿乾燥庫および差圧乾燥庫（第20図）を整備しており，これらの施設をフル稼働して乾燥を行なっている。

富山県におけるタマネギの収穫時期は6月中旬～7月下旬であり，梅雨時期となるため，乾燥施設による強制的な乾燥が必要である。

除湿乾燥庫では，おもにプラスチックコンテナに収納されたタマネギを乾燥している。大型の鉄製コンテナでは，中まで十分に乾燥させることはむずかしかった。乾燥期間は約10～14日間となっている。

差圧乾燥庫では，タマネギが約600kg入る大型コンテナで乾燥する。大型コンテナを4段に積み重ね，シートで覆い，強制的に風を通す。この方法では，大型コンテナの中まで風が通り，乾きやすい。乾燥期間は3～4日間となっている。

## 3. 調製・選別・販売

乾燥されたタマネギは，順次，JAの根葉切り施設において調製される。調製されたタマネギは，JAの選別施設で選別，箱詰め，出荷される（第21図）。

選別施設では，まずA品および規格外品を手作業によって選別し，その後A品のみ，大きさ

積雪地帯における秋まき普通栽培（ターザン，もみじ3号）

第21図　タマネギ選別施設

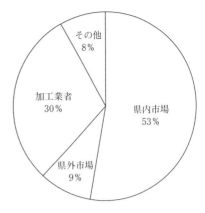

第22図　販売先の割合

第8表　タマネギの出荷規格

| サイズ | 玉の横径（cm） | A品の品位区分 |
|---|---|---|
| 2L | 9.5～11 | 品種固有の形状や色を有するもの |
| L | 8～9.5 | 腐敗，変質および抽台していないもの |
| M | 7～8 | 病害虫被害，傷害のないもの |
| S | 6～7 | 葉，根の切除が適切で，外皮の剥脱が少ないもの |
|   |   | 適度に乾燥し，土・砂など異物の付着がないもの |

第9表　タマネギの経営指標（単位：円/10a）

| 区分 | | 金額 | 備考 |
|---|---|---|---|
| 粗収入 | 売上高 | 375,000 | 出荷量5t，単価75円/kg |
|   | 補助金 |   | 転作にかかわる助成金あり |
| 収入合計（A） | | 375,000 | |
| 経営費 | 材料費 | 98,000 | 種苗費，肥料費，農薬費など |
|   | 委託費 | 118,000 | 機械借上げ代，乾燥調製費 |
|   | 出荷経費 | 32,000 | 販売手数料など |
|   | 人件費 | 80,000 | 作業時間80時間，1,000円/時間の場合 |
| 経営費合計（B） | | 328,000 | |
| 所得（A－B） | | 47,000 | |

によって選別される。タマネギの出荷規格は第8表のとおりである。

　選別され箱詰めされたA品はおもに市場出荷され，規格外品は加工業者へ販売している。市場出荷は約6割で，そのうちのほとんどが県内市場に出荷されている（第22図）。加工業者へは，輸送コストを削減するためにコンテナのままで出荷することが多い。

〈経営指標〉

　タマネギの一般的な経営指標を第9表に示した。売上げは10a当たり37万円程度とそれほど多くはないが，単収が増えれば増加し，また転作にかかわる助成金収入も見込める。経営費は，JAの省力機械の借上げ代や乾燥調製委託費などがかかり，かなり多くなっているが，労働時間は80時間/10a程度と野菜栽培のなかで

精農家の栽培技術

第23図　タマネギの抽台

は少なくなっており，機械によりある程度の規模を作付けする必要がある。

〈今後の課題〉

**気象の年次変動に対応できる栽培技術の確立**
富山県におけるタマネギ栽培は越冬させる必要があることから，冬期の気象条件が収量や品質に大きく影響する。とくに近年は暖冬傾向であるが，年によっては12月初旬から積雪となることもあり，そういう年は越冬率が低くなったり，暖冬の年では抽台が発生（第23図）する場合がある。

こうした気象の年次変動においても収量や品質を損なわない栽培技術の確立が求められる。

**病害の発生抑制**　作付け面積の拡大に伴い，年々，べと病や軟腐病などの発生が増加している。水田での輪作という体系を生かし，年数をなるべくあけて作付けしたり，病害が発生した圃場をマッピングし，情報を共有化するなど産地全体の取組みで，病害発生を抑制していく必要がある。

**単収，秀品率の向上**　米価の低迷や生産調整の廃止など，今後が見通せない状況のなか，所得減少をカバーするためのタマネギの作付けであることから，よりいっそうの単収向上と生産コストの削減により，所得を向上させる取組みが必要である。また，販売面でもJAなどがより高い単価を得られるよう努力することも求められる。

**加工業務用出荷の増大**　タマネギの作付け面積は100haを超え，今後も拡大を推進していく見込みであるが，JAのタマネギ乾燥，選別施設の利用量にも限りがある。今後は，乾燥や調製，選別をせず，圃場での青切り出荷で販売できる加工業務用の販売先を確保し，さらなる作付け面積拡大に向けて取り組んでいくことが重要である。

《住所など》富山県砺波市宮沢町3—11
　　　（事務局：JAとなみ野特産振興課）
　　　JAとなみ野たまねぎ出荷組合
　　　組合長　齋藤忠信
　　　TEL．0763-32-8660

執筆　宮元史登（富山県農業技術課広域普及指導センター）

2016年記

|||||| 月刊『現代農業』セレクト技術 ||||||

## 「田んぼの土」をホロホロの「畑の土」に変える大麦輪作

### 1. 冬の間に高うねが沈んで根張りを悪くする？

秋田県大潟村で聞いたところによると，秋に立てた25cmほどの高うねが雪の重みのせいで10cm以上沈み，収穫した転作タマネギはほとんどがSサイズ以下だったという。転作タマネギのうねはどこでも冬の間に沈んで，タマネギの根張りを悪くさせるのだろうか。

ここは，積雪地帯の転作タマネギ産地として一歩先を行く富山県の様子を聞いてみよう。6月上旬，JAとなみ野管内，南砺市にお邪魔した。

### 2. 「畑の土」なら沈んでも大丈夫

お会いしたのは，（農）ファーム野尻古村の代表・齋藤忠信さん。ファーム野尻古村は稲作中心の集落営農法人だが，2009年から転作タマネギ栽培を開始。面積6.3haで，反収6t以上と地域のトップクラスの収量をキープしている法人だ。

聞いてみると，ここでも秋は30cm以上の高うねを立ててタマネギを定植するとのこと。

さっそく，あと1週間で収穫というタマネギの圃場を見せてもらった。メジャーを当ててうねの高さを測ってみると，現在の高さは18cm。やはり10cm以上沈んだことになる。

「高いうねにしとっても，雪が降る地域ではうねが潰れるのは当たり前。秋は台風にやられたし，この冬の雪は2mも積もったからな。大事なのは，沈んでも大丈夫なうねをつくるための土つくりよ」と齋藤さん。

齋藤さんがタマネギのために重視しているのは，額縁明渠と弾丸暗渠で徹底的に排水をよくすることと，うねが沈んでも土が締まらないよう有機物を入れて，気層を確保すること。

「要は『田んぼの土』から『畑の土』に変えるのよ」

第1図 収穫1週間前，（農）ファーム野尻古村のタマネギはM～Lサイズ（7～9.5cm）でみごとに揃っていた。品種はターザン（写真はすべて赤松富仁撮影）

第2図 齋藤忠信さん（75歳）。JAとなみ野たまねぎ出荷組合の組合長でもある

### 3. タマネギ圃場を掘ってみた

「田んぼの土」を「畑の土」に変える，とはいったいどういうことなのだろうか？ スコップでうねを掘らせてもらった。このあたり一帯は粘土質の田で，少し掘ると石がゴロゴロ出てくるところも多いそうだ。試しに通路部分にスコップを刺すと，石こそ出てこなかったが結構硬い。畑作地帯のフッカフカの土とはわけが違うのが実感できた。

うね部分を掘り始めるとすぐ，タマネギの白いひげ根が見えた。株元の茎盤部分からは，太い根だけではなく，細い根も多数出ている。根の周りの土はコロコロと小さな粒状にまとまり，団粒化している。掘り出した土塊をみると，

団粒の隙間に前作の大麦の残渣とタマネギの白い根が入り込んでいるのがわかる。

白い根のほとんどがこの高さ18cmのうね部分にあったが、その下の層にも、数こそは少ないが太めの根が伸びている。この層はイネ刈り後のプラウでできたものらしく、ゴロゴロとした土の塊がしっとりと水分を含んだ状態で残っている。そして根は、30cm下の耕盤層との境で止まっている。

なるほど、高うねは10cm以上沈んでいたけれど、この状態なら気層は確保されていそうだ。うね部分の土は畑よりは硬いものの、いわゆる「のっぺりとした田んぼの土」とは違って、団粒化が進んでホロホロしている。その下は、ややゴロ土という構造。

「それでも、まだまだ根張りが足りん。もっと地力をつけて畑にせんといけんわ」

田んぼから畑に変えるための、齋藤さんの作業を聞いた。

## 4. 大麦のひげ根が田んぼを乾かす

水田転作のタマネギは普通、秋のイネ刈り後にうねを立てて定植となる。イネ後の圃場を遊ばせることなくスムーズにつなげられるという意味でも、タマネギは優秀な転作野菜。JAとなみ野でも、部会メンバーのほとんどがイネ後定植だという。

ところが齋藤さんは第4図の栽培暦のようにイネのあとにはまず大麦をつくる。ここが、齋藤さんのタマネギ栽培の最大ポイントで、みんながやっているイネ後のタマネギ定植はご法度だという。

イネ後の乾ききっていない田にロータリをかけると、土はどんどん練られてしまう。練られた土は乾くとカチカチに硬い。これがいわゆる「田んぼの土」。そんな土でつくったうねだとタマネギの根は過湿害を受け、酸欠になりやすい。

とくに生育初期の湿害は大敵で、秋の長雨などで根が傷むと、そのあとどんなに天候がよくなってもSサイズしか収穫できなくなってしまうという。タマネギを植える前は、土を練らずに乾かして、「田んぼの土」から脱却することが大切なのだ。

そこで齋藤さん、イネ刈りが終わったら、まずは田んぼを乾かすために、30cmほどの深さでプラウをかける。そのあとに大麦を播種するのだ。大麦は、田んぼの土の表層にがっちりとひげ根を張り、土中水分を吸い上げて生育。おかげで5月中旬の刈り取り頃には、土は結構乾いているという。

## 5. クロタラリアで地力をつける

大麦の収穫が終わったら、6月中旬、今度は緑肥のクロタラリアをまく。

生育旺盛なクロタラリアは大麦のひげ根跡からグングン太い主根を土中に伸ばして、耕盤層近くまで土を耕すという。

大麦同様、土中の水分で育つため土を乾かす効果もあるが、齋藤さんがクロタラリアを入れる1番の理由は、土に地力をつけるため。マメ科のクロタラリアは根粒菌が固定した窒素で育

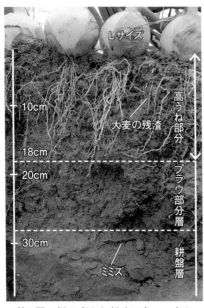

第3図　根は高うね部分に多い。高うね部分は団粒構造、プラウ部分はややゴロゴロとした土塊の層になっている。30cm下の耕盤層はテカテカしていて、かなり硬い

「田んぼの土」をホロホロの「畑の土」に変える大麦輪作

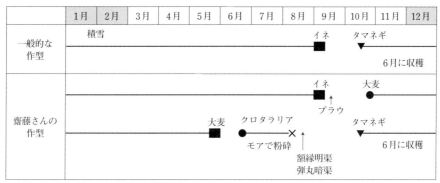

第4図　冬ごしタマネギの栽培暦

つ。すき込むことで土を団粒化させ，タマネギの玉が肥大する春以降には肥料としても効いてくる。4月以降に化成肥料を追肥すると，玉の肥大よりも葉の伸長を促進してしまうが，クロタラリアのじわじわ窒素ならその心配はない。

齋藤さんがクロタラリアをすき込むのは8月中旬。背丈1.2mほどになって花を着ける直前だ。2mほどまで伸ばす人もいるが，花が咲いて繊維が硬くなると，ハンマーナイフモアが壊れてしまう心配がある。

「確かに有機物はたくさん入れたいが，1作で伸ばしきるよりも，クロタラリアは毎年入れるくらいがええ。タマネギ前だけじゃなくて，終わったあとにもまく。その次には秋ソバでもまけばええ」

### 6．ホロホロの畑の土で高うね

タマネギのための高うね立ては定植直前の10月中旬。クロタラリア粉砕後はイネ刈りが忙しくて放置しておくことになるが，2週間前に除草剤で草を枯らし，そのあと，苦土石灰でpHを調整したら，いよいようね立てだ。

「こん時には，排水もよく，水分も飛んでホロホロした『畑の土』に変わっとる」

うね立ては2台のトラクタを使う。まず1台目が粉砕後のクロタラリアと枯れた雑草をすき込みながら20cmで深起こし。圃場の半分ほどを起こした辺りから，うね立て成形機をつけた2台目のトラクタが後追いする。成形機の培土板が通路の土を10cmほど盛り，カバーがうねを整えて30cmの高うねが出来上がる。

齋藤さんは逆転（アップカット）ロータリは使わない。逆転ロータリで土が細かくなりすぎると，雨に打たれたときに土がまた締まって固まってしまう。進行方向に逆らって回るので，作業が遅くなるのも困る。

こうしてできたホロホロの「畑の土」の高うねに，齋藤さんはタマネギを定植する。普通は株間12cmで植えるところを10cm間隔に狭めて密植し，Lサイズの揃ったタマネギを毎年6tどりする，というわけだ。

\*

後日，タマネギの収穫を終えた齋藤さんに今年（2018年）の収量を聞いてみると，悪天候で地域の平均反収3tほどと，みんなが大苦戦するなか，やはり6t近くをキープできたという。

「うちの法人も最初は2tしかとれんで，失敗から学んでやってきた。産地のみんなもこのひどかった年を糧にして，来年は収量を立て直すはず。収量が落ち込んだときこそ，さらにステップアップするチャンスよ」

執筆　編集部

（『現代農業』2018年9月号「転作タマネギ6tどり　田んぼの土をホロホロの畑の土へ」より）

碇 茂さん

兵庫県南あわじ市　碇　茂

# 秋まき6月収穫（ターザン，もみじの輝ほか）で反収9t

○水稲後の早期畑地化による，初期生育を支えるうねづくり
○手間を惜しまない土つくりと栽培管理
○家族労力での経営を可能にする機械の導入・改良

〈地域と経営のあらまし〉

## 1. 地域の特徴

　南あわじ市は，淡路島の南部に位置し，中央に島内最大の平野面積を有する三原平野が広がっている。

　気候は，瀬戸内気候区に属し，年間を通じて温暖で日射量が多く，雨が少ない（年間平均気温16.7℃，降水量1,319mm，11～3月の日照時間135～183時間/月）。

　土壌は，細粒～礫質の灰色低地土で，土質は砂壌土～壌土である。作土の陽イオン交換容量（CEC）は11me/100g前後となっており保肥力は高くない。

　水と土地に限りがある当地域では，律令時代から開墾とため池などの灌漑施設の整備が進んだ。とくに，江戸時代以降の新田開発にともない灌漑の高度化が進み，ため池，河川，用水路といった表層水と，湧水，深井戸，浅井戸，横井戸といった地下水を組み合わせる灌漑システムが構築された。また，これらの灌漑施設の管理運用は「田主（たず）」とよばれる組織が社会組織化され，現在に至っている。

　こうした歴史的に続けられてきた灌漑システムにより，発展してきた水稲作のうえに，1880年代に加えられたのが，タマネギ栽培である。このとき同時に，役用牛から畜産（酪農）への転換が進められた。

　この結果，高度に発達した水利システムを基盤として，春から秋にかけて水稲作を行ない，

### 経営の概要

| | |
|---|---|
| 立　地 | 淡路島南部（三原平野中央部），沖積壌土 |
| 作目規模 | タマネギ150a，イネ250a，キャベツ30a（春どり），ハクサイ70a，レタス200a |
| 労　力 | 家族労力2人（季節雇用3人，一部作業委託） |
| 栽培概要 | タマネギ<br>播種：9月下旬<br>定植：12月中旬～下旬<br>収穫：5月下旬～6月上旬 |
| 収　量 | 9t/10a（目標収量10t/10a） |
| 技術の特徴 | ①手間を惜しまない土つくりと栽培管理<br>②機械化による省力化システムの導入<br>③労働のピークを避ける計画的な作付け<br>④水稲後の早期畑地化技術を構築 |

その後，秋から春にかけてタマネギを栽培する。同時に水稲からの稲わらを畜産に利用し，牛糞堆肥を砂礫の多い農地に土壌改良としてすき込む。また，水田化することにより畑地雑草や病害虫を抑制し，タマネギの連作を可能とする循環型農業システムを確立した。

　さらに，島の南部部に位置する諭鶴羽山系から吹き下ろす風は，収穫後の乾燥にも適しているため，「タマネギ小屋」とよばれる貯蔵小屋での保存方法の確立にもつながられた。

　このようなことから当地域の農業は，全国でも有数の野菜産地（タマネギ，レタス，ハクサ

イ，キャベツ）に発展し，とくに三毛作体系による農業形態が古くより定着している。かつては，ハクサイのあとにおそ植え（2月定植）のタマネギを入れる三毛作体系が普及していたが，近年ではレタスの2作どりが多くなっており，二毛作田でのタマネギ栽培が主流で，現在の栽培面積は約1,350haになっている。

当地域の野菜栽培は，田畑輪換を基本とするため，病害虫や雑草などの発生が抑えられるメリットが大きいものの，水稲作後の野菜の作付けであり，移植の時期が決まっているため，圃場がよく乾かないうちに耕うん・うね立てをしなければならないデメリットもある。すると土が塊状となり，苗の活着とその後の生育に悪影響を及ぼし収量が低下することから，排水対策が課題となる。

## 2. 経営の歩み

碇さんは，大学卒業後，設備会社に就職して電気，配管，溶接などの技術を習得したのち，親の経営を引き継ぎ，家族経営による酪農と露地野菜の複合経営を行なっていたが，徐々に労働力が減少したことを契機に2007年に露地野菜の専作経営に転換した。

省力化機械の導入と経営・労働記帳の分析を綿密に行ない，作目の選定や規模をシミュレーションし経営の改善を行なってきた。とくにタマネギは，植付けと収穫に多くの労力を必要とすること，価格が不安定であることに加えて重量野菜であるための労働過重，さらに販売時点まで現金収入がないなどの理由から，レタスやキャベツ，ハクサイの栽培を導入し，周年所得があるようにして経営を改善させてきた。

とくに労働過重（掘取り，コンテナへの拾い上げ，乾燥施設への収納，調製出荷などの作業）は，家族労力での栽培においては，健康への影響もあり，大きな課題であった。

そのため，2010年ころから省力化のための機械を積極的に導入して，労働が集中する収穫期の作業について，タマネギ掘取り機の改良，ピッカー（拾上機）や圃場からの搬出機としてのクローラリフトなど省力化機械の導入に取り組み，約1.5haのタマネギをほとんど家族労力（2人）だけで栽培できるよう体系化している。

また，出荷調製作業を快適にするための作業機や作業動線の改善，作業委託（収穫，乾燥，調製，出荷）を活用して栽培面積を拡大している。

## 3. 経営の概要

タマネギを中心にして露地野菜を作付け，労働の競合が起きないように作業委託などを組み合わせている。経営土地面積は，250a（自作地110a，借地140a）で，各圃場のローテーションにより，連作障害が発生しないような土地利用を行なっている。

野菜の栽培面積は，タマネギ150a（中生種100a，晩生種50a），キャベツ30a（一部レタス栽培あとのトンネルを活用），ハクサイ70a（2月どり冷蔵3月出荷），レタス200a（11～5月上旬収穫）である。これらの野菜のあとには，すべてイネ250aを栽培している。田植えは，レタスなどの葉菜類の後作としての5月下旬とタマネギの後作として6月下旬の2回に分けて行なっている。2回に分けることにより育苗施設の有効利用を行なっている。

労働力は，家族労働を中心に，タマネギの収穫時（6月上旬）に一部の作業（収穫，乾燥，調製，出荷）を委託するなど，1年でもっとも忙しい時期でも生活にゆとりをもつ努力を重ねている。

経営の特色は，重量野菜であるタマネギの移植から収穫，乾燥までをシステム化し，家族労力で経営を可能にしている点である。

また，労働の競合が起きないように，葉菜類の作型を駆使して所得の安定化をはかっている。

さらに，地力を維持するため，牛糞堆肥の投入やプラウによる深耕など，基本的な作業を地道に行なっている。

一方，担い手育成にも指導力を発揮しており，就農希望者の研修（インターンシップ研修）や市内にある大学の農業体験などを受け入れている。

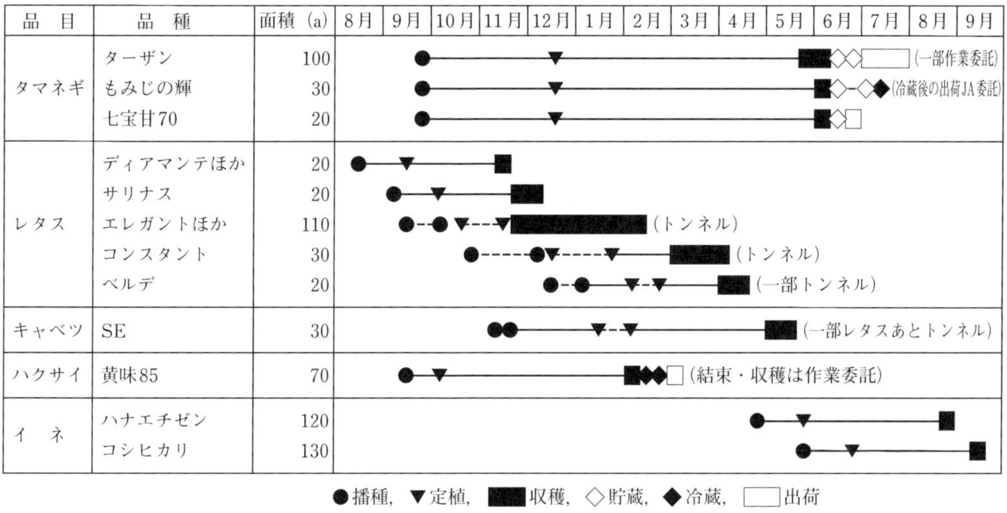

秋まき普通栽培（ターザン，もみじの輝ほか）

| 品　目 | 品　種 | 面積(a) | 8月 | 9月 | 10月 | 11月 | 12月 | 1月 | 2月 | 3月 | 4月 | 5月 | 6月 | 7月 | 8月 | 9月 |
|---|---|---|---|---|---|---|---|---|---|---|---|---|---|---|---|---|
| タマネギ | ターザン | 100 | | ●―――――▼――――■◇◇□ （一部作業委託） |
| | もみじの輝 | 30 | | ●―――――▼――――■◇―◆ （冷蔵後の出荷JA委託） |
| | 七宝甘70 | 20 | | ●―――――▼――――■◇◆□ |
| レタス | ディアマンテほか | 20 | ●―▼―――■ |
| | サリナス | 20 | ●―▼―――■ |
| | エレガントほか | 110 | ●――●--▼--■■■■ （トンネル） |
| | コンスタント | 30 | ●――●---▼---■ （トンネル） |
| | ベルデ | 20 | ●●▼―■ （一部トンネル） |
| キャベツ | SE | 30 | ●●―――▼--▼―■ （一部レタスあとトンネル） |
| ハクサイ | 黄味85 | 70 | ●▼――――――■◆□ （結束・収穫は作業委託） |
| イネ | ハナエチゼン | 120 | | ●――▼――■ |
| | コシヒカリ | 130 | | ●――▼――■ |

●播種，▼定植，■収穫，◇貯蔵，◆冷蔵，□出荷

第1図　栽培品種と作型（2017〜2018年）

## 4. 畑の使い方

碇さんの品目別の作型は，労働の競合が起きないように配慮されており，各品目の収穫時期が重ならないように組み合わせることを基本として，競合することが予想されるときは，作業委託を活用している（第1図）。

栽培しているタマネギの品種は，レタスやキャベツの収穫・出荷との労働競合が起きないように早生種は栽培していない。そのため，すべて乾燥・貯蔵後に出荷する体系を導入しており，貯蔵性のよい'もみじの輝'は冷蔵貯蔵され，長期間出荷される（農協委託：11〜3月）。貯蔵されたタマネギの出荷および冷蔵入庫は，夏期の比較的労働に余裕のある時期に行なっている。

作付け体系は，連作障害が発生しないようにアブラナ科の連作や野菜栽培の前作にイネを入れるなど二毛作と三毛作のタイプがあり，5つの輪作タイプに分けられる（第1表）。

第1表　作付け体系のタイプ

| タイプ | 作付け体系 | 面積(a) |
|---|---|---|
| 二毛作タイプ | イネ → タマネギ → イネ | 150 |
| | イネ → レタス（露地・トンネル） → イネ | 60 |
| | イネ → ハクサイ → イネ | 60 |
| 三毛作タイプ | イネ → レタス → レタス（トンネル） → イネ | 140 |
| | イネ → レタス → キャベツ（トンネル） → イネ | 30 |

〈技術の特色〉

## 1. 手間を惜しまない土つくりと栽培管理

### ①堆肥の施用と深耕

肥大性と貯蔵性を兼ね備えたタマネギを安定生産するために，深耕や良質堆肥の施用などの土つくりを基本として実践している。2007年まで酪農と露地野菜の複合経営を行なっていたため，牛糞堆肥による土つくりが行なわれてきたが，現在は野菜の専作農家となったため，稲わらを近隣の畜産農家に供給し，畜産農家からは堆肥の供給を受ける，いわゆる耕畜連携により毎作2t/10aの堆肥を投入し土つくりを行なっている（第2図）。

また，タマネギの根張りをよくするため，ディスクプラウによる深耕を行なっている。プラウ耕を行なった圃場をロータリで耕うんして耕

精農家の栽培技術

深を測定してみると，約20cmまで耕うんされている（第3図）。

堆肥の投入と深耕により土壌の物理性が向上し，根が深くまで伸び，収穫まぎわまで草勢を保っており，9t/10a以上の収量をあげている。

② 病害株の抜取りと降雨前の防除

タマネギの主要病害である灰色腐敗病については，周年感染の機会があるため体系的な防除を心がけている。とくに2月中旬以降の防除が重要である。また，農薬を過信することなく，病害株の抜取り（灰色腐敗病，べと病および軟腐病）と臨機防除（強い風雨の前）を併せて行なうことにより効果をあげている（第4図）。

とくにべと病は，降雨予想の24時間前までの防除が効果的であることから気象情報をこまめにチェックしている。

③ 3月の灌水が大玉をつくるポイント

タマネギは見かけ上，4月からの生長が著しいが，根はこれよりも早く，3月上旬から発達の最盛期に入ることから，地上部の生長が目立ってきてからの追肥ではおそい。そのため根の発育盛期に，吸収できる肥料を施しておくことが重要である。なお，止め肥は3月10日ごろまでに行なうようにしている。

また，このころに乾燥が続くとスムーズに吸収できないことから3月に谷水灌水を行なっている。灌水量は，谷の3分の1から2分の1くらいまで水を貯めて，うねの上まで湿っていることを確認してから排水している（第5図）。

灌水のタイミングは，急激な土壌水分の変化を避けるため，カラカラ天気が続くときではなく，雨が降りそうな曇天のときを見計らって入れるようにしている。

晩期追肥（3月下旬以降）を行なうと，りん葉，肥厚葉が生長して外観上は大きくなったように見えるが，充実が悪いため，乾燥時にしわ

第2図　耕畜連携による堆肥の散布

第4図　病害株の抜取りを行なうために圃場を巡回

第3図　深くまで耕されている

第5図　谷灌水した圃場。品種はもみじの輝

### ④除湿機や大型換気扇を活用した乾燥システムによる貯蔵性の向上

貯蔵中に腐敗するタマネギは，収穫・貯蔵の時点において健全に見えても病原菌に感染していることがある。そのため体系的な防除が重要である。

タマネギの貯蔵性は，収穫後の乾燥状態に大きく左右される。葉鞘部の乾燥に時間がかかると病原菌が葉鞘を伝わって球内に侵入しやすくなり，貯蔵中に腐敗することが多くなる。

そこで，できるだけ早く葉鞘部を乾燥させるために，乾燥施設（倉庫内に設置した3.75kwの除湿機で約50aのタマネギが収納できる）と大型換気扇を倉庫内に設置した保管施設の2段階で乾燥するようにしている。保管施設での空気の流れは，兵庫県淡路農業技術センターの研究結果をもとに0.3m/Sを確保するように努めている（第6図）。

また，貯蔵中に35℃以上になると黒かび病が発生し，タマネギの品質が低下する（第7図）。このため，換気扇で換気を行なっている。5日程度で一時乾燥ができるので，倉庫内に移し大型換気扇で風の流れをつくり，35℃を超えないように管理している。

### 2. 機械化による省力化システムの導入

家族労力で生産ができることを基本として機械の導入を行なうとともに，オリジナル機械の開発や一部の機械は改良を加え，作業性を向上させている（第2表，第8図）。

#### ①育苗トレイの鎮圧

移植機で定植するためには，専用のトレイで育苗する必要がある。淡路型の移植機は兵庫県が主導して1995年ころから開発が始まり，2000年ころから導入が始まった。移植機は，北海道で実用化しているシステムをもとにして開発され，当初448穴のトレイで検討したが苗

第6図　地上扇と天井扇を組み合わせて風の流量を確保

第7図　タマネギに発生した黒かび病

第2表　資本装備（2018年）

| 資本装備名 | 規模・能力 | 台数 |
|---|---|---|
| 〈建物・施設〉 | | |
| 作業場 | 210m² | 1棟 |
| 倉庫（タマネギ保管施設） | 252m² | 1棟 |
| 倉庫（除湿乾燥施設） | 100m² | 1棟 |
| タマネギ吊り小屋 | 70m² | 1棟 |
| 堆肥舎 | 60m² | 1棟 |
| 〈機械装備〉 | | |
| トラクター | 26，34，51PS | 3台 |
| フォークリフト | 1.5，1.8t | 2台 |
| クローラフォークリフト | 1.5t | 1台 |
| タマネギピッカー | 歩行型 | 1台 |
| タマネギ移植機 | 2条・歩行型 | 1台 |
| タマネギ掘取り機 | 2条・歩行型 | 2台 |
| 動力噴霧機 | | 2台 |
| 播種機（水稲・タマネギ） | | 2台 |
| 歩行型管理機 | 4，5PS | 2台 |
| タマネギ剪葉機 | | 1台 |
| タマネギ根葉切り機（調製用） | | 2台 |
| 田植機 | 5条 | 1台 |
| コンバイン | 3条・29PS | 1台 |
| 普通貨物自動車 | 850kg | 1台 |
| 軽貨物自動車 | | 3台 |
| ボブキャット | | 1台 |

### 精農家の栽培技術

質が貧弱であるため冬期の低温や乾燥により収量が不安定となった。そこで324穴のトレイを採用することになった。また，うね立て栽培であるため谷走行タイプとしている（第9図）。

プラグトレイによる育苗は，施設内でエアープルーニング（トレイを棚などに載せて根を空気にさらす）して根鉢形成させるのが一般的であるが，このシステムでは，これまでの育苗方式と同様の露地で地床に根を張らせて育苗する方式としている。

良苗育成のポイントは，トレイと育苗床の土を密着させることにある。

そのため，トレイの上から均等な力で鎮圧する必要がある。当初は，トレイの上に板を敷き，上に人が乗ることで鎮圧していた。碇さんは，ローラーコンベアのローラーを滑らせて鎮圧する器具を試作し，使ってみるとスムーズに鎮圧できるとともにトレイの運搬にも活用できることがあきらかとなった（第10図）。

この情報を得た農機メーカーは，そのアイデアにより苗箱運搬押さえ機（キャリープレッサー）として販売することになり，碇さんにメーカーから感謝状が贈られている（第11図）。

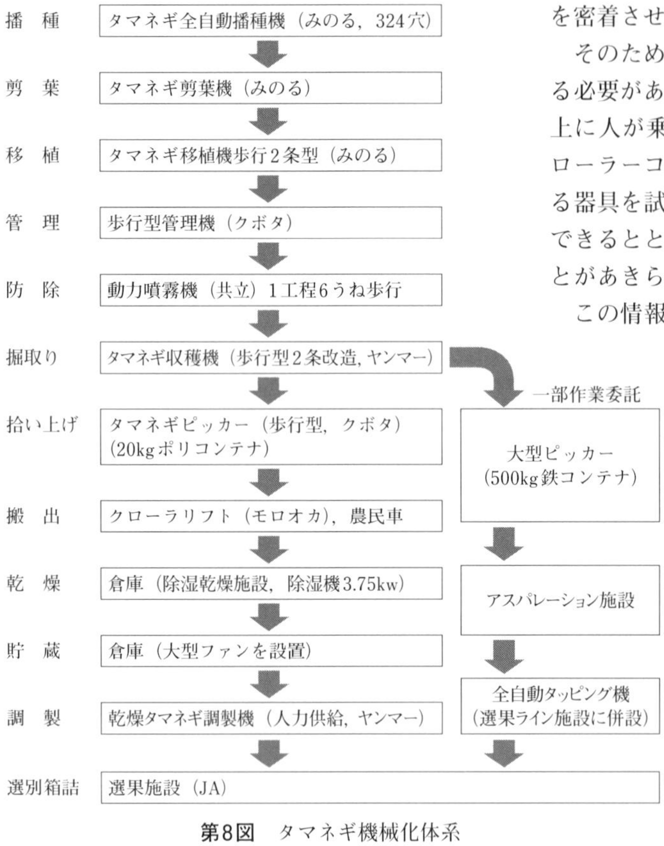

**②歩行型収穫機を簡易乗用型に改良**

タマネギ収穫機は，乗用型で掘取りからタッピング（根葉切り），コンテナ投入が一連でできる大型のタイプが試作されたが，淡路では普及しなかった。そこで兵庫県は1990年ころから農機メーカ

| 工程 | 機械 |
|---|---|
| 播 種 | タマネギ全自動播種機（みのる，324穴） |
| 剪 葉 | タマネギ剪葉機（みのる） |
| 移 植 | タマネギ移植機歩行2条型（みのる） |
| 管 理 | 歩行型管理機（クボタ） |
| 防 除 | 動力噴霧機（共立）1工程6うね歩行 |
| 掘取り | タマネギ収穫機（歩行型2条改造，ヤンマー） |
| 拾い上げ | タマネギピッカー（歩行型，クボタ）（20kgポリコンテナ） → 大型ピッカー（500kg鉄コンテナ）（一部作業委託） |
| 搬 出 | クローラリフト（モロオカ），農民車 |
| 乾 燥 | 倉庫（除湿乾燥施設，除湿機3.75kw） → アスパレーション施設 |
| 貯 蔵 | 倉庫（大型ファンを設置） |
| 調 製 | 乾燥タマネギ調製機（人力供給，ヤンマー） → 全自動タッピング機（選果ライン施設に併設） |
| 選別箱詰 | 選果施設（JA） |

第8図　タマネギ機械化体系

第9図　タマネギ移植機

第10図　試作した鎮圧機

ーと共同で小型・軽量・安価をコンセプトに開発し，1995年に完成し，2000年には1,000台が普及するまでになった。碇さんはこの機械をベースに，高速で安定してタマネギを掘り取ることができるよう簡易乗用型に改良している（第12図）。

この機械は，水稲の刈取り機（バインダー）をベースに開発されたもので，掘取り部が前方にあり，大玉をつくると条間が狭まり，タマネギが傷つかないように慎重にガイドしながら走行しなければならない。このようなことから，掘取り部の横に椅子を付け，前にいてもワイヤーで方向がコントロールできるように改良している。かき込みベルトの詰まりや谷に倒れた葉を引き起こすガイドの確認などがやりやすく，高速で掘り取ることができ，タマネギの損傷が大幅に減少している。

歩行型収穫機の一般的な能力は，1日30a程度であるが，改良した簡易乗用型は歩行しないために足への負担やトラブルも少なく50aの掘取りを可能にしている。また，根切り爪に均平板を付け，掘取り後の土をならし，谷にタマネギが落ちることを防いでいる。

さらに簡易乗用型にしたときの安定走行を保つために駆動タイヤとガイドタイヤをダブルに改良している（第13図）。

なお，掘り取ったタマネギの拾い上げは市販の歩行型ピッカーを使っている（第14図）。

③ タッピングマシーンとローラーコンベアの活用

乾燥後の調製作業のなかでコンテナの積降ろしは腰への負担の大きい作業である。また，座って根葉切り作業を行なうと前屈みになるため，腰痛の原因となっていた。そこで，腰への負担を極力避けるため，作業環境の改善に取り組んでいる。

第11図　メーカーから販売された鎮圧機

第13図　走行安定性を保つためダブルタイヤに改良

第12図　簡易乗用型に改良した収穫機

第14図　歩行型ピッカー

精農家の栽培技術

パレットに積まれたコンテナをタッピングマシーンの横にフォークリフトで移動し、コンテナスタンドにコンテナを載せ、立ち姿勢で作業を行なうようにしている。適度に休憩を入れると立ち作業でもかえって楽なようである。

タッピングマシーンから出てくるタマネギをローラーコンベアに載せたコンテナで受けるようにしている（第15図）。満杯になったコンテナは、ローラーコンベアで送り、パレットに積み上げていく。また、コンベアに乗っているためコンテナを持ち上げるとき腰への負担が少なくなっている（ローラーコンベアは、コンテナの上に載せているため、前屈みにならないでコンテナを持つことができる）。

作業場は常に整理整頓され、隣接した部屋は、空調（冷暖房）により快適な休憩所となっており短時間の休憩でも疲労の回復力が高い（第16図）。

### 3. 労働のピークを避ける計画的な作付け（経営記帳による計画的な作付け）

野菜専作経営に転換後、経営記帳はもとより、作業日誌や日々の出荷記録を休憩室全面に貼り出している（第17図）。10年前から現在に至るすべてのことが一目瞭然となっている。碇さんは、貼り出された圃場ごとの栽培管理記録、出荷記録、天気や温度などを日々眺め、今後の作付け計画や品目選定を行なっている。

これらの記録は、2人で役割分担しており、奥さんは金銭にかかる経営記帳を担当し、茂さんは栽培に関する記帳を担当し、今後の計画を

第15図 タッピングマシーンとコンテナ、ローラーコンベア

第17図 壁一面に貼られた圃場ごとの記録

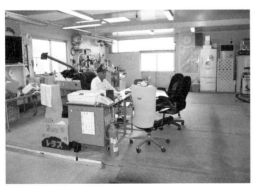

第16図 エアコンの効いた休憩スペース（冬期はレタスの包装作業に使用）

第18図 出荷記録をもとに今後の経営戦略を立てる

立てるときは，壁に貼られた記録を見て相談しながら経営戦略を練っている（第18図）。

### 4. 水稲後の早期畑地化技術を構築

イネのあとに早く畑地化させるため，イネの中干し時期に，溝切り機を使って排水溝を設置し，落水をスムーズにしている。

また，コンバインでの刈取り時にわらを裁断して圃場に還元すると，耕うんまでに雨があると表層の排水が悪く，圃場乾燥に時間がかかる。そのため，イネの刈取り後，耕畜連携で稲わらは畜産農家に提供し，堆肥の供給を受けている。

さらに，稲わら回収後の圃場に簡易排水溝を設置するようにしている。トラクターの培土板を下げ，ロータリを止めて溝をつくり，排水溝に連結するように溝を配置している（第19，20図）。

## 〈栽培技術〉

### 1. 品種の選定

レタスやキャベツの収穫期と重なるため，早生種は栽培しないで中生種の'ターザン'（七宝）と晩生種の'もみじの輝'（七宝）の2品種を中心に栽培している。

このほかに，貯蔵性はこれらの品種より若干低下するが収量性を優先した'七宝甘70'を一部栽培しており，田植えが終わりしだい出荷するため品質低下は起こっていない。2018年の'七宝甘70'収量は，11.6t/10aとなり，これまでの最高収量を記録している（第21図）。

### 2. 育　苗

機械移植機（みのる産業）の利用を前提としているため，すべてプラグ育苗としている。トレイは，324穴の規格を使用している。前述のように324穴苗のほうが移植後の生育が安定しているため，淡路島では448穴のトレイは普及していない。

播種後，4日程度トレイをラップやシートで包み，乾燥しないように10枚程度を積み重ね，乾燥を防いで発芽をスムーズにしている。その後，あとで苗取りが楽なように苗床に根切りネ

第19図　トラクターで簡易排水溝を設置

第20図　簡易排水溝の効果比較（降雨1日後）
左：簡易排水溝，右：排水溝なし

精農家の栽培技術

第21図　収穫期を迎えた品種：七宝甘70（左）とターザン（右）

ットを敷き，トレイを並べ，よく鎮圧する。床土と苗箱に隙間ができると苗の生育が悪く，不揃いな苗になるので注意が必要である。

　苗床に並べたあと苗箱1枚当たり1ℓ灌水する。発芽時から根が地床に張るまでの間は，乾燥すると生育が著しく低下するので，2週間は日に2回，その後は雨天日を除き毎日状況を見ながら1回以上灌水するようにしている。

　このころ，台風が来るなど風雨が強いときには，寒冷紗か防風ネットで苗を保護している。

　また，葉が伸びすぎると倒伏して植付け精度が低下するため，こまめな剪葉を行なっている。

　追肥は，播種4週間ころとその後2～3週間おきに有機入り高度化成100（有機40%，N-10%）をトレイ1枚当たり約7～8g施用し，灌水している。

　地域標準の剪葉回数は3回程度であるが，碇さんは播種後30日ころから10日おきに5回程度行なっている。

　剪葉のタイミングは，苗が倒れる前に行なうことが重要で，苗が立っている午前中に行なうようにしている。

　剪葉を行なうと切り口から病原菌が侵入して枯れ込むことがあるので，剪葉前日にカセット水和剤やコサイド3000を散布している。

　移植時の精度（活着）は，根鉢形成の良否に左右されるため，播種4週間と，その後3週間おきに2回亜リン酸肥料（ホスプラス）の1,000倍液をトレイ当たり500cc灌注して根鉢形成を促進している。

### 3. 定植の準備

　移植機での植付けは，人力移植より土壌の砕土性が重要になる。露地野菜であるため，天候，とくに雨の影響を強く受けるのでさまざまな排水対策を行なっている。

　コンバインで切断したわらを入れないほうが圃場の乾燥には都合がよいため，耕畜連携で稲わらと堆肥の交換を行なうとともに前述のような明渠による排水対策を行ない，土壌水分のよいときにロータリで耕うん（平すき）して，その後，うね立てを行なっている。天候が悪く，圃場が乾燥しないときは，プラウなどで土壌を反転して風を通して乾燥させ，その後ロータリで耕うんして，うね立てを行なっている（第22図）。

　水稲後では，うね立て前に基肥として腐植酸とケイ酸の混合肥料120kg/10aおよびアンモニア性窒素主体の化成肥料（N-10%）を40kg/10a全層施用している（うね高30cm，うね幅140cm，天場90cmの平高うね）。

### 4. 定植（移植）

　淡路島では三毛作体系が普及しており，ハクサイやレタスなどの野菜あとに作付けするときは，翌年の2月末まで植付けを行なっているが，年内に植えるほうが安定した収量が得られることから，碇さんは二毛作田を中心に年内に植え付けている。

秋まき普通栽培（ターザン，もみじの輝ほか）

第22図　プラウにより土壌を
乾燥させる

第23図　移植後すぐに行なう補植作業

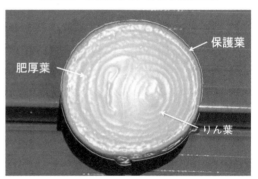

第24図　タマネギの断面

移植前に灰色腐敗病の対策として薬剤による苗の浸漬処理を行なっているが，枯れた下葉に水分が付着しないよう気をつけている。下葉が濡れていると，2本植えや逆さ植えが発生するなど，植付け精度が低下するので注意が必要である。

欠株があると玉揃いが悪くなるため，移植後すぐに補植を行なっている（第23図）。

### 5．定植後の管理

#### ①追　肥

追肥は1月上中旬，2月中旬と3月10日ころの3回行なっており，最後の追肥が遅れないように注意している。

1〜2月に追肥を行なうのは低温期で肥効がみえないため無駄のように思われるが，1月，2月の追肥を行なわないと花芽ができやすくなり，抽苔が多くなる。3月からの生育を促進するためには，2月の追肥がとくに重要であり，乾燥するようであれば肥効を安定させるために谷水灌水を行なっている。施肥量は，毎回40kg/10aを基本として，1回目は基肥と同じものを，2回目3回目（止め肥）は硝酸性窒素の入った化成肥料（N-15％）を使用している。

中晩生種は5月上旬に葉の分化が止まり，急激に肥大が始まり，タマネギの根元の土が割れてくる。地上部の青い葉（葉身と葉鞘）の一枚一枚が根元で厚くなり（肥厚葉），太ってくる（第24図）。そのため，この時期の株の大きさ，葉数が球の大きさと関係が深く，肥大開始期までに10枚程度の葉数を確保して，十分大きな株としておくことが大切である。

また，地上部には出てこない（葉身や葉鞘がない）葉であるりん葉（貯蔵葉）の肥厚も重要で，大きな株に仕上げることにより，りん葉の枚数や厚みが増すことになる。

肥大開始期に窒素の肥効が高すぎるとりん葉の形成は遅れ，肥大開始が遅れる。4月以降の追肥は，軟弱な生育となり腐敗を増加させる。軟弱な株は倒伏しやすくなり，肥大期のタマネギの葉に覆い被さり，光合成ができず，収量が低下する（第25図）。また，株元が過湿になることから細菌性の病害も増加する。

### ②中耕

移植後に大きな雨があると,うねが崩れ,排水不良など生育に大きく影響することから,一輪の歩行型管理機により谷上げをしている。うねが崩れると谷が乾きにくく管理機の走行が不安定になるため,管理機を改造して鉄車輪と補助輪を装着している。

補助輪は,隣接した谷に車輪が走行できるように管理機に固定している。これによりぐらつかずスムーズに培土ができる(第26図)。

淡路島でも冬期には土壌が凍り,うねが崩れてくるため,雨による崩れがなくても2～3月に除草を兼ねて中耕を行なっており,できるだけうねを高くするようにしている。

### ③除草

中晩生種は,雑草が繁茂すると収量に大きく影響することから,タイミングを逃さないよう除草剤を散布している。

移植後にサターンバアロ粒剤を5kg/10a散布している。本剤の持続期間は約50日であると考えており,効果が低下する前(約40日後)に次の除草剤(クロロIPC)を使用している。さらに40日経過後に再度,除草剤(クロロIPC)を散布している。

また,雑草の多い圃場は,茎葉処理型の除草剤であるアクチノール乳剤やホーネスト乳剤などを活用している。

中耕は,2回目と3回目の除草剤を散布する前に,谷は管理機で,条間は収穫台車に取り付けた鋤で溝を付けるようにして,堅くなった表土の土を動かしている。

春除草にはゴーゴーサン細粒剤Fを5kg/10a使用している。

## 6. 収穫期

球の肥大は倒伏しても続いており,倒伏後も1日に100～120kg/10a増加しているため,早引きせず倒伏が始まってから7～10日後に収穫している。

完熟して茎が細くなったものを収穫することにより,葉鞘基部の乾燥が早く,貯蔵中の腐敗が減少する。そのため,2～3日晴天の続く日に掘り取り,うねの上で自然乾燥を行なうことも重要である。

しかし,入梅が早く雨が降り続くような気象条件のときは,球はさらに肥大し,裂球することがあるので,雨の合間の天候を逃さず掘取り作業を行なっている。土壌水分が多く,下葉が濡れているとスムーズに掘り取ることができないが,前述の掘取り機の改良が効果をあげている。

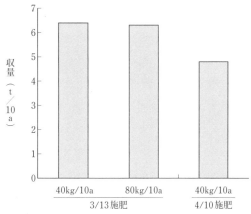

第25図 止め肥の時期および施肥量が収量に及ぼす影響
肥料名:硝燐加安S500

第26図 鉄車輪と補助輪で安定して走行できる

## 7. 病害虫防除

2016年，西日本のタマネギ産地でべと病が大発生し，収穫量が大幅に減少した。淡路島でも約60年ぶりの大発生となり，碇さんの圃場も例外ではなく被害を受けている。べと病の病原菌は土壌中で長期間生き続けるため，ここ数年間は発生のリスクが非常に高いことから，苗床からの対策を行なっている。

### ①苗床での病害対策

タマネギは，苗床からの病害対策が重要なことから，夏の高温期に30日以上水張りをした圃場，または水稲後の病原菌の密度の低い圃場を選ぶようにしている。

水張り圃場では，8月上旬に排水して，土つくり資材や基肥などを施用し，うね立てをしている（べと病は湿度が高いと感染しやすいので，排水性を考慮して25cm以上の高うね）。その後，雑草対策としてダゾメット粉粒剤の表層処理（2kg/a）をしてビニール被覆をしている。播種7日前にはビニールを除去してガス抜きを行ない，トレイを置く前に床土を均平にして根切りネットを敷いて灌水し，トレイを並べるようにしている。

苗床で，葉が伸びすぎて倒れると下葉が枯れ，細菌性病害の発生する原因となるので剪葉前を基本に前述の農薬で病害の発生を抑えている。

また，苗床期間中は，1週間から10日間隔で，灰色腐敗病やべと病などに効果のある農薬を散布している。とくに，べと病の定植直後の感染対策として，フロンサイド水和剤を定植の前日に散布している。

### ②本田での病害虫対策

移植前に灰色腐敗病対策として，セイビアーフロアブル20の500倍液で根部浸漬している。これにより約60日間効果が持続するため，初期の発病を抑えている。

べと病対策としては，全身感染株は見つけしだいすぐに抜き取り，ただちに薬剤防除を行なっている。とくに，春の感染期に入ると降雨予想の24時間前までの防除が効果的なことから，べと病に効果のある農薬に加えて，灰色腐敗病や細菌性病害に対応した農薬を混用して1週間から10日間隔で防除している。病害虫対策では，タイミングとたっぷりと散布することがポイントになる。

べと病の分生胞子は，15℃前後の気温で，かなりの降雨があったあと，曇りまたは小雨の日が1日以上続く場合に多発生するため，気象情報をチェックしてタイミングを見計らい降雨前

第3表　2018年産タマネギの防除日誌
（定植：2017年12月18日）

| 月 | 日 | 薬剤名 |
|---|---|---|
| 移植前浸漬 | | セイビアー（F）20 |
| 1月 | 下旬 | ジマンダイセン水和剤 |
| 2月 | 中旬 | ジマンダイセン水和剤<br>コサイド3000 |
| 3月 | 上旬 | ザンプロDM（F）<br>アフェット（F）<br>カセット水和剤 |
| 3月 | 中旬 | シグナムWGD<br>バリダシン液剤5 |
| 3月 | 下旬 | リドミルゴールドMZ<br>セイビアー（F）20<br>カセット水和剤 |
| 4月 | 上旬 | ザンプロDM（F）<br>ベルクート水和剤<br>アグレプト液剤<br>リドミルゴールドMZ |
| 4月 | 中旬 | リドミルゴールドMZ<br>モスピラン顆粒水溶剤<br>カセット水和剤 |
| 4月 | 下旬 | アフェット（F）<br>レーバス（F）<br>バリダシン液剤<br>コルト顆粒水和剤 |
| 5月 | 上旬 | ダイナモ顆粒水和剤<br>ベルクート水和剤<br>アグレプト液剤<br>モスピラン顆粒水溶剤 |
| 5月 | 中旬 | ザンプロDM（F）<br>バリダシン液剤5<br>コルト顆粒水和剤<br>アグレプト液剤 |
| 収穫前日 | | セイビアー（F）20<br>ディアナSC |

注　（F）はフロアブル

の防除を心がけている（第3表）。

また，収穫前日には，灰色腐敗病とアザミウマ類に効果のある農薬で防除することにより貯蔵中の腐敗や肩落ちを少なくしている。

〈経営収支〉

所得を高めるためには，収量を高めて粗収入を増やすことと経営費を安くすることにある。

碇さんは，手間を惜しまないきめ細かな栽培管理を行なっており，L級以上の規格割合が90％以上で，収量は9,000kg/10a以上を確保している。2018年7月の販売単価（精算）は63円/kgとなっており，10a当たり60万円を目標としており，ほぼ目標を達成している。

一方，経営費については，省力化機械の投資が多いため，減価償却費が高く，経営費を押し上げている。一般的な同規模の農家では，減価償却費は，6万円/10a程度であるが，碇さんの経営では，8万2,000円/10aとなっている。

碇さんは，導入した機械をまめに点検，修繕することで機械を長持ちさせており，法定耐用年数の2〜3倍使用している。

前述のようにきめ細かな栽培管理により，その労働時間は多くなっているが，機械化により総労働時間は132時間/10aと地域の一般的な農家の150時間/10aより少なくなっている。そのため，労働生産性は高く，1,700円/時間を確保している。

〈今後の計画と課題〉

防除作業はタイミングが重要であり，足下の悪いときでも行なう必要があるため，いつでも快適に作業のできる乗用型ブームスプレーヤの導入や移植作業の効率化をはかるため，現在の2条植えから4条植えに入れ替えを進めている。

しかし，家族労力を前提とした経営では，機械化や栽培の工夫をしても限界がある。

そのため，作業委託を活用して労働のピークを避けるように，よりいっそう工夫して，規模の拡大や作目の組合わせを行なうとともに，生活にゆとりがもて，休暇の取れる経営となるように経営の見直しを今後も進めていきたいと考えている。

《住所など》兵庫県南あわじ市榎列小榎列
　　　　　碇　茂（60歳）
執筆　奥井宏幸（兵庫県南淡路農業改良普及センター）

2018年記

兵庫県三原郡三原町　天 田 賀 雄

# ターボ，七宝早生，もみじ3号ほか・4〜11月出荷

○土つくりと除湿乾燥システムで貯蔵性向上
○機械化省力システム導入，木酢利用で減農薬
○米や他の野菜を加えて消費者とのネットワーク販売

---

＜地域と経営のあらまし＞

## 1．地域の特徴

南淡路の農業は，全国でも有数の野菜産地（タマネギ，レタス，ハクサイ，キャベツ）であり，特に三毛作体系による農業形態が定着している（第1図）。

南淡路地域のタマネギの栽培は，明治21年（1888）の試作に始まり，大正9年ころから経済的な栽培が行なわれるようになった。その後，増減をくり返しながら現在は，2,180haの面積になっている（第2図）。

## 2．経営の歩み

天田さんは親の経営を引き継ぎ，タマネギ中

### 経営の概要

| 立　　地 | 淡路島南部(三原平野中央部)，沖積砂壌土 |
|---|---|
| 作目規模 | タマネギ160a，イネ150a，キャベツ60a（グリーンボール20a），ハクサイ20a，レタス10a |
| 労　　力 | 家族労力2人（季節雇用5人：12月） |
| 栽培概要 | （タマネギ）播種9月中旬〜10月上旬，定植11月上旬〜1月下旬，収穫4月下旬〜6月中旬 |
| 収　　量 | 早生種6,600kg/10a，中生種8,200kg/10a，晩生種7,600kg/10a |
| 技術特色 | 土つくりと除湿乾燥システムによる貯蔵性の向上，機械化による省力化システムの導入，木酢利用による減農薬栽培　消費者とのネットワークによる販売 |

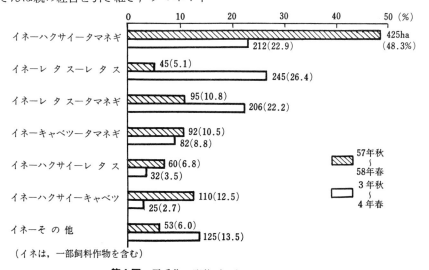

第1図　三毛作の形態（昭和58年対〜平成4年）

## 精農家の栽培技術

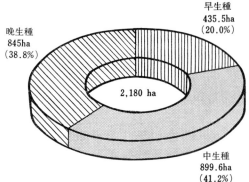

第2図 南淡路地域の収穫時期別栽培面積
（平成6年産）

晩生種 845ha (38.8%)
早生種 435.5ha (20.0%)
中生種 899.6ha (41.2%)
2,180 ha

心の経営を行なっていたが，植付けと収穫に多くの雇用労力を利用した経営であって，価格が不安定であることと，重量野菜であるための労働過重，さらにタマネギの販売時点まで現金収入がないなどの理由から，イネの作業受託やキャベツ，ハクサイの栽培を導入し，周年所得があるようにして経営を安定させてきた。

その後，平成2年ころからタマネギ生産の収穫機や除湿機による乾燥施設の設置など省力栽培に取り組み，1.6haのタマネギをほとんど家族労力だけで栽培できるようにするとともに，所得の安定をめざし，特別栽培米や減農薬栽培の野菜を消費者へ直接販売するなどの産消提携の生産・販売システムに移行しつつある。

### 3. 経営の概要

タマネギを中心にして露地野菜を労働の競合が起きないように組み合わせている。経営土地面積は，185a（自作地140a，借地45a）で，各圃場のローテーションにより，連作障害が発生しないような土地利用を行なっている。

野菜の栽培面積は，タマネギ160a（早生種50a，中生種60a，晩生種50a），キャベツ60a（3～4月どり40a，12月と5月どりグリーンボール各10a），ハクサイ20a（1月どり），レタス10a（1～4月どり有機栽培）である。その他，自作地のイネ150aと作業受託としてイネの植付け3ha，刈取り15haおよびタマネギの収穫1haを行なっている。

労働力は，家族労働（2人）を中心に，タマネギの定植時（12月）のみ，シルバー人材センターから5人雇用している。

経営の特色は，重量野菜であるタマネギの収穫，貯蔵を機械化し，家族労力で経営を可能にしている点である。また，機械の効率性を高めるために収穫作業の受託やリースの機械を借りるなど低コスト生産にも努力している。

さらに，牛ふん堆肥の投入や農薬と木酢の組合わせにより，農薬の使用量を半減させている。減農薬栽培のメリットを出すため，消費者との

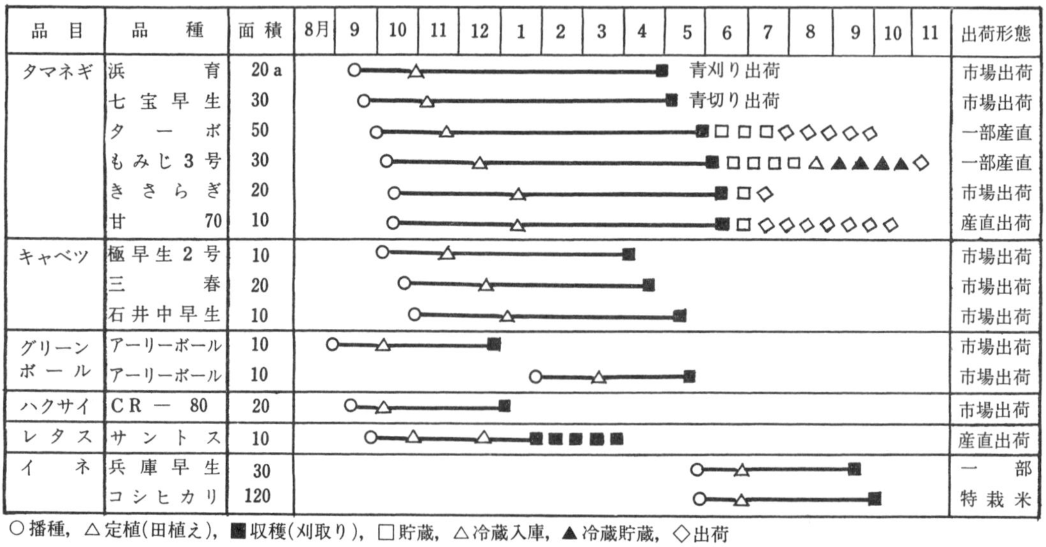

| 品目 | 品種 | 面積 | 8月 | 9 | 10 | 11 | 12 | 1 | 2 | 3 | 4 | 5 | 6 | 7 | 8 | 9 | 10 | 11 | 出荷形態 |
|---|---|---|---|---|---|---|---|---|---|---|---|---|---|---|---|---|---|---|---|
| タマネギ | 浜育 | 20 a | | ○ | △ | | | | | | | ■ 青刈り出荷 | | | | | | | 市場出荷 |
| | 七宝早生 | 30 | | ○ | △ | | | | | | | ■ 青切り出荷 | | | | | | | 市場出荷 |
| | ターボ | 50 | | ○ | △ | | | | | | | ■ □ □ □ □ ◇ ◇ ◇ | | | | | | | 一部産直 |
| | もみじ3号 | 30 | | ○ | △ | | | | | | | ■ □ □ □ △ ▲ ▲ ▲ ◇ | | | | | | | 一部産直 |
| | きさらぎ | 20 | | ○ | △ | | | | | | | ■ □ ◇ | | | | | | | 市場出荷 |
| | 甘70 | 10 | | ○ | △ | | | | | | | ■ □ ◇ ◇ ◇ ◇ ◇ ◇ | | | | | | | 産直出荷 |
| キャベツ | 極早生2号 | 10 | ○ | | △ | | | | | ■ | | | | | | | | | 市場出荷 |
| | 三春 | 20 | ○ | | △ | | | | | ■ | | | | | | | | | 市場出荷 |
| | 石井中早生 | 10 | ○ | | △ | | | | | ■ | | | | | | | | | 市場出荷 |
| グリーン ボール | アーリーボール | 10 | ○ | △ | | ■ | | | | | | | | | | | | | 市場出荷 |
| | アーリーボール | 10 | | | | ○ | | △ | | | ■ | | | | | | | | 市場出荷 |
| ハクサイ | CR-80 | 20 | | ○ | △ | | ■ | | | | | | | | | | | | 市場出荷 |
| レタス | サントス | 10 | | ○ | △ | | ■ ■ ■ ■ | | | | | | | | | | | | 産直出荷 |
| イネ | 兵庫早生 | 30 | | | | | | | | | | | ○ | △ | ■ | | | | 一部特栽米 |
| | コシヒカリ | 120 | | | | | | | | | | | ○ | △ | | ■ | | | |

○ 播種，△ 定植（田植え），■ 収穫（刈取り），□ 貯蔵，△ 冷蔵入庫，▲ 冷蔵貯蔵，◇ 出荷

第3図 天田さんの栽培品種と作型（1993～1994年）

ネットワークによる販売をも手がけ始めている。

### 4．畑の使い方

天田さんの品目別の作型は，労働の競合が起きないように配慮されており，各品目の収穫時期が重ならないように組み合わせている（第3図）。

タマネギについては，品種別に青切り出荷されるものと貯蔵後出荷するものとがあり，貯蔵性のよい「もみじ3号」は，冷蔵貯蔵され長期間（農協委託：11～3月）出荷される。貯蔵されたタマネギの出荷および冷蔵入庫は，夏期の比較的労働に余裕のある時期に行なわれている。

作付け体系は，連作障害が発生しないようにアブラナ科の連作や野菜栽培の前作にイネを入れるなどさまざまなタイプの組合わせがある。タイプ分けをすると大きく5つのタイプになる（第4図）。

＜技術の特色＞

### 1．土つくり，体系防除と乾燥方法の改善による貯蔵性の向上

貯蔵性のよいタマネギを生産するために，深耕や良質堆肥の施用などの土つくりを基本としている。このため，稲わらの還元，木炭入り堆肥の施用，さらにディスクプラウによる深耕を実施している。土つくりにより土壌の物理性が向上し，根が深くまで伸び，収穫まぎわまで草勢を保っている。また，草勢がよいため最終の施肥（止め肥）を地域の標準の時期よりも1旬早く切り上げており，貯蔵性のよいタマネギとなっている。

タマネギの主要病害である灰色腐敗病については，周年感染の機会があるため体系的な防除を心がけている。とくに2月中旬以降の防除が重要である。また，農薬を過信することなく，罹病株の抜取り（灰色腐敗病，べと病および軟腐病）と臨機防除（強い風雨のあと）を合わせて行なうことにより効果を上げている。

貯蔵中に腐敗するタマネギは，収穫・貯蔵の時点において健全であっても病原菌に感染して

秋まき普通栽培（ターボ，七宝早生，もみじ3号ほか）

```
Type 1　イネ→タマネギ→イネ→タマネギ→イネ
Type 2　イネ→タマネギ苗床→春どりレタス→イネ
Type 3　イネ→ハクサイ（1月どり）→タマネギ→イネ
Type 4　イネ→キャベツ→イネ
Type 5　イネ→グリーンボール（12月どり）→タマネギ→イネ
```

**第4図** 天田さんの作付け体系のタイプ（1993～1994年）

いることが多い。そのため体系的な防除が重要である。タマネギの貯蔵性は，収穫後の乾燥状態も大きく影響する。葉鞘部の乾燥に時間がかかると病原菌が葉鞘を伝わって球内に侵入しやすくなり，貯蔵中に腐敗することが多い。そこで，できるだけ早く葉鞘部を乾燥させるために，乾燥ハウスと合わせて除湿機を効率的に活用している。

除湿機は夜間と雨天または曇天の日に運転し，強制的に湿度を低下させている。天候に影響されず乾燥できる除湿乾燥システムにより貯蔵性を大きく向上させている。

タマネギの腐敗を少なくするポイントを整理すると以下のようになる。

①地力窒素により肥大させる（土つくり）。
②品種別の播種時期をつかむ（早まきをしない）。
③総合防除を心がける（基幹防除，臨機防除，罹病株の抜取り）。
④晩期追肥をさける（3月中旬以降の追肥をしない）。
⑤圃場環境の改善（輪作体系の確立）。
⑥収穫の適期をまもる（早期収穫しない）。
⑦収穫後，早く乾燥させる（除湿乾燥システム）。

### 2．経済性を考えた省力化機械の導入

タマネギ栽培は，定植期間が長く11月から2月にかけて行なえばよいが，収穫の時期は一斉になり労働過重が起きていた。また，従来は雇用労働により収穫していたが，労働がきついため人材の不足や労賃の上昇などの問題が深刻となってきていた。収穫時の雇用労力は，主に県

精農家の栽培技術

**第1表　資本装備**（1994.6）

| 資　本　名 | 規模能力 | 台数 |
|---|---|---|
| 建物・施設 | | |
| 　作業場兼収納舎 | 60m² | 1 |
| 　乾燥ハウス | 150m² | 1 |
| 　吊り小屋 | 40m² | 2 |
| 機械 | | |
| 　トラクタ | 25PS | 1 |
| 　フォークリフト | 2.0t | 1 |
| 　除湿機 | 3.75kW | 1 |
| 　動力噴霧機 | 2.8PS | 1 |
| 　人力播種機 | 10条 | 1 |
| 　管理・葉切り機 | 3PS | 1 |
| 　オニオンハーベスタ | 4条 | 1 |
| 　コンバイン | 27PS4条 | 1 |
| 　田植機 | 5条 | 1 |
| 　普通貨物自動車 | 2.0t | 1 |
| 　軽貨物自動車 | 660cc | 2 |

**第2表　労働時間の変化**　　（時間/10a）

| | 昭和58年まで | 59～平成2年 | 平成3年～ |
|---|---|---|---|
| 技術変遷 | 吊り小屋貯蔵 | ハウス乾燥, コンテナ貯蔵 | 機械収穫, ハウス除湿乾燥 |
| 播種準備 | 2 | 2 | 2 |
| 播　種 | 3 | 3 | 1 |
| 苗床管理 | 10.5 | 10.5 | 10.5 |
| 本田準備 | 11 | 11 | 11 |
| 定　植 | 36 | 36 | 34 |
| 　苗取り | (12) | (12) | (12)自家労力 |
| 　運搬 | ( 2) | ( 2) | ( 2)自家労力 |
| 　作条 | ( 2) | ( 2) | ( -)耕うん同時 |
| 　植付け | (20) | (20) | (20)雇用労力 |
| 管　理 | 22 | 22 | 22 |
| 防　除 | 13.5 | 13.5 | 10.5 |
| 収　穫 | 35.5 | 22 | 15.0 機械収穫 |
| 収納貯蔵 | 14.5 | 8 | 3 除湿乾燥 |
| 出荷・調製 | 64 | 60 | 60 |
| 合　計 | 212.0(100) | 188.0(88.7) | 169.0(79.7) |

外（徳島県）の人に依存しており，宿泊費用とは別に1日15,000円が一般的である。このようなことから，省力化機械の導入を積極的にすすめている（第1～3表，第5図）。

昭和58年にコンテナ（20kg）によるタマネギの乾燥貯蔵施設（第6図）を，平成2年にはオニオンハーベスタ（第7図）を導入している。

また，乾燥施設の天井の老朽化に伴い，光の透過率が低下し乾燥状態が低下してきたため，平成3年に除湿機を乾燥施設に設置し，貯蔵性の向上に効果を上げている（除湿機については347ページを参照）。

オニオンハーベスタを使って収穫するときの問題は，タマネギの葉の倒伏方向によっては（葉が機械の進行方向と反対に倒れている），切

**第3表　収穫から収納までの労働時間の変化**
　　　　　　　　　　　　　　　　（時間/10a）

| | 吊り小屋 | ハウス乾燥 | 現　在 |
|---|---|---|---|
| 準　備 | 1.0 | 2.0 | 3.0 |
| 抜　取　り | 9.0 | 9.0 | 2.5 |
| 葉のタッピング | 1.5 | 1.5 | - |
| 結　束 | 25.5 | - | - |
| コンテナ詰め | - | 9.5 | 9.5 |
| 小屋への収納 | 13.0 | 5.0 | 3.0 |
| 積　替　え | - | 3.0 | - |
| 合　計 | 50.0(100) | 30.0(60) | 18.0(36) |

注　(　)内数字は吊り小屋貯蔵を100としたときの割合

断球などの事故球の発生が多く，往復作業など効率的な作業ができなかったことである。そこで平成4年には，機械収穫作業の効率化と収穫時に発生する傷害球を少なくするために，葉切り機（1輪の管理機を改造）を自作している（第8図）。葉切り機により谷に倒れた葉を切断することにより，往復の収穫作業ができ効率的に作業を行なっている。

掘り取ったタマネギは，直接コンテナへ入れずにうねの上に落とし，2～3日自然乾燥させ，病害球を除去しながら人力で拾込みを行なっている。今後この作業を機械化するためにピッカーの導入を考えている。

つぎにコンテナ詰めされたタマネギを圃場から搬出するためにショベルローダを改造している。改造の方法は簡単で，バケットを取り外し，リフトの爪を3点のリンクで取り付けることにより完了する。ショベルローダは，建設機械のリース会社より約1か月間レンタルしている。パレットに積まれたコンテナ（32ケース）をすくい，圃場外へ搬出している（第9図）。

ハーベスタで収穫すると，土を掘り起こすためコンテナの搬出までに雨に合うと排水が悪く，圃場が乾燥するまでに時間がかかり苦労していた。また，コンテナをトラックに乗せるとき，3段目以降のコンテナを積み上げるのは重労働

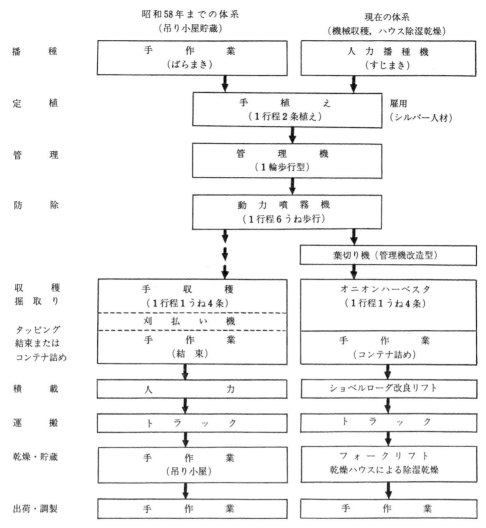

第5図 生産体系の比較

第6図 タマネギ乾燥貯蔵施設

第7図 オニオンハーベスタ

精農家の栽培技術

第8図　管理機を改造した葉切り機

第10図　全自動移植機を使う天田さん

第9図　ショベルローダを改造したリフト

であった。ショベルローダのメリットは、圃場が降雨により軟弱であっても搬出ができることと、コンテナをトラックの上に積み上げるより低い位置で行なえるため、作業が非常にらくであることなどである。

天田さんは、いずれの技術を導入するにしても経済性についての研究を怠らず、労働生産性の向上につながるかを厳しくチェックしている。

今後、定植作業の省力化と調製・出荷の合理化について関心が高く、とくにタマネギの自動移植機の実用化については、普及所と共同で機械の精度や作業性の検討のほか、労働衛生面や経済性についても検討をすすめている（第10、11、12図）。

### 3. 減農薬栽培の導入

栽培面積の増加とともに農薬の散布面積も増加し、飛散した農薬が散布者にかかり、健康を阻害することが危惧されていた。そのとき、天田さんも一時体調をくずしたことなどもあり、なんとか農薬の量を少なくできないか（貯蔵性を向上させるために散布の回数は少なくできないが、1回当たりの農薬量を減らせないか）と考えていた。

そのころ雑誌などには、有機農業についての記事が多く、木酢の利用について関心をもち、平成2年より試験的に使用したところ効果がみられたため3年から全面的に使用している。

木酢は、近くに木炭を生産する会社が進出してきたため、そこで採取したものを使用している。この木酢は植物に散布することを目的に精製されたものでないため、比較的安価で分けてもらい、タール分などが沈澱した上澄み液のみを使用している。

木酢の使用方法は、農薬を散布するたびに300倍で農薬に混用し、農薬は規定の倍数の2倍（1,000倍のものは2,000倍）で使用している。

さらに木炭のくずを堆肥に2割程度混ぜ、発酵させた堆肥を野菜の作付け前に10a当たり2～3t使用している。今後、EMなどの使用法についても研究し、効果の判定を行ない、実用化してゆきたいと考えている。

天田さんの考え方には「生産者の顔の見える作物を消費者に提供したい。消費者にとっての安全性は、生産者にとっても安全であり、安定につながる」という自信と使命感がある。

### 4. 産消提携

平成3年にある新聞社よりタマネギの取材があり、天田さんを紹介した。そのとき取材にこられた食文化を専門にしているジャーナリスト

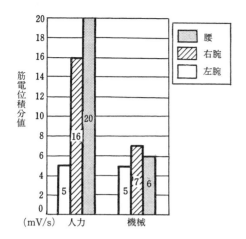

第11図 定植時における労働強度の比較

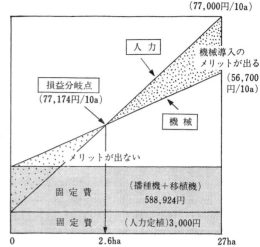

秋まき普通栽培（ターボ，七宝早生，もみじ3号ほか）

第12図 全自動移植機の経済性（損益分岐点）

とのつながりができ，天田さんは有機栽培へ関心をもつとともに，生産したタマネギを送ったところ非常においしいとの評価があった。

また，大阪の生活学校の主婦グループとの交流のなかで，多くの消費者から，やわらかくて風味があっておいしいとの反応が手紙や電話で帰ってきた。

兵庫県立北部農業技術センターでは，タマネギの食味について研究を行なっており，淡路産のタマネギは，味，香り，硬さにおいて他産地のものに比べ優れているとの評価になっていることからも，生産物に対しての自信を深めた。

また，「甘70」は，オニオンスライスなど生食用に向く品種であることから，生食用として食べ方を明示し，宅配便を利用して消費者に届けており，評判がよい。現在この方式による年間の流通量は，タマネギで10t程度と少ない（全生産量の1/10）が，手間をかけずにできる産消提携の流通方法を確立し，この方式による流通をふやしてゆきたいと考えている。

## ＜土つくりと土壌病害対策＞

### 1．土地利用のしくみ

各圃場はローテーションを組み，連作障害が発生しないように土地利用を行なっている。

栽培作物の作型は，第3図のように収穫時の労働が競合しないように組み合わせるとともに前作にイネを栽培し，連作の障害が発生しないように配慮して，生産安定を図っている（第4図）。とくにイネは，クリーニングクロップ的な働きをしている。

イネの刈取りと後作の野菜の作付けとの間に余裕がないときは，転作の対応もあって水張りを行なっている。水張りは，雑草対策になるとともに土壌病害や虫害の対策ともなっている。

土地の利用率は，約220%となっている。

### 2．土つくりの経過と方法

最近まで繁殖和牛の飼育（両親の担当）を行ない，そのきゅう肥を圃場に還元していたが，両親の高齢化などの理由により，露地野菜中心の経営にシフトしている。

現在では，自家生産される堆きゅう肥がないため，稲わらの還元と合わせて隣町で有機農業を実践しているグループから良質の堆肥を購入している。この堆肥は，肥育牛のおがくず牛ふんに木炭を20%混ぜ，臭気を少なくするために木酢をかけ攪拌し発酵させたものである（第13図）。この堆肥を持ち帰り，2～3か月発酵させ10a当たり2～3t，野菜の作付け前に投入し

## 精農家の栽培技術

第13図 ドリルのような攪拌機で切返しを行なう堆肥の生産施設

ている。堆肥の施用法は，現在労力面から全層に施用しているが，今後，除草効果も兼ねて表層に施用（堆肥マルチ的な使用）したいと計画している。

また，根張りをよくするためにプラウによる深耕も行なっている。

### 3. 土壌消毒

田畑の輪換（イネと野菜の輪作）が基本になっており，土壌消毒は実施していない。また，前年にアブラナ科野菜の作付けを行なった圃場には，タマネギまたはレタスを作付けするなど根こぶ病の発生にも注意をはらっている。

## ＜栽培技術＞

### 1. 品種の選定

収量性を第一に，早晩性，貯蔵性，品質についても総合的に判断している。とくに，早生種は早晩性と甲の高いもの，中生種は収量性と短期貯蔵性，晩生種では貯蔵性と収量性を重視している。

なお，産直している品目では，品質（食味）を第一にしている。

晩生種の甘70は貯蔵性は「もみじ3号」に比べると劣るものの，辛み成分が少ないため生食用にすると非常においしいため，そのことを伝えられる産消提携のシステムができていることによりうまく流通している。

### 2. 育苗

苗床の選定については，早期収穫のイネの跡で，タマネギの残渣処理施設などのないところに設置している。播種の1週間前に堆肥，カキがら石灰（商品名：カルエース），化成肥料を全層に施用している（第4表）。

播種の時期は，近年暖冬の傾向がつづいているため，品種別に設定されている時期よりも若干遅く行なっている（第5表）。これは越冬時の生育を抑制し，春一番の吹くころは草丈も低く，細菌性病害の原因となる葉折れが少ないため，臨機的な農薬の散布回数を少なくしても病害の発生を抑えることができる（第14，15図）。この技術は，近年の傾向である暖冬の影響によるものであるため，長年のカンにより本年の気象を予測することと，土壌条件がよく順調に生育できることが必要である。

条まき（人力播種機）による露地育苗で，種子量は本田10a当たり4dl（2缶）。苗床の面積は，種子2dl当たり20m²程度で，極度なうすまきは抽台の発生が多くなるので注意が必要である（第16図）。

播種機は覆土と鎮圧を行なうので，播種後すぐに乾燥防止のため前述の堆肥と籾がらを厚さ0.5～1cm程度かける（播種機を用いないときは，ばらまきのあと，太めの塩化ビニルのパイプなどで鎮圧し，覆土代わりに発酵した堆肥や籾がらをかける）。

その後，充分かん水をして，わらごもで被覆をする。発芽するまで約1週間かかるので，その間雨がなく乾燥するようであれば1回かん水をする。

天田さんは，除草剤を使用せず本葉3枚のころ，手取り除草を行なっている。南淡路地域では，雑草が多く除草できないときはバスアミドなどを用いて土壌消毒している農家もある。全層施用の場合は，30kg/10a。表層施用で20kg

秋まき普通栽培（ターボ，七宝早生，もみじ3号ほか）

第4表　苗床の施肥設計　　（kg/a）

| 資材名 | 総量 | 元肥 | 追肥 |
|---|---|---|---|
| 牛ふん堆肥 | 300 | 300 |  |
| カルエース | 20 | 20 |  |
| 細粒S550 | 15 | 10 | 5 |
| 使用時期 |  | 1週間前 | 本葉2枚 |

注　細粒S550の成分　N：15%，P：15%，K：10%
　　1～2月定植のものは，12月から20日おきに5kg追肥する

第5表　主要品種の播種期

| 品　種 | 地域標準 | 天田さん |
|---|---|---|
| 浜　育 | 9月10～13日 | 9月13～15日 |
| 七宝早生 | 〃 15～18日 | 〃 18～20日 |
| タ　ー　ボ | 〃 26～30日 | 〃 30～10月1日 |
| もみじ3号 | 〃 26～30日 | 〃 30～10月3日 |
| きさらぎ | 10月10～13日 | 10月10～13日 |
| 甘　70 | 〃 10～13日 | 〃 10～13日 |

/10aが標準である。

### 3．定植の準備

イネの収穫からタマネギの定植まで約2か月間あるため，コンバインで刈り取った稲わらは，全量圃場に還元している。定植までにわらを腐らすために，イネの刈取り後すぐに菜種油かす（80kg/10a）と堆肥（2～3t/10a）を施用して，ディスクプラウにより深耕している。石灰窒素の施用も考えたが，飛散して被害を与えることがあるので行なっていない。深耕や有機物の施用により，圃場の排水がよく根が深くまで入り収穫前まで草勢を保っている。

このように，土つくりに力を入れており，土壌中の腐植も3%以上を保っており，地域の平均2.5%より高い。

タマネギは，地力窒素でつくるといわれるように，栽培期間中の施肥養分の吸収率は低く（窒素約60%，リン酸・カリ約20%），土壌中の蓄積養分量に依存する面が大きいことから，土つくりに努力している。すなわち，毎年の積み重ねにより地力を蓄えることにより，収量が安定し多収に結びついている。

地力があるため追肥は，地域の標準よりも1旬早く切りあげ，3月中旬以降行なっていない。

第14図　葉折れをさせないでゆっくりと生育させる（4月中旬）

第15図　播種期が早いと，春一番などの強風により葉折れがして病気が多い

第16図　発芽の状況（播種後10日），種子の殻がついていると順調に生育する

そのため収量が高いにもかかわらず貯蔵性のよいタマネギとなっている。このタマネギを分析すると糖度が高く（Brix 8以上），貯蔵性の向上につながっていると思われる。

本田の施肥は，一部を除いて定植の1週間程度前に施用する（第6表）。

第6表　本田の施肥設計　　（kg/10a）

| 資材名 | 総量 | 元肥 | 追肥1 | 追肥2 | 追肥3 |
|---|---|---|---|---|---|
| 牛ふん堆肥 | 2,000 | 2,000 | | | |
| カルエース | 200 | 200 | | | |
| 菜種油かす | 80 | 80 | | | |
| 玉葱高度化成 | 60 | 20 | 40 | | |
| 細粒S550 | 80 | 80 | | 40 | 40 |
| 使用時期 | | 1週間前 | 12月下旬 | 2月中旬 | 3月中旬 |

注　品種：ターボ，もみじ3号
　　玉葱高度化成の成分　N：10％，P：20％，K：20％

第17図　ロータリの後部に装着した作条機

うね立ては，土壌水分が適正になったときに充分破土を行ない，うね幅130cmにしている。作条機がトラクタのロータリの後部に取り付けられており，うね立てと同時に作条できるようになっている（第17図）。粘質な圃場をむりに耕うんし，うね立てをすると根の伸長が悪く，活着が遅れタマネギの肥大が悪くなるので，定植が少し遅れてもむりをしてうね立てを行なわないことが大切である。

## 4．定　植

植付け時にトップジンM水和剤の500倍液に苗を浸漬処理し，新芽がかくれない程度の深さに定植する。苗の大きさは，葉が3〜4枚で1本4〜6gのものがよく，葉が伸びすぎると作業性が悪くなるので，葉身の3分の1程度を剪葉する。

うね幅は130cmで，株間10.8cm，条間24cmの4条植えで，栽植本数は10a当たり28,000本である。自動移植機を導入すると10aを1.5時間程度で定植できるため，導入について検討している。

除草剤は，定植後ゴーゴーサン細粒剤Fを10a当たり5kg均一に散布している。

## 5．定植後の管理

2月の上中旬に管理機により除草をかねて中耕を行なう。中耕のあと，グラメックス水和剤100gを100$l$にとかし均一に散布する。この処理は，早生種3月10日，中晩生種で3月20日までに処理をしないと薬害が発生することがある。

減農薬栽培の圃場は，2回目の除草剤を散布しないで中耕を数回行なっている。

3月から4月にかけて灰色腐敗病，べと病などが病徴を現わしてくるので，罹病株の抜取りを行なう。病害の防除は，抜取りのあとに行なうと効果が高い。

4月下旬〜5月中旬にかけて乾燥すると球の肥大が悪くなるので，乾燥の著しいときに限ってかん水を行なう。谷間かん水の場合，湛水状態のままにしておくと根腐れが発生して，葉先が枯れるので注意が必要である。

## 6．収　穫　期

収穫は，葉が倒伏してから7〜10日後に行なう。収穫前によく強風が吹き，葉が倒れることがある。この場合，倒伏後も肥大がつづくので茎の状態をみて，細く柔らかくなってからにする。倒伏しても新葉が上に向こうとしているときは，収穫適期ではなく，もう少し遅らせるようにしている。

完熟して休眠に入ったタマネギ（茎が細くなったもの）を収穫することにより，葉鞘基部の乾燥が早く，貯蔵中の腐敗が減少し，貯蔵性が向上している。葉鞘基部を早く乾燥させることができるか，できないかにより貯蔵性のよしあしが決まるので，2〜3日晴天のつづく日に収穫を行ない，うねの上で自然乾燥を行なうことも重要である。天田さんは，除湿機を導入しているので乾燥が不充分でも強制的に乾燥させるため貯蔵性がよくなっている。

オニオンハーベスタを効率的に使用するために，葉切機をつくり作業を行なっている。葉切機は，管理機のロータリ部を取り外し，刈払い

秋まき普通栽培（ターボ，七宝早生，もみじ3号ほか）

機の歯を両端に1枚ずつ取り付けたものである（第8図）。

## 7．とくに留意することがら

除湿機による乾燥法のポイントは，下記のとおりである。
①庫内に湿った空気を入れない。
②入庫するコンテナ数は，5馬力タイプで予備乾燥できたタマネギ1日約1,000ケース（20kgコンテナ）以内。
③庫内の温度は35℃以上に上げない。35℃以上になるようであれば換気する。
④庫内の空気はできるだけ動くように，送風ファンを付ける（詳しくは，個別技術の課題と検討　機械・資材利用347ページ参照）。

天田さんの乾燥システムは，乾燥ハウスと除湿機を併用したもので施設の大きさは，150m²（10m×15m）で2,400ケース42tのタマネギが約1週間で乾燥できる（第6図）。

## 8．病害虫防除

減農薬栽培に取り組んでおり，木酢液の300倍液を防除のたびに農薬に混用している。農薬

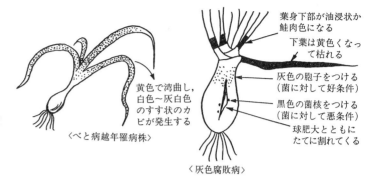

第18図　灰色腐敗病とべと病の病徴

**第7表　苗床防除基準**　　　（地域標準）

| 病名 | 薬剤名 | 倍数 | 被覆除去時 | 播種後3週間 | 播種後4週間 | 播種後5週間 | 播種後7週間 | 備考 |
|---|---|---|---|---|---|---|---|---|
| 苗立枯病 | ダコニール1000(フ) | 1,000 | ○ | | | | | かん注10l/坪 |
| 灰色腐敗病 | トップジンM(水) | 1,000 | | | | ○ | | |
| 灰色かび病 | ロブラール(水) | 1,000 | | | ○ | | | |
| | ダコニール1000(フ) | 1,000 | | ○ | | | ○ | 散布20l/a |
| べと病 | アリジマン(水) | 600 | | | △ | | △ | |
| 白色疫病 | キンセット(水) | 600 | | △ | | | △ | |

注　○：基幹防除，△：臨機防除

**第8表　本田防除基準**（地域標準）

| 品種 | | 病害名 | 灰色腐敗病・灰色かび病 | | | | べと病 | 軟腐病・腐敗病 | |
|---|---|---|---|---|---|---|---|---|---|
| | | 薬剤名 | トップジンM | トリアジン | ロブラール | ダコニール | リドミルMZ | アグレプト | カスミンボルドー |
| | | 薬剤倍数 | 1,000 | 600 | 1,000 | 1,000 | 1,000 | 1,000 | 1,000 |
| 中生・晩生種 | 早生種 | 2月中旬 | ○ | | | | | | |
| | | 3 上 | 罹病株の抜取り | | | | | | |
| | | 　 中 | | | ○ | | 抜取り | 抜取り△ | |
| | | 　 下 | ○ | | | | ○ | △ | |
| | | 4 上 | | | ○ | | ○ | △ | |
| | | 　 中 | | ○ | | ○ | | | △ |
| | | 　 下 | ○ | | | ○ | | △ | |
| | | 5 上 | | ○ | | ○ | | △ | |
| | | 　 中 | ○ | | | ○ | | | |
| | | 　 下 | ○ | | | | | | |

注　○：基幹防除，△：臨機防除（強い雨風のあと）

第19図 うね間に設置した竹

第20図 収穫直前のタマネギ（品種ターボ）

第9表 品目別の平均収量と販売単価（1988～1992）

| 品目 | 出荷時期<br>（月.旬） | 収量<br>（kg/10a） | 販売単価<br>（円/kg） |
|---|---|---|---|
| タマネギ | | | |
| 早生種 | 4.下～5.上 | 6,600 | 83.8 |
| 中生種 | 7～9 | 8,200 | 84.6 |
| 晩生種 | 11～3 | 7,600 | 112.2 |
| キャベツ | 4.上～5.中 | 5,400 | 93.1 |
| グリーンボール | 12 | 4,900 | 104.5 |
| グリーンボール | 5 | 4,900 | 86.5 |
| ハクサイ | 1.中～下 | 8,300 | 103.4 |
| レタス | 1～3 | 2,600 | 298.7 |

第10表 南淡路地域の標準的な経営試算（目標）
（10a当たり）

| 作目名 | 粗収益 | 経営費 | | | 目標所得 |
| | | 資材費等 | 固定経費 | 計 | |
|---|---|---|---|---|---|
| | 千円 | 千円 | 千円 | 千円 | 千円 |
| イネ（早期） | 160 | 76.6 | 38 | 114.6 | 45.4 |
| タマネギ 青切り | 420 | 260 | 72 | 332 | 88 |
| 短期貯蔵 | 550 | 298 | 72 | 370 | 180 |
| 冷蔵 | 673 | 319 | 72 | 391 | 282 |
| 2月植え | 403 | 253 | 72 | 325 | 78 |
| レタス 年内どり | 705 | 269 | 112 | 381 | 324 |
| トンネル | 800 | 329 | 112 | 441 | 359 |
| 春どり | 533 | 271 | 112 | 383 | 150 |
| キャベツ 年内どり | 562 | 273 | 43 | 316 | 246 |
| 春どり | 503 | 261 | 43 | 304 | 199 |
| グリーンボール 春どり | 556 | 245 | 58 | 303 | 253 |
| ハクサイ 年内どり | 545 | 260 | 58 | 318 | 227 |
| 冷蔵 | 718 | 435 | 58 | 493 | 225 |

の散布回数は地域の標準とさほど大きく変わらないが，希釈倍数は標準濃度の2倍にしている（第7,8表）。これまで3年間，基準の2倍で散布しているが問題は出ていない。

なお，病害の発生動向に注意し，灰色腐敗病やべと病の罹病株の抜き取り（第18図）や強風で葉が折れたときなどは臨機防除をしている。その場合，降雨後であると動噴のホースが滑らず非常に重いため，うね間に竹を置き，ホースの滑りをよくしている（第19図）。

＜経営収支＞

5か年間（1988～1992）の平均収量と販売単価は，第9表のとおりである。なお，参考までに南淡路地域の経営試算（目標）は，第10表のようになっている。

＜今後の課題＞

▷定植作業の省力化と調製・出荷の合理化
タマネギの自動移植機を実用化するための露地によるポット育苗方法の確立と，調製・出荷に多くの労働時間を費やしているため，タッピングマシーンの導入についても検討している。

▷微生物資材や新技術の導入による安全な農作物の生産

EMの効果判定や減農薬のための新技術の導入（酸性イオン水の散布）について研究を行ない，実用化してゆきたい。また，除草剤を使用しないタマネギの生産方法（簡便な堆肥マルチ施用機や乗用の汎用型管理機などの導入）についても検討を計画している。

▷流通改革と販売戦略

宅配便による流通は消費者の反応がすぐ返ってくるなどよいところがある反面，手間がかかり労働生産性からみるとメリットが少ない。そこで手間のかからない産消提携の流通方法や市

秋まき普通栽培（ターボ，七宝早生，もみじ3号ほか）

場外流通を検討し，販売価格の安定を図りたい。そのための組織づくりや代金の回収方法など残された課題も多い。

さらにタマネギのさまざまな利用法についてのレシピや健康面での効果なども明らかにして，他産地（外国を含む）との競争にうち勝つための付加価値付けを行なうとともに，カットタマネギなどの販売も手がけたい意向である。

≪住所など≫　兵庫県三原郡三原町
　　　　　　　天田　賀雄（47歳）
執筆　奥井　宏幸（兵庫県南淡路農業改良普及所）
　　　　　　　　　　　　　　1994年記

熊本県あしきた農業協同組合　サラたまちゃん部会

# 秋まき普通栽培・3〜6月出荷
# （超極早生，極早生，早生）

○ジューシーで甘い，日本一の早出しタマネギ「サラたまちゃん®」
○土壌還元を生かした露地での太陽熱処理
○高齢者による有機質肥料・無除草剤栽培

サラたまちゃん部会員の面々

〈地域と部会のあらまし〉

## 1. 地域の概要

　サラたまちゃん部会のある熊本県水俣・芦北地域は，県の南部に位置し，八代海の海岸線に沿って北から田浦町，芦北町，津奈木町，水俣市の1市3町で構成されている（第1図）。北は八代地域に，南は鹿児島県長島と接しており，東は九州山地が走り，西は宇土半島，天草諸島，鹿児島県長島で囲まれた不知火海が広がっている。気象は，東部の山地と西部の海岸地帯では気象が異なり，海岸地帯は概して温暖であり，11月中旬初霜，4月中旬終霜となっており，平均気温16.3℃，年間降水量2,145mmで温暖多雨な気候である。

　人口は年々減少傾向にある。また，高齢化が進んでおり，65歳以上の高齢者の占める割合が県下でも高く，過疎，山間地域の特有な傾向に

### 経営の概要

| | |
|---|---|
| 立地条件 | 熊本県の南部で温暖な気候<br>海岸線からすぐに山間地となり平坦地が少なく，圃場整備率も低い |
| 作目・規模 | 地域の基幹作目は果樹（甘夏，不知火（デコポン））<br>1戸当たりの栽培面積は10a〜400a<br>タマネギの1戸当たり平均面積30a |
| 労　力 | 家族労力，シルバー人材（市町），平均年齢65歳 |
| 栽培の概要 | 播種：9月10日から<br>定植：10月下旬から12月<br>収穫：2月下旬から6月 |
| 品　種 | 貴錦，濱の宝，サクラエクスプレス，サラたまちゃん |
| 収　量 | 平均単位収量：4t/10a |
| 技術の特長 | ①育苗床の太陽熱処理<br>②除草剤の使用禁止<br>③減農薬，減化学肥料への取組み<br>「有作くん（熊本型特別栽培農産物）」の認証<br>エコファーマーの認定<br>④良食味品種の導入<br>⑤マルチ栽培<br>⑥省力化<br>⑦販売戦略 |

第1図　熊本県水俣・芦北地域の位置

精農家の栽培技術

第2図　「サラたまちゃん部会」のパンフレット

なっている。交通は，国道3号線と，平成16年3月に部分開業した九州新幹線と，肥薩おれんじ鉄道が並行して地域内を縦断している。

農家戸数は年々減少傾向にあり，平成12年には2,447戸となっている。専兼別にみると，専業農家は24.2％，第1種兼業12.6％，第2種兼業63.3％であり，県平均と比べ兼業農家の割合が高くなっている。耕地面積は，3,260haであり，その内訳は水田1,410ha，樹園地1,450ha，普通畑395haとなっている。

農地は平坦地に乏しく，地形的条件には恵まれない状況にあり，土地基盤整備率は水田で30％で，県平均66％より低く基盤整備は遅れている。地域農業の主体となる樹園地は急傾斜地の園地が多く，現在樹園地整備や農道整備が進められている。当管内の農業粗生産額は，83億円で品目別にみると果樹が最も多く45.6％，次いで畜産19.5％，野菜・花卉が14.9％，米11.2％，チャ・工芸作物が2.9％，その他5.9％であり，県内でも有数の甘夏，不知火（デコポン）産地になっている。このような状況のなかで盛んになってきたのが水田裏作を利用したタマネギ栽培で，温暖な気候を利用した日本一の早出しタマネギ生産がなされ，近年作付け面積が増加傾向にある。

## 2. サラたまちゃん部会の概要

水俣・芦北地域の「タマネギ」は，昭和36年に水田裏作のムギに代わる安定的な作物として生産者10名，80aで栽培が始まった。昭和41年に水俣市の3農協が合併し，水俣市農協が誕生，2年後の昭和43年に栽培面積4.2ha，生産者40名でタマネギ生産部会が発足した。以来，順調に部会員，面積ともに増加し，昭和57年には面積は15haを突破し，県の指定産地に認定された。

平成5年，広域農協として「あしきた農業協同組合」が発足し，平成7年4月には部会の念願だったタマネギ選果場が水俣市に完成した。これにより調製・出荷作業の省力化・合理化が実現した。面積拡大に伴い，平成8年度には国の指定産地に認定され，価格安定制度へも加入し，価格も安定した。平成9年からは熊本型有機農産物「有作くん」に認証されたものを東京都との有機農産物出荷協定に基づき出荷した（平成15年度で制度は終了）。また，平成9年度第3回全国環境保全型農業推進コンクールでは，環境保全型農業の確立を目指し，意欲的な経営や技術の改善に取り組み，地元農業のみならず，地域の活性化に寄与していることが高く評価され，農林水産大臣賞を受賞した。

平成16年産の作付けは部会員約150名で面積は約80ha，出荷量約3,000t，販売金額約3億円の実績に達した（第3図）。しかし生産者は高齢者が多く，平均年齢は65歳を超えている。また，他産地でも環境に優しい農業への取組みもみられるようになった。このような状況のなかで，ここ数年は定年退職後の新規就農者らも年に数名ずつ参入している。また，タマネギ専作の生産者も生まれてきた。販売面では数年前からテレビなどメディアにも紹介されるようになり，全国から問合わせがくるようにった。

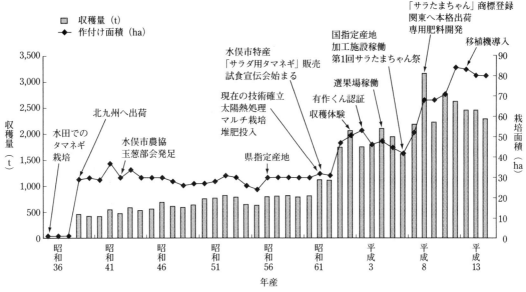

第3図 水俣・芦北地域のタマネギ栽培の推移

〈部会の取組み内容〉

1. 品　種

当地域は，平均気温16～17℃と一年を通じて比較的温暖な気候を利用し，超極早生，極早生品種を中心にタマネギを栽培している。最も早いもので2月中旬から出荷される。水分含量が多く，甘味があり，辛味成分も少ないため，生で食べてもおいしいタマネギである。昭和63年からこの時期にとれる極早生品種のタマネギを「サラたまちゃん」という商品名で出荷している。

2. 環境に優しい農業

①有作くん（熊本型特別栽培農産物）

生で食べるということから，「有作くん（熊本型特別栽培農産物）」に取り組んでいる。除草剤を使用せず，農薬の防除回数を月1回以内，堆肥を10a当たり4t（畑圃場は2t）以上，化学肥料を7割に抑えるなどの条件を設け，農薬の散布，化学肥料の投入量を減らす栽培に取り組んでいる。指導員，部会役員で手分けし栽培状況の確認を行ない，また，圃場ごとに栽培記録を記帳し，出荷時または必要時に提出してもらっている。

②除草剤の使用禁止

育苗から収穫まで，圃場での除草剤の使用を禁止している。そのため育苗床の太陽熱処理，本圃のマルチ栽培などの栽培技術が確立している。特に本圃の除草対策は手作業が基本となり，植え穴から発生する雑草の場合は早期に抜き取る。苗が大きくなり植え穴をふさぐまでには抜取り作業を終えるようにする。通路の除草についても手作業（草払い機）を基本とし，古マルチ等を通路に敷き詰めるなどして利用する。

③緩行性有機質肥料の利用

これまで化学肥料主体であった施肥体系を見直し，農協，地元肥料メーカー（チッソ旭肥料株式会社）との共同開発により，サラダタマネギ専用肥料（第4図）を開発した。綿実かすなど有機原料を主成分として，有機率70％以上でタマネギの肥料吸収に合った設計となっている。最近の異常気象でも安定した栽培がなされている。

④マルチ栽培

マルチを利用した栽培を推進して，肥料の流亡を抑え，施肥効率を高めている。また，除草剤の使用は禁止されているので，マルチを利用

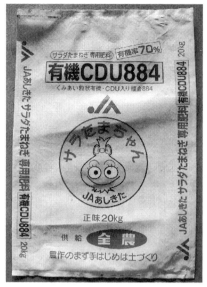

第4図　有機率70％のサラダタマネギ専用肥料

第5図　消費者との交流
畑で収穫したタマネギを丸かじり

することによって除草の省力化にも役立っている。

**⑤生分解性マルチの検討**

現在，黒ポリマルチ栽培が中心だが，廃ビ処理が問題になっており，ポリマルチの代替資材として，生分解性マルチの普及を図っている。マルチを片づける手間が省け，土にすき込むことができ，土壌微生物により水と二酸化炭素に分解する。数年間展示圃などで調査してきたが，外観，張りなどはポリマルチと比較してほとんど差なく，マルチャーを使ったマルチ張り作業での支障もほとんどない。また，タマネギの収量・品質も黒ポリマルチと同等の結果が出ている。廃ビ対策や作業の省力化は期待できるが，反面，ポリマルチと比較するとまだ3～5倍程度価格が高く，普及がむずかしい状況である。他地域でも分解性マルチの普及が進み，大量生産などによる価格の低下を期待したい。

## 3. 食育，消費者との交流

現在，3～7月まで出荷されるタマネギを，熊本市の小中学校の学校給食にも納め，子どもたちにも安心して食べてもらっている。

消費者との交流という面では，消費者にタマネギを自ら栽培体験してもらうために，部会では数年前からタマネギ栽培の作業体験を受け入れている（第5図）。定植・収穫作業を中心に体験でき，最近では高校の修学旅行のコースにもなっている。

また，「まずは地元の消費者に食べてもらうことが一番」とのことで，平成9年から始まり，現在では恒例になっている「サラたまちゃん祭」が毎年3月最終土日に開催され大盛況を得ている。

## 4. 省力化への取組み

平成9年度から，株式会社クボタとの共同開発により，タマネギ栽培作業の機械化一環体系に取り組んできた。その結果，全自動移植機およびセル苗育苗技術，半自動移植機，収穫機が実用化された。平成14年度には半自動移植機が補助事業を活用して導入され，植付け作業の省力化と1戸当たりの面積拡大が図られた。

全自動移植機は産地の栽培の特長である極早生品種の栽培，除草剤の使用禁止などから，発芽率，植え穴の除草などの面に課題を残しており，まだ導入されていない。ただ，今後の面積拡大のためには導入の検討が必要と考えられる。収穫機についても同様で，産地の特長であるマルチ栽培，除草剤の使用禁止，出荷方法などから，現在の機械ではマルチの巻き込みなど課題もあり，導入までに至っていない。

秋まき普通栽培・3～6月出荷（貴錦，濱の宝など）

### 5. 組織強化

　昭和43年に水俣市農協タマネギ部会が発足して三十数年が経過し，「サラたまちゃん」の名前もブランド化された。そんなこともあり，平成15年度の総会で，「タマネギ部会」から「サラたまちゃん部会」へと改名するとともに，生産委員会，販売委員会，女性部会を設置し，組織の強化が図られている。各委員会，部会生産者が中心となり，こだわりと誇りをもって田畑部会長を中心に部会員一致団結して産地強化に取り組んでいる。

　生産委員会では以前から行なわれていた栽培の記帳，栽培基準の徹底を図っている。販売委員会では女性部会と一緒になり，北は北海道，宮城県仙台市から地元熊本市まで数多くの試食宣伝会を実施し，消費者へ生産者自ら「サラたまちゃん」のアピールをしている。試食宣伝（第6図）の報告会も検討会・反省会を通して全生産者へ報告されている。

第6図　生産者も売り場に立って試食宣伝

〈技術の特徴と実際〉

### 1. 苗床の太陽熱処理

　15年程前までは，農薬による土壌消毒を実施していたが，サラダ用のタマネギとして「生で食べる」ことを推進していたため，できるだけ農薬を減らしたいとの地域の要望が強かった。そこで，育苗床の土壌消毒農薬の使用をやめ，太陽熱を利用した育苗床の土壌消毒への転換を図った。

　育苗が9月から始まるため，それ以前の7～8月の高温時に，太陽熱を利用した育苗床の土壌消毒が有効と考えられた。施設野菜の土壌病害の防除に，夏期にハウスを密閉し，太陽熱を利用して土壌を高温にする熱消毒が行なわれているが，同様の方法で露地状態でも実用化できないかということで始められた。地元での実証展示圃の試験の結果，立枯病などの防除と雑草抑制の面から効果があり，実用性が高いと判断された。その技術が現在では100％普及している（第7図）。

　その方法は，太陽熱による熱消毒というより，夏期の高温と灌水による酸素欠乏の還元状態にする，いわゆる湿熱により土壌中の病害虫を殺菌・防除するものである。また，粗大有機物を短期間に分解するため，土つくりの効果も大きい。地温が十分確保できた場合は，雑草も防除できる。播種作業が9月上旬から始まり，45～60日間続けられることになるが，育苗後半に多少の雑草は発生するものの，除草剤を使用しなくとも支障はない。平年は立枯病などで枯れることもなく，べと病，白色疫病など病害虫の回避についても，育苗期間中に1～2回の農薬散布で十分である。土壌中の有効な微生物を極力減少させず，生態系をこわさないで土壌消毒ができる。

第7図　苗床の太陽熱処理
7月中旬より約45日間，圃場に十分な水分を与え，ビニールで被覆して，高温と酸欠状態で雑草，土壌病害虫を防除する

また，太陽熱処理のときに石灰窒素を利用することにより，土壌中でまずカルシウムシアナミドが土壌水分でシアナミドになり，この成分が種子発芽を抑制するため，土壌中の病害虫や雑草を防除するといわれている。このシアナミドはその後，尿素，アンモニア（重）炭酸アンモニウム，硝酸へと変化して肥効を示す。（重）炭酸のかたちのアンモニアは土によく吸着され，しかもシアナミドが土壌微生物活性を抑制するため，肥効は長持ちし，浸透水などによる溶脱量も少なく効果的である（第8図）。このように，土壌消毒と施肥効果の一石二鳥が期待でき，比較的自然にやさしいと考えられるため，全域で普及している。

育苗床面積は，本圃10a当たり20坪（0.7a）準備する。

育苗床の場所は，灌水に便利がよい場所，日当たりがよい場所，土は膨軟で排水がよい場所を選ぶ。病害虫対策の面からも圃場周辺をきれいにし，苗床周囲などに排水溝（標準で幅20cm×深さ20cm）を掘って明渠排水を作成し，育苗期間中の雨水浸水防止に備える。

### 2. 太陽熱消毒の手順

#### ①準備するもの

耕うん機，マルチャー，灌水設備，完熟堆肥200kg，肥料（石灰窒素5kg，エンリッチ6kg，PK化成3kg），古ビニールまたは透明マルチ（120m²分，厚さ0.05～0.075mm），長い竹や土入りの買い物袋などのマルチ押さえ。

#### ②耕うん，施肥，うね立て

できるだけ深く細かく耕うんする。苗床20坪当たり（本圃10a分）完熟堆肥200kg，石灰窒素5kg，エンリッチ6kg，PK化成3kgを均一に散布する。完熟堆肥は土つくりの基本であり，特に苗床では完熟堆肥の施用がよい。

うね立ては，うね幅150cm，うね高25cm，うね面100cmを目安にうね立てする。マルチャーを利用しうね立てマルチしてもよい（第9図）。

#### ③灌水，ビニール張り

効果を高めるため適度な土壌水分が必要である。ビニールを張る前日の夕方と当日の直前の2回，十分に灌水する。できない場合は，ビニールを張った後に通路に十分に灌水する。

ビニールは，厚さ0.05～0.075mmのものを用い，育苗床全体を被覆する。被覆したビニールが風で飛ばないように，長い竹や買物袋に土を入れたものなどでビニールの端を押さえる。また，破れているところは補修する。

#### ④処理期間

被覆期間が短いと効果が低いため，7月下旬～8月初めまでには，太陽熱を利用した育苗床消毒を開始する。期間は9月上旬～下旬までの45日間くらいを目安に処理する。基本的には処理期間中は灌水の追加は行なわない。棒温度計などを差して温度チェックを行なう。通常表面温度が70℃で地下10cmで50℃に達する。リゾクトニア菌が死滅する温度は50℃で，雑草種子が死滅する温度は55℃で6時間以上，50℃で24時間（2日）以上，45℃で168時間以上といわれている。

#### ⑤ビニールまたはマルチ除去，効果の確認

処理後土はあまり動かさない。全面被覆をせず，マルチャーでうねのみ被覆処理した場合は，

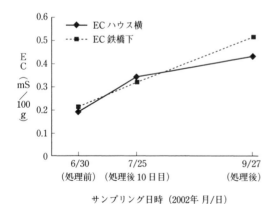

第8図　太陽熱処理期間の肥料分の推移

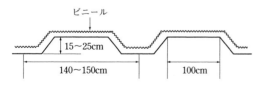

第9図　太陽熱処理のうね立て例

秋まき普通栽培・3～6月出荷（貴錦，濱の宝など）

消毒していないうね溝の土を，畦面に上げないように注意する。

効果の確認は，ビニール除去時の土の状態で判断する。表面がカラカラの状態になっていれば効果が期待できる。ベチャベチャの状態の場合は，水が入り込んで温度が上がらなかったことが予想されるため，効果に不安が残る。効果がなかったときには，ビニール除去後に一斉に雑草が生えてくる。防除剤は使わない約束なので，そうなったら手で除草するしかなくなる。

### 3. 栽培の概要

概要は下記のとおりで，第1表には当管内で使われている品種を，第10図には耕種概要を示した。

作型：秋まき黒マルチ栽培
品種：貴錦，濱の宝，サクラ，浜育，七宝
播種日：9月10日から

タマネギの生育適温は20℃前後といわれており，玉の肥大は日長と温度に関係している。当管内で栽培されている品種に即してみると，秋まき極早生品種では日長が11.0～11.5時間，温度は15℃，秋まき早生品種で日長が11.5～12.0時間，温度は15～20℃とされている。

この作型で問題となるのは，抽台と分球である。その発生は気象条件や圃場条件などによって左右され，原因を断定することは困難だが，一般的には次のように考えられている。抽台は，大苗が低温感応することで発生するとされるが，肥料切れによっても発生することがある。分球は早まきによる発生がもっとも多く，苗齢との関係が大きいとされる。早まきや大苗の定植では，生理的に分球が多くなることがわかっている。もともとタマネギの生長点周辺にはすでに苗の段階から腋芽の原基が存在しており，高温期の育苗によって窒素吸収が促進されて過繁茂の状態となると分球しやすくなる。また，生長点が害虫によって加害された場合にも発生する。

品種による特徴をおさえた播種時期や，施肥の工夫が必要になる。

### 4. 育 苗

良質苗の生産を第一の目標にしている。育苗日数45（極早生品種）～55日（早生品種）で，苗の太さ6～8mm，草丈25cm，100本で600g（箸ぐらいの太さ）を理想の苗として育苗している。

播種量は10a当たり4d$l$（2缶）を苗床20坪に播種する。播種は簡易な播種機を利用し，まき溝の深さを一定にし，条間約8～9cmで条まきする。まき終えたら覆土が約1cm程度になるようにする。播種が終わったらその上に寒冷紗を被覆し，十分灌水を行なう（第11図）。最近は省力化，種子のむだが少ないなどの面からシーダテープでの播種が多くなっている（第12図）。

苗床の病害虫防除は，苗立枯病は過湿にならないように注意し，べと病，白色疫病，ネギハ

第1表　品種と作型

|  | 品　種 | 播種期（月/日） | 定植期（月/日） | 収穫開始 |
|---|---|---|---|---|
| 超極早生 | 貴　錦<br>濱の宝<br>サクラ1号 | 9/10～15<br>9/15～17<br>9/15～17 | 10/25<br>10/30<br>10/30 | 3月上旬<br>3月上旬<br>3月中旬 |
| 極早生 | サクラ2号<br>浜　育 | 9/8～10<br>9/8～10 | 10/21～25<br>10/25 | 3月下旬<br>4月上旬 |
| 早　生 | サラたまちゃん<br>七宝7号 | 9/23～28<br>9/23～28 | 11/12～<br>11/12～ | 4月下旬<br>4月下旬 |

| 月 | 4 | 5 | 6 | 7 | 8 | 9 | 10 | 11 | 12 | 1 | 2 | 3 |
|---|---|---|---|---|---|---|---|---|---|---|---|---|
| 主な作業 | 収穫<br>×――× | | | 苗床準備 | | 播種<br>〇‥‥〇 | 育苗 | 定植<br>△‥△ | 除草・防除など管理 | | | 収穫 |

〇‥‥〇 播種期，　△‥‥△ 定植期，　□ 収穫期，　×――× 収穫最盛期

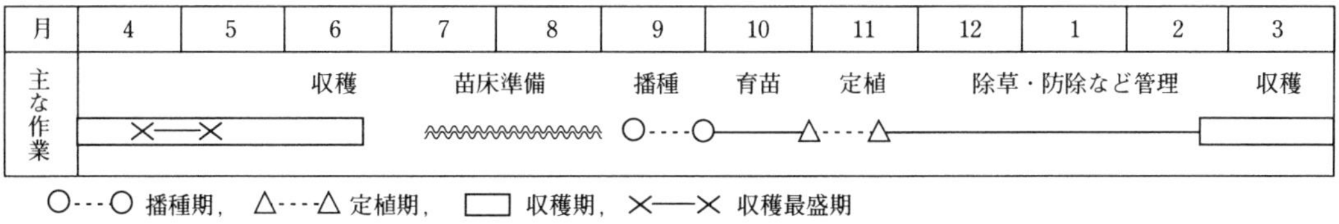

**第10図**　サラたまちゃんの耕種概要

精農家の栽培技術

第11図 ビニールの上からさらに寒冷紗被覆

第12図 シーダテープによる播種

モグリバエ，ネギアザミウマ，ヨトウムシなどの防除を徹底して行なう。

台風の時期でもあるので防風ネットの設置や排水など十分に対策をとっておく。

育苗期の重点管理は次のような点にある。

①播種期の厳守

早まきすると大苗になりやすく抽台，分球の発生が多くなる。遅まきすると抽台，分球の発生は少なくなり品質はよくなるが，玉の肥大が小さく収量が落ちる。超極早生品種は9月10〜17日，極早生品種は9月8〜10日，早生品種は9月23〜28日を基準としている。

②水管理

播種後2週間の水管理が最も重要で，いかに生育を揃えるかである。

発芽後は，1週間ぐらいで出芽が揃ってくる。乾燥すると出芽が遅れてくるので，こまめに灌水する。出芽を確認したら寒冷紗は除去する。除去が遅れると寒冷紗の目に出芽したタマネギが入り込むので注意が必要である。

発芽直後から本葉2枚頃までは乾燥に弱いため，こまめに灌水する。その後は過湿にならないように注意しながら灌水を行なう。播種後30日目に灌水をかねてリン酸系肥料を散布する。窒素系の肥料の追肥は基本的には行なわない。窒素養分が圃場に多く残っていると，育苗後期の多灌水，降雨により徒長した苗になりやすい。

### 5．定植とその後の管理

植付け準備は，排水の徹底を図っている。

①施肥，うねづくり，植付け

イネ刈り後，わらを持ち出してから，堆肥の散布，施肥を行なう。基肥は，定植した苗が直ちに吸収できるように，定植10日前には施す。肥料は全面に散布して全層にすき込み，うね立て，黒ポリマルチを張る（第13図）。

施肥基準は第2表のようにしている。

うねは，南北方向のうねが望ましいが，圃場の形状によって各生産者で違う。全圃場マルチ栽培を行なっており，135〜150cm幅の黒ポリマルチ，マルチャーなどを利用しうね立てしている。株間は10〜12cm，条間20cmの4条植えを行なっている。植え穴は専用の機器を使ってあけ

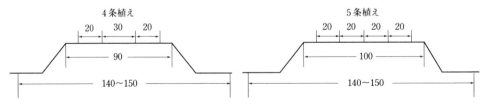

第13図 うねのつくり方・植付け例（単位：cm）

高うね（20cm以上）　水田で地下水位が高く排水の悪い圃場
低うね（10〜15cm）　畑地で排水のよい圃場

秋まき普通栽培・3～6月出荷（貴錦，濱の宝など）

第2表　サラたまちゃんの施肥基準（10a当たり）

| 肥料 | 基肥（kg） | 追肥 |
|---|---|---|
| 完熟堆肥 | 4,000（畑は2,000） | |
| 粒状エンリッチ60 | 100 | |
| サラたまちゃん専用肥料 | 240 | 基本的にしない |

第14図　マルチに植え穴をあける
鉛筆くらいの太さの針が10本ついている

第15図　タマネギ苗の移植

第16図　植え穴の草取りが大変
植え穴は1株ずつ手で，うね間や畦畔は草払い機で除草

（第14図），10a当たり25,000～23,000本植え付ける。

植付けは活着の促進を第一に考えて行なう（第15図）。

植付けの前日か当日に苗取りを行ない，苗は大きさ別に分けて植え付ける。理想的な苗は前述したように，太さ6～8mm，草丈25cm，100本重600g程度の苗を目安としている。植付けは専用の型付機により植え穴をあけ，植付けの深さは2cm程度とし，葉の分岐点（生長点）が土に隠れないよう深植に注意する。植付け後に乾燥が続くときは，灌水を行なう。

②植付け後の管理

植付け後は，排水の徹底，除草対策，病害虫防除を重点に管理していく。作業としては，溝切り，排水溝の整備，早めの除草，病害虫の防除がある。

**排水対策**　1月下旬頃は天気が悪く，年によっては降雪もみられる。降雨の後，圃場に雨水が溜まると保温が悪くなったり，根腐れするので，適宜溝切りなど排水対策を施す。

**除草**　除草剤は一切使用しないので，除草作業は手取り除草，草払い機を利用しての除草となる。植付け穴の除草は早期（年内）に抜き取る。遅れると除草が大変である（第16図）。苗が大きくなり植え穴をふさぐようになるまでには終わるようにする。通路，うねなどは草払い機を利用して行なう。古マルチ，稲わらなどを通路に敷き詰めている生産者もいる。

**病害虫防除**　べと病，白色疫病などが発生しやすいので，早期発見，早期防除など適切な農薬散布（県の防除基準に準じて）を徹底する。当管内では防除時期前に農協より連絡がくるシステムになっている。

**追肥**　基肥に緩行性肥料を利用し，マルチ栽培を行なっているので基本的には追肥は行なわない。必要に応じて，12月と収穫1か月前に葉面散布を行なう。

6. 収　穫

①収穫・出荷

部会から指示された規格（自然倒伏が80％程

**第3表** タマネギ出荷規格（選別基準と方法）

| 区　分 | 階級 | 階級別 | 1個の直径 | 容器および量目 | 図　表 |
|---|---|---|---|---|---|
| 青　果 | 2L | | 9.5cm 以上 | 段ボール | 正常に発育し結球したもの／1.5cm／切り口／根はていねいに切り取る |
| | L | | 8.0cm 以上 | | |
| | M | | 7.0cm 以上 | | |
| | S | | 6.0cm 以上 | | |
| | 小 | | 5.0cm 以上 | 皆掛 10kg | |
| 格　外 | 大 | M以上 | 7.0cm 以上 | | 裂球・むきすぎ　しり割れ（ごく軽いもの）／裂球：はぜぐち（黒い部分）が1か所でりん片3枚目までのもの |
| | 小 | S・小 | 5.0～7.0cm | | |
| 抽　台 (A) | 大 | M以上 | 7.0cm 以上 | | 抽台／切り口（心がある） |
| | 小 | S・小 | 5.0～7.0cm | | |
| 分　球 (B) | 大 | M以上 | 7.0cm 以上 | | 分球　りん片が1枚以上またはわずかに割れているもの／切り口／この形は切り離さないで出荷する／この形は切り離して出荷する |
| | 小 | S・小 | 5.0～7.0cm | | |
| レモン球 | | | 縦：横 3：2 | | 6cm（例）／9cm（例） |

度になった頃）まで十分肥大したものから順次抜き取る。第3表が部会でのタマネギ出荷規格である。好天が続く日をみはからって収穫し（第17図），マルチの上で2日程度自然乾燥させる。首と根を切り取り，選果場へ持ち込む。

**②選果場**

平成6年度からの農業農村活性化農業構造改善事業により，事業費2億4千万円で，あしきた農業協同組合玉葱選果場が建設された。施設1棟（1,379m²），玉葱選果機1系列，玉葱乾燥庫3室，その他が導入された。

場長，JA職員1名，嘱託1名，期間雇用（3月

**第17図** タマネギは家族，雇用総出による手作業で収穫

秋まき普通栽培・3～6月出荷（貴錦，濱の宝など）

中旬から6月），パート10名/日（延べ約900人，水俣シルバー人材センター，3月中旬から6月）で運営されている。処理量は1日当たり40tで，北は北海道，南は鹿児島へ出荷されている。

集荷・選果工程は，集荷（個人，業者）→500kgコンテナ→乾燥室（25℃，30時間）→ホッパー→等級選果→階級（ドラム）選果→箱詰め→出荷（10kg段ボール，秀2L，L，M）となっている。

第18図がサラたまちゃんの出荷容器と荷姿である。L，Mが中心で，10kg箱に約30～50個ほど詰められている。

第4表は，生産および販売経費をまとめたものである。

〈今後の取組み〉

1. 施肥技術の検討

現在，タマネギの施肥は専用肥料を全面施肥している。専用肥料は70％以上の有機率で化学肥料の投入量は最小限に抑える。しかし，今では各産地有機質肥料，緩行性肥料などが利用されるようになり，減化学肥料栽培が慣行栽培となっている。そこで，化学肥料のさらなる投入量の削減と，施肥・除草などの省力化のために，1）肥料をうねの場所だけに施用していく畦内施肥，2）植付けの直下に施用していく局所施肥について取り組んでいる。また，うね立て，マル

**第18図　葉付きサラたまちゃんの荷姿**
10kg箱20本入り，切り玉だと30玉。茎も食べられる

**第4表　生産経費，販売経費（円/10a）**

| | | |
|---|---|---|
| 生産経費 | 種苗費 | 16,000 |
| | 肥料費 | 45,000 |
| | 防除費 | 2,000 |
| | 減価償却 | 15,000 |
| | 雇用労賃 | 65,000 |
| | 小　計 | 143,000 |
| 販売経費 | | 200,000 |
| 経費合計 | | 343,000 |

**第19図　サラたまちゃん部会員の面々**
生産者はこの3倍くらいの人たちががんばっている

## 精農家の栽培技術

チに多くの生産者が所持しているマルチャーでの対応についても検討している。

### 2. 周年出荷の検討

平坦地を中心に栽培面積が拡大してきているが、今後、リレー出荷によって出荷期間を拡大し、周年出荷するため適地適作を進め、中山間地域への栽培普及推進を図っている。また、「サラたまちゃん」のシーズンは3月下旬から6月上旬であるが、消費地などからの要望もあり、「サラたまちゃん」ブランド以外のタマネギを周年的に出荷できないか取り組んでいる。以下のようなものがある。

#### ①葉付きサラたまちゃん

「サラたまちゃん」より半月ほど早く、葉付きのタマネギで出荷される。9月上旬に播種し、10月下旬に定植、翌年の2月中旬頃より出荷されている。抽台、分球、農薬など栽培管理がむずかしいので、育苗から収穫まで、専用の圃場で栽培されている。

#### ②ペコロス栽培

「サラたまちゃん」出荷の終盤となる6月から出荷される小球。3月上旬に播種し6月から出荷される。

#### ③セット栽培

3月上旬に播種し、6月上旬に1円玉ほどの小球(セット球)を掘りとって9月中旬まで保存して定植し、お歳暮用を中心に12月から出荷さ

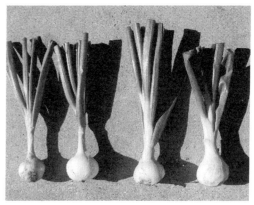

第20図 12月のお歳暮用をねらう「セット栽培」
玉の大きさは野球の軟球より一回り小さめ

れる(第20図)。高温対策、出荷率の向上などが課題となっており、展示圃を設置し現在検討中である。

#### ④長期保存

4～5月に収穫されるタマネギを冷蔵庫で保管し、7月から10月頃出荷できないか、熊本県食品加工研究所、専門技術室の協力を得ながら、品質、コストなどについて検討している。

《住所など》熊本県葦北郡芦北町大字佐敷424
　　　　　あしきた農業協同組合　サラたまちゃん部会
　　　　　部会長　田畑和雄
執筆　福永博文(熊本県芦北農業改良普及センター)
　　　　　　　　　　　　　　　　　　2004年記

◎やわらかくて辛味が少なく生で食べられる超極早生、極早生品種を中心に有機栽培でブランド化した産地の栽培技術を解説。

# 良質母球―共同作業による安定栽培

## 春まき秋どり移植栽培（札幌黄）

### 北海道富良野市　山崎永稔さん

整地のすんだ播種床と山崎さん

### 経営の概要

| | |
|---|---|
| 立　　地 | 北海道中央，空知川の貫流する富良野盆地の沖積地帯，富良野市から2kmのタマネギ団地 |
| 作目・規模 | 耕地面積　6.2ha<br>タマネギ　5.9ha，野菜など　0.3ha |
| 栽培概要 | 3/上冷床播種，5/上〜中定植，9/中〜10/中収穫，のち貯蔵，9/下〜3/下出荷 |
| 品　　種 | 札幌黄 |
| 収　　量 | 10a当たり5.5〜6t（移植栽培） |
| その他特色 | 移植栽培を中心に，長期貯蔵を考えた直播栽培を20％前後組入れている |

### ＜技術の特色・ポイント＞

北海道のタマネギは近年急速に作付けがふえ，農林統計によると昭和46年は4,720haに達している。5年前の41年の3,010haに対比すると156％の増加率を示し，ここ数年のうちに1万haに達することが予測され，本州向け移出青果物のホープとされる。

その急速な伸びの背景には次の点があげられる。

①北海道では5ha前後の畑作専営農家は中規模であり，そうした農家群が団地を形成してタマネギの専門栽培が行なわれていること。

②タマネギは貯蔵のできる青果物で，現状でも年間消費量の半年分を北海道タマネギが供給している。今後他産地の生産が増大されても，貯蔵性をいかし，9月から翌年4月までの長期出荷で北海道タマネギの特質が生かせること。

③栽培が団地化されているため，共同作業が可能で，しかも有利に展開されること。

▷山崎さんの家は，明治40年に祖父庄太郎さんがこの地方で初めて0.1haのタマネギを試作して以来，現在まで60年にあまるタマネギづくりを行なっている。永稔（ながとし）さんは3代目で30歳の働き盛り。緻密な計算の上で栽培が行なわれているため収量が高く，品質もすぐれ，その技術と人柄からこの地区の生産組織である農事組合法人富良野玉葱生産第一組合（26戸，105ha）の理事をつとめている。

▷北海道タマネギの第一の特徴は貯蔵栽培で，貯蔵性を高めることは必須の要件となる。貯蔵性を生かした長期出荷と労力配分，さらに，経営採算を考えあわせて，直播栽培と移植栽培との組合わせが計画されている。

直播栽培は移植栽培に比べ貯蔵性が高い反面，収量は年により差はあるが10〜15％は劣る。しかし，移植栽培では3月に入ると貯蔵中の萌芽がすすみ，10％前後の貯蔵ロスが，3月後半になると15％以上の貯蔵ロスが生じる。これに対し直播ものでは，4月後期まで，栽培法によっては5月中旬まで貯蔵が可能である。

山崎さんは，10a当たり30時間前後も要する定植労働のピークを，直播栽培を導入することによって多少でも回避させている。つまり，5.9haの栽培は，9月から翌年2月までの出荷を目標とした移植栽培4.7ha（80％），3月以降の出荷を目標とした直播栽培1.2ha（20％）と分けている。

「今後，北海道タマネギがさらにふえるためにも，直播栽培が組合わされるべきだ」と山崎さんは強調している。

## 精農家の栽培技術

▷移植栽培では老化苗をつくらないことが大切である。老化苗を植えると，品質をおとすばかりか収量にも影響する。

4.7haの定植を終えるには20日近い日数を要する。したがって植え終わり目標は5月15日前後におき，苗床播種は定植計画に合わせて3回に分けて行なう。そのほかに補植用の苗床を別に用意し，この補植用苗床播種が，3月下旬～4月5日をめどに行なわれている。

また，5月15日ごろから水田地帯の田植えがはじまり，雇傭賃金が高騰するので，それまでに定植は終わらせるようにする。

▷貯蔵性を高くすることとあわせて，品質を高めるため，採種用母球の選抜は重要である。これには祖父から父，そして永稔さんへと3代にわたり受け継がれた母球の選抜技術があり，しかも現在の機械化栽培体系にそった母球の系統選抜が行なわれている。

### ＜作物のとらえ方＞

山崎さんの技術の基本となっているものは，いかにして貯蔵性を高めるかであり，「貯蔵性を高めることが北海道タマネギの将来につながる」という。

▷収量を高めるため，単純に一球一球を肥大させてLL級をつくれば，肝心な貯蔵性が失われてしまう。その解決には「経営面積全体を平均化した栽培が大切である。タマネギ畑の整地作業は，定植後の活着の良否に関連し，初期生育の促進，貯蔵性の向上につながっていく」という。この整地作業は，部分的でも砕土不充分なところがないように注意しているから，山崎さんの圃場は全く栽培むらがみられない。

▷病害虫防除も，収量や貯蔵性を左右する要素であるだけに，山崎さんは気象予報と施肥設計に配慮して入念に行なう。また，除草作業中には異常株の早期抜き取りを行ない，病害の発生源を残さないよう注意している。

▷北海道でのタマネギ栽培は，連作のため，入念な整地作業とあいまって，地力維持をいかにするかが大切である。小面積ならばイナわらなどを堆肥として補給できるが，5～6haともなれば不可能にちかい。また，収穫作業は当然，トラクターやトレーラーを使用するが，重い車輛の通行で圃場は道路のように固結する。ここに「北海道独自の土つくりの必要性」が生じるという。

通常，精農家といわれる人は，土つくりを第一のポイントとしている。山崎さんのばあいは5.9haのタマネギ畑を3等分し，10a当たり堆肥1,500kgを目標として3年おきに秋に施用し，堆肥の入らない圃場には毎年300kgの乾燥鶏糞または北海有機（都市し尿消化物）を秋に施用している。そして5年おきにバンブレーカーですき床を破砕し，また，トラクターによる踏圧部分は毎年サブソイラーで心土破砕をしている。このさい，苦土石灰90kgを隔年施用し，そのうえでトラクターによるプラウ耕を25cmの深さで行なう。

これらの作業は10月中・下旬に行なわれるが，春の育苗，定植期までに有機物が分解を促進され，タマネ

第1表　栽培暦　　　　　　　品種　札幌黄

第2表 年間平均気温と降水量　　　　（富良野気象通報所資料による）

| 月 | 1 | 2 | 3 | 4 | 5 | 6 | 7 | 8 | 9 | 10 | 11 | 12 | 平均と計 |
|---|---|---|---|---|---|---|---|---|---|---|---|---|---|
| 平均気温 | -8.6 | -7.5 | -2.6 | 5.7 | 12.6 | 17.5 | 20.5 | 21.3 | 16.8 | 10.5 | 2.7 | -4.6 | 7.03°C |
| 4月～10月降水量 | | | | 58.2 | 80.3 | 90.6 | 113.7 | 173.0 | 163.9 | 77.2 | | | 756.9mm |
| 5月～9月積算温度 | | | | | 391.5 | 525.9 | 636.4 | 660.6 | 504.9 | | | | 2719.3°C |
| 年間積算温度 | -267.5 | -212.2 | -65.7 | 171.9 | 391.5 | 525.9 | 636.4 | 660.6 | 504.9 | 325.5 | 81.0 | -143.5 | 2608.8°C |
| 積雪量 | 49.6 | 71.7 | 64.6 | 16.3 | | | | | | | 3.3 | 22.9 | |

注　昭和36年1月1日～45年12月31日までの10か年平均

ギの生育促進に大きな意義をもっている。「それが貯蔵性向上につながっている」と山崎さんはいう。

秋作業で土つくりを行なっていることは、北海道の気象条件を熟知し、タマネギの生育促進と貯蔵性向上とを重視する山崎さんの考えをよく表わしている。

＜栽培体系＞

山崎さんのタマネギ栽培の特徴は、生産組合に加入しているので、タマネギ栽培のうち苗床管理と圃場管理を個人で行なうくらいで、その他の作業は共同で行なうところにある。その栽培暦は第1表に示すとおりである。

北海道の中央にある富良野は内陸的気候を示し、第2表のように春は雨量少なく、夏は高温だが夜間は比較的冷涼で、秋には雨が多い。冬は厳寒で、1～2月にかけては-30℃にも気温の下がる日が5～6回は訪れる。ただ1mちかい積雪が、土壌凍結だけは防いでくれるが、3月の育苗期ともなると、これを除雪して、育苗をはじめなければならない。

＜技術のおさえどころ＞

1. 栽培前の準備（秋作業）

タマネギ栽培でも、健苗は活着がよく、初期生育が促進される。この地方では、4月下旬から移植作業がはじまるが、移植後の5月5日ころになっても数cmの降雪をみることがしばしばある。寒さに強いタマネギではあっても、ここに健苗の意義がある。健苗を得るには、冬の長い北海道では、前年秋から育苗の準備にかからなければならない。

苗床づくり　山崎さんは、10a当たりの苗床を20m²（6坪）使用しているため、4.7haの栽培では10aに近い苗床が必要になる。したがって苗床だけを休閑させることは経営上むずかしいので、苗をとった苗床跡にも、完熟堆肥3,000kg、過石20kgを施して、タマネギを植えつけている。

秋の苗床つくりは、前年のタマネギを早めに収穫し、枯れた茎葉を集めて焼却してから行なう。元肥には、10a当たり苦土石灰120kgを全面散布してトラクターで土壌を反転したあと、脱脂ぬか150kg、北海有機150kg、ナタネ粕45kgを全面散布する。さらに硫安20kg、過石150kg、硫加5kgを全面散布し、5～7日後、土が乾いている状態でトラクターによるロータ耕を3回行なう。

パイプハウスは、間口5.4m、長さ48.6mで、1棟の面積は262m²とする。これを南北に4棟設置し、そのほかに補植用の予備苗床として1.8×48.6mのトンネルが同時に準備される。

苗床部分は、ロータ耕をした土を中央に盛り上げ、10～15日放置し雨に当ててから古ビニールで被覆し、越年させる。ハウス用パイプは、根雪前には組み立てておく。

この苗床作業は9月下旬を目標としているが、10月に入るばあいには、分解のおそい油粕類の施用を控えめにしている。

**本圃の準備**　10月中・下旬、タマネギ収穫後の茎葉を集め焼却し、さらに雑草があれば翌年の根源にならないように拾い草を行なう。サブソイラーで、とくにトラクター通路を重点に心土の破砕耕を行なってから、10a当たり苦土石灰90kg、北海有機300kgをライムソアーで散布し、トラクター2連プラウで25cmの深さに秋耕しが行なわれる。この秋耕しは、春作業の労力の配分と、土壌風化、有機質の分解促進とをねらいにしている。

2. 播種のやり方

山崎さんの所属する組合では、26戸・105ha分の春の育苗にはじまる共同作業計画が、冬期間に具体的に示される。その計画にそって、播種が行なわれる。播種は3回に分け、1回目3月10日、2回目3月15日、3回目3月20日に行なわれ、いずれかの播種日を目標とした苗床作業が次の順序で行なわれる。

第3表 苗床施肥量　（10a当たり）

| 肥料名 | 施用量 |
|---|---|
| 苦土石灰 | 120kg |
| 北海有機 | 150 |
| 脱脂ぬか | 150 |
| ナタネ粕 | 45 |
| 硫安 | 20 |
| 過石 | 150 |
| 硫加 | 5 |

注　施肥は秋作業として行なう

第1図　除雪して整地を行なう
　　上：3月上旬に除雪する。使用する床土は前
　　　　年秋の積雪前にビニールで覆ってある
　　下：床土を均平にし，ビニール被覆した育苗
　　　トンネル

**除雪**　3月早々，前年秋に準備したハウスパイプ内の除雪が行なわれる。これには組合所有の除雪機と排雪機（ファームスノーローダー）を組み合わせ使用し，約1mもの除雪をする。

ハウスには，播種1週間前に0.1mmのビニールをかけ，マイカー線でおさえて，床内の保温を行なう。

**ハウス内の整地**　前年盛ってビニール被覆してあった床土（第1図）は，平らにならし，その上を2.8馬力の小型ティラーで2～3回砕土しながら整地し，均平にする。

床場は，ハウスの間口が5.4mで，中心30cmを通路とし，ビニールのすそ側5cmをあけるため，第2図のように片側2.5mの播種床となる。また，ハウスのビニールのすそは，外側から土でおさえているため，ハウスの外両側は溝になるが，これは融雪水や雨水の排水溝にもなる。

**種子消毒**　種子は空缶またはビニール袋に入れ，ポマゾール粉衣を行なう。

**播種**　第1，2図のようにハウスにビニールを被覆したあと，晴天を見定めて播種する。播種量は，1回目は3.3m²当たり50gであるが，2回目以降は40gとし，これを播種機で散播する。覆土は，秋から別に用意した細かめの土を0.5cmていどの厚さに手で散布して，ローラーでかるく鎮圧し，その後0.03mmのポリでマルチする。

この時点では，床土が湿っているので，とくに灌水する必要がない。

### 3.　育苗中の管理

**マルチ除去**　播種後5～7日で発芽がはじまる。30％くらいの発芽を見定めたら，朝方にマルチを除去する。

**床内の保温**　タマネギ発芽の適温は，20℃前後といわれるが，3月中旬の夜温は，融雪期に入っているとはいえ，北海道では-10℃くらいにまで下がることもしばしばある。さいわいタマネギは寒さに強いので凍害を受けることは少ないが，それにしても発芽期に床内が-5℃以下にならないよう，ビニールを密閉して保温につとめなければならない。床内の保温は，育苗前半にはとくに重要な仕事となる。

**換気**　育苗期間中の温度管理は25℃を標準とし，28℃以上にならないよう，気温が上がりはじめたら換気する。換気はハウスの肩部分のビニールをすかし，温度の調節を行なう。とくに朝方の床内温度が上昇するころには必ずハウスを開放し，換気を行なう。この換気作業は，相当量の有機質肥料を元肥に施用しているため，温度上昇によって発生が予想されるガスをなくすための配慮でもある。

育苗の前半は極力保温につとめて苗の伸長をはかり，後半は極力外気に馴らして苗を硬化させるのがよい。

**灌水**　灌水は，育苗期間中に3～4回でよい。床土が乾いたとき灌水するていどとし，徒長軟弱にならないようにする。

**苗床病害の防除**　苗床内の防除はハガレ病などを対象にトリアジン300倍をミスト散布する。第1回散布

は播種後1か月目に行ない，2～3回目はそれぞれ7日の間隔をおいて実施する。トリアジンには展着剤を加用せず，根もとに薬液が流れるよう，ていねいに散布する。

このトリアジン散布によって，土の表面のコケの発生がかなり防がれている。

**除草・間引き** 除草はとくに行なわず，拾い草ていどである。そうするためには，播種のとき雑草の多い土を覆土しないよう，覆土の土取り場に注意が必要である。

間引きも，2本立ちのところを間引くだけで，特別には行なわない。

**追肥** 苗床が肥沃になっているので，追肥は行なわないが，葉色の悪い部分には硫安で追肥するばあいもある。硫安の追肥は，$3.3m^2$ 当たり50～70gを，床土の乾燥しているころを見定めて，全面散布し，ただちに灌水する。

### 4. 本圃の造成

**施肥設計** 施肥基準は，10a 当たり窒素20kg，燐酸35kg，加里20kgとする。

移植栽培では植えつけ直前に，ふらの玉葱化成2号を10a 当たり130kg施せば，窒素15kg，燐酸26kg，加里15kgが施用されることになり，前年秋に施用した有機質肥料などと合わせると，この施肥基準量に達する。なお，本圃では追肥は行なわない。

**施肥と本圃整地** 施肥作業は，直播栽培では，前年秋に耕起された圃場が乾く4月中旬に化成肥料を全面散布しロータ耕を行ない整地するが，移植栽培では土壌の必要以上の乾燥を防ぐため，定植直前の5月上・中旬に施肥と整地を行なう。

整地は元肥施用後，3回のロータ耕をくりかえして

第4表 本圃施肥量 （10a 当たり）

| 肥 料 名 | 施用量 | 施 用 時 期 |
|---|---|---|
| 苦 土 石 灰 | 90kg | 10月中・下旬 |
| 北 海 有 機 | 300 | 秋作業で施用 |
| ふらの玉葱化成2号 | 150 | 5月上・中旬<br>植えつけ直前施用 |

注 三成分量は，窒素20kg，燐酸35kg，加里20kg

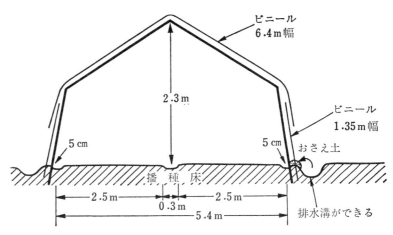

第2図 播種床のつくり方

行なわれる。まず化成肥料を全面散布し，ローターベータで深さ15cmに3回ロータ耕を行ない，3回目にはローラーをセットしてかるく鎮圧して整地作業を完了する。

なお，圃場によって部分的に砕土不充分なところは，その部分だけタマネギの初期生育がおくれるため，耕うん機を使用して砕土しておく。

また，肥料の選択は，従来は油粕類を使用したり，化学肥料も数種類を組合わせ使用したりしていたが，省力のためと肥料価格とを考えて化成肥料の単用にした。それでも収量，品質ともに問題はない。ただし，北海有機300kgを毎年施用していると，燐酸が多く片寄るおそれがあるので，山崎さんは，乾燥鶏糞と1年交互に使用することにしている。

### 5. 定植の方法

**定植時期** 植えつけは早いもので4月25日ごろから，5月15日ごろまでを目標として，組合の共同作業で行なわれる。

**苗の掘取り，選別，消毒** 苗の掘取りは，フォークで土を浮かし，極力根を切らないように注意する。植えつけ時の苗は，草丈15～20cm，葉数2.5～3枚を標準とし，老化苗は使用しない。老化苗を使用すると活着がおくれ，圃場全体の生育が不均一になるからである。

また，タマネギバエ防除のため，掘り取った苗はVC乳剤1,800倍液に15～20分浸漬して植えつけている。だが，これは共同作業であり多くの人が出入りするため，とかく形式的になりがちで，せっかく行なう防除効果を失しないよう，この薬液浸漬には充分な注意が払われている。

罹病苗は除去しなければならない。とくに薬液浸漬

後，根の部分をみると，直根の発生する根ぎわに褐色のすじのある苗は，フザリウムにおかされており，圃場で生育期間中に根ぐされになるとみなして取り除いている。

**植え方** 畦幅30cm，株間10cmとし，10a当たり3万3,300株を基準に機械植えと手植えとで行なわれている。

機械植えは，手植えより活着はよいが，わりあい低能率であること，土壌条件に制約があること，などの理由で，100％機械に依存できない。

手植えのばあいは4条・条つけ機で作条をつけ，植え込まれる。このばあいは，条つけ機で30cm間隔にかるくつけられた植え溝を1人が3本受けもち，舟型の苗箱に苗を入れ，タマネギ植え専用の移植ごてを使用して植えつけられる。

このさい注意することは，

①苗をしおれさせないこと。とくに，抜き取った苗は直射日光に長時間あてない

②根が垂直になるよう植えつける。移植ごてで10cmほどの穴をあけ，苗を入れて根ぎわの土をもどし，土をかるくおさえる

③植える深さは1.5～2cm。深植えによって新葉の発生がおくれないよう注意する

植えつけ後は，敷きわらなどの必要はない。北海道のタマネギは，連作のため平畦栽培であり，したがって敷きわらなどは行なっていない。

## 6. 本圃での管理

**中耕，除草**「タマネギ畑には草のタネを残さない」という考え方と「必要以上に畑に入らない」という考え方とがある。後者は，畑に入ることによって，土が固くなり生育を遅らせ，また作物が傷つき病害にかかりやすくなることへの警句である。そのためもあって除草は早め早めに行なわれており，除草剤散布が主体である。そのため，中耕作業のほうは重視されなくなった。

除草剤散布は定植2週間後にトレファノサイド乳剤で行なうが，10a当たり250ccを70lの水に溶かし散布する。散布機は，動力中耕機にタンクをセットし，水田用除草剤散布機の散水部分を装着したものである。散布は適当な土壌湿度のある曇天の日を選び，2畦間に散布しながら，後方の中耕機の爪で土壌を攪拌していく。

もともと雑草の発生が少なく，さらに除草剤の効果も高いため，その後の除草作業は拾い草ていどを2～3回行なえば充分である。このさいには，タマネギ異常株の抜き取りを兼ねて行なう。

また初期生育を旺盛にすることが良品増収の目標であるため，その後の中耕は必要としない。むしろ，中耕機を入れることによって，タマネギを傷つける結果となる。

**病害虫防除** 定植時に苗に薬剤処理をしてはあるが，富良野のタマネギ畑は連作であるうえに数百haにおよぶ栽培団地のため，病害虫防除は本圃で最も重要な問題となる。とくにタマネギバエ，ハイジマハナアブ，タネバエなどの害虫については，防除の誤りがあると球の根ぎわから幼虫が侵入し，初期被害のものでは6月中旬から萎凋枯死，後期被害のものでは収穫時に根ぎわ部分が腐敗するなど，大きな被害を受ける。

いずれも越年蛹からの成虫の第1回の発生が5月10日前後にみられ，サクラの満開期が第1回防除の目標となる。つまり，植えつけの終わったころ，ベスタン粉剤10a当たり3kgでダスターによって部落一斉防除される。第2回の害虫防除は5月下旬に，同じ方法で行なわれている。

ハガレ病や害虫の防除は，病害にはダコニール水和剤600～800倍液，アントラコール水和剤400～600倍液を，害虫にはディプテレックス乳剤やビニフェート乳剤の1,000～1,500倍液を用い，6月20日ごろから共同防除で行なわれる。山崎さんの共同防除は，5戸で20haの防除施設を圃場の中央に施設し，ここで薬液を調合し，塩ビ管で5戸の圃場中央にまで送られている。そこからは各戸がホースで120mまでのばしながら，長管多頭口噴管で散布するしくみである。この共同防除作業には計7人を要するが，1日20haの共同防除が可能である。薬液の散布量は10a当たり60～70lを目標としている。

とくにナンプ病の発生が予測される7月中旬からは，天気予報を考慮に入れ，高温多湿の条件ではマイシン剤を加用し，90lと散布量もふやしている。

茎葉に青さが残っている間は球が肥大するので，それを防除の必要期間としている。

防除の回数は，5月中に行なうタマネギバエ成虫防除が粉剤で2回，6月以降は病害を主とした液剤防除が12～13回も実施されるため，生産費に占める薬剤費は莫大である。通常で10a当たり9,200円になるので，47年度は液剤散布の6月から8月中旬までは，アントラコールを主体にマンネブダイセンを併用し，殺虫剤はベスタン乳剤の1回おき加用ですませ，8月中旬以降の後期の3回防除にはダコニールを併用した重点防除に方針をかえ，経費削減をはかっている。

ナンプ病に対してもマイシン剤が高価であるため，7月下旬から8月上旬までの状況をみて2～3回にしている。

年により生育期間中にヨトウムシの大発生，葉ダニ類，スリップスなどの発生があり，つねに細心の観察が要求される。これらはスミチオン剤などで早期防除をはかっているが，農薬規制のなかで指導機関と連けいをとりながら，組合の方針にあわせ薬剤を選択している。

### 7. 収　穫

**収穫期**　収穫期は9月10日ころからはじまる。富良野地方は比較的秋雨が多く収穫日が限られるためと，手作業のため，雇用労働に頼らなければならない。抜取り後は予乾を必要とするので，収穫作業は約1か月を要し，10月中旬に圃場での全作業が終わる。

**収穫のやり方**　収穫は組合の収穫作業計画にもとづき行なわれるが，まだ収穫機が開発されていないので，はさみで枯れた茎葉を切り，タマネギを引き抜いている。このときに規格内，規格外（変形球），損傷球の三通りに仕分けしながら，抜取り作業がすすめられる。

山崎さんの組合では，作業班から人員配置がなされ，午前中に球の抜取り作業，午後からは貯蔵庫への搬入作業と，効率よく収穫がすすめられる。つまり，午前中に風乾したタマネギを，午後に貯蔵庫へ搬入するわけだ。

### 8. 貯蔵の技術

**搬入方法と貯蔵の条件**　午後の搬入作業はトラクターとタマネギ運搬用の低床ダンプトレーラーに積込み，組合の共同貯蔵庫に搬入され，コンベアを使用して貯蔵庫の奥からばら積みされていく。このさいS球以上の規格品は貯蔵庫に，長球・平球その他の変形球は規格外品として簡易貯蔵庫に，それぞれ分けて収納する。規格外品は年内に出荷を終わらせるようにする。

貯蔵庫は冬期間，-34℃にまで気温が低下するため，その厳寒に耐え得るだけの防寒壁となっている。また収穫後ただちに貯蔵庫に入れる，いわゆる未乾で入庫されるしくみなので，貯蔵庫の床下には風洞が設けられ，機械室から強制送風して，ばら積みされているタマネギの床下から乾燥させるようになっている。

貯蔵庫にはタマネギがおよそ2～7mの高さに積み込まれ，$3.3m^2$ 当たり約4 t が収容される。

**乾燥の終了**　入庫して15～20日の送風でタマネギの表面が乾燥する。

タマネギの外皮はふつう鬼皮と呼ばれているが，乾燥がすすむにつれて，この鬼皮が自然にはがれる状態になる。この状態をもって乾燥終了のめやすとする。

### 9. 調製，出荷

この貯蔵庫を26戸の共同で建設した目的には，冬の農閑期の労力活用が一つにあった。そのため選果から箱詰め，調製，出荷などの作業は組合員の労働が主体となって行なわれている。

山崎さんの所属している生産組合は，収穫作業に入る前に，各組合員の圃場は10a 当たり3か所の割合で坪掘りによる収量調査が綿密に行なわれ，それをもって各人の生産量が算出される。この作況調査が終わると同時にタマネギは組合の所有になる。したがって，出荷については当然，個人の意志で出荷されるのではなく，組合として農協の全期共同計算出荷に参加することになる。

現在この地方のタマネギ出荷は9月下旬からはじまり，3月下旬に終わる。山崎さんの所属する組合では，9月下旬から10月上旬までに出荷されるものについては簡易貯蔵庫を利用する。また一部では，戸外で自然乾燥させたものも早期出荷に当てられる。そして11月以降からは本格的な貯蔵庫内での選果，調製，出荷作業が行なわれる。

**第3図　収穫状況**
午前中に収穫を行ない（上），午後からダンプトレーラーに積み込んで貯蔵庫に搬入する（下）

選果から箱詰めは，以前に重量選果機を組合で導入し，大きな改良を加えて使用してきたが，性能が悪いので，現在では小型の簡易選果機を導入して作業がすすめられている。規格品は20kg段ボール箱詰めであるが，規格外品は20kgネット袋詰めにして出荷される。

### ＜採種栽培の技術＞

**母球の選び方** 圃場全体を注意してみると，8月になって茎の倒伏期に入ると，数日で一斉に倒伏する圃場と5～7日以上もかかってだらだら倒伏する圃場とがある。山崎さんの母球選抜のねらいどころは，数日で一斉倒伏する圃場を選び，そこから次の条件を満たす球を選抜している。

①L級（直径8～9cm）で，一球重230g前後
②完全な球型で色沢がよく，首元が細く，堅じまりの球
③外皮が厚く硬いこと，尻切れになっていないこと
④平型系の母球は用いない。これは早生型に生育がすすみ，貯蔵腐敗を生じやすい傾向があるからだ

**母球の貯蔵** 現在は大型コンテナに詰めて貯蔵庫内で販売球と同じ管理をされるが，とくに入庫時点で屋外風乾は充分にする。また，圃場のムギわらを敷きつめた上に母球を盛り，さらにムギわらで覆い，風で飛ばないていどに土をかける貯蔵法をとったこともある。

翌春4月さらに選別し，発根，発芽した球は母球として使用しない。それは，貯蔵性を高めるための重要な要素でもある。

**植えつけ作業と管理** 採種技術については，いまだにわからない面も多く，年により豊凶の差がはなはだしい。山崎さんが経験的に得たものとして次の二点がある。

①採種圃場は，面積が大きいほど，そして細長くするほど，種子生産が多い。これは訪虫性を増大させる

第5図 雨覆いをした共同採種圃

ためと考えられる
②採種圃場の肥料は，窒素量を慣行の施肥量の半分に減量することが好結果を得ている

以上の経験から，採種圃場は堤防側に寄せて短冊様に設置し，施肥量は，ふらの玉葱化成2号を10a当たり80kgに減量して全面施用している。

そして畦幅120cmに条間30cmの2条植えとし，株間25cmとする。植え溝は6～7cmの深さに切り，VC粉剤を10a当たり10kg施用。覆土は母球の上5～6cmとする。

中耕と培土は，6月中旬トラクターで行なう。

**病害虫の防除** 開花前の防除は一般タマネギ畑防除に準じているが，開花まぢかの7月中旬からは，訪花昆虫の飛来を考えて，殺虫剤を使用しない。

また開花期に入ってからの殺菌剤は，訪虫性，稔実性，および結実種子の発芽性に影響があるといわれる。そこでマンネブ剤は避け，トリアジン400倍を散布している。散布機はスズラン噴口を使用し，日中の散布を避けて夕方に行なう。

**雨覆いの設置** 開花期の降雨は種子の生産に大きな影響があるので，開花前には採種圃場に鉄棒の柱を立て，その上に春のトンネル育苗で使用したカマボコ型の鉄屋根を乗せ，第5図のようにビニールで雨覆いしている。これは年により効果のないこともある。

**採種量** 10a当たり植えつけ母球は1,200kg前後だが，種子生産量は豊凶の差が激しく，多い年には70～80ℓも生産されるが，平均すると50ℓていどという。

また本来は直播栽培用の母球は直播畑から，移植栽培用の母球は移植畑から選抜し，それぞれの採取畑を設けるべきだが，事実上は不可能に近いので，それは行なわれていない。

**採種と種子貯蔵** 開花期は7月下旬からはじまり，その最盛期は8月上旬である。台風によって倒伏するのを避けるため，圃場には支柱を立てて倒伏防止のビニールなわが張られる。収穫期は9月上・中旬にわたり，頭部が褐色となるころを見定め，茎を40cmくら

第4図 選抜された母球

第6図 穂の風乾

いつけて刈り取り，圃場に穂先を下に"はさ掛け"をして，上部は雨水の入らないよう雨覆いをし，日陰干しをしておく。

茎をつけることは，まだ茎が青いので，種子の追熟をはかるためであり，穂先の下には防虫網を張り脱粒する種子を受け止める。20日近くをへて乾燥するので，シートを敷き頭部を並べ，たたいて脱粒させ，トウミ風選を行ない一番と二番種子に選別する。

一番種子の重量は1.8 lで800〜820 gに仕上げ，二番種子はさらに水選を行ない，一番種子に近い重量にまで仕上げることにしている。

種子貯蔵は乾燥をよくし，ブリキ缶に乾燥剤を入れ，その上に種子を布袋につめて入れる。ふたにはビニールテープを貼って密封し，保存する。

<栽培上の問題点>

**種子生産の安定性** 北海道タマネギの生産は今後さらに増大することは明らかで，そのための価格維持対策としては当然，9月からはじまり翌春4月には終了している出荷期を5月中旬までに延長をはからなければならない。山崎さんは，すでに直播栽培で5月中旬まで貯蔵した経験をもっており，その確信はある。

しかし，問題になるのは種子生産である。たとえば直播栽培では，現状の直播法では10 a当たり1.8 l必要とする。これを移植栽培とくらべると，移植栽培では，1.8 lの種子で30〜35 aも植えつけられるのである。収量は直播のほうが少ないが，3月以降の移植栽培ものとの貯蔵ロスを比較すれば，直播のほうがはるかに有利である。すると問題は，移植栽培にくらべ3倍以上も種子が必要とされることにある。したがって種子生産を安定させる技術が要求されてくる。

また採種圃についても直播用の採種圃，移植用の採種圃と区別されることが好ましいが，同一地区では困難な問題ではある。「だが将来，産地強化のためにも取り組まねばならない課題だ」と山崎さんはいう。

直播栽培の種子量の節減や間引き作業の省力対策として，シードテープ（播種ひも）利用による直播栽培を実用化している例が近くにあるので，この技術も当面の課題という。

**貯蔵腐敗対策** 近年貯蔵中の腐敗が多くなってきている。数年前まではトリアジンが病害防除の主体だったが，いまは，栽培面では極力窒素肥料をひかえながら，早期防除の徹底を期している。また，球が平型に近いものほど腐敗している現状から，母球選抜では，その点までも注意して完全にちかい球型タマネギを選抜している。また，茎葉枯凋期になると防除は打切られがちだが，貯蔵腐敗対策上は，さらにもう一度の薬剤散布が必要と考えられるし，収穫時の茎葉切りとりも球に茎葉を残さないほど短く切ったほうが，球への病原菌の侵入を少なくするといわれるので，検討課題としている。

北海道のタマネギ栽培は今後，一貫した機械化体系に移行されることは明らかで，機械化体系に即応できる品種，系統の選出が待たれている。

山崎さんの属する組合では，山崎さんらが中心となって共同採種圃を設置してきたが，生産者が母球選抜から採種までを行なうことには限界がある。とくに品質上で要望される点は皮むけしないことである。収穫から貯蔵庫収納までの段階で，コンベア移動，機械選果作業などで生じる皮むけについては，育種的な立場からの検討が要望されている。

<付>経営上の特色・問題点

**地区の特色** 富良野農協管内には水田2,000 ha，畑3,200 haがある。畑作物はタマネギの500 haを筆頭に，ニンジン，食用ジャガイモ，スイカ，食用ユリ，ニンニク，アスパラガスなどがそれぞれ専営団地化され，青果物作付け率は40％におよぶ。そしてスイカを除く各青果物は都府県に移出する青果物農業地帯で，山崎さんの住む下五区は富良野タマネギ団地の中心である。

山崎永稔さんの父，輝昌さん（64歳）は，昭和33年富良野玉葱振興会設立当時から現在まで会長を勤め，また市教育委員長の要職にある。そして富良野地方タマネギのあり方，方向づけなどについて一見識をもち，毎年全国主要産地，市場を調査しているほどの努力家で，経営は永稔さんに委ねている。

一方永稔さんは，農業高校を卒業以来タマネギ栽培に当たり，現在は農事組合法人富良野玉葱生産第一組

精農家の栽培技術

合の理事を勤めている。

**経営上の特色** 昭和38年4月，山崎さんを中心とした付近5戸の農家が，共同で防除施設を全額自己出資で完成し，共同防除体制を確立した。翌39年3月には通風施設をもつタマネギばら積み貯蔵庫を，やはり共同出資で建設し，収穫から販売までの共同体制に進展させ，40年4月には法人設立登記を行なうに至った。

たまたま昭和39，40年はタマネギ価格が暴落し，タマネギ専業として今後の経営を維持拡大するためには「大きな団結による共同作業を中心とした生産費の引下げが緊急の課題だ」として，下五区部落の青年層を中心として検討した結果が，41年1月の下五区農事組合タマネギ倉庫センター建設準備委員会の発足となった。これは同年3月に27戸65人（現在26戸）による生産組合へと拡大され，3,000t収容の貯蔵庫建設に踏み切った。必要資金は，出資金と農協からの特別融資とを中心に，不足分を近代化資金の借入でまかなった。

したがって，41年から本格的な貯蔵庫利用を中心とする共同作業が行なわれ，以後組合の資金および施設の充実は，個別経営の利益と対比しながら，共同による利益が充分組合員に還元できるように推進している。

**山崎さんの所有施設** 山崎さんは次の農機具を所有している。

トラクター　1台（39.5馬力），プラウ　1台（12インチ×2連），心土犁　1台，サブソイラー　1台，ローターベータ　1台，鎮圧用ローラー　1台，耕うん機　1台，小型ティラー　1台，ミスト（兼用機）1台，直播ドリル　1台，動噴，共同施設．

いずれの機械も組合設立以前に購入されたもので，更新時点では組合の施設として導入されることになるため，近い将来には個人所有の機械はなくなる。

現在では，山崎さんのトラクターと付属作業機が組合の共同作業開始時には組合に貸付されるしくみとなっているため，個人所有機械ではあっても高度利用がなされている。

**作業別労働時間** 富良野市玉葱振興会青年部が例年調査をしている作業別労働時間は，第5表のとおり。

この調査は，経営規模別に大きな範囲で調査をした平均値なので，全体的に時間がかかりすぎてはいるが，

第5表　富良野地方のタマネギ作業別労働時間

（10a当たり　時間）

| 項目 \ 年次 | 44年 | 46年 | 平均 |
|---|---|---|---|
| 苗床 | 15.2 | 11.1 | 13.2 |
| 整地 | 2.0 | 2.8 | 2.4 |
| 施肥 | 1.4 | 1.2 | 1.3 |
| 播種 | — | — | — |
| 定植 | 38.3 | 41.6 | 40.0 |
| 間引き | — | — | — |
| 除草 | 40.4 | 18.1 | 29.3 |
| 防除 | 4.8 | 4.8 | 4.8 |
| 収穫 | 32.8 | 44.4 | 38.6 |
| 選別 | — | — | — |
| その他 | — | — | — |
| 合計 | 134.9 | 124.0 | 129.6 |

作業別の労働時間の傾向はうかがえる。これによると，タマネギ栽培上，定植作業と収穫作業とに大きな労働が必要となり，山崎さんはこれを共同作業で乗りきっている。とはいえ定植，収穫作業には相当な雇用労力に頼らねばならず，高性能の移植機や収穫機の開発が望まれている。

定植労働の配分の上からも，移植栽培と直播栽培の組合わせが必要となる。定植作業が早期に短期間で終わるとなれば，直播栽培での減収分は，早期定植によって補うことも可能である。

また，収穫作業がもっと短期間で終わるとなれば，タマネギの品質向上に大きく役立ち，貯蔵ロスは大幅に減るものと山崎さんは予測している。そして，これらが解決されれば「経営問題のめどが立ち，ひいては自分一人のタマネギが高く売れればよい，自分一人の経営がよくなればよいという時代は遠くすぎ去って，産地全体が強くなる。また，そうしなければならない」と強調する。

《住所など》　北海道富良野市
山崎永稔（ひさとし）（30歳）
執筆　菅原之雄（富良野農業協同組合）

1973年記

◎昭和40年代，北海道のタマネギの作付けが急速に増えていった頃の記録。品種は，長く北海道の主力だった固定種の札幌黄。貯蔵性と品質を高めるための採種用母球の選抜技術を解説。

# マルチング―春先の生育促進―良品の早期収穫

## 自家採種早出し栽培（知多黄早生）

### 愛知県東海市養父町　佐野正三さん

タマネギの定植準備をする佐野さん

### 経営の概要

| | |
|---|---|
| 立　　地 | 第三紀層の壌土と海岸線の砂壌土。名古屋南部臨海工業地帯で，都市化が急速にすすんでいる |
| 作目・規模 | タマネギ　170 a，ナス　23 a，トウガン　20 a，アオウリ　16 a，トマト　8 a，イネ　135 a |
| 家族労働力 | 本人，妻，長男，二男，母……4.3人 |
| 品　　種 | 知多黄早生 |
| 栽培概要 | 9/上播種，10/下定植，4/下収穫 |
| 収量目標 | 10 a 当たり5.8 t |
| その他特色 | 自家採種。労力の配分をし，全面マルチで省力化をはかっている |

### ＜技術の特色・ポイント＞

　東海市でタマネギ栽培がはじめられたのは日露戦争ころといわれ，その後いろいろと変遷を経て，大正8年ころから栽培がひろまり主産地となった。

　佐野さんの家でもお父さんの代からタマネギ栽培をはじめ，長い経験からタマネギの性質をよく理解し，跡作物の作付け，またタマネギの収穫期と他作物との労力競合がないようにしている。そして品種で早生，中生，晩生の割合をうまく組合わせ，良品が早期に多収できることを目標に努力している。

　▷佐野さんの技術の特色の第一は，早期に収穫でき，くずの少ない品種，またその系統の品種を確保していることだ。

　一般に早期に収穫できる早生種は，球が偏平で尻がくぼんでいるため目方が少ない。また収穫期ころに降雨にあったり，収穫がおくれたりすると割れ球が多くなり，収量が少ない。

　そこで，くず球が少なく，早期に多収できる系統の種子を確保するためには，母球の選抜がたいせつである。母球は早期に収穫でき，首が中くらいで球は偏平，尻はくぼみがなく，平らであることを目標にして選び出す。

　▷第二の特色は黒色ポリのマルチングである。

　黒色のポリフィルムでマルチングを行なうと，次のような効果がある。

　①地温が高まり春先に生育が促進される

　②植えつけ時に労力が若干多くかかるが，栽培期間中は雑草の発芽を抑制しているため，除草の手間が省ける

　③降雨時に泥がはね上がらないため傷が少ないので，傷から侵入する病害の予防となる

　④雨による肥料の流亡を防ぐため，施肥量が少なくてすむ

　⑤収穫時に雨が降っても，土が乾燥しているため，球の尻がべとべとせず，しまりがよく，表皮も美しい

　▷定植期は10月25日以降である。佐野さんは大苗は植えつけていない。

　早期収穫を目標に大苗を植えつけると，越冬時までに生育が促進されてほとんどが抽台をする。したがって，越冬時までの生育を抑制するために，定植期は無マルチ栽培より5日くらいおそい10月25日以降にして小苗を植えつけている。

　▷緩効性肥料を全層に施用している。佐野さんの栽培は，ポリマルチを行なうため追肥ができない。したがって，全量元肥を行なうが，濃度障害，初期肥効の

出ないよう，緩効性肥料を全層にていねいに混和している。

### <作物のとらえ方>

知多黄早生は，泉州黄をもとにして早生系のものを選抜したものだから，中生種に近い。したがって，従来は大苗を早く植え，10％くらいの抽台をみこんで栽培をすると，早期に収穫でき，また収量も多かったため，苗床から大きい苗を間引きしては定植していた。しかし，従来の栽培方法でマルチング栽培をすると，年内に生育が促進されるため，春になってほとんどが抽台をしてしまう

そこで，佐野さんは抽台をなくするために，次のようなところにポイントをおいている。

① 小苗で越冬

越冬時の苗の大きさが抽台に関係するため，抽台をなくするには越冬時の苗を小さくすることが必要となる。したがって，播種期を従来より2～3日おそくする（9月3日播種）。また，苗床でも地上部の生育が促進されないようにやや密に播種（1$m^2$当たり10$ml$）し，細い苗をつくっている。

② 本圃では緩効性肥料を使用

マルチング栽培は元肥中心なので，地温が高くなると肥料の分解が促進される一般の化成肥料では，せっかく小さい苗を定植しても肥料を多く吸収して年内の生育が旺盛となり，抽台率が高くなる。したがって，堆厩肥を多く施用するとともに緩効性の肥料を施用し，年内の肥料吸収を抑え，年内の生育を抑制して抽台率を低くしている。

また，球の肥大促進のために次のような措置をとっている。

① 黒色ポリフィルムのマルチング

球の肥大は日長時間に関係し，日長時間が長くなると球は肥大するが，地温が低いと肥大はおくれる。ポリマルチをすると地温が高まり，球の肥大を助長する。しかし，透明または半黒色のポリエチレンだと球の肥大は促進されるが雑草が繁茂するので，黒色のポリを使用して雑草の発生を抑制している。

② 砂地への定植と有機質の施用

砂土は地温が高くなりやすく，また土がしまらないため酸素が多く，根張りがよい。しかし，マルチングをすると雨水が入らないため，乾燥の害が出やすくなる。そこで前作物に敷きわらを多く使い，また堆厩肥などを多く入れて水分を保つように心がけている。したがって土壌の物理性はよく，肥料も有機質に吸収されて緩効性となり，春先に肥効が高まり，球の肥大が促進される。

このほか，佐野さんは，くず球を少なくするための配慮も忘れない。

抽台，心ぐされ球が多くなると商品化率が低くなるため，前述のように抽台の少ないよう栽培管理をする。また，心ぐされは石灰欠乏によって発生するので，耕起前に石灰類の施用をし，球の肥大時期に窒素過多にならないようにしている。

このように，佐野さんはタマネギ栽培でいちばんたいせつなことは抽台させないことであるとし，「抽台の性質を知れば採種もでき，また，抽台させずに商品化率を高めることもできる。肥料もこれらの性質を決定する要因であるから，充分検討しなければならない」と語っている。

### <栽培体系>

佐野さんは，知多黄早生種をはじめとして他の品種も栽培している。そして，ちょうど極早生種の白タマネギの収穫終わりに当たる4月20日を，黄早生種の収穫はじめの目標としている。

100$a$にわたって栽培されているタマネギ黄早生種の栽培暦は，第1表のとおりである。

### <技術のおさえどころ>

#### 1. 自家採種

佐野さんは，前述のようにタマネギ栽培では種子がいちばんたいせつだということから，「購入種子はどのようなものができるかわからない。自分で採種すれば，自分の思うとおりのタマネギ栽培ができるので自家採種は必要だ」といい，各品種ごとに採種圃を設け

第1図　採種用タマネギ

## 秋まき早出しマルチ栽培（知多黄早生）

ている。

　昭和26年ころまでは母球を確保して，木曾川沿岸で採種を委託していた。しかし，農薬の進歩によってキンカク病，スリップスの防除ができ，またビニールの開発によって雨よけができるようになったため，昭和27年ころから自家採種を行なっている。雨よけに組立てられるビニールハウスは，第2図のようである。

　なお，採種圃での栽培暦は，第2表のとおり。

### 2. 苗床の準備

　**苗床の選定**　日中の日ざしが強い時期に播種するので，苗床は乾きやすい。また，タマネギは乾燥に弱いので，水の便のよい，排水のよい砂壌土を選ぶ。このばあい，ナス，ゴマの跡地はタチガレ病が多発するので注意している。「ウリ類の跡地がよい」ということだ。

　**苗床つくり**　砂壌土の畑を耕起し，第3表のように施肥を行ない，ダイシストンを 1 a 当たり 300 g 散布する。苗床面積は 10 a 当たり 26 $m^2$ とし，畦幅 105 cm の短冊型のベッドをつくっている。

### 3. 播種と苗床の管理

　**種子の厳選**　よい苗をつくるには，稔実のよい種子をまくことがいちばんたいせつである。1 l 当たり 460 g 以上の重さの稔実した種子であれば，発芽率，発芽ぞろいがともによく，均一な苗ができる。稔実が悪い種子だと立ち消えする苗も多く，苗と苗との間隔がまちまちになる。このため生育旺盛なところは大苗となり抽台するので，捨てる苗ができて苗不足になってしまう。また，間引き定植しなければならないような苗は抽台することが多いばかりでなく，収穫時にも間引き収穫しなければならないので，作業能率が低下する。

　佐野さんは，「早期収穫のタマネギ栽培では，苗つくりがいちばんたいせつである。良苗ができるか否かを決めるのは，種子のよしあしだ」と語っている。そのため佐野さんは，稔実のよい種子を確保するための採種圃を多くつくり，必要量より50%多い種子を確保している。その中から厳選して播種しているので，発芽も均一でタチガレ病も少ない。

　**種子の予措**　高温時に播種すると，タチガレ病が発生しやすい。その予防として，佐野さんは播種前に種子にオーソサイドを粉衣している。こうすると発病は少ない。

　**播種とその後の管理**　播種量は 1 $m^2$ 当たり 10 ml としている。

　播種後から発芽ぞろいまでは，朝，昼，夕方と3回灌水をする。その後は朝，夕方の2回，播種1か月後からは土壌の乾燥状態をみながら灌水している。

　苗床では，タチガレ病やスリップスの被害が多いので，ダイセンにジメトエートを混用して7日間隔で予防散布する。

### 4. 本圃の施肥

　前作物が果菜類のばあいは，10 a 当たり 400 kg のわらを敷いて腐らせておく。果菜類でないばあいは，堆厩肥 4,000 kg を入れる。

### 第1表　栽培暦　　品種　知多黄早生

| 時期 | 9/上 | 9/3 | 9/3 | 9/10 | 9/中 | 10/中 | 10/中 | 10/25 | 3/上 | 4/下 |
|---|---|---|---|---|---|---|---|---|---|---|
| 作業 | 苗床つくり | 播種 | わら被覆 | 被覆わら除去 | 間引き | 本圃耕起 | 畦つくり、施肥、全層に施肥 | マルチング | 定植 | 病害虫防除 | 収穫 |
| 注 | 10 a 当たり苗床面積 26 $m^2$ 短冊型のベッドをつくる（畦幅 105 cm） | 1 $m^2$ 当たり 10 ml | イナわらを長いまま薄く被覆 | 発芽をはじめたら除去 | 子葉が伸びきったころ、混み苗のところは間引く | | | 黒ポリ | つける 10 a 当たり 2万8,000 本以上植え | 灰色カビ病、スリップス、ベト病防除 | |

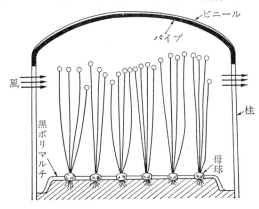

　第2図　採種圃のビニールハウス

## 精農家の栽培技術

### 第2表 採種圃での栽培暦

| 時期 | 4/下 | 4/下 | 9/上 | 9/上 | 9/中 | 9/下 | 3/上〜6/上 | 6/中〜7/下 | 7/下 | 7/下 | 8/上 |
|---|---|---|---|---|---|---|---|---|---|---|---|
| 作業 | 母球の選抜 | 母球貯蔵 | 定植床つくり | 施肥 | マルチング | 定植 | 病害虫防除 | 雨よけ | 病害虫防除 | 収穫 | 乾燥 | 選別 |
| 注 | | 軒先につるす | | 固形肥料の全層施肥 | 黒ポリでマルチング | | キンカク病ベト病防除 | ハウスの組立て | スリップス防除 | 作業場につるして乾燥 | | |

### 第3表 苗床の施肥設計 (26m² 当たり)

| 肥料名 | 総量 kg | 元肥 kg | 追肥 kg 2葉時 | 追肥 kg 3葉時 | 備考 N-P-K |
|---|---|---|---|---|---|
| 熔燐 | 0.5 | 0.5 | | | |
| 小粒固形肥料 | 2.0 | 2.0 | | | 5-5-5 |
| 硫安 | 1.0 | 1.0 | | | |
| 矢印化成 | 1.6 | | 0.6 | 1.0 | 8-8-8 |

注 成分量 窒素438g, 燐酸328g, 加里228g

### 第4表 本圃の施肥設計 (10a 当たり)

| 肥料名 | 元肥 kg | 備考 |
|---|---|---|
| グリーンアッシュ | 50 | 土壌改良剤 |
| たから肥料 | 40 | 〃 |
| みやこ有機 | 60 | N 2 — P 5 — K 0 |
| 粒状固形 2号 | 180 | 5 — 5 — 5 |
| 玉葱化成 | 100 | 11 — 8 — 9 |

注 成分量 窒素21.2kg, 燐酸20.0kg, 加里18kg

マルチングのため追肥ができないことは前述のとおりだが, 元肥には緩効性の粒状固形肥料2号を主体にしている。これは, 初期生育を抑制し, 窒素過多にならないように施用する。また, 初期に肥効のある低度化成も混用し, これらを濃度障害の出ないように全層によく混和させる。

このほか, 酸性土壌の改良とあわせて, 心ぐされの予防のため, 石灰を多く含有したグリーンアッシュとたから肥料を土壌改良剤として投入している。本圃での施肥設計は, 第4表のとおり。

### 5. 本圃の畦つくりとマルチング

110cm幅の短冊型の畦をつくって, 厚さ0.02mm, 幅135cmの黒ポリでマルチングをする (第4図)。

マルチングの目的は前述のとおりだが, 定植時に乾燥していると苗の活着が悪く, また枯死することもあるので, マルチングは降雨後に行なう。降雨がないときは, 灌水をして土壌中に充分湿りをもたせてから行なう。

### 6. 定植とその後の管理

**定植適期と苗の大きさ** 無マルチ栽培をしていた当時には, 100本当たり500g前後の大苗を間引きして, 10月15日ころから定植していた。しかし, 早期に大苗を定植すると抽台するので, 100本当たり300〜400gの苗を必ず10月25日以降に定植している。低温で少雨の年にはやや早くしてもよいが, 定植後高温になると生育が促進されるので, 期日は厳守している。

**定植** 第5図のようにマルチングホルダーで穴をあ

第3図 苗床のようす

第4図 マルチングをする佐野さん夫婦

第5図 マルチングホルダーによる穴あけ

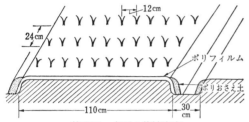

第6図 本圃の栽植密度

第7図 定植の終わったタマネギ畑

抑えることがきないので，発生の初期に必ず殺菌剤と殺虫剤とを混用して散布している。

3月上旬には，キンカク病，ベト病，スリップスの予防のため，トップジン水和剤とジメトエート乳剤とを混用散布する。

### 7. 収穫・出荷

**収穫** 青切り用と貯蔵用とでは収穫期が異なる。貯蔵用は球が肥大してしまうと地上部の葉が倒れるのでそれまで収穫をしないが，知多黄早生は早出しを第一に考え，球が充分肥大すれば葉の倒伏など問題にせずに収穫する。しかし，未熟の球は収量が少ない。このころは日に日に収量が増すので，単価と肥大状況を判断して収穫期を決定する。

球が肥大してくると，マルチングの穴が大きく破れ，球がみえるようになるが，球は完全にマルチングの上に出ないため，球のところのマルチングを上からおさえたり，マルチングを破ったりして肥大状況をみ，収穫期を判断する。

球が大きく肥大したものだけ抜きとるとよいが，労力を多く要するため，単価と肥大状況を判断して片方から順次一人が抜きとり，一人が後から葉と根を切り落とす。葉を切った球はマルチングの上に並べ，乾燥させておく。10a当たりの収量は5.8tである。

**選別，出荷** 抜きとり，葉切りが終わると，畑で第5表の規格により選別し，20kg入りの網袋につめて農協の集荷場へ出し，そこから京浜市場・名古屋市場を中心に共同出荷をする。しかし，一部は，地元または名古屋の市場へ個別に出荷するものもある。共同出荷80%，個別出荷20%である。

4月下旬収穫の規格別出荷割合は第6表のとおり。

け，そこへ苗を挿しこみ，軽くおさえておく（第6図）。

定植時の苗は前述のように球が肥大していないものを選んで，風のない日に定植する。定植後は風で苗がとばされたところを補植するだけで，防除まで放任である。

**病害虫防除** マルチング栽培をするようになって病虫害は減少したが，収穫直前に灰色カビ病にかかって欠株になったり，またスリップスの被害を受けた傷からベト病が多発して，球の肥大を悪くしたりすることがある。病気がすすんでからでは，何回薬をかけても

第5表 黄タマネギの出荷規格（6月30日まで）

| 等級 | 一個の大きさ直径 | 品質 | 注 |
|---|---|---|---|
| LL | 10cm以上 | 形状，色沢，品質ともに良好で病虫の被害のないもの | 1. 土をよく落とし，乾燥がよいこと<br>2. 葉柄を短く切ること<br>3. 汚れた外皮は除去すること |
| L | 7.5〜10.0cm | | |
| M | 6.0〜7.5cm | | |
| S | 3.0〜6.0cm | | |
| ML | 6cm以上で分球変型 | | |
| SS | 同上外のもの | | |

第6表 規格別出荷割合

| 等級 | 出荷割合 |
|---|---|
| LL | 20% |
| L | 55 |
| M | 15 |
| S | 5 |
| ML | 4 |
| SS | 1 |

### ＜栽培技術上の問題点＞

佐野さんの早期収穫タマネギ栽培は，年によって抽台が多いこともあるが，収量も多く，比較的安定した

第7表 作業時間（10a当たり）

| 作業 | | 佐野さん | 地域の無マルチ |
|---|---|---|---|
| 育苗 | 床つくり | 6時間 | 6時間 |
| | 播種 | 2 | 2 |
| | 管理 | 12 | 12 |
| | 小計 | 20 | 20 |
| 本圃 | 耕起, 整地 | 20 | 24 |
| | 施肥 | 4 | 16 |
| | マルチング | 16 | — |
| | 定植 | 36 | 30 |
| | 除草 | — | 18 |
| | 病虫害防除 | 16 | 16 |
| | 収穫, 荷造り | 104 | 82 |
| | 小計 | 196 | 186 |
| 合計 | | 216 | 206 |

第8表 生産費（10a当たり）

| 費目 | 購入 | 自給 | 償却 | 計 | 100kg当たり | |
|---|---|---|---|---|---|---|
| | | | | | 佐野さん | 地域無マルチ |
| | 円 | 円 | 円 | 円 | 円 | 円 |
| 種苗費 | | 1,620 | | 1,620 | 28 | 44 |
| 肥料費 | 9,230 | | | 9,320 | 159 | 410 |
| 諸材料費 | 5,520 | 40 | | 5,560 | 96 | 25 |
| 防除費 | 2,230 | | | 2,230 | 39 | 41 |
| 建物費 | | | 760 | 760 | 14 | 18 |
| 農具費 | 200 | | 1,630 | 1,830 | 32 | 53 |
| 出荷資材費 | 5,350 | | | 5,350 | 92 | 92 |
| その他 | 1,000 | | | 1,000 | 18 | 33 |
| 労働費 | | 54,000 | | 54,000 | 923 | 1,683 |
| 計 | 23,530 | 55,660 | 2,390 | 81,580 | 1,401 | 2,399 |

生産である。しかし，佐野さんは「いっそうの技術向上をはかり，安定したタマネギ栽培を行なうためには，現在より一週間早い前進収穫をすることと完全に抽台球をなくす技術をマスターすることだ」と語っている。

春のタマネギの販売価格は，貯蔵量，輸入量によって若干異なるが，早期出荷ほど高く，おそくなるほど安い傾向になる。そのため，早期収穫をねらい，やや早めに定植をするので，どうしても天候に左右されて年によっては抽台の多いことがある。つまり，マルチングを行なっても砂質の土壌だから乾湿が天候に左右され，定植直後が高温，多雨であると生育が促進され，大苗で越冬するため抽台が多くなる。また，春先に雨量が少ないと土壌が乾燥し，肥切れの状態となり抽台も多くなるようだ。

現在の栽培方法で4月中旬に収穫することは，知多黄早生種ではむりである。収穫できても抽台が多くなり，玉じまりも悪い品質不良のものが多く，多収はできない。貝塚早生，篠原早生種では，知多黄早生種よりやや早く収穫することができるが，尻がくぼんでいるので1個当たりの重量が少なく，収量は10a当たり3tていどで，ぐんと低下する。したがって，知多黄早生種で4月10日から収穫し，多収できる技術を究明する必要がある。

整地をし，マルチング前に除草剤を散布して透明ポリによるマルチングをすれば，地温が上昇して春先に生育が促進され，早期収穫ができるのではないかと考えられる。しかし，地温が上昇すれば肥料の分解も促進され，速効性となって越冬までの苗の生育も促進される。そこで有機質の多用によって乾湿の差を少なくし，緩効性肥料の施用と，定植期を3〜5日おくらせるなどの技術を実施すれば，いっそう早期多収できるだろう。

＜付＞経営上の特色

**地域の立地条件と概要** 佐野さんの住む東海市は，昭和35年ころから海岸線が埋立てられ，重工業が進出し，名古屋南部臨海工業地帯として発展している。このため山野，農耕地に住宅，商店などが建ち並び，都市化の様相が強く，地価の上昇はいちじるしく，兼業化へいっそう拍車をかけている。

10年前は農商の町で，タマネギ，ジャガイモ，フキ，ミカンの主産物があり，養父町では畑はもちろん，乾田の裏作にも全部タマネギとジャガイモが作付けられていた。ところが，兼業化がすすむにつれ年々タマネギ，ジャガイモの面積も減り，現在ではジャガイモはほとんどみることができなくなってきた。しかし，タマネギは栽培方法が容易で，手間のかからない作物のためか，専業農家も兼業農家もイネと同じように栽培し，面積こそ最盛時の半分に減ったが，いまなお愛知県下一位の主産地として伝統を保ち，東京市場を中心に各地へ共同出荷をしている。

**家族構成と経営の特色** 佐野さんの家族は，母と妻，2人の子どもの計5人である。子どもは2人とも農業高校を卒業して農業に従事し，4Hクラブに加入している。

経営の特色は，12月から3月の冬期間にノリの養殖を行なうため，その間にいちばん手間のかからないタマネギを栽培していることだ。夏はやや集約的な果菜類を取り入れた，当地方の昔からの典型的な農水産業である。

佐野さんは，部落の中核者であるため役職が多く，区画整理の工区長もつとめ，家の仕事もほとんどでき

なかった時期もあった。そのため，家族の作業の責任分担を次のようにしている。

　佐野さん　　経営の企画と栽培技術
　　妻　　　　農作物の栽培技術と記帳
　　長男　　　ノリの養殖と農作物の栽培技術
　　二男　　　農産物の販売
　　母　　　　収穫のてつだい

**タマネギ栽培の労働時間，労力配分**　タマネギの栽培面積は，畑に60a，水田裏作110a，計170aである。タマネギの収穫期と夏果菜類の定植期が重なるため，この間の労力はうまく配分しなければならない。

白タマネギを収穫し，その跡へ果菜類を植えつけ，知多黄早生種の収穫に入る。畑の黄早生の収穫が終わると，またナス，トウガンなどの夏果菜類を植えつけ，畑の作業が終わると水田裏作の早生，中生，晩生のタマネギを順次収穫し，田植えに入るようにする。白タマネギ15a，黄早生100a，中生20a，晩生35aの割合にしている。

黄早生種の10a当たり労働時間は，第7表のとおりである。無マルチ栽培よりも労働時間が多いのは，収穫量が90%も多いためである。定植にはやや多くの労力を要するが，畦つくり，施肥，除草が省力されるので，マルチ栽培は実質的には省力栽培である。

**生産費**　10a当たりの生産費は，第8表のとおりである。種子は時価とした。生産費でいちばん大きいのが肥料費，ついでマルチングなどの諸材料費である。出荷資材はネットであるため比較的安い。また，100kg当たりの生産費が地域の標準より安いのは，収穫量が標準に比較して45%も多いためである。

**今後の方向**　白タマネギは単位面積当たり収量も少なく，価格も輸入タマネギに大きく左右され不安定である。そのため佐野さんは，「今後は白タマネギ栽培はやめて，黄タマネギの早期収穫と多収を研究し，黄タマネギ主体でより以上の所得を上げるようにしたい」と，はりきっている。

《住所など》　愛知県東海市
　　　　　　　　　　　佐野正三（48歳）
　執筆　高橋忠史（愛知県知多農業改良普及所）
　　　　　　　　　　　　　　　　1973年記

◎知多黄早生は地方品種の一つ。早生で貯蔵性は低いが，辛味が少なく，甘味が強い。知多黄早生を抽苔させない早出し方法と自家採種方法を解説。

現代農業セレクト技術

## 月刊『現代農業』セレクト技術

### ペコロスの栽培

#### 1. 密植で丸く小さく

愛知県知多市日長地区で大正時代からつくられている「ペコロス」。直径3〜4cmの小タマネギで、普通のタマネギに比べて味が濃厚で甘みも強く、煮込みやバーベキューなど用途も多彩でホテルやレストランなどで重宝されています。日長ペコロス組合では2017年度33tを出荷。日本有数の産地といわれ、80％を京浜地区へ出しています。

ペコロスは、まず10月初めにマルチを張って母球を植え、7月に花が咲いたら受粉作業をし、8月にタネを採ります。そのタネを9〜10月にまき、30cmほどになった苗を11月中旬〜2月中旬に順次定植します。

この定植が一番重要で大変な作業です。うね（ベッド）に1本ずつ、5cm間隔で手植えしていきます。母球は形のよいものを選抜して栽培しています。苗を密植することでさらに、小さいうちから形よく丸く肥大しやすくなり、大きくなりすぎることもありません。

ベッド幅は1m、長さは14mぐらいあるので1ベッド約4,500本、10aあたり18万本植え付けます。寒い日も小雪も関係なくすべて手作業でやります。植え付けが完了した畑を眺めると、大きな達成感を覚えます。

#### 2. 売り上げ10a250万円

収穫は4〜5月末。サイズは小さすぎても大きすぎてもよくなく、ある程度に育ったら優良規格（Mサイズ）のものを選び抜きます。生え茂る葉をかき分け、一つずつサイズを確かめながら行なう作業は、定植と同様、中腰で作業するので大変ですが、収穫の喜びはひとしおです。

収穫後は、2週間天日干ししてからビニールハウスでしっかり乾かし、5kgごと段ボール箱に詰めて、毎週水曜日に出荷します。

第1図 4月、サイズを確認しながら収穫する筆者（64歳）。ペコロスは6年前から始めた

第2図 11〜2月、5cm間隔で密に定植する

10aあたり約2,500kg、500箱程度出荷できます。平均単価は1箱約5,000円で、10aあたり250万円程度の売り上げになります。

38年前に生産組合ができた時は120軒だったのが、今では14人に減っています。後継者を増やすことが課題です。

執筆　勝﨑　豊（愛知県知多市）

（『現代農業』2018年4月号「ミニタマネギ5cm間隔の超密植で高収入」より）

# タマネギの生理に合わせた管理で安定多収

## 秋まき普通栽培（今井早生2号）

### 大阪府泉南郡田尻町　今井久一さん

今井さんとタマネギ畑

### 経営の概要

| | |
|---|---|
| 立　　地 | 大阪府泉南郡南部地帯，沖積層砂土，タマネギ栽培の好適地だが都市化の波がおし寄せている |
| 作目・規模 | タマネギ　1ha，イネ　80a，サトイモ　20a，ナス，キャベツ　10a |
| 家族労働力 | 本人，妻，長男……2.5人 |
| 栽培概要 | 9/中播種，11/上定植，5/上～6/上収穫 |
| 品　　種 | 今井早生2号（今井不抽台系） |
| 輪作体系 | イネ——タマネギ——キャベツ |
| 収量目標 | 10a当たり7.5t（2,000貫） |
| その他特色 | タマネギとイネ，早掘りサトイモを組合わせた経営 |

### ＜技術の特色・ポイント＞

**今井早生を育生**　今井さんのタマネギ栽培の最大の特色は，この地方の栽培に適した早生系の不抽台の品種を育成し，栽培していることである。今井早生は，今井さんのお父さんの伊三郎さんによって育成され，今井早生2号はお父さんと今井さんとで育成した。

大阪にタマネギが導入されたのは，北海道よりも3年遅い明治17年である。岸和田の坂口平三郎氏が神戸の商人から買入れたものを，伊三郎さんの叔父に当たる今井佐治平氏ら2～3人が分けてもらい田尻町に導入した。坂口氏は神戸から導入したもののなかから泉州黄を分離した。これをもとにして貝塚で育成されたものが貝塚早生であり，伊三郎さんによって育成されたものが今井早生である。

今井早生は貝塚早生よりも収穫期は少し遅いが，収量の点で非常に優れている。球はやや腰高の偏円形で，厚肉の大球である。9月中旬播種で5月中旬に収穫できる中生に近い早生系統である。今井早生2号は，これよりも収穫期が早く5月上旬からで，貝塚早生との中間の熟期だが，収量は多く不抽台性で貯蔵性もあり，適地範囲が広いなどの多くの長所を持った早期多収を追求できる品種である。

4月から5月にかけてタマネギの価格は日ごとに急激に下がるが，一方タマネギの肥大は日ごとに急速にすすんでいる。だから早く出荷すれば単価は高いが収量が少なく，遅く出荷すれば収量は多いが価格が安いという問題がある。また，一般的に熟期の早い品種ほど小玉で収量が少ないという関係もある。

そこで，今井さんは今井早生2号をさらに改良して，貝塚早生やOXくらいの熟期で，今井早生2号のように収量の多いものを育成することに努力している。

**自家採種で優良種子を確保**　新品種を育成するためだけでなく，タマネギ栽培を安定したものにするためにも優良種子の確保が必要なので，自家採種を行なっている。タマネギは他家受粉を主体とするので，自家採種により優良種子を得るようにしなければ，品質や収量が低下するからだ。また，タマネギ栽培では苗つくりが栽培全体の半分の技術を必要とすることからも，優良種子による良苗育成は重要だと考えられる。種子がいいので近所の農家や種苗商にも分けたりしている。

### ＜作物のとらえ方＞

**万有に天意を知る者は幸いなり**　今井さんはこの言葉が好きだ。長年のタマネギ栽培の経験から，この言葉の意味を次のように説明する。

精農家の栽培技術

「どんな小さな生命の中にも，天はその生物が生きてゆくために必要なだけのものを与えている。また，どんな自然物，たとえば土や水や空気や太陽などのあらゆるもののなかに，生命を生かそうという自然力が含まれている。だから，それらに含まれている力のどれが生命に必要で，どれが生命を抑えるものなのか，また生命の仕組みと自然力とのかかわりを知ることが大事だ。これを得てこそ本当の百姓といえるのではないだろうか。人は往々にして，作物のためによかれと思っていることが，逆に作物を苦しめていることに気がついていない。たとえば，いいタマネギの苗をつくろうとして，細かく砕きすぎた苗床に播種している。本人は根をよく伸ばしてやるために土を軟らかくしたつもりだが，空気が不足して根の伸長を抑える結果となっている。これは土の心を読み違えているからだ。タマネギの発芽には，土に充分すきまを与えてやることだ。そうすれば，土は作物を生かそうとする力があるのでほっておいてもいい苗をつくってくれる。自然をねじ曲げていい作物ができるはずはない。万有に天意を知って，それに沿うように作物を管理するのが本当の百姓でしょう」と語っている。

**タマネギと話をする**　「本当にいいタマネギをつくろうと思えば，タマネギと話をしなさい」と伊三郎さんはいう。「本の知識や機械の知識だけを信頼していては，本当のタマネギづくりはできない。頼まれて講演をしたとき，大学の先生から『タマネギの生育に必要な土壌水分の数値はどれくらいか』という質問を受けたことがある。大学や試験場なら機械を使って数字で表わせるだろうが，農家はそんなことはできないし，また必要もない。その質問に答えるために一握の土を外から持ってきて，『手を開いたときに土が割れるようなら水分が不足している。土がそのままの形を保っていれば充分です。農家ならだれでも知っていることです』と答えてあげた。あるときには，学生さんが私を困らせようとして，『タマネギは1日のうち何時ころ肥大するのですか』という質問をした。そのとき私は即座に『夜中の1時から3時の間です』と答えた。あまりにも明確な答えだったので皆びっくりしていたが，これは以前タマネギをつくるにはタマネギがいつごろ太りだすか知る必要があると思い研究をしたことがあるからだ。そのときは，夜中に起き出して畑に行き，1時間ごとにタマネギの球径をわらで測って昼間の長さとくらべてみた。すると，昼間は全く太らず，夜の1～3時の間に急激に太ることがわかった。昼間は水や養分を吸収し，夜に根に同化物を貯えるのだ。太りはじめるのは日長が13時間，温度15℃になってからで，その後7～10日してから太り出すのがよくわかるようになる。肥大最盛期は4月27日ころで，1時間ごとに肥っていくのがわかり，1晩に4cm以上太るものもある。即座に答えられたのは，このようにしてタマネギ小屋で朝をむかえたことが何日もあったからだ。このようにタマネギがいつごろどこがどのように生長するかをタマネギに聞くことによって，タマネギが一番望んでいる状態に管理できるようになる。つまり，本当のタマネギつくりは，タマネギと話をすることだ」と語っている。

&lt;栽培体系&gt;

栽培暦は第1表のとおり

第1表　栽培暦　　品種　今井早生2号

| 月／旬 | 9上 | 9中 | 9下 | 10上 | 10中 | 10下 | 11上 | 11中 | 11下 | 12上 | 12中 | 12下 | 1上 | 1中 | 1下 | 2上 | 2中 | 2下 | 3上 | 3中 | 3下 | 4上 | 4中 | 4下 | 5上 | 5中 | 5下 |
|---|---|---|---|---|---|---|---|---|---|---|---|---|---|---|---|---|---|---|---|---|---|---|---|---|---|---|---|
| 生育 | 播種 | 発芽 | 立ちあがり | | | 定植 | | | 植えいたみ回復 | | | | | | | | 春期根群増加 | | | | 止め葉出現 | | | 倒伏 | | | |
| | | | | 苗床根群増加 | | | | 冬期根群増加 | | | | | | | | | | | 葉数増加 | | | 球肥大 | | | | | |
| 作業 | 播種 苗床準備 | | | 第一回追肥(苗床) | 第二回追肥(苗床) | 除草 | 本圃準備 定植 | | | 第一回追肥 | | 第二回追肥 | | | 第三回追肥(本肥) | 中耕 | | | 中耕 | | | 中耕 | 防除 | 防除 | 収穫始め | 収穫終わり | |
| 注 | 1～1.5cm間隔に散播 | | | よぼしのとれたころ | 10a当たり二万本手取り | | | | | 化成の上にイナわら堆肥をおき覆土 | | | | | | | | | ダイセン トリアジン | | | | | | 五月二〇日までに終わる | | |

秋まき普通栽培（今井早生2号）

である。田尻町では全部青切りタマネギで，吊玉は採種用の母球以外はやっていない。育苗床はサトイモの跡地につくっており，本圃はイネの跡地である。このほかの作物としては自給用も含めて，キャベツ，青ネギ，スイカ，ナス，キュウリなどをつくっており，フキは労力が不足してきたので，現在はやめている。

基本輪作体系は，イネ——タマネギである。

＜技術のおさえどころ＞

1. 採　種

**母球の選抜**　母球は普通栽培の生育期間中の観察によって，形質の優れたものを選択している。その基準は1球重340g，球径10～11cm，甲高の今井早生の形質の特徴をそなえたものである。また，「母球としては，根があまり多くないものがよい。根が多くない母球は，花茎が6～7本くらい出てちょうどよい。根が多いものは，必ず芽を多く持っていて，花茎が多く出すぎる。そして，きまって裂球する。これは早生系の特徴で，貝塚早生によくみられる。今井早生はこれよりも少し遅い中生系に近いものだから，球形とともに根数も選抜の大きなめやすとなる」ともいう。

母球用として1haから4,000球ほど選ぶ。これを吊玉にして風通しのよいところで10月末まで貯蔵する。長い間貯蔵するので，約半分くらい貯蔵中に腐敗したり母球の条件に合わないものもでてくる。そこで，10月下旬の植えつけ前にもう一度選抜を行ない，食用として貯蔵しておいたものから母球の条件に合うものを2,000球ほど補充する。

**栽培法**　畦幅は幅110cm，高さは25cmにする。10月下旬から11月上旬にかけて，株間12cmの1条に植えつける。今井さんは12aに4,000球植えつけているが，これは近所の農家や種苗商に種子を分けるためで，1haに必要な面積はもっと少なくてよい。10aから採れる種子の量は90～108ℓで，10aに播種する量は6.3ℓである。

元肥は施さず追肥で追ってゆく。第1回の追肥は，肥あたりしないように植えつけ後7～10日目の根のついたころに，硫安と過燐酸を1：3の割合に配合したものを，10a当たり56kg施す。本肥としては，1月から2月のはじめに加里を38kg，化成（8-8-8）60kgを2回に分施する。

病害虫防除は，4月はじめから注意して行なう。病害としてはとくに灰色カビ病に注意し，4月上旬から1週間おきに3～4回ダイセンか，または，トリアジン1袋を108～126ℓの水に溶かしたもの150ℓ散布する。害虫としてはアブラムシとスリップスに注意し，エストックス500～700倍液を5月上・中旬のネギ坊主の皮が破れるころから収穫するまでの間に，4日に1回の割合で約20回ほど散布している。

収穫は7月16～20日で，日照りがつづくときはもう少し早く収穫する。ネギ坊主は茎を20～30cmつけて刈り取り，15日間小屋で陰干しし，8月はじめころに手でもんで種子を脱粒して貯蔵しておく。

2. 育　苗

**苗床つくり**　苗床予定地として，8月末にスイカかサトイモの収穫跡地を耕うんしておく。元肥はサトイモなどの残肥があるので施していない。

9月中旬に耕うん機で畦幅130cm，畦の上面幅100cm，高さ25cmの畦を立てる。あまり高くしすぎると地下水位が低いため乾害が出やすいので注意している。

1haのタマネギ栽培に必要な苗床面積は5aもあれば充分だが，今井さんは近所から苗の委託を受けたりするので，10aつくっている。

**播種**　苗床10aの播種量は6.3ℓである。本圃10aに植えつける苗は2万本で，種子1.8dℓに2万粒含まれているから，余分にみて4.5～5.0ℓもあればよい。

栽培面積が広いため，一度に播種すると管理や収穫作業が集中して大変なので，3日おきくらいに4～5回に分けて行なっている。

方法は1～1.5cm間隔になるように散播し，鍬かローラーで鎮圧して，その上に堆肥を細かくしたものを覆土してゆく。

**播種後の管理**　播種後1週間で発芽してくる。発芽後10～15日で第1回の追肥をする。このめやすとしては，「"よぼし"（発芽してきたとき子葉鞘の先についている種皮）がとれるころがよい。このころになると，根もかなり伸びているので肥あたりしないからだ」という。肥料は固形肥料を120kg施す。第2回の追肥は，1回目の10～14日後に同じものを180kg施している。

10月中旬の雑草の小さいときに，一度草取りをしておく。病害虫防除は，育苗期間にトリアジンかダイセン1袋を水90～108ℓに溶かして散布する。10a当たりでは54ℓ散布するようにしている。

3. 定　植

**定植圃場の準備**　定植圃場の条件としては，排水がよいことだという。田尻地区では，イナ作の跡地につくっているが，砂質壌土のため排水はきわめてよい。

耕うん，畦立てなどは，その日のうちに植えつけられる分だけを定植当日に行なっている。これは，1haと栽培面積が広いので，管理や収穫に無理がこないよ

精農家の栽培技術

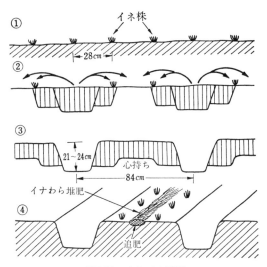

第1図 畦立ての手順

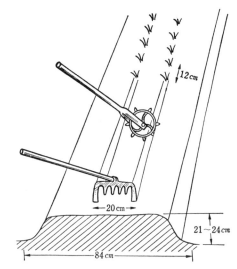

第2図 植え溝のつけ方

第3図 すじきり（左）とあなつき（右）

うにするためである。定植床のつくり方の手順は次のとおりである。

イネの裏作につくっているので、定植床の畦幅は第1図のようにイネの株間を3条分合わせたものとなっている。まず②のように2株間を耕うんして、1株間をあけてゆく。次に耕うんしなかった1株間へ、両側から鋤き上げてゆき、③のような84cmの畦を立てる。

畦立てが終わると、第3図のような"すじきり"と"あなつき"を用いて第2図のように植え溝をつける。まず"すじきり"で20cm間隔に溝を切ってゆき、その上から"あなつき"で12cm間隔に穴をつけてゆく。

元肥は施していない。イネの収穫後に定植するので急がねばならず、元肥を施すと植えつけるまでの期間が短いので、新根を傷め活着をおくらせるからだ。元肥よりは追肥を重点にして考えている。

**定植** 畦立てをしている間に、一方では苗の準備をすすめる。草丈25cmくらい、手帳の鉛筆の太さほどで、45～50日の若苗がよいという。第三葉が出かけたころのものである。大苗は抽台の危険性があるし、若苗すぎても収量が上がらない。苗の大きさをそろえておくことが、管理の省力につながるので注意している。

定植は11月上旬に行なう。畦間20cm、株間12cmで3.3m²当たり66株、10a当たり2万株植えつけている。植えつけ後、畦の谷へ7割ほど水を入れて畦間灌水をする。排水がよいので3時間ほどで引いてしまう。これ以後は、乾燥しすぎるとき以外灌水していない。

**4. 定植後の管理**

**追肥** 第1回の追肥は定植後10～15日してから行なう。このときの肥料は、硫安と過燐酸石灰を1対3に配合したものを、10a当たり56kg施している。このころになると第2更新根が発生してきて、肥あたりせず活着後の生育を促進させる。

第2表 施肥設計（10a当たり）

| 肥　料　名 | 施　用　量 |
|---|---|
| 堆　　　　肥 | 560〜750 kg |
| 新　徳　化　成<br>（8－8－8） | 120 |
| 自家配合肥料<br>（硫　　安　1<br>　過燐酸石灰　3） | 140 |

注　成分量　窒素40kg, 燐酸120kg, 加里20kg

第2回の追肥は，第1回追肥の2週間後である。肥料は1回目と同じものを56〜75kg施す。

第3回は正月すぎに，本肥として化成（8－8－8）を120kg施し，その上にイナわら堆肥を560〜750kgをおいてゆき，さらに堆肥がみえなくなるていどに覆土する。施肥設計は第2表のとおりである。

**中耕，除草，土入れ**　雨によって土がしまり根の伸びが悪くなるので，3回は中耕をするようにしている。第1回の中耕は，12月中下旬に小型ティラーで行なう。84cm幅の2条畦なので，株ぎわの土まで除草を兼ねてかきおろすので，小さな草はほとんど除草できる。2回目は2月ころに，3回目は3月下旬に行ない，かきおろした土を株の根元まで入れる。これにより，直射日光で球が青くなるのを防ぎ，黄色をよく出させる。

除草には除草剤を用いている。中耕後，クロロIPC500ccを水110lにうすめて20aに散布している。IPCは，気温10℃以内で雨が降った後に散布している。乾燥していると，薬害が出て球の肥大を抑制する。

**病害虫防除**　防除は，4月中旬と下旬に2回行なっている。ベト病は，雨が降った後の13〜18℃の無風状態のときに多く発生する。ベト病にはダイセン700倍液を，キンカク病にはトリアジン700倍液を散布している。アブラムシやスリップスは，ほとんど発生していないので防除していないが，多く発生するときはエストックスをトリアジンに混ぜて散布している。

雨の多いときや吊タマネギにするときは，防除の回数を多くすると効果的で，貯蔵性もよくなるという。

## 5．収穫，出荷

**収穫**　収穫時期は，5月10日〜5月20日である。5月20日をすぎると，淡路島のものが市場に出てきて価格が下がるので，20日までに収穫を終わるようにしている。今井早生2号を用いているが，これは今井早生よりも収穫期が早く，貝塚早生よりも1週間ほど遅い両品種の中間で，不抽台系である（第4図）。

収穫適期のめやすは，茎が倒状しはじめたときで，80％くらい倒状したときが最もよい（第5図）。あま

第4図　今井早生（右）と貝塚早生（左）

第5図　収穫適期のタマネギ
80％が倒伏したときが適期

り遅くなると，葉が枯れて収穫に手間がかかり，変形したりして品質が悪くなる。

収穫の方法は，晴天の日の早朝から手で引き抜いて4条分を1畦に並べてゆく。並べたタマネギを1.5cmくらい茎を残して鎌で切り，しばらく陽干してから球の大小を選別し，20kg入りネットにつめてゆく。

**調製，出荷**　田尻地区では全部青切りで出荷し，採種栽培の母球用だけ貯蔵している。

出荷規格はLL，L，M，Sとがあり，今井さんのタマネギの品質は90％以上がLLとLである。MとSは10％ほどあり，値のよいときには等外として出荷している。抽台したものは芯が入って品質が悪いので出荷できない。今井早生2号は不抽台系なので，100本に1本くらいしか抽台しない。

＜栽培技術上の問題点＞

**新品種の育成**　現在，秋まき普通栽培のkg当たりの単価はかなり安く，暴落することも多い。ときには

## 精農家の栽培技術

第6図 収穫時の今井早生2号

第3表 10a当たりの作業別労働時間

| 作　　業 | 時　間 | 比　率 |
|---|---|---|
| 播　種　準　備 | 18 | %<br>5.8 |
| 播　　　種 | 36 | 11.7 |
| 定　　　植 | 32 | 10.5 |
| 除　　　草 | 40 | 13.0 |
| 中　　　耕 | 12 | 3.9 |
| 農　薬　散　布 | 40 | 13.0 |
| 管理（田のみまわり） | 30 | 9.7 |
| 収　穫，出　荷 | 100 | 32.4 |
| 合　　　　計 | 308 | 100 |

肥料代もでないこともある。この作型で収益を上げるには，貯蔵して出荷を遅らせるか，収量を上げるか，あるいは収穫時期の早い品種を導入するかのどれかである。今井早生は，貯蔵性が悪いので吊玉には向かない。しかし，収量の面では今井早生が最も優れているようである。そこで今井さんは，現在の今井早生2号よりもさらに収穫期が1週間ほど早い品種の育成を考えている。OXや貝塚早生に近いくらいの出荷ができれば，収量が多いので非常に有利になるからだ。

新品種の育成には，今まで今井早生，今井早生2号と育成してきたので，これまでのような方法で選抜をくり返せば，必ず新品種はつくれるという自信をもっており，さらに交配による1代雑種も考えている。

**その他の問題** 1haの栽培を2.5人で行なっているので，除草などは除草剤にたよらざるをえない。しかし，クロロIPCを使うため生育を抑制して，出荷時期を遅らせることもある。以前は10a当たりクロロIPC 250ccを水60lくらいに溶いていたので薬害が出た。少なくとも72～81lに溶くとよいという。

### ＜付＞経営上の特色

**地区の特色** 泉南地域（4市，3町）は，最近面積は減少しているものの全国的に有名な2,000haものタマネギの産地を形成している。泉州タマネギの歴史は古く明治初期からで，その中でも今井さんの住む田尻町は，最初に導入された地区の一つである。

前にも述べたように，お父さんの伊三郎さんは今井早生，今井早生2号の育成者であり，お父さんの叔父さんが田尻町にタマネギを入れた人である。このような家系の中で今井さんは，50余年間タマネギととり組んできたので，タマネギに対する愛着は人一倍強い。

**家族構成と農業従事** 家族構成は，87歳になるお父さん，今井さん夫婦，息子夫婦，孫2人の合計7人で，農業従事は今井さん夫婦と息子の2.5人で，お父さんも忙しいときには畑に出ることもある。10a当たりの作業別労働時間は第3表のとおりである。

**今後の方向** 今後の方向について，今井さんは次のように語っている。

「この地域は紡績，織布，タオルなどの繊維関係の工場が多い。最近は農地の宅地化もすすんでおり，若者は農外部門に就職してゆく。農産物の自由化や減反政策など農家に不利な条件ばかりなので若い人が農業に希望を持てないのも当然だ。もっと農家のことを考えた農政を政府の人たちは考えるべきだ。たとえば流通機構をみてもわかるように，生産者が赤字を出していても市場や仲買いや小売商は赤字を出すどころかもうけている。政府が生産者を守ってくれないかぎり，自分たちで守ってゆかなければならない。これからは生産者と消費者が直接結びついた出荷形態を真剣に考える必要がある。20kg入りではなく1kg入りぐらいの包装で，近くの団地などへ直売することも考えている。

タマネギ栽培は，労力の関係上，これ以上増やせないし，学校敷地や道路で3分の1もとられる可能性もあるが，少なくとも私の代だけは続けてゆきたい。100年間ものタマネギつくりは生活と密接に結びついているので，どんなに価格が安くてもやめられない。これからは農業の条件もさらに悪くなるので，息子の代になればタマネギつくりはできなくなるかもしれない。そのときには近郊の有利性をいかしたシュンギクやミツバやナスなどのハウス栽培を考えている。

ともかく，当面はタマネギの品種改良などによる早期出荷や直売方式などで，タマネギ栽培を有利にしてゆきたい」と語っていた。

《住所など》　大阪府泉南郡田尻町
　　　　　　今井久一（61歳）

執筆　編集部

1973年記

◎やわらかく甘味が強い地方品種の今井早生，今井早生2号を育成した今井伊三郎さん・久一さん親子のタマネギ栽培と自家採種方法を解説した貴重な記録である。

# 入念な品種選定—燐酸多肥による良品多収栽培

## オニオンセット利用マルチ栽培（貝塚極早生）

大阪府泉佐野市日根野　龍本捨之亟さん

11月中旬，芽かき作業中の龍本さん

### 経営の概要

| | |
|---|---|
| 立　地 | 大阪平野の南部，都市化のすすむ地帯，田畑輪換のできる水田，洪積層壌土 |
| 作目・規模 | タマネギ　春どりマルチ栽培（貝塚極早生）30a　普通栽培（モミジ，アザミ晩生）100a　サトイモ　露地マルチ栽培30a，普通栽培10a　キャベツ　28a，レタス　10a，イネ　110a |
| 家族労働力 | 本人，妻，長男夫妻……2.6人 |
| 栽培概要 | 2/下～3/上播種（トンネル被覆），5/中～下セット採取，5/下～8/下セット貯蔵，10/上～中定植，10/上マルチ被覆，4/上～中収穫 |
| 収　量 | 10a当たり3,750kg（目標　4,000kg） |
| その他特色 | イネ，野菜の効率よい輪作を行ない，管理作業の省力化をはかり，年間労働力の配分を考えている。 |

### ＜技術の特色・ポイント＞

　龍本さんのオニオンセット利用の春どり栽培の特色は，この栽培型に適用する品種と技術の特性をよくつかんで，よいセットをつくり，定植後の生育と球の肥大とを促進させているところにある。

　▷春どり栽培は，タマネギの端境期に高収入をねらう栽培型だが，へたをすると小球になったり分球や抽台が多くなったりして，収量を落としがちである。しかし龍本さんの圃場は収穫時に小球が少なく，良質で球ぞろいがよく，一斉に収穫できる。これは，セットの大きさによって定植期を調節したり，そろったセットを植えつけたりというように，管理作業の要所をおさえているためである。

　▷オニオンセットは大きすぎても小さすぎてもまずい。果菜類などで苗八分作といわれるのと同じで，2～2.5cmの大きさにそろえ，分球，抽台をさけることが大切である。施肥量，保温と温度管理に注意して完全なセットをつくるが，定植後もその能力を充分発揮させるための入念な管理が要求される。

　▷定植後は，2月下旬～3月上旬の鱗葉形成期までに充分生育させ，大きくすることが大切である。10月上旬に定植すると，11月中旬ころまでは好適な温度条件下で順調に生育するが，その後は生育もとまり春を待つ。だが，春先から地上部を生育させていたのでは4月上旬からの収穫にまにあわない。越冬時の大きさ

第1図　12月中旬，定植後65日の畑の状況
越冬までにこのていどに生育をすすめておかないと大球は収穫できない

が，草丈65cm前後，葉数9～10枚（展開葉6～7枚，枯死葉3枚），首径2～2.5cmていどあればよい。

鱗葉形成期までに地上部，地下部がりっぱに育つように管理すれば，耐寒性も強化され，早期多収の目標も達成できる。

▷忘れてならないのは品種の選定である。龍本さんは，貝塚極早生のうちでも早生性の強い系統を選んでいる。最近自家採種をはじめたが，これは新しく開発された栽培型だけに，品種の選定をまちがうと，早期に良品多収は望めないからである。

### ＜作物のとらえ方＞

タマネギは粗放的な作物であり，どちらかというと運を天にまかせる栽培が多いようだが，これでは早期多収は望めない。たとい粗放的な作物であっても，その取り組み方，考え方が，成功か否かのかぎだという。龍本さんは栽培にあたって次の点を重視している。

▷第一は品種である。とくに早生性が強く，鱗葉の形成と球の肥大とが早く，分球，抽台の少ない早生伸長型の品種をえらぶ。これに適応する品種・系統はいくつかあるが，同じ品種のなかでも早生性の弱い系統では，収穫時期がおくれ，品質や球ぞろいが悪くなるだけでなく，青立ち（不完全球）になる危険もある。また，セット採取時の葉の枚数や，茎葉の倒伏時期や球の肥大がそろわないものも多い。これでは4月上・中旬に良品多収は望めないし，栽培にも手間がかかる。

そこで，よい品種を得るためには，自分でも品種改良の努力が必要だと，龍本さんは最近自家採種もはじめた。

▷セットはどんな条件を備えていればよいか。セットが小球だと定植後の生育が悪く，収量も少ない。「大球のセットは初期生育はよいが，むしろすすみすぎて分球や抽台が多くなる。したがって定植時のセットの球径の大きさは，2～2.5cmがよい」と龍本さんはいう。

しかし，大きさが適当でも，播種がおくれたり肥料が効きすぎたもの，うすまきで早く肥大した充実途中の若いものでは，貯蔵中に腐敗して収量も少ない。

セットの採取時期がおくれ太りすぎたばあい，発根が悪くなり，生育も劣る。2cm内外の充実した球でも，葉数が4枚以上のもの，地上部が不完全なまま茎葉が枯死するものは，いずれも早生性の弱い系統で，収穫時期がおくれたり不完全球になったりする。

以上を要約して龍本さんは，理想的なセットとは，①苗床で茎葉が早く倒伏するもの，②葉数は2～3枚どまりのもの，③球は2cm内外の大きさで充実したもの，としている。そして，これ以外のものはできるだけ使わないようにしている。

▷大きなセットほど球内分球をしていて，抽台も多い。3cm以上の球を10月15日までに定植したばあいは95％が分球するし，2～2.5cmの球でも20％は分球するという。そこで芽かきが必要になる。だが，粗雑に芽かきを行なうと，残った生長点が伸びてきたり，根をいためて生育を悪くし，球が不ぞろいになったりするので，ていねいに行なわなければならない。

▷龍本さんは低温期の管理もなおざりにはしない。12月中旬以降には地温は10℃以下になり，生育がおさえられるので，それまでに充分に根を張らせ，茎葉の生育を促進させておく。技術的には次の点に留意する。

適期に定植する。しかし大きく育っても分球したのでは役にたたないから，セットの大きさによって，植えつけ時期を早めたり，おくらせたりして正常な生育伸長をはかるようにする。

燐酸肥料は多く施して根張りをよくする。マルチ栽培のため全量を元肥で与えるが，肥料は，鱗葉形成期までは充分に効かせ，その後おそ効きしないようにする。そのためには，施肥量と，肥切れしたときの追肥の施肥時期をあやまらないように注意すればよい。つまり，多肥は収穫期をおくらせ，青立ちの原因となる。また，肥切れは抽台の原因となるが，このばあいは1月中旬～2月下旬に追肥し，これより遅い追肥は多肥と同じ結果になるのでやめる。

### ＜栽培体系＞

龍本さんは普通栽培で1haのタマネギをつくっているが，最近タマネギの価格は産地間競争や外国からの輸入量の増加によって不安定になり，収益性も低くなっている。しかし3～4月は端境期で，単価も年間をつうじて最も高い時期になっているので，この時期をねらって春どりマルチ栽培をはじめた。龍本さんは第2図のような輪作体系のなかで春どり栽培を行なう。

なお，龍本さんの春どりマルチ栽培の栽培暦は，第1表のようである。

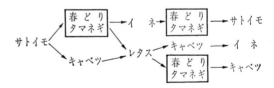

第2図　龍本さんの輪作体系

オニオンセット利用マルチ栽培（貝塚極早生）

第1表 栽培暦　　品種　貝塚極早生

| 月 | 2 | | | 3 | | | 4 | | | 5 | | | 6 | | | 7 | | | 8 | | | 9 | | | 10 | | | 11 | | | 12 | | | 1 | | |
|---|---|---|---|---|---|---|---|---|---|---|---|---|---|---|---|---|---|---|---|---|---|---|---|---|---|---|---|---|---|---|---|---|---|---|---|---|
| 旬 | 上 | 中 | 下 | 上 | 中 | 下 | 上 | 中 | 下 | 上 | 中 | 下 | 上 | 中 | 下 | 上 | 中 | 下 | 上 | 中 | 下 | 上 | 中 | 下 | 上 | 中 | 下 | 上 | 中 | 下 | 上 | 中 | 下 | 上 | 中 | 下 |

生育
- 播種／発芽／発芽揃／肥大期／セット採取
- 生育停止／球肥大期／収穫期
- 鱗葉形成期／第2次分球期
- セット貯蔵
- 定植
- 芽かき／第1次分球期
- 生育停上（地温10℃以下）
- 生育に好適な温度環境
- セット肥大始め

作業と注意事項

収量が少ない
本圃では乾燥するときは畦間灌水を行なう（乾燥すると生育と球の肥大が悪く）

播種後灌水、トンネル被覆
播種床準備
発芽後は温度管理に注意
間引き、苗タチガレ病防除、苗の馴化

収穫は、球がそろったばあいは、大球から抜き掘りするトンネル除去は晩霜のおそれがなくなってから行なう
育苗床の温度は高温にならないよう注意、追肥はやりすぎないようにする
乾燥時には畦間灌水を行なう
本圃では病害の防除を二～三回行なう

セットは適期に抜きとり、貯蔵は涼しい場所で行ない、不良セットは除去する

セットの選別、定植準備（肥料は全層に施し、マルチ被覆しておく

定植時に浅植えや深植えにならないようにする。乾燥時には定植後畦間灌水をしておく

セットは大、中、小球に分けて定植する

乾燥したときは畦間灌水
芽かきはていねいに、遅れないようにする。植え穴から雑草が発生したら抜きとる

畦溝に雑草が発生したら除草剤を散布
乾燥したら畦間灌水をするが、朝夕寒いときはさけ、日中に行なう

十二月末までは地上部、地下部の生育をよくしておく

乾燥時には畦間灌水

<技術のおさえどころ>

1. 品種の選定

春どり栽培では早生性にすぐれた品種、系統を選ぶことが重要である。龍本さんは「いくつかの早生品種を使ってみて、早生性ということが収穫時期や収量、品質を左右する大切な要素だとわかった」という。

現在使用している品種は貝塚極早生で、そのなかでも早生性のすぐれた系統である。これは大阪府農林技術センターで育成したもので、固定種ではないため完全に満足できるものでない。そこで自家採種をはじめたわけで、早生性が強く、品質と球ぞろいがよく、抽台や分球の少ない系統育成を目標に選抜している。

2. 育苗床づくりと播種

育苗床のつくり方　育苗床は播種直前につくる。灌・排水の便利なキャベツ跡地に畦幅90cm、まき幅66cmのカマボコ型の育苗床をつくる（第3図）が、本圃10a当たりの育苗床面積は、50m²を準備している。

育苗床では、元肥は施していない。これは、床土が肥沃であることにもよるが、むしろ施肥による生育むらや、肥料のやりすぎによる失敗のほうをおそれるからである。これでよいセットが育つのは、前作のときに堆肥がすでに充分に施され、土つくりができているからである。

**播種期と播種方法**　播種適期は3月1日で、3.3m²

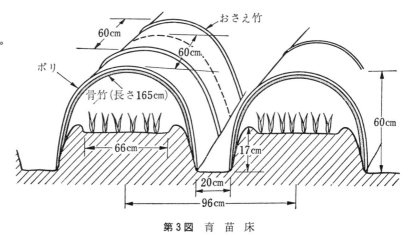

第3図　育苗床

精農家の栽培技術

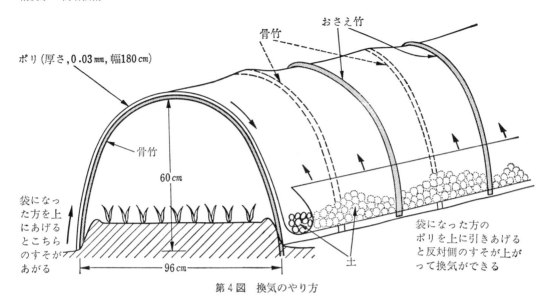

第4図 換気のやり方

当たり30mlの種子をまきつける。あとで間引きの必要がないよう床全体に均一に散播し、その上を種子おさえ用の木製ローラーで鎮圧し、種子を土に密着させてから、乾燥防止のため土の表面がかくれるていどに堆肥をおいている。その上からたっぷり灌水する。

以上の作業が終わったら、畦の上には防寒のため0.03mmの厚さのポリでトンネル被覆をしている。種子は充実したものを使っているので、発芽率は95％とよい。このことは生育のそろいに結びついているし、また、厚まきやうすまきの障害もでていない。

**3. オニオンセット育苗の技術**

**発芽後の温度管理** 播種後7日くらいで発芽する。発芽がそろう3月中旬ころには、トンネル内は日中30℃以上になるので、充分な換気を行なっている。

タマネギは、25℃以上になっても10℃以下になっても生育が悪くなるので、15～25℃を目標に温度管理をする。換気は片側のすそをあけて行なっているが、風などによってトンネルがしまったり飛ばされたりしないように、ポリの片側を折りかえして袋のようにし、そこに土を入れている。そして、換気するばあいは、ポリの袋状になったほうを引き上げて行なうなど、くふうがみられる（第4図）。

**灌水** 換気をはじめると床土はよく乾燥し、生育が悪くなる。また寒害も受けやすくなるので、乾燥させないよう灌水が必要になる。灌水は、朝夕に行なうと、地温を下げ、根の張りを悪くするので、日中暖かくなってから行なうよう心がけている。

**トンネル除去** 4月上旬ごろ、晩霜のおそれがなくなり、地温が10℃以上になるとトンネルを除去する。このばあい、苗は事前によく外気に馴化させておき、除去直後に障害を受けないように注意している。馴化のやり方としては、まず、日中直射日光に当てる時間を日に日に長くし、ついで夜間も、トンネルのすそを広くすかせていくようにすればよい。この作業は天候とにらみあわせて行なわなければならない。

**育苗床の追肥** 追肥はトンネルを除去した4月上旬に、普通化成（8-8-8）で50m²当たり1.6kgを標準に施用している。施肥は雨の前日がよいが、乾燥時には施肥後に灌水して、苗のいじけや老化を防いでいる。施肥量は苗の顔色をみて増減している。「多肥になると、セットの若どりや採取時期の遅れが生じ、貯蔵中の腐敗や植えつけ後の球の形成肥大に影響するので、とくに注意が必要だ」といっている。

**セットの採取時期** セットの採取は、そのそなえるべき条件（〈作物のとらえ方の項〉参照）が満たされる形状になったとき、つまり、①大きさが1円玉か5円玉（2cm内外）くらいになり、②株もとの首の部分が軟らかく、茎葉が倒伏寸前で、しかも③充実したセットが80％以上になった時期をよくみて、一斉に行なっている。昭和47年は5月15日に採取している。

とくに若どりや、時期が遅れて大きくなりすぎないように注意している。定植時のセットは、2～2.5cmの大きさがよいが、しかしセットは、採取後の貯蔵中に球径が3～4mmは肥大する。もっとも、球の大きさや葉数などで肥大に差があり、また葉数が少なく充実したセットでは、ほとんど肥大しないものもある。

しかし，安全のため，肥大を見越してやや小さめの時期に抜き取っているわけである。

他の農家はセットのそろいが悪いので，適期になったものから2〜3回に分けて採取しているが，龍本さんは1回に採取し，不良セットは除去している。このように一度に採取できるのは，それまでに行き届いた，きめ細かい管理がなされていたことを示している。

### 4. オニオンセットの貯蔵

オニオンセットの採取は，天気のよい朝に行ない，夕方まで乾燥させ，葉がしおれてから葉先を束ねる。1束200本くくりとして，風通しがよく涼しいタマネギ小屋の上部に吊るし，そのまま9月下旬の植えつけ時期まで貯蔵している。

### 5. 本圃の準備

圃場の選定は，排水がよく，とくに灌水が冬期に容易にできる場所を選んでいる。

**施肥量と施肥方法** 施肥は，一般には第2表のように全量を元肥に施用しているが，龍本さんは次のようなやり方をしている。

前作がサトイモのばあいは，荒起こし前，全面に消石灰60 $kg$ と普通化成（8-8-8）の半量90 $kg$ とを施して，平たく耕やす。そして，2回目の耕うん機の通る場所には，残りの半量90 $kg$ と過燐酸石灰30 $kg$ とを施用して，畦立てを行なっている（第5図）。

このように肥料は全層に，しかも均一に施されるから，肥料あたりや，施肥のばらつきによる生育むらがなくなる。また燐酸肥料を多く与えて，根の張りと球の肥大をよくしている。

施肥時期は，定植の7〜10日前である。消石灰はさらに10日くらい前に施用するのが理想的だが，前作のつごうで植えつけ直前に施している圃場もある。しかし全層に施用しているので，肥あたりは一度も起こし

**第2表 春どり栽培の施肥例**

(10 $a$ 当たり目標収量 4 $t$ )

〈例1〉 前作野菜跡のばあい（マルチ栽培）

| 項目<br>肥料名 | 全量 | 元肥 | 成 分 量 |||
|---|---|---|---|---|---|
| | | | 窒素 | 燐酸 | 加里 |
| 神徳化成<br>(8—8—8) | $kg$<br>180 | $kg$<br>180 | $kg$<br>14.4 | $kg$<br>14.4 | $kg$<br>14.4 |
| 過燐酸石灰 | 30 | 30 | — | 6.0 | — |
| 消 石 灰 | 60 | 60 | | | |
| 計 | — | — | 14.4 | 20.4 | 14.4 |

注 堆肥は前作の元肥に2,000 $kg$ 施用している

〈例2〉 前作イネ跡のばあい（マルチ栽培）

| 項目<br>肥料名 | 全量 | 元肥 | 成 分 量 |||
|---|---|---|---|---|---|
| | | | 窒素 | 燐酸 | 加里 |
| 神徳化成 | $kg$<br>200 | $kg$<br>200 | $kg$<br>16.0 | $kg$<br>16.0 | $kg$<br>16.0 |
| 過燐酸石灰 | 30 | 30 | — | 6.0 | — |
| 消 石 灰 | 60 | 60 | | | |
| 計 | — | — | 16.0 | 22.0 | 16.0 |

ていないという。

なお，施肥量は土の肥沃度や前作物の種類によって増減しているが，イネ跡のばあいは，前記のサトイモ跡より11〜12%増量している。また，「イネ跡は，2回ていどの耕うんでは，土がよく砕けていないので植えにくく，最低3回は耕うん機を使い土を細砕しておかねばならない」といっている。この注意は，あとで余分な労力をかけずにすむし，また肥料あたりを防ぎ，生育をよくすることにもなる。

**畦立てとマルチ被覆** 畦幅は82 $cm$ とする。厚さ0.03

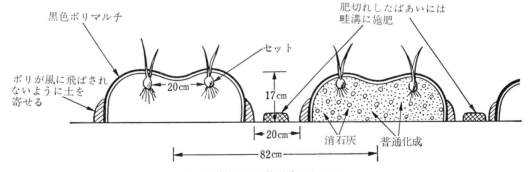

第5図 龍本さんの施肥法と畦つくり
消石灰と普通化成の半量は荒起こしのさいに施し，残りの普通化成の半量は畦立て時に施すため，全層に充分に混和されている

*mm*，幅95*cm*の黒色ポリに，株間は12*cm*，条間20*cm*の植え穴加工をし，これを畦上に被覆する。このポリマルチをすることによって冬期の地温が高められ，土壌の物理性もよくなる。また乾燥や肥料の流亡が防げるので，根や茎葉の生育が促進され，収穫期は7日ていど早められ，しかも球ぞろいがよく増収している。そのうえ追肥，中耕・土寄せ，除草などの必要もなく，灌水の回数や肥料も少なくてすむので，作業は省力化される。

### 6. 植えつけ（定植）のやり方

**オニオンセットの選別** 貯蔵しておいたセットは，9月下旬に茎葉を除去し，サトイモの出荷選別網（穴の大きさが1.8～2.4*cm*の網目のもの）を使って，大・中・小の三段階に分けている。ここで選別しておかないと，定植時には分けて植えることが困難で，あとで生育の不ぞろいの原因となる。

**定植の時期と方法** 定植時期は，小球は10月5日，中球は10月10日，大球は10月15日ころを，それぞれ適期として植えつけている。このころは生育に好適な気候であり，5日くらいで発根してくるから，12月下旬までには大きく生育してくれる。定植時期が早いと生育がすすみすぎ，小球のまま生育がとまってしまったり，分球したりする。逆に遅れると生育が悪く，収量も少なくなる。大球はおそく植えても，生育は中球などとそろうし，分球や抽台も少なくなるといっている。

植えつけの方法は，ポリの植え穴にセットが見えなくなるていどに押し込み，指先で土を寄せておけばよい（第6図）。このさい，浅植えすると発根が悪く，株がふらつき，生育はよくない。深植えすると，芽の出方が悪く，腐敗することがあり，また芽かきもしにくい。

植えつけ時に乾燥しているばあいには，畦間灌水を

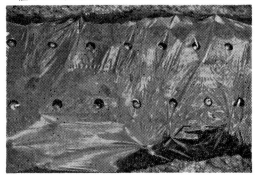

**第6図　定植とマルチングの状態**
このように植え穴にセットを配置し，セットがみえなくなるていどに押し込み，土寄せしておく

**第7図　分球したタマネギ**
大株では，勢いのよい球は3～4株に分球する
芽かきでは弱い芽を残すとよい

して発根を促す。

### 7. 本圃での管理

**芽かき（分球かき）** 定植後30日くらいで，分球するものはほとんど分球してくる。芽が完全に二つに分かれると，竹べらなどを使って，根はできるだけ残し，片方の生長点だけを完全にかき取るのがよいわけである。しかしこの方法は労力がかかるし，大球のなかにはその後分球してくるものもあるので（第7図），定植後45～50日たち，指先で簡単にかき取れるころに芽かきを行なっている。

芽かきをするばあい，生育の旺盛な株では，残した株からつづいて分球するものがあるので，勢いの弱いほうの芽を残しておけば，その後分球は少なくなる。

**灌水** 定植後乾燥するばあいには，そのつど灌水をしている。冬期に乾燥すると，生育が悪くなるだけでなく，寒害を受けやすくなるし，小球になって収量は少ない。

**除草** 雑草の発生が多い圃場では，植え穴から雑草が発芽し繁茂することがあるので，芽かきのときに抜き取っておく。また畦溝に発生したばあいは，除草剤（グラモキソン）を，10*a*当たり90*cc*を水40*l*にとかして，タマネギにかからないよう注意しながら散布している。

**病虫害の防除** サトイモの跡などでは，ハスモンヨトウの発生が多いのでエルサンの1,000倍を，またネキリムシにはネキリトン粒剤10*a*当たり6*kg*を散粒し，防除している。3月下旬ころには灰色カビ病が発生するので，3月上旬から10日おきに2～3回，マンネブダイセン500倍液を10*a*当たり108*l*散布し，防除する。

## 8. 収穫・出荷

球の肥大は2月下旬～3月上旬から急速にすすみ，4月上・中旬には収穫できる。収穫期がおくれると，大きくなりすぎ，裂球するので，適期を逸さないことが大切である。

龍本さんは，4月10～15日の間に，10a当たり3.1～3.7tの収量を上げている。他の栽培農家は不ぞろいのところが多く，大きな球から順次抜き掘りしているが，龍本さんの圃場はよくそろっており，一斉に収穫を行なっている。また，規格別の割合は，L級58％，M級19％，S級7％，その他16％で，M級以上の良質のものが77％と多くなっている。このように良球を増収しているのは，いままでに述べたように，タマネギの特性をよくつかみ，きめ細かい管理とくふうとがなされた結果にほかならない。

## ＜栽培技術上の問題点＞

龍本さんの行き届いた管理と観察力を生かし，安定した増収と収益性をさらに高めるためには，次の問題解決と注意が必要であろう。

**品種改良** 現在の品種よりさらに早生性の強い品種の育成が必要である。すぐれた品種が出現すれば，もっとセットつくりも楽になるし，さらに早く増収が期待される。それだけでなく，作業の省力化もはかられ，生産費も安くなり，経営上の有利性は高まる。さいわい大阪府農林技術センターで新しい品種が育成されつつあり，この問題は近く解決されるようだ。

**施肥上の問題** 本圃の施肥で消石灰と化成肥料を同時に施用しているが，肥効を高め，有効的に活用するためには，消石灰は，化成肥料の施肥よりも最低7～10日前に土とよく混和しておくことが必要である。

**定植時期の前進** 球を大・中・小に分けて定植時期をかえていることは結構なことである。さらにそれぞれ5日ていど早め，小球では10月1日，中球は10月5日，大球は10月10日ごろに定植するほうが，分球はやや多くなるだろうが，鱗葉形成期が早められるため，肥大も早くなって早期に増収できよう。

**芽かきの時期** 芽かきは定植後45～50日に行なわれている。このころには根も張っており，芽はかきやすくなるし，補植用としてはよいが，それだけに残された株の根もかき取られていたみやすい。しかも低温期に向かうので，残された株は生育が悪く，球の肥大が遅れ，不ぞろいになりやすい。したがって多少手間はかかるが，定植後30～35日ころには行なうべきである。

## ＜付＞経営上の特色

**立地条件** 龍本さんの住む大阪府泉佐野市日根野地区は，古くから泉州タマネギの産地として知られているところである。最近は道路が整備・拡充されつつあり，ベッドタウン化し，工業団地，レジャー施設の進出によって都市化が急速にすすんでいる。当然，農地はしだいに縮小されている。しかしこの地区は，まだ1ha以上の耕地をもつ専業農家が多く，タマネギ，キャベツ，サトイモとイネを基幹とした経営が行なわれ，意欲的に農業がつづけられている。春どりタマネギは龍本さんの指導によって，現在4haが栽培されている。

**経営の概況** 家族労働力のわりに耕地面積が広いため，粗放的露地野菜とイネを基幹作物とした経営形態をとっている。主な作物と作型，品種は次のとおり。

　タマネギ：春どり栽培（貝塚極早生）30a
　　　　　　普通栽培（晩生種モミジ，アザミ）
　　　　　　　　　　　　　　　　　　　　100a
　サトイモ：露地マルチ栽培（石川早生）30a
　　　　　　普通栽培（石川早生）10a
　レタス：普通栽培（グレイトレイクス366）10a
　キャベツ（大御所，耐寒大御所）28a
　イネ（越路早生，日本晴，祝モチ）110a

**家族構成と農業従事** 龍本さんの家族は，母，妻，長男夫婦，孫2人の合計7人で，農業に従事するのは龍本さんと長男が主体で，それぞれ年間250日。妻と長男の嫁とが手伝い，家族労働力は，2.6人である。

**生産費，労働時間，労働配分** 春どり栽培の生産費と労働時間は，第3，4表のとおりである。これらのことから，1kg当たり91円に売れたとしても，労働報酬は高く有利な栽培型といえる。

第3表　龍本さんの春どり栽培の生産費
（10a当たり，1971年）

| 項　　目 | 金　　額 |
|---|---|
| 種　苗　費 | 2,000円 |
| 肥　料　費 | 5,150 |
| 農　薬　費 | 1,900 |
| 燃　料　費 | 500 |
| 小　機　具　費 | 730 |
| 諸　材　料　費 | 10,700 |
| 水　利　費 | 1,500 |
| 出　荷　費 | 22,920 |
| 固定費，償却費 | 15,078 |
| 合　　計 | 60,478 |

精農家の栽培技術

**第4表 10a当たり作業別労働時間**

| 作業名 | 栽培型 | 春どり栽培（マルチ）時間 | 普通栽培（早生）時間 |
|---|---|---|---|
| 育苗床 | 耕うん，整地，畦立て | 4.0 | 4.0 |
| | 播種，灌水 | 3.0 | 3.0 |
| | トンネル被覆 | 1.0 | — |
| | 温度管理 | 3.5 | — |
| | 間引き | 2.0 | 4.0 |
| | トンネル除去 | 0.5 | — |
| | 防除 | 0.5 | 0.5 |
| | 除草 | 2.0 | 2.0 |
| | 灌水 | 1.0 | 1.0 |
| | 追肥 | 0.5 | 0.5 |
| | セット採取 | 4.0 | — |
| | セット貯蔵 | 6.0 | — |
| 本圃 | 耕うん，施肥，整地，畦立て | 14.0 | 14.0 |
| | マルチ被覆 | 20.0 | — |
| | セット選別 | 4.0 | — |
| | 苗とり | — | 4.0 |
| | 条切り | — | 2.0 |
| | 穴あけ | — | 1.0 |
| | 定植，灌水 | 16.0 | 20.0 |
| | 芽かき | 16.0 | — |
| | 追肥 | — | 9.0 |
| | 中耕，土寄せ | — | 32.0 |
| | 灌水 | 4.0 | 6.0 |
| | 防除 | 6.0 | 6.0 |
| | 除草剤散布 | 2.0 | 8.0 |
| | 敷きわら（堆肥） | — | 16.0 |
| | 収穫調製 | 35.0 | 35.0 |
| 合計 | | 145.0 | 168.0 |

労働配分については，各作物の管理作業の省力化をはかり，労働生産性を高め，それぞれの栽培型や，品種の早晩性をうまく組み合わせ，収穫期などの労働競合を避けて，年間労働の配分を考えている。また重要な農機具は次のものを備えている。

**耕うん機** 3馬力中耕用，7馬力の耕うん用 2台，バインダー1台，四輪貨物車（1,400cc）1台，乾燥機1台，脱穀機1台，灌水用ポンプ1台，発動機3台

**今後の経営の方向** 晩生タマネギやキャベツは価格が不安定であり，収益性が低いため，ハナヤサイ，レタスを導入し，現在，各栽培時期について試作検討中である。今後は春どりタマネギ，ハナヤサイ，レタス，子持カンランを主体とした組合わせを行ない，その間にホウレンソウなどもとりいれた経営形態にして，年間農業所得360万円をあげるべく，計画がすすめられている。

また都市化がすすみ，農耕地が減少したばあいの経営形態としては，施設化して，軟弱野菜（ミツバなど）や，果菜類（ナスなど）の導入を考えるなど，将来の構想もすでにたてられている。一方龍本さんは，春どりタマネギの栽培農家に細かい注意を与えてまわるだけでなく，特産物のサトイモなどについても，大型の自動選別処理機を共同で購入することによって，収穫，出荷の労働力の省力化と，面積の拡大を呼びかけるなど，地域開発のためのよいリーダーとしても各方面に活躍している。

≪住所など≫ 大阪府泉佐野市
龍本捨之亟（61歳）
執筆 畑山喜代見（大阪府泉南地区農業改良普及所）
1972年記

◎極早生地方品種を使ったオニオンセット利用の春どり栽培。青立ち（不完全球）を出さないためのセット球の選び方，育苗方法などを解説。

# 入念な追肥，培土，排水対策による無腐敗球の増収技術

## 長期吊りタマネギ栽培（晩生斎藤系）

### 和歌山県那賀郡打田町　山田　元さん

## 経営の概要

| | |
|---|---|
| 立　地 | 紀の川北岸の洪積台地，和泉砂岩層<br>紀の川流域農業地帯の中心地 |
| 作目・規模 | タマネギ　77a，キャベツ　23a，イネ　1ha<br>果樹（温州，ハッサク）　41a |
| 家族労働力 | 本人，妻，父……2.4人 |
| 使用品種 | 極早生　OX，中生　OL，晩生　斎藤系 |
| 基本輪作体系 | イネ→タマネギ→イネ |
| 長期吊貯蔵<br>栽培概要 | 9/22～23播種，11/15～30定植，5/28～6/3MH処理，6/上～中収穫 |
| 収　量 | 10a当たり6t（出荷収量） |
| その他特色 | 品種の組み合わせ，栽培管理による貯蔵性の向上で，長期計画出荷を実現している |

定植活着後の根張りをみる山田さん

### ＜技術の特色・ポイント＞

山田さんのタマネギ栽培の特色は，球の肥大生理の性質を利用した技術体系により，長期吊り貯蔵に耐え，球じまりのよい，しかもそろった球の総収量増を目標としている。その栽培のポイントは，次のとおり。

①根張り，活着のよい，しかも均質な苗づくり
②早期の燐酸，後期の加里の多施用
③効果的な防寒堆肥の施用
④圃場の排水につながる多量の土入れ

これら4点を中心に，全期間を通じてのきめの細かな管理，とくに土壌管理に山田さんの技術の特色がある。さらに栽培段階を追って技術の特色をみると，以下のようになる。

苗床圃場の選定：苗床にはたいへん神経を使っている。無病地で，最も入念に土壌改良された，よい条件の場所を選んでいる。

育苗中の肥培管理：発芽時に肥料障害の出ないていどの元肥を施す。その後は肥切れしないように，播種20日後に，速効性肥料を組み入れた有機質肥料を主体に施用している。

定植時期：苗ぞろい（6.5～7mm）に重点をおいて，植えつけ時期は遅くしている。長期吊り貯蔵栽培の植えつけは11月15日すぎで，これより早植えしない。

本圃の肥培管理：本圃は無肥料で出発する。燐酸肥料は，成分量で10a当たり22.4kgを，年内に100％施用している。加里は，成分総量で10a当たり28kg施されるが，このうちの60％強の18kgが，1月20日以降の生育後半に施用されている。

土壌管理：畦立ては一般の1.3倍くらいの高畦とし，さらに，春先の土入れを一般の1.5倍くらい入れることにより，畦間の排水に留意している。

病害防除：栽培期間中には，貯蔵性に関係の深い病害虫（灰色カビ病，ナンプ病）を防除するため，6回の徹底防除を行なっている。

収穫期：貯蔵用のタマネギは，やや早期に収穫するのがよいとされている。しかし山田さんは，病害防除の徹底により茎葉が健全になるため，収穫時期を1日遅らせるごとに10a当たり100～150kgの収量増となるので，一般より5～6日遅く収穫をはじめて増収を達成している。貯蔵性の問題は，施肥法と土壌管理とにより克服し，出荷収量も増した。なお，収穫期を遅

らせると，田植え時期と重なることになるが，極早生イネの田植えは先に終わらせるなど，労力配分を考えている。

＜作物のとらえ方＞

増収をねらうタマネギ栽培の技術を，山田さんは次のように要約している。

**均質な苗づくり**　野菜づくりは苗半作といわれる。山田さんは，タマネギ苗でも，"植えいたみの少ない，発根力のある，しかも徒長しない硬いそろった苗"に仕上げることを目標にしている。

「均質な健苗を得るには，まず苗床選びだ」として，山田さんは日あたり，通風のよい極早生イネあとの無病地を選んでいる。また，育苗中に苗タチガレ病が出ると，苗質が悪くなるばかりか，必要な苗の本数さえも確保できなくなる。そこで山田さんは，多雨時の排水を考えて下層をあらくするなど，耕うん法をくふうし，高畦にして透水性，通気性をよくし，発芽後の灌水にも注意して，苗タチガレ病が出ないように気を配っている。

「苗床の肥培は，適度な燐酸増施と，年間をつうじイナわらなどの粗大有機物の投入とで達成できる。有機物があれば燐酸は有効化するから，苗の燐酸含有量を高め，発根力の強い充実した苗を育成するのに役立つ」といっている。

定植苗の選定では，均一な太さの苗を厳選している。これは，定植後の均一な活着と生育とを約束し，栽培管理が均一化するために行なっているのだが，その効果は，商品性，非腐敗性ともに高いM・L級が90％もあるのをみても明らかである。

**密植4条植え**　「タマネギの地上部は，他の作物のように葉が繁茂しない。葉が茂りあって，同化量を低下させるほど，他を影にすることがない。一方，地下部の根系は，一般に直立性が強いので，可能なかぎり密植するのが多収を得る条件になる」という。こうして山田さんは，ふつうは2条～3条植えであるのを4条植えとし，植えつけ本数の増加をはかっている。

**根群の充実**　「秋のうちに肥料が効いて茎・葉が茂ると，球の基部が太くなり抽台の心配があるばかりでなく，春の球肥大期になって茎・葉を茂らせて球の肥大が悪くなる」と山田さんは語っている。そのため元肥は無施用とし，苗ぞろいに重点をおいて植えつけ時期をおそくしている。

施肥は，燐酸は初期吸収をよくするよう，植えつけ2～3日後に施している。それも濃度障害の心配が少ない燐安態の重焼燐安を，吸収しやすい根の近くに，くふうして施用している。その後は，活着した根の伸長期に若干の窒素と燐酸，加里を主体に追肥し，追肥した上には防寒堆肥を施し，防寒と土壌水分保持をはかり，冬期間に下層へ根を張らせるくふうもしている。

このように，前期施肥は燐酸を主体とし，窒素は早効きしないよう2回の分施を行ない，地下部の根系の充実に全力をあげている。タマネギの根は燐酸吸肥力が弱いので，根系充実には燐酸の吸収を促進する必要があることを，よくわきまえた栽培管理だといえる。

**球じまり・貯蔵性を増す生長期の管理**　前期の燐酸と対照的に，後期の追肥は，加里含量の高いNK化成を重点に用いている。これは「後期の加里の多用で貯蔵性が向上する」ためである。収穫直後に，球の外側や底盤部，小屋吊り貯蔵後に心ぐされの起こりやすい中心部などに加里含量が多くなると，貯蔵性が向上するといわれている。そこで，山田さんは後期に加里の施用を多くして，収穫後のタマネギの加里含量を高めようとしているのだ。

山田さんのタマネギは，堆肥施用と土入れを重視しているので，収穫時でも土の中にタマネギが埋もれて見えないほどである。「タマネギは，土の中で光線をあてずに球を肥大させると，着色がよく土の抵抗によって球が偏平になりにくい。したがって，甲高で球がしまり，品質のよいものができる」と山田さんはいっている。また，「堆肥，止め肥え上への土入れは，肥料の流亡をなくすだけでなく，土入れによってさらに畦高になり，根も深く入り，収穫期を遅らせ，多雨時になっても排水がよく，貯蔵性の向上につながる」とも語っている。

**球肥大期に健全な茎葉の確保**　貯蔵中のタマネギの腐敗には，球の外部の鱗片から腐敗してくる"肌ぐされ"，球の底盤部から腐る"尻ぐされ"，球の中心部から腐敗する"心ぐされ"の三つのタイプがある。これら腐敗球の発生には，後期の加里の追肥とともに，生育中の病害の発生状態が重大な関係をもつ。

「タマネギの病害は，いったん発病すると，薬液の展着性の関係から防除が困難だ。したがって，発病前から定期的な予防散布を行なって，とくに防除困難な灰色カビ病やナンプ病を完全におさえる必要がある。ことに球肥大期以後は徹底防除につとめ，1枚でも多くの健全な茎葉を確保することが大切だ」と山田さんは語る。

山田さんのタマネギは，収穫をおくらせて茎葉が倒伏したときでも，下葉枯れもなく青々と茂っている。

これは徹底防除の成果である。葉枯れや葉の斑点形成を防ぐことにより同化面積や同化機能を増大させ，すぐれた球じまりと貯蔵性とが確保されるわけである。

＜栽培体系＞

山田さんのタマネギ栽培は，定植・収穫の労力配分と長期計画出荷による価格安定とを目標とし，早生（OX）20a，中生（OL）10a，晩生（斎藤系）47aの3品種，3段階に分けている。

5月上旬〜12月下旬にわたる長期の出荷では，とくに，価格の安定した11月以降の後期出荷に重点をおいている。一般に長期貯蔵は，吊り貯蔵中の腐敗や目減りのため，ふつうの農家ではあまり行なわれていない。しかし山田さんは，貯蔵性を高める栽培管理ばかりではなく，計画栽培と通風のよい高台地小屋の利を生かすことによって，長期の貯蔵計画を達成している。

山田さんの栽培暦を長期吊り貯蔵にしぼって紹介す

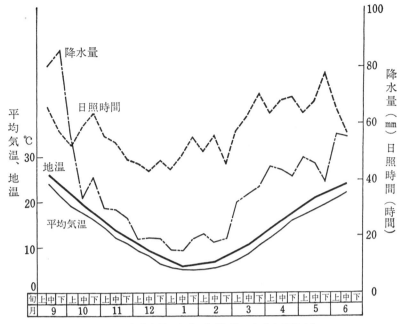

第1図　和歌山県の気象（平年値，和歌山気象台）
気温，降水量，日照時間は旬別の測定，地温（0.1m）は月別

ると第1表のようになる。なお，和歌山地方の気象は第1図のとおりである。

＜技術のおさえどころ＞

1. 種子の確保

10a当たりの栽培に必要な種子の量は，いちおうのめやすを，OX，OLなどのF₁で4dl，主体である斎藤系で5〜6dlとしている。

地種の斎藤系は，全国の20％を打田町で採種している。採種期が長梅雨で登熟の不充分な年には，簡単な発芽試験を行ない，播種量を補正している。これによって，種質のちがう年でも，一定の発芽本数が得られる。補正の基準は第2表のとおり。

2. 播種の準備

苗床の選定　山田さんの苗床は，水田につくられている。野菜あと地を利用すると，肥料障害や病害虫，とくに発芽後に苗立ち本数を不安定にする苗タチガレ病菌が出やすいので，極早生イネ（コシジワセ）あと地を苗床に用いている。

苗床の施肥　苗床面積は，本圃10a当たり60m²（実播床33m²，利用率55％）を準備しておく。元肥の施用は，イネ刈りあとに苦土石灰を1a当たり14kg散布し，耕うん直前に肥料濃度障害の危険の少ない育苗用小粒固形肥料（5－5－5）を10kg施用して，耕うんする。

整地・畦立て　耕うんは，苗床の透水性をよくするため，耕うん爪の回転を低速に落として，土粒をあらく鋤き，畦幅126cm，まき幅69cm，高さ20cmの高畦立てとする。

畦立て後，播種床の表土は，レーキで土塊を砕土しながら，イナ株や大きな土塊をかき落とす。その後，畦の中央部が心持ち中高ぎみになるように，50〜60cmの板で両方から均一にならしていく。そして畦の端は，灌水時の水が流れないよう，また，多雨時多湿にならないよう，ごく低い1cmていどの耳をつけて，畦立てを仕上げる。

この苗床づくりでは，多雨時の排水条件の確保により，苗タチガレ病対策に留意している。

覆いわらの準備　播種後に行なう覆いわらは，1昨年までは播種20日前に堆積した半熟堆肥を使用していたが，現在は生わらを細断して使っている。生わらでも発芽や良苗育成に支障がないためである。

覆いわらは，本圃10aの苗床面積（実播33m²）当たり24kg（4.4束）準備し，カッターを最小に調節して，2cmていどの長さに切断する。

くん炭（焼きもみがら）は，苗床の雑草抑制と適湿を保つため用いるが，苗床33m²当たり90ℓを準備しておく。また，わら灰は，前年秋の脱穀屑を焼いて，タマネギ小屋に保管しておいたものを用いる。

3. 播　種

播種期　山田さんのばあい，苗床の肥沃化の努力と栽培管理の徹底による生育促進とで，一般より播種期は2日ていど遅くする。すなわち，早出し青切り用のOX種は9月12日まきで，8gほどのやや大苗で早植えを目標とし，貯蔵用の中生種OLでは9月20日まきで，4〜5gのやや小苗を目標としている。ここで紹介する長期貯蔵用，晩生の斎藤系は9月22日まきだが，植えつけ期には6〜7gを目標とし，周辺農家よりもやや大苗でおそ植えとしている。

播種方法　まず，平らに整地された床面をさらに均一にするために，播種直前にドラム缶を往復ころがす。床面が均一になったところで播種が行なわれる。

播種方法も，種子の密度が均一になるよう，入念に行なわれる。白く乾いた床に，はじめ播種予定量の80％を適宜分けて，それぞれのまき畦にふりまいていく。残り20％は，うすいと思うところに，ふたたびまき回っていく。こうして粗密がないようにし，間引きの労

第2表　播種量の補正基準
（斎藤系，10a当たり）

| 発　芽　率 | 必要種子量 |
|---|---|
| 85 〜 90 ％ | 3.5 dl |
| 70 〜 80 | 5 〜 4 |
| 50 〜 60 | 8 〜 6 |
| 30 〜 40 | 12 〜 10 |

第3表　苗床施肥量（1a当たり kg）

| 肥料名 | 総量 | 元肥 | 追肥 | 成分量 窒素 | 成分量 燐酸 | 成分量 加里 |
|---|---|---|---|---|---|---|
| 苦土石灰 | 14 | 14 | | | | |
| 育苗用小粒固形（5－5－5） | 10 | 10 | | 0.5 | 0.5 | 0.5 |
| わら灰 | 20 | 20 | | | 0.4 | 0.8 |
| 油粕 | 12 | | 12 | 0.6 | 0.24 | 0.12 |
| 千代田化成（15－15－10） | 3 | | 3 | 0.45 | 0.45 | 0.3 |
| 計 | | | | 1.55 | 1.59 | 1.72 |

注　1. わら灰は，播種時に種子上へ施用
　　2. 追肥は，播種20日後に施用

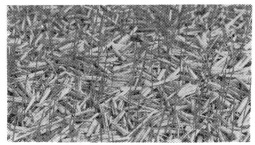

第2図 発芽ぞろい
厚く敷いた切りわらの間から，糸のような苗がそろって発芽してくる

力節減をはかる。

まき終わったあとは，ふたたびドラム缶をころがして，種子が半分くらい土の中に埋まるようにする。覆土はしない。覆土がわりに，種子の上には，わら灰を33$m^2$当たり12$kg$（98$l$）施し，さらにくん炭を90$l$ほど散布している。さらに切断した生わらを約2$cm$の厚さに敷いて，水分の蒸発を防ぐとともに，床が直接風雨にたたかれないようにしている。

**発芽までの灌水** 覆いわらをしたのちは，3.3$m^2$当たり36$l$くらいの水を，細かい目のじょろで数回にわたって灌水して，発芽を待つ。発芽まで6～7日を要し，それまでの間は朝夕2回たっぷり灌水する。

### 4. 発芽後の苗床管理

**灌水と床土の水分管理** 発芽がほぼそろったなら灌水は朝1回だけとする。つまり，苗が眼鏡状になるころからは，夕方に床面が白く乾くていどに灌水量を調節して，苗タチガレ病の誘発をさけるようにしている。

あまり灌水をひかえると生育がおくれるが，過湿になっても発病しやすくなるので，降雨前後の水管理にはとくに神経を使っている。朝の灌水が夕方には白く乾くように行なっているため，無消毒でも，苗タチガレ病が出ないのである。

**追肥** 追肥が早すぎると，肥あたりのおそれがあるので，播種20日後，つまりタマネギの黒帽子が落ちたころに，1$a$当たり速効性の千代田化成を3$kg$，および遅効性の油粕を12$kg$施用している。この有機質主体の施肥により，肥あたりや肥料切れを起こすことなく，目標とする硬い苗に仕上げることができるのだ。

**間引き・除草** 間引きは，種まきを入念に行なうため，ほとんど必要はないが，とくに密生しているところだけ除草時に間引いている。除草は，労力を要するが，苗床では薬害がでやすいので除草剤は使わずに，播種25日後の10月15日から20日の間に手取りで行なっている。

**病害虫防除** 苗床の病害虫で，最も心配な苗タチガレ病は，育苗床の透水性をよくする畦つくりや整地，水管理に注意すれば，ほとんど発病しない。しかし，育苗後半には，苗がこみあって灰色カビ病や黒点ハガレ病などにおかされやすいので，播種1か月後とその10日後に予防を行なう。薬剤は，トリアジン500倍液に，ＥＰＮ乳剤1,000倍液（安全使用の面から県基準では除外）を混合散布している。

### 5. 定植期と苗の大きさ

中生のＯＬ種のばあいは11月5～10日に定植しているが，大苗（直径7～8$mm$）を定植すると10月以降の貯蔵中の腐敗が多くなるので，基部直径6$mm$のやや小苗を用いている。

長期貯蔵の斎藤系のばあいは，11月15日ころから11月末までの間に，ミカンの収穫作業を行ないながら，土壌条件のよいときに植えている。

長期貯蔵用の斎藤系は，早植えすると越冬までに茎葉が繁茂して，球肥大期の球太りが悪く，しかも春先の病害の発生も早いため，貯蔵性，品質，収量ともに劣ってくる。山田さんは，植えつける苗の大きさは，基部直径6.5～7$mm$の一定のそろった苗を厳選して，やや大苗で遅植えとしている。

そのため，周辺農家よりも抽台率はやや多く，平均4％ていどになる。しかし山田さんは「一定にそろった苗を定植することは，肥培管理やＭＨ散布などを行ないやすくする。たしかに抽台は多い。だが，苗ぞろい，球ぞろいのほうが重要だ。苗とり時期を2回に分けて第1回を一番苗，2回目を二番苗として，一定のそろった苗をかき分けながら抜きとるため，比較的時間を要するが，この厳選が球ぞろいの点で大切だ」といっている。

なお，苗床が乾燥しているばあい，または根張りがよすぎて抜きとりにくいばあいは，灌水して抜きやすくして，植えいたみをなくすよう注意している。

### 6. 定　　植（植えつけ）

**植えつけ本数** タマネギは，根，葉とも立性で，しかも肥大期の4～5月は強日照下のため，密植にしている。とくに長期貯蔵のタマネギ栽培では，大球（ＬＬ級・300$g$以上）は，価格が安いうえに腐敗率も高いので，収量，貯蔵性ともに密植のほうがよい。山田さんは，植えつけや苗とりの労力面を考慮して，畦幅126$cm$，株間11.4$cm$の4条植えとし，10$a$当たり2万6,900本植えで，やや密植としている。

**植えつけ方法** 苗は1番苗，2番苗とも，25$cm$以

# 精農家の栽培技術

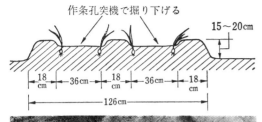

第3図 本圃の畦つくりと植え方
上：2条に広い穴をあけ、苗は葉を図のように向けて、2～3cmの深さに植え込む
下：定植直後の圃場のようす

第4図 作条穴突き機

上に伸びたばあいには、定植後の植えいたみ防止と作業能率をあげるため、20cmくらいのところで葉先を切っている。

植えつけは、第3図のように高畦にした本圃に作条穴突き機を人力で運転して、2条の穴をあけて行なう。4条植えでは、右手で、手前条は親指で葉を外側にし、中条はひとさし指で葉を内側に、それぞれ2～3cmの深さに苗を植え込む。葉の分かれめより深くならないよう、鱗茎部がかくれるていどに植えている。定植活着時の灌水は、晴天がつづき、土の乾燥が強いときにだけ実施する。

第4表 本圃施肥量（10a当たり　単位：kg）

| 肥料名 | 総量 | 元肥 | 追肥 1 | 追肥 2 | 追肥 3 | 追肥 4 | 窒素 | 燐酸 | 加里 |
|---|---|---|---|---|---|---|---|---|---|
| 堆肥（乾燥） | 700 | | 700 | | | | | | |
| 苦土石灰 | 120 | 120 | | | | | | | |
| 重焼燐安(18-48-10) | 30 | | 30 | | | | 5.4 | 14.4 | |
| 硫安 | 12 | | | 12 | | | 2.4 | | |
| 過石 ⎫配合 | 40 | | | 40 | | | | 8.0 | |
| 硫加 ⎭ | 20 | | | 20 | | | | | 10.0 |
| NK化成14 | 100 | | | | 40 | 60 | 14.0 | | 18.0 |

注 1. 三成分量は、窒素21.8kg、燐酸22.4kg、加里28.0kg
2. 苦土石灰は3年おきに施用
3. 追肥1は定植2～3日後、2は12月中旬、3は1月中・下旬、4は2月下旬～3月上旬に、それぞれ施す

## 7. 本圃の栽培管理

**本圃の施肥**　長期吊り玉貯蔵栽培は、施肥法いかんで収量や貯蔵中の腐敗が大きく左右される。なかでも燐酸の施肥法が重大で、山田さんは、これには神経を使っている。

定植前の元肥は、施用していない。その理由は、貯蔵性の向上、定植乾燥時の濃度障害回避、植えつけ多忙時の省力のためである。ただし苦土石灰は3年に1度、元肥に施用する。イネには毎年珪カルを10a当たり100kg施用しているため、タマネギには3年に1回、苦土石灰120kgを施用しているわけだ。

追肥は、第1回が定植2～3日後で、燐酸成分主体の重焼燐安30kgを施肥筒を使って条間に施す。第2回追肥は、硫安12kg、過石40kg、硫加20kgを配合して、12月中旬の活着後の根の伸長期に施用している。

つまり、山田さんは、定植活着時のわずかな窒素と豊富な燐酸とによって、秋の地温のあるうちに充分根を張らせ、濃度障害のでやすい加里肥料は根の伸長期になってから、冬期の耐寒力をつける意味で用いている。"初期の燐酸、後期の加里"というのが、山田さんの追肥体系である。

第3回追肥は1月20日ころ、NK化成を40kg施用して花芽形成期の肥料切れを防止している。そして2月末～3月5日の間に同じNK化成60kgの止め肥（第4回追肥）を施す。この追肥によって3～4月の茎葉の生長が旺盛になり、5月の球の肥大最盛期までに同化面積が多くなる。それとともに、結球後期の5月下旬には、窒素の肥効をおさえて、球の充実と貯蔵性向上に留意している。

第5図 条間に敷きつめた防寒堆肥
これで霜害が防げ，根の機能も増す

**除草剤処理** 除草剤は12月上旬，定植2週間後の活着したころ，土の表面に湿りけのあるときに，薬害の少ないＩＰＣ剤 200cc とシマジン30gを混合して水80〜100lにとかして，10aに散布している。

春期の雑草には，3月中旬ころの雑草の発芽直前に，シマジン50gを用いている。

なお，タデ，ナズナなどの広葉の雑草が多い圃場では，シマジンでは効かないので，10a当たりアクチノール150ccを100lの水にとかして，3〜5葉期（3月末〜4月上旬）に散布している。

**防寒堆肥の施用** 防寒堆肥の施用は，12月中旬の第2回追肥後になる。その1か月くらい前から堆積しておいた堆肥を，10a当たり700kgを山田さんは両外側の条間に施用している。中条は，イネ株が多く，施用しにくい。とくに山田さんのばあいは「定植時期が他の人より遅いため，どうしても根張りが浅く，霜柱による根の浮き上がりを防止するためには，この作業が大切だ」といっている。

**土入れ，土寄せ** 土入れは，2月末から3月はじめにかけての止め肥施用後に，両外側条間の堆肥の上に，2〜3cmの厚さに鍬で入れてやればよい。その後，除草をかねて，畦肌を"トンビ"でかいて，鍬で株元に土寄せをする。

労力のゆるすかぎり，堆肥や土を多く入れてやれば，タマネギは腰高球となり，良質のものができる。山田さんのタマネギは，堆肥の投入や土入れによって土の中に埋もれて球が見えないほどだ。

しかも，土入れによりさらに畦高となり，収穫期が雨つづきとなっても排水よく，「長期貯蔵には，土入れが施肥についで重要なポイントだ」といっている。

**本田の病虫害防除** タマネギの収量を大きく左右するベト病は，ちかごろでは発病しなくなった。だがそれ以上に，貯蔵中の肌ぐされ，心ぐされ，尻ぐされなどの腐敗に関係する灰色カビ病，ナンブ病などは，いったん発病すると容易に防げないので，4月上旬から重点的な予防散布を行なう。薬剤は，トリアジン500倍液にストマイの100ppmを混合して展着剤を加用し，4月中に4回，5月中に1〜2回散布する。なお，5月にスリップスが発生したばあいは，食害痕からコクハン病などが誘発されるので，適宜マラソン乳剤の1,000倍液を混入し，駆除している。

**発芽抑制剤MH散布** 吊り玉用として栽培されたタマネギであれば，10月上旬までの出荷は無散布でよい。だが山田さんは，計画的長期出荷のため，早生種以外の晩生種は，すべてＭＨ剤を散布している。

散布時期は収穫7〜10日前，すなわち自然倒伏20〜30%のころで，ＭＨ-30の120倍液に展着剤を加えて10a当たり150lを入念に散布する。ただし，ＯＬ種のばあいは首が細く，倒れはじめて2〜3日でほとんどが倒伏するため，早めに散布する。

**8. 収穫，貯蔵，出荷** 収穫は，早生のＯＸ種で5月5〜15日，中性のＯＬ種で5月27〜31日に行なう。その後は，極早生イネの田植えを終えてから，晩生の斎藤系を6月8〜13日に収穫している。この収穫時期は，田植えとの労力配分をすることで，一般農家よりも5〜6日おくらせていて，このため，球の充実と収量を高めている。

山田さんは「収穫期を遅くすると，年によっては早梅雨のばあいがあり，雨天の収穫は，ふつうは貯蔵性に影響する。しかし，遅取りによる多少の悪条件のもとにおいても，高畦栽培のばあいは排水よく，球じまりもよいので，貯蔵性への影響はみられない」と話している。

収穫は，つとめて晴天の日に行ない，半日から1日圃場で乾燥する。このタマネギは，10球くらいずつ葉

第6図 土けずり器 "トンビ"

精農家の栽培技術

第7図　長期吊り貯蔵中のタマネギ
長期吊りでは，破皮を防ぐため，10月上旬になったら西側によしずかイナわらを張り，直射光と風をさえぎる

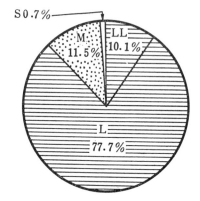

第8図　等級別出荷割合
LL　1球　300g以上
L　　　　190g　〃
M　　　　120g　〃
S　　　　 60g　〃

の部分をビニールひもでくくり，二束ごとに"なる"にかけて小屋に吊り，貯蔵をする（第7図）。

規格別の出荷割合は第8図のようである。他の栽培者より商品性，貯蔵性の高いL・M級の割合が高く，全体の9割にもなっている。

＜栽培技術上の問題点＞

山田さんのタマネギ栽培は，苗づくり，土壌と施肥管理，病害虫防除など，ゆきとどいた個々の管理作業を特色に，長期吊り貯蔵のできる増収技術ではあるが，管理労力が約200時間と多く，今後の面積拡大に問題点となっている。

栽培技術上で改善する必要のある点は，ほとんどみられないが，土の酸度管理法にやや問題を残している。

イネ増収のために珪カルを多量に使用しているので，タマネギには苦土石灰を3年に1回，10a当たり120kgを施用している。苦土石灰を施用した年には，土壌酸度はアルカリ側にいく危険性をもっているばかりでなく，貯蔵性への影響も考えられる。今後は，土壌診断により適切な酸度管理の必要があると考える。

管理労力の節減を考慮した栽培技術の問題点としては，まず施肥回数，防除回数の減少が考えられる。

施肥回数では，植えつけ直後に施用の燐安を元肥として施し，また，12月中旬～3月上旬までの3回の追肥は，2回くらいで終えるよう，緩効性肥料の利用などが課題となるだろう。

タマネギの貯蔵性に関係する灰色カビ病は，病気の性質からみて，春期防除は4月上旬～5月末だが，むしろ5月に入ってからの防除が重要である。

山田さんの薬剤散布は，4月重点の考え方だが，降雨の多い気象条件の年だけの散布とし，薬剤の性質を考慮した適期防除によれば，現在の6回から，4回くらいに軽減できるものと考えられる。

さらに今後の課題として，植えつけと収穫の機械化が，省力の本命となる。現在，開発されつつある植えつけ機，収穫機について，導入の可否を検討し，早急な解決が望まれる。

### ＜付＞経営上の特色・問題点

**地区の特色**　山田さんの住む和歌山県那賀郡打田町は，紀の川中流に位置し，水田1,000haは県下一の面積，反収を誇っている。この水田での裏作が可能で，550haのタマネギ栽培面積は，一町村では全国一の面積であり，那賀郡の2分の1をしめる広さである。したがって，イネ―タマネギの輪作体系は，他の地域よりも恵まれていた。

しかし，経済社会の急速な発展がもたらしたタマネギの貿易の自由化による価格不安定，米の過剰問題のショックは，あまりにも大きかった。そのうえ，岩出町の隣村まで市街化調整区域がせまり，兼業農家が急速にふえている。

兼業農家では，最も省力なイネ―タマネギ体系により耕地の保全をはかっている。一方，専業農家では，果樹とイネ―タマネギの組み合わせか，近年急速に増加して県下一の生産高を誇るイチゴ施設経営と併行してのイネ―タマネギの体系が，経営の中で重要な位置をしめている。

このように，タマネギづくりは，専業・兼業農家ともに経営の重要な支柱であり，昭和45年からタマネギ

長期吊りタマネギ栽培（晩生斎藤系）

第5表 各作型，出荷期別の経済性 （10a当たり，昭和47年 山田さん）

| 項目 | 極早生(OX)<br>青切り出荷<br>5/5～14 | 小屋吊り<br>早期出荷<br>8/16～9/10 | 小屋吊り<br>普通出荷<br>10/20～30 | 小屋吊り<br>長期貯蔵出荷<br>11/1～10 | 小屋吊り<br>長期貯蔵出荷<br>12/18～23 |
|---|---|---|---|---|---|
| 種苗費 | 6,000 | 6,500 | 1,000 | 1,000 | 1,000 |
| 肥料費 | 3,560 | 6,980 | 6,980 | 6,980 | 6,980 |
| 諸材料費 | 3,000 | 3,000 | 3,000 | 3,000 | 3,000 |
| 防除費（MH剤含） | 2,060 | 2,060 | 2,740 | 2,740 | 2,740 |
| 農機具費 | 4,000 | 4,000 | 4,000 | 4,000 | 4,000 |
| 建物償却費 | 150 | 2,450 | 2,450 | 2,450 | 2,450 |
| 栽培費用計(A) | 18,770 | 24,990 | 20,170 | 20,170 | 20,170 |
| 容器費 | 4,000 | 6,160 | 22,700 | 22,320 | 20,950 |
| 出荷運賃 | 23,370 | 35,990 | 36,340 | 36,270 | 7,080 |
| 市場手数料 | 8,330 | 17,320 | 16,180 | 20,820 | 23,990 |
| 農協・経済連手数料 | 3,430 | 7,140 | 6,660 | 8,570 | |
| 価格安定費 | 980 | 2,040 | 1,900 | 2,450 | |
| 販売費用計(B) | 40,110 | 68,650 | 83,780 | 90,430 | 52,020 |
| 生産費合計(A+B) | 58,880 | 93,640 | 103,950 | 110,600 | 72,190 |
| 10a当たり収量(kg) | 4,000 | 6,160 | 6,220 | 6,200 | 5,740 |
| kg当たり平均価格(円) | 24.5 | 33.1 | 30.6 | 39.5 | 41.8 |
| 粗収益(円) | 98,000 | 203,900 | 190,330 | 244,900 | 239,900 |
| 純収益(円) | 39,120 | 110,260 | 86,380 | 134,300 | 167,710 |
| 所要労力(時) | 199 | 307 | 292 | 291 | 283 |
| 時間当たり収益(円) | 196.60 | 359.20 | 295.80<br>(200.00) | 461.50<br>(316.90) | 592.60 |

注 1. 5月～11月までは農協出荷，12月は和歌山市場へ個人出荷
   2. （ ）内は一般農家の時間当たり収益（出荷収量4.5 t，10 a労働時間258時間）

の指定産地として組織的な生産が行なわれている。

**家族労力と作型の経済性** 山田さんの家族は，70歳の父と，山田さん夫妻，長男（遠隔の会社寮住み）で，農業従事日数は，山田さんの年間230日，父と妻が200日である。家族労働力2.4人によってイネ1haと，その裏作（タマネギ77a，キャベツ2.3a），果樹41a（温州30a，ハッサク11a，成木）の経営を行なっている。

この経営から，米約5,700kg，タマネギ4万2,000kg，キャベツ7,000kg，ミカン1万5,000kgを出荷販売している。とくにタマネギの所得比重は大きく，全所得の40％をしめ，「タマネギの価格変動は家計に大きく影響する」と語っている。

タマネギについての各作型，出荷期別の経済性を示したのが第5表である。昭和47年のばあいは，後期の値上がり幅は平年に比較すると低かったが，長期吊り貯蔵による出荷の収益性は，やはり高いことがわかる。労働時間別の収益性も，青切りおよび普通の出荷に比べて，はるかに高い。

**労働時間と労力配分** タマネギの10a当たり作業別

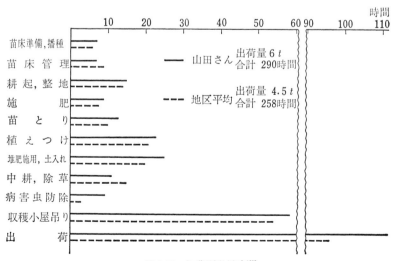

第9図 作業別労働時間

労働時間は第9図のとおり。山田さんは，苗床準備，苗とり，堆肥施用，病害虫防除などの基礎作業に念を入れていることがわかる。

収量を上げるための植えつけ本数の増加や収穫や出荷量の多いことから，労働時間の合計が周辺農家より32時間の増となっている。このためにも，タマネギ作業・労働時間の38.6％を占める出荷労力は，選別機などによる省力体系に組み入れることが必要である。

タマネギ栽培では，植えつけ，収穫の労働ピークが重なり合わないよう，早生21$a$，中生10$a$，晩生46$a$の3作型を組み合わせている。とくに山田さんの主力である経済性の高い晩生の斎藤系の収穫では，田植え労力との競合をさけるため，イネの極早生種を6月初めに植え，その後に晩生種の収穫に入るよう，労力配分を行なっている。

**出荷** 出荷期間の長いタマネギは，栽培技術よりも，出荷販売の方法によって所得率が大きく左右される。

青切りタマネギは，吊り労力の関係から，5月中～下旬に農協へ出荷が集中する。吊りタマネギも長期貯蔵になるほど，腐敗増と目減りのため，貯蔵をつづけにくくなり，やむなく7月中旬～10月上旬の期間に出荷が集中することになる。以上が理由で，市場価格を不安定にしているのが現状である。

山田さんは前述のとおり，貯蔵に耐える栽培・管理技術によって出荷期間を2か月延長し，5～12月までの長期にわたる計画出荷を行なっている。そして，昭和47年のような市場価格の安い年でも，腐らないタマネギづくりの強みを遺憾なく発揮し，経済性を充分に高めている。

**経営の方向と考え方** 当面の対策として山田さんは，労力配分の関係から，5月出荷の青切り極早生タマネギを組み入れている。しかし，「最近5年間を平均すると，輸入タマネギや短期出荷などで市場価格が不安定なので，48年度は，46年から試作しているマルチング栽培によって4月下旬からの早期出荷を計画し，収入増と労力配分をはかりたい」という。

また，長期吊り貯蔵出しでは，「ミカン収穫との競合を緩和するため，果樹の省力施設を完備し，タマネギの選別機を導入して労力を浮かせ，そのうえで，所得率の高い11～12月の後期出荷を，現在の30％から50％にまで持っていきたい」と語っている。

≪住所など≫　和歌山県那賀郡打田町
山田　元（45歳）
執筆　吉田嘉己（和歌山県那賀農業改良普及所）
1973年記

◎晩生の斎藤系とは，さつきやもみじなどのF₁品種が普及する昭和40年代まで全国で栽培されていた淡路中甲高2号のこと。現在主力のターザン，もみじ3号の育種親でもある。1954年のべと病大発生で採種地が香川県に移るまで，和歌山県がその本場だった。

# 品種改良，良苗の徹底した密植で増収

## 秋まき初夏どり吊り玉栽培（山口甲高）

### 山口市秋穂　中村善彦さん

### 経営の概要

| 立　地 | 山口市南部，沖積層壌土 |
|---|---|
| 作目・規模 | タマネギ 110 $a$，採種タマネギ 30 $a$，イネ 180 $a$ |
| 家族労働力 | 本人，妻，母，長女……2.4人 |
| 品　種 | 山口甲高 |
| 栽培概要 | 9/下播種，11/下定植，6/中〜収穫・貯蔵 |
| 収　量 | 10 $a$ 当たり4.1 $t$ |
| その他特色 | 土地利用を効率的に行ない，労力配分をうまく行なっている |

中耕をしている中村さん

### ＜技術の特色・ポイント＞

山口甲高とは，中村善彦さんの父，亀吉さんが，札幌黄から首部のしまりがよく，萌芽のおそい貯蔵力のあるものを選抜，育成した品種である（第1図）。茎葉が細長くて立性で，球は丸形，外皮は銅黄色で，球重200〜250 $g$ ていどの中玉だが，きわめて貯蔵性が高い。貯蔵中の腐敗も少ないので，冷蔵用として適している。欠点は大球にならないことで，収量を上げるには密植の必要がある。

このような品種の特性をふまえたうえで，中村さんは技術のポイントを次のような点においている。

**均一播種，均一覆土**　収量を上げる第一の要素は，そろった苗を栽培することにある。このためには，む らのないように播種して，発芽および生育をよくそろえることが大切である。

また「覆土の厚さにむらがあると発芽のそろいが悪く，苗が不ぞろいとなるので，この点にとくに注意する必要がある」と，中村さんはいっている。

**発芽後は灌水に注意**　「植物の発芽には大別して二通りある。発芽のさい種子を地中に残して発芽するものと，タマネギのように種子を持って発芽するものとだ。後者のばあい種子を地上部に持ち上げるので，種子の養分で初期に生育することができず，発芽と同時に根の力によって養・水分を吸収しなければならないため，とくに発芽当初の管理が重要となってくる。なかでも育苗中は灌水にいちばん注意する必要がある」と中村さんはいう。苗床の表面が白く見えるようになると，細かい目のじょうろで灌水を行なう。

**密植で増収を達成**　山口甲高タマネギでは大玉生産は困難なので，10 $a$ 当たり 2.7〜3 万本植えと，密植して収量の増加をはかっている。

**病害虫防除の徹底**　とくに本圃では病気を発生させない。肥大をはじめる梅雨期には，ベト病，灰色カビ病などの病気の発生が多いためだ。これらの病気におかされると，球の肥大が悪くなるうえに貯蔵中の腐敗も多くなり，山口甲高の特性である長期貯蔵に適さなくなるので，苗床から徹底した防除を行なっている。

第1図　山口甲高タマネギ
図中の1目盛は2 $cm$

## 精農家の栽培技術

### ＜作物のとらえ方＞

中村さんは，山口甲高の品種特性とその用途に合った栽培をするために，次のような二点にしぼって作物をとらえている。

#### ①品種の特徴を生かす

山口甲高は晩生種で，とくに貯蔵力に富んでいるので，昭和初期には軒下などにつるして10月ごろ販売するのが習慣だった。山口市南部は瀬戸内海に面した沖積層であることから，貯蔵力に富む甲高タマネギが土着したものと考えられる。

しかし，山口甲高は，日長時間が13.5時間以上にならないと球の肥大を開始しない。すると，肥大期は梅雨期にさしかかるため，貯蔵力があるとはいえ，病気の発生が多い時期だから，病気の防除を徹底させなければならない。そうしないと成功しない品種だと，中村さんはこの点をとくに強調している。

#### ②長期貯蔵するための管理

山口甲高が貯蔵むきの品種であるため，貯蔵を可能にするには，鱗片に連なった一枚一枚の葉をたいせつにしなければならない。また，首部のしまりをよくするため追肥を早めに打ち切り，燐酸，加里肥料を重点に施肥している。

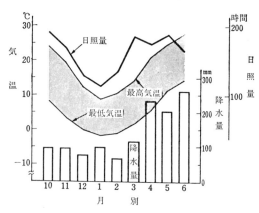

第2図 山口県の気象
（下関地方気象台，昭和32〜41年平均）

中村さんの山口甲高タマネギ栽培の概要は，第1表のとおりである。山口地方の気象は第2図に示す。

### ＜技術のおさえどころ＞

#### 1. 播種準備

**苗床の選定** やせた土地に多くの肥料を入れて育苗すると，苗が貧弱になって，植えつけ後の生育も悪くなる。そこで，中村さんは次のような点に注意して苗床を選定している。

①雨が降っても，水のつからない，排水のよいところを選ぶ

### ＜栽培体系＞

第1表 栽培暦　　　品種　山口甲高

| 月 | 9 | | | 10 | | | 11 | | | 12 | | | 1 | | | 2 | | | 3 | | | 4 | | | 5 | | | 6 | | | 7 | | |
|---|---|---|---|---|---|---|---|---|---|---|---|---|---|---|---|---|---|---|---|---|---|---|---|---|---|---|---|---|---|---|---|---|---|
| 旬 | 上 | 中 | 下 | 上 | 中 | 下 | 上 | 中 | 下 | 上 | 中 | 下 | 上 | 中 | 下 | 上 | 中 | 下 | 上 | 中 | 下 | 上 | 中 | 下 | 上 | 中 | 下 | 上 | 中 | 下 | 上 | 中 | 下 |
| 生育 | | | 播種 | 発芽ぞろい | | 本葉二〜三枚 | | | | 定植 | | 活着 | | | | | | | | | | | | | | | | 収穫 | | | | | |
| 作業 | 播種準備 タチガレ病防除 | | 播種 | 病害虫防除 | | 間引き | 除草，土入れ | | 病害虫防除 | 定植 本圃準備 | | 除草剤散布 | 第一回追肥 | | | 第二回追肥（除草） | | | 第三回追肥 | | | ← | 病害虫防除（ベト病，灰色カビ病） | | | | → | 収穫 | | | 貯蔵 | | |
| 注 | 耕起して堆肥，石灰を鋤込む 播種一五日前にNCS処理 | | オーソサイド水和剤を灌注 一〇a当たり〇・六〜〇・七ℓ | 病害虫防除 | | ジマンダイセン五〇〇倍液 | 株間一二cm，畦間一二〇cmにつくる 四条植え | | クロロIPC溶液の全面散布 | 畦幅一二〇cmにつくる ジマンダイセン五〇〇倍液 | | クロロIPC溶液の全面散布 | 燐加安四五六号の条間施用 | | | クロロIPC＋シマジン全面散布 追肥化成V五〇〇の畦全面施用 | | | 第二回追肥と同様 | | | ジマンダイセン五〇〇倍液を一〇日おきに散布 キンカク病防除はスクレックス一〇〇〇倍液を散布 | | | | | | 球の大小で区別して吊る 晴天の日を選んで行なう | | | | | |

第2表　苗床施肥量（3.3m² 当たり）

| 肥料名 | 施用量 | 注 |
|---|---|---|
| 堆　　肥 | 10 kg | 耕起前全面散布 |
| 石　　灰 | 500 g | 〃 |
| 有機入り化成 A-801 | 500 | 播種前15日ころ施用 |
| 硫　　安 | 50 | 追肥（生育状況による） |

注　成分量　窒素50g，燐酸40g，加里40g

②肥沃な土地で乾燥しないところを選ぶ
③苗床期間は60～70日の長期となるので，養分が欠乏しないように施肥する
④灌水に便利なところを選ぶ
⑤毎年一定の場所を決めておく（雑草を絶ち，床土改良をするため）

**苗床の肥料**　苗床の肥料は栽培者や栽培地によって異なり，また土質によっても変わってくるのが当然だが，初生の根は肥料に当たりやすく，発芽当時に倒れることがよくある。このため，中村さんは元肥の施用の時期や方法を充分注意している。

苗床施肥量は第2表に示すとおりで，追肥は苗の生育状態をみながら行なうようにしている。つまり，本葉2枚ていどのとき，土入れの培土に混ぜて施す。培土には腐熟堆肥を混ぜて，厚さ0.5cmていどとする。1.8lの土で3.3m²当たり培土できる。培土のときはあまり厚く行なわないようにし，とくに葉の分岐点をこえないようにしている。

苗床肥料で注意する点は，窒素はよい苗をつくるのに必要な要素だが，効きすぎると軟弱な苗になることだ。こうした苗は発根力が弱く，定植後の活着も悪く，しおれがもどりにくい。苗床で下葉が垂れ下がり，濃緑色をしているような苗は，窒素の効きすぎのことが多い。

そこで中村さんは，根いたみのない，発根力の強い良苗をつくるため，燐酸質肥料を充分に効かせている。こうすると発根量も多い。したがって，とくに燐酸肥料の使い方に注意することがたいせつだと，中村さんはいう。

**播種期，播種量と苗床面積**　9月中旬に播種するのがふつうだが，中村さんはやや遅く，毎年9月25～27日を基準に播種している。これは，中村さんの育苗技術がよいためと，山口甲高は早まきすると抽台が多くなるためだ。

10a当たりに要する苗をつくるため，種子0.6～0.7l，苗床面積50m²，畦幅0.9～1.0m（0.9mなら36mで3.3m²）としている。この地方では3.3m²当たり4,000～4,500本の苗を立てているが，中村さんは苗に充分な日光を当て，同化養分を蓄積させる必要があるので，苗床面積を上記のような広さにしている。

**種子のまき方**　種子をまく当日には軽く鍬を入れて砕土し，でこぼこがないように整地してから，板で床面を平らにしている。また，タマネギは酸性に弱いので，酸度を測って，酸性ぎみのところでは石灰を散布して土を中和する。

播種の方法には，ばらまきと条まきとがあるが，中村さんは，ばらまきのほうが作業も簡単だといっている。熟練しないとむらができるので，むらのないようにまくことがたいせつだ。均一にまくには，種子がよく見えるようにする。まく直前に土の表面に石灰をうすく散布するか，または種子に石灰をまぶして白くするとよい。まくばあい，まず全種子量の3分の2を全面にまいてから，残りの3分の1の種子をうすいところにまいて，まきむらをなおす。

覆土の土は，なるべく用意しておいた軽い土を用いるようにしている。よく腐った堆肥と土とを半々くらいに混ぜて，15cmのふるいに通しながら，ふりかけるようにして覆土する。厚さは3～6mmていど。

覆土後は3.3m²当たり30lていどの水を，穴の細かいじょうろで灌水する。発芽するまでは，わらかよしずでおおいをしている。

**発芽後の管理**　発芽には約一週間を要する。発芽しかかったら，おおいにしたわらやよしずを早めにとり除いている。とり除くばあい，必ずその日の夕方にしている。こうすれば翌朝一斉に発芽している（第3図）。

発芽直後の苗は弱いので，管理にはとくに注意を要する。幼苗期に強い雨にたたかれると，生育に大きな支障をきたすので，このような心配をなくするため，中村さんは播種苗床の上にビニールで屋根をつくるこ

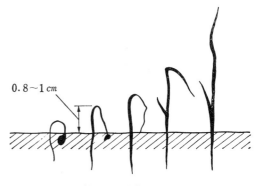

第3図　発芽の経過

とができるようにしている。

発芽後10〜14日たってから生育がだいたいそろったころに間引きをする。間引きはあまり急がずに，健全な発芽をつづけるみこみがついたときに行なうようにしている。間引きの程度は，$30m^2$に対して80〜100本とするのがふつうだ。本葉が2〜3枚出たころ，除草したあとで培土を行なっている。このとき肥切れした苗床では，硫安の追肥を培土に混ぜて行なう。

病害防除では，タチガレ病の発生が多い年には，発芽がそろったころオーソサイド水和剤800倍液を$3.3m^2$当たり$6l$灌注して，防除している。また，苗床でのベト病はそれほどの被害はでないが，翌年の発病の原因にもなるので，中村さんは苗床期間中ジマンダイセン500倍液で2〜3回防除している。

### 3. 定植準備

**整地** タマネギは水田裏作で栽培しているので，予定地はできるだけイネの晩生種を植えている。これは，刈取り後からタマネギを植えつけるまでの期間が長いほど雑草がはえるからである。

さらに耕うん機で整地するので，雑草が表面に出ないようにとくに注意している。除草剤を使用しても既生雑草（すでにはえている草）に効果がなく，どうしても手どり除草をしなければならず，省力とはならない。既生雑草が多いばあいは，グラモキソンを曇天の日か夕方を選んで散布するほうが効果的だ。このさい必ず展着剤を加用している。なお，整地のさい，とくに排水に注意する。

**施肥** 窒素は収量を上げるために多く施すことも必要だが，それと平行して他の肥料成分が伴わないと，いつまでも茎葉だけ茂ってしまう。そして球の太りがおくれたり，根首のしまりが悪くなって，貯蔵球として不適当になるし，病害にもおかされやすくなる。そこで，窒素は適量施すことが必要となってくるが，中村さんは追肥を含めて窒素成分で$22kg$ていど施している。とくに貯蔵タマネギのばあい，4〜5月のおそい時期に窒素質肥料を追肥すると，茎葉が茂り，球の肥大が悪いばかりでなく，貯蔵中に腐敗が多くなる。このため，4月までに追肥を終えている。

あるていどまで燐酸を増加すると収量の上がることが認められたが，これも限度がある。また，施用時とも関係していて，だいたい多く要する時期は根の伸長のさかんな3月ころまでとされていることから，中村さんはこれ以後の燐酸の追肥は必要ないといっている。

加里はあまり問題とされていないが，無加里区では収量が減るし，病害に対する抵抗性も弱い。そこで，

第3表　本圃施肥量（10$a$当たり）

| 肥料名 | 総量 | 元肥 | 追肥 1 | 追肥 2 | 追肥 3 |
|---|---|---|---|---|---|
| 堆肥または生わら | 800 kg | 800 kg | kg | kg | kg |
| 苦土石灰 | 100 | 100 | | | |
| 燐加安456号 | 50 | 25 | 25 | | |
| 追肥化成V 550 | 100 | | | 50 | 50 |

注　成分量　窒素$22kg$，燐酸$17.5kg$，加里$28kg$

病害の多いこの地帯では必要となる。一部を元肥，残りは窒素とともに分施している。

10$a$当たりの三要素成分量は，窒素20〜$22kg$，燐酸15〜$17kg$，加里25〜$28kg$（第3表）。中村さんは「とくに加里を多く施している理由は，病気に強くするためだ」といっている。

### 4. 定植

**定植期**　定植期は，播種の時期，苗の生育状態，品種とその土地の気候とにらみ合わせたうえで決定されるが，山口甲高タマネギのような晩生種は多少おそくてもよい。しかし，低温になって根の発育が悪くならない前に定植を終えるようにしている。

ふつう，タマネギの根の発育がにぶる温度は平均気温で4〜5℃の時期とされているので，このような気温になるまでに，活着している状態にしておかなければならない。植えつけして完全に活着し，霜柱などの被害をうけないようになるまでは25〜30日間を要するので，その土地の気温が4〜5℃になる1か月前に植えつけることが必要である。

**植えつけ本数**　貯蔵用品種である山口甲高タマネギでは，大球を生産して収量を上げることは困難で，むしろ植えつけ本数を多くして収量を上げるほうが容易である。しかし，密植すると，球が小さくなる傾向がある。

一個一個の重量は，どのていどのものが適当であるかは出荷時期，利用目的によって異なるが，貯蔵用のものでは大球はあまり好まれず，一個重が$200g$ていどを目標に栽培している。また，タマネギの葉は，他の作物のようには茂らない。根群も地表近くにひろがらず，直立性で発根部を頂点に三角形の分布をしているので，密植に好都合である。

一般の慣行では少ないところで10$a$当たり13,000本，多いところで35,000本におよぶ植えつけ本数だが，実際に植えつけ労力から考えると，少なくて収量を上げることが望ましい。植えつけ本数を増すことで一個平

均球重は減っても，全体の収量を増すことになるので，中村さんは10a当たり2.7～3万本植えつけている。

**苗の大きさ**　タマネギの定植期の苗の大きさとして，どのていどの苗をつくるかは長い間の栽培者の経験でよく知られている。大苗を使えば一個当たりの重量は増すが，抽台率が高くなる。反対に小苗を使うと，抽台はないが全体の収量が上がらない。とくに苗の良否が収量に関係してくるので，ずんぐり苗をそろえて植えることが必要である。

中村さんは，定植時の苗の大きさの基準としてだいたい1本の重さが4～4.5gで，根ぎわの台の直径が6mmていどが適当だとしている。育苗日数を多くすれば大きい苗になるが，なるべく育苗日数の少ない若い苗のほうがよいという。

**植えつけのやり方**　植えつけ時期はかなり寒いときなので，作業も楽でなく，どうしても粗雑になりがちである。そのうえ，植えつけ本数が多く，植えいたみもかなりあることから，ていねいに植えないと初期生育が悪く，収量にも関係する。

中村さんは，苗とりにはできるだけ多くの根をつけるようにしているが，この根は植えつけ当初に水分を供給して苗がしおれるのを防ぐ役割をするので，苗とり後も根を乾かさないように注意している。また，植えつけのときには，根が地表に出ることのないように土の中に埋め，深植えにも注意して，ていねいに植えつけている。

植え方は，がんぎ切り（中村さんが工夫してつくった道具）で植え溝を切り，その後に苗を並べて覆土している。このがんぎ切りを使用するようになってからは，霜柱などで苗の浮き上がりが少なく，欠株が生じないようになった。しかし最近では，トランスプランター（定植機）が導入されるようになっている。この機械の欠点は，土壌中の湿度が高いと思うように能率が上がらないことだが，中村さんは近いうちに購入する必要があるといっている。

なお，畦幅は120cm，株間は12cm，4条植えとしている。

## 5. 定植後の管理

**除草剤の使用**　タマネギは草に弱く，雑草がはえると絶対に収量が上がらない。中村さんは，第1回の除草剤にクロロIPCを使用しているが，すでにはえている雑草にはあまり効果が期待できない。しかし，発芽しようとしている幼植物に効果があるので，本圃に植えつけ，活着したら，できるだけ早く使用している。その方法は，クロロIPC300gを水100lに溶かして全面にむらなく散布する。

また，タマネギは11月に植えつけ，翌年の6月までの長い間圃場にあることになるので，1回だけの除草剤の使用では完全に防ぐことが困難だ。そこで中村さんは，2回散布し，ことに春先には雑草が生長しはじめるので，2回目はこの時期に散布している。このばあい，クロロIPCは温度が高くなると効果が落ちるので，2回目にはクロロIPC200gにシマジン50gを水100lに溶かして使用している。これは，溝から畦の肩にかけて中耕，除草を行ない，その後に散布している。この時期には雨が多いので，なかなか作業もむずかしいが，できるだけ雨の少ない時期を選んで行なっている。

**追肥**　追肥は，冬期間から早春にかけて分施している。そのときの施用量によっても異なるが，条間施肥にしている。追肥後の中耕は，除草剤の関係もあって行なわないことが多い。だが，土がかたくしまったり，雑草の多いばあいに実施している。

**病害防除**　貯蔵中の腐敗をなくすため，栽培期間中の病害はもちこまないようにしている。また，貯蔵タマネギは，球と首部のしまりがよくないと，長期貯蔵に適さないが，長期貯蔵の対策として病気の防除が第一にあげられる。その他，施肥時期，収穫期，土質なども関係がある。

ベト病の発生は4月上旬ころからみられるが，貯蔵タマネギは球の肥大がおそいので，4月下旬ころから防除が必要となる。10a当たりジマンダイセン500倍液80lを10日ごとに散布している。このばあいは，必ず展着剤を加用し，噴霧口を30cmていど離して散布することが必要だと中村さんはいう。

灰色カビ病にはまず第一に早期発見が必要で，下葉や葉先の枯死に注意している。降雨が多いと多発し，また4月下旬から5月下旬に発生が多い。本圃での被害は少ないが，貯蔵中にひろがって20～30％もの腐敗を起こす。

灰色カビ病の防除には，4月下旬からジマンダイセン500倍液を10a当たり80lに展着剤を加用して散布している。収穫は晴天の日を選んで行ない，鱗茎を傷つけないようにする。貯蔵中に発病した球は早めに除去している。

## 6. 収穫

収穫の時期や方法は，品種や販売方法によって異なってくる。タマネギは葉が枯れるまで球が肥大するが，山口甲高のような貯蔵用のタマネギのばあいはやや早めに収穫するほうがよい。中村さんのように全量山口

## 精農家の栽培技術

第4図　貯蔵庫

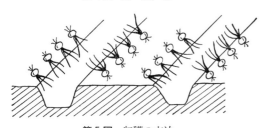

第5図　収穫の方法
葉を溝のほうに向けて収穫し、圃場で束ねる

甲高を栽培しているほか、労力の配分などで早生、中生種と組合わせて栽培している人もいるが、ほとんどが吊り玉としている。このばあい、農道があると同時に貯蔵庫が圃場の近くにあることが第一条件となる。中村さんのばあい、圃場が家の周囲にあるため、家の近くに大型の貯蔵小屋を2棟建てている（第4図）。

前述したように、貯蔵タマネギの収穫はやや早めに行なっているが、そのめやすは茎の倒伏が60％ていどの晴天の日としている。圃場での乾燥は1日もあれば充分で、畦の左右に2列に葉の先を両方の溝のほうに向けて収穫し、根を乾かすことがたいせつなので、根を上に向けて収穫している（第5図）。朝から抜きとりを行ない、その日のうちに貯蔵庫に吊す。葉を切るか切らないかが問題になってくるが、数段重ねて吊しているので、通風を悪くしないように葉の3分の1ていどを圃場で切っている。

### 7. 貯蔵と出荷

山口甲高タマネギは、野菜のなかでも長期間の貯蔵と長距離輸送ができることから水田裏作として有利である。しかも大面積の栽培も可能となる。しかし、中村さんのように1ha以上も栽培すると、出荷は7月下旬から10月までの長期間の出荷となり、出荷労働力の不足になる。このため、最近では山口県経済連が選別機を導入して能率の向上をはかり、イナ作その他の労力配分によって農家収入の安定をはかっている。

なお、中村さんは吊り玉貯蔵の限界は、10月下旬ころまでと考えている。

球の大きさはいろいろな原因で大小異なった鱗茎のものが生産されるが、収量を上げるには、いうまでもなく大球を生産することが必要となる。しかし、貯蔵面や市場性からみると200g前後のものがよく、大球になるほど貯蔵中の目減りや腐敗も多くなるので、大球は早期出荷することが経済的ということだ。

貯蔵中に腐敗する原因は、前述の栽培期間中での病害と貯蔵場所でのものと、二つに分けることができるが、中村さんは貯蔵場所では次のようなことに留意している。

①吊り玉にする場所は、通風のよいところを選んで貯蔵する
②湿気の少ないところを選んで貯蔵する
③早期に出荷するものと、長期間貯蔵するものとに分けて貯蔵する

### ＜採種栽培＞

タマネギは退化しやすいので、優良母球を確保するため、中村さんは母球採取圃を毎年30a設置し、そこで生産されたタマネギから母球を選抜して、つねに優良母球の生産に力を入れている。このようにして厳選された母球が原種となり、これから採種された種子を地区内の採種農家に配付して、さらにその種子から生産されたタマネギを母球選抜し、一般採種圃用としている。

**第一次選抜**　収穫時期になって比較的早く茎が倒伏したもののなかから、首部のしまりがよく、球の肥大のよいものを選抜する。このばあい、小球は山口甲高タマネギの特性も現われにくく、種子の生産量も低いので、250～300gていどの母球を選んでいる。

**第二次選抜**　第一次選抜で選抜した母球は風通しのよいところで吊し貯蔵する。出荷の終わる10月に入って、外皮のはげたもの、貯蔵中に形が変わったもの、発芽の早いものなどを除き、採種用母球としている。

**定植**　秋穂二島地方では11月上旬を目標に定植しているが、中村さんは「11月中旬までなら採種量はあま

第6図 採種用母球（11月上旬）

第4表 採種栽培の施肥量（10a当たり）

| 肥料名 | 元肥 | 追肥（月/旬） | | |
|---|---|---|---|---|
| | | 2/中 | 4/上 | 5/上 |
| 堆　　　　肥 | 1,000 kg | kg | kg | kg |
| 石　　　　灰 | 130 | | | |
| 熔　成　燐　肥 | 50 | | | |
| 有機入り化成 A-801 | 40 | | | |
| 追肥化成 V 550 | 60 | 20 | 20 | 20 |

注　成分量　窒素12.2kg，燐酸6.2kg，加里15.7kg

第7図　花茎が5〜6本に整理されたようす

第8図　ビニールトンネルでの採種

り変わらない」といっている。畦幅は100cmで，株間30cmの1条植えとしている。10a当たり3,500球ていど植えつける。

**肥培管理**　耕起前に堆肥と燐酸を重点に施肥して耕うん整地し，追肥は抽台期を中心に分施している（第4表）。花茎の抽出期に約5〜6本に整理して（第7図），充実した種子を得るようにとくに注意している。このころに花茎が倒伏しないように株もとに土寄せを行ない，畦の両側に縄を張って管理につごうのよいように通路をあける。また，花房がビニールにふれないよう，とくに注意している。

**ビニール被覆**　タマネギの開花が梅雨期に合致するため，年によって生産量が不安定である。開花期に長雨がつづいた年には収穫皆無という年もあったが，昭和41年から大型ビニールトンネルをかけるようになってからは収穫量も安定し，種子の品質もよくなったという（第8図）。被覆時期は，開花はじめの6月10日ころから6月20日までとしている。

**除草剤の使用**　第1回は，植えつけ直後クロロIPC 300gを水100lに溶かして全面散布している。第2回は，3月上旬にクロロIPC 150g，シマジン70gを水100lに溶かして全面散布し，第3回は，5月上旬にシマジン100gを水100lに溶かして全面散布している。

**病害虫防除**　ベト病，キンカク病，スリップスの防除にはとくに注意し，降雨の前後に必ず薬剤散布している。

＜栽培技術上の問題点＞

①最近，農業の機械化がすすみ，田植機の普及によってタマネギの収穫と田植えの間が短くなったため，労働力が5月下旬から6月上旬に集中するようになった。このため，水田裏作をする山口甲高のような晩生種一本では大面積の栽培が困難となり，今後は早生種，中生種，晩生種との組合わせが必要となってきている。

山口甲高の生みの親である中村さんは，野菜指定産地である山口では，今後とも全量山口甲高を栽培するのだと，優良種子の生産，生タマネギの生産にいっそう力を入れている。

②前に述べたように，山口甲高は晩生種であるため栽培期間が長い。このため当然，病気の発生も多く，玉が小さいという欠点があるので，密植で反収を上げなければならない。今後は耐病性のある，早生化した

山口甲高の品種改良に努力しなければならない。

### ＜付＞経営上の特色

**地区の特色** 中村さんの住む山口市秋穂二島は、山口甲高産地として県内唯一の産地である。終戦後は水田裏作としてハダカムギ、ビールムギを栽培してきたが、昭和34年ころからビールムギに連作障害とみられる黄化現象が発生したので、これに代わる作物として山口甲高タマネギの産地化がすすみ、野菜指定産地となった。

しかし、もとより水田作が主体の農業地帯でありながら、零細農家が多いため裏作は農業経営上重要だった。最近は、日雇いやノリ生産漁業と兼業化してきている。中村さんも、水田180 $a$ を有効に利用しながらもノリの生産を行なっている。

**経営の概況** 中村さんは工業学校を卒業後、父中村亀吉さんの残した山口甲高タマネギの優良種子の生産と産地形成にとりくんできた。家族は本人と妻、母、大学在学中の長男、中学生の長女の合計5人。農業に従事しているのは中村さんと妻の2人が主で、母は0.4人分ていどである。

経営内容は、イネ180 $a$ で平均反収600$kg$。イナ作期間はほとんどイナ作につきっきりだ。この間、裏作で生産されたタマネギ110 $a$ 分44 $t$ の出荷が7～10月となるため、たいへん忙しい毎日を送っている。また、冬期間はタマネギの管理のほかに、ノリのべた流し枠100枚を張り、支柱張り84枚張りで生産枚数20万枚ていど生産している。このため、一年中体を休める暇がないと中村さんはいう。

今後「子どもの教育が終えたら、いずれかの経営部門を縮小しなければ」といっているが、ここ当分は望めそうもない。しかし、山口甲高の品種改良、優良種子の生産は働ける間はつづけると、かたい決心を語っている。

《住所など》 山口県山口市
中村善彦（50歳）
執筆 牛見昭雄（山口県農林水産部農産園芸課）
1973年記

◎山口甲高は、現在主力のターボ、ターザン、もみじ3号などの育種素材となった地方品種。中玉だが貯蔵性が高い。その多収技術と採種栽培を解説。

# 母球の厳選―根づくり―適期防除で安定生産

## 直播イネと組合わせた採種栽培（貝塚早生，淡路中甲高）

### 香川県三豊郡豊中町　滝本重一さん

### 経営の概要

| | |
|---|---|
| 立　　地 | 香川県の西，三豊平野中部の水田地帯。年平均気温15.4℃，年間雨量1,000mm，タマネギ採種栽培の好適地 |
| 作目・規模 | タマネギ（採種用）60a，イネ 70a，ミカン 10a，肥育牛 3頭 |
| 家族労働力 | 本人，妻……2人 |
| 栽培概要 | 10/下～11/上 母球植えつけ，7/15～7/20収穫 |
| 品　　種 | 貝塚早生，淡路中甲高 |
| 基本輪作体系 | タマネギ採種栽培→イネ |
| 収量目標 | 10a当たり250l |
| その他特色 | タマネギ採種栽培を中心とした専業経営，農閑期には，わら加工をしている |

母球植えつけ中の滝本さん

### ＜技術の特色・ポイント＞

　滝本重一さんは，タマネギ採種栽培を水田裏作に導入し，集団産地化した先覚者であり，産地農家の技術のリーダーである。

　技術の特色は，タマネギの採種栽培に最も適した環境で，タマネギ栽培農家に心から喜んでもらえる，よい種子を生産していることである。

　滝本さんはよい種子を安定して採種するために，長い間研究と努力を重ねてきた。タマネギ採種栽培の形態や性質の特徴をよく理解して，恵まれた適地で，母球の選定，花芽分化までの管理，開花結実期の病害虫の防除など，きめ細かい注意をはらっている。つまり，それぞれの生育ステージに適応した肥培管理を行なって，毎年平均10a当たり210lと安定した採種量をあげている。

　▷タマネギ採種栽培に適した場所で採種している。タマネギは花粉がとくに水に弱いので，開花期に雨にあえば受粉が妨げられて結実しにくく，病害の発生が多くなる。また逆に，高温早ばつの年はタマネギスリップスの害に悩まされ，結実をいちじるしく害するので，これらの被害を軽くするような条件をそなえた適地を選ぶことが重要である。

　滝本さんの住む豊中町の桑山地区は，雨の少ない香川県の中でもとくに少なく，年間雨量950～1,000mmである。肥沃で地下水位の高い，つねに適湿を保つ水田の裏作としてこの栽培がとり入れられているので，花芽を順調に発育させ，スリップスの発生をおさえることができ，採種量を多くしている。

　▷病害虫防除，とくに開花結実期の防除を徹底している。タマネギ採種栽培は，病害虫防除を中心とした集約経営だといえる。長い間採種をつづけているので，病害虫も多発している。とくに気象条件が不良の年には，ベト病，灰色カビ病，コクハン病，スリップスなどが，抽台期から開花結実期にかけて多く発生し，採種量を大きく左右する。安定した収量をあげるには，この抽台，開花結実期にかけて多発する病害虫を，いかに効果的に防除するかがポイントとなる。滝本さんは病害虫の防除を徹底するため，とくに5月ころから毎日圃場を見まわり，発生状況をよくみきわめ，計画的

防除を行なっている。病害にはトリアジン，マンネブダイセン，ダコニール水和剤などを，虫害防除にはエストックス，バイジット乳剤などを使用している。発生状況によっては，殺菌剤と殺虫剤との混用散布，梅雨期の雨中散布などで防除効果を高めるようにくふうしている。防除回数も20～25回も実施し，病害虫を徹底的に防除している。

〈作物のとらえ方〉

滝本さんは，「よい種子が得られるようなタマネギの栽培法は，わが子を育てるのと同じ考えだ。社会に役立つよい子を育てるためには，わが子の性質をよく知り，食物を充分与え，冬は厚く衣を着せ，傷には薬をつけてやるなど，細かい心使いをすることにより，りっぱに育つのである。

つまり，採種栽培の形態や性質の特徴をよく理解して，これに応じた栽培管理をすることが最も大切である」と語り，以下の点に留意している。

▷地上部の発育をよくするため，根の分布を広めその機能を高めている。

滝本さんは，経験からして，タマネギ採種栽培成功のカギは根づくりにあるという。つまり「採種量を高めるには，地上部の生育初期から収穫期まで，健全な生育を促すことが重要であり，生育を促すには，根の機能を旺盛にすることだ」と理解している。タマネギの根は，土壌条件が悪いと少なく，短くて根の分布がきわめて狭く，早く枯死し，株は衰弱して，病害の発生も多くなる。土壌条件がよいと根は深さ1m，幅1mぐらいの範囲にまで分布し，収穫期まで旺盛で，結実よく，収量も多くなる。

冬期でも根を土中に広く，深く伸長させるために土つくりをよく行なっている。つまり，深耕と堆肥の多施用により，地力をつくり，空気の供給をよくし，保水力を高め，根ばりや，その機能の高まるような土壌条件をつくることである。滝本さんは肥育牛を飼育しているので，厩肥を多く生産することができ，これを施用して地力を高めている。

▷滝本さんはまた，厳選した母球で，花芽分化期までに地上部を充分に伸ばしている。タマネギ採種栽培で伸びていくためには，滝本さんは，栽培者の信用を得ることであるといっている。採種生産者として信用を得るためには，質のよい種子を生産することである。そのためには，品種の特性をそなえた母球を選抜することが最も大切となる。滝本さんは不抽台系で丈夫で栽培しやすく，多収性で形のよい，系統の正しい大球を選んで母球としている。

花芽分化までに充分生育した太い株ほど開花結実がよい。花芽分化期は1月下旬～2月下旬であり，分化を起こすと株の伸長はとまるので，適期を逃さないよう10月下旬～11月上旬に植えつける。肥料を切らさないように元肥を施しておき，冬期の乾燥に注意しながら生育の促進をはかっている。

母球1個からの花茎数は，1～20本の範囲だが，4～8本くらいがよい。一般に小球は，花茎が少なく，大球は多い。1株で十数本立つものもあるが，花梗が細く結実が不良である。

▷抽台期から開花結実期の病害虫防除を徹底する。

滝本さんは5月ころからは圃場をよく見まわり，病害虫の発生やタマネギの生育状況をよく観察して，早期に計画的に防除して，花球開苞後から開花結実期の病害虫の発生を防いでいる。

タマネギ採種栽培は，3～4月にかけ抽台がはじまり，6月10～25日に開花する。タマネギの採種栽培上の大きな障害は，開花結実期が梅雨期に当たるので，花粉の流失や空中の多湿のために，受精力の減退，稔実不良などが起こることである。とくに障害となるのは，開花結実期の降雨と多湿を誘因として起こる病害虫の発生である。ことに開花，結実中の長雨は，花球に灰色カビ病，ベト病，コクハン病を多発させ，乾燥や通風不良は，スリップス，ネギコナガの被害を多くする。花球開苞後，防除が不充分なばあいは，病菌が繁殖する。このため，ハナグサレ病となり，採種不能または稔実障害の原因となる。

〈栽培体系〉

滝本さんの採種栽培の栽培暦は第1表のようである。

〈技術のおさえどころ〉

1. 植えつけ地の選定

滝本さんは，採種タマネギでは，まず適地を選ぶことが一番大切だといっている。タマネギ採種栽培では根群の発育がわるく，とくに生育の初期が貧弱で，全期を通じてもあまり旺盛でないから，乾燥に非常に弱い。また根の数が少なく，太いので過湿による生育不良も起こしやすい。酸性にも弱い作物である。

したがって，根の伸長を促進し，地上部の生育を旺盛にするために，土壌条件のよい圃場を選定することにしている。適湿を保つ肥沃な水田，排水良好な砂壌土，壌土などが適する。

また青果栽培地から離れているほうが，病害虫の発

採種栽培（貝塚早生，淡路中甲高）

生が少ないので望ましい。通風のわるいところでは，スリップスや病気の被害が多いので，通風のよいことを採種地としての条件としている。

### 2. 元肥施用

**施肥時期** 肥料の効果を高めるため，滝本さんは，生育期に対応して肥料を施している。

タマネギは1月下旬〜2月下旬にかけて花芽分化を起こす。花芽分化を起こすと，花軸の伸長に養分が使われて株の太りがわるくなるので，花芽分化期までに株を太らせることが重要である。これ以後は花芽の発育を促進し，種子の充実をはかる。

採種栽培の10a当たりの施肥成分の適量は，窒素25〜28kg，燐酸22〜25kg，加里25〜28kgである。

母球の植えつけから収穫までの期間が比較的長いので，生育中・後期に一時的な肥料切れをすると，花球が小さくなり，病気に対する抵抗力が弱くなる。そこで利用率の高い，各種の養分を供給する意味で，滝本さんは有機質肥料と堆肥を併用して施肥している。

**三要素の施し方** 窒素質肥料は利用率を高める点から，分施を行なっている。滝本さんは3〜4回に分施している。最後の施肥は4月下旬〜5月上旬にしている。それ以後の施肥は，効果がいちじるしく減退するだけでなく，登熟期をおくらせるので行なっていない。

燐酸はタマネギの発根を早め，発根量を多くする。そして発生した新根が，燐酸を充分吸収できるような状態におかれたものほど，その新根は太く，よく伸びる。したがって，1〜3月にかけ肥効が現われるようにするため，元肥に主力をおいて施用している。作物は根から酸を出して，燐酸を吸収しやすい形にかえ，それを吸収するのだから，窒素とは違って流亡の心配は少ない。

加里はタマネギ採種栽培の生育後期に多量に必要となるので，元肥で半量を全層施肥し，残りは2月末までに施してしまうのが効果的である。なお種子をとるのが目的なので，とくに燐酸と加里を効かせるよう考えて施している。

**石灰散布** 採種タマネギの栽培地は水田裏作が主体なので，栽培予定地のイネの刈取りを10月中旬に行ない，刈取りが終わったら全面に石灰を散布し，酸性を

第1表　栽培暦　　品種　淡路中甲高

| 生育月 | 10 | 11 | 12 | 1 | 2 | 3 | 4 | 5 | 6 | 7 |
|---|---|---|---|---|---|---|---|---|---|---|
| 生育 | ―植えつけ― | | ―発芽― | | ―花芽分化― | ―抽台― | | ―開花― | | ―収穫― |
| 作業と注意事項 | 元肥施用（有機質肥料を中心に施用）植えつけ間隔一〇〇〜一二〇cm×二一〜三〇cm | 軽く中耕，土寄せして畦をつくる　発芽不良株の植えかえ | 第一回追肥　寒害防止のため堆肥を散布 | 第二回追肥　根が全面に張っているので断根に注意　充分土寄せを行ない，倒伏を防止 | 第三回追肥　倒伏防止のため，なわを張る | 七日ごとに病害虫防除　タマネギの中にイネ直播 | 病害虫の発生最盛期になるので防除　花球の中にもかかるよう散布を五日ごとに行なう | 晴天の日を選び適期に収穫 |

第2表　タマネギ採種栽培の施肥例

施肥例(1)　　　　　　　　　　　滝本さんのばあい

| 肥料名 | 全量 | 元肥 | 追肥 | | | 成分量 |
|---|---|---|---|---|---|---|
| | | | 1月中旬 | 2月中旬 | 3月上旬 | |
| | kg | kg | kg | kg | kg | kg |
| 堆肥 | 1,000 | 1,000 | | | | 窒素 27.8 |
| 鶏糞 | 190 | 190 | | | | 燐酸 32.6 |
| 高度化成 | 160 | 30 | 50 | 40 | 40 | 加里 25.0 |
| 苦土石灰 | 100 | 100 | | | | |

施肥例(2)

| 肥料名 | 全量 | 元肥 | 追肥 | |
|---|---|---|---|---|
| | | | 1月下旬〜2月上旬 | 2月下旬〜3月上旬 |
| | kg | kg | kg | kg |
| 堆肥 | 1,000 | 1,000 | | |
| 鶏糞 | 150 | 150 | | |
| 硫安 | 40 | 10 | 20 | 10 |
| 尿素 | 10 | | | 10 |
| いげた燐酸 | 120 | 80 | 40 | |
| 硫酸加里 | 37 | 19 | 18 | |
| 苦土石灰 | 120 | 120 | | |

第3表 10 a 当たり必要母球量

| 球 重 | 株 数 | 母球重量 | 注 |
|---|---|---|---|
| 225 g | 4,500～4,000株 | 940 kg | 母球の1球重により株間を増減する。 |
| 263 | 4,000～3,800 | 1,015 | |
| 300 | 3,800～3,600 | 1,125 | |

矯正する。さらに堆肥を全面に施し、ただちに荒起こしし、堆肥や石灰を作土にすき込んでしまう。元肥は畦全面に均一に施し、よく土と混合して肥料を土壌になじませておく。元肥は主として栽培期間中、養分を供給するために施すものであるから、植えつけ直後に肥料を施したり、肥料を施し混合せず土壌とよくなじんでいないところに植えつけると、根に障害を与えるから充分注意する。

### 3. 母球の準備

滝本さんは、早生種は、採種地から離れた県内青果栽培産地の農協、または農家に原種を配布して栽培した中から、母球を選抜している。中生、晩生種は、青果栽培の本場である淡路の三原地方で選抜したものを植えつけている。

母球は、適応性が強く栽培しやすく、丈夫で多収性品種である貝塚早生、淡路中甲高を中心に、品種個有の形状をもち、罹病の心配のないもの、萌芽していないもので、大球を選ぶ。小球を使用すると肥大のわるい系統になることがあるので、1球225～300 g の大球を選ぶようにしている。10 a 当たり約1,100 kg を準備する。

### 4. 植えつけ

タマネギの根は30～50 cm の深さに分布するので、土は深いほどよい。耕うん機で深く耕し、植え溝を1.2 m ごとに切る。タマネギは乾燥にも多湿にもよく耐えるが、たまり水では生育がわるく、病害も多いので、6 m ごとに排水溝をつくっておく。

冬までに充分生育した太い株は開花結実がよいが、植えつけが早すぎるばあいは年内に生育がすすみすぎて、冬期に寒害をうけ、葉先が枯れる。植えつけが遅れると、発根が遅く、根群の発達、生育ともに悪く、

第1図 母球の植えつけ
10月下旬～11月上旬に、畦幅100～120 cm、株間 21～30 cm に植えつける

抽台してくる球が小さくなり、多収は望めない。

滝本さんは10月下旬、遅くとも11月上旬までに植えつけている。畦幅、株間は球の大小により増減しているが、畦幅100～120 cm、株間20～30 cm、1条に1球ずつ、母球と土が密着するようにややおさえぎみに植えつける。

このとき球に土寄せすると、病害の発生が多くなるので、発芽後に土寄せしている。冬期乾燥防止のため、12月中旬～下旬に畦上に堆肥を施す。

### 5. 追肥

追肥には化成肥料で速効性で、窒素の多く含まれているものか、尿素、硫安などを施用する。採種タマネギは、根の分布がきわめて少ない冬期に、少量ではあるが重要な肥料を吸収するので、主として速効性の肥料を用いている。

（1）植えつけ（10月下旬～11月上旬）

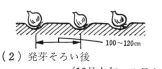

（2）発芽そろい後（12月中旬～1月上旬）

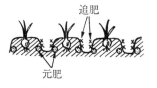

（3）抽台～収穫（6月～7月中旬）

イネ（タマネギの中に5月上～中旬直播）

（4）タマネギ採種後のイネ直播の状態

タマネギ採種後残桿をイネの条間に投入

第2図 タマネギの植えつけから収穫までの生育と圃場の変遷

第1回追肥は1月中旬で，このときは条間に施し，中耕をかね土寄せし，土とよく混合する。タマネギの株元近くに肥料をやると根に障害を与えるから充分注意する。第2回は1月中旬，第3回は2月下旬～3月中旬で，畦間へ施用し，浅く打ち起こし土とよく混合している。

### 6. 中耕，土寄せ，除草

11月中～下旬になると萠芽するから，そのころ第1回の土寄せを行なう。12月下旬～1月上旬，圃場を見まわり，萠芽不良，罹病したものは植えかえ，そろいをよくする。第2回の土寄せは，抽台しかけたとき行ない，花軸の倒伏を防ぐ。抽台をはじめると根が畦全面に広がるから，この時期に断根しないようにする。1母球から6～7本抽台するのがよい。

### 7. 倒伏防止

開花が近づくと，花梗が倒れやすくなるから，4月中旬～下旬に倒伏防止のため，畦に2～3mごとに支柱を立て，なわを張っている。なわで支柱と支柱との間に，花軸をはさむ。ただしあまり強くしばると，花球が互いに接近し，風通しが悪くなって思わぬ失敗をするから注意する。また中耕するたびに土寄せして倒伏を防ぐ。抽台後は乾きすぎると，種子の充実を悪くするから，適宜灌水している。

### 8. 病害虫防除

タマネギ採種栽培に発生する病害虫の主なものは，ベト病，灰色カビ病，コクハン病，スリップスなどで，ともに採種量を左右する重要な病害虫である。

病害の防除は，ダコニール，トリアジン，マンネブダイセン水和剤などの600倍，トップジン水和剤700倍，スクレックス水和剤1,500倍などの薬剤を交互に散布する。3月初旬から，結実期にかけ，薬剤散布を計画的に行ない，予防的に早期に防除している。

スリップスの防除は，エストックス乳剤1,500倍，バイジット乳剤1,000倍などを使用する。開花期以後は雨がかかると，花球の内部は高温，多湿となり，そこに密生する小花梗はおかされやすくなるから，抽台期と花球の開苞期を中心に，噴孔を花球に近づけ，花球の中に薬が充分かかるようにする。防除は，病害防除薬剤と混合して散布する。回数は多く20～25回も防除している。

タマネギは薬剤がつきにくいので，展着剤を加えてむらができないように散布する。展着剤は開花期まで

第4表 タマネギ採種栽培の防除例（滝本さん）

| 時期 | 対象病害虫 | 散布回数 | 使用薬剤 | 濃度 | 散布量 | 注 |
|---|---|---|---|---|---|---|
| 2月 | ベト病<br>白色エキ病 | 2回（10日ごと） | 混合 {トリアジン水和剤<br>ダイセン 〃 | 600倍<br>400 | 80ℓ | 展着剤は通常の2倍加用 |
| 3月 | ベト病<br>白色エキ病<br>灰色カビ病<br>スリップス | 3回（10日ごと） | 混合 {トリアジン水和剤<br>ダイセン 〃<br>エストックス乳剤 | 600<br>400<br>2,000 | 100～120 | 霧を細かくして散布 |
| 4月 | ベト病<br>白色エキ病<br>灰色カビ病<br>スリップス | 4回（7日ごと） | 混合 {ダコニール水和剤<br>エストックス乳剤<br>混合 {トリアジン水和剤<br>エムダイファ 〃<br>バイジット乳剤 | 600<br>1,500<br>600<br>600<br>1,000 | 150～160 | |
| 5月 | 同上<br>黒ハン病 | 5回（6日ごと） | 混合 {ダコニール水和剤<br>エストックス乳剤<br>混合 {トリアジン水和剤<br>ダイセン 〃<br>バイジット乳剤 | 600<br>1,500<br>600<br>400<br>1,000 | 180 | 5月上～中旬は灰色カビ病発生最盛期なのでとくにていねいに散布 |
| 6月 | 同上 | 6回（5日ごと） | 混合 {スクレックス水和剤<br>エストックス乳剤<br>混合 {トリアジン水和剤<br>マンネブダイセン〃<br>エストックス乳剤 | 1,500<br>1,500<br>600<br>600<br>1,500 | 180 | 開花中は展着剤をひかえめに加用。雨中散布も行なう。スリップスは乾燥に多く発生するので注意 |
| 7月 | 同上 | 2回（7日ごと） | 混合 {ダコニール水和剤<br>バイジット乳剤 | 600<br>1,000 | 180 | |

第3図　開花中の花球（6月中旬）

第4図　刈取り風景（7月15〜20日）
花梗を30cmつけて刈り取り，7〜8本ずつ束ねる

は充分加え，開花中はやや少なめにする。

薬剤量が不足したり，散布が粗雑だと，いちじるしく効果が落ちる。散布はとくにていねいに行ない，動噴の噴口板は，5haごとにとりかえている。

また近くのワケギやネギにも散布し，伝染源を少なくする。タマネギの開花，結実期が梅雨期になることは避けられないので，降雨の連続するばあいでも，なるべく降雨前または雨の合間を利用して，適期防除に努めること。このばあい薬剤は，2〜3割濃いものを使用し，散布間隔を短くするようにしている。

滝本さんは「タマネギ採種栽培は病害虫防除を中心とした，集約経営である」といっており，「防除は，機械的にやるのではなく，その年の天候と生育状況に応じて実施することが，とくに大切だ」と語っている。

### 9. 刈取り，追熟，乾燥

第3図のように6月10〜20日に開花したものは，7月15〜20日に花梗の上部3分の1が黄変し，花球が10〜20%割れ，黒い種子が外から見えるようになるが，このころが収穫の適期である。これより早く刈ると未熟で，軽い種子になり，反対にこれ以上おくと，こぼれ落ちたり雨にあって質をおとしたりする。収穫は第4図のように花梗を30cmつけて刈り取り，7〜8本を結束して，風通しのよい屋内や軒先の横竹に吊し，10〜12日追熟陰干しして乾かす。

### 10. 調製

晴天の日を選び，陰干しにしておいたものを取りはずし，まず花梗を基部から切り取り，この花球は1日ほど，むしろ干しをする。脱粒は回転数をおとした動力脱穀機で行ない，これを篩にかける。残りはふたたび脱穀機にかけ，篩選したものをさらに2〜3回くり返して唐箕選し，夾雑物を除いて清潔な種子とする。これによって1ℓ当たり460〜480gのみごとな種子が得られる。

10a当たり採種量は早生で145〜180ℓ，中晩生種で180〜230ℓで年柄による収量の差が大きい。調製した種子はさらに，採種組合の検査員によって，水分含量，発芽歩合，重量について検査を行ない，合格したものは二重袋に200ℓづめして各方面に出荷している。

### ＜栽培技術上の問題点＞

安定した生産をあげている滝本さんのタマネギ採種栽培技術を，さらに向上させるためには次の諸点の改善が必要だ。

**母球の養成**　タマネギの母球は退化しやすいので，よい種子を生産するには，母球の厳選が絶対条件である。

現在は母球を淡路地方から購入している。このため母球を輸送しなければならず，採種タマネギの生産費が非常にかさむことになる。採種母球の養成を採種地でできるよう，産地を育成しなければならない。また今までは委託採種が主であったが，これから産地として発展していくためには，本県独特の新品種の育成を

第5図　採種タマネギの集団栽培
豊中町桑山地区だけで40haが集団栽培されている

**第6図 採種タマネギと間作直播イネ**
5月中旬に播種し,写真は6月下旬の生育状況

はからなければならない。

**病害虫防除** 産地が古くなり,毎年連作しているので,病害虫や各種の生理障害がしだいに認められているので,採種組織の統一,病害虫防除の徹底をはかって防除の効率化を実現したいものである。また,施肥量や施肥時期についても検討する必要がある。

### <付>経営上の特色・問題点

**経営立地** 滝本さんの住む,香川県三豊郡豊中町は,香川県のタマネギ採種栽培の中心地で,豊中町桑山地区で40haが集団栽培されている。

七宝山南部一帯は雨の少ない香川県でもとくに少なく,年平均気温15℃,降雨量1,000mmである。しかし,讃岐山脈から流れてくる財田川の恩恵で水量もまた豊かで,土質は沖積層,砂壌土,壌土の肥沃な水田地帯である。桑山地区はタマネギ採種栽培の天恵の適地である。

採種タマネギが導入されたのは,イネ→ムギという単純二毛作経営の中に,なにか換金作物を導入し,経営の安定をはかろうとする願いから発したものである。今日,採種農家が増加し発展したというのも,採種の適地であったことと,最初に導入した滝本さんを中心とする採種研究家の熱心な努力により,採種技術の改善向上がはかられ,生産の安定化が確立されたためである。同時に,後作にはタマネギ間作直播イネの結びつきという,一つの作付け体系が確立されたことだ。

**経営の概況** 滝本さんのタマネギ採種栽培の導入は昭和22年である。昭和27年には採種組合が結成され,母球の導入および栽培,そして種子の販売と機構が確立された。以後栽培面積を拡大し,現在,採種タマネギを70a,ミカン10a,イネ70a,肥育牛3頭の経営規模に発展した。タマネギ採種栽培+イナ作を主とし

**第5表 採種タマネギの生産費(10a当たり)**

| 費 目 | 金 額 | 注 |
|---|---|---|
| 種 苗 費 | 53,000円 | 母 球 代 |
| 防 除 費 | 14,400 | 農 薬 |
| 肥 料 費 | 9,640 | 購入肥料 |
| 諸 材 料 費 | 6,700 | なわなど |
| そ の 他 | 6,000 | 賦課金など |
| 計 | 89,740 | |

**第6表 10a当たり労力**

| 作 業 | 労 力 |
|---|---|
| 耕 起, 整 地 | 1人 |
| 母 球 植 え つ け | 4 |
| 管 理 | 15 |
| 防 除 | 9 |
| 収 穫 | 12 |
| 乾 燥, 調 製 | 6 |
| 出 荷 | 2 |
| 計 | 49 |

た営農形態である。

**家族構成と農業従事** 家族は,滝本さん夫婦と息子さん夫婦,孫1人の合計5人であり,農業従事は滝本さん夫婦である。

採種タマネギには10a当たり49人の投下労力を要しており,収穫取り入れに労力が集中するので,収穫期の早い早生,遅い中生,晩生種と組み合わせ,労働配分を考えてはいるが,なお不足するので,収穫期には50人ほど雇用を入れている。

長年の経験とタマネギ採種栽培の本性をよく理解して,合理的な管理により安定した収量を上げており,周辺農家の技術のリーダーとなっている。

**生産費の節減と栽培の省力化** 生産費の内訳をみると第5表のとおりである。10a当たり,種苗費は生産費の59%の5万3,000円,これは母球代であり,ついで薬剤費が16%の1万4,400円である。

肥料代も10.7%の9,640円,その他資材費,出荷経費など合計すると,10a当たり8万9,740円見当は要するようだ。だから労働費をみると10a当たり17～18万円の粗収益をあげないと有利な作物とはいえない。

労力調査をした第6表をみると,労力配分に苦労するのは,薬剤散布が田植え時期で競合すること,つづいて花球の収穫調製となるため,労働過重となることである。労力不足のおりから,労働配分と防除,収穫など栽培の省力化を考える必要がある。

**経営の方向と考え方** タマネギ採種栽培は跡作にイネが結びつき,作付体系が確立され,昭和27年ころか

精農家の栽培技術

ら45年ころまでは，種子の生産も少なく，価格変動の大きい作物ではあったが，豊作貧乏というようなことはなく，栽培も安定していた。しかし，近年全般的な採種技術の進歩と栽培規模拡大がすすみ，種子の生産は過剰ぎみで，価格はますます不安定になっている。

タマネギ採種＋イネ中心の経営では不安定なので，採種栽培は省力化により，生産性を高める必要がある。生産性を高めるためには，滝本さんは，「生産組織の確立をはかり，共同化により自県産母球産地の育成，貯蔵，栽培管理，病害虫防除などの，採種経営の合理化をしたい」と語っている。また，タマネギ採種のほか，ネギ，ミツバなど各種野菜の採種栽培，ブドウ，畜産などを導入し，タマネギ採種栽培と組み合わせた，複合経営により，所得の向上をはかり，発展していきたい，と考えている。

《住所など》　香川県三豊郡豊中町
滝本重一（62歳）
執筆　香川清顕（香川県三豊農業改良普及所）
1973年記

◎雨が少ない香川県で全国にタマネギの種子を供給するために行なわれている採種栽培を解説した貴重な記録。

# 牛糞堆肥の多用, イネ—レタスと組み合わせた水田裏作栽培

## 暖地青切栽培（ひかり, さつき, ホーマ）

香川県三豊郡大野原町　高橋　実さん

早春の苗床での高橋さん

### 経営の概要

| 立　　地 | 香川県の西端, 平坦水田地帯, 沖積層壌土 |
|---|---|
| 作目・規模 | イネ150a, レタス100a, タマネギ80a, ハクサイ（春）60a, タバコ50a |
| 労　　力 | 本人, 妻, 母……2.5人 |
| 栽培の概要 | 9/12～23播種, 10/25～3/上定植, 5/10～6/10収穫 |
| 品　　種 | ひかり, さつき, ホーマ |
| 収　　量 | 10a 当たり 5～6t |
| 技術の特色 | ①露地野菜（タマネギ, レタス, ハクサイ）主体の複合経営。労働配分のためタバコ, イネ, ムギとの組合わせ<br>②良苗を育成するため, 苗床には堆肥を充分施し, 土壌消毒を励行<br>③定植後の乾燥防止で活着促進し, 堆肥を多用し, 冬季の根群発達を促進<br>④病虫害を適期に徹底防除 |

## ＜地域と経営のあらまし＞

### 1. 地域の特色

　高橋さんの住む香川県三豊郡大野原町は香川県の西端に位置し, 東南にのびる讃岐山脈の山ぎわから約5km, 北西の燧灘海岸から約6km入った排水のよい平坦水田地帯である。年平均気温は15℃, 月平均気温の低いのは2月で5.4℃, 降水量は年間1,100～1,200mm, 温暖少雨な気象条件であり秋まきタマネギの普通栽培に適する。昭和45年にタマネギの産地指定をうけ, 現在450haの栽培面積があり, 古くから青切りタマネギの主産地である。

　この地域の農業経営は, 野菜指定産地をうけているタマネギ, レタス, 春ハクサイ, キュウリ, などを基幹作物として, イネ, ムギ, タバコを組み合わせた複合経営の形態をとっている。

### 2. 経営の概要と栽培のねらい

　高橋さんのタマネギつくりは古く, 昭和16年ころム

#### 第1表　年間の気象

| 月 | 最高気温 | 最低気温 | 平均気温 | 日照時間 | 降水量 | 晴天日数 |
|---|---|---|---|---|---|---|
|  | ℃ | ℃ | ℃ | 時 | mm |  |
| 1 | 8.6 | 2.2 | 5.5 | 151.8 | 41.1 | 20 |
| 2 | 9.0 | 1.9 | 5.4 | 157.9 | 50.9 | 21 |
| 3 | 12.2 | 4.0 | 7.9 | 193.4 | 80.2 | 17 |
| 4 | 17.7 | 8.8 | 12.9 | 205.1 | 96.8 | 12 |
| 5 | 22.2 | 13.6 | 17.5 | 216.3 | 112.6 | 19 |
| 6 | 25.2 | 18.4 | 21.4 | 179.7 | 172.0 | 10 |
| 7 | 29.7 | 23.2 | 25.9 | 222.4 | 157.4 | 14 |
| 8 | 31.8 | 24.1 | 27.4 | 261.0 | 84.8 | 22 |
| 9 | 27.9 | 20.3 | 23.7 | 183.9 | 164.3 | 12 |
| 10 | 22.1 | 13.6 | 17.6 | 181.3 | 101.3 | 23 |
| 11 | 16.9 | 8.5 | 12.6 | 169.6 | 63.2 | 13 |
| 12 | 11.5 | 4.5 | 8.1 | 148.1 | 38.9 | 20 |
| 合計 | — | — | — | 2,270.5 | 1,163.5 | 203 |
| 平均 | 19.6 | 11.9 | 15.5 | 189.2 | 97.0 | 16.9 |

精農家の栽培技術

第1図 生育と作業のあらまし　　　　　　　　　　（品種：ひかり）

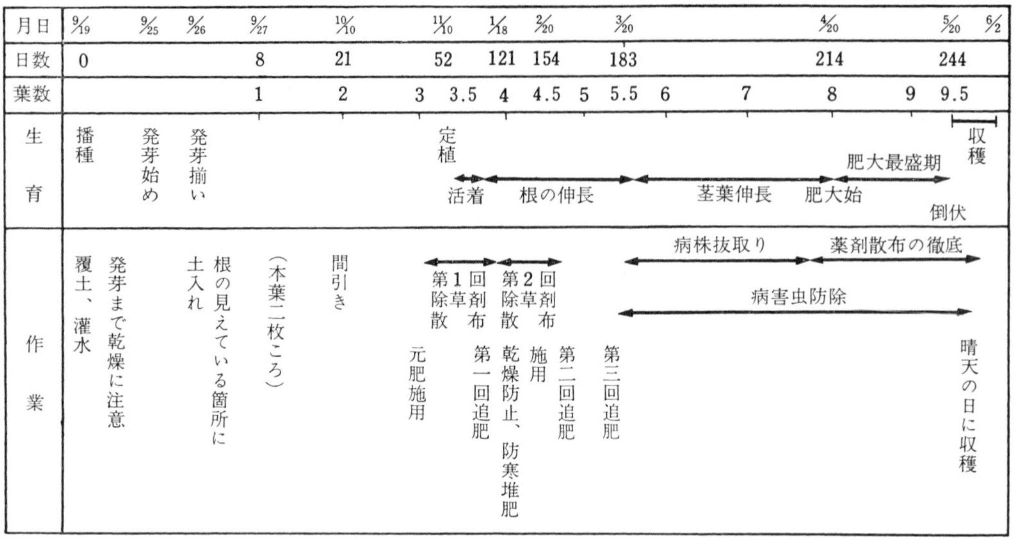

| 月日 | 9/19 | 9/25 | 9/26 | 9/27 | 10/10 | 11/10 | 1/18 | 2/20 | 3/20 | 4/20 | 5/20 | 6/2 |
|---|---|---|---|---|---|---|---|---|---|---|---|---|
| 日数 | 0 | | | 8 | 21 | 52 | 121 | 154 | 183 | 214 | 244 | |
| 葉数 | | | | 1 | 2 | 3 | 3.5 | 4 | 4.5 | 5 | 5.5 | 6 | 7 | 8 | 9 | 9.5 |
| 生育 | 播種 | 発芽始め | 発芽揃い | | | 定植 | | | | 肥大最盛期 | | 収穫 |
| | | | | | | ←活着→←根の伸長→←茎葉伸長→←肥大始→ | | | | | | 倒伏 |
| 作業 | 覆土、灌水 | 発芽まで乾燥に注意 | 根の見えている箇所に土入れ | (本葉二枚ころ) | 間引き | 第1回除草剤散布 元肥施用 | 第2回除草剤散布 乾燥防止、防寒堆肥 第一回追肥 | 第二回追肥 | 第三回追肥 | 病株抜取り | 薬剤散布の徹底 病害虫防除 | 晴天の日に収穫 |

ギの代作として導入し，秋まき普通栽培で早生種から中晩生種を使用している。9月上旬〜10月中旬播種，10月下旬〜3月上旬定植，5月中旬〜6月中旬収穫，7月上旬出荷，という栽培である。品種は，早生種のひかり，中生種のさつき，春植えのホーマを使用。品種，播種期，収穫期をうまく組み合わせ5月中旬〜6月中旬まで収穫する水田裏作の栽培体系を確立している。

圃場は砂壌土〜壌土で，有機物を多用しつねに土つくりを行ない，早生種で約5t，中生種で約6tと高い収量をあげている。

農業に従事する家族労力は高橋さん夫婦と母の3人で，タマネギの定植，収穫にはどうしても労力が集中し，自家労力では不足するので，30人を雇用している。この雇用労力を少なくするため，労働力の配分を考え，早生，中生，晩生品種をうまく組み合わせ，定植を11月〜3月上旬までの長期間に植え付け，収穫も早生種は5月中旬，中生種は6月中旬収穫と栽培期間を長くするなどして労働力を配分している。

＜技術の特色＞

良品質の青切りタマネギを多収するために，圃場に有機物を多施用して土つくりをし，保水性，通気性をよくして揃った若苗の健苗を育成し，植えいたみをさせないよう，植付け後の乾燥を防止して活着を促進させ，冬季の根群の発達を促す。多肥栽培をさけ，病害虫は予防的に適期に徹底防除をしている。

①揃った健苗の育成

タマネギはとくに苗の素質が作柄に直接結びつき，苗がよければ栽培自体が楽である。苗の大きさの目標は，40〜50日育苗，早生種で茎の直径6〜7mm，重さ6〜7g，中晩生種で茎の直径6mm，重さ5〜6gである。よい苗をつくるには，苗床の土つくりが大切で，8月上〜中旬までに完熟堆肥を充分施し，土地の肥えた圃場で日当たり，保水，排水などがよく，灌水に便利な苗床を選ぶことである。

播種は早生，中生ともこの地域の標準の播種適期より2〜3日おそい。発芽後は乾燥に注意し，間引き，除草などおくれないよう行ない，早く生育させ，若苗の健苗をつくるようにしている。

②定植後の活着の促進

定植するとき，苗をいためたり傷つけたりすると苗の品質を悪くして，その後の生育に大きくひびく。定植時の根の傷害は活着を悪くし，また葉の傷害は葉数の減少に結びつき，いずれも定植後の，茎葉が伸び始める春の発育，それに続いて始まる球の肥大を悪くする原因になる。

植えいたみをさせないために，また苗の根はできるだけ切らないために，苗とりの前日に充分灌水してとりやすくしておく。乾燥は活着をおくらせるので，定植は根を深くし苗の下部2〜3cmの深さに植え，定植後は充分灌水して冬季の根の発達をよくしている。

③多肥栽培はさける

増収するためには多肥栽培になりがちである。しか

し，多肥や窒素偏用，遅肥などのため，葉色がまっ黒で，茎葉が細長く徒長し倒伏しないばあいは，増収はおろか，病虫害をうけやすくなり，むしろ腐敗を招いて減収するので，多肥栽培は充分注意する必要があるとしている。

④病害虫の防除は先手をうって

タマネギの病害虫は，降雨後の高温多湿の時期に灰色かび病，白色疫病，べと病などが多発しやすいから，病害虫防除は先手をうち，予防的に計画的な総合防除を実施して，苗床，本圃では病害虫を発生させないようつねに注意している。

### ＜土つくりと土壌病害対策＞

#### 1. 土地利用のしくみ

高橋さんが栽培の中心としている秋まき青切りタマネギは水田裏作にとり入れている。もっとも広く栽培されている作型で，気象条件がタマネギの生育に適しており，5月中旬～6月中旬に収穫し，市況に応じてただちに出荷する。そのため収穫最盛期の出荷となり，市場価格は安い。主に中晩生系の品種を選んでいるため，多収穫栽培をすることができ，増収をねらった栽培法によって収益をあげることができる。

またイネ—タマネギ，イネ—レタス—タマネギ（2月定植）の基本輪作体系に春ハクサイ，タバコをたくみに組み合わせ，自家労働を中心に，労働力の配分を考えて競合を少なくし，合理的な複合経営により成果をあげている。

#### 2. 土つくりの方法

品質のよい青切りタマネギを長く多収生産するために高橋さんは，土壌が適量の有機物（腐植質）を含み，地力が高いことが必要であるという。

一般に今までは，稲わら，麦わらを堆肥に積んで圃場に還元していたが，イネ，ムギ栽培の減少や機械化により堆肥原料の確保がむずかしくなったり，労働力が不足したりしてだんだん堆肥をつくる人が減り，従来もっていた土壌の有機物含量がしだいに減って，地力が減退してきている。

しかし高橋さんは，定植前に有機質資材としての牛糞堆肥の施用と深耕とにより，土つくりを積極的に行ない効果をあげている。

牛糞堆肥は，価格的には安く確保できるが，おがくずが多量に入っているため分解しにくい。未熟なものを連用すると窒素飢餓を生じ，有用菌の繁殖に悪いといわれるので，牛糞堆肥は2～3か月間くらい堆積し，充分発酵したものを施用している。よく腐熟した牛糞堆肥を毎年10a当たり3t以上施用している。

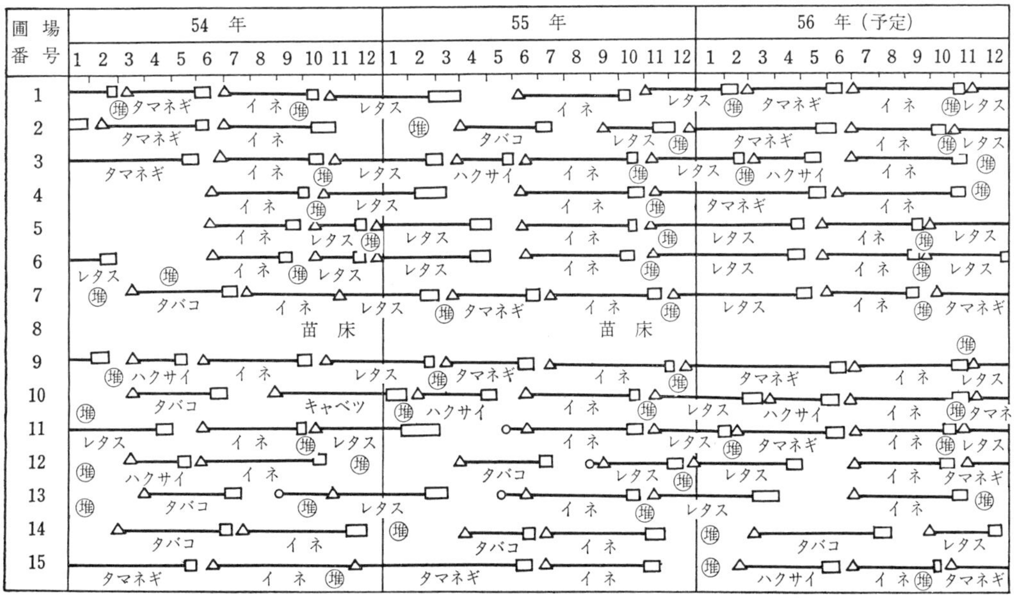

第2図　圃場ごとの土地利用と作付体系

第2表　各圃場の条件

| 圃場番号 | 面積 | 土性 | 作土の深さ | すき床下の土質 |
|---|---|---|---|---|
| | a | | cm | |
| 1 | 5.2 | 沖積層壌土 | 20 | 壌土 |
| 2 | 11.6 | 〃 | 20 | 〃 |
| 3 | 10.9 | 〃 | 15 | 埴壌土 |
| 4 | 3.8 | 〃 | 25 | 壌土 |
| 5 | 7.3 | 〃 | 25 | 〃 |
| 6 | 7.4 | 〃 | 25 | 〃 |
| 7 | 13.0 | 〃 | 25 | 〃 |
| 8 | 3.0 | 沖積層砂壌土 | 25 | 〃 |
| 9 | 13.5 | 〃 | 25 | 砂質壌土 |
| 10 | 7.6 | 〃 | 25 | 〃 |
| 11 | 10.9 | 〃 | 25 | 〃 |
| 12 | 10.8 | 〃 | 25 | 〃 |
| 13 | 9.8 | 〃 | 25 | 〃 |
| 14 | 23.0 | 〃 | 25 | 〃 |
| 15 | 50.0 | 砂地 | 20 | 〃 |

注　圃場No.15は干拓地，すき床なし，地下水位50cm，排水良。No.1～14はすき床あり，地下水位2m，排水良

深耕と有機物の多用による土つくりで，根域は深く広くなっている。

＜栽培技術＞

青切りタマネギ栽培では，多収であること，収益性の高いLM球を主体に生産をすることが目標になる。このばあい中生の多収性の品種を選び，適期に播種し，若苗を植えいたみのないよう定植し，タマネギ個々の生育過程に応じて生育を促進させることが大切であると高橋さんはいっている。

### 1. 品種の選定

冬季は比較的温暖，土質は砂壌土～壌土で，秋まき普通栽培を行なうと早生種～中晩生種を使ったばあい，早植えは10月下旬から定植しはじめ，おそ植えは春3月上旬までと，長期間に定植することができる。収穫も5月中旬から早生を収穫し始め，6月中旬までと長い期間に収穫し，青切りとして出荷したり，市場価格とにらみ合わせてごく短期間の小屋貯蔵をしたりすることができる。土地の高度利用と，自家労力の配分を考えてタマネギの定植期，収穫期や他部門との労働競合を少なくするため，早生種と中生種，春植えを組み合わせている。

早生種は，肥大が速いひかり，中生種は，生育旺盛，玉肥太りが良，耐病性あり，栽培しやすいさつき，春植えはホーマを使用している。

### 2. 育苗期

#### ①播種適期

早どりのひかりは9月12～15日，さつきは9月18～20日が適期である。これよりも早くまくと大苗になりやすく，抽台，分球する危険がある。逆に播種期がおくれると，苗床後期の生育が悪くなり，小苗しかできず，収量が低下する原因となる。

#### ②苗床つくり

苗床は毎年新しく設け，土地の肥えた保水，排水，日当たりのよい，病害虫の発生の少ない圃場を選ぶ。苗床が狭いと，苗がこみすぎてよくない。苗床面積は10a当たり約40～50m²を用意する。幅1.2mの平畦である。タマネギの幼苗は，とくに肥あたりしやすいので，播種20～30日前に完熟堆肥1a当たり300kg，苦土石灰12kg，高度化成12kgを全面に施し耕起しておく。苗床に堆肥を多く施し土つくりをしておくと，苗とりのとき根の切れることが少なく，とりやすい。

#### ③播種

発芽率70～90％なので10a当たり4～5dlの種子を用意する。播種は均一にまくことが大切である。種子が黒いため粗密がわかりにくいので，オーソサイドで種子消毒をかね粉衣して播種（3.3m²当たり35～40

第3図　青切り用の品種
左3株ニューセブン，中央3株さつき，右2球ニューコロナ

第3表　播種作業の手順　（10a当たり）

| 月日 | 作業 | 作業方法 |
|---|---|---|
| 9.1 | 堆肥，苦土石灰施用 | 完熟堆肥3t，苦土石灰120kgを施し全層を耕起 |
| 10 | 高度化成施用 | 高度化成120kgを施し全面耕起 |
| 11 | 苗床土壌消毒 | クノヒューム30，g/m²，3日間ビニール被覆，消毒後ガス抜き（3日） |
| 19 | 播種 | 苗床に灌水してから120ml/10m²の種子をまく |
| | 覆土 | 種子がかくれるていど。上からバーク堆肥を多めに散布 |
| | 灌水 | バーク堆肥の上から充分灌水 |

暖地青切栽培（ひかり，さつき，ホーマ）

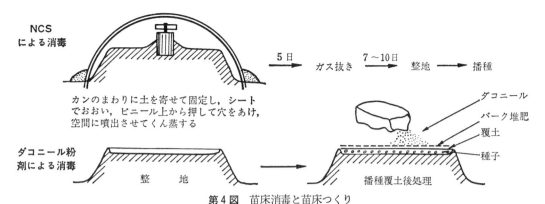

第4図 苗床消毒と苗床つくり
整地は畦幅120cmにし，畦の平面をていねいにならし平床に仕上げる

$ml$）する。播種が終わると鎮圧を行ない，種子が見えなくなるていどにうすく覆土をし，その上からバーク堆肥を多めに散布して充分に灌水を行なう。高橋さんは，バーク堆肥を散布すると，乾燥を防ぎ発芽がよく，雑草の発生も少なく良苗をつくりやすいといっている。

④発芽までの管理

発芽まで約5日を要する。乾燥すると発芽が悪く，おくれるので，発芽までは乾燥に注意し，夕刻灌水をする。

⑤発芽後の管理

発芽してくれば夕刻こもを取り除く。タマネギは初期に乾燥すると，生育が悪くおくれるので，ときどき灌水を行なう。

**間引きと除草** 種子の発芽率が年により多少異なるので，本葉2枚ころに苗のこみすぎているところは間引きをする。発芽初期の苗は台風による風雨の被害や，立枯病におかされやすいので，間引きはあまり早く行なわない。苗がこみすぎていると株元まで日光が当たらず，充実した苗ができない。苗床はバーク堆肥で被覆しているので雑草の発生は少ないが，雑草はタマネギより早く発芽してくるので，間引きと同時に除草もあわせて行なう。

**苗床の追肥** 苗床肥料は堆肥，化成肥料を元肥に充分施しているので，ふつう不足することはないが，生育の悪いときは追肥として，液肥300倍を2～3回灌水を兼ねて施す。植えいたみの少ない，活着のよい苗にするには，燐酸をよく効かせることで，発根力のよい苗ができる。植付け10～15日前に過燐酸石灰200倍の上澄液を葉の上から灌水する。

**苗床の病害虫防除** 産地が古くなるとどうしても病害虫が多くなり，生育初期には立枯病，苗腐病が多く発生し，中期から後期にはべと病，灰色かび病などが発生し，葉先が枯れる苗床が目立ってくる。なかでも灰色腐敗病（ボトリチス アーリー）による球腐れは，病菌を苗床から本圃に持ち込む危険が非常に多いようなので，苗床はクロールピクリンかＮＣＳ剤などで土壌消毒している。

発芽後苗床には，ダコニール，ダイセンの600～800倍液を3～4回散布して防除につとめている。

第4表 定植の手順

| 月 日 | 作 業 | 作 業 の や り 方 |
|---|---|---|
| 11・2 | 元肥施用～畦畦つくり | 前作収穫後に元肥を全面散布，トラクターにロータリーをつけて深さ20cmに耕起，高さ約15～20cmの畦をつくる。表面は均平にならす |
| 11・9 | 作条，植え穴つくり | 作条植穴機で作条をつける |
| 〃 | 苗 と り | 苗とりの前日に充分灌水，根はできるだけ切らないようにとる。1本重5～6gの苗がよい |
| 〃 | 苗 浸 漬 | ベンレート500倍液に苗下半分を瞬時浸漬 |
| 11・10 | 植 付 け | 植付けは根を深く，苗の下部を2～3cmの深さに植える |
| 〃 | 灌 水 | 充分灌水，畦間灌水を行なうと活着がよい |
| 11・15 | 除草剤散布 | シマジン10a当たり70gを水150～200ℓに溶かし散布 |

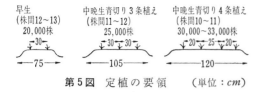

第5図 定植の要領 （単位：cm）

## 3. 定植期

### ①畦つくり，定植本数

タマネギは定植本数と収量との関係が深く，欠株の多少は収量に影響する。早生種で畦幅75cm，株間12～13cmの2条植え（2～2.5万本/10a），青切り用中晩生種で畦幅105cm，株間11～12cmの3条植え（2.5～3万本/10a）または畦幅120cmの4条植えとする。

### ②元肥

タマネギは多肥を好む作物で，窒素，燐酸，加里どれを欠いても収量が少なくなる。

窒素は茎葉の生育にもっとも関係深い成分であり，充分効かせることが大切だが，多肥になると茎葉が徒長し，球の肥大がおくれ，収穫期もおくれ，腐敗球が多くなる。燐酸は球や根の伸長に関係が深く，球の肥大前に吸収させる。春先の燐酸施肥は肥効がおくれ，無駄になることが多いので元肥を中心として施しおそ

第5表 早生タマネギの施肥
(10a当たりkg)

| 肥料 | 全量 | 元肥 | 追肥 | | |
|---|---|---|---|---|---|
| | | | 1上 | 2上 | 3上 |
| 堆肥 | 1,500 | 1,000 | 500 | | |
| アズミン苦土石灰 | 100 | 100 | | | |
| たまねぎ化成 | 80 | 80 | | | |
| NK2号 | 60 | | 20 | 20 | 20 |
| リンマグ-17 | 40 | 40 | | | |

注 N 17.6, P 19.8, K 17.6

第6表 中晩生青切りタマネギの施肥
(10a当たりkg)

| 肥料 | 総量 | 元肥 | 追肥 | | |
|---|---|---|---|---|---|
| | | | 1中 | 2下 | 3下 |
| 堆肥（牛糞） | 3,000 | 3,000 | | | |
| 鶏糞 | 500 | 500 | | | |
| アズミン苦土石灰 | 100 | 100 | | | |
| リンマグ-17 | 20 | 20 | | | |
| タマネギ化成 | 120 | 120 | | | |
| NK2号 | 70 | | 20 | 20 | 30 |

注 N 25.6, P 17.3, K 22.5

くとも2月中旬までに終わらせる。加里は茎葉を充実させ収量を上げるが，それ以上に病害虫に対する抵抗性をつけるので，生育期間中，つねに加里が吸収されるよう3～4回に分けて施す。早どりは2月下旬，中生は4月上旬までに施す。

良品のタマネギを多収するカギはなんといっても土つくりにあるので，牛糞堆肥を毎年3t以上元肥として全層に深く施し，圃場の地力の維持増進につとめている。元肥の施し方は，根の伸長から考えて，牛糞堆肥，鶏糞，アズミン苦土石灰，リンマグは全面散布し，トラクターで耕起し全層にすき込むようにする。タマネギ化成は畦つくり前に施し，畦つくり後10～15cmの深さに打ち込むようにしている。

### ③苗の大きさ

播種時に定植する時期を考えに入れて作業している。

よい苗とは，育苗日数45～50日で葉のいたみがなく，徒長していず根が多く，茎の直径6～7mm，重さ6～7gていどの苗をさしている。苗がこの大きさになったときを定植適期としている。このような若苗は，根の再生がさかんで活着が早い。老化苗になって根際部がやや肥大したものは抽台，分球のおそれがある。

### ④定植適期

定植期は低温期に向かう季節なので適期の幅は狭いが，中生青切栽培では，良苗をつくり活着を促進すれば，おそ植えでも収量の差は少ない。

早どりの早生種は10月下旬～11月上旬が，青切りの中晩生種は11月中旬～3月10日が定植期である。定植がおくれて1～3月になるとさらに気温が低くなるので，根の伸長がにぶく，乾燥で活着がおくれたりして生育が多少不揃いになることがあるが，収量にはあまり差がない。中晩生青切りの定植適期の11月中旬～12月に定植したタマネギの収量の90％は生産できる。高橋さんは，この定植期の幅を上手に利用して，労働配分の合理化と土地利用の高度化をはかっている。

### ⑤定植と活着促進

良品を増収するためには，揃ったよい苗を同時に定植し，植えいたみさせないことが条件となる。タマネギの根は貧弱であり，定植時にはどうしても根が切られて地上部と地下部のバランスがくずれる。育苗時の根は，定植時の水分吸収に役立つ。断根して植えた苗は，定植後まもなく古根の外側から新しい根が出てくるが，それまでの育苗時の根の役割は大きい。植えいたみをなくし活着を促進するには，根はできるだけ切らないよう多くつけてとることである。苗とりの前に充分灌水しておくと，とりやすく，根を切らずに多く

つけてとることができる。

苗はいかに上手に育苗しても，規格どおりの良苗ばかりは育苗できないので，苗とりは前日の夕方に行ない，大きさにより選別しておき，小苗と大苗を除いて6～7gのものを定植する。苗とり後時間が経過して根がいたんだものは，活着がおくれ収量に悪影響をおよぼす。

畦立てして，引きずきで作条を切り，植え穴をつけ，そこに植えつける。根が地上にでないように，2～3cmの深さに植える。根を地表に出さないことや生長点を埋めないことが大切である。定植後は株元に灌水するか，畦間に灌水して活着の促進をはかる。

### 4. 定植後の管理

#### ①除草剤の散布

タマネギは密植するため中耕して除草するのは困難である。雑草の茂っている圃場では絶対に増収は望めない。除草は労力がかかるので，省力化のために除草剤を利用している。第1回は定植活着後にハービサン水和剤10a当たり150g（水量150～200l）を，第2回は2月下旬にクロロIPC乳剤10a当たり150～200ml（水量150～200l）を散布する。この2回の散布で除草効果は充分である。除草効果を高めるには，土壌表面をきれいに仕上げて，土壌水分を高めておき，雑草の発生する前に散布することである。

#### ②灌水

タマネギは冬季の温度，水分によって根の発達が違ってくる。乾燥すると根群の発達が阻害されたり，葉が枯込みを起こしたりする。土壌水分70～80％の多湿だと生育も肥大もよい。3～4月の茎葉伸長期は灌水の効果が高いので，一時多量灌水とする。

#### ③追肥

タマネギの根は，11～12月植えのばあい，2月ころまでは下方に向かって伸長し，分岐根は少ないが，3月に入ると畦の表面近くに根が伸長し，畦全体に広がるようになる。肥料は根の伸長最盛期に効かせるように施す。1月中旬と2月下旬のNK化成2号の追肥は，根の多く分布する土壌の表層部に施すようにし，3月中旬のNK化成2号の止め肥は，とくに場所を選ぶことなく施す。最後の追肥は，おそくなると春の乾燥期になり，肥効が低くなったりおくれたりするので，止め肥はなるべく土が湿気を帯びているときに施すのがよい。

#### ④病害虫防除

産地が古くなり，近年多くの被害を出しているもの

第7表 病害虫防除暦

| 月日 | 使用農薬 | 倍率 | 対象病害虫 |
|---|---|---|---|
| 2.25 | ダコニール水和剤 | 600倍 | 白色疫病，ボトリチス葉枯病 |
| 3.5 | 〃 | | 灰色かび病 |
| 3.15 | トップジンM | 1,500 | 灰色かび病，葉枯病 |
| | ホッコマイシン | 2,000 | 軟腐病 |
| | スミチオン | 1,000 | スリップス |
| 3.25 | ダコニール水和剤 | 600 | 葉枯病，べと病 |
| | ホッコマイシン | 2,000 | 軟腐病 |
| 4.5 | トップジンM水和剤 | 1,500 | 灰色かび病 |
| | スミチオン乳剤 | 1,000 | スリップス |
| 4.15 | ジマンダイセン水和剤 | 600 | 灰色かび病，べと病 |
| | スミチオン乳剤 | 1,000 | 黒斑病 |
| | | | スリップス |
| 4.25 | ジマンダイセン水和剤 | 600 | 灰色腐敗病，べと病 |
| | トップジンM水和剤 | 1,500 | 黒斑病 |
| 5.5 | ジマンダイセン水和剤 | 600 | 灰色腐敗病，べと病，黒斑病 |
| 5.15 | トップジンM水和剤 | 1,500 | 〃 |
| | ダコニール水和剤 | 600 | ボトリチス，葉枯病 |
| 5.25 | ベンレート水和剤 | 2,000 | 〃 |
| | ジマンダイセン水和剤 | 600 | 灰色腐敗病，黒斑病 |
| | スミチオン乳剤 | 1,000 | スリップス |

は，灰色腐敗（灰色かび）病，ボトリチス葉枯病，軟腐病，白色疫病などである。青切栽培は多収をねらうため多肥になりがちで，球の肥大期になって急に病気の発生が多くなる。初期から，とくに窒素肥料過多にしないようにすることが大切である。病気の発生が多くなるのは4月中旬～下旬からで，気温が15℃前後で雨の多いときに被害が大きい。

灰色腐敗病は，2月下旬から生育中のタマネギに発病しはじめ，地際から軟化腐敗し欠株となる。被害球を収穫貯蔵すると球を腐敗させる恐ろしい病気である。2月下旬～4月上旬まで本田の発病株を抜きとり，4月上旬からジマンダイセン600倍，ベンレート2,000倍，トップジンM1,500倍を散布して防除している。

ボトリチス葉枯病は，4月中旬から急に発生する。茎葉や球に灰白色の斑点を生じ，貯蔵中の球の腐敗の原因にもなっている。トップジンM1,500倍，ダコニール600倍などを散布して防除している。

防除は予防的に早めに薬剤散布を行なっている。散布量が多いほうが効果が高いので，動力噴霧機を使用し，展着剤を充分入れてていねいに最低8回は散布している。

### 5. 収穫

**収穫，出荷** タマネギの首の部分が軟らかくなって自然倒伏が約80％になるころから収穫する。晴天の日

## 精農家の栽培技術

第8表 収量（10a当たりkg、54年）

| 月 | 5 | | 6 |
|---|---|---|---|
| 旬 | 中 | 下 | 上 |
| A | 5,300 | 5,800 | 6,350 |
| B | 200 | 200 | 150 |
| 計 | 5,500 | 6,000 | 6,500 |

A品：品種固有の形状色沢を有し，乾燥，玉じまり，玉ぞろいが良好なもの
B品：奇形，玉割れ，一個の大きさ（横径）6.0cm以下のもの

第7図 収穫，首切り，乾燥

第9表 生産費（10a当たり円）

| 費目 | 金額 |
|---|---|
| 種 苗 費 | 8,600 |
| 肥 料 費 | 44,418 |
| 農 薬 費 | 13,059 |
| 光熱・動力費 | 3,328 |
| 諸 材 料 費 | 5,987 |
| 償 却 費 | 12,950 |
| 租 税 公 課 | 6,500 |
| 出 荷 資 材 費 | 9,500 |
| 運 賃 | 38,000 |
| 出 荷 手 数 料 | 49,000 |
| 合 計 | 191,342 |

第6図 収穫適期の青切りタマネギ

をみはからって抜き取り，圃場で首を切って1～2日乾かし，首が充分しまってからとり入れ，調製出荷している。

一部は貯蔵に仕向ける。高温で湿度の高い時期であるから風通しのよい乾燥した涼しい場所を選んで，6月上旬に収穫の終わったものを7月上旬まで短期間貯蔵し，市場価格の上向きの時期をねらって出荷し，収益性を高めている。

≪住所など≫ 香川県三豊郡大野原町
　　　　　　　高橋 実（48歳）
執筆 香川清顕（香川県三豊農業改良普及所）
　　　　　　　　　　　　　　1981年記

◎古くからの早出し産地・香川県における暖地青切り栽培を解説。砂壌土，壌土の圃場で5～6tの高い収量をあげる。

|||||| 月刊『現代農業』セレクト技術 ||||||

## 腐敗病，黒かび病を防ぐ倒伏後防除とフレコンバッグ移送

### 1. 集落営農組合でタマネギ

　私の住む宇佐市橋津集落は，大分県の穀倉，宇佐平野にあります。今後，高齢化したら誰もつくり手がいなくなり，外部からの入り作が増え，集落は荒れていくだろうという危機感から，2005（平成17）年6月，法人化に賛同できる者たちだけで，農事組合法人橋津営農組合「よりもの郷」を設立しました。

　設立当時は，利用権設定した経営面積が4.7haしかない大分県一の弱小法人でした。少しでも収益を上げようと，水田裏作で市の振興品目であったタマネギを40a取り組みました。

### 2. 収穫したタマネギの半分が腐った

　それまでタマネギは家庭菜園でしか栽培したことがなかったので，最初は失敗の連続でした。

　当農協にはタマネギの貯蔵施設がないため，6月中旬に掘り取ったのち，500kg容量の鉄コンテナに入れ，風通しのよい倉庫の軒下に保管します。それを，7月中旬から調製して出荷しています。ところが，収穫時に雨が多く十分予乾できないままコンテナに入れておくと，腐敗（心腐れ，灰色腐敗病，黒かび病など）が発生。A品率も出荷量も減少し，ひどい時には半分が出荷できず，泣く泣く埋却処分したこともありました。

　また，掘り上げたタマネギを一度ミカンコンテナで集め，それを抱えて鉄コンテナに移していましたが，作業に伴ってタマネギが傷付き，そこから腐敗が発生。A品率は一向に改善しませんでした。

　また，この作業は過酷を極め，収納が終わると，多くの作業員が腰痛に苦しみました。

### 3. 葉身倒伏後の防除で，腐敗病，黒カビ病が激減

　タマネギづくりの転機となったのは6年前。当組合には年間20団体ほど視察にみえますが，タマネギの大産地である佐賀県の団体が来たときのことです。

　「タマネギの収量を上げるにはどうしたらよいか？」と，視察者に聞いてみたところ，「葉身が倒れてからの殺菌剤散布をしっかりやっているか？」との答え。それまでは，葉身が倒れるまでの防除はしていましたが，倒伏後の防除は必要ないと考えていました。さっそく，葉身倒伏後に，最低3回の殺菌剤散布（1回目はリドミルゴールドMZ，2，3回目はスミレックス）を取り入れました。とくに，降雨のあとには必ず散布するようにしました。

　また，タマネギの防除に使っている水稲用のハイクリブーム（ハイクリアランスブームスプレーヤ）は，最高吐出量が130$l$/10a。散布量を増やすため，各列を往復して，200$l$/10aまくようにしました。

　これにより，腐敗病や黒かび病の発生はほとんどなくなり，品質が飛躍的に向上しました。

　また，タマネギを収納する鉄コンテナの中に，抱き合わせにしたミカンコンテナを入れて通気性をよくしました（山口県の農家のアイデア）。これも，収穫物の蒸れ防止となり，腐敗を減らすのに一役買っています。

### 4. フレコンバッグ移送で傷果が激減

　次に，収穫による傷果の改善を必死で考えま

**第1図**　ハイクリアランスブームスプレーヤによる防除。雨の多い年は，葉身倒伏後にも3回以上やることがある

現代農業セレクト技術

した。そこで思いついたのが，収穫したタマネギをフレコンバッグにどんどん入れ，それをバックホーで吊り上げて鉄コンテナに移すという方法。第4図のように，鉄コンテナにミカンコンテナを入れ，そのすぐ上でフレコンから落とせば，落下の衝撃が少ないので傷が付きにくく，傷口からの腐敗も減少しました。

また，調製後のタマネギを選果機に移す作業にもフレコンバッグを利用。タマネギの移送作業が超省力化されたことで，組合員の腰痛もなくなりました。

## 5. タマネギが可能にした常時雇用

このような先進地の技術導入と組合独自の作業改善により，腐敗埋却処分で一度はあきらめかけたタマネギ栽培を，経営の主力部門にできつつあります。タマネギ導入以来，10年間の結果は7勝3敗（7年間は黒字）。確実に利益を出せる自信ができました。裏作のタマネギは，現在1.2haに拡大し，3名の若者の常時雇用を可能にしました。

執筆　仲　延旨（大分県宇佐市）

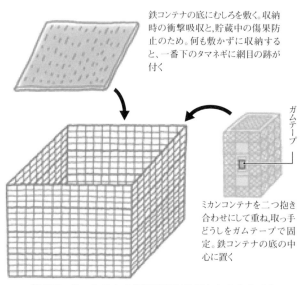

第4図　鉄コンテナの衝撃吸収と通気をよくする工夫

第2図　掘り取り後，3日ほど予乾したタマネギを，フレコンバッグに入れていく

第3図　タマネギの入ったフレコンバッグを，バックホーで鉄コンテナに移送

（『現代農業』2016年5月号「葉身倒伏後防除とフレコンバッグ移送で，腐敗病，黒カビ病が激減」より）

# 根づくり—株づくり—適期収穫で安定多収

## 暖地貯蔵栽培（淡路中甲高）

### 佐賀県杵島郡福富町　溝口義雄さん

### 経営の概要

| | |
|---|---|
| 立　地 | 佐賀平野西部，平坦地，海成沖積埴土　年平均気温16.5℃，年間降雨量2,000〜2,200 mm |
| 作目・規模 | 耕作面積　1.85ha　タマネギ　1ha（貯蔵用80a，冬春どり20a）　イネ　1ha，レンコン　70a，休耕　15a |
| 家族労働力 | 本人，妻，父……2.5人 |
| 雇用労働力 | のべ70日（タマネギ20日，レンコン50日） |
| 栽培概要 | 9/下 播種，共同育苗，一部個人育苗，11/下〜12/上 定植，5/下〜6/上 収穫，6/中〜12/中 販売 |
| 使用品種 | 長交OL黄，淡路48号，淡路中甲高 |
| 収　量 | 10a当たり6t，販売数量5t |
| その他特色 | 基盤整備がよくなされ，労働生産性を高めるため機械化のくふう，栽培型の多様化，タマネギ，イネ，レンコンとの競合回避に努力している。 |

畦つくりにはげむ溝口さん

### ＜技術の特色・ポイント＞

溝口さんのタマネギ栽培はイネとの複合経営の中で行なわれ，主幹となるイネは乾田直播方式を全面的に導入し，徹底した省力栽培である。イネの余剰労力がレンコンやタマネギ栽培に活用され，その成果は高く評価されている。

▷タマネギ栽培は，昭和37年から貯蔵用を主体に栽培してきたが，昭和45年からは経営改善と有利販売を展開するため子球栽培が導入され，技術的にはつねに創意くふうがなされ，周辺農家のリーダーとして活躍している。

溝口さんのタマネギ栽培の特色は，主幹作目の近代化とあいまって合理化されたタマネギ栽培にあり，比較的労働生産性が高いことである。熟期のちがう品種と作型とを組み合わせて，労力の集中化をさけ，タマネギの栽培面積の拡大に努力している。

諸作業についても，省力かつ効率的な種子ひも（シードテープ）を利用した共同育苗を採用し，また独創的な作条機や，選別調製機などを開発して，省力化がはかられている。

▷ほかの農家とちがい，作柄が安定し，貯蔵後の可販売収量が高いことも大きな特色である。

そのためには，まず第一に，欠株と抽台を少なくし，各株間の発育をそろえることを前提条件としている。その基本は育苗技術にあるとして，NCSによる土壌消毒，適正な播種密度と間引き，そして徹底した病害防除，などの苗床管理によって健苗を育成し，計画の植えつけ本数を確保している。

▷第二は根づくりだとして，根群の分布とその機能を高めるために，圃場はよく排水できるように暗きょ排水（弾丸排水）を3年ごとに施行し，畦も高畦づくりとしている。

また，越冬時の根群分布をより広く，多くするよう，適期植えつけを行ない，植えいたみ防止に努力している。とくに植えつけ後の根の発育に密接に関係する茎葉を保護するため，定植苗の取扱いに注意し，植えつけ時の灌水は当然のこととしている。また，整地作業

は重粘土という特異な土壌条件を考慮し，植えつけ直前に耕起して，作業精度を高めて活着を促進している。

▷第三は球の形成前の株づくりである。肥大開始の4月から5月の最盛期までに，あるていどの葉面積を確保し，同時に同化機能を維持するように，合理的な施肥技術と病害虫防除が行なわれている。

施肥量は三要素のバランスを保ち，球収量だけでなく，この栽培の主眼となる貯蔵性を考慮して，窒素偏用は避ける。止め肥の時期も品種ごとに計画している。病害虫防除では，病害は苗床から本圃へと伝染することを重視し，苗床での防除，本圃での初発罹病株の処置，そして3月以降の計画的な連続散布などを実行している。

▷第四は貯蔵後の販売収量を多くすること，つまり貯蔵中の腐敗球を少なくすることである。そのためには，貯蔵性と関連をもつ収穫期は，出荷期と市況，および収量の推移を考慮し，品種ごとに最適期を選んで作業がすすめられる。

また貯蔵性は収穫期前の天候，とくに降雨量が関与する。多湿条件下での収穫は病原菌の繁殖を助けて，腐敗を招くので，3～4日晴天日がつづいた後に収穫を行なう。貯蔵条件にも細かい配慮がなされ，貯蔵庫の設置場所や入庫量に注意し，腐敗や着色による品質低下を防いでいる。

### ＜作物のとらえ方＞

溝口さんがつねに高位収量を確保し，高い貯蔵性を維持して販売収量が多いことは，健苗の養成，本圃での根群の発達とその機能維持，茎葉の同化機能の促進を，栽培の基本としているところから得られるものである。そして，タマネギの生育ステージは，次の三段階に分けてとらえている。第一は根群の発達が主体となる生育初期，第二は球形成の母体となる茎葉旺盛期，第三は球の肥大充実期，と分け，それぞれの発育時期に適応した肥培管理を行なっている。

▷溝口さんは「タマネギの発育の基調は根づくりだ」と，根の機能維持の重要性を強調し，「越冬時の根量とその機能は，春先の発達に大きく関与する」として注目している。その栽培管理をみると，タマネギは耐乾性が弱く，生育後期は耐湿性が劣ることを熟知して行なっている。すなわち，すべての発育の基本となる根群の発達を促せば耐乾性も耐湿性も向上するから，適期定植と植えいたみ防止に注意し，敷きわらも地温が5℃以下になる1月中旬以降を適当として，それ以前は絶対禁物だとしている。

施肥技術も，生育期別の根群分布の状態と肥料の特性を考慮して，施肥位置にくふうがこらされている。

生育後期の湿害防止には，思いきった高畦づくりはもちろんのこと，圃場は排水溝を設けておく。さらに弾丸排水は3年ごとに営農手段として実施し，これらがいずれも増収と品質改善に大いに役立っている。

▷生育中期から後期の茎葉の発育旺盛期と球の充実期には，葉面積の確保とその機能維持とに注意して，施肥や病害防除，栽植様式に溝口さん独特のくふうがなされている。

本命である貯蔵性についても，収穫球の形質と，貯蔵中の腐敗および発芽性との間に密接な関係が存在する。このことから，糖度と風乾歩合が高く，腐敗球の少ないタマネギを生産するよう，施肥法とくに窒素と燐酸の施肥時期や施肥量を操作している。また，病原菌への抵抗性や寄生密度を考慮して，天候をみはからっての適期収穫を励行する。貯蔵にあたっては，貯蔵庫の設置条件や構造，入庫量の適正化をはかり，貯蔵病害を誘発するフザリウム菌やバクテリアの繁殖をおさえて，腐敗防止につとめるなど，細かい心づかいがなされている。

### ＜栽培体系＞

タマネギ栽培の立地条件は，平坦地の水田裏作で，土壌は沖積層からなる埴土で粘土含量60～70％の強粘土であり，苦土や加里などの塩基を豊富に含有し，土壌の生産力が高い。しかし，透水性が悪いので排水施設をつくり，湿害防止と，耕うんや植えつけ作業などの能率化をはかる必要がある。

栽培期間中の気温は高く（第1図），12～2月には適度の降雨がみられることから，冬期でも根群の発達

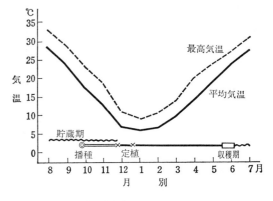

**第1図　栽培期間中の気温の動き**
（1972，佐賀測候所）

暖地貯蔵栽培（淡路中甲高）

第1表　栽培暦　　　　　　　　　　　　　　品種　淡路中甲高

| 月 | 8 | | | 9 | | | 10 | | | 11 | | | 12 | | | 1 | | | 2 | | | 3 | | | 4 | | | 5 | | | 6 | | | 7 | | |
|---|---|---|---|---|---|---|---|---|---|---|---|---|---|---|---|---|---|---|---|---|---|---|---|---|---|---|---|---|---|---|---|---|---|---|---|---|
| 旬 | 上 | 中 | 下 | 上 | 中 | 下 | 上 | 中 | 下 | 上 | 中 | 下 | 上 | 中 | 下 | 上 | 中 | 下 | 上 | 中 | 下 | 上 | 中 | 下 | 上 | 中 | 下 | 上 | 中 | 下 | 上 | 中 | 下 | 上 | 中 | 下 |

栽培経過（上段）：
- 苗床準備
- 播種　発芽ぞろい
- 育苗期
- 定植
- 活着期
- 葉数四枚
- 根の発育が目立つ
- 茎葉の伸長が目立つ
- 葉数八枚
- 球の肥大開始
- 球の肥大がいちじるしい
- 茎葉倒伏始め
- 収穫貯蔵
- 貯蔵期間　→　出荷終わり
- 出荷始め　←　貯蔵期間

作業と注意事項：
- 土壌消毒（NCS）石灰散布荒起こし排水のよい場所を選ぶ
- 種子紐に種子封入元肥施用（堆肥、化成肥料）NCSガス抜き
- 播種（条間9cmに種子紐配置）覆土、おがくず堆肥施用苗床づくり、灌水
- 敷きわら除去土入れ灌水
- 間引き除草
- 本圃元肥施用作畦（大型トラクター、カルチ利用）苗床薬剤散布採苗、選別、定植畦に石灰、堆肥、切りわら散布
- 活着促進（灌水）除草剤散布補植
- 切りわら散布追肥
- 止め肥薬剤散布初発羅病株の抜取り
- 土入れ（カルチ利用）灌水（畦間灌水）除草剤散布薬剤散布
- 薬剤散布灌水（畦間灌水）
- 収穫半日陽干した後、結束、吊上げ（一応大きさ別選別）薬剤散布腐敗球の除去心ぐされ株の除去
- 調製、球磨き機利用規格（四段階）別選別荷造り、ネット袋利用

がすすみ，いきおい春先の球の肥大に好成果を得て，例年安定した作柄を維持している。半面，暖冬多雨年には病害が多発するので，その防除には，とくに注意している。

昭和47年のタマネギ栽培の栽培暦は第1表のとおりである。品種は長交OL黄，淡路中甲高，淡路48号が主体で，近年，新しく出現した晩崩性品種も導入している。9月下旬に播種し，55〜60日育苗したのち，11月下旬〜12月上旬に定植する。収穫は5月下旬から6月上旬に行ない，6月以降12月まで出荷する。晩崩性品種は，2月まで常温下で貯蔵している。

＜技術のおさえどころ＞

1. 品種の選定

品種の選び方とその組み合わせは，経営を合理化するうえで，きわめて重要なことである。

現状の作業体系では，稼働労力2人で同一品種を80a作付けすると，6月上旬に一時的に収穫作業が集中して，労力不足を生じるばかりか，降雨に遭遇する機会が多くなって貯蔵上好ましくない。また，重粘土で透水性を改善して跡作タマネギの定植作業を円滑にすすめるためには，イネは乾田直播栽培が必要で，イネの播種期を厳守するとすれば，5月下旬から6月上旬に収穫し終えなければならない。

したがって，溝口さんは，5月20〜23日に収穫できる長交OL黄を40a，5月28日前後に成熟する淡路48号を10a，これよりおくれて6月5日ころに収穫する淡路中甲高を20aと「あざみ」を10a，というように，熟期のちがう4品種を組み合わせて，収穫労力を分散させ，雇用労力を軽減し，あわせてイネの乾田直播をうまく行なっている。

2. 苗床のつくり方

育苗地の選定　自然陸化と干拓からなる水田地帯で，畑地が全くなく，従来は宅地内やクリーク側の家庭菜園を利用して育苗していた。だが30a以上に栽培面積を拡大すると，苗床の確保がむずかしく，病害の多い畑地では育苗が不安定となる。したがって，良苗を計画面積に応じて育苗するには，苗床用地を水田に依存する以外に方法がない。溝口さんは，育苗技術の統一をはかり，増収に役立つとして，水田利用の共同育苗を取り上げた。

溝口さんは「タマネギ栽培は苗つくりが基本だ」とし，「球の伸びぐあいや欠株と抽台株の発現は，定植後の肥培管理もさることながら，苗の大きさと素質に

精農家の栽培技術

第2図 増収が期待できる苗
上苗で，長さ太さともによくそろっている

第2表 苗床の施肥量（0.5a当たり）

| 肥料名 | 元肥 | 注 |
|---|---|---|
| 石　　灰 | 8kg | 播種20～30日前 |
| 堆　　肥 | 180 | 播種10～20日前 |
| 鶏　　糞 | 20 | 播種　〃 |
| 硫加燐安16号 | 7 | 播種　3日前 |

よって決定する」と断言して，苗つくりには細心の注意をはらう。よい苗とは第2図に示すように，草丈が30cm，茎の太さが6～7mmで，100本の苗重が600gくらいで充実していて，質的にも，植物体内に栄養分が豊富にあり，発根力がすぐれていて，病害の心配がないこととしている。そして，そのような苗つくりを達成するため，次の苗床準備が入念に行なわれる。

**苗床の準備**　苗床は休耕田を利用するが，排水のよい場所を選び，湿害を防ぐ。苗床の面積は，本圃10a当たり最低35m²が必要だが，余裕をみて40m²ほどを確保して，3.3m²当たり2,000本の成苗を得る計画である。

8月に入り，石灰または苦土石灰を，10a当たり160kgを全面散布して荒起こしを行なう。苗床でのタチガレ病の発病は栽培計画を狂わせるために，完全な土壌消毒を実施している。これが充分でないと，思いきった間引きができないとして，とくに注意している。

土壌消毒は，雑草防除をかねて，NCSの30倍液を1m²当たり3ℓ灌注し，その後古ビニールを床全面に覆い，ガスの揮散を防ぐ。ガス抜きは7日目と15日目ごろとの2回に分けて，鍬で起こしながら行なう。

苗床は短冊型で，床面が1m幅，通路50cm幅にとり，中央部をやや高くして排水をよくする。

苗床の肥料は，窒素と燐酸の肥効が苗の発育や定植後の発根によい結果をもたらすとして，10a当たり成分量で窒素14kg，燐酸28kg，加里28kgを基準としている（第2表）。

鶏糞と硫加燐安16号は，播種の10～20日前に堆肥とともに全層にすき込んでおく。そして，床面をならしたのち，1か月前から熟成させておいたおがくず堆肥を，厚さ2cmくらいに覆う。ケラの被害が多いのでダイアジノン粒剤を，10a当たり4kgを散粒して，土壌とよく混和させる。

**3. 播種の準備と方法**

**種子ひもの作成**　ばらまきでは，苗の不ぞろいを起こし，間引き，除草作業が不便なので，条間9cmのすじまきを行なう。昭和46年からは，播種や間引き作業の省力化と苗の発育をそろえるために，種子ひも（シードテープ，種子を水溶性ビニールテープに封入したもの）を採用し，上苗の成苗率を高めるなどの効果をあげている。

種子の発芽率が80％以上のばあいは，10a当たり40mℓの種子を用意し，オーソサイド水和剤を粉衣して，種子ひもに封入する。種子ひもは10a当たり630mを用意し，種子ひも1m当たり70～80粒を封入すると，約4万本の成苗が得られる。

**播種期**　播種時期は品種によって変わるが，育苗日数を55～60日として，植えつけ日から逆算して決定している。淡路中甲高は9月25日ころを播種適期とし，草勢の強い品種ではこれより2～3日おくらせている。

**播種方法**　まず種子ひもの敷設を行なう。床面をよくならしたのち，条間5cm，深さ3mmのまき溝をつけ，苗床の両端に5cm間隔に釘を打った尺板をおき，その釘に種子ひもをかけて敷設する。

種子ひもの敷設後は，じょろで灌水してビニールを溶解させ，床面に密着させる。とくに風の強い日や床面が不均一なばあいには，これが効果的である。覆土はおがくず堆肥で，厚さ3mmあまりに覆う。「覆土量がそろわないと発芽を悪くする」という。たっぷり灌水した後は裏むしろ，またはイナわらを被覆して，発芽までの乾燥を防ぐ。

**4. 発芽後の管理**

**敷きわら除去**　播種後7日前後で発芽しはじめるが，幼芽が3mmほどに伸長したころに敷きわらを除き，うすく土入れして，苗立ちをよくする。敷きわらの除去は，日中をさけて，夕方ちかくか朝早くに行なって，

第3図 圃場周縁につくられた排水溝
「作柄安定は圃場の整備から」との考えで設けられた排水溝。梅雨時でもよく排水でき、湿害を防いでいる

第3表 本圃の施肥量（10 a 当たり）

| 肥料名 | 元肥 | 追肥 | |
|---|---|---|---|
| | | 1月中旬 | 3月上旬 |
| 堆　　肥 | 3,000 kg | kg | kg |
| 石　　灰 | 150 | | |
| 硫加燐安16号 | 40 | 100 | |
| 硫　　安 | | | 40 |
| 鶏　　糞 | 100 | | |

幼芽の日焼けを防いでいる。

灌水、間引き　発芽後、本葉3枚ころまでは乾燥に注意し、つねに見まわり、過湿にならないように灌水している。間引きは育苗管理の重要な作業として徹底して行なう。雑草の発生はNCSの利用でほとんどみられないが、ところどころに発生したばあいは早めに手取り除草している。

タマネギの病害は、苗床から本田へ、さらに貯蔵期まで関連することを重視し、伝染源となる苗床では完全防除に努力している。ベト病にはジネブ剤500倍液を、近年多発傾向にあるボトリチス病にはトリアジン剤400倍液をジネブ剤と併用している。とくに苗とり前には発病をみなくても必ず実施している。タチガレ性病害はNCSの土壌処理を決め手としているが、発生時にはタチガレン1,000倍液を1 m² 当たり2 l 灌注している。

### 5. 本圃のつくり方

圃場の選定　タマネギは連作してもとくに支障がないことから、圃場は貯蔵庫の周辺に固定している。排水不良地は、生育後期に湿害をまねき、貯蔵病害が多くなるので、積極的に排水できるように弾丸暗きょを施し、さらに圃場の周囲には排水溝を完備している（第3図）。この排水施設はイネの用水管理にも効率的で、とくに作業の困難な土壌条件を考慮している点に注目される。

荒起こしと畦つくり　適期定植を実現するよう、イネ刈り後はただちに定植準備にかかる。石灰は早めに施し、定植7～10日前にはおがくず堆肥と切りわらを10 a 当たり300 kg 施す。耕起は大型トラクターを利用するが、重粘土のため、耕起後数日間も放置すると土壌が乾きすぎて、植えつけ作業がむずかしくなる。したがって、耕うん、畦つくり、植え溝切りは、必ず植えつけ当日または前日に実施する。

畦つくりにはカルチを利用し、畦幅1.45 m、通路幅50 cm ていど、高さ30 cm くらいに、高く盛りあがるようにする。畦面は細かく砕土し、畦の中心部は土塊で適度の孔隙をつくるようにしている。

この畦つくりの要領は、タマネギの増収はまず根づくりだという溝口さんの考えにもとづいたもので、作業性や活着の促進、生育後期の湿害と根群機能の低下とを防いでいる。このような配慮が、どんな気象条件下でも安定した作柄と貯蔵性が得られる素因だろう。

元肥の施肥　「タマネギの肥料は、生育や病害の発生、さらに収量や貯蔵性を支配する」といい、施肥量の決定や施肥方法などは、保肥力の強い土壌特性と品種の特性とを考慮して、くふうしている。また、多収穫を望むには土づくりが肝心だとして、堆肥や切りわらの投入にも努力している。

5 t を収穫目標とした施肥量は第3表のように、10 a 当たり成分で窒素は24 kg、燐酸と加里は30 kg を基準とする。その施肥法の考え方は、タマネギの生育量と養分吸収量が急増する3～4月以前には施肥し終えて、充分肥効が発揮されるように仕向けることである。

元肥は、当初根群の分布が浅いことから、表層近くに施す。有機物として堆肥を多用する気持ちをもちながらも、施用できにくいので、鶏糞を混入したおがくず堆肥を利用したり、生わらで10 a 当たり300 kg を、整地時に施したりしている。

植え溝つくり　植え溝は、溝口さんが考案した作条機をティラーにセットして、条間20 cm につくる（第4図）。ティラーは通路を通って、その両側に植え溝2条をつくる。

### 6. 定植期と定植作業

植えつけ（定植）時期　冬期は比較的に温暖なこと

精農家の栽培技術

第4図　作条機
ティラーにセットして使う

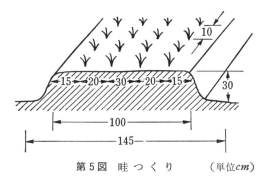

第5図　畦つくり　　　（単位cm）

もあって，11月下旬から12月中旬を植えつけ適期としている。活着と根の発育限界温度とみられる5℃以下になるのが1月中・下旬だから，その1か月前までに植えつけが終わるように作業をすすめる。12月15日以降の定植は，減収が目立つので，適期定植を励行している。

**植えつけの方法**　苗とりは，定植当日または前日に行なう。鍬で掘り起こし，上～中苗を選別して大きさをそろえる。この苗は，植えつけまでに葉や根が萎凋しないように日陰に置く。

植えつけ株数は，茎葉部の草姿と球の肥大性から，あるていど密植しなければ増収しないという。淡路中甲高は10a当たり27万株，立性で丸葉の長交OL黄では，これよりやや密植とし，商品性の高いL級の比率が50%以上になるようにしている。

植え方は第5図のようである。1.45mの畦幅に，条間20～30cmの4条植えで，株間10cmを基準に，計画株数を確実に植えつけるようにする。

**7. 定植後の管理**

**植えいたみ防止**　溝口さんは，タマネギの収量構成要素のなかで，とくに植えいたみが，冬期間の発育，ひいては春先の発育まで大きく影響するとして，植えいたみ防止には強い関心を示す。

苗の根は，新根が発生するまでの一時的な吸水の役目をもつのである。それだからこそ，苗とり作業は慎重で断根を少なくし，風や陽光にさらさないようにして，植えつけ後の覆土も土とよくなじむように仕向けている。また葉の枯死は発根力を弱化し，冬期間の根群発達を妨げることも重視し，植えつけ後は必ず灌水して，活着促進をはかっている。

**追肥**　追肥は2回に分けて施し，窒素の止め肥は，冬期の降雨量を考慮し，2月下旬または3月上旬に終わっている。おそい止め肥は晩熟化し，収量が伸びな

いだけでなく，貯蔵中の腐敗を増加させる。

また「寒肥として，1月中旬の追肥効果を軽視できない」という。花芽分化期の2月中・下旬に肥切れすると，抽台が多発するからで，乾燥時の灌水とともに寒肥の意味に注目している効果は，周辺の農家より抽台が少ないことでよく理解できる。

**灌水と敷きわら**　冬期間の乾燥は根群の発育に，また，5月上・中旬の乾燥は収量に，それぞれ強く響くので，その間，少なくとも2～3回は畦間に引き水している。

敷きわらは，切りわらを10a当たり100kgていど畦全面に散布している。このばあい，散布時期を重視したい。定植まもない12月は地温を下げ，根部の発達を阻害するので，寒気が本格化する1月中旬に行なっている。また敷きわら後は必ず土入れを行ない，浅根化と5月の乾害とを防いでいる。

**土入れ**　土入れは，畦間の排水促進と雑草防除，肥効促進と球の品質改善などの効果がある。3月中・下旬までにカルチを利用して行なう。

土入れの深さは，収穫時の球がかくれるていどとして，畦面全体に土入れする。

**雑草の防除**　一般では雑草が多いが，溝口さんのばあいは比較的少ない。苗床はNCSの土壌処理とおがくず堆肥の利用で，全く除草の必要がない。

しかし本圃では，従来イネ科雑草を主体としたクロロIPCとCATの体系処理を行なってきたが，この同一薬剤の多年使用で優占雑草の種類がすっかり変わり，ここ数年来，発生生態のちがうヤエムグラ，イヌガラシ，タネツケバナなどの広葉雑草の比重が高まり，それらの防除がむずかしくなってきた。したがって，現在は，植えつけ直後の土壌処理にトレファノサイド乳剤で300cc，または粒剤で4～5kgを用いている。この薬剤は薬害がなく安定しているが，薬効に選択性があり，前記の広葉雑草には殺草力が乏しい。そこで，2月下旬から3月上旬にかけて，アクチノールを150

**第4表 病害虫の防除時期と防除基準**

〈防除時期〉

| 病害虫名 月/旬 | ベト病 | 灰色カビ病 | 白色エキ病 | 貯蔵病害 | スリップス |
|---|---|---|---|---|---|
| 2/上 | | | ○ | | |
| 3/中 | ○ | | | | |
| 4/中 | ○ | | | | ○ |
| 5/中 | ○ | ○ | | | ○ |
| 5/下 | ○ | ○ | | | |
| 6/上 | ○ | | | ○ | |

〈防除基準〉

| 病害虫名 | 薬剤名 | 倍数 | 水10l薬量 |
|---|---|---|---|
| ベト病 | ダコニール | 600～800倍 | 17～13g |
| | ダイファー | 400～600 | 25～17 |
| 灰色カビ病 | トリアジン | 400～600 | 25～17 |
| 白色エキ病 | オーソサイド | 500～600 | 20～17 |
| 貯蔵病害 | オーソサイド | 150 | 67 |
| スリップス | マラソン | 1,000 | 10cc |

第6図 吊球用の結束

$cc$，またはアリセップ500gを水100lに溶かして，全面処理を行なっている。

**病害虫の防除** 溝口さんは，病害虫防除はタマネギ栽培の三本柱の一つだとしており，苗床から本圃，さらに貯蔵期にいたるまで徹底した防除体制がとられている。近年冬どり栽培など新しい栽培型の導入で栽培年次が重なり，ベト病や灰色カビ病，白色エキ病，フハイ病などが増加していて，苗床での防除と春先の初発株の抜き取りは早めに行なっている。

薬剤散布は第4表の防除基準にしたがい，3月中旬から計画的に連続散布が行なわれる。薬剤散布にはミストまたは動力噴霧機を利用するが，噴霧圧力や噴霧口の更新，展着剤の濃度にそれぞれ細かい配慮をして，防除効果を高めている。

また，一般に軽視されがちな圃場の衛生管理，つまり，圃場の排水，罹病株や腐敗球の処置にも，注意している。

**8. 収穫と貯蔵**

**収穫** 収穫期の決定は収量と貯蔵性に反映するので，品種ごとにそれぞれの適期に行なっている。茎葉の倒伏が7～8割になるころを収穫期とし，晴天日をみはからって抜き取っている。作業は午前中も早めに行ない，抜いて畦上に並べて半日以上日干しする。

**貯蔵** 貯蔵は吊球貯蔵である。結束は10個前後を第6図のように大きさをそろえ，心ぐされなどの病球を除きながら行なう。

貯蔵庫は母屋と圃場近くに，間口3.6m，奥行7.2m の，約$26m^2$規模のものを2棟設置してある。その構造は，通風をよくし，むれこまないように注意している。長期貯蔵用のタマネギは先に収納し，貯蔵庫の中央部は入庫量をひかえて，無理な収納は行なわない。また，貯蔵庫の周辺部は直接雨滴や日光があたって，腐敗や外皮の汚れ，着色球による品質低下を起こしやすいので，これを防ぐため，よしずなどで雨よけを施している。

収穫期が長雨に遭遇したばあいには，収納後，穀類乾燥機を利用して熱風乾燥(40℃の熱風を1日間送風)を行ない，腐敗防止に努力している。この乾燥方法は，高温多湿を好適条件として腐敗を誘発するフザリウム菌とバクテリアの繁殖を抑圧するのに，きわめて有効な手段であろう。

**9. 調製，出荷**

タマネギの調製は，茎葉と根を除去したのち，第7図の調製機で汚れた外皮と土とを落とし，きれいに磨く。この球が，県の出荷規格のLL，L，M，Sの4階級に選別される。荷姿はネット袋に21kgを入れ，上口を結んだ状態とする。また，冷蔵用は木のすかし箱

第7図 調製作業中の溝口さん夫妻
溝口さん考案の調製機で，外皮を落とし，磨きあげる

を利用する。

出荷は農協を通じた共同販売で，農協の出荷指示にしたがい，6月から12月までに出荷する。

### ＜技術上の問題点＞

溝口さんの栽培技術については，特異な物理特性をもつ土壌条件や気象条件をうまく活用した合理的なものだが，今後さらに貯蔵性を改善して，経営的に安定したタマネギ栽培技術を確立するためには，二つの課題が残されている。

**機械化栽培による栽培面積の拡大** 作柄の安定化と省力化による労働生産性を高めるために溝口さんは，暗きょ排水など圃場の整備をすすめ，気象条件に左右されることなく適期作業をすすめ，種子ひもを利用した育苗や，品種と栽培型の組み合わせ，作条機と球磨機の導入など，省力化には積極的に取組んでいる。だが，現状の作業体系では，今後飛躍的な面積拡大は困難であり，植えつけや収穫・貯蔵方法について改善する必要がある。最も問題となるのは吊球貯蔵法で，これを改め，ばら積みして熱風乾燥による多量貯蔵方法を採用し，収穫から収納まで一貫した機械化栽培の検討が残されている。

また，現在関係者で研究されている移植機利用の技術体系が確立されれば，今日とは全くちがった栽培が実現して，経営的により安定したタマネギ栽培が期待される。

**品質と貯蔵性の改善** 従来，ともかく収量本位で大球主体に考えられてきたが，今後の市場性を考えると，商品性の高い中球生産がよい。そのためには，品種の選定と栽植密度，施肥技術などを検討しなければならない。

また貯蔵病害も目立ち，貯蔵後の販売収量をより多くしていくには，収穫期は現在の7～8割倒伏期を前進させ，3～4割倒伏時に収穫することである。これは，球の生理面からと，収穫が降雨に遭遇する機会が少なく，病原菌の汚染が軽減されることから，検討すべきである。またそのためにも，一斉収穫が可能な機械化栽培の導入は有利である。

次は施肥技術や圃場の作付け体系の改善，土壌消毒を目的とした石灰窒素の利用なども考えるべきであろう。品種についても晩萌性品種を導入し，さらに出荷期間を延長して，有利販売を展開すべきである。

### ＜付＞経営上の特色

**経営立地** 佐賀平野西部の白石平坦地，不知火とムツゴロウで知られる有明海に近い水田地帯で，土壌は自然陸化と干拓からなる沖積層埴土である。地味が豊かで，その生産力が高く，県内唯一の穀倉地帯である。

戦前は自然降雨に依存した湿田農業だったが，昭和26年以降，土地改良事業が推進され，乾田化して二毛作営農が確立され，水田裏作の利用率が急速に高まった。基幹作物のイネ栽培は近代化がすすみ，その余剰労力を活用した野菜栽培が盛んになってきた。タマネギの導入は昭和37年からだが，逐年倍増し，47年には白石地区で約900haに達し，栽培型も子球による冬どりや春どり栽培，マルチ栽培などと多様化した。出荷は九州全域と関東，関西，東北の各市場に行なわれて

第5表　10a当たり生産費（昭和45年）

| 費目 | 金額 | 備考 |
|---|---|---|
| 種苗費 | 9,000円 | 種子代，苗床借料 |
| 肥料費 | 7,000 | |
| 農薬費 | 3,500 | 除草剤，殺菌剤 |
| 諸材料費 | 3,571 | ネット袋 |
| 農具費 | 3,000 | ミスト，カルチャー，調製機 |
| 建物費 | 1,614 | 貯蔵庫，納屋 |
| 賃料料金 | 6,857 | トラクター耕賃ほか |
| 賃金（自家） | 39,000 | 26人×1,500円 |
| 雇用賃金 | 1,500 | |
| その他 | 3,429 | |
| 計 | 78,471 | |

第6表　溝口さんの経営成果　（昭和45年度，杵島，白石支所調査）

| 項目 作目 | 栽培面積 | 粗収入 | 経営費 | 所得 | 所得率 | 所得構成 | 全労働日数 | 雇用労働日数 | 自家労働日数 | 1日当たり所得 |
|---|---|---|---|---|---|---|---|---|---|---|
| タマネギ | 70a | 870,000円 | 276,300円 | 593,700円 | 68.2% | 20.4% | 189日 | 7日 | 182日 | 3,262円 |
| レンコン | 70 | 2,300,000 | 646,500 | 1,653,500 | 71.8 | 56.8 | 168 | 40 | 128 | 12,918 |
| イネ | 100 | 700,000 | 140,000 | 560,000 | 80.0 | 19.2 | 104 | | 104 | 5,385 |
| その他 | | 251,500 | 146,000 | 105,500 | 41.7 | 3.6 | 16 | | 16 | 1,656 |
| 計 | のべ240a | 4,121,500 | 1,208,800 | 2,912,700 | 70.6 | 100.0 | 477 | 47 | 430 | 6,106 |

暖地貯蔵栽培（淡路中甲高）

いる。

**経営概要** 溝口さんの家族は，お父さん，奥さん，子ども4人の7人家族で，本人と奥さん，お父さんの3人が稼働労力である。経営規模は1.7haで，イネ＋野菜（タマネギ，レンコン）による複合経営である。昭和47年の作付けは，夏作はイネ1ha，レンコン70a，秋冬作は貯蔵用タマネギ85a，冬どりまたは春どりタマネギを25a栽培している。

溝口さんは，指定産地情報連絡員，転作そ菜指導員，生産組合役員のほか部落内の役職が多く，そのほうへの時間もかなり削らねばならなく，自家労力以外の不足分を臨時雇用で補っている。

タマネギの生産費を第5表でみると，7万8,471円でやはり賃金の比重が多い。溝口さんは労働費を節減するため，既存の作業機を駆使した機械化と品種と作型の組み合わせなど，くふうがなされている。

農業所得は，イネ56万円，タマネギ59万円，レンコン165万円，その他10万円で，約290万円をあげている（第6表）。今後，タマネギ部門の収入増をはかるには，増反以外に手段がないが，労力的に現状が限界である。規模拡大には機械化が考えられるが，現在の栽培体系では過剰投資であるので，個人選別で多くの労力を要する出荷部分を改善し，共同選別に移行せざるをえない。このことだけでも「現状の1.5倍の拡大が期待できる」と溝口さんはいう。

《住所など》 佐賀県杵島郡福富町
溝口義雄（38歳）
執筆 川﨑重治（佐賀県農業試験場）
1973年記

◎淡路中甲高は，さつき，もみじなどの$F_1$品種が普及する昭和40年代まで全国で栽培されていた品種で，今でも家庭菜園向けに作られている中晩生の貯蔵用品種。この品種を主体に，タマネギの安定多収技術を解説。

現代農業セレクト技術

|||||| 月刊『現代農業』セレクト技術 ||||||

## べと病を蔓延させなかったタマネギ名人のワザ

### 1. 12町のタマネギでべと病蔓延させず

今春（2016年），全国第2位のタマネギ産地である佐賀県で猛威を振るったタマネギべと病。気温15〜20℃で多湿を好む病原菌が，4月の長雨などで広がったことが原因と見られている。

白石町の農家に聞いてみると「3月下旬〜4月中旬に収穫するマルチ栽培の早生品種にもべと病は出ていましたが，3月はまだ病気の進行が遅かったため，例年より小ぶりながらもなんとか収穫できました。ただ，4月中旬以降に収穫する品種となると，べとで葉が枯れ，S玉が多発。売ってもお金にならないから，畑にすき込みました。とくに中生のターザンは球（貯蔵葉）の肥大期である4月に大発生したので，ほとんどがピンポン玉」という状況だったという。

そんななか，栽培する12町のタマネギ圃場でべと病を蔓延させず，ほぼ全量出荷できたという木室信幸さん（68歳）。曰く，「防除の手抜きばしない，苗半作，排水対策ばしっかりする。この3つば守りました」とのこと。それぞれについて具体的に聞いてみた。

### 2. 適期防除＋3種の葉面散布剤

まず防除については，「雨前，雨後は必ず防除ばせないけんて，ブドウ農家だったおじいさんが言いよったけん，それば守っちょります」という木室さん。殺菌剤は，べと病菌が活発ではない12〜2月のあいだも月に最低2回は必ずやっていたという。とくに，「年末，年始にそれぞれ1回ずつ，ジマンダイセンばまいたです。それがよかやったんじゃないかって，JAの担当者には言われたとです」とのこと。ただし，まいたのは殺菌剤だけではない。

「こればかけたからよかですとは言いきらん

第1図　5月18日の木室さんのタマネギ（品種はターザン）。L〜2Lを中心に収穫した

のですけど……」といいながら，3種の葉面散布剤について教えてくれた。

#### (1) ビール酵母で免疫力アップ

木室さんは，育苗から収穫直前まで，ビール酵母資材（商品目：セルイーストミックスパワー　MLセル社製，以下の資材も同社）の1000〜2000倍液を，2週間に1度散布している（ただし雨前，雨後は，2週間経たなくても散布した。殺菌剤と混用することもある，以下の葉面散布剤も）。

これは，ビール酵母の細胞壁の分解物（β-グルカン断片）を植物に吸収させることで，病気に対する抵抗力を高めるものだ。β-グルカン断片をタマネギが吸うと，病原菌に感染したと勘違いし，体内でファイトアレキシン（低分子抗菌性物質）が合成される。つまり，病原菌に感染していなくても，病気に対する抵抗力を高めることができるというわけだ。人間でいうところの，ワクチンを打って体内の抗体を殖やし，病気にかかりにくくするというイメージに近い。

#### (2) 有機酸で葉身の展開を促す

タマネギの生育転換期として木室さんが目安にしているのは「新葉」が8枚の状態（収穫2か月前）。これは，初期の葉は1〜2枚枯れて，

べと病を蔓延させなかったタマネギ名人のワザ

|  |  | 9月 | 10月 | 11月 | 12月 | 1月 | 2月 | 3月 | 4月 | 5月 |
|---|---|---|---|---|---|---|---|---|---|---|
| 日平均気温（℃） | 2015〜2016 | 22.2 | 17.1 | 14.8 | 8.4 | 4.9 | 6.1 | 10 | 16 | 20 |
|  | 平年 | 23.5 | 17.6 | 11.9 | 6.8 | 4.7 | 6.0 | 9.3 | 14.3 | 18.9 |
| 降水量（mm） | 2015〜2016 | 141 | 101 | 109.5 | 97.5 | 75 | 63.5 | 68.5 | **228** | **178** |
|  | 平年 | 168 | 75.2 | 77.2 | 48.1 | 58.1 | 76.5 | 121.4 | 146.2 | 177.6 |
| 早生タマネギ |  | 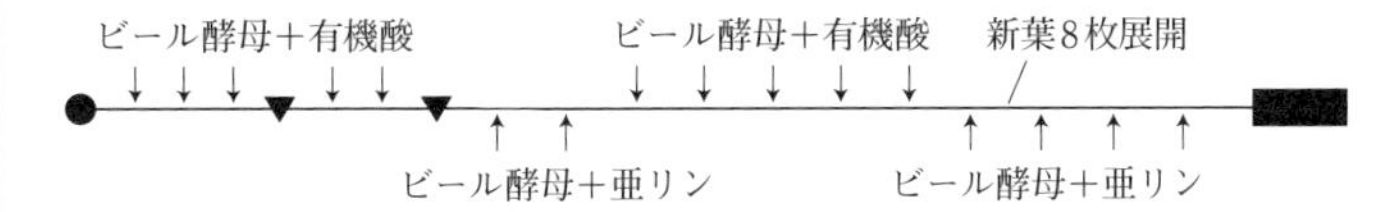 ●→→→▼→→→▼ ビール酵母＋有機酸／ビール酵母＋亜リン／ビール酵母＋有機酸／ビール酵母＋亜リン／新葉8枚展開／■ |

●播種，▼定植，■収穫

第2図　2015〜2016年の天候と木室さんの早生タマネギの管理（気温・降水量は白石市のデータ）
色つきセルは日平均気温が高い月，太字は平年よりも降水量が多い月
このほか，早生タマネギのマルチ作型，中生タマネギもつくる

第3図　木室さんの早生タマネギの苗は地苗（品種はアドバンス）。根張りがよい。ビール酵母資材と有機酸資材を混用し，それぞれ2000倍で3回散布した

緑色の活力のある葉が8枚揃った状態だそうだ。タマネギはふつう，葉数が10枚程度になると葉身が付いた葉の分化が止まり肥大が始まるので，「新葉」8枚も肥大開始期にあたるのだろう。

木室さんは，目安にしている8枚の葉を早く展開させ，生育を促進するのに有機酸を使っている。育苗からこの時期までは，ビール酵母に有機酸資材（セル一8倍濃縮有機酸リユース）の2000〜3000倍液を混用している。これは，クエン酸，乳酸，プロピオン酸などの有機酸と，ミネラルやアミノ酸が含まれる生育促進剤だ。

だが，昨シーズンは例年よりも有機酸の出番は少なかったという。その理由は，後述するように12月の気温が高かったからだ。

### （3）亜リン酸で，12月に徒長を抑えた

新葉8枚展開後〜収穫までの間は，ビール酵母資材の散布に亜リン酸（セル一亜リン酸カリ28/18）の1000〜2000倍液を混用する。植物に吸収されやすい亜リン酸は，体内の酸素と結合してリン酸となる。そのリン酸が引き金となって，光合成産物を地下部に送りながら根量を増やしたり，球の肥大を促したりするという。

例年なら，球の肥大が始まる新葉8枚展開後に使うこの亜リン酸。去年は散布を早めたという。

「去年の12月はぬくかったけん，体（葉身）の伸びが早かったとですよ。だから生育は抑えるために，亜リン酸ばまいたとです」

現代農業セレクト技術

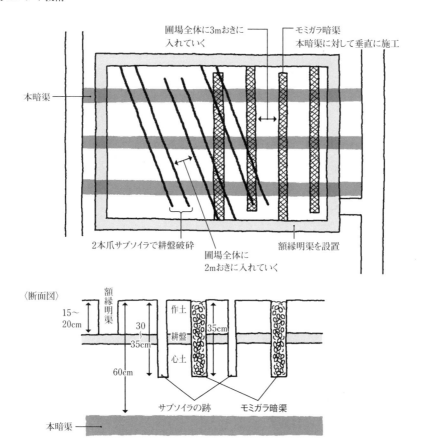

**第4図　木室さんの排水対策のやり方**

　昨年12月の日平均気温は8.4度と平年比で1.6度高く、降水量も約2倍。植えたばかりのタマネギが暖かい気候のなかで生育すると、葉がヒョロっと伸びて（徒長）上根になると木室さんは考えている。上根になると、雨による根傷みがしやすくなったり、根傷みに伴う生育不良で病気に弱くなったりするそうだ。また、根量が少なくなるので球の肥大も悪くなる。

　例年ならば厳寒期の生育促進のため、有機酸で葉身の生育を促すところだが、去年は亜リン酸をまいて徒長を抑え、12月以降も高温が続きそうな日には、亜リン酸＋ビール酵母散布を続けたという。

### 3. 排水対策と土つくりも徹底

　もう一つ、木室さんが重要視しているのは、排水対策（第5図）だ。表面排水を効率的に行なう額縁明渠、牽引型2連サブソイラを使った耕盤破砕、本暗渠への排水の流れをよくするための籾がら暗渠を2～3年に1回施工するという3段構えでやっている。

　木室さんの畑は周りよりも水の引きが早いため、停滞水による根傷みも少なく、乗用管理機による防除も早く入れるようだ。

　また、畑の腐植を増やして土の団粒化を促すため、緑肥や堆肥も入れている。5～6月にソルゴーをまき、9月上旬にスライドモアですき込んだあと、汚泥堆肥を反当4t散布する（エコクリーン社に散布を依頼する）。

　このへんにも、べと病に負けないタマネギづくりのヒントがありそうだ。

　　　　　　　　　　　　　　　執筆　編集部

（『現代農業』2016年11月号「畑12町、べと病を蔓延させなかったタマネギ名人のワザ」より）

# ニンニク

- ◆植物としての特性　519 p
- ◆生育ステージと生理，生態　529 p
- ◆各作型での基本技術と生理　559 p
- ◆精農家の栽培技術　663 p

# ニンニク（蒜）

別名　オオニンニク，オオビル，蒜，ヒル
中国名　大蒜（tasuan），葫（hu）
学名　*Allium sativum* L.
　　　　（*sativum* は「栽培している」の意）
英　名　garlic
独名　Knoblarich, Gewöhnlicher Lauch
仏名　ail ordinaire, ail blanc ou commun

## 1. ニンニクの原産，来歴，利用と生産

### (1) 原産と来歴

ニンニクの原産地は，中央アジアではないかといわれているが，明らかではない。栽培の歴史は古く紀元前からエジプト，ギリシャなど地中海沿岸地帯に栽培されていたことが記録されている。しかし，いわゆる紳士，淑女の用うるものではなく，ローマではもと労働者や兵士に与えたという。薬効も古くから認められていた。

ヨーロッパの各地へは，地中海沿岸地帯からひろがっていった。また，アメリカ大陸へはヨーロッパから16世紀に導入されたが，アメリカで栽培されるようになったのは，18世紀の後半からといわれている。

一方，東洋での栽培は中近東方面からはじまり，ついでインド，熱帯アジア全域にひろがったと考えられ，中国へは紀元前122年ごろ，西域を経て中国北部に伝わり，その後中国全土にひろがったといわれている。しかし，中国南部方面のニンニクは，熱帯アジア方面のものも導入されているとみられている。東洋のニンニクは，長い栽培の歴史の間に欧州のものとは変わったものとなったので，学者によっては変種や品種名を与えていることがある。

わが国の栽培については，本草和名（918）という古書に「オオヒル」として記録されているので，少なくともそれ以前に中国から渡来して栽培されていたと考えられる。また倭名類聚

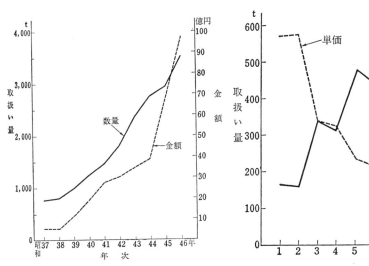

第6図　東京中央卸売市場でのニンニクの取扱い量と金額の推移

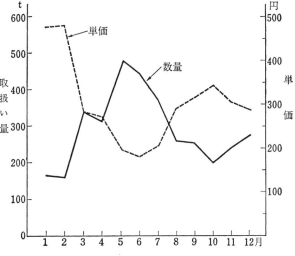

第7図　東京中央卸売市場でのニンニクの月別取扱い量とkg当たり単価（昭和46年）

植物としての特性

抄（源923—930）に「大蒜」の字で解説してある。しかし，ニンニクは，このように古い渡来作物なのに，ほかの渡来作物にくらべてあまり普及せず，近年まで自家用ていどの小面積で栽培が行なわれていただけだった。これは，ニンニク特有のにおいと味が日本人の好みに合わず，わずかに医薬用として利用されるていどに止まっていたためと思われる。

### (2) 生産と利用

ニンニクの利用を世界的にみると，調味料として用いられる量が最も多いが，このほか，生食，料理，漬物，ピックルス，薬用などにも用いられ，利用部分も球（鱗茎）のほか生茎（花蕾部），発芽したままの小球など多岐にわたる。

わが国でも，戦後食生活の変化に伴って国内での青果物としての需要が伸びはじめ，輸出も増加している。このほか，乾燥球根を粉末にするガーリック－パウダーや搾油してニンニク油とし，さらに，ほかの香辛料といっしょにして調味料とするなど，加工原料としての利用範囲もひろまり，近年需要が増加している。

東京中央卸売市場でのニンニクの取扱い量と金額の推移は第6図のとおりである。また，昭和46年の月別取扱い量と単価は第7図のようである。この図でわかるように，1～2月がもっとも数量が少なく単価が高い時期で，5～7月には入荷量が最も多くなり，単価がもっとも低くなっている。

## 2. ニンニクの性状
　　　（形態的特性）

ニンニクは多年草で鱗茎は数個の側球（小鱗茎）に分かれ，絹白色または帯紅色の共通の被膜に包まれている（第8，9図）。花序を形成するものとしないものとがある。花序を形成するものの抽台した時期の草姿は第10図のようで，花茎は高さ60～90cmに達し，総包は尖頭で長さ8～10cm，その中には長い薄膜状の苞があり，花と珠芽が密に混在する。しかし，花は通常不稔である。つぎに個々の器官について説明

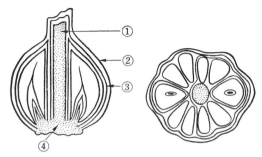

①花茎，②止め葉，③止め葉直前葉，④盤茎
　　第8図　ニンニクの球（鱗茎）の構造
　　　　　　　　　　　　　　　　（山田，1963）

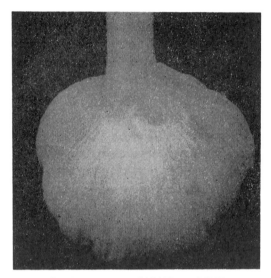

第9図　ニンニク（東洋種）の球外観
　　　　　　　　　　　　　　　（八鍬原図）

する。

### (1) 茎 と 根

ニンニクには，他のネギ類と同じように直根はなく，多数の繊維根が短縮茎（盤茎）から密生している。その構造は，ネギの根とほとんど同じである（第11図）。

マン（1952）によると，ニンニクの盤茎部での皮層と中心柱との輪郭は明瞭だが，中心柱内の維管束は柔組織の部分とはっきり分かれていない（第12図）。つまり，短縮茎内の維管束は第13図に示すように複雑な網状連絡をなしているので，その一つ一つを完全に図示することは

植物としての特性（ニンニク）

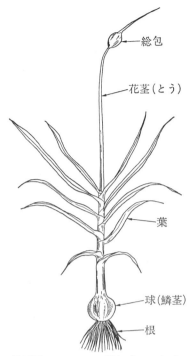

第10図　ニンニクの草姿（八鍬原図）
ニンニクには抽台しない種類もある

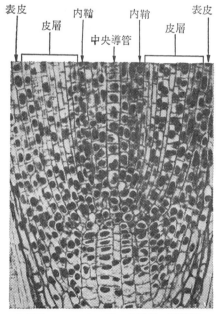

第11図　ニンニクの根の先端部の縦断面
（マン，1952）

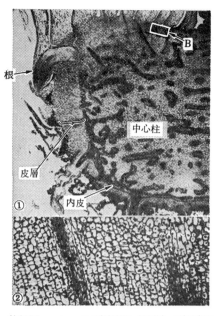

第12図　ニンニクの短縮茎（盤茎）の組織的構造　　　　　　　　　　（マン，1952）
①若いニンニク苗の茎中央部の縦断面で，茎内の黒い部分は，主として木化した組織
②A図の分裂組織の部分，矢印Bの拡大図

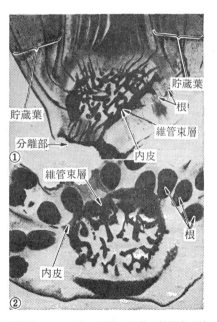

第13図　ニンニクの側球の盤茎の維管束の連絡　　　　　　　　　　　（マン，1952）
①縦断面を示す。左側が母植物の中心部
②側球盤茎の横断面

困難だが，模式化すると第14図のように葉跡は維管束層をつきぬけて掌状に配列していて，根

植物としての特性

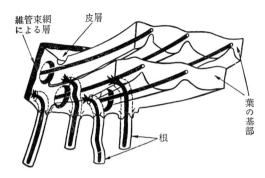

第14図　茎と根と葉との維管束連絡
　　　　の模式図　　　　　（マン，1952）
葉跡は維管束層をつきぬけており，
根跡は維管束層の表面から出ている

跡は維管束層の表面に連絡している。ただし，側球芽のばあいは中心柱まで貫いている。

　茎のやや古い部分では，内皮が木化，コルク化した層となり，不定根の内皮とも連絡している。

### (2)　葉

　ニンニクの葉は，他のネギ属植物と同様に葉鞘と葉身に分れている。葉鞘は中空円筒状を呈し，その茎（盤茎）に着生する部分は地下にあって，それぞれの葉の着生部は密接している。葉身は偏平で細長く先端が尖り，平行脈が走り，その中央に主脈がある（第10図）。横断面の形は主脈を底部として左右葉辺部が若干上方にあがっている。葉序は1/2で葉身は180度の開度

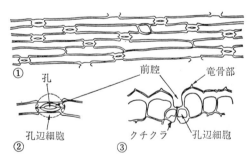

第15図　普通葉葉身の表皮（マン，1952）
①表面からみた図，細胞の形と気孔の配列
　（×170）
②気孔の拡大図（×370）
③気孔部の断面図（×370）

で互生し，葉鞘基部は同心円状に重なり合っているが，その厚さは全周一様ではなく，葉身の中央，主脈の位置の延長部が厚くなっている。

　第15図は，普通葉葉身部の表皮の構造を示したものである。

### (3)　鱗　茎（球）

　ニンニクは，東洋種と米国種とに大別できる。
　東洋種は，春に最新葉の葉鞘内部から花茎が抽出するのが普通である。このころから，外観的に葉鞘基部が肥大し始める。これは葉鞘の内部に数個〜10数個の側球（食用に供する部分）が形成され，これが肥大するためである。"側球"については従来，小鱗茎，鱗片，種球，たねなど，いろいろの呼び名がつけられているが，下記の理由により，本稿では"側球"に統一したいと思う。

　**小鱗茎**　側球も構造としては鱗茎であり，従来最も多く用いられた語だが，側球の集合体である球全体も鱗茎といえるため，小球の意味と混同されやすい。また珠芽も構造上は鱗茎と全く同じである。
　**鱗片**　鱗茎を構成する一つひとつの葉を鱗片というべきで，側球の中には後述のようにいくつかの種類の鱗片および普通葉が含まれている。
　**種球・たね**　これは用途からの呼び名で，珠芽も種球とよばなければならないときもある。
　**側球**　形成される位置ではっきり区別できるので，意味を誤解される心配がない。花房を分化せず中心に球を形成したばあいは，中心球として区別することもできて便利である。

　側球の着生位置は，原則として花茎を囲む最内葉（止葉）と，その1節下位の葉（止葉直前葉）の2枚の葉の葉腋である。それぞれの主脈部を中心に2〜7個ずつが半球状に並ぶので，肥大完了したときの側球は花茎をとり囲んで周囲に並ぶことになる（520ページ，第8図）。

　形成される側球の数は品種によって異なるほか，後述のように，種球の大きさ，栽培条件によっても異なる。米国種は，通常花房分化が行なわれず，最内部の数節の葉腋に数個ずつの側球が形成され，生長点も小鱗茎を形成して中心球となるため，第16図のように東洋種より多く

6～7）で構成され，最内部に生長点をもっている。

保護葉は，かたい外皮で厚さ約1mmていどである。貯蔵葉は多肉質で鱗茎の大部分を占め，厚さ1cm以上にもなる。発芽葉は厚さ1mmていどで，球収穫時には長さ5mmていどの葉芽である。この発芽葉は休眠がさめて植えつけられたとき，最初に側球（種球）外に萌芽してくる葉で，葉身部は発達しないが，長さ5～10cmくらいに伸びる。普通葉は発芽葉の内部にあり，収穫時には3～4葉の葉原基で長さ3mmほどだが，貯蔵中に側球内で徐々に伸長する。植えつけ後は発芽葉につづいて発育し，正常の葉身をもった普通葉となる。

### （4）花　序

花茎頂部は最初総包に包まれているが，やがて花茎が伸びきったころ，総包が裂開して花と珠芽が混生しているのがみられるに至る。抽苔の様相は，品種や系統によって一様ではないが，その代表的な形態は第10図（521ページ）のとおりである。

花は2cm前後の花梗をもち，第18図に示すように他のネギ類と同様，外花被（3），内花被（3），雄ずい（6），雌ずい（1）で構成されている。

3枚の内花被は外花被よりやや小形で，外花被の中間内側の位置に分化する。

雄ずいは，外花被，内花被の内側前方の位置に1本ずつ分化して，そのうち内花被前方の3本には，花糸の両側に第18図のように中途で2本に分岐する毛状付属物がある。

子房は球状で6本の縦溝をもつ。子房頂端から出ている花柱は，長さ5～6mmである。柱頭は棒状で分岐しない。

花は，共存する珠芽を放任しておくと，珠芽の生長のために花の生長が抑制されて未開花のまま萎凋することが多い。しかし，珠芽を適当な時期に摘除すると，外観上完成した花器にまで生長し開花する。通常，自然条件では不稔である。その原因については明らかにされていないが，花粉が主として四分子形成以降に退化す

第16図　米国種ニンニクの鱗茎部横断面（上）とその構成模式図（下）（マン，1952）

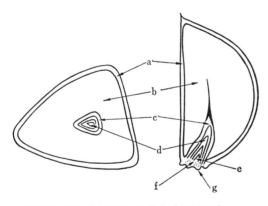

第17図　側球（小鱗茎）の構造（八鍬原図）
a：保護葉　b：貯蔵葉　c：発芽葉　d：普通葉　e：生長点　f：盤茎（短縮茎）　g：根の原基

の側球と一つの中心球によって球が形成される。

側球の構造は第17図のとおりで，外側から保護葉（1），貯蔵葉（1），発芽葉原基（1），および普通葉原基（収穫時3～4，植えつけ時

植物としての特性

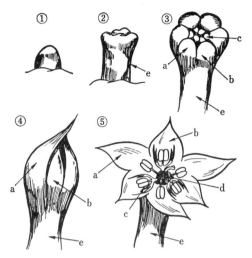

第18図　ニンニクの花の分化（島田ら，1954）
　①分化初期の円柱状突起
　②花被原基分化開始
　③雄ずい原基分化段階
　④花蕾完成
　⑤完成花の模式図
　　a．外花被（原基）
　　b．内花被（原基）
　　c．雄ずい（原基）
　　d．雌ずい
　　e．花梗

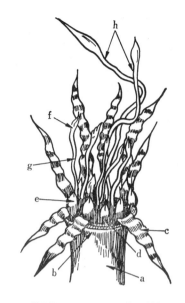

第19図　ニンニクの花茎頂部
　　　　　　　　（島田ら，1954）
　a．花茎　　　　e．珠芽
　b．総包摘除跡　f．花
　c．小苞　　　　g．花梗
　d．小苞摘除跡　h．奇形花または
　　　　　　　　　　第二次花茎

るもののようである。

　また不稔現象に関連があると思われるが，ニンニクの花には形態的奇形花が少なくない。奇形には，花被の形の異常，数の増減，雄ずいの欠如または増減，形の異常（葯の部分の偏平拡大化）などがみられる。花の内部に，重複して小さい奇形の花や珠芽をもった奇形花もあり，さらに外見的には花にみえて，じつは小さい二次花茎というべきものもあり，これらの奇形花は，花梗の長いものに多くみられる（島田ら，1954）。

### （5）珠　　芽

　珠芽は，花茎頂部に花と混生する。そして径 $1cm$ 前後にまで肥大し，花茎基部に形成される側球と同様の構造をもつ。つまり，一番外側の第一葉は比較的うすい保護葉となり，その内側の第二葉は肥大して貯蔵葉となる。その内部に，第三葉以後の葉芽が数葉形成されている。

　したがって，これを植えこむと，側球と同様に容易に萌芽発根する。異なる点は，珠芽の外側基部に比較的細長い先の尖った小苞が着生していることである。小苞は珠芽を完全に包囲しているものではなく，珠芽の外側一部を囲むにすぎない。また，小苞は各珠芽に1枚ずつ付属しているとは限らず，1枚の小苞の内側に2個の珠芽が存在していることもある。小苞の位置は，花，珠芽の分化基盤としての花茎頂部の周辺側である（第19図）。

　花茎頂端部での花と珠芽との分化位置については，原則的には珠芽が外側周辺に，花は内側に分化するといえる。しかし，珠芽は外側周辺に一列分化するだけではなく，内側にも，文字どおり花と混生することが少なくない。1花茎上に形成される珠芽の数は，品種や個体によって異なる。数個のばあいから50～100個以上のこともある（第20図）。なお，花と珠芽の混生

植物としての特性（ニンニク）

第20図　花茎頂部に形成された珠芽（八鍬原図）

によって確かめられた。

片山（1936）はまた，成熟分裂を観察し，8 II を現わして正常に分裂を完了するものと，多連染色体をつくって環を形成するものとの二つの型のあることを認めた。しかし，両系統とも種子はできなかった，と報告している。さらに栗田（1951）は根端細胞の染色体を観察し，染色体数が16であることを再確認し，一次くびれの位置と二次くびれの有無とによって三種の型に分類した。

## 3. ニンニクの生態的特性

ニンニクの生育適温は18～20℃で，耐寒性，耐暑性ともあまり強いほうではない。栽培からみた生活史は次のようである。

秋に側球（種球または珠芽）を植えつけると間もなく発根し，ついで萌芽する。その後は，冬の低温によって生育が停止するまで4～5枚の葉を出し，草丈は20～40cmに達する。

冬は外観的生育が停止しているが，冬から春のはじめにかけて，まだ外観的には生長がはじまらないうちに，生長点が花房に分化し，その周囲に側球に発育する側球芽が分化する。したがって，自然条件下では，冬の低温は鱗茎形成に必要不可欠な条件となっている。

春に温度が上昇すると，ふたたび活発な生長をはじめ，葉数，草丈を増加し，やがて抽台するとともに球の肥大も顕著となり，花茎の基部の周りに数個の側球が並んで形成されるに至る。

つまり，ニンニクは，0～15℃の低温に1か月以上あうと側球となる側球芽を分化できる生理的状態になる。そして低温期間が2～3か月におよぶと，いっそう球を形成しやすい状態になる。苗が小さく葉数が少ない状態で球の形成が始まったばあいは，球は小さいままで終わるし，葉数が増し，根も充分張ってから側球芽が分化し，それが肥大すると大きい球ができる。

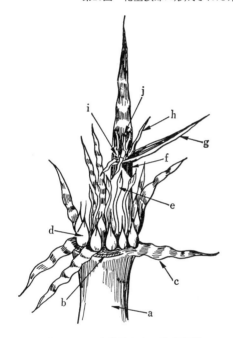

第21図　二次花茎を含む花茎頂部
　　　　　　　　　　（島田，1954）

a，一次花茎　　　f，二次花茎
b，総苞摘除跡　　g，二次花茎の総苞
c，小苞　　　　　h，二次花茎の小苞
d，珠芽　　　　　i，二次花茎の珠芽
e，花　　　　　　j，二次花茎の花

部は，1花茎上に1か所（花茎頂端部）のことがふつうだが，ときには混生部からさらに二次的な花茎が伸長して，1花茎上2か所になるばあいもある（第21図）。

### (6) 染色体

ニンニクの染色体は，根端細胞では 2 n ＝16 であることが，片山（1928）や盛永ら（1931）

また，側球芽の発育つまり側球の肥大は，長日条件で促進され，球の肥大が終わらないうちに30℃前後の高温になったり，サビ病などで，葉が枯れてしまうと，大きい球はできないことになる。

前に述べた低温要求性の程度は品種によってちがい，一般に暖地の品種は低温要求性が弱く，反対に東北や北海道の在来品種は低温要求性が強い。

また，ニンニクには全く抽台しない不抽台の品種から，抽台が不完全で途中で止まってしまうもの，花茎に花が着かず2～3の珠芽の着くもの，花茎1m以上にもなってたくさんの花と珠芽をつけるもの，あるいは花茎がまっすぐ伸長するものとわん曲して輪をつくるものまでいろいろの品種がある。

わが国で普通に栽培されている品種では，花房が分化しないと花茎の周りに側球芽が形成されず，一つ玉になってしまうので，抽台することは必要なことである。しかし，抽台した花茎をそのままにして花や珠芽を着けておくと，珠芽の発育のために栄養をとられて側球の肥大が妨げられるので，実際栽培では，抽台する花茎は早めに切りとっている。なお，球形成についての詳細は，生育のステージと生理，生態の項でのべる。

## 4. 成分とにおい

### (1) ニンニクの主な成分

ニンニクは，特殊成分として刺激物質（アリル硫化物およびアリルプロピル硫化物）を含む。また，無機物としては燐，石灰，鉄，塩素などを含有しているが，これら特殊成分は量的には少なく，植物体の主成分は，炭水化物類である。

第7表は一般化学組成を部位別に分析した結果の一例である。粗蛋白質は，他の部位に比較して緑葉部に多いが，真正蛋白質は3部とも大差ない。緑葉部には，蛋白態以外の窒素化合物が多いことが考えられる。粗灰分，粗蛋白質，

**第7表** ニンニク各部位の一般化学組成
（無水物%）　　（水野ら，1957）

| 化学組成 | 緑葉部 | 中間部 | 鱗茎部 |
|---|---|---|---|
| 粗 灰 分 | 9.87 | 5.57 | 3.94 |
| 粗 脂 肪 | 2.47 | 5.32 | 0.85 |
| 粗 蛋 白 質 | 20.48 | 7.28 | 6.38 |
| 真 正 蛋 白 質 | 6.21 | 5.84 | 5.33 |
| 粗 繊 維 | 23.54 | 28.02 | 10.25 |
| 可溶性無窒素物 | 43.64 | 53.81 | 78.58 |
| ペ ン ト ー ザ ン | 8.75 | 7.72 | 5.99 |
| 新 鮮 物 水 分 | 97.24* | 96.48* | 87.89* |

＊新鮮物（生体）%

真正蛋白質，ペントーザンは地上部に多く，可溶性無窒素物は鱗茎部に非常に多い。粗繊維と，粗脂肪含量は他の2部に比べ中間部に多い。なお，食用部の食品としての栄養価は第8表のとおりである。

### (2) におい（刺激性物質）と有効成分

ニンニクには，いわゆる特有のニンニク臭があるが，これは，含硫黄アミノ酸であるアリイン（Alliin）を含むためである。硫黄化合物には有香物質が多いので，香辛料の主成分にも含硫化合物が少なくない。しかし，一般に高濃度で悪臭となるものが多い。ニンニクのにおいも同様で，少量では「ガーリック-パウダー」など香辛料に使われるが，大量では悪臭となる。

ニンニクの鱗茎中に含まれるアリイン（S-アリル-L-システィンスルホキサイド）は，それ自体はそれほどにおわないが，細胞が破壊されると，その中の酵素アリイナーゼ（Allinase）が活発に働き出し，アリインを分解してアリシン（Allicin $C_6H_{10}O_2S$）を生成し，強烈なにおいを出すようになる。ニンニクを焼いたとき，あまりにおわなくなるのは，熱によって酵素がこわされるので，アリインの分解が起こらなくなることが主な原因と考えられている。

この悪臭の元となるアリシンという成分は，ビタミン$B_1$を活性化し，ある種の病原菌に対する殺菌効果を示すため，ニンニクをはじめとするネギ類は古くから薬用植物として用いられてきた。ニラやニンニクを食べたあといつまでもにおうのは，アリシンが口中の粘液，粘膜な

第8表　ネギ類の成分表（科学技術庁資源調査会：日本食品標準成分表，1969より）

（可食部100g中）

| 食品名 | 廃棄率 | カロリー | 水分 | 蛋白質 | 脂質 | 炭水化物 | | 灰分 | 無機物 | | | |
|---|---|---|---|---|---|---|---|---|---|---|---|---|
| | | | | | | 糖質 | 繊維 | | カルシウム | ナトリウム | 燐 | 鉄 |
| | % | cal | g | g | g | g | g | g | mg | mg | mg | mg |
| ネ　ギ（根深） | 15 | 26 | 91.8 | 1.5 | 0.1 | 5.4 | 0.7 | 0.5 | 50 | 6 | 51 | 1.0 |
| 〃　（葉ネギ） | 15 | 23 | 92.5 | 1.6 | 0.2 | 4.1 | 0.9 | 0.7 | 65 | — | 63 | 2.0 |
| タ　マ　ネ　ギ | 10 | 40 | 89.1 | 1.2 | 0.2 | 8.3 | 0.7 | 0.5 | 40 | 10 | 26 | 0.5 |
| ニ　ン　ニ　ク | 25 | 84 | 77.0 | 2.4 | 0.1 | 19.3 | 0.7 | 0.5 | 18 | — | 67 | 1.7 |
| ラッキョウ（生） | 5 | 49 | 86.2 | 2.2 | 0.3 | 9.7 | 0.8 | 0.8 | 22 | — | 66 | 0.5 |
| 〃　（酢づけ） | 0 | 36 | 89.2 | 1.0 | 0.1 | 8.0 | 0.5 | 1.2 | 18 | — | 18 | 1.5 |
| 〃（花ラッキョウ） | 0 | 109 | 70.1 | 0.8 | 0.1 | 27.3 | 0.4 | 1.3 | 26 | — | 9 | 0.6 |
| ニ　　　　　ラ | 10 | 33 | 89.7 | 2.3 | 0.5 | 5.2 | 1.3 | 1.0 | 40 | 6 | 41 | 2.1 |
| ワ　　ケ　　ギ | 5 | 29 | 91.2 | 1.9 | 0.3 | 5.0 | 1.0 | 0.6 | 38 | 20 | 35 | 1.2 |
| ア　サ　ツ　キ | 5 | 27 | 92.0 | 2.2 | 0.4 | 4.3 | 0.7 | 0.4 | 85 | 20 | 41 | 0.8 |

| 食品名 | ビタミン | | | | | | | | 注 |
|---|---|---|---|---|---|---|---|---|---|
| | A | | | D | $B_1$ | $B_2$ | ニコチン酸 | C | |
| | A効力 | A | カロチン | | | | | | |
| | I.U. | I.U. | I.U. | I.U. | mg | mg | mg | mg | *白色部はカロチン0 |
| ネ　ギ（根深） | 130 | 0 | 400* | — | 0.05 | 0.10 | 0.5 | 25 | |
| 〃　（葉ネギ） | 330 | 0 | 1,000 | — | 0.05 | 0.10 | 0.5 | 30 | |
| タ　マ　ネ　ギ | 6 | 0 | 20 | — | 0.03 | 0.02 | 0.2 | 10 | |
| ニ　ン　ニ　ク | 16 | 0 | 50 | — | 0.22 | 0.08 | 0.4 | 20 | |
| ラッキョウ（生） | 0 | 0 | 0 | — | 0.05 | 0.05 | 1.0 | 1 | |
| 〃　（酢づけ） | 0 | 0 | 0 | — | 0.04 | 0.03 | 0.7 | 2 | |
| 〃（花ラッキョウ） | 0 | 0 | 0 | — | 0.05 | 0.03 | 0.7 | 2 | 甘味酢づけ |
| ニ　　　　　ラ | 2,000 | 0 | 6,000 | — | 0.07 | 0.30 | 0.5 | 30 | |
| ワ　　ケ　　ギ | 500 | 0 | 1,500 | — | 0.05 | 0.15 | 0.4 | 30 | |
| ア　サ　ツ　キ | 500 | 0 | 1,500 | — | 0.07 | 0.09 | 0.5 | 30 | |

どのタンパク質と結合してなかなか消えないためである。このように，アリシンはタンパク質に吸着されやすい性質をもっているので，牛乳や卵がこの臭みを消すといわれるのも決して意味のないことではない。

また，ニンニクは古くから強壮食品として認識されていて，その有効成分は悪臭をはなつにおいの成分であると思われてきた。しかし，においの成分は前述のように殺菌作用をもつが，その他の薬理的効果（強壮作用）は，認められていない。

小湊（1972）は，ニンニクのもつ強壮作用は悪臭の主成分ではなく，別の成分であることを実験的に証明し，この有効成分をスコルジニンと命名した。スコルジニンはアミノ酸が三つつながったトリペプタイドの端にアリルメルカプタンというにおいの成分が結合しており，その頭部にフラクトウロン酸という糖が結合した物質である。このようにスコルジニンの分子構造中に，においの成分を持っているが，他の物質が化学的に結合しているためにスコルジニン全体は無臭である。

ニンニクを調理するばあい，生のまま手を加えると細胞がこわされ，酵素が働いてスコルジニンを分解して無臭から悪臭に変えてしまう。したがって，悪臭を出さず，しかも有効成分をこわさないようにニンニクを調理するには，まずニンニクをまるごと沸騰する湯につけるか，蒸すか，油でいためてニンニクを悪臭化する酵素を不活性化することがもっともてっとり早いとされている。

　　　執筆　八鍬利郎（北海道大学農学部）

1973年記

# ニンニク

## 1. 種球の発芽（萌芽）と苗の発育

### (1) 発芽の過程

収穫当初のニンニクの種球（側球または珠芽）は休眠状態にあるので，すぐ発芽することはないが，休眠期間を経過したのち適当な条件，つまり，適当な温度，水分および酸素が与えられると，種球は発芽する。発芽に要する日数は20日前後で，まず発芽葉が膨大して貯蔵葉を押し破って外部に現われる（第1図）。

このとき，鱗茎の下部からはすでに発根がみられるのが普通である。発芽葉は葉身の発達を欠き，先端の円い円筒状を呈しており，長さ10〜15cmに達する。やがてその内側から普通葉の第一葉が抽出して葉身を展開する。その後つぎつぎに普通葉が前出葉の葉鞘内側から抽出してくるが，あとから伸長してくる若い葉ほど，その前の節位の葉の葉鞘よりも長く葉鞘部分を

第2図 側球（小鱗茎）の発芽状態
（八鍬原図）

第1図 ニンニクの側球の縦断面（八鍬，原図）
　左　収穫時（休眠中）
　右　種球として植えこみ後の側球
　　　貯蔵葉内の発芽葉，普通葉が動き出している
　　　根はかなり伸長している

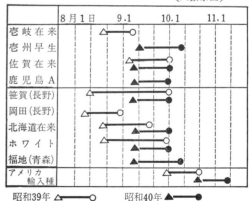

第3図 ニンニクが休眠からさめて発根する時期の品種間差
（長野農試下伊那分場，1966）

生育のステージと生理，生態

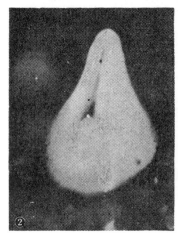
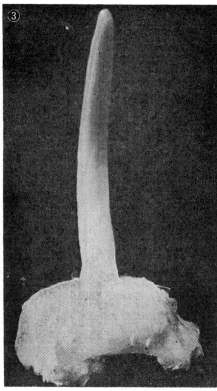

第4図　ニンニク普通葉芽の分化，発育過程（八鍬，1963）

伸長して葉身を展開し，ここに互生の葉序がみられる（第2図）。

　発芽後ある期間は貯蔵葉中の貯蔵養分によって生育し，その後漸次根からの養分吸収に依存するようになる。

　休眠については，タマネギほど明らかにされていないが，わが国では8月下旬～9月上旬ころまで休眠し，その後休眠からさめて発芽，発根するようになる（第3図）。

### （2）　普通葉芽の分化発育過程

　発芽したニンニクは冬の寒さで生長が停止するまで，生長点でもっぱら普通葉芽を分化し，葉数を増加して栄養生長をつづける。このばあいの分化発育過程を示したのが第4図である。つまり，葉芽の分化は，①まず生長点の葉序面上の片側が隆起することに始まり，②しだいに周囲も環状に隆起して生長点をとり囲むが，その後，最初に隆起した側だけが急速に発達して生長点を三角形の屋根状に被い，あたかも合掌した形となり，③さらに発育がすすむと，この部分が縦の折り目となって，薄い葉身部が2枚に折りたたまれた状態となる。したがって，最初隆起した側が後の葉身の中央主軸となり，その反対の側が葉身の葉縁合掌部となる。また，次節の葉芽は，前節の葉芽と全く対称的に向き合って前節の葉に内接し，その内側に潜んでいてみえない。

　このように，ニンニクの葉芽は二つに折りたたまれた薄片状に発達し，若い葉芽はその内側に順次包まれた形となるので，葉芽の横断面は葉序方向に長軸を有する楕円形を呈する。これらの葉芽は，このままの状態で発達してやがて葉鞘分岐部から抽出するが，出葉後は折り目がしだいに展開し，偏平で剣状を呈するやや多肉質の葉身となり，葉鞘分岐部は跨状に重なり合う（植物としての特性の項　521ページ第10図）。葉鞘部はネギと同じく円筒状を呈するが，外観的にはネギより短くて太い。

## 2.　ニンニク鱗茎の形成機構

### （1）　日本種ニンニク
（東洋種ニンニク）

#### ①花房と側球芽（小鱗茎）の分化

　日本種ニンニクは，低温に遭遇すると花房を形成し，その花茎基部の周囲を取り囲むように側球が着生する。つまり，花房の分化が起こらなければ，いつまでも側球は形成されない。第5図はニンニクの花房と側球芽の分化発育過程

生育のステージと生理，生態（ニンニク）

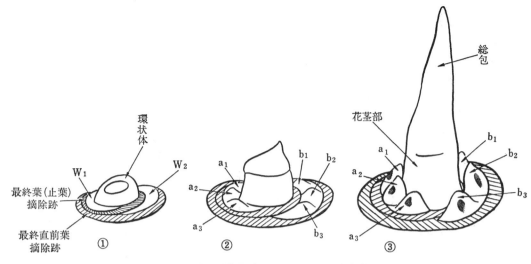

第5図　ニンニクの花房と側芽球（小鱗茎）の分化，発育過程（八鍬，原図）
① $W_1$，$W_2$　花房をとり囲んでできた三か月形の丘陵状隆起
② $a_1 \sim a_3$，$b_1 \sim b_3$　丘陵部に生じた波状隆起（側球芽の原基）
③ $a_1 \sim a_3$　最終葉の葉腋に分化した新球芽，$b_1 \sim b_3$　最終直前葉に分化した新球芽

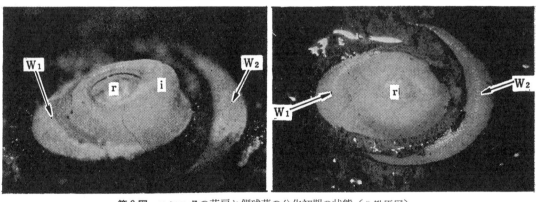

第6図　ニンニクの花房と側球芽の分化初期の状態（八鍬原図）

を図示したものである。花房分化の初期の形態は他のネギ属植物と同様で，まず生長点の膨隆に始まり，ついでその周囲に総包の初生突起である環状体が形成される（第5図①および第6図）。

ちょうどこの時期に最終葉（止葉）とその直前葉の葉腋に，図の $W_1$，$W_2$ に示すような三か月形の丘陵状隆起が生ずる。この丘陵部の中心は葉序面上にあり，長さは花茎部の約半周に及ぶ。花房の環状体は包葉に発達してネギのばあいと同じように花茎頂部を包むが（第5図②），このころ，丘陵部にはやがて数個の波状隆起が生じる（第5図② $a_{1\sim3}$，$b_{1\sim3}$，第7図）。これが側球芽の原基で，その各々の山の部分がしだいに発達して側球芽を形成する（第5図③）。

このようにして，いくつかの側球芽が葉腋に半円状に形成され，最終葉と最終直前葉の2節の側球を合わせると，ちょうど花茎の周囲をとり囲むことになるが，これらの側球は，すべてが同時に形成されるのではなく，第8図に示すような順序で形成される（山田，1963）。

つまり最初に形成される側球①は，いわゆる最終直前葉の葉腋の中央部（葉身の主脈の位置）に生じ，ついで，この①の左右に二番目の

531

生育のステージと生理，生態

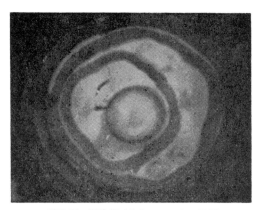

第7図　側球芽が分化しつつある状態
　　　　　　　　　　　　　　（平尾ら，1965）
第5図の②の時期を上から示す。

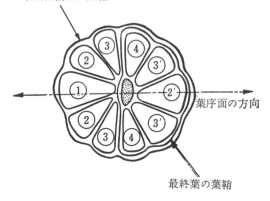

第8図　日本種ニンニクの側球分化位置と分
　　　化順位　　　　　　　（山田，1963）

第9図　花房の長さが約1.5cmに達した時期
　　　　　　　　　　　　　　（八鍬，1963）
上方から撮影したもの。花房の周囲に形成さ
れた側球芽は，第一葉がやや発育している。
この葉は保護葉である。

側球②が2個生じ，ほぼ同時に最終葉の葉腋の中央部に，この葉腋での最初の側球②′を生じる。最終葉葉腋の二番目の小鱗茎は②′の左右に2個生じ③′，これは最終直前葉葉腋の三番目のもの③の形成とほぼ同時である。

これらの側球芽の第一葉は，発育して側球の保護葉となるものだが，分化初期の隆起の高いほうの部分はいずれも母球の中心部，つまり，花茎の側にある（第9図）。したがってこの時期の側球芽の葉序方向は従来の母球の葉序方向とは全く関係なく，母球の中心と側球芽の中心を結ぶ方向と一致する。

②花房の発育と球の肥大

冬から春先にかけて形成された花房と側球芽は，春の温暖長日期に入ると発育を開始し，花房は抽台して花と珠芽を着け，花茎基部では側球を形成する。つまり，気温の上昇とともに，親株の未出葉の葉芽（普通葉）が発育を再開して順次出葉し，その間草丈も漸次増大し，最終葉が生長を停止するころには約90cmに達する。

最終葉の葉鞘に包まれて形成された花房は，普通葉の伸長にやや遅れて花茎を伸長して抽台するが，このころ包葉の内部では第10図のように小花と珠芽が分化する。小突起の形が円柱状でその頂部がドーム形のものは花になり，小突起の形が山形で頂端が尖り気味のものは珠芽になる。最終葉と最終直前葉の葉腋に形成された数個の側球芽も葉鞘内部で発育肥大して新しい

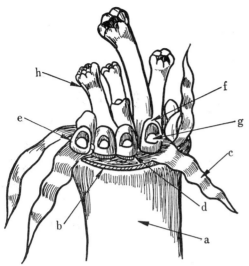

第10図 花と珠芽の分化進行中の状態
　　　　　　　　　　　　（島田ら，1954）

| a | 花茎 | e | 珠芽 |
| b | 総苞摘除跡 | f | 珠芽第一葉 |
| c | 小苞 | g | 珠芽生長円錐 |
| d | 小苞摘除跡 | h | 花 |

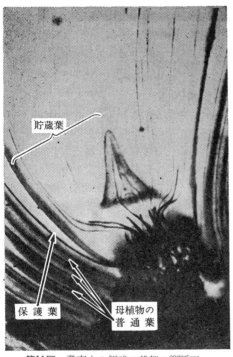

第11図　発育中の側球の基部の縦断面
　　　　　　　　　　　　（マン，1952）
保護葉から内部が側球で母植物と維管束が連絡しているのがわかる

側球となる。

このばあい側球の生長円錐は最初に第一葉原基（保護葉）を分化し，その内側に第二葉（貯蔵葉），第三葉（発芽葉）の原基を一枚ずつ分化し，さらにその内側に収穫期までに3〜4枚の普通葉を形成して休眠に入るのがふつうである（第11図）。この時期までに貯蔵葉が充分に肥大をするため，側球は第12図のような形状となる。

しかし，個体によっては保護葉を2〜3葉もっている側球も認められる。

以上のように日本種ニンニクでは，原則として最終葉と最終直前葉の二つの葉腋部にだけいくつかの側球芽が形成され，それ以外の節には側球芽を形成することはまれであるので，この分球様式を模式図と分球図式で示すと第13，14図のようになる。しかし，品種によっては日本種ニンニクでもまれに3節以上に側球が形成されることもある。

### ③日本種ニンニクの生育相

第15図はニンニクの球と花序の発育過程を東北地方で調査した結果の一例である。この図をもとにして，もう少し詳しく花序と側球の発育過程について説明しよう。まず，秋に植えこんだ種球は10月中旬に発芽し，葉数約4葉，葉長約30cmで越冬した。

4月上旬から生長が再び盛んになり，5月中旬までにすべての葉が出葉して約8葉となり，葉長も5月下旬に最大となった。花房分化は4月下旬に行なわれ，その後急速に発育し，5月上旬以降，花茎上に栄養芽と第二次花序とを分化した。

その後，花茎と包葉の伸長により，5月下旬〜6月上旬葉鞘間から外部に抽出し，花茎上の栄養芽は，第一〜第三葉がそれぞれ保護葉，貯蔵葉，発芽葉になり珠芽を形成した。なお，本系統では花茎の伸長が20cmていどにとどまり，花序内に花はまったく分化しなかったが，品種によっては1m以上に伸長するもの，花茎が中間部で輪状に屈曲するもの，花序内に多くの花を着生するものなどがある。

前記の花房分化とほとんど同時期に花茎に近

生育のステージと生理,生態

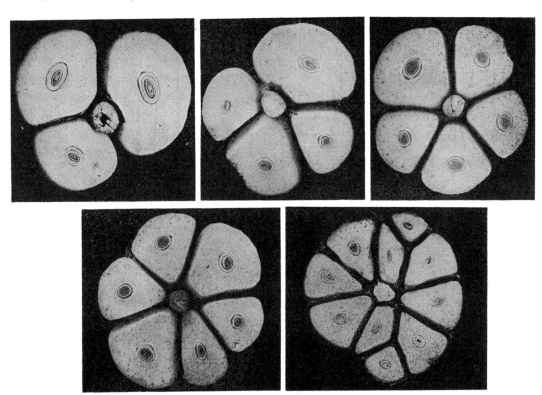

第12図　収穫期でのニンニク鱗茎部の横断面　　　　　（八鍬，1963）

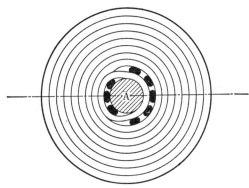

第13図　ニンニク（日本種）の側球形成位置
　　　　を示す模式図　　　　　　（八鍬，1963）
　　　破線は母植物の葉序方向
　　　Aは花茎，黒い部分は側球（小鱗茎）

い二葉（まれに一葉または三葉）の葉腋に側球を分化すべき三か月形の隆起を生じ，その後10〜15日ころには隆起部に3個前後の生長点を分化した。これらの側球芽は，その後新葉を分化して葉数を増加するとともに，各葉が生長して側球を形成した。

とくに第二葉は，5月中頃まで細胞は原形質に富み，その後細胞容積の増大によりいちじるしく肥大し，いわゆる貯蔵葉になった。第15図の球径の増大も主としてこの貯蔵葉の肥大によるもので，側球（小鱗茎）重の80〜85％を貯蔵葉が占める。したがって，球の大小は側球の分化数と貯蔵葉の発育程度で決まる。

側球第一葉では細胞数の増加は比較的早く停止し，細胞の増大によって貯蔵葉を包むが，6月中・下旬には活性を失い，掘取り後間もなく枯死し，いわゆる保護葉になった。第三葉（発芽葉）は，球掘取り期には長さ4〜6 $mm$ にすぎず，その内部に，4葉前後の普通葉が分化していた。

(2)　米国種ニンニク
　　　（不抽苔性ニンニク）

米国種は，一般に花序を形成しないため，側球芽を分化する節は日本種のように2節に限られているわけではなく，ある節位から数節に及

生育のステージと生理，生態（ニンニク）

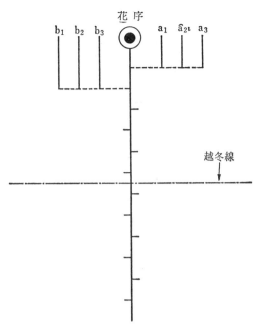

第14図　ニンニク（日本種）の分球様式を示す図式　　　　（八鍬，1963）
$a_1〜a_3$ 最終葉の葉腋に分化する側球
$b_1〜b_3$ 最終直前葉の葉腋に分化する側球

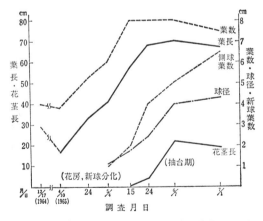

第15図　東北地方でのニンニクの球，花序の発育過程の一例
（青葉，1966の調査結果から作図）
注　1．品種は山形在来
　　2．種球重 7 g
　　3．植えつけ期は1964年 9 月30日
　　4．山形県鶴岡市での調査

んで側球芽を分化する。つまり，植えこまれて発芽した種球（側球）には，日本種と同様に最

第16図　ニンニクの抽台三態（平尾，原図）
　左　不抽台
　中　不完全抽台
　右　完全抽台

初のうちは普通葉の葉腋に側球の分化は起こらないが，しだいに葉数が増加し株が大きくなると，葉腋に側球芽が分化されるようになる。このばあい，一たび側球形成の段階に入るとそれより高節位の葉の葉腋には引きつづいて側球が分化するのが普通である（植物としての特性の項　523ページ，第16図）。

マン（1952）によると，種球植えこみ後側球を分化しない葉の数は晩生種で平均13.6，早生種では平均11.7で，葉腋に側球を分化する葉は 6〜8 葉である。また，1 葉腋に分化する側球の数は 1〜5 個で，1 母球当たり側球の総数は10〜20個である。

このように，米国種ニンニクでは側球を分化する葉が数節に及ぶため，側球分化の期間は日本種より長期にわたり，カリフォルニアでの圃場栽培では，4 月中・下旬から 5 月下旬〜6 月上旬に至る40〜60日間にわたって側球分化が行なわれるという。葉腋部に側球が形成される様相は日本種ニンニクと同様で，まず葉腋部が三か月型の丘陵体を形成し，ついでそのいくつかの部分が波状に隆起し，その山の部分に側球の

第17図　米国種ニンニクの側球の分化順位
（山田，1963）

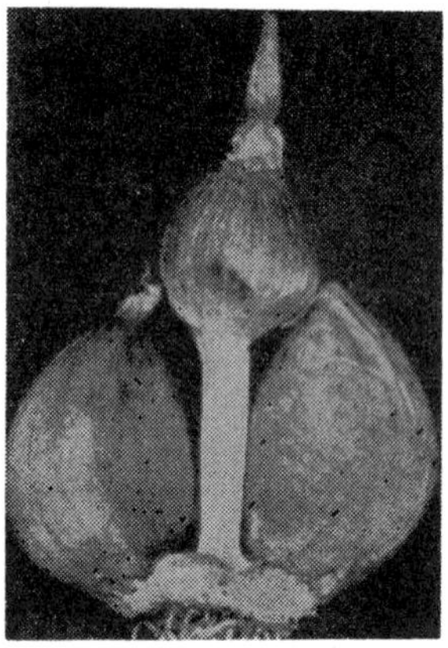

第18図　日本種ニンニクの花茎上に形成された中心球
（八鍬，1963）

第一葉原基をみるに至る。

側球の分化順序は第17図に示すとおりで，日本種ニンニクのばあいとほぼ一致するといえる。花房を分化する日本種ニンニクでは母球の頂端生長円錐は，花房分化期に至って普通葉芽の分化を止めて総包の原基を分化し，やがて花茎頂部（花托）に花と珠芽とを分化して，その使命を終えることになる。

しかし，花茎を分化しない米国種ニンニクでは，母球の頂端生長円錐は，側球の分化開始後間もなく普通葉の分化を止めて生長活動を停止するか，または，頂端部にも鱗茎（中心球）を形成して休眠態勢に入るかのどちらかである（山田1963）。

後者のばあいは，普通葉を分化していた母球の頂端生長円錐が，保護葉，貯蔵葉，発芽葉，普通葉の原基を順次形成して休眠に入るため，母球の中央（つまり日本種ニンニクでは花房が形成される位置）に鱗茎が形成されることになる。なお，日本種ニンニクでも鱗茎の特異形成例として母球の中心部に母球頂端生長円錐を内蔵する鱗茎が形成されることがあり，これを中心球と呼んでいる（第18図）。

## 3. 球の形成，肥大と温度，日長

前項で述べたように，日本種ニンニクでは，花茎に近い2枚（まれにそれ以上のこともある）の葉の葉腋部に数個の側球芽が分化し，これらが発育肥大することによって結球が行なわれる。このばあい，花房の形成と側球芽の分化は時期的にほとんど同時に行なわれ，どちらが早いということはないが，いずれの器官も自然条件下で分化するためには，ある期間植物体が低温にあうことが必要である（後述するように，側球は極端な長日下でも形成されるが，自然条件下では長日期でも16時間ていどなので，低温にあわなければ分化しない）。

そして，この低温を必要とする度合は品種によってちがい，北海道や長野で栽培されているいわゆる寒地向きの品種は低温感応性も鈍く，暖地向きの品種は低温に感じやすい。また，分化した側球芽が肥大発育するためには長日とあるていど以上の温度が必要とされている。この点，タマネギの球肥大とよく似ている。

米国種ニンニクは一般に花序が形成されない点で日本種ニンニクと異なっているが，球形成のための環境条件については日本種ニンニクと同様であることが知られている。このように，ニンニクは日本種，米国種を問わず苗がある期間（越冬期）低温にあうと，側球芽（小鱗茎のもと）が分化し，春以降の温暖な気温と長日によって新しい側球が肥大して球を形成するのである。次にこれらの要因について少し詳しく説明しよう。

### (1) 球形成と温度

ニンニクの球形成と温度との関係について実験が行なわれたのはそう古いことではなく，1950年代になってからである。米国種についてはマンら（1956，1958），日本種については島田ら（1954），山田（1959，1963），幸地ら（1959）により，種球を冷蔵することによって側球の分

生育のステージと生理, 生態（ニンニク）

**第1表　種球の冷蔵が花房, 側球の分化期に及ぼす影響**　　　　（山田, 1959）

| 供試材料 | 栽培処理 分化器官 | 圃　場 | | ガラス室(無加温) | | 20℃温床 | |
|---|---|---|---|---|---|---|---|
| | | 冷蔵 | 無冷蔵 | 冷蔵 | 無冷蔵 | 冷蔵 | 無冷蔵 |
| 佐賀種 | 花　茎 | ＋<br>1月中旬* | ＋<br>3月中旬 | ＋<br>12月中旬 | ＋<br>3月上旬 | ± | － |
| | 地下鱗茎 | ＋<br>1月中旬 | ＋<br>3月中旬 | ＋<br>12月中旬 | ＋<br>3月上旬 | ±<br>12月中下旬 | － |
| 壱岐種 | 花　茎 | ＋<br>1月上旬 | ＋<br>2月下旬 | ＋<br>12月上旬 | ＋<br>2月下旬 | ± | － |
| | 地下鱗茎 | ＋<br>1月上旬 | ＋<br>2月下旬 | ＋<br>12月上旬 | ＋<br>2月下旬 | ±<br>12月上旬 | － |

注　1.　*器官の分化開始期
　　2.　＋　正常に分化進行したもの
　　3.　±　異常な形で分化進行したものおよび未分化のもの
　　4.　－　全く分化しなかったもの
　　5.　冷蔵方法は, 8月26日から60日間5〜7℃で冷蔵
　　6.　地下鱗茎は側球と同意

**第2表　ニンニクの種球貯蔵温度と植えつけ後の球形成（首径/球径比）**　　（マンら, 1958）

| 調査月日 | 植えつけ日 | 1月5日 | | 2月16日 | | 3月2日 | |
|---|---|---|---|---|---|---|---|
| | 貯蔵条件 | 5℃(3か月) | 20℃(3か月) | 5℃(4.5か月) | 5℃(3か月)+20℃(1.5か月) | 5℃(5か月) | 5℃(3か月)+20℃(2か月) |
| 5月26日 | | 0.22 | 0.66 | 0.31 | 0.60 | 0.37 | 0.61 |
| 6.15 | | 0.17 | 0.65 | 0.24 | 0.58 | 0.16 | 0.63 |
| 7.8 | | 成熟 | 0.61 | 0.24 | 0.48 | 0.16 | 0.51 |
| 7.28 | | | 0.61 | 0.11 | 0.40 | 0.10 | 0.48 |
| 8.19 | | | 0.57 | 成熟 | 0.31 | 成熟 | 0.40 |
| 9.15 | | | 0.57 | | 0.21 | | 0.31 |

注　1.　10月5日から種球貯蔵
　　2.　植えつけ後は昼温24℃, 夜温18℃, 自然日長下で生育させた
　　3.　首径/球径比が0.50以下のばあいは球形成とみなされる

化が促進されること（第1表），20℃以上で貯蔵した種球を18〜25℃で栽培したばあいは側球の形成が抑制されることなどが報告された（第2表）。その後，比屋根（1965），勝又（1966），川崎（1971），青葉（1966, 1970, 1971）らにより同様のことが裏づけられた。

次に山形在来ほか4品種を用いて行なった青葉（1970, 1971）の成績について少し詳しく説明しよう。まず，7月掘り上げの山形在来種の側球を8月4日から9月8日までいろいろの温度条件で貯蔵し，それらを9月8日に植えつけ，20℃以上の温度を保ち，自然日長または16時間長日下で生育させた。12月14日に掘り上げて調査した結果は第19図のとおりで，5℃の低温を経過した区は自然日長区，16時間長日区ともに球を形成したが，低温にあわせなかった区（温度処理が20℃以上の区）はどの日長区も球を形成しなかった。

また，別な試験で，ホワイト，福地，山形在来の種球を冬期間23℃で貯蔵した後，5月に定植したところ，7〜8月も生育をつづけ新葉をつぎつぎと展葉して，秋まで球を形成しなかった。次に5〜10℃の低温条件に20〜30日間以上おいた種球を植えた試験では20℃，16時間長日の条件で球を形成した（第3表）。

これらの試験結果から，ニンニクは種球や苗

## 生育のステージと生理，生態

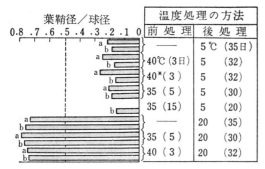

第19図 ニンニクの球形成に及ぼす種球貯蔵温度の影響　（青葉ら，1970）
品種　山形在来
処理期間　8月4日～9月8日
植えつけ後の管理　20℃以上
a　自然日長
b　16時間日長
調査　12月14日

があるていどの低温条件を経過することによって球を形成しうる生理状態が誘起されることがわかる。球形成条件を誘起する低温の適温と限界温度とについては，マンラ（1958）は0～5℃を適温とし，青葉（1971）も5～20℃の温度範囲の実験で5℃が最も低温効果の高いことを認めている（第3表）。また，低温の影響は，一般に処理期間が長いほど大きいが，その効果も温度によっておのずから限度があり，低温効果の高い5℃では処理期間を3か月以上にしても球形成は3か月区以上には促進されず，低温効果の劣る15℃のばあいは4～5か月まで処理期間延長の影響がみられた（第20図）。さらに5～35℃の変温（5℃15時間，35℃9時間）処理を行なったところ，球を形成しなかったことから，35℃の高温は低温の効果を消去するものと思われる（青葉1971）。

一方，分化した球の発育肥大は10℃前後で始まり，20℃前後の温暖な温度で促進される（青葉1966，小川ら1970）。したがって早出し栽培のばあい，低温処理した後は20℃前後の温暖な温度条件が望ましい。この点から，低温処理による早出し栽培は西南暖地が適し，寒冷地では成立しにくいことになる。ただし，低温処理後球が完全に分化しないうちにニンニクを高温条件下に長くおくと，低温の効果が消去することがあるので，早出し栽培での種球の低温処理は，充分に行なわなければ思わぬ失敗をまねくおそ

第3表　種球の低温処理が球形成に及ぼす影響　　　　　　（青葉，1971）

| 品　種<br>（種球重） | 温度処理 | | 12月14日植えつけ，3月16日調査 | | | | | |
|---|---|---|---|---|---|---|---|---|
| | | | 生葉数 | 葉　長 | 球　径 | 球茎比 | 球形成率 | 球　重 |
| 佐　賀<br>（1.4g） | 5℃ | 20日間 | 4.0 | 38cm | 3.9mm | 2.0 | 50% | —g |
| | 5℃ | 30 〃 | 3.0 | 33 | 6.4 | 5.3 | 100 | — |
| | 10℃ | 30 〃 | 4.0 | 28 | 5.0 | 4.2 | 50 | — |
| | 20℃ | | 4.0 | 53 | 4.9 | 1.5 | 50 | — |
| 沖　繩<br>（2.0g） | 5℃ | 20日間 | 4.3 | 52 | 12.6 | 6.0 | 100 | — |
| | 5℃ | 30 〃 | 3.5 | 32 | 9.9 | 6.0 | 100 | — |
| | 10℃ | 20 〃 | 4.3 | 48 | 12.5 | 5.1 | 100 | — |
| | 10℃ | 30 〃 | 3.7 | 41 | 10.2 | 6.5 | 100 | — |
| | 20℃ | | 4.2 | 54 | 11.4 | 4.2 | 100 | — |
| 福　地<br>（3.4g） | 5℃ | 20日間 | 4.8 | 62 | 18.1 | 4.0 | 100 | 3.4 |
| | 5℃ | 30 〃 | 5.0 | 57 | 16.5 | 5.1 | 100 | 3.8 |
| | 10℃ | 20 〃 | 4.3 | 54 | 10.0 | 2.3 | 75 | 1.8 |
| | 10℃ | 30 〃 | 5.0 | 60 | 14.7 | 3.3 | 100 | 2.4 |
| | 20℃ | | 5.0 | 56 | 8.3 | 1.4 | 0 | — |
| 台　湾<br>（5.2g） | 5℃ | 20日間 | 5.3 | 55 | 11.7 | 2.9 | 100 | 2.8 |
| | 5℃ | 30 〃 | 4.5 | 69 | 22.5 | 6.9 | 100 | 6.9 |
| | 10℃ | 20 〃 | 5.8 | 65 | 13.3 | 2.4 | 100 | 2.4 |
| | 10℃ | 30 〃 | 5.5 | 64 | 20.9 | 4.8 | 100 | 5.3 |
| | 20℃ | | 6.0 | 63 | 9.1 | 1.3 | 20 | — |

注　球茎比が2.0以上になったものは球形成したもの

れがある。なお，球形成条件誘起のための低温要求性は，品種に大きい差異があるが，この点については，別項でのべる。

### (2) 球形成と日長

ニンニクの球形成と日長条件との関係については，島田(1954)，マンら(1958)が最初に実験を行ない長日によって球形成が促進されることを明らかにした。

島田は，日本種ニンニクに対し，2月26日から16時間，12時間，8時間の日長処理を行なったところ，花，珠芽，地下鱗茎の分化開始期が自然日長区に比べ長日区で早まり，短日区で遅れ，その後の生長も長日区で良好で短日区で不良だったことを報告している。

また，マンらは0，5，10，15および20℃の

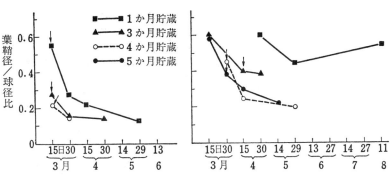

第20図 ニンニクの球形成に及ぼす種球冷蔵温度と冷蔵期間の長短の影響（左が5℃区，右が15℃区） (青葉，1971より著者作図)
品種 山形在来
定植 1月27日（定植後は20℃以上，16時間日長で育てた）
↓ 調査開始後，はじめて解剖的に球形成が認められた日を示す

第4表 第22図に示した試験の長日区の収穫調査の結果　（マンら，1958）

| 種球の貯蔵温度 | 0℃ | 5℃ | 10℃ | 15℃ | 20℃ |
|---|---|---|---|---|---|
| 平均成熟月日 | 4月7日 | 4月10日 | 4月17日 | 5月8日 | 5月16日 |
| 平均球重(g) | 6.7 | 8.7 | 8.1 | 8.3 | 7.8 |
| 一球当り平均側球数 | 9.4 | 6.5 | 3.2 | 1.6 | 1.4 |

注　12週間それぞれの温度で貯蔵した後，12月27日に植えこみ，翌年1月27日から16.5時間の長日処理をつづけた

5種の温度下で12週間種球を貯蔵した後，12月27日に温室（昼温24℃，夜温18℃）に植えつけ，1月27日から長日区（明期16.5時間）と短日区（明期10時間）とを設けて各区の球形成状態について調査した。その結果は第21図のとおりで，短日区は4月になっても首径／球径比は0.50以上で球の肥大が行なわれなかったが，長日区では月日の経過とともに球形成がすすんだ。とくに球形指数は，0℃，5℃，10℃の低温処理を行なった区で低かった。なお，20℃で貯蔵した区は低温を経過していないにかかわらず，16.5時間の長日処理を4月6日までつづけると不完全ながら球が形成されたことは興味深い。

この試験での長日区の収穫時の成績は第4表のとおりで，平均球重は5℃冷蔵区で最も大きいが，その他の温度でも大差なく，一球当たり側球数は低温で貯蔵した区ほど多い傾向がみられる。

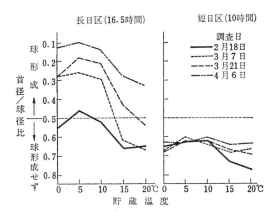

第21図　種球貯蔵温度と植えつけ後の日長がニンニクの球形成に及ぼす影響
（マンら，1958）

注　1. 種球の貯蔵期間は12週間
　　2. 植えつけ日は12月27日
　　3. 日長処理は1月27日から開始
　　4. 調査は2月18日～4月6日の間に4回
　　5. 首径／球径比が0.5以下で球形成とみなされる
　　6. 12個体の平均値で示す

第5表 短日処理がニンニクの球形成に及ぼす影響　　　　　　　　（青葉，1966）

| 項目<br>区別 | 5月28日測定 | | | | | 株当り球数 | | 平均球重 | |
|---|---|---|---|---|---|---|---|---|---|
| | 葉数 | 葉長 | 球径 | 葉鞘径 | 第1側球節位 | 側球 | 珠芽 | 側球 | 珠芽 |
| | | cm | cm | cm | | | | g | g |
| 8.5時間短日 | 7.5 | 72 | 2.4 | 1.4 | 6.5 | 5.3 | 2.5 | 2.8 | 0.4 |
| 9.5 〃 | 7.0 | 74 | 2.4 | 1.3 | 6.5 | 4.9 | 2.1 | 3.3 | 0.4 |
| 11 〃 | 8.5 | 69 | 2.2 | 1.1 | 6.0 | 5.3 | 2.6 | 4.1 | 0.5 |
| 12 〃 | 7.5 | 67 | 2.4 | 1.2 | 6.5 | 4.5 | 1.7 | 4.7 | 0.9 |
| 自然日長 | 7.3 | 75 | 2.5 | 1.5 | 6.7 | 4.5 | 2.5 | 4.9 | 0.8 |

注　山形在来種5.5gの球を9月25日植えつけ，各区25球，5月28日は5株調査，掘り上げ7月23日

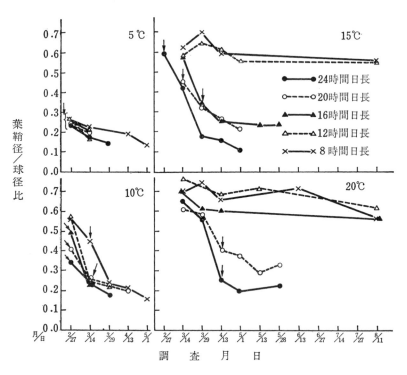

第22図　ニンニクの球形成に及ぼす貯蔵温度と植えつけ後の日長の影響
（青葉ら，1971）

注　1．品種は山形在来
　　2．植えつけは12月28日
　　3．日長処理開始は2月9日，ただし，5月25日以降は，すべての区を自然日長下においた
　　4．温度は，植えつけ前の種球の貯蔵温度（貯蔵期間は4か月）
　　5．↓は，調査開始後はじめて解剖的に球形成が認められた日を示す
　　6．葉鞘径／球径比が0.5以下を球形成とした
　　7．5℃，10℃貯蔵種球では，植えつけ後の日長に関係なく球が形成されるが，20℃貯蔵では20時間または24時間の長日区だけで球形成が認められた

その後，青葉（1966，1971）も種球の低温処理と植えつけ後の日長条件の影響について実験し，低温，日長両要因の相互作用について検討を行なった。その結果，球の形成（とくに肥大）は短日条件で抑制されること（第5表），球形成は長日条件ですすみ，長い日長のばあいほど促進効果が大きくなること，さらに低温条件を経過しない種球を植えたばあい，8～16時間日長下では球を形成しないが，日長が20時間以上のさいは球を形成すること（第22図）などが明らかにされた。

したがって，20℃以下の低温条件経過はニンニクの球形成に絶対必要な条件ではないといえる。ただし，わが国で最も日長が長くなる北海道の北部でも最長時で16時間ていどなので，20時間以上の日

長はわが国の自然条件下では考えられない。そのため，実際栽培では，低温条件の経過がニンニクの球形成に必要な条件となっている。

上述の結果から，低温と長日との両要因の関係をみると，種球が充分に低温条件を経過すると日長の影響はあまりあらわれず，日長が非常に長いばあいには低温処理の効果は少なくなるが，ある範囲内では，低温と長日は球形成促進に対して相加的に働くことがわかる。しかし，ニンニクでは，低温と長日が同時に作用して球形成を促進するものではなく，低温は球を形成し得る生理条件を誘起するものであり，一方，長日条件は球分化後の発育（10℃以上で起こる）を促進するものである。ただし，前述のように極端な長日条件では，球形成誘起の働きももつものと思われる。

### (3) 温度，日長感応性の品種間差異

ニンニクの球形成には低温が必要で，また球肥大が長日によって促進されることは前に述べたとおりだが，この低温要求性，あるいは球肥大期の日長や温度などの適条件は品種間に差異があり，これらの条件がその土地の気候条件にあっていないとよい生育や収量は望めない。

ニンニク品種の生態的特性についての報告は多いが，それらの成績を要約すると，暖地の品種は低温要求性が低く，東北，北海道の品種は低温要求性が高い（勝又1966，平尾1965，青葉1966，1971）。たとえば山形在来ほか4品種の種球を9月11日から翌年5月12日まで23℃の定温器内で貯蔵したのち植え込んだ結果をみると，第6表に示すように品種間で差があらわれる。壱岐早生は8～9月に球を形成したが他の4品種は球が形成されなかった。これは定植当時の10～15℃前後の低温で，感応性の敏感な壱岐早生のみ側球芽の分化が誘起されたためと考えられる。

また，前記の第3表で20℃貯蔵球を20℃で栽培したばあい，沖縄種だけが球形成率100％に達している。これは沖縄種の球形成のための低温要求性が他の品種より低かったためだろう。

このように，暖地品種である沖縄や壱岐早生は球形成のための低温要求性が低く，漢口は中間的な品種で，東北，北海道の品種は要求性が高いことは，それぞれの栽培地の気象条件に適応した性質といえる。

したがって，寒地の品種を暖地で栽培すると，低温が不充分のためによい球が採れない。また逆に寒地で暖地の品種を栽培してみると，暖地の品種は寒地の品種より抽台や成熟期が早まるが，球の肥大は暖地でつくるようによくならない（第7表，第23図）。暖地の品種は，耐寒性，耐雪性に乏しいため，越冬中に凍雪害をうけて枯損葉を生じたり，越冬後の生育の悪いことが多く，これが結球肥大に悪影響を及ぼしていることも多い。

小川ら（1970）は，25品種を用い温度，日長条件に対する感応度の品種間差について3か年

第6表 23℃で貯蔵した種球を春植えしたばあいの生育と球形成 (青葉，1971)

| 品　種 | 種球重 | 9月26日 | | | | | | 10月28日 | | | | |
|---|---|---|---|---|---|---|---|---|---|---|---|---|
| | | 生葉数 | 葉鞘内葉数 | 葉長 | 葉鞘長 | 球径 | 球茎比 | 生葉数 | 葉鞘内葉数 | 葉長 | 球径 | 球茎比 |
| | g | | | cm | cm | cm | | | | cm | cm | |
| 壱岐早生 | 2.7 | 5.0 | 2.0* | 41 | 16.0 | 3.1 | 5.2 | — | — | — | — | — |
| 漢　口 | 2.2 | 5.0 | 5.0 | 41 | 8.0 | 1.3 | 2.2 | 6.0 | 4.0* | 28 | 1.7 | 2.6 |
| 福　地 | 9.0 | 6.0 | 6.0 | 38 | 5.0 | 1.8 | 1.9 | 6.0 | 7.0 | 30 | 2.1 | 2.1 |
| ホワイト | 9.7 | 5.0 | 6.0 | 34 | 3.5 | 2.0 | 1.7 | 6.0 | 6.0 | 29 | 1.7 | 1.9 |
| 山形在来 | 5.9 | 5.7 | 5.7 | 41 | 6.6 | 1.6 | 1.7 | 6.5 | 7.0 | 31 | 1.4 | 2.1 |

注 1. *貯蔵葉形成
2. 1965年9月11日から翌年5月12日の定植日まで23℃で貯蔵した
3. 球茎比が2.0以上になった時期を球形成期とした

生育のステージと生理, 生態

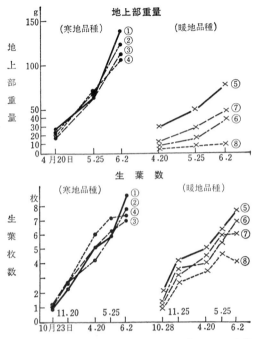

① 寒地ホワイト，② 岩　手，⑤ 壱州早生，⑥ ホワイト（暖）
③ 山　形，④ 北海道富良野，⑦ 佐賀大ニンニク，⑧ 鹿児島

第23図　寒地で，暖地と寒地の品種を栽培したときの生育の差異　（平尾ら，1965）

第7表　暖地と寒地の品種を青森で栽培したときの成績　（平尾ら，1965）

| 品種 \ 調査年次 | 1963年 | | | 1964年 | | |
|---|---|---|---|---|---|---|
| | 調査個数 | 球径 | 球重 | 調査個数 | 球径 | 球重 |
| | 個 | cm | g | 個 | cm | g |
| 福　地　A | 19 | 5.59 | 60.0 | 102 | 5.28 | 47.4 |
| 〃　　B | 20 | 4.87 | 41.5 | 104 | 5.63 | 57.7 |
| ホワイト（寒） | 19 | 4.69 | 40.0 | 105 | 5.63 | 56.6 |
| 岩　木　A | 19 | 4.77 | 40.3 | 101 | 5.03 | 53.7 |
| 〃　　B | 20 | 4.99 | 47.0 | 103 | 5.06 | 46.4 |
| 岩　　　手 | 20 | 5.59 | 56.8 | 93 | 5.69 | 65.5 |
| 山　　　形 | 20 | 5.13 | 51.0 | 104 | 5.44 | 55.1 |
| 長　　　野 | 20 | 4.39 | 35.5 | 99 | 4.97 | 44.5 |
| ピ　ン　ク | 20 | 4.32 | 31.5 | 95 | 4.84 | 42.8 |
| 富　良　野 | 20 | 4.87 | 47.0 | 60 | 5.48 | 56.8 |
| 大河原在来 | 20 | 4.14 | 28.5 | 60 | 4.75 | 36.6 |
| ホワイト（暖） | 18 | 3.22 | 12.4 | 43 | 3.91 | 22.1 |
| 壱　岐　大　球 | 10 | 2.22 | 4.0 | 6 | 3.12 | 10.3 |
| 壱岐早生A | 10 | 3.77 | 12.5 | 30 | 5.04 | 42.3 |
| 大　片　種 | 10 | 3.35 | 15.5 | 43 | 3.73 | 19.8 |
| 千葉大球 | 15 | 2.90 | 11.0 | 41 | 4.79 | 24.9 |
| 佐賀在来 | 11 | 2.96 | 11.4 | 42 | 2.99 | 11.5 |
| 佐賀大ニンニク | 20 | 3.38 | 16.8 | 45 | 4.34 | 32.7 |
| 晩　生　A | 10 | 2.40 | 4.0 | 20 | 2.16 | 4.4 |
| 高知大球 | 5 | 2.24 | 5.0 | 11 | 2.71 | 7.3 |
| 鹿　児　島 | 20 | 2.20 | 4.8 | 33 | 3.02 | 9.9 |
| 静岡在来 | 11 | 2.18 | 4.5 | 9 | 3.51 | 14.9 |
| 遠州極早生 | 8 | 2.63 | 9.9 | 9 | 2.80 | 7.9 |

注　暖地品種は寒地の品種より側球の分化は早いが（成績は省略），充分な肥大結球が得られない。

にわたって試験を行ない，第8表のような結果を得た。この表からも低緯度産の品種は低温感応性敏感で，しかも高い短日性を示し，高緯度産の品種は低温感応性が鈍く，長日性が強いことがわかる。なお，第8表をみると，20℃以上の長日区で寒地品種が結球しているが，これは処理開始の1月上旬までに自然条件下で10℃以下に1,000時間以上遭遇していることが影響しているものと思われる。

### （4）実際栽培上の問題点

現在ニンニクの早出し栽培では，植えつけ前に，種球の低温処理が行なわれている。これは適度の低温を与えることにより，無処理のばあいに比べて比較的短期間に球形成に必要な条件をみたし，植えこみ後の球の肥大を早めるのがねらいである。

この方法によって端境期での出荷も行なわれるようになったが，実際栽培ではいくつかの問題も残っている。つまり，冷蔵種球を使用したばあいには，ときに異常球の形成や，側球の二次生長をおこし，収穫期が不ぞろいになったりする。異常球には，一つ玉（中心球）と不結球葉状化とがある。次にそれらについて説明しよう。

① 中心玉（一つ玉）

中心球は，元来花房に分化すべき頂芽が花房を分化せずに貯蔵葉化したもので，種球が小さいばあいや春植えのさいに生じやすい（第24図，第25図）。また，早出し栽培のため低温処理が強すぎたときや処理時期の早いときに生じやすく（勝又1966，山田1959，1963，青葉1971），花房分化に必要な葉数が分化する以前に球形成条件がみたされたばあいか，あるいは球形成誘

## 第8表 温度，日長感応度の品種間差 （小川ら，1970）

(A) 1967, 1968年の成績（処理後90日目の結果）

| 品種名 | 15℃ | | | 20℃ | | | 25℃ | | |
|---|---|---|---|---|---|---|---|---|---|
| | 11時間 | 12時間 | 13時間 | 11時間 | 12時間 | 13時間 | 11時間 | 12時間 | 13時間 |
| 北海道(空知) | × | × | × | × | × | × | × | × | × |
| 青森6片 | × | × | × | × | × | × | × | × | × |
| 佐渡在来 | × | × | × | × | × | × | × | × | × |
| 佐渡産 | × | × | × | × | × | × | × | × | × |
| 加州晩生 | × | × | × | × | × | × | × | × | × |
| 仙台ホワイト | × | × | × | × | × | △ | × | × | ○ |
| 松本市 | × | × | △ | × | × | △ | × | △ | ○ |
| 加州早生 | × | × | × | × | × | × | × | ― | ○ |
| 佐賀在来 | × | × | ○ | △ | △ | ○ | ○ | ○ | ○ |
| 壱州早生 | × | × | ○ | △ | ○ | ○ | ○ | ○ | ○ |
| 鹿児島(A) | × | × | △ | × | × | △ | × | × | ○ |
| 鹿児島(B) | × | × | △ | × | × | △ | △ | △ | ○ |
| 高知小球 | × | × | △ | × | × | △ | × | × | ○ |
| 静岡早生 | ○ | ○ | ○ | ○ | ○ | ○ | ○ | ○ | ○ |
| 遠州極早生 | ○ | ○ | ○ | ○ | ○ | ○ | ○ | ○ | ○ |
| 浜松産 | ○ | ○ | ○ | ○ | ○ | ○ | ○ | ○ | ○ |
| 台湾軟骨 | ○ | ○ | ○ | ○ | ○ | ○ | ○ | ○ | ○ |
| 台湾紫 | ○ | ○ | ○ | ○ | ○ | ○ | ○ | ○ | ○ |
| 台湾小玉 | ○ | ○ | ○ | ○ | ○ | ○ | ○ | ○ | ○ |
| 香港 | ○ | ○ | ○ | ○ | ○ | ○ | ○ | ○ | ○ |
| タイ国産 | ○ | ○ | ○ | ○ | ○ | ○ | ○ | ○ | ○ |
| エジプト | ○ | ○ | ○ | ○ | ○ | ○ | ○ | ○ | ○ |
| チリー | ○ | ○ | ○ | ○ | ○ | ○ | ○ | ○ | ○ |

(B) 1969年の成績（処理後90日目の結果）

| 品種名 | 15℃ | | | 20℃ | | | 25℃ | | |
|---|---|---|---|---|---|---|---|---|---|
| | 13時間 | 14時間 | 15時間 | 13時間 | 14時間 | 15時間 | 13時間 | 14時間 | 15時間 |
| 北海道(空知) | × | × | × | × | × | ○ | × | △ | ○ |
| 岩手ホワイト(佐藤) | × | × | △ | × | △ | ○ | × | △ | ○ |
| 栃木6片 | × | × | ○ | △ | △ | ○ | △ | ○ | ○ |
| 佐渡在来 | × | × | ○ | × | △ | ○ | ○ | ○ | ○ |
| 加州早生 | × | △ | ○ | × | △ | ○ | × | △ | ○ |
| 松本産 | ○ | ○ | ○ | ○ | ○ | ○ | ○ | ○ | ○ |
| 高知小球 | ○ | ○ | ○ | ○ | ○ | ○ | ○ | ○ | ○ |
| 鹿児島(A) | ○ | ○ | ○ | ○ | ○ | ○ | ○ | ○ | ○ |
| 壱州早生 | ○ | ○ | ○ | ○ | ○ | ○ | ○ | ○ | ○ |

注 1. ×は不結球，△は半結球，○は結球完了
2. 定植は10月5日～11日（ビニールハウス内）
3. 温度処理は，15℃，20℃，25℃の地温とし，気温は極力地温に近く保った。処理開始は1月上旬
4. 日長処理は8時30分から17時までは自然光とし，あとはマツダ電球（100W）で補光した
5. 試験地は長崎

導が強く，そのため花房分化，発育が抑制されて頂芽の葉が貯蔵葉化するばあいに生ずるものと思われる。

一般に，側球を種球とする普通栽培では中心球を形成することはまれで，このため奇形球として扱われている。たしかに中心球が形成されると，側球を形成した普通株に比べて株当たり球重は劣り，商品性は低く，実際栽培上好まし

生育のステージと生理，生態

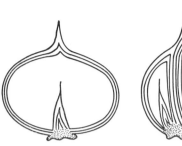

第24図　ニンニクの異常球の例（山田，1963）
左は中心球，右は中心球と側球との共存

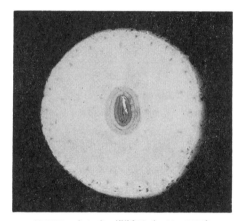

第25図　中心球の横断面（八鍬，原図）

くない。しかし，個々の鱗茎重は中心球のほうが側球よりむしろ大きく，利用上特別な支障はない。

佐賀県では，従来壱岐早生を用い，7月20日から60日間0～5℃に冷蔵し，9月20日ごろ定植して，1～2月に収穫している（勝又1966，幸地ら1959）。しかし，近年は8月上・中旬から10℃40～50日間処理を適当としている（川崎1971）。マンら（1958）も形成される球の品質の点から種球の冷蔵には10℃を適温とし，沖縄でも10℃30～50日間処理で2～3月に収穫している（比屋根1965）。また，第18図（524ページ）のように花茎上に中心球が形成される例もある。いずれにしても，種球を低温処理するばあいは，品種，栽培，作型に応じた処理の時期，温度，期間を充分に検討する必要があろう。

②不結球葉状化

不結球葉状化は，暖地の早出し栽培でおこる葉状化現象である。これは，低温処理によって誘起された球形成条件が12～1月の短日条件によって消去され（脱球形成現象），その結果，葉身が発育するものと考えられている（青葉1971）。したがって葉状化を防ぐためには，冷蔵期間延長など球形成刺激を高めるか，あるいは長日処理を行なうことが有効であろう。

③二次生長（分球）

ニンニクの花茎基部に形成される側球は，前述のように保護葉（1），貯蔵葉（1），発芽葉（1），普通葉（3～4）を順次分化して後，その頂端生長円錐の活動を休止して休眠に入るのが正常な形成過程である。しかし，側球の2，3葉が伸長して母株の葉鞘分岐部から抽出，展葉してくることがある。このようなばあいは，側球の伸長葉の葉腋に二次側球（孫球）を分化し，着生することが多い（第26図）。これを二次生長または分球と呼んでおり，実際栽培では奇形球の一因となる。

第26図　ニンニクの二次生長株の草姿
（山田，1963）

止め葉とその直前葉との葉鞘分岐部から細い葉が出ている。これらは側球から萠出した葉で，このような株は内部で分球している

生育のステージと生理，生態（ニンニク）

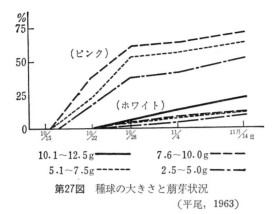

第27図 種球の大きさと萌芽状況
（平尾，1963）

注　1.　植えつけ時期は9月30日
　　2.　両品種とも大球ほど萌芽が早く，年内の萌芽率もよい

第9表　種球の大きさと鱗片（側球）の分化時期（5月1日）　（平尾，1963）

| 品種 | 種球の大きさ | 供試個体 | 生葉数 | 鱗片波状初生突起分化個数 | | | | 鱗片分化数 | |
|---|---|---|---|---|---|---|---|---|---|
| | | | | I | | II | | I | II |
| | | | | 未分化 | 分化 | 未分化 | 分化 | | |
| ピンク | g<br>2.5～ 5.0 | 5 | 6.8 | ― | 4 | ― | 4 | 1 | 1 |
| | 5.1～ 7.5 | 5 | 7.0 | ― | ― | ― | ― | 5 | 5 |
| | 7.6～10.0 | 5 | 7.0 | ― | ― | ― | ― | 5 | 5 |
| ホワイト | 2.5～ 5.0 | 5 | 7.7 | 2 | 3 | 5 | 0 | 0 | 0 |
| | 5.1～ 7.5 | 5 | 8.0 | ― | 5 | 4 | 1 | 0 | 0 |
| | 7.6～10.0 | 5 | 8.0 | 1 | 3 | 3 | 2 | 1 | 0 |
| | 10.1～12.5 | 5 | 8.0 | ― | 4 | 2 | 2 | 1 | 1 |

注　1.　Iは最終直前葉節，IIは最終葉節
　　2.　植えつけ時期は9月30日
　　3.　種球の大きいものほど側球の分化も早くなっている

二次生長は，1株のうちで早く分化した側球，つまり各葉腋の中心（葉序面上）に位置する側球に起こりやすく，冷蔵球などのように側球の分化が早く開始された株に多くみられる。また，後述のように10g以上の大きな種球を用いたばあいや栽植距離を広くするなど，苗が大きくなると分球率が高まる傾向がある。

## 4. 収量，品質に関係する諸要因

### (1) 種球の大きさ

植えつける種球の大きさ（重さ）と生育や球収量との関係についての試験は，各地で行なわれている。平尾（1963）はピンク種とホワイト種とを用いて種球の大小について詳細な調査を行なっているが，種球の大きいものほど萌芽が早く（第27図），側球の分化形成もいくらか早い傾向を示している（第9表）。しかし，側球形成のととのう5月21日ころでは，その差はほとんどみられなかったという。

茎葉の発育，球の収量については，どの試験成績をみても同じ傾向が認められ，種球が大きいほど葉数は多くなり，草丈は高く，葉幅も広く，草体は大きくなり，側球数が多くなり，球重も大きい（第10，11表）。

青葉は，0.1～2.0gの範囲の珠芽を種球としたばあいの球形成におよぼす影響について調査したが，その結果は第12，13表のようで，種球が小さいばあいは，花房が分化せずに中心球を形成した。そして花房分化は9日24日植えのば

第10表　種球の大きさと球の肥大，収量との関係　　（平尾ら，1965）

| 年次 | 種子用鱗片の大きさ | ピンク種 | | | | ホワイト種 | | | |
|---|---|---|---|---|---|---|---|---|---|
| | | 球径 | 球重 | 1a当たり収量 | 比率 | 球径 | 球重 | 1a当たり収量 | 比率 |
| | g | cm | g | kg | % | cm | g | kg | % |
| 1960年 | 2.0～ 4.0 | 4.61 | 19.9 | 70.9 | 79.5 | 4.71 | 20.4 | 73.6 | 75.0 |
| | 4.1～ 7.5 | 4.85 | 24.6 | 88.9 | 100.0 | 5.14 | 27.2 | 98.2 | 100.0 |
| | 7.6～10.0 | | | | | 5.41 | 29.2 | 106.5 | 108.5 |
| 1961年 | 2.5～ 5.0 | 3.29 | 19.4 | 77.6 | 68.4 | 3.17 | 15.9 | 63.6 | 73.6 |
| | 5.1～ 7.5 | 3.90 | 28.3 | 113.2 | 100.0 | 2.57 | 21.6 | 86.4 | 100.0 |
| | 7.6～10.0 | 3.37 | 39.8 | 159.2 | 140.6 | 2.75 | 23.4 | 93.6 | 108.3 |
| | 10.1～12.0 | | | | | 4.14 | 29.3 | 117.2 | 136.8 |

注　栽植本数は1960年3,600本/a，1961年4,000本/a

生育のステージと生理，生態

第11表 種球（側球）の大きさと生育，収量
(伊藤，1963)

| 種球の大きさ | 抽台期 | 葉数 | 草丈 | 葉幅 | 側球数 | 球重 | 分球株率 |
|---|---|---|---|---|---|---|---|
| g | 月日 | | cm | cm | | g | % |
| 2.5 | 6.11 | 6.4 | 62 | 1.8 | 3.5 | 32.8 | — |
| 4.1 | 10 | 7.1 | 68 | 2.1 | 4.1 | 43.4 | — |
| 5.7 | 10 | 7.9 | 74 | 2.2 | 4.0 | 58.6 | — |
| 8.3 | 10 | 8.4 | 81 | 2.6 | 5.4 | 69.1 | — |
| 12.3 | 10 | 9.3 | 91 | 2.9 | 5.5 | 92.9 | 10 |

第12表 種球（珠芽）重および植えつけ期と抽台率
(青葉，1966)

| 項目 種球重 | 抽台株率 | |
|---|---|---|
| | 9月24日植え | 4月3日植え |
| g | % | % |
| 0.1 | 0 | — |
| 0.2 | 46 | 0 |
| 0.3 | 38 | 0 |
| 0.4 | 22 | 0 |
| 0.5 | 50 | — |
| 0.6 | 86 | 0 |
| 0.7〜0.8 | 59 | 0 |
| 0.9〜1.0 | 75 | 0 |
| 1.0〜1.5 | 100 | 25 |
| 1.8〜2.0 | 100 | 100 |

注　品種は山形在来

あいは種球が0.2g以上のさいにみられたが，翌年4月3日植えのばあいは1.0g以上のばあいだけにみられた。このように，珠芽や側球でも種球が小さいばあいや，おそ植えをすると抽台せずに中心球を形成することから，ニンニクの花房分化には苗があるていど以上の発育をした後，低温を経過することが必要であることがわかる。

第14表 種球の大きさと収量，分球（二次生長）との関係
(伊藤，1963)

| 種球の大きさ | 側球数 | 球重 | 分球株率 |
|---|---|---|---|
| g | | g | % |
| 4.5 | 3.1 | 27.7 | 3.3 |
| 7.5 | 4.0 | 37.8 | 6.7 |
| 10.8 | 4.4 | 49.6 | 40.6 |
| 13.9 | 4.9 | 56.6 | 38.1 |
| 18.3 | 5.6 | 63.8 | 48.9 |

前述のように，ニンニクは種球が大きいほど収量が増加するが，球の肥大倍率は，逆に低下するものであり，また球の形をくずして品質を低下させる分球（二次生長）も多くなる傾向がある。

分球は前述のように栽培条件の影響も受けるが，種球との関係では10g以上の大きさになると発生しやすくなるようである（第14表）。そのようなことから，東北，北海道で栽培されている六片種のばあいは，6〜9g前後のものが種球として適当とされている。また，球を構成している側球数の多い品種（暖地品種に多い）では個々の側球はそれほど重くならないので，5gぐらいの側球が種球として適当な大きさといえる。

大きい球を種球に選び，小球を使わないもう一つの理由に，ウイルス病との関係がある。つまり，ウイルス病におかされたニンニクは生育が悪く，球の肥大もいちじるしく劣り，小球になりやすい。したがって小球のものはウイルス病に感染している危険性が大きく，その影響で収量があがらないばかりでなく，ウイルス病をまん延させる原因となりかねないからである。

第13表 種球の大きさとニンニクの生育および球形成　　　　(青葉，1966)

| 項目 種球重 | 6月30日 | | | 株当たり球数 | | 平均球重 | | | 不抽台株率 | |
|---|---|---|---|---|---|---|---|---|---|---|
| | 葉数 | 葉長 | 球径 | 側球 | 珠芽 | 側球 | 珠芽 | 丸球 | 単一球 | 分球 |
| g | | cm | cm | | | g | g | g | % | % |
| 0.1〜0.3 | 3.0 | 42 | 1.8 | 3.7 | 2.5 | 2.2 | 0.4 | 3.8 | 82 | 1 |
| 0.4〜0.6 | 3.5 | 42 | 1.9 | 3.4 | 2.7 | 3.6 | 0.6 | 4.0 | 71 | 4 |
| 0.7〜1.0 | 3.8 | 44 | 2.0 | 3.9 | 1.9 | 3.9 | 0.8 | 5.8 | 46 | 8 |
| 1.1〜1.5 | 4.5 | 40 | 2.7 | 3.5 | 3.5 | 3.4 | 0.6 | 8.0 | 20 | 40 |
| 1.6〜2.0 | — | — | — | 5.2 | 1.8 | 5.8 | 0.9 | — | 0 | 0 |

注　品種は山形在来

一般にニンニク栽培では種球を自給することが多いので，生育期間中から注意して品種の特性からみて適当でないものや，病株などは種球にしないようにすることが大切である。

### (2) 種球のもつ遺伝的形質

種球を選ぶばあい，品種固有の特性を充分に備えていることが大切であることはいうまでもない（品種の特性については後述する）。

また，実際には同一品種，系統でも1球重はもちろん，1株当たり側球数，分球率などにも個体間にかなりの差がみられるが，これらの差がどのていど遺伝的に支配されているものかについての報告は少ないようである。

著者は，母球の側球着生数が次代の側球着生数にどのていどの影響があるかを知るため，側球着生数が4〜7個の各母球からそれぞれ種球（側球）を分離し，これらをさらに大きさによって大（種球重平均9.2g）と小（平均5.4g）とに分けて植えこみ，次代に着生した側球数を調査した。その結果は第15表のとおりだった。

この表をみると，一つの例外を除いた他のすべての区で，側球数6のところに着生率のピークがみられる（一つの例外というのは母球の側球着生数が5個の小さい種球を用いたばあいで，次代の側球数は5のところでピークとなっている）。したがって，母球の側球数がたとえば4なら，これを種球として用いた次代も4個の側球を着生するものが多く生じ，7のときは次代も7個の側球を着生するものが多く生ずるという関係はあまり強くないことがわかる。

同様に，このていどの種球重の範囲では，種球の大小によってピークが動くほどの影響は現われない。つまり，この試験に用いた系統は6個の側球を着生する性質をかなり強く有しているということになる。しかし，ピークは6であっても変異はかなり大きく，母球の側球着生数が少ないものは7個以上の側球を着生した個体が全くみられず，側球数3〜4個という個体はあるていどみられた。

逆に，母球の側球着生数の多い区は，次代に側球7個を生じた個体もいくらかずつあり，側球着生数の少ない個体は減っている。また，種球の大小に関しては，母球の側球着生数の多少にかかわらず，大きい種球を用いたほうが次代の側球着生数もやや多い傾向がみられた。

以上のことから，種球を選ぶばあい，たとえば6片種に揃えるためには，側球を6個着生している母球でしかも適当の大きさの種球を使用すると，栽培法が適当ならば，6片種の生産率は多くなるだろうし，そのことを毎年継続することによって，さらに安定していくものと思われ，常時注意して揃った種球を使用するよう心がけることが望まれる。

第15表　種球（側球）の性質が次代の側球着生数に及ぼす影響　（八鍬，1963）

| 母球の側球着生数 | 種球の大小 | 側球着生数 3 | 4 | 5 | 6 | 7 | 調査個体数 |
|---|---|---|---|---|---|---|---|
| 4 | 大 | | 9.1% | 27.3% | 63.6% | | 11 |
| | 小 | 7.7% | 15.4 | 30.8 | 46.1 | | 13 |
| 5 | 大 | | 9.1 | 18.2 | 63.6 | 9.1% | 11 |
| | 小 | 14.3 | 28.6 | 42.8 | 14.3 | | 7 |
| 6 | 大 | | 4.0 | 12.0 | 72.0 | 12.0 | 25 |
| | 小 | 4.1 | 16.7 | 16.7 | 50.0 | 12.5 | 24 |
| 7 | 大 | | | 12.5 | 68.7 | 18.8 | 16 |
| | 小 | | 2.4 | 14.6 | 78.1 | 4.9 | 41 |

注　1.　品種は北海道在来，6片種
　　2.　表内の数値（％）は，それぞれの項で占めた個体率を示す

第16表　種球の植えつけ日と発芽との関係　（勝又，1966）

| 発芽日数 \ 植えつけ日 | 8月1日 | 8月15日 | 9月1日 | 9月15日 | 10月1日 | 11月1日 |
|---|---|---|---|---|---|---|
| 6〜10 | | | 3.3 | | | |
| 11〜15 | | | 8.3 | 1.8 | | |
| 16〜20 | | 1.7 | 35.0 | 15.0 | 33.3 | 8.3 |
| 21〜25 | | 1.7 | 55.0 | 66.7 | 53.3 | 41.6 |
| 26〜30 | | 3.4 | 100.0 | 100.0 | 75.0 | 49.9 |
| 31〜35 | 6.7 | 10.1 | | | 100.0 | 69.9 |
| 36〜40 | 11.1 | 41.7 | | | | 100.0 |
| 41〜45 | 15.0 | 70.0 | | | | |
| 46〜50 | 40.0 | 100.0 | | | | |
| 51〜55 | 100.0 | | | | | |

注　数値は発芽種球率（％）を示す

**第17表 種球植えつけ時期と生育，収量との関係** (伊藤，1963)

| 播種期 | 根雪前発芽率 | 発芽月日 | 抽台月日 | 葉数 | 草丈 | 球重量 | 同指数 | 側球数 |
|---|---|---|---|---|---|---|---|---|
| 月 日 | % | 月 日 | 月 日 | | cm | g | | |
| 9. 13 | 37 | 10. 24 (4. 1) | 6. 9 | 9.1 | 81 | 62.1 | 100 | 4.6 |
| 10. 7 | — | 4. 2 | 6. 10 | 8.9 | 81 | 57.9 | 93 | 4.7 |
| 10. 31 | — | 4. 4 | 6. 10 | 8.8 | 78 | 49.1 | 79 | 4.0 |
| 4. 3 | — | 4. 21 | 6. 10 | 7.8 | 62 | 24.9 | 40 | 2.4 |

**第18表 植えつけ時期と側球分化時期との関係** (平尾ら，1965)

| 調査月日 | 4月20日 | | | | 4月30日 | | | | 5月10日 | | | | 5月20日 | | | |
|---|---|---|---|---|---|---|---|---|---|---|---|---|---|---|---|---|
| | I層 | | | II層 | I層 | | | II層 | I層 | | | II層 | I層 | | | II層 |
| 植えつけ時期 | 未分化 | 分化初期 | 分化 | 分化 | 未分化 | 分化初期 | 分化 | 分化 | 未分化 | 分化初期 | 分化 | 分化 | 未分化 | 分化初期 | 分化 | 分化 |
| 月 日 | | | | | | | | | | | | | | | | |
| 9. 19植え | 4 | 1 | | 5 | | 4 | 1 | 2 3 | | | 5 | 5 | | | 5 | 5 |
| 9. 29 | 5 | | | 5 | 1 | 4 | | 4 1 | | | 5 | 5 | | | 5 | 5 |
| 10. 9 | 5 | | | 5 | 5 | | | 5 | | | 5 | 5 1 1 3 | | | 5 | 5 |
| 10. 19 | 5 | | | 5 | 5 | | | 5 | 1 | 4 | 1 | 1 3 | | | 5 | 5 |

注 1. I，IIは側球の着生葉位を示す。I：最終直前葉位，II：最終葉位
　　2. 各調査日とも，供試個体数は各区6個体
　　3. 品種はホワイト種，種球重7.5g

**第19表 植えつけ時期と球の肥大，収量との関係** (平尾ら，1965)

| 項目 植付時期 | 球径 | 球重 | 1a当り収量 | 比率 | 側球 1球の側球数 | 側球重 |
|---|---|---|---|---|---|---|
| 月 日 | cm | g | kg | | 個 | g |
| 9. 19植え | 5.08 | 49.6 | 160.4 | 100.0 | 4.89±0.99 | 7.8 |
| 29 | 4.81 | 40.7 | 134.3 | 83.7 | 5.42±1.15 | 6.9 |
| 10. 9 | 4.46 | 34.1 | 112.5 | 70.2 | 5.16±1.08 | 6.2 |
| 19 | 4.32 | 31.2 | 103.0 | 64.2 | 4.96±1.25 | 6.0 |

注 供試品種はホワイト(寒)，1a当たり3,000本植え

**第20表 冷蔵期間，植えつけ期と球重との関係** (勝又，1966)

| 冷蔵期間 植えつけ期 | 40日 | | 50日 | | 60日 | |
|---|---|---|---|---|---|---|
| 収量 | 球重 | 球重比 | 球重 | 球重比 | 球重 | 球重比 |
| | g | % | g | % | g | % |
| 9月10日 | 86.7 | 6.7 | 192.4 | 14.9 | 272.7 | 21.1 |
| 15 | 86.6 | 6.7 | 831.3 | 64.3 | 813.0 | 62.9 |
| 20 | 761.6 | 58.9 | 1184.1 | 91.6 | 1293.3 | 100.0 |
| 25 | | | 606.3 | 46.9 | 910.1 | 70.4 |

注 1. 冷蔵0℃±1℃，2m² 3区平均
　　2. 60日冷蔵，9月20日植えに対する球重比

### (3) 種球の植えつけ時期

ニンニクの植えつけ時期については，各地で試験を行なっているが，当然，地域や作型によってその適期は異なってくる。作型については後述するので，この項では植えつけ時期と発芽，生育，収量との関係について述べるにとどめる。

①植えつけ時期と発芽日数

第16表は，暖地（久留米）での種球植えつけ日と発芽との関係の成績で，7～8月に早植えすると発芽に日数がかかり，発芽はじめは9月になった。また，逆に10月以降に植えつけても時期がおそくなるほど発芽はじめまでの日数や発芽そろいまでの日数が多くかかっている。

これは早植えでは休眠と高温が発芽を抑制し，おそ植えでは気温の低下が影響しているためである。この成績では，9月上・中旬植えつけのばあいに発芽がもっとも短期間で100％に達している。

## ②植えつけ時期と生育，収量

第17，18，19表は北海道と東北での植えつけ時期と生育，側球の分化期，収量の関係を示したものである。また第20表は，暖地の種球冷蔵早出し栽培での冷蔵期間と植えつけ期とが球収量に及ぼす影響を調べた結果である。

これらの試験ではいずれも9月20日前後の植えつけがもっとも収量をあげており，植えつけ時期がそれより早くてもおそくても収量がおちることがわかる。各作型についての種球植えつけの適期については後記第29表のとおりである。

なお，寒地でおそ植えしたばあいには，降雪前に根が充分にのびないので，翌春融雪早々地上部が旺盛な活動を開始すると，地上部の茎葉の生長を維持できないために枯葉する。このた

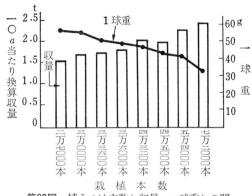

第29図　植えつけ本数と収量，一球重との関係　　松江（平尾，1968より引用）

め，寒地では早植えが原則で，わが国のニンニク栽培の北端ともいうべき北海道名寄市では，標準植えつけ時期を9月1日～15日としている。

### (4) 栽植距離

ニンニクも他の作物と同様，単位面積当たりの植えつけ本数が多いほど収量が増加するが，球の肥大は悪くなり，1球当たりの球重が軽くなる（第28，29図）。したがって，どのていどの栽植密度が適当かは栽培の目的によって決めるべきで，大球を多く栽培しようとするときは粗植にし，多収を目的とするときは密植にすればよい。しかし，あまり粗植にすると，球は大きくなるが変形球が多発することもあるので，良質のものを多く穫るためにはあるていど密植にして個体数を多くするほうが有利である。この意味で，ニンニクは密植に耐えるほうの作物ということができる。

第21表は新潟での成績である。1球重については10アール当たり1万5,000球と2万2,000球との間にはかなりの差があるが，2万2,000球と3万球との間には大差がない。そして，10a当たりの収量は総収量，大球収量ともに，3万球までの範囲では，密植のばあいほど多くなっ

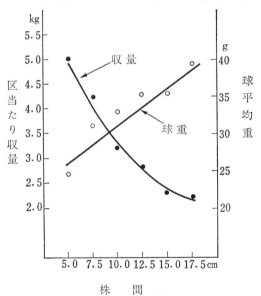

第28図　栽植距離とニンニクの平均球重，収量との関係　　（コウトー，1958）

畦幅を40cmとし，株間を変えたばあいの試験結果で株間が広いほど球重は増すが，面積当たりの収量は減る

第21表　ニンニクの栽植距離に関する試験　　（新潟農試，1961）

| 区 | 栽植距離 | | 10a当たり株数 | 平均球重 | 10a当たり収量 | 同大球収量 |
|---|---|---|---|---|---|---|
| 密　植 | 90×15cm | 4条 | 29,640 | 54.0 g | 1,617 kg | 1,330 kg |
| 中　植 | 90×15 | 3条 | 22,230 | 56.7 | 1,270 | 1,148 |
| 粗　植 | 90×15 | 2条 | 14,820 | 65.7 | 1,025 | 931 |

第22表　植えつけ本数と収量，等級の分布（岩手県西根改良普及所，平尾，1968より）

| 項　目 10a当たり植えつけ株数 | 調査農家数 | 収穫量内訳 L 数量 | 比率 | M 数量 | 比率 | S 数量 | 比率 | 外バラ 数量 | 比率 | 10a当たり収穫量 |
|---|---|---|---|---|---|---|---|---|---|---|
| | 戸 | kg | % | kg | % | kg | % | kg | % | kg |
| 37,500~3,5000 | 4 | 551.2 | 49.8 | 420.8 | 38.0 | 134.5 | 12.2 | | | 1106.5 |
| 34,500~32,500 | 4 | 699.1 | 53.9 | 502.5 | 38.8 | 92.7 | 7.3 | | | 1294.3 |
| 32,400~30,000 | 5 | 607.2 | 54.2 | 435.7 | 38.9 | 76.4 | 6.9 | | | 1119.3 |
| 29,500~27,500 | 5 | 598.2 | 54.3 | 446.5 | 40.5 | 33.3 | 3.0 | 24.7 | 2.2 | 1102.7 |
| 27,000~25,000 | 2 | 476.8 | 58.9 | 272.6 | 33.6 | 43.8 | 5.4 | 16.1 | 2.1 | 809.3 |
| 24,500~22,500 | 3 | 309.1 | 38.8 | 350.0 | 43.8 | 122.5 | 15.4 | 16.1 | 2.0 | 797.6 |
| 22,000~18,000 | 3 | 460.7 | 57.8 | 267.1 | 33.5 | 51.2 | 6.4 | 19.0 | 2.3 | 797.0 |

注　L球は直径5.0cm以上，M球は3.8~5.0cm，S球は2.5~3.8cm

ている。

また，岩手県での第22表の成績をみても，総収量，上物（L）収量ともに3万~3万5,000球で高くなっている。これらのことから，普通栽培では草型の大きい寒地系品種は10a当たり3万~3万5,000球内外を，草型のやや小さい品種の多い暖地では3万5,000~4万球が植えつけられている。

栽植距離は，種球の大きさによっても加減する。大球のばあいはやや広く，小球のばあいは狭めにする。また，肥沃な畑や多肥栽培のばあいには密植すると生育中における葉枯性病害などの発病が多くなりやすいので注意を要する。

### (5) 土壌条件と施肥量

#### ① 土質とpH

ニンニクは，土壌の種類をあまり選ばないようだが，耕土が深く，排水良好で保水力のある腐植に富んだ肥沃な粘質壌土に最も良質の球が生産される。

砂土や火山灰土では粘質土にくらべて球を包んでいる外葉が薄く，球の充実が悪いうえ，貯蔵性も低いといわれる。中部，関東以北の寒冷地の火山灰土地帯では4~5月の乾燥で葉先の枯れる生理障害がでやすい。火山灰土はニンニクの栽培にはあまり適さないようである。しかし，このような地帯でも肥培管理などをよくして，良球を生産している産地も少なくない（平尾1968）。また生育には土壌水分が適度に保たれていることが必要なので，乾燥しやすい地帯では灌水設備のあることが望ましい。

土壌酸度はpH5.5~6.0が適当とされている（第23表）。pHが5.5以下になって酸性になるほど生育が悪くなり，強酸性土壌では根の先端がまるくなって，それ以上伸びなくなってしまう。

第23表　土壌酸度とニンニクの生育
香川（平尾，1968より引用）

| 酸度 | 草丈 | 葉数 | 茎径 | 根長 |
|---|---|---|---|---|
| | cm | | cm | cm |
| pH 4 | 9.6 | 2 | 0.3 | 2.1 |
| 5 | 27.7 | 4 | 1.5 | 24.6 |
| 6 | 30.0 | 4 | 1.9 | 19.5 |
| 7 | 23.5 | 4 | 1.4 | 19.6 |

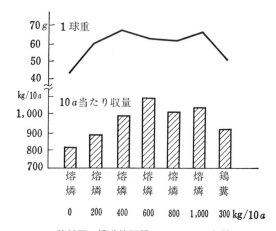

第30図　燐酸施肥量とニンニクの収量
（種田ら，1973）

種田ら（1973）は，ニンニクの酸性障害として直接関与する因子は土壌中の活性アルミナによる根の伸長阻害なので，石灰による酸度矯正と合わせて燐酸多用が効果的な土壌改良対策であることを報告している（第30図）。このばあい，有効燐酸20〜35mg/100gを目標に熔燐の施用を行なうことが望ましいとしている。

② 養分の時期別吸収量

第31図は，ニンニクの生育時期別の養分吸収量を調べた結果で，宮城県と長野県との成績では量的にちがいがあるが，吸収のパターンはほぼ一致している。つまり，ニンニクの生育は植えつけ当初は主として種球の貯蔵養分に依存しており，また，翌春までの生育はゆるやかなので，各養分の吸収量，もこの時期にはわずかである。

春になって気温の上昇とともに茎葉が急速に伸長発育するが，養分の吸収量も，この生育状態と並行して増大し，抽台期まで各養分の吸収は盛んに行なわれる。その後，球の肥大がすすみはじめると，茎葉の生育がとまり，養分の吸収もゆるやかとなる。

球の肥大が急速にすすむ時期の養分吸収の状況はタマネギの結球時の養分吸収とよく似ており，ニンニクもタマネギ同様，茎葉の養分が球へ移行して球の肥大に役立つものと考えられる。したがって，ニンニクの球の肥大のよしあしは，茎葉の生育如何に左右されることは，タマネギのばあいと同様である。

とくにニンニクでは，春先に花房が分化する時点で葉数が決められ，その後，葉は増加しないので，限られた葉をいかによく育てるかが球肥大にかかってくる。

そのためには，適期に種球を植えつけて順調に育てることが望ましい。また，追肥量や追肥の時期にも注意して，側球芽の分化期から抽台期までの生育の盛んな時期に肥料がよくきいて充分に育つようにすることが，球の肥大をよくするために大切なことである。

③ 施肥と収量

第24表は石川農試で行なった三要素試験の結果で，窒素は10a当たり21kg，燐酸は22.5kg，加里は21kgで収量が最も多く，窒素および加里のばあいは，それ以上多く施すとかえって減収になっている。窒素の多肥は玉割れの原因となるといわれ，また，サビ病多発の誘因とされ

第24表 ニンニクの施肥量と収量との関係
（山口ら，1968）

| 区別 | | 生体総重 | 乾燥総重 | 乾燥球重 | 同左標比 |
|---|---|---|---|---|---|
| | | kg | kg | kg | kg | %
| 窒素以外は適量 | 窒素 12 | 7.30 | 3.39 | 2.97 | 91.1 |
| | 〃 15 | 7.39 | 3.54 | 3.14 | 96.3 |
| | 〃 18 | 7.66 | 3.63 | 3.22 | 98.8 |
| | 〃 21 | 7.70 | 3.67 | 3.26 | 100.0 |
| | 〃 24 | 7.54 | 3.58 | 3.15 | 96.6 |
| | 〃 27 | 7.43 | 3.52 | 3.01 | 92.3 |
| 燐酸以外は適量 | 燐酸 7 | 6.26 | 3.71 | 3.06 | 93.8 |
| | 〃 15 | 8.23 | 3.79 | 3.28 | 100.0 |
| | 〃 22.5 | 8.34 | 3.89 | 3.43 | 100.6 |
| 加里以外は適量 | 加里 9 | 7.27 | 3.27 | 2.84 | 94.7 |
| | 〃 15 | 7.38 | 3.36 | 2.94 | 98.0 |
| | 〃 21 | 7.48 | 3.42 | 3.00 | 100.0 |
| | 〃 27 | 7.28 | 3.40 | 2.98 | 99.3 |
| 石灰以外は適量 | 石灰 0 | 7.05 | 3.18 | 2.76 | 96.5 |
| | 〃 120 | 7.09 | 3.30 | 2.86 | 100.0 |
| | 〃 240 | 7.08 | 3.42 | 2.99 | 104.6 |
| | 硫黄華75 | 7.03 | 3.25 | 2.81 | 98.3 |

注 1区120株，3区平均値。
標準量は，N21kg，P15kg，K21kg，石灰120kg。

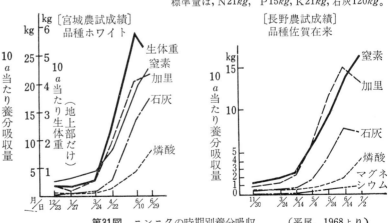

第31図 ニンニクの時期別養分吸収 （平尾，1968より）

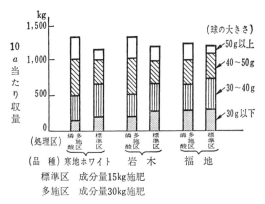

第32図 燐酸の多肥と収量（平尾，1968）

標準区　成分量15kg施肥
多施区　成分量30kg施肥

ているので，窒素の多肥はさけたほうがよい。各地の試験成績からも窒素の施肥量は21〜22kgが限度といえよう。

加里の吸収量は窒素とほぼ同じだが（第31図），施肥試験の成績は土壌条件により差がみられる。いずれにしても20kgまででよいように思われる。燐酸は吸収量は少ないが，利用率の低い肥料成分のため増施の効果がみられる（第32図）。

とくに燐酸吸収係数の大きい火山灰土では，燐酸施与の効果が大きい。各地の施肥量をみると，ふつうの土壌で15kgくらい，火山灰土では20〜22kgである。また，早熟栽培では燐酸の効果が早くから現われるようにするとよい。

ニンニクは前述のように酸性土壌をきらうので，養分補給のためにも作付ごとに100kgくらいの石灰施与が必要である。

これらの肥料成分のほか，ニンニクの栽培では，堆肥施与の効果がきわめて大きいことが多い（第25表）。とくに春先の葉先枯れ対策の一つとして，乾燥防止のための堆肥の増施が強調されている。堆肥は，10a当たり粘質土地帯で1.2t，火山灰土壌では1.8tくらいの量を施すことが望ましい。

④葉先枯れとその対策

関東以北のニンニク栽培地帯では，春4〜5月の乾燥期に葉先枯れが発生して問題となることがある。葉先枯れとは，下葉が黄変してその葉の先端が枯れたり，葉全体がしなびて黄変したりするもので，根の発育も悪く，収量があがらなくなる。

葉先枯れの症状は，石灰欠乏の症状に似ているし，葉色の黄変はマグネシウムの欠乏からくる葉緑素の生成不良が考えられるので，土壌の酸性害からくる生理障害と考えられている（平尾1968）。また，乾燥によって根からの養分吸収が抑えられると，ちょうどその時期，ニンニクの発育の盛んな時期に当たるため，養分欠乏の障害が強く現われるようである。この対策としては，土壌の酸性を矯正すること，土壌の保水力を増すように堆厩肥を増施することのほか，燐酸肥料を多く施し根の発育を促すとよい。

第26表　ニンニクの摘蕾と収量（伊藤，1963）

| 年　次 | 摘　除　期 | 球重量 | 同指数 |
|---|---|---|---|
| 昭和35年 | 抽　出　直　後 | 59.0 g | 100 |
| | 放　　　任 | 25.0 | 42 |
| 36 年 | 6月12日（抽出直後） | 64.2 | 100 |
| | 7　月　15　日 | 42.2 | 66 |
| | 放　　　任 | 25.8 | 40 |

第25表　ニンニクに対する堆肥，石灰施与の効果　　（平尾ら，1965）

| 項目 / 区別 | 球の大きさ | | | 平均球重 | 10a当たり収量 | 全量区を100とした収量比 | 越冬枯死率 |
|---|---|---|---|---|---|---|---|
| | 平均球径 | 球径3cm以上の球の収穫個数 | 全量区の球径4cmの球の個数を100とした指数 | | | | |
| | cm | 個 | | g | kg | | % |
| 全　量　区 | 4.61 | 95 | 100.0 | 39.3 | 708 | 100.0 | 2.5 |
| 無 堆 肥 区 | 3.91 | 60 | 63.2 | 27.6 | 482 | 68.1 | 12.5 |
| 無 石 灰 区 | 4.06 | 75 | 78.9 | 33.4 | 603 | 85.0 | 2.5 |

注　1．供試品種はピンク種，種球は2〜4g，土壌は粘質土壌
　　2．全量区の1a当たり施肥量：N1.4kg，P0.93kg，K1.1kg，堆肥150kg，消石灰11kg

### (6) とうの摘みとり（摘蕾）

ニンニクの中には，前に述べたように抽台する品種と抽台しない品種とがあるが，抽台する品種では花球の発育と側球の発育は平行して行なわれ競合するものなので，側球の発育を促して増収を計るためには苔が抽出してきたら早急に摘除することが必要である。

第26表は，抽台期に苔（とう）をそのままに残しておいたもの（放任区）と，抽台はじめに摘除したものとの球の肥大を比較したもので，この成績では苔を摘みとった区はいちじるしい増収となっている。また，試験地によっては15％ていどの増収という成績も出されている（平尾1968）。

しかし，あまり早めに苔の摘みとりを行なうと分球しやすいともいわれているので注意を要する。なお，摘みとった苔，つまり抽出直後の若い花球と花茎の一部は，油で炒めたり，つけ物にしたり，肉とあわせれば美味であり，臭気もそれほど強くないので，野菜としての価値も高い。

品種によっては，苔が葉鞘の中で伸長を停止して外に出ないものもある。このような不完全な抽台株は摘みとらずにそのままにしておく。

## 5. ニンニクの貯蔵

収穫後のニンニクは，前述のように休眠に入っているので，休眠がさめるまでは貯蔵しやすいが，端境期の出荷をねらって長期間貯蔵するばあいにはいろいろの問題がある。次にそれらの問題点について述べよう。

### (1) 収穫と乾燥

貯蔵するニンニクは，結球肥大して茎葉が1/2〜2/3くらい黄変したときが収穫の適期である。収穫が早すぎると収量が少なく，おくれると割れ球が多く，色やツヤが悪くなったりして品質が落ちる。

収穫はなるべく晴天の日を選び，プラウなどで掘り起こす。収穫したものは，2〜3時間日干しすると根の土が落ちるので，根をただちに切断する。収穫直後に根を切ったものは，乾燥中に切断根がアメ色に堅くしまり，その後，球が割れない。日干し中に雨にぬらすと，球の色やツヤが悪くなるので注意が必要である。しかし，収穫球のよごれがひどく，やむを得ず水洗いをするときは，収穫後すぐに行ない，あるていど乾いてから根を切り落とす。

ニンニクは，通風の悪いところで乾燥すると，むれて腐敗するので，ぜひ吹抜き小屋を設けて乾燥したい。乾燥は，重量で30％減が目標で，

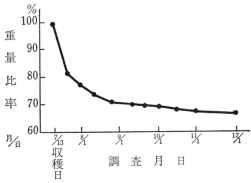

第33図 乾燥によるニンニク重量の変化
（平尾，1968）
収穫時の重量を100とした比率

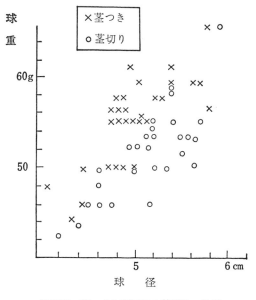

第34図 茎つきと茎切りの乾燥法の比較
（種田，原図）

生育のステージと生理，生態

日数にして30〜50日くらいかかる（第33図）。この乾燥中に日光があたると，球に青みがつき，雨などにぬらすとツヤがわるくなって商品価値を落とすので，乾燥小屋の設置が必要である。

ハサかけ方式と茎葉をただちに切断してネッ

ト袋で乾燥する方式とがあるが，第34図のように茎つき乾燥の方が重量があり，ニンニクでは追熟効果も期待できるので，ハサかけ方式がよいようである。

なお，収穫直後の温風による急速乾燥につい

第27表 ニンニクの収穫直後の温風乾燥と貯蔵中の歩留まりの変化
（長崎県総合農試，1972）

| 区 | 項目 | 収穫直後 | 処理直後 | 処理後 | | | |
|---|---|---|---|---|---|---|---|
| | | | | 25 日 | 60 日 | 90 日 | 130 日 |
| | | 6月14日 | 6月15日 | 7月10日 | 8月15日 | 9月15日 | 10月25日 |
| 晴天収穫 | 無処理 | 100% | 100% | 73.0% | 70.4% | 68.8% | 68.0% |
| | 45℃ — 8時間 | 100 | 89.1 | 71.6 | 68.8 | 64.8 | 64.0 |
| | 〃 —12 | 100 | 80.8 | 72.0 | 67.8 | 64.6 | 64.6 |
| | 50℃ — 8 | 100 | 86.5 | 71.5 | 66.0 | 64.8 | 64.5 |
| | 〃 —12 | 100 | 84.0 | 71.4 | 65.8 | 64.5 | 64.7 |
| | 60℃ — 5 | 100 | 86.4 | 71.6 | 67.2 | 65.0 | 64.8 |
| | 〃 — 8 | 100 | 85.2 | 72.0 | 68.0 | 63.3 | 63.4 |
| 雨天収穫 | 無処理 | 100% | 100% | 65.6% | 63.5% | 62.2% | 60.1% |
| | 45℃ — 8時間 | 100 | 85.1 | 64.8 | 62.4 | 60.4 | 59.8 |
| | 〃 —12 | 100 | 81.4 | 64.9 | 63.0 | 62.2 | 59.2 |
| | 50℃ — 8 | 100 | 80.7 | 64.3 | 62.8 | 61.1 | 58.4 |
| | 〃 —12 | 100 | 77.3 | 64.1 | 63.0 | 60.4 | 58.7 |
| | 60℃ — 5 | 100 | 84.2 | 64.5 | 63.0 | 61.9 | 58.7 |
| | 〃 — 8 | 100 | 78.8 | 61.0 | 60.0 | 59.1 | 58.8 |

注 1. 供試品種は壱州早生，収穫期は6月14日
2. 処理は，晴天3日後収穫および雨天（人工降雨による）3日後収穫
3. 貯蔵方法は網袋に入れ，室内吊り下げ

第28表 ニンニクの収穫直後の温風乾燥と貯蔵成績 （長崎県総合農試，1972）

| 区 | 項目 | 処理直後の乾燥歩留まり | 外観 | | | 鱗片の状態 | | | |
|---|---|---|---|---|---|---|---|---|---|
| | | | 健全 | やや汚損 | カビ多発 | 健全 | 軽微 | 中腐 | 甚腐 |
| 晴天収穫 | 無処理 | 100 % | 15.5% | 54.5% | 30.0% | 71.0% | 7.5% | 11.4% | 10.1% |
| | 45℃ — 8時間 | 89.1 | 20.5 | 50.0 | 29.5 | 73.3 | 9.3 | 10.5 | 6.8 |
| | 〃 —12 | 86.8 | 56.0 | 40.0 | 4.0 | 86.0 | 5.9 | 3.6 | 4.5 |
| | 50℃ — 8 | 86.5 | 25.5 | 65.5 | 9.0 | 88.5 | 9.1 | 1.5 | 0.7 |
| | 〃 —12 | 84.0 | 60.0 | 40.0 | 0 | 89.1 | 8.9 | 0 | 1.9 |
| | 60℃ — 5 | 86.4 | 20.0 | 50.0 | 30.0 | 82.0 | 7.7 | 5.3 | 5.0 |
| | 〃 — 8 | 85.2 | 50.5 | 25.5 | 24.0 | 92.0 | 2.3 | 5.0 | 0.7 |
| 雨天収穫 | 無処理 | 100 | 10.0 | 40.0 | 50.0 | 70.0 | 11.6 | 10.0 | 8.3 |
| | 45℃ — 8時間 | 85.1 | 15.5 | 65.0 | 19.5 | 80.0 | 10.2 | 3.9 | 6.0 |
| | 〃 —12 | 81.4 | 40.0 | 45.0 | 15.0 | 83.3 | 16.0 | 0 | 0.6 |
| | 50℃ — 8 | 80.7 | 30.0 | 65.0 | 5.0 | 82.5 | 6.9 | 8.4 | 2.1 |
| | 〃 —12 | 77.3 | 55.5 | 44.5 | 0 | 87.2 | 9.3 | 2.7 | 0.6 |
| | 60℃ — 5 | 84.2 | 17.5 | 50.0 | 32.5 | 80.0 | 6.2 | 3.4 | 10.3 |
| | 〃 — 8 | 78.8 | 20.0 | 70.0 | 10.0 | 82.3 | 10.0 | 3.8 | 3.8 |

注 1. 試験法は第27表と同じ
2. 調査日は10月25日

て行なわれた最近の成績をみると，次の点が明らかにされている（第27，28表）。

①急速乾燥を行なわない区（無処理区）や乾燥の充分でなかった区では貯蔵中に表皮の腐敗やカビの発生が多く認められ，処理の効果が明らかだった。外観の最もよかったのは，50℃―12時間の区だった。

②貯蔵後の側球（鱗片）の状態は，晴天，雨天時収穫区とも，無処理区が最も悪く，50℃―12時間乾燥区は好成績だった。

③処理による水分の減少量は，全般に水分を多く含んでいた雨天時収穫区が多く，晴天時収穫区が少なかった。また，処理による水分の減量は主として表皮に含まれる水分の減少であって，側球（鱗片）からの水分の蒸散はあまりないものと思われた。

④以上から，収穫直後の急速乾燥は，とくに多雨の年に有効で，乾燥温度は45～50℃―12時間が成績よく，乾燥のめやすは雨天収穫球で23％内外，普通収穫球で15％内外減量したころでよいと思われる。

### (2) 貯　蔵

わが国のニンニクの品種は，9月に入ると休眠からさめて芽や根が動きはじめる。貯蔵に当

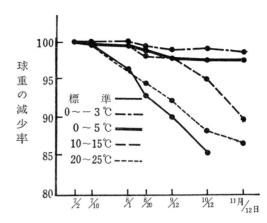

第36図　ニンニクの貯蔵温度と球重の変化
（長野農試下伊那分場，1965）

たっては，この動きをできるだけ止める条件下に置くことが望ましい。

第35図は貯蔵温度とニンニク球の葉の伸長との関係を示したもので，0～-3℃では4か月間葉の伸長は全く行なわれず，その他の区も低温ほど伸長量が小さい。また第36図は貯蔵温度と球重の変化を示したもので，低温区ほど減小率が低く，ニンニクの貯蔵には凍らないていどの低温が効果的であることがわかる。

しかし普通冷蔵を行なっても1月末ごろから発芽しはじめることが多い。最近，わが国でテクトロール方式によるCA貯蔵（ガス貯蔵ともいう）が試みられ，非常によい成績をあげている。つまり，温度を0～-1℃とし，室内の空気組成を酸素（$O_2$）3～4％，炭酸ガス（$CO_2$）4～5％に調節して貯蔵すると目減りもきわめて少なく，入庫後数か月を経過しても球重減少率5％くらいで，品質も入庫当時とほとんど変わらないという。北海道産のニンニクを8月下旬～9月に入庫して11月から翌年4月上旬までの間に出庫しているので，最長8か月間貯蔵していることになる。出庫後の発芽についても，外気温にもよるが2～3週間は大丈夫ということである。

## 6. ニンニクの主な作型と品種

ニンニクの栽培は，従来，その土地の気候に

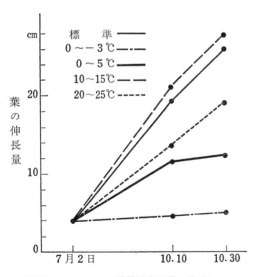

第35図　ニンニクの貯蔵温度と葉の伸長との関係　（長野農試下伊那分場，1965）

生育のステージと生理，生態

第29表　ニンニクの作型　　　　　　　　　　（平尾，1968）

| 作　型 | | 品　種 | 植えつけ期 | 収　穫　期 | 注 |
|---|---|---|---|---|---|
| 普通栽培 | 暖地 | 壱州早生，佐賀大ニンニク，各地在来種 | 9月中旬〜10月上旬 | 5月下旬〜6月中旬 | 生ニンニク販売を目的とするばあいは肥大結球したものから収穫し，収穫期はやや早まる |
| | 寒地 | 各地在来種六片種，その他在来種 | 9月中〜下旬 | 6月中旬〜7月上旬 | |
| 冷蔵による特殊早出し栽培 | | 壱州早生 | 9月中〜下旬 | 12月中旬〜2月 | 7月上旬　10日間予冷，その後60日本冷 |
| | | | 9月下旬 | 2〜4月 | 7月中〜下旬　60日本冷 |
| 早熟栽培 | トンネル | 遠州極早生 | 9月上〜下旬 | 3月下旬〜4月 | |
| | 露地 | | 〃 | 4月下旬〜5月中旬 | |
| 加工栽培 | 暖地 | 壱州早生，佐賀大ニンニク | 9月中〜下旬 | 6月上旬〜中旬 | 粉末用は白色種，搾油用には佐賀大ニンニクがよい |
| | 寒地 | ホワイト系六片種，在来種 | | 6月中旬〜7月上旬 | |
| 生葉栽培 | | ホンコン | 9月下旬〜10月上旬 | 11〜2月 | 煮食用 |

よってほぼ決まった品種がつくられ，収穫期も暖地では早生種で4月から，晩生種で5月下旬からとなり，寒地では6月下旬〜7月上旬が収穫期というようにほぼ決まっていた。また，貯蔵も比較的簡単で，品種による差も少ないため，最近まで作型の分化はほとんどみられなかった。しかし，最近になって1〜4月の端境期をねらって出荷するいわゆる冷蔵による早出し法が開発され，作型の分化がみられるようになった。次に作型の主なものについて説明しよう（第29表）。

### (1) 普通栽培

普通栽培は，各地で古くから行なわれている作型で，主として在来種がつくられていて，暖地では壱州早生が増加している。

植えつけ期は地方によって9月中旬から10月上旬までの差があるが，一地方での適期の幅はせまいので，適期の植えつけが大切である。一般に，寒地は早く，暖地はおそくまで植えつけている。収穫期は，暖地では5月下旬から6月中旬，寒地では6月下旬から7月上旬である。しかし，北海道ではさらにおそく，北海道中央部でふつうのばあい7月下旬から8月中旬が収穫適期とされている。収穫がおくれると鱗茎の外皮が破れて外観が悪くなるだけでなく，商品価値を失ってしまうので，適期収穫にはとくに注意しなければならない。

収穫物は，収穫後すぐに生果で出荷販売するか，あるいは，収穫後1〜2日日干ししたものを陰干しして乾燥貯蔵し，販売する。収量は品種や栽植数の関係などから，地方によって差があるが，平均10a当たり1.8t内外で，乾燥物は，それより35%くらい目減りするのがふつうである。

### (2) 種球冷蔵による特殊早出し栽培

種球冷蔵による早出し栽培は暖地で行なわれている作型で，種球を低温冷蔵し，花序と側球の分化を早めることによって品薄の1〜4月の端境期に出荷をねらったものである。これまでは1℃内外の冷蔵が行なわれてきたが，前述のように5℃のほうが適しているという成績も出されている。

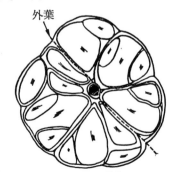

第37図　壱州早生の球の横断面（勝又，1966）

冷蔵期間は60日が標準で，植えつけ時期は9月中・下旬が適当であるので，冷蔵開始は7月上旬から10日くらい予冷し，その後0〜5℃の低温で本冷を行なう。しかし，収穫期が冬から春先の低温期になるから，12月から2月の平均気温が7℃以上の温暖な無霜地帯でないと冬期間寒害を受けたり，生育，結球肥大が充分にすすまないので栽培はむずかしい。気温が低く寒害の危険のある地方では，12月以降トンネルをかける必要がある。

品種は，低温処理効果のあるものでないと利用できない。現在栽培されているのは壱州早生で，ほかの品種は使用されていない。収量は普通栽培より少なく，10a当たり750〜900kgていどである。

### (3) 早熟栽培

東海地方や九州などの冬期温暖な地方で，遠州極早生種のような早生品種を使って，1月下旬からトンネルやビニールマルチを行ない，3月下旬〜4月に収穫が行なわれる栽培である。ビニールトンネルやビニールマルチを利用すると，露地栽培より10〜20日ほど収穫が早まる。トンネルは被覆したままでよいが，乾燥に注意する必要がある。

これらの地方では，遠州極早生を用いた露地栽培も行なっている。遠州極早生種は小球で裂球も多く，貧弱な球だが最も早生種なので露地栽培でも4月下旬〜5月中旬に収穫できる。なるべく種球の大きいものを植えつけ，春先早く追肥して生育を促進するように管理する。

### (4) 加工原料栽培

栽培法は普通栽培と同じだが，加工品の品質や加工歩留まりのよい品種を使用する。

ガーリックパウダー（粉末ニンニク）には，球や側球外皮の着色していない白色または白色に近い品種が適していて，ホワイト六片種が利用される。加工原料にするさいは水分が70%以下になるまで乾燥する。

ガーリックオイル用には，搾油率の高い品種を用いるのがよいが，実際には含油率は品種によってあまり差がないので，現在主として佐賀大ニンニクが利用されている。ただ，収穫時期が搾油率にかなり関係があって，茎葉が半分ぐらい枯れた時期が搾油率の最もよい時期とされている。それ以上遅れると乾燥球重は多くなるが，茎葉が抜けて収穫困難になる。加工原料栽培は全国各地で行なわれているが，一般に加工会社との契約栽培が多い。

### (5) 生葉栽培

ニンニクの若い生葉を利用する栽培で，球に比べると臭みが少なく，油いためや肉類とともに煮食すると非常に美味である。青物の少ない冬期に主として利用される。しかし，わが国ではまだ需要が少なく，自家用ていどの栽培が一部で行なわれているにすぎない。

第30表 寒地に栽培されるニンニク品種の分類と性状　　　（平尾ら，1965）

| 品種群 | 品種名 | 熟期 | 葉の大きさ | 抽台期 | 台長 | 抽台状況 | 鱗球大きさ | 形状 | 外皮色 | 側球個数 | 着生状況 | 外皮色 | 暖地の類似品種 |
|---|---|---|---|---|---|---|---|---|---|---|---|---|---|
| 六片種 | ホワイト(寒)，福地(青森)岩手(岩手)，岩木(青森) | 晩生〃 | 大〃 | 晩〃 | 短〃 | 不抽台・不完全抽台株多し | 大大 | 不整〃 | 白帯淡褐色 | 5〜6〃 | 2〜4層に着生 | 白淡褐色 | |
| 六片種 | 山形(山形)長野(長野)ピンク(寒) | やや晩〃〃 | 大〃〃 | やや晩〃〃 | 短〃中 | 不抽台・不完全抽台株少し | 大やや大中 | やや整〃〃 | 淡褐色帯淡褐色淡褐色 | 6〜7 5〜6〃 | 主として2層に着生 | 赤褐色〃〃 | 暖地ホワイト(長崎)壱岐大球？ |
| 在来種 | 富良野(北海道)大河原宮城(宮城)三戸在来(青森) | 晩生やや晩〃 | 大中〃 | 早〃〃 | 長〃〃 | 完全抽台〃〃 | 大中中 | 整〃〃 | 帯淡褐色淡褐色帯淡褐色 | 6〜7〃〃 | 2層〃〃 | 〃〃〃 | 壱岐早生A |

注　ホワイト(寒)，ピンク(寒)は，青森県で輸出ニンニク栽培時に業者によって導入された品種で導入先不明

第31表 暖地で栽培したばあいのニンニク品種の特性　　（勝又，1966）

| 品種名 | 平均球重 (g) | 抽台期 始〜終 (月.日) | 抽台率 % | 裂球率 % | 低温感度 | 球色 | 利用性 | その他 |
|---|---|---|---|---|---|---|---|---|
| 北 海 道 | 23.8 | 不抽台 | 0 | 0 | 弱 | 淡桃 | 球一般 | 茎は短く，小葉，小株 |
| 茨　　　城 | 40.0 | 〃 | 0 | 0 | 〃 | 紅 | 〃 | |
| 長　　　野 | 33.3 | 〃 | 0 | 0 | 〃 | 白 | 〃 | 茎は短太 |
| 千 葉 大 粒 | 41.5 | 5.5〜5.20 | 58.9 | 26.1 | やや強 | 白淡桃 | 〃 | 〃 |
| 遠 州 極 早 生 | 32.1 | 4.20〜5.15 | 100.0 | 100.0 | やや強 | 赤紫 | 生球早出し | 球の緊りよい，極早生 |
| 静 岡 在 来 | 42.7 | 5.10〜5.25 | 88.5 | 10.2 | 弱 | 赤紫 | 球一般 | 球の緊りよい |
| 早生ニンニク | 27.8 | 4.25〜5.15 | 93.5 | 100.0 | 強 | 淡桃 | 〃 | |
| 壱 州 早 生 | 51.5 | 5.5〜5.20 | 80.6 | 4.0 | 強 | 白 | 〃 | 球の緊りよく，揃いよい |
| 佐 賀 在 来 | 31.7 | 5.5〜5.20 | 48.6 | 22.2 | 弱 | 紅 | 搾油，一般 | |
| 鹿 児 島 在 来 | 41.5 | 5.10〜5.25 | 57.5 | 3.3 | やや弱 | 淡紅 | 球一般 | 茎は長い |
| 大 島 在 来 | 38.0 | 4.25〜5.25 | 100.0 | 92.3 | ― | 淡紅 | 〃 | 球はよく緊る |
| 沖　　　縄 | 27.6 | 5.10〜5.20 | 79.4 | 15.1 | 中 | やや桃 | 〃 | 茎は太い |
| 高 知 在 来 | 43.8 | 5.15〜5.25 | 43.2 | 0 | やや強 | 濃紅 | 〃 | |
| 加 州 早 生 | 28.5 | 不抽台 | 0 | 83.1 | 弱 | 白 | 〃 | |
| 加 州 晩 生 | 38.2 | 〃 | 0 | 53.3 | ― | 白 | 〃 | 茎細い |
| 香　　　港 | 30.0 | ― | ― | ― | 強 | 白 | 茎葉利用 | 大葉で軟く，淡緑 |

品種は葉の大きくやわらかいものがよく，ホンコン種（中国種）がこの目的に適する。栽培は，9月下旬〜10月上旬に植えつけてトンネルなどで保温して葉の生育を促し，11月〜2月に収穫する。

以上，ニンニクの主な作型について説明したが，最近の市場の傾向をみると，側球数が少なく，側球の大きいもので，球や側球外皮が白色や白色に近い薄い色のものが喜ばれるようである。しかし，ニンニクはいまのところ花器が不完全なため種子をとることができないので，積極的な品種育成や品種改良がむずかしい。したがって，前述のような品種をどこの地方でも簡単につくるというわけにはいかないのが，栽培上の問題点といえよう。

現在栽培されている主要品種の特性は，第30，31表に示すとおりである。

執筆　八鍬利郎（北海道大学農学部）

1973年記

# 寒冷地のニンニク栽培

## 1. マルチ栽培の意義と目標

### (1) 栽培法の生い立ち

ニンニクは，わが国には1,000年以上も前に渡来し栽培されてきた。しかし，その独特の臭いが日本人の好みにあわなかったため，最近まで他の作物のように普及せず，薬用などとして自家用程度の小規模な栽培が行なわれていた。

戦後，アメリカ合衆国，メキシコ，中東諸国や東南アジア向けの輸出用として，さらにはガーリックパウダーやガーリックオイルなどの加工原料としての需要が増加した。

青森県においては，1958年に輸出用の契約栽培が始まり，これを契機に農家のニンニク栽培に対する関心が高まり，県内各地で栽培が行なわれるようになった。

青森県内の古い産地としては，旧福地村（現南部町），旧岩木町（現弘前市）などがあり，それぞれ在来種が存在した。これらの産地ではそれぞれ独自の栽培法が発達したが，昭和30年代まではいずれも露地（無マルチ）栽培が行なわれていた。

しかし，軽しょうな火山灰土壌が多い県南地域では，越冬後から春先にかけて乾燥が続く年には乾燥害が著しく，作柄への影響が大きかった。この対策として，当初は敷わらや未熟な堆肥などを利用したマルチングが行なわれたが，ポリフィルムの普及により，昭和40年代半ばにはこのポリフィルムを利用したマルチ栽培の試作が始まった。試作の結果，マルチ栽培により乾燥害が軽減され生産性や商品性が高まることが明らかとなり，また，保温や肥料養分の流亡防止，抑草効果なども認められ，マルチ栽培は急速に普及した。

マルチ栽培は，現在では，県南地域だけでなく，転作田の一部を除き，津軽地域でも普及している。

### (2) マルチ栽培の生理的意義

#### ①土壌水分の保持

ニンニクは一般に乾燥に強い作物とされてきたが，洪積土などの粘質な保水性の高い土壌で生育がよいことや，根はその大部分が深さ20〜30cmまでの浅い層に分布していることからみて，むしろ乾燥に弱い作物といえる。

青森県では越冬後の4〜5月は降水量が少なく，畑は乾燥しやすい。乾燥の著しい圃場では葉先枯れが発生することがあり，その後の生育や収量への影響も大きい。土壌の乾燥により植物体への養分吸収が抑えられてその障害も現われる。さらに6月は球の肥大が盛んであり，この時期の水分不足は収量に大きく影響する。

マルチ栽培では土壌からの水の蒸発を抑えることができるため，土壌水分が高く保持されて生育が順調に行なわれる。

#### ②地温の上昇

青森県では，ニンニクは越冬前に栄養生長し，数枚の葉を地上に展開させた状態で冬を迎える。冬期のニンニク圃場は雪に覆われ，4月下旬から5月上旬に花芽分化とともにりん片の分化が行なわれ，5〜6月の温暖長日条件でりん片が肥大して，球が形成されていく。したがって，冬期にりん片分化のために十分な低温に遭遇したあとは，生育促進を図り，その後の生育を旺盛にして球の肥大を促進することが大切である。

球の肥大は気温10℃程度から始まり，15〜20℃が好適とされている。マルチ栽培では地温の上昇が早まることから，越冬後の生育が促進されるだけでなく，りん片の肥大に必要な温度も確保することができ，生育と球の肥大のいずれにも好影響を与える。

各作型での基本技術と生理

### ③養分の保持，土壌の物理性の確保

冬期に積雪が多い当地域では，春の雪解けによる肥料の流亡が多い。マルチ栽培では，肥料養分の流亡を防ぐことができ，マルチ下の土壌が膨軟に保たれるため，根の働きも良好となる。

このように，マルチ栽培では露地栽培に比べて土壌水分が適度に保持され，地温が上昇し，肥料養分の流亡や土壌物理性の悪化が抑制されることから，ニンニクの生育に有利に働き，生産性が高くなる（第1，2図）。

### (3) 生育の特色

暖地では，冬期温暖な気候を利用して早熟栽培や種球の冷蔵処理による早出し栽培が行なわれている。しかし，寒冷地ではこのような作型の分化はこれまでほとんどみられず，マルチ栽培が露地栽培に準じた作型として行なわれていた。

ただし，2000年ころからは無加温のハウスを利用した栽培が，露地栽培より1か月半，マルチ栽培より1か月早出しできる栽培として実験的に始められている。現在は，2002年に萌芽抑制剤エルノー液剤の登録が抹消されて，貯蔵温度が氷点下になり長期貯蔵にコストがかかるようになったため，ハウス栽培は，周年出荷の貯蔵後期の出荷分を補完する作型としての意義ももつようになってきた。ハウスでのマルチ栽培では，灌水が不可欠となるため，その効果はより高くなる。

露地でマルチ栽培における植付け時期は地域によって異なり，9月中旬から10月上旬までとなっている（第3，4図）。積雪期間が長く根雪になる時期が早い津軽地域では，越冬前の生育を確保する目的で，県南地域より植付けが1～2週間早い傾向がある。

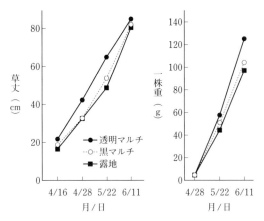

第1図　マルチ栽培の生育促進効果
（青森農試園芸支場，1971）

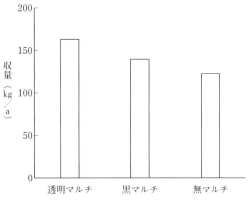

第2図　マルチ栽培の生産性
（青森農試園芸支場，1971）

| | 9月 | 10 | 11 | 12 | 1 | 2 | 3 | 4 | 5 | 6 | 7 | 主要な<br>マルチの種類 | 主要品種 |
|---|---|---|---|---|---|---|---|---|---|---|---|---|---|
| マルチ栽培 | ○┈○ | | | | | | | | | □ | | 透明<br>グリーン<br>黒 | 福地ホワイト |
| 無マルチ<br>栽培 | ○┈○ | | | | | | | | | | □ | ― | 福地ホワイト |

○植付け　□収穫

第3図　寒冷地におけるニンニクの作期

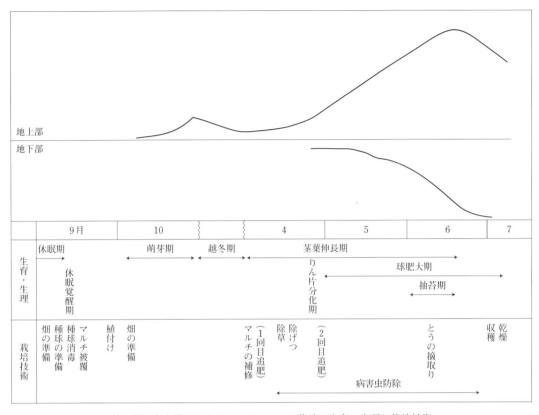

第4図　青森県におけるニンニクマルチ栽培の生育・生理と栽培技術

　萌芽は植付け後10日〜2週間目ころから始まり，年内に90％前後が萌芽して越冬する。マルチ栽培では露地栽培より萌芽の時期が早く，年内の萌芽率も高く，生育量も多くなる。
　越冬後，地上部の生育は4月中旬ころから旺盛となり，6月中旬ころまで急速に進み，その後は緩慢となる。抽苔は6月上中旬ころからみられるが，マルチ栽培では抽苔株が露地栽培より少ない。一方，りん片の分化期は4月下旬ころで，りん片への貯蔵養分の蓄積が5月中旬ころから始まり，収穫期まで肥大が続く（第4，5図）。
　収穫期は6月下旬から7月上旬で，露地栽培より10日以上早まる。また，ポリフィルムの色によっても異なり，透明マルチが最も早く，グリーンマルチ，黒マルチの順に収穫期は遅くなる。

第5図　マルチ栽培での生育状況（5月下旬）

### (4) 品種の選び方

　ニンニクは全国各地で栽培され，それぞれの地域の環境に適応した品種が定着している。
　寒地系の品種としては，'富良野''岩木''福地ホワイト'など，暖地系として'壱州早生''佐賀大にんにく'などがある。正常な球形成

のためには花芽分化が必要であり、花芽分化のための低温要求性、球の肥大に必要な温度や日長などに対する反応には品種間差があるため、寒地系の品種を温暖な地域で栽培しても、良いりん茎が生産されない場合もある。

具体的には、低温量が満たされないために花芽が分化せず分球しないで中心球（一つ球）が発生したり、花芽が分化し分球してもりん片が十分に肥大しない、などである。

また、反対に暖地系の品種を寒地で栽培しても同様である。したがって、栽培する品種は在来種を中心に選定すべきである。

一方、市場性の面からみると、調理のしやすさから、りん片数が少なくりん片の大きいものが好まれる。

青森県では、在来種の'福地ホワイト'と'岩木'などのなかから、外皮が白く、大球でしかもりん片の数が6片と少ない'福地ホワイト'を選定し、この品種にほぼ統一されている。この品種は旧福地村で古くから栽培されていた在来種であり、東北での栽培も多い。昭和40年代半ばに津軽地域にも'福地ホワイト'が普及した。青森県は1978年に現場へのウイルスフリー種苗の普及を目指してニンニクのウイルスフリー化事業を開始したが、このときの対象品種は'福地ホワイト'であった。

'福地ホワイト'は花茎の長さに変異があり、同じ親球から得られた種球でも変異が認められる。このため、県内各地域で選抜された系統のなかには、花茎の長さや球の肥大性などの異なる系統が存在する。

## 2. 栽培技術の要点

### (1) ポリマルチフィルムの種類

現在使用されているポリフィルムの主な色は、透明、グリーン、黒で、地域により使い分けられている。

前述したようにマルチの効果としては、地温の上昇、水分の保持、肥料の流亡防止、土壌物理性悪化の抑制などがあげられる。

とくに、地温の上昇効果はポリフィルムの種類によって差が認められ、透明マルチが最も高く、黒マルチは劣る。グリーンマルチはこれらの中間となる。このため、透明マルチは黒マルチに比べて生育や球の肥大が旺盛となり、増収効果が高く収穫期も早まる。その反面、透明マルチでは適期を失すると割れ玉の発生が多くなるなど、収穫適期幅が狭く、収穫期の判定には細心の注意が必要である。

また、ニンニクの生育適温は18～20℃で低温性の野菜の一つであるが、透明マルチでは6月以降に地温が高くなりすぎて変形球の発生や球の肥大が抑制されるので、栽培する地域の気象条件を考慮してマルチフィルムの種類を選定する必要がある。

青森県の県南地域ではヤマセ気象のため、6～7月に低温少日照の日が続くことがある。ヤマセとは、東北地方で梅雨期から夏期にかけて吹く低温の東寄りの風のことで、日本の北にオホーツク海高気圧が出現し、本州南岸付近に低気圧や前線が停滞するような気圧配置で発生する（東北農業研究センター資料から引用）。この影響は太平洋沿岸に近いほど強く、内陸部では弱まる。このため、地温上昇効果の大きい透明マルチは太平洋沿岸に近い地域で、黒マルチは内陸部で多く用いられている。

また、黒マルチは雑草の発生がほとんどなく、除草労力が大幅に軽減される。さらに、透明マルチと組み合わせることにより、収穫期の幅を広げることができるため、作付け規模の拡大に役立つ。

### (2) 土壌改良

#### ①有機物の施用

ニンニクは乾燥条件で収量が減ずる作物で、一般に粘質土など保水性の良好な土壌が適するとされているが、青森県の県南地域に多い火山灰土壌においても、適正な土壌改良を行なうことによって、良品生産は十分可能である。

ニンニク栽培では、有機物の施用効果が大きい。有機物の施用によって、保水、適度の通気、排水などの土壌物理性が改善されるとともに肥

料としての効果も大きい。窒素の吸収割合を見ると，土壌中の地力窒素に由来するものが相当あり，10a当たり2t程度の堆肥施用が望まれる。ただし，未熟有機物の施用は生育初期の根に障害を与え，越冬後の欠株や生育不良の原因となり減収するため，必ず完熟したものを利用する。

有機物の施用が困難な場合には，ニンニク収穫後の7～9月の休栽期間を利用して，緑肥作物（スダックスなど）を作付けし，土壌にすき込んで有機質の供給源とする。スダックスのすき込みは，ニンニクの植付け時期の少なくとも20日くらい前に行なう。このとき，10a当たり40kg程度の石灰窒素を施用し，すき込み後，数回ロータリ耕を行なって土を十分混和する。

②酸性の改良

ニンニクは酸性に弱い作物で，pH5.5以下の土壌では生育が悪くなり，とくに強酸性土壌では，根の先端が太く丸くなり伸長が停止するなどの障害がみられる。pH6.0～6.5を目標に石灰を施用し矯正する。

③リン酸の施用

火山灰土壌ではリン酸吸収係数が高いため，リン酸の施用効果が高い。ニンニクではこの施用効果が大きく，有効態リン酸（トルオーグ法）50～70mgを目標にリン酸肥料を施用する。ただし，最近はリン酸資材が連用されて，土壌中にすでに十分な有効態リン酸が存在する場合も認められているため，作付け前には必ず土壌診断を実施する必要がある。

### (3) 優良種球の確保

種球を選ぶ場合は，まず，栽培する地域の気候に適した遺伝的素質を有していること，病害虫に感染していないことが重要なポイントである。

ニンニクは，昔から，大きい種球を用いることが良品質で多収のために重要であるといわれてきた。種球の大小とそれに着生する側球の大きさ別の分布を見ると大きな球ほど側球は大きい。さらに，大きい種球と小さい種球からそれぞれ同じ大きさ（重量）の側球を種球とした場合，大きい種球のものほど生育や球の肥大がよい（第6図）。

ただし，ウイルスに感染した株またはウイルス病の発病程度が異なるものが混在している圃場では，選抜効果が現われる要因として，遺伝的な要因とともに，ウイルスの感染によることも考えられるため，大きめの種球を用いるとウイルスフリー株の割合も高くなる（第1表）。

病気に感染していないこと，害虫が寄生していないことは最も重要な要因である。しかし，

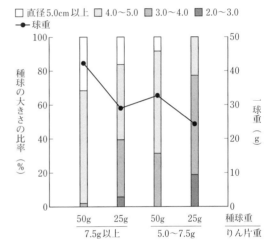

**第6図** 大きさを異にした種球の同一重りん片の収穫球の大きさ分布と平均一球重

(青森農試五戸支場，1968)

**第1表** ウイルス症状による選抜の効果

(青森農試，1977)

| 系　統 | 一球重<br>(g) | a当たり<br>収量<br>(kg) | 比　率[4] | 上物率<br>(%) | 上物収量<br>(kg) | 優良株率[1]<br>(%) |
|---|---|---|---|---|---|---|
| 農試[2] 無選抜 | 51.0 | 127.5 | 100.0 | 84.0 | 107.1 | 10.0 |
| 農試1回選抜 | 56.6 | 141.5 | 111.0 | 93.0 | 131.6 | 19.0 |
| 農試2回選抜 | 60.6 | 150.0 | 118.0 | 92.0 | 138.0 | 22.0 |
| 川内[3] 無選抜 | 60.2 | 150.5 | 118.0 | 92.0 | 138.5 | 11.0 |
| 川内1回選抜 | 65.2 | 163.0 | 128.0 | 95.0 | 154.9 | 15.0 |

注　1) 優良株率とは次年度用種球として選抜したウイルス症状の軽いものの占める割合
　　2) 青森農試の栽培試験に供試していた系統（由来は不詳）
　　3) 1974年に五戸町川内地区現地農家から採集した系統
　　4) 比率とは農試 無選抜のときのa当たり収量に対する比率

ニンニクの種苗は栄養繁殖性作物であるため，一般に栽培されていたほとんどすべての株はウイルス病に罹病していた。また，種球が土中で生産されるため，土壌を介した病害虫に感染していない種苗を確保することは非常に困難である。とくに，イモグサレセンチュウに感染した株を一度圃場に持ち込むと，根絶することはきわめて困難である。

そこで，青森県は，1978年より茎頂培養によりウイルスフリー株を作出し，昭和60年代の初めころから県内の農家へ配付している。ウイルスフリー株は，同じ大きさの罹病した種球に比べて生産力が大きいだけでなく，比較的小さい種球も販売用の栽培に利用できる（「ニンニクのウイルス病対策」591ページの項を参照）。作付け前に土壌消毒した専用の圃場で増殖した株は，土壌病害虫に感染または寄生していないことを確認しており，農家の種球更新に役立つ。

### (4) 植付け時期

ニンニクは夏期に休眠する。休眠の期間は，品種や栽培地などで異なるが，青森県で再びりん片の芽と根が伸長を開始するのは，8月下旬ころ，根がりん片から突き出る発根は8月末〜9月上旬ころである。このため，9月中旬から植付けが可能となるが，マルチ栽培では露地栽培に比べて出芽が早く生育も進みやすいため，青森県における植付け適期は9月下旬〜10月上旬ころである。

植付けが早いと越冬前に生育が進みすぎて積雪による葉の損傷が大きく，病害が発生しやすくなり，反対に植付けが遅いと越冬前の生育を確保できない。マルチ栽培では越冬直後の葉数を3〜4枚確保することが必要で，これによって，収量および市場性の高い大球の生産量も多くなる（第2表）。

このため，植付けの適期を失しないよう注意することが大切である。

新芽がりん片の貯蔵葉から飛び出す萌芽は発根より遅く，10月中旬以降である。種球を乾燥状態におくと，発根はしても根の伸長は抑えられており，11月前までは植付けによるいたみは少ない。この根も，土に植え付けると速やかに伸長を開始する。

### (5) 病害虫の防除

ニンニクの球の肥大は茎葉の生育とのかかわりが大きく，安定した収量をあげるためには茎葉の生育量を確保することが大切である。とくにニンニクの葉は花芽が分化するとその後増加せず，年次によって若干の増減はあるものの，おおむねウイルスフリー株で13〜14枚程度，収穫期には生理的に枯れる数枚を差し引いて10枚程度である。したがって，越冬後は地上部の生育を健全に保つことが必要である。病害虫の被害により枯葉数が多くなると，その後の生育，球の肥大に影響を与えるばかりでなく，収穫・乾燥中の割れ球の原因にもなる。

寒冷地では，茎葉の病害虫の発生は越冬前はほとんどみられないが，越冬後の生育期にはいろいろな病害虫が発生する。このため，病害虫の防除は安定生産のために重要な作業となる。

また，茎葉に発生する病害虫のほかに，土壌または種球が媒介するもの，乾燥貯蔵中に発生するものもある。

青森県における主要な病害虫は次のとおりである。

**葉枯病** 生育後期に発生する。高温・多雨条件で発生が助長され，草勢が衰えると発生しやすくなる。病徴は紡錘型，不整円形に赤紫色を帯びた病斑を

第2表 越冬直後のニンニクの葉数と収量

（青森畑園試，1987）

| 越冬直後の葉数(枚) | 総重量(kg/a) | 上物収量 (kg/a) | | | 上物率(%) | 一球重(g) | 対比[1](%) |
|---|---|---|---|---|---|---|---|
| | | 2L〜L | M〜S | 計 | | | |
| 4 | 155.1 | 140.3 | 0 | 140.3 | 91 | 84 | 113 |
| 3 | 148.1 | 135.9 | 0 | 135.9 | 91 | 81 | 109 |
| 2 | 141.2 | 122.7 | 0 | 122.7 | 87 | 77 | 104 |
| 1 | 136.8 | 122.1 | 0 | 122.1 | 89 | 74 | 100 |

注 1）対比：越冬直後の葉数1枚のときの一球重に対する比率

生じ，黒色すす状のカビがのちに発生する。

**さび病** ネギなどにも発生する病害で，紡錘形で橙黄色のやや隆起した小型病斑を生じ，のちに裂けて黄赤色の粉末（夏胞子）を出す。

**春腐病** 4月中下旬以降発生する。葉身，葉舌，葉鞘などの各部から発病し，葉脈に沿って軟化・腐敗する。株の下部に伸展し玉割れや側球の保護葉の軟化・腐敗を引き起こすこともある。

**黒腐菌核病** 青森県では6月ころから，株の下位葉から上位葉へ，比較的急速に黄化が進む。このように葉の枯れ上がりが早い株を抜き取ると，根が侵されて水浸状になり，球の表面にゴマ粒状またはカサブタ状で黒色の菌核が多数形成されているのが認められる。

**紅色根腐病** 生育が旺盛な時期には発生しにくいが，6月になって葉の枯れ上がりが早い株を抜き取ってみると根が赤紫色で水浸状に腐敗している。土壌伝染性の病害で，菌の生育は25～30℃の比較的高温を好むため，露地栽培よりマルチ栽培での発病が多い傾向である。

**イモグサレセンチュウ** 発生初年度などでは，出荷のための調製時や種球を準備するときに初めて見つかる場合が多い。多発圃場では6月ころに，黒腐菌核病に類似した黄化症状が発生するが，根の軟化・腐敗はないので区別できる。ニンニクの病害虫のなかで最も注意しなければならないもので，一度発生すると根絶がきわめて困難であり，土壌に長年残るので，栽培圃場を変える。寄生したりん茎は貯蔵中にセンチュウがりん片内部に侵入し，スポンジ状に腐敗させるため，貯蔵中や出荷後に見つかることもある。発見が出荷後であれば生産物の信用を失わせることにもなる。主な発生原因は寄生した種球の圃場への持込みである。その場合，植付け後に欠株となる場合もある。また，ロータリなどに付着した土によってほかの圃場に広がることもある。

**ネギコガ** 春から収穫期にかけて数回発生を繰り返し，幼虫が茎葉と珠芽を食害する。

**チューリップサビダニ** 青森県では，茎葉での寄生数はきわめて少ないが，乾燥・貯蔵中に急激に発生することがある。ダニ伝染性のアレキシウイルス属ウイルスを媒介する。ダニはりん片を覆っている貯蔵葉が腐敗，発根，萌芽，種球のほぐし作業によって生じる裂け目から移動，侵入して拡大する。常温での貯蔵中に増殖して，りん片表面が吸汁されて黄変を生じ，しなびる。

**ネギアザミウマ** 青森県では6月以降高温になるにつれて，葉に発生する。割れ玉では貯蔵中にりん茎内に侵入した虫により，りん片表面が食害され，食痕を生ずる場合もある。

### (6) 適期収穫と乾燥

ニンニクは収穫期に至ると茎葉が急速に枯れ込むが，茎葉が枯れ始めても球の肥大は続いている。収穫が遅れると割れ玉が多発し商品性が失われるため，収穫適期の判定がきわめて重要であることは前述したとおりである。

一般に収穫時期の判定は葉の黄変程度によって行なわれているが，マルチ栽培では球の肥大が早く，必ずしもこの方法と一致はしない場合がある。このため，随時試し掘りをして肥大状況を見ながら判断する必要がある。

また，ニンニクは，収穫してすぐに生で出荷するものもあるが，大部分は乾燥後貯蔵して長期にわたって計画的に出荷される。乾燥を失敗するといくら品質の良いものを収穫しても生産者の収益とはならない。

乾燥の方法には，軒下などに吊るす自然乾燥法と温風乾燥機を設置した強制乾燥法とがある。強制乾燥法は乾燥後の品質が優れていることから，現在，青森県の農家では強制乾燥が行なわれている。

### (7) 貯蔵・高温処理

収穫後乾燥したニンニクを周年出荷するには，2001年産までは収穫前に萌芽抑制剤エルノー液剤を散布することで常温または0℃冷蔵で周年出荷が可能であった。しかし，2002年5月にエルノー液剤の農薬登録が失効したため，現在は−2℃の冷蔵庫で長期貯蔵し，計画的に出荷する。

ニンニクの収穫時期は1年に一度で，6月下旬から7月中旬である。一部はそのまま生で出荷するが，生出荷では外皮（葉鞘）や盤茎部から腐敗しやすく，日持ちがしない。

また，ニンニクは収穫直前から深い休眠に入り，乾燥中にも休眠しているが，自然乾燥で9月上旬，強制乾燥では8月下旬ころに覚醒して，芽と根が生育を開始する。根は，りん片から発根してさらに発達し，外皮（葉鞘）と盤茎部を引き離し，その隙間をくぐり抜けるように発生する。芽は貯蔵葉の隙間を上方向に伸長するが，根が外皮から見えるようになる時期より若干遅くなる。

青森県では，植物学的な生理状態と若干異なるが，貯蔵について言及するとき，外皮（葉鞘）が根により盤茎部から剥がされて根が外から見えるようになった状態を「発根」，芽がりん片から突出したときを「萌芽」と呼ぶことにしている（第7図）。これは，全国農業協同組合連合会青森県本部のクレーム調査によるものである。

常温では10月上旬ころには発根が，次いで萌芽が見られるため，10月より前に出荷するものは常温での保管で十分であるが，それ以降に出荷を計画するものは，あらかじめ，乾燥終了後に冷蔵する。長期貯蔵には－2℃が萌芽発根および低温障害も少なく，湿度は80％程度がよいとされている。

一方，冷蔵庫から出庫したあとは，農家により調製（574ページ参照）され，出荷し，消費者に届けられる。冷蔵庫出庫から消費者に届くまでの日数は，その時期の滞荷の状態により異なるが，3～4週間かかり，その間の萌芽・発根を抑制するために高温処理が必要になる。なお，高温処理には必要量のりん茎を入れた状態で，正確な温度制御ができる処理装置が必要である。

## 3. 栽培法と生育生理

### (1) 植付け前（種球と畑の準備）

#### ①この時期の技術目標
この時期の技術目標は第3表のとおりである。

#### ②種球の選別
種球はウイルスフリーの種球の場合は，すべての側球と珠芽を利用する。一方，ウイルス病に感染していたり，感染株とフリー株が混在している場合は，小さいりん茎を用いるとウイルス病に感染している割合が大きくなるので，できるだけ大きく品種固有の形質を備えた，病害

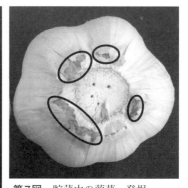

第7図 貯蔵中の萌芽・発根
左：休眠中のりん片，中：萌芽・発根したりん片，右：底部から「発根」したりん球（流通場面では根が外皮を押しのけて外部から見えるようになると"発根"ものとして商品価値が低下する）

第3表 種球の準備から畑づくりまでの技術目標

| 技術目標 | 技術の内容 |
|---|---|
| 種球の選別 | 優良種球の選別<br>種球りん片には大きめのものを選ぶ（福地ホワイトでは10～15g、最低7.5gくらい）<br>種球消毒の実施 |
| 畑づくり | 完熟堆肥の施用<br>酸度の矯正<br>リン酸資材の施用<br>深耕<br>基肥の施用（緩効性肥料） |
| マルチの被覆 | 穴のあいたマルチは植付け直前に被覆する<br>透明フィルムマルチの場合は、マルチ下に除草剤を散布する |

第4表 種球りん片の大きさと分げつ株の発生

(青森農試、1975)

| 種球の大きさ（g） | 分げつ株発生率（％） |
|---|---|
| ～5.0未満 | 0.0 |
| 5.0～7.5 | 0.5 |
| 7.5～10.0 | 1.1 |
| 10.0～12.5 | 3.3 |
| 12.5～15.0 | 5.2 |
| 15.0～ | 18.3 |

虫に侵されていない種球を選ぶ。選んだ種球はほぐして側球を取り出すが、このときも病害虫の被害の有無を確認しながら行なう。

種球用りん片の大きさ（重量）もやはり大きいもののほうが生産性が高い。青森県では10～15gが基準であるが、この大きさの側球を揃えるのが困難な場合は7.5g以上のものを使用している。ただし、15gを超えると複数萌芽の発生が多くなるため、大きくても15g程度にとどめるべきである（第3、4表）。種球の品種、栽培地域によって栽植本数が異なるが、青森県では10a当たり1万8,000～2万4,000株植えが標準で、260～300kg必要となる。

③種球消毒

最近、黒腐菌核病、イモグサレセンチュウ、チューリップサビダニの発生が散見されている。

黒腐菌核病、イモグサレセンチュウの発生が確認された圃場には、植付けしないようにする。とくにイモグサレセンチュウの場合は、ニンニクの栽培をいったん止めても長い年月生存できることが報告されているため、注意が必要である。

チューリップサビダニは、保護葉（ニンニクりん片の一番外側）に亀裂が生じるとりん片の間を移動するため、それにともなってアレキシウイルス属ウイルスの伝染も発生すると考えられている。側球をほぐす作業により、保護葉に亀裂が入ることは完全には避けることはできないため、ほぐしたらすぐに適切に種球消毒を行ない、日陰でよく乾かしたあとに植え付ける。

④圃場の選定と土壌改良

ニンニクは、乾燥した土壌では収量や品質が劣るので、保水性のある土壌が望ましく、洪積土壌が適し、また水田転作畑も適している。しかし、排水が悪いと根の伸びや生育が抑えられるので、排水の良い圃場を選定する。

ニンニクづくりは土つくり、ともいわれるように有機質や有効態リン酸を多く必要とする。植付け前に必ず土壌診断し、完熟堆肥を10a当たり2t程度投入するとともに、pHを6.0～6.5に矯正し、有効態リン酸50～70mgを目標に石灰やリン酸資材を施用する。堆肥の入手が困難な場合は緑肥作物（スダックスなど）を作付けし、植付け20日前までにすき込む。

⑤施 肥

ニンニクは、植付けから翌春の融雪時までの生育は緩やかで、融雪後からしだいに生育量が増加し、6月中旬ころに最大となる。各養分の吸収量は、窒素とカリが最も多く10a当たり15kg、リン酸は4kg程度である（第8図）。

窒素、カリの吸収量からみて多肥の効果が期待されるが、各地の試験結果では多肥効果は少なく、割れ玉やさび病発生の原因となる。このため、施肥量は、窒素、リン酸、カリともに10a当たり20～25kgが適切である。

このほか、石灰や苦土も不足すると生育に影響が出るため注意する。

マルチ栽培では露地栽培と比べて肥料の流亡が少ないことや、追肥がやりにくいことなどから、緩効性肥料を利用した全量基肥体系が一般的であるが、基肥を6割、追肥を4割とした追

各作型での基本技術と生理

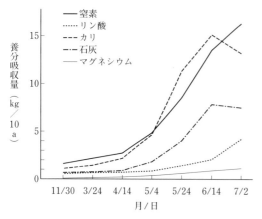

第8図 ニンニクの時期別養分吸収量
(平尾, 1968)

長野農試成績, 品種：佐賀在来

肥体系も行なわれている（第5表）。

基肥は全面に施用し，ていねいに耕起・整地する。

⑥マルチの被覆

マルチの被覆はマルチャーを利用すると便利である。

一般的に単位面積当たりの栽植本数は多いほど収量は多くなるが，球の肥大は低下する。品種や栽培地域などによって適正な栽植本数は異なるが，ニンニクは大球ほど市場性が高いことから，極端な密植は好ましくない（第6表）。

青森県の栽植様式は，通路を含めたうね幅は140～150cm，マルチ面は100cm前後，株間15cm，条間25cm，条数4条（並列）が一般的で，この規格にあわせたポリフィルムが市販されている。株間は16cmの場合もある。うねの高さは圃場の保水，排水のよしあしで異なるが，10cm程度とし，転作田ではさらに高くする。

この作業は前日か2～3日前に行なう。マルチの被覆後降雨があると植え穴部分の土が固まり，人手による植付け作業に大きな力を必要として疲労が大きくなる。植付け後は，植え穴にうね間の土をかけ，マルチ面と同じ高さにならす。

なお，透明マルチを用いる場合は，マルチ下に散布できる除草剤を用いる場合もある。

第5表 マルチ栽培における追肥時期と収量 （青森畑園試, 1988）

| 年次 | マルチの種類 | 区名 | 基肥(kg/a) | 追肥(kg/a) | | 追肥肥料の種類 | 総収量(kg/a) | 上物(kg/a) | 下物(kg/a) | 一球重(g) | 対比（%） | | 下物割合（%） | | |
| | | | | 1回目 | 2回目 | | | | | | 総収量 | 上物 | 変形 | 裂球 |
|---|---|---|---|---|---|---|---|---|---|---|---|---|---|---|
| 1987年 | 透明 | 追肥A | 1.5 | 0.5 | 0.5 | 固形 | 140.8 | 113.6 | 27.2 | 77 | 100 | 91 | 4 | 16 |
| | | 追肥B | 1.5 | 0.5 | 0.5 | 固形 | 149.2 | 104.4 | 44.8 | 81 | 106 | 84 | 5 | 25 |
| | | 追肥C | 1.5 | 0.5 | 0.5 | 固形 | 157.3 | 143.3 | 10.0 | 86 | 112 | 118 | 0 | 6 |
| | | 追肥D | 1.5 | 0.5 | 0.5 | 固形 | 131.9 | 106.5 | 25.4 | 72 | 94 | 86 | 3 | 16 |
| | | 全基肥 | 2.5 | — | — | — | 140.8 | 124.6 | 16.2 | 77 | 100 | 100 | 2 | 9 |
| | 黒 | 追肥A | 1.5 | 0.5 | 0.5 | 固形 | 128.9 | 120.4 | 37.8 | 70 | 102 | 118 | 2 | 5 |
| | | 追肥B | 1.5 | 0.5 | 0.5 | 固形 | 145.4 | 127.9 | 8.5 | 79 | 115 | 125 | 5 | 7 |
| | | 追肥C | 1.5 | 0.5 | 0.5 | 固形 | 153.5 | 131.0 | 17.5 | 84 | 121 | 128 | 0 | 15 |
| | | 追肥D | 1.5 | 0.5 | 0.5 | 固形 | 140.6 | 117.5 | 22.5 | 76 | 111 | 115 | 7 | 9 |
| | | 全基肥 | 2.5 | — | — | — | 126.6 | 102.5 | 23.1 | 69 | 100 | 100 | 4 | 15 |
| 1989年 | 透明 | 追肥A | 1.5 | 0.5 | 0.5 | 固形 | 140.5 | 137.9 | 2.6 | 74 | 98 | 113 | 2 | 3 |
| | | 追肥B-1 | 1.5 | 0.5 | 0.5 | 固形 | 150.5 | 133.8 | 16.4 | 79 | 105 | 110 | 8 | 0 |
| | | 追肥B-2 | 1.5 | 0.5 | 0.5 | 液肥 | 153.2 | 141.5 | 11.7 | 81 | 107 | 116 | 5 | 3 |
| | | 追肥B-3 | 1.5 | — | 1 | 固形 | 150.7 | 147.4 | 3.3 | 79 | 105 | 121 | 1 | 3 |
| | | 追肥C-1 | 1.5 | 0.5 | 0.5 | 固形 | 153.7 | 145.6 | 8.1 | 81 | 107 | 120 | 3 | 1 |
| | | 追肥C-2 | 1.5 | 0.5 | 0.5 | 液肥 | 157.0 | 140.2 | 16.8 | 82 | 110 | 115 | 6 | 0 |
| | | 追肥D | 1.5 | 0.5 | 0.5 | 液肥 | 139.0 | 119.7 | 19.5 | 73 | 97 | 98 | 11 | 5 |
| | | 全基肥 | 2.5 | — | — | — | 143.4 | 121.6 | 21.8 | 75 | 100 | 100 | 12 | 3 |

注 追肥時期は以下のとおりである
1回目：4月上旬
2回目：A：りん片分化期10日前（4月上旬），B：りん片分化期，C：りん片分化期10日後，D：りん片分化期20日後

第6表 マルチの種類, 栽植距離とニンニクの収量　　（青森畑園試, 1979）

| マルチの種類 | 条間×株間 (cm) | 総重量 (kg) | 上物 (kg) | | | 下物 (kg) | | | | 球重 (g) | 黒マルチ対比 (%) | | |
|---|---|---|---|---|---|---|---|---|---|---|---|---|---|
| | | | 2L～L | M～S | 計 | 裂球 | 変形球 | くず | 計 | | 総重量 | 上物 | 2L～L |
| 透明 | 25×12 | 136.0 | 53.5 | 62.0 | 115.5 | 6.8 | 13.7 | 0.0 | 20.5 | 57.1 | 126.9 | 116.0 | 280.1 |
| | 25×13 | 117.6 | 50.5 | 37.4 | 87.9 | 12.0 | 17.7 | 0.0 | 29.7 | 58.1 | 102.3 | 89.7 | 146.8 |
| | 27×13 | 125.3 | 49.1 | 52.3 | 101.4 | 15.9 | 8.0 | 0.0 | 23.9 | 57.0 | 116.2 | 98.7 | 141.5 |
| | 25×15 | 117.6 | 46.3 | 39.6 | 85.9 | 16.0 | 15.3 | 0.0 | 31.7 | 61.8 | 129.7 | 111.8 | 482.3 |
| 黒 | 25×12 | 107.1 | 19.1 | 80.4 | 99.5 | 5.8 | 1.8 | 0.0 | 7.6 | 45.0 | 100.0 | 100.0 | 100.0 |
| | 25×13 | 115.0 | 34.4 | 63.6 | 98.0 | 8.3 | 8.7 | 0.0 | 17.0 | 52.3 | 100.0 | 100.0 | 100.0 |
| | 27×13 | 107.8 | 34.7 | 68.0 | 102.7 | 1.8 | 3.3 | 0.0 | 5.1 | 49.1 | 100.0 | 100.0 | 100.0 |
| | 25×15 | 90.7 | 9.6 | 67.2 | 76.8 | 8.9 | 4.3 | 0.0 | 13.9 | 47.6 | 100.0 | 100.0 | 100.0 |

## （2） 植付けから越冬期まで

### ①この時期の技術目標

越冬前の最も重要な要点は植付けを適期に行なうことである（第7表）。

第7表 植付け期から越冬期までの技術目標

| 技術目標 | 技術の内容 |
|---|---|
| 適期植付け | 適期植付けの励行<br>適当な深さに植え付ける |

### ②植付け

植付け時期は休眠性などから決定されるが，青森県での適期は9月下旬～10月上旬である。10月中旬以降に植え付けると気温が低下するために，発根や発芽が遅れて，その後の生育や球の肥大に影響を与えて減収するので注意する（第9図）。

植付けの深さは，土壌が凍結する地域では浅く植え付けると根が切断されたり，りん片が浮き上がってきたりするため，深めに植え付ける。青森県の県南地域では，りん片の下部が10cm程度になるようにしている。

植付け作業は最近，半自動の植付け機が開発されたが，まだほとんどが手植えである（第10図）。

### ③除草剤の散布

黒マルチを利用するとマルチ下の雑草の発生はほとんどないが，うね間や通路には雑草が発生する。透明マルチではマルチ下も雑草の発生が多いため，早期の除草に努める。

施肥後ロータリかけのあと，マルチ前に使用できる除草剤もあるため，マルチャーの手前に散布機をつけて，除草剤散布直後にマルチ被覆をするとよい。

### ④萌芽期の管理

植付け10日ころから発芽が始まるが，葉が

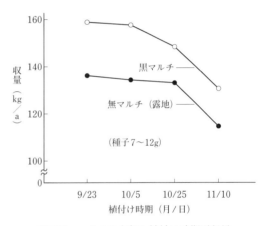

第9図 マルチの有無と植付け時期別収量
（青森畑園試, 1975）

第10図 植付け作業
手前は植付け（T字のチューブで種球を押し込む），うしろは植え穴に土をかけている

## 各作型での基本技術と生理

マルチの穴から出ずにマルチの下にもぐる株がある。こうした株を放置すると，徒長したり，マルチ下の高温で株がいたむので，萌芽が揃うまで圃場を見回りし，マルチ下から株を出してやる。

### (3) 越冬後から球肥大期まで

#### ①この時期の技術目標

越冬後から球の肥大期までの技術目標は第8表のとおりである。

#### ②マルチの補修

寒冷地では越冬時に土壌が凍上するため，マルチの裾の押さえがゆるみ，春先の強風によってはがされたり飛ばされたりしやすくなるため，越冬後は早めに補修する。

#### ③追　肥

前述のように，マルチ栽培では肥料養分の流亡が少ないので，緩効性肥料を用いた全量基肥体系が一般的であるが，追肥体系のほうが増収効果が高い。この場合，基肥の量を減じる。

追肥時期は1回目が消雪後の4月上旬，2回目は透明マルチではりん片分化期10日後ころ，黒マルチではりん片分化期～分化期10日後ころとなる。透明マルチではりん片分化期の追肥により割れ玉の発生が多くなることがあるので注意する。

追肥量は，1回10a当たり窒素成分で5kg程度である。肥料の種類は粒状の速効性肥料を用いる。

追肥方法は，マルチ上に散布してよいが，できるだけ葉にかからないようにする。

#### ④除　草

株元の雑草は早めに除草する。また，透明マルチの場合，マルチ下にも発生が見られるが，ニンニクが繁茂すると除草しにくいため，これも早めに行なう。

#### ⑤除げつ

大きいりん片は1つのりん片に複数の芽を有する割合が高いため，これを植え付けると複数の萌芽株の発生率が高くなる。これをそのまま放置しておくと，球の肥大が悪くなり，変形したものとなるので，早めに除げつして一本立てとする。

除げつは，株を分離したあと株元の土を掘り，生育の良い株を残すように根元を押さえて，他を引き裂くようにして抜き取る（第11図）。

#### ⑥とうの摘取り

抽苔は品種による差のほかに栽培条件によっても異なり，露地栽培に比べて少なくなる。抽苔したとうをそのまま残したものと摘み取ったものの球の肥大を比較すると，明らかにとうを摘み取ったほうの肥大がよくなる。抽苔が始まったら随時圃場を見回り，とうを摘み取る。

とうの摘取りは珠芽が葉鞘から完全に抜けだしてから行なう。珠芽が葉鞘内にある場合にむりに摘み取ると葉をいためるので注意する。

#### ⑦病害虫防除

ニンニクの病害虫防除は，早期発見，早期防除を徹底する。また，ニンニクは茎葉に薬剤が付着しにくいため，薬剤散布にあたっては展着剤を用いる。

#### ⑧萌　芽

収穫後休眠状態にあるニンニクは9月上旬こ

第8表　越冬後から球肥大期までの技術目標

| 技術目標 | 技術の内容 |
|---|---|
| 生育，球の肥大促進 | マルチの補修と裾の補強をして春風に備える<br>適期追肥（追肥体系栽培の場合）<br>株元や通路の除草<br>複数萌芽株の早期除げつ<br>完全抽台株の早期とう摘み |
| 病害虫防除 | 摘期防除の徹底 |

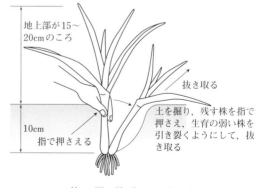

第11図　除げつのやりかた

ろまでには覚醒する。覚醒するとまず発根が見られ，ついで芽が出て商品性が著しく低下する。このため，貯蔵する場合は，これまでは，萌芽抑制剤としてエルノー液剤が使われていた。しかし，2002年にエルノー液剤は登録が失効して使用できなくなったため，長期貯蔵は－2℃冷蔵により行なわれるようになっている（前述の「2. 栽培技術の要点 (7) 貯蔵・高温処理」の項，565ページを参照）。

### (4) 収穫期から乾燥まで

#### ①この時期の技術目標

収穫期と収穫後の乾燥における技術目標は，第9表のとおりである。

#### ②収穫期の判定

一般に収穫期の判定は茎葉の黄変程度で決定されており，30～50％くらいが適期とされてきた。しかし，マルチ栽培では球の肥大が早いため，茎葉の黄変が進まなくとも裂球するものが見られる。このため6月下旬に入ったら随時，球の肥大状況を確認して球の盤茎部とりん片の尻部がほぼ水平になった時期に収穫する。

収穫が遅れると裂球の発生が多くなり，光沢も悪く，品質が急激に低下するので，適期の判定は重要である。

第9表　収穫期から乾燥までの技術目標

| 技術目標 | 技術の内容 |
|---|---|
| 収　穫 | 適期収穫の励行<br>枯葉の程度や球の肥大状況を確認する<br>晴天の日に掘り取る |
| 乾　燥 | ムレ，カビの発生防止<br>りん片の緑化防止（直射日光が当たらないようにする）<br>強制乾燥の積極的な導入（適切な温度管理） |

#### ③収穫方法

収穫作業は晴天の日に行なう。雨の日や湿気の多い日に行なったり，収穫後に雨にあたると球の光沢が悪く，腐敗が多くなるので注意する。

作業は手掘りまたは機械掘りで行なう。青森県では自然乾燥はほとんどみられず，ほとんどが強制乾燥しているため，収穫と同時に根と茎を切り取る。

手掘りでは，掘り取った直後，圃場で根と茎を切り取ってコンテナに詰め，乾燥施設に搬入する。

掘取りに機械を利用する場合は，まず地上部を機械または草刈り機で刈り取り，次いで根切

第12図　収穫作業
①茎葉の片づけ（草刈り機を利用する人もいる），②マルチを剥ぐ（巻取り機械もある），③根切り，④掘取り，⑤掘取り機拡大写真，⑥茎根の調製（この状態で乾燥施設へ運ぶ）

り機で根を切断し，収穫機で掘り起こす。第12図の収穫機は掘取り時に網で土をふるい落とす方式で，火山灰土壌では効率的である。粘質土壌では土の固まりができやすく網から落ちにくいため，火山灰土壌より効率が劣る。収穫後乾燥の前に，さらに根を短く切るがこの作業も相当の労力を要するため，掘取り後にさらに短く根切りする機械も能率的である。

#### ④乾　燥

青森県の場合，一部生での出荷もあるが，ほとんどは乾燥して周年出荷しているため，乾燥を十分に行なう必要がある。外側の外皮から乾燥して，貯蔵葉が乾燥し，盤茎部，花茎の下部が乾燥したら仕上がりとなる。残す茎の長さによるが当初の重量の3割減を目安とし，盤茎部に爪が立たないくらいの硬さになったら，仕上がりとなる。慣れるまでは数個割ってみて確認するのがよい。また，木材水分計で盤茎部の水分含量を測定し，連続乾燥の場合は10～15％，テンパリング乾燥の場合は16～17％となった時期を仕上がりの目安とする方法もある。

**自然乾燥**　収穫したニンニクを通風の良い軒下や収納舎に吊るして，陰干しする。通風が悪いところではムレて腐敗したりカビが発生したりするので注意する。また，乾燥中に直射日光に当たるとりん片が緑化し，商品性がなくなる。

乾燥にかかる日数は30～50日で，乾燥前の重量比70％程度で仕上がりとなる。

**強制乾燥**　強制乾燥は自然乾燥に比べて乾燥期間が3～4週間と短期間にできる。乾燥中の腐敗やカビの発生が少ないこと，さらには乾燥後の光沢など，球の品質が優れていることなどの利点がある。

**乾燥施設の概要**　青森県のニンニク乾燥方式は大きく分けると「棚乾燥」「井桁積み乾燥」「シート乾燥」の3つの方式があり，りん茎の収納や配置の仕方に違いがある（第10表，第13図）。

棚乾燥，井桁積み乾燥では倉庫またはパイプハウスを遮光して，内部に棚をつくったり井桁を組んで網袋を並べるか，通気性の良いコンテナを利用し，暖房機や換気扇などを配置する。コンテナを用いる場合は棚を組む必要はない。暖房機を利用し，灯油などを燃焼させて加温するため，給気口と排気口を用意する。ニンニクの容器としては，網袋または穴のあいたコンテナを利用する。網袋はタマネギまたはニンニク乾燥用のネット10～20kg用を用いる。

**乾燥前の調製**　ニンニクは根を切り，茎を5～10cm程度つけて切断し，網袋かコンテナに入れて，乾燥施設内に配置する。ニンニクを入れる量は，棚乾燥では網袋の6～7割，井桁積み乾燥ではコンテナ容量の8割程度，シート乾燥ではコンテナ満杯とする。

**乾燥温度**　ニンニクの乾燥温度管理方法には連続乾燥とテンパリング乾燥がある。連続乾燥は昼夜35℃，テンパリング乾燥は昼間35℃，夜間は無加温（25℃以下）で乾燥する方法である。連続乾燥はテンパリング乾燥より乾燥日数が短いというメリットがあるが，乾燥にかかる燃料消費量が多く，くぼみ症の発生率が高いというデメリットがある。くぼみ症はりん片の表面が陥没する障害で，氷点下貯蔵後に発生することが多い（第14図）。

青森県では，最近，コンテナの穴の方向を揃

第10表　ニンニクの乾燥方式

| 乾燥方式 | 収納容器・容量 | 配置，積み方 | 通　風 |
| --- | --- | --- | --- |
| 棚乾燥 | 網袋（20kgまたは40kg） | 鉄パイプなどで棚を組んで網袋を並べる | 循環扇やダクト |
| 井桁積み乾燥 | メッシュコンテナ（20kg） | コンテナを井桁状に積む | 循環扇やダクト |
| シート乾燥 | メッシュコンテナ（20kg） | 約200個のコンテナを隙間なく積み，周囲を不透水シートで覆う | 圧力に強い送風機を使用（ニンニク4,000kg当たり風量60m³/分程度を確保）通風方向で吸引式と押し込み式がある |

注　「ニンニク周年供給のための収穫後処理マニュアル」参照

第13図　ニンニク収穫後の乾燥事例
①乾燥用倉庫，②ハウスを遮光して利用，③棚乾燥，④井桁積み乾燥，⑤シート乾燥，⑥シート乾燥の換気扇（押し込み式と吸引式がある）

えて隙間がないように積み，脇をブルーシートなどの通気性のない資材で覆って，穴の方向に大型の換気扇で送風または吸引する方法が普及し，シート乾燥と呼ばれている。シート乾燥用のチャック付きのシートも販売されている。従来の棚乾燥やコンテナを井桁に積んで倉庫全体を通風する方法より，狭い容積で乾燥が可能であるが，その分，湿気がこもりやすいので，空気が滞らないよう十分注意する必要がある。

### (5) 貯蔵，高温処理，調製まで

#### ①この時期の技術目標

貯蔵および高温処理，調製における技術目標は第11表のとおりである。

#### ②貯　蔵

青森県では，ニンニクの収穫時期は，6月中旬から7月中旬である。一部はそのまま生で出荷するが，生では外皮（葉鞘）や盤茎部から腐敗しやすく日持ちがしない。このため，収穫・

第14図　正常なニンニク（左）とくぼみ症のニンニク（右）

第11表　貯蔵から調製までの技術目標

| 技術目標 | 技術の内容 |
| --- | --- |
| 貯　蔵 | 出荷計画の立案<br>常温での貯蔵<br>冷蔵による長期出荷 |
| 高温処理 | 出庫後の萌芽発根の抑制 |
| 土の除去 | 根部の調製<br>外皮の調製 |

各作型での基本技術と生理

第12表　処理時期別の高温処理条件

| 処理時期 | | 処理温度・時間[1]<br>（処理装置内の温度） |
|---|---|---|
| 9月 | 下 | 43℃・12～18時間 |
| 10月 | 上 | |
| | 中 | |
| | 下 | |
| 11月 | 上 | 43℃・9～12時間 |
| | 中 | |
| | 下 | |
| 12月 | 上 | |
| | 中 | 41℃・9～12時間 |
| | 下 | |
| 1月 | 上 | |
| | 中 | |
| | 下 | 41℃・6～9時間 |
| 2月 | 上 | |
| | 中 | |
| | 下 | |
| 3月 | 上 | |
| | 中 | |
| | 下 | |
| 4月 | 上 | 41℃・4～9時間<br>または<br>39℃・6～9時間 |
| | 中 | |
| | 下 | |
| 5月 | 上 | |
| | 中 | |
| | 下 | |
| 6月 | 上 | |
| | 中 | |
| | 下 | |

注　1）処理時間は装置内が処理温度に達したあとの保持時間
「ニンニク周年供給のための収穫後処理マニュアル」を参考に作成

乾燥後は10月ころまで常温，それ以降の出荷は産地の農協の冷蔵庫などで氷点下貯蔵して，計画的に周年出荷している。

③高温処理

冷蔵庫から出庫したあとは，農家により調製され，出荷し，消費者に届けられるが，出荷後，萌芽発根するものが多くなるため，高温処理を行なう。効果的な処理温度と時間は処理時期によって異なる（第12表）。高温処理の効果はりん茎の内部温度によって決まるため，装置内とりん茎内部の温度のずれを確認しておく必要がある。

④調　製

従来は根切りを行なって乾燥し，茎を切って出荷していたが，現在は，生鮮食料品の店頭では土の持込みは嫌われるため，盤茎はグラインダーで磨き，圧縮空気で土がついた外皮を除去する方法が普及している。

執筆　庭田英子・豊川幸穂（青森県産業技術センター野菜研究所）
改訂　今　智穂美（青森県産業技術センター野菜研究所）

2018年記

**参　考　文　献**

ニンニク周年供給のための収穫後処理マニュアル．2013．農研機構東北農業研究センター．http://www.naro.affrc.go.jp/publicity_report/publication/files/GarlicPostHarvestHandling.pdf

# 冬春どり栽培

## Ⅰ 冬春どり栽培の意義と目標

### 1. 栽培法のおいたち

　青森県では，三戸地方，上北地方および津軽地方の岩木町を中心にしてニンニクが栽培されている。現在県全体で約1,700ha作付けされており，全国一のニンニク産地となっている。

　ニンニクは中国，朝鮮を経てわが国に渡来し栽培されてきたが，その独特の臭いが日本人の食生活に合わなかったために，薬用として小規模に栽培されてきたにすぎない。

　戦後，アメリカ，メキシコ，中東諸国や東南アジア向けの輸出用として，また，ガーリックパウダーやガーリックオイルなどの加工原料として需要が増加した。一方，食生活の洋風化にともなう生食用としての需要も増加した。栽培的には，転作作物としてあるいは複合経営の補完作物として導入され，マルチ栽培の普及も手伝って，栽培面積が飛躍的に増加した。

　しかし，年間約18,000tものニンニクを生産・出荷するなかで，極小球や屑鱗片あるいは種子選別から除かれる鱗片などが，価格的にきわめて不利な条件で屑物として販売されているのが現状であった。

　一方寒冷地では，大型重装備園芸施設栽培の導入は営農的にむずかしいため，近年軽備なパイプハウス利用による野菜栽培がふえている。特に夏秋野菜の安定生産，品質向上のための雨よけ栽培が普及しているが，冬場には野菜栽培に利用されていないことが多かった。そこで，土地および施設の有効利用と冬期間の余剰労働力の利活用を図って，また，ニンニク栽培農家の収益性の増大をねらって，販売できないすそ物や加工向けに低価格で販売される屑ニンニクを種子として用いる葉ニンニク栽培が起こり，昭和55年から産地化に向けて歩み始めた。

　出荷先は主に京浜市場である。これより先に，スアンベアあるいは葉ニンニクという名で，暖地から出荷されているものがあるが，寒冷地からのものとしてははじめてであった。

　葉ニンニク栽培の導入理由としては，①健康食品であるニンニクが基になっており，商品形態が消費者の好む青物野菜であること，②ニンニク産地として，加工向けの屑ニンニクを種子として利用でき，その種子が豊富にあること，③冬期間の余剰労働力や未利用パイプハウスを活用でき，冬場の換金作物として栽培できることなどがあげられる。

### 2. 栽培法の生理的意義

　ニンニクは生育適温が18～20℃と低温性の野菜で，耐寒性・耐冠雪性にすぐれ，露地で越冬できる。とりわけ寒地系品種は暖地系品種より低温伸長性にすぐれる。

　葉ニンニク栽培では，萌芽をそろえ，いかに早く葉数を確保して所定の太さと長さをそろえるかが大切であり，花序形成，貯蔵葉形成，球肥大のステージは考えなくてよい。

　青森県で葉ニンニク栽培に用いられる品種の福地ホワイトは，7月上中旬に休眠に入り，8月下旬から9月上旬にかけて休眠から醒める。休眠覚醒後の萌芽適温域は15～25℃と広いが，温度条件が適切であっても，種子鱗片に水分が充分に与えられないと萌芽，発根が著しく遅れる。休眠覚醒後は茎頂において新葉形成が始ま

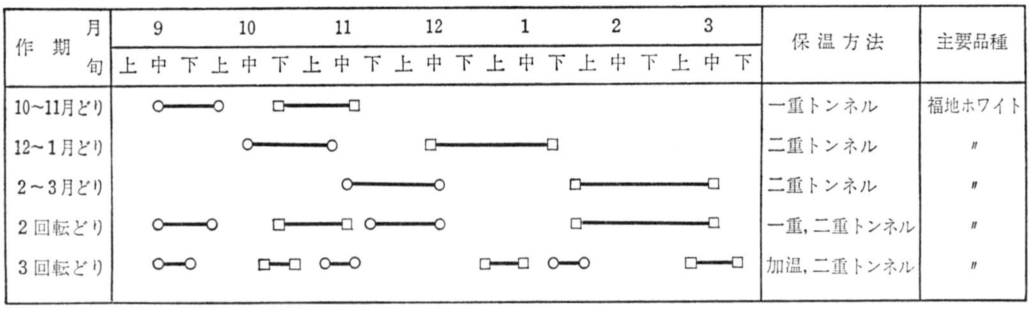

各作型での基本技術と生理

| 月<br>作期 | 9<br>上 中 下 | 10<br>上 中 下 | 11<br>上 中 下 | 12<br>上 中 下 | 1<br>上 中 下 | 2<br>上 中 下 | 3<br>上 中 下 | 保温方法 | 主要品種 |
|---|---|---|---|---|---|---|---|---|---|
| 10〜11月どり | ○―――○ | □―――□ | | | | | | 一重トンネル | 福地ホワイト |
| 12〜1月どり | | ○―――○ | | □―――□ | | | | 二重トンネル | 〃 |
| 2〜3月どり | | | ○―――○ | | | □―――□ | | 二重トンネル | 〃 |
| 2回転どり | ○―――○ | □―――□ | | | | □―――□ | | 一重,二重トンネル | 〃 |
| 3回転どり | ○―○ | □―□ | | | ○―○ | □―□ | | 加温,二重トンネル | 〃 |

○：植付期　□：収穫期

第1図　寒冷地における葉ニンニクの冬春どり栽培での作期

る。そして，徐々に葉原基の普通葉への発達速度が大きくなり，新しい普通葉を周期的に外部に展開させる。

普通葉の生長適温域は萌芽と同様に15〜25℃である。普通葉の生長は長日条件によって促進されるが，限界日長より長い日長条件は貯蔵葉形成ステージへの移行をも促進するので，栄養生長ステージを維持するためには限界日長よりも短い日長条件下で栽培する必要がある。

休眠特性などから9月中旬以降植付け可能となるが，無加温ハウス栽培では，9月中旬から10月上旬に植え付けたものは30日内外で，10月中下旬に植え付けたものは40〜50日で，11〜12月に植え付けたものは60〜70日で収穫できる。低温期の栽培であるため，保温には特に注意し生育促進を図る。生育後半には充分光を当て，出荷時に茎葉黄変などの品質低下を起こさないようにする。また，生育中に水分が不足すると，生育が抑制されるので，地温低下に注意しながら適宜灌水する。

## 3. 主な作期と生育の特色

無加温ハウス栽培で，品種の分化がなく同一品種の種子を用いるため，植付け時期によって生育中の積算温度が異なる。このことによって，作期が分化する。

①10〜11月どり

この作期は，肥大球を収穫する本来のニンニク栽培の植付け作業との労働競合が起こること，また，利用するパイプハウスの前作の後始末を考えなければならないことなどの理由によって導入がむずかしい。しかし，生育期間が25〜35日と短いため，同じハウスを回転して用いるには有効な作期である。

若干の保温を必要とするが，日射量が充分にあるので良品質のものが収穫できる。ただし，収穫時期が遅れないように注意が必要である。

また，収穫後2〜3月どりの作期を組み合わせた2回転どり，あるいは12〜1月どりと2〜3月どりの作期を組み合わせた3回転どりが可能となる。

②12〜1月どり

この作期では収穫時期が正月前後となるため高単価をねらえる。10月中旬から11月中旬に植え付けるので生育前半から，充分な保温管理が必要である。生育後半から収穫時期にかけては厳寒期となり日射量も低下してくるので，良品生産がむずかしくなる。このため，保温管理に重点をおくとともに，乾燥による生育抑制を防ぐため，地温低下に注意しながら適宜灌水を行なう。また，生育および緑化を促すため，葉面散布剤か液肥を2〜3回施用する。

③2〜3月どり

この作期では生育前半が厳寒期にあたるため，初期生育の確保が大切である。このため保温は特に厳重に行ない，生育の促進を図る。一方，収穫時期には日射量の多い日がつづくため，軟弱徒長を防ぐとともに適期収穫に努める。

## 4. 作期と品種の選び方，生かし方

この作型の出荷時期は，秋から早春である。休眠覚醒後の栽培であるため，温度のかけ方次第ではどの作期でも良品質のものが収穫できる。ただし，厳寒期の生育は抑制されるため，収穫

青森県における葉ニンニク栽培では，屑ニンニクを種子として使用しているため，種子の確保が問題となる。福地ホワイトは，外皮が白く，大球でしかも鱗片数が6片と少なく，形がよいため，ニンニク栽培が順調にゆけば，葉ニンニク栽培に向く種子重5g内外のものの採種量は減少する。逆に，ニンニク栽培が不良作になれば葉ニンニク栽培用種子の採種量は増加する。このように，現行の栽培体系では，表作のニンニク栽培の出来いかんによって採種量に制約がでてくるのが特徴である。もちろん，葉ニンニク栽培専用の種子生産をともなった栽培であればまた別である。

### ①栽培地域の気象条件

低温性の野菜で茎葉部だけを収穫するため，ハウスの設置が可能な地域であれば，どこでも栽培できる。生育中のハウス内の積算温度が高ければ早く収穫でき，積算温度が低ければ収穫までの日数を多く要する。ハウス内温度が5℃以上あればあるていど生育がすすみ，5℃以下のことが多ければ生育が緩慢になる。

### ②適品種の条件

青森県ではニンニク栽培に福地ホワイトという統一品種を用いていて今のところ代替の品種はないが，あるていど低温伸長性があり，5g内外の鱗片が多くつき，しかも食味のよいものが，葉ニンニク栽培用品種として適する。当地で品種保存しているものでは，中国系や台湾系の一部の品種で該当するものがある。

## Ⅱ 栽培技術の要点

### 1. 作期別の生育と栽培技術の要点

この作型は低温期の栽培であるため，温度管理，土壌水分管理，光管理などの栽培管理が適正に行なわれれば，特に大きな問題はない。商品性を高めるため，地ぎわ部の軟白と半緑化を適切に行ない，白と緑のコントラストをつけること，また，厳寒期には保温を厳重に行ない，特に地温を高める工夫をして生育促進を図ることなどが栽培技術の要点としてあげられる。

#### ①10～11月どり

短期間に揃いのよいものを収穫することが目標となるため，萌芽をそろえることが重要である。種子鱗片の大きさをそろえるとともに，芽だし促進と不揃い防止のため，植付け前に鱗片を2昼夜ほど水あるいはぬるま湯（25℃ていど）に浸漬して充分吸水させてから植付けする。また，不織布のべたがけと一重トンネル被覆を行なって生育促進を図る。

生育初期にはまだ日中暑い日が多いので，30℃以上にならないように適宜換気して，徒長を防ぐ。収穫まぢかになって夜温が低下するようなばあいは，夜間，保温マットやシルバーポリトウなどの被覆資材を利用して保温に努める。

出荷時に軟白部分が最低でも5～6cmていど必要となるので，生育に応じて2回ほど籾がら被覆し，地ぎわ部を軟化する。半緑化を促すため，軟白部が確保できた後採光を充分に行ない，葉面散布剤や液肥などを2～3回施用する。収穫時期が遅れないように注意する。

なお，この作期ではニラと同様に2度切り収穫が可能で，1回目収穫後再度保温して30日ていどで収穫する。

#### ②12～1月どり

この作期では，年末年始の需要増に合わせて単価の高い時期をねらうことが重要で，収穫時期に合わせて植付け時期を決定する。

乾燥することが多い時期で，生育中に水分不足をきたすと生育抑制の原因となるので，地温低下に注意しながら適宜灌水し，土壌水分管理に努める。

籾がら被覆による軟白を行なうが，最初から厚く被覆すると地温が低下し生育が抑制されるので，被覆を2回に分けて行ない，1回目の被覆は浅めに行なう。

生育後半が厳寒期にあたることから，生育促進のために，高うね栽培とし浅植えする。トンネル被覆は二重とし，生育初期には不織布のベ

各作型での基本技術と生理

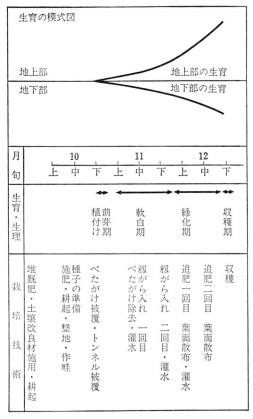

第2図 12～1月どり葉ニンニクの
生育生理と栽培技術

たがけを行ない，さらに，夜間は防寒資材も併用して保温に努める。加温するばあいは，夜間，ニンニク乾燥用の簡易暖房機や電熱線を利用する。

また，出荷時に採光不足で茎葉が黄変し，品質低下をきたさないようにするため，生育後半は充分光に当てることが大切である。葉先の黄変や生育不良がみられたばあいには，葉面散布剤や液肥などを2～3回施用する。

その他の管理は10～11月どりに準ずる。

③2～3月どり

この作期では生育前半が厳寒期にあたるため，初期生育の確保が大切である。12～1月どりと同じように生育促進のために，高うね栽培とし浅植えする。トンネル被覆は二重とし，生育初期には不織布のべたがけを行ない，さらに，夜間は防寒資材も併用して保温に努める。加温するばあいは，夜間，ニンニク乾燥用の簡易暖房機や電熱線を利用する。

一方，収穫時期には日射量の多い日が多くなるため，日中の換気を適宜行ない軟弱徒長を防ぐとともに適期収穫に努める。

その他の管理は，10～11月どりおよび12～1月どりに準ずる。

④2回転どり

10～11月どりの作期と2～3月どりの作期を組み合わせると，無加温でも2回転どりが可能となるが，1作目の跡始末と2作目の準備期間をあるていど必要とする。栽培技術の要点は，それぞれの作期の項を参照する。

⑤3回転どり

10～11月どりの早い作期と12～1月どりの作期と2～3月どりの晩い作期を組み合わせると，無加温でも3回転どりが可能となるが，12～1月どりの作期と2～3月どりの作期では，加温したほうが回転が早まり確実である。また，トロ箱や育苗箱などに植え付けて，順次ハウス内に入れて軟化促成する方法など工夫も必要である。いずれにしても，1回当たりの期間短縮を図ることによって，回転を速くすることが大切である。

## 2. 種子の準備

福地ホワイトの屑ニンニクを使用するが，種子量は栽植密度や鱗片の大きさによっても異なる。鱗片重5gで3～5cmの等間隔植えのばあいは，坪当たり1,300～3,600個すなわち6.5～18kgの種子が必要である。大きい鱗片を使用すると茎が太くなり，重くなるため収量が多くなる。しかし，種子の確保上大きいものだけにそろえることは困難であるため，種子鱗片は大・中・小の3段階に分けて植付けに備える。このことにより，管理は若干異なるが収穫時の調製作業がしやすくなる。

なお，ニンニク栽培で萌芽抑制剤を使用しているばあいがあるため，葉ニンニク栽培用の種子鱗片は萌芽抑制剤を使用していない圃場からのものでなければならない。

## 3. 土つくりで安定生産

施設の有効利用と土地生産性の向上を図るため，ハウスの周年利用体系が組み立てられ，その補完作物の一つとして葉ニンニク栽培が導入されているわけであるが，長年作付けされていると土壌病害や塩類集積が問題となる。

そこで土つくりのため，完熟堆厩肥，石灰，リン酸などの土壌改良資材を全面施用して充分耕起する。耕深は15cm以上として深耕に努める。定期的に土壌診断を行なって，pH，EC，塩基バランスなどを適正に保つことが大切である。

葉ニンニク栽培においても，植付け前には土壌診断を行なったうえで，元肥量などを決定するようにする。

## 4. 萌芽をそろえて安定生産

植付けに先立って，種子鱗片の大きさをそろえるとともに，芽だし促進と不揃い防止のため，種子鱗片を2昼夜ほど水あるいはぬるま湯（25℃ていど）に浸漬して充分吸水させる。

植付け後充分灌水し，軟白のため籾がら被覆するころまで，不織布やポリなどのべたがけにより萌芽をそろえ初期生育の促進を図る。

厳寒期の栽培や回転どりのばあいは，暖房機や電熱線で加温して萌芽を促進させ，初期生育を確保することが必須条件となる。

これらのことによって，萌芽の揃いがよくなり，後の管理や収穫作業などがしやすくなり，安定生産につながる。

## 5. 適温管理で良品生産

作期に応じて一重あるいは二重トンネルの被覆を行ない，さらに厳寒期には，夜間，保温マットやシルバーポリトウなどで被覆する。また，生育初期には不織布やポリなどを利用してべたがけを行なう。

加温するばあいは，最低温度を確保できるていどでよいから，ニンニク乾燥用の簡易暖房機や電熱線を用いて加温する。

## 6. 商品性に影響する軟白・半緑化技術

出荷時に軟白部分が10cm（最低でも5〜6cm）必要なので，生育に応じて，2回くらいに分けて籾がらを被覆して地ぎわ部を軟白する。ただし，厳寒期には早くからの被覆が地温低下の原因となるので，地温低下を防ぐため1回目の籾がら被覆は，芽が5〜6cm伸びたころ浅めに行なう。合計10cmていどの籾がら被覆を行ない，それ以降は逆に採光を充分に行ない半緑化を促進させる。白と緑のコントラストと軟白部分の長さの揃いが商品性向上につながるため，軟白処理にあたっては充分注意する。

なお，籾がら被覆後の灌水については，生育状況と籾がらの乾きぐあいをみながら適宜行なう。

## 7. 適期収穫と商品性の向上

暖地系の葉ニンニクあるいはスアンペアは茎径が太く長さも40cm内外と大きい。

青森県で行なわれている葉ニンニク栽培の収穫適期は，軟白長が最低5cm以上で茎葉の長さが25cm，葉数が3〜4枚に達したときで，1株平均重は7g内外である。茎葉長20cmくらい，葉数2.5枚くらいから収穫できるが収量が少なくなるので，できるだけ大きくして収穫する。

商品性は外観によって大きく左右されるため，生育後半に窒素不足や採光不足によって葉が黄変するようなばあいには，収穫時期までに葉面散布剤や液肥を施用して緑化を促してから収穫する。軟白部についても10cmていどあったほうが見ばえがよく，緑化部とのコントラストが美しい。

# Ⅲ 栽培法と生理生態

## 1. 植付期

### ①この時期の技術目標

第1表 植付期の技術目標

| 技術目標 | 技術内容 |
| --- | --- |
| 圃場の選定 | 日当たりよく，土壌病害虫なく，肥沃で排水のよい圃場を選ぶ，雪害のない場所 |
| 圃場の準備 | 完熟堆厩肥の適正施用，土壌改良材の適正施用，深耕，排水対策，高うね栽培 |
| 植付期の決定 | 収穫時期と保温方法に応じて決める |
| 萌芽揃いの向上 | 種子の選別，種子の浸漬処理，適正土壌水分管理，植付け前の地温上昇，植付け後のべたがけ，植付けの深さをそろえる |
| 初期生育の確保 | 地温・気温の確保，べたがけ，厳寒期の加温，多重被覆 |
| 適正な施肥 | 植付け前の土壌診断，適正量の元肥 |
| 適正な栽植距離 | 種子量と種子の大きさに応じた適正株間 |

　植付けに先立って，作期の決定，圃場の選定・準備，種子鱗片の準備が必要である。

### ②作期の決定

　作期の決定にあたっては，単価の高い時期をねらうか，労働力のある時期で対応するかなどに留意する。圃場は日当たりがよく，肥沃で排水のよい場所を選ぶ。水田跡地など排水の不良なところでは排水対策をとっておく必要があり，地温上昇効果をねらって，高うね栽培とする。

### ③施　肥

　堆厩肥，石灰，リン酸などの土壌改良資材を全面施用して充分耕起した後，元肥を施し耕起作畦する。pHは6.0～6.5に矯正する。

　植付け10日くらい前に適湿時をみはからって，古ビニールなどをうね面にべたがけし，地温の上昇を図っておき，植付けに備える。

　生育初期は鱗片の貯蔵養分で育つため，元肥は多く必要としないが，栽培期間が長くなるばあいは，$a$当たり成分量で，窒素・リン酸・カリ各1.5kgていど施用する。ただし，生育後半の追肥は必ず必要で，2～3回葉面散布剤か液肥を施用する。

### ④植付け

　植付けに先立って，種子鱗片の大きさをそろえるとともに，芽だし促進と不揃い防止のため，種子鱗片を2昼夜ほど水あるいはぬるま湯（25℃ていど）に浸漬して充分吸水させる。

　植付けは作期に応じて9月中旬から12月中旬

第2表 栽植本数と目標収量

| 条間<br>(cm) | 株間<br>(cm) | 栽植本数<br>(m²当たり) | 種子重<br>(g) | 種子量<br>(g/m²) | 1本重<br>(g) | 目標収量<br>(kg/a) |
| --- | --- | --- | --- | --- | --- | --- |
| 5 | 5 | 400 | 6～7 | 2,600 | 12～16 | 2,000 |
| 4 | 4 | 625 | 5～6 | 3,400 | 10～12 | 2,400 |
| 3 | 3 | 1,089 | 4～5 | 4,900 | 6～10 | 2,800 |

ころに行なう。3回転どりの作期についてはこのかぎりではない。

　うね面1mの床に株間3～5cmで等間隔に植え付ける。また，植付けの深さは2～3cmとし，芽を真上に向けて植え付ける。芽を横向きにして植え付けると曲がって伸びるため品質が低下する。

　植付け後充分灌水し，

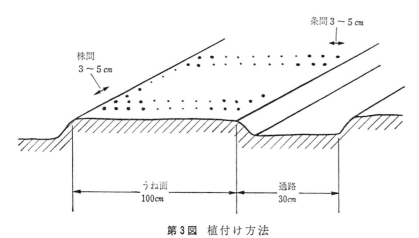

第3図　植付け方法

軟白のため籾がら被覆するころまで，不織布やポリなどのべたがけにより萌芽をそろえ初期生育の促進を図る。

## 2. 生 育 期

### ①この時期の技術目標

第3表　生育期の技術目標

| 技術目標 | 技術内容 |
|---|---|
| 初期生育の確保 | 適正な保温管理，べたがけ，夜間の多重被覆による最低温度確保，厳寒期の加温 |
| 軟白処理 | 籾がら被覆（1～2回）のタイミング，地温低下に注意，軟白部の長さの揃いをよくする |
| 緑化処理 | 処理開始時期のタイミング，充分な採光と保温，葉面散布剤処理，乾燥害（葉先枯れ）に注意 |
| 適正な追肥 | 葉面散布剤や液肥で適正量追肥 |
| 灌水 | 葉先枯れと地温低下に注意 |
| 病害虫防除 | 特に必要としない |

### ②初期生育の促進

低温期の栽培であるため，生育前半は特に保温に注意して生育促進を図る。最低夜温の確保のため一重あるいは二重トンネルの被覆を行ない，厳寒期には，夜間，保温マットやシルバーポリトウなどで被覆する。作期によっては加温も必要となる。

### ③軟白・半緑化処理

出荷時に軟白部分が10cm（最低でも5～6cm）必要なので，生育に応じて，2回くらい分けて籾がらを被覆して地ぎわ部を軟白にする。ただし，厳寒期には早くからの被覆が地温低下の原因となるので，地温低下を防ぐため1回目の籾がら被覆は，芽が5～6cm伸びたころ浅めに行なう。合計10cmていどの籾がら被覆を行なって軟白を促す。

生育後半は充分光を当て半緑化を促進させる。葉の緑の色上がりと長さの揃いが商品性向上につながるので，葉面散布剤や液肥の施用は必ず行ない，出荷時に茎葉黄変などの品質低下を起こさないようにする。また，生育中に水分が不足すると，生育が抑制されるので，地温低下に注意しながら適宜灌水する。籾がら被覆後の灌水については，生育状況と籾がらの乾きぐあいをみながら適宜行なう。

### ④病害虫防除

問題となる病害虫はなく，短期間の栽培であるため，病害虫防除は特に必要としない。

## 3. 収 穫 期

### ①この時期の技術目標

第4表　収穫期の技術目標

| 技術目標 | 技術内容 |
|---|---|
| 適期収穫の励行 | 長さ25cm，葉数3～4枚，軟白長5cm以上が理想 |
| 調製 | 朽ちた貯蔵葉や黄変葉を取り除き根を切って調製し，揃いのよいものを束ねて商品性を高める |
| 鮮度保持 | 厳寒期の出荷では出荷後の凍傷害に注意 |

### ②収穫適期

作期によって生育期間中の積算温度が異なるので，収穫までに要する生育日数が変動するが，無加温ハウス栽培では，9月中旬から10月上旬に植え付けたものは30日内外で，10月中下旬に植え付けたものは40～50日で，11～12月に植え付けたものは50～70日で収穫できる。

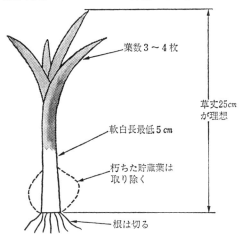

第4図　収穫調製の方法

収穫適期は，軟白長が最低5cm以上で茎葉の長さが25cm，葉数が3～4枚に達したときで，1株平均重は7g内外である。茎葉長20cmくらい，葉数2.5枚くらいから収穫できるが，茎葉長25cm，葉数4枚のほうが収量は多い。

第5図　収穫時の状態

第6図　調製前の状態

第7図　出荷時の荷姿

第8図　出荷箱の形態

③調製・出荷

　根ぎわから切り取って収穫し，朽ちた貯蔵葉や黄変葉などを取り除いて根を切り戻し，軟白部分だけ水洗いして土を取り除く。

　出荷規格に合わせて長さをそろえ，100gを1束としてテープで結束し，20束を1箱として箱詰めし出荷する。揃いがよく葉の緑と軟白部ともに良好なものをA品とし，それに準ずるものをB品とする。

　商品性は外観によって左右されるため，生育後半に窒素不足や採光不足によって葉が黄変するようなばあいには，葉面散布剤や液肥を施用して緑化を促す。また，乾燥による葉先枯れに注意して適宜灌水を行なう。

　執筆　岩瀬利己（青森県畑作園芸試験場）

1990年記

# 暖地の栽培

## 1. 暖地の栽培の意義と特色

### (1) 栽培のおいたち

ニンニクの原産は中央アジアなど諸説あるが,明らかにはされていない。しかし,紀元前からエジプト,ギリシャなどで栽培の記録があり,古くから栽培されていた。わが国には中国を経て伝来した東洋種(暖地系)とヨーロッパ,アメリカを経て導入された米国種(寒地系)がある。

香川県では,昭和初期に善通寺市で栽培が始まったといわれており,昭和40年代に全県に普及した。1978年ころから'嘉定白蒜'の導入が進み,乾燥技術の向上とともに品質が向上し,栽培面積が拡大した。1985年には栽培面積が325haにまで達したが,その後は中国からの輸入量が増加して価格の低迷を招き,農家の高齢化もあり,栽培面積は減少傾向にある。

香川県下の主な作型は露地普通栽培であるが,冷蔵早出し栽培,マルチ栽培などがあり,近年はマルチ栽培が増加している。

### (2) 栽培法の意義

ニンニクの栽培では,植付け後の気温の低下とともに生育量が減少するため,年内の生育量を確保する必要がある。しかし,高温期の植付けは,萌芽が不揃いになりやすい。そのため萌芽揃いを向上するための予措として,種球の水浸漬を行なう。また,マルチ栽培では地温の上昇が早まることから冬期の生育量の確保とともにりん片の肥大開始が早まり,早期収穫が可能となる。

さらに,ニンニクは比較的土壌の乾燥に強いと思われていたが,球肥大期の乾燥は収量の減少を招くことが経験上知られており,マルチ栽培による土壌水分の保持や土壌の乾燥時の灌水も,大玉生産のために必要な技術といえる。また,マルチ栽培の導入よる作型分散は収穫後の乾燥や出荷調製の労力を考えると規模拡大には必要な技術といえる。

このように,暖地の栽培では,温暖な気候を利用し,寒地系のニンニクの収穫始めである6月下旬より前に収穫・出荷を行なうことにより,販売面での有利性を確保することに力点が置かれていた。しかし,寒地系ニンニクの貯蔵技術の進歩により,厳しい販売情勢におかれている。

### (3) 生育の特色

暖地では冬期の温暖な気候を利用して,マルチ栽培による早出し栽培なども行なわれているが(第1図),基本となる普通栽培における生育過程を第2図に示した。

植付けの時期は,普通栽培では10月上旬から中旬にかけて順次行なわれる。マルチ栽培ではそれよりも早く9月下旬からの植付けとな

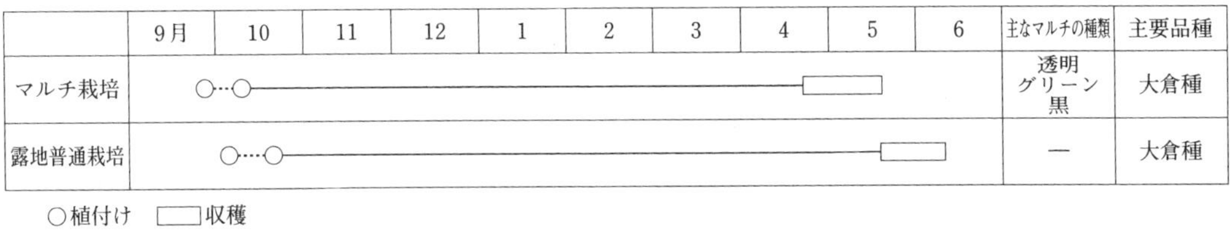

|  | 9月 | 10 | 11 | 12 | 1 | 2 | 3 | 4 | 5 | 6 | 主なマルチの種類 | 主要品種 |
|---|---|---|---|---|---|---|---|---|---|---|---|---|
| マルチ栽培 | ○… | | | | | | | | □ | | 透明 グリーン 黒 | 大倉種 |
| 露地普通栽培 | | ○… | | | | | | | | □ | — | 大倉種 |

○植付け　□収穫

第1図　暖地におけるニンニクの作型

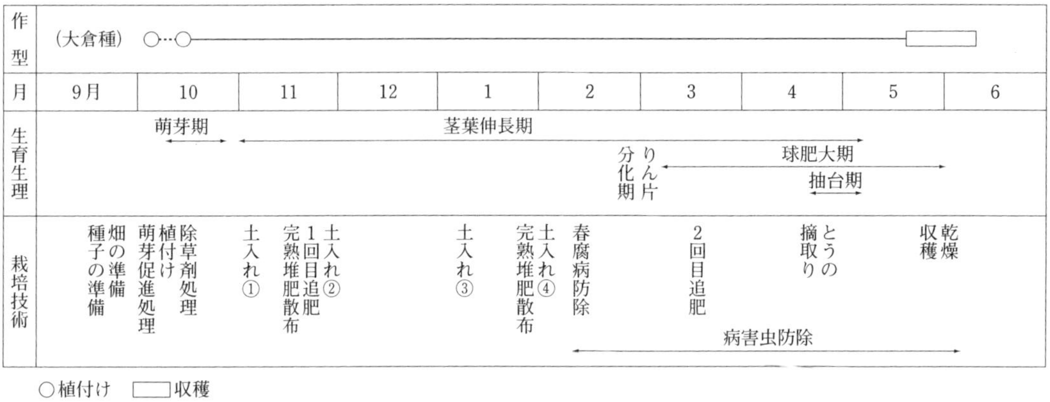

## 各作型での基本技術と生理

| 作型 | （大倉種） ○‥○━━━━━━━━━━━━━━━━━━━━━━━━━━━━━━━━━━━━━━━━━━━━━━━━━□ |  |  |  |  |  |  |  |  |
|---|---|---|---|---|---|---|---|---|---|
| 月 | 9月 | 10 | 11 | 12 | 1 | 2 | 3 | 4 | 5 | 6 |
| 生育生理 | ←萌芽期→ ←━━━━━━━茎葉伸長期━━━━━━━→ ←分化期→ ←りん片→ ←━━球肥大期━━→ ←━抽台期━→ |
| 栽培技術 | 種子の準備／畑の準備 | 萌芽促進処理／植付け／除草剤処理 | 土入れ①／完熟堆肥散布／1回目追肥 | 土入れ② | 土入れ③ | 完熟堆肥散布／土入れ④／春腐病防除 | 2回目追肥 | とうの摘み取り | 収穫／乾燥 | |

○植付け　□収穫

**第2図　暖地におけるニンニク栽培の生育生理と栽培技術（普通栽培）**

る。萌芽は土壌水分にも影響されるが，植付け後1週間ころから始まり，2週間でほぼ萌芽揃いとなる。マルチ栽培でも植付け時にはマルチ被覆していないため，普通栽培と同様である。植付けの遅れは，年内の生育量が確保されず小球化し，収量の低下に繋がる。また著しく早い植付けは萌芽の不揃いや萌芽に日数を要するようになる。

地上部の生育は，気温の低下とともに緩慢になるが，出葉と温度関係は栽培の条件にもよるが積算気温90～100℃・日で1枚出葉する。12月下旬以降の厳寒期には気温が低下し，見かけの生育が止まった状態に見えることもある。しかし，茎径は普通栽培においても12月以降も温度に関係なく一定の肥大を続ける。

平均気温が7℃以上となる3月中旬以降生育が旺盛になり，3月下旬からは節間伸長も活発

化し4月下旬まで草丈の伸長を続ける。

りん片形成期は，普通栽培では2月末から3月初旬ころで，球肥大は5月末まで行なわれ，マルチ栽培では2月上旬ころから始まり，5月上中旬まで球肥大する。

抽台は普通栽培では4月下旬から始まり5月上旬まで，マルチ栽培では3月下旬から4月上旬にかけて見られるので，早めにとうを摘み取る（第3図）。

収穫時期は，普通栽培では5月下旬から6月上旬で，マルチ栽培では普通栽培より透明マルチで2週間程度，グリーンマルチで1週間程度，黒マルチで数日早くなる。

### (4) 品　種

香川県では，暖地系ニンニクの‘佐賀大ニンニク’から分化した‘香川六片’を栽培してきたが，球肥大が悪く，裂球も多いために，1978年ころからは‘嘉定白蒜’が導入され栽培されていた。

現在，栽培されている品種は，大倉種と呼称している系統で，中国江蘇省大倉県地域のニンニクの総称であり，1991年から導入された。生育は旺盛で，耐寒性も強く，熟期は‘壱岐早生’より10日くらい早い。りん球外皮は白く，球高は5～6cm，球径は6～7cmになる。形状や品質がよく，暖地系品種としてはりん片数7～8片と少なく，第2次分球が少ない特徴があ

**第3図　抽台が近いニンニク（普通栽培）**

るが，裂球もしやすい。

## 2. 栽培技術の要点

### (1) 適地条件と土つくり

土壌に対する適応性は広いが，抽台期前後の地上部生育量が最大になるころからの蒸散量はかなり多くなるため，保水性の高い土壌が大玉生産につながる。また，土入れ作業により根域は比較的土層の深いところに分布することになり，土壌の通気性も問題となってくる。そのため，ニンニク栽培では有機質の施用は通気性，保水性，排水性などの物理性の改善効果を期待しており，完熟堆肥で10a当たり3t程度を植え付け1か月前を目安に施用する。

また土壌のpHは5.5～6.0が適し，5.0以下の強酸性土壌では生育がきわめて悪くなる。苦土石灰やカキがらなどを用い適正な土壌pHとなるように矯正しておく。

### (2) 優良種子の確保と萌芽促進処理

ニンニクは古くから大きいりん片を用いると大玉になることが知られている（第1表）。しかし，購入種子の大きさは毎年一定せず，得られるりん片数も一定しない。種球の購入には数量の余裕をもって予約し，小さなりん片は使用しないことが良品生産のポイントである。

また通常ニンニクの萌芽はバラツキが大きく，萌芽が揃うのに1週間以上要することもしばしば見られる。萌芽を揃わせるために，減圧吸水や冷蔵，高温処理など種々試みられてきているが，簡易で効果が大きいのは水浸漬である。

大きめの樽に水道水を満たし，タマネギの出荷用ネットなどに入れたりん片を沈ませ，12時間から2日程度浸漬する。4日以上浸漬すると萌芽揃いが悪くなる（第4図）。

浸漬処理開始後2日経過したりん片を植え付けられなかった場合は，新しい水に換え5℃の冷蔵庫に保管すれば萌芽促進処理完了状態を7日程度保持できる。

第1表　植え付けるりん片の大きさと収穫時の生育　　　　　　　　　　　　（香川農試，1995）

| りん片の大きさ (g) | 全重 (g) | 草丈 (cm) | 葉数 (枚) | 茎径 (mm) | 球重 (g) |
|---|---|---|---|---|---|
| 6.0 | 202 | 81.6 | 5.0 | 1.6 | 112.2 |
| 4.0 | 155 | 81.4 | 4.7 | 1.3 | 89.4 |
| 3.0 | 126 | 77.2 | 4.4 | 1.1 | 65.2 |

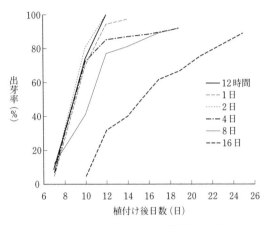

第4図　ニンニク種球の水浸漬期間が出芽率に及ぼす影響　　　　　（香川農試，1991）

### (3) 土入れ作業（裂球防止）

暖地のニンニク栽培では，裂球と着色球の発生が大きな問題となることが多い。とくに裂球は商品性を損なう大きな障害である。品種系統による発生の差も確認されているが，土入れ作業を行なうことで軽減できる。普通栽培では，萌芽後から2月上旬までに3～4回の土入れ作業を行なう。

土入れは，完熟の稲わら堆肥や籾がら堆肥，生籾がらなどをうね面に施用し，溝の土を土入れ機で籾がらなどの上に覆土する方法で行なう。土入れを行なわない場合には，深植えにより裂球率は低下するが，土入れを3回程度行なった場合，深植えの効果はなくなる（第2表）。

したがって，萌芽を早く揃えるために植付け深さは浅くし，土入れにより深さを確保することが望ましい。また土入れにより着色球が多くなることも確認されているが，上物収量や商品化率を勘案する必要がある。

第2表 植付け深さ，土入れ回数と裂球率，着色球率 (牛田，1996)

| 植付け深さ (cm) | 裂球率（％） | | | 着色球率（％） | | |
|---|---|---|---|---|---|---|
| | 3回[1] | 1回 | 0回 | 3回 | 1回 | 0回 |
| 7 | 5.3 | 35.0 | 30.0 | 36.8 | 25.0 | 20.0 |
| 5 | 0.0 | 30.0 | 45.0 | 55.0 | 30.0 | 20.0 |
| 3 | 5.6 | 47.4 | 60.0 | 33.3 | 21.1 | 30.0 |

注 土入れの深さは，収穫時の調査で3回が10cm，1回が3cm
1) 土入れ回数

## 3. 栽培の実際

### (1) 植付け用りん片と畑の準備

#### ①りん片の選別と予措

種球の量は，標準的な栽植密度で10a当たり125～150kg必要で，種球割りは早目に行なっておく。植付けに用いるりん片は大きなもののほうが生産性が高いため，5～8gのりん片を選別し，風通しの良い日陰でタマネギネットなどに入れて保管する。とくに大きなりん片や小りん片が付着したりん片では，複数萌芽するため種球割りや選別はていねいに行ない，大きなりん片の植付けは避ける。

定植の2日前か前日に萌芽を揃えるための水浸漬を開始する。種子消毒は，それぞれの農薬の使用法を守り，浸漬処理，種球粉衣を植付け直前に行なう。

#### ②圃場の選定と土壌改良

ニンニクは生育期間が長く，土壌の乾燥にも過湿にも弱い作物であり，土つくりが重要な作物である。保水性と排水性の良い圃場を選び，良質の稲わら堆肥や籾がら堆肥を10a当たり3tを目安に植付け1か月前に施用し，十分に耕うんする。

pH5.5～6.0，有効態リン酸60～80mg/100gを目標に石灰やリン酸質肥料を施用するが，水田転換畑でも有効態リン酸が蓄積した圃場では，リン酸質肥料を減肥する。

植付け1週間前には基肥を施用し，よく細土して整地する。うね立ては行なわず，溝となるところに足跡などで印をつける。

#### ③施 肥

ニンニクの生育は初期は緩慢で，球肥大期が近づくと旺盛な生育となる。窒素の吸収量も生育と同様に2月下旬ころから徐々に増え始め，5月中旬まで増加する。リン酸は基肥主体で施用するが吸収は窒素と同じ経過をたどる。大玉生産を求めて多肥栽培になりがちであるが，多肥の効果はなく，過剰施用は春腐病などの発生を助長する。

全施肥量は窒素，リン酸，カリともに10a当たり20～25kgが適切で，基肥として10a当たり普通栽培では窒素10kg，リン酸20kg，カリ10kg，マルチ栽培では窒素，リン酸，カリとも16kg施用する。

### (2) 植付けから厳寒期の管理

#### ①植付け時期と栽植密度

植付けは，休眠が明けた9月下旬にマルチ栽培から始め，普通栽培では10月中旬をめどに終わらせる。10月中旬以降の植付けは，気温と地温が低下し，萌芽の不揃いや年内生育量が確保ができず生産性に悪影響を及ぼすので避ける。

栽植密度は，単収や大玉率などを勘案し，3条植えではうね幅120cm，条間20cm，株間13～15cm，10a当たり約1万6,600～1万9,200株，4条植えではうね幅140cm，条間20cm，株間13～15cm，10a当たり1万9,000～2万2,000株とする。密植では着色球の増加や一球重の減少，疎植では裂球の増加や単収の減少となる（第5図）。

#### ②植付け方法と除げつ

植え溝を浅く掘り，盤茎を下にして軽く押さえるように土壌に挿し込む。りん片が傾くと収穫時の花茎が斜めになり，盤茎を上に植え付けると収穫時の花茎がU字に曲がる。

植付けの深さ（覆土）は3cm程度として深植えとしない。深植えは萌芽の遅れや不揃いの原因となる。栽培面積が多い場合や植付けが長期にわたる場合は，小さいりん片から植え付け，生育が揃うようにする。

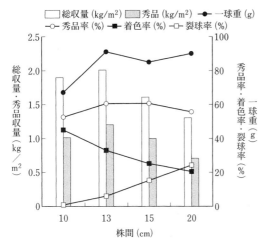

**第5図　株間が収量・品質に及ぼす影響**
（香川農試）

栽植密度：うね幅140cm，条間20cm，4条植え，品種：嘉定種

萌芽後の土入れで雑草の防除はある程度可能であるが，確実に除草を行なうため植付け後すみやかに除草剤を散布する。

萌芽時の土壌の乾燥は萌芽を遅らせる。土壌の乾燥が著しい場合は萌芽が停止し，萌芽促進処理のための水浸漬の効果が得られないばかりか，浸漬処理をしない場合より萌芽が遅れることもあるため，灌水を行なって萌芽を促進させる。

複数芽萌芽してきた株は，早めに1本立てに整理する。放置しておくと球の肥大が悪くなるだけでなく，球の形状も歪になる。

③ **土入れ**

土入れは，根域や球の位置を深くすることにより，地温の変化や土壌水分の変化がゆるやかになることにより裂球防止効果が得られる。しかし，土のみの覆土では土壌が締まり，通気性が悪くなり着色球などの発生を助長するため，良質の堆肥などを用いて通気性と覆土厚を確保する。また，土入れにより徐々に溝（通路）が深くなり球肥大期の排水対策にも有効である。

1回目の土入れは，萌芽揃い間もないころに，2回目は追肥と堆肥の散布を先にすませ11月末から12月上旬に，3回目は1月上旬に，4回目は2月上旬に行なう。

4回目の土入れ後にすぐに春腐病防除の薬剤散布を行なう。

④ **追　肥**

初期生育が緩慢なことや球肥大期に窒素の吸収が増大することなどから，追肥主体の施肥が望ましい。しかし，年内の生育量を確保するためと厳寒期も茎径の増大は続いていることなどから，年内の追肥は遅れないように三要素が揃ったものを施用する。

2回目の追肥は，3月中下旬のりん片分化が始まったあとに窒素・カリ肥料40kg/10aを施用する。4月以降の追肥は軟弱徒長を招くので，それまでの降雨などで窒素の流亡の激しい圃場以外は通常は行なわない。

⑤ **マルチの被覆**

マルチ栽培では，12月中旬までに被覆を行なう。被覆までに十分に土入れを行ない，マルチ前に追肥を施用しておく。追肥は窒素，リン酸，カリの比率が3：2：2程度のものを用い窒素成分で10a当たり6kg施用する。

マルチ資材は，透明，グリーン，黒などを用いるが，普通栽培に比べて，透明マルチで2週間程度，グリーンマルチで1週間程度，黒マルチで数日収穫期が早くなるため収穫作業の分散のために使い分ける（第6図）。

### （3）球肥大期の管理と収穫・乾燥

① **灌　水**

りん球の水分は，降雨による土壌水分の変動

**第6図　土入れを十分にしたあとにマルチを被覆**

をわずかながら受けるが，とう摘み後，徐々に低下して75％程度で安定することなどから（第7図），この時期の適度な灌水は，裂球などを助長するとは考えにくい。球肥大の終盤は，茎葉の繁茂が最大になる時期であり，むしろ土壌の乾燥のほうが問題となるため適宜灌水を行なう。

②とう摘み

マルチの種類や温度条件にもよるが，マルチ栽培では4月上旬から，普通栽培では4月下旬からとう立ちが始まる。抽台したとうを残しておくと球肥大は明らかに劣るが，とうを摘み取る時期によっても肥大に差がでる。とうが伸びきった状態（標準摘蕾）で，より早くとう摘みを行なったほうが球重は重くなる。しかし，珠芽が肥大し始めてからでは効果はなくなる（第8図）。とう摘みは一斉に行なうのでなく，抽台が始まったら圃場を数回見回り随時行なう。

③収　穫

とうが伸びきった状態でとう摘みした場合，普通栽培ではとう摘み後20日ころまで乾物率が直線的に増加し，その後の増加率は鈍る。とう摘み後28日ころにはりん球表皮に割れが観察される株も発生することや，とう摘み後30日以降に収穫したニンニクのりん球表皮の乾燥後の色調が劣化することなどから，乾燥ニンニクでは25日程度を目安に試し抜きを行ない，球肥大を確認してから収穫する。

収穫が早すぎると収量が少なくなる。一方，収穫の遅れは，裂球や病害球の原因となるので良品生産のためには早めの収穫を心がける。

収穫後，根が乾かないうちに鎌で根の基部から切り落とす。茎は乾燥のための張込み時に風の通りをよくするために20cm程度残しておく。

④乾　燥

乾燥は，平型乾燥機もしくはビニール温室やシート，温風機を用いた専用乾燥施設を用いる。

平型乾燥機ではコンテナなどから移し込みバラで張り込む。専用乾燥施設では20kgミカンのコンテナや平型コンテナに収穫し根切りしたニンニクを入れ積み上げ，コンテナ全体をシートで覆い熱風を誘導する。

張込み後に通風を行なうが，風量を多くするより排気口をやや閉じて庫内の気圧をわずかに高めるほうが，張込みの粗密によりできた空気だまりの解消や送風した熱風の有効利用のために効果がある。

張込み中に庫内がムレるような条件や張込み後の高温での乾燥は，りん球表皮の色調が劣る

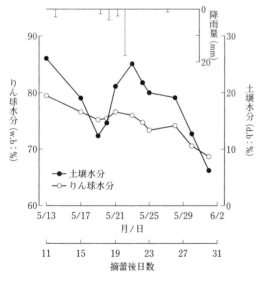

第7図　ニンニクのりん球水分と土壌水分の推移（1988年）　　　　　　　（山浦，1995）

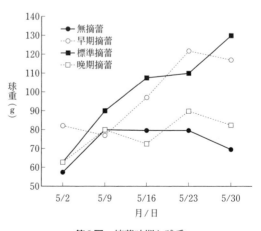

第8図　摘蕾時期と球重

（香川農試，1992）

早期摘蕾：4月27日，標準摘蕾：5月1日，晩期摘蕾：5月15日

ので張込み中も送風し温度管理する。送風温度は35℃とするが，乾燥時間の短縮やりん球表皮の色調の向上には，前半35℃→後半40℃の変温管理も効果が高い。

収穫時のりん球の水分率は収穫時期にもよるが75％程度であり，水分の戻りやりん球表皮の色調低下を防ぐためには60％程度まで乾燥させる必要がある。したがって，張込み時重量を基準にすると，乾燥終了の目安は，張込み時の重量の7割になったころである。

執筆　松崎朝浩（香川県農業試験場）

2009年記

## 参 考 文 献

松崎朝浩・近藤弘志．2006．ニンニクの出芽に及ぼす数種処理の影響．園芸学会中四国支部要旨．**41**．

牛田均．1996．ニンニクの品質に及ぼす土入れの効果．香川県農業試験場野菜試験成績書．59―60．

山浦浩二・西村融典．1995．ニンニクの収穫期における鱗球水分特性および乾燥速度と鱗球色調に及ぼす熱風乾燥条件の影響．香川県農業試験場研究報告．**46**，45―58．

# ニンニクのウイルス病対策

## 1. ウイルスフリー株の実用化の経過

　青森県でのニンニク栽培は，1975年ころから作付け面積が増えて1982年に1,000haを超え，1993年にピークの2,320haに達し，青森県の特産物として確立した。その後，漸次減少して最近は1,500ha前後を維持している。

　栽培の普及面積が増え始めた1977年，青森県農業試験場はウイルス病の被害をウイルス病の発病程度別に調査し，発病程度が著しいほど減収することを明らかにした（第1図）。一般の栽培圃場で観察される主な症状は，1) 葉の葉脈に沿った黄色または黄緑色の混じったまだら模様，2) すじ状のモザイク症状（第2図），3) 株全体が黄化萎縮などの病徴を現わすなどがある。当時の調査でほとんどの株に発病が認められており，産地拡大の前後にはすでにほとんどの株に感染していたものと推測された。

　ウイルス病は薬剤散布で防除できないため，青森県畑作園芸試験場は，1978年イチゴなどで行なわれていた茎頂培養法を応用し，実際に生産者が利用することを目的としたニンニクのウイルスフリー化事業に着手した。茎頂培養は初年度から成功したが，種子（一般に，圃場に植え付けるりん片を種子と呼んでいるので，ここでも種子とする）としての大きさにするまで，また，一定の種子量を確保するために3～4年を要した。当時は病原ウイルスが同定されておらず，また高精度の検定方法がなかったため，ウイルス検定は数世代病徴のないことを確認する方法をとった。この間，特性検定を行ない，1983年から農業者団体の原種圃へ配付，1986年には生産者の実用段階に入っている。

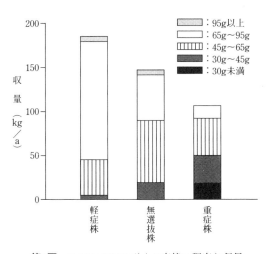

第1図　ニンニクのモザイク症状の程度と収量
（青森農試，1977年）

第2図　ウイルス病でモザイク症状の激しいニンニク

なお，事業開始当初は，優良母本選抜法（優良形質をもった集団のなかからウイルス症状の軽度な株を選び残す）も，茎頂培養法と並行して行なわれたが，茎頂培養法が軌道にのった1983年以降廃止となった。

青森県は，こうして得られたウイルスフリー株を，いったん罹病すると防除が困難な土壌病害虫なども含めて総合的に防除・管理して「優良種苗」と称し，現在も継続して農業者団体に供給している。ここ数年は民間会社の参入もあって，ウイルスフリー種苗の年間当たりの供給量は飛躍的に増加し，現在も青森県内のニンニクのウイルスフリー株利用率は増加しており，全面積の60〜70％くらいと考えられている。

## 2. ウイルス病の種類

一般圃場でウイルスフリー種子を導入していない場合，種子りん片がすでにウイルスに感染していると判断するのが望ましい。現在，薬剤散布では防除できないので，被害を回避するにはウイルスフリー株を導入するか，それが困難な場合は，症状の激しい株を早期に抜き取って廃棄するしかない。なお，ウイルス病は，アブラムシ類またはチューリップサビダニにより媒介され，罹病種球を通じて次世代に伝染する。

国内で感染が認められているウイルスは，1979年に李らが，ニンニクモザイクウイルス（GMV）およびニンニク潜在ウイルス（GLV）としていたが，青森県内に発生しているウイルスについては山下が2000年に整理した。それによると，ニンニクにモザイク病状を呈し，アブラムシ類によって媒介されるウイルスとして，リークイエローストライプウイルス（LYSV）およびタマネギ萎縮ウイルス（OYDV），軽度なモザイク症状を呈し，チューリップサビダニによって媒介されるニンニクウイルスA（GarV-A），B（GarV-B），C（GarV-C）およびD（GarV-D）がある。また，シャロット潜在ウイルス（SLV＝GLV）は単独感染では明らかな症状がみられず，アブラムシ類によって媒介される。そのほか，1982年に李らは，タバコモザイクウイルス－アブラナ科系（TMV）もニンニクに感染するとしているが，ニンニク葉中にごく少数のウイルスしか観察されず，単独感染での症状やニンニクでの伝染様式は不明である（第1表）。

それぞれ，異種のウイルスが重複感染すると症状が重くなるとされている。また，ニンニクに感染するほとんどのウイルスは，種子りん片を通じて子孫に伝染し，媒介虫の吸汁行動によって他の株に感染が拡大する。

## 3. 茎頂培養によるウイルスフリー株の育成

種子繁殖性植物の場合，種子にはウイルスが伝染しないことが多いのでウイルスフリー株を獲得することは比較的容易であるが，ニンニクは栄養体であるりん片を繁殖させて栽培している。しかも，日本で栽培されている在来種のほとんどには種子ができない。一般に栽培されている株もほとんどがウイルス感染していること，現在感染が認められているニンニクの主なウイルスは全身感染することから，ウイルスフリー

**第1表** ニンニクに感染するウイルス

| ウイルス名 | 単独感染での症状 | ニンニクでの伝染様式 |
|---|---|---|
| リークイエローストライプウイルス（leek yellow stripe virus:LYSV） | モザイク症状 | アブラムシ類が媒介 |
| タマネギ萎縮ウイルス（onion yellow dwarf virus:OYDV） | モザイク症状 | アブラムシ類が媒介 |
| ニンニクウイルスA（garlic A virus:GarV-A） | 軽度のモザイク症状 | チューリップサビダニが媒介 |
| ニンニクウイルスB（garlic B virus:GarV-B） | 軽度のモザイク症状 | チューリップサビダニが媒介 |
| ニンニクウイルスC（garlic C virus:GarV-C） | 軽度のモザイク症状 | チューリップサビダニが媒介 |
| ニンニクウイルスD（garlic D virus:GarV-D） | 軽度のモザイク症状 | チューリップサビダニが媒介 |
| シャロット潜在ウイルス（shallot latent virus:SLV ＝ garlic latent virus:GLV） | なし | アブラムシ類 |
| タバコモザイクウイルス－アブラナ科系（tabacco mosaic virus : TMV） | 不明 | 不明 |

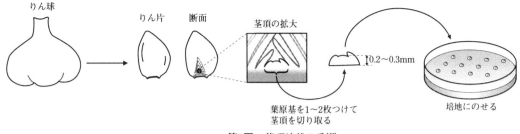

**第3図** 茎頂培養の手順

株を獲得するには，多くの栄養繁殖性野菜と同様に，茎頂培養（生長点培養）法によらなければならない。以下にその手順を示す（第3図）。

### (1) 茎頂の摘出

茎頂を取り出す材料は，夏の休眠が覚醒し，低温に遭遇していない栄養生長期のりん片を用いる。りん片の保護葉を取り除き，界面活性剤を加えた水道水で表面の土を洗い流し，濃度80％以上のエタノールに数秒浸漬後，有効塩素濃度1％程度に希釈したアンチホルミン（次亜塩素酸ナトリウム）で10〜20分間表面殺菌する。茎頂はりん片の盤茎部中央の真上に存在し，栄養生長しているあいだ，その位置は変わらない。りん片表面からの茎頂の深さは，りん片のサイズや形状によって異なり，りん片が小さい場合や球の内部に位置する場合は浅いところにあるので殺菌時間を短かめにする。ここで，クリーンベンチ内に移動し，滅菌水で3回水洗後，茎頂を実体顕微鏡下で無菌的に取り出し，切断面を培地上にのせるようにおく。

通常，茎頂はりん片1個に1個であるが，重量のある扁平のりん片を用いると2〜3個存在することもある。これらの茎頂はいずれも使用できる。葉原基1〜2枚，ドームの高さ0.2〜0.3mmに取り出した茎頂を組織培養して，順化後にウイルス検定する。

茎頂が小さかったり葉原基をまったく含まない場合は，組織培養での生存率が劣る。りん片が大きいほど茎頂のドームも大きい傾向があるので，できるだけ大きなりん片を用いると効率がよい。

### (2) 組織培養

MS培地やLS培地（修正MS-1964）を使い，寒天7〜7.8％の固形培地で培養すると2〜3か月で葉と根が伸長して1本の苗となる。培地にサイトカイニンの一種であるベンジルアデニン（BA，またはベンジルアミノプリン（BAP））を2mg/l程度加えることにより，培養植物の基部が肥大して新しい生長点が出現し，増殖培養することもできる（第4図）。サイトカイニンにNAAなどオーキシンを加えて増殖率を高めている報告もある。BAを添加した場合は発根が抑制されるので，茎葉をホルモンフリー培地に移植する必要がある。

培養容器は，培養の目的に応じて形状や大きさを選択する。筆者は，茎頂を摘出するときや増殖培養するときはシャーレを用い，生長するにしたがって，また発根培地では高さのある培養容器を用いるようにしている。

培養液の量は目標とする生育量に応じて決める。筆者は，培養容器から外界に出す目標を，茎葉の長さ数cm〜10cm程度，2〜数本発根した

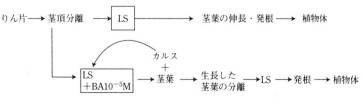

**第4図** ニンニクの組織培養法　　　　（大澤ら，1981）

茎葉を分離するときの留意点：生長点が葉の根元部分にあるので，若干えぐるように分離する

状態としているが，この場合，1個の培養植物体当たりの培地量を5～7mℓ程度としている。

組織培養中の苗を低温処理したり高濃度のショ糖添加培地に移植することによって，培養容器内で球形成を促すこともできる。この方法では，球形成や休眠打破に数か月間多くかかるが，苗を用いるときに順化の必要がないので栽培管理が容易で，小さな種球なので輸送や貯蔵にも耐える。さらに，貯蔵することよって，大量の株を一時期に準備できる効果も期待できる。また，根や，盤茎部を材料として大量増殖する方法も開発されているが，この方法自体にウイルスを除去する効果はないので，ウイルスフリー株を材料にすることが前提となる。

したがって，ウイルスフリー株生産において，増殖培養するかしないか，培養容器から苗で取り出すか球で取り出すかは，材料の数量，緊急性および実験者の茎頂摘出技術の成熟程度など状況に合わせて選定するとよい。

### (3) 順化および株の養成

茎葉の長さを数cm～10cm程度，2～数本発根すれば，培養容器から外界に出すことができる。培養苗をはじめて外界にさらす場合は，透明被覆資材を用いた屋根のある施設を利用し，アブラムシ類によるウイルス病の再感染を防ぐため，白寒冷紗か0.6mm以下の目合いの防虫網で隔離する。

まず，培養植物体を培養容器から取り出し，根についた培地を水道水で洗い流してパーライトなどの通気性のよい土に移植し，1か月ほど順化した後，2～3か月間ポット育苗して株を養成し，さらに大きなポットに移植するかハウス内に地植えする。順化直後の1～2週間は，乾燥と強い光に順化させるために，とくに保護が必要である。そのため，不織布，適当な通気穴をあけたポリエチレンシート，寒冷紗などを組み合わせて，徐々に外界に馴らす。培養容器から取り出す前の2～3日間，ふたを取り外して乾燥に順化させる方法もある。

順化時の施肥は，ハイポネックス1,000倍希釈程度の液肥か，肥料が添加されている園芸用培養土を利用することもできる。植物体の生育に合わせて追肥する。

春に順化を開始し，夏季に無加温ハウス内に地植えすると，年内には球を形成しないが，冬期間に品種に応じた低温に遭遇させると翌年には分球するまでに生長することもある。

組織培養で得られた球を外界に出す場合は順化の手間が省けるが，休眠打破処理が必要となる。休眠打破については，青葉氏が寒地系の品種で35℃に7～10日間程度遭遇することにより休眠が覚醒するとしているが，組織培養で得られた球の事例をみると，高温による乾燥を嫌ってか1～2か月間の冷蔵処理を行なっている例が多い。品種や系統によって反応が異なるので，前もって試験することをすすめる。

### (4) ウイルス検定

茎頂培養からつくり出した個体が完全にウイルスフリーかどうかは，昭和50年代は指標植物を用い，その後は2世代以上無病徴であることを確認する方法をとっていた。しかし，現在はウイルスが純化されて，抗血清による高精度の抗原抗体反応を利用した検定が可能となっている。検定材料は展開葉とりん片のどちらでもよいが，ニンニクの場合，いずれの材料でも多糖類が多く存在するので，すりつぶすとウイルス粒子が凝集して検定精度が低下する。したがって，サンプリングは，葉の切断面を検定用のニトロセルロースシートに押しつけて汁液をシート上にうつすTissiue Print法が適している。青森県では独自にウサギでつくったウイルス抗血清を一次抗体とし，二次抗体に市販されている酵素結合抗体（呈色反応を触媒する酵素を結合させたヤギのウサギ抗血清ウイルス）を用いた，間接法で検定している。なお，ウイルス抗血清は青森県農林総合研究センターグリーンバイオセンターで有償配布している。

塩基配列が明らかであるウイルスの検定には，RT-PCR法も利用できる。

青森県では，被検体を親株ごとに連続して栽植し，それぞれにつき2～3株ずつの展開葉をサンプリングして，検定する。1株以上陽性と判定

された場合，同一親株から得られたすべての株は廃棄される。

### (5) 特性検定

組織培養で得られた個体は，ときには遺伝的変異が発生することがあり，収穫物の形が変わって市場価値が落ちたり，生産力が変わったりするので，親株と変わらない形質をもった株を選抜し，増殖する。青森県の優良種苗では親株ごとに連続して栽植しているため，同一親株ごとに判定が可能である。

## 4. ウイルスフリー株の供給体制

青森県において組織培養で得られた個体は，前述のとおり，ガラス網室でウイルス検定を実施した後，原々種増殖施設で増殖する（第5，6図）。この間，特性検定を行ない，形質の優れたものを選抜し，その選ばれたものを本格的に原々種として増殖する。

組織培養室から原々種増殖施設までを県が，原種圃から採種圃までを全農青森県本部がそれぞれ分担して増殖し，ウイルスフリー株を生産農家に供給する体制がとられている（第7図）。

かつては，原々種からの配布は，8g以上のりん片で行なっていた。これは，当初，アブラムシ類によって媒介するウイルスしか知られていなかったためで，1990年にニンニクウイルスが発生して，これがチューリップサビダニによって媒介されることが明らかになってからは，その伝染経路を遮断するため，複数の葉鞘組織に

**第5図** 原々種の増殖施設（ガラス網室）

**第6図** 原々種の増殖施設内のウイルスフリー株

つつまれた，りん球の状態で配布することにした（詳細は後述）。現在は，全農青森県本部のニンニク規格M（球径で5cm）以上のものを配布しており，1つのりん球に8g以上のりん片が4個以上着生していることを想定している。

## 5. ウイルスフリー株の特性と生産力

ウイルスフリー株（以下，フリー株と略す）の生育特性，生産力およびウイルス病の再感染

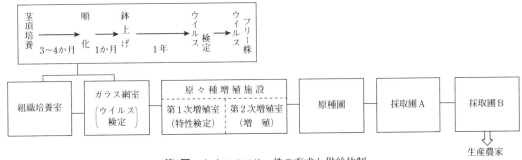

**第7図** ウイルスフリー株の育成と供給体制

**第2表** ウイルスフリー株の地上部形質および生産力の経年変化（透明マルチ栽培）

（青森畑園試，1983～1987年）

| 年次 | 暴露年数 | 全重(g) | 球重(g) | 収量 (kg/a) | | | | | 標準比(%) | 地上部形質 | | | |
|---|---|---|---|---|---|---|---|---|---|---|---|---|---|
| | | | | 2L | L | M | S以下 | 合計 | | 草丈(cm) | 生葉数(枚) | 葉鞘径(mm) | 抽台率(%) |
| 1983 | 1年 | 110 | 96 | 82 | 68 | 10 | 0 | 160 | 126 | 81 | 9.8 | 18.9 | 58 |
| | 非茎培 | 87 | 76 | 40 | 60 | 24 | 3 | 127 | 100 | 75 | 9.5 | 17.6 | 31 |
| 1984 | 1年 | 88 | 75 | 20 | 73 | 27 | 5 | 125 | 115 | 70 | 8.7 | 17.9 | 65 |
| | 2年 | 84 | 73 | 11 | 74 | 35 | 1 | 121 | 111 | 68 | 8.0 | 16.2 | 61 |
| | 非茎培 | 74 | 65 | 3 | 63 | 37 | 6 | 109 | 100 | 64 | 8.1 | 16.4 | 46 |
| 1985 | 1年 | 111 | 96 | 76 | 79 | 5 | 0 | 160 | 113 | 90 | 9.6 | 21.4 | 46 |
| | 2年 | 102 | 90 | 60 | 86 | 3 | 0 | 149 | 106 | 90 | 8.8 | 19.9 | 37 |
| | 3年 | 104 | 93 | 92 | 61 | 0 | 0 | 153 | 109 | 89 | 8.7 | 19.7 | 45 |
| | 非茎培 | 95 | 85 | 52 | 83 | 6 | 0 | 141 | 100 | 84 | 8.6 | 19.3 | 22 |
| 1986 | 1年 | 121 | 108 | 166 | 14 | 0 | 0 | 180 | 107 | 93 | 9.4 | 22.1 | 72 |
| | 2年 | 112 | 101 | 140 | 29 | 0 | 0 | 169 | 100 | 89 | 9.0 | 21.2 | 58 |
| | 3年 | 119 | 109 | 170 | 12 | 0 | 0 | 182 | 108 | 88 | 9.1 | 22.1 | 55 |
| | 4年 | 122 | 110 | 175 | 8 | 0 | 0 | 183 | 109 | 90 | 9.2 | 22.3 | 78 |
| | 非茎培 | 111 | 101 | 132 | 37 | 0 | 0 | 169 | 100 | 88 | 9.1 | 21.7 | 35 |
| 1987 | 1年 | 109 | 90 | 25 | 123 | 2 | 0 | 150 | 110 | 80 | 9.1 | 18.2 | 92 |
| | 2年 | 100 | 85 | 28 | 114 | 0 | 0 | 142 | 104 | 75 | 8.2 | 17.9 | 79 |
| | 3年 | 99 | 86 | 32 | 102 | 9 | 0 | 143 | 105 | 75 | 8.0 | 17.7 | 75 |
| | 4年 | 96 | 82 | 18 | 119 | 0 | 0 | 136 | 100 | 76 | 8.3 | 17.7 | 81 |
| | 5年 | 100 | 85 | 35 | 105 | 2 | 0 | 142 | 104 | 76 | 8.5 | 17.9 | 81 |
| | 非茎培 | 94 | 82 | 5 | 130 | 2 | 0 | 137 | 100 | 75 | 7.9 | 17.6 | 71 |

注　供試品種：福地ホワイト，非茎培：非茎頂培養株
　　種子重：1983～1985年は5～20g，1986～1987年は12～13g
　　草丈，生葉数，葉鞘茎は5月30日調査。抽台率は，葉鞘内および葉鞘外抽台を示す

程度について，1983～1987年までの5か年検討した結果を第2表に示した。なお供試した品種は'福地ホワイト'である。

本試験は，媒介虫であるアブラムシ類を遮るガラス網室で増殖したフリー株を，はじめて露地に移した栽培（暴露）である。対照として供試した非茎頂培養株（茎頂培養していない株，非茎培株と略す）は，毎年モザイク症状の激しい株を除去しながら栽培してきた症状の軽い当場保存株である。

### (1) 生育の特性

ニンニクでは越冬直後の生育量，最大生育期の生育量，さらにその間の生育速度が収量に大きく影響する。フリー株は，非茎培株に比較して越冬直後から草丈が高い，葉数が多い，葉鞘が太いなど，収量に関する地上部形質が大きくまさっている。また，花茎が伸長しやすく，抽台率が高く，珠芽は大型で多数着生する。これらウイルスフリー化にともなう地上部形質の特性は，暴露4～5年株においても認められた。

福地ホワイト種では種子りん片が大きい場合や，透明マルチ栽培の場合，珠芽が球内あるいは球のすぐ上部にとどまるものが多く，形状のよい六片種は得られにくい。これが，ウイルスフリー化により抽台率が高まることにより，結果的に整球割合が向上するので，より市場性の高い良形質のニンニクを生産できることになる（第2表）。

### (2) 生産力

非茎培株に対する増収率は，年次によって変動はあるが，暴露1年株で7～26％，2年株0～11％，3年株5～9％，4年株0～9％，5年株で4％

増収し，暴露4～5年株においても増収効果が認められた。とくに，2L球の割合が，暴露4～5年株においても高く，ウイルスフリー化による肥大促進効果が認められた（第2表）。

### (3) ウイルス病の再感染

第3表に，上記の生産力を調査したときの，当場での1983～1987年のモザイク症状の発現程度を示したが，この5か年を通じ，多い場合でも3％程度の発病で，症状もきわめて軽微なものであった。

フリー株のウイルス再感染について，長崎県の1976年の小川らの報告では，暴露2年目で半分ちかくの株が再感染し，その症状も中～甚の症状が多く，被害も大きいことが報告されている。この青森県との再感染率のちがいは，ウイルスの媒介虫であるアブラムシ類の発生数の多少によると考えられ，当時の青森県における再感染率はきわめて低いものと推測された。

なお，チューリップサビダニによるウイルス病が認められてからの再感染の実態は，現在調査中である。

## 6. 栽培上の留意点

フリー株の栽培法は，現行の栽培法でとくに問題はない。

しかし，第4，5表に示したように，フリー株

**第3表** モザイク病発病株率
（青森畑園試，1983～1987年）

| 暴露年次 | 発病率（%） ||||| 
|---|---|---|---|---|---|
| | 1年 | 2年 | 3年 | 4年 | 5年 |
| 1983 | 0 | 1.3 | 2.7 | 2.7 | 2.7 |
| 1984 | 0.3 | 0.9 | 0.9 | 0.9 | |
| 1985 | 0 | 0 | 0 | | |
| 1986 | 0 | 3.3 | | | |
| 1987 | 0 | | | | |

は非茎培株にくらべて葉の枯れる時期は遅くなるが，球の肥大が早いため，裂球の発生が早い傾向がみられる。

球の形状，Brix示度（糖度），保護葉の色から見た収穫適期は，1986年，1987年とも6月30日前後で，フリー株と非茎培株に差異は認められなかった。しかし，適期から5日後の裂球率はフリー株が高かった。このため，フリー株では球の肥大を見ながら適期収穫に留意するなど，フリー株の特性を十分に活用した良質多収生産が期待される。

## 7. ウイルスの再感染防止

現在，ウイルスを防除できる薬剤がないので，再感染の防除は，もっぱらフリー株をウイルス病感染株から徹底して隔離することと，伝染経路を遮断することになる。以下に，媒介虫別に再感染防止の要点を述べる。

**第4表** ウイルスフリー株と非茎頂培養株の時期別生育状況　　（青森畑園試，1986～1987年）

| 年次 | 時期 | 全重（g） || 球重（g） || 球径（mm） || 裂球率（%） || 枯葉率（%） ||
|---|---|---|---|---|---|---|---|---|---|---|---|
| | | フ | 非 | フ | 非 | フ | 非 | フ | 非 | フ | 非 |
| 1986 | 6月25日 | 104 | 109 | 90 | 95 | 68 | 73 | 0 | 0 | 28 | 24 |
| | 6月30日 | 110 | 111 | 97 | 101 | 70 | 72 | 0 | 0 | 37 | 38 |
| | 7月5日 | 118 | 109 | 100 | 97 | 72 | 72 | 29 | 0 | 43 | 45 |
| | 7月10日 | 123 | 110 | 109 | 98 | 73 | 71 | 20 | 33 | 37 | 41 |
| | 7月15日 | 126 | 114 | 111 | 103 | 73 | 72 | 20 | 11 | 51 | 48 |
| 1987 | 6月20日 | 205 | 185 | 101 | 94 | 67 | 65 | 0 | 5 | 9 | 15 |
| | 6月25日 | 201 | 187 | 103 | 99 | 65 | 66 | 5 | 0 | 16 | 23 |
| | 6月30日 | 194 | 176 | 100 | 99 | 66 | 68 | 0 | 0 | 25 | 24 |
| | 7月4日 | 199 | 167 | 114 | 102 | 69 | 68 | 35 | 5 | 28 | 34 |
| | 7月10日 | 191 | 169 | 111 | 106 | 70 | 70 | 30 | 15 | 30 | 48 |

注　フ：フリー株（暴露1年株），非：非茎頂培養株。透明マルチ栽培
　　1986年の全重，球重，球径は乾燥後の調査結果

第5表 ウイルスフリー株と非茎頂培養株の球の形状およびBrix示度（糖度）

（青森畑園試，1987年）

| 掘取り時期 | 盤茎部の形状（％） | | | | | | Brix示度 | |
|---|---|---|---|---|---|---|---|---|
| | フリー株 | | | 非茎頂培養株 | | | フリー株 | 非茎頂培養株 |
| | 未 | 平 | 出 | 未 | 平 | 出 | | |
| 6月20日 | 55 | 45 | 0 | 50 | 50 | 0 | 29 | 29 |
| 6月25日 | 45 | 55 | 0 | 30 | 65 | 5 | 31 | 31 |
| 6月30日 | 20 | 80 | 0 | 10 | 90 | 0 | 33 | 33 |
| 7月4日 | 15 | 85 | 0 | 5 | 95 | 0 | 34 | 34 |
| 7月10日 | 5 | 95 | 0 | 5 | 85 | 10 | 35 | 36 |

注　フリー株：ウイルスフリー株
　　未：新しいりん片が小さく，収穫適期に達していないもの
　　平：新しい側球下端が盤茎下端とほぼ水平の位置にあり，収穫適期とされるもの
　　出：新しい側球下端が盤茎下端より下がって，収穫期をすぎているもの

### (1) アブラムシ類による再感染と防除法

暖地では媒介虫とされるネギアブラムシの寄生が認められているが，青森県の場合，ニンニクへのアブラムシ類の寄生はほとんど観察されない。しかし，黄色水盤トラップを用いた調査では圃場への飛来が確認されることから，「行きずり感染」が主と思われている。

このため，アブラムシ類による再感染を防除するには，防虫網などで隔離し，定期的に薬剤散布を実施する。これにより，青森県の優良種苗は，アブラムシ媒介性ウイルスの感染率が0％であることと設定している。

### (2) チューリップサビダニによる再感染と防除法

チューリップサビダニによって媒介されるウイルスの感染は，チューリップサビダニの移動と吸汁行動によって生じるが，青森県におけるチューリップサビダニのニンニク茎葉での寄生数は全期間を通して非常に少なく，冬期間にはさらに寄生密度が低下する。このため，圃場でのチューリップサビダニによるウイルス伝染も少ないと思われている。一方，収穫後の保管中には急激にりん片上で増殖することがあり，ウイルス伝染の危険性が増す。その場合も，青森県畑作園芸試験場の1993年の収穫後5～6か月後の分解調査では，保護葉に亀裂がない場合隣接するりん片への移動はほとんど認められなかった。このことは，保護葉やりん片を包んでいる葉鞘に亀裂が生じないかぎり，ウイルスの伝染も生じないことを示している。保護葉の亀裂は，収穫遅れによる玉割れ，病害，発芽・発根および種子調整のためにりん片をほぐすときに生じる。いったん亀裂が生じると，それを通してチューリップサビダニが活発に移動を開始して短期間のうちに発生が拡大する。

したがって，ウイルス感染の危険性は，生育期間より，むしろ，種子収穫後の保管期間や種子調整時に高まる。これを回避するため，青森県は，種子調整時に亀裂のないものを選別し，有効薬剤への浸漬処理を徹底している。ニンニクの生育期間の感染についてもまったく危険性がないわけではないが，防除薬剤がないことから行なわれていない。青森県ではこの方法で，チューリップサビダニ媒介性ウイルスの優良種苗の感染率は数％以下と設定している。

## 8. ウイルスフリー株生産上の問題点

### (1) ウイルスフリー株の大量生産

ニンニクは種球のりん片が少なく，増殖率は4～6倍程度と低い。10a当たりに植え付けるりん片は約2万片なので，1,650haに及ぶ青森県のニンニク畑に必要なフリー株を一挙に供給するのは困難である。

したがって，一般栽培（非茎培株）では10～15gのりん片を種子として使用してきたが，フリー株は生産力が高く，より小さいりん片の利用も可能なので，原々種圃からは8g以上のりん片を供給対象としている。

8g以下の小さな種子や珠芽も，おなじウイルスフリーにはかわりはないので利用可能であるが，一般栽培で用いられていなかったこともあ

って，多くの採種圃や生産者は捨ててしまっていることが多い。これでは，本来もっている増殖率を低下させてしまう結果となってしまうので，試験場ではこれら小さな種子の栽培試験を公表しPRを行なっている。

### （2）採種圃以後の再感染防止

青森県では，生育中は主にアブラムシ類，種子保管から種子調整まではチューリップサビダニによるウイルス感染が懸念される。

アブラムシ類による感染防止のためには，試験場の原々種圃場まではガラス網室で定期的に殺虫剤を散布し，完全な隔離栽培を行なっており，原種圃もパイプ網室内に設けることとしている。このため，原々種圃や原種圃ではフリー株が再感染する可能性はきわめて少ないが，採種圃になるとかなり大面積を必要とするので，網室はむりである。ナガイモのウイルスフリー株では，林に囲まれていたり，周囲にウイルスの感染源となる一般圃場がない地域で栽培すると再感染しないことが認められているので，ニンニクの場合も適当な栽培環境を探すことによって感染を回避することができると考えられる。

生産農家の露地栽培ではさらに再感染率が高くなると考えられるため，生育中のモザイク症状株のチェック，アブラムシ類の防除などは徹底する必要がある。

一方，チューリップサビダニによるウイルス感染防除では，最も危険性の高い種子調整時の薬剤防除は可能だが，ニンニクの生育期間中の防除薬剤がない。このため，種子調整時の薬剤浸漬を徹底してウイルス感染の回避と媒介虫の密度を低下させる。

いずれにしても，伝染経路を遮断するために，生育期間から保管庫まで，一般栽培の種子からの隔離を徹底すべきである。

執筆　庭田英子・忠　英一（青森県農林総合研究センター畑作園芸試験場）

2004年記

### 参 考 文 献

村井智子・佐藤信雄．1994．青森県のニンニク圃場におけるチューリップサビダニの発生経過．北日本病虫研報．**45**，192―194．

大澤勝次ら．1981．組織培養による栄養繁殖性野菜の大量増殖と利用に関する研究．Ⅰ 植物体の大量誘導に及ぼす培養部位及び培地組成の影響．野菜試報．**A9**，1―49．

李竜雨ら．1979．ニンニクに見出される2種のひも状ウイルス．ニンニク潜在ウイルス（garlic latent virus）ならびにニンニクモザイクウイルス（garlic mosaic virus）．日植病報．**45**，727―734．

李治遠ら．1982．ニンニクより分離されたタバコモザイクウイルスについて．日植病報．**48**，394．

山下一夫．2000．わが国のネギ属植物に発生するひも状ウイルスについて．日本病理学会東北部会創立35周年記念誌「東北植物病理のフロントライン」．22―25．

# ラッキョウ

- ◆植物としての特性　603 p
- ◆生育ステージと生理，生態　607 p
- ◆各作型での基本技術と生理　623 p
- ◆精農家の栽培技術　699 p

# ラッキョウ (薤)

別名　辣　韮
学名　*Allium Bakeri* REGEL, (*Bakeri* は,「バーカー氏の」の意)
　　　ジョンズら(1963)は *Allium chinense* G. DON を用いている。
英名　Baker's garlic, Rakkyo

## 1. ラッキョウの原産, 来歴, 利用と生産

ラッキョウは中国の原産とされ, 浙江やサイゴンで野生種も認められている。栽培の歴史もかなり古く, 山海経, 爾稚や名医別録にも記されているという (熊沢1965)。中国では, 華中や華南に栽培が多く, 華北では河南, 山東に及んでいるが, 全般的には栽培は少ない (熊沢1944)。

品種は中国に多く, 唐本草 (7世紀) にすでに赤, 白の二種をあげている。わが国の文献では, 新撰字鏡 (僧892), 本草和名 (深江918), 倭名類聚抄 (源923—930) などに名があげられ, 延喜式 (藤原928) によると当時ラッキョウを薬用に供したという (並河1952)。

現在は, わが国全土に栽培され, 大部分は酢漬けにして用いられ, 輸出にも向けられている。中国では, 鱗茎を炒って食用にし, 酢漬, 糖酢漬, 塩漬, 蜜漬などにして貯蔵している。薬効としては, これを食すると寝汗を治すといわれている。また, 熱帯アジアではラッキョウの消費が多く, とくにカレーに用いられているが, 生産が伴わず大量に輸入している。

東京中央卸売市場でのラッキョウの取扱い量および金額の推移は第22図のとおりで, 取扱い量は, 昭和39年に一つのピークをみたが, その後昭和42年まで一時的に減少し, 43年以後ふたたび急激に伸びている。また, 昭和46年の月別取扱い量と単価は第23図のとおりで, 取扱い量は6〜7月に集中していることが分かる。

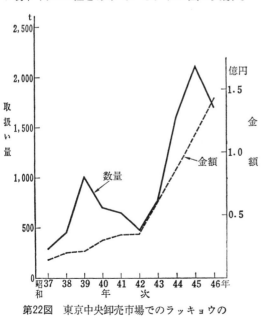

第22図　東京中央卸売市場でのラッキョウの取扱い数量と金額の推移

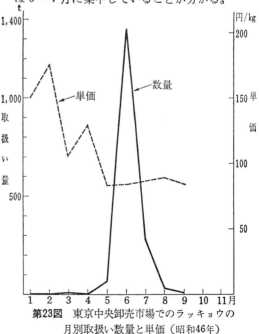

第23図　東京中央卸売市場でのラッキョウの月別取扱い数量と単価 (昭和46年)

植物としての特性

## 2. 性状

### (1) 形態的特性

ラッキョウは多年生草本で，葉は細い半柱形（内面は偏平）で五稜を有し，鈍三角形の内空があり，長さ20～30cm内外で叢生する。特有の臭気がある。分けつが盛んで，初夏に葉鞘基部が肥大して長卵形の鱗茎を形成する。鱗茎は，汚白色の被膜に覆われ，長さ2～4cmである。夏に鱗茎（球）が肥大したところで休眠に入る（第24図）。

この時期に収穫して小鱗茎を食用に供する。また，小鱗茎は種球としても用いられる。秋に抽台し，花茎は長さ30～60cmに達し，頂に紫色の小花を繖形状に簇生する（第25図）。一花茎当たりの花の数は比較的少なく，2.5～3cmの長い小花梗を有し，6花被片は楕円形，鈍頭，鐘形に集まる。6雄ずいおよび1雌ずいいずれも超出する（10ページ，第1図）。種子を生じないが，分けつが盛んで鱗茎が多くでき，その分球で繁殖する。

第25図 ラッキョウの抽台
（八鍬原図）
花茎は葉長よりかなり長く抽出する

### (2) 生態的特性

ラッキョウの生態についてはあまり明らかでないが，耐暑性はあまり強くなく温帯から亜熱帯に適する。結球には，タマネギ，ニンニク同様日長が関係し，長日によって鱗茎部の肥大が促進される。

草性は強健で吸肥力強く，やせ地にもよくできるので，開墾地や砂丘地にも栽培される。埴壌土や火山灰土で生産力が高く，砂丘地では外観，品質がよく粘質土で丸形になる。肥沃地では大球になるが，分球が少なく，かえって品質が劣る。品質のよい小球を得るには，やせ地を選んだほうがよいので，裏日本の砂丘地にかなり広く栽培されている。分球は，秋と春に盛んで，定植時の分球芽の生長点が定植後生長し，分球して株となり，さらに春に分球して株がふえる。遅植えをしたばあいや初期の生育が不良のさいは，秋の一次分球が少なく，したがって春の分球も少ない。

### (3) 染色体

染色体数は，根端細胞で$2n=16$であることが観察され（片山1928），その後盛永ら（1931）により$2n=32$のものが報告されている。さらに片山（1936）は，$2n=32$のものの成熟分裂の観察によって，これが同質四倍体であるとした。ふつう栽培されているものは四倍体で，秋に抽台して紫色の小花を着けるが，ほとんど種子はできない。

### (4) 成分

ラッキョウ各部位の一般化学成分の分析結果は，第9表のとおりで，粗灰分は毛根部に多く，

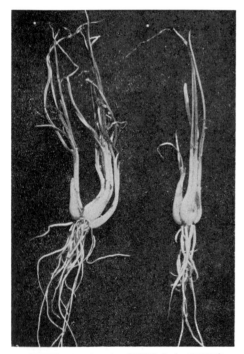

第24図 ラッキョウの鱗茎形成（八鍬原図）

第9表　ラッキョウの各部位の一般化学組成
　　　　　（無水物%）　　　　　（水野ら，1961）

| 化学組成 | 緑葉部 | 中間部 | 鱗茎部 | 毛根部 |
|---|---|---|---|---|
| (乾物重量比 | 37 | 22 | 35 | 6 ) |
| 粗灰分 | 11.67 | 9.22 | 4.30 | 18.95 |
| 灰分のアルカリ度* | 8.18 | 5.56 | 1.67 | 4.28 |
| 粗蛋白質 | 17.57 | 15.38 | 18.38 | 16.29 |
| 純蛋白質 | 8.80 | 8.13 | 4.71 | 8.32 |
| 非蛋白態窒素 | 1.40 | 1.16 | 2.19 | 1.27 |
| 粗脂肪 | 5.09 | 4.75 | 3.20 | 3.08 |
| 粗繊維 | 29.82 | 20.04 | 3.27 | 40.28 |
| 可溶性無窒素物 | 35.83 | 50.61 | 70.85 | 21.40 |
| ペントーザン | 3.71 | 5.83 | 7.16 | 4.45 |
| (新鮮物分水 | 91.62** | 87.35** | 76.70** | 77.35**) |

＊無水物試料1g中の灰分を中和するに要するN/10塩酸液cc数で表わす
＊＊新鮮物（生体）％

鱗茎部では非常に少ない。粗蛋白質含量は各部位とも15〜18％で大差ないが，純蛋白質は他の部位に比べ鱗茎部が少ない。粗繊維は，毛根部では非常に多く40％にも達するが，鱗茎部では3％にすぎない。しかし，可溶性無窒素物は鱗茎部に最も多く，71％に達する。ペントーザン含量も鱗茎部が他の部位に比べ高くなっている。

遊離糖類は各部位に存在し，その種類にはほとんど差異はみられないが，量的にはかなりの相異がある。

つまり，他の部位に比べ鱗茎部と中間部に多くの遊離糖を含み，還元糖と非還元糖が相半ばしている。還元糖は，グルコースとフラクトースが大部分である。非還元糖のなかには，サッカロースを含んでいるが，この他にフラクトースのみ，あるいは一部これにグルコースを伴う低分子のフラクトオリゴ糖類およびフラクタン類などを含んでいる。

これらフラクトオリゴ糖類およびフラクタン類は，ネギ，ニンニク，タマネギ，ワケギなどのネギ類についても認められ，ネギ類の遊離糖の特徴となっている。また各部位に含まれる多糖類は，どれもその構成糖として，ガラクトースとアラビノースを含み，この他にガラクツロン酸，ラムノースを伴っている区分が多いという（小野1961）。なお，食用部の食品（生，酢づけ，花ラッキョウ）としての栄養価は第8表（527ページ）のとおりである。

執筆　八鍬利郎（北海道大学農学部）

1973年記

# ラッキョウ

## 1. 苗の発育と分球

### (1) 鱗茎部の構造と葉の分化，発育

ラッキョウは，ネギやヤグラネギに比べ，葉芽の大きさがきわめて小さく，そのうえ分けつ力が旺盛なため，つねに葉鞘内部が混み合っているので，生長点部の解剖には熟練がいる。分化初期の葉芽は小さいほかはネギやヤグラネギと似た形態（第1図①，②）だが，やや発育すると第1図③に示すようにきわめて細い円柱状となる。しかし，葉身部に稜ができるのはさらにずっと後のことで，出葉期近くなってからである。

成葉の葉身部は細い半柱形で五稜を有し，鈍三角形の中空がある。また，葉鞘基部は多肉質となって中心部を包被し鱗茎を形成している。

### (2) 分球機構

分球芽の分化，発育過程は第2図に示すとおりで，ネギの分けつ芽のばあいと全く同じである。つまり，分球芽は親株葉芽の葉腋に約0.5葉遅れて分化し，その第二葉は親株の葉序方向と直角の位置に生ずる。分球芽の葉序方向は，その後も変わらないが，親株の葉序は分球芽の分化後二〜三葉の付近で90度の方向転移を行ない，分球芽の葉序方向と平行になる。第二次以後の分球も，これと全く同じ機構で行なわれる。

ただ，前述のように芽の発育に伴って葉鞘基部が肥大して鱗茎となるため，結果的には第3図に示すように分球の形となる。

第4図は休眠期のラッキョウ鱗茎（種球）の横断面を示したものである。鱗茎内には，種々の発育度の分球芽が数個含まれていることがわかる。これらの大部分は収穫年次に入ってから分化したもので，発育途中で鱗茎の肥大がはじまり，やがて夏期の休眠期に入ったため，外観

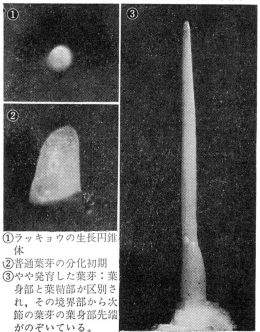

①ラッキョウの生長円錐体
②普通葉芽の分化初期
③やや発育した葉芽：葉身部と葉鞘部が区別され，その境界部から次節の葉芽の葉身部先端がのぞいている。

第1図　ラッキョウの普通葉の分化過程
（八鍬，1963）

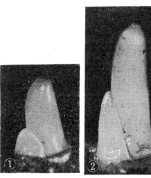

第2図　ラッキョウの分球芽の分化，発育過程　　　　　　（八鍬，1963）
①〜③とも左側が分球芽，右側が親株の葉芽

生育のステージと生理, 生態

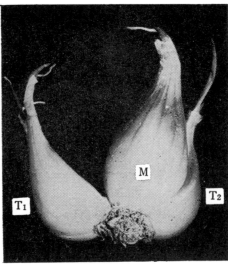

第3図　ラッキョウの分球完成期　　　（八鍬，1963）
　T，T₁，T₂：分球
　M：親球

する。この間にその各々の分球株の鱗茎内では葉数増加に伴って分球芽が分化し，収穫期までにはふたたび第5図のような状態になる。

　以上のようにラッキョウのばあいは，特定の分球芽が分化してから，それが株分球に達するまでにはかなりの月日を要し，その間，夏の休眠期と越冬期を経過するものが多い。そのため，圃場での生育調査だけでは，ネギやワケギのように分球の進行状態を把握することが困難である。

　さて第4，5図について分球芽の配列様式をみると，ネギの項で説明した分けつ配列の三つの基礎型に準じていることがわかり，この点からも，ラッキョウの分球がネギ型の分けつ型に属するものであることがうなずかれる。

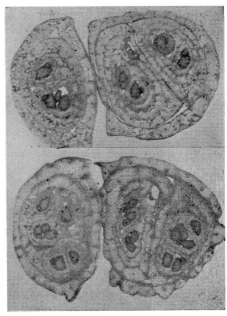

第4図　ラッキョウ種球（鱗茎）の植えつけ
　　　前の横断面　　　　　（八鍬，1963）

的分球（株分球）に至らなかったものである。したがって，休眠終了後，種球として植えつけられると，発根とともにこれらの分球芽は発育を開始して葉数を増加し，これに伴って，その葉腋にはさらに新しい分球芽が分化する。

　第5図は9月上旬に植えつけた種球の10月下旬の状態で，外観的分球はようやく一個認められるていどであるが，鱗茎内部には分球芽がかなり増加していることがわかる。この状態で越冬する分球芽は翌春再び発育を開始して，夏の休眠に入るまでに大部分のものが株分球を完成

第5図　植えつけ後約50日のラッキョウ鱗茎
　　　部の横断面　　　　　（八鍬，1963）

### (3) ラッキョウの分球力について

ラッキョウの生育期を通じての一種球から増加する分球数は，荻原（1958）の調査ではらくだ5.9～11.0，八つ房7.7～19.9，中西ら（1958）の調査では鳥取在来2.6～10.8，玉ラッキョウ13.0～25.1，桜井（1958）の調査では，京都在来9.0～10.4，玉ラッキョウ7.9～22.0と報告されている。分球数は品種や環境によって異なるが，玉ラッキョウの分球力が大きいことは明らかである。

また，筆者が玉ラッキョウの種球について分球芽の発生節を調査した結果は第1表のとおりである。ラッキョウの分球芽発生率はきわめて大きく，Ⅰ次2号の1個体の例外を除き，他のすべての分球は一～二節から生じており，しかもすべての分球で，一節目のばあいが50％以上を占めている。

第1表　ラッキョウの分球発生頻度
（八鍬，1963）

| 分球の区別 | | 節位 1 | 2 | 3 | 調査分球数 |
|---|---|---|---|---|---|
| Ⅰ次 | 1号 | 93.3 | 6.7 | | (15) |
| | 2号 | 82.3 | 11.8 | 5.9 | (17) |
| | 3号 | 66.7 | 33.3 | | (12) |
| | 4号 | 100 | | | (5) |
| | 5号 | 100 | | | (1) |
| Ⅱ次 | 1号 | 61.5 | 38.5 | | (26) |
| | 2号 | 53.8 | 46.2 | | (13) |
| | 3号 | 100 | | | (1) |
| Ⅲ次 | 1号 | 60.0 | 40.0 | | (5) |

注　1. 品種：玉ラッキョウ
　　2. 各節位ごとの分球発生率（％）を示す

## 2. ラッキョウの球形成

### (1) 球形成の機構

ラッキョウの球形成は，タマネギと同様に，葉の鱗葉化と葉数の増加によって起こるが，球の構成葉については，タマネギのばあいと多少異なった点がある。この点に関しマンら（1960）は，ラッキョウの球では，タマネギの球形成時にみられるような貯蔵葉は形成されないとしている。しかし，長日条件では葉の鱗葉化が認められ，葉鞘長が葉身長より長いいわゆる鱗片葉（scale）も形成される（青葉1967）。

ただし，ラッキョウの鱗片葉は，葉身があるていど発育しており，タマネギのように全くの無葉身鱗葉は形成されないようである。したがって首部の太さが，タマネギのように極端に細くなって，完全な球状になるようなことはなく，いわゆるラッキョウ状の球形成となる。

### (2) ラッキョウの生育相

青葉（1967）は，山形県庄内地方で在来品種（らくだ系）を自然条件下で栽培し，球形成過程を調査した。その概要をのべると，次のとおりである。

8，9月に定植したラッキョウは，まもなく新葉を萌出し，12月末まで葉の伸長と新葉の展葉が続く。葉の生長は冬期間停滞するが，全く停止するわけではなく，積雪下でもわずか生長が行なわれ，4月上旬以降ふたたび盛んになる。新葉分化に伴い，外葉は逐次枯れ，一球当たり生葉数はつねに2～4葉だが，球肥大のいちじるしくなる六月上旬以降7月上・中旬までは，新葉展葉数は少なくなり，生葉数は減少する（第2表）。株当たりの生長点数は9月中・下旬以降12月上・中旬まで増加し約2倍となるが，冬期

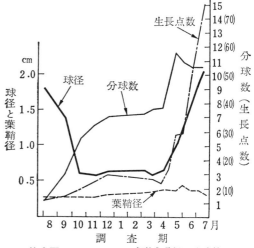

第6図　ラッキョウの球形成過程と分球数，生長点数の推移　　（青葉，1967）

生育のステージと生理, 生態

第2表　ラッキョウの葉と球の発育状況
(青葉, 1967)

| 調査月日 | 分球当たり生葉数 | 最長葉長 | 球重 | 花序分化率 | 花序の長さ |
|---|---|---|---|---|---|
| 月 日 | 枚 | cm | g | % | cm |
| 8. 1 | 2.0 | 19.2 | 5.0 | | |
| 10. 15 | 2.4 | 30.7 | — | | |
| 12. 18 | 2.7 | 30.7 | — | | |
| 3. 5 | 2.6 | 19.4 | — | | |
| 4. 17 | 3.6 | 42.0 | — | | |
| 5. 17 | 3.5 | 62.6 | — | 0 | |
| 6. 1 | 3.3 | 55.3 | 2.6 | 40 | 苞分化 |
| 6. 17 | 2.9 | 57.6 | 4.5 | 70 | 0.3 |
| 7. 4 | 2.4 | 44.0 | 6.2 | 40 | 0.9 |
| 7. 17 | 3.0 | 41.3 | 7.7 | 40 | 1.9 |

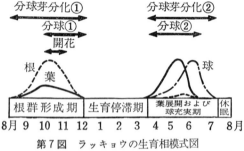

第7図　ラッキョウの生育相模式図
(佐藤ら, 1970)

間は増加が停止する。4月下旬以降再び分球芽の分化が起こり、5月中・下旬以降は1〜3葉ごとに分球芽が分化し、生長点数は急激に増加する(第6図)。

これらの分球芽のうち、植えつけ後、年内に分化したものは外葉の枯死と新葉の分化展葉により、翌年4〜5月までに分球するが、越年後に分化した分球芽は、掘上げ期まで外葉の葉鞘内部にあるため、独立した球にならない。したがって、収穫時の球は、内部に数個の生長点をもつことになる。

葉鞘の直径は定植後一時小さくなる。これは種球が分球したことから起こる。球の肥大は翌年5月上・中旬からいちじるしくなり、球形成の指標とされる葉鞘径／球径の値は5月上・中旬以降0.5以下になる。6〜7月の球肥大の促進に伴い、葉身の生長は抑制され、葉身長が葉鞘長より短い葉も往々生ずる。しかし、前述のように完全な無葉身鱗片葉は形成されない。

佐藤らも鳥取の砂丘地での調査で、上述とほぼ同様の結果を得ており、ラッキョウの生育相を①根群形成期(9〜11月)、②生育停滞期(12〜2月)、③葉展開および球充実期(3〜6月)の3期に分けている(第7図)。

### (3) 球形成と日長との関係

上述のようにラッキョウは、5、6月から葉鞘が急速に肥厚し、葉身の生長が停止して球形成に入る。これはタマネギ、ニンニクの球肥大期とほぼ同時期で、日長、温度条件が関与していることが容易に考えられる。青葉は、らくだ系在来種に日長処理を行ない、つぎのような結果を得た。

すなわち第3表に示すように自然日長区と長日区(16時間日長)では、6、7月は新葉の展葉数が少なくなり、その結果7月中・下旬に生葉数が減少したが、短日区(8.5時間日長)では新葉の展葉と葉の生長が7、8月もつづき、生葉数は減少しなかった。ただし葉身長、葉鞘長は短日区が一般に短かった(第8図)。

つぎに球径についてみると第9図のとおりで、

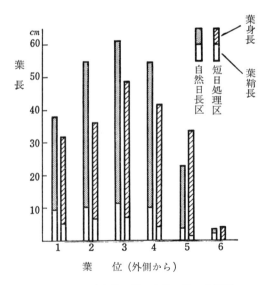

第8図　日長条件が葉の生長に及ぼす影響
(青葉, 1967)

注　1.　棒グラフの白い部分は葉鞘長、その上の黒い部分、斜線部分は葉身長を示す
　　2.　6月27日調査

生育のステージと生理，生態（ラッキョウ）

第3表 日長処理がラッキョウの生長に及ぼす影響　　　　　　　　　　（青葉，1967）

| 区別 | | 6月12日 | 6.27 | 7.13 | 7.30 | 8.21 | 9.1 | 9.24 |
|---|---|---|---|---|---|---|---|---|
| 生葉数 | SD | 4.0 | 3.3 | 3.0 | 3.2 | 1.7 | 2.0 | — |
| | SD—ND | — | — | — | — | 2.3 | 1.5 | 2.3 |
| | ND | 4.0 | 3.3 | 2.3 | 2.0 | 2.5 | 2.7 | 8.5 |
| | LD | — | 4.7 | 1.3 | 1.5 | — | 2.5 | |
| 生長点数 | SD | 1.0 | 1.0 | 1.4 | 1.6 | 1.5 | 2.0 | |
| | SD—ND | — | — | — | — | 2.7 | 3.0 | 3.0 |
| | ND | 2.5 | 2.3 | 2.8 | 4.0 | 4.5 | 5.5 | 7.0 |
| | LD | 3.8 | | 2.3 | 2.4 | — | 3.5 | |
| 心葉長cm/最長葉長cm | SD | 10/42 | 19/41 | 14/33 | 17/36 | 9/23 | 12/29 | — |
| | SD—ND | — | — | — | — | 16/28 | 25/31 | 9/17 |
| | ND | 29/59 | 54/63 | 32/55 | 14/46 | 7/25 | 6/22 | 18/36 |
| | LD | — | 35/60 | 28/44 | 9/33 | — | 8/10 | — |

注　SD　4月15日〜8月31日短日区，SD—ND　短日処理後7月26日から自然日長，ND　自然日長，
　　LD　4月15日〜6月20日16時間長日

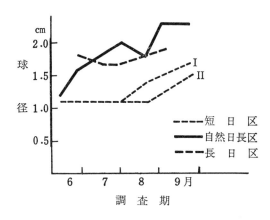

第9図　日長条件がラッキョウの球肥大に及ぼす影響　　　（青葉，1967）
注　Ⅰは4月15日〜7月26日の間短日処理
　　Ⅱは4月15日〜8月31日の間短日処理

自然日長区の球径は5月以降急速に肥大し，これらの株では葉の鱗葉化（葉身の生長抑制と葉鞘の肥厚）が認められた。これはちょうどこの時期が長日期に当たるためと考えられる。長日区では球の肥大開始期は自然日長区よりいくぶん早かったが，葉身の生長停止，球の肥大停止も早かった。短日区では処理期間中に葉鞘は肥大せず，葉の鱗葉化が認められなかった。

なお，7月26日に短日条件から長日条件に移した個体は，約半月後から球の肥大が認められた（第9図点線のⅠ）。

以上の成績から明らかなように，ラッキョウの葉鞘の肥厚は長日条件で起こり，明期8.5時間の短日ではほとんど肥厚しない。したがって，自然条件下で5月ころから球が形成されるのは，日長が大きく関係していることがわかる。

しかし，日長だけで球形成のすべてが，決定されているわけではない。たとえば，秋は日長12時間前後の時期でも球は形成されないし，栽培地によって球の形成時期がいくぶん異なる。また，越冬した株を温室に置くと球の肥大がいくぶん早まることが知られている。これらの点から，ラッキョウでもタマネギと同様，植物体の発育程度や温度条件が，日長とともに球形成に関係するものと考えられる。

球形成と関係をもつ葉数の増加は，新葉の分化と分球芽の分化による。ラッキョウの分球芽の分化は暖地では冬期間もいくらか起こるが（山田1957），寒地では12〜3月の期間は認められず（青葉1967），9〜12月と4月以降にみられる。また，分球芽の分化は，短日によって抑制される（第3表）。

なお，ラッキョウもタマネギやニンニクと同様，球形成に伴って休眠に入るが，ラッキョウの休眠のていどは，ニンニクなどより相当浅いとされている。

## 3. ラッキョウの花房の分化と発育

### (1) 花房の分化機構

ラッキョウの花房の分化機構は，ネギのばあいととくに異なるところはない。すなわち，花房分化は，まず生長点部がやや円柱状となり，その頂端近くの周縁部に総包の原基を形成することから始まる（第10図）。総包の原基は分化初期から普通葉と形態的に異なり，円柱状の生長円錐（花托に当たる）の周縁部から頂部を取り巻くように発達する。そしてその先端がやや丸みを帯びて薄片状を呈する。やがて生長円錐は総包によって完全に包み込まれ，総包を除去しなければ内部がみられなくなる。

また，花房分化時には花茎の基部に新しい生長点が生じ，これが花茎側芽に発育する（第10図 d，e）。花茎側芽は開花期までに鱗茎を形成し，休眠に入るが，やがて発育を再開して，生長点が花房に分化しなかった小さな分球芽とともに，次代の株の生長を引継ぐことになる（第11図）。

花托が総包に包まれるころ，花托の表面には隆起を生じ，いくつかの小円錐の集団となる。これらの小円錐が個々の小花に発達する原基であり，頂端のものが最も分化がすすんでいる。小花にはまず外花被が3個，続いてその内側の中間部に内花被が3個形成され，ついで雄ずいの原基が外花被，内花被の内側前方の位置に1個ずつ，計6個形成される。やや遅れて雌ずいの原基がこれらの中心部に形成され，これでいちおう花の各器官が形成されたことになる。

第11図 ラッキョウの開花状況（左）と花茎（SC）の基部に鱗茎を形成した花茎側芽（nb）（右）
（八鍬，1963）

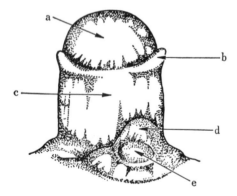

第10図 ラッキョウの花房分化期
（山田，1957）
a：生長円錐部（花托）
b：総包の原基
c：花茎部
d：花茎側芽の第一葉
e：花茎側芽の生長円錐

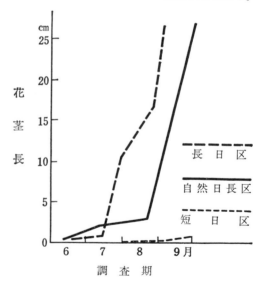

第12図 日長処理が花序の発育に及ぼす影響
（青葉，1967）
注 長日区は4月15日〜6月20日の間処理
短日区は4月15日〜7月26日の間処理

なお，花房は鱗葉化の起こる葉節に近い節位で分化する傾向のあることが観察されている（青葉，1967）。

### (2) 花房の分化，発育と日長

ラッキョウの花房の分化期は佐賀地方で5月下旬〜6月上旬とされているが（山田1957），札幌地方では，6月中・下旬である（植物としての特性の項　12ページ第2図）。そして抽台前に球を形成し，いったん休眠に入るため，開花するのは9月中・下旬になる（第11図）。

第12図は日長処理がラッキョウの花序の発育に及ぼす影響を調査した結果である。長日区と自然日長区は，ほとんど同時期に花房を分化し，分化後の生長には時期的に差がみられるが，両方とも花茎を抽出している。これに反し，短日処理をした区は，花房の分化がほとんど行なわれなかった。また，7月26日に短日から長日条件にかえたばあい，約半月後に花房が分化した。

以上のことから，ラッキョウの花房は長日，温暖の条件下で分化するものと考えられる。また，分化後の発育も長日条件で促進される。

なお，第13図は種球の重量と抽台率との関係を試験した結果であり，3g以下の小球はほとんど抽台せず，11g以上の大球は抽台率50%以上で，きわめて高くなっている。

## 4. 収量，品質に関係する諸要因

### (1) 収量構成要素と球形成との関係

ラッキョウの株当たり収量は，1球重×分球数で示されるが，ラッキョウはタマネギと異なり，あるていどの分球は商品性を高めるため，1球重を大きくするよりは，分球数を多くする栽培技術が必要である。

ラッキョウは，前述のように生長期に新葉を分化しつづけるが，他方，外側の古い葉から順次枯死してゆく。そして分球芽（側芽）の分化した節位の葉の葉鞘まで枯れると分球芽は外観的分球となる。在来種での調査では，球の外側の葉から生長点までは約7葉で，球の外葉は1か月間に約1.5〜2.0葉枯死する。したがって，分化した分球芽が分球の状態に至るまでには，約4か月内外を要することになる。

このため種球内に含まれている5〜6月に分化した分球芽は，10〜12月に，9〜11月に分化した分球芽は翌年5月ころ分球する。ただし，種球を遅植えしたばあいは，種球内の分球芽による分球は翌年までつづくこともある（国富ら1960，森田1956）。

つぎに球重は1葉重と葉数できまる。前記のように5〜6月に分化した分球芽は，通常収穫までに分球に至らず，したがって球内葉数を増す結果となり，球重に影響する。元肥の多少は分球数に影響するが，追肥の多少は主として球重に影響する（片岸ら1958，坂本ら1957，遠山ら1959）。砂丘地産の球が普通畑の球より小さいことも，同様の理由によるものと思われる。

つぎにこれら収量に関係する個々の要因について説明しよう。

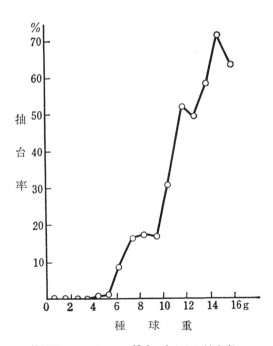

第13図　ラッキョウの種球の大きさと抽台率との関係　　　　　（佐藤ら，1970）

生育のステージと生理，生態

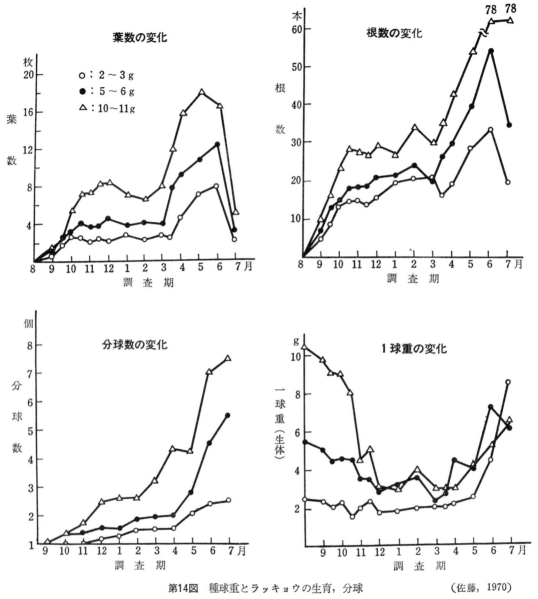

第14図　種球重とラッキョウの生育，分球　　　　　（佐藤，1970）

注　1.　品種は鳥取在来らくだ
　　2.　8月24日植えつけ

### (2) 種球の大きさ

　種球の大きさと生育，収量に関する試験は各地で行なわれているが，成績はいずれも同じ傾向を示しており，大球ほど生育初期から根，葉の発育が旺盛で分球も多くなり，収穫球数が増加する（第14，15図，第4，5表）。しかし，平均1球重については，種球の大小によってはっきりした差がでないばあいと，大きい種球ほどかえって1球重が小さくなり，花ラッキョウとして商品性の高い上級品（S）の占める割合がふえたという成績とがある（第6表）。

　第4表で1球当たり分球芽数をみると，種球重の大小両極端のものが多くなっている。これは大球のばあいは，植えつけ時に種球内に内蔵していた分球芽が年内に分球し，その後それぞ

生育のステージと生理，生態（ラッキョウ）

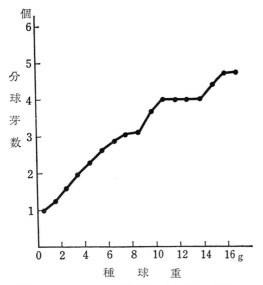

第15図 ラッキョウの種球重と分球数との関係
（佐藤，1970）

第4表 種球重と収穫時の分球および球の性状との関係　（佐藤ら，1970）

| 種球重(g) | 分球数(個) | 球重(g)(株当たり) | 1球重(g) | 分球芽数(1球当たり) |
|---|---|---|---|---|
| 1～2 | 2 | 11.6 | 5.8 | 2.1 |
| 2～3 | 2.4 | 11.0 | 4.6 | 2.1 |
| 3～4 | 3.5 | 14.9 | 4.3 | 1.4 |
| 4～5 | 4.1 | 22.1 | 5.5 | 1.8 |
| 5～6 | 4.5 | 32.4 | 7.2 | 1.9 |
| 6～7 | 6.4 | 32.8 | 5.1 | 1.8 |
| 7～8 | 7.0 | 35.5 | 5.0 | 1.2 |
| 8～9 | 7.7 | 43.5 | 5.6 | 1.6 |
| 9～10 | 7.8 | 34.5 | 4.4 | 1.1 |
| 10～11 | 7.4 | 38.9 | 5.2 | 1.2 |
| 11～12 | 8.5 | 56.7 | 6.0 | 2.2 |
| 12～13 | 8.5 | 53.5 | 6.3 | 2.4 |
| 13～14 | 8.8 | 70.0 | 9.1 | 2.5 |
| 14～15 | 10.5 | 59.4 | 5.7 | 2.1 |
| 15～18 | 11.2 | 59.6 | 5.3 | 2.3 |

注 1. 6月17日調査
　 2. 品種：鳥取在来らくだ
　 3. 植えつけ：1968年8月24日

れの球に新しい分球芽の形成がすすんだものと考えられる。また，小球のばあいは分球数が少ないので，それらの球が栄養的にめぐまれた状態にあり，多くの分球芽を形成するに至ったものと考えられる。いずれにせよ，これら多くの分球芽を内蔵する球は種球として好適しているということができる。

以上のことから，種球としては，病害虫のおそれのない，分球芽を多く含む大球を用いることが望ましい。

### (3) 栽植距離と植えつけの深さ

栽植距離に関する試験成績も多いが，その一例を示すと第7，8表のとおりで，密植すると単位面積当たりの分球数が多く，多収穫が得ら

第5表 種球の大小に関する試験成績
（福井県砂丘地）（国富ら，1960）

| 品種 | 産地 | 使用1球重 | 分球 | 1株重 | 1球重 | 3.3m²当たり収量 |
|---|---|---|---|---|---|---|
| | | g | 個 | g | g | kg |
| 福井在来 | 粘質地 | 7.1 | 8.5 | 31.0 | 4.0 | 4.1 |
| 〃 | 砂丘地 | 6.8 | 5.6 | 31.4 | 5.6 | 3.8 |
| 〃 | 粘 | 3.9 | 6.6 | 29.9 | 4.5 | 3.6 |
| 〃 | 砂 | 3.8 | 4.8 | 26.7 | 5.6 | 3.2 |
| 〃 | 粘 | 1.4 | 4.0 | 18.6 | 4.7 | 2.2 |
| 〃 | 砂 | 1.5 | 2.5 | 14.9 | 6.0 | 1.8 |
| 玉ラッキョウ | 粘 | 3.3 | 13.5 | 29.5 | 2.2 | 3.5 |
| 〃 | 砂 | 2.2 | 8.6 | 22.0 | 2.6 | 2.6 |
| 〃 | 粘 | 1.2 | 7.0 | 15.5 | 1.6 | 1.9 |
| 〃 | 砂 | 1.1 | 4.8 | 9.4 | 2.0 | 1.1 |

第6表 種球の大きさとラッキョウの生育，収量
（鹿児島県農試加世田試験地試験成績，1971）

| 種球別 | 草丈 | 株当たり | | 1a当たり球重 | 同左比率 | 1球重 | 規格別重量割合 | | |
|---|---|---|---|---|---|---|---|---|---|
| | | 生葉数 | 球数 | | | | L | M | S |
| | cm | 枚 | 個 | kg | % | g | % | % | % |
| 大種球 | 38 | 18 | 13.4 | 190 | 136 | 6.4 | 4 | 61 | 35 |
| 中 〃 | 36 | 13 | 9.9 | 148 | 106 | 6.7 | 7 | 62 | 31 |
| 小 〃 | 35 | 11 | 7.5 | 140 | 100 | 8.3 | 21 | 61 | 18 |

注 品種：らくだ　　　　植えつけ日：46年10月15日
　 栽培地：鹿児島県砂丘地　畦幅株間：30cm×15cm

生育のステージと生理，生態

**第7表　ラッキョウの栽植密度に関する試験成績**
（鹿児島県農試加世田試験地試験成績，1971）

| 栽植密度 | 1a当たり種球数 | 1a当たり収量 | | 同左指数 | 1球重 | 規格別重量割合 | | |
|---|---|---|---|---|---|---|---|---|
| | | 球数 | 球重 | | | L | M | S |
| $cm\ cm$ | 個 | 千個 | $kg$ | | $g$ | % | % | % |
| 1) 30×7.5 | 4,444 | 39.3 | 214 | 144 | 5.5 | 1.4 | 37.4 | 61.2 |
| 2) 30×10 | 3,333 | 31.0 | 190 | 128 | 6.1 | 6.8 | 47.5 | 43.7 |
| 3) 30×15 | 2,222 | 21.2 | 149 | 100 | 7.0 | 16.1 | 57.7 | 26.2 |
| 4) 30×15(2球) | 4,444 | 33.6 | 174 | 117 | 5.2 | 2.3 | 31.6 | 66.1 |
| 5) 45(2条)×15 | 2,967 | 28.4 | 175 | 117 | 6.1 | 8.6 | 41.7 | 49.7 |

注　1区 $8.1m^2$ 2区制の平均値を示す
　　品種：らくだ（5〜6$g$の種球使用）
　　栽培地：鹿児島県砂丘地
　　植えつけ日：46年10月15日

**第8表　ラッキョウの栽植密度と収量，球重**
（小林，1961）

| 項目 | 株間 | | | | | |
|---|---|---|---|---|---|---|
| | 15cm | 10cm | 7cm | 5cm | 9cm 2条 | 7cm 2条 |
| 10a当たり収量 | 1,158 | 2,074 | 2,325 | 2,768 | 3,461 | 3,472 |
| 同上指数($kg$) | 56 | 100 | 112 | 133 | 167 | 167 |
| 1球重($g$) | 5.4 | 5.6 | 4.5 | 5.7 | 5.4 | 4.6 |

注　供試品種：蘭陽種
　　畦幅：45$cm$
　　試験地：北海道岩内砂丘地

**第9表　ラッキョウの栽植密度と生育，収量**
（国富ら，1960）

| 品種 | 栽植距離 | $3.3m^2$当たり株数 | 1株分球数 | 1株重量 | 1球重 | $3.3m^2$当たり収量 |
|---|---|---|---|---|---|---|
| | $cm$ | | 個 | $g$ | $g$ | $kg$ |
| 福井在来 | 36×12(2条) | 150 | 7.0 | 22.7 | 3.2 | 3.4 |
| 〃 | 〃×9 〃 | 200 | 6.9 | 19.5 | 2.8 | 3.9 |
| 玉ラッキョウ | 〃×9 〃 | 200 | 12.9 | 16.4 | 1.2 | 3.3 |
| 福井在来 | 〃×6 〃 | 300 | 7.0 | 17.0 | 2.4 | 5.1 |
| 玉ラッキョウ | 〃×6 〃 | 300 | 12.8 | 13.8 | 1.1 | 4.1 |
| 福井在来 | 〃×12(1条) | 90 | 7.8 | 24.2 | 3.4 | 2.2 |
| 〃 | 〃×9 〃 | 120 | 6.9 | 23.2 | 3.4 | 2.8 |
| 玉ラッキョウ | 〃×9 〃 | 120 | 13.3 | 20.0 | 1.5 | 2.4 |
| 福井在来 | 〃×6 〃 | 180 | 7.2 | 20.5 | 2.8 | 3.7 |
| 玉ラッキョウ | 〃×6 〃 | 180 | 12.5 | 17.6 | 1.4 | 2.2 |
| 〃 | 〃×3 〃 | 360 | 11.9 | 12.2 | 1.0 | 3.7 |

れる。また，同一栽植距離では，一株2球植えにすると，種球は2倍必要だが収量は上がっている。しかし，1株2球植えは面積当たりの種球数のかわらない密植区の1球植えに比べると，収穫球数が少なく，かなりの減収となっている（第7表）。この結果から，同一種球数を植えつけるなら株間をせまくしても1球植えのほうが有利であるといえる。規格別構成をみると，密植ほど小球（S級品）の占める割合が多く，平均1球重も小さい。

国富らも同じように栽植密度を高くしたほうが小球化して，単位面積当たりの球数が多くなり，総収量もあがることを認めているが，あまり密度を高めると，花ラッキョウとしても小さすぎる1$g$以下の屑球の割合が多くなり，かえって不利となることを指摘し，一年掘りの花ラッキョウでは $3.3m^2$ 当たり250球ていど（36 $cm$×7.5$cm$ 2条植え）がよいとしている（第9表）。

また，福井県では大球種（在来種）は，30$cm$×12$cm$ 2球植えの，二年掘り栽培を行なっているが，輪作や病害虫（ダニなど）の回避のためには一年掘りのほうが有利なので，$3.3m^2$ 当たり250〜300球（36$cm$×7$cm$）二条植えを推めている。

植えつけの深さについては，第10表のように浅植えすると分球が多く，収穫個数も増加し，球は長さが短く，丸みを帯び小球生産が容易だが，収量が上がらない。また，球の肥大に伴い株が開張するため，直射光線が球に当たって球が緑化しやすく，商品価値が著しく低下する。この点，土寄せなどの考慮が必要となる。また

第10表 植えつけの深さとラッキョウの生育，収量

(鹿児島県農試加世田試験地試験成績，1971)

| 植えつけ の深さ | 草丈 | 1a当た り収量 | 同左比率 | 株当た り球数 | 緑化球率 | 球の平均 | | 規格別重量割合 | | |
|---|---|---|---|---|---|---|---|---|---|---|
| | | | | | | 長さ | 球重 | L | M | S |
| | cm | kg | | 個 | % | cm | g | % | % | % |
| 3 cm | 32 | 125 | 89 | 10.5 | 65 | 3.1 | 5.3 | 0 | 46 | 54 |
| 6 cm | 41 | 141 | 100 | 9.7 | 35 | 3.4 | 6.6 | 6 | 61 | 33 |
| 9 cm | 45 | 181 | 145 | 8.8 | 0 | 4.2 | 9.3 | 39 | 51 | 10 |

注　品種：らくだ（5～6gの種球使用）
　　植えつけ：46年10月15日
　　畦幅：30cm，株間15cm
　　栽培地：鹿児島県砂丘地

所によっては，乾燥してダニ類の被害が多くなることもある。

逆に深植えでは分球が抑制されることもあって球の肥大充実がよく，1球重がかなり増大し，これが多収に結びつくが，安価なL級品の占める割合が多くなる。また，極端な深植えをすると発育が遅れ，長い小球となり，分球も少なくかえって減収となる。実際には6cmくらいに植えつけて好成績をあげているばあいが多いが，栽培地の条件をいろいろの面から検討して決めることが望ましい。

### (4) 植えつけ時期

第11表は植えつけ時期についての試験成績の一例で，生態的には早く植えつけたほうが，分球数も多く，収量が上がり結果がよいようである。しかし，実際には，前作や労力の競合，その他の関係もあるので栽培地によって検討されなければならない。なお，砂丘地のばあい，極端な高温乾燥は作業上の困難や，発芽抑制なども考えられるので，植えつけ時期の決定には，この点も考えるべきである。

## 5. 土壌条件と施肥

### (1) 土質

ラッキョウは草勢強健で吸肥力も強いので，開墾地や砂丘地のやせ地にもよくできる。第5，11表でも明らかなように，一般に砂地より埴壌

第11表 ラッキョウの植えつけ時期と生育，収量　　　（国富ら，1960）

| 品種 | 植えつ け月日 | 種球 産地 | 1株 分球数 | 1株重 | 1球重 | 3.3m² 当たり 収量 |
|---|---|---|---|---|---|---|
| | 月日 | | 個 | g | g | kg |
| 福井在来 | 8.30 | 粘質地 | 10.1 | 49.8 | 4.9 | 6.0 |
| 〃 | 〃 | 砂丘地 | 7.6 | 41.0 | 5.4 | 4.9 |
| 〃 | 9.9 | 粘質地 | 9.6 | 44.7 | 4.8 | 5.4 |
| 〃 | 〃 | 砂丘地 | 6.0 | 28.8 | 4.8 | 3.5 |
| 〃 | 9.19 | 粘質地 | 6.8 | 33.8 | 5.0 | 4.1 |
| 〃 | 〃 | 砂丘地 | 5.2 | 30.0 | 5.8 | 3.6 |
| 〃 | 9.29 | 粘質地 | 5.5 | 30.6 | 5.6 | 3.7 |
| 〃 | 〃 | 砂丘地 | 5.2 | 33.8 | 6.5 | 4.1 |
| 玉ラッキョウ | 8.30 | 粘質地 | 23.3 | 51.2 | 2.2 | 6.1 |
| 〃 | 〃 | 砂丘地 | 23.6 | 49.8 | 2.1 | 6.0 |
| 〃 | 9.9 | 粘質地 | 22.3 | 35.6 | 1.6 | 4.3 |
| 〃 | 〃 | 砂丘地 | 21.0 | 35.8 | 1.7 | 4.3 |
| 〃 | 9.19 | 粘質地 | 22.8 | 45.4 | 2.0 | 5.4 |
| 〃 | 〃 | 砂丘地 | 20.7 | 42.5 | 2.1 | 5.1 |
| 〃 | 9.29 | 粘質地 | 20.0 | 39.8 | 2.0 | 4.8 |
| 〃 | 〃 | 砂丘地 | 14.9 | 29.7 | 2.1 | 3.6 |

注　福井県での成績

土のほうが生産力が高いが，生産球の適当な大きさ，外観，しまり，品質などは，砂丘地産に及ばない。また，火山灰土のほうが生産力は大きいが，外観，品質ともに砂地産に及ばない点も同様である。

### (2) 生育に伴う無機成分含量の変化

第16図はラッキョウの生育に伴う無機成分の含有量の変化を示したもので，結果を要約するとつぎのようになる。窒素，加里，マグネシウムは第7図に示した生育相の第1期と第2期，すなわち，秋冬期に根にかなり多く含有される。

生育のステージと生理，生態

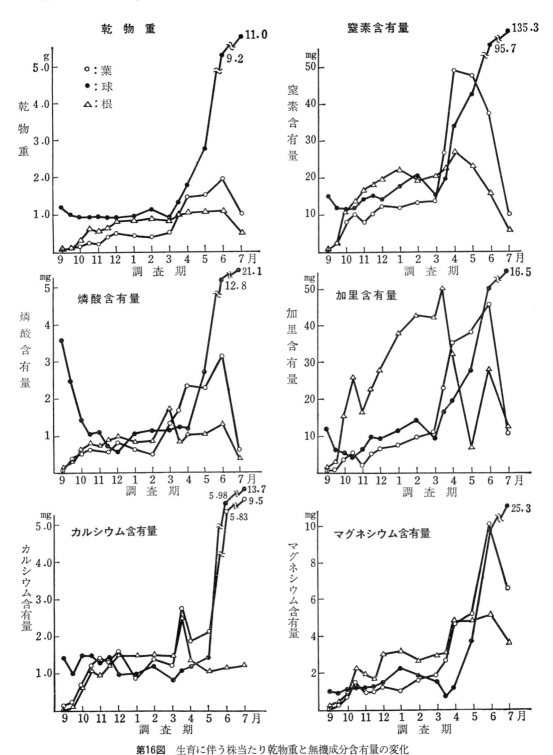

第16図　生育に伴う株当たり乾物重と無機成分含有量の変化

（佐藤ら，1970）

品種：鳥取地方在来種（らくだ）の5〜6g球　　植えつけ：8月24日

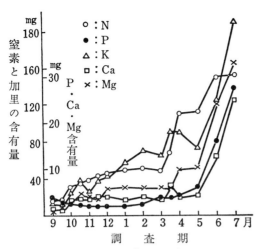

第17図 ラッキョウの生育に伴う株当たりの
各種無機成分の推移 （佐藤ら，1970）
注 品種，植えつけ時期は第16図と同じ

第13表 福井県砂丘地での窒素肥料施肥期に
関する試験成績 （国富ら，1960）

| 施肥方法 | 分球数 | 1株重 | 1球重 | 3.3$m^2$収量 | 比率 |
|---|---|---|---|---|---|
| | 個 | g | g | kg | |
| 元肥欠如 | 8.1 | 42.4 | 4.8 | 5.2 | 98 |
| 秋肥 〃 | 9.3 | 46.1 | 5.0 | 5.6 | 106 |
| 早春肥 〃 | 8.3 | 35.5 | 4.3 | 4.3 | 82 |
| 春肥 〃 | 7.9 | 38.4 | 4.9 | 4.7 | 88 |
| 全期施肥多肥 | 8.2 | 43.4 | 4.4 | 5.3 | 100 |
| 元肥欠如多肥 | 8.3 | 47.9 | 5.8 | 5.8 | 110 |
| 春肥 〃 〃 | 7.8 | 44.3 | 5.7 | 5.4 | 102 |

注 施肥期：元肥 9月13日　秋肥 10月10日
　早春肥 3月10日　春肥 4月10日
　10a当たりN：15.5kg　P：8.0kg　K：9.9kg　N多肥：20.7kg
品種：福井在来使用

第1期は根群の形成期なので，この結果は当然のことといえよう。したがって秋期に吸収される各成分は，量的には春期のそれに比べていちじるしく少ないけれども，春期の旺盛な生育を担う根群の形成上きわめて重要な役割をもつものと考えられる。

なお，第17図をみると株当たり燐酸の含量は2月ごろまで全く増加していないところから，種球の植えつけから2月ごろまでの間，地上部，地下部に含まれる燐酸は，ほとんど種球に依存しているように思われる。

春期すなわち第3期に吸収される量は，各成分ともにきわめて多い。また，それらの大半が地上部の葉に含まれ，マグネシウムをのぞいて，根の占める割合はかなり低い。さらに球の肥大に伴い球の占める割合が多くなる（第16図）。したがって，春期に吸収される各成分は，直接的に球の生長，すなわち収量に結びついているといえる。

燐酸は他の成分に比べて，量的には少ないが，成熟期に球へ集積する割合がきわめて大きい。この点からみてもタマネギ同様，球肥大期の燐酸の役割が非常に大きいものと考えられる。

以上の成績から，佐藤は1株1日当たりの各成分の吸収量を算出した。その結果は第12表に示すとおりで，秋と春に吸収のピークがみられるが，球の肥大が著しい5～6月の吸収量はとくに多い。

### (3) 施肥と収量，品質

前述のようにラッキョウは，やせ地でもできるが，収量を上げるためには適量の施肥が必要

第12表 各生育期のラッキョウの1株1日当たり養分吸収量　　（佐藤ら，1970）

| 月＼成分 | 9～10月 | 10～11 | 11～12 | 12～1 | 1～2 | 2～3 | 3～4 | 4～5 | 5～6 | 6～7 |
|---|---|---|---|---|---|---|---|---|---|---|
| 窒素 | 0.46 | 0.24 | 0.23 | 0.21 | 0.03 | −0.14 | 1.66 | 0.15 | 0.95 | 0.06 |
| 燐酸 | −0.04 | −0.02 | −0.01 | 0.0 | 0.02 | 0.05 | 0.01 | 0.07 | 0.26 | 0.31 |
| 加里 | 0.35 | 0.03 | 0.62 | 0.47 | 0.44 | −0.22 | 0.65 | −0.07 | 1.35 | 2.00 |
| カルシウム | 0.04 | 0.03 | 0.02 | −0.03 | 0.03 | −0.02 | 0.02 | 0.02 | 0.22 | 0.34 |
| マグネシウム | 0.05 | 0.03 | 0.06 | 0.02 | −0.02 | 0.0 | 0.12 | 0.0 | 0.37 | 0.30 |

注　1. 単位は mg
　　2. 数値がマイナスとなるのは，その時期に養分吸収がほとんど停止し，体内の消費量が吸収量を上回っているためと思われる

生育のステージと生理，生態

第14表　窒素の供給時期がラッキョウの収量と性状に及ぼす影響

（佐藤ら，1971）

| 窒素供給時期 8月9 10 11 12 1 2 3 4 5 6 | 分球数 | 球重 | 1球重 | 1球当たり分球芽数 | 窒素含有率 |
|---|---|---|---|---|---|
| A. 全期供給 | 7.2 | 49.0 g | 6.8 g | 2.0 | 1.67 |
| B. 秋期　〃 | 6.6 | 32.9 | 4.9 | 1.1 | 0.54 |
| C. 秋冬期〃 | 6.8 | 40.0 | 6.7 | 1.6 | 0.90 |
| D. 秋春期〃 | 6.0 | 39.0 | 6.7 | 1.8 | 1.11 |
| E. 冬期　〃 | 6.2 | 39.2 | 6.3 | 1.2 | 0.68 |
| F. 冬春期〃 | 6.4 | 44.6 | 7.0 | 2.0 | 1.24 |
| G. 春期　〃 | 6.6 | 32.3 | 4.9 | 1.2 | 1.00 |
| H. 全期無窒素 | 6.4 | 19.4 | 2.9 | 1.1 | 0.33 |

である。とくに砂丘地は地力が低く，肥料の流亡も多いため，施肥量を多くし，しかも適当の時期に分施しなければ効果があがらない。だいたい10a当たり窒素15〜20kg，燐酸7〜18kg，加里12〜15kgが標準量となっている。しかし，産地によっては，窒素35kg，燐酸22kg，加里30kgの多肥栽培を行なっているところもある（森1969）。

つぎに施肥期についてはいくつかの試験が行なわれているが，成績の傾向は必ずしも一致していない。第13表は福井県の砂丘地での窒素肥料施肥期に関する成績だが，早春肥，春肥の欠如が収量に最も影響している。

これに対して鳥取砂丘地での試験では第14表のように秋期，冬期，春期の3時期のうち，冬期に供給された窒素が球の生育を最も促進している。佐藤はこの結果から，各時期の窒素の役割についてつぎのような諸点をあげている。

秋期の窒素：地上部，地下部を拡大し，冬期の窒素の貯蔵容量を多くする。

冬期の窒素：地上部および地下部に貯蔵され，早春からの地上部展開，球肥大に関与する。

春期の窒素：地上部の展開および球肥大期の葉の同化能力の維持をする。

また，森田（1956）の試験でも，元肥，秋肥の重要性がみとめられている。いずれにしても砂丘地では追肥が必要であることは間違いのないことで，しかも，それぞれの時期の追肥がお

第15表　ラッキョウ用複合肥料の肥効試験成績

（国富ら，1960）

| 区 | 項目 | 分球数 | 1株重量 | 1球重量 | 1m²当たり収量 |
|---|---|---|---|---|---|
| 在来 | 慣行区 | 11.9 | 57.9 g | 4.9 g | 1,780 |
| | 複合肥料区(1) | 10.9 | 63.1 | 5.8 | 1,940 |
| | 複合肥料区(2) | 10.5 | 65.2 | 6.2 | 2,004 |
| 玉ラッキョウ | 慣行区 | 23.2 | 36.3 | 1.5 | 1,669 |
| | 複合肥料区(1) | 21.8 | 38.8 | 1.7 | 1,784 |
| | 複合肥料区(2) | 22.5 | 44.0 | 1.9 | 2,023 |

注　成分量は10a当たりN：20kg　P：7.8kg　K：13.2kg

のおの役割をもっているので，施肥時期は9〜10月，12〜1月，3月上旬ごろの3回ぐらいが適当と考えられる。

なお，産地によっては流亡の少ないラッキョウ専用の粒状複合肥料を，元肥および追肥用に設定し効果をあげているという（第15表）。

### (4) 亜鉛欠乏によるラッキョウの黄化症とその対策

ラッキョウの生理病としては亜鉛欠乏による黄化症をあげることができる。この症状は近年鳥取県の砂丘地にかなり広範囲に発生したもので，鳥取県農試で原因を明らかにし，亜鉛の葉面散布による対策がたてられた。つぎにその概要をのべよう（柳沢ら1970，1971，1972）。

①亜鉛の欠乏症状

草丈が低く，葉は全般に細く，新生葉は黄緑色を呈し，捻曲して光沢をおび，奇形葉となり，

外葉は下垂して一部の葉は先端から白く枯れ込み，株全体が黄化する。分けつは健全株に比べるとやや多く，1分けつ当たりの葉数はやや少なくなる。そして，ごく軽微なものを除き株全体がロゼット状となる。

②亜鉛欠乏の発生消長

場所，圃場によってかなりの差が認められるが，4月中旬〜5月中旬の発生がとくに多い。概して，発生時期の遅いものではほとんど回復しない。圃場での発生経過は，最初，圃場内の数個所に坪状に発生し，これがしだいにひろがって互いにつながり，ついには大きな発生集落となるばあいが多い。畑地造成，あるいは基盤整備直後の畑に多く発生し，年次の経過とともに発生は少なくなり，程度も軽微となる。

③土壌条件と亜鉛欠乏との関係

土壌中の亜鉛の絶対量が少ないことも一因となるが，それだけでなく，土壌酸度が高いため亜鉛が固定されたり，石灰，燐酸など他の土壌成分，あるいは肥料成分との関係から，亜鉛が不溶解性の形となるときに発生するものと考えられる。

また，地表面下50cm以下の深層土は，地表面下10cmの表層土に比べ，土壌中の亜鉛含有量，腐植含有量が少なく，pHが高いなど，亜鉛が固定されやすい。つまり亜鉛欠乏が発生しやすい状態にある。このことが，基盤整備地や畑地造成地に発生が多い原因と考えられる。

④亜鉛欠乏の対策

亜鉛の施用方法としては，葉面散布が効果が高いだけでなく資材が少なくてすむし，土壌蓄積による亜鉛の毒性も少ないなどの点からも，非常に有効であるとされている。散布剤は硫酸亜鉛（$ZnSO_4 \cdot 7H_2O$）の0.3％液に展着剤を加用し，1a当たり10lを5日おきに3回ぐらい散布するのが適当である（第16表）。

第16表 ラッキョウ黄化症に対する硫酸亜鉛（$ZnSO_4 \cdot 7H_2O$）の散布効果

（柳沢ら，1972）

| | 供試薬剤 | 濃度 | 回数 | 葉重 | 鱗茎数 | 鱗茎重 | 同左対健全比 | 平均1球重 |
|---|---|---|---|---|---|---|---|---|
| | | ％ | 回 | kg | 個 | kg | ％ | g |
| 1 | 硫酸亜鉛 | 0.1 | 1 | 4.31 | 1,878 | 2.40 | 60 | 1.3 |
| 2 | 〃 | 0.1 | 3 | 5.02 | 1,707 | 2.97 | 74 | 1.7 |
| 3 | 〃 | 0.3 | 1 | 5.16 | 1,650 | 2.88 | 72 | 1.7 |
| 4 | 〃 | 0.3 | 3 | 5.49 | 1,768 | 3.56 | 89 | 2.0 |
| 5 | 〃 | 1.0 | 1 | 6.14 | 1,860 | 3.54 | 89 | 1.9 |
| 6 | 〃 | 1.0 | 3 | 5.80 | 1,690 | 3.38 | 85 | 2.0 |
| 7 | 無処理 | — | — | 1.58 | 1,470 | 1.21 | 30 | 0.8 |
| 8 | 健全 | — | — | 5.00 | 1,494 | 3.99 | 100 | 2.7 |

### (5) 砂丘地での灌水と生育，収量

ラッキョウは，耐干性のきわめて強い作物で，どの産地でも，これまで無灌水で栽培されてきた。しかし，無灌水の慣行栽培法では，とくに砂丘地での乾燥期には充分な肥効は望めない。

佐藤らは鳥取県の砂丘地で秋期と春期の灌水試験を行ない第17表のような結果を得た。すなわち秋期灌水は秋，冬期の根と葉の生育を良好にし，また分球を促進して収穫時の球数を多くした。また，春期灌水は球の肥大を著しく良好にし，収量を増加させた。以上のことから，秋期と春期の灌水によって，品質のよい小球を多収することが可能なことがうかがえる。

第17表 砂丘地での灌水が生育，収量に及ぼす影響 （佐藤ら，1972）

| 処理区 | 灌水回数 | | | 灌水量（mm） | | | 分球数 | 株当たり球重 | 1球重 | 収量 |
|---|---|---|---|---|---|---|---|---|---|---|
| | 8月 | 9月 | 5月 | 8月 | 9月 | 5月 | | | | |
| | | | | | | | 個 | g | g | kg/m² |
| A．秋春灌水区 | 15 | 11 | 10 | 150 | 110 | 100 | 8.6 | 64.2 | 7.47 | 4.11 |
| B．秋灌水区 | 15 | 11 | — | 150 | 110 | — | 8.5 | 57.9 | 6.80 | 3.71 |
| C．春灌水区 | — | — | 10 | — | — | 100 | 6.8 | 63.5 | 9.30 | 4.06 |
| D．無灌水区 | — | — | — | — | — | — | 7.2 | 52.7 | 7.27 | 3.37 |

注 品種：在来種（らくだ）。6〜8gの種球使用
植えつけ：8月10日
重量はいずれも生体重

## 6. 品　種

ラッキョウの品種は大別して大球種と小球種に分けられるが，大球種は本邦各地でつくられている在来種が主で，在来種間には大きな差はないようである。小球種としては，玉ラッキョウが代表品種で，1年掘りで花ラッキョウとして好適である。

### (1) 玉ラッキョウ

熊沢により台湾から導入された品種で，草丈低く，葉は細くてややねじれる。分球はきわめて多く（10〜25球くらい），球は小さく（1.5〜2.5 g くらい），花ラッキョウとして好適品種である（第9, 11, 15表）。また，首はしまり，加工歩合が高く，白色で質は軟らかく臭気が少ない。ネダニに弱い傾向があるのが欠点としてあげられる。

### (2) らくだ

各地に栽培されている大球種で福井，鳥取，新潟，福島など各地の在来種が含まれる。草丈高く発育旺盛であるが，分球少なく（1年掘りで6〜9球），首の長い長卵形で玉が大きい（砂地で4〜10 g）。また球重分布の分散も大きい。収量は多いが，花ラッキョウの材料にするにはふつう1か所に2球ずつ植えつけ2年掘りを行なう。

### (3) 八つ房

らくだより分球多く，1球重もやや小さい。球はらくだより首がしまり，加工歩留まりはよいが，収量少なく品質もよくない。関東の火山灰土では，らくだより早生である。

執筆　八鍬利郎（北海道大学農学部）

1973年記

# 一年掘り栽培

## I 一年掘り栽培の意義と目標

### 1. 栽培法の意義

　ラッキョウは，肥料の吸収力が強く，やせ地にもよく生育する。したがって地力の低い火山灰土や埴壌土でも古くからつくられているが，砂丘地の適作物として，近年鳥取県福部砂丘，北条砂丘，福井県三里浜砂丘，鹿児島県吹上浜砂丘などで広く栽培が行なわれている。

　砂丘地のラッキョウは，土砂の付着が少なく，収穫調製作業が容易であるばかりでなく，純白で鱗葉の締まりがよく，外観品質ともにすぐれている。さらにラッキョウが砂丘地の適作物として定着した理由としては，砂丘地の無灌水作物として重宝がられたこと，また飛砂の激しい冬の季節までに茎葉がかなり繁茂して，地面を被覆するため，飛砂の被害を受けることが少ないといった生態的な有利性のあることにもよると思われる。

　火山灰土や埴壌土畑でラッキョウを栽培するばあいには，一年掘りでは，球の肥大が著しく，以前東南アジア方面にカレー食用として使うため，約18g以上の大球を輸出していたこともあったが，全般的に漬物用としては大球すぎ，さらに1年畑に据え置き，小球化したものを掘り取っていた。

　砂丘畑でも，福井県の三里浜では，生産から加工まで一貫生産が行なわれており，小粒の，いわゆる花ラッキョウを生産するため，1年畑に据え置いて，二年掘り栽培が行なわれている。しかし一般的にいって，二年掘り栽培は在圃期間が長いため，ネダニおよび土壌病害の増加による生産の不安定なことが問題となる。生産ラッキョウの小粒化をはかるためには，品種，種球の大きさ，施肥法などによる対応が可能であり，多くの砂丘地では，土地利用および生産性の点で，一年掘り栽培の作型が主流を占めているものと考えられる。

### 2. 生育相

　ラッキョウの生育相を模式図で示すと第1図のようである。

　通常8月中下旬ごろに植え付けたラッキョウは，9月に入ると出葉，発根がみられる。この

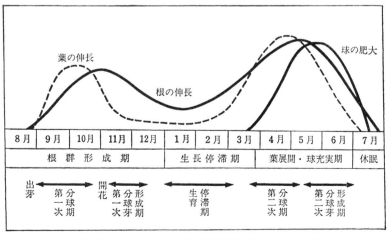

第1図　ラッキョウの生育相模式図（品種：らくだ）

各作型での基本技術と生理

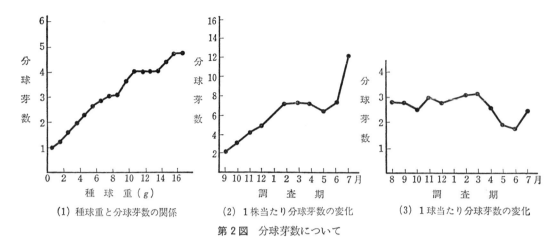

第2図　分球芽数について
(1) 種球重と分球芽数の関係
(2) 1株当たり分球芽数の変化
(3) 1球当たり分球芽数の変化

間，種球内の分球芽は徐々に発育し，10月から11月には分球する。これが第1次分球である。この分球数は種球の大きさと関係があり，おおむね種球の大きいものほど多い。すなわち植付け時の種球内の分球芽数と年内の分球数はだいたい一致する。秋季独立した分球は発育が進んでゆくと，内部に新しい分球芽が育ってくる。

一般に12月以降寒さが進むにつれて，地上部，地下部とも生育は緩慢となる。植付けからこの時期までの間の肥料養分の吸収，すなわち，栄養状態は，翌春4月以降の生育に重要な関係をもつ。

特に冬の葉の生育が停滞している時期にも，根の生育活動はつづいており，この時期の肥効はおろそかにできない。この点が第3図によくあらわれている。また暖地では，この時期にも多少の分球芽の形成がみられる。

地上部茎葉の生長は，春気温の上昇とともに急速に進む。とくに第2次分球が進むにつれて葉数を増し，葉重も増加する。

逐次分球独立した球は，春4月に入り，長日の刺激が加わるにつれて，茎葉基部は肥大を開始する。このことは，葉とくに葉鞘の肥大による鱗葉化の進行であり，全体として球形化する。また気温の上昇は，この球の肥大を助長する。

球形化の進行に伴い内容成分も増加し，充実

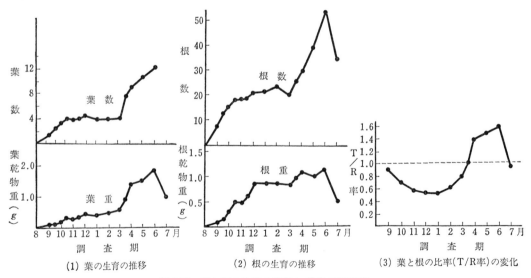

(1) 葉の生育の推移
(2) 根の生育の推移
(3) 葉と根の比率(T/R率)の変化

第3図　葉と根の生育の推移とT/R率の変化

する。ついで葉が枯れ，7月に入り暑さが厳しくなると休眠期に入る。

このようにしてラッキョウは1年で生育のサイクルを終了する。漬物用としての掘取り利用は，おおむね球形化が進み，内容成分も逐次充実してくる5月下旬から6月中下旬に行なわれる。収穫があまりおそくなると，鱗葉外皮が硬化して繊維質が増加し，品質が低下する。

### 3. 栽培法の生理的意義

ラッキョウは，エシャロット栽培以外はほとんど漬物用として栽培されるが，ラッキョウ栽培においては，要求される生理的分野の配慮は，他の野菜に比べてそれほど大きくない。その年の気象条件を勘案し，病虫害発生との関連に留意して，施肥を適切に行なうことが最も注意を要する点であろう。

以下一般的な栽培法の生理的意義について述べる。

ラッキョウ栽培で，収量を高めるには，球重型のらくだ種では，6～8g以上の大球を種球として用い，年内に第1次分球で少なくとも2～3球くらいに分球させ，春の第2次分球で10球前後の分球数を確保することが必要である。

ラッキョウの収量は，単位面積当たりの球数（株数×1株分球数）×球重で決まる。したがって，栽培にあたっては栽植密度を，その土地に合わせて適度に設定することが，収量をあげるためきわめて重要である。

ラッキョウの根群特性は，横に広がるよりも，むしろ垂直方向に伸びるタイプであり，密植によりかなり増収する傾向がある（第1表）。

砂丘畑でらくだ種を用いたばあい，種球6～8g，1球植えで，株間6～7cm，2球植えであれば10cmていど，また種球10g以上の大球であれば，12cmていどの株間とする。玉ラッキョウのばあいは3gていどの小球であっても20球以上に分球するので，株間は10cmていど必要である。

条間は，土壌条件，植付け時期，種球の大小，風当たりの強弱などにより異なるが，砂丘畑では通常20～30cmとする。条間はあまり広くとると，むだなばかりでなく，砂丘畑では，晩植で葉が充分繁茂していないばあいなど，秋から冬の季節風により飛砂の害をうける。また，あまり条間が狭いと，春になって葉が重なり，むれを起こし生育を阻害する。

火山灰土や埴壌土畑では条間を30～40cmとするばあいも多い。

砂丘畑で条間を25cm，株間を10cmとすれば，$1m^2$当たり40株，1株分球数10球，1球重5gとすれば，10a当たり収量は2,000kgとなる。また1株2球として，1株分球数15球，1球5gとすれば，10a当たり3,000kgとなる。

鳥取県下の砂丘畑では，各植付け株の相互干渉を生じない限界の密度として，通常条間24cm，株間7～8cmていどの密度に植えているが，これで$1m^2$当たり50株，種球の所要量は，らくだで1球重平均7～8gのものであれば，10a当たり350～400kg必要である。また玉ラッキョウで1球重平均3～4gとすれば，10a当たり150～200kg必要とされている。

植付けの深さは，生育および品質に大きく影響する。深植えでは分球数が少なく，また球が細長くなり，調製時の加工歩留りが減少するだけでなく，心抜球を生じ，品質の低下をもたらす。逆に浅植えは，よく分球し，歩留りのよい丸型のラッキョウが生産されるが，過度に浅い

第1表 栽植密度と収量　　　（鹿児島農試加世田試験地，1980）

| うね幅×株間 | 株当たり葉重 | 株当たり分球数 | $m^2$当たり分球数 | 1球平均重 | 株当たり球重 | 収量 | 収量比 |
|---|---|---|---|---|---|---|---|
| cm cm | g | | | g | g | kg/a | |
| 30× 5 | 17 | 10.8 | 720 | 4.8 | 52 | 347 | 100 |
| 30×10 | 26 | 11.1 | 382 | 6.1 | 68 | 226 | 65 |
| 30×15 | 29 | 11.2 | 247 | 7.0 | 78 | 173 | 50 |
| 30×20 | 36 | 11.8 | 197 | 7.2 | 87 | 146 | 42 |

注　品種：らくだ（加選4号），球重5.4g，植付け深さ8～9cm

と，肥大した鱗葉が砂上に露出し，表面に葉緑素を形成し，いわゆる青玉（青子）となり，品質を著しく損ずる。特に種球が大きく2次分球数が過度に多くなると，分球した球がせり上がり露出しがちとなる。したがって大球は少々深く植える必要がある。植付けの深さは，7〜8gの種球のばあいは7〜8cm，10g以上もの大球であれば10〜12cmくらいが適切である。

## 4. 栽培目的による生育の特色

ラッキョウの一年掘り栽培では，品種の生態分化の少ないこともあって，作期として区分しうるものはない。すなわち早掘り栽培も普通掘り栽培も，それほど大きな作期の変化はない。ただ，軟白茎葉を目的として栽培するエシャロット栽培は，むしろ作型の差異ともいえるものである。

ただ種球用生産は，産地によっては販売用として栽培したものの一部を利用しているものもあるが，病虫害防除の徹底，球の肥大充実をはかるため区別するのがのぞましい。

### ①早掘り栽培の有利性

ラッキョウは日本の各地域で栽培されているが，出荷時期が早いほど価格が高く，春早く気温の上昇する高知県は5月上旬，徳島県の鳴門は5月中旬，鳥取県の福部は5月下旬をめどに早期出荷に力が注がれ，それぞれ工夫して早掘りのための技術開発に努めている。各産地とも出荷期間は1か月から40日くらいにわたっており，南向斜面の畑とか，防風のよい畑など生育の進む畑に重点をおいて，植付け，施肥面に考慮をはらい，早掘り用にあてている。

### ②種球用栽培の意義

ラッキョウは増殖率がそれほど大きくない。種球は通常ラッキョウ栽培面積の20％くらい必要である。種球は食用あるいは販売用ラッキョウとは異なる素質が要求される。

食用として販売されるラッキョウは，大球よりも小球が消費者から好まれ，価格も高い。この傾向は関東より関西に著しい。すなわち生産の重点が，S，M級におかれる。しかし，種球としては分球芽を多数内蔵している大球，L級が増収のためにのぞましい。

また，種球としては病虫害に罹病していないことが絶対に必要であり，この点栽培にあたって特に病害虫防除に努めるなど，一般栽培とは別に種球用畑を設けて栽培することが必要である。特にラッキョウの集団産地で，大規模の栽培を行なっているばあいは，この点が強く要求される。

## 5. 栽培の立地条件と品種の生かし方

### ①品　種

ラッキョウは古くから栽培されているが，品種の生態分化は顕著でない。また品種改良も進んでいない。したがって各地の在来種といわれるものが多く栽培され，それらの間にあまり大きな差異はみられない。

現在栽培されている品種を大別してその特性を示すと次のようである。

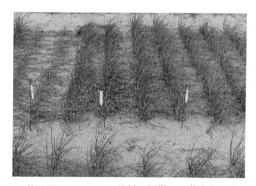

第4図　ラッキョウ品種の圃場での草姿（4月）
左：玉ラッキョウ，中：八つ房，右：らくだ

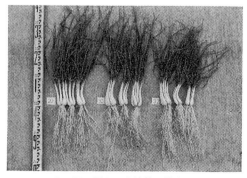

第5図　掘上げ水洗後の草姿（4月）
左：らくだ，中：八つ房，右：玉ラッキョウ

**らくだ** 日本各地で栽培されている在来種の大部分がこれに属し，分球数8～10個，1球重5～8gていどの大粒種である。早生型。

**八つ房** らくだから分化したといわれる分球型の中粒種で，分球数15～20個，1球重3～5gていどである。中生型。

**玉ラッキョウ** 昭和13年熊沢氏が台湾から導入し，命名したもので，分球数20～25個，1球重2～4gの小粒種である。晩生型。

福井農試で，福井県在来らくだ種の系統分離により，やや小粒分球型の浜四号(後に九頭竜と命名)を育成した。従来の二年栽培であった花ラッキョウの一年栽培への転換を目標としたものである。

筆者も鳥取大学砂丘研で，福部在来らくだ種の系統分離を行ない，多くの系統を得たが，これらは第2表に示しているように，2つのタイプに大別できた。

**福部系A** 葉色淡く淡緑色で，葉は細く，葉数多く半立性，分球がやや多く球数型，早生型(代表的系統：福部11号，福部20号)。

**福部系B** 葉色濃く濃緑色で，葉が太く，ワックスが多く，草型は開張性，球重型，晩生種(代表的系統：福部25号，福部26号)。

②立地条件と品種の選択

鳥取県東部の福部砂丘と中部の北条砂丘は，自然立地条件において，かなり異なった性格をもっている。前者は標高50～60m，開発年次の浅い砂丘畑で，砂粒子が粗い白砂で，腐植含量

第2表 らくだの系統分離による育成種

| 分類 | 系統名 | 1株球重 | 1株球数 | 1球重 |
|---|---|---|---|---|
| 福部系A | 福部11号 | 41.9g | 9.0 | 4.9g |
| | 福部20号 | 43.6 | 8.3 | 5.4 |
| 福部系B | 福部25号 | 44.1 | 7.0 | 6.4 |
| | 福部26号 | 44.7 | 7.4 | 6.2 |
| (参考) | 九頭竜 | 29.2 | 9.5 | 3.3 |

注 1970～1976年，7年間平均値

少なく，熟畑化も進んでいない。

後者はほとんど平坦な砂丘畑で，開発の歴史も古く，腐植の集積もかなり多くて灰褐色を呈し，熟畑化が進んでいる。

両砂丘ともラッキョウ栽培はさかんで，前者は170ha，早掘り洗いラッキョウ重点の産地，後者は90ha，普通掘り荒ラッキョウ重点。栽培品種は，前者が早生の分球の少ない大粒性のらくだ種，後者は晩生の分球型小粒種の玉ラッキョウである。

両地域で試みに，品種を交換して栽培したところ，福部砂丘の玉ラッキョウは，たくさん分球したが，球重1g以下の商品価値のないものが多く生産された。他方，北条砂丘でのらくだ種は分球数少なく，また価格の安い過度の大球を生じ，収益をあげえなかった。

以上の結果からみて，品種の選択は，それぞれの立地条件，特に土壌条件に合ったものでなければ，充分な成果をあげえないことを示している。在来種は，おおむねそれぞれの地域に合

第3表 らくだ(福部)と玉ラッキョウ(北条)の特性比較

| 特 性 | らくだ(福部) | 玉ラッキョウ(北条) | 特 性 | らくだ(福部) | 玉ラッキョウ(北条) |
|---|---|---|---|---|---|
| 草 姿 | 半立性 | 半開張性 | 施肥重点時期 | 元㊗春 | 元㊗㊗ |
| 葉 長 | 中 | 長 | 耐 肥 性 | 小 | 大 |
| 葉 幅 | 太 | 細 | 耐 寒 性 | 大 | 中 |
| 葉 色 | 濃緑 | 淡緑 | 早 晩 性 | 早 | 晩 |
| 葉のワックス | 多 | 少 | 春の立上がり | 早 | 晩 |
| 首の太さ | 太 | 細 | 休 眠 性 | 早 | 晩 |
| 鱗 葉 形 | 紡錘形 | 丸形 | 種球必要量(10a) | 300～400kg | 200～250kg |
| 分 球 数 | 6～10 | 20～25 | 球の色沢 | 白 | 純白 |
| 1 球 重 | 5～9g | 2～4g | 歯切れ | 良 | 中 |
| 開花株数 | 多 | 少 | 洗の歩留り | 80% | 85% |
| 土壌適性 | やせ地 | やや肥沃地 | 調製適性 | 洗向き | 荒向き |
| 植付適期 | 8月中旬 | 9月中旬 | 平均収量(10a) | 2000kg | 3000kg |

ったものが，その土地の栽培技術と結びついて選ばれ，現在に至っているとみられる。

このことは，安易に他産地の品種を導入しても成果をあげえないことが多く，その土地に合った適品種の選定には慎重を期さなければならないことを示している。

福部のらくだと，北条の玉ラッキョウの品種特性を対比して示すと第3表のようである。

## II 栽培技術の要点

### 1. 生育経過と技術の要点

ラッキョウの生育相の概要については，すでに述べたが，ここでは特に早掘り栽培の生育経過と技術的留意点，ならびに種球用栽培における生育経過とその栽培上の要点について述べる。

①早掘り栽培技術の要点

早掘り出荷が有利であることは，前に述べたが，ここでは早掘り栽培について少し詳しく述べてみよう。

早掘り栽培は，通常5月上旬から下旬ころ市場に出荷するもので，6月以降の出荷に比べて，特に次の点が技術的に考えられなければならない。

**早熟系統の利用** らくだは玉ラッキョウに比べて早生型である。らくだにも地域によりかなり早晩性に差異があり，またそれぞれの地域の在来種も遺伝的には，かなり雑駁なものであって，各種形質が混在している。したがって，このなかから早生系で増収型のものを選抜し，これを増殖して利用することがのぞまれる。

**早期植付け** ラッキョウは7月下旬休眠がとけ，8月に入ると外界の条件がととのえば出芽，発根する。したがって，8月上旬に植え付ける。しかし，この時期は高温乾燥期であり，灌水を行なうことによって，かなり地温を下げ，水分を補給し，生育を促進することができる。砂丘研で8月10日植付け，適時灌水して，9月27日初期生育について調査したところ第4表に示すように，灌水区は葉数，葉長，抽台率ともに，無灌水区に比べて，かなり進んでいることが知られた。このように夏季植付期の灌水は，明らかに初期生育促進効果の顕著なことを示している。

**施肥** 早掘り栽培においては，春先の肥効に留意しなければならない。球の肥大を促すためには，年内に茎葉および根の発育，充実を促し，春の施肥を早めに切り上げて，適当な時期に球の肥大生長への転換をはかることが必要である。しかし，地力の乏しい砂丘畑のばあい，春先の肥効，特に窒素濃度が急激に低下すると同化作用も低下し，鱗葉の肥大がさまたげられ，球重が低下し，収量があがらなくなる。この点鱗葉肥大期の栄養状態については，その年の気象条件，栽培圃場の地力の状態なども勘案して，時には玉肥など後期追肥についても考慮しなければならないことが生ずる。

**収穫** 早期出荷が有利であるといっても，未熟なものを収穫したのでは，加工段階で軟化し，品質を落とす。内容成分的に充分成熟したものを収穫しなければならない。成熟の指標については後述するが，外観と同時に内容成分的な成熟が重視されなければならない。

生育を促進するための環境条件としては，同一砂丘地でも北側斜面よりも南向斜面や防風垣により北風を遮っているところは春先の地温ならびに気温の上昇も早く，かなり生育が進み成熟が促進されるものである。

②種球用栽培の要点

種球としての具備条件としては，まず病原菌や害虫に侵されていないことが大切である。特に近年ウイルス汚染の問題が注目されている。最近では生長点培養により，無病組織を得て，

第4表 植付け時灌水効果

| 区 | 葉 数 | 葉 長 | 抽台率 |
|---|---|---|---|
| 灌 水 区 | 8.15 | 19.0 cm | 15.0 % |
| 無灌水区 | 5.25 | 10.4 | 5.0 |

注 植付期：8月10日，調査日：9月27日

これを組織培養により大量増殖する効率的方法が開発され，ウイルスフリー種球の育成が行なわれるようになった。

種球用栽培では，できるかぎりこれを利用すべきである。その他ネコブセンチュウ，ネダニなど害虫に汚染されていないことも必要である。さらに植付け初期発病の多いフザリウム菌による乾腐病も種球からもたらされるので，植付け前の種球消毒は当然行なうとしても，種球生産の段階で無病種球生産を心がけるべきである。これがためには，ラッキョウ連作畑をさけることも大切であり，また種球生産畑では病虫害の徹底防除を行ない，無病虫種球生産を行ない，本畑に病虫害を持ち込まないようにしなければならない。

次に種球は，分球芽を多く内蔵する充実した大球を生産することが大切である。これがためには，分球をあるていど抑制し，個々の球の充実肥大を促すことが必要で，したがって，使用する球は，むしろ小～中球が好ましい。

次に種球生産圃場における施肥については，充分留意しなければならない。特にカリの増施は球の肥大を促し，またリン酸を増施することにより植付け後の発根を旺盛にし，初期生育を促進する効果が認められている。特に種球生産では在圃期間が長いので，生育後期の球の肥大充実期に肥効が切れないよう注意して施肥することが必要である。

大球生産のためには，土壌条件としては，砂土よりも地力の高い埴壌土畑を利用するのがよいともいわれている。近くに適当な条件をもった圃場が得られれば，種球生産用として利用することも考慮すべきであろう。

## 2. 肥料の吸収と施肥

### ①肥料の吸収

ラッキョウの生育に伴う肥料成分の吸収状況について分析した結果を，数量的に示すと第5表のようである。

各肥料成分とも秋と春に多く吸収がみられる。ラッキョウの生育相は，前述のように，第1期は根群形成期，第2期は生育停滞期，第3期は葉の展開および球充実期の3期に大別される。

窒素，カリおよびマグネシウムは第1期と第2期の間，すなわち秋冬期にかなり多く吸収され，根群の形成に役立っている。もちろん生育初期には，種球の保有成分の役割が大きく，生育初期の葉や根に移行する窒素，リン酸，カリ，特にリン酸の量がかなり多いことがうかがわれる。

春すなわち第3期に吸収される量は各成分ともにきわめて多い。また，それらの大半が葉に含まれ，マグネシウムをのぞいて根の占める割合はかなり少ない。さらに球の肥大に伴って各成分の球内に含まれる割合はきわめて多くなる。

春に吸収される各成分は直接的に球の生長，すなわち収量に結びついているといえる。

窒素，リン酸，カルシウムおよびマグネシウムは各期間の含量増加がほとんどみられない。しかし，これに反してカリは冬期間にもかなり吸収され，特に根におけるカリの含量が多い。またリン酸は他の成分に比べて量的には少ないが，成熟期に球へ集積する割合がきわめて多い。同属のタマネギがリン酸の肥効が著しいことを

第5表 生育時期と1日当たり各養分吸収量

| 肥料成分 | 生　　育　　時　　期（月） | | | | | | | | | |
|---|---|---|---|---|---|---|---|---|---|---|
| | 9～10 | 10～11 | 11～12 | 12～1 | 1～2 | 2～3 | 3～4 | 4～5 | 5～6 | 6～7 |
| 窒　　素 | 0.46 | 0.24 | 0.23 | 0.21 | 0.03 | −0.14 | 1.66 | 0.15 | 0.95 | 0.06 |
| リ ン 酸 | −0.04 | −0.02 | −0.01 | 0.00 | 0.02 | 0.05 | 0.01 | 0.07 | 0.26 | 0.31 |
| カ　　リ | 0.35 | 0.03 | 0.62 | 0.47 | 0.44 | −0.22 | 0.65 | −0.07 | 1.35 | 2.00 |
| カルシウム | 0.04 | 0.03 | 0.02 | −0.03 | 0.03 | −0.02 | 0.02 | 0.02 | 0.22 | 0.34 |
| マグネシウム | 0.05 | 0.03 | 0.06 | 0.02 | −0.02 | 0.00 | 0.12 | 0.00 | 0.37 | 0.30 |

注　単位：$mg/day/plant 1$
　　マイナス数値は体内消費量が吸収量を上回ったものと推定される

考えると，ラッキョウにおいても，球の肥大期におけるリン酸の役割の大きいことが予想される。

窒素の施用時期について試験した結果では，冬期から早春に体内の窒素濃度を高めることが，春の葉の展開，球肥大に大きく寄与することが明らかであり，特に5月の早掘り出荷をめざすばあいは，2月10日ごろ，6月収穫のばあいは3月10日ごろを止め肥のめやすとするのがよいことがわかった。

② 施　肥

従来ラッキョウの施肥については，腐敗病の発生を警戒して，有機質肥料は施用せず，また，ネダニの被害が増加するので，堆厩肥の施用も行なわれなかった。しかし，近年これら病虫害防除法が確立され，さらにラッキョウの嗜好も変わり，市場での球の大小による価格差も少なくなり，M級，L級の生産による増収をめざして，従来より地力増進，肥料増施による多収への方向がでてきている。

ラッキョウの病害で最も大きな被害をもたらしていた白色疫病は，10月から12月にかけて数回の薬剤散布により防除が可能となったが，この病原菌はアルカリ性を好み，土壌がアルカリ性を呈するばあい発病した。そこでカルシウムの施用を極端に少なくする対策がとられた結果，pH4ていどの強い酸性土壌が多くみられるようになった。ところがこのような畑では酸性を好む黒腐菌核病が多発し問題となっている。砂丘畑は土壌の緩衝能が小さく，pHの変動が大きいので，施肥にあたって絶えず土壌のpH値について留意することが必要である。

## 3. 開花と収量関係

ラッキョウの抽台の生理的意義については，これまで充分明らかにされていなかった。

ラッキョウの花序は，5～6月の長日温暖期に鱗葉化した葉に近い節位に分化し，休眠がさめた後徐々に発育し，10月中旬花茎を抽出し開花する。開花時のラッキョウ畑はまことに美しい景観を呈するが，このことが球生産にどのように影響を与えるのかよく知られていなかった。

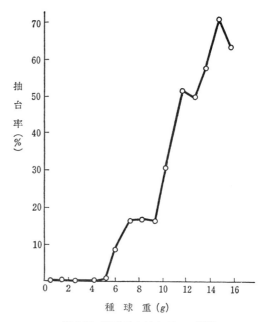

第6図　種球重と抽台率との関係

筆者らは球重7～8gのそろった種球を用いて，抽台株と不抽台株を比較したところ，不抽台株のほうが葉数，分球数および球重が大であった。またチューリップの球根生産では摘花作業を行なっているが，ラッキョウでも摘蕾したばあいは放任開花または花茎切除したものよりも分球数，収量などが増加した。このことは，開花による養分消耗，ひいては開花が収量に影響を与えていることを示すものである。

しかし他方，抽台率は，第6図のように種球重に関係が大きく，5g以下の種球ではほとんど抽台がみられず，6～10gで10～30％，11～15gで30～70％の抽台率が認められている。開花に関係する因子はもちろん種球重だけではないであろうが，ラッキョウ栽培地帯で，畑の開花状況をみれば，おおむね使用種球の大きさが推定される。すなわち，よく開花している畑では種球として大球が使用されており，分球数も多く，したがって，収量も多くなるものと推定される。

## 4. 植付け時の地温

ラッキョウの植付けは8月上旬から9月中旬にかけての気温，地温の高い時期に行なわれる。

一年掘り栽培（ラッキョウ）

第6表 灌水が1日における地温30℃以上の時間割合に及ぼす影響

| 月 日 | 地表面 | | 地下 10cm | | 地下 20cm | | 地下 30cm | |
|---|---|---|---|---|---|---|---|---|
| | 無灌水区 | 灌水区 | 無灌水区 | 灌水区 | 無灌水区 | 灌水区 | 無灌水区 | 灌水区 |
| | % | % | % | % | % | % | % | % |
| 8月19日 | 79.3 | 37.9 | 100.0 | 51.7 | 100.0 | 55.1 | 100.0 | 100.0 |
| 8月20日 | 47.9 | 27.0 | 58.3 | 29.1 | 100.0 | 22.9 | 100.0 | 0 |
| 8月21日 | 47.9 | 31.2 | 60.4 | 43.7 | 100.0 | 37.5 | 100.0 | 0 |
| 8月22日 | 46.8 | 43.7 | 34.3 | 31.2 | 100.0 | 31.2 | 100.0 | 29.1 |

注 8月19日10～12時スプリンクラー灌水（約2.5mm灌水），水温22.2～25.0℃

ラッキョウの種球は，6月中旬に花房が分化し，その後7月下旬ごろまで休眠に入る。休眠期間は短く，8月上旬には芽が動き始める。早掘り出荷をめざすばあいは，この時期に植付けが始まる。

しかし，ここで問題となるのは，この時期は真夏で，干天がつづき，砂丘畑では地温が40～50℃にも達し，非常に乾燥しており，種球の出芽，発根のためにはよい条件ではない。

そこで，植付け時灌水を行ない地温を下げ，また水分の補給を行なうことがのぞましい。

灌水による地温低下の状況は第6表のようである。この表は通常の方法でスプリンクラー灌水を行なったばあい，灌水によって，1日における30℃以上の地温の時間割合がどのようにちがうか測定したもので，かなり顕著な効果があらわれている。

夏にポットに植えたラッキョウを，人為的に地温を下げ，自然地温より10～15℃低い状態においたばあいのラッキョウの生育状態を示すと，第7図のようにかなり大きな差異がみられる。

この点過高地温を下げることは，植付け初期のラッキョウの生育を進める点で，かなり効果があるものとみられる。

## 5. 雑草防除

ラッキョウ畑は，植付期から初冬期に特に雑草の発生が多い。

砂丘畑の雑草の種類としては，植付け後から夏の間はメヒシバ，ついで10～11月にはナギナタガヤが最も多く，これらの雑草はトレファノサイドなどの除草剤の散布により防除する。メヒシバの多い畑は8月中下旬，砂が落ちついて植付け溝が平らになったころ，10a当たりトレファノサイド乳剤200ccを水80～100lに溶かし，加圧噴霧器で全面に散布するか，またはトレファノサイド粒剤4kgを散布する。8月上旬の早植えのばあいは，降雨を待って雑草の発生をみてから散布する。散布は夕方か降雨後，あるいは散水後の湿っているときに散布すると効果が大きい。

ナギナタガヤの多い圃場では，細根の繁茂が

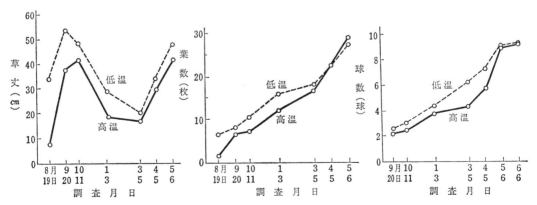

第7図 地温と草丈，葉数および球数との関係

第7表 灌水が生育・収量に及ぼす影響

| 処理区 | 灌水回数と灌水量 | | | 分球数 | 1株球重 | 1球重 | 収量 |
|---|---|---|---|---|---|---|---|
| | 8月 | 9月 | 10月 | | | | |
| A 秋春灌水区 | 15回 150mm | 11回 110mm | 10回 100mm | 8.6 | 64.2 g | 7.47 g | 4.11 kg/m² |
| B 秋灌水区 | 15 150 | 11 110 | — — | 8.5 | 57.9 | 6.80 | 3.71 |
| C 春灌水区 | — — | — — | 10 100 | 6.8 | 63.5 | 9.30 | 4.06 |
| D 無灌水区 | — — | — — | — — | 7.2 | 52.7 | 7.27 | 3.37 |

著しいので，10月下旬に手取り除草を行なうか，あるいはかるく中耕・除草を行なってから散布すると有効である。

## 6. 灌水時期と効果

ラッキョウは耐干性が強く，無灌水でも枯れることはない。しかし，砂丘畑では夏の高温乾燥のはげしい植付け時期と，春の5月ころの球肥大期に乾燥するばあいには，灌水を行なうと効果が大きい。第7表にみられるように，夏秋季の灌水は，秋冬季の根および葉の生育をよくし，特に分球を促し，球数増加の効果が期待される。また春季の灌水は，球の肥大を著しく良好にし，1球重を増し，収量増加の効果が期待される。

## 7. 適期収穫，成熟指標

ラッキョウの早掘り栽培においては，未成熟のものを出荷して市場の不評をかう例が多い。そこで収穫適期のめやすとなる成熟指標を見出すことが必要である。成熟状態を知るため，いろいろの角度からラッキョウの外観を観察し，また内容の質的測定を行なって，適切な指標について模索した。その結果を列挙してみると次のようである。

①成熟期の初めごろから草丈の低下が始まり，その後急速に低下を示す。
②葉の部分の衰退と，球重の増加により球重歩合がしだいに上昇を示す。
③心葉数が1.0〜1.5枚に減少して安定する。心葉の色はしだいに退色してゆく。
④球幅は早い時期から安定し，球厚はおそくまで増大を示す。成熟に伴って，頸径比が低下し，4.5%ていどとなる。
⑤鱗葉の厚さが増大してゆき，成熟期の初めには1枚当たり1.5mmであったものが1.8mmくらいとなる。
⑥球の中央部断面における分球芽数が1.0（中心芽のみ）まで減少し，以後増加を示す。
⑦成熟に伴う乾物重と比重の上昇は平行的であり，早期収穫の判定基準の一つとして利用できる。早期収穫始期における乾物率は約30%，比重は約1.07ていどとみなされる。両者の相関係数はきわめて大で，$r=0.95$ を示した。

以上が成熟過程の形質的変化であるが，第8図のように，乾物率，比重ともに5月上旬から中旬にかけて急速に上昇し，その後横這い状態を示している。なおこの値はその年の気象条件と関係が深いので注意しなければならない。

## 8. 収穫調製，芽止め処理

最近ラッキョウの収穫には先進産地ではトラクタ用掘取機が使用されるようになってきた。まず地上茎葉部を小型モーアで刈り取り，その後掘取機で収穫する。

収穫後の調製は，荒ラッキョウ（土ラッキョウともいう）は，葉を数cm，根を1cmていど残し，全長5〜7cmに調製する。洗いラッキョウのばあいは，収穫したラッキョウを，根は盤部で，葉は球のくびれた部分で切除し，2cmくらいの長さの円筒形とし，食用に供される形に調製する。この作業は機械化の試みが各地で行

なわれたが，実用化に至らず，今日でも箱の上に包丁を逆さに立てて，これにラッキョウをあてて，1つ1つ切るといった手作業で行なわれており，ラッキョウ作付規模拡大にとって最大のネックとなっている。1人1日当たりの調製量は，荒ラッキョウで100～120kg，洗いラッキョウで70～90kgにとどまっている。

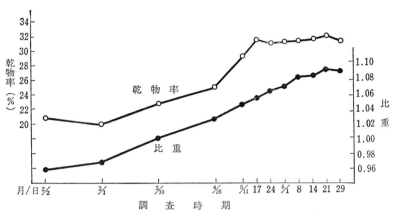

第8図　球乾物重および比重（生体）の変化

切断されたラッキョウは，荒ラッキョウは計量箱詰めして出荷されるが，洗いラッキョウのばあいは，水洗後芽止め処理を行ない，選別機にかけて，S，M，Lの3段階に選別し，1kg入りポリ袋につめ，10袋ずつ箱詰め出荷される。

水洗したラッキョウは，時間の経過に伴い，心芽が伸長し，著しく品質をそこなう。そこで芽止め処理が行なわれる。芽止め処理の方法について種々実験を行なったが，まず，切断後芽止め処理までの時間については，8時間以内であれば伸長量に差はないことが認められた。

次に処理法として食塩水だけのばあいは，10％10分間，希酢酸を併用するばあいは，希酢酸3％5分間→食塩水12％5分間，または希酢酸

第9図　ラッキョウの調製状況

6％5分間→食塩水6％5分間が一応実用的な処理方法と認められた。この最後の方法が現場で広く用いられている。

## III　栽培法と生理生態

### 1．植付期

ラッキョウの産地では，おおむね連作が行なわれ，5～6月に収穫したあとに夏再び植え付けるばあいが多い。したがって圃場衛生については特に注意し，前作ラッキョウの残渣をきれいに除去し，圃場の消毒を行なう。

　①この時期の技術目標（第8表）
　②植付け準備

砂丘畑は一見膨軟なように見えるが，単一な砂粒子が締まると硬くなり，根の伸長を阻害する。深耕して根群の発達を促すことが大切である。また深耕は白色疫病の防除にとっても効果が認められている。

植付け20日前までにセンチュウと根腐病防除のために，10a当たりD-D 20～30l，またはドロクロール30lを灌注し，その後灌水水封する。

種球はネダニ，乾腐病防除のためベンレート200倍液，バイジット乳剤1,000倍混合液に30分間浸漬消毒する。

## 各作型での基本技術と生理

**第8表　植付期の技術目標**

| 技術目標 | 技術内容 |
|---|---|
| 圃場の選定 | 前年度に病害虫の多く発生したところはさける<br>早掘り栽培では南向き斜面の風当たりの少ない圃場を選ぶ |
| 植付け準備と元肥施用 | 深耕と土壌消毒を行なう<br>元肥はガス抜きをかねて全層施肥を行なう |
| 種球の準備 | 種球用圃場から，掘り取った無病の大球を準備し，病虫害予防のため消毒する |
| 植付期の決定 | 早掘り栽培は8月上中旬<br>その他の栽培は8月下旬から9月中旬 |
| 植付けと切わら被覆 | 作条機で作条を切り，植付け，その上に切わらを散布する |

### ③施肥量，施肥法

従来有機物の施用はネダニや土壌病害を警戒してしなかったが，最近病虫害防除法の確立に伴って，地力を高め，増収をはかるため施用するようになった。

砂丘畑のばあいは，連作で，しかもこれまで有機物が施用されなかったため，微量要素が欠乏しやすいので，必ず施用することが必要である。福部砂丘での施肥例を示すと第9表のようである。

### ④植付け方法

植付けにあたっては，トラクタ用，あるいはティラー用の作条機で，条間25cm前後，深さ10〜12cmのV字溝を切り，その中に所定の株間，すなわち，小球は6〜7cm，大球は8〜10cmの間隔に1球ずつ植え付ける。

植付け後，その上に切わらを10a当たり150kgくらい施すと，砂の締めつけを防ぎ，また地温の上昇や乾燥防止の効果もある。覆土は風により，砂が溝の部分に移動し，おおむね所定の深さに行なわれる。

第10図　砂丘地のラッキョウ畑と植付け風景（上）
福部砂丘のラッキョウ植付け（下）

## 2. 根群形成期

植付け後，冬までの夏秋季は根群形成期であり，また種球が分球する時期である。この時期に全施肥量の60〜70%を施用し，肥効を高め，冬に備え根張りをよくすることが必要である。

**第9表　施肥例（福部砂丘畑）**

| 施肥期<br>肥料名 | 総量 | 元肥 | 追肥 | | | | | |
|---|---|---|---|---|---|---|---|---|
| | | | 9月1日(発芽時) | 9月20日 | 10月10日 | 11月1日 | 2月10日 | 3月10日 |
| | kg | kg | kg | kg | kg | kg | kg | kg |
| 堆肥 | 500〜1,000 | 500〜1,000 | | | | | | |
| らっきょう配合 | 80 | 80 | | | | | | |
| 燐加安366 | 80〜130 | | 20 | 20 | 10〜30 | | 20 | 0〜20 |
| P・K化成 | 40 | | | | 20 | | 20 | |
| 苦土石灰 | 80 | 40 | | | | | | 40 |
| 重焼燐 | 40 | 40 | | | | | | |
| ミネラルG | 40 | 40 | | | | | | |

注　らっきよう配合の三要素量：10-8-10，本施肥例の三要素量：18.4-41.2-28.8kg

① この時期の技術目標

第10表　根群形成期の技術目標

| 技術目標 | 技　術　内　容 |
|---|---|
| 適時灌水 | 灌水は夏は地温を下げるのに有効。以後は水分を補給し肥効を促す効果がある |
| 適期適量施肥 | 根群の発育を促し，分球数確保のため追肥を適時適量行なう |
| 雑草防除 | 優占雑草メヒシバおよびナギナタガヤの防除を適時行なう |
| 病害虫防除 | ハモグリバエ防除9月，白色疫病の防除は10月20日以降3回実施 |

② 灌　水

砂丘畑では保水性が乏しいので，適時灌水を行なうことはラッキョウの生育にとって有効である。8月の盛夏期はもちろん，9，10月の秋の季節にも，降雨の少ないときは灌水することにより肥料成分の吸収が促され，生育の促進に役立つ。

③ 施　肥

夏秋季はラッキョウの根群の発達を促すだけでなく，種球からの第1次分球の行なわれる時期である。また独立した各球の充実と，その内部に分球芽の発生を促す時期であり，充分な肥効が要求される。年内に分化した分球芽は，翌春4，5月ころまでに分球するが，越年後になって分化した分球芽は，掘上げ期までに分球を完了せず，母球の葉鞘内に内包された双子球としてとどまることが多く，商品価値を低下させる。

④ 雑草防除

この時期には，まだラッキョウの茎葉は地面を充分被覆していない。したがって雑草が最も多く発生する時期である。

特に植付けから9月まではメヒシバ，10月から11月にはナギナタガヤが多く生えてくる。特に夏秋季の灌水は雑草の繁茂をいっそう増進する。したがって早めにこれらの防除を行なうことが必要である。

⑤ 病害虫防除

種球の消毒をおこたると，植付け直後ボタグサレ現象がよくみられる。この腐敗株には，フザリウム菌による乾腐病とネダニの両者が見出されるばあいが多い。

秋はラッキョウの最大の病害である白色疫病の防除期にあたっており，10月20日ごろから25日間隔で3回，ダイホルタン，またはオーソサイド1 $kg$/10 $a$ の散布を行なうことが必要である。病害による欠株は，ただちに減収につながるので，病害防除は特に重要である。

植付け後ハモグリバエの発生をみたときは，ダイシストン粒剤，またはエカチンTD粒剤を6 $kg$/10 $a$ 散布し防除する。

## 3. 生育停滞期

1，2月を中心とする厳寒期はラッキョウの生育停滞期である。この時期には地上部の伸長は停止し衰退しているが，地下部の生育はつづいており，早春からの地上部の展開および球の分球ならびに球の肥大に備えて，肥料成分，特にカリ，窒素の吸収，蓄積が継続している。

① この時期の技術目標

第11表　生育停滞期の技術目標

| 技術目標 | 技　術　内　容 |
|---|---|
| 飛砂防止対策 | 季節風の強い季節，特に風の強い風道にあたるところには防風網や防風垣を設けて飛砂の防止につとめる |
| 排水作業 | 地下水の高いところは排水するとともに地表水についても停滞しないよう排除につとめる |
| 施肥 | 融雪状況をみて早めに施肥し，春の立上がりの促進につとめる |

② 防風，飛砂防止

この時期は各地で北西の季節風が強く，飛砂の被害の多い時期である。特に降雪が少なく畑が露出しているとき，茎葉繁茂の不充分な畑では，飛砂による埋没，あるいは茎葉に対する機械的障害が多く発生する。特に風道にあたる場所では，防風網や防風垣を設けて飛砂を防ぐことが必要である。

③ 排　水

雪どけ水の停滞するところや，地下水の高いところでは，根腐れを生ずるおそれがある。一度腐ると根は再生困難であり，春先の立上がりに支障を生ずる。またラッキョウの最大病害で

ある白色疫病菌フィトフソラの遊走子は，地表水によって伝染蔓延するので，地表雨水の排除につとめなければならない。

④施肥時期の決定

冬から春の気候を見きわめ，春の立上がりのための適期施肥，すなわち止め肥の時期を決める。通常早掘りのばあいは，融雪後の2月上中旬ころ，普通掘りのばあいは3月10日ころに施肥を切り上げる。種球用栽培では，掘取りがおそく，充分球の充実をはかるため，施肥時期を4月までのばす。ただし以上はあくまで一応のめやすであって，気象条件，特に融雪状況，ラッキョウの肥効状態をみて決定する。

⑤病害虫防除

白色疫病の防除は一般に秋に行なわれるが，年により後期発生がみられるばあいは，これが防除のため，雪解け後ダイホルタン水和剤400倍液の散布を行なう。

## 4. 葉の展開・球充実期

4月に入ると急速に葉が展開し，第2次分球が急速に進み，地上部は繁茂して地面を覆う。5月に入ると日長も長くなり，気温も上昇し，同化養分の鱗葉部への蓄積が始まり，球がしだいに肥大する。また球内の分球芽の形成もみられる。

早掘り栽培では5月に入ると暖地では収穫が始まり，中旬には出荷がしだいに進む。普通掘りのばあいは6月を中心に出荷盛期をむかえる。6月中下旬には，球の肥大もしだいに衰え，花芽が分化し，6月末には一般に普通掘りの収穫も終わる。

①この時期の技術目標（第12表）

②灌　水

春5月を中心とした4～6月の時期は分球の肥大期で，収量を決する重要な時期である。したがって肥効をスムーズに進めなければならない。砂丘畑では5月に乾燥のつづくことが多く，灌水を必要とすることが多い。しかし過灌水による肥料の溶脱に留意を要する。

③青子の防止

急速な球の肥大に伴って，分球間に空隙を生

第12表　葉の展開・球充実期の技術目標

| 技術目標 | 技　術　内　容 |
|---|---|
| 球の肥大促進 | 5月を中心とする乾燥期には灌水につとめ肥効をたかめ球の肥大を促す |
| 青子の防止 | 分球と球の肥大に伴い鱗葉部が露出し，青子が発生するので土入れを行なう |
| 黄化症対策 | 亜鉛欠乏に伴う黄化症の発生に対しては早めに硫酸亜鉛（展着剤加用）0.3％液を2, 3回散布する |
| 病害虫防除 | ネダニ，ハモグリバエ，スリップス，タマネギバエなどの害虫の防除は早期発見につとめ防除する<br>さび病，黒点葉枯病もこのころ発生することがあるので早期防除につとめる |

じ，鱗葉部に葉緑素が形成され緑色を呈する。これを青子あるいは青玉といい，洗いラッキョウのばあいは特に品質が低下する。これを防ぐため，5月上旬ころに土入れ作業を行なうことが必要である。

④黄化症対策

黄化症は，4月中旬から5月中旬にかけて，草丈が低く，葉が全体に細く，新生葉が黄緑色となり，外葉が下垂してくる現象である。

この症状は砂丘畑で圃場整備されたようなばあい，可給態亜鉛が土壌中に少なく，また土壌pHその他の原因で亜鉛が不可給態となり，亜鉛欠乏のため発生するものである。

対策としては，春黄化症の発生後なるべく早い時期に，0.3％硫酸亜鉛（展着剤加用）液を10a当たり100l，1週間おき2, 3回散布する。

⑤病害虫防除

4月上中旬には，ネダニ，ハモグリバエ，スリップス，タマネギバエなどの害虫が発生してくるので，ダイシストン粒剤，またはエカチンTD粒剤6kg/10a散布，あるいはビニフェート乳剤1,000倍液150l散布により防除する。

病害としては，4月中下旬にさび病，黒点葉枯病が発生するので，早期発見につとめ，ジマンダイセン水和剤600倍液150lに展着剤を加えて散布し防除する。

## 5. 収　穫　期

早掘り栽培は5月上旬から下旬にかけての1

か月，普通掘りは5月末から6月中，おそい地域でも7月上旬には収穫出荷が終わる。

集団産地では，1戸当たり50aから1haていど栽培しており，成熟度の進んだ畑から調製作業の工程に合わせてトラクタによる収穫が行なわれる。

① この時期の技術目標

第13表　収穫期の技術目標

| 技術目標 | 技術内容 |
|---|---|
| 掘取り時期の決定 | 未熟ラッキョウの掘取りはいましめ，おおむね鱗葉の乾物率30％に達したころをめやすに掘取りをはじめる |
| 掘取り作業 | 熟度の進んだ畑から，茎葉を刈り，トラクタにより掘り取る |
| ていねいな調製 | 適当な長さに能率よく切りそろえる 切り終わった球はできるかぎり早く共同選果場に搬入し，水選，芽止め，選別，包装を行なう |
| 厳重な選別 | 特に青子の混入をさける |

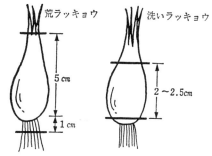

② 掘取り時期

早掘り栽培では，出荷を急ぐあまり充分成熟していないラッキョウを掘り，漬物加工の段階で軟化し，品質をおとすことがある。その年の気象条件とラッキョウの生育進度をよく見きわめ，充分成熟に達したことをたしかめて掘り取り，出荷することが大切である。

一般に鱗葉の乾物率が30％に達した時期を成熟のめやすとするのが適切である。

③ 調製・出荷

掘取り後，調製は第13表の図のように適当な長さに切除し，特に洗いラッキョウのばあいは，心葉の伸長を防ぐため，調製後洗浄，芽止めまでの時間を短くし，また芽止め液の酢酸液および塩水の濃度に注意し，適時濃度の補正を行な

い，芽止めを効果的にすることが必要である。

また，選別を厳重にし，青子の混入をさけなければならない。

執筆　佐藤一郎（鳥取大学名誉教授）

1990年記

### 引用文献

青葉高．1967．ラッキョウの球形成過程並びに球形成および花序分化に及ぼす日長の影響．山形大学紀要．5(2), 1—9.

鹿児島県農試．1977．ラッキョウに関する試験．加世田試験地10周年記念暖地砂丘地野菜試験成績集．17.

熊沢三郎．1952．「禹城菠薐草」と「玉ラッキョウ」農及園．27(8), 935—936.

森田敏雄．1956．ラッキョウの生育相と分球及び肥大に就て．農及園．31(1), 1541—1542

SATOH, I. 1967. Studies on some peculiar environmental factors relates to cultivation in sand dune field. Journal of the Faculty of Agriculture. Tottori University. 5(1), 1—41.

佐藤一郎・田辺賢二．1970．砂丘地におけるラッキョウ栽培に関する研究（第1報）生育相について．砂丘研究所報告．9, 1—8.

―――・―――．1970．同上（第2報）生育に伴う無機成分含有量の変化．同上．9, 9—15.

―――・―――．1971．同上（第3報）窒素の供給時期と生育との関係．同上．11, 1—5.

―――・―――．1972．同上（第4報）秋季および春季のかん水が生育収量に及ぼす影響(11)．同上．11, 11—15.

―――・山根昌勝．1974．同上（第5報）成熟指標としてのラッキョウの形質について．同上．13, 31—37.

―――・―――．1976．ラッキョウの開花と収量の関係について．砂丘研究．22(2), 1—4.

―――．1971．ラッキョウの栽培と利用．牧草と園芸．19(7), 4—10.

―――・山根昌勝．1974．ラッキョウの芽止め処理について．砂丘研究．20(2), 8—13.

八鍬利郎．1963．葱属植物の分蘖・分球に関する研究．北大農学部邦文紀要．4(2), 131—194.

山田嘉夫．1957．葱属植物の品種改良に関する研究．Ⅱらっきょうにおける分球の様相並びに花芽分化について，佐賀大農学部彙報 6. 35—60.

山根昌勝・佐藤一郎．1978．砂丘地におけるラッキョウ栽培に関する研究（第6報）出芽期の地温及びかん水が生育に及ぼす影響．砂丘研究所報告．17, 1—10.

柳沢健彦・中村幸治. 1970. 砂畑ラッキョウの黄化現象に関する研究（第1報）. 鳥取県農試研報. 10, 66—73.

─── ・上田弘美・田中彰. 1971. 同上（第2報）亜鉛の施用効果に関する試験. 園学雑. 40, 157—162.

─── ・─── ・───. 1971. 同上（第3報）土壌中 Zn の実態調査. 園学雑. 40, 163—168.

─── ・藤井信一郎. 1972. 同上（第4報）亜鉛欠乏の対策試験. 園学雑. 41, 61—65.

# 三年子栽培

## I 三年子栽培の意義と目標

### 1. 栽培法のおいたち

　ラッキョウの三年子栽培は，福井県の三里浜砂丘地などにおいて行なわれている独特の栽培法で，植付けから収穫までに足かけ3年をかけて栽培される。この栽培法によって，小粒で，純白な歯切れのよい花ラッキョウの生産を可能にしている。

　当地域におけるラッキョウは，明治初年に導入されて自家用に栽培されていたが，消費が増加した大正時代にはいって積極的に増産対策が講じられた。三年子栽培を始めた時期は定かではなく，このころにはすでに3年子栽培が行なわれていた。当地域で三年子栽培が行なわれるようになったのは，比較的砂が細かく，粘土が多い（第1表）ことから1年掘り栽培では大球になりすぎ，花ラッキョウ用には適さなかったことが原因と考えられる。

　昭和にはいると組織化がすすめられるとともに，花ラッキョウの塩漬加工やビン詰め加工が始められた。昭和24年には専門農協が設立され，さらに昭和40年代からは積極的に生産拡大を図るようになり，現在では三年子ラッキョウの栽培面積230haていどで，その半分ずつが1年おきに収穫され，地元で味付け加工を行なって，京浜市場，京阪神市場を中心に全国に出荷されている。

### 2. 栽培法の生理的意義

　ラッキョウの生育適温は20〜23℃であり，福井では10月と5月に最も生育が旺盛で，葉長は収穫年の5月ごろには60cmにも達する。また低温には比較的強く積雪がなければ冬期も葉が枯れずに生育する。しかし，高温には弱く，30℃を超すようになると葉面にロウ物質を生じて生育が停滞し，夏には葉が枯れて休眠する。

　分球は三年子栽培では栽培期間中に4回盛んな時期があり，第1回の分球は植付け後の秋に行なわれる。三年子栽培では種球が小さく球内の分球芽数も少ないため，年内にはやや大きめの種球が分球するだけで，多くは年明け後に分球が確認されるものが多い。2回目は2年目の5〜6月に行なわれる。ここまでの1年間の分球数は4〜5個ていどである。3回目は2年目の秋に行なわれるが年内に分球するものは少なく，収穫年の3月ごろに多くの分球が確認される。このときの分球数が最も多く3倍以上に分球する。4回目の分球は3回目の分球に引きつづいて行なわれ，最終的には1球が20〜30球に分球する。

　球の肥大は4月に温暖長日条件が満たされて始まることから，植付け後は翌年の3月までは分球の進行とともに球重は2gていどにまで減少していく。2年目の4月から6月には分球と同時に肥大も急速に行なわれ，球重は8gを超

第1表 三里浜砂丘地（福井）の土壌

| | 粒　径　組　成 (%) | | | | |
|---|---|---|---|---|---|
| | 粗砂 | 細砂 | 砂計 | シルト | 粘土 |
| 石川県 | 96.8 | 1.5 | 98.3 | 1.0 | 0.7 |
| 鳥取県 | 88.6 | 8.4 | 97.0 | 0.6 | 2.4 |
| 福井県 | 52.2 | 41.0 | 93.2 | 4.0 | 2.8 |

注　昭和49年砂丘地に関する園芸試験研究打合せ会議資料より（野菜試・施設園芸部）

## 各作型での基本技術と生理

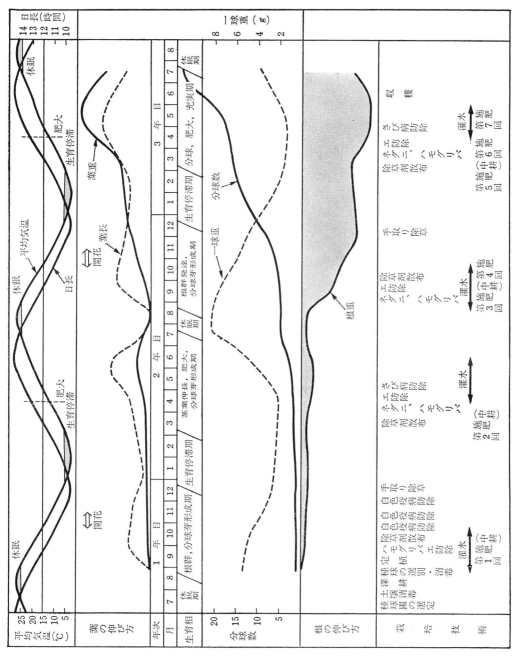

第1図 生理・生育の特色と栽培技術

すようになって休眠期間となる。栽培2年目も1年目と同様に，秋期には分球がすすむにしたがって球重は急速に減少し，収穫年の春期には分球と肥大が同時に進行する。しかし，収穫年には分球数が多くなっていることから，1球平均重量は4gていど前後になる。

なお，三年子栽培では栽培期間が足かけ3年と長期にわたることから，分球や肥大に対する気象要因の影響がきわめて大きく，生産を不安定にする大きな原因になっている。

第2，3，4図は三年子栽培ラッキョウの10a当たり収量，1株当たり分球数，および1球平均重と栽培期間中の気象要因との関係の強さを示したものである。

収量と分球数とのパターンは非常に似かよっており，また1球平均重はおおむねこれらとは逆のパターンになっている。つまり，三年子栽培における収量は分球数によってほぼ決定される($y=0.06x+0.53 r=0.86^{**}$)こと，また分球数が多くなると1球重が小さくなることが分かる。

分球数は地温による影響を強く受けており，植付け年の10～11月，2年目の5～10月，および収穫年の5～6月に地温が高いほど分球数が多くなる傾向があり，いずれも分球芽の形成期間に当たっている。植付け年の秋と2年目の秋では，植付け年は10～11月にまで時期が遅れているのは，三年子栽培では植付けが9月中旬まで行なわれるので，植付け後生育開始までの期間は分球芽の形成が行なわれないことによるものであり，2年目の秋は9月を最高に10月までに強い関係がみられるが，2年目は生育の開始が早く，分球芽の形成も生育と同時に進行するためと考えられる。

また栽培全期間を通じてこの時期の影響が最も大きくなっているが，三年子栽培の分球数確保のために技術上最も重点がおかれている時期でもある。

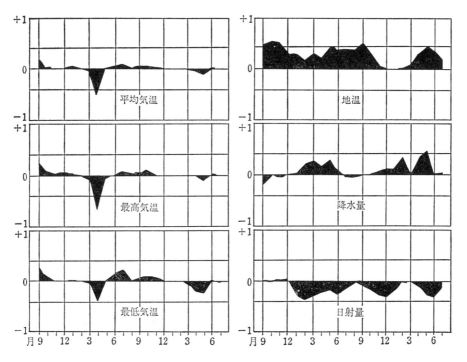

第2図　気象要因と収量
昭和50～59年の当地農協出荷実績と各気象要因の3か月移動平均値との決定係数を月ごとに表示
　　●—・—・　は5%有意

各作型での基本技術と生理

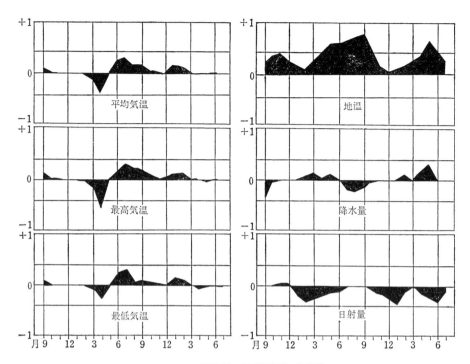

**第3図　気象要因と分球数**
第2図に同じ

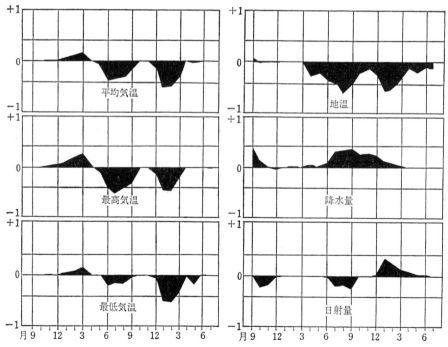

**第4図　気象要因と1球平均重**
第2図に同じ

一方，春期は2年目も収穫年も同様に5～6月が高くなっているが，2年目春は高温長日条件で分球芽形成に最も好適な期間であり，また収穫年には遅発分げつが生育するためと考えられる。これらはいずれも生育の盛んな時期における影響であるが，休眠期間である2年目の7～8月にも強い関係がみられる。これについては植付け前に種球を高温処理すると分球数が増加するとの試験結果もみられ，今後の検討を要する。

また，気温の影響は4月に負の関係がみられ，とくに最高気温の影響が大きい。これは4月にはすでに日長が長くなっており，温度条件が満たされれば肥大が始まるために，分球芽の形成が抑制されるためと考えられる。

球の肥大に対しては地温とともに気温の影響が大きく，いずれも2年目の夏と2年目の冬に強い関係がみられる。2年目の夏の高温は分球を促進することによって収穫時の球数を増加させ，球の肥大を抑制するものと考えられるが，2年目の冬も気温が高かったり，積雪日数が短かったりしたときには晩く形成された分球芽の生育がすすんで，収穫時の分球が多くなって球の肥大が低下するようである。

以上のように三年子栽培においては，栽培期間が長期であることから，気象条件に影響されやすいので基本技術を理解するとともに，生育経過をみながら生育状態に対応した管理を行なうことが重要である。

### 3. 作期と生育の特色

三年子栽培では植付けから2年の間に分球を多くして，球の大きさを適度に調節することが多収と品質向上の要点である。

三年子栽培では分球が栽培期間中に4回行なわれ，種球1個から20～30の分球数になる。な

お分球芽の形成は短日条件では抑制されるので，春に形成される分球芽が多い。1年掘り栽培では春に形成された分球芽が種球内に保有されて，外観的な分球は秋に行なわれるものが多いが，三年子栽培では種球が小さいことから，種球内の分球芽の数がきわめて少なく，植付け年の秋にはわずかに分球がみられるていどである。また収穫年の春に形成された分球芽は次回の栽培用の種球に持ち越されるので，三年子栽培における分球数は主として2年目の春と秋に形成された分球芽によって確保されることになる。このように収穫時の分球数がきわめて多い三年子栽培も，栽培技術上はむやみに分球をすすめるのではなく，どちらかといえば分球を調節しながら適度な大きさの球に仕上げることが主眼になっている。

肥大は温暖長日条件が必要であることから，春期に日長が長くなってから始まる。福井ではおおむね4月中ごろには肥大が始まるが，3年目の収穫年の春期の肥大は1球当たりの葉面積が小さいことから肥大開始がやや遅れるようである。したがって分球数が多く，小球になりやすい三年子栽培では春先の生育をできるだけ早く開始させるのが望ましい。また6月下旬にはほぼ肥大は完了し，その後は球の充実がすすむが，収穫を6月中旬から行なうばあいは，加工時の心抜けなどがないように，早めに球の充実を図っておく必要がある。そのためには4月中旬の肥大開始から収穫までの2か月間を2つに分け，前半は肥大促進，後半は充実促進を目的とした管理が適当である。

### 4. 品種の選び方と栽培の目標

花ラッキョウの生産では，小粒で，純白な，歯切れのよいものをつくることが目標となるが，加工出荷されることから，しまりがよく心抜けが少ないなどの加工適性が高いものが要求される。これらの条件を満たすためには，品種および栽培地の選定が重要である。

①品種の選定

一般にらくだ系の在来種が用いられている。本系統は元来分球は少なく，球重型であるが，

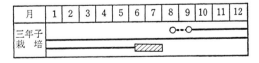

第5図 三年子栽培の作型
主要品種：在来（らくだ系）

## 各作型での基本技術と生理

これを三年子栽培することによって花ラッキョウの特徴である小粒で，純白な，歯切れのよいものが生産されている。ラッキョウにはらくだ系以外に玉ラッキョウ，八つ房などの系統があり，またらくだ系から選抜された分球数の多い九頭竜や花色が白色の川端白花，その他各地域で在来種から選抜された系統がある。

三年子栽培では必ずしも分球数の多い品種を選ぶ必要はなく，玉ラッキョウや八つ房は分球が多く小粒になりすぎる。また玉ラッキョウは分球数が多く，1年で小粒のラッキョウができるが，繊維が硬くて食味が劣り，また加工中の心抜けが多いことから利用されていない。九頭竜も1年で小粒のラッキョウを生産することを目的に，らくだ系から分球数の多いものを選抜したもので大きい種球を得るため種球生産を粘質地で行ない，密植，多肥栽培などの栽培技術を採用して分球数を多くし，小球を生産するものである。しかし，三年子栽培ではその特性はあまり発揮できない。また川端白花は当地域で栽培されているものから突然変異によって白花のものが出現したものであるが，分球，肥大とも在来種と変わらない。

### ②砂丘地の条件を生かす

ラッキョウは耐干性や吸肥力が強く，性質が強健で土壌を選ばずどこでも栽培ができ，収量は粘質地のほうが高いが，花ラッキョウの生産には小球で白色のものができる砂丘地が適する。また砂丘地でのラッキョウ栽培での利点は，青ラッキョウが発生しにくいこと，白色疫病の発生が比較的少ないことなどがあげられる。

青ラッキョウは分球，肥大するにつれて球が地表に露出し，光が当たって緑化するものである。三年子栽培ではとくに収穫期には分球が多くなって株が土に埋まらずに光が入りやすいが，砂丘地では飛砂によって自然に株の中が埋まりやすく，土寄せなどの作業も容易である。白色疫病は湿潤な場所に発生しやすく，砂丘地では被害がでにくい。しかし，三年子栽培では植え付けられる種球が小さく，1年目の越冬までの生育が弱いことから，1年目越冬前の防除を徹底する必要がある。

また砂丘地では収穫作業も容易で，掘り上げた後圃場でネットなどの上に広げて乾かせば砂もほとんど落ちるので，出荷が容易である。

### ③収量と球重の目標

三年子ラッキョウの生産目標は，種球1球当たり分球数(20〜30球)×平均球重(3〜4$g$)×1株当たり植付け種球数(2球)×10$a$当たり植付け株数(19,000株)＝10$a$当たり収量(3,000〜3,500$kg$)となる。

収量は，小球の生産を目的としているため1年掘り栽培の2年分に比べるとかなり少ない。花ラッキョウ用に好まれる球の大きさは味神と呼ばれる2〜3$g$のものであるが，年次によって球の肥大は大きく変動し，十数年の間に17%から50%までの幅がある。なお小球は加工歩留りが悪く，逆に大球は商品性が劣ることから，当地域では小さいものから味神，上々花，上花，中花の規格を設定し，上々花(3.5〜4.5$g$)が球重分布の中心になるように，それぞれの割合は25%, 55%, 15%, 5%を目標にしている。

### ④作業時間と加工労力の確保

労働時間は2年間で10$a$当たり120時間ていどと省力的な作物であるとともに，栽培面積の半分ずつ毎年植付けと収穫が行なわれるので労働の集中も比較的少ない。しかし，ラッキョウ栽培における機械化はあまりすすんでおらず，植付け時の作条機や収穫時の根切り機などが利用されているていどである。

なお労働時間のうち植付けと収穫に要する労力がほとんどであり，10$a$当たり植付けには12時間，収穫には80時間くらいが必要である。植付けは8月中旬から9月上旬までの約30日間，また収穫は6月中旬から7月下旬までの約50日間の幅があるので，栽培面積をかなり多く持つことができ，兼業農家向けの作物としても導入しやすい特徴がある。

しかし，加工に供するために必要なラッキョウの両端を切る作業は，小球であることからかなり多くの時間を必要とし，1人が1日に処理できるのは40〜50$kg$であるから，栽培農家がこれを行なうことは困難である。

当地域では切り子と呼ばれる切り作業を行な

う人を周辺の集落に確保している。また掘取りからただちに切り加工ができないものについてはそのまま塩漬貯蔵され，順次切り作業を経て加工に仕向けられている。このような体制が確立されていることがラッキョウ生産者の労働時間を下げ，当地域のラッキョウの栽培面積を維持し，三年子栽培を定着させている要因になっている。

## II 栽 培 技 術 の 要 点

### 1. 深 耕

ラッキョウを栽培する圃場は，有機物が多いとネダニや乾腐病の発生が多くなるので堆肥などの施用は行なわれていない。しかし，土壌が膨軟で，根群の発達がよいほど収穫年の肥大がよくなる（第2表）ので，分球数が多く小球になりやすい三年子栽培ではとくに深耕の効果が大きい。砂丘地では砂がしまりやすく，耕うんしたところから下へはほとんど根が伸長できない。深耕の効果は三年子栽培の期間中は充分維持されており，適正な施肥が行なわれれば増収効果が高いので，40cm くらいまでの反転耕を行なうのがよい。

### 2. 種球の厳選と消毒

種球は三年子栽培された圃場の一部から掘り取ったものが利用されるため，小さい種球が植え付けられるばあいが多いが，初期から安定した生育をさせ，確実に分球数を確保するためには，5～6gのものを種球として用いるのがよい。なお，植付けが高温乾燥期間に行なわれることから，充実度の悪い種球を用いると欠株が生じたり，出芽が遅れたりしやすい。

また病害虫に侵されていない健全な圃場から掘り取ったものを種球として利用することが重要である。ネダニや乾腐病の被害は7月中旬ごろから急に多くなるので，事前に防除を徹底しておくとともに，種球の消毒を徹底する必要がある。

### 3. 適期定植

植付けが遅いと初期生育がおくれ，秋期の分球芽の形成が少なく低収になるので，三年子栽培においても適期に定植を行なうことが重要である。しかし，1年掘り栽培ほど早く植え付ける必要はなく，8月中旬から9月上旬ころが植付けの適期である。福井では9月中旬が限界と考えられ，これより遅く植えると秋の分球芽の形成が困難になり，低収の原因になる。

### 4. 施肥管理

三年子栽培は生育前半の1年間の球の肥大，充実を図って実質的な種球をつくる期間と後半の1年間の分球を促進して小球多収をするための期間とに大きく分けられる。

三年子栽培では種球が小さく，種球内に保有されている分球芽は本来少ないが，植付け後の秋の分球芽の形成も抑えぎみにすることから，植付け後の出芽ごろの施肥量も多くしない。2年目の春は，大球で分球芽を多く持つラッキョウをつくるために，雪どけ後早めに追肥を行なう。しかし，過剰に分球芽が形成されると収穫時に小球になりすぎるので，初期生育を早めて肥大を促すことを主目的とする。1株2球植えのばあいに，休眠までに8g以上の球が8～10球あればほぼ目標収量に到達できる。

2年目の秋は分球数を調節できる最後の時期

第2表 ラッキョウの生産に及ぼす深耕の影響
（坂井農業普及所，1987）
（1株当たり）

| 区 | 全重 | 葉重 | 球重 | 根重 | 球数 | 1球重 |
|---|---|---|---|---|---|---|
| | g | g | g | g | | g |
| 深耕標準 | 181 | 56 | 113 | 12 | 37.3 | 3.0 |
| 深耕多肥 | 184 | 63 | 111 | 10 | 36.8 | 3.0 |
| 普通耕標準 | 149 | 46 | 94 | 9 | 34.6 | 2.7 |
| 普通耕多肥 | 174 | 60 | 105 | 9 | 35.6 | 2.9 |

になるが，この時期には積極的に追肥を行なって分球芽の形成を促すことが重要であり，早めに施肥を行なうとともに施肥量も多くする必要がある。

収穫年の春は多く分球した球の肥大を促すことを目的に，栽培期間中に施用される施肥量全体の40％以上が施される。この時期の施肥の要点は，雪どけ後早めに追肥を行なって肥大開始までに体づくりをすることと，肥大前に追肥をして肥大期間に充分に肥効を高められるようにすることである。しかし肥大後半からは球の充実を図るために肥効が落ちることが必要で，晩くまで肥料が効いていると球が細長くなり，しまりがなくて，加工したときに心抜けしやすく，歯切れも悪くなる。

施肥量の合計は窒素成分で $27kg/10a$ となるが，多収を得るためには確実にこの量を施用する必要がある（第6図）。

なお，分球の経過は種球の分球芽に由来するもので1.5～2倍に，植付け年の秋の分球芽に由来するもので2.5倍に，2年目の春の分球芽に由来するもので3.5～4倍に，2年目の秋の分球芽に由来するものによって1.5倍にすすむことから，分球芽形成能力が最も低くなっている2年目の秋になってから分球数を一挙に増加させることは困難であり，またこの時期に無理に分球をすすめたものは収穫時の球の大きさがそろわないので，早い時期に分球芽を多くつくらせるようにすることを基本にする。

燐酸は球の肥大と充実を向上させ，粒ぞろいがよくなるので，収穫時期の肥効を高めることが重要である（第3表）。また分球芽形成にも効果が認められることから，特に種球として利用を計画している圃場では収穫年の春先に燐酸を増肥しておく。

カリも球の肥大を促進し，球形を丸みのあるものにする。カリが不足したばあいは加工時の歩留りが低下し，歯切れが悪くなる。

石灰も吸収が悪いと球が軟化して歯切れを悪くするが，2年目の秋に施用すると土壌のpHを上げて白色疫病の発生を助長し，またいちどに多量の石灰を施用すると緩衝力のない砂丘地ではpHが高くなって要素欠乏の原因になるので，2年目春に追肥として施用するのが適当である。

## 5. 灌　水

ラッキョウは元来乾燥には強い作物ではあるが，土壌水分が不足しやすい砂丘地では灌水の効果が大きい。植付け時は高温乾燥条件になるので，灌水によって発芽や発根を早め，分球を増加させる。しかし，日中に少量の灌水を行なうと，高温になった砂の中で煮えて欠株ができるので，地温が下がるくらいに多量に行なうこ

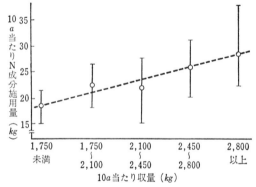

第6図　収量と窒素成分施用量との関係
砂丘地ラッキョウ栽培農家41戸調査（1985年）

第3表　燐酸肥料の施用効果（1985.6.22）

| 区 | 全　重 | 葉　重 | 葉　数 | 葉　長 | 分球数 | 1株球重 | 1球重 |
|---|---|---|---|---|---|---|---|
| | g | g | | cm | | g | g |
| 秋＋春施用区 | 282 | 89 | 105 | 60 | 57.0 | 159.8 | 2.8 |
| 秋施用区 | 219 | 80 | 59 | 57 | 39.6 | 121.0 | 3.1 |
| 春施用区 | 270 | 96 | 97 | 59 | 41.8 | 148.0 | 3.5 |
| 無施用区 | 188 | 69 | 69 | 61 | 30.2 | 103.0 | 3.4 |

注　秋は2年目9月，春は収穫年4月に燐酸 $1.2kg/a$ 増施

とが必要である。また秋の灌水は分球を促進し、春の灌水は球の肥大を促すので、夏の休眠期間や冬以外は灌水を行なうことが原則である。

なお、灌水は根群の分布域に充分到達するまで行なうことが必要であり、とくに収穫年には株がきわめて大きくなっているので、1回当たり20mmていどは必要である。また飛砂の防止なども灌水の重要な目的であり、飛砂による葉の傷は病気の発生を助長する。

### 6. 病害虫防除

三年子栽培では1年掘り栽培に比べて、種球が小さく元肥が少ないことから初期生育が弱く、また栽培期間が長いことから病害虫の被害を受けやすいので、病害虫防除はとくに重要である。おもな病害虫は白色疫病と乾腐病、およびネダニの3つである。

白色疫病は11月ごろから低温期間に進展し、雪どけ後春の気温が上昇すると被害がみられるようになる。植付け後の生育が弱いばあいに発病が多く、三年子栽培では1年目の冬に発生して多くの欠株を生ずる。

乾腐病は高温期間に発病し、植付け後の秋期、2年目の6月から10月まで、および収穫時期の3回発生する。三年子栽培の収穫はほぼ乾腐病の発生しやすい時期になり、7月中旬以降急激に発病が多くなる。したがって、種球として晩く掘り取るばあいには、とくに発病が多くなりやすいので、種畑の選定には充分注意する必要がある。また収穫期に発生したものは加工原料に混入して、選別作業に多くの時間を要するようになる。

この病気の第一次伝染源は罹病球を種球とし

第4表 収穫時期と加工後におけるラッキョウ鱗片硬度の変化　　（稲木ら，1972）

| 区別 | 外側から鱗片順位 | 加工後1か月目 kg/cm² | 加工後3か月目 kg/cm² | 加工後5か月目 kg/cm² | 製品歩留まり |
|---|---|---|---|---|---|
| 早掘区 (6/22) | 1 | 4.3 | 3.6 | 3.0 | 60 |
| | 2 | 3.7 | 2.9 | 2.4 | |
| | 3 | 3.0 | 2.1 | 1.7 | |
| 標準区 (7/13) | 1 | 4.5 | 3.8 | 3.1 | 67 |
| | 2 | 3.9 | 3.0 | 2.5 | |
| | 3 | 3.2 | 2.3 | 2.1 | |
| 晩掘区 (8/5) | 1 | 4.8 | 4.0 | 3.6 | 68 |
| | 2 | 4.0 | 3.4 | 3.0 | |
| | 3 | 3.2 | 2.9 | 2.3 | |

注　外側から1～3枚目の各20個体の平均値

て植え付けることと、汚染土からの土壌伝染であるので、健全な種球を用い、種球の消毒を徹底するとともに、収穫後の圃場に被害球などの掘残しがないようにすることが肝要である。

ネダニは繁殖力が旺盛で、三年子栽培では在圃期間が長いことから密度が高くなりやすいので、初期の防除を徹底する必要がある。なお活動は15～25℃で活発に行なわれるが、低温に強く乾燥に弱い性質があり、冬～春が温暖で夏に雨が多いときには被害球が多くなるようである。

### 7. 収穫時期

収穫は球が完全に肥大した6月中旬以降に行なわれるが、収穫が晩いほど加工歩留りが高くなり、また歯切れがよく、心抜けも少なくなる（第4表）。最後の追肥は収穫の2か月前には終えるようにするが、窒素が晩まで効いていたものは球の充実がおくれるので、掘取りをおくらせる必要がある。

## III 栽培法と生理生態

### 1. 植付け前の準備

①この時期の技術目標（第5表）
②種球圃の選定

三年子栽培は収穫時の球が小さいために、生産力が低下したり、栽培期間が長いために病害虫の被害が大きくなったりしやすいので、肥大がよく、病害虫の発生していない圃場を種球圃としてはじめから選んでおく必要がある。

③植付け期の決定

三年子栽培ではとくに早く植え付ける必要はないが、早植えほど分球数が多くなって増収し

第5表 植付け前の技術目標

| 技術目標 | 技術内容 |
|---|---|
| 種球圃の選定 | 球の肥大がよく，病害虫の発生していない圃場 |
| 植付け期の決定 | 8月中旬から9月上旬 |
| 圃場の準備 | 掘り残しラッキョウなどの除去，40cmの反転耕による深耕，土壌消毒 |
| 優良種球の確保 | 種球の選別 6g以上の充実した無病のもの<br>種球消毒 ネダニ，乾腐病<br>種球の量 250kg/10a |

第6表 植付け時期と三年子ラッキョウの生産性（1983.8.2）

| 区 | | 葉数 | | 1株球数 | 1株重 | 1球重 |
|---|---|---|---|---|---|---|
| | | 81.12 | 82.5 | | | |
| 大球 | 9/2植 | 51 | 55 | 34.2 | 69.0 g | 2.0 g |
| (17g) | 9/22植 | 53 | 51 | 28.6 | 59.5 | 2.1 |
| 小球 | 9/2植 | 29 | 41 | 22.3 | 66.0 | 3.0 |
| (3g) | 9/22植 | 28 | 28 | 8.5 | 25.4 | 3.0 |

注 1980年植付け，条間28cm，株間12cm。1球植え

やすいので，遅くても9月中旬までには植え付ける必要がある（第6表）。またあまり早く植え付けても高温乾燥条件のために出芽は早くならず，また過剰分球によって小球になりすぎることも懸念されるので，灌水施設のあるところでも8月中旬以降とする。

④圃場の準備

**圃場残渣の除去** ネダニや乾腐病の最も大きな発生源は，圃場に掘り残された被害残渣である。収穫時や耕うん時にできるかぎり拾い集め，圃場から持ち出して処分する。なお，三年子栽培では出荷できないような小さい球が圃場に掘り残されることが多いが，これらは後で発芽しても生育がきわめて弱く，白色疫病にかかりやすくて病害を大きくする原因になるので必ず除去する。

**深耕** 根群の発達を促し，球の肥大をよくするために深耕する。またネダニが棲息する20cmまでの深さのところがよく乾くようにしてネダニの密度を下げることが重要であるから，40cm以上の反転耕を行なう。

**土壌消毒** 土壌病害虫の発生は直接減収の原因になるので，植付け前に的確に防除を行なっておく必要がある。ネダニの防除は栽培期間中の薬剤防除だけでは不完全なので，植付け前にネダニを駆除しておくことが重要である。土壌消毒はD-Dなどを20〜30l/10a処理するが，圃場が乾燥しているときは効果が低いので，前日に灌水をして適湿条件になってから行なう。薬剤灌注後10mmぐらいの散水をして水封する。7〜10日後に2回ガス抜きをして，5日以上経過してから植付けを行なう。

⑤優良種球の準備

**種球の選別** 6g以上でよく充実したものを種球に用い，ネダニや乾腐病にかかっているものは必ず除去する。乾腐病の発生したものをみると，1株2球植えで種球の一方から分球したものだけが腐っているものが多くみられ，種球からの伝染を防止することがきわめて重要であることがわかる。

**種球消毒** ネダニと乾腐病の同時防除を目的に，種球を網袋に入れてバイジット乳剤(1,000倍)とベンレートT水和剤(100倍)との混合液に30分間浸漬するが，浸漬中2〜3回網袋を動かす。浸漬後は日陰の風通しのよいところにおいて乾燥させる。なお，消毒前に種球は1球ずつバラバラにはずしておいて，薬液が充分に回るようにしておくことが必要である。

**種球の必要量** 種球の必要量は10a当たり230kg（種球1球重6g×2球/1株×19,000株）ていどである。しかし三年子栽培では小球が多いことから，大きい種球が選べるように相当量の余裕をみておく必要がある。

## 2. 植付けから越冬後まで

①この時期の技術目標（第7表）

②栽植密度

三年子栽培では分球数が多く株が大きくなるので，密植にすると球の肥大が悪くなる。条間35cm，株間15cmが標準である。また1株に2球ずつ植え付けるが，球間は5cmくらい必要である。

第7表 植付けから越冬後までの技術目標

| 技術目標 | 技術内容 |
|---|---|
| 適正な栽植密度 | 条間35cm, 株間15cm, 球間5cm, 19,000株/10a |
| 適正な植付深度 | 最終的に6cmの深さ |
| 発芽の促進 | 植付け時の覆土はしない<br>灌水による水分供給と地温低下<br>強風時の砂の移動を防ぐ防風対策 |
| 根群の形成 | 追肥（出芽ごろ） |
| 病害虫防除 | ネダニ, ハモグリバエ, 白色疫病 |

### ③植付け

植付けの深さは，浅植えでは発芽が早く分球が多くなって収穫球数が増加するため小球になりすぎる。逆に深すぎると分球数が少なくなって大球になり，形状が細長くなるとともにさらに深植えとなったばあいには肥大もせず減収するので，最終的に6cmくらいの深さになるように植え付けるのが適当である。一般には10cmくらいの深さに溝をつくり，溝の底に種球を差し込んで植え付ける(第5図)。このとき風雨によって自然に埋まるようにしておき，覆土をしないほうが発芽が早く，また表面の砂が動いて雑草の発生も少ない。

なお植え溝の作成（作条）は植付けの当日行なわないと，溝が崩れたり，砂が締まったりして植付け作業がしにくくなるので注意する。

### ④施 肥

この時期の肥料は分球を積極的にうながすというよりも，2年目以降の生育を支えるための根群の発達をよくすることが目的である。またこの時期は温度も高く，葉の生育が旺盛になりやすい時期でもあることから，あまり多くの肥料を施用しないほうがよい（第8表）。

### ⑤灌 水

高温乾燥条件で植付けが行なわれるので，発芽，発根の促進には灌水の効果が大きい。三年子栽培では種球が小さいことから，長期間高温乾燥条件下におかれると消耗が大きく，発芽，発根が悪くなるので，植付け時の灌水はとくに重要である。なお，日中砂が焼けた状態のとき少量の灌水しか行なわなかったときには煮えて欠株を生じるので，地温が下がってから灌水するか，地温が低下するまで充分に灌水する必要がある。

### ⑥除草剤散布

定植は植え溝の底部に植え，覆土をせずに自然に埋まるのを待つから，砂が動いている間にはあまり雑草は生えてこない。しかし溝が埋まってほとんど平らになる9月下旬から10月上旬ごろには雑草が発生し始めるので，トレファノサイド乳剤150〜200ml/10a か同粒剤3〜5kg/10a を，土壌表面に均一に散布する。なお，土壌が乾燥しているときは効果が劣るので，降雨後や散水後に，夕方散布する。

また薬剤で防除できなかった雑草は年内に手取り除草を行なうが，遅いほどラッキョウに影響が少ないので12月に入ってから行なう。

### ⑦防風対策

植付けは台風の時期にあたり，植付け後に砂

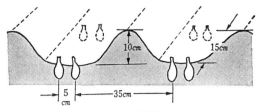

第7図 定植溝と植付け方

第8表 三年子栽培の施肥（福井・三里浜） （単位：kg/10a）

| 施肥時期<br>肥料名 | 1年目 | 2 年 目 | | | 3 年 目 | | | 計 | 成分量 |
|---|---|---|---|---|---|---|---|---|---|
| | 出芽ごろ | 3/上 | 9/中 | 10/中〜下 | 3/上 | 4/上 | 5/上 | | N.31.0 |
| らっきょう専用化成<br>（10−16−16） | 40 | 40 | 50 | 20 | 60 | 60 | 注40 | 310 | P.49.6 |
| 硫 酸 加 里<br>（0−0−50） | | | | | 40* | | 20 | 20 | K.59.6 |

注 生育状態をみて施用する。＊はリンスター30

第9表 植付け時と白色疫病との関係　　　　　　　　　　　（伊阪ら，1971）

| 月　　日 | 7.29 | 8.10 | 8.20 | 8.30 | 9.10 | 9.20 | 9.30 | 10.10 | 10.20 |
|---|---|---|---|---|---|---|---|---|---|
| 腐敗球率(%) | 0 | 0 | 0 | 57.6 | 66.7 | 63.9 | 100 | 100 | 100 |
| 被害度(%) | 5.8 | 6.3 | 6.5 | 11.8 | 45.1 | 64.1 | 86.6 | 98.9 | 98.8 |
| 1a当たり収量(kg) | 153 | 268 | 232 | 215 | 288 | 174 | 21 | 17 | 12 |

が移動して種球が深く埋没してしまうことがある。その結果，出芽までに日数を長く要し，葉の生育も悪くなって白色疫病にかかりやすくなるとともに，収穫時の球が細長くなり，肥大も悪くなる。また強風は生育を悪くして減収の原因になるので，防風対策を徹底しておく必要がある。

⑧白色疫病の防除

白色疫病は気温が低くなる10月下旬ごろから発生し始めるが，三年子栽培では生育が不足しやすい植付け年の冬に白色疫病に罹病しやすい。特に，植付けが9月中旬以降になったもの（第9表），土壌のpHが高いところ，低湿地や排水の悪い畑，防風林の下で湿潤になりやすいところ，雨が多い年などに発生が多くなる。薬剤による防除は10月下旬から，2～3回，ダイセン水和剤かユーパレン水和剤を1kg/10aていど，砂で増量して散布する。

### 3. 融雪時から休眠まで

①この時期の技術目標（第10表）

②追　肥

肥大が始まる4月中旬までに充分な展葉数を確保するために，3月上旬の雪どけ後なるべく早く追肥を行なう。遅すぎると肥大のための生育量が不足するとともに，温度が上昇してくると葉の生育に肥料が利用されるので葉が倒伏し，かえって肥大が抑制されるようになる。

③灌　水

北陸では雪どけから梅雨入りまでは好天期間となり，土壌水分が不足しやすくなるから，初期の灌水は生育を早めて球の肥大を向上させる。また5月の灌水は分球芽の形成を多くさせるので，三年子栽培では母球形成期となる5月には積極的に灌水を行なう。

④ネダニの防除

ネダニの防除は初期から密度を下げることが重要である。三年子栽培では栽培期間が長いため栽培期間中にもネダニが増殖しやすい。防除はネダニの繁殖が旺盛になる4月中旬にダイシストン6kg/10aを施用し，施用後はただちに中耕して薬剤を土壌に混和しないと効果が劣る。

### 4. 休眠あけから第2回開花まで

①この時期の技術目標（第11表）

②灌　水

この期間に形成された分球芽の数によって最終的な分球数が決定するが，日長は短日条件になっていくので，できるだけ早くから生育を始め，開花期までに分球芽数を確保することが重要である。そのためには8月中旬には灌水を始めるのが望ましい。

③追　肥

分球芽形成を促進するため，追肥量を多くし，9月中旬と10月中旬の2回に分けて施用する。

第10表　融雪時から休眠までの技術目標

| 技術目標 | 技術内容 |
|---|---|
| 生育の促進 | 雪どけ後に早期追肥，中耕 |
| 肥大促進と分球芽の形成 | 灌水（追肥） |
| 病害虫の防除 | ネダニ，ハモグリバエ，さび病，灰色かび病 |

第11表　休眠あけから第2回開花までの技術目標

| 技術目標 | 技術内容 |
|---|---|
| 分球芽形成の促進 | 8月中旬から灌水，9月中旬と10月中旬に追肥 |
| 病害虫の防除 | ネダニ，ハモグリバエ |

なお9月の追肥を多くし，出芽が早ければ早めに行なう。なお遅くまで肥料が効き過ぎると，遅れて形成された分球芽によって小球すぎるものや，球内分球したものが多くなるので注意する。

④除草剤散布

植付け年と同じように除草剤を散布するが，2年目の秋は圃場面は平らになっており砂が動かないので，雑草の発芽が早くなる。したがって1回目の除草剤散布は追肥，中耕後の雑草発生前の9月下旬ごろに行なっておく。

⑤病害虫防除

ネダニ駆除のために，9月中旬ごろにダイシストン粒剤 6 kg/10 a を処理するが，9月の追肥と同時に施用して中耕すると効果が高い。

## 5. 第2回開花から越冬後まで

①この時期の技術目標（第12表）
②白色疫病の防除

白色疫病はこの時期には比較的発病が少ないが，低湿地や日かげとなるところでは被害が大きくなるので，10月下旬から2回防除を行なう。

③追　　肥

開花後から翌春の展葉までは低温，積雪などで生育は停滞するようになるので，越冬までにできるだけ分球芽の発達を促すとともに，越冬時に肥料切れして翌春の展葉がおくれないようにすることが必要である。葉色が極端に落ちてきたときにはさらに追肥を 2 kg/10 a ていど行なう。

## 6. 展葉開始から収穫まで

①この時期の技術目標（第13表）
②追　　肥

小球多収をねらう三年子栽培であっても，1

第12表　第2回開花から越冬までの技術目標

| 技術目標 | 技術内容 |
|---|---|
| 越冬時の草勢維持 | （葉色が極端に落ちたら追肥） |
| 病害虫の防除 | 白色疫病 |

第13表　展葉開始から収穫までの技術目標

| 技術目標 | 技術内容 |
|---|---|
| 初期生育の確保 | 雪どけ後の早期追肥，燐酸追肥 |
| 肥大の促進 | 4月上旬追肥，灌水 |
| 球の充実促進 | 5月上旬加里追肥 |
| 病害虫防除 | さび病<br>乾腐病，ネダニの発生がみられる圃場は，7月上旬までに収穫 |
| 適期収穫 | 6月中旬から7月下旬に，球の充実が早い圃場から収穫する |

株の分球数がきわめて多くなっているから，この時期は球の肥大を目的とした管理が必要である。したがって球の肥大が始まる4月中旬までに分球芽をできるだけ早く独立させ，展葉数を多くして体づくりをすることが重要であり，雪どけ後早めに追肥を行ない，燐酸の肥効を高める。

4月中旬に肥大期に入ってから6月中旬の収穫期までは，前半は肥大促進，後半は充実促進に重点をおいて，前半は肥効を高め，後半は肥料が切れるようにするため，4月上旬に止肥を施用する。この肥料がおくれると，気温が高くなってくるので葉の伸長が旺盛になり，過繁茂になったり，葉が倒伏したりして，かえって球の肥大を悪くするので注意する。

なお球の充実促進のため5月上旬にカリを追肥する。

③灌　　水

この時期の灌水は，球重を増加させ多収になるので，5月を中心に積極的に灌水をするのがよい（第14表）。しかし5月に肥料が効いてい

第14表　時期別灌水効果（1982.7.22）

| 区 | 1株球数 | 1株球重 | 1球重 |
|---|---|---|---|
|  |  | g | g |
| 4月 | 63.1 | 64.2 | 1.0 |
| 5月 | 55.6 | 113.1 | 2.0 |
| 6月 | 48.8 | 92.7 | 1.9 |
| 全期 | 60.6 | 202.8 | 3.3 |
| 室外 | 60.1 | 170.0 | 2.8 |

注　1980年9月植付けの株を1980年6月に鉢に植替え

るときには，遅発分げつを発育させて小球ができたり，球内分球を多くしたりする。

④**病害虫防除**

さび病は4月ごろから発生が始まり，5月に低温，多雨になると発生が多くなる。収穫する球には被害がでないことから防除がおろそかになりやすいが，発生が多いときには草勢を低下させて球の肥大を悪くするので，発病初期からジマンダイセン水和剤600倍などを散布する。

⑤**収　穫**

球が完全に充実する6月中旬ごろから，圃場ごとに球の充実度をみて収穫する。晩く収穫するほど球の充実がよく，歯切れが向上し，加工したときの心抜けも少なくなる。しかし，乾腐病の発生がみられる圃場では，7月中旬ごろから急激に発病が多くなるのでそれまでに収穫を終えるようにする。

収穫は根切り機で根を切って株を浮かせたあと，手作業で株を掘り上げ，鎌で球から上を5cm，根を1cmに切りそろえ，乾いた砂の上に敷いたネットに広げて乾かす。その後砂を篩で落として，35kgずつカマスに詰めて出荷する。なお掘取り作業のときに利用する移動式テントや砂を落とすための機械が普及し，炎天下の作業の軽減が図られている。

執筆　大崎隆幾（福井県農林水産部総合農政課専門技術員）

1990年記

# シャロット

◆植物としての特性　655 p
◆基本技術の基礎と実際　657 p

# シャロット

学名　*Allium ascalonicum* L.
　　　シャロットの学名は，従来 *Allium ascalonicum* L. とされてきた。しかし，シャロットはタマネギと自由に交雑するところから，近年タマネギの変種としていることもある（ジョンズら 1963）。
英名　shallot
仏名　Echalote

## 1. シャロットの原産，来歴，利用と生産

シャロットの野生型のものは，まだ発見されていない。シリア，エジプト，古代ギリシャに栽培された証跡がなく，東洋にも自生したとか古く栽培されたという証跡がない。これらの点からドカンドール（1884）は，西歴紀元前後にタマネギから変化したものを栽培して伝えていたものと推定している。わが国に伝来の時代も不明である（並河1952）。

シャロットは近年わが国にも栽培され，一般にエシャロットの仏名でよばれ，主として鱗茎と葉を生食する。

## 2. 性　状

シャロットはよく分けつする多年草で，ラッキョウに似ている（第40図）。葉の長さは15〜25cm で，秋から春にかけて茂る。花は淡いす

第40図　シャロットの草姿
（ジョンズら，1963）

みれ色で晩春に咲く。花茎は中空で細い円筒状を呈する。夏期に鱗茎を形成し休眠に入る。鱗茎は斜傾長卵形，長さ 3cm 内外で数個が密生し，よく貯蔵に耐える。

オクス（1931）は，インドネシアの品種として多数に分球する紅色種バワン-メラー（Bawang Merah），白色種バワン-アジャー（Bawang Atjar）のほか，単球の品種バワン-ノーンガール（Bawang Noongaal）をあげ，*Allium ascalonicum* は，タマネギの一種と考えざるを得ないとしている。

執筆　八鍬利郎（北海道大学農学部）

1973年記

# シャロット

## 〔栽培技術の基礎〕

### 1. シャロットと近縁種

シャロットはワケギに似た野菜で，葉身は径5mm前後，長さは30～40cmほどになり，冬から春にかけて盛んに分げつする。晩春に地上部は枯れて地下に長円形か卵形で，3～10gの小さい鱗茎を5～20球ほど形成する。鱗茎は休眠状態にあるが，休眠の程度は比較的浅い。

#### ①品種・系統と類縁関係

シャロットには多くの品種・系統があり，抽台の有無，分球数，球の大小，色などに差異がある。花茎を生ずる系統は早春に抽台し，30～60cmの花茎上に200花ていどの白色もしくは淡緑色の花を散形状につけ，あるていど稔実する。花は花被が開張し，その形はタマネギによく似ている。花茎は中空で中央部はいくぶん太いが，タマネギのように著しくふくらむことはない。なお不抽台の系統もある。

以上のような形態的特性からリンネはシャロットを独立種，アリウム・アスカロニクム（*Allium ascalonicum* L.）と命名した。この学名はシリアのアスカロンの町名に由来したものであるが，アスカロンの名は誤解から生じたものといわれ，野生種は確認されず，シャロットの起源は明らかでない。

今世紀の後半になって，シャロットとタマネギとの間の交雑試験や細胞遺伝学的検討がなされ，その結果，シャロットはタマネギの変種と考えられるようになった。つまりタマネギにはヤグラタマネギのような櫓性の変種と，分球性の変種アグレガツム群とがあり，後者には比較的大きな鱗茎をつくるイモタマネギ（ポテト・オニオン，potato onion）と，鱗茎の小さいシャロットとがある。寒さに強いイモタマネギはソ連と中国の東北地区などで栽培され，中国では分蘖洋葱とか毛葱（モーツオン）と呼んでいる。シャロット

第1図 生長期のシャロット（安谷屋信一）

第2図 シャロットの花球と花（安谷屋信一）

基本技術の基礎と実際

第3図　シャロット（アメリカ系）

第4図　俗にエシャロットと呼ばれる
若どりラッキョウの荷姿

は欧米諸国や東南アジア，アフリカなど世界各地の温暖な地域で多く栽培される。

②起源，来歴と栽培の現況

　シャロットはギリシャでは紀元前から栽培された。中国では『四民月令』（170）に記されている胡葱がシャロットだといわれ，11世紀の書物には胡葱は球が赤いとか，回回葱は胡の地より渡来したものだとあり，中国では古くから栽培していたようである。しかしイギリスには17世紀，アフリカには19世紀に伝わったなど，欧米諸国には比較的近年になって伝わった。日本ではシャロットに類似したワケギは平安時代以前から栽培したとみられるが，シャロットは日本に渡来していたかどうか明らかでない。戦後料理用に輸入され，一部地域でわずか栽培しているにすぎない。

　現在，北欧諸国では鱗茎を上質の香辛野菜として広く利用し，アメリカや東南アジアなどでは鱗茎も利用するが，葉ネギとして食用に供している。たとえばタイのバンコクの西南80kmの野菜産地の調査では，シャロットの栽培面積は野菜の総栽培面積の約10％，収穫量では12％で，野菜中第4位の重要な葉菜になっている（縄田栄治　1986）。FAOの作物の生産調査では「グリンオニオンとシャロット」として一括している（タマネギとニンニクは別に計上）。その大陸別，国別生産量をみると，ネギを主要野菜としている日本が世界の40％と断然多く，ついでメキシコと日本以外のアジアがそれぞれ20％，アフリカが10％などとなり，世界各地で栽培されている。

③名称の混乱

　**ワケギとの違い**　西日本で多く栽培されるワケギはシャロットによく似ている。このため以前はワケギにもシャロットと同じアリウム・アスカロニクムの学名が用いられた。しかしワケギはシャロットと違いほとんど抽台しないなど，両種間には相違点もみられる。

　戦後佐賀大学の田代洋丞は，両種の核型と細胞分裂時の染色体の行動などから，ワケギはネギを母親とし，シャロットを花粉親とする種間雑種であると推論し，前記の組合わせの実験を行なってワケギに類似した雑種を育成し，この考えの正しいことを実証した。そして現在は，ワケギはアリウム・ワケギの学名をもつ独立種とされている。しかしシャロットにもワケギにも多くの系統があることなどから，両種の区別はそう簡単ではない。台湾ではシャロットを含めて分葱と呼び，田代が国内，国外からワケギとして集めた30系統のなかの7系統は，核型などからみてシャロットであった。

　**若どりラッキョウとの混同**　シャロットはまたわが国ではラッキョウと混同されている。それは静岡県の某農協が戦後出荷した若どりのラッキョウが市場でエシャロットと呼ばれ，新野菜として消費が広まり，このことから混同が始まった。エシャロットはシャロットのフランス名で，その後料理関係の人などが，若どりのラッキョウを本当のエシャロットと間違えたり，料理書などにこのラッキョウの写真がエシャロ

ットとして載せられたりした。

産地のなかにはその後わざわざエシャレットとかエシャと呼び名を変えたところもあるが，現在一般にはこの若どりのラッキョウがエシャロットと呼ばれている。そして北欧から輸入された本当のシャロットは，ベルギー・エシャロットなどとして店頭に並べられている。

## 2. 品種，系統と生態的特性

### ①抽台性，稔性と核型

ネギ，タマネギ，シャロット，ワケギの染色体数は，ともに性細胞では8，体細胞で16であり，それは図のように14のV型染色体と，2つのJ型染色体からなりたっている。このような染色体の構成を核型と呼ぶが，ネギのJ型染色体はタマネギのJ型染色体より小型で付随体は大きく，タマネギとシャロットのJ型染色体は大型で付随体は小さい。そこで前者を$J^T$，後者を$J^t$として区別すると，前記の4種の核型はつぎのように示される。

| | |
|---|---|
| ネギ | $2n = 14V + 2J^T$ |
| タマネギ | $2n = 14V + 2J^t$ |
| シャロット | $2n = 14V + 2J^t$ |
| ワケギ | $2n = 14V + J^t + J^T$ |

このような核型の点などから前述のようにシャロットはタマネギの変種と考えられ，ワケギはネギとシャロットとの間の種間雑種ではない

第6図 シャロットの球（台湾系）

かとして検討された。

ところでシャロットとワケギのなかにはいくつかの系統のあることが知られている。たとえば安谷屋信一が入手したシャロットのなかには抽台するものと不抽台系，可稔系と不稔系などがあり，それらは球の大きさ，色などにも差異があった。その核型を調査したところ，対合染色体をもつタイ小玉葱とバングラデッシュ小玉葱は抽台して種子をつけた。しかし付随体をもたないJ染色体を1つもつ蕗蕎葱（ろきょうねぎ）は不稔性であった。なお，アメリカのヤマグチは，シャロットは異型接合体で，このため実生は親植物に類似せず，シャロットは通常球で増殖すると述べている。

### ②鱗茎の色と抽台性

佐賀県の川崎重治は，東南アジアとオセアニア地域から導入したシャロットを9月上旬に植え付け，それらの特性を調査して栽培特性を検討している（第2表）。これらのなかには鱗茎が紫赤色の系統が多かったが，3系統は外皮が褐色で鱗片の外皮は白色であった。また2系統が不抽台で，その他は抽台した。休眠は台湾産の

第5図 ワケギの体細胞の染色体
（栗田正秀，1953）

a〜n V型染色体，o シャロット由来の$J^t$染色体，p ネギ由来の$J^T$染色体

第1表 シャロットの系統の特性と核型 （安谷屋信一）

| 系統名 | 導入先 | 鱗茎の大小 | 鱗茎の色 | 抽台性 | 稔性 | 核型 |
|---|---|---|---|---|---|---|
| タイ小玉葱 | タイ | 中〜小 | 紫赤色 | 早期抽台 | 可稔 | $14V + 2J$ |
| バングラデッシュ小玉葱 | バングラデッシュ | 小 | 紫赤 | 早期抽台 | 可稔 | $14V + 2J^t$ |
| 蕗蕎葱 | 台湾 | 中〜小 | 橙褐 | 晩抽台 | 花粉不稔 | $14V + J^t + J$ |
| 台湾小玉葱 | 台湾 | 中 | 橙褐 | 不抽台 | 不稔 | |

第2表　シャロットの系統と特性　　　　　　　　　　　　　（川崎重治，1984）

| 系統名 | 導入先 | 草勢 | 草丈 | 分げつ数 | 抽台性 | 鱗茎の特性 | | |
|---|---|---|---|---|---|---|---|---|
| | | | | | | 大きさ | 外皮色 | 休眠性 |
| タイ(B.C) | タ　　　　イ | 強 | 高 | 最少 | 抽台 | 極小 | 濃紫赤 | 極浅～無 |
| タ　　イ | タ　　　　イ | 強 | 高 | 少 | 抽台 | 中 | 濃紫赤 | 極浅 |
| チェンマイ | タ　　　　イ | 強 | 高 | 多 | 抽台 | 中 | 褐色(白) | 浅い |
| アンボン | インドネシア | 中 | 高 | 少 | 抽台 | 中 | 濃紫赤 | 極浅 |
| パワンメラ | インドネシア | 中 | 中 | 少 | 抽台 | 小 | 濃紫赤 | 浅い |
| ニュージーランド | ニュージーランド(市販) | 中 | 低 | 最多 | 不抽 | 極小 | 紫赤 | 浅い |
| 香　　葱 | 台　　　　湾 | 強 | 高 | 多 | 抽台 | 中 | 褐色 | 中 |
| 台湾大球 | 台　　　　湾 | 強 | 高 | 中 | 抽台 | 中 | 褐色 | 中 |
| 赤　　玉 | 台　　　　湾 | 強 | 低 | 最多 | 不抽 | 中 | 淡褐黄 | 極浅 |

ものが比較的深く，萌芽期が遅かったが，その他の系統は休眠が浅く，特にタイとアンボンの系統は，地上部が枯死した後間もなく萌芽した。なお，抽台系は本葉3葉ごとに分げつ芽を分化したが，不抽台系は2葉ごとに側芽を分化し，結局，分げつ数が多かった。今後日本での栽培をすすめるためには，このような品種の導入と，それらの特性調査が数多く行なわれることが望まれる。

現在日本で青果として輸入しているシャロットの多くは赤紫色で，球は比較的大きい。しかしその品種名は明らかでない。アメリカのルイジアナ州では，ルイジアナ・パールとバイューパールが主要品種とされてきた。近年はシャロットとネギとの交雑種から育成された，ピンクルート病抵抗性品種やウイルスフリー球も栽培され，またネギとの種間雑種で，鱗茎を形成せず1年中生長をつづけるネギ型のルイジアナ・エバーグリンが株分けで増殖され，グリンシャロットとして栽培されているようである。

## [栽培の実際]

### 1. 生育生態と作型

シャロットはその栽培地と生育状況からみて，生育適温は20℃前後と思われ，日本では夏は高温に過ぎ，冬は低温に過ぎるため西南暖地か夏季の冷涼地が栽培に適すると思われる。

シャロットはタマネギと同様，植物体春化型植物で，花芽の分化は低温遭遇でおこる。しかし低温要求度はタマネギより低いらしく，九州，沖縄では10月ごろから花芽は分化し始め，12月から4月ごろまで次々と抽台し，関東地方では3月中下旬から抽台する。

鱗茎の形成はタマネギと同様に長日・温暖条件でおこり，4～5月に球を形成して休眠に入る。休眠の程度は比較的浅く，6～7月ごろ覚醒し始め，秋には完全に覚醒している。したがってそれ以降まで球を貯蔵するばあいは，風通

第7図　シャロットの球（ヨーロッパ系）

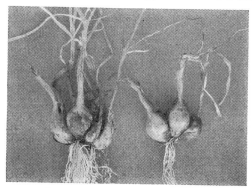

第8図　シャロットの球（アメリカ系）

しをよくして乾燥状態を維持するか，冷蔵などで強制休眠させる必要がある。

シャロットは上にあげた生活史を基にして栽培する。まず栽培の基本型は休眠から醒めた秋に植え付けて冬期間生育させ，秋から春にかけて緑葉を利用し，鱗茎を目的とした栽培では初夏の倒伏期に収穫する。

### 2. ワケギの作型

わが国ではシャロットによく似た生活史をもつワケギが栽培され，いくつかの作型が分化している。そこでワケギの作型と栽培法はシャロット栽培の格好な参考例になる。

ワケギは4月下旬から5月にかけて倒伏し，休眠に入り，休眠は6月下旬ごろから浅くなり始め，8月ごろは充分覚醒している。そこで，早どり栽培では早生系を8月上中旬に植え付け9～10月に収穫し，中生は8月下旬～9月上旬植えで11～2月に収穫する。晩生は9月上～下旬に植えて3～4月に収穫し，翌年の種球は倒伏後の5月に掘り上げている。

また種球の高温処理，ベンジルアデニン処理や減圧吸水処理などで休眠を打破した球を6～7月に植え，7～8月に収穫する夏どり栽培があり，また前年から温暖長日下で栽培し，鱗茎の形成を早めて1月に掘り上げた球を用いるか，前年から貯蔵しておいた種球を4～5月に植え5～6月に収穫する初夏どり栽培も行なわれている。川崎はシャロットの春植え栽培を試みたが，4月10日に植えて6月18日に収穫したばあいは，10月14日植えで3月25日収穫したばあいの収量の約3割の収量が得られた。長野県下でもシャロットの種球を貯蔵し，翌春3～5月に植えて初夏から夏に鱗茎を収穫する栽培が小規模ながら行なわれている。

### 3. 欧米での栽培事例

アメリカではシャロット栽培の90％は南部のルイジアナ州で行なわれている。球を目的とするばあいは植付けの10～15日前に施肥し，肥料は土とよく混和し，9月20日から10月30日のころ20～25cm株間で植え付け，5月には鱗茎が

第9図　シャロットの栽培状況

肥大するので地上部を刈り取り，株を掘り上げる。その後1～2日うね上で風乾したのち容器に移し，3～4週間キュアリング（乾燥）したあと建物内の風通しのよいところで貯蔵する。

葉ネギとするばあいは，8月中下旬に貯蔵中の鱗茎をとり出して大小別に分け，早どり栽培には大きめの球を8月下旬から9月上旬に植え付け，普通どりには中球を用い，小さい球は遅どり用にあてる。そして収穫5週間前から土寄せ軟化を行なう。まず1回目は約5cmていど土を寄せかけ，その後2～3週ごとに5cmずつ土寄せする。掘り上げたシャロットは皮を剝ぎ，水洗いしたのち包装し，氷詰めして出荷する。なおルイジアナ州では，シャロットの跡作にはダイズのようなマメ科作物を栽培してその茎葉を敷き込み，シャロットは3～4年間は栽培しない。

オランダやフランスでは主に球を料理の味つけに用いているが，4月15日以後に前年産の貯蔵球を植付け，夏の間生育させ，8月末以後葉が退色したころ肥大した鱗茎を掘りあげている。植付け間隔は条間を40～50cmとし，株間を小球は3～4cm，大球は15cmとするか，条間を30cm，株間を15～20cmていどとしている。

### 4. シャロットの栽培法

シャロットの栽培法はわが国ではまだ確立していない。そこでワケギに準じて栽培されている。まず定植期は8月上中旬から9月下旬ごろまでで，川崎は佐賀県で9月上旬に植え付け，長野県では9月中旬に植え付けている。植栽距

雑はワケギの早どりは幅広い床に20cm×18cm, 中生は35cm×20cm, 春どりは45cm×25cmていどとしている。川崎は特性調査用の栽培ではあるが, 1.5m幅の床に10cm株間の4条植えとし, 長野県下の鱗茎目的の栽培では60cm間隔のうねに大球20, 中球15, 小球10cm株間としている。なお秋植えのさいはやや深植えとするが, 春植えのばあいはやや浅めに植える。

肥料はワケギでは10a当たり石灰150kgと窒素20kg, リン酸10kg, カリ15kgていどが標準で, 年内どりのばあいはこの2割減とし, 肥料の30%は元肥, 残りは9～11月に分施している。

葉ネギとしてのワケギの収穫期は早どりは9～12月, 中生は12～2月, 春どりは2月中旬～4月下旬となる。なお, ワケギは抽台しないがシャロットの多くの系統は抽台する。そこで葉ネギとしては抽台前に収穫する。なお鱗茎を目的とするばあいも抽台は好ましくなく, 春植えすると抽台が少ない。鱗茎は7月中旬以降, 鱗茎の肥大状況をみて掘り上げ, 室内で40日間乾燥後, 通風のよいところに貯蔵する。

病虫害防除はタマネギに準ずるが, 長野県のばあいはべと病, 乾腐病などの防除のため, タネ球のベンレート500倍液浸漬とダコニール剤やトップジン粉剤を散布している。

　　　執筆　青葉　高（元千葉大学）

1990年記

### 主要参考文献

青葉　高. 1982. 日本の野菜（果菜類, ネギ類）. 八坂書房.

岩佐俊吉. 1980. 熱帯の野菜. 養賢堂.

JONES, H. A. and L. K. MANN. 1963. Onion and their allies. Leonard Hill.

川﨑重治. 1984. シャロット研究. 昭和59年秋季園芸学会発表要旨. 182-163.

田代洋丞. 1984. ワケギの起源の研究. 佐賀大農学彙報. 56, 1-63.

八鍬利郎. 1973. ネギ類. 農業技術大系野菜編8. 農文協.

YAMAGUCHI, M. 1985. 高橋和彦. 崎山亮三他3氏訳. 世界の野菜. 養賢堂.

山川邦夫. 1982. ワケギ. 西貞夫監修　野菜園芸ハンドブック. 養賢堂.

王德檳. 1987. 洋葱. 中国農業科学院蔬菜研究所主編 中国蔬菜栽培学, 農業出版社.

青森県三戸郡田子町　田沼　誠一

〈ニンニク〉

# 畑地マルチ栽培（福地ホワイト）

## 土つくりと優良種球の導入による大玉ニンニク生産

〈田子ニンニクのあゆみ〉

　田子町は青森県の最南端に位置し，秋田県，岩手県の両県に接し県境をなす町である。人口は，約7,200人。町の主産業である農業の就業者は約38％で，葉タバコ，畜産，ニンニクが主流を占めている。

　「たっこにんにく」の歴史は第1表のとおりであるが，生産部会が中心となって，ニンニクの品種を'福地系ホワイト'に絞るとともに，部会員に種球をあっせんし，品種の選抜を徹底して繰り返してきた。少しでも欠点が見えると容赦なく種球用から外すという，徹底した優良系統の選抜は，生産部会ならではの活動であった。

　その品質を武器に，ニンニク産地の戦国時代を勝ち抜いてきた。県内では数量・単価ともに群を抜き，日本一の名乗りを上げたのは1975年である。品質を重視し，高品質の'福地ホワイト' 6片種を育て，田子ニンニクは全国の市場に切り込んでいった。市場ではその品質が評価され，田子の選果選別基準がのちに県経済連（現・JA全農あおもり）の選果選別基準づくりに活かされ，青森県ニンニク王国の原動力になったと自負している。

　「たっこにんにく」は，2006年，東北初の地域ブランドとして特許庁から認定を受け，田子は「日本一のニンニク産地」となっている。

　地域資源「たっこにんにく」を活かし，地域

### 経営の概要

| | |
|---|---|
| 立　　地 | 三戸郡田子町火山性丘陵地，表層腐植質黒ボク土 |
| 作目・規模 | ニンニク145a，ホップ126a，水稲77a |
| 家族労力 | 本人夫婦，両親，長男…3.5人 |
| 栽培概要 | 10月上旬植付け，6月下旬〜7月上旬収穫 |
| 品　　種 | 福地ホワイト |
| 基本輪作体系 | ニンニク－ニンニク |
| 収量目標 | 10a当たり1,000kg（乾燥重） |
| その他特色 | 土つくりと優良種苗の導入による大玉ニンニク生産 |

で加工し，地域で流通し雇用を活性化させることを狙いに，新商品開発と総合戦略の構築を目指す取組みがなされており，期待される新たな商品には，黒ニンニク，琥珀（こはく）ニンニク，たれ，ニンニク焼酎，なんばん味噌，チョコレート，味噌漬肉などがある。

　川村武司（田子町経済課たっこにんにくアドバイザー）著（2008）「たっこにんにく」日本一への挑戦から抜粋。

〈技術の特色・ポイント〉

　**優良種球の確保**　ニンニクは，栄養繁殖作物であることから，いったんウイルスに汚染されると後代まで半永久的に伝播する。第2表にあるように，種球がウイルスに汚染されると，収

精農家の栽培技術

第1表　田子ニンニクの歴史　(JA田子町, 2008)

| 年　次 | 取組み内容 |
|---|---|
| 1962 | 福地ホワイト6片種導入20a（農協青年部の有志13人） |
| 1966 | 田子ニンニク初出荷 |
| 1970 | ニンニク生産部会設立（67人） |
| 1971 | マルチ栽培を開始 |
| 1975 | トラクター用根切（根上げ）機導入 |
| 1977 | 田子ニンニク質・量ともに日本一（市場評価） |
| | 作付け面積100ha突破 |
| | ニンニク根切りナイフ考案発注, 共同購入 |
| 1978 | 独自の病害虫防除暦作成 |
| | 「土作りのための緑肥」スダックスの導入 |
| 1979 | ニンニク冷蔵庫建築 |
| 1980～1981 | ニンニク乾燥機, パイプハウス導入 |
| 1982 | ニンニク乾燥機, パイプハウス, コンテナ導入 |
| | ウイルスフリー種苗事業開始 |
| 1983 | ニンニク乾燥機, パイプハウス導入 |
| 1985 | ウイルス選抜種球配布 |
| | ニンニクシンポジウム開催（全国規模） |
| 1986 | ニンニクハーベスター導入 |
| | 第1回ニンニクとべこまつり開催 |
| | 「にんにこちゃん」県観光物産コンクールで商工連合会長賞受賞 |
| 1988 | スーパー用「個包装ネット詰」ニンニク出荷開始 |
| 1989 | ニンニクハーベスター, 乾燥機, マルチャー導入 |
| | ギルロイ市（アメリカ）と姉妹都市締結 |
| 1990 | ニンニク平高うねマルチャー導入 |
| | 韓国瑞山市との友好交流開始 |
| 1991 | ニンニク販売額8億円を超える |
| 1992 | ニンニクハーベスター導入 |
| 1994 | ニンニクフォーラム開催 |
| 1995 | 根切機導入 |
| 1996 | 住友化学（株）MGS優良種球を試験的に導入 |
| 1997 | 住友化学（株）MGS優良種球生産・供給 |
| 1998 | 住友化学（株）MGS優良種球本格的増殖開始・継続 |
| 2001 | ニンニク高温処理施設完成（事業主体, JA田子町） |
| 2002 | 萌芽抑制剤使用中止 |
| | ニンニク専用CA冷蔵庫完成（田子町, 周年出荷, 安定供給, 品質劣化防止対策） |
| 2003 | 年間値決め産地パック販売体制を本格的始動 |
| 2007 | ニンニク高温処理施設完成（事業主体, 田子町） |

第2表　ウイルス症状による選抜効果
（青森県農業試験場試験成績概要集, 1979）

| 項目　　系統 | 一球重(g) | a当たり収量(kg) | 比率 | 上物率(%) | 上物収量(kg) | 優良株率[1](%) |
|---|---|---|---|---|---|---|
| 農試無選抜 | 51.0 | 127.5 | 100 | 84 | 107.1 | 10 |
| 農試1回選抜 | 56.6 | 141.5 | 111 | 93 | 131.6 | 19 |
| 農試2回選抜 | 60.0 | 150.0 | 118 | 92 | 138.0 | 22 |

注　1）優良株率とは次年度用種球としてウイルス症状の軽いものの占める割合

量・品質が低くなる。このため田沼さんは, 住化テクノサービス（株）が供給しているウイルスフリー種球を購入し, 自家増殖している。以前は数年に一度ウイルスフリー種球を購入し自家増殖していたが, 増殖段階でウイルスの再感染が起こることから, 5月上旬頃に種球生産圃場を見回り, ウイルス感染株に筆で水性ペンキをマーキングして選抜していた。近年は, 毎年3a程

度分のウイルスフリー種球を購入するようにしていることから増殖段階での選抜は行なっていないが，4月下旬から5月上旬は，葉にウイルス症状が最も顕著に現われるので，見回りの際，症状の激しいものは抜き取り，優良種苗の確保に努めている。

**土つくり** 田沼さんは，優良種苗を導入しても，土つくりが不十分な圃場では，ニンニクの根張りが悪いため順調な生育をせず，大玉生産ができないという。

このため，毎年すべての圃場で土壌分析を行ない，分析結果に基づいた土壌改良を行なっている。とくに，堆肥は，圃場の土性などを考慮して，稲わら堆肥を10a当たり3～5tと米ぬかを100kg投入している。

堆肥散布は，経営のもう一つの柱であるホップの作業と競合しないよう8月中旬に行ない，耕起を繰り返して土壌に十分馴染むようにしている。

**圃場の見回り** 田沼さんは，ニンニクの生育状況の把握や病害虫の発生状況を確認するためには，畑の見回りが重要だという。病気の発生を確認したらいち早く防除を徹底して蔓延を防ぎ，ニンニクの葉が生き生きとした状態で収穫期を迎えることが重要である。春腐病などの病害が多発すると，葉の枯上がりが早くなり，茎も軟らかくなって大玉で品質の良いものが収穫できなくなるからである。

〈作物のとらえ方〉

ニンニクは，9月下旬から10月中旬に植え付け，6月下旬から7月上旬に収穫し，栽培期間が10か月にも及ぶが，第3表のとおり植付け，収穫関連作業以外はほとんど大きな労力を要しない作物である。

また，水田転作作物として容易に導入ができるとともに，貯蔵施設が完備されていれば，ほぼ通年販売が可能な作物である。さらに，選別・出荷作業は農繁期を避けて，冬期間の労働力を有効に活用できる。

第3表 10a当たり作業別労働時間
(三八地域県民局地域農林水産部普及指導室調べ，2008)

| 項　目 | 家族労働時間 | 雇用労働時間 | 家族＋雇用 |
|---|---|---|---|
| 耕　起 | 9.0 | 0.0 | 9.0 |
| 基肥散布 | 0.5 | 0.0 | 0.5 |
| 改良資材散布 | 2.0 | 0.0 | 2.0 |
| 堆肥散布 | 1.5 | 0.0 | 1.5 |
| 植付け | 21.3 | 24.4 | 45.7 |
| 芽出し | 26.7 | 0.0 | 26.7 |
| 収　穫 | 24.0 | 38.1 | 62.1 |
| 種球準備 | 28.6 | 22.9 | 51.4 |
| 除げつ | 1.5 | 4.6 | 6.1 |
| とう摘み | 0.8 | 2.3 | 3.0 |
| 薬剤散布 | 7.0 | 0.0 | 7.0 |
| 出荷調製 | 32.6 | 0.0 | 32.6 |
| 合　計 | 155.5 | 92.2 | 247.7 |

ニンニクは，大玉の六片球ほど単価が高く，その生産のためにも優良種球の確保が不可欠となる。田沼さんは，大玉ニンニク生産のためには土つくりが重要と考え，堆肥の投入はもちろんのこと，土壌診断結果に基づいた土壌改良を行なっている。

〈栽培体系〉

青森県におけるニンニク栽培は，植付けが9月下旬から10月中旬に行なわれ，収穫が6月下旬から7月上旬で，緩効性肥料を活用した全量基肥体系のマルチ栽培が主流となっているが，基肥を減じて4月と5月に表層あるいは深層に追肥する栽培も行なわれている。

使用するマルチは，透明，グリーン，黒，肩黒マルチなどがあり，種類により球の肥大や収穫期が違ってくるので，ねらいをはっきりさせて使用するマルチを決定する必要がある。

また，6月上旬出荷をねらって，消雪後からりん片分化期まで不織布で被覆して収穫を促進させる栽培や，さらに，収穫を早めるハウス栽培が一部で取り組まれている。

田沼さんの栽培暦は第1図のとおりである。

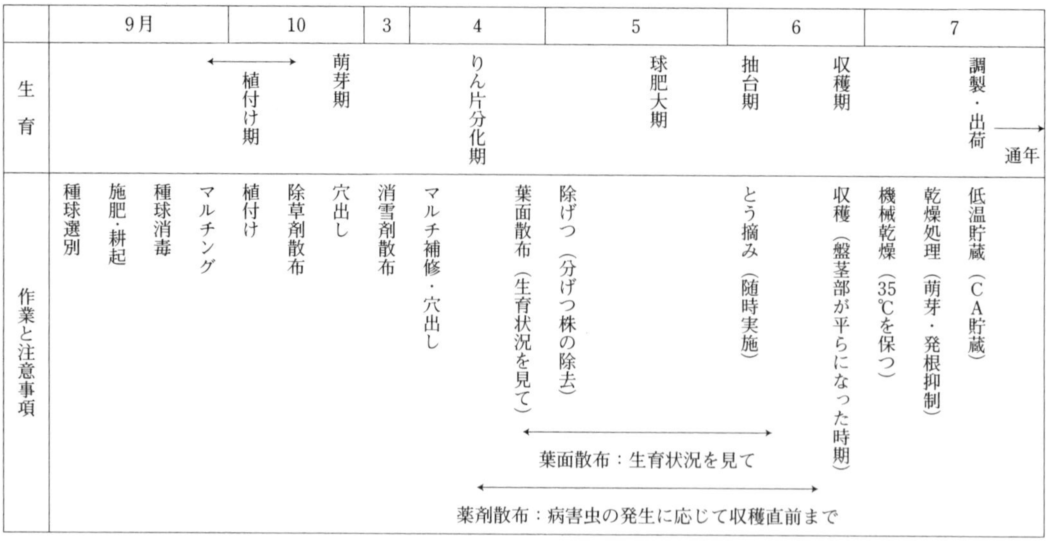

精農家の栽培技術

| | 9月 | | 10 | 3 | 4 | 5 | 6 | 7 |
|---|---|---|---|---|---|---|---|---|
| 生育 | | ←植付け期→ | 萌芽期 | りん片分化期 | | 球肥大期 | 抽台期 収穫期 | 調製・出荷 →通年 |
| 作業と注意事項 | 種球選別 施肥・耕起 種球消毒 マルチング 植付け 除草剤散布 穴出し | | 消雪剤散布 穴出し マルチ補修・穴出し | 葉面散布（生育状況を見て） | 除げつ（分げつ株の除去） | とう摘み（随時実施） | 収穫（盤茎部が平らになった時期） | 機械乾燥（35℃を保つ） 乾燥処理（萌芽・発根抑制） 低温貯蔵（CA貯蔵） |

葉面散布：生育状況を見て
薬剤散布：病害虫の発生に応じて収穫直前まで

第1図　ニンニクの栽培暦（品種：福地ホワイト）

〈栽培の実際〉

## 1. 植付け畑の準備

**畑地の選定**　田子町では，畑地を中心に作付けされてきたが，最近では水田転作地への作付けも多くなってきており，畑地6：水田転作地4の割合になっている。

ニンニクは連作されることが多く，連作5年以上の圃場も珍しくない。

新規畑の場合，pHが低かったり，リン酸が少ないと生育，球肥大が劣り大幅な減収となるので，大量の改良資材を投入して，pHの矯正，リン酸の富化を一挙に行なう必要があるが，リン酸資材が高価なため2～3年かけて畑をつくる場合が多い。

しかし，長年過剰施用を続けていると塩基バランスが崩れてきて生育障害を起こす場合があることから，収穫後の土壌分析が重要となる。分析結果に基づいて石灰資材とリン酸資材の投入量を決定する必要がある。この際，石灰，苦土，カリの塩基バランスを調整することも重要となる。

**土壌改良**　土壌改良は，pH，有効態リン酸，塩基バランスを考慮して各種資材を投入する必要がある。土壌酸度はpH6.0～6.5を目標に改良する。

pH5.5以下では発根が劣り，地上部の生育，球肥大が抑制されるので注意が必要である。

有効態リン酸は，トルオーグ法で乾土100g当たり80～100mg程度となるよう改良する。リン酸含量が少ないと発根が劣り，消雪後のニンニクが葉先枯れ症状を呈し，減収につながる場合がある。逆に，リン酸含量が100mg以上の圃場も見られるが，生育障害は見られないものの適正施肥，コスト低減の観点から，リン酸資材の投入を見送るなどの対策が必要である。

塩基バランスについては，石灰，苦土，カリについて，塩基飽和度や各塩基の拮抗作用を考慮して施用する。窒素供給源として鶏ふんや豚ぷんを大量に継続して施用すると，有効態リン酸やカリが過多になることから，土壌診断結果に基づいた施用に努める必要がある。

田沼さんは，ニンニク畑を7か所所有しているが，毎年収穫後圃場ごとに土壌診断を行ない，適正な改良資材の投入量を決定している。石灰資材としてキングシェルを，苦土が不足している場合は苦土石灰（M-10）を投入している。土壌分析の結果，有効態リン酸が十分にあるため，4～5年前からリン酸資材は投入して

いない。

**基肥の施用** 基肥は，CDUやロングタイプの緩効性肥料を主体としたニンニク専用肥料が各種開発されている。窒素の施肥量が多いと春腐病などが多発することから，前年の病害の発生状況を考慮するとともに，使用する種球の重量や種球のウイルス感染程度に応じて窒素の施用量を決定する。また，大量の堆きゅう肥を投入した場合，窒素が過剰となる場合があることから，基肥を減ずる必要がある。さらに，ウイルスフリー種苗は生育が旺盛となることから，施肥基準の8割程度で栽培する必要がある。

標準的な施肥量は第4表のとおりであるが，田沼さんは，窒素成分で25.6kg/10aを標準として，輝く黄金ニンニクを10a当たり160kg施用しているが，各圃場のニンニクの生育や収穫物の状態を見て施用量を増減している。

**マルチの選択** ニンニクは，乾燥に弱いことからマルチ栽培が一般的に行なわれている。田子町では，透明マルチ，黒マルチ，グリーンマルチの三種類が使用されている。

透明マルチは地温の上昇効果が最も高く，生育が促進されることから，収穫期が早まり球肥大も良好で多収となる。しかし，雑草の発生が多く，奇形球の発生がやや多くなる，収穫適期幅が狭い，などの欠点もある。

黒マルチは，雑草の発生を抑えられるが，生育も抑制されることから，透明マルチより球の肥大が劣り収穫期も遅れる。グリーンマルチはこの中間となる。

また，ニンニクのうねの地温は，うねの両肩の部分がうね中央部より高くなっている。このため，うねの両肩は，生育，球肥大がうねの中央部より良好となるが，奇形球が発生しやすくなることから，うね面が透明で両肩の部分が黒やシルバーのマルチも一部で使用されている。このように，それぞれマルチの特性を把握したうえで，どれを使用するのかを決める必要がある

### 第4表 施肥基準
(青森県やさい栽培の手引き，2002)

| 作型 | 施肥体系 | 成分 | 基肥 (kg/10a) | 追肥 (kg/10a) 1回目 | 追肥 (kg/10a) 2回目 | 合計 (kg/10a) |
|---|---|---|---|---|---|---|
| マルチ栽培 | 全量基肥 | 窒素 | 20〜25 | — | — | 20〜25 |
| | | リン酸 | 20〜25 | — | — | 20〜25 |
| | | カリ | 20〜25 | — | — | 20〜25 |
| | 追肥 | 窒素 | 10〜15 | 5〜8 | 5〜9 | 20〜25 |
| | | リン酸 | 20〜25 | — | — | 20〜25 |
| | | カリ | 10〜15 | 5〜8 | 5〜9 | 20〜25 |

注 追肥時期は，1回目：4月上旬，2回目：透明マルチはりん片分化期後10日ころ，黒マルチはりん片分化期〜同後10日ころ

る。

さらに，それぞれのマルチには，株間が13cm，15cm，17cmなどがある。株間が狭いと球の肥大は劣るが10a当たりの株数が多くなり，株間が広いと球の肥大は良好となるが，10a当たりの株数が少なくなることから，植付け種球重や生産販売か種球生産かを考慮して株間を決める必要がある。

田沼さんは，ニンニクの形状を重視することからグリーンマルチを使用しているが，収穫期間が長く，栽培面積が多いことから，労力分散を図るために，生育，球肥大が遅れる黒マルチを一部使用し，収穫適期の幅を広げている。

うね幅は140cm，株間は15cmの4条植えで10a当たりの株数は約1万9,000株で，田子町の標準的な株数より2,000株程度多くしている。

## 2. 植付け

**種球選別** 種球の選別作業は，ネギアザミウマなどの被害を少なくするために，植付け直前に行なう必要がある。種球用として栽培し，機械乾燥した種球を分割してりん片重別に分けて選別する。

ニンニクは，第5表のとおり，種球の大きさ（りん片重）が重くなると一球重も重くなり収量が増加するが，15g以上の種球では上物率が低下することから12〜15g程度のりん片を用意する。実際の栽培では12〜20g程度の種球を使用しているが，20g以上の種球を使用すると，複数萌芽が多くなったり，りん片が不揃い

になるなどして，収量，品質が低下する場合が見られる。

具体的には，12〜14g程度を小種球，15〜17g程度を中種球，18〜20gを大種球として選別する。りん片重が20g以上のものもあるので特大として選別するが，複数萌芽が明らかなりん片は種球としては除外する。選別した種球はネギアザミウマなどの被害を受けないように保管する。10a当たりの種球の必要量は，栽植株数により違いはあるが，280〜320kg程度である。

第5表　種球の大きさと収量・品質
(青森農試，1980)

| 種球の大きさ(g) 項目 | 一球重(g) | a当たり収量(kg) | 上物率(%) | 上物収量(kg) |
|---|---|---|---|---|
| 8.1〜9.0 | 47.3 | 118.3 | 91.1 | 107.8 |
| 9.1〜10.0 | 49.1 | 122.3 | 95.9 | 117.8 |
| 10.1〜12.5 | 52.4 | 131.0 | 96.7 | 126.7 |
| 12.6〜15.0 | 57.1 | 142.8 | 97.7 | 139.5 |
| 15.1〜20.0 | 58.6 | 146.5 | 94.6 | 138.6 |
| 20.1〜 | 57.0 | 142.5 | 93.3 | 133.0 |

第6表　植付け時期と越冬直後の葉数，りん片分化期
(青森畑園試，1988)

| マルチ | 植付け期(月/日) | 越冬直後の葉数(枚) | りん片分化期(月/日) |
|---|---|---|---|
| 透明マルチ | 9/19 | 4.2 | 4/23 |
|  | 9/24 | 4.4 | 4/23 |
|  | 10/1 | 4.3 | 4/23 |
|  | 10/8 | 4.0 | 4/27 |
|  | 10/15 | 1.9 | 4/27 |
| 黒マルチ | 9/19 | 3.5 | 5/5 |
|  | 9/24 | 3.6 | 5/5 |
|  | 10/1 | 3.1 | 5/5 |
|  | 10/8 | 2.4 | 5/7 |
|  | 10/15 | 1.5 | 5/7 |

第7表　越冬直後の葉数と収量
(青森畑園試，1987)

| 越冬直後の葉数 | 総収量(kg/10a) | 上物収量(kg/10a) 2L〜L | M〜S | 上物率(%) | 一球重(g) | 同左対比(%) |
|---|---|---|---|---|---|---|
| 4葉 | 155.1 | 140.3 | 0 | 91 | 84 | 113 |
| 3葉 | 148.8 | 135.9 | 0 | 91 | 81 | 109 |
| 2葉 | 141.2 | 122.7 | 0 | 87 | 77 | 103 |
| 1葉 | 136.8 | 122.1 | 0 | 89 | 74 | 100 |

田沼さんは，10〜20g程度のりん片を大，中，小に分別し，購入したウイルスフリー種苗では，5g程度の極小種球も活用して優良種球として増殖を図っている。

**種球消毒**　チューリップサビダニ，イモグサレセンチュウ，黒腐菌核病の防除のため種球消毒を行なう。

田沼さんは，種球消毒として，アクテリック乳剤の1,000倍液に2時間浸漬後，薬液を切って生乾きの状態のニンニク種球に，ベンレートT水和剤20を種球重の1%量を湿粉衣している。

具体的には，あらかじめ種球の重さを計量してラベルなどに記入し，タマネギネットやコンテナに詰めたものをアクテリック乳剤の1,000倍液の薬液槽に浸漬し，種球重量に応じてベンレートT水和剤20を湿粉衣し，陰干しによる風乾後に植え付けている。

**植付け**　植付け時期の10月ころは，気温が低下してきているため，植付け前にマルチを張って地温を上昇させておく必要があるが，早すぎると土が締まって硬くなり，手植えでは作業性が劣る場合があるので，圃場ごとの土壌条件を加味してマルチングを行なう。

植付けは，9月下旬から10月中に行なわれるが，第6，7表のとおり，越冬後の葉数を4葉確保した場合多収となる。4葉を確保するためには，透明マルチの場合，10月上旬までに植付けを終える必要がある。

マルチの種類，使用する種球重により植付け時期が異なるが，一般的には，黒マルチを使用した場合や小種球では，早めに植え付けたほうがよい。

植付けは，発根部を下にして，逆や横向きにならないようにしてニンニクを押し込む。

植付けの深さは，浅植えでは凍害を受けやすく，極端な深植えでは萌芽が遅くなることから7cm程度とする。

田沼さんは，10月上旬に植え付けるが，第2図のような塩ビパイプを活用した植付け器具を使用して，植付けの

深さが一定になるようにしている（T字部分を手で持ち，種球を押し込む）。

1日当たりの植付け面積は，5人で25aを目安にしている。

ニンニクの植付け作業は，かなりの労力を要するため，2008年に植付け機（第3図）が開発され市販された。ニンニクは発根部を下にして植え付ける必要があることから，目皿にニンニクを人手で並べて植え付ける半自動型であるが，3人程度の作業員でおおむね8時間で30a程度の植付けが可能である。

### 3. 生育中の管理

**除草** 田沼さんは，植付け後にロロックスを散布し，消雪後，ゴーゴーサン乳剤を散布して雑草の発生を抑えている。マルチ内から発生する雑草は手取り除草となるが，この際，茎葉が傷つけられ，春腐病の発生を助長することがあるので注意して作業を行なう必要がある。

**芽出し** 植付け後，10日から2週間するとニンニクは萌芽してくるが，萌芽した葉がマルチの植付け穴からそれて，マルチの下になって萌芽するものもある。このため，生育が抑えられないよう，随時畑を見回って，マルチの穴部から葉が出るよう芽出し作業を行なう。田沼さんは萌芽後2回程度，さらに越冬後再度見回りをして芽出し作業を行なっている。

**消雪の促進** 田沼さんは，越冬後の生育を促進させるために，3月上旬ころから木灰，炭の粉，土をまいて消雪を早めている。

**ウイルス汚染株の除去** 購入したウイルスフリー種苗でも，種球として利用する年数が長くなると，ウイルスに再感染する割合が高まってくる。このため，4月下旬から5月上旬にかけて，ニンニク葉のモザイク症状をみて，ウイルス症状を呈している株の株元にテープを巻いたり，水性スプレーで健全株と区別し，ウイルス症状の激しいものを種球として使用しないようにしなければならない。

現在，田沼さんは，ホップと作業が競合することもあって，毎年ウイルスフリー種苗を購入して増殖することで，ウイルス症状が激しくな

第2図　植付け器具

第3図　ニンニク植付け機

る前に種球を更新できることから，選抜作業は行なっていない。

**病害虫防除** ニンニクに発生する病気には，春腐病，さび病，葉枯病，黄斑病，黒腐菌核病などがある。

田沼さんは，消雪後，10日おき程度に薬剤散布を行なっている。まず，春腐病の防除をバリダシン，テーク水和剤，Zボルドーで行ない，病害が進む場合はアグリマイシン100水和剤を散布している。さび病には，アミスター20フロアブルを，葉枯病，黄斑病に対しては，5月中・下旬にダコニール1000を，6月中・下旬にポリベリンを散布している。

害虫はネギコガ，ネギアザミウマが発生するが，ニンニクのネギアザミウマ防除薬剤が登録されていないことから，田沼さんはネギコガを中心として，マブリック乳剤，ジェイエース水溶剤などを散布している。

薬剤散布の際，ニンニクの生育が停滞している場合はポリコープ1号，2号を，6月に入って生育が旺盛すぎる場合はポリコープ3号などの葉面散布剤を混用している。

**除げつ**　5月上旬にかけて複数萌芽している株は，残す株の株元を押さえて，他方を引き裂くようにして除げつ作業を行なう。4月上旬ころに作業を行なうと，引きちぎれずに株が残り再び伸びてくる場合があるのであまり早くてもだめである。また，作業が遅れると，残す株の根いたみが激しく，さらに球が奇形になる場合があるので，適期に行なう。

**とう摘み**　ニンニクは，5月下旬から6月上旬にかけてとうが抽台してくる。とうをそのまま残しておくと珠芽が肥大して球の肥大が抑えられるので，珠芽の部分から摘みとる。

摘取り作業を雨の日に行なうと，切り口から春腐病菌が侵入する場合があるので，なるべく晴天の日に行なったほうがよい。

最近，ウイルスフリー種苗を導入した場合に，種球増殖率を高めるために，とう摘みを行なわないで珠芽を充実させて種球として育成することが一部で行なわれている。

### 4．収穫，乾燥，出荷

**収穫**　田子町における収穫期は，6月下旬から7月上旬である。消雪が早くりん片分化期が早まると収穫期も早まる傾向にある。ニンニクは収穫期が近づくと第4図のように盤茎部が凸型から凹型に変化する。

田沼さんは，必ず試し掘りを行ない，半分以上（約6割くらい）が適期になったら収穫を始めている。また，形状と必ずしも一致しない場合はあるが，ブリックス示度で，31〜33％を目安とする方法や葉が30〜50％くらい黄変した時期など総合的に判断して収穫を開始する。

収穫時の留意点として，栽培面積が多く収穫期間が長くかかる場合には，適期が中間にくるようにして収穫を開始する。収穫が早すぎるとニンニクの皮がゆがみ，おそすぎると裂球の発生が多くなる。

また，ウイルスフリー株は適期幅が狭く，適期を逃すと裂球が多くなる傾向があるので注意が必要である。

さらに，雨天で茎葉が濡れているときに収穫すると，乾燥時に，ムレやすく，表皮が褐色になり，色沢が悪く，腐敗が多くなるので，雨天の収穫は避けるべきである。

田沼さんの収穫の方法は，乾燥方法がシート乾燥であることから，茎葉を刈払い機で刈りとったあと，マルチを除去し，ニンニク掘取機（第5図）で収穫していく。収穫したニンニクは，専用の機械（第6図）で根と茎を切ったものをコンテナに詰めて乾燥場へ搬入する。

ニンニク圃場で根切り作業を行なうと，残渣として残った根をすき込むことになり，土壌病害虫の発生を助長するので，根切り作業は作業小屋で行なっている。

収穫は，ニンニクの茎葉刈り，マルチ除去，収穫・搬出作業を3人で行ない，5人が作業小屋で茎・根切り作業を行なっている。145aの収穫には7日かかり，根切り作業を含めると9日程度で収穫作業を終えている。

最近，ニンニクの収穫機（第7図）が開発さ

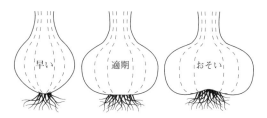

第4図　ニンニクの収穫期の目安

第5図　ニンニク掘取機

〈ニンニク〉畑地マルチ栽培（福地ホワイト）

第6図　ルートシェーバー
ニンニクの根と茎を切り取る機械

第7図　ニンニク収穫機

第8図　ニンニクのシート乾燥

れており，収穫作業の大幅な省力化が図られ，10a当たり3時間程度で収穫できる。

**乾燥**　田子町における乾燥方法は，シート乾燥とハウスや小屋を利用した棚乾燥に大別される。シート乾燥は，収穫したニンニクをコンテナに詰めて，専用のシートで覆い，温風を送風して乾燥する方法である。棚乾燥は，収穫したニンニクをタマネギネットに詰め，あらかじめつくっておいた棚にタマネギネットを並べて，温風をダクトで送って乾燥する方法である。

田沼さんはシート乾燥（第8図）を行なっているが，乾燥の重要なポイントは，乾燥開始から1週間程度は，送風温度を35℃前後になるようサーモスタットを設定し，実際の送風温度を確認しながら行なっている。後半の1週間は送風温度を30℃程度とし，2週間程度で乾燥を終了するようにしている。

乾燥の仕上がりは，盤茎部を削ってみたり，茎を折ってみて水分状態を判断している。また，乾燥終了後，雨が続けば水分の戻りがあるので，再度仕上げ乾燥を行なうようにしている。

**出荷**　出荷は，乾燥終了後のニンニクの皮をむき，盤茎部を専用のニンニク根切りナイフで削り取ってきれいに調製したものを，大きさ別，品質別に粗選別したものをJAの出荷場へ運び込む。運び込まれたニンニクは，選果場で大きさ別，品質別に個包装されて出荷している。

〈栽培技術上の問題点と今後の課題〉

**優良種球確保**　ウイルスフリー種苗の供給量が少ないために，自家増殖をしなければならないが，農家段階で網室を設置するのは困難である。このため暴露栽培になりウイルスの再感染が起き，ウイルス選抜を実施しても栽培年数が長くなると，生産力が低下してくるので，安価で安定的に供給する体制の整備が必要である。

**収穫前の害虫防除**　この期にニンニクに寄生する害虫は，ネギアザミウマ，チューリップサビダニ，イモグサレセンチュウなどであるが，いずれの害虫も球肥大期以降，ニンニクに侵入してくると思われる。

販売用ニンニクでは，収穫後の薬剤処理ができないことから，ニンニクの表面が食害によりザラザラに変色したり，球の腐敗など品質低下を招くことがあるので，これらの害虫防除には細心の注意が必要である。

精農家の栽培技術

第9図 個包装で出荷する「たっこにんにく」

〈JAにおける販売面の工夫—JA八戸田子営農センター（旧JA田子町）〉

**高温処理—萌芽・発根抑制の代替技術**
2002年にそれまで使われていた萌芽抑制剤の使用が禁止になり，これに代わる方法として高温処理法が導入され，萌芽・発根を抑制し品質保全を図っている。

**貯蔵方法** 輸入ニンニクシェアの拡大やそれに伴う価格低迷，萌芽抑制剤の使用禁止などによる産地の危機を打開するため，
1) 定時定量出荷
2) 長期貯蔵による周年供給（品質・量目の劣化防止）
3) 萌芽抑制効果

が図られるCA冷蔵庫が導入されている。

**地域団体商標の「たっこにんにく」** 旧田子町農業協同組合は，ニンニクの有利販売に向けて地域団体商標「たっこにんにく」を申請し，2006年，東北初の地域ブランドとして特許庁から認定を受けている。

**個包装販売** 青森県におけるニンニクは，大きさ別に2L，L，M，Sの規格で，品質はA品，B品，C品に格付けされ，品質別・規格別に1kgごとにネット詰めされたものを10個入れて，10kg詰め段ボールで販売している。

一方「たっこにんにく」では，2L，Lは1個，Mは1〜2個，Sは3個を個包装したものを定数詰め販売している（第9図）。価格は，市場において値決め販売され，高い評価を得ている。

《住所など》青森県三戸郡田子町
　　　　　田沼誠一（59歳）
執筆　太田富広（青森県三八地域県民局地域農林水産部普及指導室三戸普及分室）
《情報提供》田子町役場経済課
　　　　　TEL. 0179-32-3111
　　　　　八戸農業協同組合田子営農センター
　　　　　TEL. 0179-20-7711
　　　　　　　　　　　　　　2009年記

◎ニンニクは栄養繁殖作物であることから，いったんウイルスに汚染されると後代まで伝播するため，青森県ではウイルスフリー種球を作成し，農家へ配布している。この優良種球の導入，自家増殖，土つくりによる大玉ニンニク栽培を解説。

## 参考文献

青森県．2002．やさい栽培の手引き．42—67．

香川県仲多度郡琴平町　横田　敏秋

〈ニンニク〉

# 暖地4～6月どり栽培（大倉種）

適期作業と病害虫防除の徹底で大玉生産

## 〈技術の特色とポイント〉

　横田さんはニンニク栽培を20年ほど前から導入し，水稲後作の作物として作付けてきた。作型はこれまで普通栽培とマルチ栽培をとり入れてきたが，最近はマルチ栽培主体となっている。水稲後作であるため連作障害はでていないが，生産安定を図るため，作付け圃場は毎年ローテーションするよう心がけている。安価な中国産ニンニクの輸入が増えたため過去には収益性が低迷した時期もあったが，安心・安全な国産ニンニクが見直され始めている。横田さんは，ニンニク部会長として品質の高い大玉生産をめざして産地の発展に尽力している。

　横田さんのニンニク栽培は大玉比率（2L級以上の比率）と秀品率が高いことが特徴である。これを実現している技術的なポイントは，土つくり，栽培暦にそった基本技術の徹底，乾燥技術にある。栽培地である琴平町の土壌は砂壌土～壌土でありニンニクには好適な土壌であるが，稲わら堆肥，土壌改良資材，籾がらくん炭の投入など積極的に土つくりを実施している。

### 1. マルチ栽培の導入による経営の安定化

　横田さんは乾燥ニンニクでの出荷が主体であるが，マルチ栽培が導入される以前は普通栽培（無マルチ）が多く，田植え後（6月中下旬）に調製・出荷されていたため，青森県産の出荷

### 経営の概要

| | |
|---|---|
| 立　　地 | 讃岐平野，水田地帯，花崗岩・和泉砂岩系の砂壌土～壌土地帯，年平均気温16.7℃，年間降雨量713mm |
| 作目・規模 | 水稲80a，ニンニク30a（うちマルチ栽培30a），ナバナ15a |
| 家族労力 | 本人，妻…2人（ニンニクの植付け，収穫時期に臨時雇用） |
| 栽培概要 | 10月上旬：植付け，5月中旬～下旬：収穫 |
| 品　　種 | 大倉種 |
| 収　　量 | 10a当たり1,200kg（生重量） |
| その他の特色 | 水田後作が盛んな地域で，ニンニクのほかムギ類（コムギ，ハダカムギ），レタス，ナバナなどの作付けが多い。しかし，高齢化が進展しているため，機械化作業体系の検討やJAによる作業支援が実施されている |

始めと競合し，価格的にも不安定であった。これを打開するためマルチ栽培を導入し，比較的市場価格の安定している早い時期に出荷できる栽培体系に転換してきた。使用するマルチも透明マルチ，グリーンマルチ，赤外線マルチなどを使い分け，労力の分散を図っている。

### 2. 土入れ，病害虫防除など基本的技術の徹底

　使用している品種が裂球しやすい性質をもっているため，いわゆる「土入れ」が重要なポ

イントとなっている。マルチを被覆する11月中下旬までに3回以上（土の厚さで10cm程度）の土入れをしっかりと実施している。このときに土壌の乾燥防止などのため，籾がらくん炭の施用も併せて実施している。病害虫防除は，春腐病を主眼におき，軟腐病，さび病，アザミウマ類の防除を適期に実施している。

### 3. 乾燥技術

出荷にさいしては，十分な乾燥に力を注いでいる。乾燥が不十分だと，流通段階でカビが発生し，消費者に対する信用や産地の名声に影響するからである。横田さんは早くから除湿乾燥機を導入し，色上がりの良いニンニクに仕上げている（第1図）。

### 4. 機械化体系の検討

高齢化による産地の面積減少に歯止めをかけるため，これまでも県農業試験場や普及センター，農機メーカーなどと連携し，植付け作業や収穫作業の機械化に取り組んできたが，思うような成果は得られなかった。しかし，2009年にニンニクの収穫機が開発されたことから，横田さんはその収穫機の実演会を開催し（第2図），普及性や改良点などを明確化し，労力不足に対抗できる技術の定着をめざしている。

## 〈作物のとらえ方〉

横田さんのニンニク栽培の考え方として次

第2図　ニンニク収穫機実演会（2009年6月）

の3点をあげることができる。第一は，2L級以上の大玉生産と秀品率の向上をめざすため，基本的な技術の徹底することである。第二は，安心・安全な農産物生産という観点からの，農薬使用基準を遵守した栽培履歴の記帳である。第三は，収穫から乾燥に至る調製作業である。

### 1. 大玉生産と秀品率の向上

ニンニクの大玉生産比率や秀品率は年次変動が大きく，作柄の良い年次とそうでない年次があり，これが収益性の差にもつながっている。

横田さんは，連作障害回避のため作付け圃場のローテーションは毎年行ない，種球の植付けもできるだけ5g以上のものとし，最近ではほとんどみられなくなった稲わら堆肥を自作し，施用している。土入れ作業も遅延しないよう適期に行なうなど，きめ細かい技術に努力している。マルチ栽培を導入することで地温の維持と雑草の発生抑止，根圏環境の保護も視野に入

第1図　ニンニクの除湿乾燥
左：除湿乾燥施設，右：コンテナで収納した乾燥始めのようす

れ，年内までに葉数や葉鞘径の太さを確保するように心がけている。

### 2. 農薬使用基準の遵守

ニンニクに限らず農薬使用基準違反によって産地全体が大きな影響を受ける時代であるため，毎年防除暦などを見直している。とくに春腐病の発生に対しては防除を徹底しており，年内からの抗生物質剤や銅剤散布が欠かせない技術である。

消費者にも琴平産のニンニクは安心・安全だというメッセージが届くことが安定的な販売にもつながるものと確信している。

### 3. 収穫から乾燥に至る調製技術

春先に土壌が乾燥し，うね間灌水するさいなどに細心の注意をはらい，うね間に水が長時間滞水しないようにすることが大事であると考えている。収穫時期が近くなると，ニンニクの太根も徐々に減少してくるので，最後まで太根の根量が維持できるように極端な環境変化をきたさないような栽培管理に努めている。

収穫作業は，抽台の時期から25～30日後をめどに実施している。収穫が早すぎると球が充実していないし，遅れると裂球や着色球の発生にもつながるので判断がむずかしい。収穫は天候を見計らいながら，雇用労力にも頼り，一気に作業をすすめている。収穫後は圃場で根切り作業をするが，最低1日くらいは天日乾燥することが品質向上にもつながる（第3図）。

### 〈栽培体系〉

琴平町は瀬戸内気候に属し，冬期も比較的温暖で（第4図）日照量の多い地域であるが，雨量は少ない。土壌は水田土壌で砂壌土から壌土地帯であり，ニンニク栽培に好適な土壌となっている。香川県のニンニク栽培は，水稲栽培終了後，種子冷蔵早出し栽培，早掘りマルチ栽培，普通栽培の3つの作型で取り組まれているが，琴平町では早掘りマルチ栽培と普通栽培が主流である。10月上中旬の種球の植付けから始まり，4～6月に収穫することとなる（第5図）。

〈ニンニク〉暖地4～6月どり栽培（大倉種）

**第3図** きれいに乾燥が仕上がった横田さんのニンニク

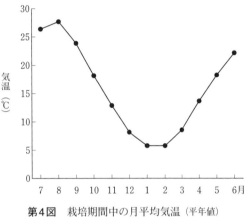

**第4図** 栽培期間中の月平均気温（平年値）

### 〈技術のおさえどころ〉

#### 1. 品種と種球の準備

中国から'大倉種'といわれるニンニク種球を輸入して10a当たり150kg準備する。

大玉生産のためには種球の選定が重要であり，りん片の充実した5g以上のものを使用し，出芽後の発育を促すことがポイントである。種子冷蔵早出し栽培の場合は3～5℃で約30日冷蔵してから植え付ける。

植付け前日に発芽を揃えるため，りん片を水に12時間程度浸漬する。種子消毒は植付け直前に，アクテリック乳剤（1,000倍で植付け前2時間浸漬）とベンレートＴ水和剤20（種球重量の0.5～1％を植付け前種球粉衣）で実施している。

675

## 精農家の栽培技術

第5図　ニンニクの栽培暦（品種：大倉種）

### 2. 圃場の準備と施肥

酸性土壌では生育が悪くなるので，酸度矯正をした圃場で栽培する。また，球の肥大最盛期である4～5月の乾燥時のうね間灌水は増収効果が高いので，灌水に便利な圃場を選定するようにしている。

出芽後の生育は主として種球の貯蔵養分に依存しているため，冬期の生育はきわめて緩やかである。春先から気温の上昇とともに土壌養分の吸収が活発となり生育は旺盛になる。このため，基肥，追肥は施用時期に注意し，りん芽の分化期から抽台期まで，生育の盛んなときに肥効が現われるようにしている。

肥料のやり方や施肥量は，土壌条件や作型などによって異なるが，種子冷蔵早出し栽培や早掘りマルチ栽培では緩効性肥料による全量基肥とし（第1表），普通栽培では基肥と追肥を2回くらいに分けて施用する。早掘りマルチ栽培では窒素成分で21～23kg程度，普通栽培で23～24kg程度としている。

3月以降の追肥や多肥栽培は裂球と春腐病の要因ともなるので施用しないことにしている。

### 3. 植付けと土入れ

早掘りマルチ栽培では9月25日～10月10日を基準に，施肥・耕うん後，平うね状態で植え，溝切りで作条をつくり，そこへ等間隔で種球のりん片を並べるように植え付け，覆土は2～3cmとする。うね幅130cm，条間20cm，株間15cmの3条植えを基準とし，植付け本数は1万5,400個/10aとしている。2条植えや4条植えも可能ではあるが，2条植えだと植付け本数が少なくなるので収量にも影響が出やすい。植付けが遅れると初期生育が抑制され，収量にも

第1表　早掘りマルチ栽培施肥例（10a当たり）

|  | 全量基肥(kg) |
|---|---|
| 完熟堆肥 | 3,000 |
| 土壌改良資材 | 200 |
| 石灰質資材 | 120 |
| 緩効性肥料 | 160～180 |

注　マルチ栽培では追肥は施さない

第6図　ニンニクの植付けの作業

影響があるので,遅れないよう早めに圃場の準備をする。

植付け後乾燥が続き,発芽に影響する場合は灌水し,発芽を斉一にしている。

発芽後,葉が大きく展開するまでに3～4回の土入れを実施している。管理機で溝の土をうね上へ飛ばし入れる。これを3～4回ほど行なうと通常の溝ができあがっていく。そして,覆土を10cm程度行なってからマルチを被覆している(第7図)。このとき,完熟堆肥や籾がらくん炭を条間に施してから土入れをしており,土壌の物理性の改善につながっている。なお,除草剤の散布は土入れ後,マルチ前に散布するようにしている。

マルチの種類は,透明,遠赤外線,グリーン,黒マルチで収穫時期が若干異なってくるが,収穫時期の分散という意味で,横田さんは,透明,グリーン,遠赤外線マルチの3種類を,収穫の早い順(透明＞遠赤外線＞グリーン)に小面積ずつ利用している。

### 4. 病害虫防除と摘蕾(とう摘み)

暖地ニンニクでは,春腐病,さび病,アブラムシ類,アザミウマ類が主な防除対象病害虫である。横田さんはとくに春腐病に重点をおいた防除体系を常に考え,部会の防除暦を遵守した散布を行なっている。なお2009年は,原因不明であるが白絹病の発生も確認されたため,来年の防除対策に反映することにしている。

4月中旬になると抽台が始まる。とう摘みが早すぎると分球の原因になり,おそいと球肥大が悪くなる傾向があるので,適当な時期を逸しないように注意している。

### 5. 収穫・乾燥・出荷

収穫は,とう摘み25～30日後くらいから始め,天候を確認して一斉に収穫する。ニンニクを抜きとり,根部が乾かないうちに,専用の根切り鎌で根部を切り取る。天気が良い日であれば半日でも天日にあて乾燥させると色上がりがよくなるが,雨にあてると逆にカビの発生につながるので,労力に見合った収穫作業を行なう必要がある。最終的には,茎部を4～5cm切り残してコンテナに納めている(第8図)。収穫作業はかなりの労力を要するので,シルバー人材センターの利用など臨時雇用をする農家も多い。

青切り出荷(生出荷)もあるが,大半は乾燥出荷が占めている。ニンニクの乾燥はJAの大規模除湿乾燥施設を利用し,10～12日くらいで乾燥が終了する。栽培規模の大きい農家ではJAの施設だけに頼ることもできないので,自前で乾燥施設(第1図)を整備したりしている。

出荷は,等階級別に選別し,1kgを尻部が外側にくるようにネットに詰め,10kgを段ボールに梱包している。全量がJAを通じて東京市場に出荷されている。消費者の国産農産物への志向の高まりから,市場価格も比較的安定している。なお,規格で加工用やA品,B品となった,いわゆる「スソもの」の有効活用も検討され始め,「ガーリックオイル」など新たな商品づくりに利用されるようになってきている。

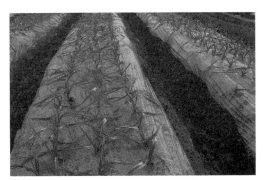

第7図 透明マルチ被覆後

第8図 ニンニクの収穫作業

第9図　タマネギ収穫機を応用したニンニク収穫の実演

第2表　香川県のニンニク経営指標（10a当たり）

| 項　目 | 金　額 | 備　考 |
|---|---|---|
| 粗収益 | 615,000 | 平均単価410円/kg×1,500kg（収量） |
| 種苗費 | 48,000 | |
| 肥料費 | 48,190 | |
| 農薬費 | 17,056 | |
| 光熱費など | 10,771 | |
| 諸材料費 | 20,720 | |
| 出荷資材費 | 18,392 | |
| 販売手数料 | 61,500 | 売上げ×10% |
| 減価償却費 | 45,889 | |
| 所得金額 | 344,482 | |

注　本指標は平成13年香川県経営指標から引用した数値であるため，直近の実態とは差がある

〈栽培技術上の問題点〉

### 1. 栽培の機械化

　ニンニク栽培は植付けから収穫に至るまで機械化がむずかしい作物の代表でもある。担い手の高齢化や臨時雇用も年々確保しづらくなるなど人力作業だけに頼っていては，産地の維持発展が困難であるため，機械化体系の確立が最重要課題となっている。これまでも県農業試験場などが開発した植付け機の実証を行なうなどしてきたが，思うような成果は得られなかった。
　しかし2009年に，ニンニク専用の収穫機が農機メーカーから開発され，その性能などを実証した。一方では，タマネギ収穫機を応用したニンニクの収穫作業も有効なことが判明し，横田さんの属するニンニク部会では，来年度からそれらの機械を導入し収穫作業の省力化を推進することにしている（第9図）。
　ニンニクの機械化はまだまだ発展途上で，農家の圃場条件の違いによっては，機械の性能が十分に引き出せないなど問題も指摘されているため，メーカーなどの密接な連携により，現場の栽培条件に合致する機械に改良していく活動も重要である。

### 2. 乾燥技術と新たなマーケティング

　品質の良いニンニクを生産しても，乾燥技術が不十分だとカビの発生などにより市場での評価は得られなくなる。琴平町ではJAのニンニク専用大型除湿乾燥機が整備されているが，今後，新規栽培者や面積拡大をめざす農家にとっては乾燥施設の整備が重要なポイントである。個人が利用するニンニクの乾燥施設は第1図のようなものを含め，最近ではいくつかメーカーが開発しているので，性能などを参考にして導入を図ることをすすめている。
　さらに，ニンニクだけの販売では安価な中国産やブランド力のある青森産に対応できないため，これからは加工品などの開発・販売にも力を入れていく必要があるが，香川県産のニンニクを使ったドレッシングの販売など，新たな動きもでてきている。

＊

　当地域のニンニク部会長を務め，品質の高い大玉生産をつづけ，機械化体系の確立をめざしている横田さんは，基本的に夫婦2人でニンニク30aなどを経営し，今後も，現在の規模を維持していくとのことである。毎年，作柄は変動するが，土つくり，病害虫防除，生産履歴の記帳など，基本的技術をしっかりと行ない，産地の発展に貢献していくことが自分の役目であると語っていた。

《住所など》香川県仲多度郡琴平町
　　　　　　横田敏秋（64歳）

執筆　横井弘善（香川県中讃農業改良普及センター）

2009年記

◎ニンニク早出しのためのマルチ栽培，裂球を防ぐための土入れ，カビを防ぐための除湿乾燥など，大玉ニンニク生産技術を解説。

〈ニンニク〉

# 大きい種子球―疎植―
## 大球を早期収穫

### 5〜6月どりポリマルチ栽培（因州早生）

鳥取県岩美郡福部村　谷口広治さん

谷口さんとポリマルチ栽培のニンニク畑

| 経営の概要 | |
|---|---|
| 立地 | 鳥取大砂丘のすぐ近くの平坦地，沖積埴壌土 |
| 作目・規模 | ニンニク 50$a$，イネ 50$a$，ナシ 30$a$，養豚3頭 |
| 家族労働力 | 本人，妻，父，母……3.6人<br>雇用……10人 |
| 栽培概要 | 9/下〜10/下植えつけ，5/下〜6/中収穫 |
| 品種 | 因州早生 |
| 収量 | 10$a$当たり乾燥重1.25$t$ |
| その他特色 | 大きな種子球で大球生産，黒色ポリマルチで省力化，窒素35$kg$の多肥栽培 |

＜技術の特色・ポイント＞

谷口さんのニンニク栽培の特色は，大球生産である。ニンニクの栽培所要労力の90％が，収穫球数の増減にかかわる労力なので，労働生産効率を高めるためには，大球に限るとしている。そのうえ，ニンニクの規格別価格指数は，Mを100とするとLLは210と，大球ほど高い傾向にある。谷口さんは，大球生産によって労働生産性を高める一方，面積当たりの所得も下がらないように考えている。

それは，種の大きさ，栽植密度，植えつけ時期，施肥量，ポリマルチの五つが主なポイントになっている。

▷種子球の大きいものほど大球につながる。一つの種球のなかにも大小さまざまな種子球があるため，小さい種子球の有効的な利用も考えている。それは，種球生産用の種子球として使用していることである。

種球の大きさは球径5〜5.5$cm$が理想で，これよりも大きいと二次球（孫芽）が多く，これを取り除く労力が多くかかり，小さいと球径の小さなニンニクしかできないのでよくない。しかし，大球を生産できる条件（多肥，粗植，早植えなど）のばあいは，比較的小さい種子球でもさしつかえない。

▷栽植密度は，粗植にすれば大球，密植にすれば小球と，かなりはっきりしている。谷口さんは，植えつけ時期，貯蔵用ニンニク生産，種球生産，労働生産性と面積当たりの所得の均衡，などを考えて栽植密度を加減している。

植えつけ時期の早いばあいは，早期出荷用（5月下旬〜6月中旬）とするため，粗植（10$a$ 1万5,000株）にして肥大を促進させる。10$a$当たり栽植密度は次のとおり。

7〜8月出荷用は2万株。

9月以降出荷用は，貯蔵中に減少率の少ない中球にするため，種球用と同じ2万5,000株。

翌年の2〜3月出荷用は，貯蔵性の高い小球にするため3万株。

▷植えつけ時期は，9月25日〜10月20日まで連続して行ない，労働配分を主体に考えて植えつけしている。植えつけ時期の早晩による技術のおさえどころは前記のとおりである。

▷施肥量は，緩効性肥料を主体にした元肥中心の多肥である。谷口さんは，標準は10$a$当たり窒素，燐酸，

精農家の栽培技術

加里各35kgだが，これよりも多いほうがよいという。少肥により生育途中で肥切れ現象を起こすと，展葉速度がおくれ，根張りも悪くなる。そのため追肥しても生育の回復が遅く，遅植えと同じ結果となる。

▷ポリマルチは，大球生産と除草の省力のために欠かせない技術だ。谷口さんは昭和44年に試作して，一昨年ポリマルチ技術を確立した。ポリフィルムには，黒，緑，透明などがあるが，肥大は黒色が最もよく，緑色や透明は徒長して大球にならない。

▷そのほかに優良系統の選抜を行なっている。優良系統の条件は，大球，純白で，肥大性がよく，早期抽台，二次分けつの少ないこと，などである。また，種球の素質をよくするために，燐酸を50％増施している。燐酸を多く施した種球は，発芽力と発根数が多いといっている。

＜作物のとらえ方＞

**根の発育が収量を決める**　谷口さんのニンニク栽培は，大球で品質のよいことがねらいである。大球のニンニクをつくるためには，根群の発達を促すことと，茎葉の充実をはかることである。

根群は，年内の伸長が大切だ。第1図に示すとおり年内は根群形成期で，地上部重より根重のほうが大きい。谷口さんは，「年内の根群の発達が，春先の地上部重や肥大にもっとも関係が深い」として，このことに重点をおいている。

「根群の発達を促すには，いくつかの条件があるが，その一つは種子球の良否だ。種子球から多く発根させるには，燐酸を充分吸収していること，大きい種子球であること。さらに年内の根群を発達させるには，植えつけ時期を早め地温の高いときに生育させることだ。植えつけ適期は9月25日がよく，これより早くてもだめだ」と谷口さんは語っている。地温上昇には，ポリマルチが効果的で，通気性もよくなる。

また，気温が10℃以下になると生育速度が減退するが，根は1℃内外の冷蔵庫の中でも伸長する。だから12～2月の生育休止期の根の発育管理が重要である。谷口さんはポリマルチと多肥，そして冬期間の排水に努めているが，これらは冬期間の根群発達に結びつき，春先の生育スタートが早くなっている。

**品質を支配する土壌条件**　重い土壌でつくったニンニクほど含油率が高く，貯蔵中の減量が少ない。土壌酸度の適応範囲はpH5.5～6.0で，乾燥には春先から肥大期にかけてがとくに弱い。谷口さんはこのようにニンニクの特性を理解して，土壌は耕土が深く，排水のよい，保水力のある粘質壌土に栽培している。

pHは毎年植えつけ前に測定して，10aに苦土石灰を200～250kg施している。春先の乾燥防止には，5月に2～3回溝へ水を引き込んでいる。

**大玉植えつけ，生育促進で大玉生産**　ニンニクの茎径と球径とには，正の相関が認められている。また肥料の吸収は，第2図のとおり年内はわずかで，肥大期になって急増する。

谷口さんは「大球をつくるためには，茎を太くすることだ。茎を太くするためには，発芽時から茎葉の太い大きな種子球を使う。茎葉の太さと最も関係ある要因は，光と通風だ。だから年内の生育期間を長くして，12月ころには6葉期以上になるようにし，軟弱徒長にならないよう茎葉の充実をはかることだ」と語る。そのために谷口さんは，条件と目的によって栽植密度をかえているのである。

肥料は，肥大期に吸収量が急増するので，不足しないよう緩効性肥料を全体の50％としている。さらに，年内の生育促進と根群発達

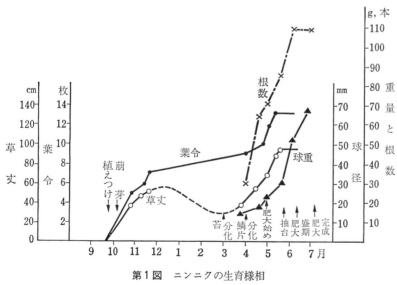

第1図　ニンニクの生育様相
注　草丈の点線部分は積雪による葉先のいたみを示している

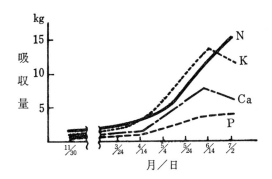

第2図　10a当たりの時期別肥料吸収量（長野農試）

を促すためには，施肥絶対量を増加し，肥切れ現象を起こさないようにしている。これは，生産費中に占める肥料費は安いことと，肥料不足になるとベト病の発生が多くなることが理由である。

このような谷口さんのニンニクの発育生理のとらえ方は，第2図によっても裏づけられている。

3～4月の肥料を少なくすれば，春先の生育がおくれ，大球生産ができない。また春先，肥料をたくさん吸収させると裂皮となり，不良品になりやすいが，谷口さんは，「外皮の大きいものをつくっておけばよい」といっている。外皮は，一時に大きくすることはできないから，最初から大きくしておく必要がある。「そのためには，年内に茎葉の充実した発育をさせることが大切だ」という。

病害防除は，ベト病とサビ病の防除が重要である。これを怠ると，裂皮だけでなく，外皮の色沢まで悪くする。

収穫末期になるとニンニクの下葉が枯れ上がり，生葉数が少なくなってくる。谷口さんは収穫適期を次のように判定している。「下部の茎葉が黄色みをおび，上部の生葉5～6枚が青々としているときが収穫適期だ」ただし，種球生産のばあいは，完熟させるために，これより7～10日くらい遅くしている。

**適期収穫で減収を防ぐ**　ニンニクは，品種によって抽台系と不抽台系とがあるが，谷口さんの栽培している品種は壱岐早生の系統で，ホワイトの抽台系である。5月中・下旬から抽台をはじめ，5～6個の実を結ぶが，珠芽を肥大させると地下部の球重は30～40％も減少する。

谷口さんは，1日も早く除台することが重要だとして，除台作業の適期を逃していない。毎日圃場を見回って，抽台したら，1日もおかず除台するようにしている。

ニンニクは，休眠覚醒期（9月上～中旬）をすぎれば，放っておくと発根し，鱗片内鱗葉の伸長はいちじるしくなり，自然状態での貯蔵限界は11月までである。谷口さんは，12月以降に出荷するものについては，MH—30を散布している。MH—30は0.15～0.25％液を，収穫の10日前に散布する。冬出しは冬期間の労働力利用が主なねらいである。

＜栽培体系＞

ニンニクの立地条件は，年内の生育を充実促進させるためには，日照の多い温暖なほうがよいといえる。また植えつけ時期も，理論的には休眠覚醒期の9月上旬～下旬と，早いほうがよいことになる。だが鳥取地方では積雪があるので，冬期をどういう状態ですごさせるかが問題である。年内にあまり過繁茂にすると，茎葉の衰弱と枯れ葉が多くなるので，とくに山間地の積雪の多いところでは，気をつけなければならない。谷口さんの栽培地は平坦地で，積雪は多くない。

品種は，暖地系のものを使っている。寒地系は肥大が悪い。これは，鱗片の分化に一定以下の低温が必要だからである。この低温要求度は品種によって異なり，谷口さんが栽培している品種は，中間型と思われる。

現在の作型にはこの品種でよいが，早期収穫には，もっと低温感応度の少ない早生品種を導入したいと考えている。

栽培体系上，見逃すことのできないのは，黒色のポリマルチである。ポリマルチは，植えつけ適期の幅を拡大するとともに，除草作業の省力にもなる。除草剤のCATやクロロIPCも効果があるが，年内の生育が遅れるだけでなく，長期間除草効果が持続しないので，春先には手取り除草をしなければならない。黒色ポリマルチは，さらに水分の保持と土壌の物理性を維持することから，絶対欠かすことができない。

つぎに重要なことは，輪作体系である。これは，植えつけが適期に行なえることと，土壌の物理性がよくなるような前作が望ましい。谷口さんは，土壌状態をよくするために，プリンスメロンと早掘りサトイモを前作に栽培しているが，労力事情からニンニクと同じ栽培面積までには至っていない。

早生品種のイネ刈取り後の作付けは，植えつけ期と土壌状態に，多少のむりがあるようだ。さらに最近イネは，乾田直播方式が普及してきたが，いままでのようなニンニク収穫後に田植えをするという体系では導入が困難である。

精農家の栽培技術

第1表 栽培暦　　　　　　　　　　　　　　　　　品種　因州早生

| 月/旬 | 8/上 | 9/上 | 9/下 | 12/下 | 3/上 | 4/上 | 5/上 | 5/下 | 6/中 | 7/上 |
|---|---|---|---|---|---|---|---|---|---|---|
| 生育 | ←休眠期 | 休眠覚醒期 | 萌芽・発根 | 本葉六〜七枚 | 花房分化期 | 鱗片分化期 | 肥大始め | 抽苔、肥大最盛期 本葉一三〜一四枚 | 肥大完成期 | 休眠期← |
| 作業 | 圃場選定・輪作計画・種球の確保 | 玉割り・種子消毒・施肥、耕うん、畦立て、マルチ・植えつけ・芽の取出し | 除けつ | | 排水 | 追肥 | 灌水 | 除苔・病害虫防除 | MH処理・収穫 | 跡かたづけ・調製、出荷、乾燥、貯蔵 |
| 注 | 子球は四g以上　種球直径五〜五・五cm | 玉割りは最低植えつけ二〇日前　ルベロン液で消毒　深耕、全層施肥、畦幅一四〇cmに　有孔黒色ポリマルチ　株間一四cm四条植え | 一株から二本以上出たら一本にする | | | マルチの上から施肥 | 五/下〜六/上には畦間灌水 | 除苔は一五%の増収になる　収穫の一〇日前に散布　茎葉の½〜⅓が黄変したとき | 風乾(生重の六五〜七〇%) | |

栽培暦は第1表のとおりである。

＜技術のおさえどころ＞

一部に冷蔵処理やトンネル栽培による早出しが行なわれているが，谷口さんはニンニクに限りその必要はないと考えている。ニンニクは貯蔵が容易で，利用については，乾燥したものも青果とまったく同じだからである。したがって，普通栽培で，貯蔵性の高い品質のニンニクをつくることと，さらにMH処理と冷蔵貯蔵することとで，冬期間の需要には応えられるといっている。

### 1. 品種

谷口さんの栽培している品種は，因州早生である。昭和29年，長崎農試の壱岐分場で突然変異により発見された品種で，壱岐早生の系統とみられるホワイト系である。草勢が強く，早生系で純白，大球となる。耐病性，耐寒性は強いが，収穫適期をのがすと緊度が欠ける欠点がある。

ニンニクの品種は，全国に200種ほどあると推定されているが，谷口さんは低温要求度などから他県の品種にはあまり関心がない。現在の因州早生のなかから，さらに大球，早生で，二次分けつの少ない系統を選ぶほうがよいといっている。

### 2. 種球の選定と玉割り

**種球の選定**　ニンニクの種球は第3図のような形態をしている。第2表のように，種子球は大きいほど大球となる。しかし第3表に示すとおり，大きい種子球には二次球（孫芽）が多く，これを取り除く労働量は，

第2表 種子球の大きさと球の肥大（一球重）

| 種子球 \ 植えつけ月日 | 9月25日 | 10月5日 | 10月15日 | 10月25日 | 11月5日 |
|---|---|---|---|---|---|
| 種子球 6g | 74.0g | 86.5g | 84.5g | 65.2g | 54.5g |
| 〃 4 | 82.2 | 78.5 | 67.0 | 56.3 | 48.5 |
| 〃 2.5 | 68.5 | 65.0 | 66.0 | 45.3 | 45.0 |

〈ニンニク〉5～6月どりポリマルチ栽培（因州早生）

第3表 球の大きさと子球率　　　（因州早生）

| 項目<br>球径 | 球重<br>g | 子球重<br>g | 子球数 | 1子球<br>平均重 | 子球数率 | | | |
|---|---|---|---|---|---|---|---|---|
| | | | | | 2.5g以下 | 2.5～5.0g | 5～7.5g | 7.5g以上 |
| 3.5cm 以下 | 14.3 | 13.4 | 5.8 | 2.31 | 70.5% | 29.5% | ― % | ― % |
| 3.5～4.0 | 22.1 | 20.6 | 7.4 | 2.78 | 22.1 | 74.9 | 3.0 | ― |
| 4.0～4.5 | 29.4 | 26.5 | 7.6 | 3.49 | 15.5 | 80.8 | 3.7 | ― |
| 4.5～5.0 | 39.0 | 31.7 | 7.7 | 4.12 | 5.2 | 78.4 | 16.4 | ― |
| 5.0～5.5 | 49.6 | 38 | 8.1 | 4.69 | 5.7 | 57.2 | 36.0 | 1.1 |
| 5.5～6.0 | 62.5 | 40.3 | 8.6 | 4.69 | 4.2 | 57.4 | 37.2 | 1.2 |
| 6.0cm 以上 | 68.6 | 41.8 | 9.1 | 4.59 | 4.0 | 58.0 | 38.0 | ― |

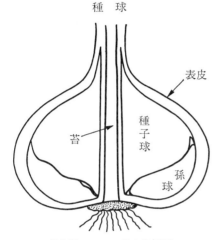

第3図 ニンニクの分解図

玉割り作業のじつに75%を占めている。これらを総合的に検討すると、種球の径が 5.1～5.5cm のニンニク球の種球を利用するのが、もっとも経済的で、効果的である。

しかし、いかにして5～5.5cmの大きさにそろった種球を生産するかに、問題が残される。谷口さんは、栽植密度と種子球の大きさを組合わせて、上手にそろった質のよい種球を生産している。

**種球の玉割り**　種球の玉割りは、10a当たり45時間もかかるので、労働配分上大きな問題となる。さらに玉割りしたものを数十日間放置すると、発芽勢や発根力が減退して種子球の質が低下する。谷口さんは、これを経済的効果で計算しているが、それによると、玉割りした種子球を1日放置するごとに10a当たり700円の減収になる。したがって、玉割りは植えつけ時に行なうのが最もよいわけだが、50aも栽培している谷口さんは、つぎの方法をくふうして実行している。

孫芽を取り除いた種子球と孫芽をそのままにした種子球とでは、日数経過による質的低下に差がある。これは、孫芽を取り除くときに種子球に傷がついたり、種子球に裸になる部分ができて種子球内の水分が発散してしまうためと思われる。谷口さんは、まず、種球を全部割り終わってから、つぎに孫芽を取り除く作業にとりかかっている。

### 3. 圃場の選定

土壌による品質、収量（球の肥大）の差は大きい。これはニンニク栽培上、適地選定の重要性を意味するものである。

選定条件は、まず乾燥しないことと地力のあることである。つまり耕土が深く、排水のよい、保水力のある肥沃な粘質壌土に、よくしまった品質のよいニンニクができる。とくに種球や貯蔵用ニンニクの栽培には圃場選定が必要だ。砂土や軽しょう土、あるいは排水不良地は、品質が悪いだけでなく、病害の発生が多い。谷口さんは、以上の理論をもって圃場選定を重要視し、一部は借田による栽培をしている。

### 4. 耕うん、畦立て

耕うんは深く全耕するのがよい。畦幅140cmの平畦としているが、乾燥の度合いによって畦の様式は変えている。畦の方向は、圃場の形にもよるが南北の方が、徒長も少なく生育がそろうといっている。

### 5. 施肥

谷口さんの施肥量は、第4表のとおり多肥である。各県の窒素の適量試験や栽培基準では10a当たり20～25kgとされているが、実際は、多肥でないと大球が生産できない。谷口さんは「施肥量を多くすると展葉速度が早まり、葉は大型となって植えつけ期を早めたと同じ効果がある」といっている。

5月の肥大期には、よく肥切れ現象を起こしやすい。これは、肥大期には肥料の吸収が盛んなことを示すも

第4表 ニンニクの施肥量（10a当たり）

| 肥料 \ 施肥法 | 元肥 | 追肥 | 成分量 | | |
|---|---|---|---|---|---|
| | | | 窒素 | 燐酸 | 加里 |
| | kg | kg | kg | kg | kg |
| 堆　　　　　肥 | 1,500 | | | | |
| ナ　タ　ネ　粕 | 20 | | | | |
| Ａ　Ｍ　化　成　45 | 60 | | 9 | 9 | 9 |
| ＣＤＵ燐加安Ｓ555 | 60 | | 9 | 9 | 9 |
| ＦＴＥ入り燐硝安加里604 | 90 | | 14.4 | 9 | 12.6 |
| 硝安入りＮＫ化成Ｓ16 | | 20 | 3.2 | 2 | 2.8 |
| 骨　　　　　燐 | | 20 | | | |
| 苦　土　石　灰 | 200 | | | | |
| 計 | | | 35.6 | 29 | 33.4 |

第5表 ポリマルチの種類と球の肥大（一球重）

| マルチ \ 植えつけ月日 | 9月25日 | 10月5日 | 10月15日 | 10月25日 | 11月5日 |
|---|---|---|---|---|---|
| コントロール | 69.2g | 69.0g | 63.4g | 43.7g | 35.0g |
| 黒色マルチ | 82.2 | 78.5 | 67.0 | 56.3 | 48.5 |
| 緑色　〃 | 74.8 | 60.8 | 60.0 | 41.0 | 32.6 |
| 透明　〃 | 80.3 | 73.7 | 62.2 | 50.5 | 48.5 |

ので，過剰ぎみになってもよいから，絶対不足させてはならない。

吸肥量は第2図のとおりで，ニンニクの生育が旺盛となる4月中旬から急激に増加し，6月上～中旬の後期まで増加している。球の肥大も第1図のように，4月上旬に鱗片の分化がはじまり，5月上旬には個々の鱗片が形成され，5月中旬から肥大が急速にすすんでいる。

谷口さんは，以前追肥の効果の高いことも確認しているし，上記の理論から5月期の肥効を玉肥と考えている。つまり年内の根張り肥と玉肥とに重点をおくため，この肥効をＶ字型肥効とも呼んでいる。

しかし，ポリマルチ栽培では，全量元肥が原則で，元肥の施肥時期は10月上・中旬である。ＡＭ化成やＣＤＵの緩効性肥料の効果は高いが，肥大期の肥効は必ずしも満足できるものではない。そこで谷口さんは，ポリマルチの有孔を利用して，マルチの上から追肥して効果をあげている。ただし，種球生産や貯蔵用ニンニクの栽培には「追肥をしないほうが充実するし，二次分けつ（孫芽）が少ない」といっている。

燐酸と加里については，窒素ほど顕著でないが，充分施しておくほうがよい。とくに種球生産圃場では，燐酸を多く吸収させることによって発根力，発芽勢のよいニンニク種球ができるとしている。

その他，微量要素（骨燐など）や石灰の効果の高いことも，谷口さんはみのがしていない。春先の乾燥期に葉先が黄色くなって枯れる症状にも，微量要素や石灰は効果があるようだといっている。

### 6. ポリマルチ

谷口さんは，黒色ポリの厚さ0.03mm，幅135cmを使用し，人力で張っている。

ニンニクに対するポリマルチの効果は，タマネギなどと同じく大きい。年内の生育を促進し，根群の発達，土壌の物理性をよくし，土壌水分を保持したりするが，とくに植えつけが遅れたばあいに，その効果は顕著である。年内の生育は，裸地に比べて，透明ポリは14日，緑色ポリは10日，黒色ポリは7日，それぞれ生育は早まる。だが，透明や緑色ポリマルチは雑草が生えるし，徒長して球の肥大が悪い。

このようにニンニク栽培のばあいは，他の作物のばあいと少し異なったポリフィルムの色による効果の差がみられる（第5表）。

### 7. 植えつけ

**植えつけ適期**　植えつけ時期は9月25日から10月15日の間である。10月20日をすぎると極端に球の肥大が劣る。これは，早く植えつけることによって，年内と鱗片分化期とに，同化面積や根群，栄養条件がすぐれた状態になるためと考えられている。植えつけが9月25日より早すぎるばあいは，年内の生育がすすみすぎて，冬期間に茎葉が傷み，肥大時の生葉数（ニンニクの葉数は，13～14枚で決まっている）が少なくなるために，肥大が劣る。

**植えつけ方法**　植えつけ方法は，まず畦の上を平にし，ポリマルチをする。そしてマルチの上から穴あけ器具で穴をあけ，その中に1種球ずつ押し込んでいる。

栽植距離は，株間15cm，18cm，21cmの範囲で，植えつけ条件と目的とによってかえている。同一株数を植え込むばあいは，株間よりも条間を広くしたほうが成績がよい。

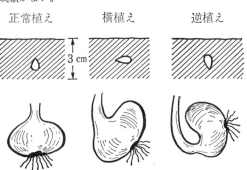

第4図　植えつけ方法と球形

第6表　栽植距離と経済性

| | 株間 | 15cm | 18cm | 21cm |
|---|---|---|---|---|
| 一球重（g） | 3条 | 93g | 97g | 99g |
| | 4条 | 91 | 89 | 94 |
| | 5条 | 81 | 88 | 81 |
| | 6条 | 71 | 74 | 79 |
| 粗収入（10a当たり） | 3条 | 15.7万円 | 14.1万円 | 12.6万円 |
| | 4条 | 19.7 | 15.6 | 15.6 |
| | 5条 | 18.9 | 19.0 | 16.0 |
| | 6条 | 17.8 | 15.9 | 15.6 |
| 所得（10a当たり） | 3条 | 9.3万円 | 8.0万円 | 6.8万円 |
| | 4条 | 12.5 | 9.1 | 8.8 |
| | 5条 | 11.6 | 11.8 | 10.0 |
| | 6条 | 10.6 | 9.1 | 9.0 |
| 所得（1時間当たり8時） | 3条 | 3,275円 | 3,823 | 3,746円 |
| | 4条 | 3,677 | 3,209 | 3,609 |
| | 5条 | 2,733 | 3,336 | 3,290 |
| | 6条 | 2,078 | 2,156 | 2,463 |

　植えつけの深さは3cmくらいで，子球の先端がかくれるていどとしている。乾燥する圃場や，表土の軽い土壌では，やや深植えがよいといっている。谷口さんは，ばら植えで能率を高めようと試みたが，第4図のような形となって商品価値が劣ったので，現在はやっていない。

　谷口さんは，経営的に労働配分を考えたうえで，前記の有効植えつけ適期を充分に利用している。9月25日〜10月20日までの約1か月間である。この間でも，早植えは早出し用で粗植，おそ植えは種球用や貯蔵用で密植と，区別して植えている。この栽植密度について，谷口さんは，第6表のとおり試算して，現在の労働生産性主体の技術体系を確立したのである。

　つまり，面積当たりの所得は，密植により増大し，1日当たりの労働所得は，粗植によって増大している。したがって，「栽植密度は，経営者の経済的目標によって大きく変わるし，もっとも重要な経営技術だ」という。

### 8. 除けつと除草

　**除けつ**　黒色マルチの植え穴からやがて発芽するが，穴から上手に出てこないものは取り出してやる。一つの植え穴から2本以上発芽するばあいは，1本になるように除けつする。除けつをしないと第5図のように小球となるので，残すほうの株元をおさえて，引

第5図　無除けつの球形

きさくようにして，いらない株を抜き取る。

　**除草**　植え穴からは，ニンニクの発芽と同時に，雑草が発芽してくる。植え穴が大きいほど雑草は多く，必ず手取り除草が必要である。谷口さんは，この植え穴の直径は2cmが適当で，これより小さいと植えつけと発芽が困難だという。

　雑草の手取りは，12月上旬までに行なうのがよい。春先まで放っておくと，雑草は分けつして根を充分に張るので，除草労力は何倍もかかってしまう。溝の部分の雑草は，10a当たりCAT50gを水15lに溶かして溝の部分に散布すればよいが，谷口さんは，CATでは効かない雑草が生えること，春先に再び発生することなどから，CATにグラモキソン100ccを混入して，12月または3月に散布している。

### 9. 灌水と排水

　**肥大期の灌水**　肥大期の5月上旬〜6月上旬に2〜3回畦間灌水をしているが，これは効果がある。しかし，やりすぎると根が弱って，ベト病の大発生の危険がある。肥大期以外は，灌水の必要がほとんどないようなので，つねには行なっていない。

　**早春と雨期の排水**　排水については，冬期間の雪どけ水と降雨が問題となる。排水不良は，灰色カビ病や，フハイ病の発生を多くする。そこで，排水溝を整備し，過湿にならないよう注意している。

### 10. 除　台

　因州早生は，5月中・下旬に抽台する。これを除去することによって球重が30〜40%増加する。谷口さんは除台が1日でも遅れると大きな損失であるとして，多忙なときは雇用労力で除台しているほどだ。

　除台の能率を高めるために，鎌や鋏で切り取るのではなく，うすいゴム手袋をして，抽台して間近いものを両手で摘み取っている。これが非常に能率的だ。

　抽台は一斉にそろわないので，数回，圃場を巡視して除台を行なっている。

### 11. 病害虫防除

　病虫害のなかで，あまり目立たないが被害の大きいのはウイルス病である。ニンニクは，ウイルスには100%感染しているが，そのていどは株によって異なっている。ニンニクは栄養繁殖なので，種球からの伝染がいちばん多い。谷口さんは種球生産圃場で，厳重にウイルス発病のひどいものを抜き取っている。また，圃場での感染を防ぐために，アブラムシの防除を行なっている。

　その他の病害は，ベト病とサビ病が主である。ベト病は，多肥栽培であるていど防止できるし，サビ病防

除も兼ねることができるとしている。サビ病は，初期防除に重点をおき，4月下旬〜6月上旬までの間，7日〜10日おきにダコニールの400〜600倍を動噴で散布している。ニンニクは，ネギと同じく薬剤が付着しにくいので，展着剤を多く使用している。

#### 12. 収穫，乾燥，調製

**収穫** 収穫は下部の茎葉が黄味をおび，上部の茎葉はまだ青々として，しろうと目で早いと思われるころが適期である。収穫が早すぎると，球の充実が充分でないので貯蔵中の減量がいちじるしく，腐敗も多い。逆におくれると，裂球，裂皮が多く，色沢が悪い。

谷口さんは，5月下旬〜6月上旬の早期出荷用は，茎が太くて，早く肥大したものから収穫をしている。普通栽培ものは，地上部の生葉が残り5〜6枚になったとき，晴天の日を選んで収穫している。

早期，抜き取ったものは，圃場に並べ，押し切りで茎を離す。さらに労力的に余裕があるばあいは鋏で根を切り離している。茎を10本くらいずつ束ねる方法は一般的だが，谷口さんは，労力が2〜3倍多くかかるとしてコンテナに入れて持ち帰っている。

**乾燥** 谷口さんは，ニンニク専用の乾燥場を設備していないので，60％は生出荷している。乾燥は風乾で，4段の蚕棚に似たものをつくり，ここへコンテナに入れて帰ったニンニクを移して並べている。

乾燥中における減量率は，第6図に示すとおりで，谷口さんは，市場価格と減量指数によって，出荷時期を判断している。

**調製** 根切り，茎切り，皮むき，箱詰めなどに要する労働は，総所要労働量の56％を占めている。このうち根切りと皮むきが最も多く，調製労力の80％である。

根切りや皮むきは，ニンニクが乾燥すればするほど硬くなるから，調製労力が2〜3倍もかかる。谷口さんは，この点を考えて完全に乾燥しないうちに，労力の許す限り根切りと皮むきを行なうようにしている。前に述べたように，この調製労力は，小球も大球もほとんどかわらないので，小球ほど効率が悪い結果となるのは当然である。

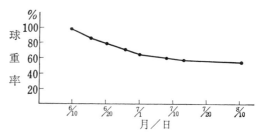

第6図　乾燥による球重変化

#### 13. 貯蔵，出荷

**貯蔵** 休眠覚醒期（9月上・中旬）をすぎると，放っておけば発根し，鱗片内鱗葉の伸長はいちじるしくなるので，自然状態での貯蔵限界は11月までである。萌芽を抑制する方法として，0〜5℃の低温貯蔵とMH散布，また両者の併用が一般的に行なわれている。

谷口さんは，MH散布の方法で，4月まで貯蔵できるとしている。それは，MH-30の0.15〜0.25％液を収穫の10日前に散布するだけだが，ニンニクの貯蔵性を増すためには「後期の肥効を少なくし，粘質壌土でやや密植にして，小球とすることが大切だ」といっている。

**出荷** 貯蔵中の減量率，市場価格の動き，労働配分などを考えて，出荷期を判断している。市場への出荷は，農協系統を利用して県外へ販売されているが，市場間の価格差があまりにもはなはだしく，日々の価格が安定しない。谷口さんは，こうした価格不安定は経営不安定につながるとして，プール計算方式を提起し，47年に初めて取り入れられた。

ニンニクの出荷規格は第7表のとおり。なお，割れ玉や，極小球は加工用として出荷している。

### ＜栽培技術上の問題点＞

谷口さんのかかえているいくつかの問題点を要約すると，省力化と増収対策，それに経営の合理化である。近年の価格水準が維持されるなら，所得面はあるていど有利なものといえるが，より安定化をはかるためには生産費の削減をしなければならない。

第7表　ニンニク販売出荷規格　　　　　　　　（鳥取経済連）

| 等級 | 球の直径 | 谷口さんの出荷割合 | 調製 | 容器量目 |
|---|---|---|---|---|
| LL | 6cm以上 | 65％ | 根を除き，乾燥玉ぞろいをよくし，傷害球を除く。茎は2.5cm以内に切除，上付の外皮は除く。鱗片は別扱いとする。 | 段ボール10kg 入目300g 6〜9月出荷1kg ネット 10月以降出荷1kg ポリ袋 内包とし10個入り |
| L | 5〜6cm | 25 | | |
| M | 4〜5cm | 10 | | |
| S | 4cm以下 | 0 | | |

まずニンニクの省力化は機械化である。ポリマルチの機械張りは，すでに実験をし，試算検討をした結果，有利なことがわかったので，来年導入する計画となっている。むしろ来年の導入では遅いくらいである。次に掘取りだが，これも実験して使用の見通しがついているが，ポリマルチ栽培では体系化しにくいようである。根切りの機械化は試作しているが，まったく可能性がない。

増収対策上の問題点は，ウイルスフリー株と系統選抜，それに施肥である。ウイルスフリー株は，イチゴなどで実用化されているが，ニンニクのばあいも相当の増収が期待されそうである。また系統選抜も重要で，とくに大球，早生で，耐病性があり，二次分けつの少ないものが望まれるが，現地での選抜では限度がある。

ニンニク栽培上，上記の問題解決はもちろん重要だが，他の作目に比べると，技術上の問題よりは経営上の問題のほうが切実のようだ。経営的な対策は，輪作体系の確立にある。

ニンニクの作付け期間は，9月下旬～6月中旬までの秋冬期が主体だが，栽培期間は9か月間で，1年の3/4を占めている。残される3か月間には，イネはもちろん，他に有利な作目が見つからない。谷口さんは，来年1 ha の栽培を計画しているので，交互に作付けするほど圃場に余裕がない。いまのところ，転作奨励金があるので，夏期は休耕にする予定だが，将来のために輪作体系をぜひ確立しなければならない。

### ＜付＞経 営 上 の 特 色

**立地条件** 谷口さんのニンニク栽培は，岩美郡福部村で鳥取大砂丘のすぐ近くである。土壌はやや粘質で地力と保水面ではニンニクに適するが，7月の梅雨期には冠水することがしばしばある。このため谷口さんは，プリンスメロン17 a 栽培していたが大被害を受けたので，野菜類はニンニクに限定するといっている。

鳥取大砂丘の観光客を中心とする観光農園は，二十世紀ナシが盛んだが，谷口さんは34歳の若さで専業的農業経営を確立しているし，将来は，ニンニクもナシとともに観光客のみやげ品として売れると自信をつけつつある。

**家族構成と農業従事** 谷口さんの家族は，8人家族で，農業従事者は両親と谷口さん夫婦の3.6人である。父は養豚専門，母はニンニクの皮むきや根切りの調製が主体，谷口さん夫妻がナシ，イネ，ニンニクの圃場管理を分担している。

**労働時間と労働配分** 谷口さんは，農業のもうけの

〈ニンニク〉5～6月どりポリマルチ栽培（因州早生）

第8表 作業別労働時間 （10 a 当たり）

| | 労働量 固定 | 労働量 変動 | 計 |
|---|---|---|---|
| 種球玉割り | 時間 | 49時間 | 49時間(%) |
| 種球消毒 | 1 | | 1 |
| 小　計 | 1 | 49 | 50 (12.2) |
| 耕うん・畦立て | 2 | | 2 |
| 整　地 | 5 | | 5 |
| マルチ張り | 7 | | 7 |
| マルチ穴あけ | | 4.5 | 4.5 |
| 植えつけ | | 32 | 32 |
| 除草剤散布 | 1.5 | | 1.5 |
| 施　肥 | 5 | | 5 |
| マルチ外取出し | | 2 | 2 |
| 除　つ | | 5 | 5 |
| 薬剤散布 | 15 | | 15 |
| 除　台 | | 12 | 12 |
| 小　計 | 35.5 | 55.5 | 91 (22.1) |
| 掘り取り | | 11 | 11 |
| 結　束 | | 14 | 14 |
| 茎切り | | 2 | 2 |
| 運　搬 | 3 | | 3 |
| 乾燥つるし | | 6 | 6 |
| マルチ整理 | 3 | | 3 |
| 小　計 | 6 | 33 | 39 (9.5) |
| 茎切り | | 20 | 20 |
| 皮むき | | 117 | 117 |
| 根切り | | 62 | 62 |
| 選　別 | | 14 | 14 |
| 袋詰め | | 14 | 14 |
| 箱詰め | | 3 | 3 |
| 小　計 | | 230 | 230 (56.2) |
| 合　計 | 42.5 | 367.5 | 410 (100) |

部分は所得だから，雇用労力をたくさん入れるほど農業所得は少なくなるとして，できるだけ家族労力で行なうようにしている。したがって年間の雇用は，短期間に行なわれなければならないナシの袋かけに10人だけである。

ニンニクの労働時間は第8表に示すとおりで，圃場で行なう作業時間は全体の30％で少ないから，他部門との作業競合が少ない。つまり70％の労働時間は，いつ行なってもよい作業なので，農業経営上の労働配分は好都合である。なお，表中変動とは，省力化できる要素のあるものである。機械化については，すべて投資限界があるとして慎重に検討を加えているので，他の人に比べ，すすんでいないほうである。

**生産費と今後の方向** 谷口さんは，経済的目標（昭

## 精農家の栽培技術

和45年)を，次のような考え方で定め，たえずこの目標に近づける努力をしてきた。

① 農企業利潤は0以上

農企業利潤が0になることは，農業が企業的に成立する基点だという考え方である。

② 土地純収益目標は地価の3％

土地を売って預金している考え方だが，谷口さんは土地利用回数は2回できるとして，1作目3％以下なら農業をやめるべきだ，といっている。

③ 労働純収益8時間当たり2,600円

毎月勤労者統計から昭和45年に算定したもので，勤労者賃金水準を目標においている。

④ 資本純収益率6％

土地と同じく預金をしている考え方である。

⑤ 農業所得は年間170万円

勤労者世帯調査を参考にして比較目標を定めている（昭和45年）。

⑥ 土地所得目標は10a当たり7万円

10a当たり7万円以上の所得作目でなければ，所得と労働生産性の両方を満たしてくれないと考えている。

⑦ 労働所得目標は1人年間85万円，8時間当たり3,500円

谷口さんは年間標準労働時間を2,500時間とし，所得は，老人の労働力も換算して目標を定めている。

以上は，谷口さんが32歳の昭和45年，農業をつづけるべきかどうか迷ったときに検討したことである。すべてこの目標を中心に，ニンニクの技術体系を策定しているが，その一例は第9表のとおりである。

谷口さんは，現在の労働生産性と企業的利潤を目標にしたばあいと，所得主体にしたばあいの技術体系を，1ha栽培を前提に策定している。これによると，所得主体は10a 5万株，企業的利潤を主体としたばあいは1万4,000株で，すべて栽植密度だけで決定される。これも，栽培所要労力のうちの約90％が収穫個体数に

第9表 目標別技術体系

| 項目 | 経営目標 | 現　行 | 企業的利潤主体（労働生産性） | 所得主体 |
|---|---|---|---|---|
| 栽植密度 | | 28,000本 慣　行 | 14,000本 8時間当たりの労働所得が最高 | 50,000本 10a当たりの所得が最高 |
| 収量構成 | 球　数 | 28,000 | 14,000 | 50,000 |
| | 1球重 | 50g | 65.8g | 40g |
| | 総重量 | 1.4t | 0.92t | 2.0t |
| 粗収入 | | 203,000円 | 184,200円 | 232,000円 |
| 労働費 | 固定労働（時間） | 42.5 | 68 | 69 |
| | 変動労働（時間） | 367.5 | 160 | 610 |
| | 計 量（時間） | 410 | 228 | 679 |
| | 金額 | 133,250 | 74,100 | 220,675 |
| その他の費用 | 固定費 | 45,117 | 55,651 | 55,651 |
| | 変動費 | 53,306 | 47,665 | 94,439 |
| | 計 | 98,423 | 103,316 | 150,090 |
| 所得 | | 114,877 | 90,884 | 91,910 |
| 純収益 | 土地 | △19,673 | 15,784 | △129,765 |
| | 労働 | 104,577 | 80,884 | 81,910 |
| | 資本 | △27,373 | 7,784 | △137,765 |
| 企業的利潤 | | △28,673 | 6,784 | △138,765 |
| 8時間 | 労働所得 | 2,242 | 3,188 | 1,082 |
| | 労働純収益 | 2,040 | 2,838 | 965 |
| 1kg生産・販売費 | | 165 | 192 | 185 |
| 資本利潤率 | | △ | 6.1％ | △ |

注　1ha栽培を前提にした10a当たり平均
　　栽植密度以外の技術は，企業的利潤主体と所得主体とでは同じなので省略
　　△はマイナス

〈ニンニク〉5～6月どりポリマルチ栽培（因州早生）

第10表 生産費（10a当たり）

| 項目 | 金額 |
|---|---|
| 種苗費 | 22,500円 |
| 肥料費 | 9,188 |
| 農薬代 | 967 |
| 諸材料費 | 6,926 |
| 光熱費 | 400 |
| 償却費 | 17,406 |
| 地代 | 9,000 |
| 資本利子 | 1,300 |
| 労働費 | 133,250 |
| 出荷資材 | 8,121 |
| 販売費用 | 22,685 |
| 計 | 231,643 |

注 10kg当たり生産費は1,667円

比例した労働力であるため，決定的な省力技術が開発されない限り，大球生産が効率的であるということになる。

生産費は第10表のとおりで，労働費が57％を占めて最も多い。ただし，昭和45年で8時間当たり2,600円を見積っている。

以上，目標と実情の検討からみて，ニンニクは，労働配分が経営上有利なこと，労働生産性は大球生産によって可能であり，経営的に定着した作目だということはいえる。

今後の方向について，谷口さんは「農業も成長しているが他産業はよりめざましいので，今後も立遅れないよう経済的目標を設定して検討診断したい。いまのところ，ニンニクは経営の主幹作目の性格をもっていると考えるので，価格動向をみながら，1haまで規模拡大をしたいものだ」と望んでいる。

また，「繁殖養豚も有利なので，養豚を組合わせて，少し古い言葉だが有畜農業が大切だ」と強調している。つまり，生産費を削減させるのに最も効果的な方法は，有機物投入で，その代表的な方法は畜産との組合わせだと考えている。

≪住所など≫ 鳥取県岩美郡福部村
谷口広治（34歳）

執筆 川上一郎（鳥取県鳥取農業改良普及所）
1973年記

◎大玉ニンニク生産のための5つのポイント（大きい種球，植え付け時期と栽植密度，多肥，ポリマルチ）を解説。

〈ニンニク〉

# 根づくり―土寄せ保温―
## 奇形球防止で多収栽培

### 暖地1～3月どり栽培（壱岐早生）

佐賀県東松浦郡呼子町　中島一郎さん

傾斜地ニンニク畑での中島さん

### 経営の概要

| | |
|---|---|
| 立　　地 | 松浦台地，畑作地帯，玄武岩埴土，年平均気温17℃の準無霜地，年間降雨量1,700mm |
| 作目・規模 | 畑　1ha（ニンニク，ダイズ，サツマイモ，ムギ）ニンニク　50a（うち促成ニンニク30a） |
| 家族労働力 | 本人，妻……2人 |
| 栽培概要 | 7/中～9/中種球低温処理2～4℃，9/中植えつけ，1/下～3/下収穫 |
| 品　　種 | 壱岐早生 |
| 収　　量 | 10a当たり750kg |
| その他特色 | 玄海灘に面し，半農半漁経営が多く，過疎化と兼業化がいちじるしい。観光開発も推進されつつあり，営農形態が大きく変動している地域 |

＜技術の特色・ポイント＞

　中島さんのニンニク栽培は古く，大正末期から導入され，畑作の中心作物として栽培されてきた。とりわけ，促成ニンニクは，冬期の温暖性と適度の降雨量とにめぐまれた立地条件の優位性を存分に活用したもので，昭和33年から栽培が試みられ，今日にいたった。畑作でムギ，サツマイモなどの収益性の低い作物が多いなかで，市況が安定した唯一の経済作物としてニンニク栽培には意欲的である。

　▷中島さんのニンニク栽培は，球の形成が早く，販売収量が周辺農家よりも多く，良品が生産されている。それを実現している栽培技術のポイントは，まずニンニクが酸性土壌に弱いことを熟知して，酸度を矯正したうえで，株ぞろいをよくして完全球の収量を高めることである。つまり「良品多収の前提となるのは，酸度修正などの土つくりだ」と中島さんは強調する。

　栽培地は玄武岩埴土の重粘土で，pH4.5前後の酸性土壌が多い。しかもほとんどが傾斜地で，一筆ごとに地力がちがうので，施肥技術もさることながら，根本的には土壌改良以外に良品多収を達成する手段はないとして，土つくりに専念しているのだ。

　▷整地は念入りに行ない，深耕したうえで土壌反応を調査し，pH6.5前後に矯正する。このように土台となる土つくりを充分に行なった後，生育をそろえ，二次生長や奇形球をなくす技術が成り立つのであり，栽培技術上の特色は次の点があげられる。

　**二次生長や奇形球が少なく，完全球が多い**　二次生長は，鱗片形成後，その肥大が停止し，ふたたび葉身が伸長して多茎化し，割れ球となる。このため，全く商品性が失われ，致命的な打撃をうけるが，中島さんのばあいはその発生が少ない。

　中島さんは12月中旬の株張りをめやすとして二次生長が起きるかどうか判断している。10～11月の降雨量が多く，気温が高いばあいに発育がすすみ，そして茎の太さが2cmを越えるばあいに，二次生長が起きるというが，中島さんは土つくりと関連して，「窒素の肥効のあらわし方，すなわち多量の窒素が鱗片形成期

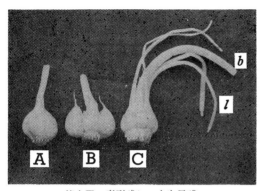

第1図　奇形球と二次生長球
A：一つ球
B：三つ球
C：二次生長球（bは花序茎，lは鱗片の葉身）

以降にもちこまれないことが，二次生長をおさえる重要なポイントだ」としている。したがって，施肥量や施肥技術は，前作の残肥量や，傾斜地で場所により地力がちがうことを考慮し，圃場ごとに施肥設計を立案する。とくに窒素含量の不安定な厩肥の使用はさけ，元肥重点で，窒素量をひかえめに施している。

第1図のような一つ球，三つ球という奇型球は初期生育が悪く，鱗片形成の前提条件となる花序の分化がなされず，葉鞘基部が肥大した球で，成熟は早いが球重が軽く，収量があがりにくいので，その防止には努力している。植えつけ後に乾燥したばあいや，逆に湿害で生育がおくれたばあい，あるいは種球の選び方や低温処理の不手際などで初期生育が抑制されたばあいに奇形球が多発するので，種球管理や施肥などにくふうしている。

**葉数を確保して球の肥大をはかる**　球の肥大をはかるには，最少限度の葉面積が必要だとして，10～11月の発育適期間中に存分に生育させている。さらに地温も肥大性に関与するので，南面の温暖な場所をえらび，受光態勢をよくするよう条間を広めにとり，地温上昇を意図した株元への土寄せを行なうことが，やはり増収につながっている。

＜作物のとらえ方＞

中島さんのニンニク栽培の基本理念は，第一に，ニンニクの生育ステージを熟知したうえでの土つくりと根づくりである。生育ステージのとらえ方は，発芽期から鱗片形成期までと，球の肥大充実期とに大別している。

**発芽から鱗片形成期まで**　「ニンニクの球形成は，葉数で9枚前後に発育したころに花序が分化し，その後に鱗片が分化してくる。鱗片の肥大は春先の長日条件と気温の上昇によって促進されるが，促成栽培では植えつけ前に種球を人為的に低温下におき，感温させる。この低温処理効果は，品種や種球の素質によって変わる。品種は壱岐種を用いても，数多い系統が混在するので優良系統を入手することが先決である。たとえば，種球を更新するばあいには直接生産地に乗りこみ，立毛中から先約するように配慮している。また，種球を自給するときも雑系統の淘汰には注意し，適期に収穫して，収穫直後に充分に乾燥させることを条件にしている。未熟では低温処理効果が減殺される」と語っている。

種球の低温処理は休眠覚醒期，すなわち鱗片内の萌芽葉の活動がはじまる7月中～下旬からが効果的だとして，この時期に中島さんは冷蔵している。処理温度についても，零度ちかくでは萌芽葉の活動が停止して植えつけ後の発芽を遅延させるので，2～4℃を適温として，冷蔵期間中は変温に注意している。また冷蔵庫内でも一定温度を保つことができないので，保管場所を変えて温度むらをなくし，一斉発芽させ，初期生育をそろえるように努力している。

植えつけ後は生育不良による奇型球を防ぎ，大球を生産できるように，鱗片形成が起きる11月中旬までに最低葉数9枚は確保する。したがって，「10～11月の生育適温期の発育促進が栽培技術の要点だ」として，圃場の選定，土つくり，植えつけ時期の決定と，適期に栽培管理をすすめていく。このことは，ニンニクの球重と鱗片形成期の茎の太さとの間に，正の相関が存在することを考えると，まったく理にかなった技術で増収のかんどころだといえる。

**鱗片形成期から収穫まで**　中島さんは「生育中期の鱗片形成期以降は，球の肥大促進と二次生長防止がもっとも重要だ」という。促成栽培では，球の肥大条件が，普通栽培とは全く異なった環境条件下にあるので，土壌養分とくに窒素肥料の影響を強く受ける。鱗片形成期以後に肥効が持続すると栄養過多的な発育様相をあらわして，球の肥大が妨げられるので，生育中期の肥効のあらわし方，すなわち肥効をいかに抑えるかがポイントになってくる。中島さんは「施肥量は圃場条件を考慮して決定し，追肥はどんな条件でも絶対に避けるべきだ」という。

肥料の種類も後効きする肥料はさけ，速効性肥料を利用するなど，くふうがこらされている。

また，球の肥大には日長のほかに地温の高低が作用

する。とくに10〜15℃前後で肥大が促進されるので、11月以降は地温上昇に努力し、その一つの手段として10月中旬（鱗片形成期）に株元に盛りあがるように土寄せを行なっている。

**ニンニクの一生を貫く根づくりの重要性**　以上のように、生育ステージに適応した管理が行なわれているが、「いずれの生育期でも基本となるのは根づくりだ」という。ニンニクの根は酸性に弱く、根群が浅く分布する。また、「太根は貯蔵養分をたくわえているので、より多くの根量を確保し、その機能維持が重要だ」という。したがって、植えつけ前の整地は、とくに念入りに作業をすすめ、深耕と酸性矯正とにつとめている。

またニンニクは冷涼性作物である。植えつけ期の9月はまだ地温が高いことから、植えつけは涼しい朝早くからはじめ、午前中に終わるように仕向けている。重粘土の特性もよく理解している。「降雨直後、土壌水分が多いばあいの植えつけは、土壌を固結させて、初期の生育とくに根群の発育をいちじるしく阻害する。初期の根群発達が悪いと最後まで挽回できない」として、以上のことを慎んでいる。

＜栽培体系＞

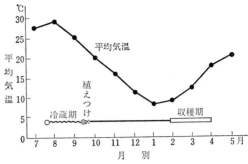

〈ニンニク〉暖地1〜3月どり栽培（壱岐早生）

第2図　栽培期間中の月別平均気温（気象年報）

松浦台地は季節風が強いが、対馬暖流が流れる玄海灘に面した海岸線は、準無霜地で2月の平均気温7℃と高く、日照量の多いところである（第2図）。草花や球根類の早出し栽培に適し、とくに冬期の温暖性を必要とするニンニクの促成栽培には、全く他に類をみないような好適の立地条件といえる。この立地性を存分に発揮する促成ニンニクの栽培暦は第1表のとおりである。

種球の低温処理は7月中旬から9月中旬まで約60日にわたり、2〜4℃の低温処理を行ない、出庫直後の9月中旬に植えつける。作柄を決定する11月中旬まで

第1表　栽培暦　　　　　　　　　　　　　　品種　壱岐早生

| 月 | 6 | 7 | 8 | 9 | 10 | 11 | 12 | 1 | 2 | 3 |
|---|---|---|---|---|---|---|---|---|---|---|
| | | | | | | | | | 出荷期 | |
| 生育および栽培経過 | 種子の収穫乾燥 | 種球低温処理開始／60日間低温処理 | | 冷蔵庫から出庫／植えつけ | 萌芽始め／葉数三〜四枚 | 花序分化期 | 鱗片分化期／葉数八〜九枚、二次生長開始 | 球の肥大盛期／葉数決定期 | 収穫始め／下葉から枯れ上がる | 収穫盛期／収穫終わり |
| 作業と注意事項 | 種球はよく乾燥させる | 冷蔵温度二〜四℃に保つ　中球の健全球を一つａ当り二〇〇kg選び箱詰めにする | 土壌反応pH六・〇余、排水のよい場所を選ぶ　石灰一二〇kg散布耕起（深耕） | 元肥施用（硫加燐安一六号八〇kg）ダイシストン粒剤四〜五kg施用　鱗片をはずし、大きいものをそろえる。腐敗球除去　条間四〇cm、株間九cm一条植え、深さ三cm覆土三cm | 除草　土寄せ　株元にもりあげる | 薬剤散布　DDVP剤 | 除草　薬剤散布　マラソン剤、DDVP剤 | | 順次抜取る　下葉が枯れ、止葉が黒味をおびた株から | 球は規格別にそろえ、汚れた外皮と土を落とす。葉根をナイフで切除した後ネット袋に1kgを入れ、ダンボール箱に詰める |

に重点的に作業をすすめ，早くて1月下旬から，3月にかけて収穫する。

＜技術のおさえどころ＞

### 1. 品種と種球の準備

栽培の成否は種球の素質にあるとして，品種・系統の選定と種球の準備には注意する。品種は，感温性の高い壱岐種を選ぶ。従来，種球は長崎県壱岐島から毎年購入してきたが，種球代の節減をはかり，自給種球でも生産力に差のないことが認められてきたため，近年は自給種球を主体に，一部壱岐産種球をあてている。

種球生産は，別個に採種栽培を行なう。壱岐種ニンニクのうちの優良系統を選び，球形や鱗片数を中心に母球選抜を加え，ウイルス病やフハイ病に汚染されない健全球を確保するよう努力している。

種球にするものは，直径4cm以上の中～大球を厳選し，収穫後は充分に乾燥させ，低温処理の感応度を高めるようにしている。

### 2. 種球の低温処理

**種球量と種球の予措** 種球の10a当たり所要量は，200kgである。

種球は原形のまま，鱗片をばらさないで木箱に詰める。「鱗片をばらして詰めこむと，箱内に冷気がとおりにくく，また湿度が高まって腐敗や発根を多くする」と中島さんは話している。

**冷蔵方法** 冷蔵は，地元の水産会社の冷蔵庫に委託する。入庫時期は休眠覚醒期にあたる7月中旬で，9月中旬まで約60日間の冷蔵処理を行なう。処理温度は2～4℃を適温としている。0℃前後になると鱗片内の萌芽葉の活動が鈍化するために，植えつけ後の発芽や初期生育が遅れ，奇形球を多発させるばかりか，冷蔵効果を半減する。また，5℃以上になると発根して植えいたみを起こす。したがって，処理期間中はつねに室内の温度推移を調査し，箱の入れかえも行なっている。

### 3. 畑の準備

**定植圃場の選定** 温度条件はニンニクに有利であっても，促成栽培の本領を充分に発揮させるには，圃場の選定も軽視できないとして，地温が上がりやすい南面で，風当たりの少ない温暖な場所を第一条件として選ぶ。

また，ニンニクはタマネギのように連作できるが，近年，フハイ病やネダニなどの病害虫が多くなってきたので，2～3年の輪作を行なっている。従来はダイズ作の跡に栽培したが，こんにちでは休閑地を利用している。

**整地，土壌改良** 前述したように中島さんの栽培は，土づくりと根づくりが基本条件で，その条件を満足させるには「深耕を含めた整地と土壌改良がきわめて重要だ」としている。

畑は地勢上，傾斜地がほとんどであり，雨水の侵食が激しく，斜面の下方ほど肥沃である。したがって地力の均一化をはかるようにつとめ，作業は小型ティラーを利用して，8月ころから準備している。

ニンニクは酸性土壌に敏感で，pH5.5以下では生育がいちじるしく阻害されるので，中島さんはまず土壌の酸度検定を行なう。中和石灰量を求めたのち，石灰120kgを散布する。これ以上に施用量が多いばあいは，一時的に施すと土壌の理化学性を悪変させるので，まず7割を施用し，7日ほど経過してから再度調査し，その間の酸度の推移を確認して，残りを施す。

地力消耗が激しい畑地を改善するためには，有機物の利用が好ましいとしているが，現在では堆肥の施用が困難なので，前作にはダイズや緑肥作物を組入れたり，鶏糞をよく利用したりしている。なお，厩肥については，肥料成分とくに窒素の含量が不安定で二次生長を多発させるとして，利用を避けている。

### 4. 施肥方法

**施肥上の注意点** 促成栽培では，施肥はきわめて重要な栽培技術の一つである。中島さんは「肥効のあらわし方で栽培成果が決定される」といい，初期生育は促進できるように仕向けておき，球の肥大期以降は肥効が下降線をえがくようにしている。ニンニクは当初茎葉部に養分を蓄積し，球形成期にはその養分を球部に移行させるということからみても，全く当を得た施肥技術といえる。

また，二次生長抑制技術の一つとしては，前述のように多肥または窒素偏用に注意をはらっている。これも，球形成に適合しない環境条件下にあると，窒素の作用性が強く反映して栄養生長への移行を促進し，二次生長を多くするというニンニクの生理に基づいた技術である。

**施肥量，施肥時期** 施肥量は前作物の種類と地力に

第2表 施 肥 例 （10a当たり）

| 肥料名 | 総量 | 元肥 | 成分量 | |
|---|---|---|---|---|
| 石　　灰 | 120kg | 120kg | 窒素 | 10.0kg |
| 鶏　　糞 | 100 | 100 | 燐酸 | 18.0 |
| 硫加燐安16号 | 80 | 80 | 加里 | 18.0 |

よって決定する。たとえば，タバコやスイカ跡作のばあいは極力ひかえめに施しており，残肥量が多いと予想されるときには無肥料にちかい。標準的な施肥量は第2表のように，10a当たり窒素は10kg，燐酸と加里は18kgとしている。

施肥法は元肥重点主義で，追肥は行なわない。元肥は硫加燐安16号を80kg，鶏糞100kgを植えつけ7〜10日前に全層に施し，植えつけ後すぐ吸収利用できるようにしている。

有機物の施用は，現在では堆肥が不足がちなので，緑肥作物や鶏糞で補充している。堆肥がよいといっても中島さんは，窒素成分量が不安定な厩肥，とくに牛や豚に使用したものは失敗するといって使わない。

### 5. 植えつけ準備—鱗片（種子球）の選定

9月中旬に冷蔵庫から出庫した種球は，ただちに植えつける。植えつけに先立って，出庫した種球は冷涼な納屋に置き，腐敗球を除きながら，竹べらを用いて鱗片を剝ぎとる。小さい二次側球（鱗片）もていねいに除去して，大きさをそろえる。植えつけられる鱗片の大きさは，1個3〜5gが適当で，「1〜2gていどの小鱗球では発育が遅れて奇形球を生じやすい。発芽後，初期の発育量と鱗片の大きさとの間には密接な関係が存在する」と中島さんはいう。植えつけの前に使用する鱗片を厳選していることは，株の発育をそろえることを前提とする中島さんの増収技術の一つのあらわれだろう。

### 6. 植えつけ時期と方法

**植えつけ時期** 植えつけ時期は，その年の気温や降雨量など，気象条件を考慮している。植えつけ適期は9月中旬としており，これよりも早い植えつけは，高地温と乾燥のために鱗片の腐敗が多く，欠株を生じるだけでなく，初期生育が遅れる。そうなるのは，玄武岩土壌がほかの土壌にくらべて，夏期の地温が高くなるからで，冷涼性の秋ジャガイモやニンジンのばあいにもみられる事例と全く同様なことである。

また，9月下旬以降の植えつけは，生育適温期間が短縮され，早熟性が失われて減収する。とくに9〜10月に降雨量が少ない年などは，発育がいちじるしくおくれて奇形球を多くするので，適期植えつけを励行している。

**植えつけ時の圃場状態** 植えつけにあたって，乾燥時は，降雨後をみはからって行なうが，降雨直後の湿潤状態では絶対に植えつけない。このことは，重粘土の圃場では，湿潤時に植えると土壌が固結し，土壌孔隙量が減少して初期の根群発達を妨げるためである。

〈ニンニク〉暖地1〜3月どり栽培（壱岐早生）

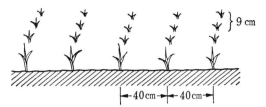

第3図　植えつけ方法

平畦に，畦間40cm，株間9cmの1条植えとする

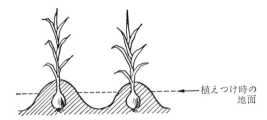

第4図　土寄せの状態

**植えつけ方法** ニンニクの増収のためには，地上部の形態からみて，あるていどの密植が必要であるとして，中島さんは10a当たり2万7,500〜2万8,000株を理想とする。

第3図のように，畦は平畦で，作条は等高線状にして土壌の侵食を防止している。条間は40cmあまりの広めとして，受光態勢をよくし，生育中期以降の地温上昇を促進している。作条は，鍬に似た"もったて"を用いて深さ3cmの植え溝をきり，株間9cmに発根部を下に植えつけていく。覆土は3cmくらいに行なう。

### 7. 植えつけ後の管理

**土寄せ** 11月以降は，地温を高めて球の早熟化を促進するための管理作業の一つとして，土寄せが重視される。土寄せの時期は，葉数が3〜4枚となった10月中旬で，鍬で耕し，除草と同時に株元に深さ5cmほど盛りあげる（第4図）。この土寄せ作業も時期を失すると断根が多く，その効果が減殺されるとしている。

**雑草防除** ニンニクは，密植するので除草作業がむずかしい。従来は植えつけ直後にCATの土壌全面処理を行なってきたが，近年すっかり雑草の草種が変わり，イヌフグリやハコベが多くなり，CATでは殺草効果が劣る。いまは人手による除草が行なわれている。

**病害虫防除** 促成栽培では，栽培期間が普通栽培よりも短く，また気温も低いことから，病害の発生はほとんどみられない。しかし，害虫ではスリップスの被害が10月以降に増加しており，DDVP 1,500倍液で駆除している。ネダニは，植えつけ時にダイシストン粒剤を，10a当たり4〜5kgを作条に施して完全に防除している。

## 8. 収穫，出荷

**収穫期間** 球の成熟条件がめぐまれる普通栽培では一斉に収穫できるが，促成栽培では個体間の生育差が大きくあらわれるので，収穫期間が長い。早い株は1月下旬から収穫がはじまり，2月から3月下旬までつづく。

**収穫，調製方法** 収穫期の判定は地上部で行なう。球の成熟がすすむと下葉が枯れ上がり，止め葉が濃緑色を呈するので，このころを収穫適期としており，順次適期をむかえた株から抜き取っていく。

抜き取った株は，茎を1cmほど残して切り除き，汚れた外皮や土を落とし，根は包丁で切り落とす。

**出荷と荷造り** 調製した球は，出荷規格のLL，L，M，S，SSの5階級に区分し，それぞれ1kg入りのネット袋に入れ，さらにネット袋10袋をダンボール箱に詰めて結束する。10a当たり収量は750kgあまりで，規格別ではM級以上の比重が高い。

出荷は自主検査で農協を通じた共同販売で，東京や大阪・神戸の各市場に出荷される。

### ＜栽培技術上の問題点＞

**販売収量の増加** ニンニク促成栽培は，二次生長と奇形球の発生ていどが収穫率，すなわち販売収量に大きく反映し，さらに商品性にまで影響するので，中島さんは施肥技術を中心にその対策を講じている。だが，その発生ていどは，年次によって，とくに9～11月の降雨量に支配されているので，根本的な解決策とはならない。

奇形球は，乾燥や湿害，またはおそ植えによる初期の発育不良が原因だから，対策は可能である。

しかし二次生長は，発育相の質的な問題も包含されるが，遺伝的な品種問題がより大きいと考えられる。したがって，現在実施されている系統維持は，さらに強化すべきであろう。壱岐種には多くの系統が混在し，感温性と結球性にかなりの系統間変異がみられ，二次生長の発生状況も系統間差が存在しており，系統選抜の効果が高いことを筆者は確認している。そこで，優良系統の選抜で品種の純度を高めれば，いっそうの増収と作柄の安定化が期待できる。

収量低迷のもう一つの原因にウイルス病による汚染がある。主に黄色条斑症状のもので，ほとんど全株が感染している。重症株は生育がいちじるしく悪く，増収を妨げている。防除はアブラムシの駆除のほか，健全球（暖地産はほとんどが，ていどの差こそあれ感染している）を選ぶ以外にはない。ここでも，優良系統の維持と，購入種苗代を軽減するための採種圃の設置が必要であろう。

**栽培の省力化** ニンニクは粗放作物の典型だが，より収益性を高めるには省力化以外に方法はない。作業別の労力で，種球処理と植えつけはやむをえないとしても，除草に多くの労力を必要とするのは問題だ。雑草防除は，優占雑草の草種が変わったことから，新薬剤のアリセップやアクチノールの雑草処理などを検討すべきである。

### ＜付＞経営上の特色・問題点

**地域の特色** 中島さんの住む呼子町は，佐賀県北部の松浦台地で，土壌は玄武岩埴土からなる畑作地帯である。玄海灘に面した沿岸で年平均気温17℃，2月の最低気温は7℃という準無霜地帯である。降雨量は少なく，とくに8～10月は干害を受け，畑作物の作柄が不安定である。しかし冬期間は適度の降雨にめぐまれるので，促成ニンニクや，スイセン，ヒヤシンス，キクなど草花の促成栽培に好適している。

その一方で，昭和48年からは，水資源開発を中心とした基盤整備事業がはじまり，呼子線の新設で交通網の整備がすすんでいる。また景勝地七ツ釜や波戸岬も近くにあって，観光開発も盛んである。

**経営概要** 中島さんは1haの畑作主体の経営で，ニンニク栽培を主体に，スイカ，サツマイモ，ジャガイモ，ダイズのほか多くの作目を栽培していたが，畑作物の不振と労力不足のため，昭和47年から所有地は小作地とし，冬作の促成ニンニクだけを栽培している。

家族は，本人，奥さん，お父さん，長男夫妻の5人

第3表 10a当たり生産費

| 費　目 | 金　額 | 備　考 |
|---|---|---|
| 種　球　代 | 円 36,000 | 種球量200kg（購入，自給とも） |
| 種球冷蔵費 | 26,000 | 冷蔵費，運賃とも |
| 肥　料　費 | 3,625 | |
| 農　薬　費 | 1,500 | |
| 諸　材　料　費 | 1,930 | ネット袋ほか |
| 賃　金 | 33,000 | 労働日数22日 |
| 建　物　費 | 1,046 | |
| 農　具　費 | 2,683 | |
| 出　荷　経　費 | 10,640 | 東京まで運賃，出荷容器ほか |
| 市場農協手数料 | 33,000 | 手数料11％ |
| 計 | 149,424 | |
| 粗　収　入 | 300,000 | 750kg×400円 |
| 収　益　性 | 150,576 | |

注　単価は，46年度佐賀産東京市場1～3月市況

で，農業稼働力は奥さん1人である。中島さんは47年春から村役場に勤務しているが，種球選抜や施肥など重要な作業は，自分でやっている。

**生産費**　促成ニンニクの生産費の構成は第3表のとおりで，ほかの作物とちがって種球代の比重がいちじるしく高いのは，県外からの種球購入のためで，ぜひ前述した種球の自給体制を確立する必要があろう。

≪住所など≫　佐賀県東松浦郡呼子村
中島一郎（54歳）
執筆　川﨑重治（佐賀県農業試験場）
1973年記

◎種球を低温処理して1～3月どりするニンニク促成栽培の方法を解説。品種は，低温処理効果のあるものでなければならず，ここでは低温感応度の高い壱岐早生を使用。

〈ラッキョウ〉

# 良質種球―早植え―
# 年内施肥―春肥で安定多収

## 砂丘地二年子栽培（黒皮系）

### 鳥取県岩美郡福部村　山本利平さん

経営の概要

| 立　　地 | 日本海岸の大砂丘地，鳥取市から北東に10km |
| --- | --- |
| 作目・規模 | ラッキョウ　150a，イネ　100a，ナシ　40a |
| 家族労働力 | 本人，妻，父，母……3.1人，雇用260人 |
| 栽培概要 | 7/中～8/中植えつけ，5/下～6/下収穫 |
| 品　　種 | らくだ系在来種 |
| 収　　量 | 10a当たり1.8t |
| その他特色 | 良質種球（黒皮たね）を生産し，24×10cmに植えつける。施肥は，年内施肥（根群形成と分球芽分化肥）と春肥（肥大肥） |

山本さんとラッキョウ畑

＜技術の特色・ポイント＞

　山本さんのラッキョウ栽培の特色は，良質の種球づくり，植えつけ期，栽植密度，施肥，病害虫防除の五つである。

　**種球は"黒皮だね"**　良質の種球づくりとは，一口にいって充実した腐れの少ない種球をつくることだ。鳥取大砂丘には，150haのラッキョウが栽培されているが，植えつけした種球の15%は腐敗して欠株となっている。これを"ぼたぐされ"と呼んでいるが，最近になって，フザリウム菌によるものと判明し，種子消毒の効果が確認されつつある。しかし，山本さんは種子消毒よりもまず罹病していない種球をつくることが先決だという。

　種球は堅くて充実したものがよく，これを"黒皮たね"と呼んでいる。黒皮というのは種球の表皮に黒い色素ができることで，系統と栽培法によってつくれるといっている。つまり黒皮になりやすい系統を用いて，少しやせた砂畑に栽培し，後期は窒素追肥を少なくし，加里を増施することである。さらに有機質肥料として堆肥とアルギットを使用しているが，根張りと玉太り（種球の大きさ）がよくなるといっている。

　**早期植えつけ**　植えつけ期は，だれよりも早い7月18日からはじめて8月13日の盆には終わっている。一般に灌水施設のない夏期の砂丘地では，高温乾燥のため早植えの効果はないといわれているが，山本さんは「高温乾燥期でも夕立や夜露でも，かなり発根してくる」と，早植えの秘訣を語っている。もちろん経営的な労働配分の目的もある。

　**植えつけ時期，種球の大きさにより栽植密度を調節**
　栽植密度は，一般よりやや多く，条間24cm，株間10cmの2球植えである。密植にする理由について山本さんは「ラッキョウの分けつは，種球の大きさや植えつけ時期，施肥などによって多少異なるが，一定の限度がある。この限度を越して多収にするためには，密植による技術体系を確立することだ」という。

　**分けつ肥と肥大肥**　施肥は，年内の分けつ肥と春先の肥大肥である。分けつ肥には，初期生育の促進と分けつ芽分化期の肥効とがあるとして，元肥のほか，9月，10月の追肥に重点をおいている。

　肥大肥は，春先の生育促進と茎葉伸長期を重視して，2月下旬と4月上旬に施肥している。収穫期が遅くなるものについては，余分に4月下旬に追肥する。

　**病虫害は予防が重点**　病害虫防除は，何十年も連作

精農家の栽培技術

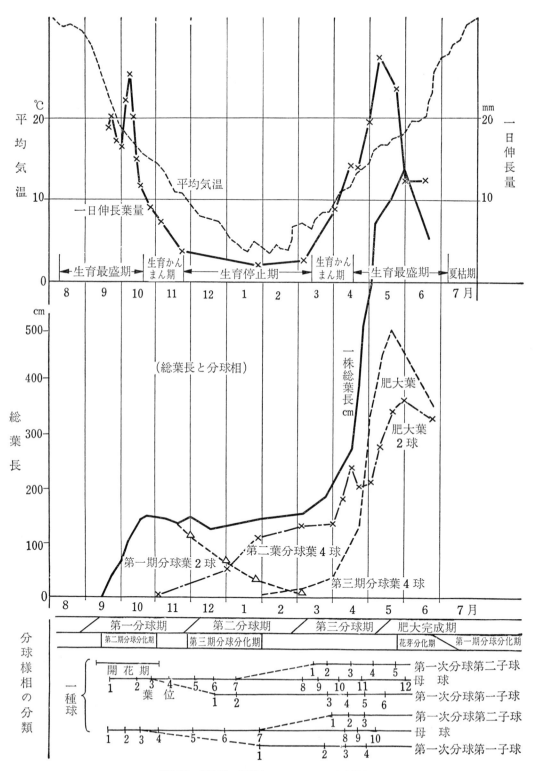

第1図　鳥取県の気候とラッキョウの生育様相

〈ラッキョウ〉砂丘地二年子栽培（黒皮系）

しているラッキョウなので，予防防除を重点に行なっている。まずD-D剤で土壌処理し，ダイホルタンで白色エキ病を予防し，そしてネダニとハモグリバエの防除にダイシストン粒剤を植えつけ時と４月中旬に処理し，さらに硫酸亜鉛の散布で亜鉛欠乏（黄化現象）を防いでいる。

**その他の特色**　そのほか，雑草の早期抜き取り，防風垣の設置，イナわらの施用，深耕などの作業がある。

雑草は，発生密度を少なくするために，草の種子が実るまで放っておかないよう注意している。防風垣は，飛砂による葉いたみを防ぐため，炭俵や防風網，マサキ生垣などをしている。イナわらは短く切って，植えつけ直後に散布している。これは，発芽時の地温低下対策とネダニの発生抑制になるという。耕深は深いとはいえないが，浅くならないように努め，年内の根群発達を促している。

＜作物のとらえ方＞

山本さんは，ラッキョウの生育様相と分球様相とをよく観察しており，「ラッキョウと話ができる人だ」と評判が高い。

▷ラッキョウの生育適温は18〜22℃で，平年なら９月20日から10月10日までと，６月１日から６月20日までの二期ある。前者は分けつ，後者は肥大の重要な時期になっているようだ。これは第１図のように，生育最盛期，生育緩まん期，生育停止期，夏枯れ休眠期の四期に大別できる。また第２図のように，根群形成期，生育停滞期，葉展開・球充実期，休眠期の四期にも分けられる。

▷このなかで，山本さんがもっとも重視しているのは根群形成期である。それはT／R率が，植えつけ後から３月上旬までの秋冬期では1.0以下で，根重が葉重を上まわっているからである。「根群の発達は，分けつ増加はもとより，春先のスタートと球の肥大をよくする」と山本さんはいう。

根群の発達をよくするためには，深耕，早期植えつけ，元肥（以前は元肥を施さないで，発芽してから追肥していた）や追肥の分施などを行ない，充実した種球を使用することである。山本さんは「どの一つを欠いてもだめだ」というが，なかでも，充実した種球，早期植えつけ，元肥をもっとも重視している。

つまり「充実した種球は，発根力が強く，発根数が多い。早期植えつけは，高温乾燥期であっても夕立などで発芽が早くなり，９〜10月の生育最盛期をひかえて生育体勢がととのえられる。元肥は発根と同時に吸収され，初期生育を促し，根群が発達する」といっている。

▷分球様相は，第一分球期と第二・第三分球期に分けることができる。その時期は，第一分球期が植えつけ後50〜60日目の10月上旬，第二分球期が３月上旬，第三分球期が４月上旬だ。

**分球期**　山本さんは「分球期は外観的に分けつする時期だから，球内の分球・分化期はもっと早い時期に起こる」として，第一分球の行なわれる時期は６月上・中旬，第二分球の分化期は９月上旬〜10月中旬，第三分球の分化期は11月下旬〜１月上旬，と推定している。そして分球期の栄養管理を重要視しているが，実際は，ラッキョウの分球数は，栄養管理だけでは無制限に増加させることはできない。その理由について，山本さんは第３図を示して，次のように説明している。

**分球の様相**　ラッキョウは種球植えつけ後，２〜６

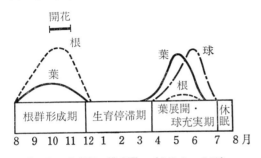

第２図　生育相の模式図　（鳥取大，佐藤）

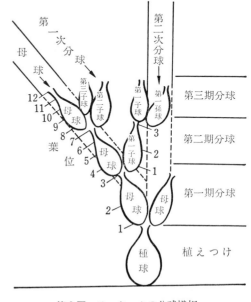

第３図　ラッキョウの分球様相

精農家の栽培技術

芽に分けつして発芽するが，最初の"分けつ"は種球内に包まれていた母球（分球芽）からの発芽である。

この母球数は，種球圃場の管理によって異なる。種球内に包まれる母球（分球芽）を増加させることは，以後ネズミ算的に増大するラッキョウの分球にとって非常に重要である。母球を多くするには，5月下旬～6月上旬の肥大期の栄養状態（主に窒素）をよくしてやる。しかし，栄養状態がよすぎると，逆に種球の充実が悪くなって，種球のぼたぐされが多くなる。山本さんは，以前，土畑で生産した種球を植えつけたことがあるが，遅くまで窒素が効きすぎて，植えつけ後みごとに腐敗した苦い経験をもっている。

すると，種球の充実と母球数の増加とは相反するように思われるが，山本さんは「急激に肥大させたものは，母球数は増加するが，充実が悪くて腐敗しやすい。だから生育期間中に大球になる素質を整えてやることが重要で，それは，年内の根群発達と春先の生育のスタートをよくすればよいのだ」という。

植えつけ後，母球からの分けつは，母球の第三葉節位に第一子球，第七葉節位に第二子球，第八～九節位に第三子球が形成される。第三子球は発生するときとしないときがある。これは第三分球分化期（11月下旬～1月上旬）の後半に分化するからで，生育が遅れたばあいや，栄養の不足したばあい，気温の低いばあいなどには第三子球は形成されないようだ。

山本さんは「第三分球期の分化を増加させるには，早植えがもっとも効果的で，ついで追肥と防風だ」という。

▷防風は，飛砂による葉いたみを防ぐこと，植物体温の低下を防ぐことがねらいである。マサキの生垣や炭俵や防風網によるのがふつうの方法だが，山本さんは「1株に2～3球植えすれば，互いの葉による保護作用で植物体温は維持されるだろう」と考えている。

▷以上のように，無制限に分球しないラッキョウの生態を理解して，その生態を最高度に発揮させるために，種球，早植え，施肥，防風などを上手に管理している。さらに面積当たりの収量を安定させるために適正な栽植密度を考えている。

▷施肥の考え方については，「加里を年内に施すと耐寒性が増し，春先に施すと球の肥大がよくなる」として，数年前から継続しているが，このほど鳥取大学砂丘研究所の成績からみて理論的に裏づけられた。

それは，窒素，燐酸，カルシウム，マグネシウムなどは，冬期間の含量増加がほとんどみられないのに反し，加里は，冬期間にもかなり吸収が行なわれ，地上部，地下部，種球のいずれでも，この期間に濃度が高まる傾向にある。とくに根の加里含量の増加はいちじるしいものがある。このような傾向は，耐寒性と加里含量との相関がいちじるしく高いと考えられている。

山本さんは，以上のようにラッキョウの生理，生態をとらえ，生育ステージをおさえた肥培管理を行なっている。

＜栽培体形＞

ラッキョウは草勢が強く，環境条件に対する適応性も大きい。したがって砂丘地の無灌水作物として古くから栽培されてきたが，灌水施設を導入してより安定的なラッキョウ栽培へと体系づけられようとしている。

日本海から吹き上げる季節風は，飛砂による埋没，葉いたみ，根上がりなどの被害を与える。防風林のないところでは，人為的な防風垣が必ず必要である。また風による砂の移動は冬から春にかけて多いので，ラッキョウの作付けは，砂の移動防止にも役立っている。したがって，集団地のなかで一圃場でも休耕畑となると，付近のラッキョウ畑は飛砂による埋没がはなはだしい。休耕畑にならないように集団的な考え方がラッキョウ栽培の前提になっている。

ラッキョウは，春先になって分球肥大が急速にすすみ，球が砂の中から露出して緑化現象（青子）が多くなる。土畑では覆土によってこの緑化を防いでいるが，砂畑では飛砂を利用する形となる。したがって逆に飛砂の極端に少ないところでは，条間や株間を広くしている。

砂丘地は排水がよいので，降雨後ただちに機械作業や手作業ができる特徴がある。

ラッキョウの栽培暦は，第1表に示すとおり。

＜技術のおさえどころ＞

1. 充実した種球づくり

山本さんは，よい種球の条件を，大球で充実していることだ，と考えている。

大球は，葉数が多く葉重も重い。また根数が多く，根重も重い。分球数は，種球が大きいほどいちじるしく多いが，1球重の増加は，小さい種球のほうがいちじるしい。山本さんは，種球生産の専用圃場を設け，この関係を上手に技術に生かしている。

まず，大きな種球を生産するためには，小球を使用して粗植にしている。5g以下の小球を利用すると，分けつが少なくて肥大がよくなり，大球となる。栽植距離は，あまり極端に粗植にすれば，収量が少ないう

〈ラッキョウ〉砂丘地二年子栽培（黒皮系）

第1表 栽培暦　　　　　品種　らくだ系在来種

| 月旬 | 5/下 | 7/中 | 8/上 | 8/下 | 10/上 | 10/下 | 11/中 | 12/上 | 4/中 | 4/下 | 5/中 | 5/下 | 6/下 |
|---|---|---|---|---|---|---|---|---|---|---|---|---|---|
| 生育 | | | | 抽台、開花分球芽分化期生育最盛期 | | | | | | | 生育最盛期 | 花芽分化期 | 分球芽分化期 |
| | ←休眠期→ | | | ←──根群形成期──→ | | | | ←生育停滞期→ | ←──葉展開、球充実期──→ | | | | |
| 作業 | 種球の系統選抜 | 元肥施肥種子消毒センチュウ防除 | 耕うん、作条ネダニ防除植えつけ切りわら施用除草剤の散布 | | 白色エキ病防除防風対策 | 除草剤の散布 | 亜鉛欠乏対策ネダニ、ハモグリバエ防除 | | サビ病防除 | 緑化ラッキョウの防止 | 収穫、出荷 | | |
| 注 | 系統間の差に注意し良系を選抜生葉数が多く、病虫害のないもの | D-D処理ルベロン液、バイジット乳剤石灰窒素、BM熔燐 | 植えつけ溝は五～六cmの深さダイシストンまたはジメトエート粒剤植えつけは名～幹の間に順次行なう飛砂の防止と地温上昇トレファノサイド、メヒシバを対象 | | 防風網、炭俵垣、マサキ生垣 | ナギナタガヤの多い圃場 | 予防的にダイシストン、ジメトエートを散布黄化現象をみとめたら硫酸亜鉛を散布 | | ダコニールを一週間おきに三～四回散布 | 株の中心へ砂を寄せる | 草型、分けつ、状況、土地条件などを考えながら収穫する | | |

え種球圃場を多く要するので，条間27cm，株間10cmの2球植えとし，1m²当たり75球を植え込んでいる。

施肥で普通栽培と異なる点は，アルギットに硫酸加里の追肥である。アルギット（海草粉末）は元肥に10a当たり30kg施しているが，色沢のよい充実した種球ができるといっている。硫酸加里は，11月中旬に10kg，4月上旬に10kg追肥すると，冬期間の耐寒性を増して葉先の枯れ込みが少なく，春に肥大をよくして大球となる。山本さんは，大球を生産するために，決して窒素を多く施していない。

その他，種球づくりで重視していることは，圃場の選定である。山本さんは，黒皮の出来る圃場がよいといっている。この黒皮は，種球のしまりがよいだけでなく，植えつけ後のぼたぐされが少ない（第4図）。

その理由は不明だが，黒皮のできる圃場は，以前に黄化現象が発生したことのある少しやせた土地に多いように思う。とはいえ有機物は，他の圃場に比べて多くも少なくもない。すると，黒皮は，肥大期の土壌水分の多少で，発現の有無が決まるように思われる。

**2. 植えつけ準備**

山本さんは，年内の栽培管理は，すべて根群づくりがねらいだという。根の生育は，前述のように植えつ

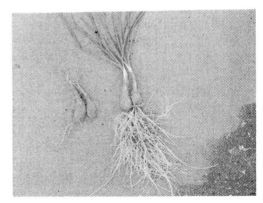

第4図　ぼたぐされ

けてから10月まで急激に増加し，その後3月までの秋冬期はわずかの伸びで，春4月以降ふたたび急激に増加している。そのT／R率は，植えつけ後から3月上旬までの秋冬期は1.0以下であり，このことを重要視して技術を体系化している。

以下は，山本さんの作業管理であるが，年内の根群づくりとの関係を注目してみたい。

**D-D処理**　センチュウの発生は認められていないので防除の必要はないが，山本さんは，無処理だと根

が縮んでいるため，D-Dの二次的効果（土壌微生物の死がいによる蛋白態の肥効，ガス抜きによる深耕の効果）を重視している。D-D処理で初期生育と根張りがよくなるという。

**種球消毒** ネダニとフザリウム菌による種球のぼたぐされを防ぐため，種球消毒を行なっている。方法は水10$l$当たりルベロン10錠，バイジット乳剤5$cc$を溶かし，30分間浸漬している。48年度からは，農薬の規制のため「ルベロンを中止してベンレイトに変わるだろう」と一部に試験をしているが，いずれも効果がある。しかし種球消毒の時点で，すでにぼたぐされが進展しているものもあるので，種球消毒に頼るよりは，充実した種球を生産するほうが大切だという。

**年内施肥** ラッキョウの収量構成要素は分球数と1球重だ。1球重は，消費者の要求からM（上上花）が中心となるので，増収は分球数を増大させることにある。本圃に植えつけてから，分球芽の分化を増大させるためには，窒素の効果が大きい。

山本さんは，生育ステージを早めることが一番重要だとして，元肥を必ず全層施肥している。この元肥には，「補助的なていどでよく，肥切れしないものがよい」として，石灰窒素を長年使用している。山本さんは石灰窒素について「肥効はゆるやかでラッキョウの生育にぴったり，連作対策のうえからも土壌消毒剤の代用として役立つ」といっている。

山本さんの施肥は，第2表に示すとおりだが，元肥にBM熔燐を40$kg$施している。このBM熔燐を施す

**第2表** ラッキョウの施肥量（10$a$当たり）

| 施肥時期<br>肥料 | 元肥 | 9月中旬 | 10月中旬 | 2月下旬 | 4月上旬 |
|---|---|---|---|---|---|
| 石灰窒素 | 40$kg$ | $kg$ | $kg$ | $kg$ | $kg$ |
| 燐加安366 | | 20 | 15 | | 20 |
| 燐硝安加里 | | | | 20 | |
| BM熔燐 | 40 | | | | |

第5図 山本さんたちが考案した作条機

ことで，根張りがとてもよくなる。とくに細根数が多くなるという。

追肥は，9月15日と10月15日の2回施す。分球芽を増加させるのに，2回の追肥は欠かせないという。追肥でも，燐酸，加里が多めになるように施している。燐酸は根張りをよくし，加里は耐寒性を増して葉先の枯れ込みを少なくし，分球芽の増加と春先の生育スタートがよくなるとしている。

**耕うん，植えつけ溝** 砂丘地といっても，深耕の効果は大きい。山本さんは，D-Dのガス抜きを兼ねて，20～24$cm$の深さで2回耕している。

植えつけ溝は，自製の作条機（第5図）をティラーでけん引してつくるが，作条間隔は自由に調節できるようになっている。植えつけ溝の深さは約5～6$cm$。だが風が吹くと植え溝がすぐ埋まってしまうので，植えつけ中に行なわなければならない。

## 3. 植 え つ け

**植えつけ時期と方法** 植えつけ時期は，温度や土壌の水分条件から，8月中・下旬が適期とされている。しかし，山本さんはこの常識を破って，7月18日から植えつけをはじめ，8月中旬には終わるようにしている。150$a$も栽培している山本さんにとっては，労働配分上の理由からも早植えしているわけだが，それ以上に「早植えほど発芽が早く成績がよい」と自信を持っているためだ。

高温乾燥期の植えつけは，その年の天候条件によって発芽時期の差が大きい。植えつけを早くしたばあいの問題点は，①種球が充実していないものは，ぼたぐされにかかりやすいこと，②種球にネダニが多いばあいは，発芽までの間に被害が大きくなること，である。したがって「種球は黒皮の固いものをつくり，種球内のネダニの密度を少なくすることが，早植えの前提条件だ」といっている。

灌水施設も砂丘地全域に近く施工される予定だが，灌水施設だけでは早植えは安定せず，良質種球との組合わせが大切だと強調する。さらに，早植えは白色エキ病の発生が少なくなる効果がある。

**栽植密度** 植えつけ距離は条間24$cm$，株間10$cm$の1株2球植えとしているが，種球の大きさで植えつけ球数をかえている。種球が小さく，分球芽数が少ないばあいは，1株3球植えとする。

栽植距離と収量との関係は，密植にするほど収量は多くなる。しかし山本さんは，あまり密植にすると小球となり，ラッキョウ切りの労力が多くなって，時間当たりの労働所得は低下するという。「球の肥大は，

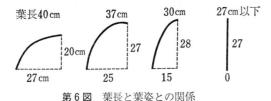

第6図 葉長と葉姿との関係

肥大期が過繁茂状態になると悪くなる。だから多肥と密植が禁物だ」

**植えつけ方法** 山本さんは，植えつけるラッキョウは，第6図に示したように，葉長が35～40cmを理想とし，株間は25cm前後が適当だといっている。

植えつけ種球数は1m²当たり84球で，10a当たり450～500kgの種球を使用している。種球は植えつけの当日に，種球生産圃場から掘り上げている。事前に掘り上げておくと，乾燥して発芽力が劣るからである。

また収穫球の緑化現象の多い畑では株間を5cmとし，1球植えとする。こうすると収穫期の1株球数が少なくなり，株の中へ砂が移動しやすくなるから，緑化が防げるという。

### 4. 植えつけ後の管理

**イナわらの施用** 10a当たり150kgのイナわらを10cmくらいの長さに切り，植えつけ後の溝の部分へ散布する。切りわらは，発芽中の砂によるしめつけ防止と，地温の上昇防止が主なねらいであるが，山本さんはネダニの繁殖も抑えられるようだといっている。

**除草** 砂丘地の雑草は，メヒシバとナギナタガヤが主である。以前は，中耕をして手取り除草をしていたが，中耕は根を切るので今は行なわない。早めに除草を行なっているので年々雑草が少なくなり，拾い取りていどですませている。山本さんは昭和47年，除草剤を試用しており，よければ48年から使用したいと考えている。やり方はトレファノサイドを年内に2回散布するだけだ。第1回は，メヒシバが対象となる。

植えつけ後，植え溝が自然に平らになったころ（砂が落ちついた直後）に，トレファノサイド乳剤10a当たり200ccを水80～100lに溶かし，加圧噴霧器で全面に散布する。早植え（8月上旬まで）のばあいは，降雨があり，雑草が生える時期に散布する。散布が遅くて雑草が生えているばあいは，散布してから軽く中耕する。散布時刻は，夕方か降雨後で土が適当に湿っているときがよい。

第2回は，ナギナタガヤが対象となる。11月中旬，軽く中耕，除草後（雑草が生えていないばあいはよい）第1回の要領で散布する。

**防風対策** 防風網，炭俵垣，マサキ生垣のいずれも行なっているが，将来はマサキ生垣にする考えである。マサキは，乾燥と寒さに強いうえ，根の伸長があまりないので，ラッキョウ畑に適している。防風網は幅1mのものを15～20m間隔に設けている。

**亜鉛欠乏症対策** 秋と春，急激に葉が黄化するラッキョウの黄化現象は，亜鉛欠乏であることが判明した。山本さんは以前，病気ではないかと，ビスダイセンを散布して黄化現象がやや回復したことを観察したが，これが亜鉛欠乏の原因究明に大きな役割を果たしている。亜鉛欠乏の発生は，構造改善事業で基盤整備をしたために，pHの高い下層土が混入したこと，石灰の多用，が主な原因とされている。現在はあまり多く発生しないが，山本さんは「軽度な発生でも被害は大きい」として，黄化症状を見たら硫酸亜鉛（1級品以上）の0.3％液を1～2回葉面散布している。

**春の追肥** 春の追肥は，肥大がねらいである。健全な葉を早くから展開させるため，2月下旬の雪解けと同時に追肥している。2回目は4月上旬で，これより遅く施すと葉が過繁茂になり，肥大が遅れるという。したがって5月下旬～6月上旬の早期収穫の圃場は3月中旬に，逆に遅く収穫（6月下旬）する圃場には，4月下旬に，それぞれ余分に施している（施肥量は第2表参照）。

**サビ病防除** サビ病の防除は，早期防除に努めているが，散布しないばあいのほうが多いという。47年も過繁茂になった圃場の散布だけで終わっている。山本さんは，早期発見が大切で，しかも急激発生型でなければ大丈夫だといっている。防除の方法は，ダコニール600倍液を10a当たり60l散布する。

**ネダニとハモグリバエ防除** ラッキョウの害虫はネダニとハモグリバエである。これらはダイシストン粒剤の効果が高く，10a当たり6kg散布している。使用時期は，植えつけ時と4月18日の2回だが，種球生産圃場には10月15日に余分に施している。植えつけ時と10月15日は，種球といっしょに持ち込まれたものと年内の繁殖とを防止する目的で，植え溝に施している。春先は，ハモグリバエとネダニの同時防除をねらいとしている。

### 5. 収穫，出荷

**収穫** ラッキョウは早期出荷のほうが高値の傾向にあることと，収穫労働の配分上のことから，初収穫を5月27日としている。早期に収穫するには，施肥法で品質をそろえるように努めると同時に，次の基準を参考にして品質のそろったものを収穫している。

①草型　葉色淡く，葉の垂れの少ないもので，草丈が45cm以下のもの
②分けつ状況　1株10球以内の分球で，茎葉が扇状に開いたもの
③土地条件　南向きの畑で早植えのもの
④その他　センチュウ，黄化，赤枯れ，サビ病，ネダニの発生畑は，肥大が遅れるので早期収穫をしない

以上の基準は，洗ラッキョウの球形指数（球のタテの長さ÷球径）が2.0以下で，乾物率が30%以上を目標にしている。

**出荷**　山本さんの球の大きさは，M規格を目標にしている。その比率は，L（上花）25%，M（上上花）50%，S（味神）25%である。選別は生産組合の大型選別機で行なっているが，3Lは球径が1.4cm以上，2L 1.2～1.4cm，L 1.1～1.2cm，M 0.9～1.1cm，S 0.9cm以下である。

### ＜栽培技術上の問題点＞

ラッキョウ栽培上の問題は，収量の安定化と省力化である。収量の不安定は，天候の影響を受けやすいことである。

その一つは，発芽時の高温，乾燥である。高温，乾燥対策は灌水の施設化が効果的で，すでに実施の予定だが，一部に反対もあって難行している。また，春先の肥大期の灌水は，もっとも効果が大きいので期待されているが，逆に肥大がよすぎて大球になるうえ，充実度が低下して歯切れが悪くなるのではないかという疑問もある。

第二点は，風と飛砂による被害である。マサキによる防風生垣が有望だが，個々でなく，集団で行なう必要がある。

第三点は，良質種球生産で，これは収量安定化はもとより，増収上もっとも重要だと考えられる。種球内の分球芽（母球数）は大球ほど多いが，大球は種球のぼたぐされが多い。山本さんは，この相反する面を両立させるために苦心をしているが，まだ完璧なものではない。どちらかといえば，種球のぼたぐされ防止に重点をおいた収量安定化がねらいで，増収面は密植で補っている感がある。

第四点は，品種，系統選抜である。すでに鳥取大学砂丘研究所に依頼して選抜がすすめられているが，急がれる問題である。とくに，早生系と分球系が望まれる。山本さんは，開花の有無と分球の多少との関係に注目し，これを系統的な面と栽培技術面で検討している。つまり種球の生産方法で開花に違いがあるという。

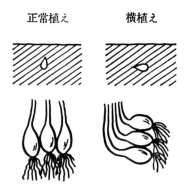

第7図　植えつけ方法と球形

省力化の点では，植えつけと収穫，それに調製（ラッキョウ切り）である。植えつけは，ばらまきの方法が考えられ，すでに生育，収量には支障のないことがわかったが，第7図のような形となってラッキョウ切りが不便で，能率があがらない。

また収穫は，現在小型の掘取り機を導入しているが，掘上げ中に株が乱れ，荒切り（ラッキョウ切りの前に，根と茎を短く切る）の能率が悪くなる。したがって，生育している姿のままで土中の根だけを切る掘取り機が望まれる。

ラッキョウ切りは，包丁によって行なわれているが，能率が悪いだけでなく，労働力の確保がむずかしいため，もはや限界にきている感がある。切り機の開発か，荒（土）ラッキョウのままで出荷するかである。切り機も数種試作されているが，能率を高めようとすれば深切りや変形切りとなりやすく，正常切りにしようとすれば能率が下がる問題をもっている。

### ＜付＞経営上の特色

**立地条件**　150haのラッキョウ砂丘畑地は，圃場整備，農地造成，一般農道，大型農作業機，建物施設などの導入で省力経営を確立し，企業的自立経営農家と協業による兼業農家の安定とを目標として，38～44年度に第一，二次構造改善事業を完了している。

ラッキョウ栽培では，砂丘林地を開墾増反して経営規模拡大をはかるとともに，既存畑を含めて圃場を整備し，農道を設置して生産性の向上をはかっている。アスファルトの農道はどの圃場にも面し，運搬労力は従来に比べると10a当たり6人節約できている。また加工場を設置して価格の安定化をはかっている。さらに砂丘地は排水がよいので，降雨直後でも圃場内で作業管理ができる特徴をもっている。

**家族構成と農業従事**　山本さんの家族は，両親，本

〈ラッキョウ〉砂丘地二年子栽培（黒皮系）

第4表 栽培労働 （10a当たり）

| 項目＼作業場 | 労働時間 | 割合 |
|---|---|---|
| 植えつけ | 81.3時間 | 24.9% |
| 飛砂防止 | 0.5 | 0.1 |
| 中耕・除草 | 43.6 | 13.6 |
| 施肥 | 5.3 | 1.6 |
| 防除 | 0.2 | 0.1 |
| 収穫 | 39.6 | 12.1 |
| 調製 | 134 | 41.0 |
| その他 | 7.1 | 2.1 |
| 生産労働計 | 311.6 | 95.5 |
| 出荷 | 14.8 | 4.5 |
| 合計 | 326.4 | 100 |

第5表 生産費

| 項目 | 100kg当たり |
|---|---|
| 種苗費 | 3,240円 |
| 肥料費 | 352 |
| 防除費 | 120 |
| 光熱動力費 | 115 |
| 農用被服費 | 8 |
| 賃借料及料金 | 532 |
| 建物費 | 58 |
| 農具費 | 162 |
| 労働費 | 2,645 |
| 費用合計(第一次生産費) | 7,232 |
| 資本利子 | 193 |
| 地代 | 14 |
| 第二次生産費 | 7,439 |
| 出荷販売労働費 | 314 |
| 運賃 | 217 |
| 手数料 | 399 |
| 出荷販売費用計 | 930 |

人夫婦，若夫婦，孫の7人。労働力は能力換算3.1人で150aのラッキョウ栽培を中心とする経営に意欲的に取り組んでいる。

農業労働延べ日数は980人で，このうち雇用は26%を占めているが，これは可働者が少ないのに経営規模が大きいためである。

**労働時間と労働配分** 部門別労働配分ではラッキョウ，ナシ，イネの順に配分が多い。労働集約度を10a当たりの労働時間でみると，イネ131時間，ナシ652時間，ラッキョウ326時間で，いずれも県平均を上回っている。労働配分を月別にみると，ナシとイネとの競合する5月，ラッキョウとイネとの競合する6月，ラッキョウ植えつけの7～8月，ナシ収穫の9月，イネ収穫の10月が保有労働限界を越え，とくに6月の繁忙が目立っている。

ラッキョウの栽培労働は，第4表のとおりである。作業別の所要労働は，収穫，調製が最も多くを要し，以下植えつけ，中耕・除草，出荷，施肥の順となっている。

**生産費，今後の方向** ラッキョウの生産費は第5表のとおりで，種苗費と労働費が多い。山本さんの10a当たり第二次生産費は11万1,289円，荒ラッキョウ100kg当たりでは，7,439円，出荷販売費用は10a当たり1万3,915円である。また，所得率は73.3%で比較的高く，1日当たりの家族労働所得も2,911円で，有利な作目だといっている。

山本さんのラッキョウ，ナシ，イネを基幹作目とする複合経営では，現行技術のもとで最大利益をもたらす経営設計の樹立が必要である。とくに各作目間の5，6，8，9月の労働競合が問題で，この基幹作目の生産規模をどう調整すればよいか，現行技術のもとではどのていどまでの労働力雇傭投下が合理的であるか，労働力競合時期の各作目の労働配分をどう調整したらよいか，など考えていくことが必要だ。山本さんは，こうした点について総合的に検討した結果，将来はナシの規模を縮小することが，もっともよい方法だといっている。

≪住所など≫ 鳥取県岩美郡福部村
山本利平（52歳）
執筆 川上一郎（鳥取県鳥取農業改良普及所）
1973年記

◎ラッキョウの生育を根群形成期，生育停滞期，葉展開・球充実期に分け，根群形成期に分けつ肥，葉展開・球充実期に肥大肥を施すことなどで安定多収。

# 索　引

この索引では，その事項・語句を解説しているページのほか，その事項・語句にかかわる図表の掲載ページも掲げました。そのばあい，図表のタイトルは必ずしも原文通りではなく，引きやすい言葉に替えています

## 〈タマネギ〉

### （あ）

- アース…………………128
- 愛知白………………24,100
- 青切り………………161,495
- 青立ち………………221,240
- 秋まき超早出し栽培………259
- 秋まき普通栽培……………157
- アドバンス…………135,163
- アトン…………………163
- 亜リン酸………………515
- 淡路中甲黄……………102
- 淡路中甲高……24,103,157,505
- 暗渠
  - 弾丸──………口絵10,393
  - もみ殻──…………516
- アンサー………………135
- イエロー・グローブ・ダンバース
  ……………………22,100
- イエロー・ダンバース……24,100
- 萎黄病…………………329
- 育苗
  - ──床の太陽熱処理………429
  - セル成型苗の──……198
  - 底面吸水──…………262
- イコル…………………251
- 今井早生………………24,102
- 今井早生2号……………455
- ウルフ…………………251
- エアープルーニング育苗……386
- 越年罹病株……………口絵8
- 奥州……………………104
- 大麦……………………379,394
- オーロラ………………244
- ＯＹ黄…………………104
- 晩生斎藤系……………469
- オニオンセット栽培…209,233,461
- オホーツク……………104
- オホーツク1号…………121
- オホーツク222…121,150,251,359

### （か）

- 開花……………………77
- 貝塚早生………………24,102
- 外皮の色………………111,161
- 外部発根………………90
- 改良オホーツク1号………149
- 額縁明渠………口絵10,393,515
- 肩落ち…………………178
  - 葉鞘の切断方法と──……178
- 活着期…………………口絵4
- 乾燥
  - コンテナによるハウス──…315
  - 除湿機利用の──……315,411
  - ハウス──……………401
  - 干ばつ………………332
- 乾腐病…………………105,313
  - ──抵抗性……………105
- 機械
  - ──化一貫栽培………193,383
  - ──収穫………………347
  - 収穫──化体系………口絵12
- 北こがね………………251
- 北こがね2号……………121
- 北はやて2号……121,149,251,359
- 北もみじ2000……121,150,251,359
- 北もみじ86………………149
- 北早生3号………121,149,150
- 球型……………………111
- 球形……………………55
  - ──指数………………126
- 休眠……………………218
- 自発性──………………63
- 多発性──………………63
- くれない………………163
- 黒かび病…口絵9,179,312,401,503
- クロタラリア…………395
- 黒穂病…………………256
- 経営の複合化……口絵13,373,382
- 茎盤……………………口絵1
- 茎葉増大期……………口絵4
- 結球
  - ──機構………………43
  - ──と窒素……………47
  - 断根と──肥大………48
  - 葉身摘除と──………47
- 結実……………………77
- 月輪……………………121,149
- ケパ節…………………21
- ケルたま………………106,244
- 小型コンテナ…………口絵12
- 極早生品種……………259,425
  - 超──………………259,425
- 枯葉期…………………口絵4

### （さ）

- 採種……………………81
- 採種栽培………………487
- 砕土性の向上…………337
- サクラエクスプレス……425
- さつき…………………24,136
- 雑草防除………………口絵5,168
  - ──体系………………169
- 札幌黄…………22,100,137,437
- サナエタデ……………口絵5
- サラダ用タマネギ………427
- さらり…………………122
- 自家採種………………448,457
- 子球……………………209,233

| | | |
|---|---|---|
| 自生地…………………口絵2 | タッピングセレクタ………口絵15 | **（な）** |
| 七宝甘70……………… 399,412 | タッピングマシーン…口絵12,404 | 内部発根……………………90 |
| 七宝採種組合……………… 103,157 | タネツケバナ……………口絵5 | 苗 ………………………口絵4 |
| 七宝早生7号………… 126,134,163 | タマネギバエ……………… 255 | 軟腐病………………… 9,311 |
| シャルム………………… 235 | 球の肥大 | 日長 |
| 収穫 | 　　乾燥処理と―― ……58 | 　　球形成に必要な――時間… 103 |
| 　　――機……………… 347 | 　　茎葉および根の切断と―― 166 | 　　限界―― ……………… 103 |
| 　　――の目安………… 177 | 　　地下水位と―― ………57 | 根………………………………27 |
| 収多郎……………………… 150 | 　　糖散布と―― …………61 | ネオアース…128,136,163,244,375 |
| 秋冬どり栽培……………… 209 | 窒素 | ネギアザミウマ…… 8,246,297, |
| 熟期……………………… 101,103 | 　　結球におよぼす――の影響…47 | 　　　　　　　　　　312,378 |
| 種子………………………………25 | 　　――の供給時期と球肥大……59 | ネギ属………………………… 9 |
| 　　――の大きさ………………25 | 　　基肥――の溶脱………… 332 | ネギハモグリバエ……口絵8,304 |
| 　　――の千粒重………………25 | 抽苔………………25,27,71,164,448 | 根切り…………………… 153 |
| 湘南レッド……………… 163 | 　　窒素施肥量と――および収量 | 　　――機………………口絵15 |
| 除草剤……………………… 408 | 　　　　　　　　　　……73 | 　　――の適期………… 153 |
| 　　――の薬害………… 7,172 | 　　苗の大きさと――，収量……29 | ネギ類………………………… 9 |
| 　　タマネギに登録のあるおもな | 調製……………………… 347 | ノミノフスマ……………口絵5 |
| 　　　　　　　　　　 171 | 調製機…………口絵12,口絵14 | **（は）** |
| 水田 | 直播栽培………………… 99,247 | 葉 ………………………………26 |
| 　　――裏作…………… 426,495 | 貯蔵……………………… 505 | 　　――の伸長と温度…………37 |
| 　　――転換畑………… 383 | 　　各品種の――性と乾物率および | 灰色腐敗病……口絵9,279,310,409 |
| 　　――転作…………… 243 | 　　糖度（Brix） 130 | 排水対策…………………口絵10 |
| 水田転換畑………………口絵10 | 　　――病害と地域性… 310 | 葉折れ……………………口絵7 |
| スーパー北もみじ…… 120,149 | 　　土壌の種類と――性……86 | 白色疫病………………… 289,311 |
| スズメノカタビラ………口絵5 | 　　ハウス乾燥―― …… 315 | 端境期 |
| スズメノテッポウ………口絵5 | 　　ハウス乾燥――の手順…… 179 | 　　タマネギの―― …243,382,461 |
| 積雪地帯………………… 381,393 | 　　――力……………… 101 | 発芽 |
| 施肥設計………………… 331 | 貯蔵葉……………………口絵1 | 　　種子含有水分量と――率……32 |
| 泉州黄…………………… 24,100,157 | T357 ………………… 126,134 | 　　種子の比重と胚乳重および―― |
| 早期播種………………… 147 | ディガー…………………口絵15 | 　　　　率………………………33 |
| 早期畑化………………… 405 | 天心……………………… 121 | 　　土壌含水量と――率………32 |
| 早次郎…………………… 150 | 透水性の向上…………… 337 | 　　――と温度…………………31 |
| 早晩性…………………… 109 | 糖度 | 　　――の最適温度……………31 |
| 　　球型と――………… 111 | 　　各品種の――（Brix）…… 127 | 花………………………………27 |
| 祖先種……………………………21 | 　　収穫時の乾物率と――（Brix） | 花芽 |
| ソニック………………… 149 | 　　　　　　　　　　 130 | 　　苗の大きさと――分化………72 |
| **（た）** | 倒伏期……………………口絵4 | 　　――の分化…………………71 |
| ターザン……24,106,127,135,163, | Ｄｒ．ケルシー……… 121 | 浜育……………………… 431 |
| 　　　　244,384,397,514 | Ｄｒ．ピルシー……… 121 | 濱の宝…………………… 134,425 |
| ターボ………24,127,136,163,411 | 土壌凍結………………… 335 | 春まき秋どり栽培……… 137,147 |
| 多雨……………………… 332 | トップゴールド320 … 235 | 春まき夏どり栽培……106,243,373 |
| 高うね…………………… 393 | トップゴールド305 … 235 | バレットベア…………… 150,251 |
| 貴錦…………………… 133,235,425 | トヨヒラ………………… 121 | |
| | トンネル栽培…………… 183 | |

| | | |
|---|---|---|
| パワーウルフ……………251 | もみじ……………………157 | 花序………………………523 |
| 葉分け……………………153 | もみじ3号………24,106,127,136, | 株間と収量・品質…………587 |
| ビール酵母資材……………514 | 163,244,375,384,411 | 乾燥 |
| 肥厚葉………………口絵1,28 | もみじの輝…………163,397 | ──による重量変化……553 |
| 肥大始期………………口絵4 | 野生種……………口絵2,21 | ──方式…………………572 |
| ピッカー………口絵12,口絵13, | 山口甲高……………24,479 | 茎つきと茎切りの──法と球重 |
| 口絵15,403 | 山口丸……………………24 | ………………………553 |
| 日焼け………………154,178 | 有機酸資材…………………515 | 除湿──…………………674 |
| 病害虫の発生時期…………167 | 雪踏み……………………335 | 球形成 |
| 品種 | 雪割り……………………335 | ──と日長………………539 |
| F1──の採種方法………104 | 輸入動向…………………247 | 低温および長日と──、肥大 |
| F1──の割合……………105 | 葉鞘…………………口絵1,27 | ………………………540 |
| 各──の球形指数…………126 | 葉身…………………口絵1,27 | 球肥大期…………………561 |
| 各──の内容成分…………127 | 根重および──重と日長……37 | 休眠 |
| 極早生──……………183,425 | 養分蓄積…………………325 | ──覚醒期………………561 |
| 主要──の分類……………149 | リビングマルチ……………379 | ──からさめて発根する時期の |
| 腐敗病………………口絵9,311,503 | りん茎……………口絵1,口絵2 | 品種間差………………529 |
| ブラン・アチーフ・ド・パリ | リン酸 | ──期……………………561 |
| ………………………24,100 | ──減肥…………………332 | 強制乾燥…………………565 |
| フレキシブルコンテナ | ──不足…………………325 | くずニンニク……………575 |
| …………口絵14,347,503 | りん片腐敗病……………9,311 | くぼみ症…………………573 |
| フレコンバッグ……………503 | りん葉………………………口絵1 | 黒腐菌核病………………565 |
| プレスト3………………134 | 鱗葉………………27,28,43 | 茎葉伸長期………………561 |
| 分球……………………………27 | レクスター1号……………162 | 紅色根腐病………………565 |
| 分けつ | | |
| 苗の大きさと──率………40 | 〈ニンニク〉 | （さ） |
| 分類………………………………9 | | |
| APG植物──体系………9,21 | （あ） | さび病……………………565 |
| 新エングラー体系による植物 | | 時期別の高温処理条件……574 |
| ──…………………21 | アリイン…………………526 | 時期別の養分吸収量……568 |
| ネギ類の──……………21 | アリシン…………………526 | 自然乾燥…………………565 |
| ──体系……………………9 | 壱岐早生…………………691 | 上海早生………………口絵16 |
| ペコロス栽培…………231,454 | イモグサレセンチュウ……565 | 珠芽………………………520 |
| べと病……口絵8,265,400,409,514 | ウイルス病……………563,591 | 種球…………………522,529 |
| 分けつ………………………27 | 植付け | ウイルスフリー──……664 |
| 萌芽…………………………85 | ──時期別収量…………569 | ──の植えつけ時期と生育、収 |
| 保護葉………………口絵1,28 | ──適期…………………564 | 量………………………549 |
| 掘取り機………口絵12,口絵13, | ──方法と球形…………684 | ──の植えつけ時期と発芽日数 |
| 口絵15,402 | 越冬期……………………561 | ………………………548 |
| | 遠州極早生…………口絵16,556 | ──の大きさと球重……563 |
| （ま～ら） | 大倉種………………584,673 | ──の大きさと球肥大……545 |
| | 沖縄早生………………口絵16 | ──の大きさと生育……585 |
| マルソー……………106,244 | | ──の大きさと分球……546 |
| マルチ栽培…………431,447 | （か） | ──の大きさと分げつ株の発生 |
| ミチヤナギ…………………口絵5 | | ………………………567 |
| メヒシバ……………………口絵5 | 花茎………………………520 | ──の大きさと萌芽………545 |

――の栽植距離と収量……569
――の準備………………675
――の消毒………………668
――の選別………………667
――の低温処理と球形成…538
――の水浸漬期間と出芽率 585
――の冷蔵温度および期間と球肥大………………539
――の冷蔵と側球の分化…537
小鱗茎……………………522
徐げつ……………… 670,685
スアンペア………………575
生育適温…………………525
総包………………………520
側球………………………522

### (た)

着色球……………………585
中心球………………542,562
抽苔………………………520
　――期…………………561
チューリップサビダニ……565
土入れ………585,673,676
低温要求性………………526
摘蕾………………………526
　――，とう摘み……588,670,677
　――時期と球重………588
　――と収量……………552
苔（とう）………………553
　――摘み………………588
　――の摘取り……553,570
とう摘み……………588,670,677
　――，摘蕾……526,552,588,670,677
土壌酸度と生育…………550

### (な～は)

二次生長……………544,692
ネギアザミウマ…………565
ネギコガ…………………565
ネギ属……………………9
ネギ類……………………9
葉枯病……………………564
八幡平…………………口絵16

発芽………………………529
発根………………………566
葉ニンニク栽培…………575
春腐病……………………565
盤茎………………………520
一つ球………………542,562,692
福地ホワイト………口絵16,561,575,663
不結球葉状化……………544
冬春どり栽培……………575
分球………………………544
分類………………………9
　ＡＰＧ植物――体系……9
　――体系………………9
萌芽………………………566
　――期…………………561

### (ま～ら)

マルチ……………………557
　――栽培…559,583,663,673,679
　――栽培による生育促進効果………………560
　――栽培の収量………560
　――の種類と収穫期…561
　――の選択…………667,677
　――の使い分け………562
水浸漬………………585,675
八木……………………口絵16
葉序………………………522
鱗茎………………………520
　――の形成機構………530
鱗片………………………522
りん片分化期……………561
裂球………………………585
土入れ回数と――率・着色球率………………586

## 〈ラッキョウ〉

### (あ～か)

亜鉛欠乏…………………620
一年掘り栽培……………623
黄化症……………………620
花茎………………………604

花房の分化………………612
灌水
　植付け時の――効果……628
　――と生育・収量……632
球形成……………………609
　球形成の過程…………609
球肥大
　日長と――……………611
休眠………………………604
根群形成期………………610

### (さ～た)

三年子栽培………………639
収量構成要素……………613
種球………………………604
　――重と生育・分球……614
　――重と抽苔率………630
　――の植付け深さと生育・収量………………617
　――の栽植密度と収量………………616,625
小鱗茎……………………604
生育停滞期………………610
施肥と収量・品質………619
玉ラッキョウ…………622,627
地温と草丈・葉数・球数……631
抽苔………………………604

### (な～ら)

ネギ属……………………9
ネギ類……………………9
ネダニ……………………623
葉…………………………604
　――の分化……………607
葉展開・球充実期………610
花ラッキョウ…………623,639
分球………………………604
　――機構………………607
分けつ……………………604
分類………………………9
　ＡＰＧ植物――体系……9
　――体系………………9
八つ房………………622,627
らくだ………………622,623,627
鱗茎………………………604

〈シャロット〉

花茎……………………… 657
休眠………………… 655,657,660
系統……………………… 660
栽培……………………… 661

シャロット………………口絵16
抽苔…………………… 657,659
貯蔵…………………… 655,661
ネギ属…………………………9
ネギ類…………………………9
花………………………… 657
品種………………… 655,657

分類……………………………9
　ＡＰＧ植物──体系…………9
　──体系………………………9
鱗茎………… 655,657,659,660
若どりラッキョウとの混同… 658
ワケギとの違い…………… 658

## 本書に掲載されているおもな種子・資材の問い合わせ先一覧

| 項目 | おもな品種名 | 会社名 | 所在地 | 問い合わせ電話番号 |
|---|---|---|---|---|
| 秋まき種子 | 貴錦，濱の宝，浜育 | カネコ種苗㈱ | 群馬県前橋市 | 027-251-1611 |
| | サクラエクスプレス1，改良雲仙丸 | 八江農芸㈱ | 長崎県諫早市 | 0957-24-1111 |
| | トップゴールド320，トップゴールド305 | ㈱タカヤマシード | 京都市伏見区 | 075-605-4455 |
| | アーリートップ | 中原採種場㈱ | 福岡市博多区 | 092-591-0310 |
| | 七宝早生7号，レクスター1号，アドバンス，ターザン，アンサー，さつき，七宝甘70，もみじ3号，もみじの輝 | ㈱七宝 | 香川県三豊市 | 0875-62-2278 |
| | ターボ，ネオアース | タキイ種苗㈱ | 京都市下京区 | 075-365-0123 |
| 春まき種子（北海道限定） | 北早生3号，オホーツク222，オホーツク1号，北もみじ2000，スーパー北もみじ | ㈱七宝 | 香川県三豊市 | 0875-62-2278 |
| | 北はやて2号，バレットベア，パワーウルフ，ウルフ，北こがね2号，Dr ケルシー，Dr ピルシー，イコル | タキイ種苗㈱ | 京都市下京区 | 075-365-0123 |
| | 早次郎 | ホクレン農業協同組合連合会 | 北海道札幌市 | 011-232-6222 |
| フレコンバッグ利用タマネギ収穫・調製機 | 専用収穫機 | 上田農機㈱ | 長野県東御市 | 0268-62-1338 |
| | 専用フレコンバッグ | 田中産業㈱ | 大阪府豊中市 | 06-6332-7185 |
| | 専用調製機 | 各農機メーカー販売店 | | |
| 葉面散布剤 | ビール酵母資材（セルイーストミックスパウダー），有機酸資材（セル-8倍濃縮有機酸リユース，亜リン酸（セル-亜リン酸カリ28/18 | ㈱ML・セルインパクト | 熊本県熊本市 | 096-382-7754 |
| 葉面散布用リン酸肥料 | サンピプラス | OATアグリオ㈱ | 東京都千代田区 | 0120-210-928 |

# 付録　関連機器・資材情報

(掲載順)

「ひっぱりくん®」──チェーンポット®簡易移植機

「OPT40H」──乗用4条タマネギ移植機

「慶」──抜群の貯蔵性を示す中生種

「玉ねぎキリちゃんneo TK-3」──タマネギ調製機

## チェーンポット®簡易移植機「ひっぱりくん®」

ひっぱりくん®はチェーンポット簡易移植機で、溝切り・植付け・土寄せ・鎮圧の移植作業が同時に行えます。人力のため自分のペースにあった作業ができます。小型・軽量で女性でも楽々作業ができ、さまざまな畦形状に対応できる各種の機種を揃えております。また便利なオプションも取り揃えており、長ネギや葉ネギ、タマネギ農家の方などに幅広い支持をいただいております。

チェーンポット®は紙製の鉢が数珠状（チェーン状）に連結した構造で、株間は約5cm、10cm、15cmの3種類があります。長ネギ、葉ネギ、タマネギの他、春菊、小松菜等の軟弱野菜、花き（キク、ストック、アスター、トルコギキョウ等にも利用できます。

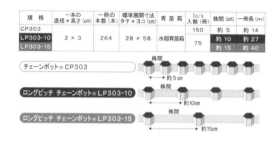

（お問い合わせ）
日本甜菜製糖株式会社　紙筒事業部・東京営業所
〒108-0073　東京都港区三田3-12-14
TEL 03-6414-5536　　FAX 03-6414-3985
HP http://www.paperpot.jp/
E-mail paperpot@nitten.co.jp

## 乗用4条タマネギ移植機「OPT40H」

[仕様]
◎全長×全幅×全高＝3930（格納時）×2070（格納時）×2250（植付部下降時）mm◎機体重量＝1175kg◎エンジン出力＝9.9kW |13.5PS| ◎適応畝高さ＝20〜25cm◎適応苗箱＝みのるPOT448

「OPT40H」は、作業能率30〜60分/10aの大規模農家向け乗用4条タマネギ移植機です。

苗箱は最大42枚搭載でき、約560mを植付けします（植付ピッチ12cm）。畝高さ20〜25cmの圃場に、専用の苗箱で育てたタマネギを植付条間24-24-24cmで移植します。

畝への追従性が良く、作業に余裕が生まれ、苗箱補給と空箱回収が1人でも行えます。また苗の補給は苗載台に苗箱を入れるだけで自動的に機械がセットします。連続欠株センサーを搭載しており、苗箱が正常に送られていない場合には、ブザーでお知らせします。

株間は替えギヤーの組合わせで、9.7〜12.9cmの間で12段階の切替えが可能です。

[適応畝形状]

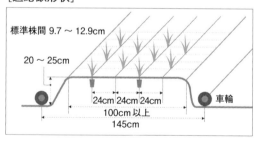

（お問い合わせ）
みのる産業株式会社
〒709-0892　岡山県赤磐市下市447
TEL 086-955-1123　　FAX 086-955-5520
http://www.minoru-sangyo.co.jp

## トーホク交配
### 抜群の貯蔵性を示す中生種「慶」

タマネギは供給を国内産だけでは賄えず、野菜の中で最多輸入量となっており、国産への要望が高まっています。一方で、秋播きタマネギでは晩生ほど貯蔵性が高い傾向にありますが、収穫時期が梅雨に当たるため、場合によって貯蔵性低下につながることもあります。トーホクでは、梅雨時期に入る前に収穫可能な中生種で、晩生種並の貯蔵性を有する試交THM147を2018年に「慶」と命名し販売開始しました。

■「慶」の特長

播種適期は本州冷涼地で8月下旬〜9月上旬、中間地で9月中旬〜下旬、暖地で10月上旬〜下旬、おおよその収穫期は本州冷涼地で6月中旬〜7月上旬、中間地・暖地で6月上旬〜中旬です。収穫後に日陰で風通しが良い所で貯蔵すれば、翌年までの長期貯蔵性を示します。

「慶」は定植〜越冬時には他品種に比べ低温伸長性が高いことから、既存の中生種と同じ播種・定植日では苗が育ち過ぎ、暖冬年で抽苔する可能性があります。そのため晩生種と同様な播種・定植日によって栽培することが肝要です。「慶」の苗は固めに仕上がり、取り扱いが非常に楽です。また葉が定植後から倒伏前まで立性なため、生育期間の管理作業性が良いのも特徴です。球は収穫直後から赤胴色に色着き良く、甲高形状に良く揃い、長玉になりにくく、青切りは元より貯蔵後でも、甘く、食味が大変良い品種です。

（お問い合わせ）
株式会社トーホク
〒321-0985　栃木県宇都宮市東町309
TEL 028-611-5050　　FAX 028-661-2459

## タマネギ調製機
### 「玉ねぎキリちゃんneo TK-3」

タマネギ調製機「玉ねぎキリちゃんneo TK-3」は、乾燥タマネギ専用の調製機で、根と葉の調製を行います。葉を持って投入するだけで根と葉がカットされ、根クズは機体下に、葉クズは機体後方に、調製後のタマネギは機体側面から別々に排出されます。

適応タマネギはS〜2Lサイズぐらいまで（直径〜120mm、高さ〜115mm）、葉長さは100mm以上必要です。

搬送ベルトの高さ、投入台の高さ、葉の切断長さ、葉の挟み込み力を調節できるので、さまざまな形や大きさのタマネギに対応できます。

ディスクカッターや根伸ばし羽など、消耗部品は耐久性に優れた部品・材質を採用しており、交換も容易です。根伸ばし羽はネジを外すだけで一枚ずつ着脱でき、水洗いも可能です。

保護カバーと送り板でタマネギの傷つきを防止し、根伸ばしローラーと根保持ローラーのツインローラーでしっかりサポート。確実にカットします。天候が悪く湿度が高い日でも問題なく作業できます。

また、日々の掃除を考慮し、**工具を使わずツマミを緩めるだけでカバーの着脱ができる**など、メンテナンス性にも優れています。

作業能率は、1人作業で2秒に1個投入で時間1,800個です。投入作業は二人で交互に行うことも可能です。四輪車輪で移動も楽々。

（お問い合わせ）
株式会社大竹製作所
〒490-1145　愛知県海部郡大治町大字中島字郷中265
TEL 052-444-2525　　FAX 052-443-0348

**タマネギ大事典**

タマネギ／ニンニク／ラッキョウ／シャロット

2019年1月25日　第1刷発行

　　　　　　　農　文　協　編

発行所　一般社団法人　農山漁村文化協会
郵便番号　107-8668　東京都港区赤坂7-6-1
電話　03(3585)1142(営業)　振替　00120-3-144478
　　　03(3585)1147(編集)

ISBN978-4-540-18165-8　　印刷／藤原印刷㈱
検印廃止　　　　　　　　　製本／㈱渋谷文泉閣
Ⓒ農文協 2019　　　　　　【定価はカバーに表示】
PRINTED IN JAPAN

# 農文協の大事典シリーズ

## 作物別

### ネギ大事典
- ●農文協編 ●本体 15,000 円＋税
- ●上製 B5 判・740 頁

周年化時代（秋冬・夏秋・春・初夏どり）の栽培技術の基本ほか、周年生産に応える最新品種、抽苔対策、害虫対策まで網羅。規模拡大に欠かせない省力技術も徹底解説。

### タマネギ大事典
- ●農文協編 ●本体 15,000 円＋税
- ●上製 B5 判・720 頁

各作型のポイント、雑草対策、貯蔵病害対策などの基本技術から、北海道で広がる直播栽培、東北・北陸で広がる春まき夏どり新作型など最先端技術まで収録。

### トマト大事典
- ●農文協編 ●本体 20,000 円＋税
- ●上製 B5 判・1188頁

栽培の基礎から最新研究、全国のトップ農家による栽培事例まで収録した国内最大級の実践的技術書。カラー口絵 16 頁、索引付き。話題の「環境制御技術」や養液栽培も収録。

### イチゴ大事典
- ●農文協編 ●本体 20,000 円＋税
- ●上製 B5 判・764頁

原産地、来歴から、品種、栽培管理、病害虫対策まで収録した国内最大級のイチゴ栽培事典。第一線の研究者ら約 70 名による執筆。全国の優れた生産者事例 24 例も収録。

### キク大事典
- ●農文協編 ●本体 20,000 円＋税
- ●上製 B5 判・約900頁

「輪キク」「小ギク」「スプレーギク」それぞれの課題に応える技術に焦点をあて、第一線の研究者・指導者・実際家約 90 名が執筆。全国の優れた栽培技術・経営の生産者（農家）事例も 23 例収録。

### ブドウ大事典
- ●農文協編 ●本体 22,000 円＋税
- ●上製 B5 判・1248頁

シャイン時代（種なし・大粒、皮ごと）の生産技術をがっちり整理。品質向上に向けた省力技術、植調剤活用の基礎と実際を詳しく解説。第一線の研究者ら約 80 名による執筆。

## 天敵活用・病害虫防除

### 原色 野菜の病害虫診断事典
- ●農文協編 ●本体16,000円＋税
- ●B5変判・784頁

早期発見に向け 1400 枚のカラー写真掲載。被害と診断、病気・虫の生態、発生条件と対策を詳述。情報検索に絵目次、索引が便利。四半分の一世紀ぶりの増補大改訂。

### 原色 果樹の病害虫診断事典
- ●農文協編 ●本体14,000円＋税
- ●B5変判・800頁

果樹 17 種 226 病害、309 害虫を 1900 枚余のカラー写真で診断。症状、生態、対策の解説。圃場そのままの病徴や被害を写真で再現。絵目次で引きやすく、索引も充実！

### 原色 雑草診断・防除事典
- ●森田弘彦・浅井元朗 編著
- ●A5判・596頁 ●本体10,000円＋税

主要雑草 189 種収録。原寸大幼植物写真一覧、生育各段階の口絵写真で迅速診断。各種の生態、判定と防除ポイントの解説も充実！

### 天敵活用大事典
- ●農文協編 ●本体23,000円＋税
- ●B5判上製・776頁

天敵 280 余種を網羅し、1000 点超の貴重な写真を掲載。第一線の研究者約 120 名が各種の生態と利用法を徹底解説。「天敵温存植物」「バンカー法」など天敵の保護・強化法、野菜・果樹 11 品目 20 地域の天敵活用事例も充実。

## 畜産・飼料

### 肉牛大事典
飼育の基本から最新研究まで
- ●農文協編 ●本体 20,000 円＋税
- ●上製 B5 判・1144頁

最新の種雄牛情報、資質と体積をあわせ持つ牛群改良法、脂肪交雑と増体が両立し、牛を健全に飼える繁殖・育成・肥育管理など。

### 酪農大事典
- ●農文協編 ●本体 20,000 円＋税
- ●上製 B5 判・1204頁

### 草地・飼料作物大事典
- ●農文協編 ●本体 20,000 円＋税
- ●上製 B5 判・1120頁

価格は 2019 年 1 月現在のものです。